Princípios de física

Dados Internacionais de Catalogação na Publicação (CIP)
(Câmara Brasileira do Livro, SP, Brasil)

Serway, Raymond A.
Princípios de física / Raymond A. Serway, John W. Jewett Jr. ; tradução EZ2 Translate ; revisão técnica Márcio Maia Vilela. - São Paulo : Cengage Learning, 2018.

3. reimpr. da 2. ed. brasileira de 2014.
Título original: Principles of physics.
Conteúdo: V. 1. Mecânica clássica.
5. ed. norte-americana.
ISBN 978-85-221-1636-2

1. Física 2. Mecânica I. Jewett, John W. II. Título.

14-00790 CDD-531

Índice para catálogo sistemático:
1. Mecânica : Física 531

tradução da 5ª edição
norte-americana

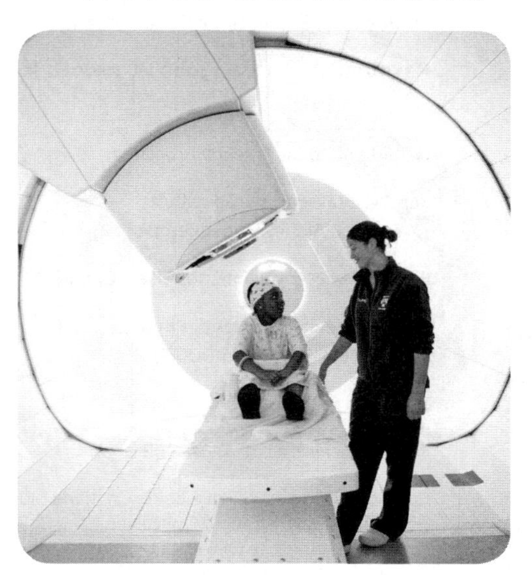

Princípios de física

Volume 1
Mecânica clássica e relatividade

Raymond A. Serway
James Madison University

John W. Jewett, Jr.
California State Polytechnic University, Pomona

Tradução:

EZ2 Translate

Revisão técnica:

Márcio Maia Vilela
Doutor em Energia pelo Instituto de Energia e Meio Ambiente da USP
Mestre em Física Nuclear pelo Instituto de Física da USP

Austrália • Brasil • México • Cingapura • Reino Unido • Estados Unidos

Princípios de física

Volume 1 – Mecânica clássica e relatividade

Tradução da 5ª edição norte-americana

Raymond A. Serway; John W. Jewett, Jr.

Gerente editorial: Noelma Brocanelli

Supervisora de produção gráfica: Fabiana Alencar Albuquerque

Editora de desenvolvimento: Gisela Carnicelli

Título original: Principles of Physics (ISBN 13: 978-1-133-11000-2)

Tradução: ez2 translate

Revisão técnica: Márcio Maia Vilela

Copidesque e revisão: Bel Ribeiro, Cristiane Morinaga, Carlos Villarruel, Fábio Gonçalves, Luicy Caetano de Oliveira, Rosangela Ramos da Silva e IEA Soluções Educacionais

Indexação: Casa Editorial Maluhy & Co.

Diagramação: PC Editorial Ltda.

Editora de direitos de aquisição e iconografia: Vivian Rosa

Analista de conteúdo e pesquisa: Javier Muniain

Capa: MSDE/Manu Santos Design

Imagem da capa: Jupiterimages/Photos.com

Colaboração editorial: Cláudio Behr, José Antonio Plascak, Antônio G. Pedrine

ISBN-13: 978-85-221-1636-2
ISBN-10: 85-221-1636-9

Cengage Learning
Condomínio E-Business Park
Rua Werner Siemens, 111 – Prédio 11 – Torre A – Conjunto 12
Lapa de Baixo – CEP 05069-900 – São Paulo – SP
Tel.: (11) 3665-9900 – Fax: (11) 3665-9901
SAC: 0800 11 19 39

Para suas soluções de curso e aprendizado, visite **www.cengage.com.br**

Dedicamos este livro às esposas, Elizabeth e Lisa, e aos nossos filhos e netos por sua adorável compreensão quando passamos o tempo escrevendo em vez de estarmos com eles.

Impresso no Brasil
Printed in Brazil
3. reimpr. – 2018

Sumário

Sobre os autores

Raymond A. Serway recebeu seu doutorado no Illinois Institute of Technology e é Professor Emérito na James Madison University. Em 2011, foi premiado com um grau honorífico de doutorado pela sua *alma mater*, Utica College. Em 1990, recebeu o prêmio Madison Scholar Award na James Madison University, onde lecionou por 17 anos. Dr. Serway começou sua carreira de professor na Clarkson University, onde conduziu pesquisas e lecionou de 1967 a 1980. Recebeu o prêmio Distinguished Teaching Award na Clarkson University em 1977 e o Alumni Achievement Award da Utica College em 1985. Como Cientista Convidado no IBM Research Laboratory em Zurique, Suíça, trabalhou com K. Alex Müller, que recebeu o Prêmio Nobel em 1987. Serway também foi cientista visitante no Argonne National Laboratory, onde colaborou com seu mentor e amigo, o falecido Dr. Sam Marshall. Serway é coautor de *College Physics*, nona edição; *Physiscs for Scientists and Engineers*, oitava edição; *Essentials of College Physics*; *Modern Physics*; terceira edição; e o livro-texto "Physics" para ensino médio, publicado por Holt McDougal. Adicionalmente, Dr. Serway publicou mais de 40 trabalhos de pesquisa no campo de Física da Matéria condensada e ministrou mais de 60 palestras em encontros profissionais. Dr. Serway e sua esposa, Elizabeth, gostam de viajar, jogar golfe, pescar, cuidar do jardim, cantar no coro da igreja e, especialmente, de passar um tempo precioso com seus quatro filhos e nove netos e, recentemente, um bisneto.

John W. Jewett, Jr. concluiu a graduação em Física na Drexel University e o doutorado na Ohio State University, especializando-se nas propriedades ópticas e magnéticas da matéria condensada. Dr. Jewett começou sua carreira acadêmica na Richard Stockton College of New Jersey, onde lecionou de 1974 a 1984. Atualmente, Professor Emérito de Física da California State Polytechnic University, em Pomona. Durante sua carreira técnica de ensino, o Dr. Jewett foi ativo em promover a educação efetiva da física. Além de receber quatro prêmios National Science Foundation, ajudou a fundar e dirigir o Southern California Area Modern Physics Institute (SCAMPI) e o Science IMPACT (Institute for Modern Pedagogy and Creative Teaching). As honrarias do Dr. Jewett incluem o Stockton Merit Award na Richard Stockton College em 1980, foi selecionado como professor de destaque na California State Polytechnic University em 1991-1992 e recebeu o prêmio de excelência no Ensino de Física Universitário da American Association of Physics Teachers (AAPT) em 1998. Em 2010, recebeu o "Alumni Achievement Award" da Universidade de Drexel em reconhecimento às suas contribuições no ensino de Física. Já apresentou mais de 100 palestras, tanto nos EUA como no exterior, incluindo múltiplas apresentações nos encontros nacionais da AAPT. Dr. Jewett é autor de *The World of Physics: Mysteries, Magic, and Myth*, que apresenta muitas conexões entre a Física e várias experiências do dia a dia. Além de seu trabalho como coautor de *Física para Cientistas e Engenheiros*, ele é também coautor de *Princípios da Física*, bem como de *Global Issues*, um conjunto de quatro volumes de manuais de instrução em ciência integrada para o ensino médio. Dr. Jewett gosta de tocar teclado com sua banda formada somente por físicos, gosta de viagens, fotografia subaquática, aprender idiomas estrangeiros e colecionar aparelhos médicos antigos que podem ser utilizados como aparatos em suas aulas. O mais importante, ele adora passar o tempo com sua esposa, Lisa, e seus filhos e netos.

Prefácio

Princípios de Física foi criado como um curso introdutório de Física baseado em cálculo para alunos de engenharia e ciência e para alunos de pré-medicina que estejam fazendo cursos rigorosos de física. Esta edição traz muitas características pedagógicas novas, notadamente um sistema de aprendizagem web integrado*, uma estratégia estruturada para resolução de problemas que use uma abordagem de modelagem. Baseado em comentários de usuários da edição anterior e sugestões de revisores, um esforço foi realizado para melhorar a organização, a clareza de apresentação, a precisão da linguagem e acima de tudo a exatidão.

Este livro-texto foi inicialmente concebido em função dos problemas mais conhecidos apresentados no ensino do curso introdutório de Física baseada em cálculo. O conteúdo do curso (e portanto o tamanho dos livros didáticos) continua a crescer, enquanto o número das horas de contato com os alunos ou diminuiu ou permaneceu inalterado. Além disso, um curso tradicional de um ano aborda um pouco de toda a Física depois do século XIX.

Ao preparar este livro-texto, fomos motivados pelo interesse disseminado de reformar o ensino e aprendizado da Física por meio de uma pesquisa de educação em Física (PER). Um esforço nessa direção foi o Projeto Introdutório da Universidade de Física (IUPP), patrocinado pela Associação Norte-Americana de Professores de Física e o Instituto Norte-Americano de Física. Os objetivos principais e diretrizes deste projeto são:

- Conteúdo do curso reduzido seguindo o tema "menos pode ser mais";
- Incorporar naturalmente Física contemporânea no curso;
- Organizar o curso no contexto de uma ou mais "linhas de história";
- Tratar todos os alunos igualmente.

Ao reconhecer no decorrer dos anos a necessidade de um livro didático que pudesse alcançar essas diretrizes, estudamos os diversos modelos IUPP propostos e os diversos relatórios dos comitês IUPP. Eventualmente, um de nós (Serway) esteve envolvido de modo ativo na revisão e planejamento de um modelo específico, inicialmente desenvolvido na Academia da Força Aérea dos Estados Unidos, intitulado "A Particles Approach to Introductory Physics". Uma visita prolongada à Academia foi realizada com o Coronel James Head e o Tenente Coronel Rolf Enger, os principais autores do modelo de partículas, e outros membros desse departamento. Esta colaboração tão útil foi o ponto inicial deste projeto.

O outro autor (Jewett) envolveu-se com o modelo IUPP chamado "Physics in Context", desenvolvido por John Rigden (American Institute of Physics), David Griffths (Universidade Estadual de Oregon) e Lawrence Coleman (Universidade do Arkansas em Little Rock). Este envolvimento levou a Fundação Nacional de Ciência (NSF) a conceder apoio para o desenvolvimento de novas abordagens contextuais e, finalmente, à sobreposição contextual usada neste livro e descrita com detalhes mais adiante.

O enfoque combinado no IUPP deste livro tem as seguintes características:

- É uma abordagem evolucionária (em vez de uma abordagem revolucionária), que deve reunir as demandas atuais da comunidade da Física.
- Ela exclui diversos tópicos da Física clássica (como circuitos de corrente alternada e instrumentos ópticos) e coloca menos ênfase no movimento de objetos rígidos, óptica e termodinâmica.
- Alguns tópicos na Física contemporânea, como forças fundamentais, relatividade especial, quantização de energia e modelo do átomo de hidrogênio de Bohr, são introduzidos no início deste livro.
- Uma tentativa deliberada é feita ao mostrar a unidade da Física e a natureza geral dos princípios da Física.
- Como ferramenta motivacional, o livro conecta aplicações dos princípios físicos a situações biomédicas interessantes, questões sociais, fenômenos naturais e avanços tecnológicos.

Outros esforços para incorporar os resultados da pesquisa em educação em Física tem levado a várias das características deste livro descritas a seguir. Isto inclui Testes Rápidos, Perguntas Objetivas, Prevenção de Armadilhas, E Se?, recursos nos exemplos de trabalho, o uso de gráficos de barra de energia, a abordagem da modelagem para solucionar problemas e a abordagem geral de energia introduzida no Capítulo 7.

* Trata-se da Ferramenta Enhanced WebAssign, que pode ser comprada por meio de cartão de acesso, contatando vendas.brasil@cengage.com.

Objetivos

Este livro didático de Física introdutória tem dois objetivos principais: fornecer ao aluno uma apresentação clara e lógica dos conceitos e princípios básicos da Física e fortalecer a compreensão dos conceitos e princípios por meio de uma ampla gama de aplicações interessantes para o mundo real. Para alcançar esses objetivos, enfatizamos argumentos físicos razoáveis e a metodologia de resolução de problemas. Ao mesmo tempo, tentamos motivar o aluno por meio de exemplos práticos que demonstram o papel da Física em outras disciplinas, entre elas, engenharia, química e medicina.

Alterações para esta edição

Inúmeras alterações e melhorias foram feitas nesta edição. Muitas delas se deram em resposta a descobertas recentes na pesquisa em educação de Física e a comentários e sugestões proporcionadas pelos revisores do manuscrito e professores que utilizaram as primeiras quatro edições. A seguir são representadas as maiores mudanças nesta quinta edição:

Novos contextos. O contexto que cobre a abordagem é descrito em "Organização". Esta edição introduz dois novos Contextos: para o Capítulo 15 (no volume 2 desta coleção), "Ataque cardíaco", e para os Capítulos 22-23 (volume 3), "Magnetismo e medicina". Ambos os novos Contextos têm como objetivo a aplicação dos princípios físicos no campo da biomedicina.

No Contexto "Ataque cardíaco", estudamos o fluxo de fluidos através de um tubo, como analogia ao fluxo de sangue através dos vasos sanguíneos no corpo humano. Vários detalhes do fluxo sanguíneo são relacionados aos perigos de doenças cardiovasculares. Além disso, discutimos novos desenvolvimentos no estudo do fluxo sanguíneo e ataques cardíacos usando nanopartículas e imagem computadorizada.

O contexto de "Magnetismo em Medicina" explora a aplicação dos princípios do eletromagnetismo para diagnóstico e procedimentos terapêuticos em medicina. Começamos focando em usos históricos para o magnetismo, incluindo vários dispositivos médicos questionáveis. Mais aplicações modernas incluem procedimentos de navegação magnética remota em ablação de catéter cardíaco para fibrilação atrial, simulação magnética transcraniana para tratamento de depressão e imagem de ressonância magnética como ferramenta de diagnóstico.

Exemplos trabalhados. Todos os exemplos trabalhados no texto foram reformulados e agora são apresentados em um formato de duas colunas para reforçar os conceitos da Física. A coluna da esquerda mostra informações textuais que descrevem as etapas para a resolução do problema. A coluna da direita mostra as manipulações matemáticas e os resultados dessas etapas. Esse *layout* facilita a correspondência do conceito com sua execução matemática e ajuda os alunos a organizarem seu trabalho. Os exemplos seguem rigorosamente a Estratégia Geral de Resolução de Problemas apresentada no Capítulo 1 para reforçar hábitos eficazes de resolução de problemas. Na maioria dos casos, os exemplos são resolvidos simbolicamente até o final, em que valores numéricos são substituídos pelos resultados simbólicos finais. Este procedimento permite ao aluno analisar o resultado simbólico para ver como o resultado depende dos parâmetros do problema, ou para tomar limites para testar o resultado final e correções. A maioria dos exemplos trabalhados no texto pode ser atribuída à tarefa de casa no Enhanced WebAssign. Uma amostra de um exemplo trabalhado encontra-se na próxima página.

Revisão linha a linha do conjunto de perguntas e problemas. Para esta edição, os autores revisaram cada pergunta e cada problema e incorporaram revisões destinadas a melhorar tanto a legibilidade como a transmissibilidade. Para tornar os problemas mais claros para alunos e professores, este amplo processo envolveu edição de problemas para melhorar a clareza, adicionando figuras, quando apropriado, e introduzindo uma melhor arquitetura de problema, ao quebrá-lo em partes claramente definidas.

Dados do Enhanced WebAssign utilizados para melhorar perguntas e problemas. Como parte da análise e revisão completa do conjunto de perguntas e problemas, os autores utilizaram diversos dados de usuários coletados pelo WebAssign, tanto de professores quanto de alunos que trabalharam nos problemas das edições anteriores do *Princípios de Física*. Esses dados ajudaram tremendamente, indicando quando a frase nos problemas poderia ser mais clara, fornecendo, desse modo, uma orientação sobre como revisar problemas de maneira que seja mais facilmente compreendida pelos alunos e mais facilmente transmitida pelos professores no WebAssign. Por último, os dados foram utilizados para garantir que os problemas transmitidos com mais frequência fossem mantidos nesta nova

WebAssign Mais exemplos também estão disponíveis para serem atribuídos como interativos no sistema de gestão de lição de casa avançada WebAssign, caso adquira o acesso conforme nota da página IX.

Cada solução foi escrita para acompanhar de perto a Estratégia Geral de Solução de Problemas, descrita no Capítulo 1, de modo que reforce os bons hábitos de resolução de problemas.

Exemplo **6.6** | **Um bloco empurrado sobre uma superfície sem atrito**

Um bloco de 6.0 kg inicialmente em repouso é puxado para a direita ao longo de uma superfície horizontal sem atrito por uma força horizontal constante de 12 N. Encontre a velocidade escalar do bloco após ele ter se movido 3,0 m.

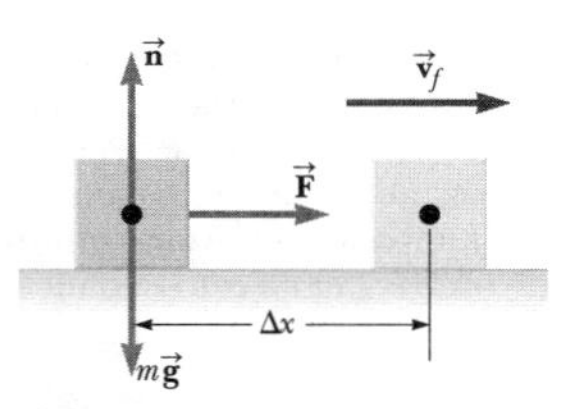

Figura 6.14 (Exemplo 6.6) Um bloco é puxado para a direita sobre uma superfície sem atrito por uma força horizontal constante.

SOLUÇÃO

Conceitualização A Figura 6.14 ilustra essa situação. Imagine puxar um carro de brinquedo por uma mesa horizontal com um elástico amarrado na frente do carrinho. A força é mantida constante ao se certificar que o elástico esticado tenha sempre o mesmo comprimento.

Categorização Poderíamos aplicar as equações da cinemática para determinar a resposta, mas vamos praticar a abordagem de energia. O bloco é o sistema e três forças externas agem sobre ele. A força normal equilibra a força gravitacional no bloco e nenhuma dessas forças que agem verticalmente realizam trabalho sobre o bloco, pois seus pontos de aplicação são deslocados horizontalmente.

Análise A força externa resultante que age sobre o bloco é a força horizontal de 12 N.

Use o teorema do trabalho-energia cinética para o bloco, observando que sua energia cinética inicial é zero:

$$W_{ext} = K_f - K_i = \frac{1}{2}mv_f^2 - 0 = \frac{1}{2}mv_f^2$$

Resolva para encontrar v_f e use a Equação 6.1 para o trabalho realizado sobre o bloco por $\vec{F}$:

$$v_f = \sqrt{\frac{2W_{ext}}{m}} = \sqrt{\frac{2F\Delta x}{m}}$$

Substitua os valores numéricos:

$$v_f = \sqrt{\frac{2(12\,N)(3{,}0\,m)}{6{,}0\,kg}} = 3{,}5\ m/s$$

Finalização Seria útil para você resolver esse problema novamente considerando o bloco como uma partícula sob uma força resultante para encontrar sua aceleração e depois como uma partícula sob aceleração constante para encontrar sua velocidade final.

E se? Suponha que o módulo da força nesse exemplo seja dobrada para $F' = 2F$. O bloco de 6,0 kg acelera a 3,5 m/s em razão dessa força aplicada enquanto se move por um deslocamento $\Delta x'$. Como o deslocamento $\Delta x'$ se compara com o deslocamento original Δx?

Resposta Se puxar forte, o bloco deve acelerar a uma determinada velocidade escalar em uma distância mais curta, portanto, esperamos que $\Delta x' < \Delta x$. Em ambos os casos, o bloco sofre a mesma mudança na energia cinética ΔK. Matematicamente, pelo teorema do trabalho-energia cinética, descobrimos que

$$W_{ext} = F'\Delta x' = \Delta K = F\Delta x$$

$$\Delta x' = \frac{F}{F}\Delta x = \frac{F}{2F}\Delta x = \frac{1}{2}\Delta x$$

e a distância é menor que a sugerida por nosso argumento conceitual.

Cada passo da solução encontra-se detalhada em um formato de duas colunas. A coluna da esquerda fornece uma explicação para cada etapa matemática da coluna da direita, para melhor reforçar os conceitos físicos.

O resultado final são símbolos; valores numéricos são substituídos no resultado final.

E se? Afirmações aparecem em cerca de 1/3 dos exemplos trabalhados e oferecem uma variação da situação colocada no texto de exemplo. Por exemplo, esse recurso pode explorar os efeitos da alteração das condições da situação, determinar o que acontece quando uma quantidade é levada para um valor limite particular, ou perguntar se a informação adicional pode ser determinada com a situação problema. Este recurso incentiva os alunos a pensar sobre os resultados do exemplo e auxilia na compreensão conceitual dos princípios.

edição. No conjunto de problemas de cada capítulo, o quartil superior dos problemas no WebAssign tem números sombreados para facilitar a identificação, permitindo que professores encontrem mais rápido os problemas mais populares do WebAssign.

Para ter uma ideia dos tipos das melhorias feitas nesta edição, veja a seguir como um certo problema foi apresentado na edição anterior e como está apresentado nesta edição.

Problemas da quarta edição...

35. (a) Considere um objeto extenso cujas diferentes porções têm diversas elevações. Suponha que a aceleração da gravidade seja uniforme sobre o objeto. Prove que a energia potencial gravitacional do sistema Terra-corpo é dada por $U = Mgy_{CM}$, em que M é a massa total do corpo e y_{CM} é a posição de seu centro de massa acima do nível de referência escolhido. (b) Calcule a energia potencial gravitacional associada a uma rampa construída no nível do solo com pedra de densidade 3 800 kg/m² e largura uniforme de 3,60 m (Figura P8.35). Em uma visão lateral, a rampa aparece como um triângulo retângulo com altura de 15,7 m na extremidade superior e base de 64,8 m.

Figura P8.35

... Após a revisão para a quinta edição:

37. Exploradores da floresta encontram um monumento antigo na forma de um grande triângulo isóceles, como mostrado na Figura P8.37. O monumento é feito de dezenas de milhares de pequenos blocos de pedra de densidade 3 800 kg/m³. Ele tem 15,7 m de altura e 64,8 m de largura em sua base, com espessura de 3,60 m em todas as partes ao longo do momento. Antes de o monumento ser construído muitos anos atrás, todos os blocos de pedra foram colocados no solo. Quanto trabalho os construtores tiveram para colocar os blocos na posição durante a construção do monumento todo? *Observação*: A energia potencial gravitacional de um sistema corpo--Terra é definida por $U_g = Mgy_{CM}$, onde M é a massa total do corpo e y_{CM} é a elevação de seu centro de massa acima do nível de referência escolhido.

É fornecido um contexto para o problema.

A quantidade solicitada é requerida de forma mais pessoal, perguntando o trabalho realizado pelos homens, em vez de perguntar a energia potencial gravitacional.

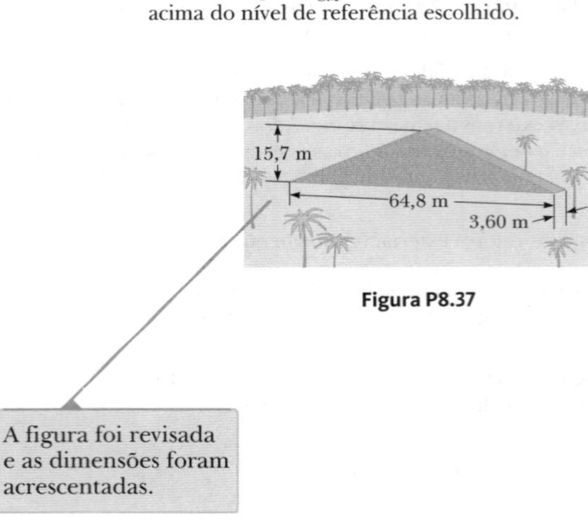

Figura P8.37

A figura foi revisada e as dimensões foram acrescentadas.

A expressão para a energia potencial gravitacional é fornecida, enquanto no original era solicitado que esta fosse provada. Isso permite que o problema funcione melhor no Enhanced WebAssign.

Organização de perguntas revisadas. Reorganizamos os conjuntos de perguntas de final do capítulo para esta nova edição. A seção de Perguntas apresentada na edição anterior está agora dividida em duas: Perguntas Objetivas e Perguntas Conceituais.

Perguntas objetivas são de múltipla escolha, verdadeiro/falso, classificação, ou outros tipos de perguntas de múltiplas suposições. Algumas requerem cálculos projetados para facilitar a familiaridade dos alunos com as equações, as variáveis utilizadas, os conceitos que as variáveis representam e as relações entre os conceitos. Outras são de natureza mais conceitual e são elaboradas para encorajar o pensamento conceitual. As perguntas objetivas também são escritas tendo em mente as respostas pessoais do usuário do sistema.

Perguntas conceituais são mais tradicionais, com respostas curtas e do tipo dissertativo, exigindo que os alunos pensem conceitualmente sobre uma situação física.

Problemas. Os problemas do final de capítulo são mais numerosos nesta edição e mais variados (no total, mais de 2 200 problemas são dados ao longo dos livros da coleção). Para conveniência tanto do aluno como do professor, cerca de dois terços dos problemas são ligados a seções específicas do capítulo, incluindo a seção Conteúdo em contexto. Os problemas restantes, chamados "Problemas adicionais", não se referem a seções específicas. O ícone **BIO** identifica problemas que lidam com aplicações reais na ciência e medicina. As respostas dos problemas ímpares são fornecidas no final do livro. Para identificação facilitada, os números dos problemas simples estão impressos em preto; os números de problemas de nível intermediário estão impressos em cinza; e os de problemas desafiadores estão impressos em cinza sublinhado.

Novos tipos de problemas. Apresentamos quatro novos tipos de problemas nesta edição:

Q|C Problemas quantitativos e conceituais contêm partes que fazem que os alunos pensem tanto quantitativa quanto conceitualmente. Um exemplo de problema Quantitativo e Conceitual aparece aqui:

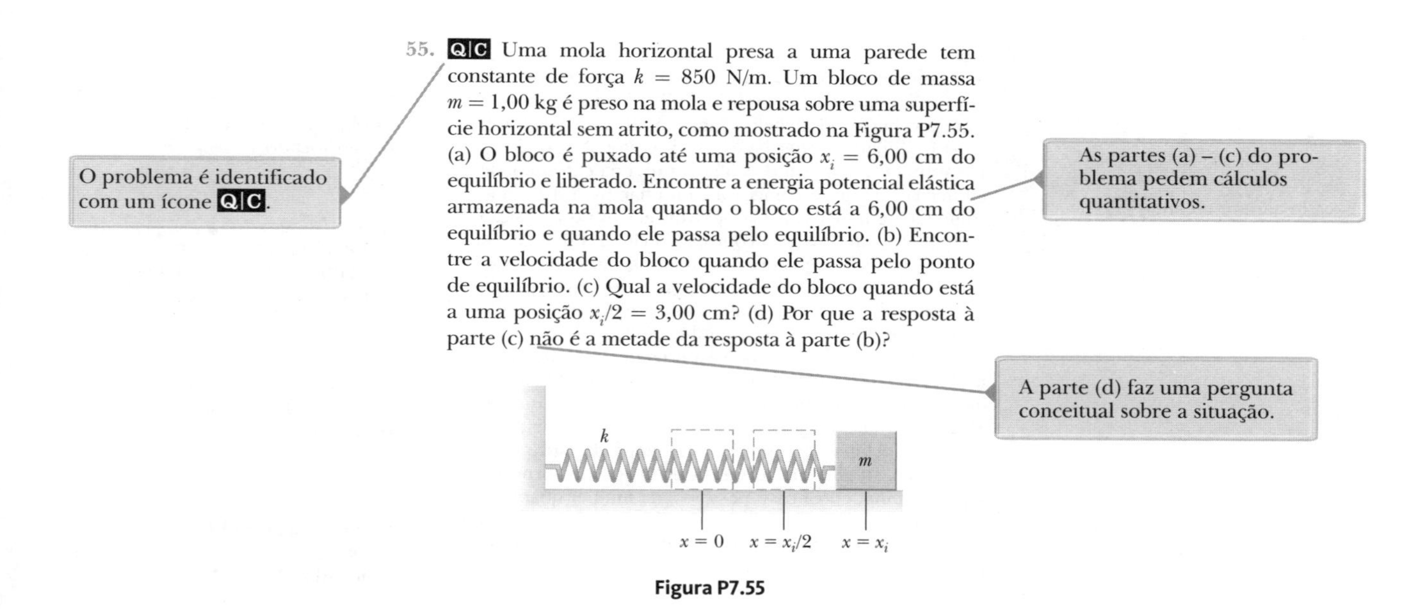
55. **Q|C** Uma mola horizontal presa a uma parede tem constante de força $k = 850$ N/m. Um bloco de massa $m = 1{,}00$ kg é preso na mola e repousa sobre uma superfície horizontal sem atrito, como mostrado na Figura P7.55. (a) O bloco é puxado até uma posição $x_i = 6{,}00$ cm do equilíbrio e liberado. Encontre a energia potencial elástica armazenada na mola quando o bloco está a 6,00 cm do equilíbrio e quando ele passa pelo equilíbrio. (b) Encontre a velocidade do bloco quando ele passa pelo ponto de equilíbrio. (c) Qual a velocidade do bloco quando está a uma posição $x_i/2 = 3{,}00$ cm? (d) Por que a resposta à parte (c) não é a metade da resposta à parte (b)?

Figura P7.55

S **Problemas simbólicos** pedem que os alunos os resolvam utilizando apenas manipulação simbólica. A maioria dos entrevistados na pesquisa pediu especificamente que o número de problemas simbólicos fosse aumentado, pois isso reflete melhor a maneira como os professores querem que os alunos pensem quando resolvem problemas de Física. Um exemplo de problema simbólico aparece aqui:

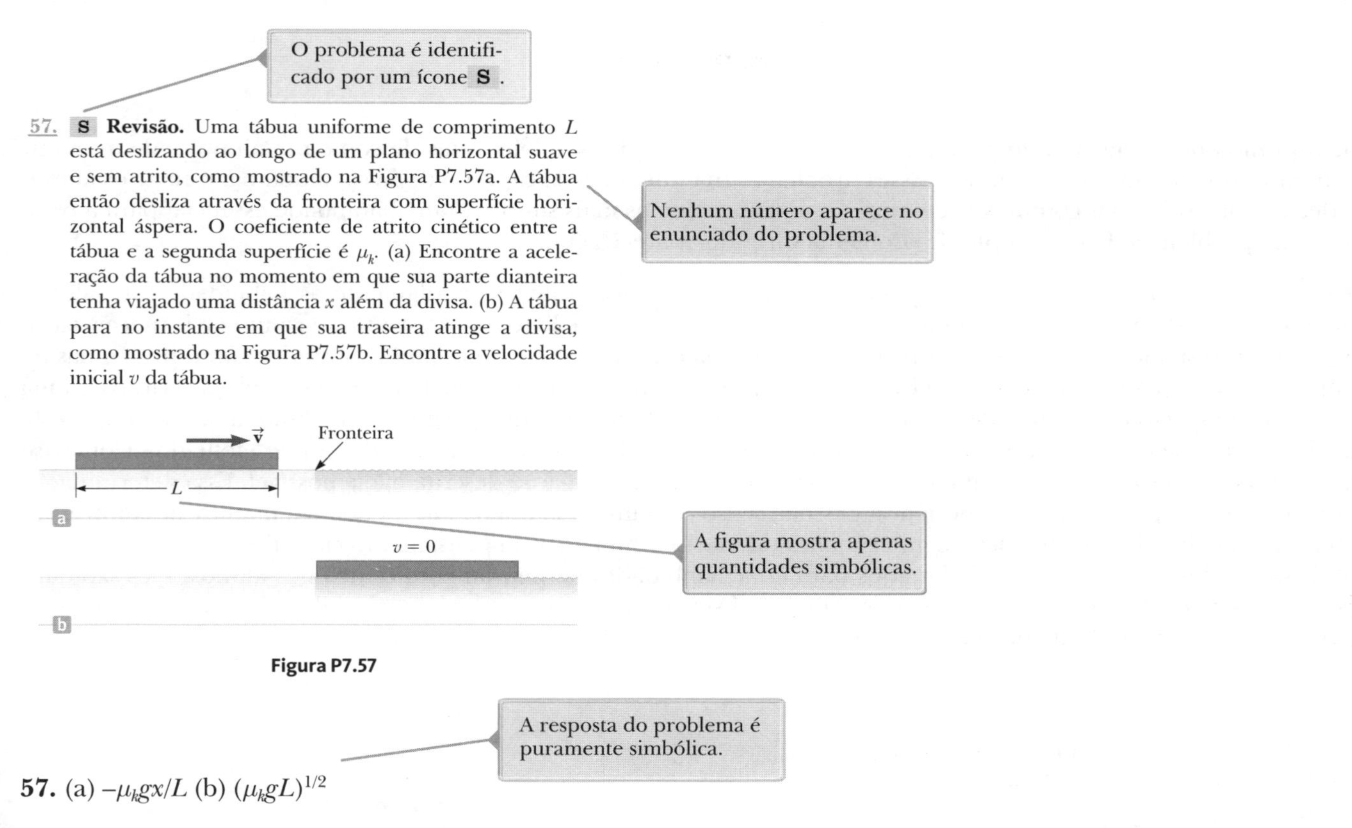
57. **S** **Revisão.** Uma tábua uniforme de comprimento L está deslizando ao longo de um plano horizontal suave e sem atrito, como mostrado na Figura P7.57a. A tábua então desliza através da fronteira com superfície horizontal áspera. O coeficiente de atrito cinético entre a tábua e a segunda superfície é μ_k. (a) Encontre a aceleração da tábua no momento em que sua parte dianteira tenha viajado uma distância x além da divisa. (b) A tábua para no instante em que sua traseira atinge a divisa, como mostrado na Figura P7.57b. Encontre a velocidade inicial v da tábua.

Figura P7.57

57. (a) $-\mu_k g x/L$ (b) $(\mu_k g L)^{1/2}$

PD **Problemas dirigidos** ajudam os alunos a decompor os problemas em etapas. Um típico problema de Física pede uma quantidade física em um determinado contexto. Entretanto, frequentemente, diversos conceitos devem ser utilizados e inúmeros cálculos são necessários para obter essa resposta final. Muitos alunos não estão acostumados a esse nível de complexidade e muitas vezes não sabem por onde começar. Um problema dirigido divide um problema-padrão em passos menores, o que permite que os alunos apreendam todos os conceitos e estratégias necessários para chegar à solução correta. Diferentemente dos problemas de Física padrão, a orientação é frequentemente

O problema é identificado com um ícone **PD**.

28. **PD** Uma viga uniforme repousando em dois pinos tem comprimento $L = 6{,}00$ m e massa $M = 90{,}0$ kg. O pino à esquerda exerce uma força normal n_1 sobre a viga, e o outro, localizado a uma distância $\ell = 4{,}00$ m da extremidade esquerda, exerce uma força normal n_2. Uma mulher de massa $m = 55{,}0$ kg pisa na extremidade esquerda da viga e começa a caminhar para a direita, como na Figura P10.28. O objetivo é encontrar a posição da mulher quando a viga começa a inclinar. (a) Qual é o modelo de análise apropriado para a viga antes de começar a inclinar? (b) Esboce um diagrama de força para a viga, rotulando as forças gravitacionais e normais agindo sobre ela e posicionando a mulher a uma distância x à direita do primeiro pino, que é a origem. (c) Onde está a mulher quando a força normal n_1 é maior? (d) Qual é n_1 quando a viga está prestes a inclinar? (e) Use a Equação 10.27 para encontrar o valor de n_2 quando a viga está prestes a inclinar. (f) Usando o resultado da parte (d) e a Equação 10.28, com torques calculados em torno do segundo pino, encontre a posição x da mulher quando a viga está prestes a inclinar. (g) Verifique a resposta para a parte (e) calculando os torques em torno do ponto do primeiro pino.

O objetivo do problema é identificado.

A análise começa com a identificação do modelo de análise apropriado.

São fornecidas sugestões de passos para resolver o problema.

O cálculo associado ao objetivo é solicitado.

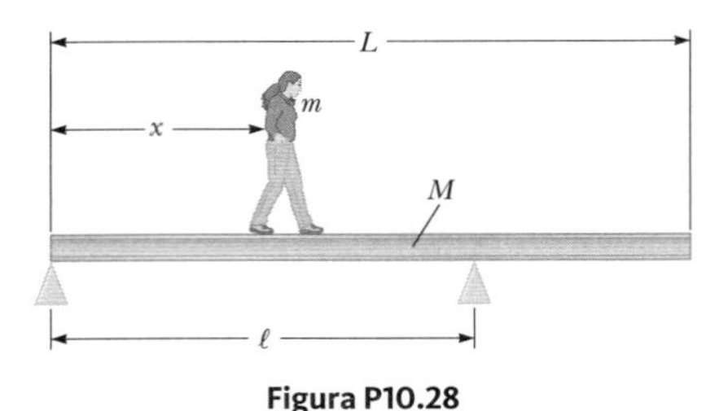

Figura P10.28

incorporada no enunciado do problema. Os problemas dirigidos são lembretes de como um aluno pode interagir com um professor em seu escritório. Esses problemas (há um em cada capítulo do livro) ajudam a treinar os alunos a decompor problemas complexos em uma série de problemas mais simples, uma habilidade essencial para a resolução de problemas. Um exemplo de problema dirigido aparece acima.

Problemas de impossibilidade. A pesquisa educacional em Física enfatiza pesadamente as habilidades dos alunos para resolução de problemas. Embora a maioria dos problemas deste livro esteja estruturada a fim de fornecer dados e pedir um resultado de cálculo, dois problemas em cada capítulo, em média, são estruturados como problemas de impossibilidade. Eles começam com a frase *Por que a seguinte situação é impossível?* Ela é seguida pela descrição de uma situação. O aspecto impactante desses problemas é que não é feita nenhuma pergunta aos alunos a não ser o que está em itálico. O aluno deve determinar quais perguntas devem ser feitas e quais cálculos devem ser efetuados. Com base nos resultados desses cálculos, o aluno deve determinar por que a situação descrita não é possível. Essa determinação pode requerer informações de experiência pessoal, senso comum, pesquisa na internet ou em publicações impressas, medição, habilidades matemáticas, conhecimento das normas humanas ou pensamento científico.

Esses problemas podem ser designados para criar habilidades de pensamento crítico nos alunos. Eles são também engraçados, tendo o aspecto de "mistérios" da física para serem resolvidos pelos alunos individualmente ou em grupo. Um exemplo de problema de impossibilidade aparece aqui:

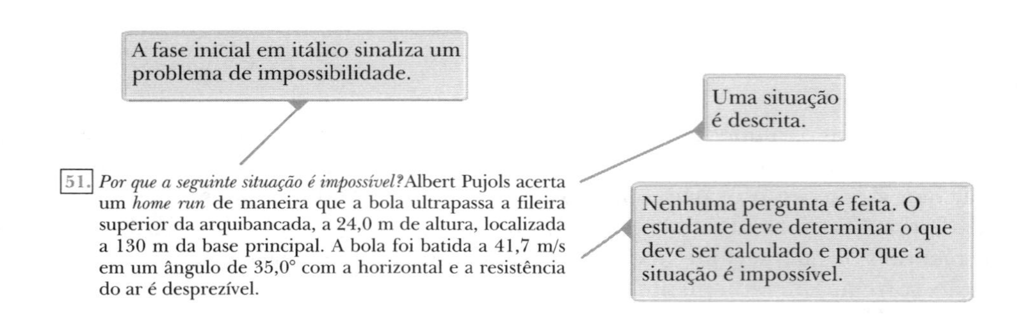

51. *Por que a seguinte situação é impossível?* Albert Pujols acerta um *home run* de maneira que a bola ultrapassa a fileira superior da arquibancada, a 24,0 m de altura, localizada a 130 m da base principal. A bola foi batida a 41,7 m/s em um ângulo de 35,0° com a horizontal e a resistência do ar é desprezível.

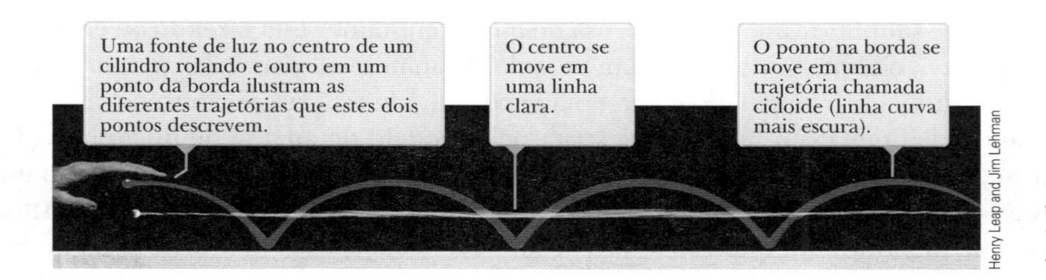

Figura 10.28 Dois pontos em um cilindro rolando tomam trajetórias diferentes através do espaço.

Maior número de problemas emparelhados. Com base no parecer positivo que recebemos em uma pesquisa de mercado, aumentamos o número de problemas emparelhados nesta edição. Esses problemas são semelhantes, um pedindo uma solução numérica e o outro, uma derivação simbólica. Existem agora três pares desses problemas na maioria dos capítulos, indicados pelo sombreado mais escuro no conjunto de problemas do final de capítulo.

Revisão minuciosa das ilustrações. Cada ilustração desta edição foi atualizada com um estilo novo e moderno, ajudando a expressar os princípios da Física de maneira clara e precisa. Cada ilustração também foi revisada para garantir que as situações físicas apresentadas correspondam exatamente à proposição do texto sendo discutido.

Também foi acrescentada nesta edição uma nova característica: "indicadores de foco", que indicam aspectos importantes de uma figura ou guiam os alunos por um processo ilustrado pela arte ou foto. Esse formato ajuda os alunos que aprendem mais facilmente utilizando o sentido da visão. Exemplos de figuras com indicadores de foco aparecem a seguir.

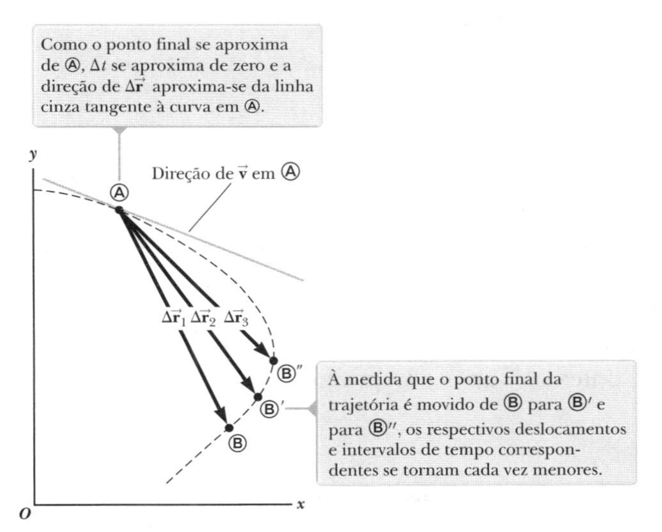

Figura 3.2 Como uma partícula se move entre dois pontos, sua velocidade média é na direção do vetor deslocamento $\Delta\vec{\mathbf{r}}$. Por definição, a velocidade instantânea em Ⓐ é direcionada ao longo da linha tangente à curva em Ⓐ.

Expansão da abordagem do modelo de análise. Os alunos são expostos a centenas de problemas durante seus cursos de Física. Os professores têm consciência de que um número relativamente pequeno de princípios fundamentais formam a base desses problemas. Quando está diante de um problema novo, um físico forma um modelo que pode ser resolvido de maneira simples, identificando os princípios fundamentais aplicáveis ao problema. Por exemplo, muitos problemas envolvem a conservação da energia, a segunda lei de Newton ou equações cinemáticas. Como o físico já estudou esses princípios extensamente e entende as aplicações associadas, ele pode aplicar o conhecimento como um modelo para resolução de um problema novo.

Embora fosse ideal que os alunos seguissem o mesmo processo, a maioria deles tem dificuldade em se familiarizar com toda a gama de princípios fundamentais disponíveis. É mais fácil para os alunos identificar uma situação do que um princípio fundamental. A abordagem de Modelo de Análise que enfocamos nesta revisão mostra um conjunto de situações que aparecem na maioria dos problemas de Física. Essas situações baseiam-se na "entidade" e um dos quatro modelos de simplificação: partícula, sistema, objeto rígido e onda.

Uma vez identificado o modelo de simplificação, o aluno pensa no que a "entidade" está fazendo ou em como ela interage com seu ambiente, o que leva o aluno a identificar um modelo de análise em particular para o problema. Por exemplo, se o objeto estiver caindo, ele é modelado como uma partícula. Ele está em aceleração constante por causa da gravidade. O aluno aprendeu que essa situação é descrita pelo modelo de análise de uma partícula sob aceleração constante. Além disso, esse modelo tem um número pequeno de equações associadas para serem usadas na resolução dos problemas, as equações cinemáticas no Capítulo 2. Por essa razão, uma compreensão da situação levou a um modelo de análise, que identifica um número muito pequeno de equações para solucionar o problema em vez da grande quantidade de equações que os alunos veem no capítulo. Desse modo, a utilização de modelos de análise leva o aluno ao princípio fundamental que o físico identificaria. Conforme o aluno ganha mais experiência, ele dependerá menos da abordagem de modelo de análise e começará a identificar os princípios fundamentais diretamente, como o físico faz. Essa abordagem também é reforçada no resumo do final de capítulo sob o título Modelo de Análise para Resolução de Problemas.

Mudanças de conteúdo. O conteúdo e a organização do livro didático são essencialmente os mesmos da quarta edição. Diversas seções em vários capítulos foram dinamizadas, excluídas ou combinadas com outras seções para permitir uma apresentação mais equilibrada. Os Capítulos 6 e 7 foram completamente reorganizados para preparar alunos para uma abordagem unificada para a energia que é usada ao logo do texto. Atualizações foram acrescentadas para refletir o estado atual de várias áreas de pesquisa e aplicação da Física, incluindo o tema "matéria escura" e informações sobre descobertas de novos objetos do cinto de Kuiper, comparação de teorias de concorrentes de percepção de campo em humanos, progresso na utilização de válvulas de grade de luz (GLV) para aplicações ópticas, novos experimentos para procurar a radiação de fundo cósmico, desenvolvimentos na procura de evidências do plasma *quark-gluon*, e o *status* do Acelerador de Partículas (LHC).

Organização

Temos incorporado um esquema de "sobreposição de contexto" no livro didático, em resposta à abordagem "Física em Contexto" na IUPP. Essa característica adiciona aplicações interessantes do material em usos reais. Temos desenvolvido essa característica flexível; é uma "sobreposição" para que o professor que não queira seguir a abordagem contextual possa simplesmente ignorar as características contextuais adicionais sem sacrificar completamente a cobertura do material existente. Acreditamos, no entanto, que muitos alunos serão beneficiados com essa abordagem.

A organização de sobreposição de contexto divide toda a coleção (31 capítulos no total, divididos em quatro volumes) em nove seções, ou "Contextos", após o Capítulo 1, conforme a seguir:

Número do contexto	Contexto	Tópicos de Física	Capítulos
1	Veículos de combustível alternativo	Mecânica clássica	2-7
2	Missão para Marte	Mecânica clássica	8-11
3	Terremotos	Vibrações e ondas	12-14
4	Ataques cardíacos	Fluidos	15
5	Aquecimento global	Termodinâmica	16-18
6	Raios	Eletricidade	19-21
7	Magnetismo na medicina	Magnetismo	22-23
8	Lasers	Óptica	24-27
9	A conexão cósmica	Física moderna	28-31

Cada Contexto começa com uma seção introdutória que proporciona uma base histórica ou faz uma conexão entre o tópico do Contexto e questões sociais associadas. A seção introdutória termina com uma "pergunta central" que motiva o estudo dentro do Contexto. A seção final de cada capítulo é uma "Conexão com o contexto", que discute como o material específico no capítulo se relaciona com o Contexto e com a pergunta central. O capítulo final em cada Contexto é seguido por uma "Conclusão do Contexto". Cada conclusão aplica uma combinação dos princípios aprendidos nos diversos capítulos do Contexto para responder de forma completa a pergunta central. Cada capítulo e suas respectivas Conclusões incluem problemas relacionados ao material de contexto.

Características do texto

A maioria dos professores acredita que o livro didático selecionado para um curso deve ser o guia principal do aluno para a compreensão e aprendizagem do tema. Além disso, o livro didático deve ser acessível, ter recursos gráficos e ser escrito para facilitar a instrução e a aprendizagem. Com esses pontos em mente, incluímos muitos recursos pedagógicos, relacionados a seguir, que visam melhorar sua utilidade tanto para alunos quanto para professores.

Resolução de problemas e compreensão conceitual

Estratégia geral de resolução de problemas. A estratégia geral descrita no final do Capítulo 1 oferece aos alunos um processo estruturado para a resolução de problemas. Em todos os outros capítulos, a estratégia é empregada em cada exemplo de maneira que os alunos possam aprender como ela é aplicada. Os alunos são encorajados a seguir essa estratégia ao trabalhar nos problemas de final de capítulo.

Na maioria dos capítulos, as estratégias e sugestões mais específicas estão incluídas para solucionar os tipos de problemas caracterizados nos problemas de final de capítulo. Esta característica ajuda aos alunos a identificar as etapas essenciais para solucionar problemas e aumenta suas habilidades como solucionadores de problemas.

Pensando em Física. Incluímos vários exemplos de Pensando em Física ao longo de cada capítulo. Essas perguntas relacionam os conceitos físicos a experiências comuns ou estendem os conceitos além do que é discutido no material textual. Imediatamente após cada uma dessas perguntas há uma seção "Raciocínio" que responde à pergunta. Preferencialmente, o aluno usará estas características para melhorar o entendimento dos conceitos físicos antes de começar a apresentação de exemplos quantitativos e problemas para solucionar em casa.

Figuras ativas. Muitos diagramas do texto foram animados para se tornarem Figuras Ativas (identificadas na legenda da figura*), parte do sistema de tarefas de casa on-line Enhanced WebAssign. Vendo animações de fenômenos de processos que não podem ser representados completamente numa página estática, os alunos aumentam muito o seu entendimento conceitual. Além disso, com as animações de figuras, os alunos podem ver o resultado da mudança de variáveis, explorações de conduta sugeridas dos princípios envolvidos na figura e receber o *feedback* em testes relacionados à figura.

Testes rápidos. Os alunos têm a oportunidade de testar sua compreensão dos conceitos da Física apresentados por meio de Testes Rápidos. As perguntas pedem que os alunos tomem decisões com base no raciocínio sólido, e algumas delas foram elaboradas para ajudá-los a superar conceitos errôneos. Os Testes Rápidos foram moldados em um formato objetivo, incluindo testes de múltipla escolha, falso e verdadeiro e de classificação. As respostas de todas as perguntas no Teste Rápido encontram-se no final do texto. Muitos professores preferem utilizar tais perguntas em um estilo de "interação com colega" ou com a utilização do sistema de respostas pessoais por meio de *clickers*, mas elas também podem ser usadas no formato padrão de *quiz*. Um exemplo de Teste Rápido é apresentado a seguir.

TESTE RÁPIDO 6.5 Um dardo é inserido em uma pistola de dardos de mola, empurrando a mola por uma distância x. Na próxima carga, a mola é comprimida a uma distância $2x$. Quão mais rápido o segundo dardo sai da arma em comparação com o primeiro? (**a**) quatro vezes mais (**b**) duas vezes mais (**c**) o mesmo (**d**) metade (**e**) um quarto

Prevenção de Armadilhas. Mais de 150 Prevenções de Armadilhas (tais como a que se encontra à direita) são fornecidas para ajudar os alunos a evitar erros e equívocos comuns. Esses recursos, que são colocados nas margens do texto, tratam tanto dos conceitos errôneos mais comuns dos alunos quanto de situações nas quais eles frequentemente seguem caminhos que não são produtivos.

Resumo. Cada capítulo contém um resumo que revisa os conceitos e equações importantes vistos no capítulo. Nova na quinta edição é a seção do Resumo Modelo de análise para solução de problemas, que ressalta os modelos de análise relevantes apresentados num dado capítulo.

Prevenção de Armadilhas | 1.1

Valores sensatos

Gerar intuição sobre valores normais de quantidades ao resolver problemas é importante porque se deve pensar no resultado final e determinar se ele parece sensato. Por exemplo, se estiver calculando a massa de uma mosca e chegar a um valor de 100 kg, essa resposta é *insensata* e há um erro em algum lugar.

* Veja nota na página IX.

Perguntas. Como mencionado nas edições anteriores, a seção de perguntas da edição anterior agora está dividida em duas: Perguntas Objetivas e Perguntas Conceituais. O professor pode selecionar itens para atribuir como tarefa de casa ou utilizar em sala de aula, possivelmente com métodos de "instrução de grupo" e com sistemas de resposta pessoal. Mais de 700 Perguntas Objetivas e Conceituais foram incluídas nesta edição.

Problemas. Um conjunto extenso de problemas foi incluído no final de cada capítulo; no total, esta edição contém mais de 2 200 problemas. As respostas dos problemas ímpares são fornecidas no final do livro.

Além dos novos tipos de problemas mencionados anteriormente, há vários outros tipos de problemas caracterizados no texto:

- **Problemas biomédicos.** Acrescentamos vários problemas relacionados a situações biomédicas nesta edição (cada um relacionado a um ícone **BIO**), para destacar a relevância dos princípios da Física aos alunos que seguem este curso e vão se formar em uma das ciências humanas.
- **Problemas emparelhados**. Como ajuda para o aprendizado dos alunos em solucionar problemas simbolicamente, problemas numericamente emparelhados e problemas simbólicos estão incluídos em todos os capítulos do livro. Os problemas emparelhados são identificados por um fundo comum.
- **Problemas de revisão**. Muitos capítulos incluem problemas de revisão que pedem que o aluno combine conceitos vistos no capítulo atual com os discutidos nos capítulos anteriores. Esses problemas (identificados como Revisão) refletem a natureza coesa dos princípios no texto e garantem que a Física não é um conjunto espalhado de ideias. Ao enfrentar problemas do mundo real, como o aquecimento global e as armas nucleares, pode ser necessário contar com ideias da Física de várias partes de um livro didático como este.
- **"Problemas de fermi"**. Um ou mais problemas na maioria dos capítulos pedem que o aluno raciocine em termos de ordem de grandeza.
- **Problemas de projeto.** Vários capítulos contêm problemas que pedem que o aluno determine parâmetros de projeto para um dispositivo prático de maneira que ele possa funcionar conforme necessário.
- **Problemas com base em cálculo.** A maioria dos capítulos contém pelo menos um problema que aplica ideias e métodos de cálculo diferencial e um problema que utiliza cálculo integral.

Representações alternativas. Enfatizamos representações alternativas de informação, incluindo representações mentais, pictóricas, gráficas, tabulares e matemáticas. Muitos problemas são mais fáceis de resolver quando a informação é apresentada de forma alternativa, alcançando os vários métodos diferentes que os alunos utilizam para aprender.

Apêndice de matemática. O anexo de matemática (Anexo B), uma ferramenta valiosa para os alunos, mostra as ferramentas matemáticas em um contexto físico. Este recurso é ideal para alunos que necessitam de uma revisão rápida de tópicos, tais como álgebra, trigonometria e cálculo.

Aspectos úteis

Estilo. Para facilitar a rápida compreensão, escrevemos o livro em um estilo claro, lógico e atrativo. Escolhemos um estilo de escrita que é um pouco informal e descontraído, e os alunos encontrarão um texto atraente e agradável de ler. Os termos novos são cuidadosamente definidos, evitando a utilização de jargões.

Definições e equações importantes. As definições mais importantes estão em negrito ou fora do parágrafo, em texto centralizado para adicionar ênfase e facilidade na revisão. De maneira similar, as equações importantes são destacadas com uma tela de fundo para facilitar a localização.

Notas de margem. Comentários e notas que aparecem na margem com um ícone ▶ podem ser utilizados para localizar afirmações, equações e conceitos importantes no texto.

Nível matemático. Introduzimos cálculo gradualmente, lembrando que os alunos com frequência fazem cursos introdutórios de Cálculo e Física ao mesmo tempo. A maioria das etapas é mostrada quando equações básicas são desenvolvidas e frequentemente se faz referência aos anexos de matemática do final do livro didático. Embora os vetores sejam abordados em detalhe no Capítulo 1, produtos de vetores são apresentados mais adiante no texto, em pontos onde sejam necessários para aplicações da Física. O produto escalar é apresentado no Capítulo 6, que trata da energia de um sistema; o produto vetorial é apresentado no Capítulo 10, que aborda o momento angular.

Figuras significativas. Tanto nos exemplos trabalhados quanto nos problemas do final de capítulo, os algarismos significativos foram manipulados com cuidado. A maioria dos exemplos numéricos é trabalhada com dois ou três algarismos significativos, dependendo da precisão dos dados fornecidos. Os problemas do final de capítulo regularmente exprimem dados e respostas com três dígitos de precisão. Ao realizar cálculos estimados, normalmente trabalharemos com um único algarismo significativo. (Mais discussão sobre algarismos significativos encontra-se no Capítulo 1.)

Unidades. O sistema internacional de unidades (SI) é utilizado em todo o texto. O sistema comum de unidades nos Estados Unidos só é utilizado em quantidade limitada nos capítulos de mecânica e termodinâmica.

Apêndices e páginas finais. Diversos anexos são fornecidos no fim do livro. A maioria do material anexo representa uma revisão dos conceitos de matemática e técnicas utilizadas no texto, incluindo notação científica, álgebra, geometria, trigonometria, cálculo diferencial e cálculo integral. A referência a esses anexos é feita em todo o texto. A maioria das seções de revisão de matemática nos anexos inclui exemplos trabalhados e exercícios com respostas. Além das revisões de matemática, os anexos contêm tabela de dados físicos, fatores de conversão e unidades SI de quantidades físicas, além de uma tabela periódica dos elementos. Outras informações úteis – dados físicos e constantes fundamentais, uma lista de prefixos padrão, símbolos matemáticos, alfabeto grego e abreviações padrão de unidades de medida – aparecem nas páginas finais.

Soluções de curso que se ajustarão às suas metas de ensino e às necessidades de aprendizagem dos alunos

Avanços recentes na tecnologia educacional tornaram os sistemas de gestão de tarefas para casa e os sistemas de resposta ferramentas poderosas e acessíveis para melhorar a maneira como os cursos são ministrados. Não importa se você oferece um curso mais tradicional com base em texto, se está interessado em utilizar ou se atualmente utiliza um sistema de gestão de tarefas para casa, como o Enhanced WebAssign. Para mais informações sobre como adquirir o cartão de acesso a esta ferramenta, contate: vendas.cengage@cengage.com. Recurso em inglês.

Sistemas de gestão de tarefas para casa

Enhanced WebAssign para Princípios de Física, tradução da 5ª edição norte-americana (*Principles of physics, 5th edition*). Exclusivo da Cengage Learning, o Enhanced WebAssign oferece um programa on-line extenso de Física para encorajar a prática que é tão fundamental para o domínio do conceito. A pedagogia e os exercícios meticulosamente trabalhados nos nossos textos se tornaram ainda mais eficazes no Enhanced WebAssign. O Enhanced WebAssign inclui o Cengage YouBook, um livro interativo altamente personalizável. O WebAssign inclui:

- Todos os problemas quantitativos de final de capítulo.
- Problemas selecionados aprimorados com *feedbacks* direcionados. Veja um exemplo de *feedback* direcionado na sequência.
- Tutoriais Master It (indicados no texto por um ícone **M**) para ajudar os alunos a trabalharem no problema um passo de cada vez. Um exemplo de tutorial Master It aparece na próxima página.
- Vídeos de resolução Watch It (indicados no texto por um ícone **W**) que explicam estratégias fundamentais de resolução de problemas para ajudar os alunos a passarem pelas etapas do problema. Além disso, os professores podem escolher incluir sugestões de estratégias de resolução de problemas.
- Verificações de conceitos.
- Tutoriais de simulação de Figuras Ativas.
- Simulações PhET.

Master it

A fish swimming in a horizontal plane has velocity $\vec{v}_i = (3.00\,\hat{i} + 1.00\,\hat{j})$ m/s at a point in the ocean where the position relative to a certain rock is $\vec{r}_i = (6.00\,\hat{i} - 3.7\,\hat{j})$ m. After the fish swims with constant acceleration for 12.0 s, its velocity is $\vec{v} = (22.0\,\hat{i} - 15\,\hat{j})$ m/s.

(a) What are the components of the acceleration?

(b) What is the direction of the acceleration with respect to unit vector $\hat{i}$?

(c) If the fish maintains constant acceleration, where is it at $t = 21.0$ s?

Part 1 of 7 - Conceptualize

The fish is speeding up and changing direction. We choose to write separate equations about the x and y components of its motion.

Continue

Os tutoriais **Master It** ajudam os estudantes a organizar o que necessitam para resolver um problema com as seções de *conceitualização* e *categorização* antes de trabalhar em cada etapa. (em inglês)

Part 2 of 7 - Categorize

Model the fish as a particle under constant acceleration. We use our old standard equations for constant-acceleration straight line motion, with x and y subscripts to make them apply to parts of the whole motion.

Part 3 of 7 - Analyze (a)

At $t = 0$, the initial velocity $\vec{v} = (3.00\,\hat{i} + 1.00\,\hat{j})$ m/s and the initial position vector $\vec{r}_i = (6.00\,\hat{i} - 3.7\,\hat{j})$ m

At the first 'final' point we consider, 12.0 s later, $\vec{v} = (22.0\,\hat{i} - 15\,\hat{j})$ m/s

$$a_x = \frac{\Delta v_x}{\Delta t} = \frac{22.0 \text{ m/s} - [3] \text{ m/s}}{12.0 \text{ s}} = [1.1] \text{ m/s}^2$$

$$a_y = \frac{\Delta v_x}{\Delta t} = \frac{[-13] \text{ m/s} - 1.00 \text{ s}}{12.0 \text{ s}} = [-1.4] \text{ m/s}^2$$

Submit Skip

Tutoriais **Master It** ajudam os estudantes a trabalhar em cada passo do problema. (em inglês)

A fish swimming in a horizontal plane has velocity $\vec{v}_i = (4\,\hat{i} + 1\,\hat{j})$ m/s at a point in the ocean where the position relative to a certain rock is $\vec{r}_i = (10\,\hat{i} - 4\,\hat{j})$ m. After the fish swims with constant acceleration for 20 s, its velocity is $\vec{v} = (20\,\hat{i} - 4\,\hat{j})$ m/s.

(a) What are the components of the acceleration?

a_x = [3] m/s²

You appear to have interchanged the position and velocity values.

a_y = [.05] m/s²

Acceleration is determined from the *change* in velocity in this time interval.

(b) What is the direction of the acceleration with respect to unit vector $\hat{i}$?

[-350.5] ° (counterclockwise from the +x-axis is positive)

You appear to have correctly calculated the angle using your incorrect values from part (a).

(c) If the fish maintains constant acceleration, where is it at $t = 20$ s?

x = [ ] m

y = [ ] m

In what direction is it moving?

[ ] ° (counterclockwise from the +x-axis is positive)

Need Help? Read It | Watch It | Master It | Chat About It

Problemas selecionados incluem *feedback* para tratar dos erros mais comuns que os estudantes cometem. Esse *feedback* foi desenvolvido por professores com vários anos de experiência em sala de aula. (em inglês)

A projectile is launched at some angle to the horizontal with some initial speed v_i, and air resistance is negligible.

(a) Is the projectile a freely falling body?

(b) What is its acceleration in the vertical direction?

(c) What is its acceleration in the horizontal direction?

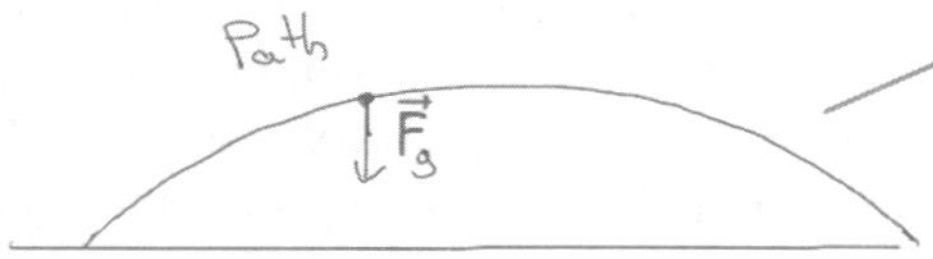

Path

$\vec{F}_g$

Os vídeos de resolução **Watch It** ajudam os estudantes a visualizar os passos necessários para resolver um problema. (em inglês)

- A maioria dos exemplos trabalhados, melhorados com sugestões e *feedback*, para ajudar a reforçar as habilidades de resolução de problemas dos alunos.
- Cada Teste Rápido oferece aos alunos uma grande oportunidade de testar sua compreensão conceitual.
- O Cengage YouBook.

O WebAssign tem um eBook em inglês personalizável e interativo, o **Cengage YouBook**, que direciona o livro-texto para se encaixar no seu curso e conectar você com os seus alunos. Você pode remover ou reorganizar capítulos no índice e direcionar leituras designadas que combinem exatamente com o seu programa. Ferramentas poderosas de edição permitem a você fazer mudanças do jeito desejado – ou deixar tudo do jeito original. Você pode destacar trechos principais ou adicionar notas adesivas nas páginas para comentar um conceito na leitura, e depois compartilhar qualquer uma dessas notas individuais e trechos marcados com os seus alunos, ou mantê-los para si. Você também pode editar o conteúdo narrativo no livro de texto adicionando uma caixa de texto ou eliminando texto. Com uma ferramenta de *link* útil, você pode entrar num ícone em qualquer ponto do *eBook* que lhe permite fazer *links* com as suas próprias notas de leitura, resumos de áudio, vídeo-palestras, ou outros arquivos em um site pessoal ou em qualquer outro lugar da web. Um simples *widget* do YouTube permite que você encontre e inclua vídeos do YouTube de maneira fácil diretamente nas páginas do *eBook*. Existe um quadro claro de discussão que permite aos alunos e professores encontrarem outras pessoas da sua classe e comecem uma sessão de *chat*. O Cengage YouBook ajuda os alunos a ir além da simples leitura do livro didático. Os alunos também podem destacar o texto, adicionar as suas próprias notas e marcar o livro. As animações são reproduzidas direto na página no ponto de aprendizagem, de modo que não sejam solavancos, mas sim verdadeiros aprimoramentos na leitura. Para mais informações sobre como comprar o cartão de acesso a esta ferramenta, contate: vendas.brasil@cengage.com. Recurso em inglês.

- Oferecido exclusivamente no WebAssign, o **Quick Prep** para Física é um suprimento de álgebra matemática de trigonometria dentro do contexto de aplicações e princípios físicos. O Quick Prep ajuda os alunos a serem bem-sucedidos usando narrativas ilustradas com exemplos em vídeo. O tutorial para problemas Master It permite que os alunos tenham acesso e sintonizem novamente o seu entendimento do material. Os Problemas Práticos que acompanham cada tutorial permitem que tanto o aluno como o professor testem o entendimento do aluno sobre o material.

O Quick Prep inclui os seguintes recursos:

- 67 tutoriais interativos
- 67 problemas práticos adicionais
- Visão geral de cada tópico que inclui exemplos de vídeo
- Pode ser feito antes do começo do semestre ou durante as primeiras semanas do curso
- Pode ser também atribuído junto de cada capítulo na forma *just in time*

Os tópicos incluem: unidades, notação científica e figuras significativas; o movimento de objetos em uma reta; funções; aproximação e gráficos; probabilidade e erro; vetores, deslocamento e velocidade; esferas; força e projeção de vetores.

Material complementar

O material complementar *on-line* está disponível no site da Cengage, na página do livro. O material contém:

Para o **professor**:
- Glossário
- Imagens coloridas do livro
- Manual de soluções

Para o **aluno**:
- Glossário
- Imagens coloridas do livro

Agradecimentos

Antes de começar o trabalho nesta revisão, conduzimos duas pesquisas separadas de professores para fazer uma escala das suas necessidades em livros-texto do mercado sobre Física introdutória com base em cálculo. Ficamos espantados não apenas pelo número de professores que queriam participar da pesquisa, mas também pelos seus comentários perspicazes. O seu *feedback* e sugestões ajudaram a moldar a revisão desta edição; nós os agradecemos. Também agradecemos às seguintes pessoas por suas sugestões e assistência durante a preparação das edições anteriores deste livro:

Edward Adelson, Ohio State University; Anthony Aguirre, University of California em Santa Cruz; Yildirim M. Aktas, University of North Carolina–Charlotte; Alfonso M. Albano, Bryn Mawr College; Royal Albridge, Vanderbilt University; Subash Antani, Edgewood College; Michael Bass, University of Central Florida; Harry Bingham, University of California, Berkeley; Billy E. Bonner, Rice University; Anthony Buffa, California Polytechnic State University, San Luis Obispo; Richard Cardenas, St. Mary's University; James Carolan, University of British Columbia; Kapila Clara Castoldi, Oakland University; Ralph V. Chamberlin, Arizona State University; Christopher R. Church, Miami University (Ohio); Gary G. DeLeo, Lehigh University; Michael Dennin, University of California, Irvine; Alan J. DeWeerd, Creighton University; Madi Dogariu, University of Central Florida; Gordon Emslie, University of Alabama em Huntsville; Donald Erbsloe, United States Air Force Academy; William Fairbank, Colorado State University; Marco Fatuzzo, University of Arizona; Philip Fraundorf, University of Missouri-St. Louis; Patrick Gleeson, Delaware State University; Christopher M. Gould, University of Southern California; James D. Gruber, Harrisburg Area Community College; John B. Gruber, San Jose State University; Todd Hann, United States Military Academy; Gail Hanson, Indiana University; Gerald Hart, Moorhead State University; Dieter H. Hartmann, Clemson University; Richard W. Henry, Bucknell University; Athula Herat, Northern Kentucky University; Laurent Hodges, Iowa State University; Michael J. Hones, Villanova University; Huan Z. Huang, University of California em Los Angeles; Joey Huston, Michigan State University; George Igo, University of California em Los Angeles; Herb Jaeger, Miami University; David Judd, Broward Community College; Thomas H. Keil, Worcester Polytechnic Institute; V. Gordon Lind, Utah State University; Edwin Lo; Michael J. Longo, University of Michigan; Rafael Lopez-Mobilia, University of Texas em San Antonio; Roger M. Mabe, United States Naval Academy; David Markowitz, University of Connecticut; Thomas P. Marvin, Southern Oregon University; Bruce Mason, University of Oklahoma em Norman; Martin S. Mason, College of the Desert; Wesley N. Mathews, Jr., Georgetown University; Ian S. McLean, University of California em Los Angeles; John W. McClory, United States Military Academy; L. C. McIntyre, Jr., University of Arizona; Alan S. Meltzer, Rensselaer Polytechnic Institute; Ken Mendelson, Marquette University; Roy Middleton, University of Pennsylvania; Allen Miller, Syracuse University; Clement J. Moses, Utica College of Syracuse University; John W. Norbury, University of Wisconsin–Milwaukee; Anthony Novaco, Lafayette College; Romulo Ochoa, The College of New Jersey; Melvyn Oremland, Pace University; Desmond Penny, Southern Utah University; Steven J. Pollock, University of Colorado-Boulder; Prabha Ramakrishnan, North Carolina State University; Rex D. Ramsier, The University of Akron; Ralf Rapp, Texas A&M University; Rogers Redding, University of North Texas; Charles R. Rhyner, University of Wisconsin-Green Bay; Perry Rice, Miami University; Dennis Rioux, University of Wisconsin – Oshkosh; Richard Rolleigh, Hendrix College; Janet E. Seger, Creighton University; Gregory D. Severn, University of San Diego; Satinder S. Sidhu, Washington College; Antony Simpson, Dalhousie University; Harold Slusher, University of Texas em El Paso; J. Clinton Sprott, University of Wisconsin em Madison; Shirvel Stanislaus, Valparaiso University; Randall Tagg, University of Colorado em Denver; Cecil Thompson, University of Texas em Arlington; Harry W. K. Tom, University of California em Riverside; Chris Vuille, Embry – Riddle Aeronautical University; Fiona Waterhouse, University of California em Berkeley; Robert Watkins, University of Virginia; James Whitmore, Pennsylvania State University

Princípios de Física, quinta edição, teve sua precisão cuidadosamente verificada por Grant Hart (Brigham Young University), James E. Rutledge (University of California at Irvine) e Som Tyagi (Drexel University).

Estamos em débito com os desenvolvedores dos modelos IUPP "A Particles Approach to Introductory Physics" e "Physics in Context", sob os quais boa parte da abordagem pedagógica deste livro didático foi fundamentada.

Vahe Peroomian escreveu o projeto inicial do novo contexto em Ataques Cardíacos, e estamos muito agradecidos por seu esforço. Ele ajudou revisando os primeiros rascunhos dos problemas.

Agradecemos a John R. Gordon e Vahe Peroomian por ajudar no material, e a Vahe Peroomian por preparar um excelente *Manual de Soluções*. Durante o desenvolvimento deste texto, os autores foram beneficiados por várias discussões úteis com colegas e outros professores de Física, incluindo Robert Bauman, William Beston, Don Chodrow, Jerry Faughn, John R. Gordon, Kevin Giovanetti, Dick Jacobs, Harvey Leff, John Mallinckrodt, Clem Moses, Dorn Peterson, Joseph Rudmin e Gerald Taylor.

Agradecimentos especiais e reconhecimento aos profissionais da Brooks/Cole Publishing Company – em particular, Charles Hartford, Ed Dodd, Brandi Kirksey, Rebecca Berardy Schwartz, Jack Cooney, Cathy Brooks, Cate Barr e Brendan Killion – pelo seu ótimo trabalho durante o desenvolvimento e produção deste livro-texto. Reconhecemos o serviço competente da produção proporcionado por Jill Traut e os funcionários do Macmillan Solutions e o esforço dedicado na pesquisa de fotos de Josh Garvin do Grupo Bill Smith.

Por fim, estamos profundamente em débito com a família, esposa e filhos, por seu amor, apoio e sacrifícios de longo prazo.

Raymond A. Serway
St. Petersburg, Flórida

John W. Jewett, Jr.
Anaheim, Califórnia

Ao aluno

Convém oferecer algumas palavras de conselho que sejam úteis para você, aluno. Antes de fazê-lo, supomos que tenha lido o Prefácio, que descreve as várias características do livro didático e dos materiais de apoio que o ajudarão durante o curso.

Como estudar

Frequentemente, pergunta-se aos professores, "Como eu deveria estudar Física e me preparar para as provas?" Não há resposta simples para essa pergunta, mas podemos oferecer algumas sugestões com base em nossas experiências de aprendizagem e ensino durante anos.

Antes de tudo, mantenha uma atitude positiva em relação ao assunto, tendo em mente que a Física é a mais fundamental de todas as ciências naturais. Outros cursos de ciência que vêm a seguir usarão os mesmos princípios físicos; assim, é importante que você entenda e seja capaz de aplicar os vários conceitos e teorias discutidos no texto.

Conceitos e princípios

É essencial que você entenda os conceitos e princípios básicos antes de tentar resolver os problemas solicitados. Você poderá alcançar essa meta com a leitura cuidadosa do livro didático antes de assistir à aula sobre o material tratado. Ao ler o texto, anote os pontos que não estão claros para você. Certifique-se, também, de tentar responder às perguntas dos Testes Rápidos ao chegar a eles durante a leitura. Trabalhamos muito para preparar perguntas que possam ajudar você a avaliar sua compreensão do material. Estude cuidadosamente os recursos E Se? que aparecem em muitos dos exemplos trabalhados. Eles ajudarão a estender sua compreensão além do simples ato de chegar a um resultado numérico. As Prevenções de Armadilhas também ajudarão a mantê-lo longe dos erros mais comuns na Física. Durante a aula, tome notas atentamente e faça perguntas sobre as ideias que não entender com clareza. Tenha em mente que poucas pessoas são capazes de absorver todo o significado de um material científico com uma única leitura; várias leituras do texto, juntamente com suas anotações, podem ser necessárias. As aulas e o trabalho em laboratório suplementam o livro didático e devem esclarecer parte do material mais difícil. Evite a simples memorização do material. A memorização bem-sucedida de passagens do texto, equações e derivações não indica necessariamente que entendeu o material. A compreensão do material será melhor por meio de uma combinação de hábitos de estudo eficientes, discussões com outros alunos e com professores, e sua capacidade de resolver os problemas apresentados no livro didático. Faça perguntas sempre que acreditar que o esclarecimento de um conceito é necessário.

Horário de estudo

É importante definir um horário regular de estudo, de preferência, diariamente. Leia o programa do curso e cumpra o cronograma estabelecido pelo professor. As aulas farão muito mais sentido se ler o material correspondente à aula antes de assisti-la. Como regra geral, seria bom dedicar duas horas de tempo de estudo para cada hora de aula. Caso tenha algum problema com o curso, peça a ajuda do professor ou de outros alunos que fizeram o curso. Pode também achar necessário buscar mais instrução de alunos experientes. Com muita frequência, os professores oferecem aulas de revisão além dos períodos de aula regulares. Evite a prática de deixar o estudo para um dia ou dois antes da prova. Muito frequentemente, essa prática tem resultados desastrosos. Em vez de gastar uma noite toda de estudo antes de uma prova, revise brevemente os conceitos e equações básicos e tenha uma boa noite de descanso.

Uso de recursos

Faça uso dos vários recursos do livro, discutidos no Prefácio. Por exemplo, as notas de margem são úteis para localizar e descrever equações e conceitos importantes e o negrito indica definições importantes. Muitas tabelas úteis estão contidas nos anexos, mas a maioria é incorporada ao texto em que elas são mencionadas com mais frequência. O Anexo B é uma revisão conveniente das ferramentas matemáticas utilizadas no texto.

Depois de ler um capítulo, você deve ser capaz de definir quaisquer grandezas novas apresentadas nesse capítulo e discutir os princípios e suposições que foram utilizados para chegar a certas relações-chave. Os resumos do capítulo podem ajudar nisso. Em alguns casos, você pode achar necessário consultar o índice remissivo do livro para localizar certos tópicos. Você deve ser capaz de associar a cada quantidade física o símbolo correto utilizado para representar a quantidade e a unidade na qual ela é especificada. Além disso, deve ser capaz de expressar cada equação importante de maneira concisa e precisa.

Solucionando problemas

R.P. Feynman, prêmio Nobel de Física, uma vez disse: "Você não sabe nada até que tenha praticado". Concordando com essa afirmação, aconselhamos que você desenvolva as habilidades necessárias para resolver uma vasta gama de problemas. Sua habilidade em resolver problemas será um dos principais testes de seu conhecimento em Física; portanto, você deve tentar resolver tantos problemas quanto possível. É essencial entender os conceitos e princípios básicos antes de tentar resolver os problemas. Uma boa prática consiste em tentar encontrar soluções alternativas para o mesmo problema. Por exemplo, você pode resolver problemas em mecânica usando as leis de Newton, mas muito frequentemente um método alternativo que utilize considerações sobre energia é mais direto. Você não deve se enganar pensando que entende um problema meramente porque acompanhou a resolução dele na aula. Deve ser capaz de resolver o problema e outros problemas similares sozinho.

O enfoque de resolução de problemas deve ser cuidadosamente planejado. Um plano sistemático é especialmente importante quando um problema envolve vários conceitos. Primeiro, leia o problema várias vezes até que esteja confiante de que entendeu o que ele está perguntando. Procure quaisquer palavras-chave que ajudarão a interpretar o problema e talvez permitir que sejam feitas algumas suposições. Sua capacidade de interpretar uma pergunta adequadamente é parte integrante da resolução do problema. Em segundo lugar, você deve adquirir o hábito de anotar a informação dada num problema e aquelas grandezas que precisam ser encontradas; por exemplo, você pode construir uma tabela listando tanto as grandezas dadas quanto as que são procuradas. Este procedimento é utilizado algumas vezes nos exemplos trabalhados do livro. Finalmente, depois que decidiu o método que acredita ser apropriado para um determinado problema, prossiga com sua solução. A Estratégia Geral de Resolução de Problemas orientará nos problemas complexos. Se seguir os passos desse procedimento (Conceitualização, Categorização, Análise, Finalização), você facilmente chegará a uma solução e terá mais proveito de seus esforços. Essa estratégia, localizada no final do Capítulo 1, é utilizada em todos os exemplos trabalhados nos capítulos restantes de maneira que você poderá aprender a aplicá-lo. Estratégias específicas de resolução de problemas para certos tipos de situações estão incluídas no livro e aparecem com um título especial. Essas estratégias específicas seguem a essência da Estratégia Geral de Resolução de Problemas.

Frequentemente, os alunos falham em reconhecer as limitações de certas equações ou de certas leis físicas numa situação particular. É muito importante entender e lembrar as suposições que fundamentam uma teoria ou formalismo em particular. Por exemplo, certas equações da cinemática aplicam-se apenas a uma partícula que se move com aceleração constante. Essas equações não são válidas para descrever o movimento cuja aceleração não é constante, tal como o movimento de um objeto conectado a uma mola ou o movimento de um objeto através de um fluido. Estude cuidadosamente o Modelo de Análise para Resolução de Problemas nos resumos do capítulo para saber como cada modelo pode ser aplicado a uma situação específica. Os modelos de análise fornecem uma estrutura lógica para resolver problemas e ajudam a desenvolver suas habilidades de pensar para que fiquem mais parecidas com as de um físico. Utilize a abordagem de modelo de análise para economizar tempo buscando a equação correta e resolva o problema com maior rapidez e eficiência.

Experimentos

A Física é uma ciência baseada em observações experimentais. Portanto, recomendamos que tente suplementar o texto realizando vários tipos de experiências práticas, seja em casa ou no laboratório. Essas experiências podem ser utilizadas para testar as ideias e modelos discutidos em aula ou no livro didático. Por exemplo, o brinquedo comum "slinky" é excelente para estudar propagação de ondas, uma bola balançando no final de uma longa corda pode ser utilizada para investigar o movimento de pêndulo, várias massas presas no final de uma mola vertical ou elástico podem ser utilizadas para determinar sua natureza elástica, um velho par de óculos de sol polarizado e algumas lentes descartadas e uma lente de aumento são componentes de várias experiências de óptica, e uma medida aproximada da aceleração em queda livre pode ser determinada simplesmente pela medição com um cronômetro do intervalo de tempo necessário para uma bola cair de uma altura conhecida. A lista dessas experiências é infinita. Quando os modelos físicos não estão disponíveis, seja imaginativo e tente desenvolver seus próprios modelos.

Novos meios

Se possível, incentivamos muito a utilização do produto Enhanced WebAssign (veja nota na página IX). É bem mais fácil entender Física se você a vê em ação e os materiais disponíveis no Enhanced WebAssign permitirão que você se torne parte dessa ação. Para mais informações sobre como adquirir o cartão de acesso a esta ferramenta, contate: vendas.brasil@cengage.com (recurso em inglês).

Esperamos sinceramente que você considere a Física uma experiência excitante e agradável e que se beneficie dessa experiência independentemente da profissão escolhida. Bem-vindo ao excitante mundo da Física!

O cientista não estuda a natureza porque é útil; ele a estuda porque se realiza fazendo isso e tem prazer porque ela é bela. Se a natureza não fosse bela, não seria suficientemente conhecida, e se não fosse suficientemente conhecida, a vida não valeria a pena.

— Henri Poincaré

Um convite à física

Stonehenge, no sul da Inglaterra, foi construído há milhares de anos. Várias teorias têm sido propostas acerca de sua função, como cemitério, local de cura e espaço de culto aos ancestrais. Uma das teorias mais intrigantes sugere que Stonehenge tenha sido um observatório, permitindo previsões sobre eventos celestiais, como eclipses, solstícios e equinócios.

A física, a mais fundamental das ciências naturais, preocupa-se com os princípios básicos do Universo. É a fundação sobre a qual a engenharia, a tecnologia e outras ciências – astronomia, biologia, química e geologia – se baseiam. A beleza da física repousa sobre a simplicidade de seus princípios fundamentais e na maneira como um pequeno número de conceitos básicos, equações e proposições pode alterar e expandir nossa visão do mundo.

A *física clássica*, desenvolvida antes de 1900, inclui teorias, conceitos, leis e experimentos em mecânica clássica, termodinâmica, eletromagnetismo e óptica. Por exemplo, Galileu Galilei (1564-1642) fez contribuições significativas à mecânica clássica por meio do seu trabalho das leis de movimento com aceleração constante. Na mesma época, Johannes Kepler (1571-1630) usou observações astronômicas para desenvolver leis empíricas (baseadas na experiência) em relação ao movimento de corpos planetários.

As contribuições mais importantes para a mecânica clássica, no entanto, foram proporcionadas por Isaac Newton (1642-1727), que desenvolveu a mecânica clássica como uma teoria sistemática e foi um dos criadores do cálculo como ferramenta matemática. Mesmo que os principais desenvolvimentos da física clássica tenham continuado no século XVIII, a termodinâmica e o eletromagnetismo não foram desenvolvidos até a última parte do século XIX, principalmente porque, antes dessa época, os equipamentos para experiências controladas eram muito primitivos ou indisponíveis. Embora vários fenômenos elétricos e magnéticos tenham sido estudados anteriormente, o trabalho de James Clerk Maxwell (1831-1879) proporcionou uma teoria unificada do eletromagnetismo. Neste livro, trataremos das diversas disciplinas da física clássica em seções separadas; veremos, assim, que a mecânica e o eletromagnetismo são básicos para todas as áreas da física.

Uma revolução importante na física, normalmente conhecida como *física moderna*, começou no final do século XIX e se desenvolveu principalmente porque

O detector Solenoide de Múon Compacto (CMS) é parte do Grande Colisor de Hádrons operado pelo Conseil Européen pour la Recherche Nucléaire (Cern). O sistema é desenhado para detectar e medir partículas criadas em colisões de prótons de alta energia. Apesar da palavra *compacto* no nome, o detector tem 15 metros de diâmetro. Para ter uma ideia de escala, veja o trabalhador no canto inferior esquerdo da foto e os outros trabalhadores com capacetes no lado mais distante do detector.

muitos fenômenos físicos não podiam ser explicados pela física clássica. Os dois desenvolvimentos mais importantes na era moderna foram a teoria da relatividade e a mecânica quântica. A primeira, de Albert Einstein, revolucionou completamente os conceitos tradicionais sobre espaço, tempo e energia. A teoria da relatividade descreve corretamente o movimento de objetos à velocidade comparável à da luz, além de mostrar que a velocidade da luz é o limite superior da velocidade de um objeto e que massa e energia são relacionadas. A mecânica quântica foi formulada por diversos cientistas distintos para fornecer descrições de fenômenos físicos no nível atômico.

Cientistas trabalham continuamente na melhoria da nossa compreensão das leis fundamentais, e novas descobertas são feitas a cada dia. Em várias áreas de pesquisa, há uma grande sobreposição entre física, química e biologia. Evidência disso observa-se no nome de algumas subespecialidades da ciência: biofísica, bioquímica, fisioquímica, biotecnologia e assim por diante. Inúmeros avanços técnicos nos últimos tempos são resultado do esforço de muitos cientistas, engenheiros e técnicos. Alguns dos desenvolvimentos mais notáveis na última metade do século XX foram (1) missões espaciais para a Lua e outros planetas, (2) computadores de microcircuito e alta velocidade, (3) técnicas de imagem sofisticadas usadas em pesquisas científicas e medicina e (4) várias realizações notáveis em engenharia genética. Os primeiros anos do século XXI têm mostrado desenvolvimentos adicionais. Materiais como nanotubos de carbono agora experimentam uma variedade de novas aplicações. O Prêmio Nobel de Física de 2010 foi concedido a experimentos realizados em grafenos, um material de duas dimensões formado de átomos de carbono. Aplicações potenciais incluem incorporação de uma variedade de componentes elétricos e biodispositivos, como aqueles usados em sequenciamento de DNA. Os impactos de tais desenvolvimentos e descobertas em nossa sociedade têm sido realmente grandes, e é muito provável que as descobertas e desenvolvimentos futuros sejam excitantes, desafiadores e de grande benefício para a humanidade.

Para investigar o impacto da física nos desenvolvimentos de nossa sociedade, usaremos uma abordagem integrada para o estudo do conteúdo desta coleção, dividida em nove Contextos, que relatam as questões sociais da física, os fenômenos naturais ou as aplicações técnicas e médicas, como indicado a seguir:

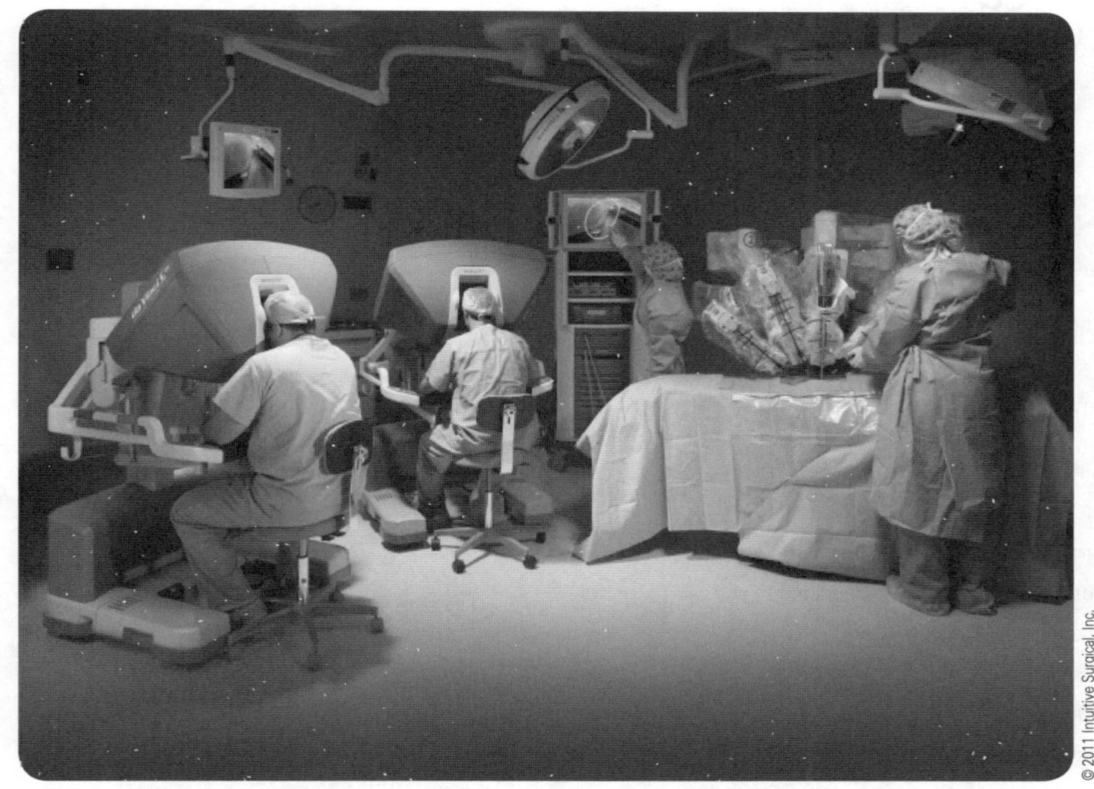

Físicos têm sido amplamente utilizados hoje no campo da biomedicina. Vemos aqui o Sistema Cirúrgico Da Vinci, um dispositivo robótico usado em procedimentos como prostatectomia, histerectomias, reparos da válvula mitral e anastomose da artéria coronária. O cirurgião fica no console à esquerda e vê uma imagem estereoscópica do local da cirurgia. Os movimentos das mãos são traduzidos por um computador em movimentos dos braços robóticos, os quais estão acima da mesa de cirurgia, à direita.

Capítulos	Contexto
2-7	Veículos movidos a combustível alternativo
8-11	Missão para Marte
12-14	Terremotos
15	Ataques cardíacos
16-18	Aquecimento global
19-21	Raios
22-23	Magnetismo na medicina
24-27	*Lasers*
28-31	A conexão cósmica

Os Contextos oferecem uma linha de história para cada seção do livro, que ajudará a relevar e motivar o estudo do material.

Cada Contexto começa com uma discussão do tópico e termina com uma *pergunta central*, que forma o foco para o estudo da física nele. Na seção final de cada capítulo, Conteúdo em Contexto, o material visto é explorado com base na pergunta central. No final de cada "Contexto", uma "Conclusão do Contexto" reúne todos os princípios necessários para responder da forma mais completa possível à pergunta central.

No Capítulo 1, investigamos alguns dos fundamentos matemáticos e estratégias de resolução de problemas que utilizaremos no estudo da física. O primeiro Contexto, *Veículos movidos a combustível alternativo*, é introduzido antes do Capítulo 2; nesse contexto, os princípios de mecânica clássica são aplicados ao problema de projeto, desenvolvimento, produção e venda de um veículo que ajudará a reduzir a dependência de petróleo importado estrangeiro e causará menos emissão de produtos prejudiciais na atmosfera quando comparado com motores comuns a gasolina.

Capítulo 1

Introdução e vetores

Sumário

Raymond A. Serway

Um poste de sinalização em Saint Petersburg, na Flórida, mostra a distância e a direção para diversas cidades. Quantidades que são definidas tanto por um módulo quanto por uma direção são chamadas de *quantidades vetoriais.*

A meta da física é proporcionar um entendimento quantitativo de certos fenômenos básicos que ocorrem em nosso Universo. A física é uma ciência baseada em observações experimentais e análises matemáticas. Os principais objetivos por trás desses experimentos e análises são desenvolver teorias que expliquem o fenômeno estudado e relacioná-las a outras estabelecidas. Felizmente, é possível explicar o comportamento de diversos sistemas físicos usando relativamente poucas leis fundamentais. Os procedimentos analíticos requerem a expressão dessas leis na linguagem da matemática, a ferramenta que faz uma ponte entre a teoria e a experiência. Neste capítulo, abordaremos alguns conceitos e técnicas matemáticas que serão utilizados ao longo do livro. Além disso, destacamos uma estratégia eficaz de solução de problemas que deve ser adotada e utilizada em nossas atividades para solução dos problemas dados.

ENHANCED WebAssign
O conteúdo interativo deste e de outros capítulos é designado tarefa *on-line* no Enhanced WebAssign.

1.1 | Padrões de comprimento, massa e tempo

Para descrever os fenômenos naturais, devemos fazer medições associadas às quantidades físicas, como o comprimento de um objeto. As leis da física podem ser expressas como relações matemáticas entre grandezas físicas que serão apresentadas e discutidas no livro. Em mecânica, as três grandezas fundamentais são comprimento, massa e tempo. Todas as outras grandezas podem ser expressas em termos dessas três.

Se medirmos certa grandeza e desejarmos descrevê-la a alguém, uma unidade para a grandeza deverá ser especificada e definida. Por exemplo, não faria sentido um visitante de outro planeta nos falar sobre um comprimento de 8,0 "*glitches*" se não sabemos o significado da unidade *glitch*. Entretanto, se alguém familiarizado com nosso sistema de medição relatar que uma parede tem 2 metros de altura e nossa unidade de comprimento é definida como 1 metro, sabemos que a altura da parede é duas vezes nossa unidade fundamental de comprimento. Um comitê internacional criou um sistema de definições e padrões para descrever as grandezas físicas fundamentais, chamado de Sistema Internacional (**SI**) de unidades. De acordo com o SI, as unidades fundamentais de comprimento, massa e tempo são: metro, quilograma e segundo, respectivamente.

© 2005 Geoffrey Wheeler Photography

Figura 1.1 Relógio atômico com fonte de césio. Ele não ganhará nem perderá um segundo em 20 milhões de anos.

Comprimento

Em 1120 d.C., o rei Henrique I da Inglaterra decretou que o padrão de comprimento em seu país seria nomeado jarda, que seria precisamente igual à distância da ponta do seu nariz ao final seu braço estendido. Similarmente, o padrão original para o pé adotado pelos franceses era o comprimento do pé real do rei Luís XIV. O padrão prevaleceu até 1799, quando o padrão legal de comprimento na França se tornou o **metro** (m), definido como um décimo de milionésimo da distância do Equador ao Polo Norte.

Muitos outros sistemas além desses foram desenvolvidos, porém, por causa das vantagens do sistema francês, ele prevaleceu na maioria dos países e nos círculos científicos do mundo todo. Até 1960, o comprimento do metro foi definido como a distância entre duas linhas em uma barra específica de liga de platina-irídio armazenada sob condições controladas. Esse padrão foi abandonado por diversas razões, sendo a principal delas a precisão limitada com a qual se pode determinar a separação entre as linhas, o que não atende às exigências atuais da ciência e da tecnologia. A definição do metro foi modificada para ser igual a 1 650 763,73 vezes o comprimentos de onda da luz laranja-avermelhada emitida por uma lâmpada de criptônio 86. Em outubro de 1983, o metro foi redefinido como **a distância percorrida pela luz no vácuo durante o tempo de 1/299 792 458 segundos**. Esse valor surgiu do estabelecimento da velocidade da luz no vácuo como exatamente 299 792 458 metros por segundo. Usaremos a notação científica padrão para números com mais de três dígitos, nos quais grupos de três dígitos são separados por espaços em vez de vírgulas. Portanto, 1 650 763,73 e 299 792 458 neste parágrafo são os mesmos que as notações popularmente usadas de 1.650.763,73 e 299.792.458. Da mesma forma, $\pi = 3{,}14159265$ é escrito como 3,141 592 65.

▶ Definição de metro

Massa

A massa representa uma medida de resistência de um objeto a alterações em seu movimento. No SI, a unidade de massa, o **quilograma**, é definida como **a massa de um cilindro específico de liga de platina-irídio mantido na Agência Internacional de Pesos e Medidas, em Sèvres, na França**. Neste ponto, devemos ter um pouco de cautela. Muitos alunos iniciantes de física tendem a confundir as quantidades físicas chamadas *peso* e *massa*. Por ora, não devemos discutir a distinção entre elas, o que será feito com mais clareza nos capítulos seguintes. Agora, devemos somente observar que elas são grandezas bastante distintas.

▶ Definição de quilograma

Tempo

Antes de 1967, o padrão de tempo foi definido em termos da duração média de um *dia solar médio*. (O intervalo de tempo entre sucessivas aparições do Sol no ponto mais alto que ele atinge no céu a cada dia.) A unidade básica do tempo, o **segundo**, foi definida como (1/60)(1/60)(1/24) = 1/86 400 de um dia solar médio. Em 1967, foi redefinido para aproveitar a grande precisão obtida por

▶ Definição de segundo

TABELA 1.1 | Valores aproximados de alguns comprimentos medidos

	Comprimento (m)
Distância da Terra ao mais remoto quasar conhecido	$1,4 \times 10^{26}$
Distância da Terra às galáxias normais mais remotas	9×10^{25}
Distância da Terra à grande galáxia mais próxima (M 31, galáxia de Andrômeda)	2×10^{22}
Distância do Sol à estrela mais próxima (*Proxima Centauri*)	4×10^{16}
Um ano-luz	$9,46 \times 10^{15}$
Raio médio da órbita da Terra	$1,50 \times 10^{11}$
Distância média da Terra à Lua	$3,84 \times 10^{8}$
Distância do Equador ao Polo Norte	$1,00 \times 10^{7}$
Raio médio da Terra	$6,37 \times 10^{6}$
Altitude típica (acima da superfície) de um satélite na órbita da Terra	2×10^{5}
Comprimento de um campo de futebol	$9,1 \times 10^{1}$
Comprimento de um livro	$2,8 \times 10^{-1}$
Comprimento de uma mosca doméstica	5×10^{-3}
Tamanho das menores partículas de pó visíveis	$\sim 10^{-4}$
Tamanho das células da maioria dos organismos vivos	$\sim 10^{-5}$
Diâmetro de um átomo de hidrogênio	$\sim 10^{-10}$
Diâmetro de um núcleo de urânio	$\sim 10^{-14}$
Diâmetro de um próton	$\sim 10^{-15}$

TABELA 1.2 | Massas de diversos objetos (valores aproximados)

	Massa (kg)
Universo visível	$\sim 10^{52}$
Via Láctea	$\sim 10^{42}$
Sol	$1,99 \times 10^{30}$
Terra	$5,98 \times 10^{24}$
Lua	$7,36 \times 10^{22}$
Tubarão	$\sim 10^{3}$
Humano	$\sim 10^{2}$
Sapo	$\sim 10^{-1}$
Mosquito	$\sim 10^{-5}$
Bactéria	$\sim 10^{-15}$
Átomo de hidrogênio	$1,67 \times 10^{-27}$
Elétron	$9,11 \times 10^{-31}$

um dispositivo conhecido como relógio atômico (Fig. 1.1), que usa a frequência característica do átomo de césio-133 como o "relógio de referência". Um segundo é agora definido como **9 192 631 770 vezes o período de vibração da radiação do átomo de césio**. Hoje, é possível comprar relógios que recebem sinais de rádio de um relógio atômico no Colorado, utilizados para reinício contínuo a fim de permanecerem na hora correta.

Valores aproximados para comprimento, massa e tempo

Valores aproximados de diversos comprimentos, massas e intervalos de tempo são apresentados nas Tabelas 1.1, 1.2 e 1.3, respectivamente. Observe a grande variedade de valores para essas quantidades.[1] Você deve estudar as tabelas e começar a intuir para o que quer dizer, por exemplo, uma massa de 100 quilogramas ou intervalo de tempo $3,2 \times 10^7$ segundos.

Os sistemas de unidades mais usados na ciência, no comércio, na fabricação e na vida cotidiana são (1) o *SI*, em que as unidades de comprimento, massa e tempo são metro (m), quilograma (kg) e segundo (s), respectivamente; e (2) o *sistema usual dos EUA*, em que as unidades de comprimento, massa e tempo são pés (*ft*), *slug*[2] e segundo, respectivamente. Na maior parte deste livro, utilizaremos unidades do SI porque são quase universalmente aceitas na ciência e indústria, mas faremos uso limitado das unidades usuais dos EUA.

Prevenção de Armadilhas | 1.1

Valores sensatos

Intuir sobre valores normais de quantidades ao resolver problemas é importante porque é preciso pensar no resultado final e determinar se ele parece sensato. Por exemplo, se estiver calculando a massa de uma mosca e chegar a um valor de 100 kg, essa resposta é *insensata*, e há um erro em algum lugar.

Alguns dos prefixos mais usados para potências de dez e suas abreviações estão relacionados na Tabela 1.4. Por exemplo, 10^{-3} m é equivalente a 1 milímetro (mm), e 10^3 m corresponde a um quilômetro (km). De maneira semelhante, 1 kg é 10^3 gramas (g), e um megavolt (MV), 10^6 volts (V).

As variáveis comprimento, tempo e massa são exemplos de *grandezas fundamentais*. Uma lista bem maior de variáveis tem *grandezas derivadas*, que podem ser expressas como uma combinação matemática de grandezas fundamentais.

[1] Se você não estiver familiarizado com o uso de potências de dez (notação científica), estude o Apêndice B.1.

[2] N.R.T.: Slug é a unidade de medida em unidades inglesas. É a massa que é acelerada por Lft/s² quando a força de uma Libra (lfb) é exercida nela: $1 \text{ slug} = 1 \dfrac{\text{lbf} \cdot \text{s}^2}{\text{ft}}$.

TABELA 1.3 | Valores aproximados de alguns intervalos de tempo

	Intervalo de Tempo (s)
Idade do Universo	4×10^{17}
Idade da Terra	$1,3 \times 10^{17}$
Intervalo de tempo desde a queda do Império Romano	5×10^{12}
Idade média de um estudante universitário	$6,3 \times 10^{8}$
Um ano	$3,2 \times 10^{7}$
Um dia (intervalo de tempo para uma revolução da Terra sobre seu eixo)	$8,6 \times 10^{4}$
Um período de aula	$3,0 \times 10^{3}$
Intervalo de tempo entre batimentos cardíacos normais	8×10^{-1}
Período de ondas sonoras audíveis	$\sim 10^{-3}$
Período de ondas de rádio normais	$\sim 10^{-6}$
Período de vibração de um átomo em um sólido	$\sim 10^{-13}$
Período de ondas luminosas visíveis	$\sim 10^{-15}$
Duração de uma colisão nuclear	$\sim 10^{-22}$
Intervalo de tempo para a luz cruzar um próton	$\sim 10^{-24}$

TABELA 1.4 | Alguns prefixos para potências de dez

Potência	Prefixo	Abreviação
10^{-24}	iocto	y
10^{-21}	zepto	z
10^{-18}	ato	a
10^{-15}	femto	f
10^{-12}	pico	p
10^{-9}	nano	n
10^{-6}	micro	μ
10^{-3}	mili	m
10^{-2}	centi	c
10^{-1}	deci	d
10^{3}	quilo	k
10^{6}	mega	M
10^{9}	giga	G
10^{12}	tera	T
10^{15}	peta	P
10^{18}	exa	E
10^{21}	zeta	Z
10^{24}	iota	Y

Exemplos comuns são *área*, que é um produto de dois comprimentos, e *velocidade*, que é uma relação entre um comprimento e um intervalo de tempo.

Outro exemplo de grandeza derivada é a **densidade**. A densidade ρ (letra grega rho; uma tabela de letras no alfabeto grego encontra-se na parte final do livro) de qualquer substância é definida como sua *massa pela unidade de volume*:

▶ Definição de densidade

$$\rho \equiv \frac{m}{V} \qquad \textbf{1.1}$$

que é a relação da massa para um produto de três comprimentos. O alumínio, por exemplo, tem densidade $2,70 \times 10^3$ kg/m^3, e o chumbo, $11,3 \times 10^3$ kg/m^3. Uma diferença extrema de densidade pode ser imaginada quando seguramos um cubo de 10 centímetros de isopor em uma mão e outro de 10 cm de chumbo na outra.

1.2 | Análise dimensional

Em física, a palavra *dimensão* denota a natureza física de uma grandeza. A distância entre dois pontos, por exemplo, pode ser medida em pés, metros ou *furlongs*,[3] que são todas maneiras diferentes de expressar a dimensão de comprimento.

Os símbolos usados neste livro para especificar as dimensões[4] de comprimento, massa e tempo são L, M e T, respectivamente. Utilizaremos, com frequência, colchetes [ ] para denotar as dimensões de uma grandeza física. Por exemplo, nesta notação as dimensões de velocidade v são escritas $[v] = \mathrm{L/T}$, e as dimensões de área A são $[A] = \mathrm{L}^2$. As dimensões de área, volume, velocidade e aceleração são relacionadas na Tabela 1.5, junto com suas unidades nos dois sistemas comuns. As dimensões de outras grandezas, tais como força e energia, serão descritas conforme forem apresentadas no texto.

Prevenção de Armadilhas | 1.2

Símbolos para grandezas

Algumas quantidades têm um pequeno número de símbolos que as representam. Por exemplo, o símbolo para tempo é quase sempre t. Outras grandezas podem ter vários símbolos, dependendo da utilização. O comprimento pode ser descrito com símbolos tais como x, y e z (para posição); r (para raio); a, b e c (para os catetos de um triângulo retângulo); ℓ (para o comprimento de um objeto); d (para distância); h (para altura); e assim por diante.

[3] N.R.T.: *Furlong*: unidade de comprimento equivalente a 201 metros ou 1/8 de milha, usada em corrida de cavalos.

[4] As *dimensões* de uma quantidade serão simbolizadas por uma letra maiúscula, não itálica, como no caso de comprimento, L. O *símbolo* para a própria variável será uma letra em itálico, como L para o comprimento de um objeto ou t para tempo.

TABELA 1.5 | Dimensões e unidades de quatro grandezas derivadas

Quantidade	Área (A)	Volume (V)	Velocidade (v)	Aceleração (a)
Dimensões	L^2	L^3	L/T	L/T^2
Unidades SI	m^2	m^3	m/s	m/s^2
Unidades usuais nos EUA	$pé^2$	$pé^3$	pé/s	$pé/s^2$

Em muitas situações, será necessário derivar ou verificar uma equação específica. Caso você tenha esquecido os detalhes da derivação, um útil e poderoso procedimento chamado **análise dimensional** pode ser usado como uma verificação de consistência, para auxiliar na derivação ou verificar sua expressão final. As análises dimensionais fazem uso do fato de que as dimensões podem ser tratadas como grandezas algébricas. Por exemplo, grandezas poderão ser adicionadas ou subtraídas somente se tiverem as mesmas dimensões. Além disso, os termos em ambos os lados de uma equação devem ter as mesmas dimensões. Ao seguir essas regras simples, você pode usar a análise dimensional para ajudar a determinar se uma expressão tem a forma correta, porque a relação só poderá estar correta se as dimensões dos dois lados da equação forem as mesmas.

Para ilustrar esse procedimento, suponha que você queira derivar uma equação para a posição x de um carro em um momento t se o carro parte do repouso a $t = 0$ e move-se com aceleração constante a. No Capítulo 2, descobriremos que a expressão correta para esse caso especial é $x = \frac{1}{2}at^2$. Verifiquemos a validade dessa expressão sob uma abordagem da análise dimensional.

A grandeza x do lado esquerdo tem a dimensão do comprimento. Para a equação estar dimensionalmente correta, a grandeza do lado direito também deve ter essa dimensão. Podemos efetuar uma verificação dimensional substituindo as dimensões por aceleração, L/T^2 (Tabela 1.5), e tempo, T, na equação $x = \frac{1}{2}at^2$. Isto é, a forma dimensional da equação $x = \frac{1}{2}at^2$ pode ser escrita como

$$[x] = \frac{L}{\cancel{T}^2}\,\cancel{T}^2 = L$$

As dimensões de tempo se cancelam, como mostrado, deixando a dimensão de comprimento, que é a correta para a posição x. Observe que o número $\frac{1}{2}$ na equação não possui unidades, logo não entra na análise dimensional.

TESTE RÁPIDO 1.1 Verdadeiro ou falso: A análise dimensional é capaz de fornecer o valor numérico de constantes de proporcionalidade que podem aparecer em uma expressão algébrica.

Exemplo 1.1 | Análise de uma equação

Mostre que a expressão $v = at$ – em que v representa velocidade; a, aceleração; e t, um instante no tempo – está dimensionalmente correta.

SOLUÇÃO

Identifique as dimensões de v na Tabela 1.5: $[v] = \frac{L}{T}$

Identifique as dimensões de a na Tabela 1.5 e multiplique pelas dimensões de t: $[at] = \frac{L}{T^{\cancel{2}}}\,\cancel{T} = \frac{L}{T}$

Portanto, $v = at$ está dimensionalmente correta, porque temos as mesmas dimensões em ambos os lados. (Se a expressão fosse fornecida como $v = at^2$, estaria dimensionalmente *incorreta*. Experimente para ver!)

1.3 | Conversão de unidades

Às vezes, é necessário converter unidades de um sistema em outro ou dentro de um sistema, como quilômetros em metros. As igualdades entre o SI e as unidades usuais de comprimento nos EUA são as seguintes:

$$1 \text{ milha (mi)} = 1\,609 \text{ m} = 1{,}609 \text{ km}$$
$$1 \text{ m} = 39{,}37 \text{ pol.} = 3{,}281 \text{ pés}$$
$$1 \text{ pé} = 0{,}304\,8 \text{ m} = 30{,}48 \text{ cm}$$
$$1 \text{ polegada (pol.)} = 0{,}0254 \text{ m} = 2{,}54 \text{ cm}$$

Uma lista mais completa de igualdades pode ser encontrada no Apêndice A.

As unidades podem ser tratadas como grandezas algébricas que podem se cancelar mutuamente. Para realizar uma conversão, uma grandeza pode ser multiplicada por um **fator de conversão**, que é uma fração igual a 1, com numerador e denominador tendo unidades diferentes, para dar as unidades desejadas no resultado final. Por exemplo, suponha que desejemos converter 15,0 pol. em centímetros. Como 1 pol. = 2,54 cm, multiplicamos por um fator de conversão que é a relação apropriada dessas grandezas iguais e encontramos

$$15{,}0 \text{ pol.} = (15{,}0 \cancel{\text{pol.}})\left(\frac{2{,}54 \text{ cm}}{1 \cancel{\text{pol.}}}\right) = 38{,}1 \text{ cm}$$

em que a relação entre parênteses é igual a 1. Observe que expressamos 1 como 2,54 cm/1 pol. (em vez de 1 pol./2,54 cm), de maneira que a polegada no denominador cancela a unidade na grandeza original. A unidade remanescente é o centímetro, que é nosso resultado desejado.

Prevenção de Armadilhas | 1.3

Sempre inclua unidades

Ao efetuar cálculos, torne um hábito incluir as unidades para cada grandeza e as leve por todo o cálculo. Evite a tentação de largá-las durante as etapas de cálculo e, então, aplique a unidade esperada ao número que resulta para uma resposta. Quando se incluem as unidades em cada passo, será possível detectar erros se as unidades para a resposta estiverem incorretas.

TESTE RÁPIDO 1.2 A distância entre duas cidades é 100 mi. Quantos quilômetros há entre as duas cidades? (**a**) menos de 100 (**b**) mais de 100 (**c**) igual a 100.

Exemplo **1.2** | **Ele está correndo?**

Em uma rodovia interestadual na região rural de Wyoming, um carro viaja a 38,0 m/s. O motorista está excedendo o limite de velocidade de 75,0 mi/h?

SOLUÇÃO

Converta a velocidade em metros em milhas:

$$(38{,}0 \cancel{\text{m}}/\text{s})\left(\frac{1 \text{ mi}}{1\,609 \cancel{\text{m}}}\right) = 2{,}36 \times 10^{-2} \text{ mi/s}$$

Converta segundos em horas:

$$(2{,}36 \times 10^{-2} \text{ mi}/\cancel{\text{s}})\left(\frac{60 \cancel{\text{s}}}{1 \cancel{\text{min}}}\right)\left(\frac{60 \cancel{\text{min}}}{1 \text{ h}}\right) = 85{,}0 \text{ mi/h}$$

O motorista está realmente ultrapassando o limite de velocidade e, por isso, deve ir mais devagar.

E se? E se o motorista não fosse dos Estados Unidos e só estivesse familiarizado com velocidades medidas em quilômetros por hora? Qual seria a velocidade do carro em km/h?

Resposta Podemos converter a resposta nas unidades apropriadas:

$$(85{,}0 \cancel{\text{mi}}/\text{h})\left(\frac{1{,}609 \text{ km}}{1 \cancel{\text{mi}}}\right) = 137 \text{ km/h}$$

Figura 1.2 (Exemplo 1.2) O velocímetro de um veículo que mostra velocidades em milhas por hora e em quilômetros por hora.

A Figura 1.2 mostra o velocímetro de um automóvel exibindo a velocidade tanto em mi/h como em km/h. Você pode verificar a conversão que acabamos de realizar utilizando a fotografia?

1.4 | Cálculos de ordem de grandeza

Suponha que alguém lhe pergunte o número de bits de dados em um CD de música comum. Como resposta, em geral não se espera que você forneça o número exato, mas uma estimativa, que pode ser expressa em notação científica, e que pode ser ainda mais aproximada se expressa como ordem de *grandeza*, que é uma potência de dez determinada da seguinte maneira:

1. Expresse o número em notação científica, com o multiplicador da potência de dez entre 1 e 10 e uma unidade.
2. Se o multiplicador for menor que 3,162 (a raiz quadrada de dez), a ordem de grandeza do número será a potência de dez na notação científica. Se o multiplicador for maior que 3,162, a ordem de grandeza será uma vez maior que a potência de dez na notação científica.

Usamos o símbolo $\sim$ para "está na ordem de". Utilize esse procedimento para verificar as ordens de grandeza para os seguintes comprimentos:

$$0{,}008\,6 \text{ m} \sim 10^{-2} \text{ m} \qquad 0{,}002\,1 \text{ m} \sim 10^{-3} \text{ m} \qquad 720 \text{ m} \sim 10^{3} \text{ m}$$

Geralmente, quando uma estimativa de ordem de grandeza é feita, os resultados são confiáveis dentro de aproximadamente um fator de dez. Se uma quantidade aumenta o valor em três ordens de grandeza, seu valor aumenta em um fator de cerca de $10^3 = 1\ 000$.

Exemplo 1.3 | O número de átomos em um sólido

Estime o número de átomos em 1 cm^3 de um sólido.

SOLUÇÃO

Na Tabela 1.1, observamos que o diâmetro d de um átomo é cerca de 10^{-10} m. Suponhamos que os átomos no sólido sejam esferas desse diâmetro. Então, o volume de cada esfera é cerca de 10^{-30} m^3 (mais precisamente, volume $= 4\pi r^3/3 = \pi d^3/6$, em que $r = d/2$). Portanto, como 1 $\text{cm}^3 = 10^{-6}$ m^3, o número de átomos no sólido está na ordem de $10^{-6}/10^{-30} = 10^{24}$ átomos.

Um cálculo mais preciso exigiria conhecimento adicional que podemos encontrar nas tabelas. Nossa estimativa, no entanto, concorda com o cálculo mais preciso em um fator de 10.

Exemplo 1.4 | Inspirações durante a vida

Estime o número de inspirações durante um período médio da vida humana.

SOLUÇÃO

Começamos estimando que a duração da vida humana normal é de aproximadamente 70 anos. Pense no número médio de inspirações de uma pessoa em 1 min. Esse número variará se a pessoa estiver fazendo exercício, dormindo, zangada, serena e assim por diante. Na ordem de módulo mais próxima, escolheremos 10 inspirações por minuto como nossa estimativa. (Certamente mais próxima do valor médio verdadeiro do que uma estimativa de 1 inspiração por minuto ou 100 inspirações por minuto.)

Encontre o número aproximado de minutos em um ano:

$$1 \cancel{\text{ano}} \left(\frac{400 \cancel{\text{dias}}}{1 \cancel{\text{ano}}}\right)\left(\frac{25 \cancel{\text{h}}}{1 \cancel{\text{dia}}}\right)\left(\frac{60 \text{ min}}{1 \cancel{\text{h}}}\right) = 6 \times 10^5 \text{ min}$$

Encontre o número aproximado de minutos em 70 anos de uma vida:

$$\text{número de minutos} = (70 \text{ anos})(6 \times 10^5 \text{ min/ano}) = 4 \times 10^7 \text{ min}$$

Encontre o número aproximado de inspirações durante a vida:

$$\text{número de inspirações} = (10 \text{ inspirações/min})(4 \times 10^7 \text{ min}) = \boxed{4 \times 10^8 \text{ inspirações}}$$

Portanto, uma pessoa inspira cerca de 10^9 vezes durante a vida. Note como é muito mais simples no primeiro cálculo multiplicar 400×25 do que trabalhar com o valor mais preciso 365×24.

E se? E se a duração média de vida fosse estimada em 80 anos em vez de 70? Isso mudaria nossa estimativa final?

Resposta Poderíamos afirmar que (80 anos) (6×10^5 min/ano) $= 5 \times 10^7$ min; portanto, nossa estimativa final deveria ser de 5×10^8 inspirações. Essa resposta ainda é da ordem de 10^9 inspirações, portanto uma estimativa da ordem de módulo seria invariável.

1.5 | Algarismos significativos

Quando certas quantidades são medidas, os valores obtidos são conhecidos somente dentro dos limites da incerteza experimental, cujo valor pode depender de vários fatores, como a qualidade do equipamento, a habilidade do experimentador e o número de medições realizadas. O número de **algarismos significativos** em uma medição pode ser utilizado para expressar algo sobre incerteza. O número de algarismos significativos está relacionado com o de dígitos numéricos utilizados para expressar a medida, como veremos a seguir.

Como exemplo de algarismos significativos, suponha que tenhamos de medir o raio de um CD utilizando uma escala métrica. Consideremos que a precisão com a qual podemos medir o raio do disco seja $\pm 0{,}1$ cm. Em razão da incerteza de $\pm 0{,}1$ cm, se o raio medido é 6,0 cm, podemos afirmar apenas que esse valor está entre 5,9 cm e 6,1 cm. Nesse caso, dizemos que o valor medido de 6,0 cm tem dois algarismos significativos. Note que os *algarismos significativos incluem o primeiro dígito estimado*. Portanto, poderíamos escrever o raio como $(6{,}0 \pm 0{,}1)$ cm.

Zeros podem ou não ser algarismos significativos. Aqueles utilizados para posicionar o ponto decimal em números, como 0,03 e 0,007 5, não são significativos. Portanto, há um e dois algarismos significativos, respectivamente, nesses dois valores. Quando os zeros vêm depois de outros dígitos, entretanto, há possibilidade de interpretação equivocada. Por exemplo, suponha que a massa de um objeto seja fornecida como 1 500 g. Esse valor é ambíguo, porque não sabemos se os últimos dois zeros estão sendo utilizados para localizar o ponto decimal ou se representam algarismos significativos na medida. Para remover essa ambiguidade, é comum utilizar notação científica para indicar o número de algarismos significativos. Nesse caso, expressaremos a massa como $1{,}5 \times 10^3$ g se houver dois algarismos significativos no valor medido; $1{,}50 \times 10^3$ g se houver três algarismos significativos; e $1{,}500 \times 10^3$ g se houver quatro. A mesma regra se mantém para números menores que 1; portanto, $2{,}3 \times 10^{-4}$ tem dois algarismos significativos (e, portanto, poderia ser escrito 0,000 23), e $2{,}30 \times 10^{-4}$, três algarismos significativos (também escrito como 0,000 230).

Na resolução de problemas, com frequência combinamos grandezas matematicamente por multiplicação, divisão, adição, subtração e assim por diante. Ao fazer isso, você deve se certificar de que o resultado tem o número apropriado de algarismos significativos. Uma boa regra empírica para utilizar na determinação do número de algarismos significativos que podem ser requeridos em uma multiplicação ou divisão é a seguinte:

> Quando se multiplicam várias grandezas, o número de algarismos significativos na resposta final é o mesmo que consta na grandeza que tem o número menor desses algarismos. A mesma regra se aplica à divisão.

Apliquemos essa regra para achar a área do CD cujo raio medimos anteriormente. Utilizando a equação para a área de um círculo,

$$A = \pi r^2 = \pi(6{,}0 \text{ cm})^2 = 1{,}1 \times 10^2 \text{ cm}^2$$

Se você efetuar esse cálculo em uma calculadora, provavelmente obterá 113,097 335 5. É claro que você não quer manter todos esses dígitos, mas pode ser tentado a relatar o resultado como 113 cm², resultado que não se justifica, pois tem três algarismos significativos, enquanto o raio tem apenas dois. Portanto, devemos informar o resultado com apenas dois algarismos significativos, como mostrado acima.

Para adição e subtração, deve-se considerar o número de casas decimais ao determinar quantos algarismos significativos informar:

> Quando números são adicionados ou subtraídos, o número de casas decimais no resultado deve ser igual ao menor número de casas decimais de qualquer um dos termos.

Como exemplo dessa regra, considere a soma

$$23{,}2 + 5{,}174 = 28{,}4$$

Observe que não informamos a resposta como 28,374, porque o menor número de casas decimais é um para 23,2. Portanto, nossa resposta deve ter apenas uma casa decimal.

Prevenção de Armadilhas | 1.4

Leitura cuidadosa

Observe que a regra para adição e subtração é diferente daquela para multiplicação e divisão. Para adição e subtração, a consideração importante é o número de *casas decimais*, não o de *algarismos significativos*.

As regras para adição e subtração podem frequentemente resultar em respostas que têm um número diferente de algarismos significativos do que as grandezas com as quais você começa. Por exemplo, considere estas operações que satisfazem a regra:

$$1{,}000\ 1 = 0{,}000\ 3 = 1{,}000\ 4$$

$$1{,}002 - 0{,}998 = 0{,}004$$

No primeiro exemplo, o resultado tem cinco algarismos significativos, mesmo que um dos termos, 0,000 3, tenha apenas um algarismo significativo. De maneira similar, no segundo cálculo, o resultado só tem um algarismo significativo, ainda que os números que são subtraídos tenham quatro e três, respectivamente.

▶ Diretrizes de algarismos significativos utilizadas neste livro

Neste livro, a maioria dos exemplos numéricos e problemas do final de capítulo produzirá respostas com três algarismos significativos. Ao realizarmos cálculos estimados, normalmente trabalharemos com um único algarismo significativo.

Prevenção de Armadilhas | 1.5

Soluções simbólicas

Ao resolver problemas, é muito útil efetuar a resolução completamente na forma algébrica e esperar até o fim para inserir valores numéricos na expressão simbólica final. Esse método economizará muitas teclas da calculadora, especialmente se algumas grandezas se cancelarem, de maneira que você nunca terá de inserir seus valores na calculadora! Além disso, você só terá de arredondar uma vez, no resultado final.

Se o número de algarismos significativos no resultado do cálculo tiver de ser reduzido, há uma regra geral para arredondar os números: o último dígito retido sofrerá um incremento de 1 se o último dígito a ser abandonado for maior que 5. (Por exemplo, 1,346 torna-se 1,35.) Se o último dígito a ser abandonado for menor que 5, o último dígito retido permanecerá como é. (Por exemplo, 1,343 torna-se 1,34.) Se o último dígito abandonado for igual a 5, o dígito remanescente deverá ser arredondado ao número par mais próximo. (Essa regra ajuda a evitar acúmulo de erros em processos aritméticos longos.)

Uma técnica para evitar acúmulo é retardar o arredondamento de números em um cálculo longo até ter o resultado final. Espere até estar pronto para copiar a resposta final de sua calculadora para arredondar com o número correto de algarismos significativos. Neste livro, exibimos valores numéricos arredondados com dois ou três algarismos significativos. Isso ocasionalmente faz algumas manipulações matemáticas parecerem estranhas ou incorretas. Por exemplo, olhando adiante o Exemplo 1.8, você verá a operação –17,7 km + 34,6 km = 17,0 km. Parece uma subtração incorreta, mas é só porque arredondamos os números 17,7 km e 34,6 km para exibição. Se todos os dígitos nesses dois números intermediários forem mantidos e o arredondamento só for feito no número final, o resultado correto de três dígitos 17,0 km será obtido.

Exemplo 1.5 | Instalando carpete

Um carpete deve ser instalado em uma sala retangular, cujas medidas são 12,71 m de comprimento e 3,46 m de largura. Encontre a área da sala.

SOLUÇÃO

Se você multiplicar 12,71 m por 3,46 m na calculadora, obterá a resposta 43,976 6 m^2. Quantos desses números se podem indicar? Nossa regra para multiplicação diz que você pode indicar em sua resposta apenas o número de algarismos significativos presentes na quantidade medida que tiver o menor número desses algarismos. Neste exemplo, o menor número de algarismos significativos é três, em 3,46 m; portanto, devemos expressar nossa resposta final como 44,0 m^2.

1.6 | Sistemas de coordenadas

Muitos aspectos da física de algum modo lidam com localizações no espaço. Por exemplo, a descrição matemática do movimento de um objeto exige um método para especificar a posição desse objeto. Portanto, primeiro discutiremos como descrever a posição de um ponto no espaço por meio de coordenadas em uma representação gráfica. Um ponto em uma linha pode ser localizado com uma coordenada; situa-se um ponto em um plano com duas coordenadas, enquanto três coordenadas são necessárias para localizar um ponto no espaço.

Um sistema de coordenadas usado para especificar localizações no espaço consiste em

- Um ponto de referência fixo O, chamado origem.
- Um conjunto de eixos ou direções especificados com uma escala apropriada e rótulos nos eixos.
- Instruções que nos digam como rotular um ponto no espaço relativo à origem e aos eixos.

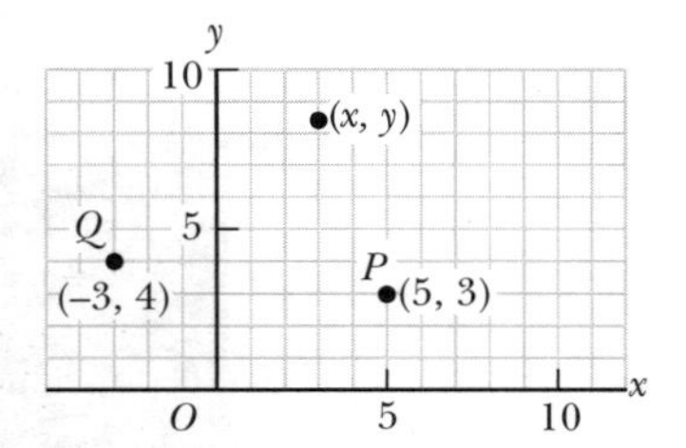

Figura 1.3 Designação de pontos em um sistema de coordenadas cartesianas. Cada quadrado no plano xy tem 1 m de lado. Cada ponto é identificado com coordenadas (x, y).

Um sistema de coordenadas conveniente que utilizaremos com frequência é o *sistema cartesiano de coordenadas*, às vezes chamado de *sistema retangular de coordenadas*. Esse sistema em duas dimensões é ilustrado na Figura 1.3. Um ponto arbitrário nele é rotulado com as coordenadas (x, y). O x positivo é levado para a direita da origem, e o y positivo fica acima dela. O x negativo fica à esquerda da origem, e o y negativo, abaixo dela. Por exemplo, o ponto P, que tem as coordenadas (5, 3), pode ser obtido ao ir primeiro 5 m à direita da origem e depois 3 m acima dela (ou ir 3 m acima da origem e depois 5 m à direita). Da mesma forma, o ponto Q tem coordenadas (–3, 4), o que corresponde a ir 3 m à esquerda da origem e 4 m acima dela.

Às vezes, é mais conveniente representar um ponto em um plano por suas *coordenadas polares planas* (r, θ), como na Figura Ativa 1.4a. Nesse sistema de coordenadas, r é o comprimento da linha da origem para o ponto, e θ, o ângulo entre a linha e um eixo fixo, normalmente o eixo x positivo, com θ medido no sentido anti-horário. A partir do triângulo retângulo na Figura Ativa 1.4b, vemos que sen $\theta = y/r$ e cos $\theta = x/r$. (Uma revisão das funções trigonométricas é fornecida no Anexo B.4.) Portanto, começando com as coordenadas polares planas de um ponto qualquer, podemos obter as coordenadas cartesianas por meio das equações

$$x = r \cos \theta \quad \text{1.2}$$

$$y = r \operatorname{sen} \theta \quad \text{1.3}$$

Além disso, se soubermos as coordenadas cartesianas, as definições da trigonometria nos dirão que

$$\operatorname{tg} \theta = \frac{y}{x} \quad \text{1.4}$$

e

$$r = \sqrt{x^2 + y^2} \quad \text{1.5}$$

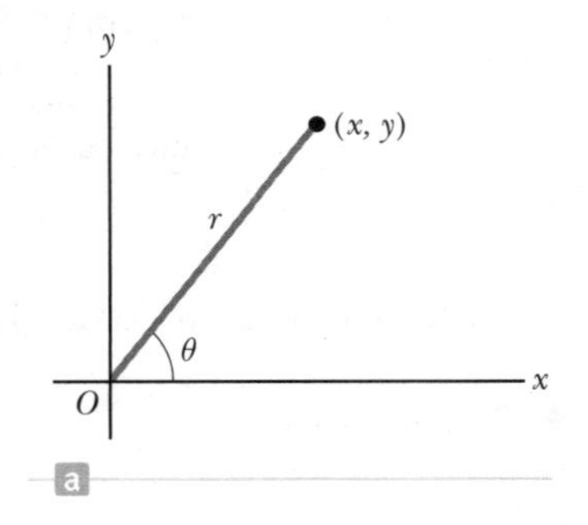

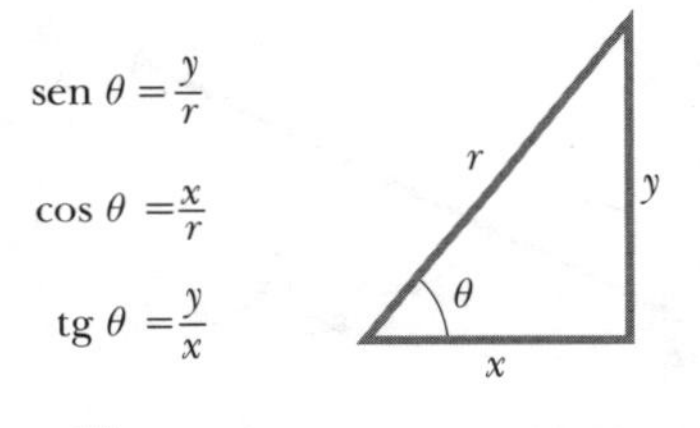

Figura Ativa 1.4 (a) As coordenadas polares planas de um ponto são representadas pela distância r e o ângulo θ, em que θ é medido no sentido anti-horário á partir do eixo x positivo. (b) O triângulo retângulo utilizado para relacionar (x, y) a (r, θ).

Você deve observar que essas expressões que relacionam as coordenadas (x, y) às coordenadas (r, θ) se aplicam apenas quando θ é definido como mostrado na Figura Ativa 1.4a, em que θ positivo é um ângulo medido no *sentido anti-horário* a partir do eixo x. Outras escolhas são feitas na navegação e na astronomia. Se o eixo de referência para o ângulo polar θ for escolhido para ser outro que não o eixo x positivo, ou se o sentido de aumento θ for escolhido de maneira diferente, as expressões correspondentes relacionadas aos dois conjuntos de coordenadas mudarão.

1.7 | Vetores e escalares

Cada uma das grandezas físicas que encontraremos neste livro pode ser colocada em uma das duas categorias: escalar ou vetor. **Escalar** é uma grandeza completamente especificada por um número positivo ou negativo com unidades apropriadas. Por sua vez, **vetor** é uma grandeza física que deve ser especificada por módulo (ou magnitude)[5] e direção e sentido.

O número de uvas em um cacho (Fig. 1.5a) é um exemplo de grandeza escalar. Se você soubesse que há 38 uvas no cacho, esse dado especificaria completamente a informação; nenhuma especificação de direção é necessária. Outros exemplos de grandezas escalares são temperatura, volume, massa e intervalos de tempo. As regras da aritmética comum são usadas para manipular as grandezas escalares, as quais podem ser livremente somadas, subtraídas (desde que sejam as mesmas unidades!), multiplicadas e divididas.

[5] N.R.T.: Módulo norma ou módulo do vetor representa o seu "tamanho". Para simplificação, usaremos apenas o termo "módulo".

Figura 1.5 (a) O número de uvas nesse cacho é um exemplo de grandeza escalar. Você consegue pensar em outros exemplos? (b) Essa pessoa prestativa apontando para a direção correta nos diz para percorrer cinco quarteirões ao norte para chegar ao tribunal. Vetor é uma quantidade física especificada por módulo e direção.

Força é um exemplo de grandeza vetorial. Para que possamos descrever completamente a força em um objeto, devemos especificar a direção da força aplicada e o módulo desta.

▶ Deslocamento

Outro exemplo simples de uma grandeza vetorial é o **deslocamento** de uma partícula, definido conforme a *mudança de posição* desta. A pessoa da Figura 1.5b aponta na direção do vetor deslocamento com base no qual você poderá chegar a um destino, que, nesse caso, é o tribunal. Ela também lhe dirá o módulo do deslocamento junto com a direção e sentido por exemplo: "5 quarteirões ao norte".

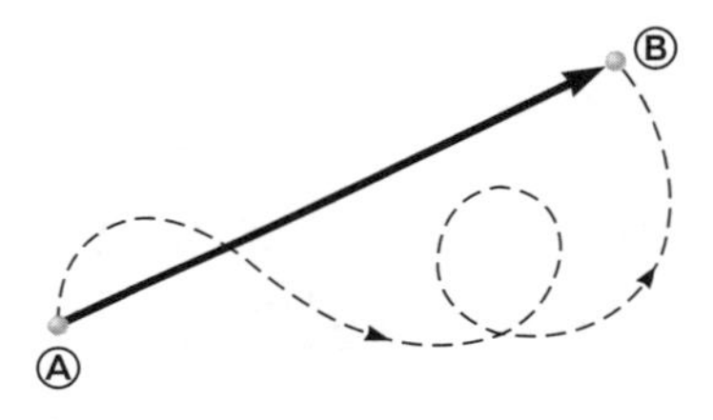

Figura 1.6 Conforme uma partícula se move de Ⓐ para Ⓑ ao longo de uma trajetória arbitrária representada pela linha tracejada, seu deslocamento é uma grandeza vetorial mostrada pela seta desenhada de Ⓐ a Ⓑ.

Suponha que a partícula se mova de algum ponto Ⓐ para um ponto Ⓑ em um caminho reto, como na Figura 1.6. Esse deslocamento pode ser representado pelo desenho de uma seta de Ⓐ para Ⓑ, em que a posição da seta representa a direção do deslocamento, cujo comprimento representa o módulo do deslocamento. Se a partícula viaja ao longo de alguma outra trajetória de Ⓐ a Ⓑ, tal como mostrado pela linha tracejada na Figura 1.6, seu deslocamento é ainda a seta desenhada de Ⓐ para Ⓑ. O deslocamento vetorial ao longo de qualquer caminho indireto de Ⓐ a Ⓑ é definido como sendo equivalente àquele representado pelo caminho direto de Ⓐ a Ⓑ. O módulo do deslocamento é a distância mais curta entre os pontos finais. Portanto, **o deslocamento de uma partícula será completamente conhecido se suas coordenadas iniciais e finais forem conhecidas**. O caminho não precisa ser especificado. Em outras palavras, o **deslocamento será independente do caminho** se os pontos finais do caminho forem fixos.

▶ Distância

Observe que a **distância** percorrida por uma partícula é bastante diferente de seu deslocamento. A distância percorrida (uma quantidade escalar) é o comprimento do caminho, que, em geral, pode ser bem maior que o módulo do deslocamento. Na Figura 1.6, o comprimento do caminho curvo tracejado é bem maior que o módulo do vetor deslocamento sólido negro.

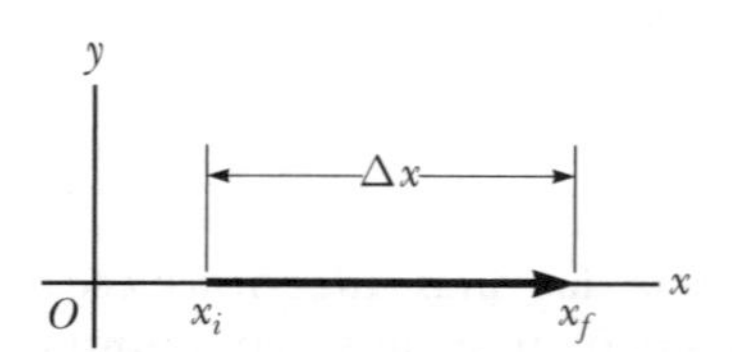

Figura 1.7 Uma partícula que se move ao longo do eixo x de x_i a x_f sofre um deslocamento $\Delta x \equiv x_f - x_i$.

Se a partícula se move ao longo do eixo x da posição x_i para a posição x_f, como na Figura 1.7, seu deslocamento é dado por $x_f - x_i$. (Os índices i e f referem-se aos valores iniciais e finais.) Utilizamos a letra grega delta (Δ) para indicar a mudança em uma quantidade. Portanto, definimos a mudança na posição da partícula (o deslocamento) como

$$\Delta x \equiv x_f - x_i \qquad \textbf{1.6}$$

Com base nessa definição, vemos que Δx será positivo se x_f for maior que x_i, e negativo se x_f for menor que x_i. Por exemplo, se uma partícula muda sua posição de $x_i = -5$ m para $x_f = 3$ m, seu deslocamento é $\Delta x = +8$ m.

Muitas grandezas físicas, além do deslocamento, são vetores, os quais incluem velocidade, aceleração, força e momento, e todos serão definidos nos capítulos a seguir. Aqui, usamos letras em negrito com uma seta em cima, como $\vec{\mathbf{A}}$, para representar os vetores. Uma outra notação comum para os vetores com os quais você deve estar familiarizado é um caractere simples em negrito: **A**.

Para representarmos o módulo do vetor $\vec{\mathbf{A}}$, escrevemos A ou $|\vec{\mathbf{A}}|$. O módulo de um vetor sempre é positivo e carrega as unidades da grandeza que o vetor representa, como metros para o deslocamento ou metros por segundo para a velocidade. Os vetores se combinam de acordo com as regras especiais, que serão discutidas nas seções 1.8 e 1.9.

TESTE RÁPIDO 1.3 Das alternativas a seguir, quais são grandezas vetoriais e quais são escalares? (**a**) sua idade (**b**) aceleração (**c**) velocidade (**d**) massa.

PENSANDO EM FÍSICA 1.1

Considere seu trajeto para o trabalho ou para a escola pela manhã. O que é maior: a distância percorrida ou o módulo do vetor deslocamento?

Raciocínio A menos que você tenha feito um trajeto bem incomum, a distância percorrida *deve* ser maior que o módulo do vetor deslocamento. A distância inclui os resultados de todos os giros e voltas que você fez para seguir os caminhos de casa para o trabalho ou para a escola. Por sua vez, o módulo do vetor deslocamento é o comprimento de uma linha reta da sua casa para o trabalho ou para a escola. Esse comprimento é muitas vezes descrito informalmente como "a distância em linha reta". Para que a distância seja idêntica ao módulo do vetor deslocamento, o trajeto deve ser uma linha reta perfeita, o que é altamente improvável! A distância *nunca* poderá ser menor que o módulo do vetor deslocamento porque a distância mais curta entre dois pontos é uma linha reta. ◄

1.8 | Algumas propriedades dos vetores

Igualdade de dois vetores

Dois vetores $\vec{\mathbf{A}}$ e $\vec{\mathbf{B}}$ poderão ser definidos como iguais se tiverem o mesmo módulo e a mesma direção e sentido. Isto é, $\vec{\mathbf{A}} = \vec{\mathbf{B}}$ somente se $A = B$ *e* $\vec{\mathbf{A}}$ e $\vec{\mathbf{B}}$ apontarem para a mesma direção e sentido. Por exemplo, todos os vetores na Figura 1.8 são iguais, ainda que tenham pontos de partida diferentes. Essa propriedade nos permite mover um vetor paralelo para ele mesmo em um diagrama sem afetar o vetor.

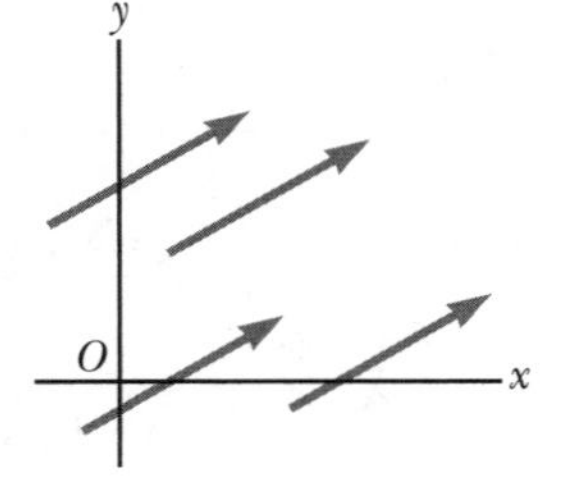

Figura 1.8 Essas quatro representações de vetores são iguais porque todos os vetores têm o mesmo módulo e apontam na mesma direção e sentido.

Adição

As regras para adição de vetores são convenientemente descritas por um método gráfico. Para adicionar um vetor $\vec{\mathbf{B}}$ a um vetor $\vec{\mathbf{A}}$, primeiro desenhe um diagrama do vetor $\vec{\mathbf{A}}$ em um papel milimetrado, com seu módulo representado por uma escala conveniente, e depois desenhe o vetor $\vec{\mathbf{B}}$ na mesma escala, com sua origem na extremidade do vetor $\vec{\mathbf{A}}$, conforme mostrado na Figura Ativa 1.9a. O *vetor resultante* $\vec{\mathbf{R}} = \vec{\mathbf{A}} + \vec{\mathbf{B}}$ é aquele desenhado da cauda de $\vec{\mathbf{A}}$ à ponta de $\vec{\mathbf{B}}$. A técnica para adicionar dois vetores geralmente é chamada "método cabeça-para-cauda".

Quando vetores são adicionados, a soma é independente da origem da adição. Essa independência pode ser vista para dois vetores na construção geométrica na Figura Ativa 1.9b, conhecida como **lei comutativa da adição**:

$$\vec{\mathbf{A}} + \vec{\mathbf{B}} = \vec{\mathbf{B}} + \vec{\mathbf{A}} \quad \text{1.7}$$

Se três ou mais vetores são adicionados, a soma independe da maneira como eles são agrupados. Uma demonstração geométrica dessa propriedade para três vetores é dada na Figura 1.10. Essa propriedade é chamada **lei associativa da adição**:

Prevenção de Armadilhas | 1.6

Adição de vetores *versus* adição de quantidades escalares

Tenha em mente que $\vec{\mathbf{A}} + \vec{\mathbf{B}} = \vec{\mathbf{C}}$ é bem diferente de $A + B = C$. A primeira equação é uma soma vetorial, que deve ser tratada com cuidado, como o método gráfico descrito na Figura Ativa 1.9. A segunda é uma adição algébrica simples de números que são tratados com as regras normais de aritmética.

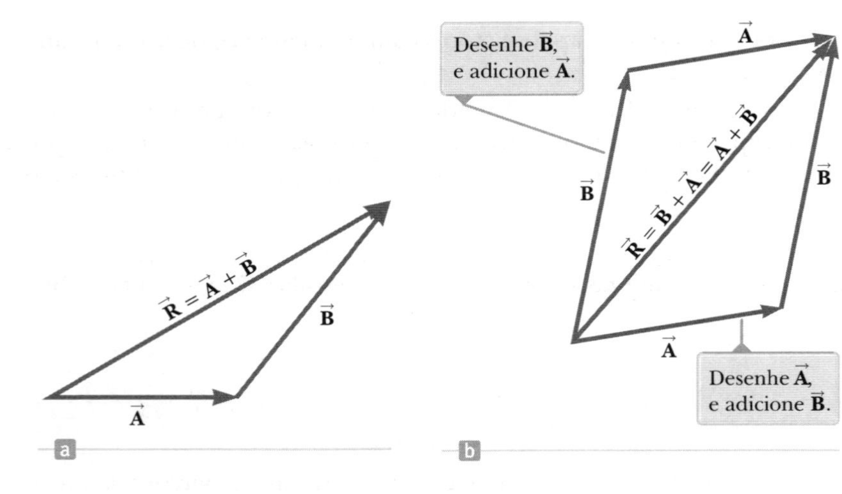

Figura Ativa 1.9 (a) Quando o vetor $\vec{\mathbf{B}}$ é adicionado ao vetor $\vec{\mathbf{A}}$, o resultante $\vec{\mathbf{R}}$ é o vetor que passa da cauda de $\vec{\mathbf{A}}$ para a ponta de $\vec{\mathbf{B}}$. (b) A construção mostra que $\vec{\mathbf{A}} + \vec{\mathbf{B}} = \vec{\mathbf{B}} + \vec{\mathbf{A}}$; a adição do vetor é comutativa.

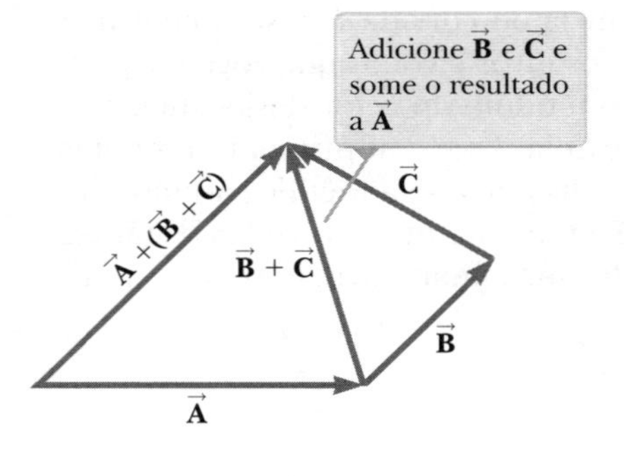

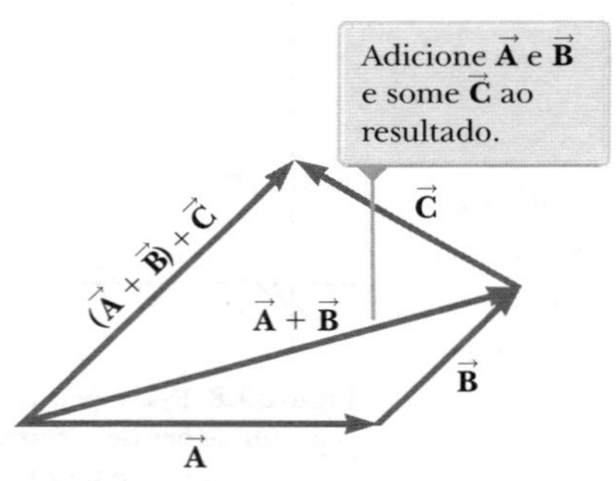

Figura 1.10 Construções geométricas para verificação da lei associativa da adição.

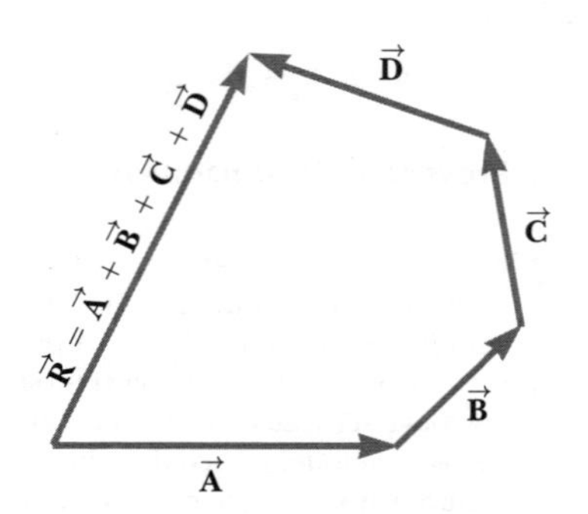

Figura 1.11 Construção geométrica para a soma de quatro vetores. O vetor resultante $\vec{\mathbf{R}}$ aproxima o polígono e os pontos da cauda do primeiro vetor até a ponta do vetor final.

$$\vec{\mathbf{A}} + (\vec{\mathbf{B}} + \vec{\mathbf{C}}) = (\vec{\mathbf{A}} + \vec{\mathbf{B}}) + \vec{\mathbf{C}} \qquad \textbf{1.8}$$

Construções geométricas também podem ser usadas para adicionar mais de três vetores, como mostrado na Figura 1.11, para o caso de quatro vetores. O vetor resultante $\vec{\mathbf{R}} = \vec{\mathbf{A}} + \vec{\mathbf{B}} + \vec{\mathbf{C}} + \vec{\mathbf{D}}$ é o vetor que fecha o polígono formado pelos vetores que são adicionados. Em outras palavras, $\vec{\mathbf{R}}$ é o vetor desenhado da origem do primeiro à extremidade do último vetor. Novamente, a ordem da soma não é importante.

Em resumo, **uma grandeza vetorial tem módulo, direção e sentido, e também obedece às leis da adição de vetores**, conforme descrito na Figura Ativa 1.9 e nas Figuras 1.10 e 1.11. Quando dois ou mais vetores são adicionados, todos devem ter a mesma unidade e ser do mesmo tipo de quantidade. Não teria sentido adicionar um vetor velocidade (por exemplo, 60 km/h em direção ao leste) a um vetor deslocamento (por exemplo, 200 km em direção ao norte), pois esses vetores representam quantidades físicas diferentes. A mesma regra também se aplica às quantidades escalares. Por exemplo, não teria sentido adicionar intervalos de tempo a temperaturas.

Negativo de um vetor

O negativo do vetor $\vec{\mathbf{A}}$ é definido como o vetor que, quando adicionado a $\vec{\mathbf{A}}$, fornece zero para a soma dos vetores. Isto é, $\vec{\mathbf{A}} + (-\vec{\mathbf{A}}) = 0$. Os vetores $\vec{\mathbf{A}}$ e $-\vec{\mathbf{A}}$ têm o mesmo módulo na mesma direção, mas apontam em sentidos opostos.

Subtração de vetores

A operação de subtração de vetores faz uso da definição do negativo de um vetor. Definimos a operação $\vec{\mathbf{A}} - \vec{\mathbf{B}}$ como o vetor $-\vec{\mathbf{B}}$ adicionado ao vetor $\vec{\mathbf{A}}$:

$$\vec{\mathbf{A}} - \vec{\mathbf{B}} = \vec{\mathbf{A}} + (-\vec{\mathbf{B}}) \qquad \textbf{1.9}$$

A construção geométrica para subtrair dois vetores dessa maneira é ilustrada na Figura 1.12.

Multiplicação de um vetor por um escalar

Se um vetor $\vec{\mathbf{A}}$ for multiplicado por uma quantidade escalar positiva s, o produto $s\vec{\mathbf{A}}$ será um vetor que tem a mesma direção e sentido que $\vec{\mathbf{A}}$ e módulo sA. Se s for uma quantidade escalar negativa, o vetor $s\vec{\mathbf{A}}$ terá mesma direção e sentido oposto a $\vec{\mathbf{A}}$. Por exemplo, o vetor $5\vec{\mathbf{A}}$ é cinco vezes maior que $\vec{\mathbf{A}}$ e possui a mesma direção que $\vec{\mathbf{A}}$; o vetor $-\frac{1}{3}\vec{\mathbf{A}}$ tem um terço do módulo de $\vec{\mathbf{A}}$ e aponta para a mesma direção e sentido oposto de $\vec{\mathbf{A}}$.

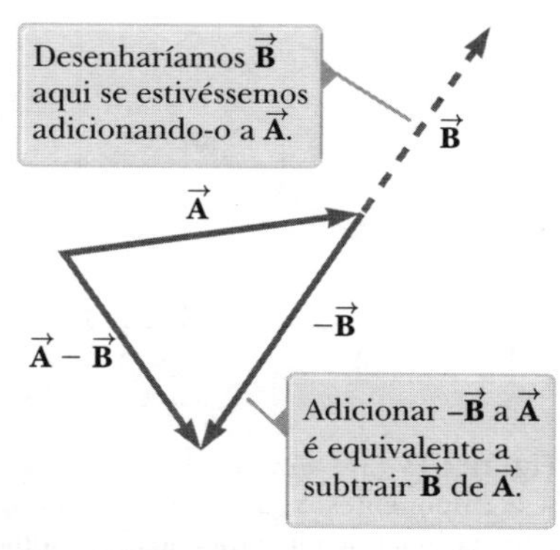

Figura 1.12 Subtraindo o vetor $\vec{\mathbf{B}}$ do vetor $\vec{\mathbf{A}}$. O vetor $-\vec{\mathbf{B}}$ é igual em módulo ao vetor $\vec{\mathbf{B}}$ e aponta na direção oposta.

Multiplicação de dois vetores

Dois vetores $\vec{\mathbf{A}}$ e $\vec{\mathbf{B}}$ podem ser multiplicados de duas formas diferentes para produzir uma quantidade escalar ou vetorial. O **produto escalar** (ou produto ponto) $\vec{\mathbf{A}} \cdot \vec{\mathbf{B}}$ é uma quantidade escalar igual a $AB \cos \theta$, em que θ é o ângulo entre $\vec{\mathbf{A}}$ e $\vec{\mathbf{B}}$. O **produto vetorial** (ou produto cruzado) $\vec{\mathbf{A}} \times \vec{\mathbf{B}}$ é uma grandeza vetorial cujo módulo é igual a AB sen θ. Discutiremos esses produtos mais detalhadamente nos capítulos 6 e 10, quando serão usados pela primeira vez.

TESTE RÁPIDO 1.4 Os módulos de dois vetores $\vec{\mathbf{A}}$ e $\vec{\mathbf{B}}$ são $A = 12$ unidades e $B = 8$ unidades. Que par de números representa o *maior* e o *menor* valor possível para o módulo do vetor resultante $\vec{\mathbf{R}} = \vec{\mathbf{A}} + \vec{\mathbf{B}}$? (**a**) 14,4 unidades, 4 unidades (**b**) 12 unidades, 8 unidades, (**c**) 20 unidades, 4 unidades (**d**) nenhuma das anteriores.

TESTE RÁPIDO 1.5 Se o vetor $\vec{\mathbf{B}}$ for adicionado ao vetor $\vec{\mathbf{A}}$, sob qual condição o vetor resultante $\vec{\mathbf{A}} + \vec{\mathbf{B}}$ terá o módulo $A + B$? (**a**) $\vec{\mathbf{A}}$ e $\vec{\mathbf{B}}$ são paralelos e na mesma direção e sentido. (**b**) $\vec{\mathbf{A}}$ e $\vec{\mathbf{B}}$ são paralelos e em sentidos opostos. (**c**) $\vec{\mathbf{A}}$ e $\vec{\mathbf{B}}$ são perpendiculares.

1.9 | Componentes de um vetor e vetores unitários

O método gráfico de adição de vetores não é recomendado quando for necessária alta precisão ou em problemas tridimensionais. Nesta seção, descrevemos um método de adição de vetores que faz uso de projeções de vetores nos eixos coordenados. Essas projeções são chamadas **componentes** do vetor ou **componentes retangulares**. Cada vetor pode ser descrito completamente por suas componentes.

Considere um vetor $\vec{\mathbf{A}}$ no plano xy e formando um ângulo arbitrário θ com o eixo positivo x, como mostrado na Figura 1.13a. Esse vetor pode ser expresso como a soma de dois outros *vetores componentes*: $\vec{\mathbf{A}}_x$, que é paralelo ao eixo x, e $\vec{\mathbf{A}}_y$, que é paralelo ao eixo y. Na Figura 1.13b, vemos que os três vetores formam um triângulo retângulo e que $\vec{\mathbf{A}} = \vec{\mathbf{A}}_x + \vec{\mathbf{A}}_y$. Para indicarmos as "componentes de um vetor $\vec{\mathbf{A}}$", escrevemos A_x e A_y (sem a notação em negrito). A componente A_x representa a projeção de $\vec{\mathbf{A}}$ no eixo x, e a componente A_y a projeção de $\vec{\mathbf{A}}$ no eixo y. Essas componentes podem ser positivas ou negativas. A componente A_x será positiva se o vetor componente $\vec{\mathbf{A}}_x$ apontar no sentido x positiva e negativa se $\vec{\mathbf{A}}_x$ apontar no sentido x negativa. Afirmação semelhante é feita para a componente A_y.

Prevenção de Armadilhas | 1.7
Componentes *x* e *y*
A Equação 1.10 associa o cosseno do ângulo à componente x e o seno do ângulo à componente y. Essa associação é verdadeira *apenas* porque medimos o ângulo θ em relação ao eixo x, portanto, não memorize essas equações. Se θ for medido em relação ao eixo y (como em alguns problemas), essas equações estarão incorretas. Pense sobre qual lado do triângulo contendo as componentes é adjacente ao ângulo e qual lado é oposto, e então atribua o cosseno e o seno correspondentemente.

De acordo com a Figura 1.13b e a definição de seno e cosseno de um ângulo, vemos que $\cos \theta = A_x/A$ e sen $\theta = A_y/A$. Logo, as componentes de $\vec{\mathbf{A}}$ são dadas por

$$A_x = A \cos \theta \qquad \text{e} \qquad A_y = A \text{ sen } \theta \qquad \mathbf{1.10}$$

Os módulos desses componentes são os comprimentos de dois lados de um triângulo retângulo com uma hipotenusa de comprimento A. Portanto, o módulo e a direção de $\vec{\mathbf{A}}$ estão relacionados a seus componentes por meio das expressões

$$A = \sqrt{A_x^2 + A_y^2} \qquad \mathbf{1.11}$$

▶ Módulo de $\vec{\mathbf{A}}$

$$\text{tg } \theta = \frac{A_y}{A_x} \qquad \mathbf{1.12}$$

▶ Direção de $\vec{\mathbf{A}}$

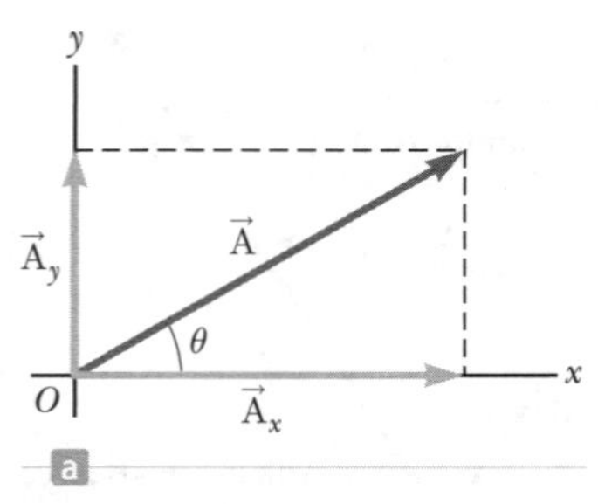

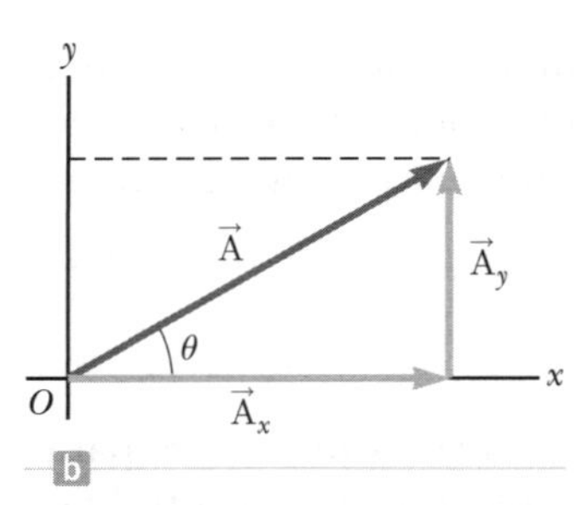

Figura 1.13 (a) Um vetor $\vec{\mathbf{A}}$ no plano xy pode ser representado por seus vetores componentes $\vec{\mathbf{A}}_x$ e $\vec{\mathbf{A}}_y$. (b) A componente y, ou vetor $\vec{\mathbf{A}}_y$ pode ser movido para a direita de maneira que ele se some a $\vec{\mathbf{A}}_x$. A soma vetorial dos vetores componentes é $\vec{\mathbf{A}}$. Esses três vetores formam um triângulo retângulo.

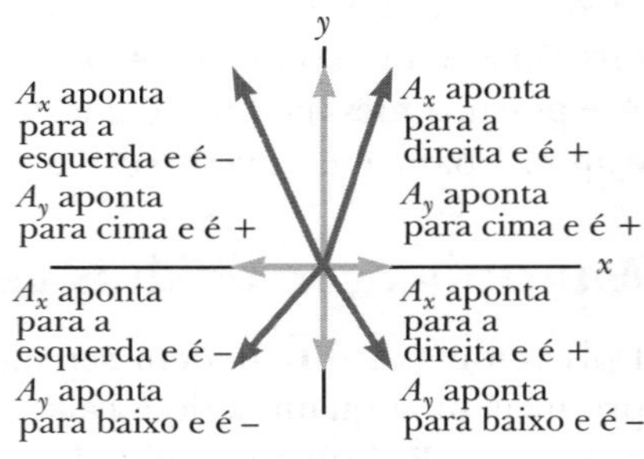

Figura 1.14 Os sinais das componentes de um vetor $\vec{\mathbf{A}}$ dependem do quadrante no qual ele está localizado.

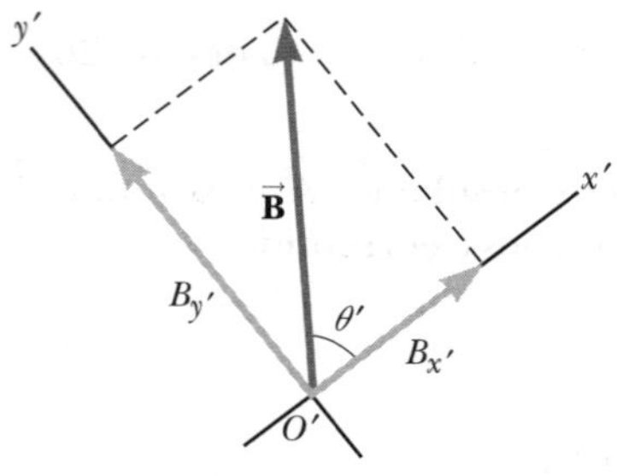

Figura 1.15 Os vetores componentes do vetor $\vec{\mathbf{B}}$ em um sistema de coordenadas que está inclinado.

A fim de solucionar para θ, podemos escrever $\theta = \text{tg}^{-1}(A_y/A_x)$, que se lê "$\theta$ é igual ao ângulo cuja tangente é a razão A_y/A_x". *Observe que os sinais das componentes A_x e A_y dependem do ângulo θ.* Por exemplo, se $\theta = 120°$, A_x é negativa, e A_y, positiva. Se $\theta = 225°$, tanto A_x quanto A_y são negativas. A Figura 1.14 resume os sinais das componentes quando $\vec{\mathbf{A}}$ está nos vários quadrantes.

Se você escolher eixos de referência ou um ângulo diferentes daqueles mostrados na Figura 1.13, as componentes do vetor acompanharão essa modificação. Em muitas aplicações, é mais conveniente expressar as componentes de um vetor em um sistema de coordenadas cujos eixos não são horizontais e verticais, mas ainda assim perpendiculares entre si. Suponha que um vetor $\vec{\mathbf{B}}$ faça um ângulo θ' com o eixo x' definido na Figura 1.15. As componentes de $\vec{\mathbf{B}}$ nesses eixos são dados por $B_{x'} = B\cos\theta'$ e $B_{y'} = B\,\text{sen}\,\theta'$, como na Equação 1.10. O módulo e a direção de $\vec{\mathbf{B}}$ são obtidos das expressões equivalentes às Equações 1.11 e 1.12. Portanto, podemos expressar os componentes de um vetor em qualquer sistema de coordenadas que seja conveniente para determinada situação.

TESTE RÁPIDO 1.6 Escolha a resposta correta para tornar a sentença verdadeira: Um componente de um vetor é (**a**) sempre, (**b**) nunca ou (**c**) às vezes maior que o módulo do vetor.

Vetores unitários

Quantidades vetoriais com frequência são expressas em termos de vetores unitários. **Vetor unitário** é vetor sem dimensão com módulo de exatamente 1. Vetores unitários são utilizados para especificar uma determinada direção e sentido e não têm nenhum outro significado físico. Utilizaremos os símbolos $\hat{\mathbf{i}}$, $\hat{\mathbf{j}}$ e $\hat{\mathbf{k}}$ para representar vetores unitários que apontam para as direções x, y e z, respectivamente. O "chapéu" sobre as letras é uma notação comum para um vetor unitário; por exemplo, $\hat{\mathbf{i}}$ é chamado de "i-chapéu". Os vetores unitários $\hat{\mathbf{i}}$, $\hat{\mathbf{j}}$ e $\hat{\mathbf{k}}$ formam um conjunto de vetores mutuamente perpendiculares, conforme mostrado na Figura Ativa 1.16a, na qual o módulo de cada vetor unitário é igual a 1, isto é, $|\hat{\mathbf{i}}| = |\hat{\mathbf{j}}| = |\hat{\mathbf{k}}| = 1$.[6]

Considere um vetor $\vec{\mathbf{A}}$ no plano xy, como na Figura Ativa 1.16b. O produto da componente A_x e o vetor unitário $\hat{\mathbf{i}}$ são o vetor componente $\vec{\mathbf{A}}_x = A_x\hat{\mathbf{i}}$, que fica no eixo x e tem módulo A_x. Da mesma maneira, $A_y\hat{\mathbf{j}}$ é o vetor componente de módulo A_y no eixo y. Portanto, a notação de vetor unitário para o vetor $\vec{\mathbf{A}}$ é

$$\vec{\mathbf{A}} = A_x\hat{\mathbf{i}} + A_y\hat{\mathbf{j}} \qquad \textbf{1.13}$$

6 N.R.T.: Lê-se: $|\hat{\mathbf{i}}| = 1 \rightarrow$ módulo de $\hat{\mathbf{i}}$ igual a 1.
$|\hat{\mathbf{j}}| = 1 \rightarrow$ módulo de $\hat{\mathbf{j}}$ igual a 1.
$|\hat{\mathbf{k}}| = 1 \rightarrow$ módulo de $\hat{\mathbf{k}}$ igual a 1.

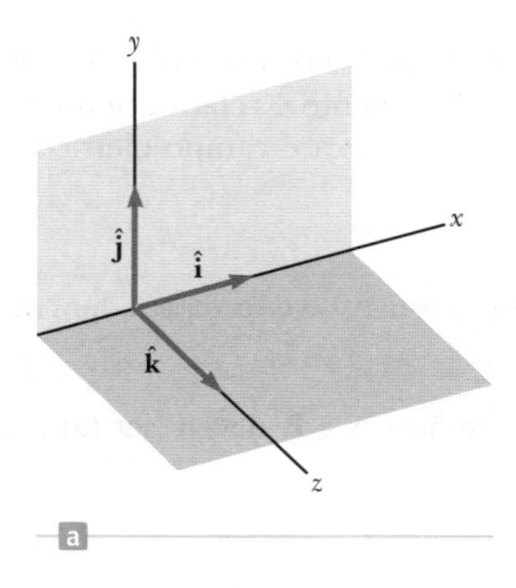

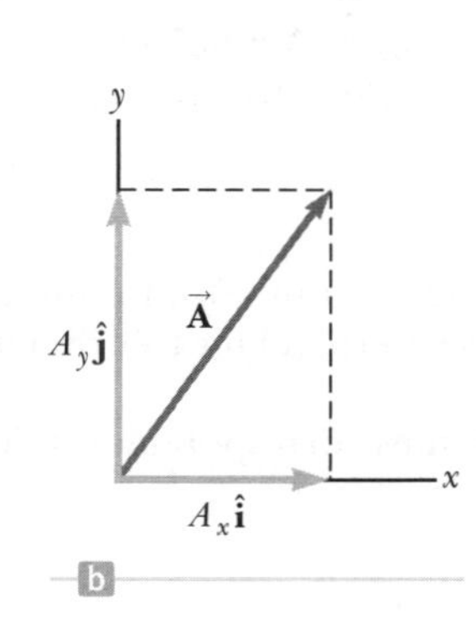

Figura Ativa 1.16 (a) Os vetores unitários $\hat{\mathbf{i}}$, $\hat{\mathbf{j}}$ e $\hat{\mathbf{k}}$ são direcionados ao longo dos eixos x, y e z, respectivamente. (b) Um vetor $\vec{\mathbf{A}}$ no plano xy tem vetores componentes $A_x\hat{\mathbf{i}}$ e $A_y\hat{\mathbf{j}}$, em que A_x e A_y são as componentes de $\vec{\mathbf{A}}$.

Agora, suponha que queiramos adicionar o vetor $\vec{\mathbf{B}}$ ao $\vec{\mathbf{A}}$, em que $\vec{\mathbf{B}}$ tem componentes B_x e B_y. O procedimento para realizar essa soma é simplesmente adicionar as componentes x e y separadamente. O vetor resultante $\vec{\mathbf{R}} = \vec{\mathbf{A}} + \vec{\mathbf{B}}$ é, portanto,

$$\vec{\mathbf{R}} = (A_x + B_x)\,\hat{\mathbf{i}} + (A_y + B_y)\,\hat{\mathbf{j}} \qquad \textbf{1.14}$$

Nessa equação, as componentes do vetor resultante são dados por

$$R_x = A_x + B_x$$
$$R_y = A_y + B_y \qquad \textbf{1.15}$$

Portanto, vemos que, no método das componentes de adição de vetores, adicionamos todas as componentes x para encontrar a componente x do vetor resultante e usar o mesmo processo para as componentes y. O procedimento descrito para adicionar dois vetores $\vec{\mathbf{A}}$ e $\vec{\mathbf{B}}$ usando o método da componente pode ser verificado usando um diagrama como na Figura 1.17.

O módulo de $\vec{\mathbf{R}}$ e o ângulo que ele forma com o eixo x podem ser obtidos de seus componentes utilizando as relações

$$R = \sqrt{R_x^2 + R_y^2} = \sqrt{(A_x + B_x)^2 + (A_y + B_y)^2} \qquad \textbf{1.16}$$

$$\text{tg}\,\theta = \frac{R_y}{R_x} = \frac{A_y + B_y}{A_x + B_x} \qquad \textbf{1.17}$$

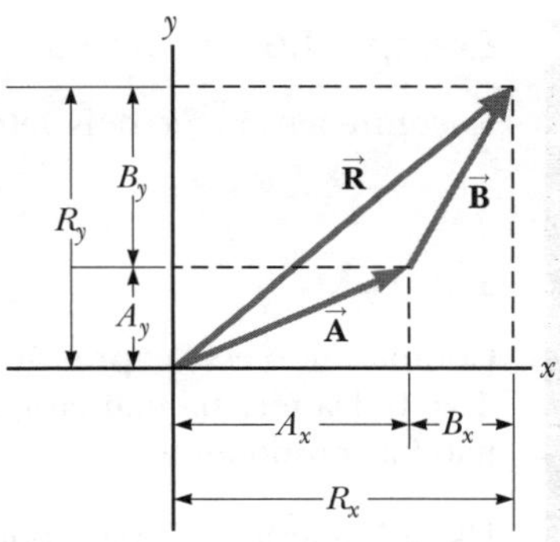

Figura 1.17 Construção geométrica mostrando a relação entre as componentes da resultante $\vec{\mathbf{R}}$ dos dois vetores e das componentes individuais.

A extensão desses métodos para vetores tridimensionais é simples. Se tanto $\vec{\mathbf{A}}$ e $\vec{\mathbf{B}}$ têm componentes x, y e z, podemos expressá-los na forma

$$\vec{\mathbf{A}} = A_x\,\hat{\mathbf{i}} + A_y\,\hat{\mathbf{j}} + A_z\,\hat{\mathbf{k}}$$
$$\vec{\mathbf{B}} = B_x\,\hat{\mathbf{i}} + B_y\,\hat{\mathbf{j}} + B_z\,\hat{\mathbf{k}}$$

A soma de $\vec{\mathbf{A}}$ e $\vec{\mathbf{B}}$ é

$$\vec{\mathbf{R}} = \vec{\mathbf{A}} + \vec{\mathbf{B}} = (A_x + B_x)\,\hat{\mathbf{i}} + (A_y + B_y)\,\hat{\mathbf{j}} + (A_z + B_z)\,\hat{\mathbf{k}} \qquad \textbf{1.18}$$

Se um vetor $\vec{\mathbf{R}}$ tiver componentes x, y e z, seu módulo será

$$R = \sqrt{R_x^2 + R_y^2 + R_z^2}$$

O ângulo θ_x que $\vec{\mathbf{R}}$ faz com o eixo x é dado por

$$\cos\,\theta_x = \frac{R_x}{R}$$

com expressões semelhantes para os ângulos com relação aos eixos y e z.

Prevenção de Armadilhas | 1.8

Tangentes nas calculadoras

A Equação 1.17 envolve o cálculo de um ângulo por meio de uma função tangente. Em geral, a função arco tangente em calculadoras fornece um ângulo entre –90° e +90°. Como consequência, se o vetor que você está estudando estiver no segundo ou terceiro quadrante, o ângulo medido a partir do eixo x positivo será o ângulo retornado pela calculadora mais 180°.

A extensão de nosso método para adicionar mais de dois vetores também é simples. Por exemplo, $\vec{\mathbf{A}} + \vec{\mathbf{B}} + \vec{\mathbf{C}} = (A_x + B_x + C_x)\,\hat{\mathbf{i}} + (A_y + B_y + C_y)\,\hat{\mathbf{j}} + (A_z + B_z + C_z)\,\hat{\mathbf{k}}$. A adição de vetores deslocamento é relativamente fácil de visualizar. Podemos também adicionar outros tipos de vetor, tais como velocidade, força e campo elétrico, o que faremos nos próximos capítulos.

TESTE RÁPIDO 1.7 Se pelo menos um componente de um vetor for um número positivo, o vetor não poderá **(a)** ter nenhuma componente que seja negativa, **(b)** ser zero, **(c)** ter três dimensões.

TESTE RÁPIDO 1.8 Se $\vec{\mathbf{A}} + \vec{\mathbf{B}} = 0$, as componentes correspondentes de dois vetores $\vec{\mathbf{A}}$ e $\vec{\mathbf{B}}$ devem ser **(a)** iguais, **(b)** positivas, **(c)** negativas, **(d)** de sinal oposto.

PENSANDO EM FÍSICA 1.2

Você pode ter perguntado a alguém como chegar a um destino em uma cidade e ouvido algo do tipo "Caminhe 3 quarteirões ao leste e depois 3 quarteirões ao sul". Se sim, você tem experiência com componentes do vetor?

Raciocínio Sim, você tem! Embora possa não ter pensado na linguagem da componente do vetor quando ouviu essas instruções, é exatamente isso que elas representam. As ruas perpendiculares da cidade refletem um sistema de coordenadas *xy*; podemos atribuir o eixo *x* às ruas de leste a oeste, e o eixo *y* às ruas de norte a sul. Portanto, o comentário da pessoa que o instruiu pode ser traduzido como: "Submeta um vetor deslocamento que possui um componente *x* de +3 quarteirões e uma componente *y* de –5 quarteirões". Com base na lei comutativa da adição, você chegaria ao mesmo destino passando primeiro pela componente *y* e depois pela componente *x*. ◀

Exemplo 1.6 | A soma de dois vetores

Encontre a soma de dois vetores deslocamento $\vec{\mathbf{A}}$ e $\vec{\mathbf{B}}$ no plano *xy*, dados por

$$\vec{\mathbf{A}} = (2{,}0\hat{\mathbf{i}} + 2{,}0\hat{\mathbf{j}})\text{ m} \quad \text{e} \quad \vec{\mathbf{B}} = (2{,}0\hat{\mathbf{i}} - 4{,}0\hat{\mathbf{j}})\text{ m}$$

SOLUÇÃO

Comparando essa expressão para $\vec{\mathbf{A}}$ com a expressão geral $\vec{\mathbf{A}} = A_x\hat{\mathbf{i}} + A_y\hat{\mathbf{j}} + A_z\hat{\mathbf{k}}$, vemos que $A_x = 2{,}0$ m, $A_y = 2{,}0$ m e $A_z = 0$. Da mesma maneira, $B_x = 2{,}0$ m, $B_y = -4{,}0$ m e $B_z = 0$. Podemos usar uma abordagem bidimensional porque não há componentes *z*.

Use a Equação 1.14 para obter o vetor resultante $\vec{\mathbf{R}}$:

$$\vec{\mathbf{R}} = \vec{\mathbf{A}} + \vec{\mathbf{B}} = (2{,}0 + 2{,}0)\hat{\mathbf{i}}\text{ m} + (2{,}0 - 4{,}0)\hat{\mathbf{j}}\text{ m}$$

Avalie as componentes de $\vec{\mathbf{R}}$:

$$R_x = 4{,}0\text{ m} \qquad R_y = -2{,}0\text{ m}$$

Use a Equação 1.16 para encontrar o módulo de $\vec{\mathbf{R}}$:

$$R = \sqrt{R_x^2 + R_y^2} = \sqrt{(4{,}0\text{ m})^2 + (-2{,}0\text{ m})^2} = \sqrt{20}\text{ m} = 4{,}5\text{ m}$$

Encontre a direção de $\vec{\mathbf{R}}$ da Equação 1.17:

$$\text{tg}\,\theta = \frac{R_y}{R_x} = \frac{-2{,}0\text{ m}}{4{,}0\text{ m}} = -0{,}50$$

Sua calculadora provavelmente dará a resposta –27° para $\theta = \text{tg}^{-1}(-0{,}50)$. Essa resposta estará correta se considerarmos que 27° está no sentido horário a partir do eixo *x*. Nossa forma padrão tem sido estimar os ângulos medidos no sentido anti-horário a partir do eixo $+x$, e o ângulo para esse vetor é $\theta = 333°$.

Exemplo 1.7 | O deslocamento resultante

Uma partícula sofre três deslocamentos consecutivos: $\Delta\vec{\mathbf{r}}_1 = (15\hat{\mathbf{i}} + 30\hat{\mathbf{j}} + 12\hat{\mathbf{k}})$ cm, $\Delta\vec{\mathbf{r}}_2 = (23\hat{\mathbf{i}} - 14\hat{\mathbf{j}} - 5{,}0\hat{\mathbf{k}})$ cm e $\Delta\vec{\mathbf{r}}_3 = (-13\hat{\mathbf{i}} + 15\hat{\mathbf{j}})$ cm. Encontre a notação de vetor unitário para o deslocamento resultante e seu módulo.

SOLUÇÃO

Embora x seja suficiente para localizar um ponto em uma dimensão, necessitamos de um vetor $\vec{\mathbf{r}}$ para localizar um ponto em duas ou três dimensões. A notação $\Delta\vec{\mathbf{r}}$ é uma generalização do deslocamento unidimensional Δx. Deslocamentos tridimensionais são mais difíceis de conceitualizar do que os bidimensionais, porque estes últimos podem ser desenhados no papel.

Para este problema, vamos imaginar que você comece com o lápis na origem de um papel milimetrado no qual desenhou os eixos x e y. Mova o lápis 15 cm para a direita ao longo do eixo x, em seguida, 30 cm para cima ao longo do eixo y, e depois 12 cm, *perpendicularmente na sua direção,* distante do papel milimetrado (ou para fora do papel). Esse procedimento fornece o deslocamento descrito por $\Delta\vec{\mathbf{r}}_1$. A partir desse ponto, mova o lápis 23 cm para a direita paralelamente ao eixo x, em seguida, 14 cm em paralelo ao papel milimetrado na direção $-y$, e depois 5,0 cm perpendicularmente distante de você na direção do papel milimetrado. Você está agora no deslocamento a partir da origem descrito por $\Delta\vec{\mathbf{r}}_1 + \Delta\vec{\mathbf{r}}_2$. A partir desse ponto, mova o lápis 13 cm para a esquerda na direção de $-x$, e (finalmente) 15 cm paralelamente ao papel milimetrado ao longo do eixo y. Sua posição final é em um deslocamento $\Delta\vec{\mathbf{r}}_1 + \Delta\vec{\mathbf{r}}_2 + \Delta\vec{\mathbf{r}}_3$ da origem.

Para encontrar o deslocamento resultante, adicione os três vetores:

$$\begin{aligned}\Delta\vec{\mathbf{r}} &= \Delta\vec{\mathbf{r}}_1 + \Delta\vec{\mathbf{r}}_2 + \Delta\vec{\mathbf{r}}_3\\ &= (15 + 23 - 13)\hat{\mathbf{i}}\text{ cm} + (30 - 14 + 15)\hat{\mathbf{j}}\text{ cm}\\ &\quad + (12 - 5{,}0 + 0)\hat{\mathbf{k}}\text{ cm}\\ &= (25\hat{\mathbf{i}} + 31\hat{\mathbf{j}} + 7{,}0\hat{\mathbf{k}})\text{ cm}\end{aligned}$$

Encontre o módulo do vetor resultante:

$$\begin{aligned}R &= \sqrt{R_x^2 + R_y^2 + R_z^2}\\ &= \sqrt{(25\text{ cm})^2 + (31\text{ cm})^2 + (7{,}0\text{ cm})^2} = 40\text{ cm}\end{aligned}$$

Exemplo 1.8 | Fazendo uma caminhada

Uma praticante desse esporte começa caminhando 25,0 km a sudeste do seu carro. Ela para e arma sua tenda para passar a noite. No segundo dia, caminha 40,0 km em uma direção 60,0° do norte para o leste, ponto em que descobre uma torre de guarda florestal.

(A) Determine as componentes do deslocamento da caminhante para cada dia.

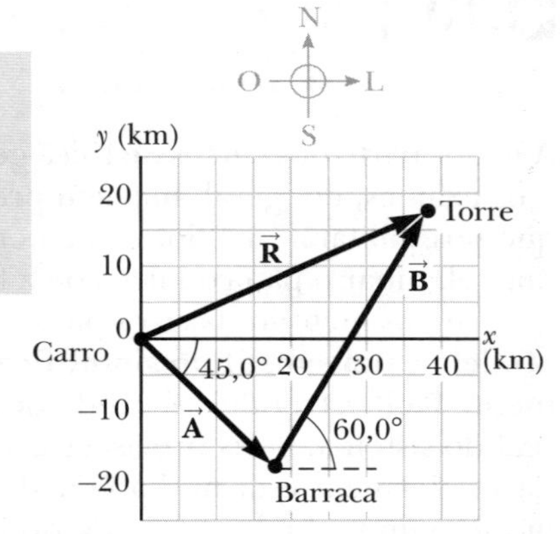

Figura 1.18 (Exemplo 1.8) O deslocamento total da praticante de caminhada é o vetor $\vec{\mathbf{R}} = \vec{\mathbf{A}} + \vec{\mathbf{B}}$.

SOLUÇÃO

Se denotarmos os vetores deslocamento no primeiro e segundo dias por $\vec{\mathbf{A}}$ e $\vec{\mathbf{B}}$, respectivamente, e usarmos o carro como origem das coordenadas, obteremos os vetores mostrados na Figura 1.18. Quando desenhamos a resultante $\vec{\mathbf{R}}$, constatamos que se trata de um problema idêntico já resolvido antes: uma adição de dois vetores.

O deslocamento $\vec{\mathbf{A}}$ tem um módulo de 25,0 km e é direcionado 45,0° abaixo do eixo x positivo.

Encontre as componentes de $\vec{\mathbf{A}}$ usando a Equação 1.10:

$$A_x = A\cos(-45{,}0°) = (25{,}0\text{ km})(0{,}707) = 17{,}7\text{ km}$$

$$A_y = A\,\text{sen}(-45{,}0°) = (25{,}0\text{ km})(-0{,}707) = -17{,}7\text{ km}$$

O valor negativo de A_y indica que a praticante caminha na direção negativa de y no primeiro dia. Os sinais de A_x e A_y também são evidentes na Figura 1.18.

Encontre as componentes de $\vec{\mathbf{B}}$ usando a Equação 1.10:

$$B_x = B\cos 60{,}0° = (40{,}0\text{ km})(0{,}500) = 20{,}0\text{ km}$$

$$B_y = B\,\text{sen}\,60{,}0° = (40{,}0\text{ km})(0{,}866) = 34{,}6\text{ km}$$

continua

1.8 *cont.*

(B) Determine as componentes do deslocamento resultante da caminhada $\vec{\mathbf{R}}$. Encontre uma expressão para $\vec{\mathbf{R}}$ em termos de vetores unitários.

SOLUÇÃO

Use a Equação 1.15 para encontrar as componentes do deslocamento resultante $\vec{\mathbf{R}} = \vec{\mathbf{A}} + \vec{\mathbf{B}}$:

$$R_x = A_x + B_x = 17{,}7 \text{ km} + 20{,}0 \text{ km} = 37{,}7 \text{ km}$$

$$R_y = A_y + B_y = -17{,}7 \text{ km} + 34{,}6 \text{ km} = 17{,}0 \text{ km}$$

Escreva o deslocamento total na forma de vetores unitários:

$$\vec{\mathbf{R}} = (37{,}7\hat{\mathbf{i}} + 17{,}0\hat{\mathbf{j}}) \text{ km}$$

Com base na representação gráfica da Figura 1.18, estimamos a posição da torre em cerca de (38 km, 17 km), que é consistente com as componentes de $\vec{\mathbf{R}}$ em nosso resultado para a posição final da praticante de caminhada. Além disso, ambas as componentes de $\vec{\mathbf{R}}$ são positivas, colocando a posição final no primeiro quadrante do sistema de coordenadas, que também é consistente com a Figura 1.18.

E se? Depois de atingir a torre, a praticante de caminhada deseja retornar ao carro ao longo de uma única linha reta. Quais são as componentes do vetor que representam essa caminhada? Qual deve ser a direção da caminhada?

Resposta O vetor desejado $\vec{\mathbf{R}}_{\text{carro}}$ é o negativo do vetor $\vec{\mathbf{R}}$:

$$\vec{\mathbf{R}}_{\text{carro}} = -\vec{\mathbf{R}} = (-37{,}7\hat{\mathbf{i}} - 17{,}0\hat{\mathbf{j}}) \text{ km}$$

Para encontrar a direção, deve-se calcular o ângulo que o vetor forma com o eixo x:

$$\text{tg } \theta = \frac{R_{\text{carro}, y}}{R_{\text{carro}, x}} = \frac{-17{,}0 \text{ km}}{-37{,}7 \text{ km}} = 0{,}450$$

que resulta em um ângulo de $\theta = 204{,}2°$, ou $24{,}2°$ ao sudoeste.

1.10 | Modelagem, representações alternativas e estratégia de solução de problemas

A maior parte dos cursos de física geral requer que os estudantes aprendam as habilidades para resolver problemas, e os exames, em geral, incluem problemas que testam essas habilidades. Esta seção descreve algumas ideias úteis que possibilitarão melhorar o entendimento dos conceitos da física, aumentar sua precisão na solução de problemas, eliminar o pânico inicial ou a falta de direção na abordagem de um problema e organizar seu trabalho.

Um dos métodos básicos para resolver problemas em física é formar um modelo apropriado para o problema. **Modelo é um substituto simplificado para o problema real que nos permite solucioná-lo de um modo relativamente fácil**. O modelo é válido desde que as previsões dele concordem satisfatoriamente com o comportamento real do sistema. Se as previsões não concordam, o modelo deve ser redefinido ou substituído por outro. O poder da modelagem está na habilidade de reduzir uma grande variedade de problemas bastante complexos a um número limitado de classes de problemas que podem ser abordados de modos semelhantes.

Na ciência, um modelo é bem diferente de, por exemplo, uma maquete do arquiteto para um edifício proposto, que parece ser uma versão menor do que ele representa. Modelo científico é uma construção teórica e pode não ter similaridade visual com o problema físico. Uma aplicação simples de modelagem é apresentada no Exemplo 1.9. Encontraremos mais exemplos de modelos no decorrer do livro.

Os modelos são necessários porque a operação real do Universo é extremamente complicada. Suponha, por exemplo, que nos peçam para solucionar um problema sobre o movimento da Terra ao redor do Sol. A Terra é bastante complicada, com muitos processos ocorrendo simultaneamente, como: clima, atividade sísmica e movimentos do oceano, assim como a vastidão de ações envolvendo a atividade humana. Tentar manter o conhecimento e a compreensão de todos esses processos é uma tarefa impossível.

A abordagem da modelagem reconhece que nenhum desses processos afeta o movimento da Terra ao redor do Sol em um grau mensurável. Portanto, esses detalhes são ignorados. Além disso, como encontraremos no Capítulo 11, o tamanho da Terra não afeta a força gravitacional entre ela e o Sol; somente as massas da Terra e do Sol e a distância entre elas determinam essa força. Em um modelo simplificado, a Terra é imaginada como uma partícula, um objeto com massa, porém de tamanho zero. Essa substituição de um corpo extenso por uma partícula é chamada **modelo de partícula**, que é amplamente utilizado na física. Quando analisamos o movimento de uma partícula com a massa da Terra em órbita ao redor do Sol, descobrimos que as previsões do movimento de uma partícula estão em excelente acordo com o movimento real da Terra.

As duas principais condições para uso do modelo da partícula são:

- O tamanho do objeto real não influi na análise do seu movimento.
- Qualquer processo que ocorra no objeto pode influir na análise do seu movimento.

Ambas as condições estão em ação no modelamento da Terra como uma partícula. Seu raio não é um fator na determinação de seu movimento, e os processos internos, como tempestades, terremotos e processos de fabricação, podem ser ignorados.

Quatro categorias de modelos usados neste livro nos ajudarão a entender e solucionar problemas de física. A primeira é o **modelo geométrico**, no qual formamos uma construção geométrica que representa a situação real. Deixamos então de lado o problema real e realizamos uma análise da construção geométrica. Considere um problema popular em trigonometria elementar, como no exemplo a seguir.

Exemplo 1.9 | Encontrando a altura de uma árvore

Você deseja encontrar a altura de uma árvore, mas não consegue medi-la diretamente. Você fica a 50,0 m da árvore e determina que uma linha de visão do chão para o topo da árvore faz um ângulo de 25,0° com o chão. Qual é a altura da árvore?

SOLUÇÃO

A Figura 1.19 mostra a árvore e um triângulo retângulo correspondente com as informações do problema sobrepostas. (Presumimos que a árvore seja exatamente perpendicular a um chão perfeitamente plano.) No triângulo, sabemos o comprimento da perna horizontal e o ângulo entre a hipotenusa e essa perna. Para encontrarmos a altura da árvore, devemos calcular o comprimento da perna vertical. Fazemos isso com a função tangente:

$$\text{tg}\,\theta = \frac{\text{lado oposto}}{\text{lado adjacente}} = \frac{h}{50{,}0\ \text{m}}$$

$$h = (50{,}0\ \text{m})\ \text{tg}\,\theta = (50{,}0\ \text{m})\ \text{tg}\ 25{,}0° = \boxed{23{,}3\ \text{m}}$$

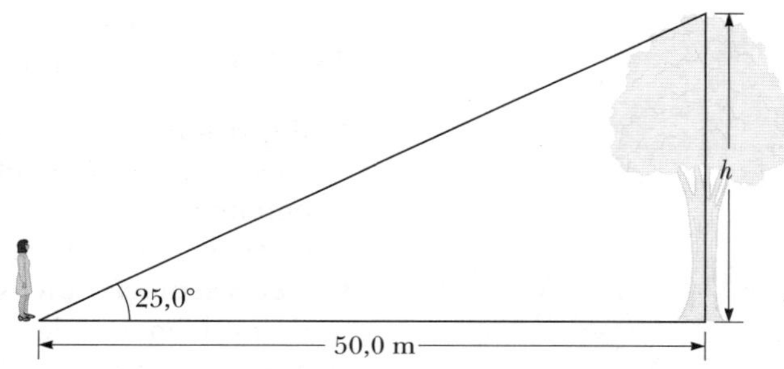

Figura 1.19 (Exemplo 1.9) A altura de uma árvore pode ser encontrada quando se medem a distância da árvore e o ângulo de visão do topo acima do chão. Trata-se de um exemplo simples de *modelagem* geométrica do problema real.

Você pode já ter solucionado um problema bastante semelhante ao Exemplo 1.9, mas nunca pensou sobre a noção de modelagem. Com base na sua abordagem, no entanto, uma vez que desenhamos um triângulo na Figura 1.19, ele é um modelo geométrico do problema real; é um *substituto*. Até chegarmos ao final do problema, não o imaginamos ser sobre uma *árvore*, mas sobre um *triângulo*. Usamos a trigonometria para encontrar a perna vertical do triângulo, levando a um valor de 23,3 m. Como essa perna *representa* a altura da árvore, agora podemos voltar ao problema original e responder que a altura da árvore é 23,3 m.

Outros exemplos de modelos geométricos incluem: a modelagem da Terra como uma esfera perfeita, uma pizza como um disco perfeito, um bastão como uma haste longa sem espessura e um fio elétrico como um cilindro longo e reto.

O modelo de partícula é um exemplo da segunda categoria, que chamamos de **modelo de simplificação**. Nesse modelo, os detalhes que não são significativos para determinação do resultado do problema são ignorados. Quando estudarmos rotação no Capítulo 10, os *objetos* serão modelados como *rígidos*. Todas as moléculas em um objeto rígido mantêm suas posições exatas umas em relação às outras. Adotamos o modelo de simplificação porque uma rocha giratória é muito mais fácil de analisar do que um bloco de gelatina giratório, que *não* é um objeto rígido. Outros modelos de simplificação assumirão que quantidades como forças de atrito são insignificantes, permanecem constantes ou são proporcionais a alguma potência da velocidade do objeto.

A terceira categoria é a dos **modelos de análise**, que são tipos gerais de problemas já solucionados antes. Uma técnica importante para essa solução consiste em moldar um novo problema de forma semelhante a outro que já foi solucionado e que pode ser usado como modelo. Como veremos, há cerca de 24 modelos de análise que podem ser usados para solucionar a maioria dos problemas que você encontrará. Veremos nossos primeiros modelos de análise no Capítulo 2, quando os discutiremos mais detalhadamente.

A quarta categoria são os **modelos estruturais**, que, em geral, são usados para entender o comportamento de um sistema que é bem diferente da escala de nosso mundo macroscópico – bem menor ou bem maior –, de modo que possamos interagir com ele diretamente. Por exemplo, a noção de um átomo de hidrogênio como um elétron em uma órbita circular ao redor de um próton é um modelo estrutural do átomo. Discutiremos este e os modelos estruturais em geral no Capítulo 11.

Intimamente relacionada à noção da modelo é a formação de **representações alternativas** do problema. **Representação é um método de visualização ou apresentação das informações relacionadas ao problema**. Os cientistas devem ser capazes de comunicar ideias complexas a indivíduos sem conhecimento científico. A melhor representação a usar para transmitir com sucesso a informação será diferente de um indivíduo para outro. Alguns serão convencidos por um gráfico bem desenhado; outros precisarão de uma ilustração. Os físicos costumam ser persuadidos a concordar com um ponto de vista ao examinarem uma equação, porém os não físicos podem não ser convencidos por essa representação matemática da informação.

Um problema descrito em palavras, como aqueles nos finais dos capítulos deste livro, é uma representação de um problema. No "mundo real", no qual você entrará após a graduação, a representação inicial de um problema pode ser apenas uma situação existente, como os efeitos do aquecimento global ou um paciente sob risco de morte. Você pode ter de identificar os dados e as informações importantes e moldar sozinho a situação em um problema verbal equivalente!

Considerar as representações alternativas pode ajudá-lo a pensar sobre as informações do problema de diversos modos diferentes para compreendê-lo e solucioná-lo. Muitos tipos de representação podem auxiliar nessa empreitada:

- **Representação mental**. Na descrição do problema, imagine uma cena que descreva o que está acontecendo nele. Então, deixe o tempo passar de modo que você entenda a situação e possa prever quais mudanças nela ocorrerão. Essa etapa é essencial na abordagem de *qualquer* problema.
- **Representação pictórica**. Desenhar uma figura da situação descrita em palavras do problema pode ser de grande ajuda para sua compreensão. No Exemplo 1.9, a representação pictórica na Figura 1.19 permite que identifiquemos o triângulo como um modelo geométrico do problema. Na arquitetura, o projeto é uma representação pictórica de um edifício proposto.

  Geralmente, uma representação pictórica descreve *o que você veria* se estivesse observando o problema. Por exemplo, a Figura 1.20 mostra uma representação pictórica de um jogador de beisebol rebatendo para fora uma bola curta. Qualquer eixo de coordenada incluído em uma representação pictórica terá duas dimensões: eixos x e y.

Figura 1.20 Representação pictórica de uma bola arremessada por um jogador de beisebol.

- **Representação pictórica simplificada**. É bastante útil redesenhar a representação pictórica sem detalhes complicados ao aplicar um modelo de simplificação. Esse processo é semelhante à discussão do modelo de partícula já descrito. Em uma representação pictórica da Terra em órbita ao redor do Sol, você pode desenhar a Terra e o Sol como esferas, possivelmente com alguma tentativa de desenhar continentes para identificar qual esfera é a Terra. Na representação pictórica simplificada, a Terra e o Sol seriam desenhados simplesmente como pontos, representando as partículas. A Figura 1.21 mostra uma representação pictórica simplificada correspondente à representação da trajetória do arremesso na Figura 1.20. As notações v_x e v_y referem-se às componentes do vetor velocidade para a bola de beisebol. Usaremos essas representações pictóricas por todo o livro.

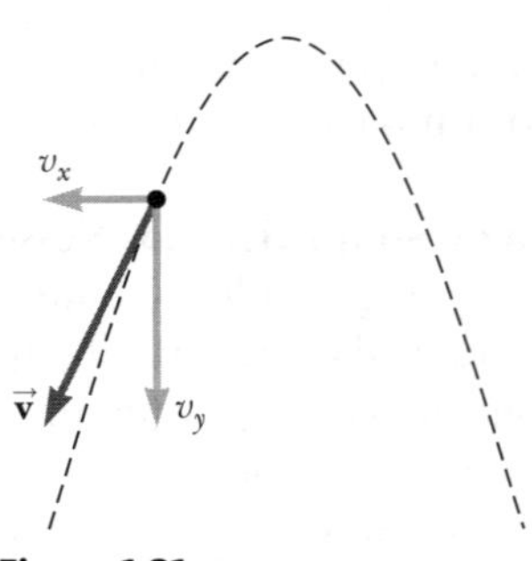

Figura 1.21 Representação pictórica simplificada para a situação mostrada na Figura 1.20.

- **Representação gráfica**. Em alguns problemas, pode ser muito útil desenhar um gráfico que descreva a situação. Em mecânica, por exemplo, gráficos de posição-tempo podem ser de grande ajuda. Analogamente, em termodinâmica, gráficos de pressão-volume são essenciais para a compreensão. A Figura 1.22 mostra uma representação gráfica da posição como uma função do tempo de um bloco na extremidade de uma mola vertical, conforme ela oscila para cima e para baixo. Tal gráfico é útil na compreensão do movimento harmônico simples, que estudaremos no Capítulo 12.

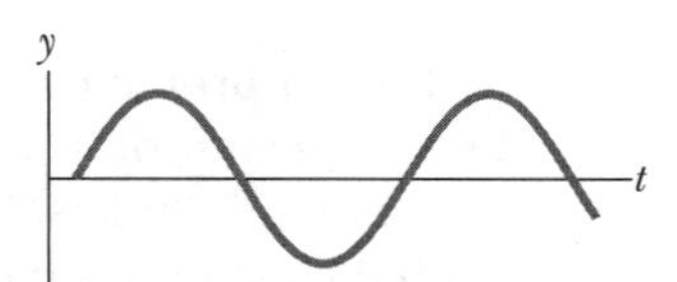

Figura 1.22 Representação gráfica da posição como uma função de tempo de um bloco suspenso de uma mola e oscilante.

Uma representação gráfica é diferente de uma pictórica, que também é a exibição bidimensional de informações, mas cujos eixos, se houver, representam as coordenadas *de comprimento*. Em uma representação gráfica, os eixos podem representar duas variáveis relacionadas *quaisquer*, por exemplo, para temperatura e tempo. Portanto, em comparação com uma pictórica, a representação gráfica geralmente *não* é algo que vemos quando observamos a situação do problema com nossos olhos.

- **Representação tabular**. Às vezes, é útil organizar as informações na forma de tabelas para ajudar a torná-las mais claras. Por exemplo, alguns alunos descobrem que fazer tabelas de quantidades conhecidas e desconhecidas é bastante conveniente. A tabela periódica de elementos é uma representação tabular extremamente válida com informações sobre química e física.
- **Representação matemática**. Em geral, o objetivo final na solução de um problema é uma representação matemática. Você quer passar as informações contidas no problema em palavras, por meio de várias representações que lhe permitam entender o que está acontecendo, para uma ou mais equações que representem a situação no problema e que possam ser solucionadas matematicamente para obter o resultado desejado.

Além do que você pode esperar aprender sobre conceitos de física, uma habilidade bastante valiosa que se pode adquirir em seu curso de física é a de resolver problemas complicados. A maneira como situações complexas são abordadas por físicos, que as dividem em partes manejáveis, é extremamente útil. A seguir, veja uma estratégia geral de resolução de problemas para ajudá-lo no passo a passo, que são: *Conceitualização*, *Categorização*, *Análise* e *Finalização*.

ESTRATÉGIA GERAL DE RESOLUÇÃO DE PROBLEMAS

Conceitualização

- A primeira coisa a fazer ao abordar um problema é *pensar sobre ele* e *entender* a situação. Estude qualquer representação da informação (por exemplo, diagramas, gráficos, tabelas ou fotografias) que venha com o problema cuidadosamente. Imagine um filme do que acontece no problema passando por sua mente.
- Se não há uma representação pictórica, sempre faça um desenho rápido da situação. Indique quaisquer valores conhecidos numa tabela ou diretamente no seu esboço.
- Concentre-se na informação algébrica ou numérica dada no problema. Leia seu enunciado com atenção, procurando frases-chave como "começa do repouso" ($v_i = 0$) ou "para" ($v_f = 0$).
- Foque o resultado esperado com a resolução do problema. O que exatamente está sendo perguntado? O resultado final será numérico ou algébrico? Você sabe que unidades são esperadas?
- Não se esqueça de incorporar informações da sua própria experiência e bom senso. Como seria uma resposta razoável? Por exemplo, você não pode esperar que a velocidade calculada para um automóvel seja de 5×10^6 m/s.

Categorização

- Assim que tiver uma boa ideia do que trata o problema, você precisa *simplificá-lo*. Remova detalhes que não são importantes para a solução. Por exemplo, modele um objeto em movimento como uma partícula. Se for adequado, ignore a resistência do ar ou a fricção entre um objeto deslizante e a superfície.
- Depois de simplificar o problema, é importante que ele seja *categorizado*. É um *problema de substituição simples* de modo que os números possam ser substituídos em uma equação? Se for, o problema provavelmente será resolvido quando a substituição for feita. Se não, você está diante de um *problema de análise*: a situação deve ser analisada mais a fundo para encontrar a solução.

- Se for um problema de análise, deve ser ainda mais categorizado. Você já viu esse tipo antes? Ele está na lista crescente de tipos de problemas que já resolveu antes? Se estiver, identifique qualquer (quaisquer) modelo(s) de análise(s) adequado(s) para se preparar para a etapa seguinte. Ser capaz de classificar um problema com um modelo de análise pode facilitar muito a elaboração de um plano para resolvê-lo. Por exemplo, se sua simplificação mostra que ele pode ser tratado como uma partícula sob constante aceleração e você já resolveu um desses (como os exemplos que mostraremos na seção 2.6), a solução para esse problema segue um padrão semelhante.

Análise

- Você deve analisar o problema e tentar chegar a uma solução matemática. Como você já categorizou o problema e identificou um modelo de análise, não deve ser muito difícil selecionar as equações relevantes que se aplicam ao tipo de situação presente. Por exemplo, se o problema envolver uma partícula sob constante aceleração (que estudaremos na seção 2.6), as Equações 2.10 a 2.14 são relevantes.
- Use álgebra (e cálculo, se necessário) para resolver simbolicamente a variável desconhecida em termos do que é dado. Substitua os números apropriados, calcule o resultado e arredonde para o número correto de algarismos significativos.

Finalização

- Examine sua resposta numérica. Ela tem as unidades corretas? Preenche suas expectativas de conceitualização do problema? E a forma algébrica do resultado? Faz sentido? Examine as variáveis do problema para ver se a resposta mudaria de maneira fisicamente significativa se fossem aumentadas ou diminuídas drasticamente ou se se tornassem zero. Uma boa maneira de garantir que os resultados que você obtém são razoáveis é dar uma olhada nos casos-limites para checar se resultam nos valores esperados.
- Pense como esse problema se compara a outros que você já resolveu. Como é a semelhança? Em que pontos críticos é diferente? Por que esse problema foi proposto? Você consegue determinar o que aprendeu com sua resolução? Se for uma nova categoria de problema, garanta que você o entende para que possa usá-lo como modelo para a resolução de outros parecidos no futuro.

Ao resolver problemas complexos, você pode precisar identificar uma série de subproblemas e aplicar esta estratégia a cada um. Para problemas simples, você provavelmente não precisa dela. Quando estiver tentando resolver um problema e não souber o que fazer em seguida, lembre-se desses passos e use-os como guia.

No resto deste livro, vamos marcar os passos *Conceitualização, Categorização, Análise* e *Finalização* explicitamente nos exemplos resolvidos. Muitos capítulos incluem uma seção intitulada Estratégia de Resolução de Problemas, que deve ajudar em momentos difíceis. Cada seção é organizada de acordo com a Estratégia Geral de Resolução de Problemas aqui descrita e planejada para os tipos específicos de problemas abordados no capítulo.

Para esclarecer como a Estratégia funciona, vamos repetir o Exemplo 1.8 na página a seguir, com as medidas particulares das Estratégias identificadas.

Quando você **Conceitualiza** um problema, tente entender a situação que é apresentada no seu enunciado. Estude cuidadosamente qualquer representação da informação (por exemplo, diagramas, gráficos, tabelas ou fotografias) que venha com o problema. Imagine um filme do que acontece nele passando por sua mente.

Simplifique o problema. Remova detalhes que não são importantes para a solução, e o **Categorize**. É um problema de substituição simples no qual os números podem ser substituídos na equação? Se não for, você está diante de um problema de análise. Neste caso, identifique o modelo de análise adequado. (Os modelos de análise serão apresentados no Capítulo 2.)

Agora, **Analise** o problema. Selecione as equações relevantes do modelo de análise. Resolva simbolicamente para a variável desconhecida em termos do que é dado. Substitua nos números apropriados, calcule o resultado e arredonde-o para o número de algarismos significativos correto.

Exemplo 1.8 | Fazendo uma caminhada

Uma praticante desse esporte começa caminhando 25,0 km a sudeste de seu carro. Ela para e arma sua tenda para passar a noite. No segundo dia, caminha 40,0 km em uma direção 60,0° do norte para o leste, ponto em que descobre uma torre de guarda florestal.

(A) Determine as componentes do deslocamento da caminhante para cada dia.

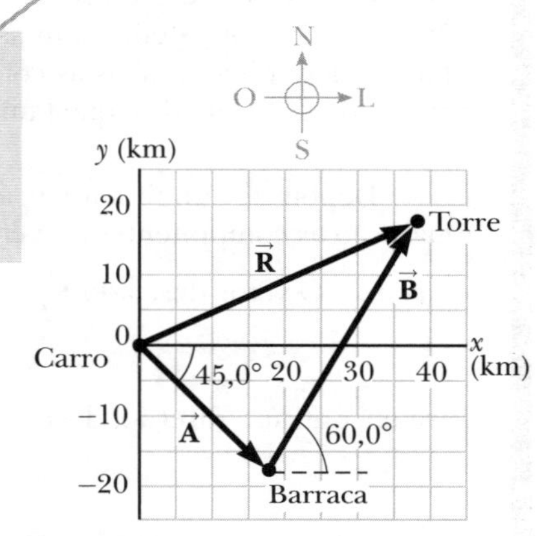

Figura 1.18 (Exemplo 1.8) O deslocamento total da praticante de caminhada é o vetor $\vec{\mathbf{R}} = \vec{\mathbf{A}} + \vec{\mathbf{B}}$.

SOLUÇÃO

Conceitualização Conceitualizamos o problema desenhando um esboço, como na Figura 1.18.

Se denotarmos os vetores deslocamento no primeiro e no segundo dias por $\vec{\mathbf{A}}$ e $\vec{\mathbf{B}}$, respectivamente, e usarmos o carro como a origem das coordenadas, obteremos os vetores mostrados na Figura 1.18.

Categorização Quando desenhamos a resultante $\vec{\mathbf{R}}$, podemos agora categorizar esse problema como um que resolvemos antes: adição de dois vetores. Agora você deve ter uma dica do poder de categorização, pois muitos problemas novos são muito semelhantes aos que já resolvemos se tivermos o cuidado de conceitualizá-los. Uma vez que tiver desenhado os vetores deslocamento e categorizado o problema, ele não será mais sobre uma praticante de caminhada, uma caminhada, um carro, uma tenda ou uma torre. É um problema sobre adição de vetores, que já resolvemos.

Análise O deslocamento $\vec{\mathbf{A}}$ tem umo módulo de 25,0 km e é direcionado 45,0° abaixo do eixo x positivo.

Encontre as componentes de $\vec{\mathbf{A}}$ usando a Equação 1.10:

$$A_x = A\cos(-45{,}0°) = (25{,}0\text{ km})(0{,}707) = \boxed{17{,}7\text{ km}}$$

$$A_y = A\,\text{sen}(-45{,}0°) = (25{,}0\text{ km})(-0{,}707) = \boxed{-17{,}7\text{ km}}$$

O valor negativo de A_y indica que a praticante caminha na direção negativa de y no primeiro dia. Os sinais de A_x e A_y também são evidentes na Figura 1.18.

Encontre as componentes de $\vec{\mathbf{B}}$ usando a Equação 1.10:

$$B_x = B\cos 60{,}0° = (40{,}0\text{ km})(0{,}500) = \boxed{20{,}0\text{ km}}$$

$$B_y = B\,\text{sen}\,60{,}0° = (40{,}0\text{ km})(0{,}866) = \boxed{34{,}6\text{ km}}$$

(B) Determine as componentes do deslocamento resultante da caminhada $\vec{\mathbf{R}}$. Encontre uma expressão para $\vec{\mathbf{R}}$ em termos de vetores unitários.

SOLUÇÃO

Use a Equação 1.15 para encontrar as componentes do deslocamento resultante $\vec{\mathbf{R}} = \vec{\mathbf{A}} + \vec{\mathbf{B}}$:

$$R_x = A_x + B_x = 17{,}7\text{ km} + 20{,}0\text{ km} = \boxed{37{,}7\text{ km}}$$

$$R_y = A_y + B_y = -17{,}7\text{ km} + 34{,}6\text{ km} = \boxed{17{,}0\text{ km}}$$

Escreva o deslocamento total na forma de vetores unitários:

$$\vec{\mathbf{R}} = \boxed{(37{,}7\hat{\mathbf{i}} + 17{,}0\hat{\mathbf{j}})\text{ km}}$$

continua

Finalize o problema. Examine sua resposta numérica. Ela tem as unidades corretas? Preenche suas expectativas da conceitualização do problema? A resposta faz sentido? E a forma algébrica do resultado? Examine as variáveis no problema para ver se a resposta mudaria de maneira fisicamente significativa se fossem aumentadas ou diminuídas drasticamente ou se se tornassem zero.

E se? Perguntas vão aparecer em muitos exemplos no texto, oferecendo uma variação da situação vista agora. Este recurso encoraja os estudantes a pensar sobre os resultados do exemplo e ajuda na compreensão conceitual dos princípios.

1.8 *cont.*

Finalização Com base na representação gráfica na Figura 1.18, estimamos a posição da torre em cerca de (38 km, 17 km), que é consistente com as componentes de $\vec{\mathbf{R}}$ em nosso resultado para a posição final da praticante de caminhada. Além disso, ambas as componentes de $\vec{\mathbf{R}}$ são positivas, colocando a posição final no primeiro quadrante do sistema de coordenadas, que também é consistente com a Figura 1.18.

E se? Depois de atingir a torre, a praticante de caminhada deseja retornar ao carro ao longo de uma única linha reta. Quais são as componentes do vetor que representam essa caminhada? Qual deve ser a direção da caminhada?

Resposta O vetor desejado $\vec{\mathbf{R}}_{\text{carro}}$ é o negativo do vetor $\vec{\mathbf{R}}$:

$$\vec{\mathbf{R}}_{\text{carro}} = -\vec{\mathbf{R}} = (-37{,}7\hat{\mathbf{i}} - 17{,}0\hat{\mathbf{j}})\text{ km}$$

Para encontrar a direção, deve-se calcular o ângulo que o vetor forma com o eixo x:

$$\text{tg}\,\theta = \frac{R_{\text{carro},\,y}}{R_{\text{carro},\,x}} = \frac{-17{,}0\text{ km}}{-37{,}7\text{ km}} = 0{,}450$$

que resulta em um ângulo de $\theta = 204{,}2°$ ou $24{,}2°$ a sudoeste.

RESUMO

As quantidades mecânicas são expressas em termos de três quantidades fundamentais – **comprimento, massa** e **tempo** – que no sistema SI têm as unidades **metros** (m), **quilogramas** (kg) e **segundos** (s), respectivamente. É muito útil utilizar o método de **análise dimensional** para verificar as equações e auxiliar nas expressões derivadas. A **densidade** de uma substância é definida como sua massa por unidade de volume:

$$\rho \equiv \frac{m}{V} \qquad \textbf{1.1}$$

Vetores são grandezas que têm magnitude (ou módulo) e direção e sentido, e obedecem às leis da adição de vetores. **Escalares** são grandezas que acrescentam algebricamente.

Dois vetores $\vec{\mathbf{A}}$ e $\vec{\mathbf{B}}$ podem ser acrescentados usando o método do triângulo. Neste (consulte a Fig. Ativa 1.9), o vetor $\vec{\mathbf{R}} = \vec{\mathbf{A}} + \vec{\mathbf{B}}$ vai da cauda de $\vec{\mathbf{A}}$ até a ponta de $\vec{\mathbf{B}}$.

A componente x de A_x do vetor $\vec{\mathbf{A}}$ é igual à sua projeção ao longo do eixo x de um sistema de coordenadas, em que $A_x = A\cos\theta$, e o θ é o ângulo $\vec{\mathbf{A}}$ que faz com o eixo x. Da mesma maneira, a componente y de A_y de $\vec{\mathbf{A}}$ é a projeção ao longo do eixo y, em que $A_y = A$ sen θ.

Se um vetor $\vec{\mathbf{A}}$ tem um componente x igual a A_x e um componente y igual a A_y, o vetor pode ser expresso na forma de vetor unitário como $\vec{\mathbf{A}} = (A_x\hat{\mathbf{i}} + A_y\hat{\mathbf{j}})$. Nessa notação, $\hat{\mathbf{i}}$ é um vetor unitário na direção positiva x e $\hat{\mathbf{j}}$ é um vetor unitário na direção positiva y. Como $\hat{\mathbf{i}}$ e $\hat{\mathbf{j}}$ são vetores unitários, $|\hat{\mathbf{i}}| = |\hat{\mathbf{j}}| = 1$. Em três dimensões, um vetor pode ser expresso como $\vec{\mathbf{A}} = (A_x\hat{\mathbf{i}} + A_y\hat{\mathbf{j}} + A_z\hat{\mathbf{k}})$, em que $\hat{\mathbf{k}}$ é um vetor unitário na direção z.

O resultante de dois ou mais vetores pode ser encontrado quando solucionamos todos os vetores em seus componentes x, y e z e acrescentamos seus componentes:

$$\vec{\mathbf{R}} = \vec{\mathbf{A}} + \vec{\mathbf{B}} = (A_x + B_x)\,\hat{\mathbf{i}} + (A_y + B_y)\,\hat{\mathbf{j}} + (A_z + B_z)\,\hat{\mathbf{k}} \qquad \textbf{1.18}$$

As habilidades de solução de problemas e a compreensão física podem ser melhoradas ao **modelá-los** e construir **representações alternativas** deles. Os modelos úteis na solução de problemas incluem: **geométricos, de simplificação** e **de análise.** Os cientistas usam **modelos estruturais** para compreender sistemas maiores ou menores em escala do que aqueles com os quais normalmente temos uma experiência direta. Representações úteis incluem: **mentais, pictóricas, pictóricas simplificadas, gráficas, tabulares** e **matemáticas.**

A melhor forma de abordar problemas complicados é trabalhar de maneira organizada. Lembre-se dos seguintes passos e aplique-os: *Conceitualização, Categorização, Análise* e *Finalização* da **Estratégia Geral de Resolução de Problemas** quando precisar deles.

PERGUNTAS OBJETIVAS

1. Responda às seguintes perguntas com sim ou não. Duas grandezas devem ter as mesmas dimensões (a) se estiverem sendo adicionadas? (b) Se estiverem sendo multiplicadas? (c) Se subtraídas? (d) Se divididas? (e) Se equacionadas?
2. Qual é a soma dos valores medidos 21,4 s + 15 s + 17,17 s + 4,00 3 s? (a) 57,573 s (b) 57.57 s (c) 57,6 s (d) 58 s (e) 60 s.
3. Qual das seguintes alternativas é a melhor estimativa para a massa de todas as pessoas que vivem na Terra? (a) 2×10^8 kg (b) 1×10^9 kg (c) 2×10^{10} kg (d) 3×10^{11} kg (e) 4×10^{12} kg.
4. Qual é a componente y do vetor $(3\hat{\mathbf{i}} - 8\hat{\mathbf{k}})$ m/s? (a) 3 m/s (b) –8 m/s (c) 0 (d) 8 m/s (e) nenhuma das anteriores.
5. Classifique as cinco quantidades em ordem decrescente. Se duas das quantidades forem iguais, dê-lhes a mesma classificação em sua lista. (a) 0,032 kg (b) 15 g (c) $2,7 \times 10^5$ mg (d) $4,1 \times 10^{-8}$ Gg (e) $2,7 \times 10^8$ μg.
6. O preço da gasolina em determinado posto é de 1,5 euro por litro. Uma estudante norte-americana pode usar 33 euros para comprar gasolina. Sabendo que 4 quartos fazem um galão e que 1 litro é quase 1 quarto, ela rapidamente raciocina que pode comprar quantos galões de gasolina? (a) menos de 1 galão (b) cerca de 5 galões (c) cerca de 8 galões (d) mais de 10 galões.
7. Um aluno usa um metro para medir a espessura de um livro e obtém 4,3 cm ± 0,1 cm. Outros alunos medem a espessura com o paquímetro de *vernier* e obtêm quatro medidas diferentes: (a) 4,32 cm ± 0,01 cm (b) 4,31 cm ± 0,01 cm (c) 4,24 cm ± 0,01 cm (d) 4,43 cm ± 0,01 cm. Qual dessas medidas, se houver uma, está de acordo com a obtida pelo primeiro aluno?
8. Um vetor no plano xy tem componentes de sinal oposto. O vetor deve estar em que quadrante? (a) no primeiro (b) no segundo (c) no terceiro (d) no quarto (e) ou no segundo ou no quarto.
9. Qual é a componente x do vetor mostrado na Figura PO1.9? (a) 3 cm (b) 6 cm (c) –4 cm (d) –6 cm (e) nenhuma das anteriores.

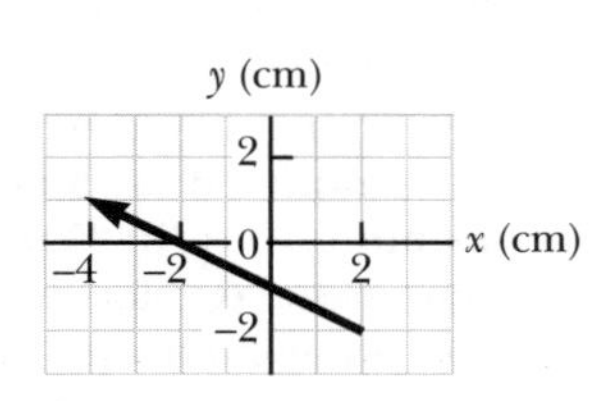

Figura PO1.9 Perguntas Objetivas 9 e 10.

10. Qual é a componente y do vetor mostrado na Figura PO1.9? (a) 3 cm (b) 6 cm (c) –4 cm (d) –6 cm (e) nenhuma das anteriores.
11. Qual é o módulo do vetor $(10\hat{\mathbf{i}} - 10\hat{\mathbf{k}})$ m/s? (a) 0 (b) 10 m/s (c) –10 m/s (d) 10 (e) 14,1 m/s.
12. A segunda lei do movimento de Newton (Capítulo 4) diz que o produto da massa de um objeto por sua aceleração é igual à força líquida sobre o objeto. Qual das seguintes alternativas fornece as unidades corretas para força? (a) kg · m/s² (b) kg · m²/s² (c) kg/m · s² (d) kg · m²/s (e) nenhuma das anteriores.
13. A Figura PO1.13 mostra dois vetores $\vec{\mathbf{D}}_1$ e $\vec{\mathbf{D}}_2$. Qual das possibilidades de (a) a (d) é o vetor $\vec{\mathbf{D}}_2 - 2\vec{\mathbf{D}}_1$, ou (e) nenhuma delas?

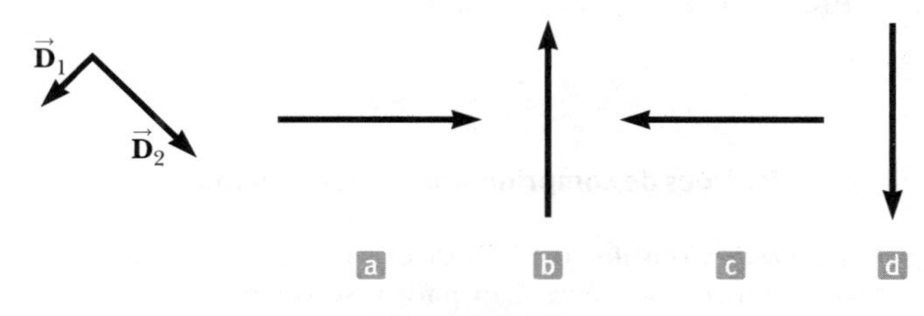

Figura PO1.13

14. Um vetor aponta da origem para dentro do segundo quadrante do plano xy. O que você pode concluir sobre seus componentes? (a) Ambas as componentes são positivas. (b) A componente x é positiva y e, negativa. (c) A componente x é negativa e y, positiva. (d) Ambas são negativas. (e) Mais de uma resposta é possível.
15. Sim ou não: Cada uma das seguintes quantidades é um vetor? (a) força (b) temperatura (c) o volume da água em uma lata (d) as classificações de um programa de TV (e) a altura de um edifício (f) a velocidade de um carro esportivo (g) a idade do Universo.
16. O vetor $\vec{\mathbf{A}}$ está situado no plano xy. Ambas as componentes serão negativas se o vetor apontar da origem para dentro de qual quadrante? (a) do primeiro (b) do segundo (c) do terceiro (d) do quarto quadrante (e) do segundo ou do quarto.

PERGUNTAS CONCEITUAIS

1. Um livro é movido uma vez em torno do perímetro do tampo de uma mesa de 1,0 m por 2,0 m. O livro termina em sua posição inicial. (a) Qual é seu deslocamento? (b) Qual é a distância percorrida?
2. Se a componente do vetor $\vec{\mathbf{A}}$ ao longo da direção do vetor $\vec{\mathbf{B}}$ é zero, o que você pode concluir sobre os dois vetores?
3. Suponha que os três padrões fundamentais do sistema métrico sejam comprimento, *densidade* e tempo, em vez de comprimento, *massa* e tempo. O padrão de densidade desse sistema deve ser definido como o da água. Quais considerações sobre a água deveriam ser feitas para se certificar de que o padrão de densidade seja o mais preciso possível?
4. Expresse as seguintes quantidades utilizando os prefixos fornecidos na Tabela 1.4. (a) 3×10^{-4} m (b) 5×10^{-5} s (c) 72×10^2 g
5. Quais fenômenos naturais poderiam servir como padrões de tempo alternativos?
6. O módulo de um vetor pode ter valor negativo? Explique.

7. Em determinada calculadora, a função arco tangente retorna um valor entre $-90°$ e $+90°$. Em que casos esse valor exprimirá corretamente a direção de um vetor no plano xy fornecendo seu ângulo medido no sentido anti-horário a partir do eixo x positivo? Em que casos será incorreto?

8. É possível adicionar um módulo vetorial a um escalar? Explique.

PROBLEMAS

ENHANCED WebAssign Os problemas que se encontram neste capítulo podem ser resolvidos *on-line* no Enhanced WebAssign (em inglês).

1. denota problema direto;

2. denota problema intermediário;

3. denota problema desafiador;

1. denota problemas mais frequentemente resolvidos no Enhanced WebAssign;

BIO denota problema biomédico;

PD denota problema dirigido;

M denota tutorial Master It disponível no Enhanced WebAssign;

Q|C denota problema que pede raciocínio quantitativo e conceitual;

S denota problema de raciocínio simbólico;

sombreado denota "problemas emparelhados" que desenvolvem raciocínio com símbolos e valores numéricos;

W denota solução no vídeo Watch It disponível no Enhanced WebAssign.

Seção 1.1 Padrões de comprimento, massa e tempo

Observação: Consulte os apêndices, anexos e tabelas no texto sempre que necessário para resolver os problemas. As respostas dos problemas de números ímpares aparecem no final do livro.

1. Uma empresa automobilística exibe modelo miniatura de seu primeiro carro, feito de 9,35 kg de ferro. Para celebrar seu centésimo ano no mercado, um trabalhador reproduzirá o modelo em ouro com base nos moldes originais. Que massa de ouro é necessária para fabricar o novo modelo?

2. **Q|C** (a) Use as informações dos anexos deste livro para calcular a densidade média da Terra. (b) Onde o valor se encaixa entre os relacionados na Tabela 15.1 do Capítulo 15? Busque a densidade de uma rocha de superfície típica como o granito em outra fonte bibliográfica e compare-a com a densidade da Terra.

3. **W** Duas esferas são cortadas de certa rocha uniforme. Uma tem raio de 4,50 cm. A massa da outra é cinco vezes maior. Encontre seu raio.

4. **S** Qual massa de um material com densidade ρ é necessária para fazer um invólucro esférico oco tendo raio interno r_1 e externo r_2?

Seção 1.2 Análise dimensional

5. Quais das equações a seguir são dimensionalmente corretas? (a) $v_f = v_i + ax$ (b) $y = (2 \text{ m}) \cos (kx)$, em que $k = 2 \text{ m}^{-1}$.

6. **W** A Figura P1.6 mostra o *tronco de um cone*. Combine cada uma das três expressões (a) $\pi(r_1 + r_2)\,[h^2 + (r_2 - r_1)^2]^{1/2}$, (b) $2\pi(r_1 + r_2)$ e (c) $\pi h(r_1^2 + r_1 r_2 + r_2^2)/3$ com a quantidade que ela descreve: (d) a circunferência total das faces circulares planas, (e) o volume ou (f) a área da superfície curva.

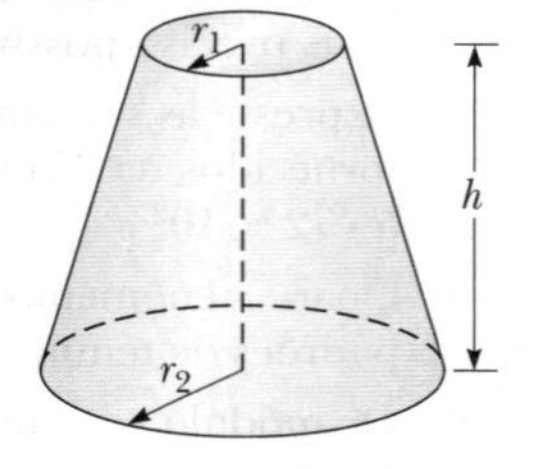

Figura P1.6

7. A posição de uma partícula movendo-se sob aceleração uniforme é uma função de tempo e de aceleração. Suponha que escrevamos essa posição como $x = ka^m t^n$, em que k é uma constante sem dimensão. Mostre, por análise dimensional, que essa expressão é satisfeita se $m = 1$ e $n = 2$. Essa análise pode dar o valor de k?

Seção 1.3 Conversão de unidades

8. A massa do Sol é $1{,}99 \times 10^{30}$ kg, e a de um átomo de hidrogênio, do qual o Sol é composto em sua maioria, é de $1{,}67 \times 10^{-27}$ kg. Quantos átomos há no Sol?

9. **M** Um galão de tinta (volume $= 3{,}78 \times 10^{-3}$ m^3) cobre uma área de 25,0 m^2. Qual é a espessura da tinta fresca na parede?

10. Um átomo de hidrogênio tem diâmetro de $1{,}06 \times 10^{-10}$ m. O núcleo desse átomo tem diâmetro de aproximadamente $2{,}40 \times 10^{-15}$ m. (a) Para um modelo em escala, represente o diâmetro do átomo de hidrogênio pelo comprimento de um campo de futebol norte-americano (100 jardas = 300 pés) e determine o diâmetro do núcleo em milímetros. (b) Encontre a razão do volume do átomo de hidrogênio para o volume do seu núcleo.

11. **W** Suponha que leve 7,00 min para encher um tanque de gasolina de 30,0 gal. (a) Calcule a taxa à qual o tanque é enchido em galões por segundo. (b) Calcule a taxa à qual o tanque é enchido em metros cúbicos por segundo. (c) Determine o intervalo de tempo, em horas, necessário para encher um volume de 1,00 m^3 à mesma taxa. (1 U.S. gal = 231 pol.^{3}).

12. Uma *porção* de terra tem área de 1 milha quadrada e contém 640 acres. Determine o número de metros quadrados em 1 acre.

13. **M** Um metro cúbico (1,00 m^3) de alumínio tem massa de $2{,}70 \times 10^3$ kg, e o mesmo volume de ferro tem massa de $7{,}86 \times 10^3$ kg. Encontre o raio de uma esfera de alumínio maciço que equilibrará uma esfera de ferro maciço de raio 2,00 cm em uma balança de braços iguais.

14. **S** Represente por ρ_{Al} a densidade do alumínio e ρ_{Fe} a do ferro. Encontre o raio de uma esfera de alumínio maciço que equilibra uma esfera maciça de ferro de raio r_{Fe} em uma balança de braços iguais.

15. Um carregador de minério leva 1 200 t/h de uma mina para a superfície. Converta essa taxa em libras por segundo, utilizando 1 t = 2 000 lb.

16. **BIO** **W** Suponha que seu cabelo cresça à taxa de 1/32 polegadas por dia. Encontre a taxa à qual ele cresce em nanômetros por segundo. Como a distância entre os átomos de uma molécula é da ordem de 0,1 nm, a resposta sugere quão rapidamente as camadas de átomos estão reunidas nessa síntese proteica.

Seção 1.4 Cálculos de ordem de grandeza

17. Encontre a ordem de grandeza do número de bolas de tênis que caberia em uma sala de tamanho normal (sem serem esmagadas).

18. Um pneu de automóvel tem durabilidade estimada de 50 000 milhas. Em ordem de grandeza, quantas revoluções ele fará durante sua vida?

19. Em ordem de grandeza, quantos afinadores de piano residem em Nova York? O físico Enrico Fermi era famoso por fazer perguntas como essa nos exames orais de qualificação para Ph.D.

20. (a) Calcule a ordem de grandeza da massa de uma banheira meio cheia de água. (b) Calcule a ordem de grandeza da massa de uma banheira meio cheia de moedas de cobre.

Seção 1.5 Algarismos significativos

21. O *ano tropical*, intervalo de tempo entre um e outro equinócio vernal, é a base de nosso calendário. Ele contém 365,242 199 dias. Encontre o número de segundos em um ano tropical.

22. **W** Efetue as operações aritméticas: (a) a soma dos valores medidos 756, 37,2, 0,83 e 2, (b) o produto $0{,}003\,2 \times 356{,}3$ e (c) o produto $5{,}620 \times \pi$.

23. **W** Quantos algarismos significativos estão nos números a seguir? (a) $78{,}9 \pm 0{,}2$ (b) $3{,}788 \times 10^9$ (c) $2{,}46 \times 10^{-6}$ (d) 0,005 3.

Observação: O Apêndice B.8 sobre propagação de incerteza pode ser útil na resolução dos dois problemas a seguir.

24. O raio de uma esfera sólida uniforme é medido como $(6{,}50 \pm 0{,}20)$ cm e sua massa como $(1{,}85 \pm 0{,}02)$ kg. Determine a densidade da esfera em quilogramas por metro cúbico e a incerteza da densidade.

25. Uma calçada deve ser construída ao redor de uma piscina que mede $(10{,}0 \pm 0{,}1)$ m por $(17{,}0 \pm 0{,}1)$ m. Se a calçada medir $(1{,}00 \pm 0{,}01)$ m de largura por $(9{,}0 \pm 0{,}1)$ cm de espessura, qual será o volume de concreto necessário e qual a incerteza aproximada desse volume?

Observação: Os próximos quatro problemas exigem habilidades matemáticas que serão úteis no decorrer deste curso.

26. **S** **Revisão.** Com base no conjunto de equações

$$p = 3q$$
$$pr = qs$$
$$\tfrac{1}{2}pr^2 + \tfrac{1}{2}qs^2 = \tfrac{1}{2}qt^2$$

envolvendo p, q, r, s e t desconhecidos, encontre o valor da relação de t para r.

27. **Revisão.** A curva de rodovia forma uma seção de um círculo. Um carro faz a curva como mostrado na vista de um helicóptero na Figura P1.27. A bússola do painel mostra que o carro está inicialmente se encaminhando rumo a leste. Depois de percorrer $d = 840$ m, ele segue a $\theta = 35{,}0°$ sudeste. Encontre o raio de curvatura da sua trajetória. *Sugestão:* Você pode achar útil aprender um teorema geométrico encontrado no Anexo B.3.

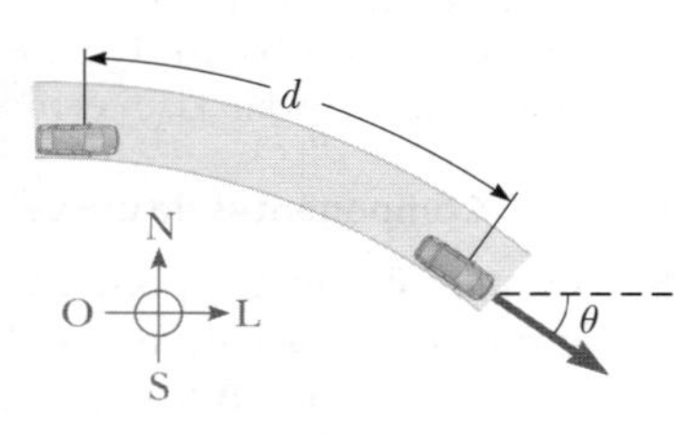

Figura P1.27

28. **Revisão.** Prove que uma solução da equação

$$2{,}00x^4 - 3{,}00x^3 + 5{,}00x = 70{,}0$$

é $x = -2{,}22$.

29. **Revisão.** Encontre cada ângulo θ entre 0 e 360° para os quais a razão de sen θ para cos θ seja $-3{,}00$.

Seção 1.6 Sistemas de coordenadas

30. **S** Considere as coordenadas polares do ponto (x, y) como (r, θ). Determine as coordenadas polares para os pontos (a) $(-x, y)$, (b) $(-2x, -2y)$ e (c) $(3x, -3y)$.

31. **W** As coordenadas polares de um ponto são $r = 5{,}50$ m e $\theta = 240°$. Quais são as coordenadas cartesianas desse ponto?

32. Dois pontos no plano xy têm coordenadas cartesianas $(2{,}00, -4{,}00)$ m e $(-3{,}00, 3{,}00)$ m. Determine (a) a distância entre esses pontos e (b) suas coordenadas polares.

33. **W** Uma mosca pousa na parede de um quarto. O canto inferior esquerdo da parede é selecionado como a origem de um sistema de coordenadas cartesianas bidimensional. Se a mosca estiver localizada no ponto com coordenadas $(2{,}00, 1{,}00)$ m, (a) a que distância ela está da origem? (b) Qual é a localização em coordenadas polares?

Seção 1.7 Vetores e escalares

Seção 1.8 Algumas propriedades dos vetores

34. **M** Os vetores deslocamento $\vec{\mathbf{A}}$ e $\vec{\mathbf{B}}$ mostrados na Figura P1.34 têm módulos de 3,00 m. A direção do vetor A: é $\theta = 30{,}0°$. Encontre graficamente (a) $\vec{\mathbf{A}} + \vec{\mathbf{B}}$, (b) $\vec{\mathbf{A}} - \vec{\mathbf{B}}$, (c) $\vec{\mathbf{B}} - \vec{\mathbf{A}}$ e (d) $\vec{\mathbf{A}} - 2\vec{\mathbf{B}}$. (Informe todos os ângulos no sentido anti-horário a partir do eixo x positivo.)

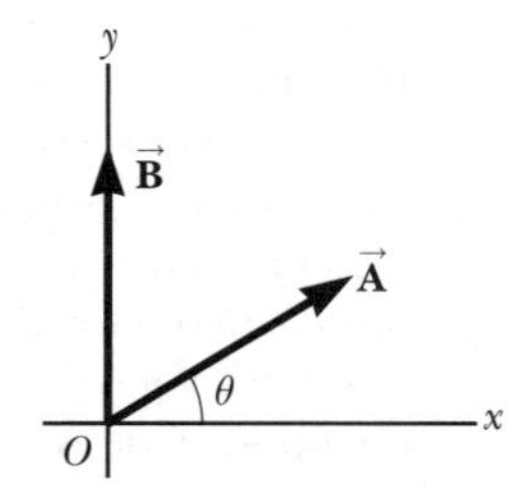

Figura P1.34 Problemas 34 e 48.

35. *Por que a seguinte situação é impossível?* Uma skatista desliza ao longo de um trajeto circular. Ela define certo

ponto no círculo como sua origem. Mais tarde, passa por um ponto no qual a distância que percorreu ao longo do trajeto a partir da origem é menor que o módulo do seu vetor deslocamento a partir da origem.

36. Um avião voa do campo-base para o Lago A, a 280 km de distância na direção 20,0° nordeste. Após soltar os suprimentos, ele voa para o Lago B, que fica a 190 km em 30,0° a noroeste do Lago A. Determine graficamente a distância e a direção do Lago B para o campo de base.

37. Um carrinho de montanha-russa move-se a 200 pés horizontalmente e sobe 135 pés em um ângulo de 30,0° acima da horizontal. Depois, viaja 135 pés em um ângulo de 40,0° para baixo. Qual é seu deslocamento desde o ponto de partida? Use técnicas gráficas.

Seção 1.9 Componentes de um vetor e vetores unitários

38. O vetor $\vec{\mathbf{B}}$ tem componentes x, y e z de 4,00, 6,00 e 3,00 unidades, respectivamente. Calcule (a) o módulo de $\vec{\mathbf{B}}$ e (b) o ângulo que $\vec{\mathbf{B}}$ forma com cada eixo de coordenadas.

39. **M** Em um piso, um homem passa o esfregão que, por causa do movimento, sofre dois deslocamentos. O primeiro tem módulo de 150 cm e forma um ângulo de 120° com um eixo x positivo. O deslocamento resultante tem módulo de 140 cm e direção de um ângulo de 35,0° em relação ao eixo x positivo. Encontre o módulo e a direção do segundo deslocamento.

40. Encontre as componentes horizontais e verticais do deslocamento de 100 m de um super-herói que voa do topo de um edifício seguindo o caminho mostrado na Figura P1.40.

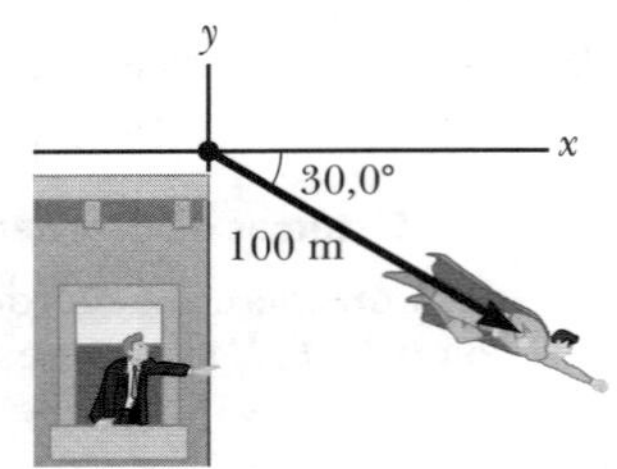

Figura P1.40

41. **W** Um vetor tem um componente x de –25,0 unidades e um componente y de 40,0 unidades. Encontre o módulo e a direção e o sentido desse vetor.

42. **W** Dados os vetores $\vec{\mathbf{A}} = 2{,}00\hat{\mathbf{i}} + 6{,}00\hat{\mathbf{j}}$ e $\vec{\mathbf{B}} = 3{,}00\hat{\mathbf{i}} - 2.00\hat{\mathbf{j}}$, (a) desenhe a soma vetorial $\vec{\mathbf{C}} = \vec{\mathbf{A}} + \vec{\mathbf{B}}$ e a diferença vetorial $\vec{\mathbf{D}} = \vec{\mathbf{A}} - \vec{\mathbf{B}}$. (b) Calcule $\vec{\mathbf{C}}$ e $\vec{\mathbf{D}}$ nos termos de vetores unitários. (c) Calcule $\vec{\mathbf{C}}$ e $\vec{\mathbf{D}}$ nos termos de coordenadas polares, com ângulos medidos com relação ao eixo x positivo.

43. **M** O vetor $\vec{\mathbf{A}}$ tem componentes x, y e z de 8,00, 12,0 e –4,00 unidades, respectivamente. (a) Escreva uma expressão de vetor para $\vec{\mathbf{A}}$ em notação de vetor unitário. (b) Obtenha uma expressão de vetor unitário para um vetor $\vec{\mathbf{B}}$ que tem um quarto do comprimento de $\vec{\mathbf{A}}$ e aponta na mesma direção que $\vec{\mathbf{A}}$. (c) Obtenha uma expressão de vetor unitário para o vetor $\vec{\mathbf{C}}$ que tem três vezes o comprimento de $\vec{\mathbf{A}}$ e aponta na direção oposta à de $\vec{\mathbf{A}}$.

44. Três vetores deslocamento de uma bola de *croquet* são mostrados na Figura P1.44, em que $|\vec{\mathbf{A}}| = 20{,}0$ unidades, $|\vec{\mathbf{B}}| = 40{,}0$ unidades e $|\vec{\mathbf{C}}| = 30{,}0$ unidades. Encontre (a) a resultante em notação de vetor unitário e (b) o módulo e a direção do deslocamento resultante.

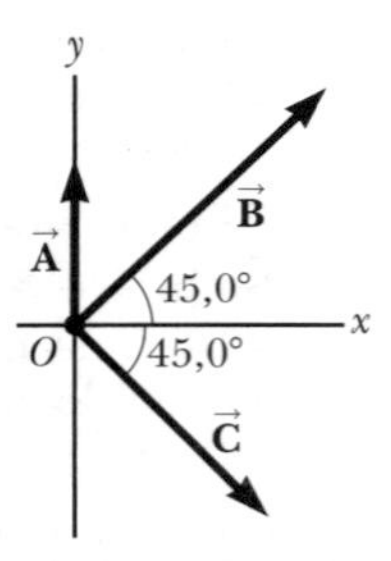

Figura P1.44

45. **Q|C** (a) Tendo $\vec{\mathbf{A}} = (6{,}00\hat{\mathbf{i}} - 8{,}00\hat{\mathbf{j}})$ unidades, $\vec{\mathbf{B}} = (-8{,}00\hat{\mathbf{i}} + 3{,}00\hat{\mathbf{j}})$ unidades e $\vec{\mathbf{C}} = (26{,}0\hat{\mathbf{i}} + 19{,}0\hat{\mathbf{j}})$ unidades, determine a e b de modo que $a\vec{\mathbf{A}} + b\vec{\mathbf{B}} + \vec{\mathbf{C}} = 0$. (b) Um aluno aprendeu que uma única equação não pode ser resolvida para determinar valores para mais de uma incógnita. Como você explicaria a ele que a e b podem ser determinados pela única equação utilizada na parte (a)?

46. **W** O vetor $\vec{\mathbf{A}}$ tem as componentes x e y de –8,70 cm e 15,0 cm, respectivamente; o vetor $\vec{\mathbf{B}}$ tem componentes x e y de 13,2 cm e –6,60 cm, respectivamente. Se $\vec{\mathbf{A}} - \vec{\mathbf{B}} + 3\vec{\mathbf{C}} = 0$, quais são as componentes de $\vec{\mathbf{C}}$?

47. **M** Considere os dois vetores $\vec{\ } = 3\hat{\mathbf{i}} - 2\hat{\mathbf{j}}$ e $\vec{\mathbf{B}} = -\hat{\mathbf{i}} - 4\hat{\mathbf{j}}$. Calcule (a) $\vec{\ } + \vec{\mathbf{B}}$, (b) $\vec{\mathbf{A}} - \vec{\ }$, (c) $|\vec{\mathbf{A}} + \vec{\mathbf{B}}|$, (d) $|\vec{\mathbf{A}} - \vec{\mathbf{B}}|$ e (e) as direções de $\vec{\mathbf{A}} + \vec{\mathbf{B}}$ e $\vec{\mathbf{A}} - \vec{\mathbf{B}}$.

48. Use o método das componentes para adicionar os vetores $\vec{\mathbf{A}}$ e $\vec{\mathbf{B}}$ mostrados na Figura P1.34. Expresse o resultante $\vec{\mathbf{A}} + \vec{\mathbf{B}}$ na notação de vetor unitário.

49. Em uma operação de montagem ilustrada na Figura P1.49, um robô move, primeiro, um objeto em linha reta para cima e, depois, também para o leste, em torno de um arco formando um quarto de um círculo de raio de 4,80 cm, que se situa em um plano vertical leste-oeste. O robô então move o objeto para cima e para o norte, através de um quarto de círculo de raio 3,70 cm, que se situa no plano vertical norte-sul. Encontre (a) o módulo do deslocamento total do objeto e (b) o ângulo que o deslocamento total forma com a vertical.

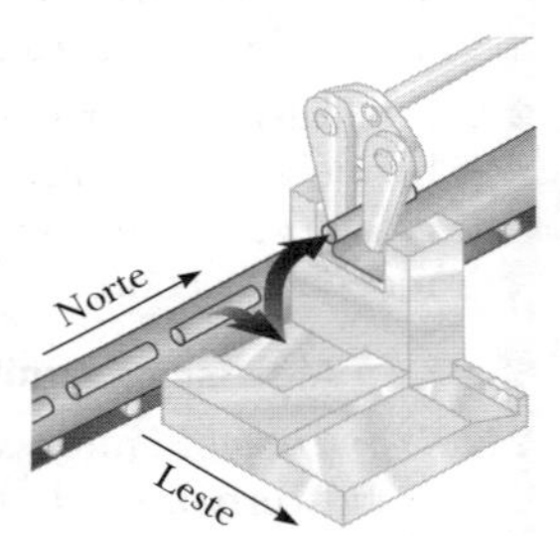

Figura P1.49

50. Expresse em notação de vetor unitário os seguintes vetores, cada um com módulo de 17,0 cm. (a) O vetor $\vec{\mathbf{E}}$ é direcionado 27,0° no sentido anti-horário do eixo x positivo. (b) O vetor $\vec{\mathbf{F}}$ é direcionado 27,0° no sentido anti--horário do eixo y positivo. (c) O vetor $\vec{\mathbf{G}}$ é direcionado 27,0° no sentido horário do eixo y negativo.

51. **M** Uma pessoa que vai fazer uma caminhada segue o trajeto mostrado na Figura P1.51. A viagem total é composta por quatro trajetórias em linha reta. No final da caminhada, qual é o deslocamento resultante da pessoa medido a partir do ponto de partida?

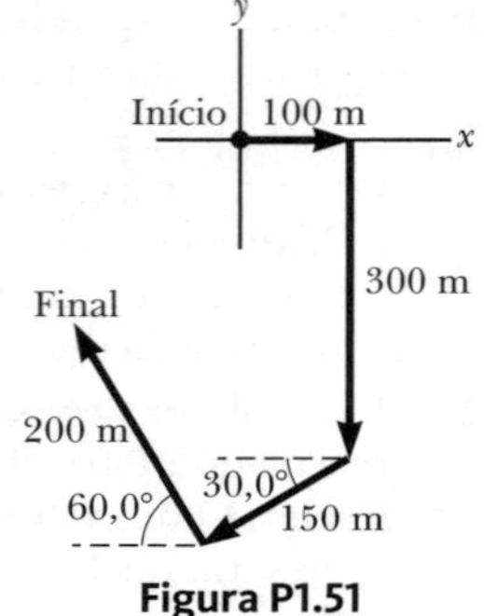

Figura P1.51

52. **W** Considere os três vetores de deslocamento $\vec{\mathbf{A}} = (3\hat{\mathbf{i}} - 3\hat{\mathbf{j}})$ m, $\vec{\mathbf{B}} = (\hat{\mathbf{i}} - 4\hat{\mathbf{j}})$ m e $\vec{\mathbf{C}} = (2\hat{\mathbf{i}} + 5\hat{\mathbf{j}})$ m. Use o método das componentes para determinar (a) o módulo e a direção do vetor $\vec{\mathbf{D}} = \vec{\mathbf{A}} + \vec{\mathbf{B}} + \vec{\mathbf{C}}$ e (b) o módulo e a direção de $\vec{\mathbf{E}} = -\vec{\mathbf{A}} - \vec{\mathbf{B}} + \vec{\mathbf{C}}$.

Seção 1.10 Modelagem, representações alternativas e estratégia de solução de problemas

53. Um sólido cristalino consiste em átomos empilhados em uma estrutura de treliça repetitiva. Considere um cristal conforme mostrado na Figura P1.53a. Os átomos residem nos cantos de cubos de lado $L = 0{,}200$ nm. Uma evidência para o arranjo regular de átomos vem das superfícies planas ao longo das quais um cristal é separado, ou clivado, quando se quebra. Suponha que um cristal se parta ao longo de uma face diagonal conforme mostrado na Figura P1.53b. Calcule o espaço d entre dois planos atômicos adjacentes que se separam quando o cristal se parte.

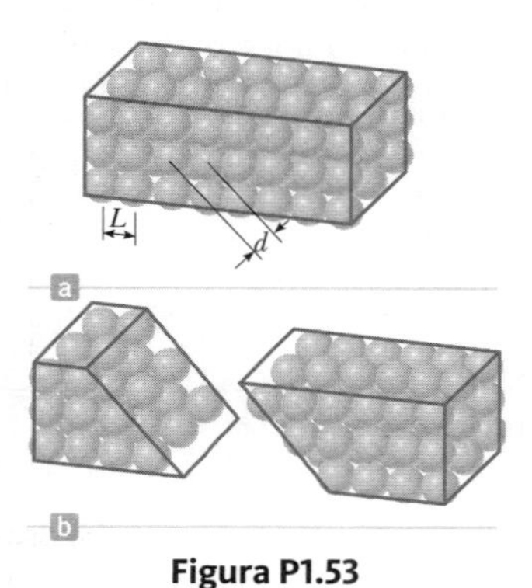

Figura P1.53

54. Conforme pega seus passageiros, uma motorista de ônibus atravessa quatro deslocamentos sucessivos representados pela expressão

$$(-6{,}30\text{ b})\hat{\mathbf{i}} - (4{,}00\text{ b}\cos 40°)\hat{\mathbf{i}} - (4{,}00\text{ b sen }40°)\hat{\mathbf{j}}$$
$$+ (3{,}00\text{ b}\cos 50°)\hat{\mathbf{i}} - (3{,}00\text{ b sen }50°)\hat{\mathbf{j}} - (5{,}00\text{ b})\hat{\mathbf{j}}$$

Aqui, b representa um quarteirão da cidade, uma unidade conveniente da distância de tamanho uniforme; $\hat{\mathbf{i}}$ é leste; e $\hat{\mathbf{j}}$ é norte. Os deslocamentos a 40° e 50° representam viagens em estradas na cidade que estão nestas angulações em relação às ruas principais leste-oeste e norte-sul. (a) Desenhe um mapa dos deslocamentos sucessivos. (b) Qual a distância total percorrida? (c) Calcule o módulo e a direção do deslocamento total. A estrutura lógica deste problema e de outros apresentados nos capítulos posteriores foi sugerida por Alan Van Heuvelen e David Maloney, *American Journal of Physics* 67(3), p. 252-256, março de 1999.

55. **W** Uma topógrafa mede a largura de um rio em linha reta pelo método a seguir (Fig. P1.55). Começando diretamente em frente a uma árvore na margem oposta, ela anda $d = 100$ m ao longo da margem para estabelecer uma referência. Então, avista a árvore. O ângulo da referência até a árvore é $\theta = 35{,}0°$. Qual é a largura do rio?

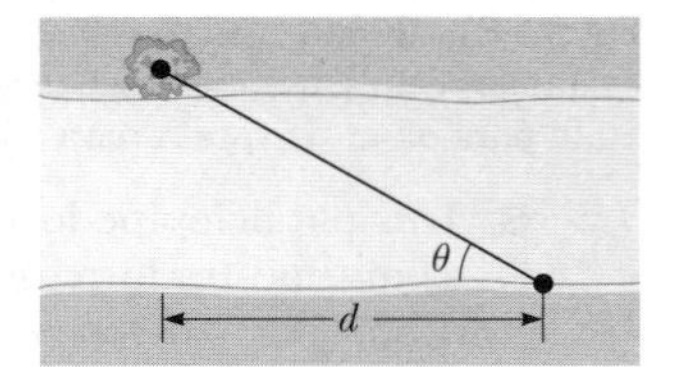

Figura P1.55

Problemas adicionais

56. A distância do Sol até a estrela mais próxima é de cerca de 4×10^{16} m. A Via Láctea (Fig. P1.56) é grosseiramente um disco de diâmetro $\sim 10^{21}$ m e espessura $\sim 10^{19}$ m. Encontre a ordem de grandeza do número de estrelas na Via Láctea. Suponha que a distância entre o Sol e nosso vizinho mais próximo seja típica.

Figura P1.56 Via Láctea.

57. Os vetores $\vec{\mathbf{A}}$ e $\vec{\mathbf{B}}$ têm módulos iguais de 5,00. A soma de $\vec{\mathbf{A}}$ e $\vec{\mathbf{B}}$ é o vetor $6{,}00\hat{\mathbf{j}}$. Determine o ângulo entre $\vec{\mathbf{A}}$ e $\vec{\mathbf{B}}$.

58. **M** O consumo de gás natural por uma empresa satisfaz a equação empírica $V = 1{,}50t + 0{,}008\,00t^2$, em que V é o volume do gás em milhões de pés cúbicos, e t, o tempo em meses. Expresse essa equação em unidades de pés cúbicos e segundos. Considere um mês de 30,0 dias.

59. Em uma situação na qual os dados são conhecidos para três algarismos significativos, escrevemos 6,379 m = 6,38 m e 6,374 m = 6,37 m. Quando um número termina em 5, arbitrariamente escolhemos escrever 6,375 m = 6,38 m. Poderíamos igualmente escrever 6,375 m = 6,37 m, "arredondando para baixo" em vez de "para cima", pois alteraríamos o número 6,375 em incrementos iguais em ambos os casos. Agora, considere uma estimativa de ordem de grandeza em que são importantes os fatores em vez de incrementos. Escrevemos 500 m $\sim 10^3$ m porque 500 difere de 100 por um fator de 5, e de 1 000 apenas por um fator de 2. Escrevemos 437 m $\sim 10^3$ m e 305 m $\sim 10^2$ m. Qual comprimento difere de 100 m e de 1 000 m por fatores iguais de maneira que poderíamos igualmente representar sua ordem de grandeza como $\sim 10^2$ m ou $\sim 10^3$ m?

60. Em física, é importante utilizar aproximações matemáticas. (a) Demonstre que para ângulos pequenos (< 20°)

$$\text{tg }\alpha \approx \text{sen }\alpha \approx \alpha = \frac{\pi\alpha'}{180°}$$

em que α está em radianos e α' em graus. (b) Utilize uma calculadora para encontrar o maior ângulo para o qual tg α pode ser aproximada por α com um erro menor que 10,0%.

61. Há quase $\pi \times 10^7$ s em um ano. Encontre o erro de porcentagem nessa aproximação, em que o "erro de porcentagem" é definido como

$$\text{erro de porcentagem} = \frac{|\text{valor presumido} - \text{valor verdadeiro}|}{\text{valor verdadeiro}} \times 100\%$$

62. Um controlador de tráfego aéreo observa duas aeronaves na tela de seu radar. A primeira está a uma altitude de 800 m, a uma distância horizontal de 19,2 km e 25,0° a sudoeste. A segunda aeronave está a uma altitude de 1 100 m, distância horizontal de 17,6 km e 20,0° a sudoeste. Qual é a distância entre as duas aeronaves? (Coloque o eixo x a oeste, o eixo y ao sul e o eixo z na vertical.)

63. Dois vetores $\vec{\mathbf{A}}$ e $\vec{\mathbf{B}}$ têm módulos precisamente iguais. Para o módulo de $\vec{\mathbf{A}} + \vec{\mathbf{B}}$ ser 100 vezes maior que o de $\vec{\mathbf{A}} - \vec{\mathbf{B}}$, qual deve ser o ângulo entre eles?

64. **S** Dois vetores $\vec{\mathbf{A}}$ e $\vec{\mathbf{B}}$ têm módulos precisamente iguais. Para que o módulo de $\vec{\mathbf{A}} + \vec{\mathbf{B}}$ seja maior que o de $\vec{\mathbf{A}} - \vec{\mathbf{B}}$ pelo fator n, qual deve ser o ângulo entre eles?

65. Uma criança adora olhar enquanto você enche uma garrafa de plástico transparente com xampu (Fig. P1.65). Cada corte horizontal da garrafa é circular, mas os diâmetros dos círculos têm valores diferentes. Você derrama o xampu colorido brilhante na garrafa a uma taxa constante de 16,5 cm³/s. A que taxa cresce seu nível na garrafa

(a) em um ponto onde o diâmetro da garrafa é 6,30 cm e (b) em um ponto onde o diâmetro é 1,35 cm?

Figura P1.65

66. **PD** Uma mulher que deseja saber a altura de uma montanha mede o ângulo de elevação desta como 12,0°. Após caminhar 1,00 km para mais perto da montanha em terreno plano, ela encontra um ângulo de 14,0°. (a) Faça um desenho do problema, desprezando a altura dos olhos da mulher acima do chão. *Dica:* Utilize dois triângulos. (b) Usando o símbolo y para representar a altura da montanha e x para indicar a distância original da mulher à montanha, desenhe esquematicamente a figura. (c) Usando a figura desenhada, escreva duas equações trigonométricas relacionando as duas variáveis selecionadas. (d) Encontre a altura y.

67. **W** A vista a partir do helicóptero, na Fig. P1.67, mostra duas pessoas puxando uma mula teimosa. A pessoa à direita puxa com uma força $\vec{\mathbf{F}}_1$ de módulo 120 N e direção de $\theta_1 = 60{,}0°$. A pessoa à esquerda puxa com força $\vec{\mathbf{F}}_2$ de módulo 80,0 N e direção de $\theta_2 = 75{,}0°$. Encontre (a) a força resultante que é equivalente às duas forças mostradas e (b) a força que uma terceira pessoa teria de exercer na mula para tornar a força resultante igual a zero. As forças são medidas em unidades de newtons (símbolo N).

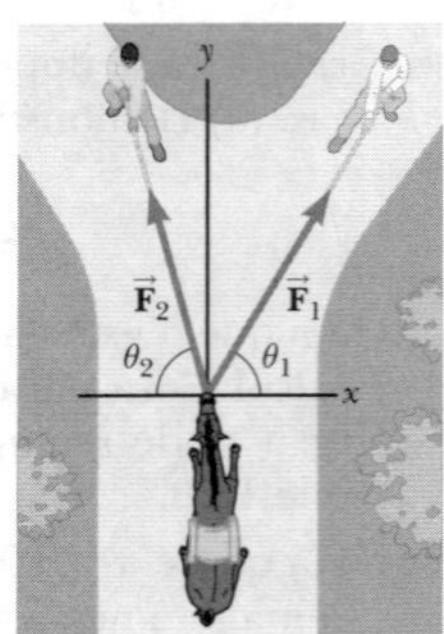

Figura P1.67

68. **BIO** Um centímetro cúbico de água tem massa de $1{,}00 \times 10^{-3}$ kg. (a) Determine a massa de 1,00 m^3 de água. (b) As substâncias biológicas são 98% água. Assuma que elas tenham a mesma densidade que a água para estimar as massas de uma célula que possui diâmetro de 1,00 μm, um rim humano e uma mosca. Modele o rim como uma esfera com raio de 4,00 cm e a mosca como um cilindro de 4,00 mm de comprimento e 2,00 mm de diâmetro.

69. **Q|C** Um pirata enterrou seu tesouro em uma ilha com cinco árvores localizadas nos pontos (30,0 m, –20,0 m), (60,0 m, 80,0 m), (–10,0 m, –10,0 m), (40,0 m, –30,0 m) e (–70,0 m, 60,0 m), todos medidos em relação a uma origem na Figura P1.69. O registro do seu navio instrui a começar pela árvore A e se mover em direção à árvore B, mas percorrer apenas metade da distância entre A e B. Então, mova-se em direção à árvore C, cobrindo um terço da distância entre sua localização atual e C. Em seguida, mova-se para a árvore para D, cobrindo um quarto da distância entre onde ele está e D. Por fim, mova-se para a árvore E, cobrindo um quinto da distância entre ele e E, pare e cave. (a) Considere que você determinou corretamente a ordem na qual o pirata identificou as árvores como A, B, C, D e E como mostrado na Figura. Quais são as coordenadas do ponto onde ele enterrou o tesouro? (b) **E se?** E se você realmente não souber a maneira como o pirata identificou as árvores? O que aconteceria com a resposta se você rearranjasse a ordem das árvores, por exemplo, para B (30 m, –20 m), A (60 m, 80 m), E (–10 m, –10 m), C (40 m, –30 m) e D (–70 m, 60 m)? Indique o raciocínio para mostrar que a resposta não depende da ordem na qual as árvores foram identificadas.

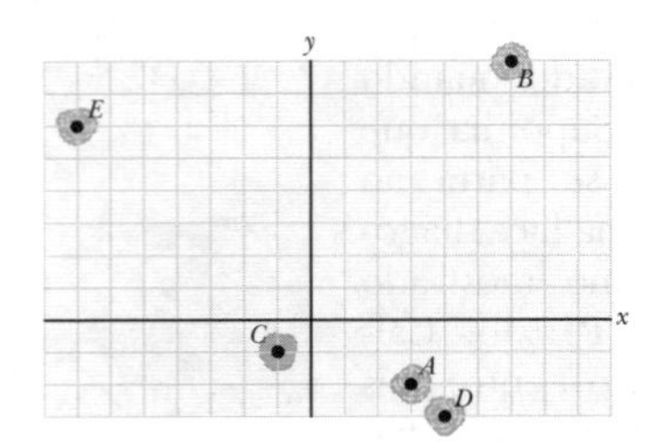

Figura P1.69

70. Você está em um pasto plano e observa duas vacas (Fig. P1.70). A vaca A está ao norte de você e a 15,0 m de sua posição. A vaca B está a 25,0 m de sua posição. De seu ponto de vista, o ângulo entre a vaca A e a B é de 20,0°, com a B aparecendo à direita da A. (a) Qual distância separa a vaca A da B? (b) Considere a vista da vaca A. De acordo com esta vaca, qual é o ângulo entre você e a B? (c) Considere a vista da vaca B. De acordo com esta vaca, qual é o ângulo entre você e a A? *Dica*: O que a situação parece para um beija-flor pairando acima do pasto? (d) Duas estrelas no céu parecem estar afastadas por 20,0°. A estrela A está a 15,0 anos-luz da Terra, e a estrela B, que aparece à direita da A, está a 25,0 anos-luz da Terra. Para um habitante de um planeta na orbita da estrela A, qual é o ângulo no céu entre a estrela B e o nosso Sol?

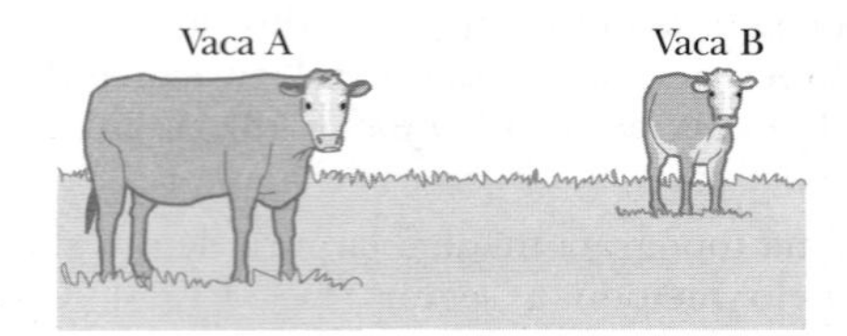

Figura P1.70 Sua visão das duas vacas em um prado. A vaca A está exatamente ao seu norte. Você deve virar os olhos a um ângulo de 20,0° para olhar da vaca A para a B.

71. **S** Um paralelepípedo retangular tem dimensões a, b e c, como mostrado na Figura P1.71. (a) Obtenha uma expressão para o vetor da face diagonal $\vec{\mathbf{R}}_1$. (b) Qual é o módulo desse vetor? (c) Observe que $\vec{\mathbf{R}}_1$, $c\hat{\mathbf{k}}$ e $\vec{\mathbf{R}}_2$ formam um triângulo retângulo. Obtenha uma expressão para o vetor diagonal do corpo $\vec{\mathbf{R}}_2$.

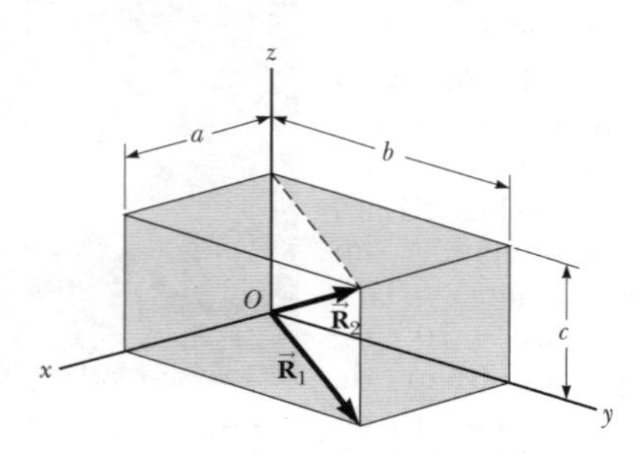

Figura P1.71

Contexto 1

Veículos movidos a combustível alternativo

A ideia dos veículos automotores faz parte da imaginação humana há séculos. Leonardo da Vinci desenhou projetos para um veículo movido por uma mola espiral em 1478, que nunca foi construído, apesar de modelos terem sido produzidos com base em seus projetos e aparecer em museus. Isaac Newton desenvolveu um veículo, em 1680, que operava ao ejetar vapor da parte traseira, semelhante a um motor de foguete. Essa invenção não foi desenvolvida como um dispositivo utilizável. Apesar dessas e de outras tentativas, os veículos automotores não foram bem-sucedidos, isto é, não começaram a substituir o cavalo como o principal meio de transporte até o século XIX.

A história dos veículos automotores *bem-sucedidos* começa em 1769, com a invenção de um trator militar por Nicolas Joseph Cugnot, na França. Esse veículo assim como os outros de Cugnot, era movido por um motor a vapor. Durante o restante do século XVIII e na maior parte do XIX, outros veículos movidos a vapor foram desenvolvidos na França, na Grã-Bretanha e nos Estados Unidos.

Após a invenção da bateria elétrica pelo italiano Alessandro Volta, no início do século XIX, e seu futuro desenvolvimento ao longo de três décadas, veio a invenção dos primeiros veículos elétricos nos anos 1830. Em 1859, o desenvolvimento da bateria de armazenagem, que poderia ser recarregada, proporcionou um impulso significativo ao desenvolvimento de veículos elétricos. No início do século XX, foram desenvolvidos carros elétricos com alcance de cerca de 20 milhas e velocidade máxima de 15 milhas por hora.

Cortesia de The Exhibition Alliance, Inc. Hamilton, NY

Figura 1 Um modelo de carro acionado por mola desenhado por Leonardo da Vinci.

Em 1680, o físico holandês Christiaan Huygens projetou um motor de combustão interna que nunca foi construído. A invenção dos veículos modernos com combustão interna movidos a gasolina normalmente é creditada a Gottlieb Daimler, em 1885, e Karl Benz, em 1886. Entretanto, diversos veículos antigos, datados de 1807, usavam motores de combustão interna operando com vários combustíveis, incluindo carvão, gás e gasolina primitiva.

No início do século XX, carros movidos a vapor e gasolina e os elétricos trafegavam pelos estradas dos Estados Unidos. Os carros elétricos não tinham a vibração, o cheiro e o ruído dos movidos a gasolina, e nem sofriam com longos intervalos de partida, de até 45 minutos, como os movidos a vapor nas manhãs frias, e eram os preferidos entre as mulheres, que não gostavam da tarefa difícil de empurrar um carro movido a gasolina para dar partida no motor. A variedade limitada de carros elétricos não era um problema significativo, porque as únicas estradas existentes estavam em áreas bastante populosas, e os carros eram usados principalmente para curtas viagens pela cidade.

O fim dos carros elétricos, no início do século XX, começou com os seguintes avanços:

- 1901: Uma grande descoberta de petróleo bruto no Texas reduziu os preços da gasolina para níveis bastante acessíveis.
- 1912: A partida elétrica para os carros movidos a gasolina foi inventada, eliminando a tarefa física de pôr o motor para funcionar.
- Durante os anos 1910: Henry Ford introduziu, com sucesso, a produção em massa dos veículos de combustão interna, resultando em uma queda do preço para menos que o dos carros elétricos.
- Início dos anos 1920: As estradas dos Estados Unidos passavam a ter uma qualidade bem melhor que nas décadas anteriores e agora ligavam cidades, exigindo

Bettmann/CORBIS

Figura 2 Anúncio em revista de um carro elétrico, considerado popular no início do século XX.

veículos com autonomia maior que na época em que as estradas só existiam dentro dos limites da cidade.

Em decorrência desses fatores, as estradas foram dominadas, quase exclusivamente, por carros movidos a gasolina nos anos 1920. A gasolina, no entanto, é um bem finito e de vida curta. Estamos nos aproximando do fim da nossa capacidade de usar gasolina no transporte; alguns especialistas preveem que reduzir o fornecimento de petróleo bruto colocará o custo da gasolina em níveis proibitivamente altos dentro de duas décadas

iMAGES-usa/aLAMY

Figura 3 Um ônibus funcionando com gás natural opera em Port Huron, Michigan. Além desta, diversas cidades estabeleceram centros de reabastecimento de gás natural, de modo que uma grande porcentagem de sua frota pode ser operada com esse combustível, que é mais barato que o diesel e emite menos partículas na atmosfera.

iStockphoto.com/joel-t

Figura 4 Carros elétricos modernos podem usufruir de uma infraestrutura criada em algumas localidades para fornecer estações de recarga em estacionamentos.

ou mais. Além do mais, gasolina e diesel resultam em graves emissões que são prejudiciais ao meio ambiente.

À medida que buscamos um substituto para a gasolina, também desejamos obter combustíveis que sejam menos agressivos com a atmosfera e que ajudarão a reduzir os efeitos da mudança climática do aquecimento global, que estudaremos no Contexto 5.

O que os motores a vapor, elétrico e de combustão interna têm em comum? Isto é, o que cada um extrai de uma fonte, seja ela um tipo de combustível ou uma bateria elétrica? A resposta a essa pergunta é *energia*. Independentemente do tipo de automóvel, alguma fonte de energia deve ser fornecida. Energia é um dos conceitos físicos que investigaremos neste Contexto. Um combustível como a gasolina, por exemplo, contém energia em função de sua composição química e sua habilidade de passar por um processo de combustão. A bateria de um carro elétrico também contém energia, novamente relacionada à composição química, mas, nesse caso, associada a uma habilidade de produzir corrente elétrica.

Um aspecto social complicador para o desenvolvimento de uma nova fonte de energia para automóveis é que deve haver uma sincronia entre o novo automóvel e a infraestrutura para entregar essa nova fonte de energia. Esse aspecto exige uma forte cooperação entre as empresas automotivas e os fabricantes e fornecedores de energia. Por exemplo, os carros elétricos não podem ser usados para percorrer longas distâncias, a menos que uma infraestrutura de estações de carregamento se desenvolva em paralelo ao seu desenvolvimento.

À medida que nos aproximamos do momento em que ficaremos sem gasolina, nossa principal questão neste primeiro Contexto é importante para nosso futuro desenvolvimento:

Qual fonte, além da gasolina, pode ser usada para fornecer energia a um automóvel e ao mesmo tempo reduzir as emissões ambientalmente prejudiciais?

Capítulo 2

Movimento em uma dimensão

Sumário

iStockphoto.com/technotrtechnotr

Um dos tópicos que estudaremos nesse capítulo é a velocidade de um corpo em movimento em linha reta. Esquiadores de *downhill* podem alcançar velocidades de módulo maior que 100 km/h.

Para que possamos estudar o movimento, devemos ser capazes de descrevê-lo utilizando os conceitos de espaço e tempo sem considerar as causas do movimento. Essa parte da mecânica é chamada de *cinemática* (mesma raiz da palavra *cinema*). Nesse capítulo, consideraremos o movimento ao longo de uma linha reta, isto é, movimento unidimensional. O Capítulo 3 amplia nossa discussão para o movimento bidimensional.

Pela experiência cotidiana, sabemos que o movimento representa uma mudança contínua na posição de um corpo. Por exemplo, se você está dirigindo da sua casa para um destino, sua posição sobre a superfície da Terra está mudando.

O movimento de um corpo através do espaço (translação) pode ser acompanhado pela sua rotação ou vibração. Tais movimentos podem ser muito complexos. Contudo, muitas vezes é possível simplificar o problema ignorando temporariamente a rotação e os movimentos internos do corpo em movimento. O resultado é uma simplificação que chamamos modelo de partícula, discutido no Capítulo 1. Em muitas situações, um corpo pode ser tratado como uma partícula se o único movimento considerado é a translação através do espaço. Usaremos esse modelo extensivamente ao longo deste livro.

2.1 | Velocidade média

Começamos nosso estudo da cinemática com a noção de velocidade média. Você pode estar familiarizado com uma noção similar, velocidade escalar média, com base em suas experiências ao dirigir. Se você dirige seu carro por 100 milhas, de acordo com o hodômetro, e leva 2,0 horas para fazê-lo, sua velocidade escalar média é de (100 mi)/(2,0 h) = 50 mi/h. Para uma partícula que se move pela distância d em um intervalo de tempo Δt, a **velocidade escalar média** $v_{\text{méd}}$ é matematicamente definida como

▶ Definição de velocidade escalar média

$$v_{\text{méd}} \equiv \frac{d}{\Delta t} \qquad (2.1)$$

Velocidade escalar não é um vetor, portanto não há direção e sentido associados à velocidade escalar média.

Velocidade média pode lhe ser um pouco menos familiar, em razão da sua natureza vetorial. Vamos começar imaginando o movimento de uma partícula que, por meio do modelo de partícula, pode representar o movimento de muitos tipos de corpos. Restringiremos nosso estudo nesse momento ao movimento unidimensional ao longo do eixo x.

O movimento de uma partícula é totalmente especificado se sua posição no espaço é conhecida em todos os momentos. Considere um carro movendo-se para trás e para a frente ao longo do eixo x e imagine que obtenhamos os dados sobre a posição do carro a cada 10 s. A Figura Ativa 2.1a é uma *ilustração* representativa desse movimento unidimensional que mostra as posições do carro em intervalos de 10 s. Os seis pontos de dados que temos registrados são representados pelas letras Ⓐ até Ⓕ. A Tabela 2.1 é uma representação *tabular* do movimento, relacionando os dados como registro das posições em cada tempo. Os pontos pretos na Figura Ativa 2.1b mostram uma representação *gráfica* do movimento. Essa representação é muitas vezes chamada **gráfico posição-tempo**. A linha curva na

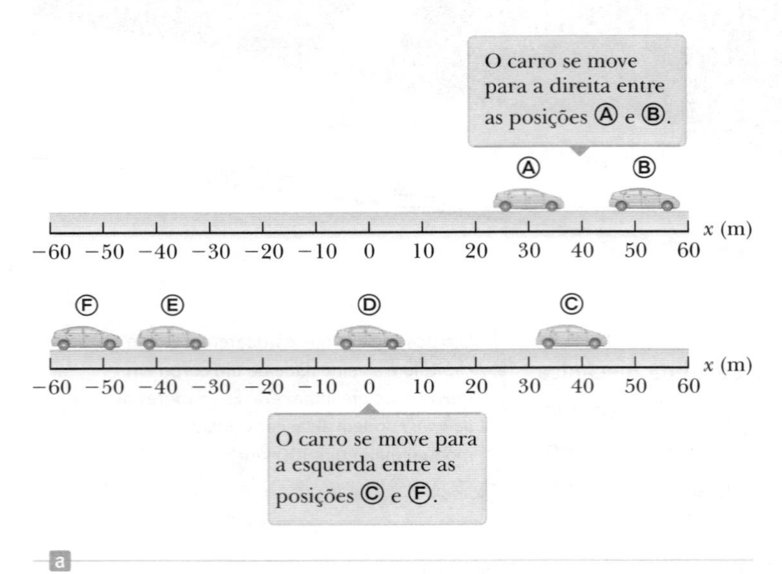

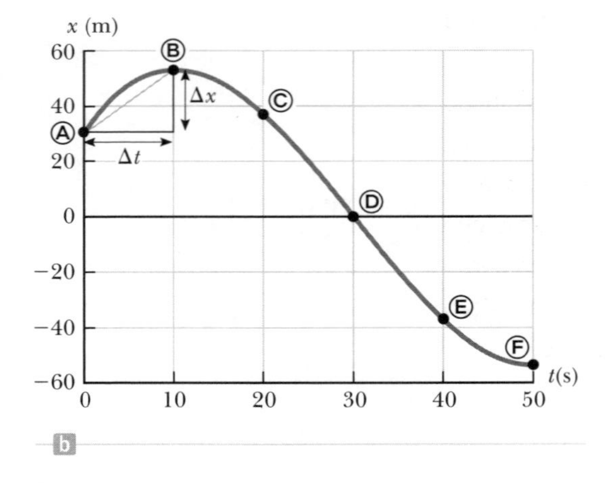

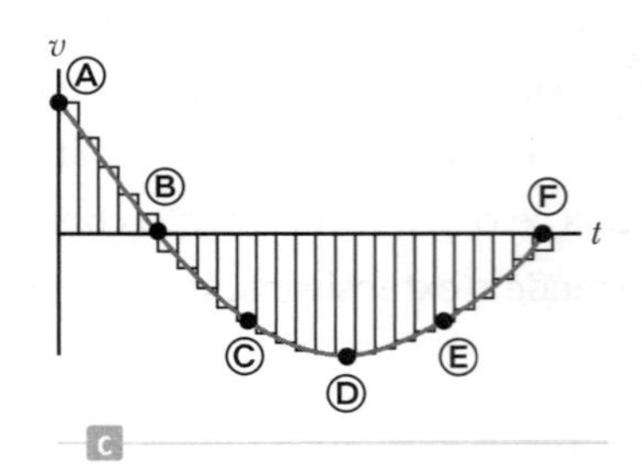

Figura Ativa 2.1 Um carro se move para a frente e para trás ao longo de uma linha reta. Por estarmos interessados apenas no movimento translacional do carro, podemos modelá-lo como uma partícula. Várias representações da informação sobre o movimento do carro podem ser usadas. A Tabela 2.1 é uma representação tabular da informação. (a) Uma representação pictórica do movimento do carro. (b) Uma representação gráfica, conhecida como gráfico posição-tempo do movimento do carro na parte (a). A velocidade média $v_{x,\text{méd}}$ no intervalo $t = 0$ a $t = 10$ s é obtida a partir da inclinação dos pontos de conexão da linha reta Ⓐ e Ⓑ. (c) Gráfico de velocidade-tempo do movimento do carro na parte (a).

TABELA 2.1 | Posições do carro em vários momentos

Posição	t (s)	x (m)
Ⓐ	0	30
Ⓑ	10	52
Ⓒ	20	38
Ⓓ	30	0
Ⓔ	40	–37
Ⓕ	50	–53

Figura Ativa 2.1b não pode ser desenhada de forma clara através de nossos seis pontos de dados porque não temos informações sobre o que aconteceu entre esses pontos. A linha curva é, no entanto, uma *possível* representação gráfica da posição do carro em todos os instantes de tempo durante os 50 s.

Se uma partícula estiver em movimento durante um intervalo de tempo $\Delta t = t_f - t_i$, seu deslocamento é descrito como $\Delta \vec{\mathbf{x}} = \vec{\mathbf{x}}_f - \vec{\mathbf{x}}_i = (x_f - x_i)\hat{\mathbf{i}}$. (Lembre-se de que no Capítulo 1 tal deslocamento foi definido como a mudança na posição da partícula, que é igual ao seu valor de posição final menos seu valor de posição inicial.) Por estarmos considerando apenas um movimento unidimensional nesse capítulo, vamos remover a notação vetorial nesse momento e retomá-la novamente no Capítulo 3. O sentido de um vetor nesse capítulo será indicada por um sinal positivo ou negativo.

A **velocidade vetorial média** $v_{x,\text{méd}}$ de uma partícula é definida como a razão entre seu deslocamento Δx para o intervalo de tempo Δt durante o qual ocorre o deslocamento:

Prevenção de Armadilhas | 2.1

Velocidade escalar média e velocidade média

A intensidade (módulo) da velocidade média *não* é a velocidade escalar média. Considere uma partícula que se move da origem até $x = 10$ m e, em seguida, volte para a origem em um intervalo de tempo de 4,0 s. O módulo da velocidade média é zero porque a partícula encerra o intervalo de tempo na mesma posição em que iniciou; o deslocamento é zero. A velo-cidade escalar média, no entanto, é a distância total percorrida dividida pelo intervalo de tempo: 20 m/4,0 s = 5,0 m/s.

$$v_{x,\text{méd}} \equiv \frac{\Delta x}{\Delta t} = \frac{x_f - x_i}{t_f - t_i} \tag{2.2}$$

▶ Definição de velocidade vetorial média

em que o subscrito x indica movimento ao longo do eixo x. Com base nesta definição, vemos que a velocidade vetorial média tem dimensões de comprimento dividido pelo tempo: metros por segundo em unidades SI e pés por segundo em unidades habituais norte-americanas. A velocidade vetorial média *independe* do caminho percorrido entre os pontos inicial e final. Essa independência é a principal diferença em relação à velocidade escalar média discutida no início desta seção. A velocidade vetorial média independe do caminho, pois é proporcional ao deslocamento Δx, que depende somente das coordenadas iniciais e finais da partícula. A velocidade média (escalar) é obtida dividindo-se a *distância* percorrida pelo intervalo de tempo, enquanto a velocidade média (vetorial) é o *deslocamento* dividido pelo intervalo de tempo. Portanto, a velocidade média não nos dá detalhes do movimento; em vez disso, apenas o resultado do movimento. Finalmente, observe que a velocidade vetorial média em uma dimensão pode ser positiva ou negativa, dependendo do sinal do deslocamento. (O intervalo de tempo Δt é sempre positivo.) Se a coordenada x da partícula aumenta durante o intervalo de tempo (por exemplo, se $x_f > x_i$), Δx é positivo e $v_{x,\text{méd}}$ é positiva, o que corresponde a uma velocidade vetorial média na direção x positiva. Entretanto, se a coordenada diminui ao longo do tempo ($x_f < x_i$), Δx é negativo; portanto, $v_{x,\text{méd}}$ é negativa, o que corresponde a uma velocidade vetorial média na direção x negativa.

TESTE RÁPIDO 2.1 Sob qual das condições a seguir a intensidade da velocidade vetorial média de uma partícula se movendo em uma dimensão é menor que a velocidade escalar média durante um intervalo de tempo? (**a**) A partícula se move na direção $+x$ sem inverter o trajeto. (**b**) A partícula se move na direção $-x$ sem inverter o trajeto. (**c**) A partícula se move na direção $+x$ e então inverte a direção de seu movimento. (**d**) Não há condições nas quais a afirmativa seja verdadeira.

A velocidade média também pode ser interpretada geometricamente, como se vê na representação gráfica da Figura Ativa 2.1b. Uma linha reta pode ser traçada entre quaisquer dois pontos da curva. A Figura Ativa 2.1b mostra tal linha traçada entre os pontos Ⓐ e Ⓑ. Usando um modelo geométrico, essa linha constitui a hipotenusa de um triângulo retângulo de altura Δx e base Δt. A inclinação da hipotenusa é a razão $\Delta x/\Delta t$. Portanto, vemos que a velocidade média da partícula durante o intervalo de tempo t_i para t_f é igual à inclinação da linha reta que une os pontos inicial e final do gráfico posição-tempo. Por exemplo, a velocidade média do carro entre os pontos Ⓐ e Ⓑ é $v_{x,\text{méd}} = (52 \text{ m} - 30 \text{ m})/(10 \text{ s} - 0) = 2{,}2$ m/s.

Também podemos identificar uma interpretação geométrica para o deslocamento total durante o intervalo de tempo. A Figura Ativa 2.1c mostra a representação gráfica velocidade-tempo do movimento nas Figuras Ativas 2.1a e 2.1b. O intervalo de tempo total do movimento foi dividido em pequenos incrementos de duração Δt_n. Durante cada um desses intervalos, se modelarmos a velocidade como constante durante o pequeno incremento, o deslocamento das partículas será dado por $\Delta x_n = v_n \, \Delta t_n$.

Prevenção de Armadilhas | 2.2

Inclinações de gráficos

Em qualquer gráfico de informação física, a inclinação representa a proporção da mudança na quantidade representada no eixo vertical com relação à mudança na quantidade representada no eixo horizontal. Lembre-se de que uma inclinação tem unidades (a menos que os dois eixos tenham as mesmas unidades). As unidades de inclinação nas Figuras Ativas 2.1b e 2.2 são metros por segundo, as unidades de velocidade.

Geometricamente, o produto indicado no lado direito dessa expressão representa a área de um retângulo fino associado com cada incremento de tempo na Figura Ativa 2.1c; a altura do retângulo (medida a partir do eixo do tempo) é v_n e a largura é Δt_n. O deslocamento total da partícula será a soma dos deslocamentos durante cada um dos incrementos:

$$\Delta x \approx \sum_n \Delta x_n = \sum_n v_n \Delta t_n$$

Essa soma é uma aproximação, porque modelamos a velocidade como constante em cada incremento, o que não é o caso. O termo à direita representa a área total de todos os retângulos finos. Agora, vamos tomar o limite dessa expressão como os incrementos de tempo reduzidos a zero, caso em que a aproximação se torna exata:

$$\Delta x = \lim_{\Delta t_n \to 0} \sum_n \Delta x_n = \lim_{\Delta t_n \to 0} \sum_n v_n \Delta t_n$$

Nesse limite, a soma das áreas de todos os retângulos muito finos torna-se igual à área total sob a curva. Portanto, o deslocamento de uma partícula durante o intervalo de tempo t_i para t_f é igual à área sob a curva entre os pontos inicial e final do gráfico de velocidade-tempo. Faremos uso dessa interpretação geométrica na seção 2.6.

Exemplo 2.1 | Calculando a velocidade média e a velocidade escalar média

Encontre o deslocamento, a velocidade média e a velocidade escalar média do carro na Figura Ativa 2.1a entre as posições Ⓐ e Ⓕ.

SOLUÇÃO

Conceitualização Consulte a representação pictórica na Figura Ativa 2.1 para formar uma imagem mental do carro e seu movimento. A Figura Ativa 2.1b mostra uma representação gráfica do movimento sob a forma de um gráfico posição-tempo para a partícula.

Categorização Modelamos o carro como uma partícula. Substituiremos os valores numéricos nas definições que vimos; portanto, este problema será classificado como de substituição.

Análise Com base no gráfico posição-tempo dado na Figura Ativa 2.1b, observe que $x_{Ⓐ} = 30$ m em $t_{Ⓐ} = 0$ s e que $x_{Ⓕ} = -53$ m em $t_{Ⓕ} = 50$ s.

Use a Equação 1.6 para encontrar o deslocamento do carro:

$$\Delta x = x_{Ⓕ} - x_{Ⓐ} = -53 \text{ m} - 30 \text{ m} = -83 \text{ m}$$

Use a Equação 2.2 para calcular a velocidade média do carro:

$$v_{x,\text{méd}} = \frac{x_{Ⓕ} - x_{Ⓐ}}{t_{Ⓕ} - t_{Ⓐ}}$$

$$= \frac{-53 \text{ m} - 30 \text{ m}}{50 \text{ s} - 0 \text{ s}} = \frac{-83 \text{ m}}{50 \text{ s}} = -1{,}7 \text{ m/s}$$

Não podemos calcular, inequivocamente, a velocidade escalar média do carro com base nas informações na Tabela 2.1, porque não temos informações sobre as posições do carro entre os pontos dados. Se adotarmos o pressuposto de que os detalhes da posição do carro são descritos pela curva na Figura Ativa 2.1b, a distância percorrida será de 22 m (de Ⓐ a Ⓑ) mais 105 m (de Ⓑ a Ⓕ), para um total de 127 m.

Use a Equação 2.1 para calcular a velocidade escalar média do carro:

$$v_{\text{méd}} = \frac{127 \text{ m}}{50 \text{ s}} = 2{,}5 \text{ m/s}$$

Finalização O primeiro resultado significa que o carro termina a 83 m na direção negativa (à esquerda, nesse caso) de onde começou. Esse número tem as unidades corretas e é da mesma ordem de grandeza que as informações dadas. Uma rápida olhada na Figura Ativa 2.1a indica que essa é a resposta correta. O fato de que o carro termina à esquerda da sua posição inicial também faz que seja razoável que a velocidade média seja negativa.

Observe que a velocidade escalar média é positiva, como deve ser. Suponha que a curva na Figura Ativa 2.1b fosse diferente, de modo que entre 0 s e 10 s ela fosse de Ⓐ a 100 m e então voltasse para Ⓑ. A velocidade escalar média do carro mudaria porque a distância percorrida é diferente, mas a velocidade média não mudaria.

continua

2.1 *cont.*

Em geral, problemas de substituição não têm uma seção Análise extensa, a não ser a substituição de números em uma determinada equação. De maneira similar, a etapa Finalização consiste essencialmente em verificar as unidades e se certificar de que a resposta é razoável. Portanto, para esses problemas que virão a seguir, não vamos identificar essas duas etapas. Incluímos essas identificações nesse primeiro exemplo apenas para demonstrar o processo.

Exemplo 2.2 | Movimento de um corredor

Um corredor corre em linha reta com velocidade média de módulo 5,00 m/s por 4,00 min e, em seguida, com velocidade média de módulo 4,00 m/s por 3,00 min.

(A) Qual é o módulo do deslocamento final a partir de sua posição inicial?

SOLUÇÃO

Conceitualização Com base na sua experiência, imagine um atleta correndo em uma pista. Observe que ele corre mais lentamente, em média, durante o segundo intervalo de tempo, conforme vai ficando cansado.

Categorização O fato de este problema envolver um corredor não é o importante; vamos modelar o atleta como uma partícula.

Análise Com base nos dados das duas partes separadas do movimento, encontre o deslocamento para cada uma delas, usando a Equação 2.2:

$$v_{x,\text{méd}} = \frac{\Delta x}{\Delta t} \rightarrow \Delta x = v_{x,\text{méd}} \Delta t$$

$$\Delta x_{\text{parte 1}} = (5{,}00 \text{ m/s})(4{,}00 \text{ min})\left(\frac{60 \text{ s}}{1 \text{ min}}\right) = 1{,}20 \times 10^3 \text{ m}$$

$$\Delta x_{\text{parte 2}} = (4{,}00 \text{ m/s})(3{,}00 \text{ min})\left(\frac{60 \text{ s}}{1 \text{ min}}\right) = 7{,}20 \times 10^2 \text{ m}$$

Adicionamos esses dois deslocamentos para encontrar o total de $1{,}92 \times 10^3$ m.

(B) Qual é o módulo de sua velocidade média durante todo esse intervalo de tempo de 7,00 min?

SOLUÇÃO

Encontre a velocidade média para todo o intervalo de tempo usando a Equação 2.2:

$$v_{x,\text{méd}} = \frac{\Delta x}{\Delta t} = \frac{1{,}92 \times 10^3 \text{ m}}{7{,}00 \text{ min}}\left(\frac{1 \text{ min}}{60 \text{ s}}\right) = 4{,}57 \text{ m/s}$$

Finalização Observe que a velocidade média está entre as duas velocidades dadas no problema, como esperado, mas *não* é a média aritmética delas.

2.2 | Velocidade instantânea

Suponha que você dirija seu carro por um deslocamento cujo módulo é de 40 milhas (64,37 km) e demore exatamente 1 hora para fazê-lo, das 13 h às 14 h. Então, o módulo de sua velocidade média é de 40 mi/h (64,37 km/h) para o intervalo de 1 h. A que velocidade, porém, você iria no *instante* específico das 13h20? É provável que sua velocidade tenha variado durante a viagem, por causa das colinas, dos semáforos, dos motoristas lentos à sua frente e assim por diante, de modo que não haveria uma única velocidade mantida durante a hora inteira do percurso. A velocidade de uma partícula em qualquer instante de tempo é chamada *velocidade instantânea*.

Considere novamente o movimento do carro mostrado na Figura Ativa 2.1a. A Figura Ativa 2.2 é uma representação gráfica, com duas linhas cinza-claro representando velocidades médias em intervalos de tempo muito diferentes. Uma delas representa a velocidade média calculada anteriormente no intervalo de Ⓐ para Ⓑ. A outra representa a velocidade média no intervalo muito mais longo de Ⓐ para Ⓕ. De que forma uma delas representa a velocidade

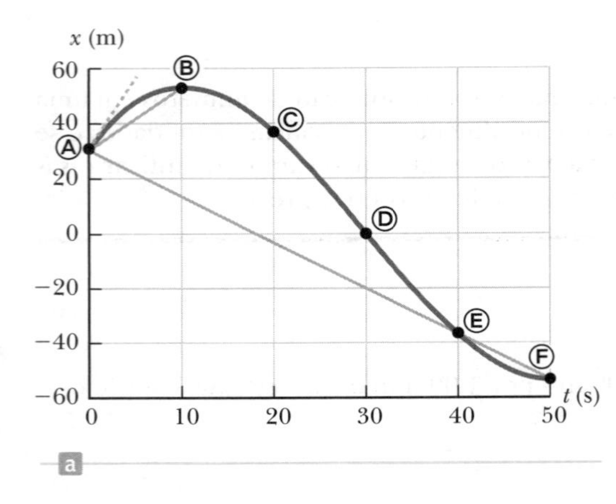

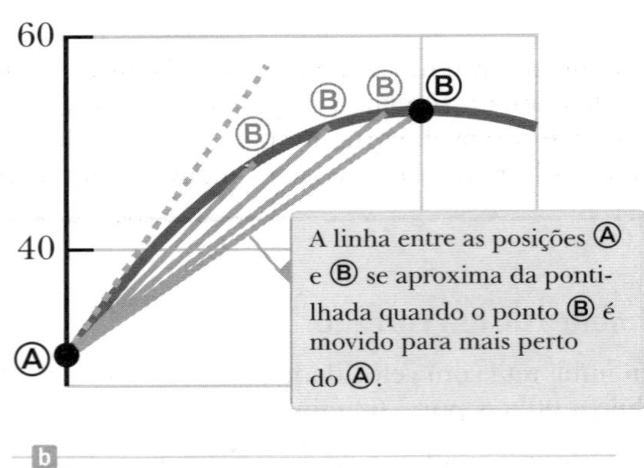

Figura Ativa 2.2
(a) Gráfico posição--tempo para o movimento do carro na Figura Ativa 2.1.
(b) Uma ampliação do canto superior esquerdo do gráfico.

instantânea no ponto Ⓐ? Na Figura Ativa 2.1a, o carro começa a se mover para a direita, que identificamos como uma velocidade positiva. A velocidade média de Ⓐ para Ⓕ é *negativa* (porque a inclinação da linha de Ⓐ para Ⓕ é negativa), portanto essa velocidade claramente não é uma representação precisa da velocidade instantânea em Ⓐ. A velocidade média do intervalo Ⓐ para Ⓑ é *positiva*, então esta, pelo menos, tem o sinal correto.

Na Figura Ativa 2.2b, mostramos o resultado do desenho das linhas representando a velocidade média do carro conforme o ponto Ⓑ é trazido cada vez mais próximo do Ⓐ. Conforme isso ocorre, a inclinação da linha cinza-claro se aproxima da linha pontilhada, que é aquela tangente à curva no ponto Ⓐ. Conforme Ⓑ se aproxima de Ⓐ, o intervalo de tempo que inclui o ponto Ⓐ torna-se infinitesimalmente pequeno. Portanto, a velocidade média durante esse intervalo, conforme se reduz para zero, pode ser interpretada como a velocidade instantânea no ponto Ⓐ. Além disso, a inclinação da linha tangente à curva em Ⓐ é a velocidade instantânea no momento $t_Ⓐ$. Em outras palavras, a **velocidade instantânea** v_x é igual ao valor limite da razão $\Delta x/\Delta t$ conforme Δt se aproxima de zero:[1]

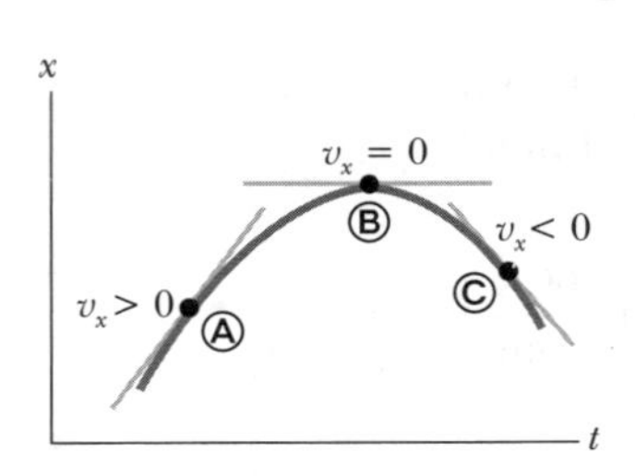

Figura 2.3 No gráfico posição--tempo mostrado, a velocidade é positiva em Ⓐ, onde a inclinação da linha tangente é positiva; a velocidade é zero em Ⓑ, onde a inclinação da linha tangente é zero; e a velocidade é negativa em Ⓒ, onde a inclinação da linha tangente é negativa.

$$v_x \equiv \lim_{\Delta t \to 0} \frac{\Delta x}{\Delta t}$$

Em notação de cálculo, esse limite é chamado *derivada* de x em relação a t, representado por dx/dt:

▶ Definição de velocidade instantânea

$$v_x \equiv \lim_{\Delta t \to 0} \frac{\Delta x}{\Delta t} = \frac{dx}{dt} \qquad 2.3$$

Prevenção de Armadilhas | 2.3

Velocidade escalar instantânea e velocidade instantânea

Na Prevenção de Armadilhas 2.1, dissemos que o módulo da velocidade média não é a velocidade escalar média. O módulo da velocidade instantânea, entretanto, *é* a velocidade escalar instantânea. Num intervalo de tempo infinitesimal, o módulo do deslocamento é igual à distância percorrida pela partícula.

A velocidade instantânea pode ser positiva, negativa ou nula. Quando a inclinação do gráfico posição-tempo é positiva, tal como no ponto Ⓐ da Figura 2.3, v_x é positiva.

No ponto Ⓒ, v_x é negativa porque a inclinação é negativa. Finalmente, a velocidade instantânea é zero no pico Ⓑ (ponto de retorno), onde a inclinação é zero. A partir daqui, devemos usar a palavra *velocidade* para designar velocidade instantânea.

A **velocidade escalar instantânea** de uma partícula é definida como o módulo do vetor de velocidade instantânea. Portanto, por definição, a *velocidade escalar* nunca pode ser negativa.

[1] Observe que o deslocamento Δx também se aproxima de zero conforme Δt faz o mesmo. Conforme Δx e Δt se tornam cada vez menores, entretanto, a razão $\Delta x/\Delta t$ se aproxima de um valor igual à *verdadeira* inclinação da linha tangente para o x *versus* t.

TESTE RÁPIDO 2.2 Os policiais rodoviários estão mais interessados em (**a**) sua velocidade escalar média ou (**b**) sua velocidade escalar instantânea enquanto você dirige?

Se você estiver familiarizado com cálculos, deve saber que existem regras específicas para tomar as derivadas de funções. Essas regras, listadas no Apêndice B.6, nos permitem calculá-las rapidamente.

Suponha que x seja proporcional a alguma potência de t, tal como

$$x = At^n$$

em que A e n são constantes. (Essa equação é uma forma funcional bastante comum.) A derivada de x em relação a t é

$$\frac{dx}{dt} = nAt^{n-1}$$

Por exemplo, se $x = 5t^3$, veremos que $dx/dt = 3(5)\, t^{3-1} = 15t^2$.

PENSANDO EM FÍSICA 2.1

Considere os seguintes movimentos de um corpo em uma dimensão. (**a**) Uma bola é lançada diretamente para cima, sobe ao ponto mais alto e cai de volta na mão do lançador. (**b**) Um carro de corrida parte do repouso e acelera até 100 m/s ao longo de uma linha reta. (**c**) Uma nave espacial a caminho de outra estrela flutua através do espaço vazio em velocidade constante. Há algum instante de tempo no movimento desses corpos em que a velocidade instantânea no instante e a velocidade média durante todo o intervalo são as mesmas? Caso existam, identifique o(s) ponto(s).

Raciocínio (**a**) A velocidade média ao longo de todo o intervalo para a bola atirada é zero; a bola retorna ao ponto de partida no final do intervalo de tempo. Há um ponto – na parte superior do movimento – no qual a velocidade instantânea é zero. (**b**) A velocidade média para o movimento do carro de corrida não pode ser avaliada de forma inequívoca com as informações dadas, mas seu módulo deve ser algum valor entre 0 e 100 m/s. Considerando que o módulo da velocidade instantânea do carro terá valor entre 0 e 100 m/s em algum momento durante o intervalo, deve existir algum instante em que a velocidade instantânea seja igual à velocidade média durante todo o intervalo. (**c**) Como a velocidade instantânea da nave espacial é constante, a sua velocidade instantânea em *qualquer* momento e sua velocidade média em *qualquer* intervalo de tempo são iguais. ◄

Exemplo 2.3 | O processo limitador

A posição de uma partícula movendo-se ao longo do eixo x varia no tempo de acordo com a expressão[2] $x = 3t^2$, em que x está em metros e t em segundos. Encontre a velocidade em termos de t em qualquer momento.

SOLUÇÃO

Conceitualização A representação gráfica posição-tempo para esse movimento é mostrada na Figura 2.4. Antes de iniciar o cálculo, imagine o movimento da partícula sobre o eixo x. Ela nunca inverte a direção?

Categorização A entidade em movimento já se apresenta como uma partícula, portanto nenhum modelo de simplificação é necessário.

Análise Podemos calcular a velocidade a qualquer momento t usando a definição de velocidade instantânea.

[2] Para tornar a leitura mais fácil, escrevemos a equação simplesmente como $x = 3t^2$, em vez de $x = (3{,}00 \text{ m/s}^2)\, t^{2{,}00}$. Quando uma equação resume as medidas, considere seus coeficientes tendo tanto algarismos significativos quanto outros dados citados no problema. Considere também seus coeficientes como tendo as unidades necessárias para uma consistência dimensional. Quando começamos nossos relógios em $t = 0$, geralmente não queremos dizer que a precisão está limitada a um único dígito. Considere qualquer valor zero nesse livro como tendo a quantidade necessária de algarismos significativos.

continua

2.3 *cont.*

Se a coordenada inicial da partícula no tempo t é $x_i = 3t^2$, encontre a coordenada em um momento posterior $t + \Delta t$:

$$x_f = 3(t + \Delta t)^2 = 3[t^2 + 2t\,\Delta t + (\Delta t)^2]$$
$$= 3t^2 + 6t\,\Delta t + 3(\Delta t)^2$$

Encontre o deslocamento no intervalo de tempo Δt:

$$\Delta x = x_f - x_i = (3t^2 + 6t\,\Delta t + 3(\Delta t)^2) - (3t^2)$$
$$= 6t\,\Delta t + 3(\Delta t)^2$$

Encontre a velocidade média nesse intervalo de tempo:

$$v_{x,\text{méd}} = \frac{\Delta x}{\Delta t} = \frac{6t\,\Delta t + 3(\Delta t)^2}{\Delta t} = 6t + 3\,\Delta t$$

Para encontrar a velocidade instantânea, tome o limite desta expressão conforme Δt se aproxima de zero:

$$v_x = \lim_{\Delta t \to 0} \frac{\Delta x}{\Delta t} = 6t + 3(0) = 6t$$

Figura 2.4 (Exemplo 2.3) Gráfico posição-tempo para uma partícula tendo uma coordenada x que varia no tempo de acordo com $x = 3t^2$. Observe que a velocidade instantânea em $t = 3{,}0$ s é obtida pela inclinação da linha reta tangente à curva nesse ponto.

Finalização Observe que essa expressão nos dá a velocidade em *qualquer* tempo t. Ela nos diz que v_x está aumentando linearmente no tempo. É então uma questão simples encontrar a velocidade em algum momento específico a partir da expressão $v_x = 6t$ substituindo o valor do tempo. Por exemplo, em $t = 3{,}0$ s, a velocidade é $v_x = 6(3) = 18$ m/s. Novamente, essa resposta pode ser confirmada a partir da inclinação em $t = 3{,}0$ s (a linha reta na Fig. 2.4).

Também podemos encontrar v_x tomando a primeira derivada de x em função do tempo, conforme a Equação 2.3. Nesse exemplo, $x = 3t^2$, e vemos que $v_x = dx/dt = 6t$, de acordo com o nosso resultado ao tomar o limite explicitamente.

Exemplo 2.4 | Velocidade média e velocidade instantânea

Uma partícula se move ao longo do eixo x. Sua posição varia no tempo de acordo com a expressão $x = -4t + 2t^2$, em que x está em metros e t em segundos. O gráfico posição-tempo para esse movimento é mostrado na Figura 2.5a. Como a posição da partícula é dada por uma função matemática, seu movimento é completamente conhecido, ao contrário daquele do carro na Figura Ativa 2.1. Observe que a partícula se move na direção x negativa durante o primeiro segundo do movimento, fica momentaneamente em repouso no momento $t = 1$ s e se move na direção x positiva nos instantes $t > 1$ s.

(A) Determine o deslocamento da partícula nos intervalos de tempo $t = 0$ para $t = 1$ s e $t = 1$ s para $t = 3$ s.

SOLUÇÃO

Conceitualização Com base no gráfico na Figura 2.5a, forme uma representação mental do movimento da partícula. Lembre-se de que ela não se move em trajetória curva, como a representação feita pela curva mais grossa no gráfico. A partícula se move somente ao longo do eixo x em uma dimensão, conforme demonstrado na Figura 2.5b. Em $t = 0$, ela está se movendo para a direita ou para a esquerda?

Durante o primeiro intervalo de tempo, a inclinação é negativa, e, portanto, a velocidade média é negativa. Então, sabemos que o deslocamento entre Ⓐ e Ⓑ deve ser um número negativo, com unidades de metros. Da mesma maneira, esperamos que o deslocamento entre Ⓑ e Ⓓ seja positivo.

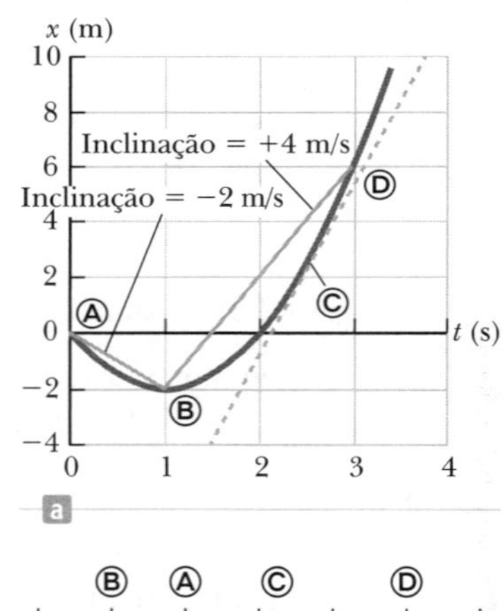

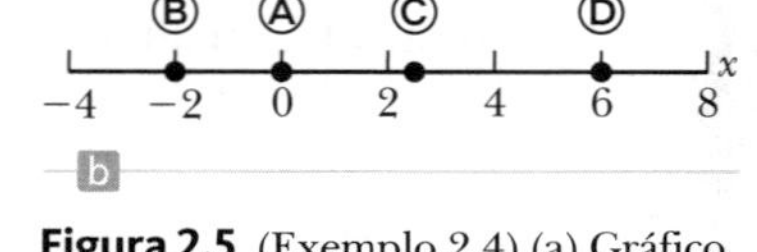

Figura 2.5 (Exemplo 2.4) (a) Gráfico posição-tempo para uma partícula com coordenada x que varia no tempo de acordo com a expressão $x = -4t + 2t^2$. (b) A partícula se move em uma dimensão ao longo do eixo x.

continua

2.4 *cont.*

Categorização Calcularemos os resultados com base nas definições dadas nos dois primeiros capítulos, por isso classificamos este exemplo como de substituição.

No primeiro intervalo, defina $t_i = t_Ⓐ = 0$ e $t_f = t_Ⓑ = 1$ s e use a Equação 1.6 para encontrar o deslocamento:

$$\Delta x_{Ⓐ\to Ⓑ} = x_f - x_i = x_Ⓑ - x_Ⓐ$$
$$= [-4(1) + 2(1)^2] - [-4(0) + 2(0)^2] = \boxed{-2 \text{ m}}$$

Para o segundo intervalo de tempo ($t = 1$ s a $t = 3$ s), defina $t_i = t_Ⓑ = 1$ s e $t_f = t_Ⓓ = 3$ s:

$$\Delta x_{Ⓑ\to Ⓓ} = x_f - x_i = x_Ⓓ - x_Ⓑ$$
$$= [-4(3) + 2(3)^2] - [-4(1) + 2(1)^2] = \boxed{+8 \text{ m}}$$

Esses deslocamentos também podem ser lidos diretamente do gráfico posição-tempo.

(B) Calcule a velocidade média durante esses dois intervalos de tempo.

SOLUÇÃO

No primeiro intervalo de tempo, use a Equação 2.2 com $\Delta t = t_f - t_i = t_Ⓑ - t_Ⓐ = 1$ s:

$$v_{x,\text{méd}(Ⓐ\to Ⓑ)} = \frac{\Delta x_{Ⓐ\to Ⓑ}}{\Delta t} = \frac{-2 \text{ m}}{1 \text{ s}} = \boxed{-2 \text{ m/s}}$$

No segundo intervalo de tempo, $\Delta t = 2$ s:

$$v_{x,\text{méd}(Ⓑ\to Ⓓ)} = \frac{\Delta x_{Ⓑ\to Ⓓ}}{\Delta t} = \frac{8 \text{ m}}{2 \text{ s}} = \boxed{+4 \text{ m/s}}$$

Esses valores são os mesmos das inclinações das linhas retas cinza-claro que os unem na Figura 2.5a.

(C) Encontre a velocidade instantânea da partícula em $t = 2{,}5$ s.

SOLUÇÃO

Meça a inclinação da linha pontilhada em $t = 2{,}5$ s (ponto Ⓒ na Figura 2.5a):

$$v_x = \frac{10 \text{ m} - (-4 \text{ m})}{3{,}8 \text{ s} - 1{,}5 \text{ s}} = \boxed{+6 \text{ m/s}}$$

Observe que essa velocidade instantânea é da mesma ordem de módulo que os resultados anteriores, isto é, de alguns metros por segundo. Era isso o que você esperava? Você vê alguma simetria no movimento? Por exemplo, existem pontos para os quais a velocidade escalar é a mesma? A velocidade é a mesma nesses pontos?

2.3 | Modelo de análise: partícula sob velocidade constante

Como mencionado na seção 1.10, a terceira categoria de modelos utilizados nesse livro é a de *modelos de análise*. Tais modelos nos ajudam a analisar a situação em um problema de física e nos guiam em direção à solução. **Modelo de análise é um problema que foi solucionado anteriormente**. Trata-se de uma descrição de (1) comportamento de uma entidade física ou (2) da interação entre essa entidade e o ambiente. Quando se deparar com um novo problema, você deve identificar seus detalhes fundamentais e tentar reconhecer os tipos de problemas que já tenha resolvido e que possam ser usados como um modelo para este novo.

Esse método é semelhante à prática de encontrar "precedentes legais" na prática do direito. Se um caso resolvido anteriormente, muito semelhante em termos legais ao presente, for encontrado, ele será usado como um modelo, e argumentos são feitos no tribunal para relacioná-los de forma lógica. A decisão do tribunal para o caso anterior pode então ser usada para influenciar o atual. Fazemos algo similar na física. Para um dado problema, procuramos por um "precedente físico", um modelo que já conhecemos e que pode ser aplicado ao problema atual.

Vamos gerar modelos de análise baseados em quatro modelos fundamentais de simplificação. O primeiro é a simplificação do modelo de partícula discutido no Capítulo 1. Analisaremos uma partícula sob vários comportamentos e interações ambientais. Outros modelos de análise serão apresentados em capítulos posteriores, baseados em modelos de simplificação de um *sistema*, um *corpo rígido* e uma *onda*. Uma vez introduzidos esses modelos de análise, veremos que eles aparecem repetidas vezes nesse livro, em diferentes situações.

Quando resolver um problema, evite folhear o capítulo à procura de uma equação que contenha a variável desconhecida necessária para o problema. Em muitos casos, a equação que você encontra não tem relação alguma com o problema que está tentando resolver. É *muito* melhor dar esse primeiro passo: **identifique o modelo de análise adequado ao problema**. Reflita cuidadosamente sobre o que está acontecendo no problema e relacione isso a uma

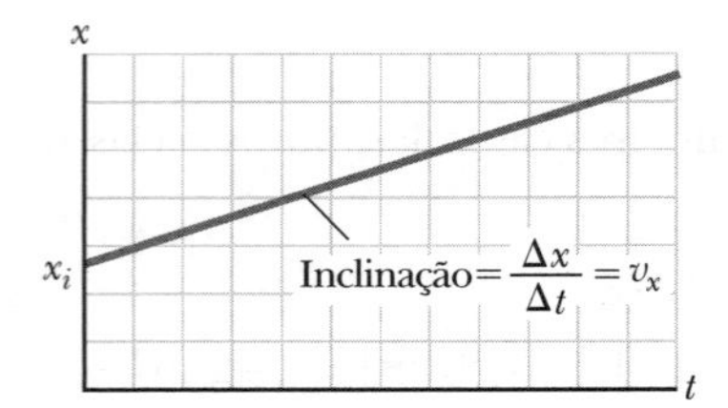

Figura 2.6 Gráfico posição-tempo para uma partícula sob velocidade constante. O valor da velocidade constante é a inclinação da linha.

situação que já tenha visto. Qual modelo de simplificação é apropriado para a entidade envolvida no problema? É uma partícula, um sistema, um corpo rígido ou uma onda? Segundo, o que a entidade está fazendo ou como ela está interagindo com seu meio? Por exemplo, o modelo de análise no título desta seção indica que modelamos a entidade de interesse como uma partícula. Além disso, determinamos que a partícula se move com velocidade constante.

Uma vez identificado o modelo de análise, há um pequeno número de equações adequadas a ele. Portanto, **o modelo diz qual(is) equação(ões) usar para a representação matemática**. Nesta seção, aprenderemos quais equações matemáticas estão associadas à partícula no modelo de análise de velocidade constante. No futuro, quando você identificar o modelo apropriado com um problema de uma partícula em velocidade constante, saberá imediatamente quais equações usar para resolver o problema.

Usaremos a Equação 2.2 para construir nosso primeiro modelo de análise. Imaginamos uma partícula movendo-se com velocidade constante. O modelo de análise de uma **partícula sob velocidade constante** pode ser aplicado a *qualquer* situação na qual uma entidade que pode ser modelada como uma partícula se move com velocidade constante. Essa situação ocorre com frequência, por isso esse modelo é importante.

Se a velocidade de uma partícula é constante, sua velocidade instantânea em qualquer instante durante um intervalo de tempo é igual à velocidade média durante o intervalo, $v_x = v_{x,\,\text{méd}}$. Portanto, começamos com a Equação 2.2 para gerar uma equação a ser utilizada na representação matemática dessa situação:

$$v_x = v_{x,\,\text{méd}} = \frac{\Delta x}{\Delta t}$$

Lembrando que $\Delta x = x_f - x_i$, vemos que $v_x = (x_f - x_i)/\Delta t$ ou

$$x_f = x_i + v_x \Delta t \qquad \textbf{2.4}$$

Essa equação diz que a posição da partícula é dada pela soma de sua posição original x_i mais o deslocamento $v_x \Delta t$ que ocorre durante o intervalo de tempo Δt. Na prática, geralmente escolhemos o tempo no início do intervalo sendo $t_i = 0$ e o tempo no final do intervalo, $t_f = t$, assim, nossa equação se torna

▶ Posição como função do tempo para partícula sob velocidade constante

$$x_f = x_i + v_x t \quad (\text{para } v_x \text{ constante}) \qquad \textbf{2.5}$$

As Equações 2.4 e 2.5 são as primárias usadas no modelo de uma partícula sob velocidade constante. Elas podem ser aplicadas a partículas ou corpos que podem ser modelados como partículas. No futuro, uma vez que você tenha identificado um problema que exija o modelo de partícula sob velocidade constante, qualquer uma dessas equações pode ser usada para resolver o problema.

A Figura 2.6 é uma representação gráfica da partícula sob velocidade constante. Nesse gráfico posição-tempo, a inclinação da linha que representa o movimento é constante e igual à velocidade. Ela é consistente com a representação matemática, Equação 2.5, que é a equação de uma linha reta. A inclinação da linha reta é v_x e a intersecção de y é x_i em ambas as representações.

Exemplo 2.5 | Modelando um corredor como uma partícula BIO

Um cinesiologista está estudando a biomecânica do corpo humano (*Cinesiologia* é o estudo do movimento do corpo humano. Observe a conexão com a palavra *cinemática*.) Ele determina a velocidade experimental de um sujeito enquanto este corre ao longo de uma linha reta em razão constante. O cinesiologista dispara o cronômetro no momento em que o corredor passa por um dado ponto e para o cronômetro depois que ele passa por outro ponto, distante 20 m. O intervalo de tempo indicado no cronômetro é 4,0 s.

(A) Qual é a velocidade do corredor?

SOLUÇÃO

Conceitualização Você provavelmente já assistiu a eventos de atletismo em algum momento da sua vida, por isso deve ser fácil conceituar esta situação.

Categorização Modelamos o corredor em movimento como uma partícula, porque o tamanho do corredor e o movimento de seus braços e pernas são detalhes desnecessários. Como o problema afirma que o sujeito corre em razão constante, podemos modelá-lo como uma partícula sob velocidade constante.

continua

2.5 *cont.*

Análise Uma vez identificado o modelo, podemos usar a Equação 2.4 para achar a velocidade constante do corredor:

$$v_x = \frac{\Delta x}{\Delta t} = \frac{x_f - x_i}{\Delta t} = \frac{20\text{ m} - 0}{4{,}0\text{ s}} = 5{,}0\text{ m/s}$$

(B) Se o corredor continuar seu movimento após o cronômetro ser parado, qual será sua posição após 10 s?

SOLUÇÃO

Use a Equação 2.5 e a velocidade calculada na parte (A) para encontrar a posição da partícula no momento $t = 10$ s:

$$x_f = x_i + v_x t = 0 + (5{,}0\text{ m/s})(10\text{ s}) = 50\text{ m}$$

Finalização O resultado da parte (A) é uma velocidade razoável para um humano? Como ele se compara às velocidades dos recordes mundiais em corridas de curta distância de 100 m e 200 m? Observe que o valor na parte (B) é mais que o dobro do valor na posição 20 m, na qual o cronômetro foi parado. Esse valor é consistente com o tempo de 10 s sendo mais que o dobro do tempo de 4,0 s?

As manipulações matemáticas para a partícula com velocidade constante surgem da Equação 2.4 e de sua descendente, a Equação 2.5. Ambas podem ser utilizadas para resolver qualquer variável desconhecida nas equações, desde que as outras variáveis sejam conhecidas. Por exemplo, na parte (B) do Exemplo 2.5, encontramos a posição quando a velocidade e o tempo são conhecidos. Da mesma forma, se sabemos a velocidade e a posição final, podemos usar a Equação 2.5 para encontrar o tempo em que o corredor está nessa posição. Apresentaremos mais exemplos de uma partícula sob velocidade constante no Capítulo 3.

Uma partícula sob velocidade constante move-se com velocidade constante ao longo de uma linha reta. Considere agora uma partícula movendo-se com velocidade escalar constante ao longo de uma trajetória curva. Ela pode ser representada pelo **modelo de partícula sob velocidade escalar constante**. A equação primária desse modelo é a Equação 2.1, com a velocidade escalar média $v_{\text{méd}}$ substituída pela velocidade constante v:

$$v \equiv \frac{d}{\Delta t} \tag{2.6}$$

Como exemplo, imagine uma partícula movendo-se com velocidade escalar constante em uma trajetória circular. Se a velocidade escalar for 5,00 m/s, e o raio da trajetória, 10,0 m, poderemos calcular o intervalo de tempo necessário para completar uma volta ao longo do círculo:

$$v = \frac{d}{\Delta t} \to \Delta t = \frac{d}{v} = \frac{2\pi r}{v} = \frac{2\pi(10{,}0\text{ m})}{5{,}00\text{ m/s}} = 12{,}6\text{ s}$$

2.4 | Aceleração

Quando a velocidade de uma partícula se altera com o tempo, diz-se que a partícula está *acelerada*. Por exemplo, a velocidade de um carro aumenta quando você "pisa no acelerador", fica mais lento quando você pisa nos freios e muda de direção quando você vira o volante; essas mudanças são todas acelerações. Precisaremos de uma definição exata de aceleração para os nossos estudos de movimento.

Suponha que uma partícula que se move se ao longo de um eixo x tenha velocidade v_{xi} no tempo t_i e velocidade v_{xf} no tempo t_f. A **aceleração média** $a_{x,\text{ méd}}$ da partícula no intervalo de tempo $\Delta t = t_f - t_i$ é definida como a razão $\Delta v_x/\Delta t$, em que $\Delta v_x = v_{xf} - v_{xi}$ é a *mudança* na velocidade da partícula nesse intervalo de tempo:

$$a_{x,\text{méd}} \equiv \frac{v_{xf} - v_{xi}}{t_f - t_i} = \frac{\Delta v_x}{\Delta t} \tag{2.7}$$

▶ Definição de aceleração média

Assim, aceleração é uma medida do quão rápido a velocidade está mudando. A aceleração é um módulo vetorial com as dimensões de comprimento dividido por (tempo)^2, ou L/T^2. Algumas das unidades comuns de aceleração são metros por segundo por segundo (m/s^2) e pés por segundo por segundo (pés/s^2). Por exemplo, uma aceleração de 2 m/s^2 significa que a velocidade muda em 2 m/s durante cada segundo de tempo que passa.

Em algumas situações, o valor da aceleração média pode ser diferente em intervalos de tempo diferentes. Portanto, é útil definir a **aceleração instantânea** como o limite da aceleração média conforme Δt se aproxima de zero, de forma análoga à definição da velocidade instantânea discutida na seção 2.2:

▶ Definição de aceleração instantânea

$$a_x \equiv \lim_{\Delta t \to 0} \frac{\Delta v_x}{\Delta t} = \frac{dv_x}{dt} \qquad \textbf{2.8}$$

Prevenção de Armadilhas | 2.4

Aceleração negativa

Tenha em mente que *aceleração negativa não significa necessariamente que um corpo está indo mais devagar.* Se a aceleração é negativa e a velocidade também é, o corpo está indo mais rápido!

Ou seja, aceleração instantânea é igual à derivada da velocidade com relação ao tempo, que é por definição a inclinação do gráfico de velocidade-tempo. Observe que, se a_x for positiva, a aceleração estará na direção x positiva, enquanto a_x negativa implica que a aceleração estará na direção x negativa. Aceleração negativa não significa necessariamente que a partícula esteja se *movendo* na direção x negativa, um ponto que abordaremos com mais detalhes em breve. Daqui por diante utilizaremos o termo *aceleração* como significando aceleração instantânea.

Como $v_x = d_x/d_t$, a aceleração também pode ser assim escrita

$$a_x = \frac{dv_x}{dt} = \frac{d}{dt}\left(\frac{dx}{dt}\right) = \frac{d^2x}{dt^2} \qquad \textbf{2.9}$$

Prevenção de Armadilhas | 2.5

Desaceleração

A palavra *desaceleração* tem a conotação popular de *ir mais devagar.* Quando combinado com a concepção errada na Prevenção de Armadilhas 2.4, de que aceleração negativa significa ir mais devagar, a situação pode ser ainda mais confusa com a utilização da palavra *desaceleração*. Não usaremos essa palavra nesse livro.

Essa equação mostra que aceleração é igual à *segunda derivada* da posição em relação ao tempo.

A Figura 2.7 mostra como a curva de aceleração-tempo em uma representação gráfica pode ser obtida a partir da curva de velocidade-tempo. Nesses diagramas, a aceleração de uma partícula em qualquer momento é simplesmente a inclinação do gráfico velocidade-tempo naquele momento.

Os valores positivos da aceleração correspondem aos pontos (entre 0 e $t_{Ⓑ}$), onde a velocidade na direção x positiva aumenta em módulo (a partícula está acelerando). A aceleração atinge um máximo no instante $t_{Ⓐ}$, quando a inclinação do gráfico velocidade-tempo é máxima; e então vai para zero no instante $t_{Ⓑ}$, quando a velocidade é máxima (isto é, quando a velocidade momentaneamente é nula e a inclinação do gráfico de *v versus t* é zero). Por fim, a aceleração é negativa quando a velocidade na direção x positiva está diminuindo em módulo (entre $t_{Ⓑ}$ e $t_{Ⓒ}$)

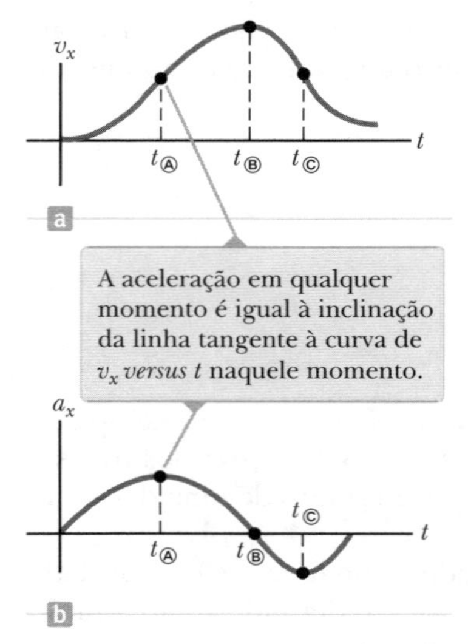

Figura 2.7 (a) O gráfico de velocidade-tempo para uma partícula movendo-se ao longo do eixo x. (b) A aceleração instantânea pode ser obtida do gráfico velocidade-tempo.

TESTE RÁPIDO 2.3 Usando a Figura Ativa 2.8, combine cada gráfico $v_x - t$ na parte superior com o gráfico $a_x - t$ na parte inferior que melhor descreva o movimento.

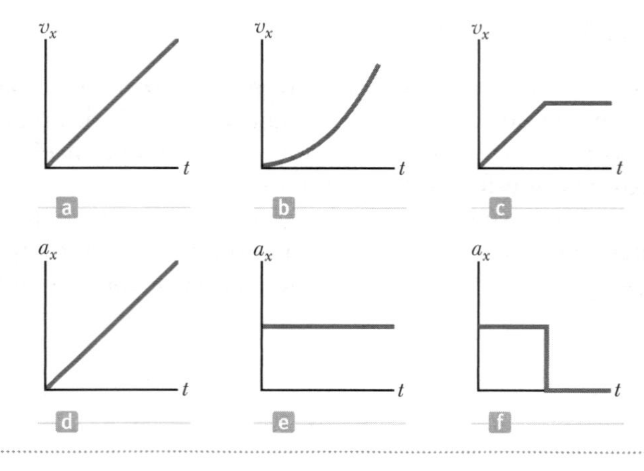

Figura Ativa 2.8 (Teste Rápido 2.3) As partes (a), (b) e (c) são gráficos velocidade-tempo de corpos em movimento em uma dimensão. Os possíveis gráficos aceleração-tempo de cada corpo são mostrados em ordem aleatória nas partes (d), (e) e (f).

Como um exemplo do cálculo da aceleração, considere a representação pictórica do movimento de um carro na Figura 2.9. Nesse caso, a velocidade do carro mudou de um valor inicial de 30 m/s para um valor final de 15 m/s em um intervalo de tempo de 2,0 s. A aceleração média durante esse intervalo de tempo é

$$a_{x,\text{méd}} = \frac{15 \text{ m/s} - 30\text{m/s}}{2{,}0 \text{ s}} = -7{,}5\text{m/s}^2$$

O sinal negativo nesse exemplo indica que o vetor de aceleração está no sentido x negativo (à esquerda na Figura 2.9). Para o caso de movimento em linha reta, a direção da velocidade de um corpo e a direção de sua aceleração estão relacionadas como segue. Quando a velocidade e a aceleração do corpo estão no mesmo sentido, o corpo se torna mais rápido neste sentido. Entretanto, quando a velocidade e a aceleração do corpo estão em sentidos opostos, a velocidade escalar do corpo diminui no tempo.

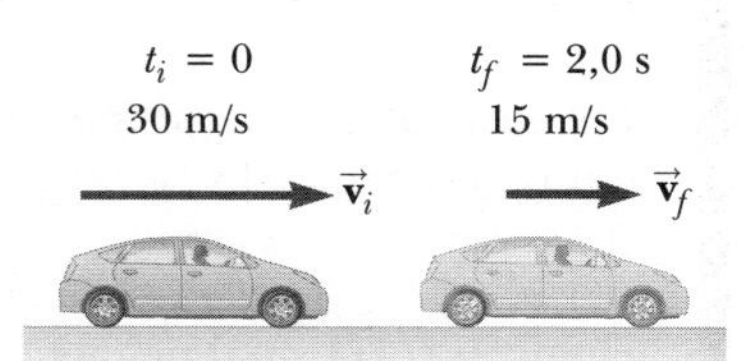

Figura 2.9 A velocidade do carro diminui de 30 m/s para 15 m/s em um intervalo de tempo de 2,0 s.

Para ajudar nesta discussão sobre os sinais de velocidade e aceleração, vamos dar uma olhada no Capítulo 4, no qual relacionaremos a aceleração de um corpo com a *força* sobre ele. Vamos armazenar os detalhes até aquela discussão mais à frente, mas, por enquanto, tomemos a ideia de que **a força sobre um corpo é proporcional à sua aceleração**:

$$\vec{\mathbf{F}} \propto \vec{\mathbf{a}}$$

Essa proporcionalidade indica que a aceleração é causada pela força. Além disso, como indicado pela notação vetorial de proporcionalidade, a força e a aceleração estão na mesma direção e sentido. Portanto, vamos pensar sobre os sinais de velocidade e aceleração formando uma representação mental na qual uma força é aplicada ao corpo para causar sua aceleração. Considere novamente o caso em que velocidade e aceleração estão no mesmo sentido. Essa situação é equivalente a um corpo em movimento em determinado sentido experimentando uma força que o puxa no mesmo sentido. É claro nesse caso que o corpo se torna mais rápido! Se a velocidade e a aceleração estão em sentidos opostos, o corpo se move em um sentido, e uma força o impulsiona no sentido oposto. Nessa situação, o corpo se torna mais lento! É muito útil equacionar a direção da aceleração nessas situações para a direção de uma força, porque, de acordo com nossa experiência cotidiana, é mais fácil pensar sobre o efeito que uma força terá sobre um corpo do que apenas em termos de direção da aceleração.

TESTE RÁPIDO 2.4 Se um carro está viajando no sentido leste e reduzindo a velocidade, que sentido da força no carro causa a redução da sua velocidade? **(a)** para o leste **(b)** para o oeste **(c)** nenhuma desses sentidos

Exemplo 2.6 | Aceleração média e instantânea

A velocidade de uma partícula movendo-se ao longo do eixo x varia de acordo com a expressão $v_x = 40 - 5t^2$, em que v_x está em metros por segundo e t em segundos.

(A) Encontre a aceleração média no intervalo de tempo $t = 0$ a $t = 2{,}0$ s.

SOLUÇÃO

Conceitualização Pense no que a partícula está fazendo com base na representação matemática. Ela está se movendo a $t = 0$? Em qual sentido? Ela vai mais rápido ou mais devagar? A Figura 2.10 é um gráfico $v_x - t$ criado com base na expressão velocidade *versus* tempo dada no problema. Como a inclinação de toda a curva $v_x - t$ é negativa, esperamos que a aceleração seja negativa.

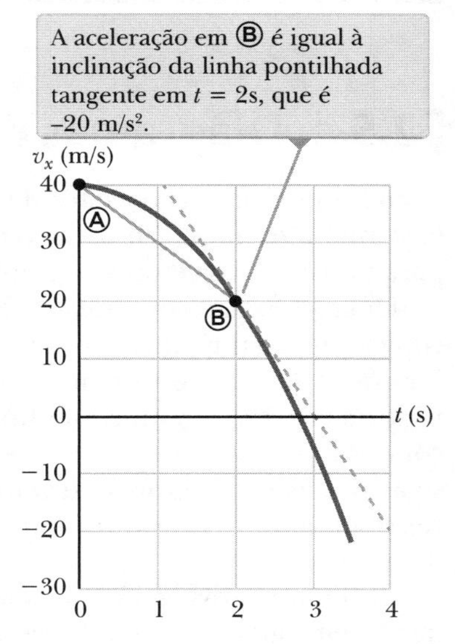

Figura 2.10 (Exemplo 2.6) Gráfico velocidade-tempo para uma partícula se movendo ao longo do eixo x de acordo com a expressão $v_x = 40 - 5t^2$.

continua

2.6 *cont.*

Categorização Este problema não envolve um modelo de análise, mas, sim, toma um limite de uma função, por isso é um pouco mais sofisticado do que um problema de substituição pura.

Análise Encontre as velocidades em $t_i = t_Ⓐ = 0$ e $t_f = t_Ⓑ = 2{,}0$ s, substituindo esses valores de t na expressão para a velocidade:

$$v_{xⒶ} = 40 - 5t_Ⓐ^2 = 40 - 5(0)^2 = +40 \text{ m/s}$$
$$v_{xⒷ} = 40 - 5t_Ⓑ^2 = 40 - 5(2{,}0)^2 = +20 \text{ m/s}$$

Encontre a aceleração média no intervalo de tempo especificado $\Delta t = t_Ⓑ - t_Ⓐ = 2{,}0$ s:

$$a_{x,\text{méd}} = \frac{v_{xf} - v_{xi}}{t_f - t_i} = \frac{v_{xⒷ} - v_{xⒶ}}{t_Ⓑ - t_Ⓐ} = \frac{20 \text{ m/s} - 40 \text{ m/s}}{2{,}0 \text{ s} - 0 \text{ s}}$$
$$= -10 \text{ m/s}^2$$

Finalização O sinal negativo é consistente com nossas expectativas: a aceleração média, representada pela inclinação da linha reta cinza unindo os pontos inicial e final no gráfico velocidade-tempo, é negativa.

(B) Determine a aceleração para $t = 2{,}0$ s.

SOLUÇÃO

Análise

Sabendo que a velocidade inicial a qualquer momento t é $v_{xi} = 40 - 5t^2$, encontre a velocidade a qualquer outro momento depois de $t + \Delta t$:

$$v_{xf} = 40 - 5(t + \Delta t)^2 = 40 - 5t^2 - 10t\,\Delta t - 5(\Delta t)^2$$

Calcule a variação da velocidade no intervalo de tempo Δt:

$$\Delta v_x = v_{xf} - v_{xi} = -10t\,\Delta t - 5(\Delta t)^2$$

Para encontrar a aceleração, em qualquer momento t, divida esta expressão por Δt e considere o limite do resultado conforme Δt se aproxima de zero:

$$a_x = \lim_{\Delta t \to 0} \frac{\Delta v_x}{\Delta t} = \lim_{\Delta t \to 0} (-10t - 5\Delta t) = -10t$$

Substitua $t = 2{,}0$ s:

$$a_x = (-10)(2{,}0) \text{ m/s}^2 = -20 \text{ m/s}^2$$

Finalização Como a velocidade da partícula é positiva e a aceleração é negativa nesse instante, a partícula está mais lenta.

Observe que as respostas para as partes (A) e (B) são diferentes. A aceleração média, na parte (A), é a inclinação da linha reta cinza na Figura 2.10 unindo os pontos Ⓐ e Ⓑ. A aceleração instantânea, na parte (B), é a inclinação da linha pontilhada tangente à curva no ponto Ⓑ. Note também que a aceleração *não é* constante nesse exemplo. Trataremos de situações que envolvem aceleração constante na seção 2.6.

2.5 | Diagramas de movimento

Com frequência, os conceitos de velocidade e aceleração são confundidos, mas, de fato, essas duas quantidades são bastante diferentes. É instrutivo o uso da representação pictórica especializada, chamada **diagrama de movimento**, para descrever os vetores velocidade e aceleração enquanto um corpo está em movimento.

Uma *fotografia estroboscópica* de um corpo em movimento mostra várias imagens deste conforme a luz estroboscópica pisca a uma taxa constante. A Figura 2.1a é um diagrama de movimento do carro estudado na seção 2.1. A Figura Ativa 2.11 representa três conjuntos de fotografias estroboscópicas de carros movendo-se ao longo de uma rodovia reta em um único sentido, da esquerda para a direita. Os intervalos de tempo entre os *flashes* do estroboscópio são iguais em todas as partes do diagrama. Para distinguir entre as duas quantidades vetoriais, utilizamos setas pretas para vetores de velocidade e cinza para vetores de aceleração na Figura Ativa 2.11. Os vetores estão representados em vários instantes durante o movimento do corpo. Descreveremos o movimento do carro em cada diagrama.

Na Figura Ativa 2.11a, as imagens do carro têm espaçamento igual, e ele se movimenta pelo mesmo deslocamento em cada intervalo de tempo. Portanto, o carro move-se com *velocidade positiva constante* e tem *aceleração zero*.

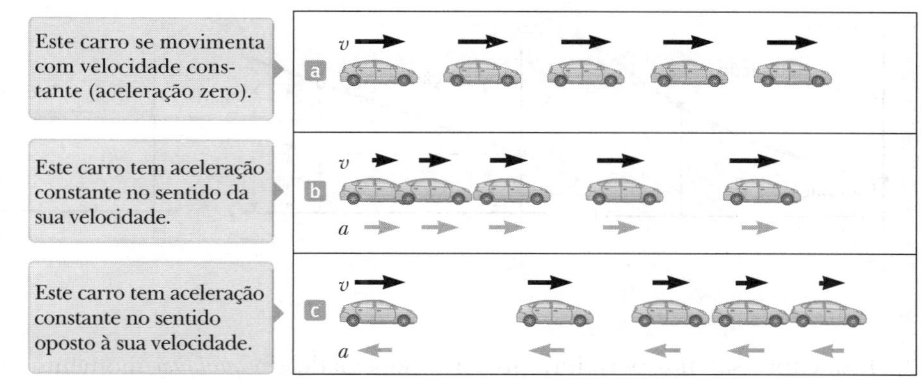

Figura Ativa 2.11 Diagramas de movimento de um carro se movendo ao longo de uma rodovia em linha reta, em um único sentido. A velocidade em cada instante é indicada por uma seta preta, e a aceleração constante, por uma seta cinza.

Poderíamos modelar o carro como uma partícula e descrevê-lo usando o modelo de análise de partícula sob velocidade constante.

Na Figura Ativa 2.11b, as imagens do carro se distanciam à medida que o tempo avança. Nesse caso, o vetor velocidade aumenta no tempo, pois o deslocamento do carro entre posições adjacentes aumenta à medida que o tempo avança. Portanto, o carro está em movimento com *velocidade positiva* e *aceleração positiva*. A velocidade e a aceleração estão no mesmo sentido. De acordo com a discussão anterior sobre força, imagine uma força puxando o carro no mesmo sentido em que se movimenta: ele fica mais rápido.

Na Figura Ativa 2.11c, interpretamos que o carro está diminuindo a velocidade à medida que se move para a direita, porque seu deslocamento entre posições adjacentes diminui à medida que o tempo avança. Nesse caso, o carro move-se inicialmente para a direita com *velocidade positiva* e *aceleração negativa*. O vetor velocidade diminui no tempo e eventualmente se torna zero. (Esse tipo de movimento é apresentado por um carro que derrapa até parar após o acionamento dos freios.) Com base nesse diagrama, vemos que os vetores aceleração e velocidade *não* estão no mesmo sentido. Velocidade e a aceleração estão em sentidos opostos. Segundo nossa discussão anterior sobre força, imagine uma força puxando o carro no sentido oposto àquela em que se movimenta: ele fica mais lento.

Os vetores de aceleração cinza nas Figuras Ativas 2.11b e 2.11c são todos do mesmo comprimento. Então, esses diagramas representam um movimento com aceleração constante. Esse importante tipo de movimento é discutido na próxima seção.

TESTE RÁPIDO 2.5 Qual das seguintes afirmativas é verdadeira? **(a)** Se um carro viaja para o leste, sua aceleração tem de ser para o leste. **(b)** Se um carro está indo mais lentamente, sua aceleração tem de ser negativa. **(c)** Uma partícula com aceleração constante nunca pode parar e permanecer parada.

2.6 | Modelo de análise: partícula sob aceleração constante

Se a aceleração de uma partícula varia com o tempo, o movimento pode ser complexo e difícil de analisar. Um tipo muito comum e simples de movimento unidimensional ocorre quando a aceleração é constante, tal como no movimento dos carros nas Figuras Ativas 2.11b e 2.11c. Nesse caso, a aceleração média em qualquer intervalo de tempo é igual à aceleração instantânea em qualquer instante dentro do intervalo. Por consequência, a velocidade aumenta ou diminui à mesma taxa durante todo o movimento. **Partícula sob aceleração constante** é um modelo de análise comum que podemos aplicar aos problemas apropriados. Ele é frequentemente usado para situações-modelo, como queda de corpos e frenagem de carros.

Se substituirmos $a_{x,\text{méd}}$ pela constante a_x na Equação 2.7, encontraremos

$$a_x = \frac{v_{xf} - v_{xi}}{t_f - t_i}$$

Por conveniência, manteremos $t_i = 0$ e t_f será qualquer tempo arbitrário t. Com essa notação, podemos resolver para v_{xf}:

$$v_{xf} = v_{xi} + a_x t \quad \text{(para } a_x \text{ constante)} \tag{2.10}$$

► Velocidade como função do tempo para o modelo de partícula sob aceleração constante

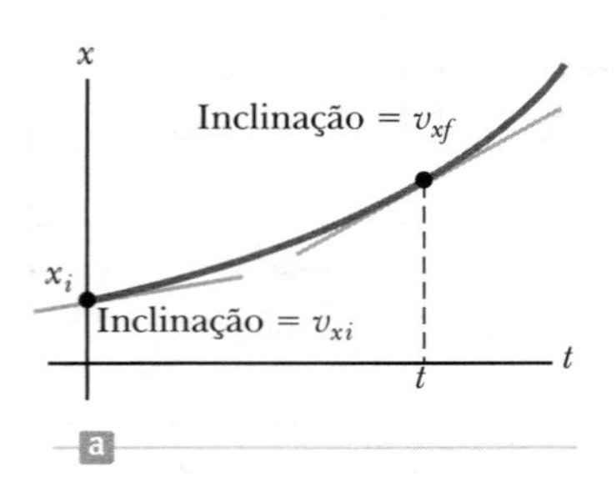

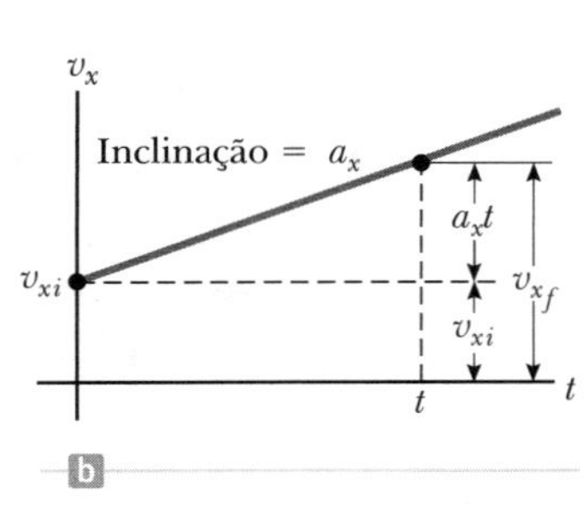

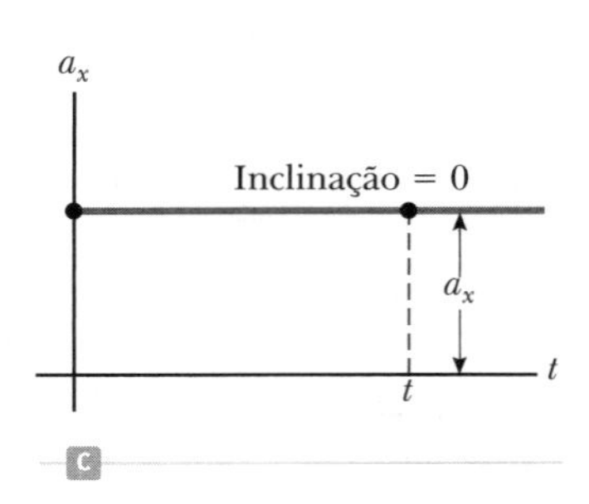

Figura Ativa 2.12 Representações gráficas de uma partícula movendo-se ao longo do eixo x com aceleração constante a_x. (a) gráfico posição-tempo, (b) gráfico velocidade-tempo e (c) gráfico aceleração-tempo.

Essa expressão nos permitirá prever a velocidade em *qualquer* momento t se a velocidade inicial e a aceleração constante forem conhecidas. Essa é a primeira de quatro equações que podem ser usadas para resolver os problemas utilizando o modelo de partículas sob aceleração constante. Uma representação gráfica da posição *versus* tempo para esse movimento é mostrada na Figura Ativa 2.12a. O gráfico velocidade-tempo mostrado na Figura Ativa 2.12b é uma linha reta cuja inclinação é a aceleração constante a_x. A linha reta desse gráfico é consistente com $a_x = dv_x/dt$ sendo uma constante. Com base nesse gráfico e na Equação 2.10, vemos que a velocidade em qualquer momento t é a soma da velocidade inicial v_{xi} com a variação da velocidade $a_x t$ por causa da aceleração. O gráfico da aceleração *versus* tempo (Fig. Ativa 2.12c) é uma linha reta com inclinação zero, porque a aceleração é constante. Se a aceleração fosse negativa, a inclinação da Figura Ativa 2.12b seria negativa, e a linha horizontal na Figura Ativa 2.12c estaria abaixo do eixo do tempo.

Podemos gerar outra equação para o modelo de partícula sob aceleração constante recordando um resultado da seção 2.1, em que o deslocamento de uma partícula é a área sob a curva em um gráfico velocidade-tempo. Como a velocidade varia linearmente com o tempo (consulte a Fig. Ativa 2.12b), a área sob a curva é a soma de uma área retangular (abaixo da linha horizontal tracejada na Fig. Ativa 2.12b) e uma área triangular (a partir da linha horizontal tracejada acima da curva). Portanto,

$$\Delta x = v_{xi}\Delta t + \tfrac{1}{2}(v_{xf} - v_{xi})\Delta t$$

que pode ser simplificada conforme segue:

$$\Delta x = (v_{xi} + \tfrac{1}{2}v_{xf} - \tfrac{1}{2}v_{xi})\Delta t = \tfrac{1}{2}(v_{xi} + v_{xf})\Delta t$$

Em geral, da Equação 2.2, o deslocamento para um intervalo de tempo é

$$\Delta x = v_{x,\text{méd}}\,\Delta t$$

Comparando essas duas últimas equações, vemos que a velocidade média, em qualquer intervalo de tempo, é a média aritmética da velocidade inicial v_{xi} e a velocidade final v_{xf}:

▶ Velocidade média para o modelo de partícula sob aceleração constante

$$v_{x,\text{ méd}} = \tfrac{1}{2}(v_{xi} + v_{xf}) \quad \text{(para } a_x \text{ constante)} \qquad \mathbf{2.11}$$

Lembre-se de que essa expressão só será válida quando a aceleração for constante, isto é, quando a velocidade variar linearmente com o tempo.

Agora podemos usar as Equações 2.2 e 2.11 para obter a posição em função do tempo. Novamente, escolhemos $t_i = 0$ no momento em que a posição inicial é x_i, que nos dá

$$\Delta x = v_{x,\text{ méd}}\Delta t = \tfrac{1}{2}(v_{xi} + v_{xf})t$$

▶ Posição como função da velocidade e tempo para o modelo de partícula sob aceleração constante

$$x_f = x_i + \tfrac{1}{2}(v_{xi} + v_{xf})t \quad \text{(para } a_x \text{ constante)} \qquad \mathbf{2.12}$$

Podemos obter outra expressão útil para a posição substituindo a Equação 2.10 por v_{xf} na Equação 2.12:

$$x_f = x_i + \tfrac{1}{2}[v_{xi} + (v_{xi} + a_x t)]t$$

▶ Posição como função do tempo para o modelo de partícula sob aceleração constante

$$x_f = x_i + v_{xi}t + \tfrac{1}{2}a_x t^2 \quad \text{(para } a_x \text{ constante)} \qquad \mathbf{2.13}$$

Observe que a posição em qualquer instante t é a soma da posição inicial x_i, do deslocamento $v_{xi}t$ que resultaria se a velocidade permanecesse constante na velocidade inicial e do deslocamento $\frac{1}{2}a_x t^2$ porque a partícula está acelerando. Considere novamente o gráfico posição-tempo para o movimento sob aceleração constante mostrado na Figura Ativa 2.12a. A curva representando a Equação 2.13 é uma parábola, como mostrado pela dependência t^2 na equação. A inclinação da tangente a essa curva em $t = 0$ é igual à velocidade inicial v_{xi}, e a inclinação da linha tangente a qualquer instante t é igual à velocidade naquele instante.

Finalmente, podemos obter uma expressão que não contém o tempo, substituindo o valor de t da Equação 2.10 na Equação 2.12, o que nos dá

$$x_f = x_i + \tfrac{1}{2}(v_{xi} + v_{xf})\left(\frac{v_{xf} - v_{xi}}{a_x}\right) = x_i + \frac{v_{xf}^2 - v_{xi}^2}{2a_x}$$

▶ Velocidade como função da posição para o modelo de partícula sob aceleração constante

$$v_{xf}^2 = v_{xi}^2 + 2a_x(x_f - x_i) \quad \text{(para } a_x \text{ constante)} \qquad \textbf{2.14}$$

Essa expressão *não* é uma equação independente, porque resulta da combinação das Equações 2.10 e 2.12. Contudo, ela é útil para os problemas nos quais um valor para o tempo não está envolvido.

Se o movimento ocorre onde o valor constante da aceleração é *zero*, as Equações 2.10 e 2.13 tornam-se

$$\left.\begin{aligned} v_{xf} &= v_{xi} \\ x_f &= x_i + v_{xi}t \end{aligned}\right\} \quad \text{quando } a_x = 0$$

Isto é, quando a aceleração é zero, a velocidade permanece constante e a posição muda linearmente com o tempo. Nesse caso, o modelo de partícula sob *aceleração* constante é reduzido para o modelo de partícula sob *velocidade* constante.

As Equações 2.10, 2.12, 2.13 e 2.14 são quatro **equações cinemáticas** que podem ser utilizadas para resolver qualquer problema em movimento unidimensional de uma partícula (ou de um corpo que pode ser modelado como uma partícula) sob aceleração constante. Se sua análise de um problema indicar que a partícula sob aceleração constante é o modelo de análise apropriado, selecione uma dessas quatro equações para resolver o problema. Tenha em mente que essas relações foram obtidas das definições de velocidade e aceleração, em conjunto com algumas manipulações algébricas simples e a exigência de que a aceleração seja constante. Geralmente é conveniente escolher a posição inicial da partícula como sendo a origem do movimento, de modo que $x_i = 0$ em $t = 0$. Veremos casos, porém, em que devemos escolher o valor de x_i como sendo algo diferente de zero.

Por conveniência, as quatro equações cinemáticas para a partícula sob aceleração constante estão listadas na Tabela 2.2. A escolha de qual equação ou equações cinemáticas você deve usar em uma situação depende do que é previamente conhecido. Às vezes, é necessário usar duas dessas equações para resolver duas incógnitas, tais como posição e velocidade em determinado instante. Você deve reconhecer que as quantidades que variam durante o movimento são a velocidade v_{xf}, posição x_f e tempo t. As outras – x_i v_{xi} e a_x – são os *parâmetros* do movimento e permanecem constantes.

TABELA 2.2 | **Equações cinemáticas para movimento de uma partícula sob aceleração constante**

Número da equação	Equação	Informação dada pela equação
2.10	$v_{xf} = v_{xi} + a_x t$	Velocidade como função do tempo
2.12	$x_f = x_i + \frac{1}{2}(v_{xf} + v_{xi})t$	Posição como função da velocidade e do tempo
2.13	$x_f = x_i + v_{xi}t + \frac{1}{2}a_x t^2$	Posição como função do tempo
2.14	$v_{xf}^2 = v_{xi}^2 + 2a_x(x_f - x_i)$	Velocidade como função da posição

Observação: O movimento se dá ao longo do eixo x. Em $t = 0$, a posição da partícula é x_i e sua velocidade é v_{xi}.

ESTRATÉGIA PARA RESOLUÇÃO DE PROBLEMAS: Partícula sob aceleração constante

O procedimento a seguir é recomendado para resolver problemas que envolvam um corpo sob aceleração constante. Conforme mencionado no Capítulo 1, as estratégias individuais como esta seguirão a linha da Estratégia para Resolução de Problemas Gerais do Capítulo 1, com sugestões específicas sobre a aplicação da estratégia geral para o material nos capítulos individuais:

1. **Conceitualização** Pense no que está ocorrendo fisicamente no problema. Estabeleça a representação mental.
2. **Categorização** Simplifique o problema o máximo possível. Certifique-se de que envolve ou uma partícula ou um corpo que possa ser modelado como uma partícula e que ele esteja em movimento sob aceleração constante. Construa uma representação pictórica adequada, como um diagrama de movimento ou uma representação gráfica. Certifique-se de que todas as unidades do problema são consistentes. Isto é, se as posições são medidas em metros, que as velocidades sejam em unidades m/s e acelerações tenham unidades m/s^2. Escolha um sistema de coordenadas a ser usado durante todo o problema.
3. **Análise** Defina a representação matemática. Escolha um instante para chamar de tempo "inicial" $t = 0$ e outro para o tempo "final" t. Deixe sua escolha ser guiada pelo que você sabe sobre a partícula e o que quer saber sobre ela. O instante inicial não precisa ser quando a partícula começa a se mover, e o instante final raramente será quando a partícula deixa de se mover. Identifique todas as quantidades indicadas no problema e elabore uma lista com aquelas que serão determinadas. A representação tabular dessas quantidades pode lhe ser útil. Selecione da lista das equações cinemáticas aquela(s) que lhe permitirá(ão) determinar as incógnitas. Resolva essas equações.
4. **Finalização** Uma vez que tiver determinado o resultado, verifique se suas respostas são coerentes com as representações pictóricas e mentais e se os resultados são realistas.

Exemplo 2.7 | Pouso em porta-aviões

Um jato pousa em um porta-aviões a uma velocidade de 140 mi/h ($\approx$ 63 m/s).

(A) Qual será sua aceleração (presumida constante) se ele parar em 2,0 s por causa do cabo de aço que prende o jato pelo gancho de retenção e faz que ele pare?

SOLUÇÃO

Conceitualização Você deve ter visto um jato pousando em um navio porta-aviões, em filmes ou na televisão, quando o jato para em um tempo muito curto porque um cabo de aço é usado para pará-lo. A leitura cuidadosa do problema revela que, além de a velocidade inicial ser de 63 m/s, a final é zero. Definimos nosso eixo x como a direção do movimento do jato. Note que não temos informação sobre a mudança de posição do jato enquanto ele está desacelerando.

Categorização Como assumimos que a aceleração do jato é constante, podemos modelá-lo como uma partícula sob aceleração constante.

Análise

A Equação 2.10 é a única na Tabela 2.2 que não envolve posição, então a usamos para encontrar a aceleração do jato, modelado como uma partícula:

$$a_x = \frac{v_{xf} - v_{xi}}{t} \approx \frac{0 - 63 \text{ m/s}}{2{,}0 \text{ s}}$$
$$= -32 \text{ m/s}^2$$

(B) Se o jato toca o solo em uma posição $x_i = 0$, qual é sua posição final?

SOLUÇÃO

Use a Equação 2.12 para encontrar a posição final: $x_f = x_i + \frac{1}{2}(v_{xi} + v_{xf})t = 0 + \frac{1}{2}(63 \text{ m/s} + 0)(2{,}0 \text{ s}) = 63 \text{ m}$

Finalização Dado o tamanho dos porta-aviões, um comprimento de 63 m parece razoável para parar o jato. A ideia de usar cabos de aço para reduzir a velocidade dos aviões e dar mais segurança ao pouso surgiu na época da Primeira Guerra Mundial. Os cabos ainda são parte vital na operação de porta-aviões modernos.

continua

2.7 *cont.*

E se? Suponha que o jato pouse no convés de um porta-aviões com velocidade maior que 63 m/s, mas tenha a mesma aceleração calculada na parte (A) por causa do uso do cabo. Como isso altera a resposta da parte (B)?

Resposta Se o jato está viajando mais rapidamente no começo, ele vai parar mais longe do ponto inicial, então a resposta da parte (B) deveria ser maior. Matematicamente, vemos na Equação 2.12 que se v_{xi} é maior, então x_f será maior.

Exemplo 2.8 | Cuidado com o limite de velocidade!

Um carro viajando com velocidade constante de 45,0 m/s passa por um policial rodoviário escondido atrás de uma placa. Um segundo depois de o carro passar pela placa, o policial sai atrás dele em sua motocicleta, acelerando com taxa constante de 3,00 m/s². Quanto tempo o policial leva para ultrapassar o carro?

SOLUÇÃO

Conceitualização Uma representação pictórica (Fig. 2.13) ajuda a esclarecer a sequência dos eventos.

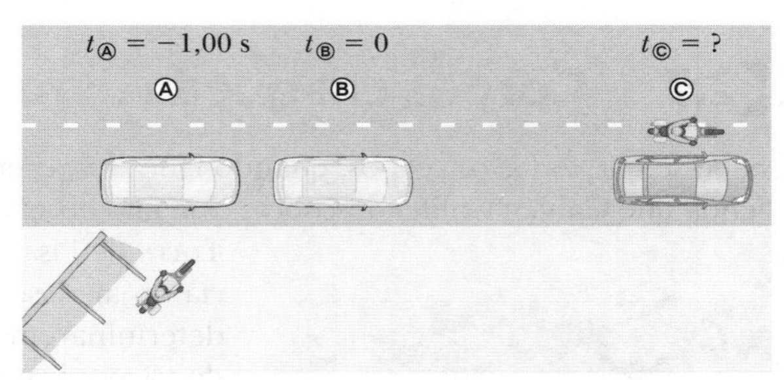

Figura 2.13 (Exemplo 2.8) Um carro acima do limite de velocidade passa por um policial escondido.

Categorização O carro é modelado como uma partícula sob velocidade constante, e o policial, como uma partícula sob aceleração constante.

Análise Primeiro, escrevemos as expressões para a posição de cada veículo como função do tempo. É conveniente escolher a posição da placa como o ponto inicial e estabelecer $t_{Ⓑ} = 0$ como o tempo que o policial leva para começar a se movimentar. Naquele instante, o carro já viajou uma distância de 45,0 m da placa porque se movimentou a uma velocidade constante de $v_x = 45{,}0$ m/s por 1 s. Então, a posição inicial do carro acima do limite de velocidade é $x_{Ⓑ} = 45{,}0$ m.

Usando o modelo de partícula sob velocidade constante, use a Equação 2.5 para obter a posição do carro em qualquer momento t:

$$x_{\text{carro}} = x_{Ⓑ} + v_{x\,\text{carro}}\,t$$

Uma verificação rápida mostra que, em $t = 0$, essa expressão dá a posição inicial correta do carro quando o policial começa a se movimentar: $x_{\text{carro}} = x_{Ⓑ} = 45{,}0$ m.

O policial sai do repouso em $t_{Ⓑ} = 0$ e acelera em $a_x = 3{,}00$ m/s² para longe do ponto inicial. Use a Equação 2.13 para obter sua posição a qualquer momento t:

$$x_f = x_i + v_{xi}t + \tfrac{1}{2}a_x t^2$$
$$x_{\text{policial}} = 0 + (0)t + \tfrac{1}{2}a_x t^2 = \tfrac{1}{2}a_x t^2$$

Estabeleça as posições do carro e do policial como iguais para representar o policial ultrapassando o carro na posição Ⓒ:

$$x_{\text{policial}} = x_{\text{carro}}$$
$$\tfrac{1}{2}a_x t^2 = x_{Ⓑ} + v_{x\,\text{carro}}\,t$$

Reorganize para obter uma equação quadrática:

$$\tfrac{1}{2}a_x t^2 - v_{x\,\text{carro}}\,t - x_{Ⓑ} = 0$$

Resolva a equação quadrática para o instante quando o policial alcança o carro (para ajudá-lo na resolução de equações quadráticas, ver Apêndice B.2.):

$$t = \frac{v_{x\,\text{carro}} \pm \sqrt{v_{x\,\text{carro}}^2 + 2a_x x_{Ⓑ}}}{a_x}$$

$$(1)\ t = \frac{v_{x\,\text{carro}}}{a_x} \pm \sqrt{\frac{v_{x\,\text{carro}}^2}{a_x^2} + \frac{2x_{Ⓑ}}{a_x}}$$

Avalie a solução escolhendo a raiz positiva, porque é a única escolha consistente com tempo $t > 0$:

$$t = \frac{45{,}0\text{ m/s}}{3{,}00\text{ m/s}^2} + \sqrt{\frac{(45{,}00\text{ m/s})^2}{(3{,}00\text{ m/s}^2)^2} + \frac{2(45{,}0\text{ m})}{3{,}00\text{ m/s}^2}} = \boxed{31{,}0\text{ s}}$$

continua

2.8 *cont.*

Finalização Por que não escolhemos $t = 0$ como o instante em que o carro passa pelo policial? Se tivéssemos escolhido, não poderíamos usar o modelo de partícula sob aceleração constante para o policial. A aceleração do policial seria zero para o primeiro segundo e depois 3,00 m/s^2 para o resto do tempo. Definindo o tempo $t = 0$ como o início do movimento do policial, podemos usar o modelo de partícula sob aceleração constante para sua movimentação em todos os tempos positivos.

E se? E se o policial tivesse uma motocicleta mais potente, com aceleração maior? Como isso mudaria o tempo necessário para o policial alcançar o carro?

Resposta Se a motocicleta tivesse maior aceleração, o policial deveria alcançar o carro antes, então a resposta para o tempo deveria ser menor que 31 s. Como todos os termos no lado direito da Equação (1) têm a aceleração a_x no denominador, vemos simbolicamente que uma aceleração maior vai reduzir o tempo necessário para o policial alcançar o carro.

2.7 | Corpos em queda livre

Sabe-se que todos os corpos, quando lançados, caem em direção à Terra com uma aceleração quase constante. Diz a lenda que Galileu Galilei descobriu esse fato observando que dois pesos diferentes abandonados simultaneamente da Torre de Pisa atingiram o chão aproximadamente ao mesmo tempo. (A resistência do ar desempenha um papel na queda de um corpo, mas, nesse momento, determinaremos o modelo de corpos que caem como se estivessem caindo através do vácuo; trata-se de um modelo simplificado.) Embora haja alguma dúvida de que essa experiência particular tenha sido efetivamente realizada, ficou demonstrado que Galileu realizou muitas experiências sistemáticas em corpos movendo-se em planos inclinados. Por meio de cuidadosas medições de distâncias e intervalos de tempo, ele foi capaz de mostrar que o deslocamento a partir da origem de um corpo saindo do repouso é proporcional ao quadrado do intervalo de tempo durante o qual o corpo está em movimento. Essa observação é consistente com uma das equações cinemáticas que derivamos para uma partícula sob aceleração constante (Eq. 2.13, com $v_{xi} = 0$). As realizações de Galileu na mecânica abriram o caminho para Newton, em sua elaboração das leis do movimento.

Galileu Galilei

Físico e astrônomo italiano (1564-1642)

Galileu formulou as leis que governam o movimento dos corpos em queda livre e fez muitas outras descobertas significativas em Física e Astronomia. Galileu defendeu publicamente a afirmação de Nicolau Copérnico de que o Sol está no centro do Universo (o sistema heliocêntrico). Publicou ***Diálogo sobre os dois principais sistemas do mundo***, em que apoia o modelo copernicano, um ponto de vista considerado herético pela Igreja Católica.

Prevenção de Armadilhas | 2.6

g e g

Cuidado para não confundir o símbolo em itálico *g* para aceleração em queda livre com o símbolo g usado como a abreviação da unidade grama.

Se uma moeda e um pedaço de papel amassado forem abandonados simultaneamente da mesma altura, haverá uma pequena diferença de tempo entre suas chegadas ao chão. No entanto, se essa mesma experiência pudesse ser conduzida em vácuo, em que o atrito do ar fosse verdadeiramente insignificante, o papel e a moeda cairiam com a mesma aceleração, independentemente da forma ou do peso do papel, mesmo que ainda fosse plano. No caso idealizado, em que a resistência do ar é ignorada, tal movimento é conhecido como *queda livre*. Esse ponto é ilustrado de forma muito convincente na Figura 2.14, que é a fotografia de uma maçã e de uma pena caindo no vácuo. Em 2 de agosto de 1971, tal experiência foi realizada na Lua pelo astronauta David Scott. Ele soltou simultaneamente um martelo de geólogo e uma pena de falcão, e ambos caíram emparelhados até a superfície lunar. Essa demonstração certamente teria agradado a Galileu!

Designaremos o valor da aceleração em queda livre com o símbolo g, representando o vetor de aceleração $\vec{g}$. Na superfície da Terra, g é aproximadamente 9,80 m/s^2, ou 980 cm/s^2, ou 32 pés/s^2. Salvo afirmação contrária, usaremos o valor 9,80 m/s^2 quando realizarmos cálculos. Além disso, supomos que o vetor $\vec{g}$ esteja direcionado para baixo, em direção ao centro da Terra.

Quando usamos a expressão *corpo em queda livre*, não nos referimos necessariamente a um corpo lançado do repouso. Um corpo lançado em queda livre

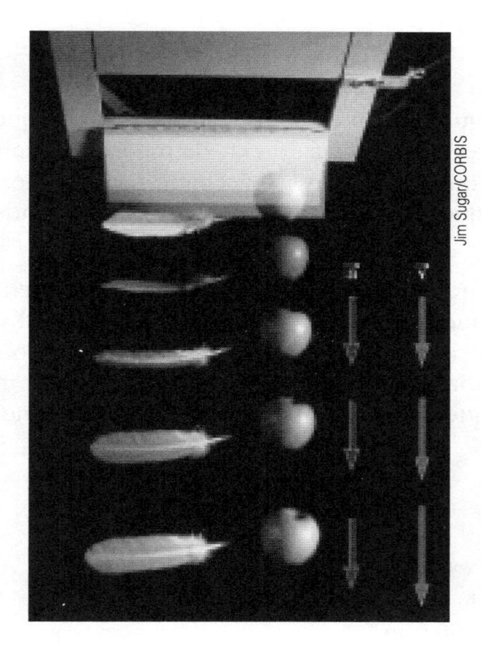

Figura Ativa 2.14 Uma maçã e uma pena, abandonadas a partir do repouso em uma câmara de vácuo, caem na mesma velocidade, independentemente de suas massas. Ignorando a resistência do ar, todos os corpos caem no chão com a mesma aceleração de módulo 9,80 m/s^2, como indicado pelas setas cinza-escuro nessa fotografia *multiflash*. A velocidade dos dois corpos aumenta linearmente com o tempo, como indicado pela série de setas da direita.

é aquele que se move livremente apenas sob a influência da gravidade, independentemente de seu movimento inicial. Portanto, os corpos lançados para cima ou para baixo e os lançados do repouso serão todos corpos em queda livre desde que sejam lançados! Como o valor de g *é* constante enquanto estivermos próximos à superfície da Terra, podemos modelar um corpo em queda livre como uma partícula sob aceleração constante.

Nos exemplos anteriores, as partículas foram submetidas à aceleração constante, tal como indicado no problema. Portanto, pode ter sido difícil entender a necessidade de construir modelos. Podemos agora começar a verificar essa necessidade, pois estamos *modelando* um corpo real em queda com um modelo de análise. Observe que estamos (1) ignorando a resistência do ar e (2) supondo que a aceleração de queda livre seja constante. Portanto, o modelo de uma partícula sob aceleração constante é um substituto para o problema real, que pode ser mais complicado. Se, no entanto, a resistência do ar e qualquer variação em g são pequenas, o modelo deve fazer previsões que se aproximem mais da situação real.

As equações desenvolvidas na seção 2.6 para o modelo de partícula sob aceleração constante podem ser aplicadas ao corpo em queda. A única modificação necessária que precisamos fazer nessas equações para corpos em queda livre é observar que o movimento está na direção vertical; assim, usaremos y em vez de x, e a aceleração está para baixo, em módulo 9,80 m/s^2. Portanto, para um corpo em queda livre, normalmente tomamos $a_y = -g = -9{,}80$ m/s^2, em que o sinal negativo indica que a aceleração do corpo é descendente. A escolha do negativo para o sentido descendente é arbitrária, mas comum.

Prevenção de Armadilhas | 2.7

Aceleração na altura máxima do movimento

Um mal-entendido comum é que a aceleração de um projétil no topo de sua trajetória é zero. Embora a velocidade na altura máxima do movimento de um corpo lançado para cima seja momentaneamente zero, *a aceleração ainda é causada pela gravidade* nesse ponto. Se tanto a velocidade quanto a aceleração fossem zero, o projétil ficaria em sua altura máxima.

Prevenção de Armadilhas | 2.8

O sinal g

Lembre-se que g é um *número positivo*. É tentador substituir –9,80 m/s^2 por g, mas resista à tentação. A aceleração gravitacional para baixo é indicada explicitamente pela afirmativa de que a aceleração é $a_y = -g$.

TESTE RÁPIDO 2.6 Uma bola é jogada para cima. Enquanto a bola está em queda livre, sua aceleração (**a**) aumenta, (**b**) diminui, (**c**) aumenta e depois diminui, (**d**) diminui e depois aumenta ou (**e**) permanece constante?

PENSANDO EM FÍSICA 2.2

Um paraquedista salta de um helicóptero pairando. Alguns segundos mais tarde, outro paraquedista salta, e ambos caem ao longo da mesma linha vertical. Despreze a resistência do ar, de modo que ambos os paraquedistas caiam com a mesma aceleração, e modele-os como partículas sob aceleração constante. A distância vertical que os separa permanece a mesma durante a queda? A diferença entre suas velocidades escalares permanece a mesma?

Raciocínio Em qualquer instante, as velocidades dos paraquedistas são definitivamente diferentes, porque um deles começou antes do outro. No entanto, em qualquer intervalo de tempo, cada paraquedista aumenta sua velocidade no mesmo valor, porque têm a mesma aceleração. Portanto, a diferença nas velocidades permanece a mesma. O primeiro paraquedista estará sempre se movendo com uma velocidade maior que o segundo. Em dado intervalo de tempo, o primeiro paraquedista terá um deslocamento maior que o segundo. Portanto, a distância de separação entre eles aumenta. ◀

Exemplo 2.9 | Um lance bom para um novato!

Uma pedra lançada do topo de um edifício tem velocidade inicial de 20,0 m/s para cima em linha reta. A pedra é lançada 50,0 m acima do solo e passa perto da ponta do telhado quando desce, conforme a Figura 2.15.

(A) Usando $t_{Ⓐ} = 0$ como o instante em que a pedra sai da mão do lançador na posição Ⓐ, determine o instante em que a pedra atinge sua altura máxima.

SOLUÇÃO

Conceitualização Você certamente tem experiência em deixar corpos caírem ou lançá-los ao ar e observá-los caindo. Então, este problema deve descrever uma experiência familiar. Para simular essa situação, jogue um corpo pequeno para cima e observe o intervalo de tempo necessário para que ele chegue ao chão. Agora, imagine jogar esse corpo para cima a partir do telhado de um edifício.

Veja que a velocidade inicial é positiva porque a pedra é lançada para cima. A velocidade mudará de sinal depois que a pedra atingir seu ponto mais alto, mas sua aceleração será sempre para baixo.

Categorização Como a pedra está em queda livre, ela é modelada como uma partícula sob aceleração constante por causa da gravidade.

Análise Escolha um ponto inicial logo depois que a pedra sair da mão da pessoa e um ponto final na altura máxima do seu trajeto.

Use a Equação 2.10 para calcular o instante em que a pedra atinge sua altura máxima:

$$v_{yf} = v_{yi} + a_y t \rightarrow t = \frac{v_{yf} - v_{yi}}{a_y}$$

Substitua os valores numéricos:

$$t = t_{Ⓑ} = \frac{0 - 20{,}0 \text{ m/s}}{-9{,}80 \text{ m/s}^2} = 2{,}04 \text{ s}$$

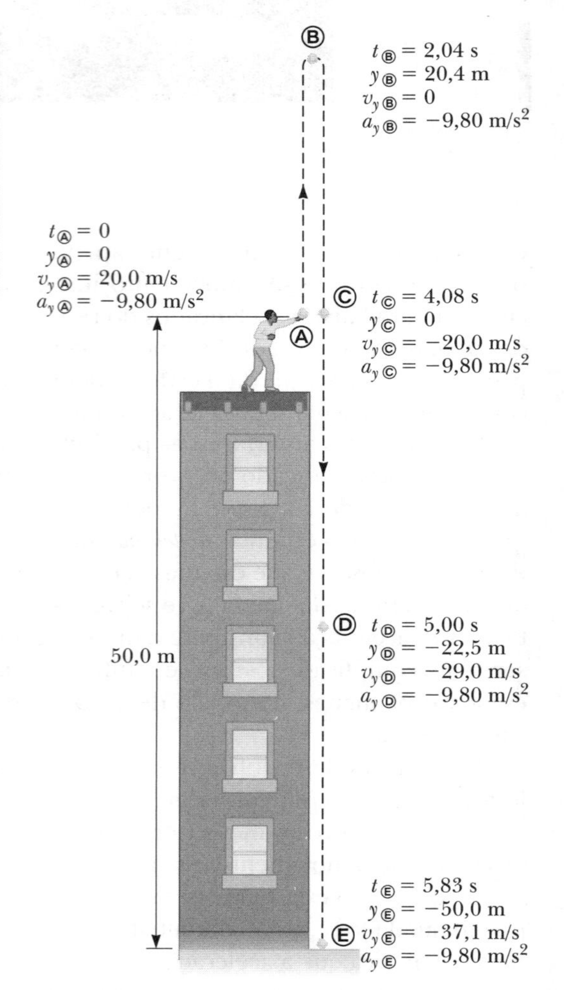

Figura 2.15 (Exemplo 2.9) Posição e velocidade *versus* tempo para uma pedra caindo livremente, lançada para cima com velocidade $v_{yi} = 20{,}0$ m/s. Muitos módulos físicos foram calculados ao longo de vários pontos da trajetória da partícula. Você pode calcular pontos que não os já mostrados?

(B) Encontre a altura máxima da pedra.

SOLUÇÃO

Como na parte (A), escolha os pontos inicial e final no começo e no final do trajeto para cima.

continua

2.9 *cont.*

Determine $y_{Ⓐ} = 0$ e substitua o tempo da parte (A) na Equação 2.13 para encontrar a altura máxima:

$$y_{\text{máx}} = y_{Ⓑ} = y_{Ⓐ} + v_{xⒶ}t + \frac{1}{2}a_y t^2$$
$$y_{Ⓑ} = 0 + (20{,}0 \text{ m/s})(2{,}04 \text{ s}) + \frac{1}{2}(-9{,}80 \text{ m/s}^2)(2{,}04 \text{ s})^2 = 20{,}4 \text{ m}$$

(C) Determine a velocidade da pedra quando ela retorna à altura de onde foi lançada.

SOLUÇÃO

Escolha o ponto inicial de onde a pedra é lançada e o ponto final quando ela passa por essa mesma posição ao descer.

Substitua valores conhecidos na Equação 2.14:

$$v_{yⒸ}^2 = v_{yⒶ}^2 + 2a_y(y_{Ⓒ} - y_{Ⓐ})$$
$$v_{yⒸ}^2 = (20{,}0 \text{ m/s})^2 + 2(-9{,}80 \text{ m/s}^2)(0 - 0) = 400 \text{ m}^2/\text{s}^2$$
$$v_{yⒸ} = -20{,}0 \text{ m/s}$$

Quando consideramos a raiz quadrada, podemos escolher uma raiz positiva ou negativa. Escolhemos a negativa porque sabemos que a pedra está se movendo para baixo no ponto Ⓒ. A velocidade da pedra, quando ela retorna à sua altura original, é igual à sua velocidade inicial em módulo, mas tem direção oposta.

(D) Calcule a velocidade e posição da pedra em $t = 5{,}00$ s.

SOLUÇÃO

Escolha o ponto inicial logo depois do lançamento e o ponto final 5,00 s depois.

Calcule a velocidade em Ⓓ com a Equação 2.10:

$$v_{yⒹ} = v_{yⒶ} + a_y t = 20{,}0 \text{ m/s} + (-9{,}80 \text{ m/s}^2)(5{,}00 \text{ s}) = -29{,}0 \text{ m/s}$$

Use a Equação 2.13 para calcular a posição da pedra em $t_{Ⓓ} = 5{,}00$ s:

$$y_{Ⓓ} = y_{Ⓐ} + v_{yⒶ}t + \frac{1}{2}a_y t^2$$
$$= 0 + (20{,}0 \text{ m/s})(5{,}00 \text{ s}) + \frac{1}{2}(-9{,}80 \text{ m/s}^2)(5{,}00 \text{ s})^2$$
$$= -22{,}5 \text{ m}$$

Finalização A escolha do tempo definido como $t = 0$ é arbitrária. Como um exemplo dessa arbitrariedade, escolha $t = 0$ como o tempo no qual a pedra está no ponto mais alto do seu movimento. Resolva as partes (C) e (D) novamente usando esse novo instante inicial e note que suas respostas são as mesmas das respostas acima.

E se? E se o lançamento fosse de 30,0 m acima do chão, em vez de 50,0 m? Quais respostas das partes (A) a (D) mudariam?

Resposta Nenhuma das respostas mudaria. Todo o movimento acontece no ar durante os primeiros 5,00 s. (Note que, mesmo para um lançamento de 30,0 m, a pedra está acima do chão em $t = 5{,}00$ s.) Portanto, a altura do lançamento não é relevante. Matematicamente, se verificarmos nossos cálculos, veremos que não usamos a altura do lançamento em nenhuma das equações.

2.8 | Conteúdo em contexto: aceleração exigida por consumidores

Temos agora nossa primeira oportunidade de abordar um Contexto em uma seção de encerramento, como faremos em cada capítulo restante. Nosso Contexto atual é *Veículos movidos a combustível alternativo*, e nossa questão central é: *Que fonte, além da gasolina, pode ser usada para fornecer energia a um automóvel, reduzindo as emissões prejudiciais ao ambiente?*

Os consumidores têm conduzido veículos a gasolina por décadas e se acostumaram a uma determinada faixa de aceleração. Além disso, as características das estradas, tais como os comprimentos de rampas de acesso em rodovias, foram projetadas com a expectativa de uma aceleração mínima necessária para um veículo juntar-se ao tráfego existente. Essas experiências levantam a questão sobre qual tipo de aceleração o consumidor atual esperaria de um veículo movido a combustível alternativo que poderia substituir um veículo movido a gasolina. Por sua vez, os desenvolvedores de veículos movidos a combustíveis alternativos devem se esforçar para alcançar tal aceleração a fim de satisfazer as expectativas dos consumidores e gerar uma demanda para o novo veículo.

Se considerarmos intervalos publicados para acelerações de 0 a 60 km/h para certo número de modelos de automóveis, encontraremos os dados apresentados na terceira coluna da Tabela 2.3. A aceleração média de cada veículo é calculada com estes dados utilizando a Equação 2.7. Na parte superior dessa tabela cuja aceleração seja acima de 20 mi/(h · s) estão os muito caros. A maior aceleração é de 23,1 mi/(h · s) para o Bugatti Veyron 16.4 Super Sport com custos de mais de 2 milhões de dólares. Com aceleração ligeiramente inferior está o Shelby SuperCars Ultimate pela bagatela de US$ 654.000. Os veículos norte-americanos com preço entre 44 mil dólares e 102 mil dólares mostram uma aceleração média de 14,1 mi/(h · s) em comparação com 19,1 mi/(h · s) para os veículos muito caros. Para os motoristas menos abastados, as acelerações na terceira seção da tabela (veículos tradicionais) com um valor médio de 6,9 mi/(h · s). Estes valores são típicos de veículos movidos a gasolina e dirigidos a consumidores que desejam um padrão aproximado de aceleração de um veículo de combustível alternativo.

Na parte inferior da Tabela 2.3, vemos dados para cinco veículos alternativos. A aceleração média deles é de 6,2 mi/(h · s) (ou 9,98 km/(h · s)), cerca de 90% do valor médio dos veículos tradicionais. Essa aceleração é suficientemente grande para satisfazer a demanda do consumidor por um carro com partida "imediata e veloz". A Figura 2.16 é um gráfico do custo dos veículos da Tabela 2.3 *versus* aceleração, que mostra claramente o custo exorbitante dos veículos com acelerações maiores que 20 mi/(h · s) (32,18 km/(h · s)).

Honda CR-Z, Honda Insight e Toyota Prius são *veículos híbridos,* que discutiremos mais adiante na Conclusão do Contexto. Esses veículos combinam um motor a gasolina e outro elétrico, ambos tracionando diretamente as rodas. As acelerações para esses veículos estão entre as mais baixas da tabela. A desvantagem da baixa aceleração é compensada por outros fatores. Esses veículos têm grande autonomia, emissões muito baixas e não necessitam de recarga, como um veículo elétrico puro.

TABELA 2.3 | Acelerações de vários veículos, 0-60 mph

Automóveis	Modelo Ano	Intervalo de tempo, 0 a 60 mi/h (s)	Aceleração média mi/(h · s)	Preço (US$)
Veículos muito caros:				
Bugatti Veyron 16.4 Super Sport	2011	2,60	23,1	2.300.000
Lamborghini LP 570-4 Superleggera	2011	3,40	17,6	240.000
Lexus LFA	2011	3,80	15,8	375.000
Mercedes-Benz SLS AMG	2011	3,60	16,7	186.000
Shelby SuperCars Ultimate Aero	2009	2,70	22,2	654.000
Média		**3,22**	**19,1**	**751.000**
Veículos de alta performance:				
Chevrolet Corvette ZR1	2010	3,30	18,2	102.000
Dodge Viper SRT10	2010	4,00	15,0	91.000
Jaguar XJL Supercharged	2011	4,40	13,6	90.500
Acura TL SH-AWD	2009	5,20	11,5	44.000
Dodge Challenger SRT8	2010	4,90	12,2	45.000
Média		**4,36**	**14,1**	**74.500**
Veículos tradicionais:				
Buick Regal CXL Turbo	2011	7,50	8,0	30.000
Chevrolet Tahoe 1500 LS (SUV)	2011	8,60	7,0	40.000
Ford Fiesta SES	2010	9,70	6,2	14.000
Hummer H3 (SUV)	2010	8,00	7,5	34.000
Hyundai Sonata SE	2010	7,50	8,0	25.000
Smart ForTwo	2010	13,30	4,5	16.000
Média		**9,10**	**6,9**	**26.500**
Veículos alternativos:				
Chevrolet Volt (híbrido)	2011	8,00	7,5	41.000
Nissan Leaf (elétrico)	2011	10,00	6,0	34.000
Honda CR-Z (híbrido)	2011	10,50	5,7	25.000
Honda Insight (híbrido)	2010	10,60	5,7	21.000
Toyota Prius (híbrido)	2010	9,80	6,1	24.000
Média		**9,78**	**6,2**	**29.000**

Observação: Os dados apresentados nesta tabela, bem como em tabelas semelhantes nos Capítulos 3 a 6, foram obtidos de fontes *on-line*, tais como relatórios de teste de estrada e *sites* de fabricantes de automóveis. Outros dados, tais como as acelerações nesta tabela, foram calculados com os dados brutos.

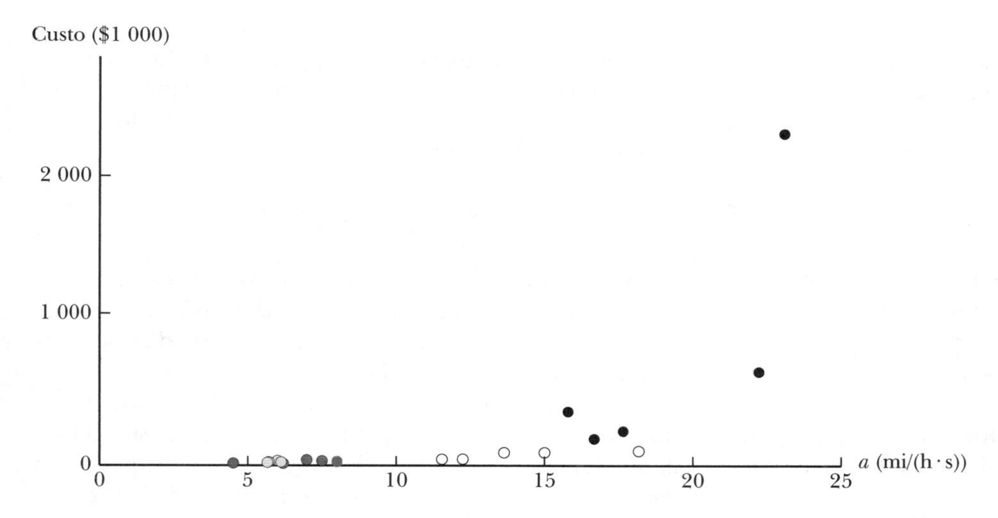

Figura 2.16 Custo para obter uma certa aceleração para veículos alternativos (em cinza-claro), veículos tradicionais (em cinza-escuro), veículos de alto desempenho (em branco) e veículos muito caros (em preto).

O Chevrolet Volt e o Nissan Leaf são veículos movidos apenas por motores elétricos. O Leaf é um veículo elétrico puro: tem apenas baterias como fonte de energia. Uma vez que as baterias se esgotam, o veículo fica inoperante, dando-lhe uma autonomia de 73 milhas (EUA EPA) entre as cargas. O Volt é um híbrido de série (ver Conclusão do Contexto para uma discussão sobre os tipos de veículos híbridos), tem um motor a gasolina, mas o motor não traciona diretamente as rodas em velocidades normais. O motor funciona como um gerador, carregando a bateria e permitindo que o veículo viaje cerca de 35 milhas somente com eletricidade e mais de 350 milhas entre recargas.

Em comparação com os veículos na Tabela 2.3, considere a aceleração de um "veículo de alta *performance*" ainda mais alto, típico de corridas de arrancada, como mostrado na Figura 2.17.

Figura 2.17 Em corridas de arrancada, a aceleração é uma grandeza muito cobiçada. Em uma distância de 1/4 de milha, velocidades superiores a 320 mi/h são alcançadas, com distância total coberta em menos de 5 s.

Dados típicos mostram que tal veículo cobre uma distância de 0,25 mi em 5,0 s, partindo do repouso. Podemos encontrar a aceleração com a Equação 2.13:

$$x_f = x_i + v_i t + \tfrac{1}{2} a_x t^2 = 0 + 0(t) + \tfrac{1}{2}(a_x)(t)^2 \rightarrow a_x = \frac{2x_f}{t^2}$$

$$a_x = \frac{2(0{,}25\text{ mi})}{(5{,}0\text{ s})^2} = 0{,}020\text{ mi/s}^2\left(\frac{3\,600\text{ s}}{1\text{ h}}\right) = 72\text{ mi/(h}\cdot\text{s)}$$

Esse valor é muito maior que qualquer aceleração na tabela, como seria de esperar.
Podemos mostrar que a aceleração da gravidade tem o seguinte valor em unidades de mi/(h · s):

$$g = 9{,}80\text{ m/s}^2 = 21{,}9\text{ mi/(h}\cdot\text{s)}$$

Portanto, o piloto de corridas de arrancada está se movendo horizontalmente com 3,3 vezes mais aceleração do que se moveria verticalmente se fosse empurrado de um penhasco! (Naturalmente, a aceleração horizontal só pode ser mantida durante um intervalo de tempo muito curto.)

Ao investigarmos o movimento bidimensional no próximo capítulo, consideraremos um tipo diferente de aceleração para veículos, associada com o veículo rodando em círculos acentuados em alta velocidade.

RESUMO

A **velocidade escalar média** de uma partícula durante um intervalo de tempo é igual à razão entre a distância d percorrida pelas partículas e o intervalo de tempo Δt:

$$v_{\text{méd}} \equiv \frac{d}{\Delta t} \qquad \textbf{2.1}$$

A **velocidade vetorial média** de uma partícula que se move em uma dimensão durante um intervalo de tempo é igual à relação entre o deslocamento Δx e o intervalo de tempo Δt:

$$v_{x,\text{méd}} \equiv \frac{\Delta x}{\Delta t} \qquad \textbf{2.2} \blacktriangleleft$$

A **velocidade instantânea** é definida como o limite da razão $\Delta x/\Delta t$ conforme Δt se aproxima de zero:

$$v_x \equiv \lim_{\Delta t \to 0} \frac{\Delta x}{\Delta t} = \frac{dx}{dt} \qquad \textbf{2.3} \blacktriangleleft$$

A **velocidade escalar instantânea** de uma partícula é definida como o módulo de seu vetor velocidade instantânea.

A **aceleração média** de uma partícula movendo-se em uma dimensão durante um intervalo de tempo é definida como a razão entre a variação em sua velocidade Δv_x e o intervalo de tempo Δt:

$$a_{x,\text{méd}} \equiv \frac{\Delta v_x}{\Delta t} \qquad \textbf{2.7} \blacktriangleleft$$

A **aceleração instantânea** é igual ao limite da razão $\Delta v_x/\Delta t$ conforme $\Delta t \to 0$. Por definição, esse limite é igual à derivada de v_x com relação a t ou à taxa de variação instantânea da velocidade:

$$a_x \equiv \lim_{\Delta t \to 0} \frac{\Delta v_x}{\Delta t} = \frac{dv_x}{dt} \qquad \textbf{2.8} \blacktriangleleft$$

A inclinação da tangente à curva x *versus* t em qualquer instante dá a velocidade instantânea da partícula.

A inclinação da tangente à curva v *versus* t dá a aceleração instantânea da partícula.

Um corpo caindo livremente experimenta aceleração direcionada para o centro da Terra. Se a resistência do ar for ignorada e a altura do movimento é pequena em comparação com o raio da Terra, pode-se assumir que o módulo da aceleração de queda livre g é constante em toda a amplitude do movimento, em que g é igual a 9,80 m/s^2, ou 32 pés/s^2. Assumindo que y seja positivo para cima, a aceleração é dada por $-g$, e as equações cinemáticas para um corpo em queda livre são as mesmas já fornecidas, com as substituições $x \to y$ e $a_y \to -g$.

Modelo de análise para resolução de problemas

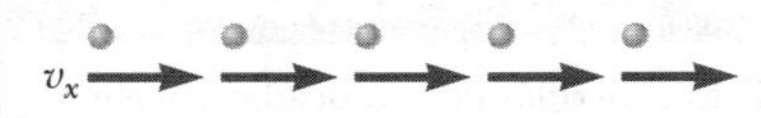

Partícula sob velocidade constante. Se uma partícula se move em linha reta com velocidade constante v_x, sua velocidade constante é dada por

$$v_x = \frac{\Delta x}{\Delta t} \qquad \textbf{2.4} \blacktriangleleft$$

e sua posição é dada por

$$x_f = x_i + v_x t \qquad \textbf{2.5} \blacktriangleleft$$

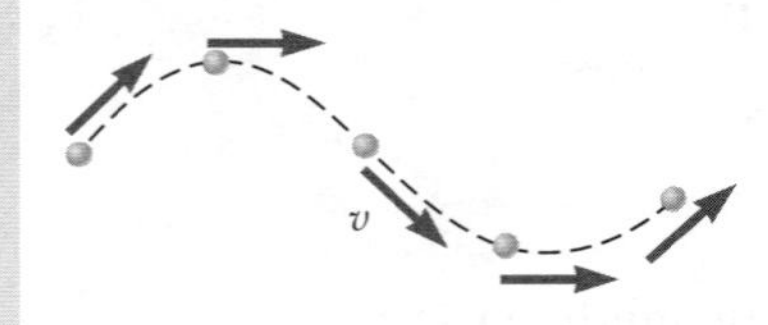

Partícula sob velocidade escalar constante. Se uma partícula se movimenta por uma distância d ao longo de uma trajetória curva ou reta com velocidade escalar constante, a mesma é dada por

$$v = \frac{d}{\Delta t} \qquad \textbf{2.6} \blacktriangleleft$$

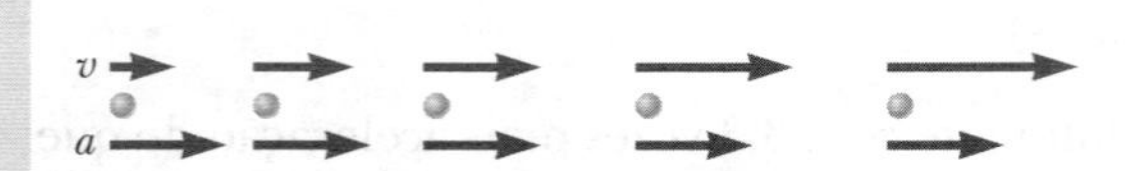

Partícula sob aceleração constante. Se uma partícula se movimenta em linha reta com aceleração constante a_x, seu movimento é descrito pelas equações cinemáticas:

$$v_{xf} = v_{xi} + a_x t \qquad \textbf{2.10} \blacktriangleleft$$

$$v_{x,\text{ méd}} = \frac{v_{xi} + v_{xf}}{2} \qquad \textbf{2.11} \blacktriangleleft$$

$$x_f = x_i + \tfrac{1}{2}(v_{xi} + v_{xf})t \qquad \textbf{2.12} \blacktriangleleft$$

$$x_f = x_i + v_{xi}t + \tfrac{1}{2}a_x t^2 \qquad \textbf{2.13} \blacktriangleleft$$

$$v_{xf}{}^2 = v_{xf}{}^2 + 2a_x(x_f - x_i)\,; \qquad \textbf{2.14} \blacktriangleleft$$

PERGUNTAS OBJETIVAS

1. Uma gota de óleo cai diretamente para baixo a partir do motor de um carro em movimento na estrada a cada 5 s. A Figura PO2.1 mostra o padrão das gotas deixado no asfalto. Qual é a velocidade escalar média do carro nesta seção do seu movimento? (a) 20 m/s (b) 24 m/s (c) 30 m/s (d) 100 m/s (e) 120 m/s.

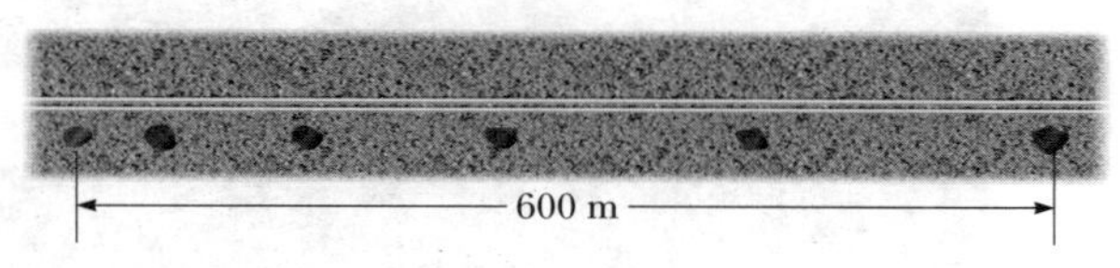

Figura PO2.1

2. Uma flecha é atirada diretamente para cima com velocidade inicial de 15,0 m/s. Depois de quanto tempo a flecha se move para baixo com velocidade de 8,00 m/s? (a) 0,714 s (b) 1,24 s (c) 1,87 s (d) 2,35 s (e) 3,22s.

3. Um malabarista joga um pino de boliche diretamente para cima no ar. Depois que o pino sai de sua mão, e enquanto ele está no ar, qual afirmação é verdadeira? (a) A velocidade do pino é sempre na mesma direção que sua aceleração. (b) A velocidade do pino nunca é na mesma direção que sua aceleração. (c) A aceleração do pino é zero. (d) A velocidade do pino é oposta à sua aceleração na subida. (e) A velocidade do pino está na mesma direção que sua aceleração na subida.

4. Quando aplicamos as equações cinemáticas para um corpo movimentando-se em uma dimensão, qual das afirmações a seguir *deve* ser verdadeira? (a) A velocidade do corpo tem de permanecer constante. (b) A aceleração do corpo tem de permanecer constante. (c) A velocidade do corpo tem de aumentar com o tempo. (d) A posição do corpo tem de aumentar com o tempo. (e) A velocidade do corpo sempre tem de ser na mesma direção que sua aceleração.

5. Conforme um corpo se move ao longo do eixo x, várias medições da sua posição são realizadas, o suficiente para gerar um gráfico suave e preciso de x *versus* t. Qual das seguintes quantidades para o corpo *não pode* ser obtida *somente* do gráfico? (a) a velocidade em qualquer instante (b) a aceleração em qualquer instante (c) o deslocamento durante um intervalo de tempo (d) a velocidade média durante algum intervalo de tempo (e) a velocidade escalar em qualquer instante.

6. Uma bola é lançada diretamente para cima no ar. Para qual situação tanto a velocidade instantânea quanto a aceleração são zero? (a) subindo (b) na altura máxima da subida (c) descendo (d) no meio do caminho para cima e para baixo (e) nenhuma das alternativas.

7. Um estudante, no topo de um edifício de altura h, lança uma bola para cima com velocidade v_i e depois joga uma segunda bola para baixo com a mesma velocidade inicial v_i. Um pouco antes de atingir o chão, a velocidade final da bola lançada para cima é (a) maior, (b) menor, ou (c) a mesma em intensidade se comparada à velocidade final da bola lançada para baixo?

8. Você solta uma bola de uma janela do andar superior de um edifício. Ela atinge o chão com velocidade v. Agora você repete o lançamento, mas seu amigo no chão joga outra bola para cima com a mesma velocidade v, soltando a bola dele no mesmo momento em que você solta a sua da janela. Em algum local, as bolas passam uma pela outra. Esse local é (a) no meio do caminho entre a janela e o chão, (b) *acima* desse ponto ou (c) *abaixo* desse ponto?

9. Quando o piloto inverte o propulsor de um barco se movendo para o norte, o barco se movimenta com aceleração dirigida ao sul. Suponha que a aceleração do barco permaneça constante em módulo e direção. O que acontece com o barco? (a) Eventualmente para e permanece parado. (b) Eventualmente para e depois vai mais rápido para a frente. (c) Eventualmente para e depois vai mais rápido na direção contrária. (d) Não para, mas perde velocidade cada vez mais lentamente para sempre. (e) Não para nunca e continua indo mais rápido, em frente.

10. Uma pedra é lançada para baixo do topo de uma torre de 40,0 m de altura com velocidade inicial de 12 m/s. Supondo que a resistência do ar seja desprezível, qual será a velocidade da pedra antes de tocar o chão? (a) 28 m/s (b) 30 m/s (c) 56 m/s (d) 784 m/s (e) São necessárias mais informações.

11. Um skatista começa do repouso e se move morro abaixo com aceleração constante em linha reta, movendo-se por 6 s. Em uma segunda tentativa, ele começa do repouso e se move ao longo da mesma linha reta com a mesma aceleração por apenas 2 s. Como o deslocamento do ponto inicial na segunda tentativa se compara com o da primeira? (a) um terço do tamanho (b) três vezes maior (c) um nono do tamanho (d) nove vezes maior (e) $1/\sqrt{3}$ vezes maior.

12. Um pedregulho é lançado do repouso do topo de um penhasco e cai 4,9 m após 1,0 s. Quanto mais vai cair nos próximos 2,0 s? (a) 9,8 m (b) 19,6 m (c) 39 m (d) 44 m (e) nenhuma das alternativas.

13. Uma bola de borracha dura, que não é afetada pela resistência do ar em seu movimento, é jogada para cima a partir da altura dos ombros, cai na calçada, ricocheteia para uma altura máxima menor e é pega quando está descendo novamente. Esse movimento é representado na Figura PO2.13, na qual as posições sucessivas da bola de Ⓐ a Ⓔ não têm o mesmo espaçamento no tempo. No ponto Ⓓ, o centro da bola está no ponto mais baixo do seu movimento. O movimento da bola se dá ao longo de uma linha reta vertical, mas o diagrama mostra posições sucessivas para a direita para evitar sobreposicionamento. Escolha a direção y positiva como sendo para cima. (a) Classifique as situações Ⓐ a Ⓔ de acordo com a velocidade da bola $|v_y|$ em cada ponto, com a velocidade maior primeiro. (b) Classifique as mesmas situações de acordo com a aceleração a_y da bola em cada ponto. (Nas duas classificações, lembre-se de que zero é maior que um valor negativo. Se dois valores forem iguais, mostre isso em sua classificação.)

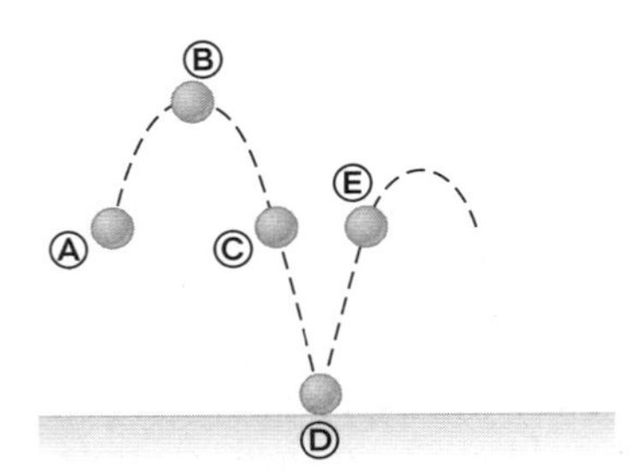

Figura PO2.13

14. Cada uma das fotografias estroboscópicas (a), (b) e (c) na Figura PO2.14 foi tirada de um único disco movimentando-se para a direita, que consideramos como o sentido positivo. Para cada fotografia, o intervalo de tempo entre imagens é constante. (i) Qual fotografia mostra movimento com aceleração zero? (ii) Qual fotografia mostra movimento com aceleração positiva? (iii) Qual fotografia mostra movimento com aceleração negativa?

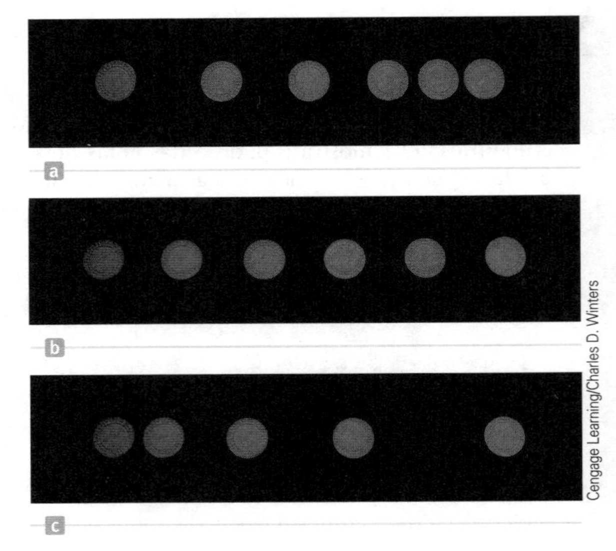

Figura PO2.14

PERGUNTAS CONCEITUAIS

1. (a) As equações cinemáticas (Eqs. 2.10-2.14) podem ser usadas em uma situação em que a aceleração varia no tempo? (b) Elas podem ser usadas quando a aceleração for zero?

2. Faça a seguinte experiência longe do trânsito, onde será mais seguro. Com o carro que está dirigindo movendo-se lentamente em uma estrada reta, coloque a transmissão no neutro e deixe o carro descer a ladeira. No instante em que o carro parar completamente, pise fundo no freio e observe o que você sente. Agora repita a experiência em uma inclinação suave para cima. Explique a diferença que uma pessoa no carro sente em cada um dos casos. (Brian Popp deu a ideia para esta pergunta.)

3. Se um carro está indo para o leste, sua aceleração pode ser para o oeste? Explique.

4. Você lança uma bola verticalmente para cima de modo que ela sai do chão com a velocidade de +5,00 m/s. (a) Qual é a velocidade da bola quando atinge sua altura máxima? (b) Qual é a sua aceleração nesse ponto? (c) Qual é a velocidade com a qual ela retorna para o nível do chão? (d) Qual é sua aceleração nesse ponto?

5. Se a velocidade média de um corpo for zero em algum intervalo de tempo, o que pode ser dito sobre o seu deslocamento para aquele intervalo?

6. Se a velocidade de uma partícula for zero, a aceleração da partícula poderá ser zero? Explique.

7. Se a velocidade de uma partícula é diferente de zero, a aceleração da partícula pode ser zero? Explique.

8. (a) A velocidade de um corpo em um instante de tempo pode ser maior em módulo que a velocidade média durante um intervalo de tempo contendo esse instante? (b) A velocidade pode ser menor?

9. Dois carros se movem na mesma direção em pistas paralelas em uma rodovia. Em algum instante, a velocidade do carro A excede a velocidade do B. Isso significa que a aceleração do carro A é maior que a do B? Explique.

PROBLEMAS

Seção 2.1 Velocidade média

1. **W** A posição *versus* tempo para determinada partícula movendo-se ao longo do eixo x é mostrada na Figura P2.1.

ENHANCED WebAssign Os problemas que se encontram neste capítulo podem ser resolvidos *on-line* no Enhanced WebAssign (em inglês).

- **1.** denota problema direto;
- 2. denota problema intermediário;
- 3. denota problema desafiador;
- **1.** denota problemas mais frequentemente resolvidos no Enhanced WebAssign;
- **BIO** denota problema biomédico;
- **PD** denota problema dirigido;
- **M** denota tutorial Master It disponível no Enhanced WebAssign;
- **Q|C** denota problema que pede raciocínio quantitativo e conceitual;
- **S** denota problema de raciocínio simbólico;
- sombreado denota "problemas emparelhados" que desenvolvem raciocínio com símbolos e valores numéricos;
- **W** denota solução no vídeo Watch It disponível no Enhanced WebAssign.

Encontre a velocidade média nos intervalos de tempo (a) 0 a 2 s, (b) 0 a 4 s, (c) 2 s a 4 s, (d) 4 s a 7 s e (e) 0 a 8 s.

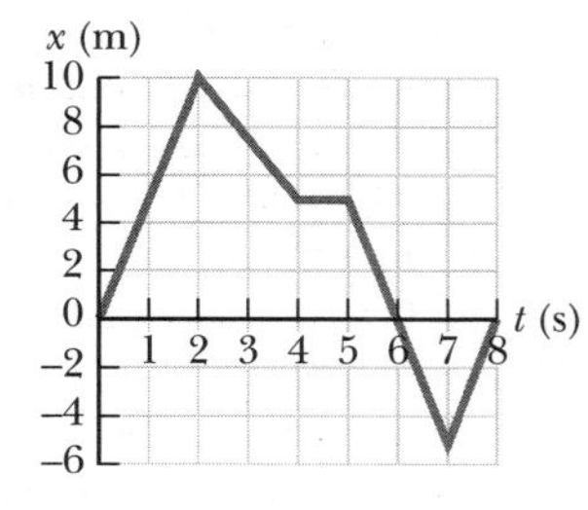

Figura P2.1 (Problemas 1 e 7)

2. **W** Uma partícula movimenta-se de acordo com a equação $x = 10t^2$, em que x está em metros e t em segundos. (a) Encontre a velocidade média para o intervalo de tempo de 2,00 s a 3,00 s. (b) Encontre a velocidade média para o intervalo de tempo de 2,00 a 2,10 s.

3. A posição de um carrinho foi observada em vários momentos, cujos resultados são resumidos na tabela a seguir. Encontre a velocidade média do carro para (a) o primeiro segundo, (b) os últimos 3 segundos e (c) o período total de observação.

t (s)	0	1,0	2,0	3,0	4,0	5,0
x (m)	0	2,3	9,2	20,7	36,8	57,5

4. **M** Uma pessoa caminha a uma velocidade constante de 5,00 m/s ao longo de uma linha reta do ponto Ⓐ ao ponto Ⓑ, e depois volta ao longo da linha de Ⓑ para Ⓐ com velocidade constante de 3,00 m/s. (a) Qual é a velocidade escalar média da pessoa por todo o trajeto? (b) Qual é a velocidade média dela por todo o trajeto?

Seção 2.2 Velocidade instantânea

5. Um gráfico posição-tempo para uma partícula movendo-se ao longo do eixo x é mostrado na Figura P2.5. (a) Encontre a velocidade média no intervalo de tempo $t = 1,50$ s a $t = 4,00$ s. (b) Determine a velocidade instantânea em $t = 2,00$ s medindo a inclinação da linha tangente mostrada no gráfico. (c) Em qual valor de t a velocidade é zero?

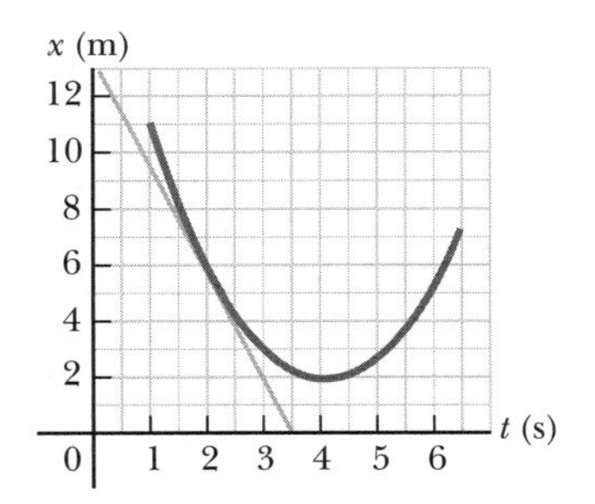

Figura P2.5

6. (a) Use os dados do Problema 2.3 para construir um gráfico suave da posição *versus* tempo. (b) Ao construir tangentes à curva $x(t)$, encontre a velocidade instantânea do carro em vários instantes. (c) Trace a velocidade instantânea *versus* tempo e, com base nessas informações, determine a aceleração média do carro. (d) Qual foi a velocidade inicial do carro?

7. **W** Encontre a velocidade instantânea da partícula descrita na Figura P2.1 nos seguintes instantes: (a) $t = 1,0$ s, (b) $t = 3,0$ s, (c) $t = 4,5$ s e (d) $t = 7,5$ s.

8. A posição de uma partícula movendo-se ao longo do eixo x varia no tempo de acordo com a expressão $x = 3\ t^2$, em que x está em metros e t em segundos. Avalie sua posição (a) em $t = 3,00$ s e (b) em 3,00 s $+ \Delta t$. (c) Avalie o limite de $\Delta x/\Delta t$ conforme Δt se aproxima de zero para encontrar a velocidade em $t = 3,00$ s.

Seção 2.3 Modelo de análise: partícula sob velocidade constante

9. Uma lebre e uma tartaruga competem em uma corrida em linha reta por 1,00 km. A tartaruga se movimenta com velocidade de 0,200 m/s em direção à linha de chegada. A lebre corre com velocidade de 8,00 m/s em direção à linha de chegada por 0,800 km e depois para a fim de provocar a tartaruga enquanto passa por ela. A lebre espera um pouco após a passagem da tartaruga e depois corre para a linha de chegada a 8,00 m/s. Tanto a lebre quanto a tartaruga cruzam a linha de chegada exatamente no mesmo instante. Suponha que os dois animais se movimentem num ritmo constante em suas respectivas velocidades. (a) Qual é a distância da tartaruga para a linha de chegada quando a lebre volta a correr? (b) Por quanto tempo a lebre ficou parada?

Seção 2.4 Aceleração

10. **W** Uma superbola de 50,0 g, viajando a 25,0 m/s, bate em um muro de tijolos e ricocheteia a 22,0 m/s. Uma câmera de alta velocidade registra esse evento. Se a bola está em contato com a parede por 3,50 m/s, qual é a intensidade da sua aceleração média durante esse intervalo de tempo?

11. **M** Uma partícula se move ao longo do eixo x de acordo com a equação $x = 2,00 + 3,00\ t - 1,00\ t^2$, em que x está em metros e t em segundos. Em $t = 3,00$ s, encontre (a) a posição da partícula, (b) sua velocidade e (c) sua aceleração.

12. Um estudante pilota uma pequena motocicleta ao longo de uma estrada reta como descrito no gráfico de velocidade *versus* tempo na Figura P2.12. Esboce esse gráfico em uma folha de papel de gráfico. (a) Diretamente acima do seu gráfico, faça outro de posição *versus* tempo, alinhando as coordenadas de tempo dos dois gráficos. (b) Esboce um gráfico de aceleração *versus* tempo diretamente abaixo do gráfico de velocidade *versus* tempo, também alinhando as coordenadas de tempo. Em cada gráfico, mostre os valores numéricos de x e a_x para todos os pontos de inflexão. (c) Qual é a aceleração em $t = 6,00$ s? (d) Encontre a posição (em relação ao ponto de partida) em $t = 6,00$ s. (e) Qual é a posição final da motocicleta em $t = 9,00$ s?

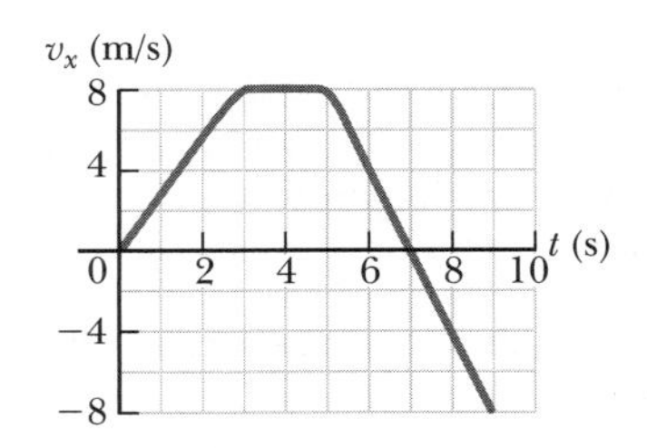

Figura P2.12

13. **W** Uma partícula começa do repouso e acelera como demonstrado na Figura P2.13. Determine (a) a velocida-

de da partícula em $t = 10{,}0$ s e em $t = 20{,}0$ s, e (b) a distância percorrida nos primeiros 20,0 s.

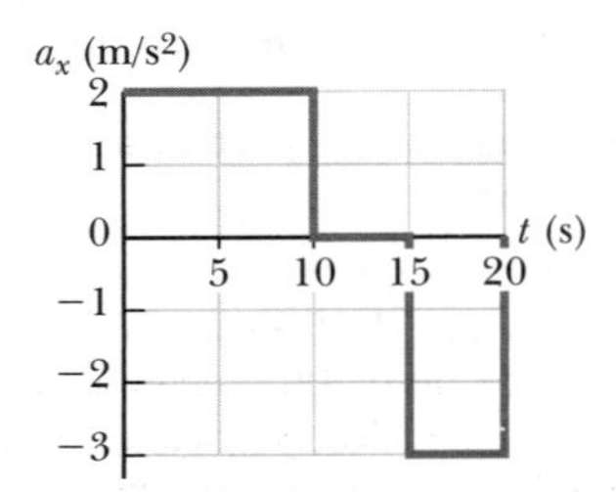

Figura P2.13

14. Um corpo se move ao longo do eixo x de acordo com a equação $x = 3{,}00t^2 - 2{,}00t + 3{,}00$, em que x está em metros e t em segundos. Determine (a) a velocidade escalar média entre $t = 2{,}00$ s e $t = 3{,}00$ s, (b) a velocidade instantânea em $t = 2{,}00$ s e em $t = 3{,}00$ s, (c) a aceleração média entre $t = 2{,}00$ s e $t = 3{,}00$ s, e (d) a aceleração instantânea em $t = 2{,}00$ s e $t = 3{,}00$ s. (e) Em qual instante o corpo está em repouso?

15. A Figura P2.15 mostra um gráfico de v_x *versus* t para o movimento de um motociclista que começa do repouso e se move ao longo da estrada em uma linha reta. (a) Encontre a aceleração média para o intervalo de tempo $t = 0$ a $t = 6{,}00$ s. (b) Calcule o instante em que a aceleração tem seu maior valor positivo e o valor da aceleração nesse instante. (c) Quando a aceleração é zero? (d) Calcule o valor negativo máximo da aceleração e o instante em que ocorre.

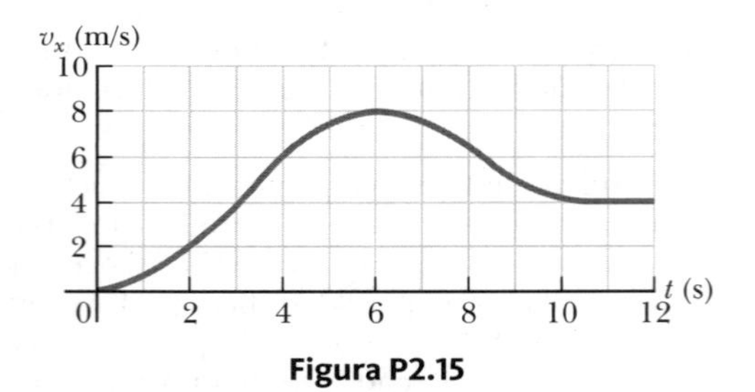

Figura P2.15

Seção 2.5 Diagramas de movimento

16. **Q|C** Desenhe diagramas de movimento para (a) um corpo movimentando-se para a direita com velocidade constante, (b) um corpo movimentando-se para a direita e aumentando sua velocidade a uma taxa constante, (c) um corpo movimentando-se para a direita e indo mais devagar a uma taxa constante (d) um corpo movimentando-se para a esquerda e aumentando sua velocidade a uma taxa constante e (e) um corpo movimentando-se para a esquerda e indo mais devagar a uma taxa constante. (f) Como seus desenhos mudariam se as alterações de velocidade não fossem uniformes, ou seja, se a velocidade não mudasse a uma taxa constante?

Seção 2.6 Modelo de análise: partícula sob aceleração constante

17. **M** Um corpo movimentando-se com aceleração uniforme tem velocidade de 12,0 cm/s na direção positiva x quando sua coordenada x é 3,00 cm. Se sua coordenada x depois de 2,00 s for –5,00 cm, qual será sua aceleração?

18. Uma lancha de corrida em movimento a 30,0 m/s aproxima-se de uma boia de marcação 100 metros à frente. O piloto desacelera a lancha com uma aceleração constante de –3,50 m/s², reduzindo a velocidade. (a) Quanto tempo leva para a lancha alcançar a boia? (b) Qual será a velocidade da lancha quando ela atingir a boia?

19. Um caminhão em uma estrada reta parte do repouso, acelerando a 2,00 m/s² até atingir uma velocidade de 20,0 m/s. O caminhão viaja então por 20,0 s com velocidade constante, até que os freios são acionados, parando o caminhão de maneira uniforme em um tempo adicional de 5,00 s. (a) Por quanto tempo o caminhão permanece em movimento? (b) Qual é sua velocidade média durante esse movimento?

20. **Q|C** **M** No Exemplo 2.7, investigamos um jato pousando em um navio porta-aviões. Em uma manobra realizada depois, o jato chega para pouso em terra firme com velocidade de 100 m/s, e sua aceleração pode ter intensidade máxima de 5,00 m/s² conforme ele chega ao repouso. (a) A partir do instante em que o jato toca a pista de pouso, qual é o intervalo de tempo mínimo necessário para que ele chegue ao repouso? (b) Esse jato pode pousar em um aeroporto pequeno em uma ilha tropical onde a pista tem 0,800 km de comprimento? (c) Explique sua resposta.

21. **PD** Uma lancha viaja em linha reta e aumenta sua velocidade uniformemente de $v_i = 20{,}0$ m/s para $v_f = 30{,}0$ m/s em um deslocamento Δx de 200 m. Queremos descobrir o intervalo de tempo necessário para a lancha se movimentar por esse deslocamento. (a) Desenhe um sistema de coordenadas para essa situação. (b) Que modelo de análise é mais adequado para descrever essa situação? (c) De acordo com o modelo de análise, qual equação é mais adequada para encontrar a aceleração da lancha? (d) Resolva simbolicamente a equação selecionada na parte (c) para a aceleração da lancha em termos de v_i, v_f e Δx. (e) Substitua os valores numéricos para obter a aceleração numericamente. (f) Encontre o intervalo de tempo mencionado acima.

22. A distância mínima necessária para parar um carro movendo-se a 35,0 mi/h é 40,0 pés. Qual é a distância mínima para parar o mesmo carro em movimento a 70,0 mi/h, supondo a mesma taxa de aceleração?

23. **W** O motorista de um carro pisa nos freios quando vê uma árvore bloqueando a estrada. A velocidade do carro diminui uniformemente com aceleração de –5,60 m/s² por 4,20 s, deixando marcas de frenagem de 62,4 m de comprimento até chegar à árvore. Com que velocidade o carro colide com a árvore?

24. **S** No modelo da partícula sob aceleração constante, identificamos as variáveis e os parâmetros v_{xi}, v_{xf}, a_x, t e $x_f - x_i$. Das equações na Tabela 2.2, a primeira não envolve $x_f - x_i$, a segunda não contém a_x, a terceira omite v_{xf} e a última deixa t de fora. Portanto, para completar o conjunto, deve haver uma equação que *não* envolva v_{xi} (a) Derive-a das outras. (b) Use a equação na parte (a) para resolver o Problema 23 em uma única etapa.

25. **W** Um caminhão percorre 40,0 m em 8,50 s enquanto reduz sua velocidade lentamente até chegar ao final a

2,80 m/s. (a) Descubra sua velocidade original. (b) Calcule sua aceleração.

26. Uma partícula se move ao longo do eixo x. Sua posição é dada pela equação $x = 2 + 3t - 4t^2$, com x em metros e t em segundos. Determine (a) sua posição quando muda de direção e (b) sua velocidade quando retorna à posição que tinha em $t = 0$.

27. Um elétron num tubo de raios catódicos acelera uniformemente de $2{,}00 \times 10^4$ m/s para $6{,}00 \times 10^6$ m/s em 1,50 cm. (a) Em que intervalo de tempo o elétron viaja nesse 1,50 cm? (b) Qual é a sua aceleração?

Seção 2.7 Corpos em queda livre

Observação: Em todos os problemas desta seção, ignore os efeitos da resistência do ar.

28. É possível disparar uma flecha a uma velocidade tão elevada como 100 m/s. (a) Se o atrito pudesse ser ignorado, a que altura uma flecha lançada nessa velocidade subiria se fosse atirada em linha reta para cima? (b) Quanto tempo a flecha permaneceria no ar?

29. *Por que a seguinte situação é impossível?* Emily desafia seu amigo David a pegar uma nota de $ 1 da seguinte maneira. Ela segura a nota verticalmente, conforme a Figura P2.29, com o centro da nota entre o indicador e o polegar de David, sem tocá-los. Sem avisar, Emily solta a nota. David pega a nota sem mover sua mão para baixo. O tempo de reação de David é igual ao tempo médio de reação humana.

Figura P2.29

30. **W** Uma bola de beisebol leva uma batida do taco de modo que vai diretamente para cima depois da batida. Um fã observa que a bola leva 3,00 s para atingir a altura máxima. Encontre (a) a velocidade inicial da bola e (b) a altura que ela atinge.

31. Um peão ousado que está em um galho de árvore deseja saltar verticalmente sobre um cavalo galopando abaixo. A velocidade constante do cavalo é 10,0 m/s, e a distância do galho para a sela é 3,00 m. (a) Qual deve ser a distância horizontal entre a sela e o galho quando o peão se movimentar? (b) Durante qual intervalo de tempo ele fica no ar?

32. Em um clipe clássico da *America's Funniest Home Videos,* um gato dormindo rola suavemente de cima de um aparelho de TV morno. Ignorando a resistência do ar, calcule a posição e a velocidade do gato após (a) 0,100 s, (b) 0,200 s e (c) 0,300 s.

33. **M** Uma estudante lança verticalmente para cima um molho de chaves para sua colega de quarto que está em uma janela 4,00 m acima. A segunda estudante pega as chaves 1,50 s depois. (a) Com que velocidade inicial as chaves foram lançadas? (b) Qual era a velocidade das chaves imediatamente antes de serem pegas?

34. **S** No tempo $t = 0$, uma estudante lança um jogo de chaves verticalmente para cima para sua colega de quarto, que está em uma janela com distância h acima. A segunda estudante pega as chaves no tempo t. (a) Com que velocidade inicial as chaves foram lançadas? (b) Qual era a velocidade das chaves imediatamente antes de serem pegas?

35. **W** Uma bola é jogada diretamente para baixo com velocidade inicial de 8,00 m/s de uma altura de 30,0 m. Depois de qual intervalo de tempo ela atinge o chão?

Seção 2.8 Conteúdo em contexto: aceleração exigida por consumidores

36. Assim que a luz do semáforo fica verde, um carro aumenta a velocidade do repouso para 50,0 mi/h com aceleração constante de 9,00 mi/(h · s). Na pista da ciclovia ao lado, um ciclista aumenta a velocidade do repouso para 20,0 mi/h com aceleração constante de 13,0 mi/(h · s). Cada veículo mantém velocidade constante após atingir a velocidade de cruzeiro. (a) Por qual intervalo de tempo a bicicleta fica na frente do carro? (b) Por qual distância máxima a bicicleta está à frente do carro?

37. Certo fabricante de automóveis afirma que seu carro esportivo de luxo acelerará a partir do repouso até uma velocidade de 42,0 m/s em 8,00 s. (a) Determine a aceleração média do carro. (b) Suponha que o carro se mova com aceleração constante. Encontre a distância em que o carro se desloca nos primeiros 8,00 s. (c) Qual é a velocidade do carro 10,0 s após iniciar seu movimento, se pode continuar a se mover com a mesma aceleração?

38. (a) Mostre que as maiores e menores acelerações médias da Tabela 2.3 estão corretamente calculadas a partir dos intervalos de tempo medidos necessários para os carros acelerarem de 0 a 60 mi/h. (b) Converta ambas acelerações na unidade SI padrão. (c) Modelando cada aceleração como constante, encontre a distância percorrida por ambos os carros conforme aceleram. (d) No caso de um automóvel ser capaz de manter uma aceleração de módulo $a = g = 9{,}80$ m/s^2 em uma pista horizontal, que intervalo de tempo seria necessário para acelerar a partir de zero a 60,0 mi/h?

Problemas adicionais

39. Uma bola acelera a partir do repouso a 0,500 m/s^2 enquanto se move para baixo em um plano inclinado de 9,00 m de comprimento. Quando atinge o fundo, a bola rola para outro plano, ao qual chega em repouso após mover-se por 15,0 m naquele plano. (a) Qual é a velocidade da bola na parte inferior do primeiro plano? (b) Durante qual intervalo de tempo a bola rola para baixo no primeiro plano? (c) Qual é a aceleração ao longo do segundo plano? (d) Qual é a velocidade da bola na posição 8,0 m ao longo do segundo plano?

40. Um corpo está em $x = 0$ em $t = 0$ e move-se ao longo do eixo x de acordo com o gráfico velocidade-tempo na

Figura P2.40. (a) Qual é a aceleração do corpo entre 0 e 4,0 s? (b) Qual é a aceleração do corpo entre 4,0 s e 9,0 s? (c) Qual é a aceleração do corpo entre 13,0 s e 18,0 s? (d) Em que instante(s) o corpo se move com a velocidade mais baixa? (e) Em que instante o corpo está mais longe de $x = 0$? (f) Qual é a posição final x do corpo em $t = 18,0$ s? (g) Por qual distância total o corpo se moveu entre $t = 0$ e $t = 18,0$ s?

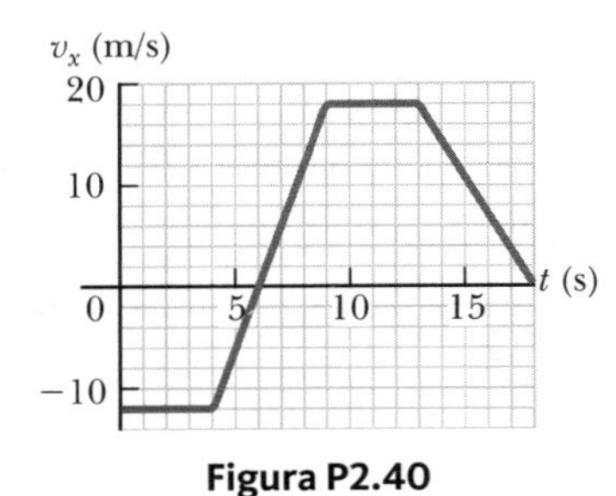

Figura P2.40

Observação: O corpo humano pode sofrer breves acelerações até 15 vezes a aceleração de queda livre g sem lesões ou apenas com leves lesões. Aceleração de longa duração pode causar danos, impedindo a circulação do sangue. Aceleração de maior módulo pode causar lesões internas graves, tais como rompimento da aorta. Os Problemas 2.41 e 2.42 lidam com grandes acelerações do corpo humano que você pode comparar com o dado $15g$.

41. BIO M O coronel John P. Stapp da United States Air Force, participou de um estudo sobre a sobrevivência de um piloto após ejeção de emergência. No dia 19 de março de 1954, ele montou em um trenó com propulsão de foguete a uma velocidade de 632 mi/h. Ele e o trenó chegaram em segurança ao repouso em 1,40 s (Fig. P2.41). Determine (a) a aceleração negativa que ele experimentou e (b) a distância que ele percorreu durante a aceleração negativa.

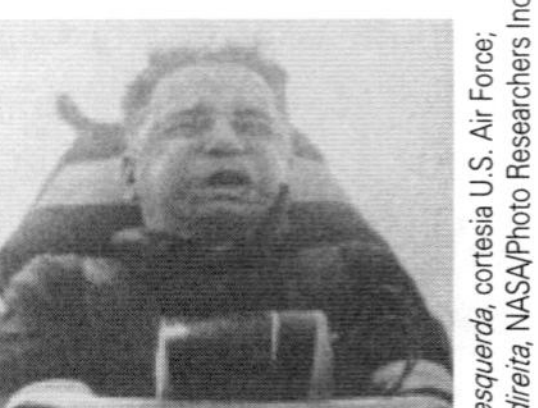

esquerda, cortesia U.S. Air Force; *direita*, NASA/Photo Researchers Inc.

Figura P2.41 (*Esquerda*) John Stapp no trenó-foguete. (*Direita*) Col. A face de Stapp fica contorcida por causa da pressão da rápida aceleração negativa.

42. BIO Uma mulher relatou ter caído 144 pés, a partir do 17º andar de um prédio, sobre uma caixa de metal com um ventilador que foi esmagada a uma profundidade de 18,0 polegadas. Ela sofreu apenas ferimentos leves. Ignorando a resistência do ar, calcule (a) a velocidade da mulher pouco antes de colidir com a caixa e (b) sua aceleração média durante o contato com a caixa. (c) Modelando sua aceleração como constante, calcule o intervalo de tempo para esmagar a caixa.

43. Uma catapulta a vapor lança um avião a jato a partir do porta-aviões John C. Stennis, dando-lhe uma velocidade de 175 mi/h em 2,50 s. (a) Encontre a aceleração média do avião. (b) Modelando a aceleração como constante, encontre a distância pela qual o avião se move nesse intervalo de tempo.

44. Q|C Um flutuador de comprimento ℓ passa por um *photogate* estacionário em um trilho de ar. *Photogate* (Fig. P2.44) é um sensor que mede o intervalo de tempo Δt_d durante o qual o flutuador bloqueia um feixe de luz infravermelha passando através do *photogate*. A razão $v_d = \ell/\Delta t_d$ é a velocidade média do flutuador sobre essa parte de seu movimento. Suponha que ele se mova com aceleração constante. (a) Argumente contra ou a favor da ideia que v_d é igual à velocidade instantânea do flutuador quando está na metade do comprimento do *photogate*. (b) Argumente contra ou a favor da ideia que v_d é igual à velocidade instantânea do flutuador quando está na metade do *photogate* com relação ao tempo.

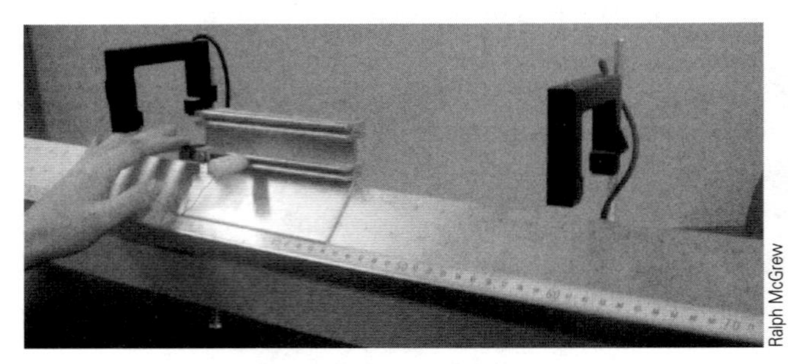

Ralph McGrew

Figura P2.44

45. **Revisão.** O maior bicho de pelúcia do mundo é uma cobra de 420 m de comprimento, construída por crianças norueguesas. Suponha que a cobra seja colocada em um parque, como mostrado na Figura P2.45, formando dois lados retos de ângulo 105°, com um lado de 240 m de comprimento. Olaf e Inge disputam uma corrida que inventaram. Inge corre diretamente da cauda da cobra até sua cabeça, e Olaf começa no mesmo lugar, no mesmo instante, mas corre ao longo da cobra. (a) Se ambas as crianças correrem a 12,0 km/h, Inge atingirá a cabeça da cobra quanto tempo antes de Olaf? (b) Se Inge correr novamente a uma velocidade de 12,0 km/h, a que velocidade constante Olaf deve correr para atingir o final da cobra no mesmo instante que Inge?

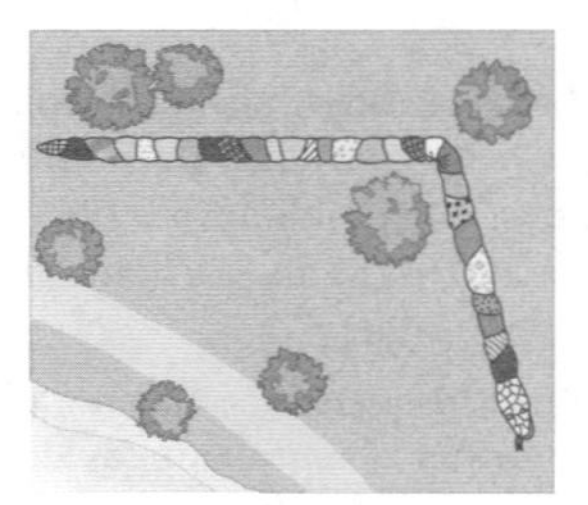

Figura P2.45

46. Q|C O Acela é um trem elétrico na linha Washington-Nova York-Boston, carregando passageiros a 170 mi/h. Um gráfico velocidade-tempo para o Acela é mostrado na Figura P2.46. (a) Descreva o movimento do trem em cada intervalo de tempo sucessivo. (b) Encontre o pico de aceleração positiva do trem no movimento traçado no gráfico. (c) Encontre o deslocamento do trem em milhas entre $t = 0$ e $t = 200$ s.

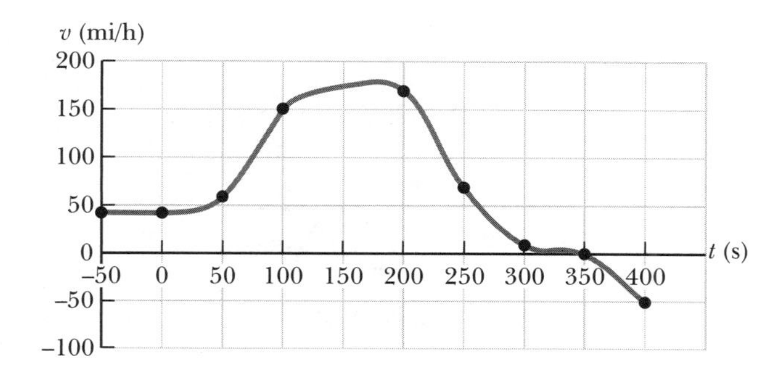

Figura P2.46 Gráfico de velocidade *versus* tempo para o Acela.

47. Numa corrida feminina de 100 m, Laura leva 2,00 s e Healan 3,00 s para atingirem suas velocidades máximas, que mantêm durante o resto da corrida. Elas cruzam a linha de chegada ao mesmo tempo, ambas estabelecendo um recorde mundial de 10,4 s. (a) Qual é a aceleração de cada corredora? (b) Quais são as suas respectivas velocidades máximas? (c) Qual velocista está à frente na marca dos 6,00 s, e por qual diferença? (d) Qual é a distância máxima em que Healan fica atrás de Laura, e em qual instante isso ocorre?

48. **Q|C** Uma bola de borracha dura, solta da altura do peito, cai na calçada e ricocheteia de volta quase à mesma altura. Quando está em contato com a calçada, o lado de baixo da bola fica temporariamente achatado. Suponha que a profundidade máxima da batida seja da ordem de 1 cm. Encontre a ordem de módulo da aceleração máxima da bola enquanto ela está em contato com a calçada. Apresente suas hipóteses, os módulos e os valores estimados para esses módulos.

49. Um homem joga uma pedra num poço. (a) Ele ouve o som do espirro da água 2,40 s depois de soltar a pedra do repouso. A velocidade do som no ar (em temperatura ambiente) é 336 m/s. Em que distância a superfície da água está do topo do poço? (b) **E se?** Se o tempo de viagem do som é ignorado, que percentual de erro é introduzido quando a profundidade do poço é calculada?

50. *Por que a seguinte situação é impossível?* Um trem de carga se move lentamente com velocidade constante de 16,0 m/s. Atrás do trem, na mesma ferrovia, está outro de passageiros viajando no mesmo sentido a 40,0 m/s. Quando a frente do trem de passageiros está 58,5 m atrás do de carga, o engenheiro do trem de passageiros vê o perigo e puxa os freios, fazendo-o se mover com aceleração $-3{,}00$ m/s^2. Por causa da ação do engenheiro, os trens não colidem.

51. Ao chegar à plataforma do metrô Liz encontra o trem já partindo. Ela para e observa os vagões passarem. Cada vagão tem 8,60 m de comprimento. O primeiro se move passando por ela em 1,50 s, e o segundo em 1,10 s. Encontre a aceleração constante do trem.

52. **Q|C** Astronautas, em um planeta distante, lançam uma pedra no ar. Com o auxílio de uma câmara que tira fotos a uma taxa constante, eles registram a altura da rocha como uma função do tempo, como dado na tabela seguinte. (a) Encontre a velocidade média da pedra no intervalo de tempo entre cada medição e a próxima. (b) Usando essas velocidades médias para aproximar os valores da velocidade instantânea no meio desses intervalos de tempo, faça um gráfico da velocidade em função do tempo. (c) A pedra se movimenta com aceleração constante? Caso sim, trace uma linha reta de melhor alinhamento no gráfico e calcule sua inclinação para encontrar a aceleração.

Tempo (s)	Altura (m)	Tempo (s)	Altura (m)
0,00	5,00	2,75	7,62
0,25	5,75	3,00	7,25
0,50	6,40	3,25	6,77
0,75	6,94	3,50	6,20
1,00	7,38	3,75	5,52
1,25	7,72	4,00	4,73
1,50	7,96	4,25	3,85
1,75	8,10	4,50	2,86
2,00	8,13	4,75	1,77
2,25	8,07	5,00	0,58
2,50	7,90		

53. **M** Um estudante de física e alpinista curioso sobe um penhasco de 50,0 m de altura que pende sobre uma piscina de águas calmas. Ele joga duas pedras verticalmente para baixo, com diferença de 1,00 s, e observa que elas provocam um único espirro d'água. A primeira pedra tem velocidade inicial de 2,00 m/s. (a) Quanto tempo depois do lançamento da primeira pedra as duas atingem a água? (b) Que velocidade inicial a segunda pedra tem de ter se as duas chegam à água simultaneamente? (c) Qual é a velocidade de cada pedra no instante em que as duas chegam à água?

54. Um trem viaja entre duas estações no centro da cidade. Como elas estão separadas por apenas 1,00 km, o trem nunca atinge sua velocidade máxima. Durante o horário de pico, o condutor minimiza o intervalo de tempo Δt entre as duas estações, acelerando a uma taxa de $a_1 = 0{,}100$ m/s^2 para um intervalo de tempo Δt_1 e então freando imediatamente com uma aceleração $a_2 = -0{,}500$ m/s^2 para um intervalo de tempo Δt_2. Encontre o intervalo de tempo mínimo de viagem Δt e o intervalo de tempo Δt_1.

55. Uma catapulta lança um foguete de teste verticalmente para cima de um poço, dando ao foguete uma velocidade inicial de 80,0 m/s no nível do solo. Os motores são ligados, e o foguete acelera para cima a 4,00 m/s^2 até atingir uma altitude de 1 000 m. Nesse ponto, os motores falham e o foguete entra em queda livre, com aceleração de $-9{,}80$ m/s^2. (a) Por qual intervalo de tempo o foguete está em movimento acima do chão? (b) Qual é sua altitude máxima? (c) Qual é sua velocidade imediatamente antes de atingir o chão? (Você precisa considerar os movimentos enquanto o motor funciona e em queda livre separadamente.)

56. Uma motorista dirige ao longo de uma estrada reta com velocidade constante de 15,0 m/s. Assim que passa por um policial em uma moto estacionada, o oficial começa a acelerar a 2,00 m/s^2 para alcançá-la. Supondo que o oficial mantenha essa aceleração, (a) determine o intervalo de tempo necessário para ele chegar à motorista. Encon-

tre (b) a velocidade e (c) o deslocamento total do policial quando ultrapassa a motorista.

57. Dois corpos, A e B, estão conectados por uma haste rígida de comprimento L. Os corpos deslizam ao longo de trilhos em guias perpendiculares, conforme mostrado na Figura P2.57. Se A desliza para a esquerda com uma velocidade constante v, encontre a velocidade de B quando $\alpha = 60{,}0°$.

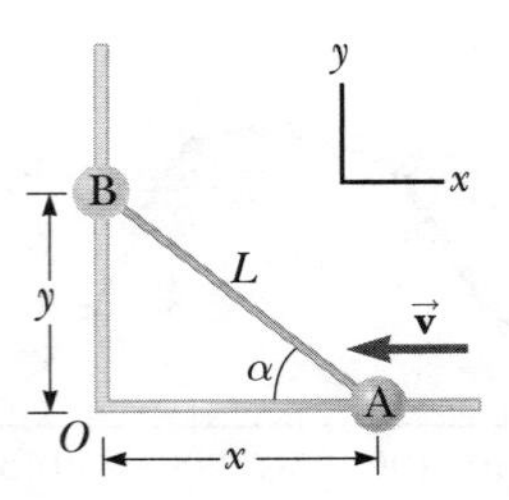

Figura P2.57

Capítulo 3

Movimento em duas dimensões

Sumário

Cortesia de Laservision

A Fonte Musical da Vida Eterna, em Swaminarayan Akshardham, um complexo de templo hindu em Nova Délhi, Índia, apresenta um espetáculo de doze minutos de água, som e luz todas as noites. Nesse capítulo, vamos aprender por que os arcos de água na fonte têm a forma de parábola.

Nesse capítulo, vamos estudar a cinemática de um objeto que pode ser modelado como uma partícula que se move em um plano. Esse movimento é bidimensional. Alguns exemplos comuns de movimentos em um plano são os dos satélites em órbita ao redor da Terra, projéteis, como uma bola de beisebol, e o movimento de elétrons em campos elétricos uniformes. Também estudaremos uma partícula em movimento circular uniforme e discutiremos vários aspectos de partículas deslocando-se em trajetórias curvas.

3.1 | Os vetores posição, velocidade e aceleração

No Capítulo 2, vimos que o movimento de uma partícula ao longo de uma linha reta, tal como o eixo x, é completamente especificada se sua posição é conhecida como uma função do tempo. Agora, vamos estender essa ideia para o movimento no plano xy. Encontraremos equações para posição e velocidade que são as mesmas do Capítulo 2, exceto por sua natureza vetorial.

Começamos descrevendo a posição de uma partícula por sua **posição vetorial** $\vec{\mathbf{r}}$, desenhada a partir da origem de um sistema de coordenadas até a localização da partícula no plano xy, como na Figura 3.1. No tempo t_i, a partícula está no ponto Ⓐ e, em um momento posterior t_f, ela está em Ⓑ, onde os índices inferiores i e f referem-se aos valores iniciais e finais. Conforme a partícula se move de Ⓐ para Ⓑ no intervalo de tempo $\Delta t = t_f - t_i$, a posição do vetor muda de $\vec{\mathbf{r}}_i$ para $\vec{\mathbf{r}}_f$. Como aprendemos no Capítulo 2, o deslocamento de uma partícula é a diferença entre suas posições final e inicial:

$$\Delta\vec{\mathbf{r}} \equiv \vec{\mathbf{r}}_f - \vec{\mathbf{r}}_i \qquad (3.1)$$

A direção de $\Delta\vec{\mathbf{r}}$ está indicada na Figura 3.1.

A **velocidade média** $\vec{\mathbf{v}}_{\text{méd}}$ de uma partícula durante o intervalo de tempo Δt é definida como seu deslocamento dividido pelo intervalo de tempo:

▶ Definição de velocidade média

$$\vec{\mathbf{v}}_{\text{méd}} \equiv \frac{\Delta\vec{\mathbf{r}}}{\Delta t} \qquad (3.2)$$

Como o deslocamento é uma grandeza vetorial, e o intervalo de tempo, uma quantidade escalar, concluímos que a velocidade média é uma grandeza *vetorial* direcionada na mesma direção de $\Delta\vec{\mathbf{r}}$. Compare a Equação 3.2 com sua contraparte em uma dimensão, a Equação 2.2. A velocidade média entre os pontos Ⓐ e Ⓑ é *independente da trajetória realizada* entre eles. Isso é verdadeiro porque a velocidade média é proporcional ao deslocamento, que, por sua vez, depende somente dos vetores de posição inicial e final, e não da trajetória realizada entre esses dois pontos. Da mesma forma que no movimento unidimensional, se uma partícula inicia seu movimento em algum ponto e retorna a esse ponto por qualquer trajetória, sua velocidade média é zero, pois seu deslocamento é zero.

Considere novamente o movimento de uma partícula entre dois pontos no plano xy, como mostrado na Figura 3.2. À medida que os intervalos de tempo durante o qual observamos os movimentos se tornam cada vez menores, a direção do deslocamento se aproxima daquela linha tangente ao trajeto no ponto Ⓐ.

A **velocidade instantânea** $\vec{\mathbf{v}}$ é definida como o limite da velocidade média Δ $/\Delta t$ conforme Δt se aproxima de zero:

$$\vec{\mathbf{v}} \equiv \lim_{\Delta t \to 0} \frac{\Delta\vec{\mathbf{r}}}{\Delta t} = \frac{d\vec{\mathbf{r}}}{dt} \qquad (3.3)$$

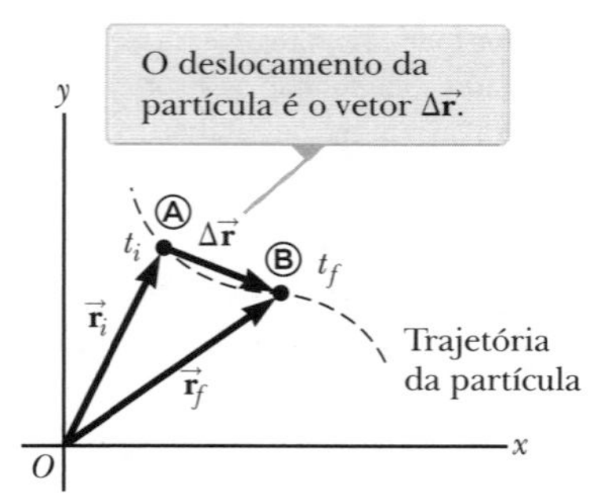

Figura 3.1 Uma partícula movendo-se no plano xy está localizada com a posição vetorial $\vec{\mathbf{r}}$ desenhada a partir da origem até a partícula. O deslocamento da partícula, conforme se move de Ⓐ para Ⓑ no intervalo de tempo $\Delta_t = t_f - t_i$, é igual ao vetor $\Delta\vec{\mathbf{r}} \equiv \vec{\mathbf{r}}_f - \vec{\mathbf{r}}_i$.

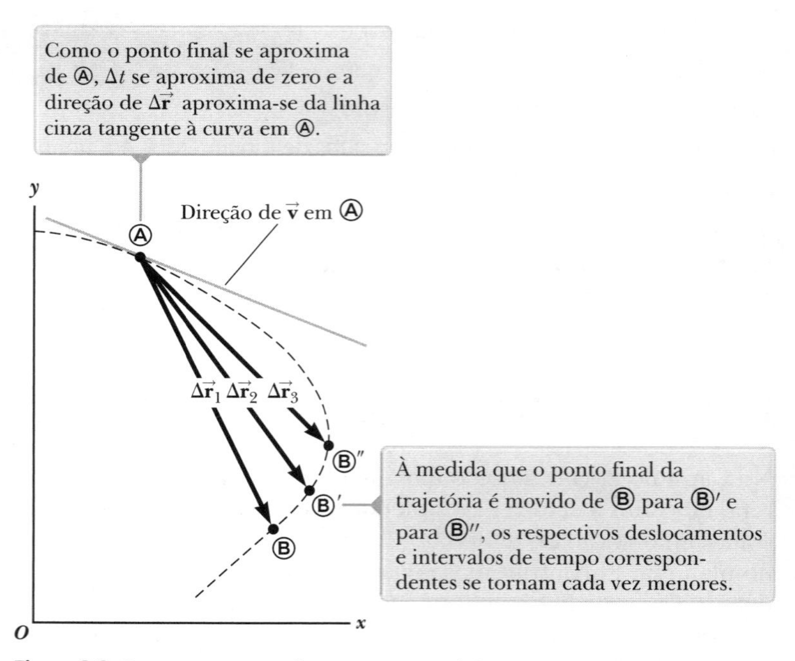

Figura 3.2 Como uma partícula se move entre dois pontos, sua velocidade média é na direção do vetor deslocamento $\Delta\vec{\mathbf{r}}$. Por definição, a velocidade instantânea em Ⓐ é direcionada ao longo da linha tangente à curva em Ⓐ.

Isto é, a velocidade instantânea é igual à derivada do vetor posição em relação ao tempo. A direção do vetor velocidade instantânea em qualquer ponto na trajetória de uma partícula está alinhada com a tangente à trajetória nesse ponto e aponta no sentido do movimento. O módulo do vetor da velocidade instantânea é chamado *escalar*.

Conforme a partícula se move do ponto Ⓐ para Ⓑ ao longo de uma trajetória, como na Figura 3.3, seu vetor velocidade instantânea muda de $\vec{\mathbf{v}}_i$ no tempo t_i para $\vec{\mathbf{v}}_f$ no tempo t_f. A **aceleração média** $\vec{\mathbf{a}}_{\text{méd}}$ de uma partícula ao longo de um intervalo de tempo é definida como a variação em seu vetor velocidade instantânea $\Delta\vec{\mathbf{v}}$ dividida pelo intervalo de tempo Δt:

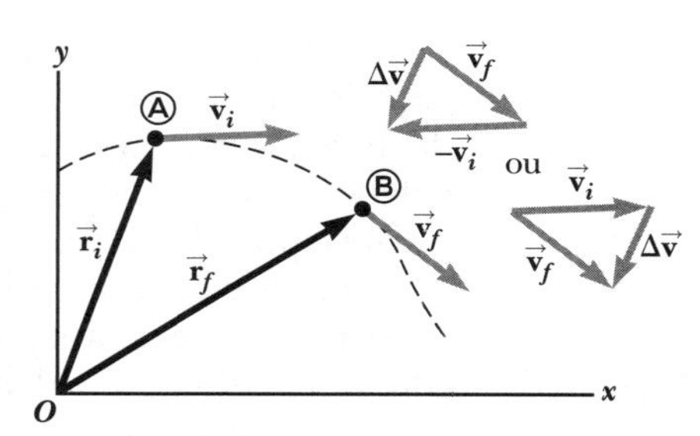

Figura 3.3 Uma partícula muda da posição Ⓐ para Ⓑ. Seu vetor velocidade muda de $\vec{\mathbf{v}}_i$ do tempo t_i para $\vec{\mathbf{v}}_f$ ao t_f. Os diagramas de adição de vetores, no canto superior direito, mostram duas maneiras de determinar o vetor $\Delta\vec{\mathbf{v}}$ a partir das velocidades iniciais e finais.

$$\vec{\mathbf{a}}_{\text{méd}} \equiv \frac{\vec{\mathbf{v}}_f - \vec{\mathbf{v}}_i}{t_f - t_i} = \frac{\Delta\vec{\mathbf{v}}}{\Delta t} \qquad \textbf{3.4}$$

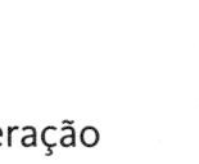

▶ Definição de aceleração média

Como aceleração média é a razão de uma grandeza vetorial $\Delta\vec{\mathbf{v}}$ e uma grandeza escalar Δt, concluímos que $\vec{\mathbf{a}}_{\text{méd}}$ é uma grandeza vetorial na mesma direção e sentido que $\Delta\vec{\mathbf{v}}$. Compare a Equação 3.4 com sua versão em uma dimensão correspondente, Equação 2.7. Tal como indicado na Figura 3.3, a direção de $\Delta\vec{\mathbf{v}}$ é encontrada somamos o vetor – $_i$ (o negativo de $\vec{\mathbf{v}}_i$) ao vetor $\vec{\mathbf{v}}_f$, porque, por definição, $\Delta\vec{\mathbf{v}} = \vec{\mathbf{v}}_f - \vec{\mathbf{v}}_i$.

A **aceleração instantânea** $\vec{\mathbf{a}}$ é definida como valor-limite da proporção $\Delta\vec{\mathbf{v}}/\Delta t$ conforme Δt se aproxima de zero:

$$\vec{\mathbf{a}} \equiv \lim_{\Delta t \to 0} \frac{\Delta\vec{\mathbf{v}}}{\Delta t} = \frac{d\vec{\mathbf{v}}}{dt} \qquad \textbf{3.5}$$

▶ Definição da aceleração instantânea

Isto é, aceleração instantânea é igual à derivada do vetor velocidade em relação ao tempo. Compare as Equações 3.5 e 2.8.

É importante reconhecer que várias mudanças podem ocorrer, as quais representam uma partícula sendo acelerada. Primeiro, o módulo do vetor velocidade pode mudar com o tempo, assim como no movimento em linha reta (unidimensional). Segundo, a direção do vetor velocidade pode mudar com o tempo, enquanto seu módulo permanece constante. Finalmente, tanto o módulo quanto a direção do vetor velocidade podem se modificar.

TESTE RÁPIDO 3.1 Considere os seguintes controles em um automóvel em movimento: pedal do acelerador, freio, volante. Quais são os controles nessa lista que causam uma aceleração do carro? (**a**) os três controles (**b**) o pedal do acelerador e o freio (**c**) somente o freio (**d**) somente o pedal do acelerador (**e**) somente o volante.

Prevenção de Armadilhas | 3.1

Adição de vetores

Embora a adição de vetores, discutida no Capítulo 1, envolva vetores *deslocamento*, ela pode ser aplicada a *qualquer* tipo de grandeza vetorial. A Figura 3.3, por exemplo, mostra a adição de vetores *velocidade* usando a abordagem gráfica.

3.2 | Movimento bidimensional com aceleração constante

Consideremos um movimento bidimensional durante o qual o módulo e a direção da aceleração permanecem inalterados. Nessa situação, investigaremos o movimento como uma versão bidimensional da análise feita na Seção 2.6.

Antes de começar a investigação, precisamos enfatizar um ponto importante sobre o movimento bidimensional. Imagine um *puck* de ar[1] movendo-se em linha reta ao longo de uma superfície perfeitamente plana e sem atrito de uma mesa de ar. A Figura 3.4a mostra um diagrama de movimento desse disco do ponto de vista de quem olha por cima. Lembre-se de que, na Seção 2.4, relacionamos a aceleração de um objeto à força sobre ele. Como não há forças sobre o disco no plano horizontal, ele se move com velocidade constante na direção x. Suponha que você o assopre quando ele passa por sua posição, com a força do seu sopro *exatamente* na direção y. Como essa força não tem componente na direção x, ela não causa aceleração nessa direção, mas somente uma aceleração momentânea

[1] N.R.T.: *Puck* de ar: dispositivo, geralmente em forma de disco, suspenso por ar comprimido que sai de furos no próprio disco ou de furos na mesa onde o *puck* se desloca, tornando o atrito entre este e a mesa praticamente zero.

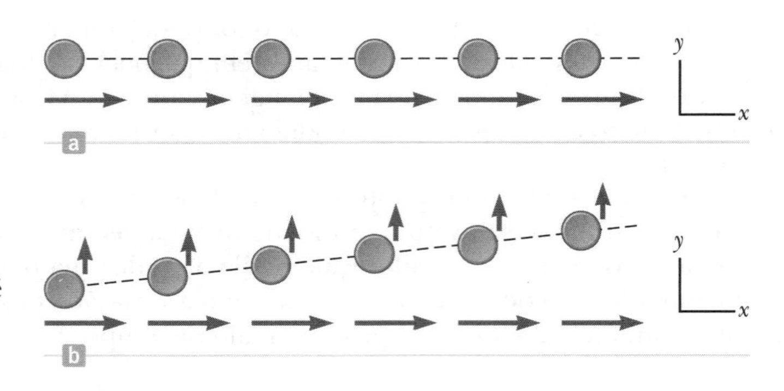

Figura 3.4 (a) Um disco move-se horizontalmente através de uma mesa de ar com velocidade constante na direção x. (b) Depois de um sopro de ar na direção y ser aplicado ao disco, ele ganha uma componente de velocidade y, porém, a componente x não é afetada pela força na direção perpendicular.

na direção y, provocando uma componente de velocidade constante y depois que a força do sopro é removida. Após seu sopro de ar no disco, a componente da velocidade na direção x permanece inalterada, como na Figura 3.4b. A generalização simples dessa experiência é que **o movimento em duas dimensões pode ser modelado como dois movimentos *independentes* em cada uma das duas direções perpendiculares associadas aos eixos x e y. Ou seja, qualquer influência na direção y não afeta o movimento na direção x e vice-versa.**

O movimento de uma partícula pode ser determinado se seu vetor posição $\vec{\mathbf{r}}$ é conhecido em todos os momentos. O vetor posição para uma partícula movendo-se no plano xy pode ser representado por

$$\vec{\mathbf{r}} = x\hat{\mathbf{i}} + y\hat{\mathbf{j}} \qquad \textbf{3.6}$$

em que x, y e $\vec{\mathbf{r}}$ mudam com o tempo conforme a partícula se move. Se o vetor posição é conhecido, a velocidade da partícula pode ser determinada pelas equações 3.3 e 3.6:

$$\vec{\mathbf{v}} = \frac{d\vec{\mathbf{r}}}{dt} = \frac{dx}{dt}\hat{\mathbf{i}} + \frac{dy}{dt}\hat{\mathbf{j}} = v_x\hat{\mathbf{i}} + v_y\hat{\mathbf{j}} \qquad \textbf{3.7}$$

Uma vez que assumimos que $\vec{\mathbf{a}}$ é constante nessa discussão, suas componentes a_x e a_y também são constantes. Portanto, podemos aplicar separadamente as equações de cinemática às componentes x e y do vetor velocidade. Substituindo $v_x = v_{xf} = v_{xi} + a_x t$ e $v_y = v_{yf} = v_{yi} + a_y t$ na Equação 3.7, temos

▶ Vetor velocidade como função do tempo para uma partícula sob aceleração constante

$$\begin{aligned}\vec{\mathbf{v}}_f &= (v_{xi} + a_x t)\hat{\mathbf{i}} + (v_{yi} + a_y t)\hat{\mathbf{j}} \\ &= (v_{xi}\hat{\mathbf{i}} + v_{yi}\hat{\mathbf{j}}) + (a_x\hat{\mathbf{i}} + a_y\hat{\mathbf{j}})t\end{aligned}$$

$$\vec{\mathbf{v}}_f = \vec{\mathbf{v}}_i + \vec{\mathbf{a}}t \qquad \textbf{3.8}$$

Esse resultado diz que a velocidade $\vec{\mathbf{v}}_f$ de uma partícula em um instante t é igual à soma de vetores de sua velocidade inicial $\vec{\mathbf{v}}_i$ e a velocidade adicional $\vec{\mathbf{a}}t$ adquirida no tempo t como resultado da aceleração constante. Esse resultado é o mesmo da Equação 2.10, exceto para a sua natureza vetorial.

Da mesma maneira, da Equação 2.13 sabemos que as coordenadas x e y de uma partícula se movendo com aceleração constante são

$$x_f = x_i + v_{xi}t + \tfrac{1}{2}a_x t^2 \quad \text{e} \quad y_f = y_i + v_{yi}t + \tfrac{1}{2}a_y t^2$$

Substituindo essas expressões na Equação 3.6, temos

▶ Vetor posição como função do tempo para uma partícula sob aceleração constante

$$\begin{aligned}\vec{\mathbf{r}}_f &= (x_i + v_{xi}t + \tfrac{1}{2}a_x t^2)\hat{\mathbf{i}} + (y_i + v_{yi}t + \tfrac{1}{2}a_y t^2)\hat{\mathbf{j}} \\ &= (x_i\hat{\mathbf{i}} + y_i\hat{\mathbf{j}}) + (v_{xi}\hat{\mathbf{i}} + v_{yi}\hat{\mathbf{j}})t + \tfrac{1}{2}(a_x\hat{\mathbf{i}} + a_y\hat{\mathbf{j}})t^2\end{aligned}$$

$$\vec{\mathbf{r}}_f = \vec{\mathbf{r}}_i + \vec{\mathbf{v}}_i t + \tfrac{1}{2}\vec{\mathbf{a}}t^2 \qquad \textbf{3.9}$$

Essa equação implica que o vetor posição final $\vec{\mathbf{r}}_f$ é a soma de vetores da posição original $\vec{\mathbf{r}}_i$ mais um deslocamento $\vec{\mathbf{v}}_i t$, em virtude da velocidade inicial da partícula, e um deslocamento $\frac{1}{2}\vec{\mathbf{a}}t^2$ resultado da aceleração uniforme da partícula. Isso é o mesmo que a Equação 2.13, exceto por sua natureza vetorial.

As representações gráficas das Equações 3.8 e 3.9 são apresentadas nas Figuras Ativas 3.5a e 3.5b. Observe que nessa última, $\vec{\mathbf{r}}_f$ geralmente não é ao longo da direção de $\vec{\mathbf{r}}_i$, $\vec{\mathbf{v}}_i$ ou $\vec{\mathbf{a}}$, porque a relação entre essas quantidades é uma expressão vetorial. Pela mesma razão, de acordo com a Figura Ativa 3.5a, observamos que $\vec{\mathbf{v}}_f$ geralmente não é alinhada à da direção $\vec{\mathbf{v}}_i$ ou $\vec{\mathbf{a}}$. Finalmente, se compararmos as duas figuras, vemos que $\vec{\mathbf{v}}_f$ e $\vec{\mathbf{r}}_f$ não estão na mesma direção.

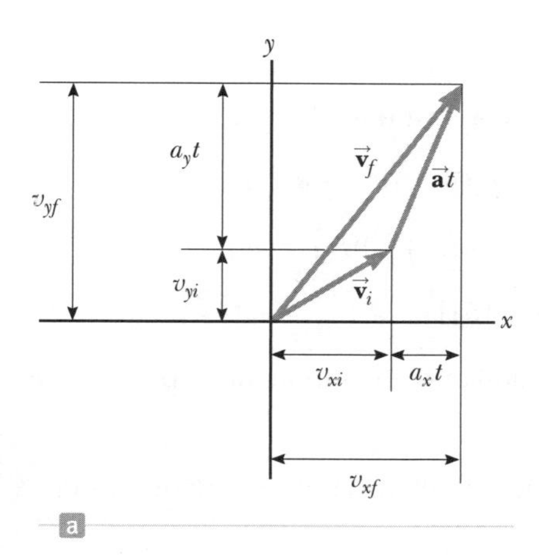

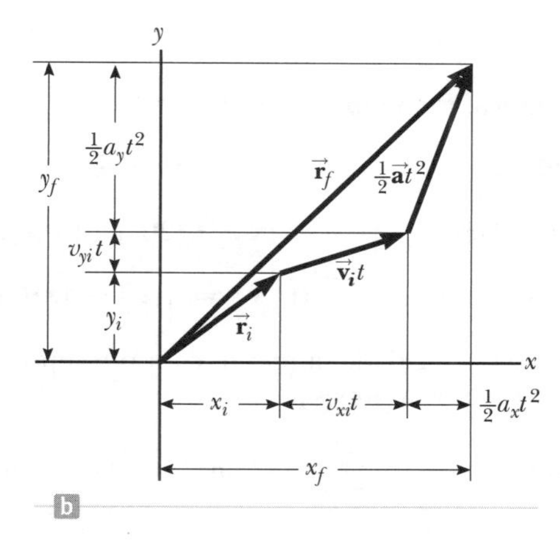

Figura Ativa 3.5 Representações de vetores e componentes de (a) velocidade e (b) posição de uma partícula movendo-se com aceleração constante $\vec{a}$.

Como as equações 3.8 e 3.9 são expressões de *vetor*, podemos escrever também suas equações componentes x e y:

$$\vec{v}_f = \vec{v}_i + \vec{a}t \rightarrow \begin{cases} v_{xf} = v_{xi} + a_x t \\ v_{yf} = v_{yi} + a_y t \end{cases}$$

$$\vec{r}_f = \vec{r}_i + \vec{v}_i t + \tfrac{1}{2}\vec{a}t^2 \rightarrow \begin{cases} x_f = x_i + v_{xi}t + \frac{1}{2}a_x t^2 \\ y_f = y_i + v_{yi}t + \frac{1}{2}a_y t^2 \end{cases}$$

Essas componentes são ilustradas na Figura Ativa 3.5. Consistente com nossa discussão relacionada à Figura 3.4, o movimento bidimensional com aceleração constante é equivalente a dois movimentos *independentes* na direções x e y com aceleração constante a_x e a_y. Portanto, não há um novo modelo para uma partícula em aceleração constante bidimensional; o modelo apropriado é apenas a partícula unidimensional em aceleração constante aplicada duas vezes, nas direções x e y separadamente!

Exemplo 3.1 | Movimento em um plano

Uma partícula se move no plano xy, começando da origem em $t = 0$ com velocidade inicial, tendo duas componentes x de 20 m/s e y de –15 m/s. A partícula experimenta uma aceleração na direção x, dada por $a_x = 4{,}0$ m/s^2.

(A) Determine o vetor velocidade total em qualquer instante.

SOLUÇÃO

Conceitualização As componentes da velocidade inicial informam que a partícula começa se movendo para a direita e para baixo. A componente x da velocidade começa em 20 m/s e aumenta 4,0 m/s a cada segundo. A componente y da velocidade não muda seu valor inicial de –15 m/s. Traçamos um diagrama de movimento para a situação na Figura 3.6. Como a partícula está acelerando na direção $+x$, sua componente da velocidade nessa direção aumenta e a trajetória se curva, como mostrado no diagrama. Note que o espaçamento entre imagens sucessivas aumenta com o tempo, porque a velocidade está aumentando. A colocação dos vetores aceleração e velocidade na Figura 3.6 nos ajuda a conceitualizar a situação.

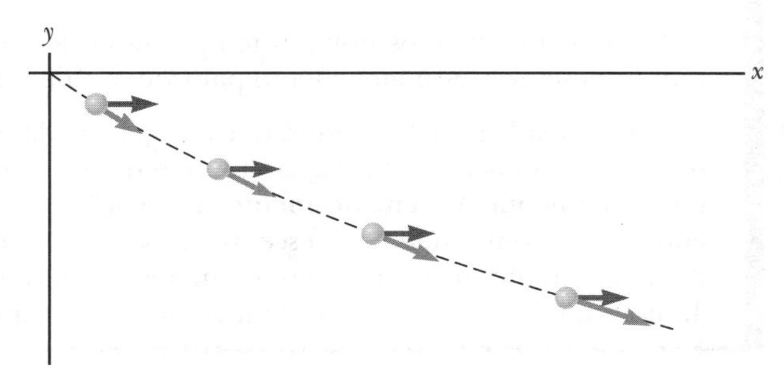

Figura 3.6 (Exemplo 3.1) Diagrama de movimento para a partícula.

Categorização Como a velocidade inicial tem componentes nas direções x e y, categorizamos esse problema como um que envolve uma partícula se movendo em duas dimensões. Como a partícula tem somente componente x da aceleração, nós a modelamos como uma partícula sob aceleração constante na direção x e como uma partícula sob velocidade constante na direção y.

continua

3.1 *cont.*

Análise Para começar a análise matemática, montamos $v_{xi} = 20$ m/s, $v_{yi} = -15$ m/s, $a_x = 4{,}0$ m/s² e $a_y = 0$.

Use a Equação 3.8 para o vetor velocidade: $\vec{\mathbf{v}}_f = \vec{\mathbf{v}}_i + \vec{\mathbf{a}}t = (v_{xi} + a_x t)\hat{\mathbf{i}} + (v_{yi} + a_y t)\hat{\mathbf{j}}$

Substitua valores numéricos com a velocidade em metros por segundo e o tempo em segundos:

$\vec{\mathbf{v}}_f = [20 + (4{,}0)t]\hat{\mathbf{i}} + [-15 + (0)t]\hat{\mathbf{j}}$

(1) $\vec{\mathbf{v}}_f = [(20 + 4{,}0t)\hat{\mathbf{i}} - 15\hat{\mathbf{j}}]$

Finalização Note que a componente x da velocidade aumenta com o tempo, enquanto a componente y permanece constante; esse resultado é consistente com nossa previsão.

(B) Calcule a velocidade e a velocidade escalar da partícula em $t = 5{,}0$ s e o ângulo que o vetor velocidade forma com o eixo x.

SOLUÇÃO

Análise

Avalie o resultado da Equação (1) em $t = 5{,}0$ s: $\vec{\mathbf{v}}_f = [(20 + 4{,}0(5{,}0))\hat{\mathbf{i}} - 15\hat{\mathbf{j}}] = (40\hat{\mathbf{i}} - 15\hat{\mathbf{j}})$ m/s

Determine o ângulo θ que $\vec{\mathbf{v}}_f$ faz com o eixo x em $t = 5{,}0$ s: $\theta = \text{tg}^{-1}\left(\dfrac{v_{yf}}{v_{xf}}\right) = \text{tg}^{-1}\left(\dfrac{-15\text{ m/s}}{40\text{ m/s}}\right) = -21°$

Avalie a velocidade escalar da partícula conforme o módulo de $\vec{\mathbf{v}}_f$: $v_f = |\vec{\mathbf{v}}_f| = \sqrt{v_{xf}^{\ 2} + v_{yf}^{\ 2}} = \sqrt{(40)^2 + (-15)^2}$ m/s $= 43$ m/s

Finalização O sinal negativo para o ângulo θ indica que o vetor velocidade está direcionado a um ângulo de 21° abaixo do eixo positivo x. Note que, quando calculamos v_i a partir das componentes x e y de $\vec{\mathbf{v}}_i$, descobrimos que $v_f > v_i$. Isso é consistente com nossa previsão?

(C) Determine as coordenadas x e y da partícula em qualquer instante t e seu vetor posição nesse instante.

SOLUÇÃO

Análise

Use as componentes da Equação 3.9 com $x_i = y_i = 0$ em $t = 0$ com x e y em metros e t em segundos:

$x_f = v_{xi}t + \frac{1}{2}a_x t^2 = 20t + 2{,}0t^2$

$y_f = v_{yi}t = -15t$

Expresse o vetor posição da partícula em qualquer instante t: $\vec{\mathbf{r}}_f = x_f\hat{\mathbf{i}} + y_f\hat{\mathbf{j}} = (20t + 2{,}0t^2)\hat{\mathbf{i}} - 15t\hat{\mathbf{j}}$

Finalização Vamos considerar um caso limitante para valores muito grandes de t.

E se? E se esperarmos por um tempo muito longo e então observarmos o movimento da partícula? Como poderíamos descrever esse movimento para valores de tempo grandes?

Resposta Na Figura 3.6, vemos que a trajetória da partícula se curva na direção do eixo x. Não há motivo para supor que essa tendência vá mudar, o que sugere que a trajetória vai ficar mais e mais paralela ao eixo x à medida que o tempo aumenta. Matematicamente, a Equação (1) mostra que a componente y da velocidade permanece constante, enquanto a componente x cresce linearmente com t. Portanto, quando t é muito grande, a componente x da velocidade será muito maior que a componente y, sugerindo que o vetor velocidade se torna mais e mais paralelo ao eixo x. Tanto x_f quanto y_f continuam a aumentar com o tempo, embora x_f aumente muito mais rapidamente.

3.3 | Movimento de projéteis

Qualquer pessoa que tenha observado uma bola de beisebol em movimento (ou, no que diz respeito ao assunto, qualquer corpo arremessado no ar) já observou o movimento de um projétil. A bola se desloca em uma trajetória curva quando arremessada com algum ângulo em relação à superfície da Terra. O **movimento de projétil** de um objeto é surpreendentemente simples para verificar se as duas hipóteses seguintes foram consideradas na construção de um modelo para problemas desse tipo: (1) a aceleração em queda livre g é constante por toda a extensão

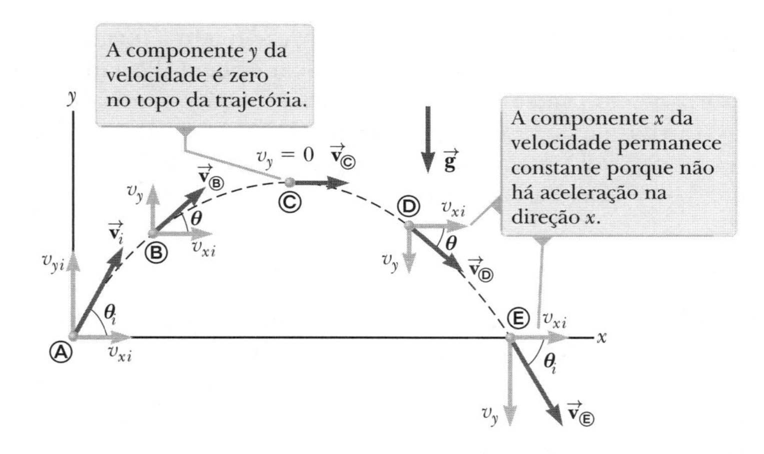

Figura Ativa 3.7 Trajetória parabólica de um projétil que parte da origem (ponto Ⓐ) com velocidade $\vec{\mathbf{v}}_i$. O vetor velocidade $\vec{\mathbf{v}}$ muda com o tempo em módulo e direção. Essa mudança é o resultado da aceleração $\vec{\mathbf{a}} = \vec{\mathbf{g}}$ na direção y negativa.

do movimento e direcionada para baixo[2] e (2) o efeito da resistência do ar é desprezível.[3] Com essas hipóteses, o caminho de um projétil, chamado sua *trajetória*, é *sempre* uma parábola. **Vamos utilizar um modelo de simplificação com base nessas suposições ao longo deste capítulo.**

Se escolhermos nosso quadro de referência de tal forma que a direção y é vertical e positiva para cima, $a_y = -g$ (como em uma queda livre unidimensional) e $a_x = 0$ (porque a única possibilidade de aceleração horizontal é em função da resistência do ar, e é ignorada). Além disso, suponhamos que, em $t = 0$, o projétil saia da origem (ponto Ⓐ, $x_i = y_i = 0$) com velocidade escalar v_i, como na Figura Ativa 3.7. Se o vetor $\vec{\mathbf{v}}_i$ faz um ângulo θ_i com a horizontal, pode-se identificar um triângulo retângulo no diagrama como um modelo geométrico, e, com base nas definições das funções seno e cosseno, temos

$$\cos\theta_i = \frac{v_{xi}}{v_i} \quad \text{e} \quad \text{sen}\,\theta_i = \frac{v_{yi}}{v_i}$$

Portanto, as componentes de velocidade iniciais x e y são

$$v_{xi} = v_i \cos\theta_i \qquad \text{e} \qquad v_{yi} = v_i\,\text{sen}\,\theta_i$$

Prevenção de Armadilhas | 3.2

Aceleração no ponto máximo

Como discutido na Prevenção de Armadilhas 2.7, muitas pessoas dizem que a aceleração de um projétil no ponto mais alto da trajetória é zero. Esse erro surge da confusão entre a velocidade vertical zero e a aceleração zero. Se o projétil experimentasse aceleração zero no ponto máximo, sua velocidade nesse ponto não mudaria; em vez disso, o projétil se movimentaria horizontalmente com velocidade constante a partir dali! Porém, isso não acontece, pois a aceleração *não é* zero em nenhum lugar ao longo de sua trajetória.

Substituindo essas expressões nas Equações 3.8 e 3.9 com $a_x = 0$ e $a_y = -g$, temos as componentes de velocidade e as coordenadas de posição para o projétil em qualquer momento t:

$$v_{xf} = v_{xi} = v_i \cos\theta_i = \text{constante} \qquad \textbf{3.10}$$

$$v_{yf} = v_{yi} - gt = v_i\,\text{sen}\,\theta_i - gt \qquad \textbf{3.11}$$

$$x_f = x_i + v_{xi}t = (v_i \cos\theta_i)\,t \qquad \textbf{3.12}$$

$$y_f = y_i + v_{yi}t - \tfrac{1}{2}gt^2 = (v_i\,\text{sen}\,\theta_i)\,t - \tfrac{1}{2}gt^2 \qquad \textbf{3.13}$$

Da Equação 3.10 vemos que v_{xf} permanece constante no tempo e é igual a v_{xi}; não existe componente horizontal de aceleração. Portanto, podemos modelar o movimento horizontal como o de uma partícula sob velocidade constante. Para o movimento y, note que as equações para v_{yf} e y_f são semelhantes às Equações 2.10 e 2.13 para os objetos que caem livremente. Portanto, podemos aplicar o modelo de uma partícula em aceleração constante à componente y. Na verdade, *todas* as equações da cinemática desenvolvidas no Capítulo 2 são aplicáveis ao movimento de projéteis.

Se resolvermos para t na Equação 3.12 e substituirmos essa expressão por t na Equação 3.13, vemos que é válido

$$y_f = (\text{tg}\,\theta_i)\,x_f - \left(\frac{g}{2v_i^2\cos^2\theta_i}\right)x_f^2 \qquad \textbf{3.14}$$

[2] Com efeito, essa aproximação é equivalente a assumir que a Terra é plana dentro do intervalo de movimento considerado e que a altura máxima do objeto é pequena em comparação com o raio da Terra.

[3] Muitas vezes, essa aproximação *não* é justificada, especialmente em altas velocidades. Além disso, a rotação de um projétil, tal como no beisebol, pode dar origem a efeitos muito interessantes associados às forças aerodinâmicas (por exemplo, uma bola curva lançada por um lançador).

Soldador cortando furos em uma pesada viga de metal com uma tocha quente. As fagulhas geradas no processo seguem trajetórias parabólicas.

para ângulos na faixa de $0 < \theta_i < \pi/2$. Essa expressão tem a forma $y = ax - bx^2$, que é a equação de uma parábola que passa pela origem. Portanto, provamos que a trajetória de um projétil pode ser geometricamente modelada como uma parábola. A trajetória é *completamente* especificada se v_i e θ_i são conhecidos.

A expressão de vetor para a posição do projétil como função do tempo segue diretamente da Equação 3.9, com $\vec{\mathbf{a}} = \vec{\mathbf{g}}$:

$$\vec{\mathbf{r}}_f = \vec{\mathbf{r}}_i + \vec{\mathbf{v}}_i t + \tfrac{1}{2}\vec{\mathbf{g}}t^2$$

Essa equação dá a mesma informação que a combinação das Equações 3.12 e 3.13, representada na Figura 3.8. Note que essa expressão para $\vec{\mathbf{r}}_f$ é consistente com a Equação 3.13 porque a expressão para $\vec{\mathbf{r}}_f$ é uma equação vetorial e $\vec{\mathbf{a}} = \vec{\mathbf{g}} = -g\hat{\mathbf{j}}$, em que o sentido ascendente é considerado como sendo positivo.

A posição de uma partícula pode ser considerada como a soma da sua posição original $\vec{\mathbf{r}}_i$, o termo $\vec{\mathbf{v}}_i t$, que seria o deslocamento se nenhuma aceleração estivesse presente, e o termo $\frac{1}{2}\vec{\mathbf{g}}t^2$, que surge da aceleração causada pela gravidade. Em outras palavras, se nenhuma aceleração gravitacional ocorresse, a partícula continuaria a se mover ao longo de um caminho em linha reta no sentido de $\vec{\mathbf{v}}_i$.

TESTE RÁPIDO **3.2** **(i)** Conforme um projétil lançado para cima se move em sua trajetória parabólica (como na Fig. 3.8), em que ponto ao longo do seu percurso os vetores velocidade e aceleração para o projétil estarão perpendiculares um ao outro? **(a)** em nenhum ponto **(b)** no ponto máximo **(c)** no ponto de lançamento. **(ii)** Usando essas mesmas alternativas, em que ponto os vetores velocidade e aceleração para o projétil estarão paralelos um ao outro?

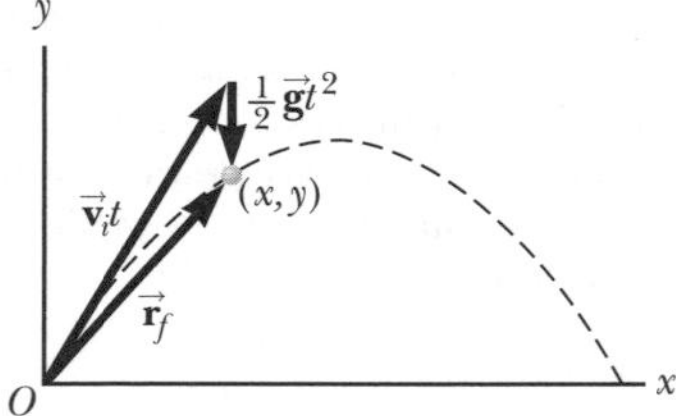

Figura 3.8 Vetor posição $\vec{\mathbf{r}}_f$ de um projétil lançado da origem cuja velocidade inicial é $\vec{\mathbf{v}}_i$. O vetor $\vec{\mathbf{v}}_i t$ seria o deslocamento do projétil se não houvesse gravidade, e o vetor $\frac{1}{2}\vec{\mathbf{g}}t^2$ é seu deslocamento vertical a partir de um percurso em linha reta por causa da aceleração da gravidade direcionada para baixo.

Alcance horizontal e altura máxima de um projétil

Vamos supor que um projétil seja lançado sobre terreno plano a partir da origem em $t = 0$ com uma componente v_y positiva, como na Figura 3.9. Essa é uma situação comum nos esportes, em que bolas de beisebol, de futebol e de golfe muitas vezes pousam no mesmo nível a partir do qual foram lançadas.

Existem dois pontos especiais nesse movimento que são interessantes para análise: o ponto máximo Ⓐ, que tem coordenadas cartesianas $(R/2, h)$, e o ponto mínimo Ⓑ, que apresenta coordenadas $(R, 0)$. A distância R é chamada *extensão horizontal* do projétil, e a distância h é sua *altura máxima*. Por causa da simetria da trajetória, o projétil está na altura máxima h, quando sua posição x é a metade do alcance R. Vamos encontrar h e R em termos de v_i, θ_i e g.

Podemos determinar h observando que no ponto máximo $v_{yⒶ} = 0$. Portanto, a Equação 3.11 pode ser usada para determinar o tempo $t_Ⓐ$ no qual o projétil atinge o ponto máximo:

$$t_Ⓐ = \frac{v_i \operatorname{sen} \theta_i}{g}$$

Substituindo a equação de $t_Ⓐ$ na Equação 3.13 e y_f por h, temos h, em termos de v_i e θ_i:

$$h = (v_i \operatorname{sen} \theta_i)\frac{v_i \operatorname{sen} \theta_i}{g} - \tfrac{1}{2}g\left(\frac{v_i \operatorname{sen} \theta_i}{g}\right)^2$$

$$h = \frac{v_i^2 \operatorname{sen}^2 \theta_i}{2g} \qquad \mathbf{3.15}$$

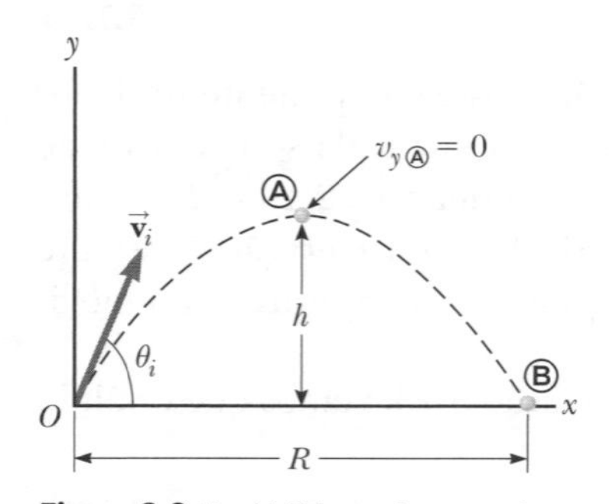

Figura 3.9 Projétil lançado a partir da origem em $t = 0$ com velocidade inicial $\vec{\mathbf{v}}_i$. A altura máxima do projétil é h e seu alcance horizontal é R. No ponto Ⓐ, o pico da trajetória, o projétil tem as coordenadas $(R/2, h)$.

De acordo com a representação matemática, observe como é possível aumentar a altura máxima h: você poderia lançar o projétil com uma velocidade inicial

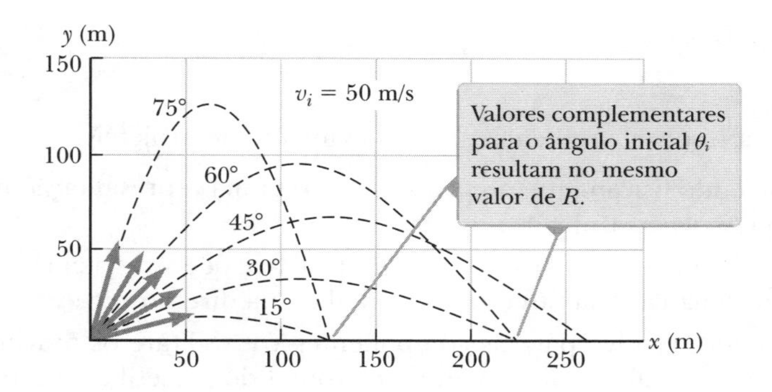

Figura Ativa 3.10 Projétil lançado da origem com velocidade escalar inicial de 50 m/s em vários ângulos de lançamento.

maior, em um ângulo superior ou em um local com aceleração de queda livre inferior, como na Lua. Isso é consistente com sua representação mental dessa situação?

O alcance R é a posição horizontal percorrida equivalente a duas vezes o intervalo de tempo necessário para atingir o pico. De forma equivalente, estamos buscando a posição do projétil no tempo $2t_{Ⓐ}$. Utilizando a Equação 3.12 e notando que $x_f = R$ em $t = 2t_{Ⓐ}$, descobrimos que

$$R = (v_i \cos \theta_i)2t_{Ⓐ} = (v_i \cos \theta_i)\frac{2v_i \text{ sen } \theta_i}{g} = \frac{2v_i^2 \text{ sen } \theta_i \cos \theta}{g}$$

Como sen $2\theta = 2$ sen $\theta \cos \theta$, R pode ser escrita na forma mais compacta

$$R = \frac{v_i^2 \text{ sen } 2\theta_i}{g} \qquad 3.16 ◀$$

Observe, na expressão matemática, como é possível aumentar o alcance R: você poderia lançar o projétil com uma velocidade inicial maior ou em um local com aceleração em queda livre inferior, como a Lua. Isso é consistente com sua representação mental dessa situação?

O alcance também depende do ângulo do vetor t_1 velocidade inicial. O valor máximo possível de R, com base na Equação 3.16, é dado por $R_{\text{máx}} = v_i^2/g$. Esse resultado segue a partir do valor máximo de sen $2\theta_i$ sendo a unidade, o que ocorre quando $2\theta_i = 90°$. Então, R é um máximo quando $\theta_i = 45°$.

A Figura Ativa 3.10 ilustra várias trajetórias para um projétil com velocidade escalar inicial. Como você pode ver, o intervalo é de um máximo de $\theta_i = 45°$. Além disso, para qualquer θ_i diferente de 45°, um ponto com coordenadas cartesianas (R, 0) pode ser alcançado usando qualquer um de dois valores complementares de θ_i, tais como 75° e 15°. Naturalmente, a altura máxima e o tempo de voo serão diferentes para esses dois valores θ_i.

Prevenção de Armadilhas | 3.3
As equações de altura e distância
Tenha em mente que as Equações 3.15 e 3.16 são úteis para o cálculo de h e R apenas para o trajeto simétrico, como mostrado na Figura 3.9. Se o percurso não for simétrico, *não use essas equações*. As expressões gerais dadas pelas Equações 3.10 por meio da 3.13 são os resultados *mais importantes*, porque elas dão as coordenadas e as componentes de velocidade do projétil em qualquer momento t para qualquer trajetória.

TESTE RÁPIDO 3.3 Classifique, do mais curto ao mais longo, com relação ao tempo de voo, os ângulos de lançamento para os cinco percursos da Figura Ativa 3.10.

PENSANDO EM FÍSICA 3.1

Em um jogo de beisebol, acerta-se uma batida que leva à corrida por todo o circuito, sem parada. A bola é batida do *home plate* para as arquibancadas ao longo de uma trajetória parabólica. **(a)** Qual é a aceleração enquanto a bola está subindo, **(b)** no ponto mais alto da trajetória e **(c)** enquanto está descendo depois de chegar ao ponto mais alto? Ignore a resistência do ar.

Raciocínio As respostas às três partes são as mesmas: a aceleração é aquela causada pela gravidade, $ay = -9{,}80$ m/s^2, porque a força da gravidade puxa a bola para baixo durante todo o movimento. Na parte da trajetória ascendente, a aceleração para baixo resulta em valores positivos decrescentes da componente vertical da velocidade da bola. Durante a parte da trajetória descendente, a aceleração para baixo resulta em valores negativos crescentes da componente vertical da velocidade. ◀

ESTRATÉGIA DE RESOLUÇÃO DE PROBLEMAS: Movimento de projéteis

Sugerimos o uso da seguinte abordagem para resolver problemas sobre movimento de projéteis.

1. **Conceitualização** Pense no que está ocorrendo fisicamente no problema. Crie uma representação mental imaginando o projétil movendo-se ao longo de sua trajetória.
2. **Categorização** Confirme que o problema envolve uma partícula em queda livre e que a resistência do ar é desprezível. Selecione um sistema de coordenadas x na direção horizontal e y na direção vertical.
3. **Análise** Se o vetor velocidade inicial é dado, resolva para as componentes x e y. Trate os movimentos horizontal e vertical de forma independente. Analise o movimento horizontal do projétil com o modelo da partícula sob velocidade constante. Analise o movimento vertical do projétil com o modelo da partícula sob aceleração constante.
4. **Finalização** Uma vez determinado seu resultado, verifique se suas respostas são consistentes com as representações mentais e visuais, e se os resultados são realistas.

Exemplo 3.2 | Esse é um grande braço!

Uma pedra é lançada para cima do topo de um edifício a um ângulo de 30,0° na horizontal, com velocidade escalar inicial de 20,0 m/s, como mostrado na Figura 3.11. A altura de onde a pedra é lançada é de 45,0 m acima do solo.

(A) Quanto tempo leva para a pedra atingir o solo?

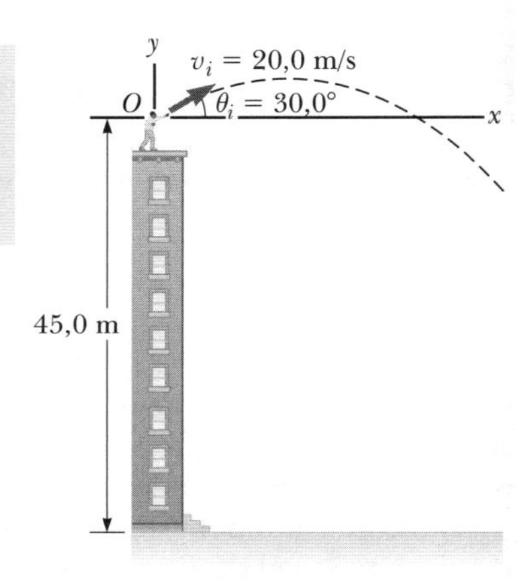

Figura 3.11 (Exemplo 3.2) Uma pedra é lançada do topo de um edifício.

SOLUÇÃO

Conceitualização Estude a Figura 3.11, na qual indicamos a trajetória e vários parâmetros do movimento da pedra.

Categorização Categorizamos esse problema como movimento de projétil. A pedra é modelada como uma partícula sob aceleração constante na direção y e sob velocidade constante na direção x.

Análise Temos a informação $x_i = y = 0$, $y_f = -45{,}0$ m, $a_y = -g$ e $v_i = 20{,}0$ m/s (o valor numérico de y_f é negativo, porque escolhemos o ponto do lançamento como a origem).

Encontre as componentes iniciais de x e y da velocidade da pedra:

$v_{xi} = v_i \cos\theta_i = (20{,}0 \text{ m/s}) \cos 30{,}0° = 17{,}3$ m/s

$v_{yi} = v_i \text{ sen } \theta_i = (20{,}0 \text{ m/s}) \text{ sen } 30{,}0° = 10{,}0$ m/s

Expresse a posição vertical da pedra a partir da componente vertical da Equação 3.9:

$$y_f = y_i + v_{yi}t + \tfrac{1}{2}a_y t^2$$

Substitua os valores numéricos:

$$-45{,}0 \text{ m} = 0 + (10{,}0 \text{ m/s})t + \tfrac{1}{2}(-9{,}80 \text{ m/s}^2)t^2$$

Resolva a equação quadrática para t:

$$t = 4{,}22 \text{ s}$$

(B) Qual é a velocidade da pedra imediatamente antes de atingir o solo?

SOLUÇÃO

Análise Use a componente y da Equação 3.8 para obter a componente y de velocidade da pedra imediatamente antes de atingir o solo:

$$v_{yf} = v_{yi} + a_y t$$

Substitua valores numéricos usando $t = 4{,}22$ s:

$$v_{yf} = 10{,}0 \text{ m/s} + (-9{,}80 \text{ m/s}^2)(4{,}22 \text{ s}) = -31{,}3 \text{ m/s}$$

Use essa componente com a horizontal $v_{xf} = v_{xi} = 17{,}3$ m/s para encontrar a velocidade da pedra em $t = 4{,}22$ s:

$$v_f = \sqrt{v_{xf}^2 + v_{yf}^2} = \sqrt{(17{,}3 \text{ m/s})^2 + (-31{,}3 \text{ m/s})^2} = 35{,}8 \text{ m/s}$$

continua

3.2 *cont.*

Finalização É razoável que a componente y da velocidade final seja negativa? É razoável que a velocidade final seja maior que a inicial de 20,0 m/s?

E se? E se um vento horizontal estiver soprando na mesma direção em que a pedra é lançada e provocar um componente de aceleração horizontal de $a_x = 0{,}500\ \text{m/s}^2$? Qual parte desse exemplo, (A) ou (B), terá uma resposta diferente?

Resposta Lembre-se de que os movimentos nas direções x e y são independentes. Portanto, o vento horizontal não pode afetar o movimento vertical. Como ele determina o tempo do projétil no ar, a resposta para a parte (A) não muda. Como o vento causa o aumento da componente da velocidade horizontal com o tempo, a velocidade final será maior na parte (B). Tomando $a_x = 0{,}500\ \text{m/s}^2$, encontramos $v_{xf} = 19{,}4$ m/s e $v_f = 36{,}9$ m/s.

Exemplo 3.3 | O fim do salto de esqui

Uma esquiadora salta de uma pista movendo-se na direção horizontal com velocidade de 25,0 m/s, como mostrado na Figura 3.12. A inclinação da pista abaixo dela é de 35,0°. Onde ela pousa na inclinação?

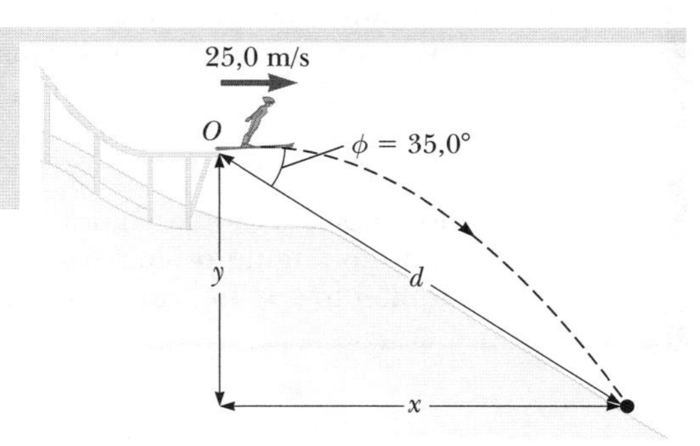

Figura 3.12 (Exemplo 3.3) Uma esquiadora deixa a pista de esqui movendo-se na direção horizontal.

SOLUÇÃO

Conceitualização Podemos conceitualizar esse problema com base nas observações de competições das Olimpíadas de Inverno. Estimamos que o esquiador ficará no ar por 4 s e percorrerá uma distância de aproximadamente 100 m horizontalmente. Esperamos que o valor de d, a distância percorrida ao longo da inclinação, seja da mesma ordem de grandeza.

Categorização Categorizamos o problema como partícula em movimento de projétil.

Análise É conveniente selecionar o início do salto como a origem. As componentes da velocidade inicial são $v_{xi} = 25{,}0$ m/s e $v_{yi} = 0$. Do triângulo direito na Figura 3.12, vemos que as coordenadas x e y da esquiadora no ponto de pouso são dadas por $x_f = d \cos \phi$ e $y_f = -d \operatorname{sen} \phi$.

Expresse as coordenadas da esquiadora como função do tempo:

$$(1)\ x_f = v_{xi}t$$

$$(2)\ y_f = v_{yi}t + \tfrac{1}{2}a_y t^2 = -\tfrac{1}{2}gt^2$$

Substitua os valores de x_f e y_f no ponto de pouso:

$$(3)\ d \cos \phi = v_{xi}t$$

$$(4)\ -d \operatorname{sen} \phi = -\tfrac{1}{2}gt^2$$

Resolva a Equação (3) para t e substitua o resultado na Equação (4):

$$-d \operatorname{sen} \phi = -\tfrac{1}{2}g\left(\frac{d \cos \phi}{v_{xi}}\right)^2$$

Resolva para d:

$$d = \frac{2v_{xi}^2 \operatorname{sen} \phi}{g \cos^2 \phi} = \frac{2(25{,}0\ \text{m/s})^2 \operatorname{sen} 35{,}0°}{(9{,}80\ \text{m/s}^2) \cos^2 35{,}0°} = 109\ \text{m}$$

Avalie as coordenadas x e y do ponto onde a esquiadora pousa:

$$x_f = d \cos \phi = (109\ \text{m}) \cos 35{,}0° = 89{,}3\ \text{m}$$

$$y_f = -d \operatorname{sen} \phi = -(109\ \text{m}) \operatorname{sen} 35{,}0° = -62{,}5\ \text{m}$$

Finalização Vamos comparar esses resultados com nossas expectativas. Esperávamos que a distância horizontal fosse da ordem de 100 m, e nosso resultado de 89,3 m está nessa ordem de grandeza. Pode ser útil calcular o intervalo de tempo que a esquiadora fica no ar e compará-lo com nossa estimativa de aproximadamente 4 s.

E se? Suponha que tudo nesse exemplo seja o mesmo, exceto o salto de esqui, que é curvado de maneira que a esquiadora seja projetada para cima a um ângulo a partir do fim da pista. Essa configuração é melhor em termos de maximização do comprimento do salto?

continua

3.3 *cont.*

Resposta Se a velocidade inicial tiver uma componente para cima, a esquiadora ficará no ar mais tempo e deverá percorrer uma distância maior. Inclinar o vetor velocidade inicial para cima, no entanto, reduzirá a componente horizontal da velocidade inicial. Então, angular o fim da pista de esqui para cima a um *grande* ângulo pode, de fato, *reduzir* a distância. Considere o caso extremo: a esquiadora é projetada a 90° na horizontal e simplesmente vai para cima e volta para baixo no fim da pista de esqui! Esse argumento sugere que deve haver um ângulo ideal entre 0° e 90° que represente um equilíbrio entre tornar o tempo de voo mais longo e a componente da velocidade menor.

Vamos encontrar esse ângulo ótimo matematicamente. Modificamos as Equações (1) a (4) da seguinte forma, assumindo que a esquiadora é projetada a um ângulo θ em relação à horizontal ao longo de uma inclinação acentuada de ângulo arbitrário ϕ:

$$(1) \text{ e } (3) \quad \rightarrow \quad x_f = (v_i \cos \theta)\, t = d \cos \phi$$

$$(2) \text{ e } (4) \quad \rightarrow \quad y_f = (v_i \operatorname{sen} \theta)\, t - \tfrac{1}{2} g t^2 = -d \operatorname{sen} \phi$$

Eliminando o tempo t nessas equações e usando diferenciação para maximizar d em termos de θ, chegamos à seguinte equação para o ângulo θ que dá o valor máximo de d:

$$\theta = 45° - \frac{\phi}{2}$$

Para o ângulo de inclinação na Figura 3.12, $\phi = 35{,}0°$; essa equação resulta em um ângulo ótimo de lançamento de $\theta = 27{,}5°$. Para um ângulo de inclinação $\phi = 0°$, que representa um plano horizontal, essa equação dá um ângulo ótimo de lançamento $\theta = 45°$, conforme esperávamos (veja a Figura Ativa 3.10).

Exemplo 3.4 | Lançamento de dardo nos Jogos Olímpicos

Uma atleta lança um dardo a uma distância de 80,0 m nos Jogos Olímpicos realizados na linha do Equador, em que $g = 9{,}78$ m/s^2. Quatro anos depois, os Jogos Olímpicos são realizados no Polo Norte, em que $g = 9{,}83$ m/s^2. Supondo que a atleta lance o dardo com exatamente a mesma velocidade inicial, como fez no Equador, qual será a distância percorrida pelo dardo no Polo Norte?

O dardo pode ser jogado a uma distância muito longa por uma atleta de nível mundial.

SOLUÇÃO

Conceitualização Se viajássemos entre esses dois locais, muito provavelmente não sentiríamos nenhuma diferença no peso de um objeto. O aumento da gravidade no Polo Norte, no entanto, fará que o dardo volte para o chão mais cedo e encurte seu alcance em comparação com o lance no Equador.

Categorização Na ausência de qualquer informação sobre a forma como o dardo é afetado pelo movimento através do ar, adotamos o modelo de queda livre. Eventos esportivos ocorrem normalmente em campos planos. Portanto, supomos que o dardo retorne para a mesma posição vertical a partir da qual foi lançado e, por conseguinte, que a trajetória seja simétrica. Esses pressupostos nos permitem usar as Equações 3.15 e 3.16 para analisar o movimento. A diferença está no alcance, por causa da diferença na aceleração de queda livre nas duas localizações.

Análise Para resolver esse problema, vamos criar uma relação com base na distância do projétil sendo matematicamente relacionado à aceleração da gravidade. Essa técnica de resolução por relações é muito potente e deve ser estudada e compreendida, de modo que possa ser aplicada no futuro.

Use a Equação 3.16 para expressar a distância da partícula em cada um dos dois locais:

$$R_{\text{Polo Norte}} = \frac{v_i^2 \operatorname{sen} 2\theta_i}{g_{\text{Polo Norte}}}$$

$$R_{\text{Equador}} = \frac{v_i^2 \operatorname{sen} 2\theta_i}{g_{\text{Equador}}}$$

continua

3.4 *cont.*

Divida a primeira equação pela segunda para estabelecer uma relação entre a proporção dos intervalos e a das acelerações de queda livre. Note que o problema afirma que a mesma velocidade inicial é fornecida para o dardo em ambos os locais, de modo que v_i e θ_i são os mesmos no numerador e no denominador da relação:

$$\frac{R_{\text{Polo Norte}}}{R_{\text{Equador}}} = \frac{\left(\dfrac{v_i^2 \operatorname{sen} 2\theta_i}{g_{\text{Polo Norte}}}\right)}{\left(\dfrac{v_i^2 \operatorname{sen} 2\theta_i}{g_{\text{Equador}}}\right)} = \frac{g_{\text{Equador}}}{g_{\text{Polo Norte}}}$$

Resolva essa equação para o intervalo no Polo Norte e substitua os valores numéricos:

$$R_{\text{Polo Norte}} = \frac{g_{\text{Equador}}}{g_{\text{Polo Norte}}} R_{\text{Equador}} = \frac{9{,}78 \text{ m/s}^2}{9{,}83 \text{ m/s}^2}(80{,}0 \text{ m})$$

$$= 79{,}6 \text{ m}$$

Finalização Observe uma das vantagens dessa poderosa técnica de criação de relações: não precisamos saber a grandeza (v_i) nem a direção (θ_i) da velocidade inicial. Uma vez que elas são as mesmas nos dois locais, cancelam-se na relação.

3.4 | Modelo de análise: partícula em movimento circular uniforme

A Figura 3.13a mostra um carro movendo-se em uma trajetória circular, que descrevemos como **movimento circular**. Se o carro se movimenta nessa trajetória com *velocidade constante v*, denominamos esse movimento de **movimento circular uniforme**. Como isso ocorre frequentemente, esse tipo de movimento é reconhecido como um modelo de análise chamado **partículas em movimento circular uniforme**. Discutiremos esse modelo nesta seção.

> **Prevenção de Armadilhas | 3.4**
> **Aceleração de uma partícula em movimento uniforme circular**
> Lembre que, em física, a aceleração é definida como uma mudança na *velocidade* (vetorial), não uma mudança no módulo (contrário à interpretação comum). No movimento circular, o vetor velocidade muda de direção, então há aceleração.

Muitas vezes, os estudantes se surpreendem ao descobrirem que, embora um objeto se mova com velocidade constante em uma trajetória circular, *ainda assim tem aceleração*. Para ver o porquê, considere a equação que define a aceleração média, $\vec{\mathbf{a}}_{\text{méd}} = \Delta\vec{\mathbf{v}}/\Delta t$ (Equação 3.4). A aceleração depende da *mudança no vetor velocidade*. Como velocidade é uma grandeza vetorial, a aceleração pode ser produzida de duas formas, como mencionado na Seção 3.1: por uma mudança no *módulo* da velocidade ou por variação na *direção* da velocidade. A última situação é a que está ocorrendo para um corpo em movimento com velocidade escalar constante em uma trajetória circular. O vetor velocidade de módulo constante sempre é tangente à trajetória do objeto e perpendicular ao raio da trajetória circular. Portanto, o vetor velocidade está constantemente *mudando*. Mostramos agora que o vetor aceleração no movimento circular uniforme é sempre perpendicular à trajetória e sempre aponta para o centro do círculo.

Primeiro, vamos argumentar de forma conceitual que a aceleração tem de ser perpendicular à trajetória seguida pela partícula. Senão, haveria uma componente da aceleração paralela à trajetória e, portanto, paralela ao vetor velocidade. Tal componente da aceleração levaria a uma mudança na velocidade escalar do corpo, que estamos modelando como uma partícula, ao longo da trajetória. No entanto, essa mudança é inconsistente com nossa organização do problema, em que a partícula se move com velocidade escalar constante ao longo da trajetória. Então, para movimento circular *uniforme*, o vetor aceleração só pode ter uma componente perpendicular à trajetória, que aponta na direção do centro do círculo.

Vamos encontrar o módulo da aceleração da partícula. Considere a representação pictórica dos vetores posição e velocidade para o carro modelado como uma partícula na Figura 3.13b. Além disso, a figura mostra o vetor que

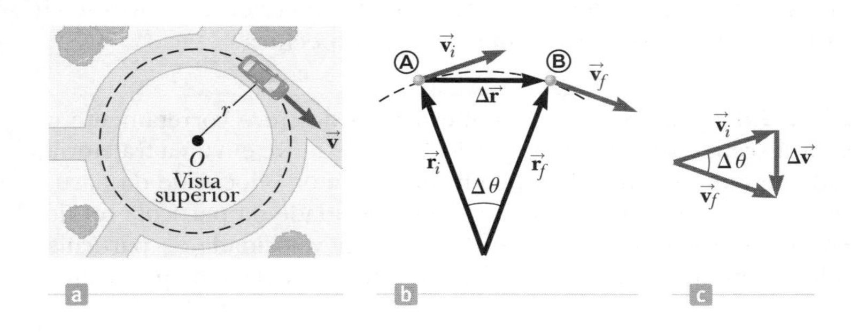

Figura 3.13 (a) Um carro, movendo-se ao longo de uma trajetória circular com velocidade constante, experimenta movimento uniforme circular. (b) Conforme a partícula se move de Ⓐ para Ⓑ, seu vetor velocidade muda de $\vec{\mathbf{v}}_i$ para $\vec{\mathbf{v}}_f$. (c) Construção para determinar a direção da variação na velocidade $\Delta\vec{\mathbf{v}}_i$, que é na direção do centro do círculo para $\Delta\theta$ pequeno.

representa a variação em posição $\Delta\vec{\mathbf{r}}$. A partícula segue uma trajetória circular, parte da qual é mostrada pela curva pontilhada. A partícula Ⓐ está no tempo t_i e sua velocidade nesse momento é $\vec{\mathbf{v}}_i$, e em Ⓑ em algum momento posterior t_f, e sua velocidade nesse tempo é $\vec{\mathbf{v}}_f$. Suponhamos também que $\vec{\mathbf{v}}_i$ e $\vec{\mathbf{v}}_f$ difiram apenas na direção; seus módulos são os mesmos ($v_i = v_f = v$, porque é um movimento circular *uniforme*). Para calcular a aceleração da partícula, vamos começar com a equação que define a aceleração média (Eq. 3.4):

$$\vec{\mathbf{a}}_{\text{méd}} = \frac{\vec{\mathbf{v}}_f - \vec{\mathbf{v}}_i}{t_f - t_i} = \frac{\Delta\vec{\mathbf{v}}}{\Delta t}$$

Na Figura 3.13c, os vetores velocidade da Figura 3.13b foram redesenhados cauda com cauda. O vetor $\Delta\vec{\mathbf{v}}$ conecta as pontas desses vetores, representando o vetor adição, $\vec{\mathbf{v}}_f = \vec{\mathbf{v}}_i + \Delta\vec{\mathbf{v}}$. Nas Figuras 3.13b e c, identificamos triângulos que podem servir como modelos geométricos para nos ajudar a analisar o movimento. O ângulo $\Delta\theta$ entre os dois vetores posição na Figura 3.13b é o mesmo daquele entre os vetores velocidade na Figura 3.13c, porque o vetor velocidade $\vec{\mathbf{v}}$ é sempre perpendicular ao vetor posição $\vec{\mathbf{r}}$. Portanto, os dois triângulos são *semelhantes*. (Dois triângulos são semelhantes se o ângulo entre quaisquer dois lados é o mesmo para ambos e se a proporção dos comprimentos desses lados é a mesma.) Podemos então descrever uma relação entre os comprimentos dos lados para os dois triângulos:

$$\frac{|\Delta\vec{\mathbf{v}}|}{v} = \frac{|\Delta\vec{\mathbf{r}}|}{r}$$

en que $v = v_i = v_f$ e $r = r_i = r_f$. Essa equação pode ser resolvida para $|\Delta\vec{\mathbf{v}}|$, e a expressão nela obtida pode ser substituída em $\vec{\mathbf{a}}_{\text{méd}} = \Delta\vec{\mathbf{v}}/\Delta t$ (Eq. 3.4) para dar o módulo da aceleração média durante o intervalo de tempo para que a partícula se mova de Ⓐ para Ⓑ:

$$|\vec{\mathbf{a}}_{\text{méd}}| = \frac{v|\Delta\vec{\mathbf{r}}|}{r\,\Delta t}$$

Agora, imagine que trazemos os pontos Ⓐ e Ⓑ na Figura 3.13b muito próximos um do outro. Conforme Ⓐ e Ⓑ se aproximam, Δt se aproxima de zero e a relação $|\Delta\vec{\mathbf{r}}|/\Delta t$ se aproxima da velocidade escalar v. Além disso, a aceleração média torna-se instantânea no ponto Ⓐ. Portanto, no limite $\Delta t \to 0$, o **módulo** da aceleração é

▶ Módulo da aceleração centrípeta

$$a_c = \frac{v^2}{r} \qquad \textbf{3.17}$$

Uma aceleração dessa natureza é chamada **aceleração centrípeta** (*centrípeta* significa *sentido em direção ao centro)*. O subscrito no símbolo de aceleração nos lembra de que ela é centrípeta.

Em muitas situações, é conveniente descrever o movimento de uma partícula se movendo com velocidade constante em um círculo de raio r em termos do **período** T, que é definido como o intervalo de tempo necessário para uma revolução completa da partícula. No intervalo de tempo T, a partícula se move por uma distância de $2\pi r$, que é igual à circunferência da trajetória circular da partícula. Então, como sua velocidade é igual à circunferência da trajetória circular dividida pelo período, ou $v = 2\pi r/T$, segue que

▶ Período de uma partícula em movimento uniforme circular

$$T = \frac{2\pi r}{v} \qquad \textbf{3.18}$$

A partícula no movimento circular uniforme é uma situação física muito comum e útil como modelo de análise para resolver problemas. As Equações 3.17 e 3.18 devem ser usadas quando o modelo de partícula em movimento uniforme circular é identificado como adequado a uma situação específica.

Prevenção de Armadilhas | 3.5

Aceleração centrípeta não é constante

O módulo do vetor aceleração centrípeta é constante para o movimento uniforme circular, mas *o vetor aceleração centrípeta não é constante*. Ele sempre aponta na direção do centro do círculo, mas muda continuamente de direção conforme o objeto se move.

TESTE RÁPIDO 3.4 Qual das seguintes alternativas descreve corretamente o vetor aceleração centrípeta para uma partícula que se move em uma trajetória circular? **(a)** constante e sempre perpendicular ao vetor velocidade da partícula **(b)** constante e sempre paralelo ao vetor velocidade da partícula **(c)** de módulo constante e sempre perpendicular ao vetor velocidade da partícula **(d)** de módulo constante e sempre paralelo ao vetor velocidade da partícula.

PENSANDO EM FÍSICA 3.2

Um avião viaja de Los Angeles para Sydney, na Austrália. Depois de atingir a altitude de cruzeiro, os instrumentos no avião indicam que a velocidade escalar em relação ao solo permanece constante em 700 km/h e que a direção do avião não muda. A velocidade do avião é constante durante o voo?

Raciocínio A velocidade não é constante por causa da curvatura da Terra. Mesmo que a velocidade não mude e aponte sempre para Sydney (isso é realmente verdade?), o avião percorre uma parcela significativa da circunferência da Terra. Assim, a direção do vetor velocidade, de fato, se altera. Poderíamos estender essa situação imaginando que o avião passa sobre Sidney e continua (supondo que tenha combustível suficiente!) em torno da Terra, até que chega a Los Angeles novamente. É impossível para um avião ter velocidade constante (em relação ao Universo, não em relação à superfície da Terra) e retornar a seu ponto de partida. ◀

Exemplo 3.5 | A aceleração centrípeta da Terra

Qual é a aceleração centrípeta da Terra conforme ela se move em sua órbita ao redor do Sol?

SOLUÇÃO

Conceitualização Pense na imagem mental da Terra em uma órbita circular ao redor do Sol. Vamos modelar a Terra como uma partícula e aproximar sua órbita como sendo circular (é de fato elíptica, como discutiremos no Capítulo 11).

Categorização O passo acima nos permite categorizar esse problema como de partícula em movimento uniforme circular.

Análise Não sabemos a velocidade orbital da Terra para substituir na Equação 3.17. Porém, com a ajuda da Equação 3.18, podemos reformular a 3.17 em termos do período da órbita da Terra, que sabemos ser de um ano, e o raio da órbita da Terra ao redor do Sol, que é $1{,}496 \times 10^{11}$ m.

Combine as Equações 3.17 e 3.18:

$$a_c = \frac{v^2}{r} = \frac{\left(\dfrac{2\pi r}{T}\right)^2}{r} = \frac{4\pi^2 r}{T^2}$$

Substitua os valores numéricos:

$$a_c = \frac{4\pi^2(1{,}496 \times 10^{11}\ \text{m})}{(1\ \text{ano})^2}\left(\frac{1\ \text{ano}}{3{,}156 \times 10^7\ \text{s}}\right)^2 = 5{,}93 \times 10^{-3}\ \text{m/s}^2$$

Finalização Essa aceleração é muito menor que aquela em queda livre na superfície da Terra. Uma técnica importante que aprendemos é substituir a velocidade v na Equação 3.17 em termos do período T do movimento. Em muitos problemas, é mais provável que T seja conhecido, em vez de v.

3.5 | Aceleração tangencial e radial

Tomemos como exemplo um movimento mais geral que aquele apresentado na Seção 3.4. Considere uma partícula movendo-se para a direita ao longo de uma trajetória curva quando sua velocidade muda em direção *e* módulo, como descrito na Figura Ativa 3.14. Nessa situação, o vetor velocidade é sempre tangente à trajetória; o vetor aceleração $\vec{\mathbf{a}}$, no entanto, está em algum ângulo com a trajetória. Em cada instante, a partícula pode ser modelada como se estivesse em movimento numa trajetória circular. O raio da trajetória circular é o de curvatura da trajetória naquele instante. No seguinte, a partícula se move como que numa trajetória circular, mas com um centro e raio diferentes do anterior. Em cada um dos três pontos Ⓐ, Ⓑ e Ⓒ da Figura Ativa 3.14, vemos os círculos tracejados, que formam os modelos geométricos de trajetórias circulares para a trajetória real em cada ponto.

Conforme a partícula se move ao longo da trajetória curva na Figura Ativa 3.14, a direção do vetor de aceleração total $\vec{\mathbf{a}}$ muda de ponto para ponto. Esse vetor pode ser resolvido em dois componentes baseados em uma origem no centro do modelo "circular" correspondente àquele instante: uma componente radial a_r ao longo do raio do

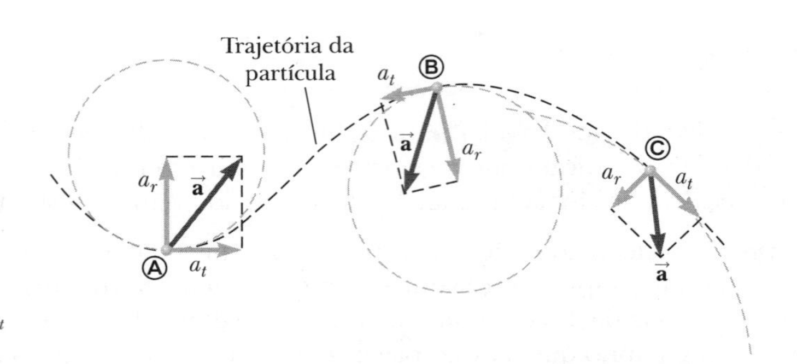

Figura Ativa 3.14 Movimento de uma partícula ao longo de uma trajetória curva arbitrária no plano *xy*. Se o vetor velocidade $\vec{\mathbf{v}}$ (sempre tangente à trajetória) muda em direção e módulo, o vetor aceleração $\vec{\mathbf{a}}$ tem uma componente tangencial a_t e uma componente radial a_r.

círculo e uma componente tangencial em a_t perpendicular a esse raio. O vetor aceleração *total* $\vec{\mathbf{a}}$ pode ser representado como a soma vetorial dos vetores componentes:

$$\vec{\mathbf{a}} = \vec{\mathbf{a}}_r + \vec{\mathbf{a}}_t \tag{3.19}$$

A aceleração tangencial surge da mudança no módulo da velocidade da partícula e é dada por

▶ Aceleração tangencial

$$a_t = \frac{d|\vec{\mathbf{v}}|}{dt} \tag{3.20}$$

A componente de aceleração radial é resultado da variação na direção do vetor velocidade e é dada por

▶ Aceleração radial

$$a_r = -a_c = -\frac{v^2}{r}$$

em que r é o raio de curvatura da trajetória no ponto em questão, que é o raio do círculo. Reconhecemos o módulo da componente radial da aceleração como a aceleração centrípeta discutida na Seção 3.4. O sinal negativo indica que a direção da aceleração centrípeta é em direção ao centro do círculo, oposta à do vetor unidade radial $\hat{\mathbf{r}}$, que aponta sempre para fora do centro do círculo.

Como $\vec{\mathbf{a}}_r$ e $\vec{\mathbf{a}}_t$ são componentes perpendiculares de $\vec{\mathbf{a}}$, segue que $a = \sqrt{a_r^2 + a_t^2}$. A uma dada velocidade, a_r é maior quando o raio de curvatura é menor (como nos pontos Ⓐ e Ⓑ da Fig. Ativa 3.14), e menor quando r é grande (como no ponto Ⓒ). O sentido de $\vec{\mathbf{a}}_t$ é ou o mesmo de $\vec{\mathbf{v}}$ (se v está aumentando) ou oposto a $\vec{\mathbf{v}}$ (se v é decrescente, como no ponto Ⓑ).

No caso de movimento uniforme circular, em que v é constante, $a_t = 0$ e a aceleração sempre é completamente radial, como descrito na Seção 3.4. Em outras palavras, movimento uniforme circular é um caso especial de movimento ao longo de uma trajetória curva. Além disso, se a direção de $\vec{\mathbf{v}}$ não muda, não há aceleração radial e o movimento é em uma dimensão ($a_r = 0$, mas a_t pode não ser zero).

TESTE RÁPIDO 3.5 Uma partícula move-se ao longo de um caminho e sua velocidade aumenta com o tempo. **(i)** Em qual dos seguintes casos seus vetores aceleração e velocidade são paralelos? (a) quando a trajetória é circular. (b) quando a trajetória é reta. (c) quando a trajetória é uma parábola. (d) nunca. **(ii)** Com base nas mesmas alternativas, em que casos seus vetores aceleração e velocidade são perpendiculares em todos os lugares ao longo da trajetória?

3.6 | Velocidade relativa e aceleração relativa

Nesta seção, descrevemos como observações feitas por observadores diferentes em sistemas de referência diferentes se relacionam entre si. Um sistema de referência pode ser descrito como um sistema de coordenadas cartesiano no qual um observador está em repouso com relação à origem.

Vamos conceitualizar uma situação hipotética. Considere os dois observadores A e B ao longo da linha mostrada na Figura 3.15a. O observador A está localizado na origem do eixo unidimensional x_A, enquanto o B está na posição

$x_A = -5$. Denotamos a variável de posição como x_A porque o observador A está na origem desse eixo. Os dois observadores medem a posição do ponto P, que está localizado em $x_A = +5$. Suponha que B decida que está localizado na origem de um eixo x_B, como na Figura 3.15b. Note que os dois discordam sobre o valor da posição do ponto P. O observador diz que o ponto P está localizado na posição com valor de +5, enquanto B afirma que está em +10. Ambos estão corretos, embora façam medições diferentes. As medições diferem porque eles as fazem com base em sistemas de referência diferentes.

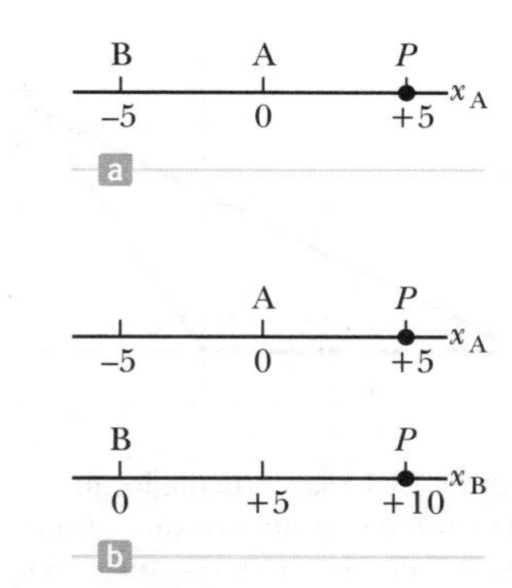

Figura 3.15 Diferentes observadores fazem diferentes medições. (a) O observador A está localizado na origem, e o B numa posição de –5. Ambos medem a posição de uma partícula em P. (b) Se os dois observadores vissem a si mesmos na origem de seu próprio sistema de coordenadas, discordariam sobre o valor da posição da partícula em P.

Imagine que o observador B na Figura 3.15b esteja se movendo para a direita ao longo do eixo x_B. Agora, as duas medições são ainda mais diferentes. O observador A diz que o ponto P permanece em repouso em uma posição com valor de +5, enquanto o B afirma que a posição de P muda continuamente com o tempo, passando por ele e se movendo atrás dele! Ambos estão corretos novamente, com a diferença nas medições surgindo dos sistemas de referência diferentes.

Exploramos esse fenômeno considerando duas mulheres que observam um homem caminhando em uma esteira em movimento, em um aeroporto, na Figura 3.16. A mulher em pé na esteira em movimento vê o homem caminhando com velocidade normal. Já a que observa de um ponto estacionário no chão o vê movimentando-se com maior velocidade, porque a velocidade da esteira se soma com a da caminhada dele. As duas observadoras olham para o mesmo homem e chegam a valores diferentes para a velocidade dele. Ambas estão corretas; a diferença no resultado das medições resulta da velocidade relativa de seus sistemas de referência.

Figura 3.16 Duas observadoras medem a velocidade de um homem caminhando em uma esteira em movimento.

Numa situação mais geral, considere uma partícula localizada no ponto P da Figura 3.17. Imagine que o movimento dessa partícula está sendo descrito por dois observadores: A no referencial S_A fixo em relação à Terra e B em um sistema de referência S_B deslocando-se para a direita, em relação a S_A (e, portanto, em relação à Terra), com uma velocidade constante $\vec{\mathbf{v}}_{BA}$. Nesta discussão sobre velocidade relativa, usamos uma notação de duplo subscrito: o primeiro subscrito representa o que está sendo observado, e o segundo, aquele que observa. Portanto, a notação $\vec{\mathbf{v}}_{BA}$ significa a velocidade do observador B (e o sistema anexo S_B) como medido pelo observador A. Com essa notação, B mede A para se mover para a esquerda com velocidade $\vec{\mathbf{v}}_{AB} = -\vec{\mathbf{v}}_{BA}$. Para os fins dessa discussão, colocaremos cada observador em sua respectiva origem.

Definimos o tempo $t = 0$ como o instante no qual as origens dos dois sistemas de referência coincidem no espaço. Então, no tempo t, as origens dos sistemas de referência serão separadas por uma distância $v_{BA}t$. Marcamos a posição P da partícula relativa ao observador A com o vetor posição $\vec{\mathbf{r}}_{PA}$, e a relativa a B com o vetor posição $\vec{\mathbf{r}}_{PB}$, ambos no tempo t. Na Figura 3.17, vemos que os vetores $\vec{\mathbf{r}}_{PA}$ e $\vec{\mathbf{r}}_{PB}$ se relacionam um com o outro por meio da expressão

$$\vec{\mathbf{r}}_{PA} = \vec{\mathbf{r}}_{PB} + \vec{\mathbf{v}}_{BA}t \quad \textbf{3.21}$$

Diferenciando a Equação 3.21 com relação ao tempo e notando que $\vec{\mathbf{v}}_{BA}$ é constante, obtemos

$$\frac{d\vec{\mathbf{r}}_{PA}}{dt} = \frac{d\vec{\mathbf{r}}_{PB}}{dt} + \vec{\mathbf{v}}_{BA}$$

$$\vec{\mathbf{u}}_{PA} = \vec{\mathbf{u}}_{PB} + \vec{\mathbf{v}}_{BA} \quad \textbf{3.22}$$

▶ Transformação da velocidade galileana

em que $\vec{\mathbf{u}}_{PA}$ é a velocidade da partícula em P medida pelo observador A, e $\vec{\mathbf{u}}_{PB}$, sua velocidade medida por B. (Usamos o símbolo $\vec{\mathbf{u}}$ para velocidade da partícula em vez de $\vec{\mathbf{v}}$, que já foi usado para a velocidade relativa de dois sistemas de referência.) As Equações 3.21 e 3.22 são conhecidas como **equações de transformação galileanas** que relacionam a posição e a velocidade de uma partícula conforme medidas por observadores em movimento relativo. Note o padrão dos subscritos na Equação 3.22. Quando velocidades relativas são acrescentadas, os subscritos internos (B) são os mesmos, e os externos (P, A) combinam com os subscritos da velocidade no lado esquerdo da equação.

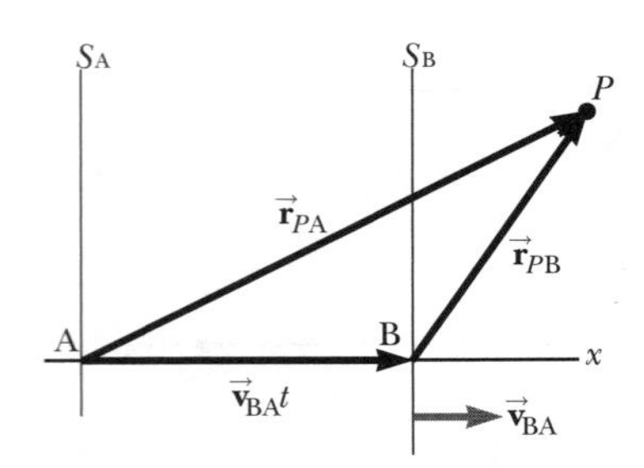

Figura 3.17 Uma partícula localizada em ***P*** é descrita por dois observadores, um no sistema de referência fixo S_A e outro no S_B, que se move para a direita com velocidade constante $\vec{v}_{BA}$. O vetor $\vec{r}_{PA}$ é o de posição da partícula em relação a S_A, e $\vec{r}_{PB}$ é sua posição com relação a S_B.

Embora observadores em dois sistemas meçam velocidades diferentes para a partícula, eles medem a *mesma aceleração* quando $\vec{v}_{BA}$ é contante. Podemos verificar isso considerando a derivada de tempo da Equação 3.22:

$$\frac{d\vec{u}_{PA}}{dt} = \frac{d\vec{u}_{PB}}{dt} + \frac{d\vec{v}_{BA}}{dt}$$

Porque $\vec{v}_{BA}$ é constante, $d\vec{v}_{BA}/dt = 0$. Portanto, concluímos que $\vec{a}_{PA} = \vec{a}_{PB}$ porque $\vec{a}_{PA} = d\vec{u}_{PA}/dt$ e $\vec{a}_{PB} = d\vec{u}_{PB}/dt$. Ou seja, a aceleração da partícula medida por um observador em um sistema de referência é a mesma que a medida por qualquer outro movendo-se com velocidade constante em relação ao primeiro sistema.

Exemplo 3.6 | Um barco atravessando o rio

Um barco atravessa um rio largo movimentando-se com velocidade de 10,0 km/h em relação à água. A água no rio tem velocidade uniforme de 5,00 km/h para o leste em relação à Terra.

(A) Se o barco vai para norte, determine sua velocidade em relação a um observador em pé em uma das margens.

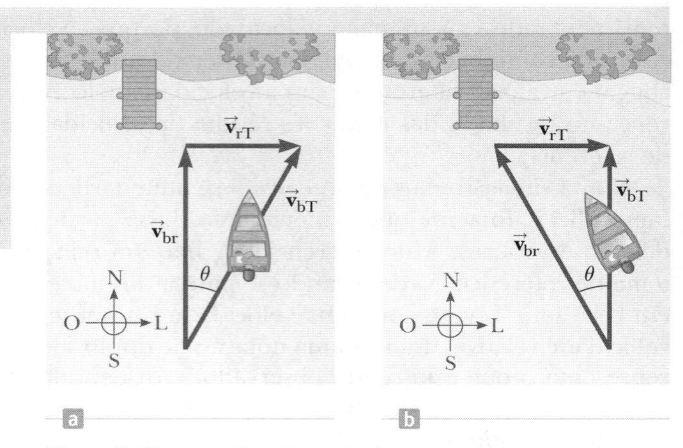

Figura 3.18 (Exemplo 3.6) (a) Um barco quer atravessar um rio e acaba indo rio abaixo. (b) Para se mover diretamente para o outro lado do rio, o barco deve ir rio acima.

SOLUÇÃO

Conceitualização Imagine mover-se em um barco que atravessa um rio enquanto a corrente empurra você para baixo. Você não conseguirá se mover diretamente para o outro lado do rio, mas irá rio abaixo, como sugerido na Figura 3.18a.

Categorização Por causa das velocidades combinadas, de você em relação ao rio e do rio em relação à Terra, podemos categorizar esse problema como um que envolve velocidades relativas.

Análise Sabemos que $\vec{v}_{br}$ é a velocidade do *barco* em relação ao *rio* e que $\vec{v}_{rT}$ representa a velocidade do *rio* em relação à *Terra*. O que temos que encontrar é $\vec{v}_{bT}$, a velocidade do *barco* em relação à *Terra*. A relação entre essas quantidades é $\vec{v}_{bT} = \vec{v}_{br} + \vec{v}_{rT}$. Os termos na equação devem ser manipulados como grandezas vetoriais; os vetores são mostrados na Figura 3.18a. O vetor $\vec{v}_{br}$ é para o norte; $\vec{v}_{rT}$ é para o leste; e a soma vetorial dos dois, $\vec{v}_{bT}$, está em um ângulo θ como definido na Figura 3.18a.

Encontre a velocidade v_{bT} do barco em relação à Terra usando o teorema de Pitágoras:

$$v_{bT} = \sqrt{v_{br}^2 + v_{rT}^2} = \sqrt{(10{,}0 \text{ km/h})^2 + (5{,}00 \text{ km/h})^2}$$
$$= 11{,}2 \text{ km/h}$$

Encontre a direção de $\vec{v}_{bT}$:

$$\theta = \text{tg}^{-1}\left(\frac{v_{rT}}{v_{br}}\right) = \text{tg}^{-1}\left(\frac{5{,}00}{10{,}0}\right) = 26{,}6°$$

Finalização O barco se move a uma velocidade de 11,2 km/h na direção 26,6° a nordeste em relação à Terra. Note que essa velocidade é mais rápida que a do seu barco, de 10,0 km/h. A velocidade da correnteza se adiciona à sua para lhe dar maior velocidade. Note, na Figura 3.18a, que devido a esse ângulo θ você acabará rio abaixo, conforme previmos.

(B) Se o barco viaja com a mesma velocidade de 10,0 km/h em relação ao rio e deve viajar para o norte, como mostrado na Figura 3.18b, que direção deveria tomar?

continua

3.6 *cont.*

SOLUÇÃO

Conceitualização/Categorização Com essa questão é uma extensão da parte (A), já conceitualizamos e categorizamos o problema. No entanto, nesse caso, devemos apontar o barco rio acima para poder atravessá-lo.

Análise A análise agora envolve o novo triângulo mostrado na Figura 3.18b. Como na parte (A), conhecemos $\vec{\mathbf{v}}_{rT}$ e o módulo do vetor $\vec{\mathbf{v}}_{br}$, e queremos que $\vec{\mathbf{v}}_{bT}$ seja direcionado para o outro lado do rio. Note a diferença entre o triângulo na Figura 3.18a e o da Figura 3.18b: a hipotenusa na Figura 3.18b já não é $\vec{\mathbf{v}}_{bT}$.

Use o teorema de Pitágoras para achar v_{bT}: $$v_{bT} = \sqrt{{v_{br}}^2 - {v_{rT}}^2} = \sqrt{(10{,}0 \text{ km/h})^2 - (5{,}00 \text{ km/h})^2} = 8{,}66 \text{ km/h}$$

Encontre a direção na qual o barco está indo: $$\theta = \text{tg}^{-1}\left(\frac{v_{rT}}{v_{bT}}\right) = \text{tg}^{-1}\left(\frac{5{,}00}{8{,}66}\right) = 30{,}0°$$

Finalização O barco deve ir rio acima para viajar diretamente para o norte e atravessá-lo. Para essa situação, o barco deve manter um curso de 30,0° a noroeste. Para correntezas mais velozes, ele deve ser posicionado rio acima com ângulos maiores.

E se? Imagine que os dois barcos nas partes (A) e (B) estão apostando corrida para atravessar o rio. Qual barco chegará à margem oposta primeiro?

Resposta Em (A), a velocidade de 10 km/h está apontada diretamente para o outro lado do rio. Na parte (B), a velocidade direcionada ao outro lado do rio tem módulo de 8,66 km/h somente. Portanto, o barco na parte (A) tem componente de velocidade maior diretamente para o outro lado do rio e chega primeiro.

3.7 | Conteúdo em contexto: aceleração lateral de automóveis

Um automóvel não viaja em linha reta. Ele segue um caminho bidimensional, sobre uma superfície plana da Terra, e um tridimensional, se há colinas e vales. Vamos restringir nosso pensamento nesse momento a um automóvel viajando em duas dimensões em uma estrada plana. Durante uma curva, ele pode ser modelado como seguindo o arco de uma trajetória circular em cada ponto no seu movimento e, por consequência, tem uma aceleração centrípeta.

Uma característica desejada de automóveis é que possam contornar uma curva sem capotar. Essa característica depende da aceleração centrípeta. Imagine manter um livro em pé sobre uma tira de lixa. Se essa for movida lentamente através da superfície de uma mesa com uma pequena aceleração, o livro ficará em pé. No entanto, se for movida com uma grande aceleração, o livro cairá. Isso é o que gostaríamos de evitar em um carro.

Imagine que, em vez de acelerarmos um livro em uma dimensão, temos um carro em um caminho circular e, portanto, com aceleração centrípeta. O efeito é o mesmo. Se houver muita aceleração centrípeta, o carro "capotará" e, então, rolará de lado. A aceleração centrípeta máxima possível que um carro pode apresentar sem capotar em uma curva é chamada *aceleração lateral*. Duas contribuições para a aceleração lateral de um carro são: altura do centro de massa do veículo acima do solo e distância de lado a lado entre as rodas. (Estudaremos centro de massa no Capítulo 8.) Em nossa demonstração, o livro tem proporção relativamente grande da altura do centro de massa com a sua largura sobre o qual está assentado, então ele cai de maneira relativamente fácil sob baixas acelerações. Um automóvel tem uma proporção muito menor da altura do centro de massa para a distância entre as rodas. Portanto, pode suportar acelerações mais elevadas.

Considere a aceleração lateral dos veículos documentada na Tabela 2.3 listadas na Tabela 3.1. Esses valores são dados como múltiplos de g, a aceleração por causa da gravidade. Note que a maior parte dos veículos muito caros e os carros de alta *performance* têm aceleração lateral próxima daquela em razão da gravidade e que a aceleração lateral do Bugatti é 40% maior do que essa, por causa da gravidade. O Bugatti é um veículo muito estável!

Em contraste, a aceleração lateral de carros de baixa *performance* é menor, porque, em geral, não são concebidos para percorrer curvas em uma velocidade tão alta quanto os de alta *performance*. Por exemplo, o Buick tem uma aceleração lateral de 0,85 g. Os dois veículos utilitários esportivos da tabela têm acelerações laterais inferiores a esse valor e podem ter valores tão baixos quanto 0,62 g. Como resultado, são altamente propensos a capotagens em manobras de emergência.

TABELA 3.1 | Aceleração lateral de automóveis

Automóveis	Aceleração lateral (g)	Automóvel	Aceleração lateral (g)
Veículos muito caros:		*Veículos tradicionais:*	
Bugatti Veyron 16.4 Super Sport	1,40	Buick Regal CXL Turbo	0,85
Lamborghini LP 570-4 Superleggera	0,98	Chevrolet Tahoe 1500 LS (SUV)	0,70
Lexus LFA	1,04	Ford Fiesta SES	0,84
Mercedes-Benz SLS AMG	0,96	Hummer H3 (SUV)	0,66
Shelby SuperCars Ultimate Aero	1,05	Hyundai Sonata SE	0,85
Média	**1,09**	Smart ForTwo	0,72
		Média	**0,77**
Veículos de alta performance:		*Veículos alternativos:*	
Chevrolet Corvette ZR1	1,07	Chevrolet Volt (híbrido)	0,83
Dodge Viper SRT10	1,06	Nissan Leaf (elétrico)	0,79
Jaguar XJL Supercharged	0,88	Honda CR-Z (híbrido)	0,83
Acura TL SH-AWD	0,91	Honda Insight (híbrido)	0,74
Dodge Challenger SRT8	0,88	Toyota Prius (híbrido)	0,76
Média	**0,96**	**Média**	**0,79**

RESUMO

Se uma partícula se move com aceleração *constante* $\vec{a}$ e tem velocidade $\vec{v}_i$ e posição $\vec{r}_i$ para $t = 0$, seus vetores velocidade e posição em algum momento posterior t são

$$\vec{v}_f = \vec{v}_i + \vec{a}t \qquad 3.8$$

$$\vec{r}_f = \vec{r}_i + \vec{v}_i t + \tfrac{1}{2}\vec{a}t^2 \qquad 3.9$$

Para movimento bidimensional no plano xy sob aceleração constante, cada uma destas expressões de vetor é equivalente a duas expressões componentes: uma para o movimento na direção x e outra para o movimento na direção y.

Movimento de projétil é um caso especial de movimento bidimensional em aceleração constante, em que $a_x = 0$ e $a_y = -g$. Nesse caso, as componentes horizontais das equações 3.8 e 3.9 se reduzem àquelas de uma partícula sob velocidade constante:

$$v_{xf} = v_{xi} = \text{constante} \qquad 3.10$$

$$x_f = x_i + v_{xi}t \qquad 3.12$$

As componentes verticais das Equações 3.8 e 3.9 são de uma partícula em aceleração constante

$$v_{yf} = v_{yi} - gt \qquad 3.11$$

$$y_f = y_i + v_{yi}t - \tfrac{1}{2}gt^2 \qquad 3.13$$

em que $v_{xi} = v_i \cos\theta_i$, $v_{yi} = v_i \operatorname{sen}\theta_i$, v_i é a velocidade inicial do projétil e θ_i é o ângulo que $\vec{v}_i$ faz com o eixo positivo x.

Se uma partícula se move ao longo de uma trajetória curva, de tal modo que módulo e direção $\vec{v}$ mudem com o tempo, a partícula tem um vetor aceleração, que pode ser descrito por duas componentes: (1) uma componente radial a_r, resultante da mudança de direção , e (2) uma tangencial a_t, resultante da mudança na amplitude de $\vec{v}$. A aceleração radial é chamada **aceleração centrípeta**, e sua direção é sempre para o centro da trajetória circular.

Se um observador B está se movendo com velocidade $\vec{v}_{BA}$ em relação ao observador A, suas medições da velocidade de uma partícula localizada no ponto P estão relacionadas de acordo com

$$\vec{u}_{PA} = \vec{u}_{PB} + \vec{v}_{BA} \qquad 3.22$$

A Equação 3.22 é a de **transformação de Galileu** para as velocidades e indica que diferentes observadores medirão diferentes velocidades para a mesma partícula.

Modelo de análise para resolução de problemas

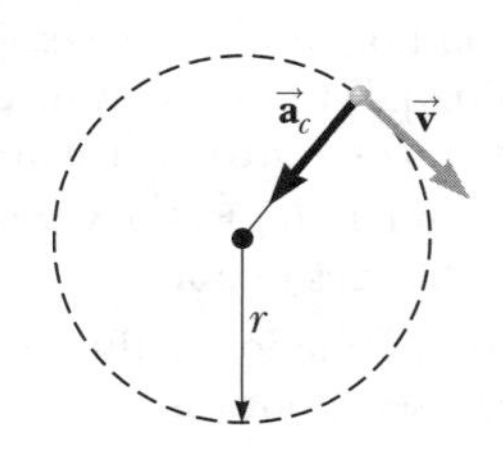

Partícula em movimento uniforme circular. Se uma partícula se move em uma trajetória circular de raio r com velocidade constante v, o módulo de sua aceleração centrípeta é dado por

$$a_c = \frac{v^2}{r} \qquad \textbf{3.17}$$

e o **período** do seu movimento é dado por

$$T = \frac{2\pi r}{v} \qquad \textbf{3.18}$$

PERGUNTAS OBJETIVAS

1. Um carro movendo-se em uma pista circular com velocidade constante tem aceleração (a) zero, (b) na direção da sua velocidade, (c) direcionada para longe do centro de sua trajetória, (d) direcionada para o centro de sua trajetória ou (e) com uma direção que não pode ser determinada pela informação dada?

2. Um astronauta bate numa bola de golfe na Lua. Qual das quantidades seguintes, se houver alguma, permanece constante enquanto a bola percorre o vácuo? (a) velocidade escalar (b) aceleração (c) componente horizontal de velocidade (d) componente vertical de velocidade (e) velocidade vetorial.

3. A Figura PO3.3 mostra a vista do alto de um carro fazendo a curva numa estrada. Quando o carro se move do ponto 1 para o 2, sua velocidade dobra. Qual dos vetores (a) a (e) mostra a direção da aceleração média do carro entre esses dois pontos?

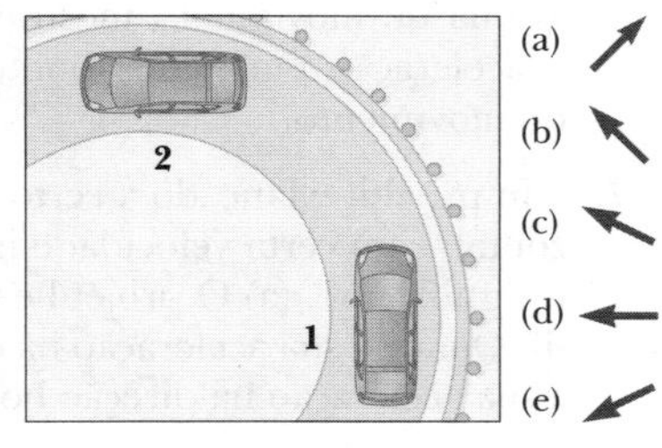

Figura PO3.3

4. Quando entra em seu quarto, um estudante joga sua mochila para cima e para a direita a um ângulo de 45° com a horizontal (Fig. PO3.4). A resistência do ar não afeta a mochila, que se move pelo ponto Ⓐ imediatamente depois de sair da mão do estudante, pelo ponto Ⓑ em seu ponto de altura máxima e pelo ponto Ⓒ imediatamente antes de pousar em cima do beliche. **(i)** Classifique as componentes verticais e horizontais seguintes da maior para a menor. (a) $v_{Ⓐx}$ (b) $v_{Ⓐy}$ (c) $v_{Ⓑx}$ (d) $v_{Ⓑy}$ (e) $v_{Ⓒy}$. Note que zero é maior que um número negativo. Se duas quantidades forem iguais, mostre-as assim em sua lista. Se qualquer quantidade for igual a zero, mostre-a em sua lista. **(ii)** De maneira similar, classifique as seguintes componentes de aceleração da mesma maneira. (a) $a_{Ⓐx}$ (b) $a_{Ⓐy}$ (c) $a_{Ⓑx}$ (d) $a_{Ⓑy}$ (e) $a_{Ⓒy}$.

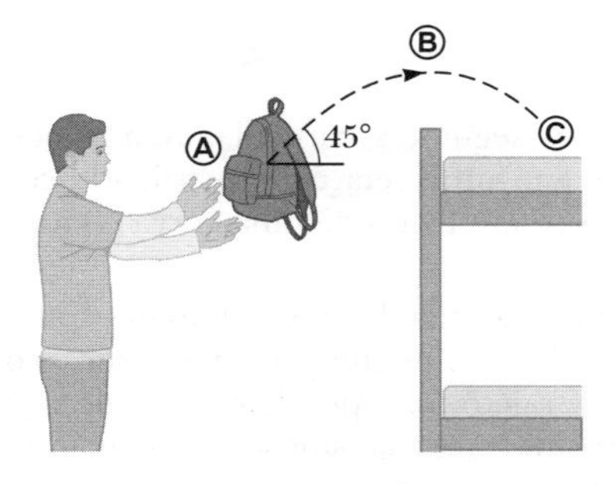

Figura PO3.4

5. Em qual das situações seguintes o corpo em movimento foi adequadamente modelado como um projétil? Escolha todas as respostas corretas. (a) Um sapato é jogado em uma direção arbitrária. (b) Um avião a jato cruza o céu com seus motores empurrando-o para a frente. (c) Um foguete sai da plataforma de lançamento. (d) Um foguete se move pelo céu com velocidade menor que a do som após usar todo seu combustível. (e) Um mergulhador joga uma pedra embaixo d'água.

6. Uma rolha de borracha na ponta de um barbante é balançada de forma constante em um círculo horizontal. Em um teste, ela se move com velocidade v em um círculo de raio r. Na segunda tentativa, move-se com velocidade maior $3v$ em um círculo de raio $3r$. Nessa tentativa, sua aceleração é (a) igual à da primeira, (b) três vezes maior, (c) um terço do tamanho, (d) nove vezes maior ou (e) um nono do tamanho?

7. Um molho de chaves na ponta de um barbante é balançado de forma constante em um círculo horizontal. Em uma tentativa, ele se move com velocidade v em um círculo de raio r. Na segunda, move-se com velocidade maior $4v$ em um círculo de raio $4r$. Nessa, como o período do seu movimento se compara com o período na primeira tentativa? (a) É igual ao da primeira. (b) É 4 vezes maior. (c) É um quarto do tamanho. (d) É 16 vezes maior. (e) É um 16 avos maior.

8. Um caminhão leve pode fazer uma curva com raio de 150 m com velocidade máxima de 32,0 m/s. Para ter a mesma aceleração, com que velocidade máxima ele pode fazer uma curva com raio de 75,0 m? (a) 64 m/s (b) 45 m/s (c) 32 m/s (d) 23 m/s (e) 16 m/s.

9. Um estudante lança uma pesada bola vermelha horizontalmente da varanda de um prédio alto com velocidade inicial v_i. Ao mesmo tempo, outro estudante deixa cair uma bola azul, mais leve, da varanda. Desprezando a resistência do ar, qual afirmação é verdadeira? (a) A bola azul atinge o solo primeiro. (b) As bolas atingem o solo no mesmo instante. (c) A bola vermelha atinge o solo primeiro. (d) Ambas batem no chão com a mesma velocidade. (e) Nenhuma das afirmações é verdadeira.

10. Um velejador deixa uma chave-inglesa cair de cima do mastro vertical de um veleiro enquanto esse se move rápida e regularmente direto para a frente. Que local a chave-inglesa vai atingir do convés? (a) a frente da base do mastro (b) a base do mastro (c) atrás da base do mastro (d) a barlavento da base do mastro (e) nenhuma das opções é verdadeira.

11. Um projétil é lançado na Terra com certa velocidade inicial e se move sem resistência do ar. Outro é lançado com a mesma velocidade inicial na Lua, onde a aceleração da gravidade é um sexto da daqui. Como o alcance do projétil na Lua se compara com o do outro na Terra? (a) É um sexto do tamanho. (b) É igual. (c) É $\sqrt{6}$ vezes maior. (d) É 6 vezes maior. (e) É 36 vezes maior.

12. Uma bola de beisebol é lançada do gramado em direção ao apanhador. Quando ela atinge seu ponto mais alto, que afirmação é verdadeira? (a) Sua velocidade e aceleração são ambas zero. (b) Sua velocidade não é igual a zero, mas sua aceleração sim. (c) Sua velocidade é perpendicular à aceleração. (d) Sua aceleração depende do ângulo em que a bola foi lançada. (e) Nenhuma das afirmações é verdadeira.

PERGUNTAS CONCEITUAIS

1. Explique se as seguintes partículas têm aceleração: (a) movendo-se em linha reta com velocidade constante e (b) movendo-se em torno de uma curva com velocidade constante.

2. Construa um diagrama de movimento mostrando a velocidade e a aceleração de um projétil em vários pontos ao longo de sua trajetória, supondo que (a) ele seja lançado horizontalmente e (b) seja lançado em um ângulo θ com a horizontal.

3. Se você conhece os vetores posição de uma partícula em dois pontos ao longo de sua trajetória e também o intervalo de tempo durante o qual ela se move de um ponto a outro, você pode determinar a velocidade instantânea da partícula? E sua velocidade média? Explique.

4. Descreva como um motorista pode dirigir um carro que viaja a uma velocidade constante, de modo que (a) a aceleração seja zero ou (b) o módulo da aceleração permaneça constante.

5. Uma nave espacial se desloca pelo espaço com velocidade constante. De repente, um vazamento de gás na lateral da nave provoca uma aceleração constante em uma direção perpendicular à velocidade inicial. Como a orientação da nave espacial não muda, a aceleração permanece perpendicular à direção original da velocidade. Qual é o formato da trajetória percorrida pela nave espacial nessa situação?

6. Uma esquiadora no gelo está executando um oito, que consiste em dois caminhos de formato idêntico com trajetória circular tangente. Durante o primeiro giro, ela aumenta sua velocidade uniformemente e, no segundo, move-se com velocidade constante. Desenhe um diagrama de movimento mostrando os vetores velocidade e aceleração em vários pontos ao longo da trajetória do movimento.

7. Um projétil é lançado a certo ângulo em relação à horizontal, com certa velocidade inicial v_i e resistência do ar insignificante. (a) O projétil é um corpo em queda livre? (b) Qual é a sua aceleração na direção vertical? (c) Qual é a sua aceleração na direção horizontal?

PROBLEMAS

ENHANCED WebAssign Os problemas que se encontram neste capítulo podem ser resolvidos *on-line* no Enhanced WebAssign (em inglês).

- **1.** denota problema direto;
- 2. denota problema intermediário;
- 3. denota problema desafiador;
- **1.** denota problemas mais frequentemente resolvidos no Enhanced WebAssign;
- **BIO** denota problema biomédico;
- **PD** denota problema dirigido;
- **M** denota tutorial Master It disponível no Enhanced WebAssign;
- **Q|C** denota problema que pede raciocínio quantitativo e conceitual;
- **S** denota problema de raciocínio simbólico;
- sombreado denota "problemas emparelhados" que desenvolvem raciocínio com símbolos e valores numéricos;
- **W** denota solução no vídeo Watch It disponível no Enhanced WebAssign.

Seção 3.1 Os vetores posição, velocidade e aceleração

1. Um motorista dirige para o sul a 20,0 m/s por 3,00 min, então vira para oeste e move-se a 25,0 m/s por 2,00 min, quando finalmente vai para o noroeste a 30,0 m/s por 1,00 min. Para esse percurso de 6,00 min, encontre (a) o vetor deslocamento total, (b) a velocidade escalar média e (c) a velocidade média. Considere o eixo positivo x como apontado para leste.

2. Suponhamos que o vetor posição de uma partícula seja determinado como uma função de tempo por $\vec{\mathbf{r}}(t) = x(t)\hat{\mathbf{i}} + y(t)\hat{\mathbf{j}}$, com $x(t) = at + b$ e $y(t) = ct^2 + d$, em que $a = 1{,}00$ m/s, $b = 1{,}00$ m, $c = 0{,}125$ m/s^2 e $d = 1{,}00$ m. (a) Calcule a velocidade média durante o intervalo de tempo desde $t = 2{,}00$ s até $t = 4{,}00$ s. (b) Determine a velocidade e o módulo da velocidade em $t = 2{,}00$ s.

Seção 3.2 Movimento bidimensional com aceleração constante

3. **W** Uma partícula inicialmente localizada na origem tem aceleração de $\vec{\mathbf{a}} = 3{,}00\hat{\mathbf{j}}$ m/s^2 e velocidade inicial de $\vec{\mathbf{v}}_i = 5{,}00\hat{\mathbf{i}}$ m/s. Encontre (a) o vetor posição da partícula em qualquer momento t, (b) a velocidade da partícula a qualquer momento t, (c) as coordenadas da partícula em $t = 2{,}00$ s e (d) a velocidade da partícula em $t = 2{,}00$ s.

4. Em $t = 0$, uma partícula que se move no plano xy com aceleração constante tem uma velocidade de $\vec{\mathbf{v}}_i = (3{,}00\hat{\mathbf{i}} - 2{,}00\hat{\mathbf{j}})$ m/s e está na origem. Em $t = 3{,}00$ s, a velocidade da partícula é $\vec{\mathbf{v}}_f = (9{,}00\hat{\mathbf{i}} + 7{,}00\hat{\mathbf{j}})$ m/s. Encontre (a) a aceleração da partícula e (b) suas coordenadas a qualquer momento t.

5. **M** Um peixe nadando em um plano horizontal tem velocidade $_i = (4{,}00\hat{\mathbf{i}} + 1{,}00\hat{\mathbf{j}})$ m/s em um ponto do oceano onde a posição relativa a uma determinada pedra é $\vec{\mathbf{r}}_i(t) = (10{,}0\hat{\mathbf{i}} - 4{,}00\hat{\mathbf{j}})$ m. Após o peixe nadar com aceleração constante por 20,0 s, sua velocidade é $\vec{\mathbf{v}} = (20{,}0\hat{\mathbf{i}} - 5{,}00\hat{\mathbf{j}})$ m/s. (a) Quais são as componentes da aceleração do peixe? (b) Qual é a direção da sua aceleração com relação ao vetor unitário $\hat{\mathbf{i}}$? (c) Se o peixe mantém aceleração constante, onde ele está em $t = 25{,}0$ s e em que direção está se movendo?

6. **BIO** Não é possível ver corpos muito pequenos, tais como vírus, utilizando um microscópio de luz comum. No entanto, em um eletrônico, podemos vê-los usando um feixe de elétrons em vez de um feixe de luz. A microscopia eletrônica se mostrou inestimável para investigações de vírus, membranas de células e estruturas subcelulares, superfícies bacterianas, receptores visuais, cloroplastos e as propriedades contráteis dos músculos. As "lentes" de um microscópio eletrônico consistem em campos elétricos e magnéticos que controlam o feixe de elétrons. Como exemplo da manipulação de um feixe de elétrons, considere um elétron viajando para longe da origem ao longo do eixo x em um plano xy com velocidade inicial $\vec{\mathbf{v}}_i = v_i\hat{\mathbf{i}}$. À medida que passa da região $x = 0$ para $x = d$, o elétron experimenta aceleração $\vec{\mathbf{a}} = a_x\hat{\mathbf{i}} + a_y\hat{\mathbf{j}}$, em que a_x e a_y são constantes. Para o caso $v_i = 1{,}80 \times 10^7$ m/s, $a_x = 8{,}00 \times 10^{14}$ m/s^2 e $a_y = 1{,}60 \times 10^{15}$ m/s^2, determine em $x = d = 0{,}010\ 0$ m (a) a posição do elétron, (b) a velocidade do elétron, (c) a velocidade instantânea do elétron e (d) o sentido do deslocamento do elétron (isto é, o ângulo entre a velocidade e o eixo x).

Seção 3.3 Movimento de projéteis

Observação: Despreze a resistência do ar em todos os problemas e considere $g = 9{,}80$ m/s^2 na superfície da Terra.

7. A velocidade do projétil quando atinge sua altura máxima é a metade de sua velocidade na metade da sua altura máxima. Qual é o ângulo de projeção inicial do projétil?

8. Um astronauta, em um planeta estranho, descobre que poderá pular uma distância horizontal máxima de 15,0 m se sua velocidade escalar inicial for de 3,00 m/s. Qual é a aceleração de queda livre no planeta?

9. Um canhão que lança balas com velocidade escalar de 1 000 m/s é utilizado para iniciar uma avalanche em uma montanha inclinada. O alvo está a 2000 m do canhão horizontalmente e a 800 m acima dele. A que ângulo acima da horizontal o canhão deve ser disparado?

10. **BIO** O pequeno peixe arqueiro (comprimento de 20 cm a 25 cm) vive em águas salobras do sudeste da Ásia, entre Índia e Filipinas. Essa criatura, cujo nome é apropriado, captura sua presa atirando um jato d'água em um inseto, esteja ele voando ou em repouso. O inseto cai na água e é devorado. O peixe arqueiro tem alta precisão a distâncias de 1,2 m a 1,5 m e, por vezes, obtém sucesso a distâncias de até 3,5 m. Uma ranhura no céu da boca, junto com uma língua enrolada, forma um tubo que lhe permite transmitir a alta velocidade para a água na sua boca quando fecha repentinamente as abas de suas guelras. Suponha que esse peixe atire em um alvo que está a 2,00 m, medido ao longo de uma linha no ângulo de 30,0° acima da horizontal. Com que velocidade deve o jato de água ser lançado para cair não mais de 3,00 cm verticalmente em seu caminho para o alvo?

11. **M** Em um bar local, um cliente desliza uma caneca de cerveja vazia pelo balcão para que seja enchida novamente. A altura do balcão é de 1,22 m. A caneca desliza para fora do balcão e atinge o chão a 1,40 m da base do balcão. (a) Qual era a direção da velocidade da caneca imediatamente antes de sair do balcão? (b) Qual era a direção da velocidade da caneca imediatamente antes de atingir o chão?

12. **S** Em um bar local, um cliente desliza uma caneca de cerveja vazia pelo balcão para que seja enchida novamente. A altura do balcão é h. A caneca desliza para fora do balcão e atinge o chão a uma distância d da base do balcão. (a) Com que velocidade a caneca saiu do balcão? (b) Qual era a direção da velocidade da caneca imediatamente antes de atingir o chão?

13. **M** Um jogador tem de chutar uma bola de futebol norte-americano de um ponto 36,0 m (aproximadamente 40 jardas) do gol. Metade do público torce para a bola passar pela barra transversal, que tem altura de 3,05 m. Quando chutada, a bola sai do solo com uma velocidade de 20,0 m/s a um ângulo de 53,0° com a horizontal. (a) Por quanto a bola passa pela barra transversal ou aquém dela? (b) A bola se aproxima da barra transversal enquanto sobe ou ao cair?

14. **W** Uma bola é jogada da janela de um andar alto de um edifício. A bola tem velocidade inicial de 8,00 m/s a um ângulo de 20,0° abaixo da horizontal. Ela atinge o solo 3,00 s depois. (a) A que distância horizontal da base do edifício a bola atinge o solo? (b) Encontre a altura a partir da qual a bola foi lançada. (c) Quanto tempo a bola leva para chegar a um ponto 10,0 m abaixo do nível do lançamento?

15. BIO Reis maias e muitas equipes esportivas escolares inspiram seus nomes no puma, onça ou leão da montanha – *Felis concolor* – o melhor saltador entre os animais. Ele pode saltar a uma altura de 12,0 pés, ao sair do chão com um ângulo de 45,0°. Com que velocidade, em unidades SI, ele sai do chão para dar esse salto?

16. S Um bombeiro, a uma distância d de um edifício em chamas, direciona o jato de água de uma mangueira de incêndio a um ângulo θ_i acima da horizontal, como mostrado na Figura P3.16. Se a velocidade inicial do jato é v_i, a que altura h a água atinge o edifício?

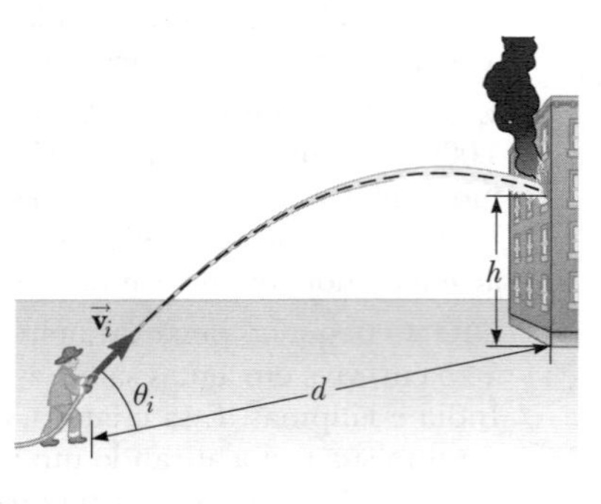

Figura P3.16

17. W Um jogador de futebol chuta uma pedra horizontalmente de um penhasco de 40,0 m de altura para dentro de uma piscina. Se o jogador ouve o som do respingo da água 3,00 s mais tarde, qual foi a velocidade escalar inicial dada à pedra? Suponha que a velocidade do som no ar seja de 343 m/s.

18. Um astro do basquete salta 2,80 m horizontalmente para enterrar a bola (Fig. P3.18a). O movimento dele pelo espaço pode ser modelado precisamente como aquele de uma partícula no seu *centro de massa*, que será definido no Capítulo 8. O centro de massa dele está na elevação 1,02 m quando ele sai do chão. O centro de massa alcança uma altura máxima de 1,85 m acima do solo e está a uma elevação de 0,900 m quando o jogador toca o solo novamente. Determine (a) o tempo de voo (o *hang time*), (b) a componente horizontal da velocidade, (c) a componente vertical da velocidade no instante em que o atleta decola e (d) o ângulo da decolagem. (e) Para comparar, determine o *hang time* de um cervo dando um salto (Fig. P3.18b), com elevações de centro de massa $y_i = 1{,}20$ m, $y_{máx} = 2{,}50$ m e $y_f = 0{,}700$ m.

Figura P3.18

19. PD Um estudante fica na beirada de um penhasco e atira uma pedra horizontalmente sobre a beirada com velocidade $v_i = 18{,}0$ m/s. O penhasco está a $h = 50{,}0$ m acima de uma massa de água, como mostrado na Figura P3.19. (a) Quais são as coordenadas da posição inicial da pedra? (b) Quais são as componentes da velocidade inicial da pedra? (c) Qual é o modelo de análise adequado ao movimento vertical da pedra? (d) Qual é o modelo de análise adequado ao movimento horizontal da pedra? (e) Escreva equações simbólicas para as componentes x e y da velocidade da pedra como uma função do tempo. (f) Escreva equações simbólicas para a posição da pedra como uma função do tempo. (g) Quanto tempo depois de ser lançada a pedra atinge a água abaixo do penhasco? (h) Com que velocidade e ângulo de impacto a pedra pousa?

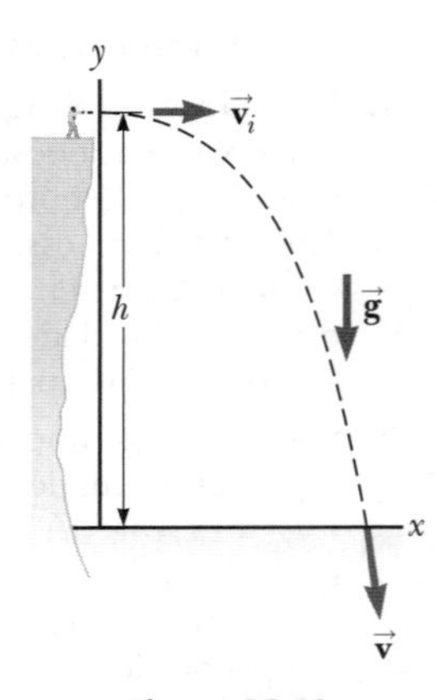

Figura P3.19

20. S Um foguete de fogos de artifício explode a uma altura h, o pico de sua trajetória vertical. Ele lança fragmentos em chamas em todas as direções, mas todos com a mesma velocidade v. *Pellets* de metal solidificado caem no chão sem resistência do ar. Encontre o menor ângulo que a velocidade final de um fragmento tocando o solo faz com a horizontal.

21. Um parquinho está no telhado plano de uma escola, 6,00 m acima da rua (Fig. P3.21). A parede vertical do edifício tem altura de $h = 7{,}00$ m, formando uma grade de 1 m de altura ao redor do parquinho. Uma bola caiu na rua abaixo, e um transeunte a devolve jogando a um ângulo de $\theta = 53{,}0°$ acima da horizontal em um ponto $d = 24{,}0$ m da base da parede do edifício. A bola leva 2,20 s para alcançar um ponto verticalmente acima da parede. (a) Encontre a velocidade com que a bola foi lançada. (b) Encontre a distância vertical na qual a bola passa acima da parede. (c) Ache a distância horizontal da parede ao ponto no telhado onde a bola cai.

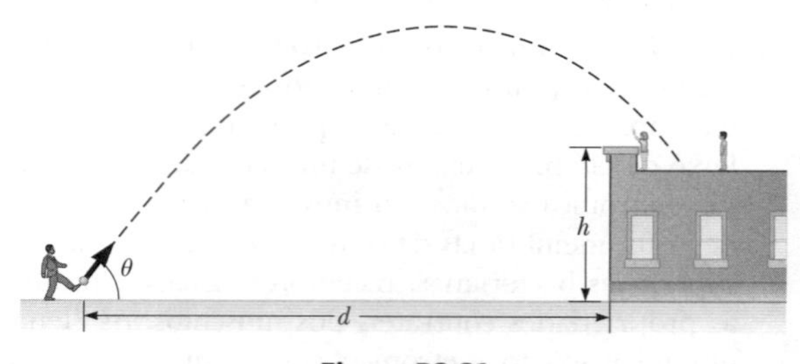

Figura P3.21

22. O movimento de um corpo humano pelo espaço pode ser modelado como o movimento de uma partícula no centro de massa do corpo, como veremos no Capítulo 8. As componentes do deslocamento do centro de massa de um atleta do início ao final de um salto são descritos pelas equações

$$x_f = 0 + (11{,}2 \text{ m/s}) (\cos 18{,}5°)\, t$$

$$0{,}360 \text{ m} = 0{,}840 \text{ m} + (11{,}2 \text{ m/s}) (\text{sen } 18{,}5°)\, t - \tfrac{1}{2}(9{,}80 \text{ m/s}^2)\, t^2$$

em que t é expresso em segundos e é o tempo em que o atleta termina o salto. Identifique (a) a posição do atleta e (b) seu vetor velocidade no ponto de partida. (c) Que distância ele saltou?

Seção 3.4 Modelo de análise: partícula em movimento circular uniforme

23. O atleta mostrado na Figura P3.23 gira um disco de 1,00 kg ao longo de uma trajetória circular de raio 1,06 m. A velocidade máxima do disco é 20,0 m/s. Determine o módulo da aceleração radial máxima do disco.

Figura P3.23

24. Um pneu de 0,500 m de raio gira a uma velocidade constante de 200 rpm. Encontre a velocidade e a aceleração de uma pequena pedra alojada na banda de rodagem do pneu (na sua borda exterior).

25. Quando os foguetes são separados, os astronautas do ônibus espacial tipicamente sentem acelerações de até $3g$, em que $g = 9{,}80$ m/s^2. Em seu treinamento, eles montam em um dispositivo no qual experimentam tal aceleração como centrípeta. Especificamente, o astronauta fica bem preso na extremidade de um braço mecânico, que então gira a uma velocidade constante em um círculo horizontal. Determine a taxa de rotação, em revoluções por segundo, necessária para fornecer a um astronauta uma aceleração centrípeta de $3{,}00g$ enquanto ele está em movimento circular com raio de 9,45 m.

26. A fundição de metal derretido é importante em muitos processos industriais. A *moldagem por centrifugação* é usada para a fabricação de tubos, rolamentos e muitas outras estruturas. Uma variedade de técnicas sofisticadas tem sido inventada, mas a ideia básica é ilustrada na Figura P3.26. Um compartimento cilíndrico é girado rápida e firmemente sobre um eixo horizontal. O metal derretido é derramado dentro do cilindro rotativo e, em seguida, resfriado, formando o produto acabado. Girar o cilindro a uma alta taxa de rotação força a solidificação do metal fortemente para o exterior. As bolhas são deslocadas em direção ao eixo, de modo que espaços vazios indesejáveis não estarão presentes na fundição. Às vezes é desejável formar uma moldagem composta, como um rolamento. Nela uma superfície exterior de aço forte é derramada e, em seguida, dentro dele um revestimento especial de metal de baixo atrito. Em algumas aplicações, a um metal muito forte é dado um revestimento de metal resistente à corrosão. A fundição por centrífuga resulta em forte ligação entre as camadas.

Suponha que uma manga de cobre de raio interno de 2,10 cm e 2,20 cm de raio externo esteja para ser fundida. Para eliminar bolhas e dar elevada integridade estrutural, a aceleração centrípeta de cada pedaço de metal deve ser de pelo menos $100g$. Qual taxa de rotação é necessária? Indique a resposta em rotações por minuto.

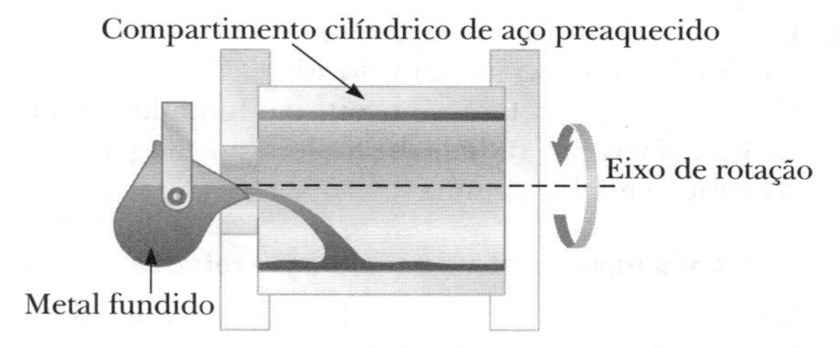

Figura P3.26

27. O astronauta em órbita da Terra na Figura P3.27 está se preparando para atracar com o satélite Westar VI, que está em uma órbita circular a 600 km acima da superfície da Terra, onde a aceleração de queda livre é de 8,21 m/s^2. Considere o raio da Terra como 6 400 km. Determine a velocidade do satélite e o intervalo de tempo necessário para completar uma órbita em torno da Terra, que é o período do satélite.

Figura P3.27

28. No Exemplo 3.5, encontramos a aceleração centrípeta da Terra conforme ela se move ao redor do Sol. Com a informação contida no final deste livro, calcule a aceleração centrípeta de um ponto na superfície da Terra na linha do Equador causado pela rotação da Terra sobre seu eixo.

Seção 3.5 Aceleração tangencial e radial

29. **M** Um trem desacelera à medida que faz uma curva horizontal aguda, indo de 90,0 km/h para 50,0 km/h, nos 15,0 s que leva para contornar a curvatura. O raio da curva é 150 m. Calcule a aceleração no momento em que a velocidade do trem chega a 50,0 km/h. Suponha que o trem continue reduzindo sua velocidade na mesma proporção nesse tempo.

30. Uma bola gira no sentido anti-horário em um círculo vertical na ponta de uma corda de 1,50 m de comprimento. Quando a bola passa a 36,9° do ponto mais baixo em seu caminho para cima, sua aceleração total é $(-22{,}5\hat{\mathbf{i}} + 20{,}2\hat{\mathbf{j}})$ m/s^2. Para esse instante, (a) desenhe um diagrama vetorial mostrando as componentes de sua aceleração, (b) determine o módulo de sua aceleração radial e (c) determine a velocidade escalar e a velocidade da bola.

31. **W** A Figura P3.31 representa a aceleração total de uma partícula se movendo em sentido horário em um círculo de raio 2,50 m em um determinado instante de tempo. Para esse instante, encontre (a) a aceleração radial da partícula, (b) a velocidade escalar da partícula e (c) sua aceleração tangencial.

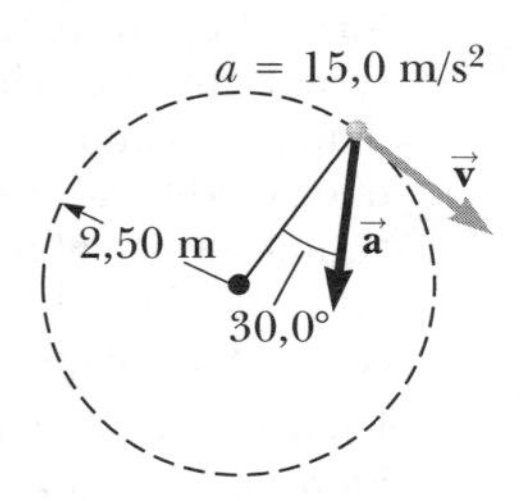

Figura P3.31

32. Um ponto em uma mesa giratória a 20,0 cm do centro acelera do repouso a uma velocidade final de 0,700 m/s em 1,75 s. Em $t = 1,25$ s, encontre o módulo e a direção da (a) aceleração radial, (b) aceleração tangencial e (c) aceleração total do ponto.

Seção 3.6 **Velocidade relativa e aceleração relativa**

33. Um carro move-se para o leste com velocidade de 50,0 km/h. Pingos de chuva caem verticalmente em relação à Terra com velocidade constante. Os traços da chuva nas janelas laterais do carro fazem um ângulo de 60,0° com a vertical. Encontre a velocidade da chuva com relação (a) ao carro e (b) à Terra.

34. Quanto tempo leva um automóvel viajando na faixa esquerda a 60,0 km/h para ultrapassar outro viajando na faixa da direita a 40,0 km/h se os para-choques dianteiros dos carros estão separados inicialmente por 100 m?

35. **M** **Q|C** Um rio tem velocidade escalar constante de 0,500 m/s. Um estudante nada rio acima a uma distância de 1,00 km e volta ao ponto de partida. (a) Se o estudante pode nadar a uma velocidade de 1,20 m/s na água parada, quanto tempo leva o percurso? (b) Quanto tempo é necessário para o mesmo percurso na água parada? (c) Intuitivamente, por que o percurso leva mais tempo quando há uma correnteza?

36. **Q|C** **S** Um rio flui com velocidade constante v. Um estudante nada rio acima uma distância d e depois volta ao ponto de partida. Um estudante consegue nadar a uma velocidade c em água parada. (a) Em termos de d, v e c, qual intervalo de tempo é necessário para o percurso completo? (b) Qual intervalo de tempo seria necessário se a água fosse parada? (c) Qual intervalo de tempo é maior? Explique se é sempre maior.

37. O piloto de um avião nota que a bússola indica o rumo para oeste. A velocidade escalar do avião em relação ao ar é de 150 km/h. O ar está se movendo com uma velocidade de 30,0 km/h em direção ao norte. Encontre a velocidade do avião em relação ao solo.

38. **S** Dois nadadores, Chris e Sarah, começam juntos do mesmo ponto na margem de um largo riacho que flui com velocidade v. Ambos se movem com a mesma velocidade c (em que $c > v$) em relação à água. Chris nada rio abaixo uma distância L e depois a mesma distância rio acima. Sarah nada de modo que seu movimento relativo à Terra é perpendicular às margens do riacho. Ela nada a distância L e depois a mesma distância de volta, e os dois retornam ao ponto de partida. Em termos de L, c e v, encontre o intervalo de tempo necessário (a) para a ida e a volta de Chris (b) para a ida e a volta de Sarah. (c) Explique qual nadador retorna primeiro.

39. **M** Um estudante de ciências está em um vagão plataforma de um trem que viaja em um trilho plano e horizontal com velocidade constante de 10,0 m/s. O estudante joga uma bola no ar ao longo de uma trajetória que acredita fazer um ângulo inicial de 60,0° com a horizontal e estar alinhado com o trilho. Seu professor, que está em pé no chão perto dali, observa a bola subir verticalmente. Até que altura ele a vê subir?

40. Uma lancha da Guarda Costeira detecta um navio não identificado a uma distância de 20,0 km na direção 15,0° a nordeste. O navio está viajando a 26,0 km/h em um curso a 40,0° nordeste. A Guarda Costeira quer mandar uma lancha interceptar e investigar a embarcação. Se a lancha se move a 50,0 km/h, em que direção ela deve ir? Expresse a direção como uma referência de bússola em relação ao norte.

Seção 3.7 **Conexão com o contexto: aceleração lateral de automóveis**

41. Um caminhão leve pode fazer uma curva com raio de 150 m e velocidade máxima de 32,0 m/s. Com que velocidade máxima ele pode fazer uma curva com raio de 75,0 m?

Problemas adicionais

42. Um paisagista planeja uma cascata artificial em um parque da cidade. A água fluirá a 1,70 m/s do final do canal horizontal no topo de um muro vertical de altura $h = 2,35$ m e cairá em uma piscina (Fig. P3.42). (a) O espaço atrás da cascata será largo o suficiente para uma passarela de pedestres? (b) Para vender seu projeto para a prefeitura, o paisagista quer construir um modelo em escala padrão, que é um doze avos do tamanho real. Com que velocidade a água deve fluir do canal no modelo?

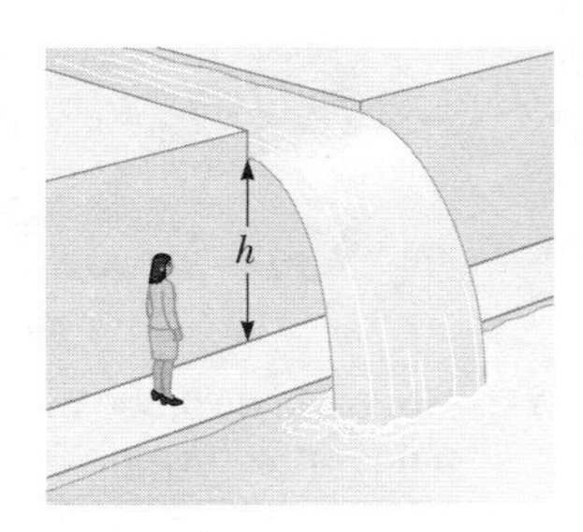

Figura P3.42

43. Uma bola no final de uma corda é girada em um círculo horizontal de raio de 0,300 m. O plano do círculo fica 1,20 m acima do solo. O fio se rompe e a bola alcança o solo a 2,00 m (horizontalmente) além do ponto diretamente abaixo da localização da bola quando o fio se rompeu. Encontre a aceleração radial da bola durante seu movimento circular.

44. **S** Uma bola é lançada a uma velocidade inicial v_i em um ângulo θ_i com a horizontal. O alcance horizontal da bola é R e ela atinge a altura máxima $R/6$. Em termos de R e g, encontre (a) o intervalo de tempo durante o qual a bola está em movimento, (b) a velocidade da bola no pico da sua trajetória, (c) a componente inicial vertical da sua velocidade, (d) sua velocidade inicial e (e) o ângulo θ_i. (f) Suponha que a bola seja lançada com a mesma velocidade inicial encontrada em (d), mas com o ângulo adequado para atingir a máxima altura possível. Encontre essa altura. (g) Suponha que a bola seja lançada com a mesma velocidade inicial, mas no ângulo de maior alcance possível. Encontre o alcance horizontal máximo.

45. *O "Cometa Vômito".* Em treinamento de astronautas e testes de equipamento em microgravidade, a Nasa faz voar uma aeronave KC135A ao longo de uma trajetória parabólica de voo. Como mostrado na Figura P3.45, a aeronave sobe de 24 000 pés para 31 000 pés, onde entra em uma trajetória parabólica com velocidade de 143 m/s com o nariz para cima a 45,0° e sai com velocidade 143 m/s a 45,0° e o nariz para baixo. Durante essa parte do voo, a aeronave e os objetos dentro da cabine acolchoada estão em queda livre; os astronautas e o equipamento flutuam livremente como se não houvesse gravidade. Qual é (a) a velocidade da aeronave e (b) sua altitude no topo

da manobra? (c) Qual é o intervalo de tempo passado na microgravidade?

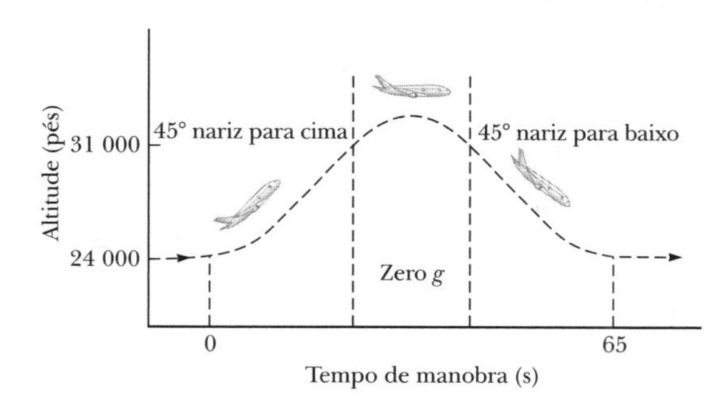

Figura P3.45

46. Um projétil é disparado para cima com uma inclinação (ângulo de inclinação ϕ) com velocidade inicial v_i em um ângulo θ em relação à horizontal ($\theta_i > \phi$), como mostrado na Figura P3.46. (a) Mostre que o projétil percorre uma distância d até a rampa, em que

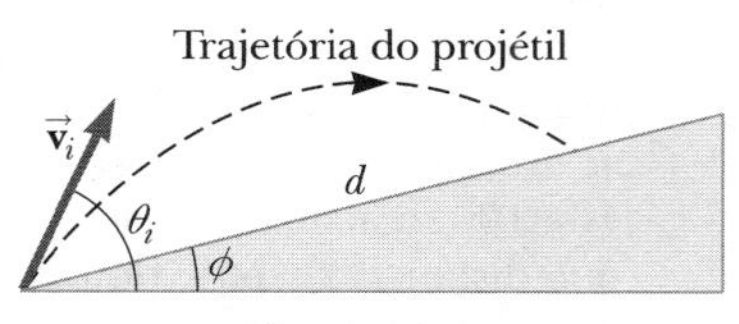

Figura P3.46

$$d = \frac{2v_i^2 \cos\theta_i \operatorname{sen}(\theta_i - \phi)}{g \cos^2\phi}$$

(b) Para que valor de θ_i d é máximo, e qual é o valor máximo?

47. Um jogador de basquete está em pé a 10,0 m da cesta, conforme a Figura P3.47. A altura da cesta é de 3,05 m, e ele lança a bola a um ângulo de 40,0° com a horizontal, a uma altura de 2,00 m. (a) Qual é a aceleração da bola de basquete no ponto máximo da sua trajetória? (b) Com que velocidade o jogador deve lançar a bola para que passe pelo aro sem bater na tabela?

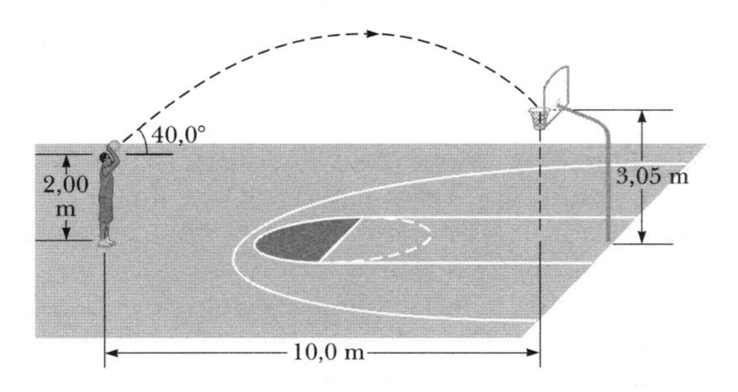

Figura P3.47

48. Um caminhão carregado de melancias para subitamente para evitar passar sobre a borda de uma ponte destruída (Fig. P3.48). A parada súbita faz que várias melancias voem para fora do caminhão. Uma delas sai do capô do caminhão com velocidade inicial v_i =10,0 m/s na direção horizontal. Um corte transversal da margem tem a forma da metade inferior da parábola, com seu vértice na localização inicial da melancia projetada, com a equação $y^2 = 16x$, em que x e y são medidos em metros. Quais são as coordenadas x e y da melancia quando ela se espatifa na margem?

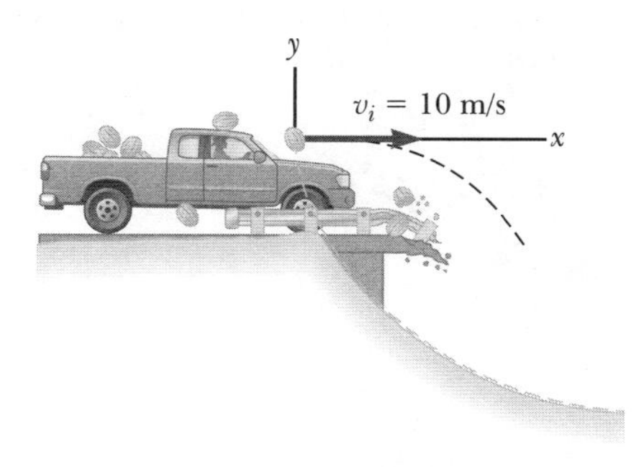

Figura P3.48

49. *Por que a seguinte situação é impossível?* Um adulto de proporções normais caminha rapidamente ao longo de uma linha reta na direção $+x$, ereto e mantendo o braço direito na vertical e próximo do corpo, de modo que o braço não balança. A mão direita segura uma bola ao seu lado, a uma distância h acima do chão. Quando a bola passa por cima de um ponto marcado como $x = 0$ no piso horizontal, ele abre os dedos para soltar a bola do repouso com relação à mão. A bola atinge o chão da primeira vez na posição $x = 7{,}00\ h$.

50. Um jogador de beisebol lança um bola para o recebedor do seu time em uma tentativa de jogar um corredor para fora da base. A bola ricocheteia uma vez antes de chegar ao recebedor. Assuma que o ângulo no qual a bola sai do chão é o mesmo com que o jogador lançou a bola, como mostrado na Figura P3.50, mas que a velocidade da bola após o salto é metade do que era antes do salto. (a) Assuma que a bola é lançada sempre com a mesma velocidade inicial e ignore a resistência do ar. Em que ângulo θ o jogador deveria jogar a bola para que ela percorresse a mesma distância D com um ricochete (trajetória pontilhada inferior) como uma bola jogada para cima a 45,0° sem ricocheteio (trajetória pontilhada superior)? (b) Determine a relação entre o intervalo de tempo para o lançamento com um ricocheteio e o tempo de voo para o lançamento sem ricochete.

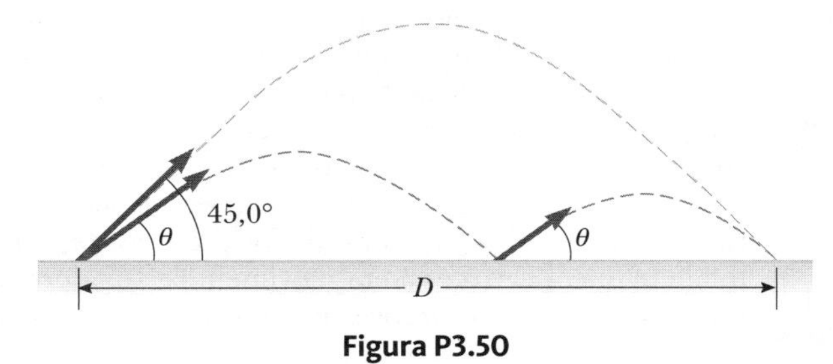

Figura P3.50

51. *Por que a seguinte situação é impossível?* Albert Pujols acerta um *home run* de maneira que a bola ultrapassa a fileira superior da arquibancada, a 24,0 m de altura, localizada a 130 m da base principal. A bola foi batida a 41,7 m/s em um ângulo de 35,0° com a horizontal, e a resistência do ar é desprezível.

52. **Q|C** Uma esquiadora sai de uma rampa de esqui com velocidade de v = 10,0 m/s em θ = 15,0° acima da horizontal, como mostrado na Figura P3.52. A encosta onde ela vai pousar é inclinada para baixo em ϕ = 50,0°, e a resistência do ar é desprezível. Encontre (a) a distância entre a extremidade da rampa onde a saltadora pousa e (b) as componentes de sua velocidade antes do pouso.

(c) Explique por que os resultados poderão ser afetados se a resistência do ar for incluída.

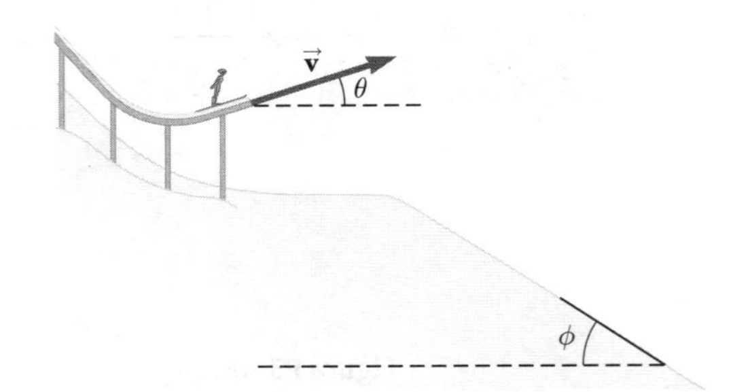

Figura P3.52

53. Um avião bombardeiro da Segunda Guerra Mundial voa horizontalmente sobre terreno plano com velocidade de 275 m/s em relação ao solo e a uma altitude de 3,00 km. O bombardeiro solta uma bomba. (a) Que distância a bomba percorre horizontalmente entre sua liberação e seu impacto no solo? Ignore os efeitos da resistência do ar. (b) O piloto mantém o curso, a altitude e a velocidade originais do avião durante um ataque de fogo antiaéreo. Onde está o avião quando a bomba atinge o solo? (c) A bomba atinge o alvo visto pelo telescópio de mira do bombardeio no momento da liberação da bomba. A que ângulo da vertical a mira do bombardeio foi fixada?

54. Um astronauta na superfície da Lua dispara um canhão para lançar um pacote de experimentos que sai do cano com movimento horizontal. Suponha que a aceleração de queda livre na Lua seja um sexto daquela na Terra. (a) Qual deve ser a velocidade do pacote na boca do cano de modo que ele percorra a distância ao redor da Lua e retorne à sua localização original? (b) Que intervalo de tempo é necessário para esse percurso ao redor da Lua?

55. **M** Um carro está estacionado em uma inclinação acentuada, fazendo um ângulo de 37,0° abaixo da horizontal e com vista para o oceano, quando seus freios falham e o carro começa a se movimentar. Começando do repouso em $t = 0$, o carro desce a inclinação com aceleração constante de 4,00 m/s^2, indo a 50,0 m para a beirada de um penhasco vertical. O penhasco está 30,0 m acima do oceano. Encontre (a) a velocidade do carro quando chega à beira do penhasco, (b) o intervalo de tempo transcorrido quando ele chega lá, (c) a velocidade do carro quando cai no oceano, (d) o intervalo de tempo total em que o carro está em movimento e (e) a posição do carro quando cai no oceano, com relação à base do penhasco.

56. **S** Uma pessoa em pé sobre uma pedra esférica de raio R chuta uma bola (inicialmente em repouso no topo da pedra) para lhe dar velocidade horizontal $\vec{\mathbf{v}}_i$, como mostrado na Figura P3.56. (a) Qual deve ser a velocidade inicial mínima da bola se ela não deve tocar a pedra após ser chutada? (b) Com essa velocidade inicial, a que distância da sua base a bola atinge o chão?

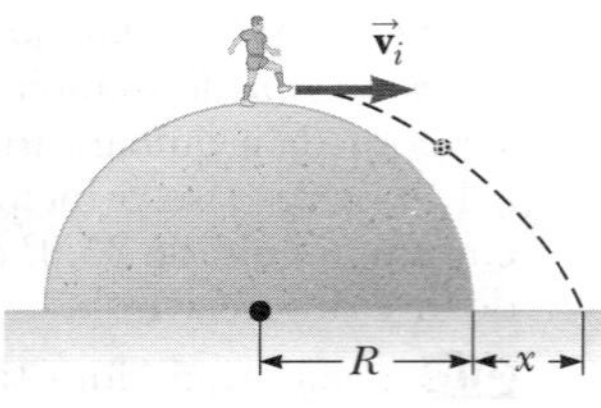

Figura P3.56

57. Um coiote velho não consegue correr rápido o suficiente para alcançar um pássaro corredor. O coiote compra um par de patins de rodas a jato no eBay, que dão uma aceleração horizontal constante de 15,0 m/s^2 (Fig. P3.57). O coiote começa do repouso a 70,0 m da beira do penhasco no instante em que o pássaro corredor passa por ele em direção ao penhasco. (a) Determine a velocidade constante mínima que o pássaro tem de ter para chegar ao penhasco antes do coiote. Na beira do penhasco, o pássaro escapa, dando uma guinada repentina, enquanto o coiote continua seguindo em frente. Os patins do coiote permanecem horizontais e continuam a funcionar enquanto ele está voando, de modo que a sua aceleração no ar é $(15{,}0\hat{\mathbf{i}} - 9{,}80\hat{\mathbf{j}})$ m/s^2. (b) O penhasco está 100 m acima do solo plano do deserto. Determine a que distância da base do penhasco vertical o coiote aterrissa. (c) Determine as componentes da velocidade de impacto do coiote.

Figura P3.57

58. A água num rio flui uniformemente a uma velocidade constante de 2,50 m/s entre suas margens paralelas distantes 80,0 m. Você deve entregar um pacote em frente ao rio, mas só pode nadar a 1,50 m/s. (a) Se você escolher minimizar o tempo que gasta na água, em que direção deve ir? (b) Até que ponto a jusante você será carregado? (c) Se optar por minimizar a distância a jusante pela qual o rio o carrega, em que direção deve ir? (d) Até que ponto a jusante você será carregado?

59. Um pescador parte rio acima. Seu pequeno barco, movido por um motor externo, viaja a uma velocidade constante v em água parada. A água flui com velocidade constante baixa v_w. O pescador percorre 2,00 km rio acima, quando sua caixa de gelo cai do barco. Ele sente falta da caixa somente depois de subir o rio por mais 15,0 min. Nesse ponto, ele faz a volta e continua rio abaixo, viajando o tempo todo com a mesma velocidade com relação à água. Ele encontra a caixa de gelo quando chega ao seu ponto de partida. Com que velocidade o rio flui? Resolva esse problema de duas formas. (a) Primeiro, utilize a Terra como um sistema de referência. Em relação à Terra, o barco viaja rio acima com velocidade $v - v_w$, e rio abaixo com $v + v_w$. (b) Uma segunda solução, bem mais simples e elegante, é obtida usando a água como sistema de referência. Essa abordagem tem aplicações importantes em muitos problemas complicados; por exemplo: calcular o movimento de foguetes e satélites e analisar a dispersão de partículas subatômicas de alvos massivos.

60. **Q|C** Não se machuque; não bata a mão contra nada. Com essas limitações, descreva o que você pode fazer para fornecer à mão uma grande aceleração. Compute uma estimativa da ordem de grandeza dessa aceleração, listando as quantidades medidas ou estimadas e seus valores.

61. Uma catapulta lança um foguete em um ângulo de 53,0° acima da horizontal com uma velocidade inicial de 100 m/s. O motor do foguete imediatamente inicia

uma combustão e por 3,00 s o foguete se move ao longo da sua linha inicial de movimento com uma aceleração de 30,0 m/s^2. Então, seu motor falha e o foguete passa a se mover em queda livre. Encontre (a) a altura máxima alcançada pelo foguete, (b) seu tempo total de voo e (c) seu intervalo horizontal.

62. Um navio inimigo está no lado leste de uma ilha montanhosa, como mostrado na Figura P3.62. Esse navio manobrou até uma distância de 2 500 m do pico de 1 800 m de altura da montanha e pode lançar projéteis com velocidade inicial de 250 m/s. Se a linha costeira ocidental está horizontalmente a 300 m do pico, quais são as distâncias da costa ocidental nas quais um navio pode estar a salvo do bombardeio do inimigo?

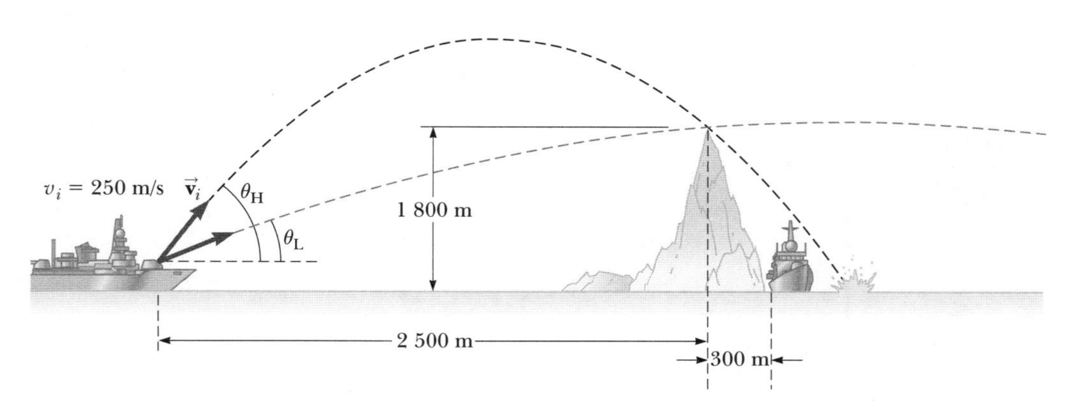

Figura P3.62

Capítulo 4

As leis do movimento

Sumário

Al Parker Photography/Shutterstock.com

Ao aplicar intuitivamente as leis de movimento de Newton, esses dois carneiros selvagens competem por domínio. Cada um exerce forças contra a Terra por meio dos esforços musculares de suas pernas, auxiliado pelas forças de atrito que evita que ambos escorreguem. As forças de reação da Terra agem de volta sobre os carneiros e fazem que avancem e deem cabeçadas. O objetivo é forçar o outro a perder o equilíbrio.

Nos dois capítulos anteriores sobre cinemática, *descrevemos* o movimento de partículas com base nas definições de posição, velocidade e aceleração. Além da discussão sobre gravidade para corpos em queda livre, não abordamos quais fatores podem *influenciar* um corpo a se mover da forma como se move. Gostaríamos de poder responder as perguntas gerais relacionadas às influências sobre o movimento, como "Qual mecanismo causa alterações no movimento?" e "Por que alguns corpos aceleram em taxas mais altas que outros?". Neste primeiro capítulo sobre *dinâmica* discutiremos as causas da mudança no movimento das partículas usando os conceitos de força e massa e, ainda, as três leis fundamentais de movimento, baseadas em observações experimentais formuladas há cerca de três séculos por *Sir* Isaac Newton.

4.1 | O conceito de força

Todo mundo possui uma compreensão básica do conceito de força com base na experiência cotidiana. Quando você empurra ou puxa um corpo, exerce força sobre ele. Da mesma forma, você exerce uma força sobre a bola ao lançá-la ou chutá-la. Nesses exemplos, a palavra *força* está associada ao resultado da atividade muscular e a alguma mudança no estado de movimento de um corpo. Contudo, forças nem sempre causam movimento em um corpo. Por exemplo, enquanto você está sentado lendo este livro, a força gravitacional atua sobre seu corpo, e

Figura 4.1 Alguns exemplos de forças aplicadas a diversos corpos. Em cada caso, uma força é exercida sobre a partícula ou corpo dentro da área pontilhada. O ambiente externo a esta área fornece essa força.

Bridgeman-Giraudon/Art Resource, NY

Isaac Newton

Físico e matemático inglês (1642-1727)

Isaac Newton foi um dos cientistas mais brilhantes da história. Antes dos 30 anos, formulou os conceitos básicos e as leis da mecânica, descobriu a lei da gravitação universal e inventou os métodos matemáticos de cálculo. Como consequência de suas teorias, Newton foi capaz de explicar os movimentos dos planetas, o fluxo e refluxo das marés e muitas características especiais dos movimentos da Lua e da Terra. Também interpretou muitas observações fundamentais relativas à natureza da luz. Suas contribuições às teorias físicas dominaram o pensamento científico por dois séculos e permanecem importantes até hoje.

ainda assim você permanece parado. Você pode empurrar um grande bloco de pedra e, apesar disso, não conseguir movê-lo.

Este capítulo lida com a relação entre a força sobre um corpo e a mudança no movimento deste. Se você puxa uma mola, como na Figura 4.1a, ela estica. Se a mola estiver calibrada, a distância que ela estica pode ser utilizada para medir a intensidade da força. Se uma criança puxa um carrinho, como na Figura 4.1b, este se move. Quando uma bola de futebol norte-americano é chutada, como na Figura 4.1c, ela é deformada e colocada em movimento. Esses exemplos mostram os resultados de uma classe de forças chamada *forças de contato*. Isto é, essas forças representam o resultado do contato físico entre dois corpos.

Há outras forças que não envolvem contato físico entre dois corpos; conhecidas como *forças de campo*, que podem agir através do espaço vazio. A força gravitacional entre dois corpos que provoca a aceleração em queda livre descrita nos capítulos 2 e 3 é um exemplo desse tipo de força, ilustrada na Figura 4.1d. Essa força gravitacional mantém os corpos ligados à Terra e dá origem ao que comumente chamamos de *peso* de um corpo. Os planetas do nosso sistema solar estão ligados ao Sol sob a ação das forças gravitacionais. Outro exemplo comum de força de campo é a força elétrica que uma carga elétrica exerce sobre outra, como na Figura 4.1e. Essas cargas podem ser um elétron e um próton formando um átomo de hidrogênio. Um terceiro exemplo de força de campo é a força que um ímã em barra exerce sobre um pedaço de ferro, como mostrado na Figura 4.1f.

A distinção entre as forças de contato e as de campo não é tão precisa quanto você pode ter sido levado a acreditar pela discussão anterior. No nível atômico, todas as forças que classificamos como de contato acabam sendo causadas por forças elétricas (de campo), semelhantes à força elétrica de atração ilustrada na Figura 4.1e. No entanto, para o entendimento dos fenômenos macroscópicos, é conveniente usar ambas as classificações de força.

Podemos usar a deformação linear de uma mola para medir a força, como no caso de uma balança de mola comum. Suponha que uma força vertical seja aplicada a uma balança de mola que tem uma extremidade superior fixa, como na Figura 4.2a. A mola pode ser calibrada ao se definir como unidade de força $\vec{\mathbf{F}}_1$ aquela que produz um alongamento de 1,00 cm. Se uma força $\vec{\mathbf{F}}_2$, aplicada como na Figura 4.2b, produz um alongamento de 2,00 cm, a grandeza de $\vec{\mathbf{F}}_2$ é 2,00 unidades. Se as duas forças $\vec{\mathbf{F}}_1$ e $\vec{\mathbf{F}}_2$ são aplicadas simultaneamente, como na Figura 4.2c, o alongamento da mola é de 3,00 cm, porque as forças são aplicadas na mesma direção e suas grandezas são somadas. Se as duas forças $\vec{\mathbf{F}}_1$ e $\vec{\mathbf{F}}_2$ são aplicadas em direções perpendiculares, como na Figura 4.2d, o alongamento é de $\sqrt{(1{,}00)^2 + (2{,}00)^2}$ cm $= \sqrt{5{,}00}$ cm $= 2{,}24$ cm. A

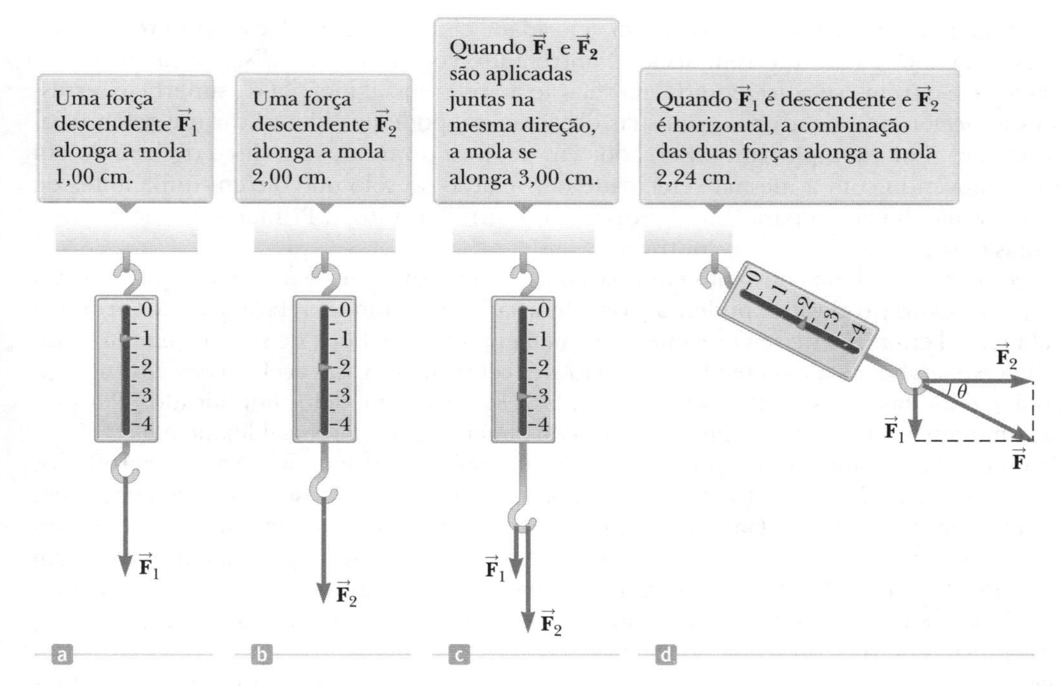

Figura 4.2 A natureza vetorial de uma força é testada como uma balança de mola.

única força $\vec{F}$ que produziria essa mesma leitura é a soma dos dois vetores $\vec{F}_1$ e $\vec{F}_2$, como descrito na Figura 4.2d. Isto é, $|\vec{F}| = \sqrt{F_1^2 + F_2^2} = 2{,}24$ unidades, e sua direção é $\theta = \text{tg}^{-1}(-0{,}500) = -26{,}6°$. Como já se verificou experimentalmente que as forças se comportam como vetores, deve-se usar as regras da adição de vetores para obter a força total em um corpo.

4.2 | A Primeira Lei de Newton

Começamos nosso estudo de forças imaginando que você coloque um disco de hóquei em uma mesa de ar perfeitamente nivelada (Fig. 4.3). Você espera que o disco permaneça parado quando é colocado suavemente em repouso sobre a mesa. Agora, imagine colocar sua mesa de ar em um trem que se move com velocidade constante. Se o disco for colocado na mesa, novamente permanecerá onde foi colocado. Se o trem estivesse acelerando, entretanto, o disco começaria a se mover ao longo da mesa, exatamente como papéis deixados no painel caem no assoalho do seu carro quando você pisa no acelerador.

Figura 4.3 Em uma mesa de ar, o ar soprado através dos orifícios na superfície permite que o disco de hóquei se mova quase sem atrito. Se a mesa não estiver acelerando, um disco colocado sobre ela permanecerá em repouso em relação a ela se não houver forças horizontais atuando sobre o disco.

Como vimos na Seção 3.6, um corpo em movimento pode ser observado de qualquer número de sistemas de referência. A **Primeira Lei do Movimento de Newton**, às vezes chamada *Lei da Inércia*, define um conjunto especial de sistemas de referência chamados *referenciais inerciais*. Essa lei pode ser enunciada da seguinte maneira:

▶ Primeira Lei de Newton

> Se um corpo não interage com outros corpos, é possível identificar um sistema de referência em que o corpo tem aceleração zero.

▶ Referencial inercial

Tal sistema de referência é chamado **referencial inercial**. Quando o disco está na mesa de ar localizada no chão, você o observa a partir de um referencial inercial; não há interações horizontais do disco com qualquer outro corpo e você observa que ele tem aceleração zero nessa direção. Quando você está em um trem em movimento com velocidade constante, também está observando o disco a partir de um referencial inercial. Qualquer referencial que se move com velocidade constante em relação a um referencial inercial é em si um referencial inercial. Quando o trem acelera, entretanto, você observa o disco a partir de um **referencial não inercial**, pois você e o trem estão acelerando em relação ao referencial inercial da superfície terrestre. Embora o disco pareça estar acelerando de acordo com suas observações, podemos identificar um referencial no qual o disco tem aceleração zero. Por exemplo, um observador em pé, fora do trem, vê o disco deslizando em relação à mesa, mas sempre se movendo com a mesma velocidade em relação ao solo que o trem tinha antes de começar a acelerar (porque quase não há atrito para "atar" o disco ao trem). Portanto, a Primeira Lei de Newton ainda é satisfeita, apesar de suas observações dizerem o contrário.

Um referencial que se move com velocidade constante em relação às estrelas distantes é a melhor aproximação de um referencial inercial, e, para nossos propósitos, podemos considerar a Terra como tal referencial. A Terra não é, na verdade, um referencial inercial em razão de seu movimento orbital em torno do Sol e de seu movimento rotacional em torno de seu próprio eixo, ambos os quais envolvem acelerações centrípetas. Essas acelerações, no entanto, são pequenas se comparadas a g, e muitas vezes podem ser desprezadas. (Este é um modelo simplificado.) Por essa razão, consideramos a Terra como um referencial inercial, junto com qualquer outro referencial ligado a ele.

Suponhamos que estivéssemos observando um corpo a partir de um referencial inercial. Antes de 1600, os cientistas acreditavam que o estado natural da matéria era o de repouso. Observações mostraram que corpos em movimento eventualmente paravam de se mover. Galileu foi o primeiro a fazer uma abordagem diferente para o movimento e o estado natural da matéria. Ele criou experiências de pensamento e concluiu que a natureza de um corpo não é de parar uma vez posto em movimento; ao contrário, sua natureza é de *resistir a mudanças em seu movimento*. Em suas palavras: "Qualquer velocidade uma vez comunicada a um corpo em movimento será rigidamente mantida, desde que as causas externas de retardo sejam removidas".

Dada nossa suposição das observações feitas a partir de referenciais inerciais, podemos apresentar um enunciado mais prático da Primeira Lei do Movimento de Newton:

▶ Outra forma de apresentar a Primeira Lei de Newton

Na ausência de forças externas e quando visualizado a partir de um referencial inercial, um corpo em repouso permanece em repouso e um corpo em movimento continua em movimento com uma velocidade constante (isto é, com velocidade constante em linha reta).

Em termos mais simples, podemos dizer que, **quando nenhuma força age sobre um corpo, a aceleração do corpo é zero**. Se nada age para alterar o movimento do corpo, sua velocidade não muda. Da Primeira Lei, concluímos que qualquer *corpo isolado* (que não interage com seu ambiente) ou está em repouso ou está em movimento com velocidade constante. A tendência de um corpo de resistir a qualquer tentativa de mudança de sua velocidade é chamada **inércia**.

Prevenção de Armadilhas | 4.1

A Primeira Lei de Newton

A Primeira Lei de Newton *não* diz o que acontece com um corpo com *força resultante zero*, isto é, múltiplas forças que se cancelam; ela diz o que acontece *na ausência de forças externas*. Essa diferença sutil, mas importante, permite-nos definir força como algo que pode provocar uma mudança no movimento. A descrição de um corpo sob o efeito de forças que se equilibram está contida na Segunda Lei de Newton.

Considere uma espaçonave viajando no espaço bem distante de qualquer planeta ou qualquer outro tipo de matéria. A espaçonave necessita de algum sistema de propulsão para alterar sua velocidade. No entanto, se o sistema de propulsão é desligado quando a nave espacial atinge a velocidade $\vec{\mathbf{v}}$, ela "viaja" no espaço com essa velocidade, e os astronautas desfrutam de uma "viagem livre" (isto é, nenhum sistema de propulsão é necessário para mantê-los em movimento na velocidade).

Finalmente, lembre-se de nossa discussão no Capítulo 2 sobre a proporcionalidade entre força e aceleração:

$$\vec{\mathbf{F}} \propto \vec{\mathbf{a}}$$

A Primeira Lei de Newton nos diz que a velocidade de um corpo permanece constante se nenhuma força atua sobre ele; o corpo mantém seu estado de movimento. A proporcionalidade anterior nos diz que, se uma força agir, uma mudança ocorre no movimento, medida pela aceleração. Essa noção formará a base da Segunda Lei de Newton; logo forneceremos mais detalhes sobre este conceito.

TESTE RÁPIDO 4.1 Qual das seguintes afirmações é mais correta? (**a**) É possível que um corpo tenha movimento na ausência de forças sobre ele. (**b**) É possível ter forças agindo sobre um corpo na ausência de movimento do corpo. (**c**) Nem a afirmação (**a**) nem a (**b**) estão corretas. (**d**) Ambas as afirmações (**a**) e (**b**) estão corretas.

4.3 | Massa

Imagine brincar de bola com uma bola de pingue-pongue ou com uma de boliche. Qual bola tem mais probabilidade de manter seu movimento quando você tenta apanhá-la? Qual delas tem a maior tendência de permanecer imóvel quando você tenta arremessá-la? A bola de boliche é mais resistente a mudanças em sua velocidade que a bola de pingue-pongue. Como podemos quantificar este conceito?

▶ Definição de massa

Massa é a propriedade de um corpo que especifica o quanto ele pode resistir a mudanças na sua velocidade e, como aprendemos na Seção 1.1, a unidade de massa no SI é o quilograma. Quanto maior a massa de um corpo, menos ele acelera sob a ação de determinada força aplicada.

Para descrever quantitativamente a massa, começamos por comparar experimentalmente as acelerações que determinada força produz em corpos diferentes. Suponha que uma força que age sobre um corpo de massa m_1 produza uma mudança no seu movimento que podemos quantificar como sua aceleração $\vec{\mathbf{a}}_1$, e a *mesma força* que age sobre um corpo de massa m_2 produza uma aceleração $\vec{\mathbf{a}}_2$. A relação entre duas massas é definida como a razão *inversa* dos módulos das acelerações produzidas pela força:

$$\frac{m_1}{m_2} \equiv \frac{a_2}{a_1} \qquad \textbf{4.1}$$

Por exemplo, se determinada força agindo sobre um corpo de 3 kg produz uma aceleração de 4 m/s^2, a mesma força aplicada a um corpo de 6 kg produz uma aceleração de 2 m/s^2. Se um corpo tem massa conhecida, a de outro corpo pode ser obtida de medições da aceleração.

Massa é uma propriedade inerente de um corpo e independente dos seus arredores e do método utilizado para medi-lo. Além disso, é uma grandeza escalar e, portanto, obedece às regras da aritmética comum. Ou seja, várias massas podem ser combinadas de um modo numérico simples. Por exemplo, se você combinar uma massa de 3 kg com outra de 5 kg, a massa total é de 8 kg. Podemos verificar este resultado experimentalmente, comparando a aceleração que uma força conhecida confere a vários corpos separadamente com a aceleração que a mesma força confere aos mesmos corpos combinados em uma única unidade.

▶ Massa e peso são grandezas diferentes

Massa não deve ser confundida com peso. Massa e peso são quantidades diferentes. Como ainda veremos neste capítulo, o peso de um corpo é igual ao módulo da força gravitacional exercida sobre o corpo e varia com a localização. Por exemplo, uma pessoa que pesa 180 lb na Terra, pesa apenas cerca de 30 lb na Lua. Por outro lado, a massa de um corpo é a mesma em todo lugar. Um corpo com massa de 2 kg na Terra também tem esta mesma massa na Lua.

4.4 | A Segunda Lei de Newton

A Primeira Lei de Newton explica o que acontece com um corpo quando nenhuma força age sobre ele: ou permanece em repouso, ou move-se em linha reta com velocidade constante. Essa lei permite definir um referencial inercial e, ainda, identificar a força como o que causa mudanças no movimento. A Segunda Lei de Newton responde à pergunta sobre o que acontece a um corpo quando uma ou mais forças agem sobre ele com base em nossa discussão sobre massa na seção anterior.

Prevenção de Armadilhas | 4.2

Força é a causa de mudanças no movimento

Certifique-se de que esteja claro o papel da força. Muitas vezes, os estudantes cometem o erro de pensar que força é a causa do movimento. Um corpo pode ter movimento na ausência de forças, como descrito na Primeira Lei de Newton. Portanto, não interprete força como causa de *movimento*. Certifique-se de compreender que força é a causa de *mudanças* no movimento.

Imagine que você esteja empurrando um bloco de gelo por uma superfície horizontal sem atrito. Quando você exerce uma força horizontal $\vec{\mathbf{F}}$ no bloco, ele se move com uma aceleração $\vec{\mathbf{a}}$. Experiências mostram que, se você aplicar uma força duas vezes maior no mesmo corpo, a aceleração duplica. Se você aumenta a força aplicada para $3\vec{\mathbf{F}}$, a aceleração é triplicada, e assim por diante. Com base nessas observações, concluímos que a aceleração de um corpo é diretamente proporcional à resultante das forças agindo sobre ele. Fazemos alusão a esta proporcionalidade em nossa discussão sobre aceleração no Capítulo 2. Também sabemos, pela seção anterior, que o módulo da aceleração de um corpo é inversamente proporcional à sua massa: $|\mathbf{a}| \propto 1/m$.

Essas observações experimentais são resumidas na **Segunda Lei de Newton**:

▶ A Segunda Lei de Newton

Quando vista de um referencial inercial, a aceleração de um corpo é diretamente proporcional à resultante das forças que agem sobre ele e inversamente proporcional à sua massa:

Escrevemos esta lei como

$$\vec{\mathbf{a}} \propto \frac{\sum \vec{\mathbf{F}}}{m}$$

em que $\Sigma\vec{\mathbf{F}}$ é a **força resultante**, que é a soma vetorial de *todas* as forças agindo sobre o corpo de massa m. Se o corpo consiste em um sistema de elementos individuais, a força resultante é a soma vetorial de todas as forças *externas* ao sistema. Quaisquer forças *internas* – isto é, forças entre os elementos do sistema – não estão inclusas porque não afetam o movimento de todo o sistema. A força resultante, às vezes, é chamada de força líquida, *soma de todas as forças*, *força total* ou *força de desequilíbrio*.

A Segunda Lei de Newton na forma matemática é uma afirmação desta relação que torna a proporcionalidade anterior uma igualdade:[1]

▶ Representação matemática da Segunda Lei de Newton

$$\sum \vec{\mathbf{F}} = m\vec{\mathbf{a}} \tag{4.2}$$

Observe que a Equação 4.2 é uma expressão *vetorial* e, portanto, equivalente às seguintes três equações de componentes:

▶ Segunda Lei de Newton na forma de componentes

$$\sum F_x = ma_x \quad \sum F_y = ma_y \quad \sum F_z = ma_z \tag{4.3}$$

A Segunda Lei de Newton apresenta um novo modelo de análise, a partícula sob a ação de uma força resultante. Se uma partícula, ou um corpo que pode ser assim modelado, estiver sob a influência de uma força resultante, a Equação 4.2, a afirmação matemática da Segunda Lei de Newton pode ser usada para descrever seu movimento. A aceleração é constante se a força resultante assim for. Portanto, a partícula sob uma força resultante constante terá esse movimento descrito como uma partícula sob aceleração constante. Certamente, nem todas as forças são constantes e, quando não são, a partícula não pode ser modelada como se estivesse sob aceleração constante. Investigaremos situações neste capítulo e no próximo que envolvem tanto forças constantes quanto variáveis.

Prevenção de Armadilhas | 4.3

$m\vec{\mathbf{a}}$ não é uma força

A Equação 4.2 *não* diz que o produto $m\vec{\mathbf{a}}$ é uma força. Todas as forças sobre um corpo são adicionadas vetorialmente para gerar a força resultante no lado esquerdo da equação. Essa força resultante é então igualada ao produto da massa do corpo pela aceleração que resulta da força resultante. *Não* inclua uma "força $m\vec{\mathbf{a}}$" em sua análise das forças sobre um corpo.

TESTE RÁPIDO 4.2 Um corpo não sofre aceleração. Qual das seguintes opções *não pode* ser verdadeira para o corpo? (**a**) Uma única força age sobre o corpo. (**b**) Nenhuma força age sobre o corpo. (**c**) Forças agem sobre o corpo, mas elas se cancelam.

TESTE RÁPIDO 4.3 Você empurra um corpo, inicialmente em repouso, por um assoalho sem atrito com uma velocidade constante por um intervalo de tempo Δt, resultando em uma velocidade final v para o corpo. Você, então, repete a experiência, mas com uma força que é duas vezes maior. Qual é o intervalo de tempo necessário agora para atingir a mesma velocidade final v? (**a**) 4 Δt (**b**) 2 Δt (**c**) Δt (**d**) $\Delta t/2$ (**e**) $\Delta t/4$.

Unidade de força

A unidade de força no SI é o **newton**, que é definida como a força que, durante ação sobre uma massa de 1 kg, produz uma aceleração de 1 m/s^2.

Com base nessa definição e na Segunda Lei de Newton, vemos que o newton pode ser expresso em termos das unidades fundamentais de massa, comprimento e tempo:

▶ Definição de newton

$$1 \text{ N} \equiv 1 \text{ kg} \cdot \text{m/s}^2 \tag{4.4}$$

As unidades de massa, aceleração e força estão resumidas na Tabela 4.1. A maioria dos cálculos que faremos em nosso estudo da mecânica será em unidades SI. As igualdades entre as unidades nos sistemas SI e as comumente usadas nos EUA são dadas no Apêndice A.

[1] A Equação 4.2 é válida apenas quando a velocidade escalar do corpo é muito menor que a velocidade da luz. Vamos tratar da situação relativística no Capítulo 9.

TABELA 4.1 | Unidades de massa, aceleração e força

Sistema de unidades	Massa (M)	Aceleração (L/T^2)	Força (ML/T^2)
SI	kg	m/s^2	$N = kg \cdot m/s^2$
Usuais nos EUA	slug	pé/s^2	lb = slug · pé/s^2

PENSANDO EM FÍSICA 4.1

Em um trem, os vagões estão conectados por *engates*. Os engates entre os vagões exercem forças sobre estes conforme o trem é puxado pela locomotiva na frente. Imagine que o trem esteja acelerando no sentido do avanço. Imagine-se se movendo da locomotiva em direção ao último carro. A força exercida pelos engates *aumenta*, *diminui* ou *permanece a mesma*? O que acontece se o maquinista acionar os freios? Como essa força varia da locomotiva até o último carro nesse caso? (Suponha que os únicos freios acionados sejam os do motor.)

Raciocínio A força *diminui* desde a parte dianteira do trem até a traseira. O engate entre a locomotiva e o primeiro carro deve aplicar força suficiente para acelerar todos os carros restantes. Quando vamos em direção à traseira do trem, cada engate está acelerando menos massa atrás de si. O último engate deve acelerar somente o último carro e, portanto, exerce a menor força. Se os freios são acionados, a força também diminui da parte dianteira até a traseira do trem. O primeiro engate, na parte traseira da locomotiva, deve aplicar uma grande força para desacelerar todos os carros restantes. O engate final somente deve aplicar uma força grande o suficiente para desacelerar a massa do último carro. ◀

Exemplo 4.1 | Um disco de hóquei em aceleração

Um disco de hóquei com uma massa de 0,30 kg desliza sobre a superfície horizontal sem atrito de uma pista de gelo. Dois bastões de hóquei batem no disco ao mesmo tempo, exercendo forças sobre ele, como mostrado na Figura 4.4. A força $\vec{\mathbf{F}}_1$ tem módulo de 5,0 N e a força $\vec{\mathbf{F}}_2$ tem módulo de 8,0 N. Determine o módulo e a direção da aceleração do disco.

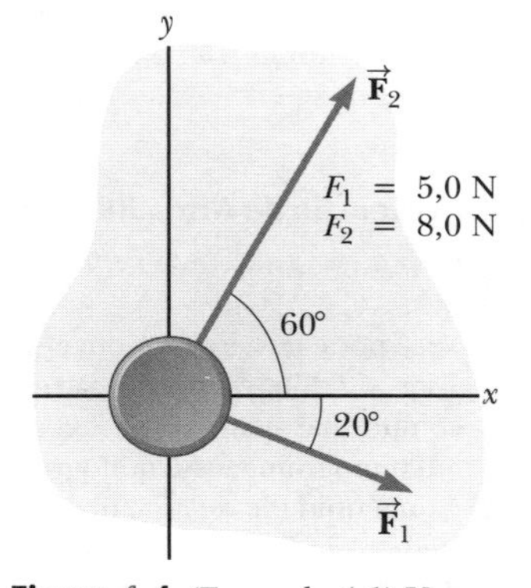

Figura 4.4 (Exemplo 4.1) Um disco de hóquei que se move sobre uma superfície sem atrito está sujeito a duas forças $\vec{\mathbf{F}}_1$ e $\vec{\mathbf{F}}_2$.

SOLUÇÃO

Conceitualização Estude a Figura 4.4. Usando sua experiência em adição de vetores do Capítulo 1, preveja a direção aproximada do vetor força resultante sobre o disco. A aceleração do disco será na mesma direção.

Categorização Como podemos determinar uma força resultante e queremos uma aceleração, esse problema é categorizado como um que pode ser resolvido usando a Segunda Lei de Newton.

Análise Encontre a componente da força resultante que atua sobre o disco na direção x:

$$\sum F_x = F_{1x} + F_{2x} = F_1 \cos(-20^\circ) + F_2 \cos 60^\circ$$
$$= (5,0 \text{ N})(0,940) + (8,0 \text{ N})(0,500) = 8,7 \text{ N}$$

Encontre a componente da força resultante que atua sobre o disco na direção y:

$$\sum F_y = F_{1y} + F_{2y} = F_1 \text{ sen}(-20^\circ) + F_2 \text{ sen } 60^\circ$$
$$= (5,0 \text{ N})(-0,342) + (8,0 \text{ N})(0,866) = 5,2 \text{ N}$$

Use a Segunda Lei de Newton na forma de componentes (Eq. 4.3) para encontrar as componentes x e y da aceleração do disco:

$$a_x = \frac{\sum F_x}{m} = \frac{8,7 \text{ N}}{0,30 \text{ kg}} = 29 \text{ m/s}^2$$

$$a_y = \frac{\sum F_y}{m} = \frac{5,2 \text{ N}}{0,30 \text{ kg}} = 17 \text{ m/s}^2$$

continua

4.1 *cont.*

Encontre o módulo da aceleração: $a = \sqrt{(29\ \text{m/s}^2)^2 + (17\ \text{m/s}^2)^2} = 34\ \text{m/s}^2$

Encontre a direção da aceleração em relação ao eixo x positivo: $\theta = \text{tg}^{-1}\left(\dfrac{a_y}{a_x}\right) = \text{tg}^{-1}\left(\dfrac{17}{29}\right) = 31°$

Finalização O vetor na Figura 4.4 pode ser adicionado graficamente para verificar a razoabilidade da nossa resposta. Como o vetor aceleração está ao longo da direção da força resultante, um desenho mostrando o vetor força resultante ajuda a verificar a validade da resposta. (Tente fazer isso!)

E se? Suponha que três bastões de hóquei batam no disco simultaneamente, com dois deles exercendo as forças mostradas na Figura 4.4. O resultado das três forças é que o disco de hóquei *não* apresenta aceleração. Quais devem ser as componentes da terceira força?

Resposta Se há aceleração zero, a força resultante que atua sobre o disco deve ser zero. Portanto, as três forças devem se cancelar. Encontramos as componentes da combinação das primeiras duas forças. As componentes da terceira força devem ser de módulo igual e sinal oposto para que todas as componentes adicionadas resultem em zero. Portanto, $F_{3x} = -8{,}7$ N e $F_{3y} = -5{,}2$ N.

Prevenção de Armadilhas | 4.4
"Peso de um corpo"
Estamos familiarizados com a frase cotidiana: o "peso de um corpo". O peso, entretanto, não é uma propriedade inerente de um corpo, mas sim uma medida da força gravitacional entre o corpo e a Terra (ou outro planeta). Portanto, o peso é uma propriedade de um *sistema*: o corpo e a Terra.

Prevenção de Armadilhas | 4.5
Quilograma não é uma unidade de peso
Você pode ter visto a "conversão" 1 kg = 2,2 lb. Apesar de afirmações comuns nas quais peso é expresso em quilograma, esse quilograma não é uma unidade de *peso*, mas sim de *massa*. A indicação de conversão não é uma igualdade; é uma *equivalência* que só é válida na superfície terrestre.

4.5 | Força gravitacional e peso

Estamos bem conscientes de que todos os corpos são atraídos para a Terra. A força exercida pela Terra sobre um corpo é a **força gravitacional** $\vec{\mathbf{F}}_g$, direcionada ao centro da Terra.[2] O módulo dessa força é chamado **peso** F_g do corpo.

Vimos nos capítulos 2 e 3 que um corpo em queda livre experimenta uma aceleração $\vec{\mathbf{g}}$ direcionada ao centro da Terra. Um corpo em queda livre tem somente uma força sobre ele, a força gravitacional, portanto, a força resultante sobre o corpo nesta situação é igual à força gravitacional:

$$\sum \vec{\mathbf{F}} = \vec{\mathbf{F}}_g$$

Como a aceleração de um corpo em queda livre é igual à aceleração em queda livre $\vec{\mathbf{g}}$, então

$$\sum \vec{\mathbf{F}} = m\vec{\mathbf{a}} \rightarrow \vec{\mathbf{F}}_g = m\vec{\mathbf{g}}$$

ou, em módulo,

$$F_g = mg \qquad \textbf{4.5}$$

A unidade de apoio à vida presa nas costas do astronauta Harrison Schmitt pesava 300 lb na Terra e tinha uma massa de 136 kg. Durante seu treinamento, um equipamento de simulação de 50 lb com massa de 23 kg foi utilizado. Embora esta estratégia tenha simulado eficazmente o peso reduzido que a unidade teria na Lua, não imitou corretamente sua massa. Foi mais difícil acelerar a unidade de 136 kg (por exemplo, pulando ou virando repentinamente) na Lua que acelerar a unidade de 23 kg na Terra.

[2] Esta afirmação representa um modelo de simplificação, já que ignora que a distribuição de massa da Terra não é perfeitamente esférica.

Como o peso depende de g, ele varia com a localização, como mencionado na Seção 4.3. Corpos pesam menos em altitudes elevadas que no nível do mar, pois g diminui com o aumento da distância ao centro da Terra. Portanto, o peso, ao contrário da massa, não é uma propriedade inerente a um corpo. É uma propriedade do *sistema* corpo e Terra. Por exemplo, se um corpo possui massa de 70 kg, seu peso em um local onde $g = 9{,}80$ m/s^2 é $mg = 686$ N. No topo de uma montanha, onde $g = 9{,}76$ m/s^2, o peso do corpo seria 683 N. Portanto, se você quer perder peso sem enfrentar uma dieta, escale uma montanha, ou se pese a 30 000 pés durante um voo de avião.

Como $F_g = mg$, podemos comparar as massas de dois corpos ao medir seus pesos com uma balança de mola. Em determinado local (de modo que g esteja fixo), a proporção dos pesos de dois corpos é igual à de suas massas.

A Equação 4.5 quantifica a força gravitacional sobre o corpo, mas observe que esta equação não requer que o corpo se mova. Mesmo para um corpo estacionário, ou sob a ação de várias forças, a Equação 4.5 pode ser utilizada para calcular o módulo da força gravitacional. Esta observação resulta em uma mudança sutil na interpretação de m na equação. A massa m na Equação 4.5 está fazendo a função de determinar a intensidade da atração gravitacional entre o corpo e a Terra. Essa função é completamente diferente daquela anteriormente descrita para massa, de medir a resistência às mudanças no movimento como reação a uma força externa. Nesta função, a massa é também chamada **massa inercial**. Chamamos m de **massa gravitacional** na Equação 4.5. Apesar de esta quantidade ser diferente da massa inercial, é uma das conclusões experimentais na dinâmica newtoniana de que a massa gravitacional e a massa inercial têm o mesmo valor.

TESTE RÁPIDO **4.4** Suponha que você esteja falando, através de um telefone interplanetário, com um amigo que mora na Lua. Ele diz que acabou de ganhar um newton de ouro em uma competição. Entusiasmado, você diz que participou da versão da Terra da mesma competição e que também ganhou um newton de ouro! Quem é mais rico? (**a**) Você. (**b**) Seu amigo. (**c**) Os dois são igualmente ricos.

4.6 | A Terceira Lei de Newton

A Terceira Lei de Newton transmite a noção de que as forças sempre são interações entre dois corpos:

Se dois corpos interagem, a força $\vec{\mathbf{F}}_{12}$ exercida pelo corpo 1 sobre o corpo 2 é igual em módulo e oposta em sentido à força $\vec{\mathbf{F}}_{21}$ exercida pelo corpo 2 sobre o corpo 1:

$$\vec{\mathbf{F}}_{12} = -\vec{\mathbf{F}}_{21} \qquad \text{4.5}$$

► A Terceira Lei de Newton

Quando for importante designar forças como interações entre dois corpos, usaremos esta notação em subscrito, em que $\vec{\mathbf{F}}_{ab}$ significa "a força exercida *por* a *sobre* b". A terceira lei, ilustrada na Figura 4.5a, é equivalente a declarar que as **forças sempre ocorrem em pares**, ou que uma **única força isolada não pode existir**. A força que o corpo 1 exerce sobre o corpo 2 pode ser chamada *força de ação* e a que o corpo 2 exerce sobre o corpo 1, *força de reação*. Na realidade, qualquer uma das forças pode ser chamada ação ou reação. A força de ação é igual em módulo à de reação e oposta em sentido. Em todos os casos, as forças de ação e de reação agem sobre corpos diferentes e têm de ser do mesmo tipo. Por exemplo, a força que age sobre um projétil que cai livremente é a força gravitacional exercida pela Terra no projétil $\vec{\mathbf{F}}_g = \vec{\mathbf{F}}_{Tp}$ (T = Terra, p = projétil), e seu módulo é mg. A reação desta força é a força gravitacional exercida pelo projétil sobre a Terra $\vec{\mathbf{F}}_{pT} = -\vec{\mathbf{F}}_{Tp}$. A força de reação $\vec{\mathbf{F}}_{pT}$ deve acelerar a Terra em direção ao projétil exatamente como a força de ação $\vec{\mathbf{F}}_{Tp}$ acelera o projétil em direção à Terra. No entanto, como a Terra tem massa muito grande, sua aceleração por causa dessa força de reação é desprezível de tão pequena.

Prevenção de Armadilhas | 4.6

A Terceira Lei de Newton

A Terceira Lei de Newton é uma noção tão importante e tantas vezes mal compreendida que é repetida aqui em uma Prevenção de Armadilhas. Nela, as forças de ação e reação atuam sobre corpos *diferentes*. Duas forças atuando sobre o mesmo corpo, mesmo se forem iguais em módulo e opostas em sentido, não podem ser um par ação-reação.

Outro exemplo da Terceira Lei de Newton é mostrado na Figura 4.5b. A força $\vec{\mathbf{F}}_{mp}$ exercida pelo martelo sobre o prego (a ação) é igual em módulo e oposta à força $\vec{\mathbf{F}}_{pm}$ exercida pelo prego no martelo (a reação). Esta última força interrompe o movimento para a frente do martelo quando bate no prego.

A Terra exerce uma força gravitacional $\vec{\mathbf{F}}_g$ sobre qualquer corpo. Se o corpo é um monitor de computador em repouso sobre uma mesa, como na representação pictórica na Figura 4.6a, a força de reação a $\vec{\mathbf{F}}_g = \vec{\mathbf{F}}_{Tm}$ é a força exercida pelo monitor sobre a Terra $\vec{\mathbf{F}}_{mT} = -\vec{\mathbf{F}}_{Tm}$. O monitor não acelera porque é mantido em cima da mesa.

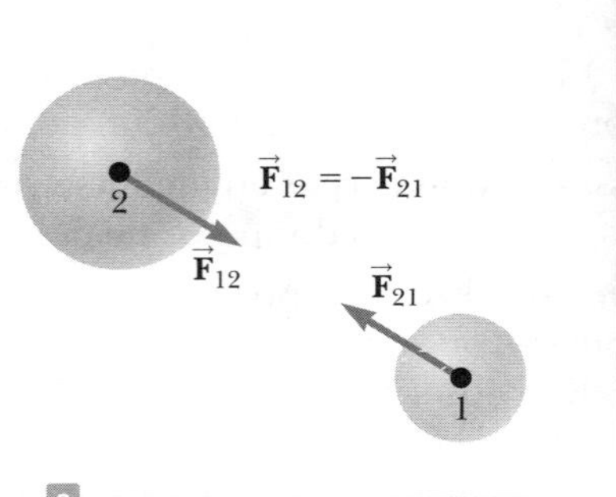

Figura 4.5 Terceira Lei de Newton. (a) A força $\vec{F}_{12}$ exercida pelo corpo 1 sobre o corpo 2 é igual em módulo e oposta em sentido à força $\vec{F}_{21}$ exercida pelo corpo 2 sobre o corpo 1. (b) A força $\vec{F}_{pm}$ exercida pelo martelo sobre o prego é igual em módulo e oposta em sentido à força $\vec{F}_{mp}$ exercida pelo prego sobre o martelo.

▶ Força normal

A mesa exerce sobre o monitor uma força ascendente $\vec{n} = -\vec{F}_{tm}$, chamada **força normal**.[3-4] Essa força, que evita que o monitor caia da mesa, pode ter qualquer valor necessário, até o ponto de quebrar a mesa. Com base na Segunda Lei de Newton vemos que, como o monitor tem aceleração zero, então $\Sigma \quad = \vec{n} + \vec{F}_g = 0$, ou $n = mg$. A força normal equilibra a força gravitacional sobre o monitor, portanto, a força resultante sobre o monitor é zero. A reação a **n** é a força exercida pelo monitor sobre a mesa, $\vec{F}_{mt} = -\vec{F}_{tm}$.

Observe que as forças que agem sobre o monitor são $\vec{F}_g$ e $\vec{n}$, como mostrado na Figura 4.6b. As duas forças de reação $\vec{F}_{mT}$ e $\vec{F}_{mt}$ são exercidas pelo monitor sobre a Terra e a mesa, respectivamente. Lembre-se de que duas forças em um par ação-reação sempre atuam sobre dois corpos diferentes.

A Figura 4.6 ilustra uma diferença importante entre uma representação pictórica e uma representação pictórica simplificada para solucionar os problemas que envolvem forças. A Figura 4.6a mostra muitas das forças nesta situação: as que atuam sobre o monitor, a que atua sobre a mesa e a que atua sobre a Terra. A Figura 4.6b, em contrapartida, mostra apenas as forças sobre *um corpo*, o monitor, e é chamada **diagrama de forças**, ou um *diagrama que mostra as forças que atuam sobre um corpo*. A representação pictórica simplificada importante na Figura 4.6c é chamada **diagrama de corpo livre**. Neste tipo, é utilizado o modelo de partícula, que representa o corpo como um ponto e mostra as forças que atuam sobre ele como se fossem aplicadas ao ponto. Ao analisar uma partícula sob a ação de uma força resultante, estamos interessados na força resultante que atua sobre o corpo, de massa *m*, que modelaremos como uma partícula. Portanto, um diagrama de corpo livre ajuda a isolar apenas as forças que atuam sobre o corpo e a eliminar as outras forças de nossa análise.

Prevenção de Armadilhas | 4.7

n* nem sempre é igual a *mg

Na situação mostrada na Figura 4.6 e em muitas outras, descobrimos que $n = mg$ (a força normal tem o mesmo módulo que a força gravitacional). Este resultado, entretanto, geralmente não é verdadeiro. Se um corpo estiver em uma rampa, se houver forças aplicadas com componentes verticais, ou se houver aceleração vertical do sistema, então $n \neq mg$. *Sempre* aplique a Segunda Lei de Newton para descobrir a relação entre n e mg.

Prevenção de Armadilhas | 4.8

Diagramas de corpo livre

O passo *mais importante* na resolução de um problema utilizando as leis de Newton é desenhar uma representação pictórica simplificada, o diagrama de corpo livre. Certifique-se de desenhar apenas as forças que atuam sobre o corpo que você está isolando, e, ainda, de desenhar *todas* as forças que atuam sobre o corpo, incluindo quaisquer forças de campo, como a gravitacional.

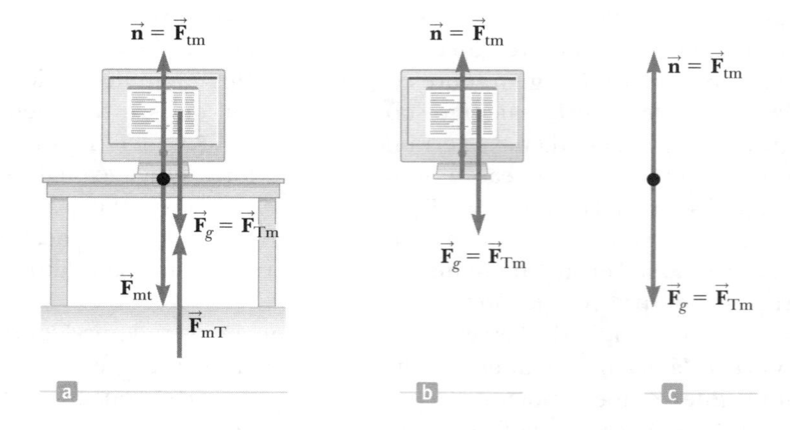

Figura 4.6 (a) Quando um monitor de computador está em repouso sobre uma mesa, as forças que agem sobre ele são a força normal, $\vec{n}$, e a gravitacional, $\vec{F}_g$. A reação a $\vec{n}$ é a força $\vec{F}_{mT}$ exercida pelo monitor sobre a mesa. A reação a $_g$ é a força $\vec{F}_{mT}$ exercida pelo monitor sobre a Terra. (b) Um diagrama mostra as forças sobre o monitor. (c) Um diagrama de corpo livre mostra o monitor como um ponto negro com forças atuando sobre ele.

[3] A palavra *normal* é usada porque a direção de $\vec{n}$ é sempre *perpendicular* à superfície.

[4] N.R.T.: Note que "T" designa Terra e "t" designa *table*, ou mesa em inglês.

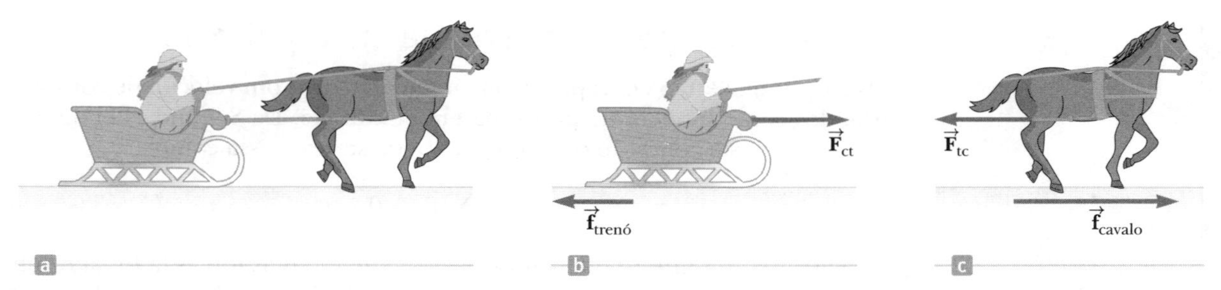

Figura 4.7 (Pensando em Física 4.2) (a) Um cavalo puxa um trenó pela neve. (b) As forças sobre o trenó. (c) As forças sobre o cavalo.

TESTE RÁPIDO 4.5 (**i**) Se uma mosca colidir com o para-brisa de um ônibus em movimento rápido, quem sofre uma força de impacto com maior intensidade? (**a**) A mosca. (**b**) O ônibus. (**c**) A mesma força é sofrida por ambos. (**ii**) Qual delas sofre a maior aceleração? (**a**) A mosca. (**b**) O ônibus. (**c**) A mesma aceleração é sofrida por ambos.

TESTE RÁPIDO 4.6 Qual das seguintes é a força de reação para a força gravitacional atuando sobre seu corpo enquanto está sentado em sua cadeira? (**a**) a força normal da cadeira (**b**) a força que você aplica no assento da cadeira (**c**) nenhuma dessas.

PENSANDO EM FÍSICA 4.2

Um cavalo puxa um trenó com uma força horizontal, fazendo que o trenó acelere, como na Figura 4.7a. A Terceira Lei de Newton diz que o trenó exerce uma força de mesmo módulo e direção oposta sobre o cavalo. Nesta situação, como pode o trenó acelerar? Essas forças não se cancelam?

Raciocínio Ao aplicar a Terceira Lei de Newton, é importante lembrar que as forças envolvidas agem sobre corpos diferentes. Observe que a força exercida pelo cavalo atua sobre o trenó, enquanto a força exercida pelo trenó atua sobre o cavalo. Como essas forças atuam sobre corpos diferentes, não se cancelam.

As forças horizontais exercidas somente no *trenó* são a força de avanço $\vec{\mathbf{F}}_{ct}$ exercida pelo cavalo e a força de atrito de retorno $\vec{\mathbf{f}}_{trenó}$ entre o trenó e a superfície (Fig. 4.7b). Quando $\vec{\mathbf{F}}_{ct}$ excede $\vec{\mathbf{f}}_{trenó}$, o trenó acelera para a direita.

As forças horizontais exercidas somente no *cavalo* são a força de atrito de avanço $\vec{\mathbf{f}}_{cavalo}$ do solo e a força de retorno $\vec{\mathbf{F}}_{tc}$ exercida pelo trenó (Fig. 4.7c). A resultante dessas duas forças leva o cavalo a acelerar. Quando $\vec{\mathbf{f}}_{cavalo}$ excede $\vec{\mathbf{F}}_{tc}$, o cavalo acelera para a direita. ◄

4.7 | Modelos de análise utilizando a Segunda Lei de Newton

Nesta seção, discutimos dois modelos de análise para resolver problemas nos quais corpos estão ou em equilíbrio ($\vec{\mathbf{a}} = 0$) ou em aceleração sob a ação de forças externas constantes. Assumiremos que os corpos se comportam como partículas e assim não precisamos nos preocupar com movimento de rotação ou outras complicações. Nesta seção também aplicamos alguns modelos adicionais de simplificação. Ignoramos os efeitos do atrito nesses problemas que envolvem movimento, o que é equivalente a afirmar que as superfícies são *sem atrito*. Normalmente, ignoramos as massas de quaisquer cordas ou fios envolvidos. Nesta aproximação, o módulo da força exercida em qualquer ponto ao longo do fio é o mesmo. Nos enunciados dos problemas, os termos *leve* e *de massa desprezível* são utilizados para indicar que uma massa deve ser ignorada ao resolver o problema. Esses dois termos são sinônimos nesse contexto.

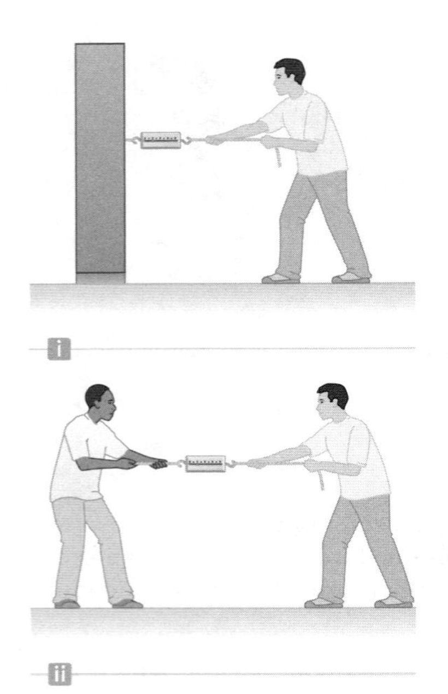

Figura 4.8 (Teste Rápido 4.7) (i) Um indivíduo puxa uma balança de mola afixada em uma parede com uma força de módulo F. (ii) Dois indivíduos puxam uma balança de mola com forças de módulo F em direções opostas.

Modelo de análise: partícula em equilíbrio

Os corpos que estão em repouso ou em movimento com velocidade constante são tratados como modelo de **partícula em equilíbrio**. Da Segunda Lei de Newton, com $\vec{\mathbf{a}} = 0$, esta condição de equilíbrio pode ser expressa como

$$\sum \vec{\mathbf{F}} = 0 \qquad \textbf{4.7} \blacktriangleleft$$

Esta afirmação significa que a soma vetorial de todas as forças (a força resultante) agindo sobre um corpo em equilíbrio é zero.[5] Se uma partícula está sujeita a forças, mas exibe uma aceleração igual a zero, utilizamos a Equação 4.7 para analisar a situação, como veremos em alguns dos exemplos a seguir.

Em geral, os problemas que encontramos em nosso estudo do equilíbrio são mais fáceis de resolver se trabalharmos com a Equação 4.7 em termos das componentes das forças externas atuando sobre um corpo. Em outras palavras, em um problema bidimensional, a soma de todas as forças externas nas direções x e y deve ser igual a zero; isto é,

$$\sum F_x = 0 \qquad \sum F_y = 0 \qquad \textbf{4.8} \blacktriangleleft$$

A extensão da Equação 4.8 a uma situação tridimensional pode ser feita ao adicionar uma terceira equação componente, $\Sigma F_z = 0$.

Em determinada situação, podemos ter forças equilibradas sobre um corpo em uma direção, mas desequilibradas em outra. Portanto, para determinado problema, podemos ter de modelar o corpo como uma partícula em equilíbrio para uma componente, e uma partícula sob a ação de uma força resultante para a outra componente.

TESTE RÁPIDO 4.7 Considere as duas situações mostradas na Figura 4.8, em que nenhuma aceleração ocorre. Em ambos os casos, os indivíduos puxam uma corda ligada a uma balança de mola com uma força de módulo F. A leitura na balança de mola na parte (i) da figura (**a**) é maior, (**b**) menor ou (**c**) igual à leitura da parte (ii)?

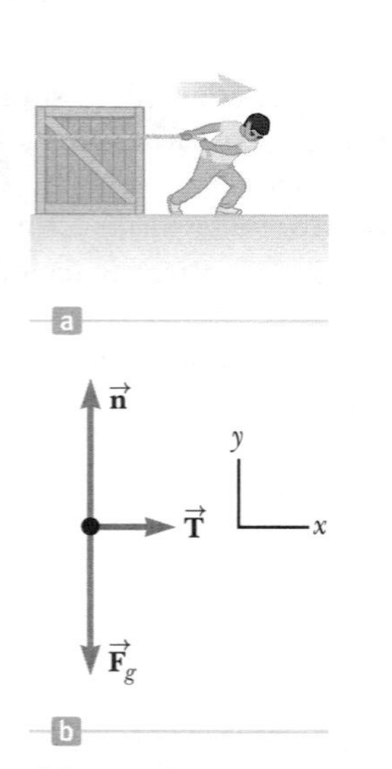

Figura 4.9 (a) Um caixote sendo puxado para a direita em um piso sem atrito. (b) O diagrama de corpo livre que representa as forças externas que atuam sobre o caixote.

Modelo de análise: partícula sob uma força resultante

Se um corpo sofre uma aceleração, seu movimento pode ser analisado com o modelo de **partícula sob uma força resultante**. A equação apropriada para este modelo é a da Segunda Lei de Newton, Equação 4.2:

$$\sum \vec{\mathbf{F}} = m\vec{\mathbf{a}} \qquad \textbf{4.2} \blacktriangleleft$$

Considere um caixote sendo puxado para a direita sobre um piso horizontal sem atrito, como na Figura 4.9a. É claro que o piso diretamente sob o garoto deve ter atrito, caso contrário, seus pés simplesmente deslizariam quando ele tentasse puxar o caixote! Suponha que você deseje descobrir a aceleração do caixote e a força que o piso exerce sobre ele. As forças que atuam sobre o caixote são ilustradas no diagrama de corpo livre na Figura 4.9b. Observe que a força horizontal $\vec{\mathbf{T}}$ aplicada ao caixote atua através da corda. O módulo de $\vec{\mathbf{T}}$ é igual à tensão na corda. Além da força $\vec{\mathbf{T}}$, o diagrama de corpo livre para o caixote inclui a força gravitacional $\vec{\mathbf{F}}_g$ e a força normal $\vec{\mathbf{n}}$, exercida pelo piso no caixote.

[5] Esta afirmação é apenas uma condição de equilíbrio para um corpo. Diz-se que um corpo que se move pelo espaço está em movimento translacional. Se o corpo está girando, diz-se que ele está em movimento rotacional. Uma segunda condição de equilíbrio é a afirmação de equilíbrio rotacional. Esta condição será discutida no Capítulo 10, quando abordarmos corpos girando. A Equação 4.7 é suficiente para analisar corpos como partículas em movimento translacional, que são os que nos interessam neste momento.

Podemos agora aplicar a Segunda Lei de Newton na forma de componente ao caixote. A única força atuando na direção x é $\vec{\mathbf{T}}$. Aplicando $\Sigma F_x = ma_x$ ao movimento horizontal temos,

$$\sum F_x = T = ma_x \quad \text{ou} \quad a_x = \frac{T}{m}$$

Não ocorre aceleração na direção y porque o caixote só se move horizontalmente. Portanto, utilizamos o modelo de partícula em equilíbrio na direção y. Aplicar a componente y da Equação 4.7 resulta em

$$\sum F_y = n + (-F_g) = 0 \quad \text{ou} \quad n = F_g$$

Ou seja, a força normal tem o mesmo módulo que a força gravitacional, mas atua no sentido oposto.

Se $\vec{\mathbf{T}}$ for uma força constante, a aceleração $a_x = T/m$ também é constante. Deste modo, o caixote também é considerado uma partícula sob aceleração constante na direção x, e as equações cinemáticas vistas no Capítulo 2 podem ser usadas para obter a posição do caixote x e a velocidade v_x em função do tempo.

ESTRATÉGIA PARA RESOLUÇÃO DE PROBLEMAS: Aplicando as Leis de Newton

O seguinte procedimento é recomendado ao lidar com problemas que envolvem as Leis de Newton:

1. **Conceitualização** Desenhe um diagrama simples e claro do sistema para ajudar a estabelecer a representação mental. Estabeleça eixos coordenados convenientes para cada corpo no sistema.
2. **Categorização** Se uma componente de aceleração para um corpo for zero, este é modelado como uma partícula em equilíbrio nessa direção e $\Sigma F = 0$. Se não, o corpo é modelado como uma partícula sob uma força resultante nessa direção, e $\Sigma F = ma$.
3. **Análise** Isole o corpo cujo movimento está sendo analisado. Desenhe um diagrama de corpo livre para esse corpo. Para sistemas que contenham mais de um corpo, desenhe diagramas de corpo livre *separados* para cada um deles. *Não* inclua no diagrama de corpo livre as forças exercidas pelo corpo sobre o que está em seu entorno.

   Encontre as componentes das forças ao longo dos eixos coordenados. Aplique a Segunda Lei de Newton, $\Sigma \vec{\mathbf{F}} = m\vec{\mathbf{a}}$, na forma de componente. Confira as dimensões para ter certeza de que todos os termos têm unidades de força.

   Resolva as equações das componentes para as incógnitas. Lembre-se de que, para obter uma solução completa, você, em geral, deve ter tantas equações independentes quanto incógnitas.
4. **Finalização** Certifique-se de que seus resultados são consistentes com o diagrama de corpo livre. Verifique também as previsões de suas soluções quanto aos valores extremos das variáveis. Ao fazer isso, muitas vezes você pode detectar erros em seus resultados.

Exemplo 4.2 | Um semáforo em repouso

Um semáforo pesando 122 N pende de um cabo ligado a outros dois presos a um suporte, como na Figura 4.10a. Os cabos superiores formam ângulos de 37,0° e 53,0° com a horizontal. Esses cabos não são tão fortes quanto o cabo vertical e quebrarão se a tensão neles for maior que 100 N. O semáforo permanecerá pendurado nesta situação, ou um dos cabos quebrará?

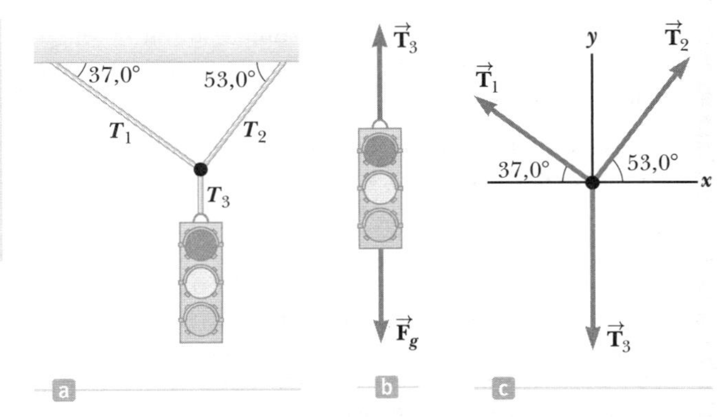

Figura 4.10 (Exemplo 4.2) (a) Um semáforo suspenso por cabos. (b) As forças que atuam sobre o semáforo. (c) O diagrama de corpo livre para o nó, onde os três cabos são unidos.

SOLUÇÃO

Conceitualização Inspecione o desenho na Figura 4.10a. Vamos considerar que os cabos não quebram e que nada se move.

continua

4.2 *cont.*

Categorização Se nada se move, nenhuma parte do sistema está acelerando. Podemos, então, considerar o semáforo uma partícula em equilíbrio, na qual a força resultante é zero. Da mesma maneira, a força resultante no nó (Fig. 4.10c) é zero.

Análise Construímos um diagrama das forças que atuam sobre o semáforo, mostrado na Figura 4.10b, e um diagrama de corpo livre para o nó que une os três cabos, mostrado na Figura 4.10c. O nó é um corpo conveniente para escolher, pois todas as forças de interesse agem ao longo de linhas que passam por ele.

Aplique a Equação 4.8 para o semáforo na direção y:

$$\sum F_y = 0 \quad \rightarrow \quad T_3 - F_g = 0$$
$$T_3 = F_g = 122 \text{ N}$$

Escolha os eixos coordenados, como mostrado na Figura 4.10c, e resolva as forças que atuam sobre o nó em suas componentes:

Força	Componente x	Componente y
$\vec{\mathbf{T}}_1$	$-T_1 \cos 37{,}0°$	T_1 sen $37{,}0°$
$\vec{\mathbf{T}}_2$	$T_2 \cos 53{,}0°$	T_2 sen $53{,}0°$
$\vec{\mathbf{T}}_3$	0	-122 N

Aplique o modelo da partícula em equilíbrio ao nó:

$$(1)\ \sum F_x = -T_1 \cos 37{,}0° + T_2 \cos 53{,}0° = 0$$
$$(2)\ \sum F_y = T_1 \text{ sen } 37{,}0° + T_2 \text{ sen } 53{,}0° + (-122 \text{ N}) = 0$$

A Equação (1) mostra que as componentes horizontais de $\vec{\mathbf{T}}_1$ e $\vec{\mathbf{T}}_2$ devem ter os mesmos módulos e a Equação (2) mostra que a soma das componentes verticais de $\vec{\mathbf{T}}_1$ e $\vec{\mathbf{T}}_2$ devem equilibrar a força descendente $\vec{\mathbf{T}}_3$, que tem módulo igual ao peso do semáforo.

Resolva a Equação (1) para T_2 em termos de T_1

$$T_2 = T_1\left(\frac{\cos 37{,}0°}{\cos 53{,}0°}\right) = 1{,}33 T_1$$

Substitua este valor por T_2 na Equação (2):

$$T_1 \text{ sen } 37{,}0° + (1{,}33 T_1)(\text{sen } 53{,}0°) - 122 \text{ N} = 0$$
$$T_1 = 73{,}4 \text{ N}$$
$$T_2 = 1{,}33 T_1 = 97{,}4 \text{ N}$$

Ambos os valores são menores que 100 N (apenas um pouco para T_2), portanto os cabos não quebrarão.

Finalização Imagine alterar algumas das variáveis no problema. Quais podem ser alteradas e quais teriam de ser seus valores para que o cabo se quebrasse? Suponha que os dois ângulos na Figura 4.10a sejam iguais. Qual seria a relação entre T_1 e T_2?

Exemplo 4.3 | O carro em fuga

Um carro de massa m está em uma estrada com a pista congelada inclinada a um ângulo θ como na Figura 4.11a.

(A) Encontre a aceleração do carro supondo que a rampa seja sem atrito.

SOLUÇÃO

Conceitualização Use a Figura 4.11a para conceitualizar a situação. Pela experiência cotidiana, sabemos que um carro em uma rampa coberta de gelo descerá por ela. (A mesma coisa acontece com um carro em uma ladeira com os freios não acionados.)

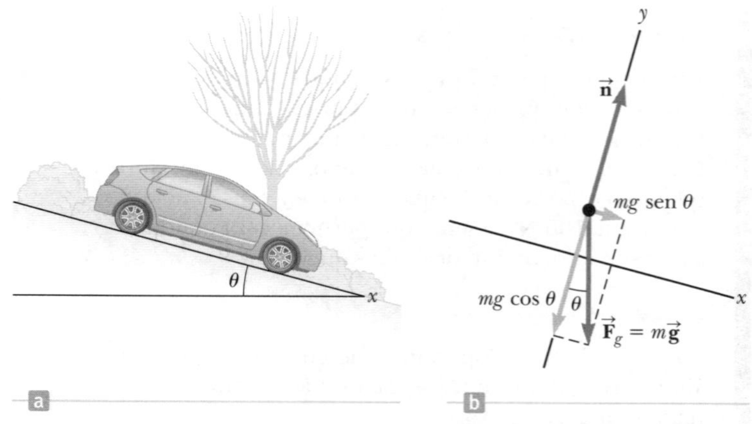

Figura 4.11 (Exemplo 4.3) (a) Um carro em uma rampa sem atrito. (b) O diagrama de corpo livre para o carro. O ponto preto representa a posição do centro de massa do carro. Aprenderemos sobre o centro de massa no Capítulo 8.

continua

4.3 *cont.*

Categorização Categorizamos o carro como uma partícula sob uma força resultante, pois ele acelera. Além disso, esse exemplo pertence a uma categoria muito comum de problemas, na qual um corpo se move sob a influência da gravidade em um plano inclinado.

Análise A Figura 4.11b mostra o diagrama de corpo livre para o carro. As únicas forças que agem sobre ele são a normal $\vec{\mathbf{n}}$, a exercida pelo plano inclinado, que atua perpendicularmente ao plano e a força gravitacional, $\vec{\mathbf{F}}_g = m\vec{\mathbf{g}}$, que atua verticalmente para baixo. Para problemas envolvendo planos inclinados, é conveniente escolher os eixos coordenados com x ao longo da rampa e y perpendicular a ela, como na Figura 4.11b. Com esses eixos, representamos a força gravitacional por uma componente de módulo mg sen θ ao longo do eixo x positivo, e uma de módulo mg cos θ ao longo do eixo y negativo. Nossa escolha dos eixos resulta em considerar o carro uma partícula sob uma força resultante na direção de x e uma partícula em equilíbrio na direção de y.

Aplique esses modelos ao carro:

$$(1)\quad \sum F_x = mg \text{ sen } \theta = ma_x$$

$$(2)\quad \sum F_y = n - mg \cos \theta = 0$$

Resolva a Equação (1) para encontrar a_x:

$$(3)\quad a_x = g \text{ sen } \theta$$

Finalização Observe que a componente de aceleração a_x é independente da massa do carro! Ela depende apenas do ângulo de inclinação e de g.

Pela Equação (2), concluímos que a componente de $\vec{\mathbf{F}}_g$ perpendicular à rampa é equilibrada pela força normal; ou seja, $n = mg$ cos θ. Esta situação é outro caso no qual a força normal *não* é igual em módulo ao peso do corpo (conforme discutido na Prevenção de Armadilhas 4.7).

É possível, embora inconveniente, resolver o problema com eixos horizontal e vertical "padrão". Você pode querer experimentar, apenas para praticar.

(B) Suponha que o carro seja liberado do repouso no topo da rampa e que a distância do para-choque dianteiro até a parte inferior da rampa seja d. Quanto tempo leva para que o para-choque atinja a parte inferior da rampa e com que velocidade o carro chegará lá?

SOLUÇÃO

Conceitualização Imagine que o carro está descendo a ladeira e você usa um cronômetro para medir o intervalo de tempo total até ele chegar à parte inferior.

Categorização Esta parte do problema pertence mais à cinemática que à dinâmica, e a Equação (3) mostra que a aceleração a_x é constante. Portanto, você deve categorizar o carro, nesta parte do problema, como uma partícula sob aceleração constante.

Análise Definindo a posição inicial do para-choque dianteiro como $x_i = 0$, sua posição final como $x_f = d$ e reconhecendo que $v_{xi} = 0$, aplique a Equação 2.13, $x_f = x_i + v_{xi}t + \frac{1}{2}a_x t^2$:

$$d = \tfrac{1}{2}a_x t^2$$

Resolva para t:

$$(4)\quad t = \sqrt{\frac{2d}{a_x}} = \sqrt{\frac{2d}{g \text{ sen } \theta}}$$

Use a Equação 2.14, com $v_{xi} = 0$, para encontrar a velocidade final do carro:

$$v_{xf}^{\,2} = 2a_x d$$

$$(5)\quad v_{xf} = \sqrt{2a_x d} = \sqrt{2gd \text{ sen } \theta}$$

Finalização Vemos pelas Equações (4) e (5) que o tempo t em que o carro atinge a parte inferior e sua velocidade final, v_{xf}, são independentes da sua massa, assim como foi sua aceleração. Observe que combinamos técnicas do Capítulo 2 com as novas deste capítulo neste exemplo. À medida que aprendermos mais técnicas nos capítulos posteriores, esse processo de combinar modelos de análise e informações de várias partes do livro ocorrerá com mais frequência. Nesses casos, use a Estratégia Geral para Resolução de Problemas para ajudá-lo a identificar de quais modelos de análise precisará.

continua

4.3 *cont.*

E se? O que aconteceria com o problema resolvido anteriormente se passarmos a ter $\theta = 90°$?

Resposta Imagine θ passando a ser 90° na Figura 4.11. O plano inclinado se torna vertical e o carro é um corpo em queda livre! A Equação (3) se torna

$$a_x = g \text{ sen } \theta = g \text{ sen } 90° = g$$

que é, na verdade, a aceleração de queda livre. (Encontramos $a_x = g$, em vez de $a_x = -g$, porque escolhemos o x positivo para baixo na Fig. 4.11.) Observe também que a condição $n = mg \cos \theta$ nos fornece $n = mg \cos 90° = 0$. Isto é consistente com o carro se deslocando para baixo *perto do* plano vertical, caso em que não há força de contato entre o carro e o plano.

Exemplo 4.4 | A máquina de Atwood

Quando dois corpos de massa desigual estão pendurados verticalmente em uma polia sem atrito de massa desprezível, como na Figura Ativa 4.12a, o arranjo é chamado *máquina de Atwood*. O dispositivo é às vezes utilizado no laboratório para determinar o valor de g. Determine o módulo da aceleração dos dois corpos e a tensão na corda leve.

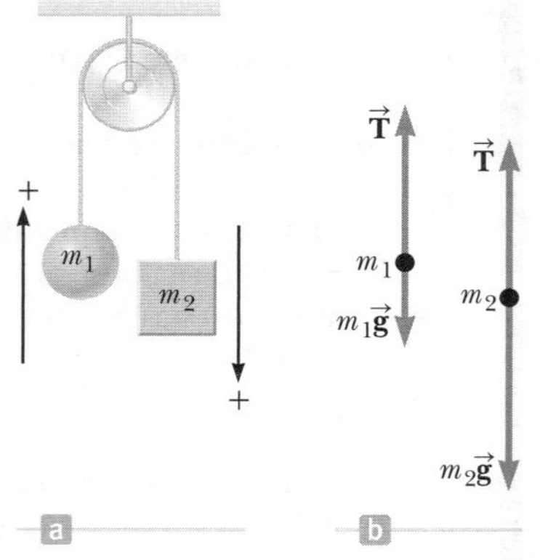

Figura Ativa 4.12 (Exemplo 4.4) A máquina de Atwood. (a) Dois corpos conectados por uma corda inextensível sem massa sobre uma polia sem atrito. (b) Os diagramas de corpo livre para dois corpos.

SOLUÇÃO

Conceitualização Imagine a situação ilustrada na Figura Ativa 4.12a em ação: enquanto um corpo se move para cima, o outro se move para baixo. Como os corpos são conectados por uma corda inextensível, suas acelerações devem ser de igual módulo.

Categorização Os corpos na máquina de Atwood estão sujeitos à força gravitacional, bem como às forças exercidas pelas cordas conectadas a eles. Portanto, podemos caracterizar este problema como um que envolve duas partículas sob uma força resultante.

Análise Os diagramas de corpo livre dos dois corpos são mostrados na Figura Ativa 4.12b. Duas forças atuam sobre cada corpo: a força ascendente $\vec{\mathbf{T}}$ exercida pela corda e a força gravitacional descendente. Em problemas como este, no qual a polia é considerada sem massa e sem atrito, a tensão na corda em ambos os lados é a mesma. Se a polia tiver massa ou estiver sujeita a atrito, as tensões em cada lado não serão iguais e a situação exigirá técnicas que aprenderemos no Capítulo 10.

Devemos ser muito cuidadosos com os sinais em problemas como este. Na Figura Ativa 4.12a, observe que o corpo 1 acelera para cima, e o corpo 2 para baixo. Portanto, para coerência dos sinais, se definirmos a direção ascendente como positiva para o corpo 1, devemos definir a direção descendente como positiva para o corpo 2. Com esta convenção de sinais, ambos os corpos aceleram na mesma direção conforme definido pela escolha de sinal. Além disso, de acordo com esta convenção, a componente y da força resultante exercida sobre o corpo 1 é $T - m_1g$, e a componente y da força resultante exercida sobre o corpo 2 é $m_2g - T$.

Aplique a Segunda Lei de Newton ao corpo 1: $\quad$ (1) $\sum F_y = T - m_1g = m_1a_y$

Aplique a Segunda Lei de Newton ao corpo 2: $\quad$ (2) $\sum F_y = m_2g - T = m_2a_y$

Adicione a Equação (2) à Equação (1), notando que T cancela: $\quad$ $-m_1g + m_2g = m_1a_y + m_2a_y$

Resolva para a aceleração: $\quad$ (3) $a_y = \left(\dfrac{m_2 - m_1}{m_1 + m_2}\right)g$

Substitua a Equação (3) na Equação (1) para encontrar T: $\quad$ (4) $T = m_1(g + a_y) = \left(\dfrac{2m_1m_2}{m_1 + m_2}\right)g$

continua

4.4 *cont.*

Finalização A aceleração dada pela Equação (3) pode ser interpretada como a relação do módulo da força fora do equilíbrio no sistema $(m_2 - m_1)g$ pela massa total do sistema $(m_1 + m_2)$, como esperado pela Segunda Lei de Newton. Observe que o sinal da aceleração depende das massas relativas dos dois corpos.

E se? Descreva o movimento do sistema se os dois corpos tiverem massas iguais, ou seja, $m_1 = m_2$.

Resposta Se tivermos a mesma massa em ambos os lados, o sistema estará equilibrado e não deverá acelerar. Matematicamente, vemos que, se $m_1 = m_2$, a Equação (3) nos dá $a_y = 0$.

E se? E se uma das massas for muito maior que a outra: $m_1 \gg m_2$?

Resposta No caso em que uma massa é infinitamente maior que a outra, podemos ignorar o efeito da massa menor. Portanto, a massa maior deve simplesmente cair como se a menor não estivesse lá. Vemos que, se $m_1 \gg m_2$, a Equação (3) nos dá $a_y = -g$.

Exemplo **4.5** | Um bloco empurra o outro

Dois blocos de massas m_1 e m_2, com $m_1 > m_2$, são colocados em contato um com o outro sobre uma superfície horizontal sem atrito, como na Figura Ativa 4.13a. Uma força horizontal constante $\vec{\mathbf{F}}$ é aplicada a m_1, como mostrado.

(A) Encontre o módulo da aceleração do sistema.

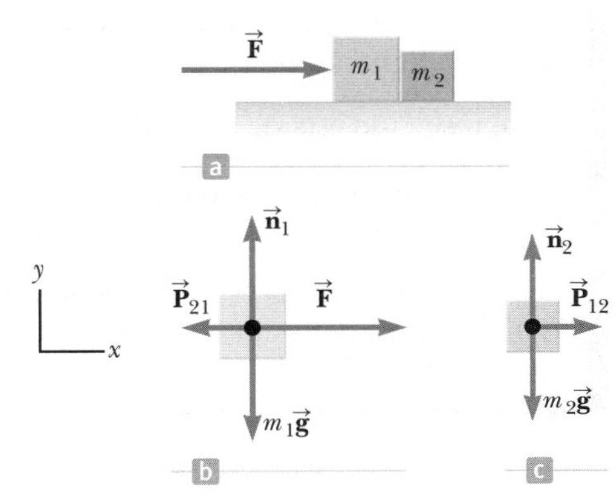

Figura Ativa 4.13 (Exemplo 4.5) (a) Uma força é aplicada a um bloco de massa m_1, que empurra um segundo bloco de massa m_2. (b) As forças que atuam em m_1. (c) As forças que atuam em m_2.

SOLUÇÃO

Conceitualização Conceitualize a situação utilizando a Figura Ativa 4.13a e perceba que ambos os blocos devem sofrer a *mesma* aceleração, pois estão em contato um com o outro e assim permanecem durante o movimento.

Categorização Categorizamos este problema como um que envolve uma partícula sob uma força resultante, pois a força é aplicada a um sistema de blocos, e estamos buscando a aceleração do sistema.

Análise Primeiro, considere a combinação de dois blocos como uma única partícula sob uma força resultante. Aplique a Segunda Lei de Newton à combinação na direção x para encontrar a aceleração:

$$\sum F_x = F = (m_1 + m_2)a_x$$

$$(1)\quad a_x = \frac{F}{m_1 + m_2}$$

Finalização A aceleração dada pela Equação (1) é a mesma que a de um corpo único de massa $m_1 + m_2$ e sujeito à mesma força.

(B) Determine o módulo da força de contato entre os dois blocos.

SOLUÇÃO

Conceitualização A força de contato é interna ao sistema de dois blocos. Portanto, não podemos encontrar essa força considerando todo o sistema (os dois blocos) como uma partícula única.

Categorização Agora, considere cada um dos dois blocos individualmente, categorizando cada um como uma partícula sob uma força resultante.

Análise Construímos um diagrama de forças que atuam sobre o corpo para cada bloco, conforme mostrado nas Figuras Ativas 4.13b e 4.13c, em que a força de contato é indicada por $\vec{\mathbf{P}}$. Na Figura Ativa 4.13c, vemos que a única força horizontal que atua sobre m_2 é a de contato, $\vec{\mathbf{P}}_{12}$ (a força exercida por m_1 sobre m_2), que é direcionada para a direita.

Aplique a Segunda Lei de Newton a m_2:

$$(2)\quad \sum F_x = P_{12} = m_2 a_x$$

continua

4.5 *cont.*

Substitua o valor da aceleração, a_x, dada pela Equação (1) na Equação (2):

$$(3)\quad P_{12} = m_2 a_x = \left(\frac{m_2}{m_1 + m_2}\right) F$$

Finalização Este resultado mostra que a força de contato P_{12} é *menor* que a força aplicada F. A força necessária para acelerar somente o bloco 2 deve ser menor que a força necessária para produzir a mesma aceleração para o sistema de dois blocos.

Por fim, vamos verificar essa expressão para P_{12} considerando as forças que atuam sobre m_1, mostradas na Figura Ativa 4.13b. As forças horizontais que atuam sobre m_1 são a aplicada $\vec{\mathbf{F}}$ para a direita e a de contato $\vec{\mathbf{P}}_{21}$ para a esquerda (a força exercida por m_2 sobre m_1). Pela Terceira Lei de Newton, $\vec{\mathbf{P}}_{21}$ é a força de reação para $\vec{\mathbf{P}}_{12}$, portanto, $P_{21} = P_{12}$.

Aplique a Segunda Lei de Newton a m_1:

$$(4)\quad \sum F_x = F - P_{21} = F - P_{12} = m_1 a_x$$

Resolva para P_{12} e substitua o valor de a_x da Equação (1):

$$P_{12} = F - m_1 a_x = F - m_1\left(\frac{F}{m_1 + m_2}\right) = \left(\frac{m_2}{m_1 + m_2}\right) F$$

Este resultado está de acordo com a Equação (3), como deve ser.

E se? Imagine que a força $\vec{\mathbf{F}}$ na Figura Ativa 4.13 é aplicada para a esquerda sobre o bloco do lado direito, de massa m_2. O módulo da força $\vec{\mathbf{P}}_{12}$ é o mesmo de quando a força foi aplicada para a direita sobre m_1?

Resposta Quando a força é aplicada para a esquerda sobre m_2, a força de contato deve acelerar m_1. Na situação original, a força de contato acelera m_2. Como $m_1 > m_2$, mais força é necessária; portanto, o módulo de $\vec{\mathbf{P}}_{12}$ é maior que na situação original.

Exemplo 4.6 | Pesando um peixe em um elevador

Uma pessoa pesa um peixe de massa m em uma balança de mola presa ao teto de um elevador, como ilustrado na Figura 4.14.

(A) Mostre que, se o elevador acelerar tanto para cima quanto para baixo, a balança de mola fornece uma leitura que é diferente do peso do peixe.

SOLUÇÃO

Conceitualização A leitura na balança está relacionada à extensão da mola, que está relacionada à força na extremidade da mola, como na Figura 4.2. Imagine que o peixe esteja pendurado em uma corda presa na extremidade da mola. Neste caso, o módulo da força exercida sobre a mola é igual à tensão T na corda. Portanto, estamos procurando por T. A força $\vec{\mathbf{T}}$ puxa a corda para baixo e, para cima, o peixe.

Categorização Podemos categorizar este problema identificando o peixe como uma partícula sob uma força resultante.

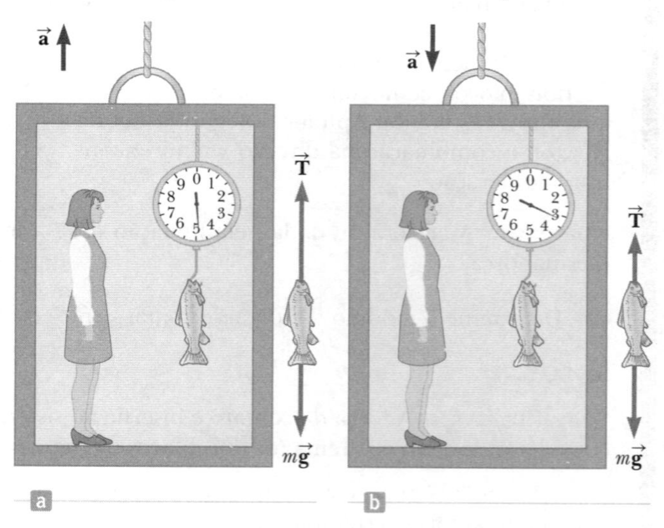

Figura 4.14 (Exemplo 4.6) Um peixe é pesado em uma balança de mola em uma cabine de elevador em aceleração.

Análise Verifique os diagramas das forças que atuam sobre o peixe na Figura 4.14 e observe que as forças externas que atuam sobre o peixe são a gravitacional descendente, $\vec{\mathbf{F}}_g = m\vec{\mathbf{g}}$, e a $\vec{\mathbf{T}}$, exercida pela corda. Se o elevador estiver em repouso ou em movimento com velocidade constante, o peixe é uma partícula em equilíbrio, então, $\Sigma F_y = T - F_g = 0$ ou $T = F_g = mg$. (Lembre-se de que a quantidade escalar mg é o peso do peixe.)

continua

4.6 *cont.*

Agora, suponha que o elevador esteja em movimento com uma aceleração $\vec{a}$ em relação a um observador em pé, fora do elevador, em um referencial inercial. O peixe é agora uma partícula sob uma força resultante.

Aplique a Segunda Lei de Newton ao peixe: $\sum F_y = T - mg = ma_y$

Resolva para T: (1) $T = ma_y + mg = mg\left(\frac{a_y}{g} + 1\right) = F_g\left(\frac{a_y}{g} + 1\right)$

onde escolhemos para cima como a direção y positiva. Concluímos, pela Equação (1), que a leitura da balança T é maior que o peso do peixe mg se $\vec{a}$ for ascendente, portanto, a_y é positiva (Fig. 4.14a), e que a leitura é menor que mg se $\vec{a}$ for descendente, portanto, a_y é negativa (Fig. 4.14b).

(B) Avalie as leituras da balança para um peixe de 40,0 N se o elevador se mover com uma aceleração $a_y = \pm 2{,}00\ \text{m/s}^2$.

SOLUÇÃO

Avalie a leitura da balança pela Equação (1) se $\vec{a}$ for ascendente: $T = (40{,}0\ \text{N})\left(\frac{2{,}00\ \text{m/s}^2}{9{,}80\ \text{m/s}^2} + 1\right) = 48{,}2\ \text{N}$

Avalie a leitura da balança pela Equação (1) se $\vec{a}$ for descendente: $T = (40{,}0\ \text{N})\left(\frac{-2{,}00\ \text{m/s}^2}{9{,}80\ \text{m/s}^2} + 1\right) = 31{,}8\ \text{N}$

Finalização Siga este conselho: se comprar um peixe em um elevador, certifique-se de que ele seja pesado enquanto o elevador estiver em repouso ou acelerando para baixo! Além disso, observe que, segundo as informações fornecidas aqui, não se pode determinar a direção de movimento do elevador.

E se? Suponha que o cabo quebre e que o elevador e seu conteúdo estejam em queda livre. O que acontece com a leitura na balança?

Resposta Se o elevador cai livremente, sua aceleração é $a_y = -g$. Vemos, pela Equação (1), que a leitura da balança T é zero neste caso; isto é, o peixe parece estar sem peso.

4.8 | Conteúdo em contexto: aceleração em automóveis

Nas Conexões com o Contexto dos Capítulos 2 e 3, focamos dois tipos de aceleração exibidos por inúmeros veículos. Neste capítulo, aprendemos como a aceleração de um corpo está relacionada à força sobre o corpo. Vamos aplicar este aprendizado a uma investigação das forças que são aplicadas a automóveis quando em sua aceleração máxima saindo do repouso até 60 mi/h.

A força que acelera um automóvel é a de atrito do solo. (Estudaremos as forças de atrito em detalhes no Capítulo 5.) O motor aplica uma força às rodas, na tentativa de girá-las, de modo que as partes inferiores dos pneus apliquem as forças para trás sobre a superfície da estrada. Pela Terceira Lei de Newton, a superfície da estrada aplica forças na direção de avanço sobre os pneus, o que faz com que o carro se mova para a frente. Se ignorarmos a resistência do ar, essa força pode ser modelada como a força resultante sobre o automóvel no sentido horizontal.

No Capítulo 2, investigamos a aceleração de 0 a 60 mi/h de uma série de veículos. A Tabela 4.2 repete esta informação sobre a aceleração e também mostra o peso do veículo em libras e a massa em quilogramas. Com a aceleração e a massa, podemos encontrar a força que impulsiona o carro para a frente, conforme mostrado na última coluna da Tabela 4.2.

Podemos ver alguns resultados interessantes na Tabela 4.2. Todas as forças nas seções de veículos muito caros e de alta *performance* são grandes se comparadas com as forças em outras partes da tabela. Além disso, as massas desses veículos são, em média, 10% menores que aquelas na parte da tabela de veículos tradicionais. Portanto, as grandes forças dos veículos muito caros e de alta *performance* são traduzidas por acelerações muito grandes exibidas por eles. Um destaque nos veículos muito caros é o Bugatti Veyron 16.4 Super Sport, o que possui mais massa do grupo, mas cuja enorme força gerada sobre os pneus resulta em ele ter a maior aceleração do grupo. A segunda maior aceleração desse grupo é do Shelby SuperCars Ultimate Aero. Esse veículo tem apenas 66% da massa do

TABELA 4.2 | Forças motrizes em diversos veículos

Automóvel		Modelo Ano	Aceleração Média (mi/(h·s))	Peso (lb)	Massa (kg)	Força ($\times 10^3$ N)
Veículos muito caros:						
Bugatti Veyron 16,4 Super Sport		2011	23,1	4160	1887	19,5
Lamborghini LP 570-4 Superleggera		2011	17,6	2954	1340	10,5
Lexus LFA		2011	15,8	3580	1624	11,5
Mercedes-Benz SLS AMG		2011	16,7	3795	1721	12,8
Shelby SuperCars Ultimate Aero		2009	22,2	2750	1247	12,4
	Média		**19,1**	**3448**	**1564**	**13,3**
Veículos de alta performance:						
Chevrolet Corvette ZR1		2010	18,2	3333	1512	12,3
Dodge Viper SRT10		2010	15,0	3460	1569	10,5
Jaguar XJL Supercharged		2011	13,6	4323	1961	11,9
Acura TL SH-AWD		2009	11,5	3860	1751	9,0
Dodge Challenger SRT8		2010	12,2	4140	1878	10,2
	Média		**14,1**	**3823**	**1734**	**10,8**
Veículos tradicionais:						
Buick Regal CXL Turbo		2011	8,0	3671	1665	6,0
Chevrolet Tahoe 1500 LS (SUV)		2011	7,0	5636	2556	8,0
Ford Fiesta SES		2010	6,2	2330	1057	2,9
Hummer H3 (SUV)		2010	7,5	4695	2130	7,1
Hyundai Sonata SE		2010	8,0	3340	1515	5,4
Smart ForTwo		2010	4,5	1825	828	1,7
	Média		**6,9**	**3583**	**1625**	**5,2**
Veículos alternativos:						
Chevrolet Volt (híbrido)		2011	7,5	3500	1588	5,3
Nissan Leaf (elétrico)		2011	6,0	3500	1588	4,3
Honda CR-Z (híbrido)		2011	5,7	2637	1196	3,0
Honda Insight (híbrido)		2010	5,7	2723	1235	3,2
Toyota Prius (híbrido)		2010	6,1	3042	1380	3,8
	Média		**6,2**	**3080**	**1397**	**3,9**

Bugatti, o que representa muito menor resistência à aceleração. A força no Shelby, no entanto, é de apenas 64% da do Bugatti, resultando em uma aceleração menor, apesar de sua massa menor.

Como esperado, as forças exercidas sobre os veículos tradicionais são menores que as dos veículos muito caros e de alta *performance*, o que corresponde a acelerações menores desse grupo. Observe, contudo, que essas forças para os dois utilitários (SUV) são maiores. Como esses dois veículos têm acelerações que são, de algum modo, semelhantes àquelas dos outros veículos nesta parte da tabela, podemos identificar essas grandes forças como necessárias para acelerar a massa maior dos utilitários (SUV).

Também, como esperado, as forças que direcionam os veículos alternativos têm a menor média na tabela. Esse achado é consistente com as acelerações desses veículos sendo menores que aqueles em qualquer outra parte na tabela.

Outra entrada interessante na tabela é o Smart ForTwo nos veículos tradicionais. Sua força é de longe a menor na tabela, assim como sua massa. Como resultado, sua aceleração é de 4,5 mi/(h·s), o que, apesar de não ser impressionante, é suficiente para satisfazer alguns clientes que estão procurando outras vantagens oferecidas pelo carro Smart, como maior eficiência do combustível.

RESUMO

A **Primeira Lei de Newton** afirma que, se um corpo não interage com outros corpos, é possível identificar um sistema de referência em que o corpo tem aceleração zero. Portanto, se observarmos um corpo a partir deste referencial e sem nenhuma força exercida sobre ele, um corpo em repouso permanece em repouso, e um corpo em movimento uniforme em uma linha reta mantém esse movimento.

A Primeira Lei de Newton define um **referencial inercial**, que é uma estrutura sob a qual esta lei é válida.

A **Segunda Lei de Newton** afirma que a aceleração de um corpo é diretamente proporcional à força resultante atuando sobre ele e inversamente proporcional à sua massa.

A **Terceira Lei de Newton** afirma que, se dois corpos interagem, a força exercida pelo corpo 1 sobre o corpo 2 é igual em módulo, mas oposta no sentido à força exercida pelo corpo 2 sobre o corpo 1. Portanto, uma força isolada não pode existir na natureza.

O **peso** de um corpo é igual ao produto de sua massa (uma quantidade escalar) pelo módulo da aceleração de queda livre, ou

$$F_g = mg \quad \textbf{4.5}$$

Modelo de análise para resolução de problemas

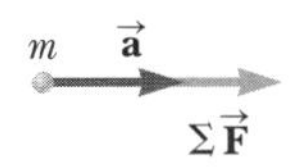

Partícula sob uma força resultante. Se uma partícula de massa m recebe uma força resultante diferente de zero, sua aceleração está relacionada à força resultante pela Segunda Lei de Newton:

$$\sum \vec{\mathbf{F}} = m\vec{\mathbf{a}} \quad \textbf{4.2}$$

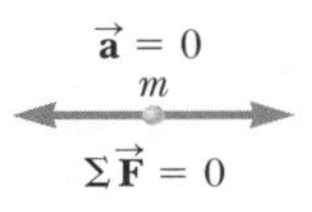

Partícula em equilíbrio. Se uma partícula mantém uma velocidade constante (de maneira que $\vec{\mathbf{a}} = 0$), que poderia incluir uma velocidade zero, as forças sobre a partícula se equilibram e a Segunda Lei de Newton se reduz a

$$\sum \vec{\mathbf{F}} = 0 \quad \textbf{4.7}$$

PERGUNTAS OBJETIVAS

1. Os alunos do terceiro ano estão de um lado do pátio e os do quarto ano estão do outro lado. Eles estão jogando bolas de neve uns nos outros. Entre eles, bolas de neve de várias massas se movem com diferentes velocidades, como mostrado na Figura PO4.1. Classifique as bolas de neve de (a) a (e) de acordo com o módulo da força total exercida sobre cada uma delas. Ignore a resistência do ar. Se duas bolas tiverem a mesma classificação, deixe este fato claro.

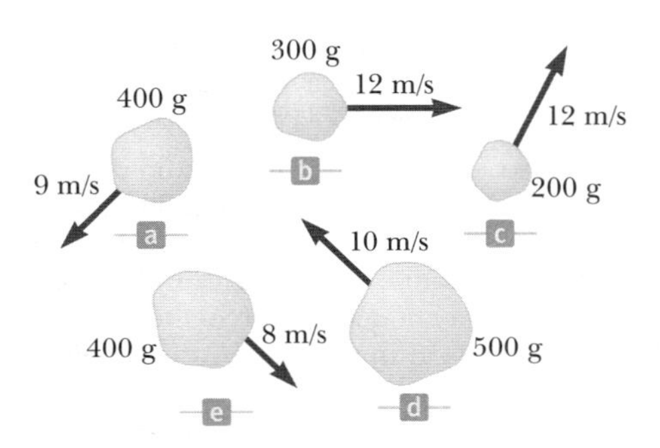

Figura PO4.1

2. Na Figura PO4.2, uma locomotiva atravessou a parede de uma estação de trem. Durante a colisão, o que pode ser dito sobre a força exercida pela locomotiva sobre a parede? (a) Era maior que a força que a parede poderia exercer sobre a locomotiva. (b) Era de mesmo módulo que a força exercida pela parede sobre a locomotiva. (c) A força exercida pela locomotiva sobre a parede era menor que a força exercida pela parede sobre a locomotiva. (d) Não se pode dizer que a parede "exerce" uma força; afinal, ela quebrou.

Figura PO4.2

3. Uma experiência é realizada com um disco sobre uma mesa de ar, cujo atrito é desprezível. Uma força horizontal constante é aplicada ao disco e sua aceleração é medida. Agora, o mesmo disco é transportado para longe no espaço, onde tanto o atrito quanto a gravidade são desprezíveis. A mesma força constante é aplicada ao disco e a aceleração do disco (em relação às estrelas distantes) é medida. Qual é a aceleração do disco no espaço? (a) É razoavelmente maior que sua aceleração na Terra. (b) É igual à sua aceleração na Terra. (c) É menor que sua aceleração na Terra. (d) É infinita porque nem o atrito nem a gravidade a restringe. (e) É muito grande porque a aceleração é inversamente proporcional ao peso, e o peso do disco é muito pequeno, mas não zero.

4. Dois corpos são conectados por uma corda que passa sobre uma polia sem atrito, como na Figura Ativa 4.12a, onde $m_1 < m_2$ e a_1 e a_2 são os módulos das respectivas acelerações. Qual enunciado matemático é verdadeiro com relação da aceleração a_2 da massa m_2? (a) $a_2 < g$ (b) $a_2 > g$ (c) $a_2 = g$ (d) $a_2 < a_1$ (e) $a_2 > a_1$.

5. Se um corpo está em equilíbrio, quais das seguintes afirmações *não* é verdadeira? (a) A velocidade do corpo permanece constante. (b) A aceleração do corpo é zero. (c) A força resultante que atua sobre o corpo é zero. (d) O corpo deve estar em repouso. (e) Há pelo menos duas forças que atuam sobre o corpo.

6. Um caminhão carregado com areia acelera ao longo de uma rodovia. A força motriz sobre o caminhão permanece constante. O que acontece com a aceleração do caminhão se a caçamba tem vazamento de areia a uma taxa constante através de um furo no fundo? (a) Ela diminui a uma taxa constante. (b) Ela aumenta a uma taxa constante. (c) Ela aumenta e então diminui. (d) Ela diminui e, então, aumenta. (e) Ela permanece constante.

PERGUNTAS CONCEITUAIS

1. Uma pessoa segura uma bola nas mãos. (a) Identifique as forças externas que atuam sobre a bola e a força de reação da Terceira Lei de Newton para cada uma delas. (b) Se a bola cair, que força será exercida sobre ela enquanto cai? Identifique a força de reação neste caso. (Despreze a resistência do ar.)

2. Um balão esférico de borracha inflado com ar é mantido parado, com sua abertura, no lado oeste, mantida fechada e apertada. (a) Descreva as forças exercidas pelo ar dentro e fora do balão nas seções da borracha. (b) Depois que o balão é solto, ele decola em direção ao leste, ganhando velocidade rapidamente. Explique este movimento em termos das forças que atuam agora sobre a borracha. (c) Descreva o movimento de um foguete que decola de sua plataforma de lançamento.

3. Uma passageira sentada na traseira de um ônibus reclama que foi ferida quando o motorista pisou no freio, fazendo que uma mala que estava na frente do ônibus voasse em direção a ela. Se você fosse juiz neste caso, que medida tomaria? Por qual motivo?

4. No filme *Aconteceu naquela noite* (Columbia Pictures, 1934), Clark Gable está em pé, dentro de um ônibus parado em frente a Claudette Colbert, que está sentada. De repente, o ônibus começa a ir para frente e Clark cai no colo de Claudette. Por que isso aconteceu?

5. Uma bola de borracha cai no chão. Que força faz que a bola pule?

6. Se um carro se desloca para oeste com velocidade constante de 20 m/s, qual a força resultante que atua sobre ele?

7. Se você segura uma barra de metal vários centímetros acima do chão e a move pela grama, cada folha de grama se inclina para fora do caminho. Se você aumentar a velocidade da barra, cada folha de grama se inclinará mais rapidamente. Como então um cortador de grama rotativo consegue cortar a grama? Como ele pode exercer sobre a folha de grama força suficiente para cortá-la?

8. O prefeito de uma cidade repreende alguns funcionários porque eles não removeram as curvaturas naturais dos cabos que sustentam os semáforos da cidade. Que explicação os empregados podem dar? Como você acha que o caso será resolvido na mediação?

9. Um atleta segura uma corda leve que passa sobre uma polia de pouco atrito presa ao teto de uma academia. Um saco de areia com peso exatamente igual ao do atleta é amarrado à outra extremidade da corda. Tanto a areia como o atleta estão inicialmente em repouso. O atleta escala a corda, às vezes acelerando, outras, reduzindo enquanto sobe. O que acontece com o saco de areia? Explique.

10. Um corpo pode exercer uma força sobre si mesmo? Justifique sua resposta.

11. Um levantador de peso está em pé sobre uma balança de banheiro. Ele levanta um haltere para cima e para baixo. O que acontece com a leitura da balança quando ele faz isso? **E se?** E se ele fosse suficientemente forte para realmente *lançar* o haltere para cima? Como a leitura da balança variaria agora?

12. Justifique as respostas a cada uma das seguintes perguntas: (a) Uma força normal pode ser horizontal? (b) Uma força normal pode ter direção vertical descendente? (c) Considere uma bola de tênis em contato com um piso parado e nada mais. A força normal pode ter módulo diferente da força gravitacional exercida sobre a bola? (d) A força exercida pelo piso sobre a bola pode ter módulo diferente da força exercida pela bola sobre o piso?

13. Vinte pessoas participam de um cabo de guerra. As duas equipes de dez pessoas são tão equilibradas que nenhum time vence. Depois do jogo, elas percebem que um carro está preso na lama. Elas amarram a corda do cabo de guerra no para-choque do carro e todas puxam a corda. O carro pesado tinha se deslocado apenas alguns decímetros quando a corda se rompeu. Por que a corda se rompeu nesta situação e não quando as mesmas vinte pessoas a puxaram em um cabo de guerra?

14. Quando você empurra uma caixa com uma força de 200 N em vez de 50 N, pode sentir que está fazendo mais

esforço. Quando uma mesa exerce uma força normal de 200 N em vez de uma de menor intensidade, a mesa realmente está fazendo algo diferente?

15. Equilibrando-se cuidadosamente, três garotos se movimentam pouco a pouco sobre um galho de árvore horizontal acima de um lago, planejando mergulhar um de cada vez. O terceiro garoto na fila observa que o galho é suficientemente forte apenas para suportá-los. Ele decide pular em linha reta para cima e cair de novo no galho para quebrá-lo, jogando os três no lago. Quando ele começa a executar seu plano, em que exato momento o galho se quebra? Explique. *Sugestão*: finja ser o terceiro rapaz e imite o que ele faz em câmera lenta. Se ainda tiver dúvidas, suba em uma balança de banheiro e repita a sugestão.

16. Na Figura PC4.16, a corda leve, tensa, inextensível B une o bloco 1 e o bloco 2 de massa maior. A corda A exerce uma força sobre o bloco 1 para fazê-lo acelerar para a frente. (a) Como o módulo da força exercida pela corda A sobre o bloco 1 se compara com o módulo da força exercida pela corda B sobre o bloco 2? Ela é maior, menor ou igual? (b) Como a aceleração do bloco 1 se compara com a aceleração (se houver) do bloco 2? (c) A corda B exerce uma força sobre o bloco 1? Se assim for, ela é para a frente ou para trás? Ela é maior, menor ou igual em módulo à força exercida pela corda B sobre o bloco 2?

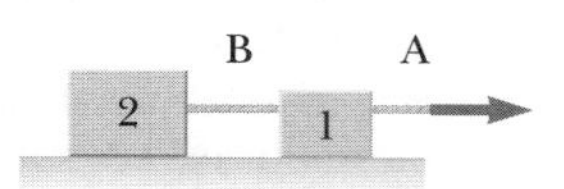

Figura PC4.16

17. Identifique pares ação-reação nas seguintes situações: (a) um homem dá um passo (b) uma bola de neve atinge uma menina nas costas (c) um jogador de beisebol pega uma bola (d) uma rajada de vento golpeia uma janela.

18. Uma criança arremessa uma bola em linha reta para cima. Ela diz que a bola está se afastando porque o objeto sofre uma "força de lançamento" ascendente, além da força gravitacional. (a) A "força de lançamento" pode exceder a força gravitacional? Como a bola se moveria se isso aconteceu? (b) A "força de lançamento" pode ser igual em módulo à força gravitacional? Explique. (c) Que força pode ser precisamente atribuída à "força de lançamento"? Explique. (d) Por que a bola se afasta das mãos da criança?

19. Como mostrado na Figura PC4.19, a aluna A, uma menina de 55 kg, senta-se em uma cadeira com rodinhas de metal, em repouso, no chão da sala de aula. O aluno B, um rapaz de 80 kg, senta-se em uma cadeira idêntica. Ambos os alunos mantêm os pés fora do chão. Uma corda vai das mãos da aluna A, passando sobre uma polia leve, e depois sobre seus ombros, até as mãos de um professor que está em pé atrás dela. O eixo de baixo atrito da polia é preso a uma segunda corda segurada pelo aluno B. Ambas as cordas correm em paralelo com as rodinhas das cadeiras. (a) Se a aluna A puxar sua extremidade da corda, sua cadeira ou a do aluno B deslizará no chão? Explique por quê. (b) E se, em vez disso, o professor puxar sua extremidade da corda, qual cadeira deslizará? Por quê? (c) Se o aluno B puxar sua extremidade da corda, qual cadeira deslizará? Por quê? (d) Agora, o professor amarra sua extremidade da corda à cadeira da aluna A, que puxa a extremidade da corda em suas mãos. Qual cadeira desliza, e por quê?

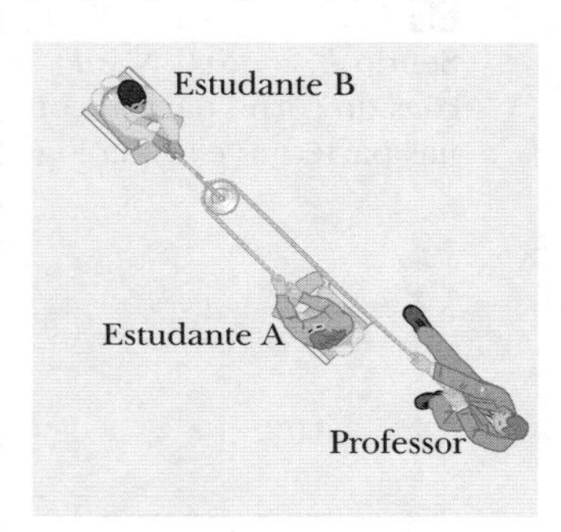

Figura PC4.19

PROBLEMAS

ENHANCED WebAssign Os problemas que se encontram neste capítulo podem ser resolvidos *on-line* no Enhanced WebAssign (em inglês).

- **1.** denota problema direto;
- **2.** denota problema intermediário;
- **3.** denota problema desafiador;
- **1.** denota problemas mais frequentemente resolvidos no Enhanced WebAssign;
- **BIO** denota problema biomédico;
- **PD** denota problema dirigido;
- **M** denota tutorial Master It disponível no Enhanced WebAssign;
- **Q|C** denota problema que pede raciocínio quantitativo e conceitual;
- **S** denota problema de raciocínio simbólico;
- **sombreado** denota "problemas emparelhados" que desenvolvem raciocínio com símbolos e valores numéricos;
- **W** denota solução no vídeo Watch It disponível no Enhanced WebAssign.

Seção 4.3 Massa

1. **W** Uma força $\vec{\mathbf{F}}$ aplicada a um corpo de massa m_1 produz uma aceleração de 3,00 m/s². A mesma força aplicada a um segundo corpo de massa m_2 produz uma aceleração de 1,00 m/s². (a) Qual é o valor da relação m_1/m_2? (b) Se m_1 e m_2 são combinados em um corpo, encontre sua aceleração sob a ação da força $\vec{\mathbf{F}}$.

2. (a) Um carro com massa de 850 kg está em movimento para a direita com velocidade escalar constante de 1,44 m/s. Qual é a força total sobre o carro? (b) Qual é a força total sobre o carro se ele estiver em movimento para a esquerda?

Seção 4.4 A Segunda Lei de Newton

3. **M** Um motor de foguete de brinquedo está firmemente preso a um grande disco que pode deslizar, com atrito desprezível, sobre uma superfície horizontal, tomado como o plano *xy*. O disco de 4,00 kg tem uma velocidade de $3{,}00\hat{\mathbf{i}}$ m/s em um instante. Oito segundos depois, sua velocidade é $(8\hat{\mathbf{i}} + 10\hat{\mathbf{j}})$ m/s. Supondo que o motor do foguete exerça uma força horizontal constante, encontre (a) as componentes da força e (b) seu módulo.

4. **W** Um corpo de 3,00 kg está se movendo em um plano, com suas coordenadas x e y dadas por $x = 5t^2 - 1$ e $y = 3t^3 + 2$, em que x e y estão em metros e t em segundos. Encontre o módulo da força resultante que age sobre esse corpo em $t = 2{,}00$ s.

5. **W** Um corpo de 3,00 kg sofre uma aceleração dada por $\vec{\mathbf{a}} = (2{,}00\hat{\mathbf{i}} + 5{,}00\hat{\mathbf{j}})$ m/s^2. Encontre (a) a força resultante que age sobre o corpo e (b) o módulo da força resultante.

6. **W** **Revisão.** Três forças que agem sobre um corpo são dadas por $\vec{\mathbf{F}}_1 = (-2{,}00\hat{\mathbf{i}} + 2{,}00\hat{\mathbf{j}})$ N, $\vec{\mathbf{F}}_2 = (5{,}00\hat{\mathbf{i}} - 3{,}00\hat{\mathbf{j}})$ N e $\vec{\mathbf{F}}_3 = (-45{,}0\hat{\mathbf{i}})$ N. O corpo sofre uma aceleração de módulo 3,75 m/s^2. (a) Qual a direção da aceleração? (b) Qual é a massa do corpo? (c) Se o corpo está inicialmente em repouso, qual é sua velocidade após 10,0 s? (d) Quais são as componentes da velocidade do corpo após 10,0 s?

7. **M** Duas forças $\vec{\mathbf{F}}_1$ e $\vec{\mathbf{F}}_2$ agem sobre um corpo de 5,00 kg. Sendo $F_1 = 20{,}0$ N e $F_2 = 15{,}0$ N, encontre as acelerações do corpo para as configurações de forças mostradas nas partes (a) e (b) da Figura P4.7.

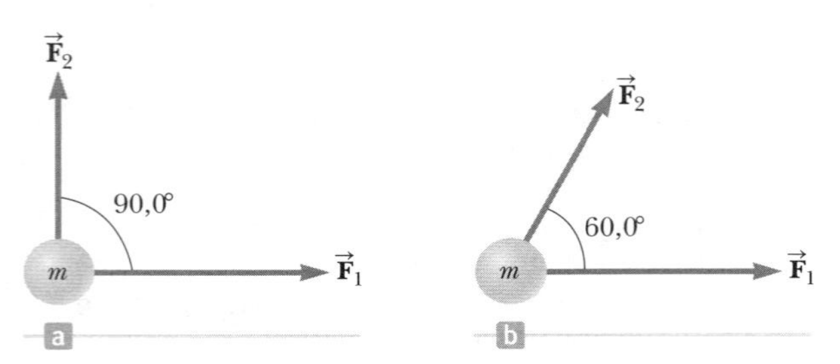

Figura P4.7

8. Duas forças, $\vec{\mathbf{F}}_1 = (-6\hat{\mathbf{i}} - 4\hat{\mathbf{j}})$ N e $\vec{\mathbf{F}}_2 = (-3\hat{\mathbf{i}} + 7\hat{\mathbf{j}})$ N, atuam sobre uma partícula de massa de 2,00 kg que, inicialmente, está em repouso nas coordenadas (–2,00 m, +4,00 m). (a) Quais são as componentes da velocidade da partícula em $t = 10{,}0$ s? (b) Em qual direção a partícula está se movendo em $t = 10{,}0$ s? (c) Qual deslocamento a partícula sofre durante os primeiros 10,0 s? (d) Quais são as coordenadas da partícula em $t = 10{,}0$ s?

Seção 4.5 Força gravitacional e peso

9. A distinção entre massa e peso foi descoberta após Jean Richer transportar relógios de pêndulo de Paris, França, para Caiena, Guiana Francesa, em 1671. Ele descobriu que funcionavam sistematicamente mais devagar em Caiena que em Paris. O efeito era revertido quando os relógios voltavam a Paris. Quanto peso uma pessoa de 90,0 kg perderia ao viajar de Paris, onde $g = 9{,}809\,5$ m/s^2, para Caiena, onde $g = 9{,}780\,8$ m/s^2? (Vamos considerar como a aceleração em queda livre influencia o período de um pêndulo na Seção 12.4.)

10. Além da força gravitacional, um corpo de 2,80 kg é submetido a outra força constante. O corpo parte do repouso e em 1,20 s experimenta um deslocamento de $(4{,}20\hat{\mathbf{i}} - 3{,}30\hat{\mathbf{j}})$ m, em que a direção de $\hat{\mathbf{j}}$ é a vertical para cima. Determine a outra força.

11. **M** Revisão. Um elétron de massa $9{,}11 \times 10^{-31}$ kg tem uma velocidade inicial de $3{,}00 \times 10^5$ m/s. Ele viaja em linha reta e sua velocidade aumenta para $7{,}00 \times 10^5$ m/s em uma distância de 5,00 cm. Supondo que sua aceleração seja constante, (a) determine o módulo da força exercida sobre o elétron e (b) compare essa força com o peso do elétron, que ignoramos.

12. Se um homem pesa 900 N na Terra, quanto pesaria em Júpiter, onde a aceleração em queda livre é 25,9 m/s^2?

13. Uma mulher pesa 120 lb. Determine (a) seu peso em newtons e (b) sua massa em quilogramas.

14. A força gravitacional exercida sobre uma bola de beisebol é $-F_g\hat{\mathbf{j}}$. Um arremessador joga a bola com velocidade $v\hat{\mathbf{i}}$ acelerando-a uniformemente ao longo de uma linha reta horizontal por um intervalo de tempo de $\Delta t = t - 0 = t$. Se a bola parte do repouso, (a) por qual distância ela acelera antes de ser lançada? (b) Qual é a força que o arremessador exerce sobre a bola?

Seção 4.6 A Terceira Lei de Newton

15. Um bloco de 15,0 lb está no chão. (a) Que força o chão exerce sobre o bloco? (b) Uma corda é amarrada no bloco e passada verticalmente sobre uma polia. A outra extremidade é presa a um corpo de 10,0 lb suspenso livremente. Qual é agora a força exercida pelo chão no bloco de 15,0 lb? (c) Se o corpo de 10,0 lb da parte (b) for substituído por um corpo de 20,0 lb, qual será a força exercida pelo chão no bloco de 15,0 lb?

16. Você fica em pé no assento de uma cadeira e então pula para o chão. (a) Durante o intervalo de tempo em que está caindo, a Terra se move em direção a você com aceleração de que ordem de grandeza? Em sua solução, explique sua lógica. Considere a Terra como um corpo perfeitamente sólido. (b) A Terra se move em direção a você por uma distância de que ordem de grandeza?

17. A velocidade média de uma molécula de nitrogênio no ar é cerca de $6{,}70 \times 10^2$ m/s, e sua massa, $4{,}68 \times 10^{-26}$ kg. (a) Se demora $3{,}00 \times 10^{-13}$ s para uma molécula de nitrogênio bater numa parede e ricochetear com a mesma velocidade, mas movendo-se na direção oposta, qual é sua aceleração média durante esse intervalo de tempo? (b) Que força média a molécula exerce na parede?

Seção 4.7 Modelos de análise utilizando a Segunda Lei de Newton

18. Dois corpos com massas de 3,00 kg e 5,00 kg estão ligados por uma corda inextensível que passa sobre uma polia sem atrito para formar uma máquina de Atwood, conforme mostrado na Figura Ativa 4.12a. Determine (a) a tensão na corda, (b) a aceleração de cada corpo e (c) a distância que cada corpo se moverá no primeiro segundo de movimento se partirem do repouso.

19. Um acelerômetro simples é construído dentro de um carro suspendendo-se um corpo de massa m de um fio de comprimento L que está preso ao seu teto. À medida que o carro acelera, o fio – o sistema do corpo – faz um ângulo constante de θ com a vertical. (a) Supondo que a massa do fio seja insignificante em comparação com m, derive uma expressão para a aceleração do carro em termos de θ e mostre que ela é independente da massa m e

do comprimento L. (b) Determine a aceleração do carro quando $\theta = 23{,}0°$.

20. **BIO** Uma configuração semelhante à mostrada na Figura P4.20 é frequentemente utilizada em hospitais para sustentar e aplicar uma força de tração horizontal a uma perna machucada. (a) Determine a força de tensão na corda que sustenta a perna. (b) Qual é a força de tração exercida para a direita na perna?

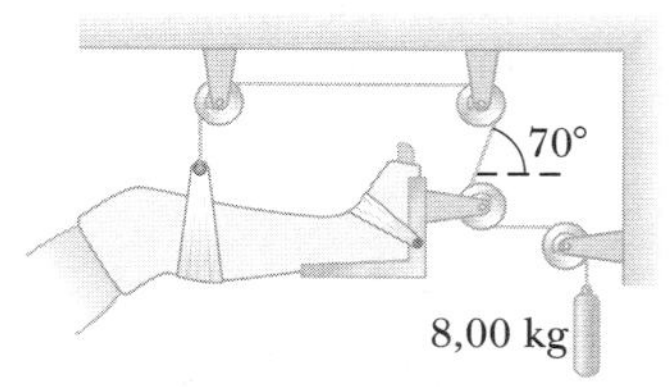

Figura P4.20

21. **Revisão.** A Figura P4.21 mostra um trabalhador conduzindo um barco – um meio muito eficiente de transporte – em um lago raso. Ele empurra o remo paralelo ao barco, exercendo uma força de módulo 240 N no fundo do lago. Suponha que o remo esteja no plano vertical contendo a quilha do barco. Em um momento, o mastro forma um ângulo de 35,0° com a vertical e a água exerce uma força de arrasto horizontal de 47,5 N no barco, oposta à velocidade de avanço de módulo 0,857 m/s. A massa do barco, incluindo sua carga e o trabalhador, é 370 kg. (a) A água exerce no barco uma força de empuxo verticalmente para cima. Encontre o módulo dessa força. (b) Considere as forças como constantes durante um curto intervalo de tempo para encontrar a velocidade do barco 0,450 s após o momento descrito.

AP Photo/Rebecca Blackwell

Figura P4.21

22. **W** Os sistemas mostrados na Figura P4.22 estão em equilíbrio. Se as balanças de mola estão calibradas em newtons, o que elas indicam? Ignore as massas das polias e cordas e considere que as polias e o plano inclinado na Figura P4.22d não têm atrito.

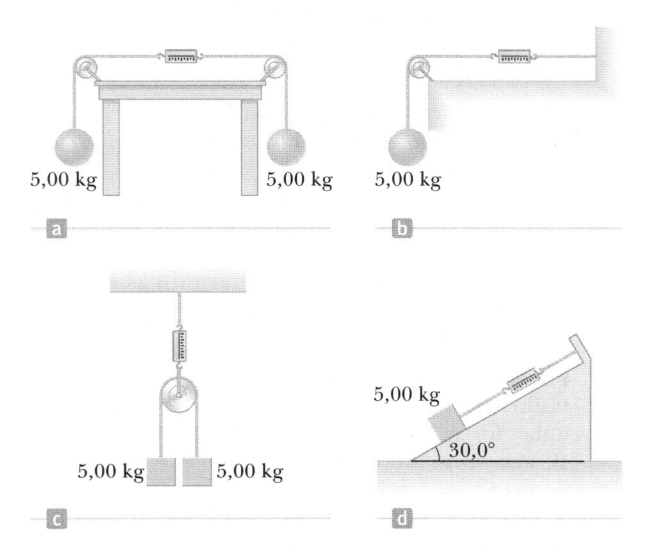

Figura P4.22

23. **W** Um saco de cimento pesando 325 N está pendurado em equilíbrio por três cabos, como sugerido na Figura P4.23. Dois dos cabos formam ângulos $\theta_1 = 60{,}0°$ e $\theta_2 = 40{,}0°$ com a horizontal. Supondo que o sistema esteja em equilíbrio, encontre as tensões T_1, T_2 e T_3 nos cabos.

24. **S** Um saco de cimento cujo peso é F_g está pendurado em equilíbrio por três cabos, como mostrado na Figura P4.23. Dois dos cabos formam ângulos θ_1 e θ_2 com a horizontal. Supondo que o sistema esteja em equilíbrio, mostre que a tensão no cabo da esquerda é

$$T_1 = \frac{F_g \cos \theta_2}{\operatorname{sen}(\theta_1 + \theta_2)}$$

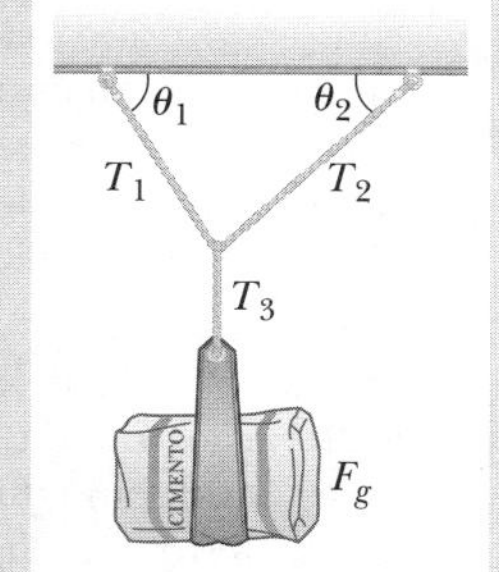

Figura P4.23 Problemas 23 e 24.

25. **M** No Exemplo 4.6, investigamos o peso aparente de um peixe em um elevador. Agora, considere um homem de 72,0 kg sobre uma balança de mola em um elevador. A partir do repouso, o elevador sobe, atingindo velocidade máxima de 1,20 m/s em 0,800 s. Ele viaja com essa velocidade constante pelos próximos 5,00 s. O elevador, em seguida, sofre uma aceleração uniforme na direção y negativa por 1,50 s e entra em repouso. O que a balança de mola registra (a) antes de o elevador começar a se mover, (b) durante os primeiros 0,800 s, (c) enquanto o elevador está se deslocando com velocidade constante e (d) durante o intervalo de tempo em que está reduzindo a velocidade?

26. A Figura P4.26 mostra cargas penduradas no teto de um elevador que está se movendo em velocidade constante. Encontre a tensão em cada uma das três vertentes da corda que sustenta cada carga.

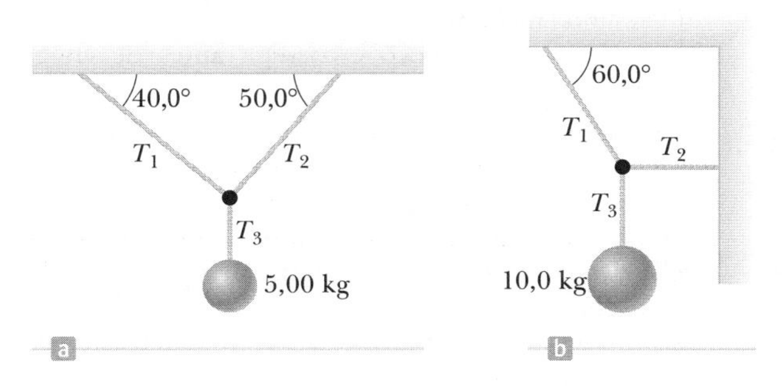

Figura P4.26

27. Duas pessoas puxam, o mais forte possível, cordas horizontais ligadas a um barco que tem massa de 200 kg. Se elas puxam na mesma direção, o barco tem uma aceleração de 1,52 m/s² para a direita. Se puxam em direções opostas, o barco tem uma aceleração de 0,518 m/s² para a esquerda. Qual é o módulo da força que cada pessoa exerce sobre o barco? Desconsidere qualquer outra força horizontal no barco.

28. **W** Um corpo de massa $m_1 = 5{,}00$ kg colocado sobre uma mesa horizontal sem atrito é conectado a uma corda que passa sobre um polia e então é presa a um corpo

pendurado de massa $m_2 = 9{,}00$ kg, como mostrado na Figura P4.28. (a) Desenhe diagramas de corpo livre para ambos os corpos. Encontre (b) o módulo da aceleração dos corpos e (c) a tensão na corda.

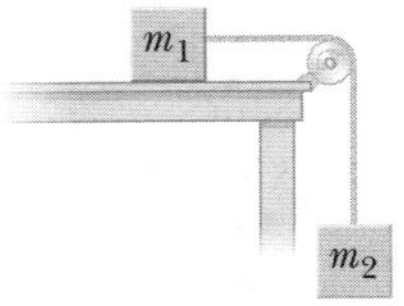

Figura P4.28

29. Observa-se que um corpo de massa $m = 1{,}00$ kg tem uma aceleração $\vec{\mathbf{a}}$ com módulo de $10{,}0$ m/s^2 em direção $60{,}0°$ a nordeste. A Figura P4.29 mostra o corpo visto de cima. A força $\vec{\mathbf{F}}_2$ que age sobre o corpo tem módulo de 5,00 N na direção norte. Determine o módulo e a direção da outra força horizontal $\vec{\mathbf{F}}_1$ que age sobre o corpo.

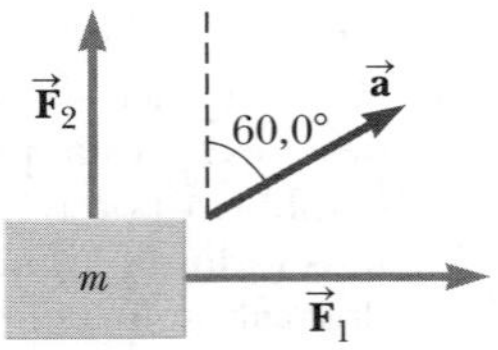

Figura P4.29

30. Dois corpos são conectados por uma corda leve que passa sobre uma polia sem atrito, como mostrado na Figura P4.30. Considere que a rampa é sem atrito e $m_1 = 2{,}00$ kg, $m_2 = 6{,}00$ kg e $\theta = 55{,}0°$. (a) Desenhe diagramas de corpo livre para ambos os corpos. Encontre (b) o módulo da aceleração dos corpos, (c) a tensão na corda e (d) a velocidade de cada corpo depois de 2,00 s de sua liberação do repouso.

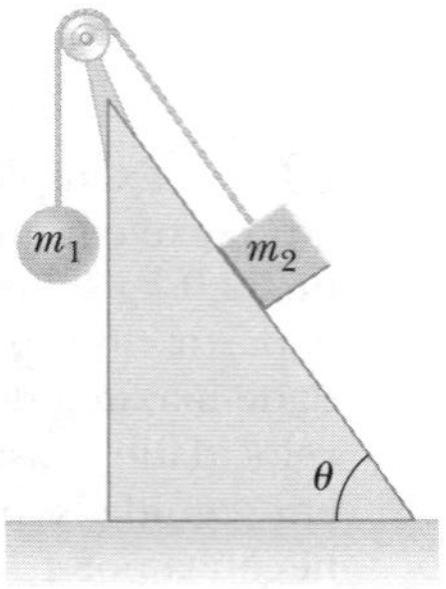

Figura P4.30

31. A velocidade inicial de um bloco é de 5,00 m/s para cima em uma inclinação de 20,0° sem atrito (Fig. P4.31). Qual é a distância ao longo do plano inclinado para cima que o bloco escorrega antes de chegar ao repouso?

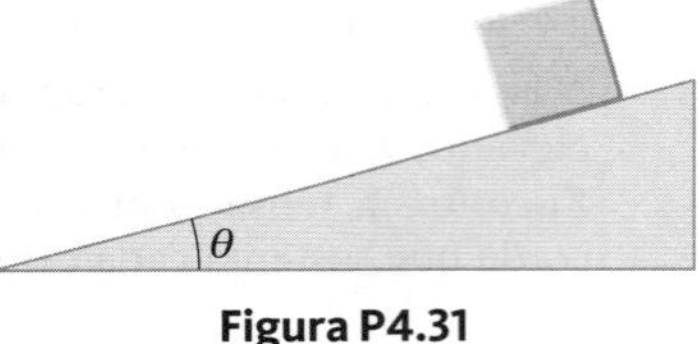

Figura P4.31

32. Um carro está atolado na lama. Um caminhão reboque puxa o carro com o arranjo mostrado na Fig. P4.32. O cabo do reboque está sob uma tensão de 2 500 N e puxa para baixo e para a esquerda sobre o pino em sua extremidade superior, que se mantém em equilíbrio pelas forças exercidas pelas duas barras A e B. Cada barra é uma *escora*, ou seja, cada barra tem peso pequeno em comparação com as forças que atuam no sistema e as forças são exercidas somente através do pino em sua extremidade. Cada escora exerce uma força dirigida paralelamente ao seu comprimento. Determine a força da tensão ou compressão em cada escora. Proceda da seguinte maneira: dê um palpite sobre de qual forma (empurrando ou puxando) cada força atua sobre a parte superior do pino. Desenhe um diagrama de corpo livre do pino. Use a condição de equilíbrio do pino para traduzir o diagrama de corpo livre em equações. Com base nestas, calcule as forças exercidas pelas escoras A e B. Se você obtiver uma resposta positiva, adivinhou corretamente a direção da força. Uma resposta negativa significa que a direção deve ser revertida, mas o valor absoluto correto fornece o módulo da força. Se uma escora é puxada sobre o pino, ela está em tensão. Se empurrada, a escora está em compressão. Identifique se cada escora está em tensão ou em compressão.

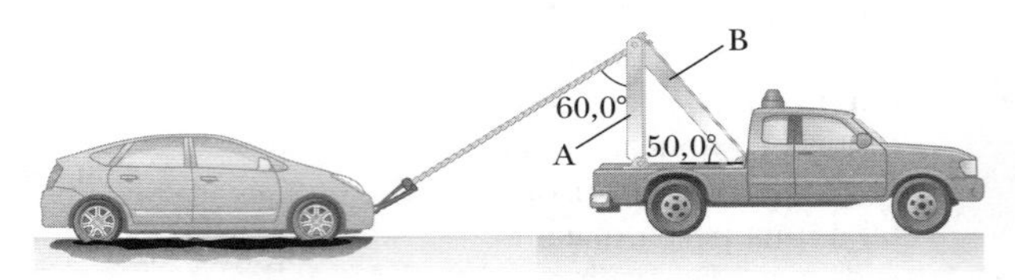

Figura P4.32

33. Dois blocos, cada um com massa de $m = 3{,}50$ kg, estão pendurados no teto de um elevador como na Figura P4.33. (a) Se o elevador se move com uma aceleração para cima $\vec{\mathbf{a}}$ de módulo $1{,}60$ m/s^2, encontre as tensões T_1 e T_2 nas cordas superior e inferiores. (b) Se as cordas puderem suportar uma tensão máxima de 85,0 N, qual é a aceleração máxima que o elevador tem antes de uma corda se romper?

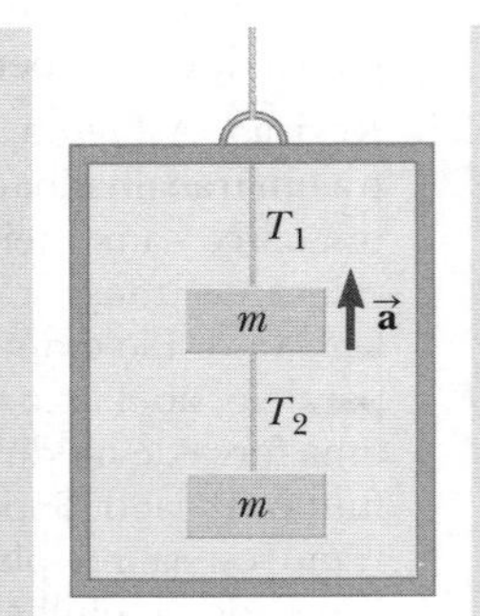

Figura P4.33
Problemas 33 e 34.

34. **S** Dois blocos, cada um de massa m, estão pendurados no teto de um elevador, como na Figura P4.33. O elevador tem uma aceleração para cima a. As cordas têm massa desprezível. (a) Encontre as tensões T_1 e T_2 nas cordas superior e inferior, em termos de m, a e g. (b) Compare as duas tensões e determine qual corda se romperá caso a seja suficientemente grande. (c) Quais são as tensões se o cabo que sustenta o elevador se romper?

35. Na Figura P4.35, o homem e a plataforma juntos pesam 950 N. A polia pode ser modelada como sem atrito. Determine quanto o homem tem de puxar a corda para se levantar firmemente acima do chão. (Ou isto é impossível? Se sim, explique por quê.)

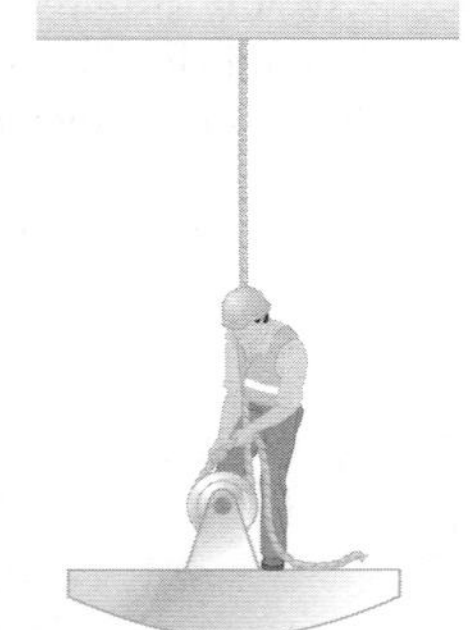

Figura P4.35

36. **W** Um bloco desliza para baixo em um plano sem atrito com uma inclinação de $\theta = 15{,}0°$. O bloco parte do repouso no topo e o comprimento da rampa é de 2,00 m. (a) Desenhe um diagrama de corpo livre do bloco. Encontre (b) a aceleração do bloco e (c) sua velocidade quando ele atinge a parte inferior da rampa.

37. **M** No sistema mostrado na Figura P4.37, uma força horizontal $\vec{\mathbf{F}}_x$ age sobre um corpo de massa $m_2 = 8{,}00$ kg. A superfície horizontal não tem atrito. Considere a aceleração do

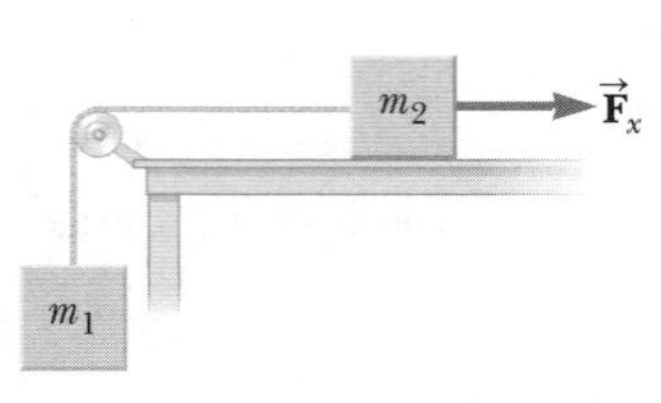

Figura P4.37

corpo deslizando em função de F_x. (a) Para quais valores de F_x o corpo de massa $m_1 = 2{,}00$ kg acelera para cima? (b) Para quais valores de F_x a tensão na corda é zero? (c) Faça um gráfico da aceleração do corpo m_2 por F_x. Inclua os valores de F_x de –100 N a +100 N.

38. Um plano sem atrito tem 10,0 m de comprimento e 35,0° de inclinação. Um trenó começa na parte de baixo com velocidade inicial de 5,00 m/s subindo o declive. Quando ele alcança o ponto no qual momentaneamente para, um segundo trenó é liberado do topo desse declive com uma velocidade inicial de v_i. Ambos os trenós chegam à parte inferior do declive ao mesmo tempo. (a) Determine a distância que o primeiro trenó percorreu até a parte de cima do declive. (b) Determine a velocidade inicial do segundo trenó.

39. Na máquina de Atwood discutida no Exemplo 4.4 e mostrada na Figura Ativa 4.12a, $m_1 = 2{,}00$ kg e $m_2 = 7{,}00$ kg. Por comparação, as massas da polia e da corda são desprezíveis. A polia gira sem atrito e a corda não estica. O corpo mais leve é liberado com um impulso que o coloca em movimento a $v_i = 2{,}40$ m/s para baixo. (a) Quanto m_1 descerá abaixo do seu nível inicial? (b) Encontre a velocidade de m_1 após 1,80 s.

40. **S** Um corpo de massa m_1 está pendurado por uma corda que passa sobre uma polia fixa muito leve P_1 como mostrado na Figura P4.40. A corda conecta-se a uma segunda polia muito leve P_2. Uma segunda corda passa em torno dessa polia com uma extremidade presa a uma parede e a outra ponta a um corpo de massa m_2 sobre uma mesa horizontal, sem atrito. (a) Se a_1 e a_2 são, respectivamente, as acelerações de m_1 e m_2, qual a relação entre essas acelerações? Encontre expressões para (b) as tensões nas cordas e (c) as acelerações a_1 e a_2 em termos das massas m_1, m_2 e g.

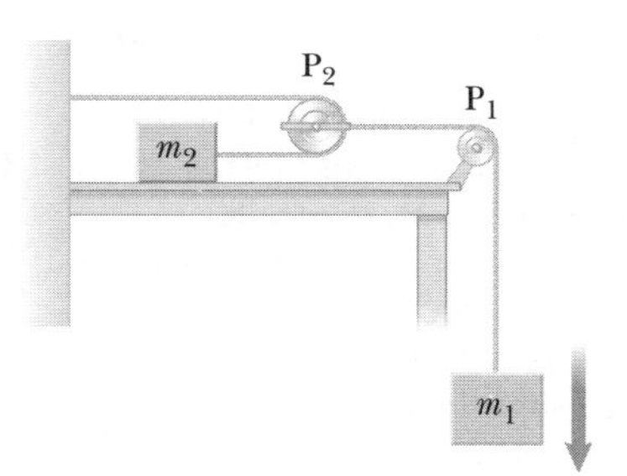

Figura P4.40

Seção 4.8 Conteúdo em contexto: aceleração em automóveis

41. Uma jovem compra um carro usado barato para a corrida de *stock car*, que pode atingir a velocidade de rodovia com uma aceleração de 8,40 mi/(h · s). Ao fazer alterações em seu motor, ela pode aumentar a força resultante horizontal sobre o carro em 24,0%. Gastando muito pouco, ela pode remover o material do corpo do carro para diminuir sua massa em 24,0%. (a) Qual dessas duas alterações, se houver, resultará em maior aumento na aceleração do carro? (b) Se ela fizer ambas as alterações, qual aceleração ela pode atingir?

42. Um carro de 1 000 kg está puxando um trailer de 300 kg. Juntos, eles se movem para a frente com uma aceleração de 2,15 m/s². Ignore qualquer força de arrasto do ar sobre o carro e todas as forças de atrito sobre o trailer. Determine (a) a força resultante sobre o carro, (b) a força resultante sobre o trailer, (c) a força exercida pelo trailer sobre o carro e (d) a força resultante exercida pelo carro sobre a rodovia.

Problemas adicionais

43. **S** Um corpo de massa M é mantido no lugar por uma força aplicada $\vec{\mathbf{F}}$ em um sistema de polia, como mostrado na Figura P4.43 As polias têm massas e atritos desprezíveis. (a) Desenhe diagramas mostrando as forças em cada polia. Encontre (b) a tensão em cada seção da corda, T_1, T_2, T_3, T_4 e T_5 e (c) o módulo de $\vec{\mathbf{F}}$.

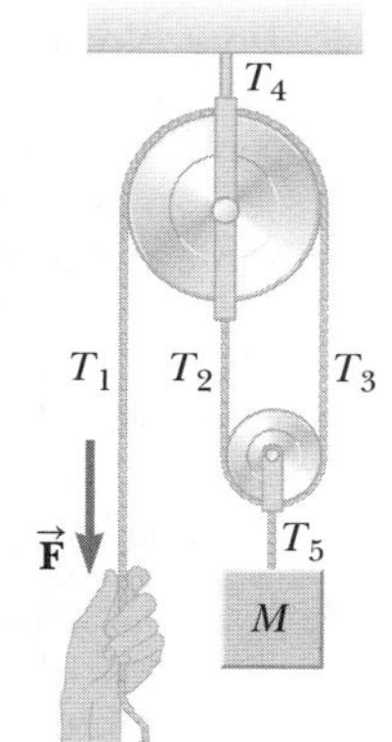

Figura P4.43

44. Qualquer dispositivo que permite aumentar a força que você exerce é uma espécie de *máquina*. Algumas, tais como a alavanca ou o plano inclinado, são muito simples. Algumas nem se parecem com máquinas. Por exemplo, seu carro está preso na lama, e você não consegue fazer o esforço suficiente para tirá-lo de lá. No entanto, você tem um cabo longo que conecta, tensionando-o, entre o para-choque dianteiro e o tronco de uma árvore robusta. Agora, você puxa o cabo lateralmente em seu ponto central, exercendo uma força f. Cada metade do cabo é deslocada por um pequeno ângulo θ a partir da linha reta entre suas extremidades. (a) Deduza uma expressão para a força agindo sobre o carro. (b) Avalie a tensão do cabo para o caso em que $\theta = 7{,}00°$ e $f = 100$ N.

45. Uma criança inventiva chamada Nick quer pegar uma maçã em uma árvore sem escalá-la. Sentado em uma cadeira conectada a uma corda que passa sobre uma polia sem atrito (Fig. P4.45), Nick puxa a ponta solta da corda com uma força tal que a balança de mola lê 250 N. O peso real de Nick é 320 N e a cadeira pesa 160 N. Os pés de Nick não estão tocando o chão. (a) Desenhe um par de diagramas mostrando as forças para Nick e a cadeira considerados como sistemas separados, e outro diagrama para Nick e a cadeira considerados como um sistema. (b) Mostre que a aceleração do sistema é *para cima* e encontre seu módulo. (c) Encontre a força que o Nick exerce na cadeira.

Figura P4.45
Problemas 45 e 46.

46. **Q|C** Na situação descrita no Problema 45 e mostrada na Figura P4.45, as massas da corda, balança de mola e polia são desprezíveis. Os pés de Nick não estão tocando o chão. (a) Suponha que Nick esteja momentaneamente em repouso quando ele para de puxar a corda para baixo e passa sua ponta para outra criança, de peso 440 N, que está em pé no chão perto dele. A corda não se rompe. Descreva o movimento resultante. (b) Alternativamente,

suponha que Nick esteja momentaneamente em repouso quando ele amarra a ponta da corda a um gancho forte que se projeta do tronco da árvore. Explique por que essa ação pode fazer a corda se romper.

47. Dois blocos de massa 3,50 kg e 8,00 kg são conectados por um fio sem massa que passa sobre uma polia sem atrito (Fig. P4.47). Os planos inclinados são sem atrito. Encontre (a) o módulo da aceleração de cada bloco e (b) a tensão no fio.

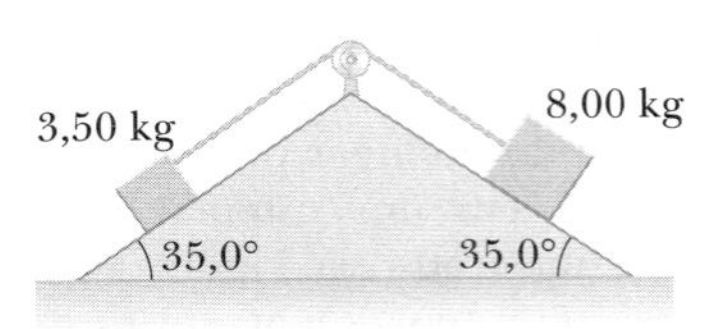

Figura P4.47

48. Um planador de 1,00 kg em um trilho de ar horizontal é puxado por um fio em um ângulo θ. O fio tenso corre sobre uma polia e está ligado a um corpo de massa 0,500 kg pendurado, conforme mostrado na Figura P4.48. (a) Mostre que a velocidade v_x do planador e a velocidade v_y do corpo pendurado estão relacionadas por $v_x = uv_y$, em que $u = z(z^2 - h_0^2)^{-1/2}$. (b) O planador é liberado do repouso. Mostre que nesse momento a aceleração a_x do planador e a aceleração a_y do corpo pendurado estão relacionadas por $a_x = ua_y$. (c) Encontre a tensão no fio no momento em que o planador é liberado para $h_0 = 80,0$ cm e $\theta = 30,0°$.

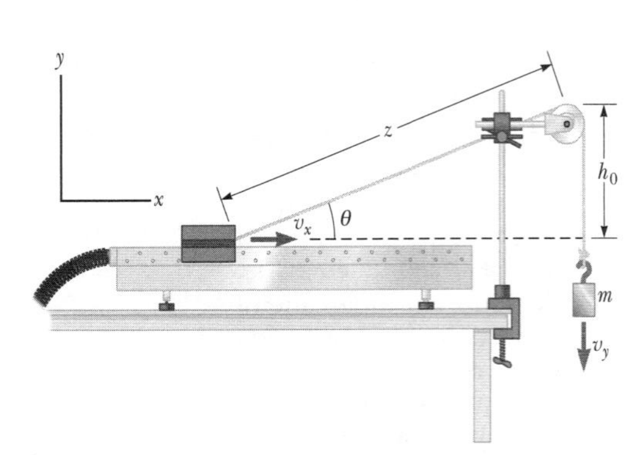

Figura P4.48

49. **Q|C** No Exemplo 4.5, empurramos dois blocos sobre uma mesa. Considere que três blocos estão em contato um com o outro sobre uma superfície horizontal sem atrito, como mostrado na Figura P4.49. Uma força horizontal $\vec{F}$ é aplicada a m_1. Seja $m_1 = 2,00$ kg, $m_2 = 3,00$ kg, $m_3 = 4,00$ kg e $F = 18,0$ N. (a) Desenhe um diagrama de corpo livre separado para cada bloco. (b) Determine a aceleração dos blocos. (c) Encontre a força resultante em cada bloco. (d) Encontre o módulo das forças de contato entre os blocos. (e) Você está trabalhando em um projeto de construção. Outro trabalhador está pregando um painel de gesso em um lado de uma parede divisória leve e você está do lado oposto, dando "suporte" ao apoiar as costas contra a parede, empurrando-a. A cada golpe do martelo você sente uma dor nas costas. O supervisor o ajuda a colocar um bloco pesado de madeira entre a parede e suas costas. Usando a situação analisada nas partes (a) a (d) como modelo, explique como essa mudança funciona para tornar seu trabalho mais confortável.

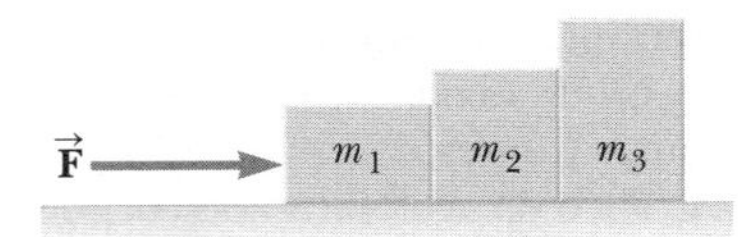

Figura P4.49

50. **S** Um móbile é formado por quatro borboletas de metal de massa m sustentadas por uma corda de comprimento L. Os pontos de suporte são espaçados à mesma distância ℓ, como mostrado na Figura P4.50. A corda forma um ângulo θ_1 com o teto em cada ponta. A seção central da corda é horizontal. (a) Encontre a tensão em cada seção de corda em termos de θ_1, m e g. (b) Em termos de θ_1, encontre o ângulo θ_2 que as seções de corda entre as borboletas de fora e as borboletas de dentro formam com a horizontal. (c) Mostre que a distância D entre as extremidades da corda é

$$D = \frac{L}{5}\left\{2\cos\theta_1 + 2\cos\left[\text{tg}^{-1}\left(\tfrac{1}{2}\,\text{tg}\,\theta_1\right)\right] + 1\right\}$$

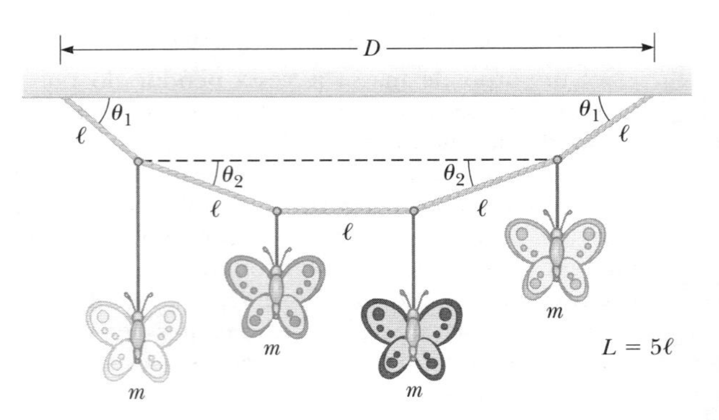

Figura P4.50

51. **S** Que força horizontal deve ser aplicada a um bloco grande de massa M, mostrado na Figura P4.51, para que os blocos permaneçam parados em relação a M? Assuma que todas as superfícies e a polia não tenham atrito. Observe que a força exercida pela corda acelera m_2.

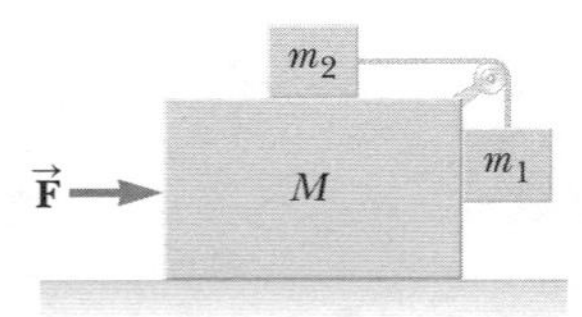

Figura P4.51
Problemas 51 e 52.

52. **S** Inicialmente, o sistema dos corpos mostrados na Figura P4.51 é mantido sem movimento. A polia e todas as superfícies não têm atrito. Seja a força $\vec{F}$ zero e assuma que m_1 pode se mover apenas verticalmente. No instante após o sistema dos corpos ter sido liberado, encontre (a) a tensão T na corda, (b) a aceleração de m_2, (c) a aceleração de M e (d) a aceleração de m_1. (*Observação*: A polia acelera juntamente com o carro.)

53. **Revisão.** Um bloco de massa $m = 2,00$ kg é liberado do repouso a $h = 0,500$ m acima da superfície de uma mesa, no topo de um plano inclinado com $\theta = 30,0°$, conforme mostrado na Figura P4.53. O plano inclinado é fixado sobre uma mesa de altura $H = 2,00$ m. (a) Determine a aceleração do bloco enquanto ele desce pelo plano inclinado. (b) Qual é a velocidade do bloco quando ele sai da

inclinação? (c) A que distância da mesa o bloco atingirá o chão? (d) Qual o intervalo de tempo decorrente entre o momento em que o bloco é liberado e o momento em que atinge o chão? (e) A massa do bloco afeta algum dos cálculos acima?

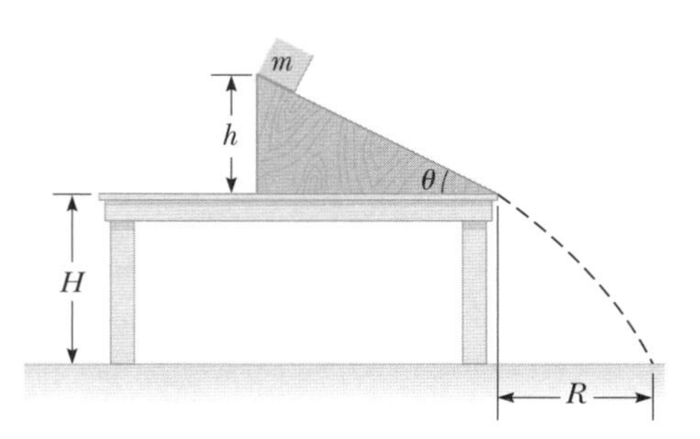

Figura P4.53 Problemas 53 e 59.

54. **Q|C** Um corpo de 8,40 kg desliza por um plano inclinado fixo, sem atrito. Use um computador para determinar e tabular (a) a força normal exercida sobre o corpo e (b) sua aceleração para uma série de ângulos de inclinação do plano (medidos a partir da horizontal) variando de 0° a 90° em incrementos de 5°. (c) Trace um gráfico da força normal e da aceleração em função do ângulo de inclinação. (d) Nos casos limites de 0° e 90°, seus resultados são coerentes com o comportamento conhecido?

55. **BIO** Se você pula de uma mesa e cai com as pernas retesadas no piso de concreto, corre um grande risco de quebrar uma delas. Para ver como isso acontece, considere a força média parando seu corpo quando você cai do repouso de uma altura de 1,00 m e para a uma distância bem mais curta d. Sua perna pode quebrar no ponto onde a área transversal do osso (a tíbia) é menor. Esse ponto fica logo acima do tornozelo, onde a seção transversal de um osso tem cerca de 1,60 cm². Um osso sofrerá fratura quando a tensão de compressão sobre ele excede cerca de $1,60 \times 10^8$ N/m². Se você cai com ambas as pernas, a força máxima que seus tornozelos podem exercer com segurança sobre o resto do seu corpo é, então, de aproximadamente:

$$2(1,60 \times 10^8 \text{ N/m}^2)(1,60 \times 10^{-4} \text{ m}^2) = 5,12 \times 10^4 \text{ N}$$

Calcule a distância d de parada mínima que não resultará em uma perna quebrada se sua massa for 60,0 kg. Não tente isto! Dobre seus joelhos!

56. *Por que a seguinte situação é impossível?* Com um único cabo vertical leve, que não estica, um guindaste está levantando uma Ferrari de 1 207 kg e, abaixo dela, está uma BMW Z8 de 1 461 kg. Ambos os carros movem-se para cima com velocidade de 3,50 m/s e aceleração de 1,25 m/s². O cabo vertical tem a mesma construção ao longo de todo o seu comprimento e não é defeituoso. Por conta de uma tensão que excede o limite de segurança do cabo, ele quebra logo abaixo da Ferrari.

57. **M** Um carro acelera descendo uma colina (Fig. P4.57), partindo do repouso a 30,0 m/s em 6,00 s. Um brinquedo dentro do carro está pendurado por um fio no teto. A bola na figura representa o brinquedo de massa 0,100 kg. A aceleração é tal que o fio permanece perpendicular ao teto. Determine (a) o ângulo θ e (b) a tensão no fio.

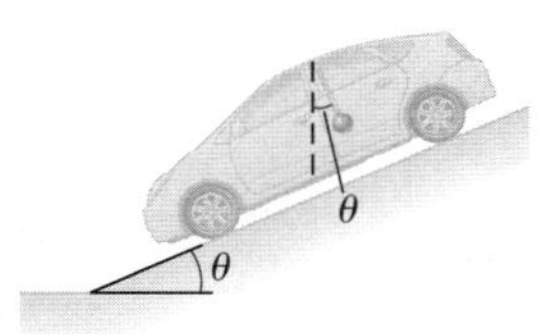

Figura P4.57

58. **Q|C** Pede-se que um aluno meça a aceleração de um planador em um plano inclinado sem atrito, usando um trilho de ar, um cronômetro e um metro. A parte superior do trilho, segundo a medição, é 1,774 cm mais alta que a parte inferior e o comprimento do trilho é d = 127,1 cm. O carro é liberado do repouso no topo do plano inclinado; sendo $x = 0$ e sua posição x ao longo do plano inclinado é medida como uma função de tempo. Para os valores de x de 10,0 cm, 20,0 cm, 35,0 cm, 50,0 cm, 75,0 cm e 100 cm, os tempos medidos nos quais essas posições são atingidas (média de cinco séries) são 1,02 s, 1,53 s, 2,01 s, 2,64 s, 3,30 s e 3,75 s, respectivamente. (a) Construa um gráfico de x por t^2, com uma linha reta que melhor se ajusta para descrever os dados. (b) Determine a aceleração do carro a partir da inclinação desse gráfico. (c) Explique como sua resposta para a parte (b) se compara com o valor teórico que você calculou usando $a = g$ sen θ como derivada no Exemplo 4.3.

59. **S** Na Figura P4.53, o plano inclinado tem massa M e é fixado ao tampo da mesa horizontal fixa. O bloco de massa m é colocado próximo à base do plano inclinado e é solto com um impulso rápido que o faz deslizar para cima. O bloco para perto do topo do plano inclinado, como mostrado na figura e, em seguida, desce novamente, sempre sem atrito. Encontre a força que a mesa exerce sobre o plano inclinado durante todo esse movimento em termos de m, M, g e θ.

Capítulo 5

Aplicações adicionais das Leis de Newton

Sumário

Chris Graythen/Getty Images

Kyle Busch, piloto do carro nº 18 Snickers Toyota, à frente de Jeff Gordon, piloto do carro nº 24 Dupont Chevrolet, durante a corrida Nascar Sprint Cup Series Kobalt Tools 500, na pista de Atlanta Motor Speedway, em 9 de março de 2008, em Hampton, Geórgia. Os carros percorrem uma pista inclinada que ajuda a manter o movimento circular nas curvas.

No Capítulo 4, introduzimos as leis de movimento de Newton e as aplicamos às situações em que ignoramos o atrito. Neste, vamos ampliar nosso estudo para corpos em movimento na presença do atrito, o que nos permitirá modelar mais realisticamente as situações. Esses corpos incluem os que deslizam em superfícies ásperas e os que se movem por meios viscosos, como líquidos e ar. Também aplicaremos as leis de Newton à dinâmica do movimento circular, de modo que possamos entender mais sobre os corpos que se movem em trajetórias circulares sob a influência de vários tipos de forças.

5.1 | Forças de atrito

Quando um corpo está em movimento sobre uma superfície, ou em um meio viscoso, como o ar ou a água, há resistência ao movimento, pois o corpo interage com seu entorno. Chamamos tal resistência de **força de atrito**. As forças de atrito são muito importantes em nossa vida cotidiana, pois nos permitem caminhar ou correr, e são necessárias para o movimento dos veículos sobre rodas.

Imagine que esteja trabalhando em seu jardim e tenha enchido uma lata de lixo com as podas. Você então tenta arrastá-la pela superfície do pátio de concreto, como na Figura Ativa 5.1a. A superfície do pátio é *real*, não idealizada,

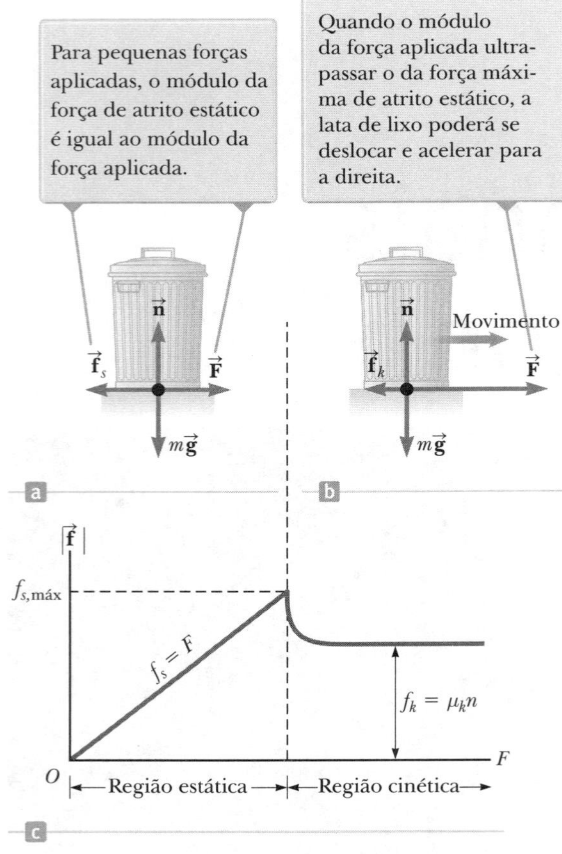

Figura Ativa 5.1 (a) e (b) Ao puxar uma lata de lixo, a direção da força de atrito $\vec{\mathbf{f}}$ entre a lata e uma superfície áspera é oposta à direção da força aplicada $\vec{\mathbf{F}}$. (c) Um gráfico da força de atrito pela força aplicada. Observe que $f_{s\,\text{máx}} > f_k$.

como em um modelo simplificado sem atrito. Se aplicarmos uma força horizontal externa $\vec{\mathbf{F}}$ à lata de lixo, para a direita, ela permanece parada se $\vec{\mathbf{F}}$ for pequena. A força que equilibra $\vec{\mathbf{F}}$ e evita que a lata se mova para a esquerda é aplicada na base da lata pela superfície e age à esquerda. Ela é chamada **força de atrito estático** $\vec{\mathbf{f}}_s$. Contanto que a lata não se mova, ela é modelada como uma partícula em equilíbrio, e $f_s = F$. Portanto, se $\vec{\mathbf{F}}$ é maior em módulo, o módulo de $\vec{\mathbf{f}}_s$ também aumenta. Da mesma forma, se $\vec{\mathbf{F}}$ diminui, $\vec{\mathbf{f}}_s$ também diminui.

Experiências mostram que a força de atrito surge da natureza das duas superfícies; em razão da sua rugosidade, o contato é feito apenas em poucos locais, onde picos do material se tocam. Nesses locais, a força de atrito surge, em parte, porque um pico bloqueia fisicamente o movimento de um pico da superfície oposta e, em parte, pela ligação química ("solda ponto") dos picos opostos quando entram em contato. Embora os detalhes do atrito sejam bastante complexos no nível atômico, esta força, em última análise, envolve uma interação elétrica entre átomos ou moléculas.

Se aumentarmos o módulo de $\vec{\mathbf{F}}$, como na Figura Ativa 5.1b, a lata de lixo pode, finalmente, deslizar. Quando ela estiver na iminência de escorregar, f_s será máximo, como mostrado na Figura Ativa 5.1c. Se F ultrapassar $f_{s,\text{máx}}$, a lata pode se mover e acelerar para a direita. Quando ela está em movimento, a força de atrito nela é menor que $f_{s,\text{máx}}$ (Fig. Ativa 5.1c). Chamamos a força de atrito para um corpo em movimento de **força de atrito cinético**, $\vec{\mathbf{f}}_k$. A força resultante, $F - f_k$, na direção x produz uma aceleração para a direita, de acordo com a Segunda Lei de Newton. Se reduzirmos o módulo de $\vec{\mathbf{F}}$ de modo que $F = f_k$, a aceleração será zero e a lata de lixo irá mover-se para a direita com velocidade constante. Se a força aplicada for removida, a força de atrito que age para a esquerda fornecerá uma aceleração da lata de lixo na direção $-x$ e, finalmente, a levará ao repouso.

Experimentalmente, verificamos que, para uma boa aproximação, tanto $f_{s,\text{máx}}$ quanto f_k para um corpo em uma superfície são proporcionais à força normal exercida pela superfície sobre ele; portanto, adotamos um modelo de simplificação em que essa aproximação é presumida como exata. As suposições nesse modelo de simplificação podem ser resumidas como segue:

- O módulo da força de atrito estático entre duas superfícies quaisquer em contato pode ter os valores dados por:

▶ Força de atrito estático

$$f_s \leq \mu_s n \qquad \textbf{5.1}$$

em que μ_s é a constante adimensional, chamada **coeficiente de atrito estático**, e n é o módulo da força normal. A igualdade na Equação 5.1 será mantida quando as superfícies estiverem na iminência de deslizar, isto é, quando $f_s = f_{s,\,\text{máx}} \equiv \mu_s n$. Esta situação é chamada *movimento iminente*. A desigualdade permanece quando a componente da força aplicada paralelamente à superfície é menor que esse valor.

- O módulo da força de atrito cinético agindo entre duas superfícies é dado por

▶ Força de atrito cinético

$$f_k = \mu_k n \qquad \textbf{5.2}$$

em que μ_k é o **coeficiente de atrito cinético**. Em nosso modelo de simplificação, esse coeficiente é independente da velocidade relativa das superfícies.

- Os valores de μ_k e μ_s dependem da natureza das superfícies, mas μ_k é, em geral, menor que μ_s. A Tabela 5.1 lista alguns valores medidos.

Prevenção de Armadilhas | 5.1

O sinal igual é utilizado em situações limitadas

Na Equação 5.1, o sinal igual é utilizado *apenas* quando as superfícies estão quase se soltando e começando a deslizar. Não caia na armadilha comum de utilizar $f_s = \mu_s n$ em *qualquer* situação estática.

TABELA 5.1 | Coeficientes de atrito

	μ_s	μ_k
Borracha sobre concreto	1,0	0,8
Aço sobre aço	0,74	0,57
Alumínio sobre aço	0,61	0,47
Vidro sobre vidro	0,94	0,4
Cobre sobre aço	0,53	0,36
Madeira sobre madeira	0,25 – 0,5	0,2
Madeira encerada sobre neve molhada	0,14	0,1
Madeira encerada sobre neve seca	–	0,04
Metal sobre metal (lubrificado)	0,15	0,06
Teflon sobre teflon	0,04	0,04
Gelo sobre gelo	0,1	0,03
Juntas sinoviais em humanos	0,01	0,003

Observação: Todos os valores são aproximados. Em alguns casos, o coeficiente de atrito pode ultrapassar 1,0.

Prevenção de Armadilhas | 5.2

A direção da força de atrito

Às vezes, é feita uma afirmação incorreta sobre a força de atrito entre um corpo e uma superfície – "a força de atrito sobre um corpo é oposta a seu movimento ou movimento iminente"–, em vez da frase correta, "a força de atrito sobre um corpo é oposta a seu movimento ou movimento iminente *em relação à superfície*". Pense cuidadosamente no Teste Rápido 5.2.

- A direção da força de atrito sobre um corpo é oposta ao movimento real (atrito cinético) ou ao movimento iminente (atrito estático) do corpo em relação à superfície com a qual está em contato.

A natureza aproximada das Equações 5.1 e 5.2 é demonstrada facilmente ao tentar fazer que um corpo deslize descendo por um plano inclinado com velocidade escalar constante. Sobretudo em velocidades baixas, o movimento é passível de ser caracterizado por episódios de adesão e deslizamento.

O modelo de simplificação descrito na lista acima foi desenvolvido de modo que possamos resolver os problemas que envolvem atrito de uma forma relativamente simples. Agora que identificamos as características da força de atrito, podemos incluí-la na força resultante sobre um corpo no modelo de uma partícula sob a força resultante.

TESTE RÁPIDO 5.1 Você pressiona seu livro de Física contra uma parede vertical com a mão, que aplica uma força normal perpendicular ao livro. Qual é a direção da força de atrito em função da parede no livro? (**a**) para baixo (**b**) para cima (**c**) para fora da parede (**d**) para dentro da parede.

TESTE RÁPIDO 5.2 Um engradado está localizado no centro de uma carreta tipo plataforma. A carreta acelera para leste e o engradado se move com ela, sem deslizar. Qual é a direção da força de atrito exercida pela carreta sobre o engradado? (**a**) Para oeste. (**b**) Para leste. (**c**) Não existe força de atrito, porque o engradado não está deslizando.

TESTE RÁPIDO 5.3 Você está brincando com sua filha na neve. Ela se senta em um trenó e pede que você a faça deslizar por um campo horizontal, plano. Você pode optar por (**a**) empurrá-la por trás, aplicando uma força para baixo sobre os ombros dela a 30° abaixo da horizontal (Fig. 5.2a) ou (**b**) prender uma corda na frente do trenó e puxar com uma força a 30° acima da horizontal (Fig. 5.2b). O que seria mais fácil para você, por quê?

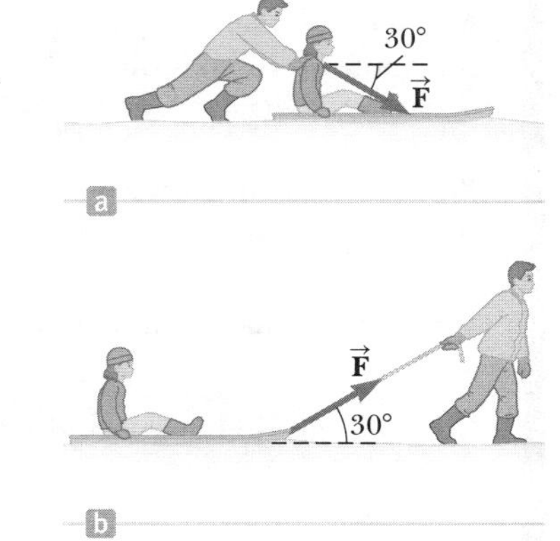

Figura 5.2 (Teste Rápido 5.3) Um pai tenta fazer a filha deslizar em um trenó sobre a neve (a) empurrando-a para baixo pelos ombros, ou (b) puxando-a para cima com uma corda amarrada no trenó. Qual é a maneira mais fácil?

Exemplo 5.1 | O disco de hóquei deslizante

Um disco de hóquei sobre um lago congelado recebe uma velocidade inicial de 20,0 m/s.

(A) Se o disco permanece sempre no gelo e desliza 115 m antes de entrar em repouso, determine o coeficiente de atrito cinético entre o disco e o gelo.

continua

5.1 *cont.*

SOLUÇÃO

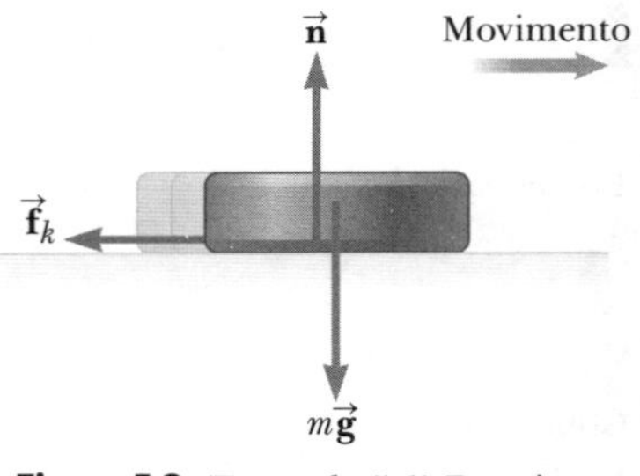

Figura 5.3 (Exemplo 5.1) Depois que o disco é colocado em uma velocidade inicial para a direita, as únicas forças externas que agem sobre ele são a gravitacional $m\vec{g}$, a normal $\vec{n}$ e a de atrito cinética $\vec{f}_k$.

Conceitualização Imagine que o disco na Figura 5.3 desliza para a direita e finalmente entra em repouso em razão da força de atrito cinético.

Categorização As forças que agem sobre o disco são identificadas na Figura 5.3, mas o texto do problema fornece variáveis cinemáticas. Portanto, categorizamos o problema de duas maneiras. Primeiro, ele envolve uma partícula sob uma força resultante: o atrito cinético faz o disco acelerar. Além disso, como consideramos a força de atrito cinético independente da velocidade, a aceleração do disco é constante. Então, podemos também categorizar este problema como um que envolve um partícula sob aceleração constante.

Análise Primeiro, vamos encontrar a aceleração algebricamente em termos do coeficiente de atrito cinético utilizando a Segunda Lei de Newton. Uma vez que sabemos a aceleração do disco e a distância que ele percorre, as equações da cinemática podem ser usadas para descobrir o valor numérico do coeficiente de atrito cinético. O diagrama na Figura 5.3 mostra as forças no disco.

Aplique o modelo de partícula sob uma força resultante na direção x ao disco:

$$(1)\quad \sum F_x = -f_k = ma_x$$

Aplique o modelo de partícula em equilíbrio na direção y ao disco:

$$(2)\quad \sum F_y = n - mg = 0$$

Substitua $n = mg$ da Equação (2) e $f_k = \mu_k n$ para a Equação (1):

$$-\mu_k n = -\mu_k mg = ma_x$$
$$a_x = -\mu_k g$$

O sinal negativo significa que a aceleração é para a esquerda na Figura 5.3. Como a velocidade do disco é para a direita, ele está reduzindo a velocidade. A aceleração é independente da massa do disco e é constante, pois consideramos que μ_k permanece constante.

Aplique o modelo de partícula sob aceleração constante ao disco, utilizando a Equação 2.14, $v_{xf}^2 = v_{xi}^2 + 2a_x(x_f - x_i)$, com $x_i = 0$ e $v_f = 0$:

$$0 = v_{xi}^2 + 2a_x x_f = v_{xi}^2 - 2\mu_k g x_f$$

Resolva para encontrar o coeficiente de atrito cinético:

$$(3)\quad \mu_k = \frac{v_{xi}^2}{2gx_f}$$

Substitua os valores numéricos:

$$\mu_k = \frac{(20{,}0\ \text{m/s})^2}{2(9{,}80\ \text{m/s}^2)(115\ \text{m})} = 0{,}177$$

(B) Se a velocidade inicial do disco é reduzida pela metade, qual será a distância do deslizamento?

SOLUÇÃO

Esta parte é um problema de comparação e pode ser solucionada por uma técnica de proporção, como a utilizada no Exemplo 3.4.

Solucione a Equação (3) na parte (A) para a posição final x_f do disco e a escreva duas vezes, uma para a situação original e outra para a velocidade inicial dividida por 2:

$$x_{f1} = \frac{v_{1xi}^2}{2\mu_k g}$$

$$x_{f2} = \frac{v_{2xi}^2}{2\mu_k g} = \frac{\left(\frac{1}{2}v_{1xi}\right)^2}{2\mu_k g} = \frac{1}{4}\frac{v_{1xi}^2}{2\mu_k g}$$

Divida a primeira equação pela segunda:

$$\frac{x_{f1}}{x_{f2}} = 4 \rightarrow x_{f2} = \tfrac{1}{4}x_{f1}$$

Finalização Observe na parte (A) que u_k é adimensional, como deveria ser, e tem um valor baixo, coerente com um corpo que desliza sobre o gelo. Aprendemos na parte (B) que reduzir pela metade a velocidade inicial do disco reduz a distância de deslizamento em 75%! Ao aplicar esta ideia a um veículo deslizante, vemos que conduzir em velocidades baixas em estradas escorregadias é uma importante consideração de segurança.

Exemplo 5.2 | Determinação experimental de μ_s e μ_k

Apresenta-se a seguir um método simples para medir os coeficientes de atrito. Suponha que um bloco seja colocado em uma superfície áspera inclinada em relação ao plano horizontal, como mostrado na Figura Ativa 5.4. O ângulo do plano inclinado é aumentado até que o bloco comece a se mover. Mostre que você pode obter μ_s medindo o ângulo crítico θ_c em que esse deslizamento ocorre.

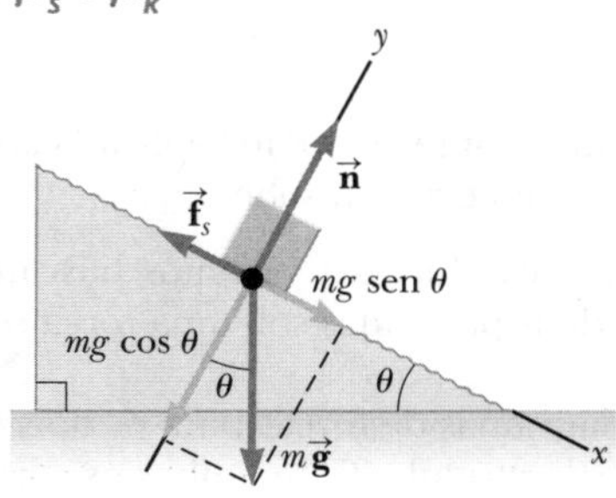

Figura Ativa 5.4 (Exemplo 5.2) As forças externas exercidas sobre o bloco apoiado em uma rampa de superfície áspera são a gravitacional $m\vec{g}$, a normal $\vec{n}$ e a de atrito $\vec{f}_s$. Por conveniência, a força gravitacional é decomposta em uma componente mg sen θ ao longo da rampa e uma componente $mg \cos\theta$ perpendicular à rampa.

SOLUÇÃO

Conceitualização Considere a Figura Ativa 5.4 e imagine que o bloco tende a deslizar pela rampa em razão da força gravitacional. Para simular a situação, coloque uma moeda na capa deste livro e incline-o até que a moeda comece a deslizar. Observe como este exemplo difere do 4.3. Quando não há atrito em uma rampa, *qualquer* ângulo de inclinação fará que um corpo parado comece a se mover. Quando há atrito, entretanto, não há movimento do corpo para ângulos menores que o ângulo crítico.

Categorização O bloco está sujeito a várias forças. Como estamos levantando o plano até um ângulo em que o bloco está pronto para começar a se mover, mas não está se movendo, categorizamos o bloco como uma partícula em equilíbrio.

Análise O diagrama na Figura Ativa 5.4 mostra as forças sobre o bloco: a gravitacional, $m\vec{g}$, a normal, $\vec{n}$, e a de atrito estática, $\vec{f}_s$. Escolhemos x para ficar paralelo ao plano e y perpendicular a ele.

Aplique a Equação 4.7 ao bloco em ambas as direções, x e y:

$$(1)\quad \sum F_x = mg \text{ sen } \theta - f_s = 0$$

$$(2)\quad \sum F_y = n - mg \cos\theta = 0$$

Substitua $mg = n/\cos\theta$ da Equação (2) para a Equação (1):

$$(3)\quad f_s = mg \text{ sen } \theta = \left(\frac{n}{\cos\theta}\right) \text{sen } \theta = n \text{ tg } \theta$$

Quando o ângulo de inclinação é aumentado até que o bloco esteja na iminência de escorregar, a força de atrito estático atingiu seu valor máximo $\mu_s n$. O ângulo θ nesta situação é o ângulo crítico θ_c. Faça essas substituições na Equação (3):

$$\mu_s n = n \text{ tg } \theta_c$$

$$\mu_s = \text{tg } \theta_c$$

Por exemplo, se o bloco simplesmente escorrega em $\theta_c = 20{,}0°$, descobrimos que $\mu_s = \text{tg } 20{,}0° = 0{,}364$.

Finalização Uma vez que o bloco começa a se mover em $\theta \geq \theta_c$, ele desce a rampa e a força de atrito é $f_k = \mu_c n$. Se, no entanto, θ é reduzido a um valor menor que θ_c, pode ser possível encontrar um ângulo θ_c' como aquele do bloco em movimento para baixo da rampa com velocidade constante, como uma partícula em equilíbrio novamente ($a_x = 0$). Neste caso, use as Equações (1) e (2) com f_s substituído por f_k para encontrar μ_k: $\mu_k = \text{tg } \theta_c'$, em que $\theta_c' < \theta_c$.

Exemplo 5.3 | Aceleração de dois corpos conectados na presença de atrito

Um bloco de massa m_2 em uma superfície horizontal áspera é conectado a uma bola de massa m_1 por uma corda leve sobre uma polia leve sem atrito, como mostrado na Figura 5.5a. Uma força de módulo F inclinada um ângulo θ com a horizontal é aplicada ao bloco, como mostrado, e o bloco desliza para a direita. O coeficiente de atrito cinético entre o bloco e a superfície é μ_k. Determine o módulo da aceleração dos dois corpos.

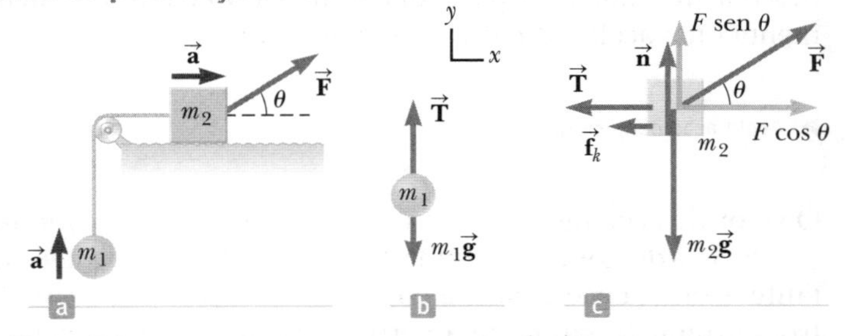

Figura 5.5 (Exemplo 5.3) (a) A força externa $\vec{F}$ aplicada como mostrado pode fazer que o bloco acelere para a direita. (b, c) Diagramas mostrando as forças sobre os dois corpos, considerando que o bloco acelera para a direita e a bola, para cima.

continua

5.3 *cont.*

SOLUÇÃO

Conceitualização Imagine o que acontece se $\vec{\mathbf{F}}$ for aplicada ao bloco. Supondo que $\vec{\mathbf{F}}$ não seja grande o suficiente para levantá-lo, ele desliza para a direita e a bola sobe.

Categorização Podemos identificar forças e estamos buscando uma aceleração; portanto, categorizamos este problema como um que envolve duas partículas sob uma força resultante, a bola e o bloco.

Análise Primeiro, desenhe diagramas de forças para os dois corpos, como mostrado nas Figuras 5.5b e 5.5c. Observe que a corda exerce uma força de módulo T em ambos os corpos. A força aplicada $\vec{\mathbf{F}}$ tem componentes x e y: $F \cos\theta$ e $F \operatorname{sen}\theta$, respectivamente. Como os dois corpos estão conectados, podemos igualar os módulos da componente x da aceleração do bloco e a componente y da aceleração da bola e chamar ambas de a. Suponhamos que o movimento do bloco seja para a direita.

Aplique o modelo de partícula sob uma força resultante ao bloco, na direção horizontal:

$$(1)\quad \sum F_x = F\cos\theta - f_k - T = m_2 a_x = m_2 a$$

Como o bloco se move apenas horizontalmente, aplique o modelo da partícula em equilíbrio, na direção vertical:

$$(2)\quad \sum F_y = n + F \operatorname{sen}\theta - m_2 g = 0$$

Aplique o modelo da partícula sob uma força resultante à bola, na direção vertical:

$$(3)\quad \sum F_y = T - m_1 g = m_1 a_y = m_1 a$$

Resolva a Equação (2) para n:

$$n = m_2 g - F \operatorname{sen}\theta$$

Substitua n em $f_k = \mu_k n$ na Equação 5.2:

$$(4)\quad f_k = \mu_k (m_2 g - F \operatorname{sen}\theta)$$

Substitua a Equação (4) e o valor de T da Equação (3) na Equação (1):

$$F\cos\theta - \mu_k(m_2 g - F\operatorname{sen}\theta) - m_1(a + g) = m_2 a$$

Resolva para a:

$$(5)\quad a = \frac{F(\cos\theta + \mu_k \operatorname{sen}\theta) - (m_1 + \mu_k m_2) g}{m_1 + m_2}$$

Finalização A aceleração do bloco pode ser tanto para a direita como para a esquerda, dependendo do sinal do numerador na Equação (5). Se o movimento for para a esquerda, devemos inverter o sinal de f_k na Equação (1) porque a força de atrito cinético deve ser oposta ao movimento do bloco em relação à superfície. Neste caso, o valor de a é o mesmo que na Equação (5), com os dois sinais positivos no numerador trocados por sinais negativos.

5.2 | Estendendo a partícula no modelo de movimento circular uniforme

Resolver problemas envolvendo atrito é apenas uma das muitas aplicações da Segunda Lei de Newton. Consideremos agora outra situação comum, associada a uma partícula em movimento circular uniforme. No Capítulo 3, descobrimos que uma partícula se movendo em uma trajetória circular de raio r com velocidade uniforme v experimenta uma aceleração centrípeta de módulo

▶ Aceleração centrípeta

$$a_c = \frac{v^2}{r}$$

O vetor de aceleração com este módulo está direcionado para o centro do círculo, e *sempre* é perpendicular a $\vec{\mathbf{v}}$.

De acordo com a Segunda Lei de Newton, se ocorrer aceleração, esta tem de ser causada por uma força resultante. Como a aceleração é em direção ao centro do círculo, a força resultante deve ser direcionada para esse centro. Portanto, quando uma partícula viaja em uma trajetória circular, uma força deve estar agindo *para dentro* dela, provocando o movimento circular. Investigamos nesta seção as forças que causam esse tipo de aceleração.

Considere um disco de massa m amarrado a um barbante de comprimento r movendo-se a uma velocidade constante numa trajetória circular horizontal, como ilustrado na Figura 5.6. Seu peso é sustentado por uma mesa

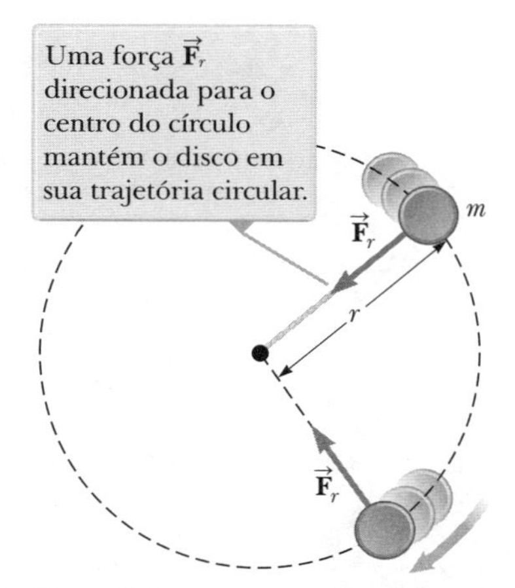

Figura 5.6 Vista de topo de um disco movendo-se em uma trajetória circular em um plano horizontal.

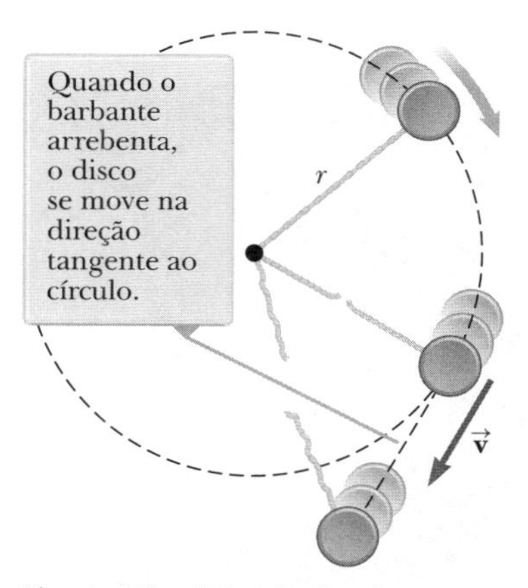

Figura Ativa 5.7 O barbante que mantém o disco em sua trajetória circular arrebenta.

Prevenção de Armadilhas | 5.3

Direção do percurso quando o barbante é cortado

Estude a Figura Ativa 5.7 cuidadosamente. Muitos alunos (incorretamente) acham que o disco vai se mover *radialmente* para longe do centro do círculo quando o barbante for cortado. A velocidade do disco é *tangente* ao círculo. De acordo com a Primeira Lei de Newton, o disco simplesmente continua a se mover na mesma direção em que está assim que a força do barbante desaparece.

sem atrito, e o barbante é preso a um grampo no centro da trajetória circular do disco. Por que o disco se move em círculo? De acordo com a Primeira Lei de Newton, a tendência natural do disco é se mover em linha reta; no entanto, o barbante evita o movimento ao longo de uma linha reta exercendo uma força radial $\vec{F}_r$ no disco, que faz que ele siga a trajetória circular. Essa força, cujo módulo é a tensão no barbante, é direcionada ao longo da extensão do barbante para o centro do círculo, conforme mostrado na Figura 5.6.

Nesta discussão, a tensão no barbante provoca o movimento circular do disco. Outras forças também fazem que os corpos se movam em trajetórias circulares. Por exemplo, as forças de atrito fazem os automóveis viajarem por estradas curvas, e a força gravitacional faz um planeta orbitar o Sol.

Independente da natureza da força agindo sobre a partícula em movimento circular, podemos aplicar à partícula a Segunda Lei de Newton ao longo da direção radial:

$$\sum F = ma_c = m\frac{v^2}{r} \qquad \text{5.3} \blacktriangleleft$$

Prevenção de Armadilhas | 5.4

Força centrífuga

A expressão comum "força centrífuga" é descrita como uma força puxando *para fora* um corpo movendo-se em uma trajetória circular. Se você está experimentando uma "força centrífuga" em um carro giratório, qual é o outro corpo com o qual você está interagindo? Você não consegue identificá-lo porque a força centrífuga é uma força fictícia.

No geral, um corpo pode se mover em uma trajetória circular sob a influência de diversos tipos de forças, ou uma *combinação* de forças, como veremos em alguns dos exemplos a seguir.

Se a força que atua sobre um corpo desaparece, ele não se moveria mais em sua trajetória circular; em vez disto, mover-se-ia ao longo de uma trajetória em linha reta tangente ao círculo. Esta ideia está ilustrada na Figura Ativa 5.7, para o caso de um disco se movendo em trajetória circular na ponta de um barbante em um plano horizontal. Se o barbante arrebenta em algum instante, o disco se move ao longo de uma trajetória em linha reta tangente ao círculo na posição do disco nesse instante.

TESTE RÁPIDO 5.4 Você está numa roda-gigante (Fig. 5.8) que gira com velocidade constante. A cadeira na qual você está sempre mantém sua posição correta para cima; não inverte a posição. **(i)** Qual é a direção da força normal do assento sobre você quando você está no topo da roda? **(a)** para cima **(b)** para baixo **(c)** impossível de determinar. **(ii)** Tendo como referência as mesmas alternativas, qual é a direção da força resultante sobre você quando você está no topo da roda?

Figura 5.8 (Teste Rápido 5.4) Uma roda-gigante.

Prevenção de Armadilhas | 5.5

Força centrípeta

A força que causa a aceleração centrípeta é chamada *força centrípeta* em alguns livros didáticos. Dar um nome à força que provoca o movimento circular leva muitos alunos a considerá-la como um novo *tipo* de força, em vez de uma nova *função* para a força. Um erro comum é desenhar as forças em um diagrama de corpo livre e adicionar outro vetor para a força centrípeta. Mesmo assim, ela não é uma força separada; é uma de nossas forças familiares *agindo na função de provocar um movimento circular*. Para o movimento da Terra ao redor do Sol, por exemplo, a "força centrípeta" é a *gravidade*. Para uma pedra enrolada na extremidade de uma corda, a "força centrípeta" é a *tensão* na corda. Após esta discussão, não devemos mais usar a expressão *força centrípeta*.

Robin Smith/Geettylmages

Os carros de uma montanha-russa em espiral devem se mover em *loops* estreitos. A força normal exercida pela pista contribui para a aceleração centrípeta. A força gravitacional, por permanecer constante na direção, às vezes está no mesmo sentido que a força normal, mas, por vezes, está no sentido oposto.

PENSANDO EM FÍSICA 5.1

A teoria de Copérnico sobre o sistema solar é um modelo estrutural no qual se presume que os planetas viajam em torno do Sol em órbitas circulares. Historicamente, essa teoria foi uma ruptura da de Ptolomeu, um modelo estrutural em que a Terra era o centro. Quando a teoria de Copérnico foi proposta, uma dúvida natural surgiu: o que mantém a Terra e os outros planetas se movendo em suas trajetórias em torno do Sol? Uma resposta interessante veio de Richard Feynman: "Naqueles tempos, uma das teorias propostas foi que os planetas ficavam orbitando ao redor porque atrás deles havia anjos invisíveis, batendo suas asas e impulsionando os planetas. (...) Acontece que, para manter os planetas nesse movimento, os anjos invisíveis deviam voar em uma direção diferente".[1] O que Feynman quis dizer com essa afirmação?

Raciocínio A pergunta feita por aqueles da época de Copérnico indica que as pessoas não tinham um entendimento adequado sobre inércia conforme descrito pela Primeira Lei de Newton. Naquele momento da história, antes de Galileu e Newton, a interpretação era que o *movimento* era causado pela força. Essa interpretação é diferente de nosso entendimento atual, que *as mudanças no movimento* são causadas pela força. Portanto, foi natural os contemporâneos de Copérnico questionarem qual força impulsionava um planeta em sua órbita. De acordo com nosso entendimento atual, é igualmente natural para nós perceber que nenhuma força tangente à órbita é necessária, pois o movimento simplesmente continua por causa da inércia.

Por isso, na representação de Feynman, os anjos não empurram o planeta *por trás*. Eles devem empurrar *para dentro*, para fornecer uma aceleração centrípeta associada com o movimento orbital do planeta. É claro que os anjos não são reais do ponto de vista científico, mas representam uma metáfora para a *força gravitacional*. ◀

Exemplo 5.4 | Com que velocidade pode girar?

Um disco de massa 0,500 kg está preso à ponta de uma corda de 1,50 m de comprimento. O disco se move em um círculo horizontal, como mostrado na Figura 5.6. Se a corda suporta uma tensão máxima de 50,0 N, qual é a velocidade máxima com a qual o disco pode se mover antes de a corda arrebentar? Suponha que o barbante permaneça horizontal durante o movimento.

continua

[1] R. P. Feynman, R. B. Leighton e M. Sands. *The Feynman Lectures on Physics*, Vol. 1. Reading, MA: Addison-Wesley, 1963, p. 7-2.

5.4 *cont.*

SOLUÇÃO

Conceitualização Faz sentido que, quanto mais forte a corda, mais rápido o disco pode se mover antes que a corda arrebente. Esperamos também que um disco mais pesado arrebente a corda a uma velocidade menor. (Imagine girar uma bola de boliche na corda!)

Categorização Como o disco se move em uma trajetória circular, o modelamos como uma partícula em movimento circular uniforme.

Análise Incorpore a tensão e a aceleração centrípeta na Segunda Lei de Newton, como descrita na Equação 5.3:

$$T = m\frac{v^2}{r}$$

Resolva para v:

$$(1)\quad v = \sqrt{\frac{Tr}{m}}$$

Encontre a velocidade máxima que o disco pode ter, correspondente à tensão máxima que o barbante pode suportar:

$$v_{\text{máx}} = \sqrt{\frac{T_{\text{máx}}r}{m}} = \sqrt{\frac{(50{,}0\text{ N})(1{,}50\text{ m})}{0{,}500\text{ kg}}} = \boxed{12{,}2\text{ m/s}}$$

Finalização A Equação (1) mostra que v aumenta com T e diminui com m maior, conforme esperávamos da conceitualização do problema.

E se? Suponha que o disco se mova em um círculo de raio maior com a mesma velocidade v. O barbante tem maior ou menor probabilidade de arrebentar?

Resposta O raio maior significa que a mudança na direção do vetor velocidade será menor em um certo intervalo de tempo. Então, a aceleração é menor, assim como a tensão necessária no barbante. Como resultado, o barbante tem menor probabilidade de arrebentar quando o disco percorre um círculo de raio maior.

Exemplo **5.5** | O pêndulo cônico

Uma pequena bola de massa m é suspensa por um barbante de comprimento L. A bola gira com velocidade constante v em um círculo horizontal de raio r, como mostrado na Figura 5.9. (Como o barbante passa por toda a superfície de um cone, o sistema é chamado de *pêndulo cônico*.) Encontre uma expressão para v.

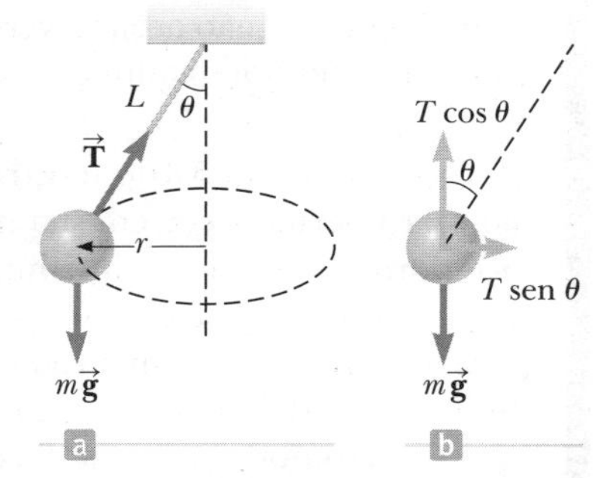

Figura 5.9 (Exemplo 5.5) (a) Um pêndulo cônico. A trajetória da bola é um círculo horizontal. (b) As forças atuando na bola.

SOLUÇÃO

Conceitualização Imagine o movimento da bola na Figura 5.9a e convença-se de que o barbante passa por um cone e de que a bola se move em um círculo horizontal.

Categorização A bola na Figura 5.9 não acelera verticalmente. Portanto, a modelamos como uma partícula em equilíbrio na direção vertical. Ela experimenta uma aceleração centrípeta na direção horizontal, então é modelada como uma partícula em movimento circular uniforme nessa direção.

Análise Façamos que θ represente o ângulo entre o barbante e a vertical. No diagrama de forças atuando na bola da Figura 5.9b, a força $\vec{\mathbf{T}}$ exercida pelo barbante na bola é resolvida em uma componente vertical $T\cos\theta$ e uma componente horizontal $T\text{ sen }\theta$ atuando na direção do centro da trajetória circular.

Aplique o modelo de partícula em equilíbrio na direção vertical:

$$\sum F_y = T\cos\theta - mg = 0$$

$$(1)\quad T\cos\theta = mg$$

continua

5.5 *cont.*

Use a Equação 5.3 do modelo da partícula em movimento circular uniforme na direção horizontal:

$$(2)\quad \sum F_x = T \text{ sen } \theta = ma_c = \frac{mv^2}{r}$$

Divida a Equação (2) pela (1) e use sen θ / cos = tg θ:

$$\text{tg } \theta = \frac{v^2}{rg}$$

Resolva para v:

$$v = \sqrt{rg \text{ tg } \theta}$$

Incorpore $r = L$ sen θ da geometria na Figura 5.9a:

$$v = \boxed{\sqrt{Lg \text{ sen } \theta \text{ tg } \theta}}$$

Finalização Observe que a velocidade é independente da massa da bola. Considere o que acontece quando θ vai para 90°, de modo que o barbante fica horizontal. Como a tangente de 90° é infinita, a velocidade v é infinita, o que nos diz que o barbante não pode ser horizontal. Se fosse, não haveria componente vertical da força $\vec{\mathbf{T}}$ para equilibrar a força gravitacional na bola. Por isso mencionamos que o peso do disco na Figura 5.6 é sustentado por uma mesa sem atrito.

Exemplo 5.6 | Qual é a velocidade máxima do carro?

Um carro de 1 500 kg movimentando-se em uma estrada plana e horizontal faz uma curva, como mostrado na Figura 5.10a. Se o raio da curva é 35,0 m e o coeficiente de atrito estático entre os pneus e o calçamento seco é 0,523, encontre a velocidade máxima que o carro pode atingir e, ainda assim, fazer a curva com sucesso.

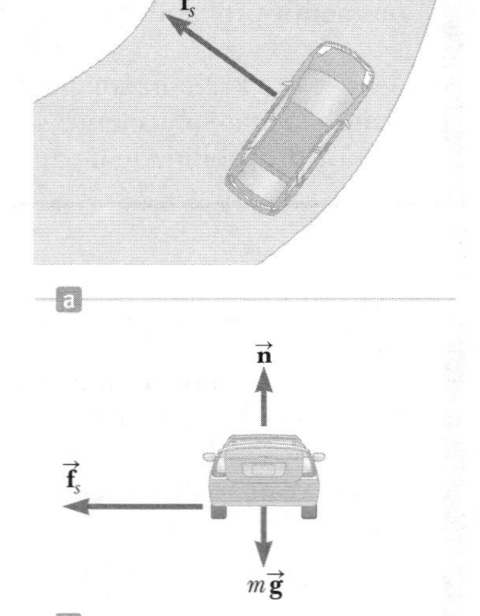

Figura 5.10 (Exemplo 5.6) (a) A força de atrito estático direcionada para o centro da curva mantém o carro em uma trajetória circular. (b) As forças atuando no carro.

SOLUÇÃO

Conceitualização Imagine que uma pista curva é parte de um círculo grande, de modo que o carro se movimenta em uma trajetória circular.

Categorização Baseado na etapa Conceitualização do problema, modelamos o carro como uma partícula em movimento circular uniforme na direção horizontal. O carro não acelera verticalmente, então é modelado como uma partícula em equilíbrio na direção vertical.

Análise A Figura 5.10b mostra as forças sobre o carro. A força que permite ao carro permanecer em sua trajetória circular é a de atrito estático. (É *estático* porque não ocorre nenhuma derrapagem no ponto de contato entre a pista e os pneus. Se essa força de atrito estático fosse zero – por exemplo, se o carro estivesse em uma rua coberta por gelo –, o carro continuaria em uma linha reta e derraparia para fora da pista curva.) A velocidade máxima $v_{\text{máx}}$ que o carro poderia ter ao fazer a curva é aquela com a qual ele está à beira de derrapar para fora da pista. Neste ponto, a força de atrito tem seu valor máximo $f_{s,\text{ máx}} = \mu_s n$.

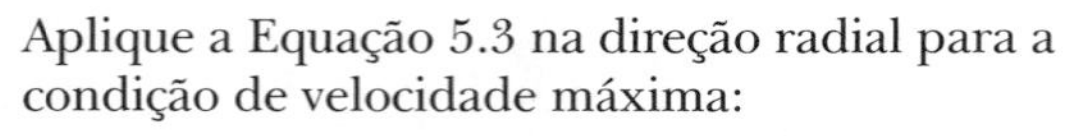

Aplique a Equação 5.3 na direção radial para a condição de velocidade máxima:

$$(1)\quad f_{s,\text{máx}} = \mu_s n = m\frac{v_{\text{máx}}^2}{r}$$

Aplique o modelo da partícula em equilíbrio ao carro na direção vertical:

$$\sum F_y = 0 \quad \rightarrow \quad n - mg = 0 \quad \rightarrow \quad n = mg$$

Resolva a Equação (1) para a velocidade máxima e substitua para n:

$$(2)\quad v_{\text{máx}} = \sqrt{\frac{\mu_s nr}{m}} = \sqrt{\frac{\mu_s mgr}{m}} = \sqrt{\mu_s gr}$$

Substitua os valores numéricos:

$$v_{\text{máx}} = \sqrt{(0{,}523)(9{,}80 \text{ m/s}^2)(35{,}0 \text{ m})} = \boxed{13{,}4 \text{ m/s}}$$

continua

5.6 *cont.*

Finalização Essa velocidade é equivalente a 30,0 mi/h. Portanto, se o limite de velocidade nessa estrada fosse maior que 30 mi/h, a estrada poderia ser beneficiada por alguma inclinação, como no próximo exemplo! Observe que a velocidade máxima não depende da massa do carro, e é por isso que estradas curvas não precisam de limites de velocidade múltiplos para cobrir as várias massas dos veículos que as utilizam.

E se? Suponha que o carro percorra essa curva em um dia úmido e comece a derrapar na curva quando atinge a velocidade de 8,00 m/s. O que pode ser dito sobre o coeficiente de atrito estático neste caso?

Resposta O coeficiente de atrito estático entre os pneus e uma estrada molhada deve ser menor que aquele entre os pneus e uma estrada seca. Esta expectativa é consistente com a experiência de dirigir, porque uma derrapagem é mais provável em uma estrada molhada que numa seca.

Para verificar nossa suspeita, podemos resolver a Equação (2) para o coeficiente de atrito estático:

$$\mu_s = \frac{v_{\text{máx}}^2}{gr}$$

Substituir os valores numéricos resulta em

$$\mu_s = \frac{v_{\text{máx}}^2}{gr} = \frac{(8{,}00 \text{ m/s})^2}{(9{,}80 \text{ m/s}^2)(35{,}0 \text{ m})} = 0{,}187$$

que é, de fato, menor que o coeficiente de 0,523 para a estrada seca.

Exemplo 5.7 | A estrada com inclinação

Um engenheiro civil quer redesenhar a estrada curva do Exemplo 5.6 de tal maneira que um carro não terá de depender do atrito para fazer a curva sem derrapar. Ou seja, um carro se movendo com a velocidade designada pode fazer a curva mesmo quando a estrada está coberta de gelo. Tal estrada geralmente é *inclinada*, o que significa estar inclinada em direção à parte interna da curva, conforme a fotografia de abertura deste capítulo. Suponha que a velocidade designada para a rampa seja de 13,4 m/s (30,0 mi/h) e o raio da curva, 35,0 m. A que ângulo a curva deveria ser inclinada?

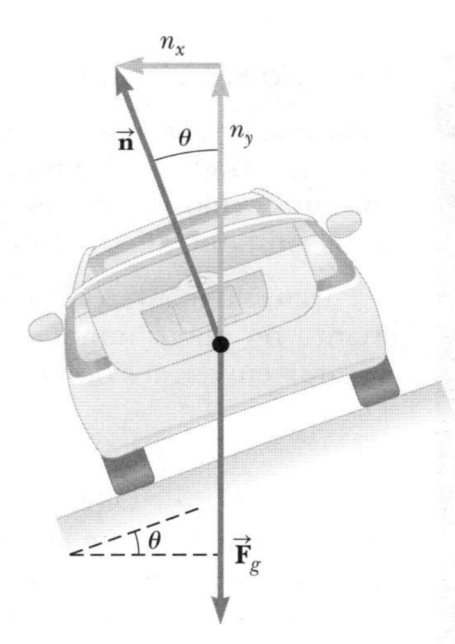

Figura 5.11 (Exemplo 5.7) Um carro se move fazendo uma curva em uma estrada com inclinação a um ângulo θ com a horizontal. Quando o atrito é desprezado, a força que causa a aceleração centrípeta e mantém o carro em sua trajetória circular é a componente horizontal da força normal.

SOLUÇÃO

Conceitualização A diferença entre este e o Exemplo 5.6 é que o carro não está mais se movimentando em uma pista plana. A Figura 5.11 mostra a estrada com inclinação, com o centro da trajetória circular do carro para a extrema esquerda da figura. Observe que a componente horizontal da força normal participa causando a aceleração centrípeta do carro.

Categorização Como no Exemplo 5.6, o carro é modelado como uma partícula em equilíbrio na direção vertical, e como uma partícula em movimento circular uniforme na direção horizontal.

Análise Em uma estrada plana (sem inclinação), a força que causa a aceleração centrípeta é a de atrito estático entre o carro e a estrada, como vimos no exemplo anterior. No entanto, se a estrada for inclinada a um ângulo θ, como na Figura 5.11, a força normal $\vec{\mathbf{n}}$ tem uma componente horizontal na direção do centro da curva. Como a rampa é planejada de modo que a força de atrito estático seja zero, somente a componente $n_x = n \text{ sen } \theta$ causa a aceleração centrípeta.

Escreva a Segunda Lei de Newton para o carro na direção radial, que é a direção x:

$$(1) \quad \sum F_r = n \text{ sen } \theta = \frac{mv^2}{r}$$

continua

5.7 *cont.*

Aplique o modelo da partícula em equilíbrio ao carro na direção vertical:

$$\sum F_y = n\cos\theta - mg = 0$$

$$(2)\quad n\cos\theta = mg$$

Divida a Equação (1) pela (2):

$$(3)\quad \text{tg}\,\theta = \frac{v^2}{rg}$$

Resolva para o ângulo θ:

$$\theta = \text{tg}^{-1}\left[\frac{(13{,}4\text{ m/s})^2}{(35{,}0\text{ m})(9{,}80\text{ m/s}^2)}\right] = 27{,}6°$$

Finalização A Equação (3) mostra que o ângulo de inclinação é independente da massa do veículo fazendo a curva. Se um carro faz a curva com velocidade menor que 13,4 m/s, é preciso atrito para evitar que ele derrape na margem (para a esquerda na Fig. 5.11). Um motorista que tenta fazer a curva com velocidade maior que 13,4 m/s tem de depender do atrito para não derrapar para cima da margem (para a direita na Fig. 5.11).

E se? Imagine que essa mesma estrada fosse construída em Marte, no futuro, para conectar colônias diferentes. Ela poderia ser percorrida com a mesma velocidade?

Resposta A força gravitacional reduzida em Marte significaria que o carro não teria tanta pressão contra a pista. A força normal reduzida resultaria em uma componente da força normal menor em direção ao centro do círculo. Essa componente menor não seria suficiente para fornecer a aceleração centrípeta associada à velocidade original. A aceleração centrípeta deve ser reduzida, o que pode ser feito por meio da redução da velocidade v.

Matematicamente, observe que a Equação (3) mostra que a velocidade v é proporcional à raiz quadrada de g para uma pista de raio fixo r inclinada a um ângulo fixo θ. Então, se g é menor, como é em Marte, a velocidade v com que se pode viajar com segurança na estrada também é menor.

Exemplo 5.8 | Andando na roda-gigante

Uma criança de massa m anda numa roda-gigante, como mostrado na Figura 5.12a. A criança se move em um círculo vertical de raio 10,0 m com velocidade constante de 3,00 m/s.

(A) Determine a força exercida pelo assento sobre a criança no ponto mínimo do passeio. Expresse sua resposta em termos do peso da criança, mg.

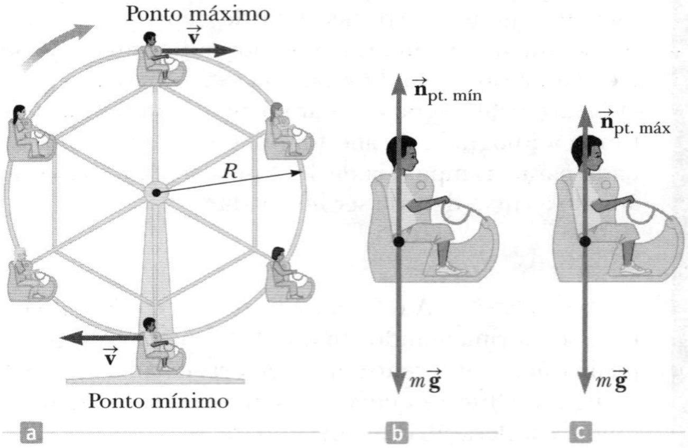

SOLUÇÃO

Conceitualização Olhe a Figura 5.12a cuidadosamente. Com base em experiências que já teve em rodas-gigantes ou dirigindo sobre pequenas elevações em uma estrada, você esperaria se sentir mais leve no ponto máximo da trajetória. Do mesmo modo, você esperaria se sentir mais pesado no seu ponto mínimo. Tanto no ponto mínimo como no ponto máximo da trajetória, a força normal e a gravitacional atuam sobre a criança em sentidos *opostos*. O vetor soma dessas duas forças dá uma força de módulo constante que mantém a criança em uma trajetória circular com velocidade constante. Para obter vetores da força resultante com o mesmo módulo, a força normal no ponto mínimo deve ser maior que aquela no ponto máximo.

Figura 5.12 (Exemplo 5.8) (a) Uma criança anda de roda-gigante. (b) As forças atuando na criança no ponto mínimo da trajetória. (c) As forças atuando sobre a criança no ponto máximo da trajetória.

Categorização Como a velocidade da criança é constante, podemos categorizar este problema como um que envolve uma partícula (a criança) em movimento circular uniforme, complicado pela força gravitacional atuando sobre a criança em todos os momentos.

Análise Desenhamos um diagrama de forças atuando sobre a criança no ponto mínimo do passeio, como mostrado na Figura 5.12b. As únicas forças atuando sobre ela são a gravitacional para baixo $\vec{\mathbf{F}}_g = m\vec{\mathbf{g}}$ e a para cima $\vec{\mathbf{n}}_{\text{pt. mín}}$ exercida pelo assento. A força resultante para cima que proporciona a aceleração centrípeta da criança tem módulo $n_{\text{pt. mín}} - mg$.

continua

5.8 *cont.*

Aplique a Segunda Lei de Newton na criança, na direção radial quando ela está no ponto mínimo do passeio:

$$\sum F = n_{\text{pt. mín}} - mg = m\,\frac{v^2}{r}$$

Resolva para a força exercida pelo assento na criança:

$$n_{\text{pt. mín}} = mg + m\,\frac{v^2}{r} = mg\left(1 + \frac{v^2}{rg}\right)$$

Substitua os valores dados para a velocidade e o raio:

$$n_{\text{pt. mín}} = mg\left[1 + \frac{(3{,}00\ \text{m/s})^2}{(10{,}0\ \text{m})(9{,}80\ \text{m/s}^2)}\right]$$

$$= 1{,}09\ mg$$

Então, o módulo da força $\vec{\mathbf{n}}_{\text{pt. mín}}$ exercida pelo assento sobre a criança é *maior* que o peso dela por um fator de 1,09. Portanto, a criança experimenta um peso aparente que é maior que o seu verdadeiro por um fator de 1,09.

(B) Determine a força exercida pelo assento sobre criança no ponto máximo do passeio.

SOLUÇÃO

Análise O diagrama de forças atuando sobre a criança no ponto máximo do passeio é mostrado na Figura 5.12c. A força resultante para baixo que proporciona a aceleração centrípeta tem módulo $mg - n_{\text{pt. máx}}$.

Aplique a Segunda Lei de Newton à criança nesta posição:

$$\sum F = mg - n_{\text{pt. máx}} = m\frac{v^2}{r}$$

Resolva para a força exercida pelo assento sobre a criança:

$$n_{\text{pt. máx}} = mg - m\frac{v^2}{r} = mg\left(1 - \frac{v^2}{rg}\right)$$

Substitua os valores numéricos:

$$n_{\text{pt. máx}} = mg\left[1 - \frac{(3{,}00\ \text{m/s})^2}{(10{,}0\ \text{m})(9{,}80\ \text{m/s}^2}\right]$$

$$= 0{,}908\,mg$$

Neste caso, o módulo da força exercida pelo assento sobre a criança é *menor* que seu peso verdadeiro por um fator de 0,908, e a criança se sente mais leve.

Finalização As variações na força normal são consistentes com a previsão feita na etapa Conceitualização do problema.

E se? Suponha que um defeito no mecanismo da roda-gigante cause um aumento na velocidade da criança, que vai para 10,0 m/s. O que a criança experimenta no ponto máximo do passeio neste caso?

Resposta Se o cálculo acima é realizado com v =10,0 m/s, o módulo da força normal no topo do passeio é negativo, o que é impossível. Interpretamos que isso significa que a aceleração centrípeta necessária para a criança é maior do que a aceleração gravitacional. Como resultado, a criança perde contato com o assento e só manterá sua trajetória circular se houver uma barra de segurança que proporcione uma força para baixo sobre a criança e a mantenha em seu assento. No ponto mínimo do passeio, a força normal é 2,02 mg, o que seria desconfortável.

5.3 | Movimento circular não uniforme

No Capítulo 3, descobrimos que se uma partícula se move com velocidade variável em uma trajetória circular, há, além da componente radial de aceleração, uma componente tangencial de módulo dv/dt. Então, a força atuando sobre a partícula deve ter também uma componente tangencial e uma componente radial, como mostrado na Figura Ativa 5.13. Isto é, como a aceleração total é $\vec{\mathbf{a}} = \vec{\mathbf{a}}_r + \vec{\mathbf{a}}_t$, a força total exercida sobre a partícula é $\Sigma\vec{\mathbf{F}} = \Sigma\vec{\mathbf{F}}_r + \Sigma\vec{\mathbf{F}}_t$. (Expressamos as forças radial e tangencial como resultantes com notação de soma, porque cada força pode consistir em forças múltiplas que se combinam.) O vetor componente $\Sigma\vec{\mathbf{F}}_r$ é direcionado para o centro do círculo e é responsável pela aceleração centrípeta. O vetor componente $\Sigma\vec{\mathbf{F}}_t$ tangente ao círculo é responsável pela aceleração tangencial, que representa uma variação na velocidade da partícula com o tempo.

A força resultante exercida sobre a partícula é o vetor soma das forças radial e tangencial.

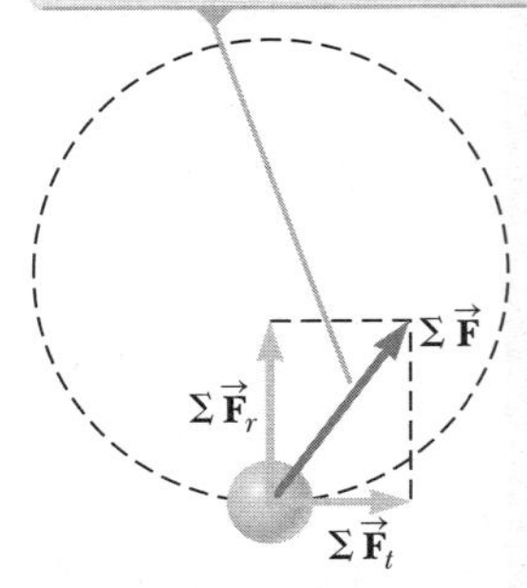

Figura Ativa 5.13 Quando a força resultante atuando sobre uma partícula movendo-se em uma trajetória circular tem uma componente tangencial $\Sigma\vec{\mathbf{F}}_t$ e o módulo da sua velocidade muda.

TESTE RÁPIDO 5.5 Qual das seguintes alternativas é *impossível* para um carro movendo-se em uma trajetória circular? Suponha que o carro nunca fique em repouso. (**a**) O carro tem uma aceleração tangencial, mas não aceleração centrípeta. (**b**) O carro tem uma aceleração centrípeta, mas não aceleração tangencial. (**c**) O carro tem tanto aceleração centrípeta quanto aceleração tangencial.

TESTE RÁPIDO 5.6 Uma conta desliza livremente ao longo de um fio curvo em uma superfície horizontal com velocidade constante, como mostrado na Figura 5.14. (**a**) Desenhe os vetores que representam a força exercida pelo fio sobre a conta nos pontos Ⓐ, Ⓑ e Ⓒ. (**b**) Suponha que a conta da Figura 5.14 aumente sua velocidade com aceleração tangencial constante à medida que se move para a direita. Desenhe os vetores que representam a força na conta nos pontos Ⓐ, Ⓑ e Ⓒ.

Figura 5.14 (Teste Rápido 5.6) Uma conta desliza ao longo de um fio curvo.

Exemplo 5.9 | Fique de olho na bola

Uma pequena esfera de massa m está presa à ponta de uma corda de comprimento R e é colocada em movimento em um círculo *vertical* ao redor de um ponto fixo O, como ilustrado na Figura 5.15. Determine a aceleração tangencial da esfera e a tensão na corda a qualquer instante quando a velocidade da esfera é v e a corda faz um ângulo θ com a vertical.

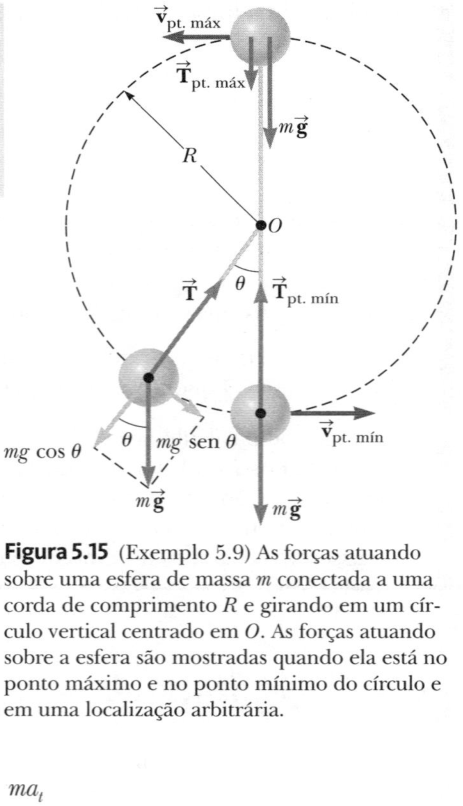

Figura 5.15 (Exemplo 5.9) As forças atuando sobre uma esfera de massa m conectada a uma corda de comprimento R e girando em um círculo vertical centrado em O. As forças atuando sobre a esfera são mostradas quando ela está no ponto máximo e no ponto mínimo do círculo e em uma localização arbitrária.

SOLUÇÃO

Conceitualização Compare o movimento da esfera na Figura 5.15 com aquele da criança na Figura 5.12a associada ao Exemplo 5.8. Os dois corpos percorrem uma trajetória circular. No entanto, diferente da criança no Exemplo 5.8, a velocidade da esfera *não* é uniforme neste exemplo porque, na maioria dos pontos ao longo da trajetória, uma componente tangencial de aceleração surge da força gravitacional exercida sobre a esfera.

Categorização Modelamos a esfera como uma partícula sob uma força resultante e movendo-se em uma trajetória circular, mas ela não é uma partícula em movimento circular *uniforme*. Precisamos usar as técnicas discutidas nesta seção sobre movimento circular não uniforme.

Análise De acordo com o diagrama de força da Figura 5.15, vemos que as forças atuando sobre a esfera são somente a força gravitacional $\vec{\mathbf{F}}_g = m\vec{\mathbf{g}}$ exercida pela Terra e $\vec{\mathbf{T}}$, exercida pela corda. Resolvemos $\vec{\mathbf{F}}_g$ em uma componente tangencial mg sen θ e uma componente radial mg cos θ.

Aplique a Segunda Lei de Newton à esfera na direção tangencial:

$$\sum F_t = mg \text{ sen } \theta = ma_t$$

$$a_t = g \text{ sen } \theta$$

continua

5.9 *cont.*

Aplique a Segunda Lei de Newton às forças atuando sobre a esfera na direção radial, notando que tanto $\vec{\mathbf{T}}$ quando $\vec{\mathbf{a}}_r$ estão direcionadas para O:

$$\sum F_r = T - mg\cos\theta = \frac{mv^2}{R}$$

$$T = mg\left(\frac{v^2}{Rg} + \cos\theta\right)$$

Finalização Vamos avaliar este resultado no ponto máximo e na parte mais baixa da trajetória circular (Fig 5.15):

$$T_{\text{pt. máx}} = mg\left(\frac{v^2_{\text{pt. máx}}}{Rg} - 1\right) \qquad T_{\text{pt. mín}} = mg\left(\frac{v^2_{\text{pt. mín}}}{Rg} + 1\right)$$

Estes resultados têm formas matemáticas semelhantes àquelas para as forças normais $n_{\text{pt. máx}}$ e $n_{\text{pt. mín}}$ sobre a criança no Exemplo 5.8, o que é consistente com a força $\vec{\mathbf{n}}$ sobre a criança, tendo uma função física semelhante no Exemplo 5.8, em que a tensão sobre o barbante é parecida com a deste exemplo. Lembre-se, no entanto, de que a força normal $\vec{\mathbf{n}}$ sobre a criança no Exemplo 5.8 é sempre para cima, enquanto a força $\vec{\mathbf{T}}$ neste exemplo muda de direção, porque sempre deve apontar para dentro ao longo do barbante. Observe também que v nas expressões acima varia para posições diferentes da esfera, conforme indicado pelos subscritos, enquanto no Exemplo 5.8 v é constante.

5.4 | Movimento na presença de forças resistivas dependentes da velocidade

Anteriormente, descrevemos a força de atrito entre um corpo em movimento e a superfície ao longo da qual ele se move. Até o momento, ignoramos qualquer interação entre o corpo e o *meio* no qual se move. Vamos considerar o efeito de um meio como um líquido ou gás. O meio exerce uma **força resistiva $\vec{\mathbf{R}}$** sobre o corpo movendo-se nele. Você pode senti-la se conduzir um carro em alta velocidade com a mão para fora da janela; a força que você sente empurrando sua mão para trás é a resistência do ar passando rapidamente pelo carro. O módulo dessa força depende da velocidade relativa entre o corpo e o meio, e a direção de $\vec{\mathbf{R}}$ sobre o corpo é sempre contrária à do movimento do corpo em relação ao meio. Alguns exemplos são a resistência do ar associada com veículos em movimento (às vezes chamada arrasto do ar), a força do vento sobre as velas de um veleiro e as forças viscosas que agem em corpos que afundam em um líquido.

Geralmente, o módulo da força resistiva aumenta com o aumento da velocidade escalar. A força resistiva pode ter uma complicada dependência com a velocidade escalar. Nas discussões seguintes, consideramos dois modelos de simplificação que nos permitem analisar essas situações. O primeiro modelo pressupõe que a força resistiva é proporcional à velocidade, que é aproximadamente o caso para corpos caindo em um líquido em velocidade baixa e corpos muito pequenos, como partículas de poeira, movimentando-se pelo ar. O segundo modelo trata de situações para as quais supomos que o módulo da força resistiva seja proporcional ao quadrado da velocidade escalar do corpo. Corpos grandes, como um paraquedas movendo-se pelo ar em queda livre, experimentam tal força.

Modelo 1: força resistiva proporcional à velocidade do corpo

A baixas velocidades escalares, a força resistiva agindo sobre um corpo que está em movimento através de um meio viscoso é modelada, efetivamente, como proporcional à velocidade do corpo. A representação matemática da força resistiva pode ser expressa como

$$\vec{\mathbf{R}} = -b\vec{\mathbf{v}} \qquad \textbf{5.4}$$

em que $\vec{\mathbf{v}}$ é a velocidade do corpo relativo ao meio e b, uma constante que depende das propriedades do meio e da forma e dimensões do corpo. O sinal negativo indica que a força resistiva é contrária à velocidade do corpo relativo ao meio.

Considere uma esfera de massa m liberada do repouso em um líquido, como na Figura Ativa 5.16a. Presumimos que as únicas forças atuando sobre a esfera são a resistiva $\vec{\mathbf{R}}$ e o peso $m\vec{\mathbf{g}}$, e descrevemos seu movimento utilizando

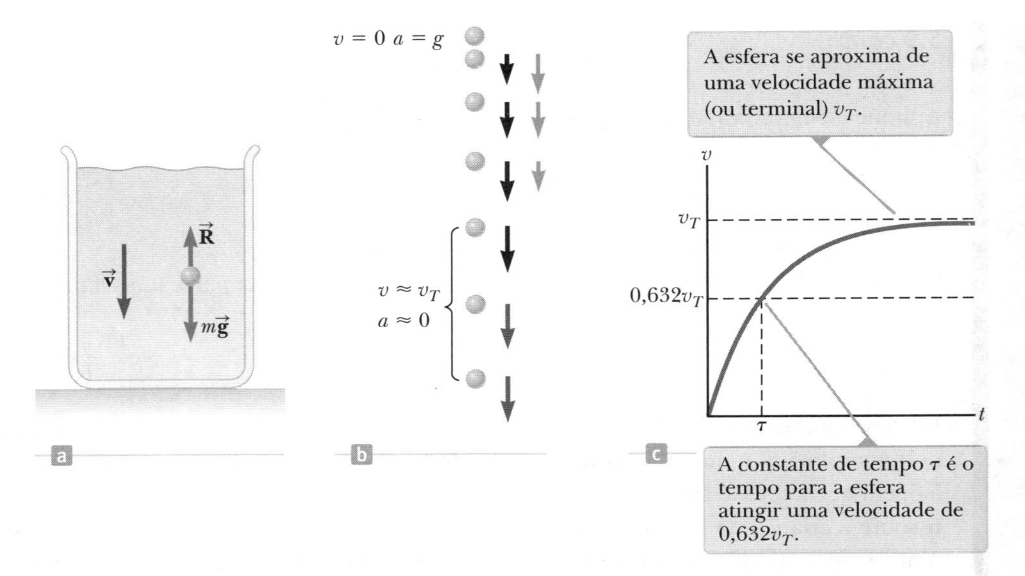

Figura Ativa 5.16 (a) Uma pequena esfera caindo por um líquido. (b) Um diagrama de movimento da esfera conforme ela cai. Vetores velocidade (preto) e vetores aceleração (cinza) são mostrados para cada imagem depois da primeira. (c) Um gráfico de velocidade-tempo para a esfera.

a Segunda Lei de Newton.[2] Considerando o movimento vertical e escolhendo a direção para baixo como positiva, temos

$$\sum F_y = ma_y \quad \rightarrow \quad mg - bv = m\frac{dv}{dt}$$

Dividindo essa equação pela massa m, temos

$$\frac{dv}{dt} = g - \frac{b}{m}v \qquad \textbf{5.5}$$

A Equação 5.5 é chamada *equação diferencial*; ela inclui tanto a velocidade v quanto a derivada da velocidade. Os métodos para resolver essa equação podem ainda não ser familiares a você. Entretanto, observe que se definirmos $t = 0$ quando $v = 0$, a força resistiva é zero neste momento e a aceleração dv/dt é simplesmente g. Conforme t aumenta, a velocidade aumenta, o módulo da força resistiva aumenta e a aceleração diminui. Portanto, esta situação é do tipo em que nem a velocidade nem a aceleração da partícula são constantes.

A aceleração torna-se nula quando a força resistiva que está aumentando eventualmente equilibra o peso. Neste ponto, o corpo atinge sua **velocidade terminal** v_T, e a partir de então continua a se mover com aceleração zero. O diagrama de movimento na Figura Ativa 5.16b mostra a esfera acelerando ao longo da primeira parte do seu movimento e, posteriormente, atingindo sua velocidade terminal. Após o corpo ter atingido a velocidade terminal, seu movimento é o mesmo de uma partícula sob velocidade constante. A velocidade terminal pode ser obtida com Equação 5.5, estabelecendo $a = dv/dt = 0$, que resulta em

$$mg - bv_T = 0 \quad \rightarrow \quad v_T = \frac{mg}{b}$$

A expressão para v que satisfaz a Equação 5.5 com $v = 0$ em $t = 0$ é

$$v = \frac{mg}{b}(1 - e^{-bt/m}) = v_T(1 - e^{-t/\tau}) \qquad \textbf{5.6}$$

em que $v_T = mg/b$, $\tau = m/b$ e $e = 2{,}718\ 28$ é a base do logaritmo natural. Esta expressão para v pode ser verificada ao substituí-la novamente na Equação 5.5. (Experimente fazer isso!) Esta função é traçada na Figura Ativa 5.16c.

A representação matemática do movimento (Eq. 5.6) indica que a velocidade terminal nunca é alcançada, porque a função exponencial nunca é exatamente igual a zero. Para todos os efeitos práticos, no entanto, quando a

---

[2] Uma *força de empuxo* também atua sobre qualquer corpo cercado por um líquido. Essa força é constante e igual ao peso do líquido deslocado, como será discutido no Capítulo 15. O efeito dessa força pode ser modelado alterando-se o peso aparente da esfera por um fator constante, então, aqui vamos ignorar a força.

função exponencial é muito pequena para grandes valores de t, a velocidade da partícula pode ser aproximada como sendo constante e igual à velocidade terminal.

Não podemos comparar corpos diferentes por meio do intervalo de tempo necessário para atingir a velocidade limite porque, como acabamos de discutir, esse intervalo de tempo é infinito para todos os corpos! Precisamos de alguns meios para comparar esses comportamentos exponenciais para corpos diferentes. Fazemos isso com um parâmetro chamado **constante de tempo**. A constante de tempo $\tau = m/b$ que aparece na Equação 5.6 é o intervalo de tempo necessário para o fator entre parênteses na Equação 5.6 se tornar igual a $1 - e^{-1} = 0{,}632$. Portanto, a constante de tempo representa o intervalo de tempo necessário para que o corpo atinja 63,2% da sua velocidade terminal (Fig. Ativa 5.16c).

Exemplo 5.10 | Esfera caindo em óleo

Uma pequena esfera de massa 2,00 g é liberada do repouso em uma vasilha grande cheia de óleo, onde ela experimenta uma força resistiva proporcional à sua velocidade. A esfera atinge uma velocidade terminal de 5,00 cm/s. Determine a constante de tempo τ e o instante em que a esfera atinge 90,0% de sua velocidade terminal.

SOLUÇÃO

Conceitualização Com ajuda da Figura Ativa 5.16, imagine soltar a esfera no óleo e vê-la se movimentando até o fundo da vasilha. Se você tem algum xampu espesso em um vidro transparente, solte uma bola de gude dentro dele e observe o seu movimento.

Categorização Modelamos a esfera como uma partícula sob uma força resultante, com uma das forças sendo resistiva, que depende da velocidade da esfera.

Análise A partir de $v_T = mg/b$, avalie o coeficiente b:

$$b = \frac{mg}{v_T} = \frac{(2{,}00\ \text{g})(980\ \text{cm/s}^2)}{5{,}00\ \text{cm/s}} = 392\ \text{g/s}$$

Obtenha a constante de tempo τ:

$$\tau = \frac{m}{b} = \frac{2{,}00\ \text{g}}{392\ \text{g/s}} = 5{,}10 \times 10^{-3}\ \text{s}$$

Encontre o momento t em que a esfera atinge uma velocidade de $0{,}900v_T$, estabelecendo $v = 0{,}900v_T$ na Equação 5.6 e resolvendo para t:

$$0{,}900\,v_T = v_T(1 - e^{-t/\tau})$$

$$1 - e^{-t/\tau} = 0{,}900$$

$$e^{-t/\tau} = 0{,}100$$

$$-\frac{t}{\tau} = \ln(0{,}100) = -2{,}30$$

$$t = 2{,}30\tau = 2{,}30(5{,}10 \times 10^{-3}\ \text{s}) = 11{,}7 \times 10^{-3}\ \text{s}$$

$$= 11{,}7\ \text{ms}$$

Finalização A esfera atinge 90,0% de sua velocidade terminal em um intervalo de tempo muito curto. Você também deve ter observado esse comportamento se realizou a atividade com o xampu e a bola de gude. Por causa do curto intervalo de tempo necessário para atingir a velocidade terminal, você pode nem tê-lo notado. A bola de gude pode ter dado a impressão de começar a se mover imediatamente pelo xampu com velocidade constante.

Modelo 2: força resistiva proporcional ao quadrado da velocidade do corpo

Para corpos grandes movimentando-se a altas velocidades no ar, tais como aviões, paraquedistas e bolas de beisebol, o módulo da força resistiva é modelado como sendo proporcional ao quadrado da velocidade escalar:

$$R = \tfrac{1}{2}D\rho A v^2 \qquad \textbf{5.7}$$

em que ρ é a densidade do ar, A é a área transversal do corpo em movimento medida em um plano perpendicular a sua velocidade e D, uma quantidade empírica sem dimensões, chamada *coeficiente de arrasto*, que tem valor de

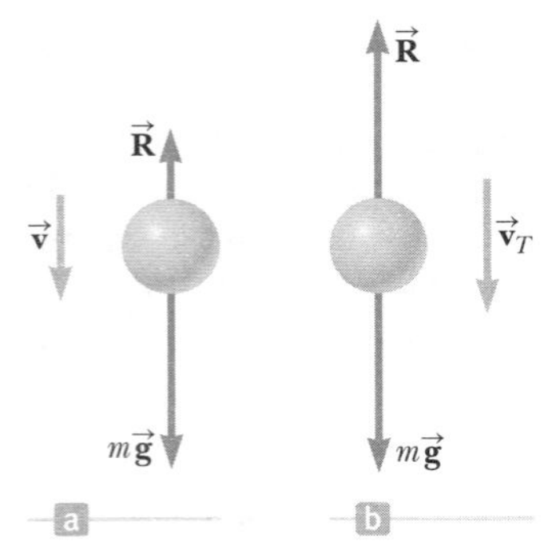

Figura 5.17 (a) Um corpo caindo pelo ar experimenta uma força resistiva e uma força gravitacional $\vec{F}_g = m\vec{g}$. (b) O corpo atinge velocidade terminal quando a força resultante que atua sobre ele é zero, isto é, quando $\vec{R} = -\vec{F}_g$, ou $R = mg$. Antes que isso ocorra, a aceleração varia com a velocidade de acordo com a Equação 5.9.

aproximadamente 0,5 para corpos esféricos movendo-se pelo ar, mas pode ter um valor tão grande quanto 2 para corpos de formas irregulares.

Considere um avião em voo sob a ação de uma força resistiva. A Equação 5.7 mostra que a força é proporcional à densidade do ar e, por consequência, se reduz com a diminuição da densidade do ar. Como a densidade do ar diminui com o aumento da altitude, a força resistiva sobre um avião voando com uma dada velocidade escalar vai diminuir com o aumento da altitude. Portanto, os aviões tendem a voar em altitudes muito altas para aproveitar essa força resistiva reduzida, que lhes permite voar mais rápido por uma determinada propulsão do motor. É óbvio que essa velocidade mais alta *aumenta* a força resistiva, proporcional ao quadrado da velocidade, de modo que haja um equilíbrio entre a economia de combustível e a velocidade mais alta.

Analisamos agora o movimento de um corpo em queda sob a ação de uma força resistiva do ar apontando para cima, cujo módulo é dado pela Equação 5.7. Suponha que um corpo de massa m seja liberado do repouso, como na Figura 5.17, da posição $y = 0$. O corpo experimenta duas forças externas: a gravitacional para baixo $m\vec{g}$ e a resistiva para cima $\vec{R}$. Assim, utilizando a Segunda Lei de Newton,

$$\sum F = ma \quad \rightarrow \quad mg - \tfrac{1}{2}D\rho\, Av^2 = ma \qquad \textbf{5.8}$$

Resolvendo para a, descobrimos que o corpo possui uma aceleração para baixo de módulo

$$a = g - \left(\frac{D\rho\, A}{2m}\right)v^2 \qquad \textbf{5.9}$$

Figura 5.18 (Teste Rápido 5.7) Um praticante de surf aéreo aproveita a força resistiva do ar que aponta para cima em sua prancha.

Como $a = dv/dt$, a Equação 5.9 é outra do tipo diferencial que nos dá a velocidade como uma função de tempo.

Novamente, podemos calcular a velocidade terminal v_T, porque, quando a força gravitacional é equilibrada pela resistiva, a força resultante é zero e, portanto, a aceleração é zero. Estabelecendo $a = 0$ na Equação 5.9, temos

$$g - \left(\frac{D\rho\, A}{2m}\right)v_T^2 = 0$$

$$v_T = \sqrt{\frac{2mg}{D\rho\, A}} \qquad \textbf{5.10}$$

A Tabela 5.2 lista as velocidades terminais para vários corpos caindo pelo ar, todas calculadas presumindo-se que o coeficiente de arrasto seja de 0,5.

TESTE RÁPIDO 5.7 Considere um praticante de surf aéreo caindo pelo ar, como na Figura 5.18, antes de atingir sua velocidade terminal. Conforme a velocidade do surfista aumenta, o módulo de sua aceleração (**a**) permanece constante, (**b**) diminui até que ele atinja um valor não zero constante, ou (**c**) diminui até que ele atinja zero.

TABELA 5.2 | Velocidades terminais para vários corpos caindo pelo ar

Corpo	Massa (kg)	Área transversal (m²)	v_T (m/s)[a]
Paraquedista	75	0,70	60
Bola de beisebol (raio de 3,7 cm)	0,145	$4{,}2 \times 10^{-3}$	33
Bola de golfe (raio de 2,1 cm)	0,046	$1{,}4 \times 10^{-3}$	32
Pedra de granizo (raio de 0,50 cm)	$4{,}8 \times 10^{-4}$	$7{,}9 \times 10^{-5}$	14
Gota de chuva (raio de 0,20 cm)	$3{,}4 \times 10^{-5}$	$1{,}3 \times 10^{-5}$	9,0

[a] Presume-se que o coeficiente de arrasto D seja 0,5 em cada caso.

5.5 | As forças fundamentais da natureza

Descrevemos uma variedade de forças experimentadas em nossas atividades diárias, como a força gravitacional que age sobre todos os corpos na superfície da Terra, ou próximo a ela, e a força de atrito, quando uma superfície desliza sobre outra. A Segunda Lei de Newton nos diz como relacionar as forças de aceleração do corpo ou da partícula.

Além dessas forças macroscópicas familiares na natureza, outras também atuam no mundo atômico e subatômico. Por exemplo, as forças atômicas dentro do átomo são responsáveis por manter seus componentes unidos e as forças nucleares agem sobre diferentes partes do núcleo para evitar que suas partes se separem.

Até pouco tempo, os físicos acreditavam que havia quatro forças fundamentais na natureza: a gravitacional, a eletromagnética, a forte e a fraca. Vamos discutir essas forças individualmente e consideraremos a visão atual das forças fundamentais.

A força gravitacional

Força gravitacional é a força mútua de atração entre quaisquer dois corpos no Universo. É interessante e até mesmo curioso que, apesar de esta força poder ser bastante forte entre corpos macroscópicos, é inerentemente a mais fraca de todas as forças fundamentais. Por exemplo, a força gravitacional entre o elétron e o próton no átomo de hidrogênio tem um módulo na ordem de 10^{-46} N, ao passo que a força eletromagnética entre essas mesmas duas partículas está na ordem de 10^{-7} N.

Além de suas contribuições à compreensão do movimento, Newton estudou extensivamente a gravidade. A **lei da gravitação universal de Newton** afirma que cada partícula do Universo atrai todas as outras com uma força que é diretamente proporcional ao produto das suas massas e inversamente proporcional ao quadrado da distância entre elas. Se as partículas têm massas m_1 e m_2 e são separadas por uma distância r, como na Figura 5.19, o módulo desta força gravitacional é

$$F_g = G\frac{m_1 m_2}{r^2} \quad \textbf{5.11}$$

em que $G = 6{,}674 \times 10^{-11}$ N · m²/kg² é a **constante de gravitação universal** (ou constante de gravitação universal). Veja mais detalhes sobre a força gravitacional no Capítulo 11.

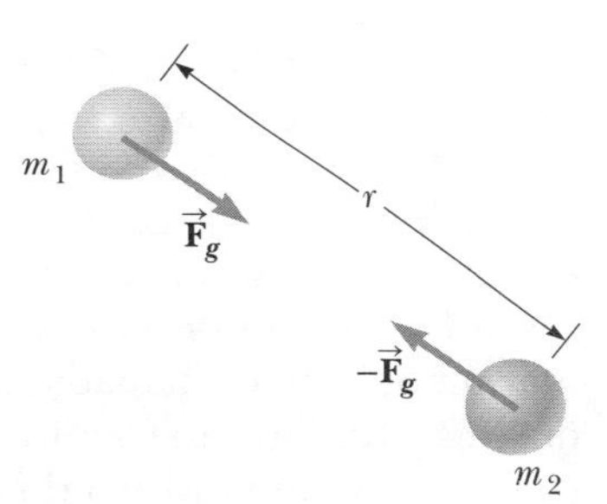

Figura 5.19 Duas partículas com massas m_1 e m_2 se atraem com uma força de módulo $Gm_1 m_2/r^2$.

A força eletromagnética

A **força eletromagnética** é aquela que une os átomos e as moléculas em compostos para formar a matéria comum. Ela é muito mais forte que a gravitacional. A força que faz que um pente atritado atraia pequenos pedaços de papel e a que um ímã exerce sobre uma agulha de ferro são forças eletromagnéticas. Essencialmente, todas as forças que atuam em nosso mundo macroscópico, excetuando-se a força gravitacional, são manifestações da força eletromagnética. Por exemplo, forças de atrito, de contato, de tensão e em molas esticadas são consequências de forças eletromagnéticas entre partículas carregadas próximas.

A força eletromagnética envolve dois tipos de partículas: com carga positiva e com carga negativa. (Mais informações sobre esses dois tipos de carga são fornecidas no Capítulo 19.) Diferente da força gravitacional, que é sempre uma interação atrativa, a eletromagnética pode ser de atração ou de repulsão, dependendo das cargas sobre as partículas.

A **lei de Coulomb** expressa o módulo da *força eletrostática*[3] *Fe* entre duas partículas carregadas separadamente por uma distância r:

▶ Lei de Coulomb

$$F_e = k_e\frac{q_1 q_2}{r^2} \quad \textbf{5.12}$$

---

[3] A força eletrostática é a força eletromagnética entre duas cargas elétricas que estão em repouso. Se as cargas estão em movimento, as forças magnéticas também estão presentes; essas forças serão estudadas no Capítulo 22.

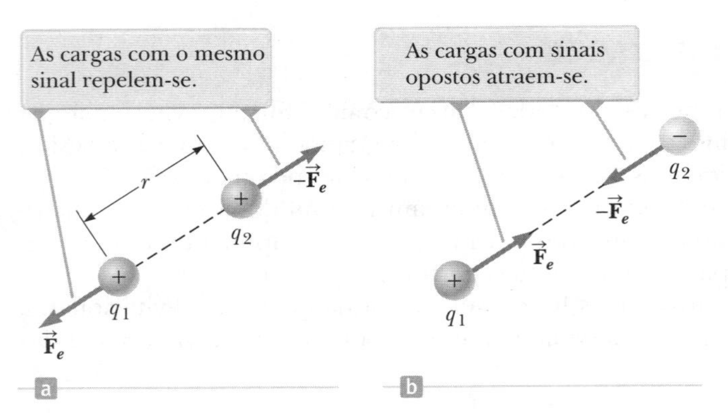

Figura 5.20 Duas cargas pontuais separadas por uma distância r exercem uma força eletrostática entre si dadas pela lei de Coulomb.

em que q_1 e q_2 são as cargas das duas partículas, medidas em unidades chamadas *coulombs* (C), e k_e ($= 8{,}99 \times 10^9$ N · m^2/C^2) é a **constante de Coulomb**. Note que a força eletrostática tem a mesma forma matemática que a Lei da Gravitação Universal de Newton (veja a Eq. 5.11), com a carga desempenhando o papel matemático de massa e a constante de Coulomb sendo usada no lugar da constante gravitacional universal. A força eletrostática é de atração se as partículas tiverem sinais opostos e de repulsão se tiverem o mesmo sinal, como indicado na Figura 5.20.

A menor quantidade de carga isolada encontrada na natureza (até agora) é a carga de um elétron ou próton. Esta unidade fundamental de carga é dada pelo símbolo e e tem módulo $e = 1{,}60 \times 10^{-19}$ C. Um elétron tem carga $-e$, ao passo que um próton tem carga $+e$. As teorias desenvolvidas na última metade do século XX propõem que prótons e nêutrons são compostos de partículas menores, chamadas ***quarks***, que têm cargas de $\frac{2}{3}e$ ou $\frac{1}{3}e$ (discutidas no Capítulo 31). Embora tenha sido encontrada evidência experimental dessas partículas dentro da matéria nuclear, nunca foram detectados quarks livres.

A força forte

Um átomo, como o modelamos atualmente, consiste em um núcleo carregado positivamente, extremamente denso, cercado por uma nuvem de elétrons carregados negativamente, com os elétrons sendo atraídos para o núcleo pela força elétrica. Todos os núcleos, exceto os de hidrogênio, são combinações de prótons positivamente carregados e de nêutrons neutros (coletivamente chamados de núcleons); contudo, por que a força eletrostática de repulsão entre os prótons não causa a quebra dos núcleos? Claramente, deve haver uma força atrativa que equilibra a força repulsiva eletrostática forte e é responsável pela estabilidade dos núcleos. Essa força que liga os núcleons para formar um núcleo é chamada de **força nuclear**. Esta é uma manifestação da **força forte**, que é a força entre os *quarks*, que discutiremos no Capítulo 31. Diferente das forças gravitacionais e eletromagnéticas, que dependem da distância de um modo inverso do quadrado, a força nuclear é de alcance extremamente curto; sua intensidade diminui rapidamente fora do núcleo e é insignificante para separações maiores que aproximadamente 10^{-14} m.

A força fraca

A **força fraca** é uma força de curto alcance que tende a produzir instabilidade em certos núcleos. Foi observada pela primeira vez em substâncias radioativas que ocorrem naturalmente e descobriu-se mais tarde que tem um papel fundamental na maioria das reações de decaimento radioativo. A força fraca é cerca de 10^{34} vezes mais forte que a gravitacional e cerca de 10^3 vezes mais fraca que a eletromagnética.

A visão atual das forças fundamentais

Por anos os físicos têm buscado um esquema de simplificação que reduziria o número de forças fundamentais necessárias para descrever os fenômenos físicos. Em 1967, eles previram que as forças eletromagnética e fraca, originalmente pensadas como independentes entre si e fundamentais, são, na verdade, manifestações de uma força, agora chamada de **eletrofraca**. Esta previsão foi confirmada experimentalmente em 1984. Vamos discuti-la mais a fundo no Capítulo 31.

Também sabemos agora que prótons e nêutrons não são partículas fundamentais; modelos atuais teorizam que eles são compostos de partículas mais simples chamadas *quarks*, como já mencionado. O modelo de *quark* levou a uma modificação da nossa compreensão da força nuclear. Os cientistas agora definem a força forte como aquela que liga os *quarks* um ao outro em um núcleon (próton ou nêutron). Essa força é também conhecida como **força de cor**, em referência a uma propriedade de *quarks* chamada "cor", que investigaremos no Capítulo 31. A força nuclear já definida, que atua entre os núcleons, agora é interpretada como um efeito secundário da força forte entre os *quarks*.

Os cientistas acreditam que as forças fundamentais da natureza estão intimamente relacionadas com a origem do universo. A teoria do Big Bang afirma que o universo começou com uma explosão cataclísmica cerca de 14 bilhões de anos atrás. De acordo com essa teoria, nos primeiros momentos após o Big Bang havia energias tão extremas que todas as forças fundamentais eram unificadas em uma única força. Os físicos continuam sua busca por conexões entre as forças fundamentais conhecidas, conexões que eventualmente poderiam provar que as forças são meramente formas diferentes de uma única superforça. Essa busca fascinante continua na vanguarda da física.

5.6 | Conteúdo em contexto: coeficientes de arrasto de automóveis

Na Conexão com o contexto do Capítulo 4, ignoramos a resistência do ar e assumimos que a força motriz sobre os pneus era a única força sobre o veículo na direção horizontal. Dada nossa compreensão das forças dependentes da velocidade da Seção 5.4, entendemos agora que a resistência do ar poderia ser um fator significativo no projeto de um automóvel.

A Tabela 5.3 mostra os coeficientes de arrasto para os veículos que investigamos nos capítulos anteriores. Observe que os coeficientes para os veículos muito caros, de alta *performance* e tradicionais variam de 0,27 a 0,43, com o coeficiente médio nas quatro partes da tabela sendo quase os mesmos. Uma olhada nos veículos alternativos mostra que esse parâmetro é o menor na média para todos os veículos, com o Chevrolet Volt e o Toyota Prius tendo os valores mais baixos em toda a tabela. O descontinuado GM EV1, um carro elétrico produzido entre 1996 e 1999, tinha um coeficiente notável de apenas 0,19.

Os *designers* de veículos movidos a combustível alternativo tentaram espremer até a última milha da viagem a energia que está armazenada no veículo na forma de combustível ou bateria elétrica. Um método significativo de fazer isso é reduzir a força da resistência do ar, de modo que a força resultante que move o carro para a frente seja a maior possível.

Inúmeras técnicas podem ser usadas para reduzir o coeficiente de arrasto. Dois fatores que ajudam são uma área frontal pequena e curvas suaves da dianteira para a traseira do veículo. Por exemplo, o Chevrolet Corvette ZR1, mostrado na Figura 5.21a, exibe um formato aerodinâmico que contribui para seu baixo coeficiente de arrasto. Como comparação, considere um grande veículo quadrado, como o Hummer H3 na Figura 5.21b, cujo coeficiente de arrasto é de 0,43. (Esta é uma melhoria do modelo anterior, o H2, que tinha um coeficiente de 0,57.) Outro fator inclui a eliminação ou minimização de tantas irregularidades na superfície quanto possível, incluindo maçanetas que se projetam do corpo, limpadores de para-brisa, cavidades da roda e superfícies ásperas nos faróis e grades.

TABELA 5.3 | Coeficientes de arrasto de vários veículos

Automóveis		Coeficiente de arrasto	Automóveis		Coeficiente de arrasto
Veículos muito caros:			*Veículos tradicionais*:		
Bugatti Veyron 16,4 Super Sport		0,36	Buick Regal CXL Turbo		0,27
Lamborghini LP 570-4 Superleggera		0,31	Chevrolet Tahoe 1500 LS (SUV)		0,42
Lexus LFA		0,31	Ford Fiesta SES		0,33
Mercedes-Benz SLS AMG		0,36	Hummer H3 (SUV)		0,43
Shelby SuperCars Ultimate Aero		0,36	Hyundai Sonata SE		0,32
	Média	**0,34**	Smart ForTwo		0,34
				Média	**0,35**
Veículos de alta performance:			*Veículos alternativos*:		
Chevrolet Corvette ZR1		0,28	Chevrolet Volt (híbrido)		0,26
Dodge Viper SRT10		0,40	Nissan Leaf (elétrico)		0,29
Jaguar XJL Supercharged		0,29	Honda CR-Z (híbrido)		0,30
Acura TL SH-AWD		0,29	Honda Insight (híbrido)		0,28
Dodge Challenger SRT8		0,35	Toyota Prius (híbrido)		0,25
	Média	**0,32**		**Média**	**0,28**

Figura 5.21 (a) O Chevrolet Corvette ZR1 tem formato aerodinâmico que contribui para seu baixo coeficiente de arrasto, de 0,28. (b) O Hummer H3 não é tão aerodinâmico quanto o Corvette e, em consequência, tem um coeficiente de arrasto bem maior de 0,43.

Uma consideração importante é a parte inferior da carroceria. À medida que o ar passa sob o carro, há muitas superfícies irregulares associadas com os freios, conjuntos de acionamento, componentes de suspensão, e assim por diante. O coeficiente de arrasto pode ser reduzido ao garantir que a superfície geral do chassi seja mais lisa possível.

RESUMO

As forças de atrito são complicadas, mas desenvolvemos um modelo de simplificação para atrito que nos permite analisar o movimento que inclui os efeitos do atrito. A **força máxima de atrito estático** $f_{s,\text{máx}}$ entre duas superfícies é proporcional à força normal entre as superfícies. Essa força máxima ocorre quando as superfícies estão na iminência de deslizar. No geral, $f_s \leq \mu_s n$, em que μ_s é o **coeficiente do atrito estático** e n, o módulo da força normal. Quando um corpo desliza sobre uma superfície áspera, a **força de atrito cinético** $\vec{\mathbf{f}}_k$ é oposta à direção da velocidade do corpo em relação à superfície, e seu módulo é proporcional ao da força normal sobre o corpo. O módulo é dado por $f_k = \mu_k n$, em que μ_k é o **coeficiente do atrito cinético**. Normalmente, $\mu_k < \mu_s$.

Um corpo movendo-se por um líquido ou gás experimenta uma **força resistiva** dependente da velocidade. Essa força resistiva, que é oposta à velocidade do corpo em relação ao meio, geralmente aumenta com a velocidade. A força depende do formato do corpo e das propriedades do meio no qual ele se move. No caso limitante para um corpo em queda, quando a força resistiva equilibra o peso ($a = 0$), o corpo atinge sua **velocidade terminal.**

As quatro forças fundamentais existentes na natureza podem ser expressas como: gravitacional, eletromagnética, forte e fraca.

Modelo de análise para resolução de problemas

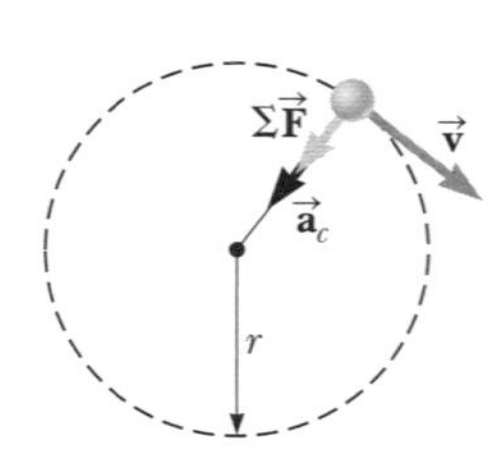

Partícula em movimento circular uniforme (extensão). Com nosso novo conhecimento sobre as forças, podemos estender o modelo de uma partícula em movimento circular uniforme, introduzida no Capítulo 3. A Segunda Lei de Newton aplicada a uma partícula em movimento circular uniforme afirma que a força resultante que faz que a partícula sofra uma aceleração centrípeta (Eq. 3.17) está relacionada à aceleração de acordo com

$$\sum F = ma_c = m\frac{v^2}{r} \qquad \textbf{5.3}$$

PERGUNTAS OBJETIVAS

1. Antes da decolagem, um estudante curioso deixa pendurado um iPod pelo fio dos seus fones de ouvido dentro do avião. O iPod fica para baixo em linha reta enquanto o avião está em repouso à espera de decolar. O avião então ganha velocidade rapidamente enquanto se move pela pista. (i) Com relação à mão do aluno, o iPod (a) se move para a frente do avião, (b) continua pendurado diretamente para baixo ou (c) move-se para a parte de trás do avião? (ii) A velocidade do avião aumenta com taxa constante por um intervalo de tempo de vários segundos. Durante esse intervalo, o ângulo que os fones de ouvido fazem com a vertical (a) aumenta, (b) permanece constante ou (c) diminui?

2. O motorista de um caminhão em alta velocidade pisa forte no freio e derrapa até parar a uma distância d. Em outra tentativa, a velocidade inicial do caminhão é metade da anterior. Qual será agora a distância de derrapagem do caminhão? (a) $2d$ (b) $\sqrt{2}d$ (c) d (d) $d/2$ (e) $d/4$

3. Uma caixa permanece parada depois de ter sido colocada em uma rampa inclinada a um ângulo com a horizontal. Qual(is) das seguintes afirmações é(são) correta(s) sobre o módulo da força de atrito que atua sobre a caixa? Escolha as verdadeiras. (a) É maior que o peso da caixa. (b) É igual a $\mu_s n$. (c) É maior que a componente da força gravitacional que atua para baixo na rampa. (d) É igual à componente da força gravitacional que atua para baixo na rampa. (e) É menor que a componente da força gravitacional que atua para baixo na rampa.

4. Uma caixa grande de massa m é colocada sobre a carroceria plana de um caminhão, mas não é amarrada. À medida que o caminhão se movimenta para frente com aceleração a, a caixa permanece em repouso em relação a ele. Que força faz que a caixa acelere? (a) a força normal, (b) a força gravitacional, (c) a força de atrito, (d) a força ma exercida pela caixa, (e) nenhuma força é necessária.

5. Um corpo de massa m desce uma rampa de superfície áspera com aceleração $\vec{\mathbf{a}}$. Qual das seguintes forças deve aparecer em um diagrama de corpo livre do corpo? Escolha todas as respostas corretas: (a) a força gravitacional exercida pelo planeta, (b) $m\vec{\mathbf{a}}$ na direção do movimento, (c) a força normal exercida pela rampa, (d) a força de atrito exercida pela rampa, (e) a força exercida pelo corpo sobre a rampa.

6. Um pêndulo consiste em um pequeno corpo pendurado em uma corda leve de comprimento fixo, com a parte superior da corda fixa, conforme representado na Figura PO5.6. O "peso" se move sem atrito, balançando igualmente alto nos dois lados. Ele se move de seu ponto de virada A até o ponto B e atinge sua velocidade máxima no ponto C. (a) Desses pontos, há algum onde o "peso" tem aceleração radial não zero e tangencial zero? Se sim, qual? Qual é a direção de sua aceleração total neste ponto? (b) Desses pontos, há algum onde o peso tem aceleração tangencial não zero e radial zero? Se houver, que ponto é este? Qual é a direção de sua aceleração total neste ponto? (c) Há algum ponto onde o peso não tem aceleração? Se houver, que ponto é este? (d) Há algum ponto onde o peso tem aceleração radial e aceleração tangencial não zero? Se sim, qual é este ponto? Qual é a direção de sua aceleração total neste ponto?

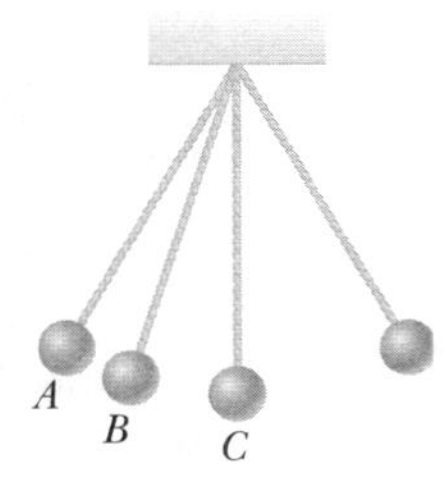

Figura PO5.6

7. Uma porta em um hospital tem um fechador pneumático que a puxa de modo que a maçaneta se move com velocidade constante pela maior parte de sua trajetória. Nesta parte do seu movimento, (a) a maçaneta experimenta uma aceleração centrípeta? (b) Ela experimenta uma aceleração tangencial?

8. O gerente de uma loja de departamentos está empurrando horizontalmente, com uma força de módulo 200 N, uma caixa de camisas. A caixa desliza por um piso horizontal com aceleração para a frente. Nada mais toca a caixa. O que deve ser verdadeiro sobre o módulo da força de atrito cinético que age sobre a caixa (escolha uma opção)? (a) É maior que 200 N. (b) É menor que 200 N. (c) É igual a 200 N. (d) Nenhuma dessas afirmações é necessariamente verdadeira.

9. Uma criança está treinando para uma corrida de BMX. Sua velocidade permanece constante enquanto ela vai em sentido anti-horário em uma pista com duas seções retas e duas quase semicirculares, como mostrado na vista aérea da Figura PO5.9. (a) Classifique os módulos da aceleração dela nos pontos A, B, C, D e E do maior para o menor. Se essa aceleração tem o mesmo valor em dois pontos, apresente este fato em sua classificação. Se a aceleração for zero, apresente este fato também. (b) Quais são as direções da velocidade dela nos pontos A, B e C? Para cada ponto, escolha um: norte, sul, leste, oeste ou não existente. (c) Quais são as direções da aceleração dela nos pontos A, B e C?

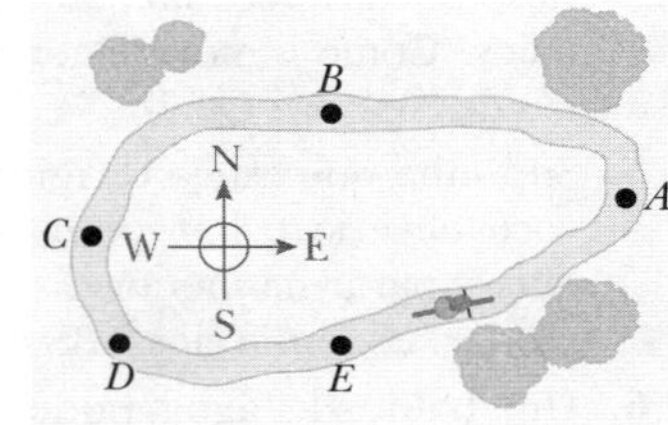

Figura PO5.9

10. A porta de um escritório é empurrada com força e abre contra um dispositivo pneumático que a faz ir mais devagar e depois inverte seu movimento. No momento em que a porta está aberta ao máximo, (a) a maçaneta tem aceleração centrípeta? (b) Ela tem aceleração tangencial?

11. O motorista de um caminhão vazio em alta velocidade pisa forte no freio e derrapa até parar a uma distância d. Em uma segunda tentativa, o caminhão carrega uma carga que dobra sua massa. Qual será agora a "distância de derrapagem" do caminhão? (a) $4d$ (b) $2d$ (c) $\sqrt{2}d$ (d) d (e) $d/2$.

12. Um corpo de massa m está deslizando com velocidade v_i em algum momento sobre um tampo de mesa nivelado, cujo coeficiente de atrito cinético é μ. Então, ele se move por uma distância d e entra em repouso. Qual

das seguintes equações para a velocidade v_i é razoável? (a) $v_i = \sqrt{-2\mu mgd}$ (b) $v_i = \sqrt{2\mu mgd}$ (c) $v_i = \sqrt{-2\mu gd}$ (d) $v_i = \sqrt{2\mu gd}$ (e) $v_i = \sqrt{2\mu d}$

13. Quando um pingo de chuva cai pela atmosfera, sua velocidade inicialmente muda conforme ele cai em direção à Terra. Antes que o pingo de chuva atinja sua velocidade terminal, o módulo de sua aceleração (a) aumenta, (b) diminui, (c) permanece constante em zero, (d) permanece constante em 9,80 m/s^2, ou (e) permanece constante em algum outro valor?

14. Considere um paraquedista que pulou de um helicóptero e está caindo pelo ar. Antes de alcançar velocidade terminal e bem antes de abrir seu paraquedas, sua velocidade (a) aumenta, (b) diminui, ou (c) permanece constante?

PERGUNTAS CONCEITUAIS

1. Que forças causam o movimento de (a) um automóvel, (b) um avião com hélice e (c) um barco a remo?

2. Descreva a trajetória de um corpo em movimento no caso de (a) sua aceleração ser constante em módulo em todos os momentos e perpendicular à velocidade, e (b) sua aceleração ser constante em módulo em todos os momentos e paralela à velocidade.

3. Descreva dois exemplos nos quais a força de atrito exercida sobre um corpo está na direção do seu movimento do corpo.

4. Suas mãos estão molhadas e o toalheiro do banheiro está vazio. O que você faz para tirar as gotas de água de suas mãos? Como o movimento das gotas exemplifica uma das leis de Newton? Qual?

5. Suponha que esteja dirigindo um carro antigo. Por que você deveria evitar pisar muito forte no freio quando quiser parar na menor distância possível? (Muitos carros modernos têm freios ABS que evitam esse problema.)

6. Um balde de água pode ser girado em uma trajetória vertical de tal maneira que nenhuma água espirra para fora. Por que a água permanece no balde, mesmo quando ele está acima de sua cabeça?

7. Um corpo executa movimento circular com velocidade constante sempre que uma força resultante de módulo constante atua perpendicular à velocidade. O que acontece com a velocidade escalar se a força não é perpendicular à velocidade?

8. Um paraquedista caindo atinge velocidade terminal com seu paraquedas fechado. Após o paraquedas ser aberto, quais parâmetros se modificam para diminuir essa velocidade terminal?

9. Um carro está se movendo para a frente lentamente e está acelerando. Um estudante afirma que "o carro exerce uma força sobre si mesmo", ou que "o motor do carro exerce uma força sobre ele". (a) Argumente que essa ideia não pode ser exata e que o atrito exercido pela estrada é a força propulsora sobre o carro. Deixe suas evidências e raciocínio o mais persuasivos possível. (b) É atrito estático ou cinético? *Sugestões:* Considere uma estrada coberta por brita leve. Considere uma marca nítida da banda de rodagem do pneu em uma estrada de asfalto, deixada pela areia que cobria a banda de rodagem.

10. Considere um pingo de chuva pequeno e uma grande gota de chuva caindo pela atmosfera. (a) Compare a velocidade terminal deles. (b) Quais são suas acelerações quando alcançam a velocidade terminal?

11. Foi sugerido que cilindros rotatórios de aproximadamente 20 km de comprimento e 8 km de diâmetro sejam colocados no espaço e usados como colônias. A rotação tem como propósito simular a gravidade para os habitantes. Explique este conceito para produzir uma imitação eficaz de gravidade.

12. Se alguém lhe dissesse que astronautas não têm peso em órbita porque estão fora do alcance da gravidade, você aceitaria esta afirmativa? Explique.

13. **BIO** Por que um piloto tende a desmaiar quando sai de um mergulho radial?

PROBLEMAS

ENHANCED WebAssign Os problemas que se encontram neste capítulo podem ser resolvidos on-line no Enhanced WebAssign (em inglês).

- **1.** denota problema direto;
- **2.** denota problema intermediário;
- **3.** denota problema desafiador;
- **1.** denota problemas mais frequentemente resolvidos no Enhanced WebAssign;
- **BIO** denota problema biomédico;
- **PD** denota problema dirigido;
- **M** denota tutorial Master It disponível no Enhanced WebAssign;
- **Q|C** denota problema que pede raciocínio quantitativo e conceitual;
- **S** denota problema de raciocínio simbólico;
- **sombreado** denota "problemas emparelhados" que desenvolvem raciocínio com símbolos e valores numéricos;
- **W** denota solução no vídeo Watch It disponível no Enhanced WebAssign.

Seção 5.1 Forças de atrito

1. W Um bloco de 25,0 kg está inicialmente em repouso sobre uma superfície horizontal. Uma força horizontal de 75,0 N é necessária para colocá-lo em movimento, após o qual uma força horizontal de 60,0 N é necessária para mantê-lo em movimento com velocidade constante. Encontre (a) o coeficiente de atrito estático e (b) o coeficiente de atrito cinético entre o bloco e a superfície.

2. Q|C Antes de 1960, as pessoas acreditavam que o coeficiente de atrito estático máximo atingível para um pneu de automóvel em um rodovia era $\mu_S = 1$. Por volta de 1962, três empresas desenvolveram, de forma independente, pneus de corrida com coeficientes de 1,6. Este problema mostra que os pneus melhoraram mais desde então. O intervalo de tempo mais curto no qual um carro com motor a pistão, inicialmente em repouso, percorreu uma distância de um quarto de milha foi cerca de 4,43 s. (a) Considere que as rodas traseiras do carro tiram as da frente do asfalto, como mostrado na Figura P5.2. Que valor mínimo de μ_S é necessário para atingir o tempo recorde? (b) Suponha que o motorista pudesse aumentar a potência do motor, mantendo tudo mais igual. Como essa mudança afetaria o tempo decorrido?

Figura P5.2

3. Para determinar os coeficientes de atrito entre a borracha e várias superfícies, um estudante utiliza uma borracha de apagar e um plano inclinado. Em um experimento, a borracha começa a escorregar pelo declive quando o ângulo da inclinação é de 36,0° e, em seguida, move-se para baixo pelo declive com velocidade constante quando o ângulo é então reduzido para 30,0°. Com base nesses dados, determine os coeficientes de atrito estático e cinético para esse experimento.

4. Considere um grande caminhão carregando uma carga pesada, como barras de aço. Um perigo relevante para o motorista é que a carga pode deslizar para a frente, esmagando a cabine, se o caminhão parar repentinamente em um acidente, ou mesmo ao frear repentinamente. Suponha, por exemplo, que uma carga de 10 000 kg se encontra na carroceria plana de um caminhão de 20 000 kg movendo-se a 12,0 m/s. Suponha que a carga não esteja amarrada ao caminhão, porém tem um coeficiente de atrito de 0,500 com a sua carroceria. (a) Calcule a distância mínima de parada para que a carga não escorregue para a frente em relação ao caminhão. (b) Há algum dado não necessário para a solução?

5. **Revisão.** Um dos lados do telhado de uma casa tem inclinação de 37,0°. Um telhadista chuta uma pedra lisa e redonda que foi jogada no telhado por uma criança da vizinhança. A pedra desliza para cima no telhado inclinado com uma velocidade inicial de 15,0 m/s. O coeficiente de atrito cinético entre a pedra e o telhado é 0,400. A pedra escorrega 10,0 m para cima no telhado até seu cume. Ela atravessa o cume e entra em queda livre, seguindo uma trajetória parabólica acima do outro lado do telhado, com resistência do ar desprezível. Determine a altura que a pedra atinge acima do ponto onde foi chutada.

6. BIO A pessoa na Figura P5.6 pesa 170 lb. Como visto de frente, cada muleta faz um ângulo de 22,0° com a vertical. Metade do peso da pessoa é suportada pelas muletas. A outra é suportada pelas forças verticais do solo sob seus pés. Supondo que a pessoa esteja se movendo com velocidade constante e a força exercida pelo solo sobre as muletas aja ao longo delas, determine (a) o menor coeficiente de atrito possível entre as muletas e o solo e (b) o módulo da força de compressão em cada muleta.

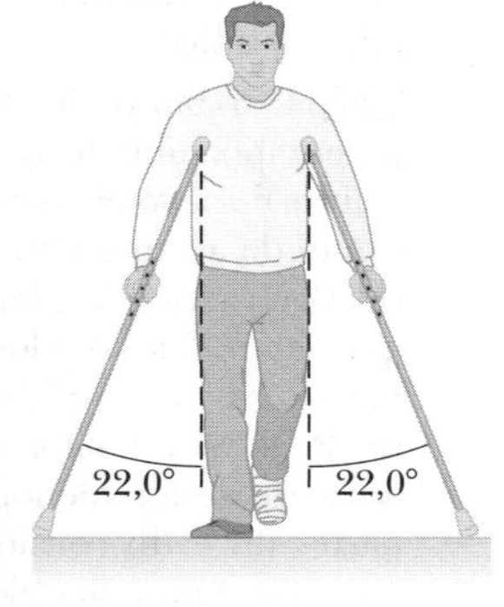

Figura P5.6

7. W Um corpo de 9,00 kg pendurado é conectado por uma corda leve, inextensível, que passa sobre uma polia leve, sem atrito, a um bloco de 5,00 kg que desliza sobre uma mesa plana (Fig. P5.7). Considerando o coeficiente de atrito cinético como 0,200, encontre a tensão na corda.

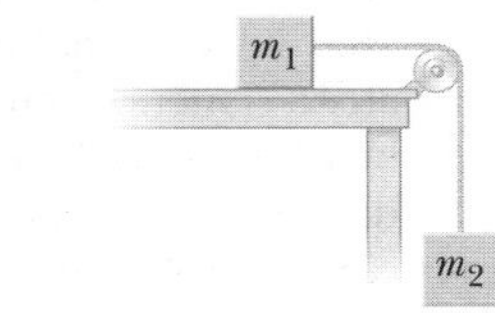

Figura P5.7

8. **Revisão.** Um carro está viajando a 50,0 mi/h em uma rodovia horizontal. (a) Se o coeficiente de atrito estático entre a estrada e os pneus em um dia chuvoso é 0,100, qual é a distância mínima em que o carro parará? (b) Qual é a distância de parada quando a superfície está seca, se $\mu_s = 0{,}600$?

9. M Revisão. Um bloco de 3,00 kg parte do repouso no topo de uma rampa de 30,0° e desliza a uma distância de 2,00 m, descendo a rampa em 1,50 s. Encontre (a) o módulo da aceleração do bloco, (b) o coeficiente de atrito cinético entre o bloco e a rampa, (c) a força de atrito que age sobre o bloco e (d) a velocidade do bloco depois de ter deslizado 2,00 m.

10. W Uma mulher em um aeroporto puxa sua mala de 20,0 kg a uma velocidade constante segurando por uma alça a um ângulo θ acima da horizontal (Fig. P5.10). Ela puxa a alça com uma força de 35,0 N, e a força de atrito sobre a mala é 20,0 N. (a) Desenhe um diagrama de corpo livre da mala. (b) Que ângulo a alça forma com a horizontal? Qual é o módulo da força normal que o chão exerce na mala?

Figura P5.10

11. Para atender a uma exigência do serviço postal dos EUA, os calçados dos funcionários devem ter um coeficiente de atrito estático mínimo de 0,5 em uma superfície cerâmica. Um sapato atlético típico tem coeficiente de atrito estático de 0,800. Em uma emergência, qual é o intervalo de tempo mínimo no qual uma pessoa, partindo

do repouso, pode se mover 3,00 m sobre uma superfície cerâmica se estiver usando (a) um calçado que satisfaz às exigências mínimas do serviço postal e (b) um calçado atlético típico?

12. **Q|C** Um bloco de 3,00 kg é empurrado contra uma parede por uma força $\vec{\mathbf{P}}$ que forma um ângulo $\theta = 50,0°$ com a horizontal, como mostra a Figura P5.12. O coeficiente de atrito estático entre o bloco e a parede é 0,250. (a) Determine os valores possíveis para o módulo $\vec{\mathbf{P}}$ que permitem que o bloco permaneça parado. (b) Descreva o que acontece se $|\vec{\mathbf{P}}|$ tiver um valor maior e o que acontece se for menor. (c) Repita as partes (a) e (b) considerando que a força forma um ângulo de $\theta = 13,0°$ com a horizontal.

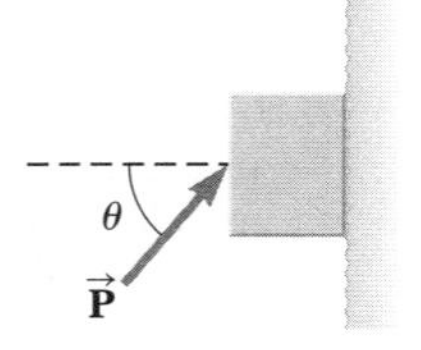

Figura P5.12

13. **M** Dois blocos conectados por uma corda de massa desprezível são arrastados por uma força horizontal (Fig. P5.13). Suponha que F = 68,0 N, m_1 = 12,0 kg, m_2 = 18,0 kg e o coeficiente de atrito cinético entre cada bloco e a superfície seja 0,100. (a) Desenhe um diagrama de corpo livre para cada bloco. Determine (b) a aceleração do sistema e (c) a tensão T na corda.

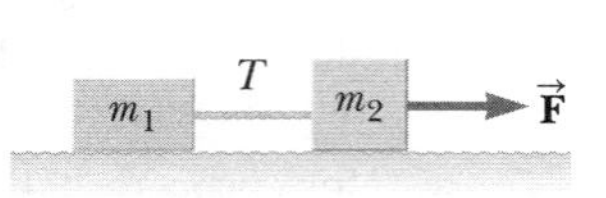

Figura P5.13

14. **Q|C** Três corpos estão conectados sobre uma mesa, como mostrado na Figura P5.14. O coeficiente de atrito cinético entre o bloco de massa m_2 e a mesa é 0,350. Os corpos têm massa de m_1 = 4,00 kg, m_2 =1,00 kg e m_3 = 2,00 kg e as polias são sem atrito. (a) Desenhe um diagrama de corpo livre de cada corpo. (b) Determine a aceleração de cada corpo, incluindo sua direção. (c) Determine as tensões nos dois cabos. **E se?** (d) Se o tampo da mesa fosse liso, as tensões aumentariam, diminuiriam ou permaneceriam as mesmas? Explique.

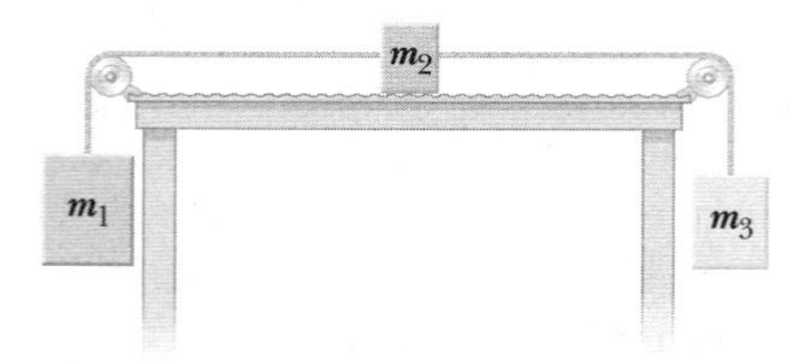

Figura P5.14

15. *Por que a seguinte situação é impossível?* Um livro de Física, de 3,80 kg, é colocado ao seu lado no assento horizontal do seu carro. O coeficiente de atrito estático entre o livro e o assento é 0,650 e o coeficiente de atrito cinético, 0,550. Você está viajando a 72,0 km/h e freia para parar, com aceleração constante, a uma distância de 30,0 m. O livro permanece sobre o assento em vez de deslizar para a frente e cair no assoalho.

Seção 5.2 Estendendo a partícula no modelo de movimento circular uniforme

16. Sempre que dois astronautas da *Apollo* estiveram na superfície da Lua, um terceiro a orbitou. Suponha que a órbita seja circular e 100 km acima da superfície da Lua, onde a aceleração por causa da gravidade é 1,52 m/s^2. O raio da Lua é $1,70 \times 10^6$ m. Determine (a) a velocidade orbital do astronauta e (b) o período da órbita.

17. **M** Um barbante leve pode suportar uma carga pendurada estacionária de 25,0 kg antes de arrebentar. Um corpo de massa m = 3,00 kg preso ao barbante gira em uma mesa horizontal e sem atrito em um círculo de raio r = 0,800 m, e a outra ponta do barbante é mantida fixa, como na Figura P5.17. Que faixa de velocidades o corpo pode ter antes que o barbante arrebente?

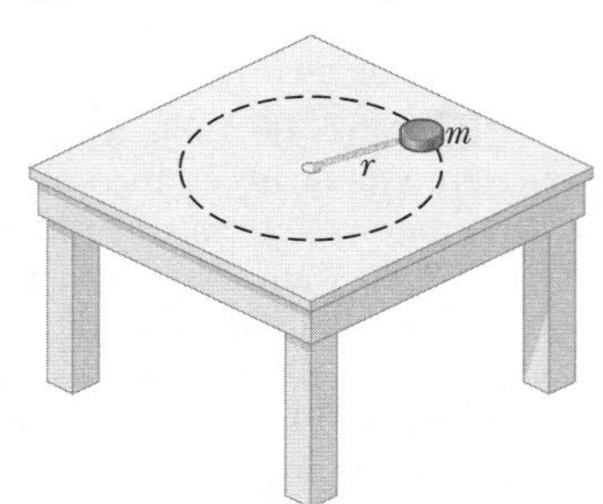

Figura P5.17

18. *Por que a seguinte situação é impossível?* O corpo de massa m = 4,00 kg na Figura P5.18 é preso a uma haste vertical por dois barbantes de comprimento ℓ = 2,00 m. Os barbantes são presos à haste em pontos com d = 3,00 m de distância entre eles. O corpo gira em um círculo horizontal com velocidade constante de v = 3,00 m/s, e os barbantes permanecem esticados. A haste gira junto com o corpo de modo que os barbantes não se enrolam na haste. **E se?** Esta situação seria possível em outro planeta?

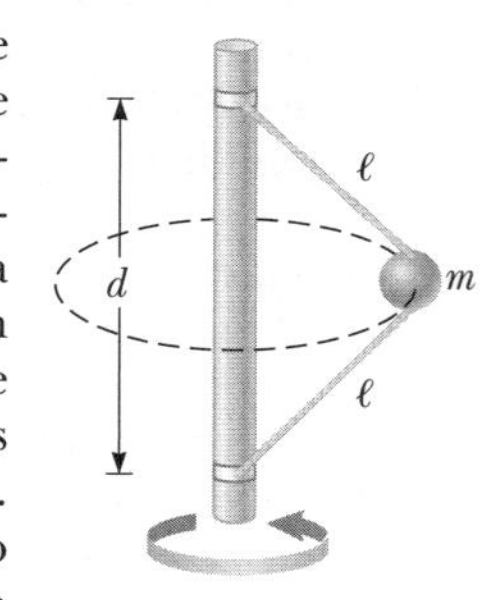

Figura P5.18

19. **W** Uma caixa de ovos está localizada no meio da carroceria de um caminhão enquanto este faz uma curva em uma estrada plana. Pode-se considerar que a curva seja como o arco de círculo de raio 35,0 m. Se o coeficiente de atrito estático entre a caixa e o caminhão é 0,600, com que velocidade o caminhão pode se mover sem que a caixa escorregue?

20. No modelo de Bohr do átomo de hidrogênio, um elétron move-se em uma trajetória circular ao redor de um próton. A velocidade do elétron é de aproximadamente $2,20 \times 10^6$ m/s. Encontre (a) a força que atua sobre o elétron enquanto ele gira em uma órbita circular de raio $0,530 \times 10^{-10}$ m e (b) a aceleração centrípeta do elétron.

21. **W** Considere um pêndulo cônico (Figura P5.21) com um peso de massa m = 80,0 kg em um barbante de comprimento L = 10,0 m que faz um ângulo de $\theta = 5,00°$ com a vertical. Determine (a) as componentes horizontal e vertical da força exercida pelo barbante no pêndulo e (b) a aceleração radial do peso.

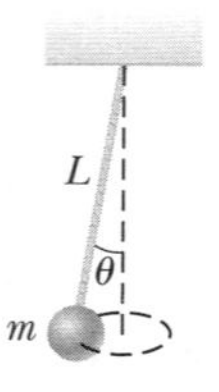

Figura P5.21

Seção 5.3 Movimento circular não uniforme

22. **Q|C** Uma montanha-russa no parque de diversões Six Flags Great America em Gurnee, Illinois, incorpora algumas tecnologias inteligentes e um pouco de física básica. Cada *loop* vertical, em vez de ser circular, tem formato de uma lágrima (Fig. P5.22). Os carros correm na parte

de dentro do *loop* no topo, e as velocidades são rápidas o suficiente para garantir que permaneçam nos trilhos. O maior *loop* tem 40,0 m de altura. Suponha que a velocidade no topo seja 13,0 m/s e a aceleração centrípeta das pessoas seja de $2g$. (a) Qual é o raio do arco da lágrima no topo? (b) Se a massa total do carro mais as pessoas é M, que força os trilhos exercem sobre o carro no topo? (c) Suponha que a montanha-russa tenha um *loop* circular de raio 20,0 m. Se os carros têm a mesma velocidade, 13,0 m/s no topo, qual é a aceleração centrípeta das pessoas no topo? (d) Comente sobre a força normal no topo na situação descrita na parte (c) e sobre as vantagens de ter *loops* com formato de lágrima.

Figura P5.22

23. Perturbado por carros que passam em velocidade do lado de fora do seu escritório, o prêmio Nobel Arthur Holly Compton criou uma lombada de velocidade (chamada "lombada Holly") e providenciou sua instalação. Suponha que um carro de 1 800 kg passe sobre uma lombada em uma estrada que segue o arco de um círculo de raio 20,4 m, como mostrado na Figura P5.23. (a) Se o carro viaja a 30,0 km/h, que força a estrada exerce sobre ele enquanto passa pelo ponto mais alto da lombada? (b) **E se?** Qual é a velocidade máxima que o carro pode ter sem perder contato com a estrada enquanto passa esse ponto mais alto?

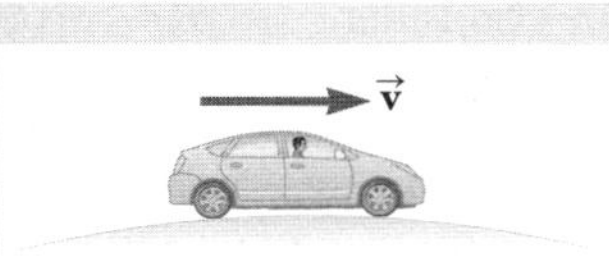

Figura P5.23 Problemas 23 e 24.

24. **S** Um carro de massa m passa sobre uma lombada em uma estrada que segue o arco de um círculo de raio R, como mostrado na Figura P5.23. (a) Se o carro viaja a uma velocidade v, que força a estrada exerce sobre ele enquanto passa pelo ponto mais alto da lombada? (b) **E se?** Qual é a velocidade máxima que o carro pode ter sem perder contato com a estrada enquanto passa por esse ponto mais alto?

25. Um arqueólogo aventureiro (m = 85,0 kg) tenta atravessar um rio pendurado em um cipó. O cipó tem 10,0 m de comprimento e sua velocidade no ponto mais baixo do salto é 8,00 m/s. O arqueólogo não sabe que o cipó tem uma força de ruptura de 1 000 N. Ele consegue atravessar o rio sem cair?

26. **Q|C** **W** Um balde de água é girado em um círculo vertical de raio 1,00 m. (a) Quais duas forças externas atuam sobre a água no balde? (b) Qual das duas forças é mais importante por fazer a água se mover em um círculo? (c) Qual é a velocidade mínima do balde no topo do círculo se nenhuma água espirrar? (d) Suponha que o balde com a velocidade da parte (c) escapasse subitamente no topo do círculo. Descreva o movimento subsequente da água. Seria diferente do de um projétil?

27. **M** Uma criança de 40,0 kg brinca em um balanço suportado por duas correntes, cada uma com 3,00 m de comprimento. A tensão no ponto mais baixo de cada corrente é 350 N. Encontre (a) a velocidade da criança no ponto mais baixo e (b) a força exercida pelo assento sobre a criança no ponto mais baixo. (Despreze a massa do assento.)

28. **S** Uma criança de massa m brinca em um balanço suportado por duas correntes, cada uma de comprimento R. Se a tensão em cada corrente no ponto mais baixo é T, encontre (a) a velocidade da criança no ponto mais baixo e (b) a força exercida pelo assento sobre a criança no ponto mais baixo. (Despreze a massa do assento.)

Seção 5.4 Movimento na presença de forças resistivas dependentes da velocidade

29. **M** Uma conta pequena e esférica de massa 3,00 g é solta do repouso em $t = 0$ de um ponto sob a superfície de um líquido viscoso. A velocidade terminal observada é v_T = 2,00 cm/s. Encontre (a) o valor da constante b que aparece na Equação 5.4, (b) o tempo t quando a conta atinge 0,632, v_T, e (c) o valor da força resistiva quando a conta atinge velocidade terminal.

30. **S** Suponha que a força resistiva que atua sobre um patinador de velocidade seja proporcional ao quadrado da sua velocidade v e seja dada por $f = -kmv^2$, em que k é uma constante e m, a massa do patinador. O patinador cruza a linha de chegada de uma corrida em linha reta com velocidade v_i e, então, reduz a velocidade deslizando em seus patins. Mostre que a velocidade do patinador em qualquer momento t após cruzar a linha de chegada é $v(t) = v_i/(1+ ktv_i)$.

31. **W** Solta-se um pequeno pedaço de isopor para embalagem a uma altura de 2,00 m acima do solo. Até que atinja sua velocidade terminal, o módulo de sua aceleração é dado por $a = g - Bv$. Após cair por 0,500 m, o isopor efetivamente atinge a velocidade terminal e depois leva mais 5,00 s para chegar ao solo. (a) Qual é o valor da constante B? (b) Qual é a aceleração em $t = 0$? Qual é a aceleração quando a velocidade é 0,150 m/s?

32. **Revisão.** (a) Estime a velocidade terminal de uma esfera de madeira (densidade 0,830 g/cm^3) caindo pelo ar, considerando seu raio como 8,00 cm e seu coeficiente de resistência do ar como 0,500. (b) A que altura um corpo em queda livre atinge essa velocidade na ausência de resistência do ar?

33. O motor de um barco para quando sua velocidade é 10,0 m/s e depois vai para o repouso em ponto morto. A equação que descreve o movimento do barco a motor durante esse período é $v = v_i e^{-ct}$, em que v é a velocidade no instante t, v_i é a velocidade inicial em $t = 0$, e c é uma constante. Em t = 20,0 s, a velocidade é 5,00 m/s. (a) Encontre a constante c. (b) Qual é a velocidade em t = 40,0 s? (c) Diferencie a expressão para $v(t)$ e mostre assim que a aceleração do barco é proporcional à velocidade em qualquer instante.

34. Um corpo de 9,00 kg começando do repouso cai por um meio viscoso e experimenta uma força resistiva dada pela Equação 5.4. O corpo atinge metade de sua

velocidade terminal em 5,54 s. (a) Determine a velocidade terminal. (b) Em que momento a velocidade do corpo é três quartos da velocidade terminal? (c) Que distância o corpo percorreu nos primeiros 5,54 s do movimento?

Seção 5.5 As forças fundamentais da natureza

35. Quando um meteoro caindo está a uma distância acima da superfície da Terra de 3,00 vezes o seu raio, qual é a sua aceleração em queda livre provocada pela força gravitacional exercida sobre ele?

36. Encontre a ordem de grandeza do módulo da força gravitacional que você exerce sobre outra pessoa a 2 m de distância. Em sua solução, mencione as quantidades que você mede ou estima e seus valores.

37. Duas partículas isoladas idênticas, cada uma com massa de 2,00 kg, são separadas por uma distância de 30,0 cm. Qual é o módulo de força gravitacional exercida por uma partícula sobre a outra?

38. Em uma nuvem de tempestade, pode haver cargas elétricas de +40,0 C próximas ao topo da nuvem e –40,0 C na parte inferior. Essas cargas são separadas por 2,00 km. Qual é a força elétrica sobre a carga no topo?

Seção 5.6 Conteúdo em contexto: coeficientes de arrasto de automóveis

39. A massa de um carro esporte é 1 200 kg. O formato da carroceria é tal que o coeficiente aerodinâmico de arrasto é 0,250 e a área frontal é 2,20 m². Ignorando todas as outras fontes de atrito, calcule a aceleração inicial que o carro tem se viajar a 100 km/h e então for colocado em ponto neutro e deslizar livremente.

40. Considere um carro de 1 300 kg que apresenta uma área de extremidade frontal de 2,60 m² e um coeficiente de arrasto de 0,340. Ele pode alcançar uma aceleração instantânea de 3,00 m/s² quando sua velocidade é 10,0 m/s. Ignore qualquer força de resistência ao rolamento. Suponha que somente as forças horizontais sobre o carro são de atrito estático para a frente, exercidas pela estrada sobre as rodas, e a resistência exercida pelo ar circundante com densidade de 1,20 kg/m³. (a) Encontre a força de atrito exercida pela estrada. (b) Suponha que a carroceria do carro pudesse ser reprojetada para ter um coeficiente de arrasto de 0,200. Se nada mais mudar, qual será a aceleração do carro? (c) Presuma que a força exercida pela estrada permaneça constante. Então qual velocidade máxima o carro atingiria com $D = 0{,}340$? (d) Com $D = 0{,}200$?

Problemas adicionais

41. Em uma secadora de roupas doméstica, um tubo cilíndrico contendo roupas molhadas é girado regularmente sobre um eixo horizontal, como mostrado na Figura P5.41. Para que as roupas sequem uniformemente, elas tombam. A taxa de rotação do tubo de paredes planas é escolhida de modo que uma pequena peça de roupa perderá contato com o tubo quando estiver a um ângulo de $\theta = 68{,}0°$ acima da horizontal. Se o raio do tubo é $r = 0{,}330$ m, que taxa de revolução é necessária?

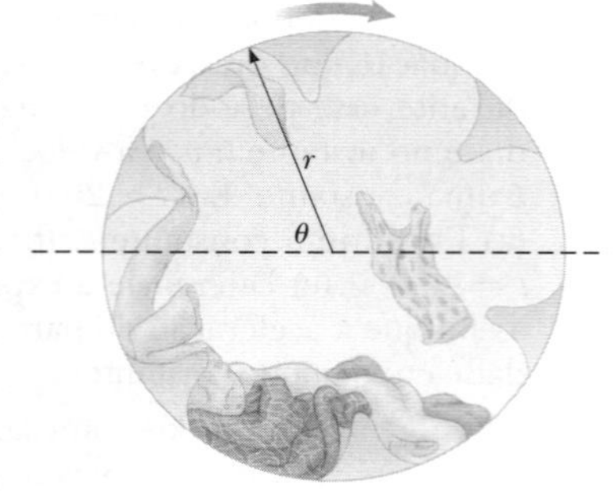

Figura P5.41

42. **S** Uma caixa de peso F_g é empurrada por uma força $\vec{\mathbf{P}}$ sobre um chão horizontal, como mostrado na Figura P5.42. O coeficiente do atrito estático é μ_s, e $\vec{\mathbf{P}}$ é direcionada no ângulo θ abaixo da horizontal. (a) Mostre que o valor mínimo de P que irá mover a caixa é dado por

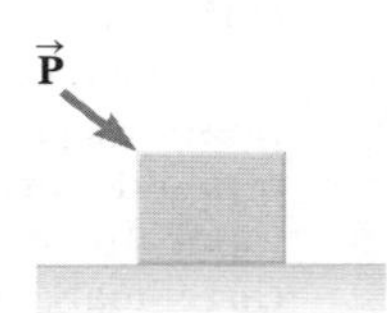

Figura P5.42

$$P = \frac{\mu_s F_g \sec\theta}{1 - \mu_s \operatorname{tg}\theta}$$

(b) Encontre a condição em θ em termos de μ_s para a qual o movimento da caixa é impossível para qualquer valor de P.

43. Considere os três corpos conectados, mostrados na Figura P5.43. Assuma primeiro que o plano inclinado não tem atrito e que o sistema está em equilíbrio. Em termos de m, g e θ, encontre (a) a massa M e (b) as tensões T_1 e T_2. Agora, assuma que o valor de M é o dobro do encontrado na parte (a). Encontre (c) a aceleração de cada corpo e (d) as tensões T_1 e T_2. Em seguida, assuma que o coeficiente de atrito estático entre m e $2m$ e o plano inclinado é μ_s, e que o sistema está em equilíbrio. Encontre (e) o valor máximo de M e (f) seu valor mínimo. (g) Compare os valores de T_2 quando M tem seus valores mínimos e máximos.

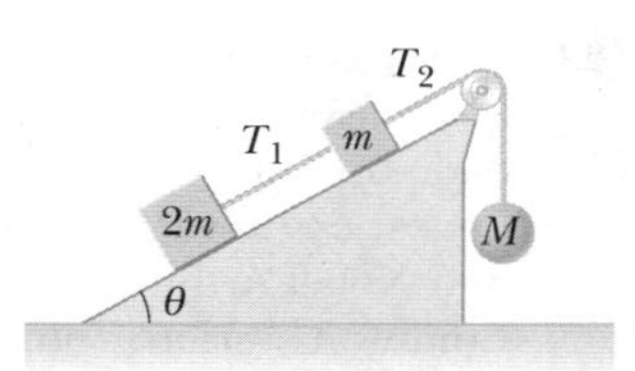

Figura P5.43

44. *Por que a seguinte situação é impossível?* Uma torradeira de 1,30 kg não está ligada na tomada. O coeficiente de atrito estático entre ela e uma bancada horizontal é 0,350. Para fazer a torradeira começar a se mover, você descuidadamente a puxa pelo cabo de força. Infelizmente, o cabo ficou desgastado por causa de suas ações similares anteriores e irá romper-se se a tensão nele ultrapassar 4,00 N. Puxando pelo cabo a um determinado ângulo, você consegue fazer a torradeira começar a se mover sem rompê-lo.

45. O sistema mostrado na Figura P4.47 (Capítulo 4) tem uma aceleração de módulo 1,50 m/s². Suponha que o coeficiente de atrito cinético entre o bloco e o plano inclinado seja o mesmo para ambos os declives. Encontre (a) o coeficiente de atrito cinético e (b) a tensão no fio.

46. Um bloco de alumínio de massa $m_1 = 2$ kg e um bloco de cobre de massa $m_2 = 6$ kg estão conectados por uma corda leve sobre uma polia sem atrito. Eles estão sobre uma superfície de aço como mostrado na Figura P5.46, onde $\theta = 30{,}0°$. (a) Quando são liberados do repouso, eles se moverão? Se assim fizerem, determine (b) sua aceleração e (c) a tensão na

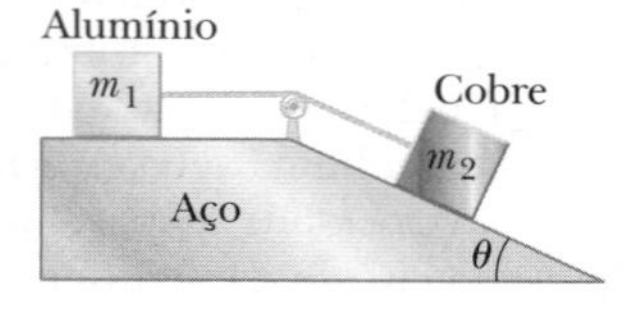

Figura P5.46

corda. Se eles não se moverem, determine (d) a soma dos módulos das forças de atrito que agem nos blocos.

47. **W** A Figura P5.47 mostra a fotografia de um brinquedo de balanço em um parque de diversões. A estrutura consiste em uma plataforma horizontal, giratória e circular de diâmetro D de onde assentos de massa m são suspensos da ponta de correntes sem massa de comprimento d. Quando o sistema gira com velocidade constante, as correntes giram para fora e formam um ângulo θ com a vertical. Considere um passeio nesse brinquedo com os seguintes parâmetros: $D = 8{,}00$ m, $d = 2{,}50$ m, $m = 10{,}0$ kg e $\theta = 28{,}0°$. (a) Qual é a velocidade de cada assento? (b) Desenhe um diagrama de forças que atuam sobre uma criança de 40,0 kg em um assento e (c) encontre a tensão na corrente.

Figura P5.47

48. **S** Um carro faz uma curva com inclinação, como discutido no Exemplo 5.7 e mostrado na Figura 5.11. O raio de curvatura da estrada é R, o ângulo de inclinação é θ e o coeficiente de atrito estático é μ_s. (a) Determine a faixa das velocidades que o carro pode ter sem derrapar para cima ou para baixo na estrada. (b) Encontre o valor mínimo para μ_s de modo que a velocidade mínima seja zero.

49. **W** No Exemplo 5.8, investigamos as forças que uma criança experimenta em uma roda-gigante. Suponha que os dados daquele exemplo se apliquem a este problema. Que força (módulo e direção) o assento exerce sobre uma criança de 40,0 kg quando ela está a meio caminho entre o topo e a parte mais baixa?

50. Um bloco de 5,00 kg está posicionado sobre outro de 10,0 kg (Fig. P5.50). Uma força horizontal de 45,0 N é aplicada ao bloco de 10,0 kg, e o de 5,00 kg é preso à parede. O coeficiente de atrito cinético entre todas as superfícies em movimento é 0,200. (a) Desenhe um diagrama de corpo livre para cada bloco e identifique as forças de ação-reação entre eles. (b) Determine a tensão na corda e o módulo da aceleração do bloco de 10 kg.

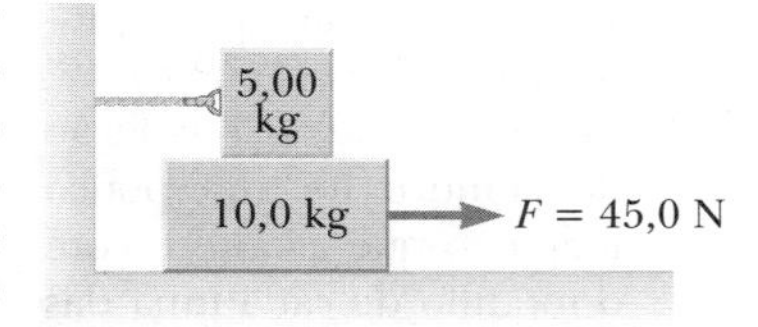

Figura P5.50

51. Uma estação espacial, em formato de uma roda com 120 m de diâmetro, gira para proporcionar uma "gravidade artificial" de 3,00 m/s² para pessoas que andam ao redor da parede interna do aro externo. Encontre a taxa de rotação da roda, em revoluções por minuto, que produz esse efeito.

52. *Por que a seguinte situação é impossível?* Um livro está sobre um plano inclinado na superfície terrestre. O ângulo do plano com a horizontal é 60,0°. O coeficiente de atrito cinético entre o livro e o plano é 0,300. No instante $t = 0$, o livro é liberado do repouso. Em seguida desliza por uma distância de 1,00 m, medida ao longo do plano, em um intervalo de tempo de 0,483 s.

53. **PD** **S** Dois blocos de massas m_1 e m_2 são colocados sobre uma mesa em contato um com o outro, como discutido no Exemplo 4.5 e mostrado na Figura Ativa 4.13a. O coeficiente de atrito cinético entre o bloco de massa m_1 e a mesa é μ_1, e entre o bloco de massa m_2 e a mesa é μ_2. A força horizontal de módulo F é aplicada ao bloco de massa m_1. Queremos encontrar P, o módulo da força de contato entre os blocos. (a) Desenhe diagramas mostrando as forças em cada bloco. (b) Qual é a força resultante no sistema de dois blocos? (c) Qual é a força resultante que age em m_1? (d) Qual é a força resultante que age em m_2? (e) Escreva a Segunda Lei de Newton na direção x para cada bloco. (f) Resolva as duas equações com duas incógnitas para a aceleração dos blocos quanto às massas, a força aplicada F, os coeficiente de atrito e g. (g) Encontre o módulo P da força de contato entre os blocos com relação às mesmas quantidades.

54. *Por que a seguinte situação é impossível?* Uma criança travessa vai a um parque de diversões com sua família. Em um brinquedo, depois de levar uma bronca da mãe, ela escorrega do seu assento e sobe para o topo da estrutura do brinquedo, que tem forma de cone com eixo vertical e lados inclinados que fazem um ângulo de $\theta = 20{,}0°$ com a horizontal, como mostrado na Figura P5.54. Esta parte da estrutura gira sobre o eixo central vertical quando o brinquedo é operado. A criança se senta na superfície inclinada em um ponto $d = 5{,}32$ m para baixo do lado inclinado a partir do centro do cone e faz biquinho. O coeficiente de atrito estático entre ela e o cone é 0,700. O operador não nota que a criança saiu de seu assento e então continua operando o brinquedo. Como resultado, a criança amuada sentada gira em uma trajetória circular a uma velocidade de 3,75 m/s.

Figura P5.54

55. Um bloco de massa $m = 2{,}00$ kg repousa na extremidade esquerda de outro de massa $M = 8{,}00$ kg. O coeficiente do atrito cinético entre os dois blocos é 0,300 e a superfície em que o bloco de 8,00 kg repousa é sem atrito. Uma força horizontal constante de módulo $F = 10{,}0$ N é aplicada ao bloco de 2,00 kg, colocando-o em movimento,

como mostrado na Figura P5.55a. Se a distância L que a extremidade dianteira do bloco menor percorre sobre o maior é 3,00 m, (a) em qual intervalo de tempo o bloco menor chegará ao lado direito do de 8,00 kg, como mostrado na Figura P5.55b? (*Observação*: Ambos os blocos são colocados em movimento quando $\vec{F}$ é aplicada.) (b) Qual é a distância que o bloco de 8,00 kg percorre no processo?

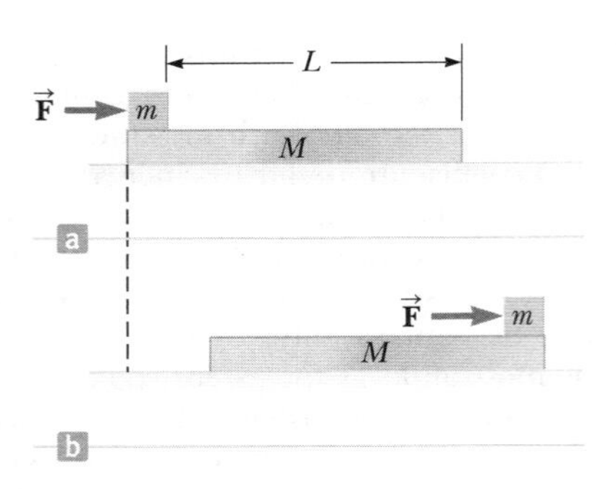

Figura P5.55

56. **Q|C** **S** Um disco de massa m_1 é amarrado a um barbante e girado em um círculo de raio R em uma mesa horizontal e sem atrito. A outra ponta do barbante passa por um pequeno furo no centro da mesa e um corpo de massa m_2 é amarrado a ele (Fig. P5.56). O corpo suspenso permanece em equilíbrio enquanto o disco gira sobre a mesa. Encontre as expressões simbólicas para (a) a tensão no barbante, (b) a força radial que atua sobre o disco e (c) a velocidade do disco. (d) Descreva qualitativamente o que acontecerá com o movimento do disco se o valor de m_2 for aumentado pela colocação de uma pequena carga adicional. (e) Descreva qualitativamente o que acontecerá com o movimento do disco se o valor de m_2 for diminuído pela remoção de uma parte da carga pendurada.

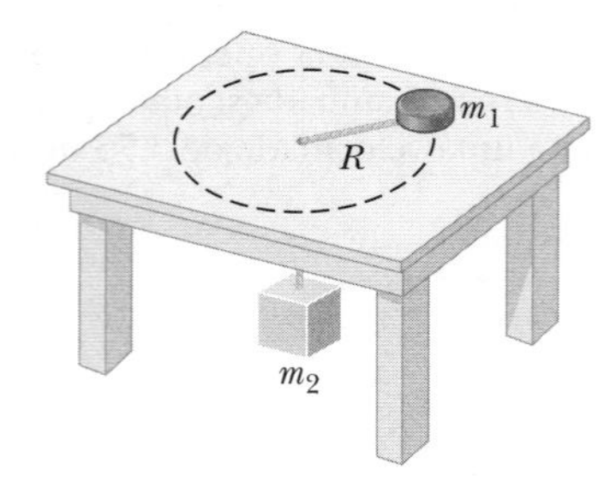

Figura P5.56

57. **M** Um aeromodelo de massa 0,750 kg voa com uma velocidade de 35,0 m/s em um círculo horizontal na ponta de um fio de controle de 60,0 m de comprimento, como mostrado na Figura P5.57a. As forças exercidas sobre o avião são mostradas na Figura P5.57b: a tensão no fio de controle, a força gravitacional e o levantamento aerodinâmico que atuam em $\theta = 20,0°$ para dentro em relação à vertical. Calcule a tensão no fio, supondo que ela forma um ângulo constante de $\theta = 20,0°$ com a horizontal.

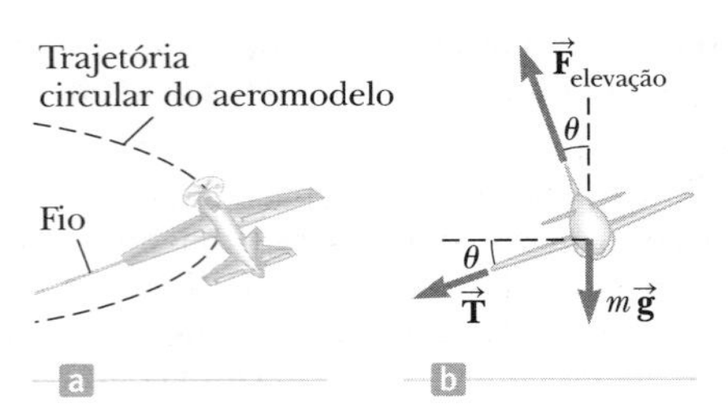

Figura P5.57

58. Uma estudante constroi e calibra um acelerômetro e o usa para determinar a velocidade do seu carro em uma determinada curva da estrada sem inclinação. Acelerômetro é um fio com uma esfera de chumbo e um transferidor que ela prende ao teto do carro. Um amigo no carro com a estudante observa que a esfera de chumbo está pendurada em um ângulo de 15,0° em relação à vertical quando o carro tem uma velocidade de 23,0 m/s. (a) Qual é a aceleração centrípeta do carro ao contornar a curva? (b) Qual é o raio da curva? (c) Qual é a velocidade do carro se a deflexão da esfera de chumbo é 9,00° ao contornar a mesma curva?

59. **Q|C** Uma única conta com atrito desprezível em um fio retesado foi curvada em um *loop* circular de raio 15,0 cm, como mostrado na Figura P5.59. O círculo sempre está em um plano vertical e gira regularmente sobre seu diâmetro vertical com um período de 0,450 s. A posição da conta é descrita pelo ângulo θ que a linha radial, do centro do *loop* até a conta, faz com a vertical. (a) Em que ângulo acima da parte inferior do círculo a conta pode ficar sem movimento com relação ao círculo girando? (b) **E se?** Repita o problema, desta vez considerando o período da rotação do círculo como 0,850 s. (c) Descreva como a solução para a parte (b) é diferente daquela para a parte (a). (d) Para qualquer período ou tamanho de *loop* há sempre um ângulo no qual a conta pode ficar imóvel em relação ao *loop*? (e) Há mais de dois ângulos em algum momento? Arnold Arons deu a ideia para este problema.

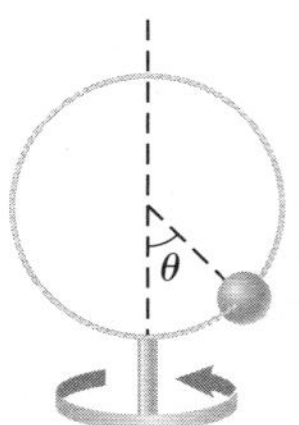

Figura P5.59

60. **Q|C** **S** Um brinquedo em um parque de diversões consiste em um cilindro vertical muito grande que gira sobre seu eixo com velocidade suficiente para que qualquer pessoa dentro seja mantida contra a parede quando o chão desaparece (Fig. P5.60). O coeficiente de atrito estático entre pessoa e parede é μ_s, e o raio do cilindro é R. (a) Mostre que o período máximo de revolução necessário para evitar que a pessoa caia é $T = (4\pi^2 R\mu_s/g)^{1/2}$. (b) Se a taxa de revolução do cilindro for um pouco maior, o que acontece com o módulo de cada uma das forças que atuam sobre a pessoa? O que acontece com o movimento da pessoa? (c) Se a taxa de revolução do cilindro for um pouco menor, o que acontece com o módulo de cada

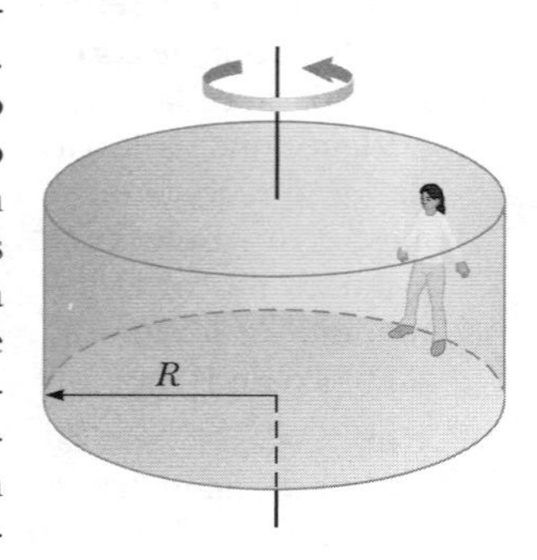

Figura P5.60

uma das forças que atuam sobre a pessoa? O que acontece com o movimento da pessoa?

61. A expressão $F = arv + br^2v^2$ dá o módulo da força resistiva (em newtons) exercida sobre uma esfera de raio r (em metros) por um fluxo de ar que se move com velocidade v (em metros por segundo), em que a e b são constantes com unidades SI adequadas. Seus valores numéricos são $a = 3{,}10 \times 10^{-4}$ e $b = 0{,}870$. Usando essa expressão, encontre a velocidade terminal para gotículas de água que caem sob seu próprio peso no ar, considerando os seguintes valores para o raio das gotículas: (a) 10,0 μm, (b) 100 μm, (c) 1,00 mm. Para as partes (a) e (c), você pode obter respostas precisas sem resolver uma equação quadrática, considerando qual das duas contribuições à resistência do ar é dominante e ignorando a contribuição menor.

62. **S** Se uma única força constante age sobre um corpo que se move em linha reta, a velocidade do corpo é uma função linear de tempo. A equação $v = v_i + at$ dá sua velocidade v como função de tempo, em que a é sua aceleração constante. E se a velocidade for, em vez disso uma função linear de posição? Suponha que, conforme um determinado corpo se move por um meio de resistência, sua velocidade diminui, conforme descrito pela equação $v = v_i - kx$, em que k é um coeficiente constante e x é a posição do corpo. Encontre a lei que descreve a força total que age sobre esse corpo.

63. **M** Como a Terra gira sobre seu eixo, um ponto no equador experimenta uma aceleração centrípeta de 0,033 7 m/s^2, enquanto um ponto nos polos não experimenta nenhuma aceleração centrípeta. Se uma pessoa no equador tem massa de 75,0 kg, calcule (a) a força gravitacional (peso verdadeiro) sobre a pessoa e (b) a força normal (peso aparente) sobre a pessoa. (c) Qual força é maior? Suponha que a Terra seja uma esfera uniforme e considere $g = 9{,}800$ m/s^2.

64. Membros de um clube de paraquedismo receberam os seguintes dados para usar no planejamento de seus saltos. Na tabela, d é a distância que um paraquedista percorre do repouso em uma "posição espalhada estável em queda livre" *versus* o tempo de queda t. (a) Converta as distâncias de pés em metros. (b) Faça o gráfico d (em metros) *versus* t. (c) Determine o valor da velocidade terminal v_T encontrando a inclinação da parte reta da curva. Use um ajuste de mínimos quadrados para determinar essa inclinação.

t(s)	d(pé)	t(s)	d(pé)
0	0	11	1 309
1	16	12	1 483
2	62	13	1 657
3	138	14	1 831
4	242	15	2 005
5	366	16	2 179
6	504	17	2 353
7	652	18	2 527
8	808	19	2 701
9	971	20	2 875
10	1 138		

Capítulo 6

Energia de um sistema

Sumário

Christopher Furlong/Getty Images

Em uma usina eólica na boca do rio Mersey em Liverpool, Inglaterra, o ar em movimento realiza trabalho nas pás dos moinhos de vento, fazendo as pás e o rotor de um gerador elétrico girarem. Energia é transferida do sistema "moinho de vento"[1] por meio de eletricidade.

As definições de quantidades, tais como posição, velocidade, aceleração e força, e os princípios associados, tal como a Segunda Lei de Newton, permitem resolver uma variedade de problemas. Alguns deles, que poderiam teoricamente ser resolvidos com as leis de Newton, entretanto, são muito difíceis na prática, mas podem se tornar muito simples com uma abordagem diferente. Aqui e nos capítulos seguintes, investigaremos essa abordagem e incluiremos definições de quantidades com as quais você pode não estar familiarizado. Outras quantidades podem ser conhecidas, mas terão significados mais específicos na Física do que no cotidiano. Começamos essa discussão explorando a noção de *energia*.

O conceito de energia é um dos mais importantes tópicos da Ciência e da Engenharia. Na vida cotidiana, pensamos em energia com relação a combustível para o transporte e o aquecimento, eletricidade para iluminação e aparelhos e alimentos para consumo. Essas ideias, entretanto, não definem verdadeiramente esse termo. Elas meramente nos dizem que combustíveis são necessários para realizar um trabalho e que nos fornecem algo que chamamos de energia.

[1] N.R.T.: ambém conhecido como aerogerador.

A energia está presente no Universo em várias formas. *Todo* processo físico que ocorre no Universo envolve energia e suas transferências ou transformações. Infelizmente, apesar de sua extrema importância, energia não é um termo que possa ser facilmente definido. As variáveis nos capítulos anteriores eram relativamente concretas; temos experiência cotidiana com velocidades e forças, por exemplo. Embora tenhamos *experiências* com energia, como ficar sem gasolina ou sem fornecimento de energia elétrica após uma violenta tempestade, a *noção* de energia é mais abstrata.

O conceito de energia pode ser aplicado a sistemas mecânicos sem recorrer às leis de Newton. Além disso, a abordagem da energia nos permite entender os fenômenos térmicos e elétricos que abordaremos nos capítulos posteriores dessa coleção.

Nossos modelos de análise apresentados nos capítulos anteriores eram baseados no movimento de uma *partícula* ou de um corpo que podia ser considerado como uma partícula. Começamos nossa nova abordagem concentrando nossa atenção em um *sistema* e modelos de análise baseados no modelo de um sistema. Esses modelos de análise serão formalmente apresentados no Capítulo 7. Neste, apresentaremos três maneiras de armazenar energia em um sistema.

6.1 | Sistemas e ambientes

No modelo de sistema, concentramos nossa atenção em uma pequena porção do Universo – o **sistema** –, e ignoramos seus detalhes fora do sistema. Uma habilidade crítica para a aplicação desse modelo de sistema à solução de problemas é a *identificação do problema*.

Um sistema válido pode ser:

- um corpo ou partícula
- uma coleção de corpos ou partículas
- uma região do espaço (tal como o interior do cilindro de combustão de um motor de um automóvel)
- pode variar com o tempo em tamanho e formato (tal como uma bola de borracha, que deforma ao bater em uma parede)

Prevenção de armadilhas | 6.1

Identificar o sistema

A primeira e mais importante etapa a seguir para a resolução de problemas, utilizando a abordagem de energia, é identificar o sistema de interesse apropriado.

Identificar a necessidade de uma abordagem de sistema para resolver um problema (em oposição à abordagem de partícula) é parte da etapa de Categorização na Estratégia Geral de Resolução de Problemas definida no Capítulo 1. Identificar o sistema específico é a segunda parte dessa etapa.

Não importa qual é o sistema específico em um determinado problema, identificamos uma **fronteira do sistema**, uma superfície imaginária (não necessariamente coincidindo com uma superfície física) que divide o Universo dentro do sistema e o **ambiente** ao seu redor.

Como exemplo, imagine uma força aplicada a um corpo no espaço vazio. Podemos definir o corpo como o sistema, e sua superfície como a fronteira do sistema. A força aplicada nele é uma influência do ambiente que age por meio da fronteira do sistema sobre o sistema. Veremos como analisar essa situação em uma abordagem de sistema em uma seção subsequente desse capítulo.

Outro exemplo foi visto no Exemplo 5.3, em que o sistema pode ser definido como a combinação da bola, do bloco e da corda. A influência do ambiente inclui as forças gravitacionais na bola e no bloco, as forças normal e de atrito no bloco e a exercida pela polia na corda. As forças exercidas pela corda na bola e no bloco são internas ao sistema e, portanto, não são incluídas como uma influência do ambiente.

Há vários mecanismos pelos quais um sistema pode ser influenciado por seu ambiente. O primeiro que devemos investigar é o *trabalho*.

Prevenção de Armadilhas | 6.2

Trabalho é realizado por ... sobre ...

Você não apenas deve identificar o sistema, mas também qual agente no ambiente realiza trabalho sobre ele. Ao discutir trabalho, use sempre a frase "o trabalho realizado por ... sobre ...". Após "por", insira a parte do ambiente que interage diretamente com o sistema. E após "sobre", insira o sistema. Por exemplo, "o trabalho realizado pelo martelo sobre o prego" identifica o prego como o sistema e a força do martelo representa a influência do ambiente.

6.2 | Trabalho realizado por uma força constante

Quase todos os termos que utilizamos até agora – velocidade, aceleração, força, e assim por diante – trazem um significado similar na Física ao que têm na vida cotidiana. Agora, defrontamo-nos com um termo cujo significado é distintamente diferente na Física e no dia a dia: trabalho.

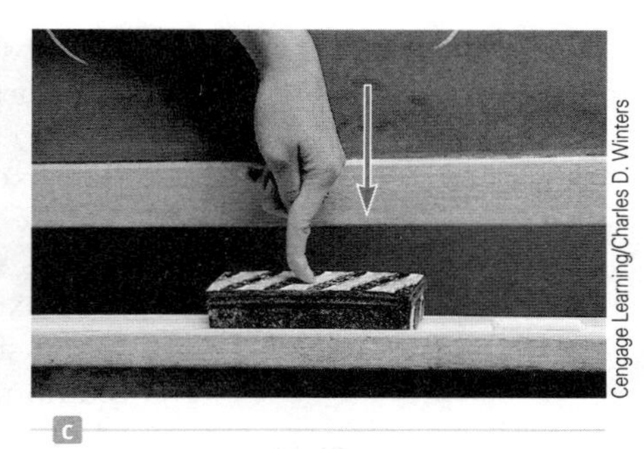

Cengage Learning/Charles D. Winters

Figura 6.1 Um apagador sendo empurrado ao longo da bandeja de um quadro-negro por uma força que age em diferentes ângulos em relação à direção horizontal.

Para entender o que o trabalho, como uma influência em um sistema, significa para o físico, considere a situação ilustrada na Figura 6.1. Uma força $\vec{F}$ é aplicada a um apagador de quadro-negro, que identificamos como o sistema, e o apagador desliza ao longo da bandeja. Se quisermos saber qual a eficácia da força em mover o apagador, devemos considerar não apenas o módulo da força, mas também sua direção e sentido. Observe que o dedo na Figura 6.1 aplica forças em três direções diferentes no apagador. Considerando que o módulo da força aplicada é o mesmo nas três fotografias, o empurrão na Figura 6.1b move mais o apagador do que aquele na Figura 6.1a. Por outro lado, a Figura 6.1c mostra uma situação na qual a força aplicada não move em nada o apagador, independentemente de quão forte ele é empurrado (a menos, é claro, que apliquemos uma força tão grande que acabemos por quebrar a bandeja do quadro-negro!). Esses resultados sugerem que, ao analisar forças para determinar a influência que elas têm sobre o sistema, devemos considerar a sua natureza vetorial. Devemos também considerar o módulo da força. Mover uma força com módulo | | = 2N por um deslocamento representa uma influência maior do que mover uma força de módulo 1N pelo mesmo deslocamento. O módulo do deslocamento também é importante. Mover o apagador 3 m ao longo da bandeja representa uma influência maior do que movê-lo por 2 cm, se a mesma força for utilizada em ambos os casos.

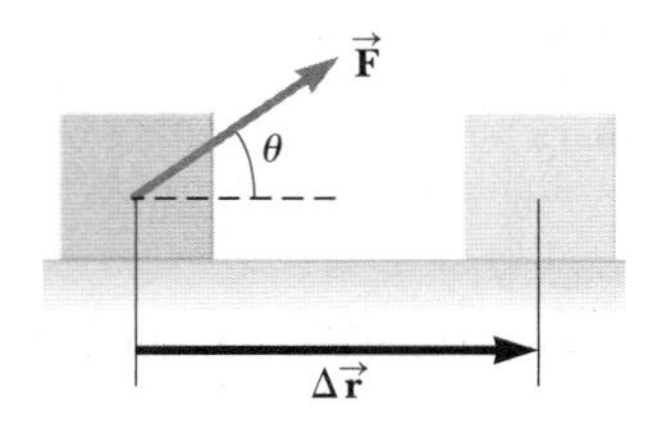

Figura 6.2 Um objeto sofre um deslocamento $\Delta\vec{r}$ sob a ação de uma força constante $\vec{F}$.

Vamos examinar a situação da Figura 6.2, em que o corpo (o sistema) é deslocado em uma linha reta enquanto age sobre ele uma força constante de módulo F que forma um ângulo θ com a direção do deslocamento.

O **trabalho** W realizado sobre um sistema por um agente que exerce uma força constante sobre ele é o produto do módulo F da força, o módulo Δr do deslocamento do ponto de aplicação da força e cos θ, em que θ é o ângulo entre os vetores força e deslocamento:

$$W \equiv F\,\Delta r \cos\theta \qquad \textbf{6.1}$$

▶ Trabalho feito por uma força constante

Observe na Equação 6.1 que trabalho é uma grandeza escalar, embora seja definido como dois vetores, uma força $\vec{F}$ e um deslocamento $\Delta\vec{r}$. Na Seção 6.3, exploraremos como combinar dois vetores a fim de gerar uma grandeza escalar.

Observe também que o deslocamento na Equação 6.1 é aquele *do ponto de aplicação da força*. Se a força for aplicada a uma partícula ou um corpo rígido que possa ser considerado como uma partícula, esse deslocamento é o mesmo que o da partícula. Para um sistema deformável, entretanto, esses deslocamentos não são os mesmos. Por exemplo, imagine pressionar as laterais de um balão com as duas mãos. O centro do balão move-se por um deslocamento zero. Os pontos de aplicação das forças de suas mãos sobre as laterais do balão, entretanto, realmente se deslocam conforme ele é comprimido, e esse é o deslocamento que deve ser utilizado na Equação 6.1. Veremos outros exemplos de sistemas deformáveis, tais como molas e amostras de gás contidas em recipientes.

Como um exemplo de distinção entre a definição de trabalho e nossa compreensão dessa palavra com base no dia a dia, considere segurar um cadeira pesada nos braços por três minutos. Ao final desse intervalo de tempo, seus braços cansados podem levá-lo a pensar que realizou uma quantidade considerável de trabalho sobre a cadeira. De acordo com nossa definição, entretanto, você não realizou absolutamente nenhum trabalho sobre ela. Você exerce uma força para sustentar a cadeira, mas não a move. Uma força não realiza trabalho sobre um corpo se ela não o desloca. Se $\Delta r = 0$, a Equação 6.1 fornece $W = 0$, que é a situação ilustrada na Figura 6.1c.

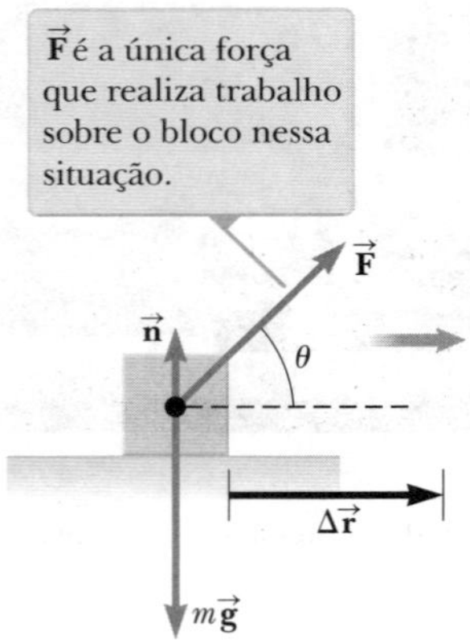

$\vec{\mathbf{F}}$ é a única força que realiza trabalho sobre o bloco nessa situação.

Figura 6.3 Um objeto é deslocado sobre uma superfície horizontal sem atrito. A força normal $\vec{\mathbf{n}}$ e a força gravitacional $m\vec{\mathbf{g}}$ não realizam trabalho sobre o objeto.

Observe também, na Equação 6.1, que o trabalho realizado por uma força sobre um corpo em movimento é zero quando a força aplicada é perpendicular ao deslocamento de seu ponto de aplicação. Isto é, se $\theta = 90°$, então $W = 0$, porque $\cos 90° = 0$. Por exemplo, na Figura 6.3, o trabalho realizado pela força normal sobre o corpo e aquele realizado pela força gravitacional sobre ele são ambos zero, porque ambas as forças são perpendiculares ao deslocamento e têm componentes zero ao longo de um eixo na direção de $\Delta\vec{\mathbf{r}}$.

O sinal do trabalho também depende da direção de $\vec{\mathbf{F}}$ em relação a $\Delta\vec{\mathbf{r}}$. O trabalho realizado pela força aplicada sobre um sistema é positivo quando a projeção de $\vec{\mathbf{F}}$ sobre $\Delta\vec{\mathbf{r}}$ está no mesmo sentido que o deslocamento. Por exemplo, quando um corpo é levantado, o trabalho realizado pela força aplicada sobre ele é positivo, porque o sentido dessa força é para cima, na mesma direção que o deslocamento de seu ponto de aplicação. Quando a projeção de $\vec{\mathbf{F}}$ sobre $\Delta\vec{\mathbf{r}}$ é no sentido oposto ao deslocamento, W é negativo. Por exemplo, quando um corpo é levantado, o trabalho realizado pela força gravitacional sobre ele é negativo. O fator $\cos\theta$ na definição de W (Eq. 6.1) automaticamente toma conta do sinal.

Se uma força $\vec{\mathbf{F}}$ é aplicada na mesma direção e sentido do deslocamento $\Delta\vec{\mathbf{r}}$, então $\theta = 0$ e $\cos 0 = 1$. Nesse caso, a Equação 6.1 fornece

$$W = F\Delta r$$

Prevenção de Armadilhas | 6.3

Causa do deslocamento

Podemos calcular o trabalho realizado por uma força sobre um objeto, mas a força não é necessariamente a causa do seu deslocamento. Por exemplo, se você levanta um objeto, um trabalho (negativo) é realizado sobre ele pela força gravitacional, embora a gravidade não seja a causa do movimento dele para cima!

As unidades de trabalho são as de força multiplicadas pelas de comprimento. Portanto, a unidade de trabalho SI é o **newton · metro** ($\text{N} \cdot \text{m} = \text{kg} \cdot \text{m}^2/\text{s}^2$). Essa combinação de unidades é utilizada tão frequentemente que recebeu seu próprio nome, **joule** (J).

Uma consideração importante para uma abordagem de sistema na solução de problemas é que **trabalho é uma transferência de energia**. Se W é o trabalho realizado sobre um sistema e W é positivo, a energia é transferida *para* o sistema; se W é negativo, a energia é transferida *do* sistema. Portanto, se um sistema interage com seu ambiente, essa interação pode ser descrita como uma transferência de energia através da fronteira do sistema. O resultado é uma mudança na energia armazenada no sistema. Aprenderemos sobre o primeiro tipo de armazenamento de energia na Seção 6.5, depois de investigarmos mais aspectos do trabalho.

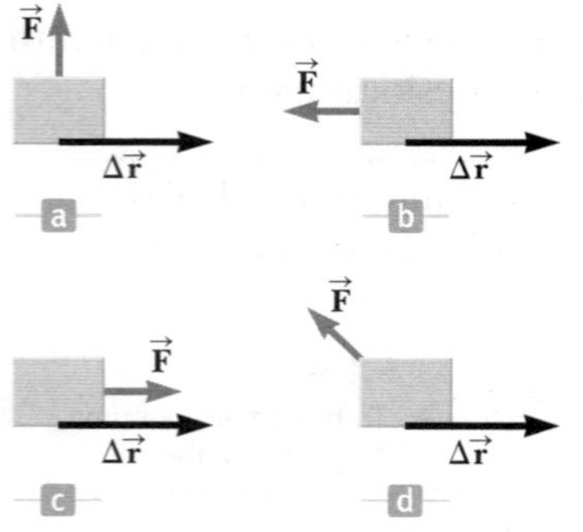

Figura 6.4 (Teste Rápido 6.2) Um bloco é puxado por uma força em quatro direções diferentes. Em cada caso, o deslocamento do bloco é para a direita e do mesmo módulo.

TESTE RÁPIDO 6.1 A força gravitacional exercida pelo Sol sobre a Terra a mantém em órbita em torno do Sol. Vamos considerar que a órbita é perfeitamente circular. O trabalho realizado por essa força gravitacional durante um curto intervalo de tempo no qual a Terra se desloca em sua trajetória orbital é (**a**) zero (**b**) positivo (**c**) negativo (**d**) impossível de determinar.

TESTE RÁPIDO 6.2 A Figura 6.4 mostra quatro situações nas quais uma força é aplicada a um corpo. Em todos os quatro casos, a força tem o mesmo módulo, e o deslocamento do corpo é para a direita e de mesma magnitude. Classifique as situações em ordem de trabalho feito pela força sobre o corpo, do mais positivo ao mais negativo.

Exemplo 6.1 | Sr. Limpo

Um homem limpando um piso puxa um aspirador de pó com uma força de módulo $F = 50.0$ N em um ângulo de 30.0° com a horizontal (Fig. 6.5). Calcule o trabalho realizado por uma força sobre o aspirador de pó quando ele é deslocado 3,00 m para a direita.

SOLUÇÃO

Conceitualização A Figura 6.5 ajuda a conceitualizar a situação. Pense em uma experiência em sua vida na qual puxou um corpo pelo chão com uma corda ou cabo.

continua

6.1 *cont.*

Categorização Temos de descobrir o trabalho realizado sobre um corpo por uma força e conhecemos a força sobre o corpo, o deslocamento dele e o ângulo entre os dois vetores, portanto, categorizamos esse problema como um problema de substituição. Identificamos o aspirador de pó como o sistema.

Use a definição de trabalho (Eq. 6.1):

$$W = F\,\Delta r \cos\theta = (50{,}0\text{ N})\,(3.00\text{ m})\,(\cos 30.0°) = \boxed{130\text{ J}}$$

Observe nessa situação que a força normal $\vec{\mathbf{n}}$ e a força gravitacional $\vec{\mathbf{F}}_g = m\vec{\mathbf{g}}$ não realizam trabalho sobre o aspirador de pó, porque essas forças são perpendiculares ao deslocamento de seus pontos de aplicação. Além disso, não houve menção se havia atrito entre o aspirador de pó e o chão. A presença ou ausência de atrito não é importante ao calcular o trabalho realizado pela força aplicada. Além disso, esse trabalho não depende de se o aspirador se moveu com velocidade constante ou se acelerado.

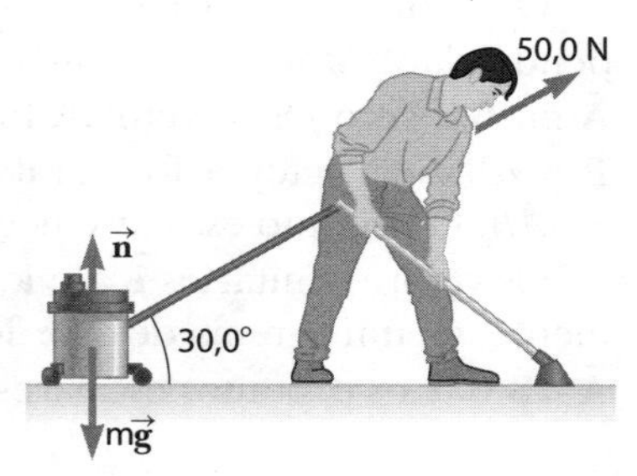

Figura 6.5 (Exemplo 6.1) Um aspirador de pó sendo puxado em um ângulo de 30,0° a partir da horizontal.

6.3 | O produto escalar de dois vetores

Em razão da maneira como os vetores força e deslocamento são combinados na Equação 6.1, é útil utilizar uma ferramenta matemática conveniente chamada produto escalar de dois vetores. Escrevemos esse produto escalar dos vetores $\vec{\mathbf{A}}$ e $\vec{\mathbf{B}}$ como $\vec{\mathbf{A}} \cdot \vec{\mathbf{B}}$. (Por causa do símbolo de ponto, o produto escalar é frequentemente chamado de produto ponto.)

O produto escalar de dois vetores $\vec{\mathbf{A}}$ e $\vec{\mathbf{B}}$ é definido como uma quantidade escalar igual ao produto entre os módulos dos dois vetores e o cosseno do ângulo θ entre eles:

Prevenção de Armadilhas | 6.4

Trabalho é uma grandeza escalar

Embora a Equação 6.3 defina o trabalho em termos de dois vetores, o trabalho é uma grandeza escalar; não há nenhuma direção e sentido associados a ele. Todos os tipos de energia e transferência de energia são escalares. Esse fato é a vantagem principal da abordagem de energia porque muitas vezes não necessitamos de cálculos vetoriais!

$$\vec{\mathbf{A}} \cdot \vec{\mathbf{B}} \equiv AB\cos\theta \qquad \textbf{6.2}$$

▶ Produto escalar de quaisquer dois vetores $\vec{\mathbf{A}}$ e $\vec{\mathbf{B}}$

Como é o caso com qualquer multiplicação, $\vec{\mathbf{A}}$ e $\vec{\mathbf{B}}$ não precisam ter a mesma unidade.

Comparando essa definição com a Equação 6.1, podemos expressar a Equação 6.1 como um produto escalar:

$$W = F\Delta r\cos\theta = \vec{\mathbf{F}} \cdot \Delta\vec{\mathbf{r}} \qquad \textbf{6.3}$$

Em outras palavras, $\vec{\mathbf{F}} \cdot \Delta\vec{\mathbf{r}}$ é uma notação abreviada para $F\,\Delta r \cos\theta$.

Antes de continuar com nossa discussão de trabalho, vamos investigar algumas propriedades do produto escalar. A Figura 6.6 mostra dois vetores $\vec{\mathbf{A}}$ e $\vec{\mathbf{B}}$ e o ângulo θ entre eles usado na definição do produto escalar. Na Figura 6.6, B cos θ é a projeção de $\vec{\mathbf{B}}$ em $\vec{\mathbf{A}}$. Assim, a Equação 6.2 significa que $\vec{\mathbf{A}} \cdot \vec{\mathbf{B}}$ é o produto do módulo de $\vec{\mathbf{A}}$ e a projeção de $\vec{\mathbf{B}}$ em .[2]

A partir do lado direito da Equação 6.2, também vemos que o produto escalar é comutativo.[3] Isto é,

$$\vec{\mathbf{A}} \cdot \vec{\mathbf{B}} = \vec{\mathbf{B}} \cdot \vec{\mathbf{A}}$$

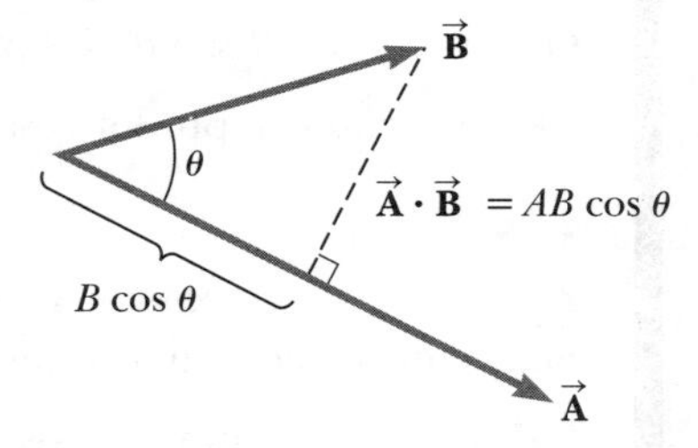

Figura 6.6 O produto escalar $\vec{\mathbf{A}} \cdot \vec{\mathbf{B}}$ é igual ao módulo de $\vec{\mathbf{A}}$ multiplicado por $B\cos\theta$, que é a projeção de $\vec{\mathbf{B}}$ em $\vec{\mathbf{A}}$.

Finalmente, o produto escalar obedece à **lei distributiva da multiplicação**, então

$$\vec{\mathbf{A}} \cdot (\vec{\mathbf{B}} + \vec{\mathbf{C}}) = \vec{\mathbf{A}} \cdot \vec{\mathbf{B}} + \vec{\mathbf{A}} \cdot \vec{\mathbf{C}}$$

[2] Essa afirmação é equivalente a declarar que $\vec{\mathbf{A}} \cdot \vec{\mathbf{B}}$ é igual ao produto do módulo de $\vec{\mathbf{B}}$ e a projeção de $\vec{\mathbf{A}}$ sobre $\vec{\mathbf{B}}$.

[3] No Capítulo 10, você verá outra maneira de combinar vetores que se mostra útil na Física e não é comutativa.

O produto escalar é simples de avaliar na Equação 6.2, quando $\vec{\mathbf{A}}$ é perpendicular ou paralelo a $\vec{\mathbf{B}}$. Se $\vec{\mathbf{A}}$ é perpendicular a $\vec{\mathbf{B}}$ ($\theta = 90°$), então $\vec{\mathbf{A}} \cdot \vec{\mathbf{B}} = 0$. (A igualdade $\vec{\mathbf{A}} \cdot \vec{\mathbf{B}} = 0$ também se mantém no caso mais trivial em que $\vec{\mathbf{A}}$ ou $\vec{\mathbf{B}}$ é zero.) Se o vetor $\vec{\mathbf{A}}$ for paralelo ao vetor $\vec{\mathbf{B}}$ e os dois apontarem para o mesmo sentido ($\theta = 0$), então $\vec{\mathbf{A}} \cdot \vec{\mathbf{B}} = AB$. Se o vetor $\vec{\mathbf{A}}$ for paralelo ao vetor $\vec{\mathbf{B}}$, mas os dois apontarem para sentidos opostos ($\theta = 180°$), então $\vec{\mathbf{A}} \cdot \vec{\mathbf{B}} = -AB$. O produto escalar é negativo quando $90° < \theta \leq 180°$.

Os vetores unitários $\hat{\mathbf{i}}$, $\hat{\mathbf{j}}$ e $\hat{\mathbf{k}}$, que foram definidos no Capítulo 1, estão nas direções x, y, e z positivas, respectivamente, de um sistema de coordenadas direcionado para o lado direito. Portanto, segue-se com base na definição de $\vec{\mathbf{A}} \cdot \vec{\mathbf{B}}$ que os produtos escalares desses vetores unitários são

▶ Produtos escalares dos vetores unitários

$$\hat{\mathbf{i}} \cdot \hat{\mathbf{i}} = \hat{\mathbf{j}} \cdot \hat{\mathbf{j}} = \hat{\mathbf{k}} \cdot \hat{\mathbf{k}} = 1 \quad \text{6.4}$$

$$\hat{\mathbf{i}} \cdot \hat{\mathbf{j}} = \hat{\mathbf{i}} \cdot \hat{\mathbf{k}} = \hat{\mathbf{j}} \cdot \hat{\mathbf{k}} = 0 \quad \text{6.5}$$

De acordo com a Seção 1.9, dois vetores $\vec{\mathbf{A}}$ e $\vec{\mathbf{B}}$ podem ser expressos em forma de vetores unitários como

$$\vec{\mathbf{A}} = A_x\hat{\mathbf{i}} + A_y\hat{\mathbf{j}} + A_z\hat{\mathbf{k}}$$

$$\vec{\mathbf{B}} = B_x\hat{\mathbf{i}} + B_y\hat{\mathbf{j}} + B_z\hat{\mathbf{k}}$$

A utilização dessas expressões para os vetores e das informações fornecidas nas Equações 6.4 e 6.5 mostra que o produto escalar de $\vec{\mathbf{A}}$ e $\vec{\mathbf{B}}$ se reduz a

$$\vec{\mathbf{A}} \cdot \vec{\mathbf{B}} = A_xB_x + A_yB_y + A_zB_z \quad \text{6.6}$$

(Detalhes da derivação são deixados para você no Problema 8 no final do capítulo.) No caso especial em que $\vec{\mathbf{A}} = \vec{\mathbf{B}}$, vemos que

$$\vec{\mathbf{A}} \cdot \vec{\mathbf{A}} = A_x^2 + A_y^2 + A_z^2 = A^2$$

TESTE RÁPIDO 6.3 Qual das seguintes afirmações sobre a relação entre o produto escalar de dois vetores e o produto dos módulos dos vetores é verdadeira? **(a)** $\vec{\mathbf{A}} \cdot \vec{\mathbf{B}}$ é maior do que AB **(b)** $\cdot\ \vec{\mathbf{B}}$ é menor do que AB **(c)** $\vec{\mathbf{A}} \cdot \vec{\mathbf{B}}$ pode ser maior ou menor do que AB, dependendo do ângulo entre os vetores **(d)** $\vec{\mathbf{A}} \cdot \vec{\mathbf{B}}$ pode ser igual a AB.

Exemplo 6.2 | O produto escalar

Os vetores $\vec{\mathbf{A}}$ e $\vec{\mathbf{B}}$ são dados por $\vec{\mathbf{A}} = 2\hat{\mathbf{i}} + 3\hat{\mathbf{j}}$ e $\vec{\mathbf{B}} = -\hat{\mathbf{i}} + 2\hat{\mathbf{j}}$.

(A) Determine o produto escalar $\vec{\mathbf{A}} \cdot \vec{\mathbf{B}}$.

SOLUÇÃO

Conceitualização Não há nenhum sistema físico para imaginar aqui. Pelo contrário, é puramente um exercício matemático envolvendo dois vetores.

Categorização Como temos uma definição para o produto escalar, categorizamos esse exemplo como um problema de substituição.

Substitua as expressões vetoriais específicas para $\vec{\mathbf{A}}$ e $\vec{\mathbf{B}}$:

$$\vec{\mathbf{A}} \cdot \vec{\mathbf{B}} = (2\hat{\mathbf{i}} + 3\hat{\mathbf{j}}) \cdot (-\hat{\mathbf{i}} + 2\hat{\mathbf{j}})$$
$$= -2\hat{\mathbf{i}} \cdot \hat{\mathbf{i}} + 2\hat{\mathbf{i}} \cdot 2\hat{\mathbf{j}} - 3\hat{\mathbf{j}} \cdot \hat{\mathbf{i}} + 3\hat{\mathbf{j}} \cdot 2\hat{\mathbf{j}}$$
$$= -2(1) + 4(0) - 3(0) + 6(1) = -2 + 6 = 4$$

O mesmo resultado é obtido quando utilizamos a Equação 6.6 diretamente, em que $A_x = 2$, $A_y = 3$, $B_x = -1$, e $B_y = 2$.

continua

6.2 *cont.*

(B) Encontre o ângulo θ entre $\vec{\mathbf{A}}$ e $\vec{\mathbf{B}}$.

SOLUÇÃO

Avaliar os módulos de $\vec{\mathbf{A}}$ e $\vec{\mathbf{B}}$ usando o teorema de Pitágoras:

$$A = \sqrt{A_x^2 + A_y^2} = \sqrt{(2)^2 + (3)^2} = \sqrt{13}$$

$$B = \sqrt{B_x^2 + B_y^2} = \sqrt{(-1)^2 + (2)^2} = \sqrt{5}$$

Use a Equação 6.2 e o resultado da parte (A) para encontrar o ângulo:

$$\cos\theta = \frac{\vec{\mathbf{A}} \cdot \vec{\mathbf{B}}}{AB} = \frac{4}{\sqrt{13}\sqrt{5}} = \frac{4}{\sqrt{65}}$$

$$\theta = \cos^{-1}\frac{4}{\sqrt{65}} = 60{,}3°$$

Exemplo 6.3 | Trabalho realizado por uma força constante

Uma partícula que se move no plano xy sofre um deslocamento dado por $\Delta\vec{\mathbf{r}} = (2{,}0\hat{\mathbf{i}} + 3{,}0\hat{\mathbf{j}})$ m enquanto uma força constante $\vec{\mathbf{F}} = (5{,}0\hat{\mathbf{i}} + 2{,}0\hat{\mathbf{j}})$ N age sobre a partícula. Calcule o trabalho realizado por $\vec{\mathbf{F}}$ sobre a partícula.

SOLUÇÃO

Conceitualização Embora esse exemplo seja um pouco mais físico do que o anterior, pois ele identifica uma força e um deslocamento, é similar quanto à sua estrutura matemática.

Categorização Como foram dados os vetores força e deslocamento e foi pedido para encontrar o trabalho realizado pela força sobre a partícula, categorizamos esse exemplo como um problema de substituição.

Substitua as expressões por $\vec{\mathbf{F}}$ e $\Delta\vec{\mathbf{r}}$ na Equação 6.3 e use as Equações 6.4 e 6.5:

$$W = \vec{\mathbf{F}} \cdot \Delta\vec{\mathbf{r}} = [(5{,}0\hat{\mathbf{i}} + 2{,}0\hat{\mathbf{j}})\text{ N}] \cdot [(2{,}0\hat{\mathbf{i}} + 3{,}0\hat{\mathbf{j}})\text{m}]$$

$$= (5{,}0\hat{\mathbf{i}} \cdot 2{,}0\hat{\mathbf{i}} + 5{,}0\hat{\mathbf{i}} \cdot 3{,}0\hat{\mathbf{j}} + 2{,}0\hat{\mathbf{j}} \cdot 2{,}0\hat{\mathbf{i}} + 2{,}0\hat{\mathbf{j}} \cdot 3{,}0\hat{\mathbf{j}})\text{ N} \cdot \text{m}$$

$$= [10 + 0 + 0 + 6]\text{ N} \cdot \text{m} = 16\text{ J}$$

6.4 | Trabalho realizado por uma força variável

Considere uma partícula sendo deslocada ao longo do eixo x sob a ação de uma força que varia conforme a posição. A partícula é deslocada na direção do x crescente de $x = x_i$ para $x = x_f$. Em tal situação, não podemos utilizar $W = F \Delta r \cos\theta$ para calcular o trabalho realizado pela força, pois essa relação só se aplica quando $\vec{\mathbf{F}}$ é constante em módulo, direção e sentido. Se, entretanto, imaginarmos que a partícula sofre um deslocamento muito pequeno, Δ_x, mostrado na Figura 6.7a, a componente x, F_x da força é aproximadamente constante durante esse pequeno intervalo de tempo; para esse pequeno deslocamento, podemos aproximar o trabalho realizado pela força sobre a partícula como

$$W \approx F_x \Delta_x$$

que é a área do retângulo sombreado na Figura 6.7a. Se imaginarmos a curva de F_x por x dividida pelo grande número de tais intervalos, o trabalho total realizado para o deslocamento de x_i para x_f é aproximadamente igual à soma de um grande número de tais termos:

$$W \approx \sum_{x_i}^{x_f} F_x \Delta x$$

Se o tamanho dos deslocamentos pequenos puder se aproximar de zero, o número de termos na soma aumenta sem limite, mas o valor da soma se aproxima de um valor definido igual à área delimitada pela curva F_x e o eixo x:

$$\lim_{\Delta x \to 0} \sum_{x_i}^{x_f} F_x \Delta_x = \int_{x_i}^{x_f} F_x dx$$

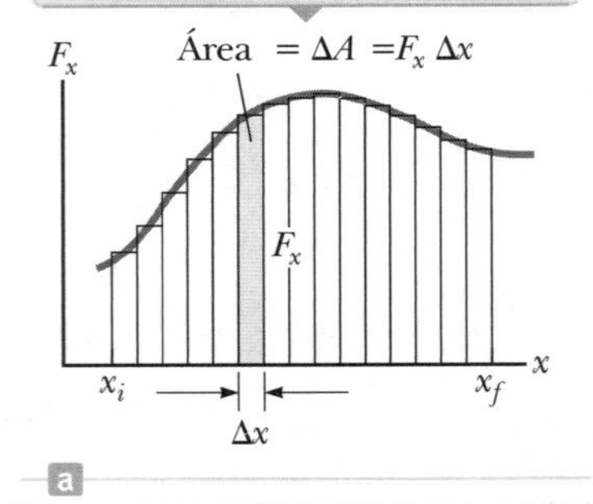

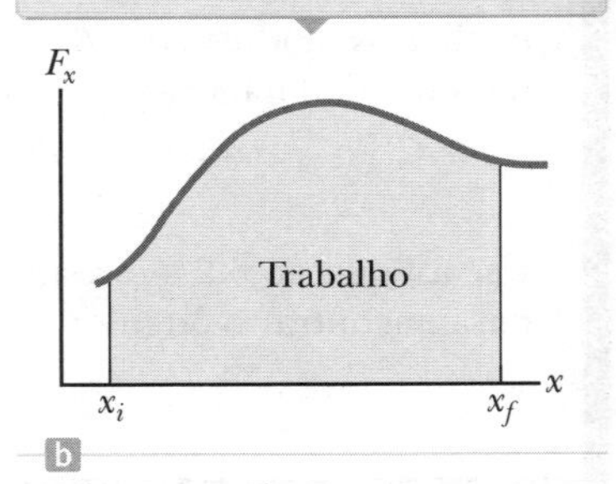

Figura 6.7 (a) O trabalho realizado sobre uma partícula pela componente da força F_x para o deslocamento pequeno Δx é $F_x \, \Delta x$, que é igual à área do retângulo sombreado. (b) A largura Δx de cada retângulo é reduzida a zero.

Portanto, podemos expressar o trabalho realizado por F_x sobre a partícula enquanto ela se move de x_i para x_f como

$$W = \int_{x_i}^{x_f} F_x dx \qquad \textbf{6.7}$$

Essa equação se reduz à Equação 6.1 quando a componente $F_x = F \cos \theta$ permanece constante.

Se mais de uma força agir sobre um sistema *e o sistema puder ser considerado como uma partícula*, o trabalho realizado sobre o sistema será o trabalho realizado pela força resultante. Se expressarmos a força resultante na direção x como o F_x, o trabalho total, ou resultante, realizado enquanto a partícula se move de x_i para x_f é

$$\sum W = W_{\text{ext}} = \int_{x_i}^{x_f} \left(\sum F_x\right) dx \qquad \text{(partícula)}$$

Para o caso geral de uma força resultante $\Sigma\vec{\mathbf{F}}$ cujo módulo e cuja direção e sentido podem variar, utilizamos o produto escalar,

$$\sum W = W_{\text{ext}} = \int \left(\sum \vec{\mathbf{F}}\right) \cdot d\vec{\mathbf{r}} \qquad \text{(partícula)} \qquad \textbf{6.8}$$

em que a integral é calculada sobre o trajeto que a partícula faz no espaço. O subscrito "ext" no trabalho lembra-nos de que o trabalho resultante é realizado por um agente *externo* ao sistema. Utilizaremos essa notação neste capítulo como lembrete e para diferenciar esse trabalho de um trabalho *interno*, a ser descrito brevemente.

Se o sistema não puder ser considerado como uma partícula (por exemplo, se o sistema for deformável), não podemos utilizar a Equação 6.8 porque diferentes forças agindo sobre o sistema podem se mover por diferentes deslocamentos. Nesse caso, devemos avaliar o trabalho realizado por cada força separadamente e então adicionar trabalhos algebricamente para encontrar o trabalho resultante realizado sobre o sistema:

$$\sum W = W_{\text{ext}} = \sum_{\text{forças}} \left(\int \vec{\mathbf{F}} \cdot d\vec{\mathbf{r}}\right) \qquad \text{(sistema deformável)}$$

Exemplo 6.4 | Cálculo do trabalho total realizado de acordo com um gráfico

Uma força que age sobre uma partícula varia com x, como mostrado na Figura 6.8. Calcule o trabalho realizado pela força sobre a partícula enquanto ela se move de $x = 0$ a $x = 6{,}0$ m.

SOLUÇÃO

Conceitualização Imagine uma partícula sujeita à força na Figura 6.8. A força permanece constante enquanto a partícula se move pelos primeiros 4,0 m, e então decresce linearmente até zero em 6,0 m. Quanto às discussões de movimento anteriores, a partícula podia ser considerada sob aceleração constante para os primeiros 4,0 m porque a força é constante. Entre 4,0 m e 6,0 m, entretanto, o movimento não se enquadra em um dos modelos de análise anteriores porque a aceleração da partícula está variando. Se a partícula iniciar do repouso, sua velocidade escalar aumenta durante o movimento e a partícula está sempre se movendo na direção x positiva. Entretanto, esses detalhes sobre sua velocidade escalar e direção não são necessários para o cálculo do trabalho realizado.

continua

6.4 *cont.*

Categorização Como a força varia durante todo o movimento da partícula, devemos usar as técnicas para trabalho realizado por forças variáveis. Nesse caso, a representação gráfica da Figura 6.8 pode ser utilizada para avaliar o trabalho realizado.

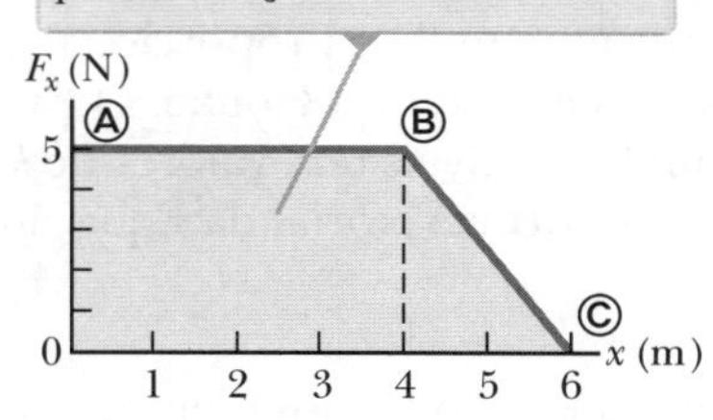

Figura 6.8 (Exemplo 6.4) A força que age sobre a partícula é constante para os primeiros 4,0 m de movimento e, então, decresce linearmente com x de $x_{Ⓑ} = 4{,}0$ m a $x_{Ⓒ} = 6{,}0$ m.

Análise O trabalho realizado pela força é igual à área sob a curva de $x_{Ⓐ} = 0$ a $x_{Ⓒ} = 6{,}0$ m. Essa área é igual à área da seção retangular de Ⓐ a Ⓑ mais a área da seção triangular de Ⓑ a Ⓒ.

Avalie a área do retângulo: $W_{Ⓐ\text{ a }Ⓑ} = (5{,}0 \text{ N})(4{,}0 \text{ m}) = 20 \text{ J}$

Avalie a área do triângulo: $W_{Ⓑ\text{ a }Ⓒ} = \frac{1}{2}(5{,}0 \text{ N})(2{,}0 \text{ m}) = 5{,}0 \text{ J}$

Encontre o trabalho total realizado pela força sobre a partícula: $W_{Ⓐ\text{ a }Ⓒ} = W_{Ⓐ\text{ a }Ⓑ} + W_{Ⓑ\text{ a }Ⓒ} = 20 \text{ J} + 5{,}0 = 25 \text{ J}$

Finalização Como o gráfico da força consiste em linhas retas, podemos usar regras para encontrar as áreas de formas geométricas simples para avaliar o trabalho total realizado neste exemplo. Se a força não variar linearmente, tais regras não podem ser utilizadas e a função força deve ser integrada como nas Equações 6.7 ou 6.8.

Trabalho feito por uma mola

Um modelo de um sistema físico comum no qual a força varia com a posição é mostrado na Figura Ativa 6.9. O sistema é um bloco sobre uma superfície horizontal sem atrito e conectado a uma mola. Para muitas molas, se ela estiver esticada ou comprimida a uma pequena distância de sua configuração não esticada (equilíbrio), ela exerce sobre o bloco uma força que pode ser matematicamente considerada como

$$F_m = -kx \quad (6.9)$$

▶ Força elástica

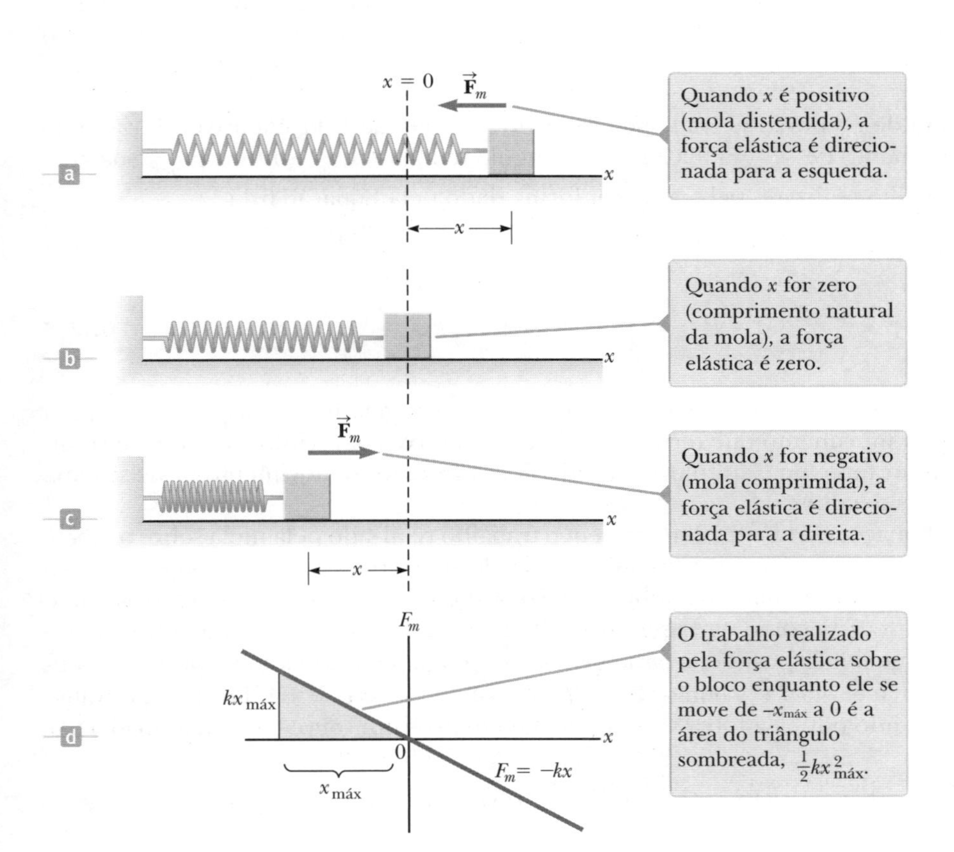

Figura Ativa 6.9 A força exercida por uma mola sobre um bloco varia com a posição do bloco, x, em relação à posição de equilíbrio $x = 0$. (a) x é positivo. (b) x é zero. (c) x é negativo. (d) Gráfico de F_m por x para o sistema bloco-mola.

em que x é a posição do bloco em relação à sua posição de equilíbrio ($x = 0$) e k é uma constante positiva chamada **constante de força** ou **constante elástica** da mola. Em outras palavras, a força requerida para distender ou comprimir uma mola é proporcional à quantidade de distensão ou compressão x. Essa lei de força para as molas é conhecida como **lei de Hooke**. O valor de k é uma medida da *rigidez* da mola. Molas rígidas têm valores de k grandes, e molas flexíveis têm valores de k pequenos. Como pode ser visto na Equação 6.9, as unidades de k são N/m.

A forma vetorial da Equação 6.9 é

$$\vec{\mathbf{F}}_m = F_m\hat{\mathbf{i}} = -kx\hat{\mathbf{i}} \qquad \textbf{6.10} \blacktriangleleft$$

em que escolhemos o eixo x ao longo da qual a mola se distende ou comprime.

O sinal negativo nas Equações 6.9 e 6.10 significa que a força exercida pela mola é sempre no sentido *oposto* ao deslocamento a partir do equilíbrio. Quando $x > 0$, como na Figura Ativa 6.9a, o bloco está à direita da posição de equilíbrio, a força elástica está voltada para a esquerda, na direção x negativa. Quando $x < 0$, como na Figura Ativa 6.9c, o bloco está à esquerda da posição de equilíbrio e a força elástica está voltada para a direita, na direção x positiva. Quando $x = 0$, como na Figura Ativa 6.9b, não está distendida e $F_m = 0$. Como a força elástica sempre age no sentido da posição de equilíbrio ($x = 0$), ela é às vezes chamada de *força restauradora*.

Se a mola for comprimida até que o bloco esteja no ponto $-x_{\text{máx}}$ e depois for solta, o bloco irá mover-se de $-x_{\text{máx}}$ por zero a $+x_{\text{máx}}$. Ele então inverte o sentido, retorna a $-x_{\text{máx}}$, e continua oscilando para trás e para frente. Estudaremos essas oscilações mais detalhadamente no Capítulo 12. Por enquanto, vamos investigar o trabalho realizado pela mola sobre o bloco em pequenas porções de uma oscilação.

Suponha que o bloco seja empurrado para a esquerda para uma posição $-x_{\text{máx}}$ e depois solto. Identificamos o bloco como nosso sistema e calculamos o trabalho W_m realizado pela força elástica sobre o bloco enquanto ele se move de $x_i = -x_{\text{máx}}$ a $x_f = 0$. Aplicando a Equação 6.8 e assumindo que o bloco pode ser modelado como uma partícula, obtemos

$$W_m = \int \vec{\mathbf{F}}_m \cdot d\vec{\mathbf{r}} = \int_{x_i}^{x_f} (-kx\hat{\mathbf{i}}) \cdot (dx\hat{\mathbf{i}}) = \int_{-x_{\text{máx}}}^{0} (-kx)dx = \tfrac{1}{2}kx_{\text{máx}}^2 \qquad \textbf{6.11} \blacktriangleleft$$

onde usamos a integral $\int x^n\,dx = x^{n+1}/(n+1)$ com $n = 1$. O trabalho realizado pela força elástica é positivo, pois a força está voltada para o mesmo sentido que o deslocamento (ambos são para a direita). Como o bloco chega a $x = 0$ com alguma rapidez, ele continuará a se mover até que atinja a posição $+x_{\text{máx}}$. O trabalho realizado pela força elástica sobre o bloco enquanto ele se move de $x_i = 0$ para $x_f = x_{\text{máx}}$ é $T_s = -\frac{1}{2}kx_{\text{máx}}^2$. O trabalho é negativo, pois para essa parte do movimento, a força elástica está voltada para a esquerda e seu deslocamento é para a direita. Portanto, o trabalho resultante realizado pela força elástica sobre o bloco enquanto ele se move de $x_i = -x_{\text{máx}}$ para $x_f = x_{\text{máx}}$ é *zero*.

A Figura Ativa 6.9d é uma plotagem de F_m por x. O trabalho calculado na Equação 6.11 é a área do triângulo sombreado, correspondendo ao deslocamento de $-x_{\text{máx}}$ a 0. Como o triângulo tem base $x_{\text{máx}}$ e altura $kx_{\text{máx}}$, sua área é $\frac{1}{2}kx_{\text{máx}}^2$, que está de acordo com o trabalho realizado pela mola conforme dado pela Equação 6.11.

Se o bloco sofrer um deslocamento arbitrário de $x = x_i$ a $x = x_f$, o trabalho realizado pela força elástica sobre o bloco será

$$W_m = \int_{x_i}^{x_f} (-kx)\,dx = \tfrac{1}{2}kx_i^2 - \tfrac{1}{2}kx_f^2 \qquad \textbf{6.12} \blacktriangleleft$$

Na Equação 6.12, vemos que o trabalho realizado pela força elástica é zero para qualquer movimento que termine onde começou ($x_i = x_f$). Utilizaremos esse resultado importante no Capítulo 7, quando descreveremos o movimento desse sistema com mais detalhes.

As Equações 6.11 e 6.12 descrevem o trabalho realizado pela mola sobre o bloco. Agora, vamos considerar o trabalho realizado sobre o bloco por um *agente externo* quando ele aplica uma força sobre o bloco fazendo-o mover-se *muito lentamente* de $x_i = -x_{\text{máx}}$ a $x_f = 0$, como na Figura 6.10. Podemos calcular esse trabalho observando que, em qualquer posição, a *força aplicada* $\vec{\mathbf{F}}_{\text{ap}}$ é igual em módulo e oposta em sentido à força elástica $\vec{\mathbf{F}}_m$, então, $\vec{\mathbf{F}}_{\text{ap}} = F_{\text{ap}}\hat{\mathbf{i}} = -\vec{\mathbf{F}}_m = -(-kx\hat{\mathbf{i}}) = kx\hat{\mathbf{i}}$. Portanto, o trabalho realizado por essa força aplicada (o agente externo) sobre o sistema do bloco é

$$W_{\text{ext}} = \int \vec{\mathbf{F}}_{\text{ap}} \cdot d\vec{\mathbf{r}} = \int_{x_i}^{x_f} (kx\hat{\mathbf{i}}) \cdot (dx\hat{\mathbf{i}}) = \int_{-x_{\text{máx}}}^{0} kx\,dx = -\tfrac{1}{2}kx_{\text{máx}}^2$$

Se o processo de mover o bloco for realizado muito lentamente, então $\vec{\mathbf{F}}_{\text{ap}}$ é igual em módulo e oposta em sentido a $\vec{\mathbf{F}}_m$ todas as vezes.

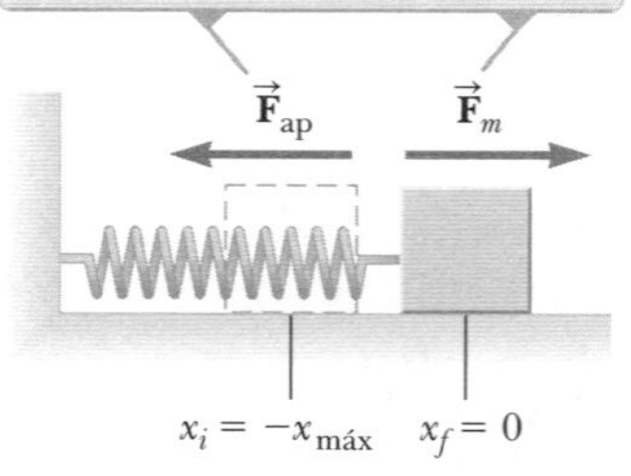

Figura 6.10 Um bloco se desloca de $x_i = -x_{\text{máx}}$ a $x_f = 0$ em uma superfície de atrito enquanto uma força de $\vec{\mathbf{F}}_{\text{ap}}$ é aplicada ao bloco.

Esse trabalho é igual ao negativo do trabalho realizado pela força elástica para esse deslocamento (Eq. 6.11). O trabalho é negativo porque o agente externo deve empurrar a mola para dentro a fim de evitar que ela se expanda, e esse sentido é oposto ao de deslocamento do ponto de aplicação da força quando o bloco se move de $-x_{máx}$ a 0.

Para um deslocamento arbitrário do bloco, o trabalho realizado sobre o sistema pelo agente externo é

$$W_{ext} = \int_{x_i}^{x_f} kx\,dx = \tfrac{1}{2}kx_f^2 - \tfrac{1}{2}kx_i^2 \qquad \textbf{6.13}$$

Observe que essa equação é o negativo da Equação 6.12.

TESTE RÁPIDO 6.4 Um dardo é inserido em uma pistola de dardos de mola, empurrando a mola por uma distância x. Na próxima carga, a mola é comprimida a uma distância $2x$. Quanto trabalho é necessário para carregar o segundo dardo em comparação com o necessário para carregar o primeiro? (**a**) quatro vezes mais (**b**) duas vezes mais (**c**) o mesmo (**d**) metade a mais (**e**) um quarto a mais.

Exemplo 6.5 | Medição de *k* para uma mola

Uma técnica comum utilizada para medir a constante de força de uma mola é demonstrada pela configuração na Figura 6.11. A mola é suspensa verticalmente (Fig. 6.11a) e um corpo de massa m é preso à sua extremidade inferior. Sob a ação da "carga" mg, a mola se distende a uma distância d de sua posição de equilíbrio (Fig. 6.11b).

(A) Se uma mola é distendida 2,0 cm por um corpo suspenso de massa 0,55 kg, qual é a constante de força da mola?

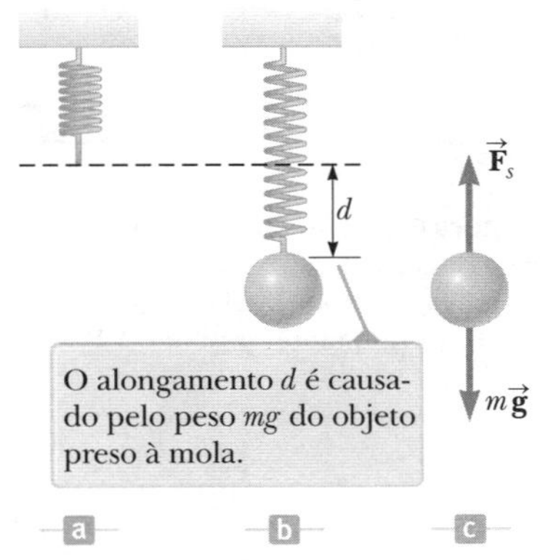

Figura 6.11 (Exemplo 6.5) Determinando a constante elástica k de uma mola.

SOLUÇÃO

Conceitualização A Figura 6.11b, que mostra o que acontece com a mola quando o corpo é preso a ela. Simule essa situação pendurando um corpo em um elástico.

Categorização O corpo na Figura 6.11b não está acelerando, então, ele é considerado uma partícula em equilíbrio.

Análise Como o corpo está em equilíbrio, a força resultante sobre o corpo e a força elástica para cima equilibra a força gravitacional para baixo $m\vec{g}$ (Fig. 6.11c).

Aplique o modelo da partícula em equilíbrio ao corpo:

$$\vec{F}_m + m\vec{g} = 0 \rightarrow F_m - mg = 0 \rightarrow F_m = mg$$

Aplique a lei de Hooke para obter $F_m = kd$ e determine k:

$$k = \frac{mg}{d} = \frac{(0{,}55\text{ kg})(9{,}80\text{ m/s}^2)}{2{,}0 \times 10^{-2}\text{m}} = 2{,}7 \times 10^2\text{ N/m}$$

(B) Qual é o trabalho realizado pela mola sobre o corpo quando ele se distende por essa distância?

SOLUÇÃO

Use a Equação 6.12 para determinar o trabalho realizado pela mola sobre o corpo:

$$W_m = 0 - \tfrac{1}{2}kd^2 = -\tfrac{1}{2}(2{,}7 \times 10^2\text{ N/m})(2{,}0 \times 10^{-2}\text{ m})^2$$
$$= -5{,}4 \times 10^{-2}\text{ J}$$

Finalização Enquanto o corpo se desloca uma distância de 2,0 cm, a força gravitacional também realiza trabalho sobre ele. Esse trabalho é positivo porque a força gravitacional é para baixo, assim como o deslocamento do ponto de aplicação dessa força. Com base na Equação 6.12 e na discussão posterior, esperaríamos que o trabalho realizado pela força gravitacional fosse $+5{,}4 \times 10^{-2}$ J? Vamos descobrir.

Avalie o trabalho realizado pela força gravitacional sobre o corpo:

$$W = \vec{F} \cdot \Delta\vec{r} = (mg)(d)\cos 0 = mgd$$
$$= (0{,}55\text{ kg})(9{,}80\text{ m/s}^2)(2{,}0 \times 10^{-2}\text{m}) = 1{,}1 \times 10^{-1}\text{ J}$$

continua

6.5 *cont.*

Se você esperava que o trabalho realizado pela gravidade fosse simplesmente o realizado pela mola com um sinal positivo, poderá surpreender-se com esse resultado! Para entender por que esse não é o caso, precisamos explorar mais, como faremos na próxima seção.

6.5 | Energia cinética e o teorema do trabalho-energia cinética

Investigamos o trabalho e o identificamos como um mecanismo para transferir energia para um sistema. Afirmamos que trabalho é uma influência do ambiente sobre um sistema, mas ainda não discutimos o *resultado* da influência sobre o sistema. Um resultado possível de realizar trabalho sobre um sistema é que o sistema muda sua velocidade escalar. Nessa seção, investigamos essa situação e introduzimos nosso primeiro tipo de energia que um sistema pode possuir, chamada *energia cinética*.

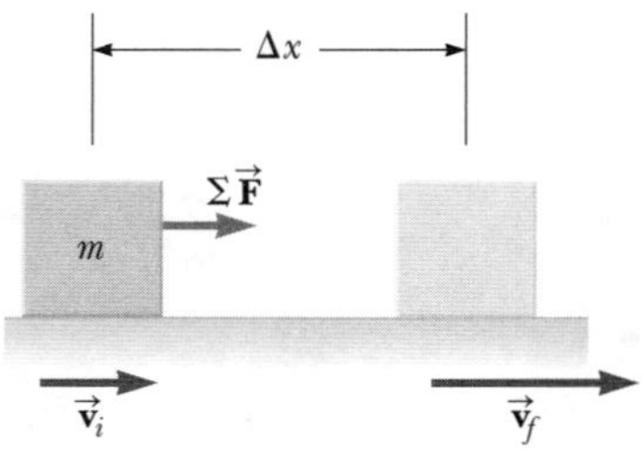

Considere um sistema que consiste em um corpo simples. A Figura 6.12 mostra um bloco de massa m que se move por um deslocamento voltado para a direita sob a ação de uma força resultante $\Sigma\vec{\mathbf{F}}$, também voltada para a direita. Sabemos pela Segunda Lei de Newton que o bloco se move com uma aceleração $\vec{\mathbf{a}}$. Se o bloco (e, portanto, a força) se move por um deslocamento $\Delta\vec{\mathbf{r}} = \Delta x\hat{\mathbf{i}} = (x_f - x_i)\hat{\mathbf{i}}$, o trabalho resultante realizado no bloco pela força resultante externa $\Sigma\vec{\mathbf{F}}$ é

Figura 6.12 Um objeto que sofre um deslocamento $\Delta\vec{\mathbf{r}} = \Delta x\hat{\mathbf{i}}$ e uma mudança na velocidade sob a ação de força resultante constante $\Sigma\vec{\mathbf{F}}$.

$$W_{\text{ext}} = \int_{x_i}^{x_f} \sum F\, dx \qquad \textbf{6.14}$$

Usando a Segunda Lei de Newton, substituímos o módulo da força resultante $\Sigma F = ma$ e então realizamos as seguintes manipulações da regra da cadeia no integrando:

$$W_{\text{ext}} = \int_{x_i}^{x_f} ma\, dx = \int_{x_i}^{x_f} m\frac{dv}{dt}dx = \int_{x_i}^{x_f} m\frac{dv}{dx}\frac{dx}{dt}dx = \int_{v_i}^{v_f} mv\, dv$$

$$W_{\text{ext}} = \tfrac{1}{2}mv_f^2 - \tfrac{1}{2}mv_i^2 \qquad \textbf{6.15}$$

em que v_i é a velocidade escalar do bloco em $x = x_i$ e v_f é sua velocidade escalar em x_f.

A Equação 6.15 foi gerada para a situação específica de um movimento unidimensional, mas esse é um resultado geral. Ela nos diz que o trabalho realizado pela força resultante sobre uma partícula de massa m é igual à diferença entre os valores inicial e final de uma quantidade $\frac{1}{2}mv^2$. Essa quantidade é tão importante que recebeu um nome especial, **energia cinética**:

▶ Energia cinética

$$K \equiv \tfrac{1}{2}mv^2 \qquad \textbf{6.16}$$

A energia cinética representa a energia associada com o movimento da partícula. A energia cinética é uma grandeza escalar e tem as mesmas unidades que trabalho. Por exemplo, um corpo de 2,0 kg que se move com uma velocidade escalar de 4,0 m/s tem uma energia cinética de 16 J. A Tabela 6.1 lista as energias cinéticas para vários corpos.

A Equação 6.15 afirma que o trabalho realizado sobre uma partícula por uma força resultante $\Sigma\vec{\mathbf{F}}$ que age sobre ela é igual à mudança na energia cinética da partícula. Muitas vezes, é conveniente escrever a Equação 6.15 na forma

$$W_{\text{ext}} = K_f - K_i = \Delta K \qquad \textbf{6.17}$$

Outra maneira de escrever é $K_f = K_i + W_{\text{ext}}$, que nos diz que a energia cinética final de um corpo é igual à sua energia cinética inicial mais a alteração na energia por causa do trabalho resultante realizado sobre ele.

Geramos a Equação 6.17 imaginando realizar trabalho sobre uma partícula. Poderíamos também realizar trabalho sobre um sistema deformável, no qual partes do sistema se movem em relação umas às outras. Nesse caso,

TABELA 6.1 | Energias cinéticas para vários objetos

Corpo	Massa (kg)	Velocidade escalar (m/s)	Energia Cinética (J)
Terra orbitando o Sol	$5{,}97 \times 10^{24}$	$2{,}98 \times 10^{4}$	$2{,}65 \times 10^{33}$
Lua orbitando a Terra	$7{,}35 \times 10^{22}$	$1{,}02 \times 10^{3}$	$3{,}82 \times 10^{28}$
Foguete movendo-se na velocidade de escape[a]	500	$1{,}12 \times 10^{4}$	$3{,}14 \times 10^{10}$
Automóvel a 65 mi/h	2 000	29	$8{,}4 \times 10^{5}$
Atleta de corrida	70	10	3 500
Pedra caída de 10 m	1,0	14	98
Bola de golfe na velocidade terminal	0,046	44	45
Gota de chuva na velocidade terminal	$3{,}5 \times 10^{25}$	9,0	$1{,}4 \times 10^{-3}$
Molécula de oxigênio no ar	$5{,}3 \times 10^{-26}$	500	$6{,}6 \times 10^{-21}$

[a] Velocidade de escape é a velocidade mínima que um objeto deve atingir perto da superfície terrestre para se mover infinitamente para longe da Terra.

também descobrimos que a Equação 6.17 é válida enquanto o trabalho resultante é encontrado adicionando-se os trabalhos realizados por cada força, como discutido anteriormente com relação à Equação 6.8.

A Equação 6.17 é um resultado importante conhecido como o **teorema do trabalho-energia cinética**:

Quando trabalho é realizado sobre um sistema e a única mudança nele acontece em sua velocidade escalar, o trabalho resultante realizado sobre o sistema é igual à mudança da energia cinética do sistema.

▶ Teorema do trabalho-energia cinética

O teorema do trabalho-energia cinética indica que a velocidade escalar de um sistema *aumenta* se o trabalho resultante realizado sobre ele for *positivo*, pois a energia cinética final é maior que a energia cinética inicial. A velocidade escalar *diminui* se o trabalho resultante for *negativo*, pois a energia cinética final é menor que a energia cinética inicial.

Como até agora só investigamos o movimento de translação através do espaço, chegamos ao teorema do trabalho-energia cinética analisando situações que envolvem esse tipo de movimento. Outro tipo de movimento é o *movimento de rotação*, no qual um corpo gira em torno de um eixo. Estudaremos esse tipo de movimento no Capítulo 10. O teorema do trabalho-energia cinética também é válido para sistemas que sofrem uma mudança na velocidade escalar de rotação por causa do trabalho realizado sobre o sistema. O aerogerador na fotografia no início desse capítulo é um exemplo de trabalho que causa um movimento de rotação.

O teorema do trabalho-energia cinética esclarecerá um resultado visto anteriormente neste capítulo que pode ter parecido estranho. Na Seção 6.4, chegamos a um resultado de trabalho resultante zero realizado quando deixamos uma mola empurrar um bloco de $x_i = -x_{\text{máx}}$ a $x_f = x_{\text{máx}}$. Observe que, como a velocidade escalar do bloco está continuamente mudando, pode parecer complicado analisar esse processo. A quantidade ΔK no teorema do trabalho-energia cinética, entretanto, apenas se refere aos pontos inicial e final para a velocidade escalar; ela não depende dos detalhes do trajeto seguido entre esses pontos. Entretanto, como a velocidade escalar é zero tanto no ponto inicial como no final do movimento, o trabalho resultante realizado sobre o bloco é zero. Frequentemente, veremos esse conceito de independência de trajeto em abordagens similares dos problemas.

Vamos voltar ao mistério da etapa Finalização no final do Exemplo 6.5. Por que o trabalho realizado pela gravidade não era exatamente o valor do trabalho realizado pela mola com um sinal positivo? Observe que o trabalho realizado pela gravidade é maior que o módulo do trabalho realizado pela mola. Portanto, o trabalho total realizado por todas as forças sobre o corpo é positivo. Imagine agora como criar a situação na qual as únicas forças sobre o corpo são a força elástica e a gravitacional. Você deve sustentar o corpo no ponto mais alto e então remover sua mão e deixar o corpo cair. Se fizer assim, saberá que quando

Prevenção de Armadilhas | 6.5

Condições para o teorema do trabalho-energia cinética

O teorema do trabalho-energia cinética é importante, mas limitado em sua aplicação; ele não é um princípio geral. Em muitas situações, outras mudanças no sistema ocorrem além de sua velocidade e há outras interações com o ambiente além do trabalho. Um princípio mais geral que envolve energia é a *conservação de energia* na Seção 7.1.

Prevenção de Armadilhas | 6.4

Teorema do trabalho-energia cinética: velocidade escalar, não velocidade vetorial

O teorema do trabalho-energia cinética relaciona trabalho com uma mudança na *velocidade escalar* de um sistema, não com uma mudança em sua velocidade vetorial. Por exemplo, se um objeto está em movimento circular uniforme, sua velocidade escalar é constante. Embora sua velocidade vetorial esteja mudando, nenhum trabalho é realizado sobre o objeto pela força que causa o movimento circular.

o corpo atingir uma posição 2,0 cm abaixo de sua mão, estará se *movendo*, o qual é coerente com a Equação 6.17. Trabalho resultante positivo é realizado sobre o corpo e o resultado é que ele tem uma energia cinética quando passa pelo ponto 2,0 cm.

A única maneira de evitar que o corpo tenha energia cinética depois de passar por 2,0 cm é baixá-lo lentamente com a mão. Depois, entretanto, há uma terceira força que realiza trabalho sobre o corpo, a força normal de sua mão. Se esse trabalho for calculado e adicionado ao realizado pela força elástica e pela força gravitacional, o trabalho resultante realizado sobre o corpo será zero, o que é coerente, pois o corpo não está se movendo no ponto 2,0 cm.

Anteriormente, indicamos que o trabalho pode ser considerado como um mecanismo para transferir energia para um sistema. A Equação 6.17 é um enunciado matemático desse conceito. Quando o trabalho W_{ext} é realizado sobre um sistema, o resultado é uma transferência de energia através de uma fronteira do sistema. O resultado sobre o sistema, no caso da Equação 6.17, é uma mudança ΔK na energia cinética. Na próxima seção, investigaremos outro tipo de energia que pode ser armazenada em um sistema como resultado da realização de trabalho sobre o sistema.

TESTE RÁPIDO 6.5 Um dardo é inserido em uma pistola de dardos de mola, empurrando a mola por uma distância x. Na próxima carga, a mola é comprimida a uma distância $2x$. Quão mais rápido o segundo dardo sai da arma em comparação com o primeiro? (**a**) quatro vezes mais (**b**) duas vezes mais (**c**) o mesmo (**d**) metade (**e**) um quarto

PENSANDO EM FÍSICA 6.1

Um homem deseja carregar um refrigerador sobre um caminhão utilizando uma rampa a um ângulo θ, como mostrado na Figura 6.13. Ele afirma que seria necessário menos trabalho para carregar o caminhão se o comprimento L da rampa fosse aumentado. Essa afirmativa é válida?

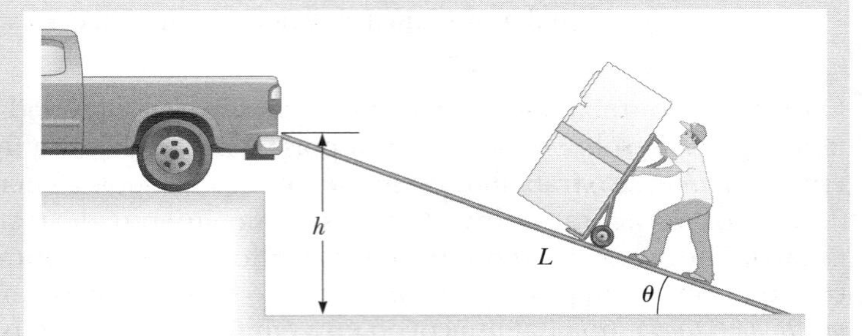

Figura 6.13 (Pensando em Física 6.1) Um refrigerador preso a um carrinho sem atrito se move rampa acima a uma velocidade escalar constante.

Raciocínio Não. Suponha que o refrigerador seja levado em um carrinho de mão pela rampa com velocidade escalar constante. Neste caso, para o sistema do refrigerador e do carrinho de mão, $\Delta K = 0$. A força normal exercida pela rampa sobre o sistema é direcionada a 90° do deslocamento de seu ponto de aplicação e, portanto, não realiza trabalho sobre o sistema. Como $\Delta K = 0$, o teorema do trabalho-energia cinética dá

$$W_{ext} = W_{\text{pelo homem}} + W_{\text{pela gravidade}} = 0$$

O trabalho realizado pela força gravitacional é igual ao produto do peso mg do sistema, a distância L por meio da qual o refrigerador é deslocado e cos $(\theta + 90°)$.[4] Portanto,

$$W_{\text{pelo homem}} = -W_{\text{pela gravidade}} = -(mg)\,(L)\,[\cos\,(\theta + 90°)]$$
$$= mgL \text{ sen } \theta = mgh$$

em que $h = L$ sen θ é a altura da rampa. Portanto, o homem deve realizar a mesma quantidade de trabalho mgh sobre o sistema, *independentemente* do comprimento da rampa. O trabalho depende apenas da altura da rampa. Embora menos força seja necessária com uma rampa mais longa, o ponto de aplicação dessa força sofre um deslocamento maior. ◀

[4] N.R.T.: Ângulo formado entre o peso do sistema e o deslocamento.

Exemplo 6.6 | Um bloco empurrado sobre uma superfície sem atrito

Um bloco de 6.0 kg inicialmente em repouso é puxado para a direita ao longo de uma superfície horizontal sem atrito por uma força horizontal constante de 12 N. Encontre a velocidade escalar do bloco após ele ter se movido 3,0 m.

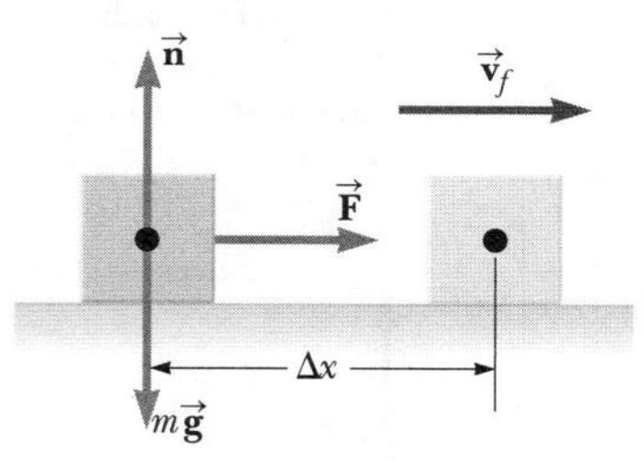

Figura 6.14 (Exemplo 6.6) Um bloco é puxado para a direita sobre uma superfície sem atrito por uma força horizontal constante.

SOLUÇÃO

Conceitualização A Figura 6.14 ilustra essa situação. Imagine puxar um carro de brinquedo por uma mesa horizontal com um elástico amarrado na frente do carrinho. A força é mantida constante ao se certificar que o elástico esticado tenha sempre o mesmo comprimento.

Categorização Poderíamos aplicar as equações da cinemática para determinar a resposta, mas vamos praticar a abordagem de energia. O bloco é o sistema e três forças externas agem sobre ele. A força normal equilibra a força gravitacional no bloco e nenhuma dessas forças que agem verticalmente realizam trabalho sobre o bloco, pois seus pontos de aplicação são deslocados horizontalmente.

Análise A força externa resultante que age sobre o bloco é a força horizontal de 12 N.

Use o teorema do trabalho-energia cinética para o bloco, observando que sua energia cinética inicial é zero:

$$W_{\text{ext}} = K_f - K_i = \tfrac{1}{2}mv_f^2 - 0 = \tfrac{1}{2}mv_f^2$$

Resolva para encontrar v_f e use a Equação 6.1 para o trabalho realizado sobre o bloco por $\vec{\mathbf{F}}$:

$$v_f = \sqrt{\frac{2W_{\text{ext}}}{m}} = \sqrt{\frac{2F\Delta x}{m}}$$

Substitua os valores numéricos:

$$v_f = \sqrt{\frac{2(12\,\text{N})(3{,}0\,\text{m})}{6{,}0\,\text{kg}}} = 3{,}5\ \text{m/s}$$

Finalização Seria útil para você resolver esse problema novamente considerando o bloco como uma partícula sob uma força resultante para encontrar sua aceleração e depois como uma partícula sob aceleração constante para encontrar sua velocidade final.

E se? Suponha que o módulo da força nesse exemplo seja dobrado para $F' = 2F$. O bloco de 6,0 kg acelera até 3,5 m/s em razão dessa força aplicada enquanto se move por um deslocamento $\Delta x'$. Como o deslocamento $\Delta x'$ se compara com o deslocamento original Δx?

Resposta Se puxar forte, o bloco deve acelerar a uma determinada velocidade escalar em uma distância mais curta, portanto, esperamos que $\Delta x' < \Delta x$. Em ambos os casos, o bloco sofre a mesma mudança na energia cinética ΔK. Matematicamente, pelo teorema do trabalho-energia cinética, descobrimos que

$$W_{\text{ext}} = F'\Delta x' = \Delta K = F\Delta x$$

$$\Delta x' = \frac{F}{F'}\Delta x = \frac{F}{2F}\Delta x = \tfrac{1}{2}\Delta x$$

e a distância é menor que a sugerida por nosso argumento conceitual.

6.6 | Energia potencial de um sistema

Até agora, neste capítulo, definimos um sistema em geral, mas concentramos nossa atenção principalmente em partículas ou corpos únicos sob a influência de forças externas. Agora, vamos considerar sistemas de duas ou mais partículas ou corpos que interagem por meio de uma força que é *interna* ao sistema. A energia cinética de tal sistema é a soma algébrica das energias cinéticas de todos os membros do sistema. Pode haver sistemas, entretanto, nos quais um corpo tem tanta massa que ele pode ser considerado parado e sua energia cinética pode ser desprezada. Por exemplo, se considerarmos um sistema bola-Terra, quando uma bola cai na Terra, a energia cinética do sistema pode ser considerada como apenas a energia cinética da bola. A Terra se move tão lentamente nesse processo que podemos ignorar sua energia cinética. Por outro lado, a energia cinética de um sistema de dois elétrons deve incluir as energias cinéticas de ambas as partículas.

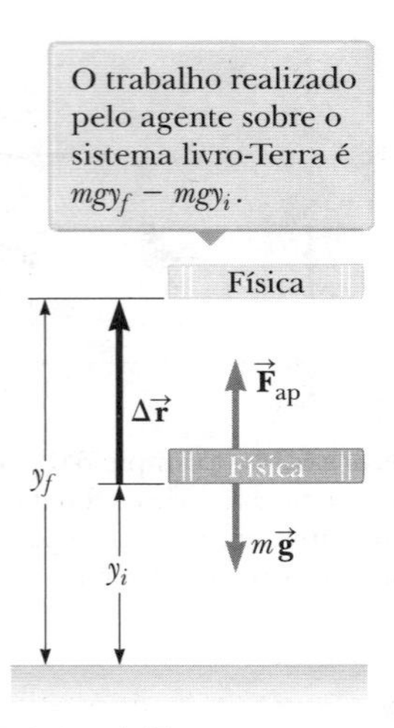

Figura Ativa 6.15 Um agente externo levanta um livro lentamente de uma altura y_i a uma altura y_f.

Prevenção de Armadilhas | 6.7

Energia potencial

A frase *energia potencial* não se refere a algo que tem o potencial de se tornar energia. Energia potencial *é* energia.

Prevenção de Armadilhas | 6.8

Energia potencial pertence a um sistema

A energia potencial é sempre associada a um *sistema* de dois ou mais objetos interagindo. Quando um pequeno objeto se move próximo à superfície terrestre sob a influência da gravidade, podemos às vezes nos referir a energia potencial "associada ao objeto" ao invés de, mais adequado, "associada ao sistema", pois a Terra não se move significativamente. Não nos referiremos, entretanto, a energia potencial "do objeto", pois essa frase ignora o papel da Terra.

Imagine um sistema que consiste em um livro e a Terra interagindo por meio da força gravitacional. Realizamos trabalho sobre o sistema ao levantar o livro lentamente a partir do repouso por um deslocamento vertical $\Delta\vec{\mathbf{r}} = (y_f - y_i)\hat{\mathbf{j}}$, como na Figura Ativa 6.15. De acordo com nossa discussão sobre trabalho como uma transferência de energia, esse trabalho realizado sobre o sistema deve aparecer como um aumento da energia do sistema. O livro está em repouso antes de realizarmos o trabalho e fica em repouso depois que o realizamos. Portanto, não há nenhuma mudança na energia cinética do sistema.

Como a mudança de energia do sistema não é na forma de energia cinética, ela deve aparecer como alguma outra forma de armazenagem de energia. Depois de levantar o livro, poderíamos soltá-lo e deixá-lo cair de volta à posição y_i. Observe que o livro e, consequentemente, o sistema agora têm energia cinética e que sua origem está no trabalho realizado ao levantar o livro. Enquanto o livro estava no ponto mais alto, o sistema tinha o *potencial* de possuir energia cinética, mas ele não fez isso até que se deixou o livro cair. Portanto, chamamos o mecanismo de armazenamento de energia antes de o livro ser solto de **energia potencial**. Descobriremos que a energia potencial de um sistema só pode ser associada a tipos específicos de forças que agem entre membros de um sistema. A quantidade de energia potencial no sistema é determinada pela *configuração* do sistema. Mover membros do sistema para posições diferentes ou rotacioná-los pode mudar a configuração do sistema e, consequentemente, sua energia potencial.

Vamos derivar uma expressão para a energia potencial associada a um corpo em um determinado local acima da superfície terrestre. Considere um agente externo que levanta um corpo de massa m de uma altura inicial y_i acima do chão a uma altura final y_f como na Figura Ativa 6.15. Consideramos que o levantamento é realizado lentamente, sem aceleração, de maneira que a força aplicada pelo agente seja igual em módulo à força gravitacional sobre o corpo: o corpo é considerado como uma partícula em equilíbrio movendo-se a uma velocidade constante. O trabalho realizado pelo agente externo sobre o sistema (corpo e a Terra) enquanto o corpo sofre esse deslocamento para cima é definido pelo produto da força aplicada para cima, $\vec{\mathbf{F}}_{ap}$, pelo deslocamento dessa força para cima, $\Delta\vec{\mathbf{r}} = \Delta y\,\hat{\mathbf{j}}$:

$$W_{ext} = (\vec{\mathbf{F}}_{ap}) \cdot \Delta\vec{\mathbf{r}} = (mg\hat{\mathbf{j}}) \cdot [(y_f - y_i)\hat{\mathbf{j}}] = mgy_f - mgy_i \qquad \textbf{6.18}$$

Esse resultado é o trabalho resultante realizado sobre o sistema, pois a força aplicada é a única força do ambiente sobre o sistema. (Lembre-se de que a força gravitacional é interna ao sistema.) Observe a similaridade entre a Equação 6.18 e a Equação 6.15. Em cada equação, o trabalho realizado sobre um sistema é igual à diferença entre os valores inicial e final de uma quantidade. Na Equação 6.15, o trabalho representa uma transferência de energia para o sistema e o aumento de energia do sistema é na forma cinética. Na Equação 6.18, o trabalho representa uma transferência de energia para o sistema e a energia do sistema aparece de uma forma diferente, que chamamos de energia potencial.

Portanto, podemos identificar a quantidade mgy como a **energia potencial gravitacional**, U_g:

▶ Energia potencial gravitacional

$$U_g \equiv mgy \qquad \textbf{6.19}$$

A unidade da energia potencial gravitacional é joule, a mesma unidade de trabalho e energia cinética. A energia potencial, como o trabalho e a energia cinética, é uma grandeza escalar. Observe que a Equação 6.19 é válida apenas para corpos próximos da superfície terrestre, em que g é aproximadamente constante.[5]

Utilizando nossa definição de energia potencial gravitacional, a Equação 6.18 pode ser reescrita como

$$W_{ext} = \Delta U_g \qquad \textbf{6.20}$$

[5] A suposição de que g é constante é válida desde que o deslocamento vertical do objeto seja pequeno em comparação com o raio da Terra.

a qual descreve matematicamente que o trabalho externo resultante realizado sobre o sistema nessa situação aparece como uma mudança na energia potencial do sistema.

A energia potencial gravitacional depende apenas da altura vertical do corpo acima da superfície terrestre. A mesma quantidade de trabalho deve ser realizada sobre um sistema corpo-Terra se o corpo for levantado verticalmente da Terra ou empurrado do mesmo ponto para cima em um plano inclinado sem atrito, terminando na mesma altura. Verificamos essa afirmação para uma situação específica de mover um refrigerador rampa acima em Pensando em Física 6.1. Essa afirmação pode-se mostrar verdadeira, em geral, calculando o trabalho realizado sobre um corpo por um agente que move o corpo por um deslocamento com componentes vertical e horizontal:

$$W_{\text{ext}} = (\vec{\mathbf{F}}_{\text{ap}}) \cdot \Delta\vec{\mathbf{r}} = (mg\hat{\mathbf{j}}) \cdot [(x_f - x_i)\hat{\mathbf{i}} + (y_f - y_i)\hat{\mathbf{j}}] = mgy_f - mgy_i$$

em que não há termo envolvendo x no resultado final, pois $\hat{\mathbf{j}} \cdot \hat{\mathbf{i}} = 0$.

Ao resolver problemas, você deve escolher uma configuração de referência para a qual a energia potencial gravitacional do sistema seja definida como algum valor de referência, que normalmente é zero. A escolha da configuração de referência é completamente arbitrária, pois a quantidade importante é a *diferença* na energia potencial e essa diferença é independente da escolha da configuração de referência.

É frequentemente conveniente escolher como a configuração de referência para energia potencial gravitacional zero aquela na qual um corpo está na superfície terrestre, mas essa escolha não é essencial. Com frequência, o enunciado do problema sugere uma configuração conveniente a utilizar.

TESTE RÁPIDO 6.6 Escolha a resposta correta. A energia potencial gravitacional de um sistema (**a**) é sempre positiva (**b**) é sempre negativa (**c**) pode ser negativa ou positiva.

Exemplo 6.7 | O atleta orgulhoso e o dedão ferido

Um troféu exibido por um atleta descuidado escorrega das mãos dele e cai sobre seu dedão do pé. Escolhendo o nível do chão como o ponto $y = 0$ de seu sistema de coordenadas, estime a mudança na energia potencial gravitacional do sistema troféu-Terra enquanto o troféu cai. Repita o cálculo utilizando o topo da cabeça do atleta como a origem das coordenadas.

SOLUÇÃO

Conceitualização O troféu muda sua posição vertical em relação à superfície terrestre. Associada a essa mudança na posição, há uma mudança na energia potencial gravitacional do sistema troféu-Terra.

Categorização Avaliamos uma mudança na energia potencial gravitacional definida nessa seção, portanto, categorizamos esse exemplo como um problema de substituição. Como não há números, é também um problema de estimativa.

O enunciado do problema nos diz que a configuração de referência do sistema troféu-Terra que corresponde à energia potencial zero é quando a parte inferior do troféu está no chão. Para mudar a energia potencial para o sistema, precisamos estimar alguns poucos valores. Digamos que o troféu tenha uma massa de 2 kg e o topo do dedão da pessoa esteja a cerca de 0,03 m acima do chão. Além disso, suponhamos que o troféu caia de uma altura de 0,5 m.

Calcule a energia potencial gravitacional do sistema troféu-Terra exatamente antes de o troféu ser solto:

$$U_i = mgy_i = (2\text{ kg})(9{,}80\text{ m/s}^2)(0{,}5\text{ m}) = 9{,}80\text{ J}$$

Calcule a energia potencial gravitacional do sistema troféu-Terra quando o troféu atinge o dedão do atleta:

$$U_f = mgy_f = (2\text{ kg})(9{,}80\text{ m/s}^2)(0{,}03\text{ m}) = 0{,}588\text{ J}$$

Avalie a mudança na energia potencial gravitacional do sistema troféu-Terra:

$$\Delta U_g = 0{,}588\text{ J} - 9{,}80\text{ J} = -9{,}21\text{ J}$$

Deveríamos provavelmente manter apenas um dígito em razão de nossa estimativa grosseira; portanto, estimamos que a mudança na energia potencial gravitacional é -9 J. O sistema tinha cerca de 10 J de energia potencial gravitacional antes de o troféu começar a cair e aproximadamente 1 J de energia potencial quando o troféu atinge o topo do dedão.

O segundo caso apresentado indica que a configuração de referência do sistema escolhida para energia potencial zero é quando o troféu está na cabeça do atleta (mesmo que o troféu nunca esteja nessa posição em seu movimento). Estimamos que essa posição seja 1,50 m acima do chão).

continua

6.7 *cont.*

Calcule a energia potencial gravitacional do sistema troféu-Terra exatamente antes de o troféu ser solto de sua posição 1 m abaixo da cabeça do atleta:

$U_i = mgy_i = (2\text{ kg})(9{,}80\text{ m/s}^2)(-1\text{ m}) = -19{,}6\text{ J}$

Calcule a energia potencial gravitacional do sistema troféu-Terra quando o troféu atinge o dedão do atleta, localizado 1,47 m abaixo da cabeça dele:

$U_f = mgy_f = (2\text{ kg})(9{,}80\text{ m/s}^2)(-1{,}47\text{ m}) = -28{,}8\text{ J}$

Avalie a mudança na energia potencial gravitacional do sistema troféu-Terra:

$\Delta U_g = -28{,}8\text{ J} - (-19{,}6\text{ J}) = -9{,}2\text{ J} \approx -9\text{ J}$

Esse valor é o mesmo de antes, como deve ser.

Energia potencial elástica

Como membros de um sistema podem interagir uns com os outros por meio de tipos diferentes de forças, é possível que haja tipos diferentes de energia potencial em um sistema. Estamos familiarizados com a energia potencial gravitacional de um sistema, no qual os membros interagem por meio da força gravitacional. Vamos explorar um segundo tipo de energia potencial que um sistema pode possuir.

Considere um sistema que consiste em um bloco e uma mola, como mostrado na Figura Ativa 6.16. Na Seção 6.4, identificamos *apenas* o bloco como o sistema. Agora, incluímos tanto o bloco como a mola no sistema e reconhecemos que a força elástica é a interação entre dois membros do sistema. A força que a mola exerce sobre o bloco é determinada por $F_m = -kx$ (Eq. 6.9). O trabalho realizado por uma força externa F_{ap} aplicada sobre um sistema que consiste em um bloco conectado à mola é determinado pela Equação 6.13:

$$W_{ext} = \tfrac{1}{2}kx_f^2 - \tfrac{1}{2}kx_i^2 \qquad \textbf{6.21}$$

Nessa situação, as coordenadas x inicial e final do bloco são medidas a partir de sua posição de equilíbrio, $x = 0$. Novamente (como no caso gravitacional) vemos que o trabalho realizado sobre o sistema é igual à diferença entre os valores inicial e final de uma expressão relacionada à configuração do sistema. A função **energia potencial elástica** associada ao sistema bloco-mola é definida por

▶ Energia potencial elástica

$$U_m \equiv \tfrac{1}{2}kx^2 \qquad \textbf{6.22}$$

A energia potencial elástica do sistema pode ser entendida como a energia armazenada na mola deformada (que é comprimida ou distendida de sua posição de equilíbrio). A energia potencial elástica armazenada em uma mola é zero sempre que a mola não está deformada ($x = 0$). A energia é armazenada na mola apenas quando a mola é distendida ou comprimida. Como a energia potencial elástica é proporcional a x^2, vemos que U_m é sempre positiva em uma mola deformada. Exemplos cotidianos de armazenamento de energia potencial elástica podem ser encontrados em relógios de estilo antigo que operam a corda e pequenos brinquedos de corda para crianças.

Considere a Figura Ativa 6.16, que mostra uma mola sobre uma superfície horizontal sem atrito. Quando um bloco é empurrado contra a mola por um agente externo, a energia potencial elástica e a energia total do sistema aumentam como indicado na Figura 6.16b. Quando a mola é comprimida em uma distância $x_{máx}$ (Fig. Ativa 6.16c), a energia potencial elástica armazenada na mola é $\frac{1}{2}kx_{máx}^2$. Quando o bloco é liberado do repouso, a mola exerce uma força sobre o bloco e empurra-o para a direita. A energia potencial elástica do sistema diminui, enquanto a energia total permanece fixa (Fig. 6.16d). Quando a mola retorna a seu comprimento original, a energia potencial elástica armazenada é completamente transformada na energia cinética do bloco (Fig. Ativa 6.16e).

Gráficos de barras da energia

A Figura Ativa 6.16 mostra uma importante representação gráfica das informações relativas à energia dos sistemas chamada **gráfico de barra da energia**. O eixo vertical representa a quantidade de energia de um determinado tipo no sistema. O eixo horizontal mostra os tipos de energia no sistema. O gráfico de barras na Figura Ativa 6.16a mostra que o sistema contém energia zero porque a mola está relaxada e o bloco não está se movendo. Entre a

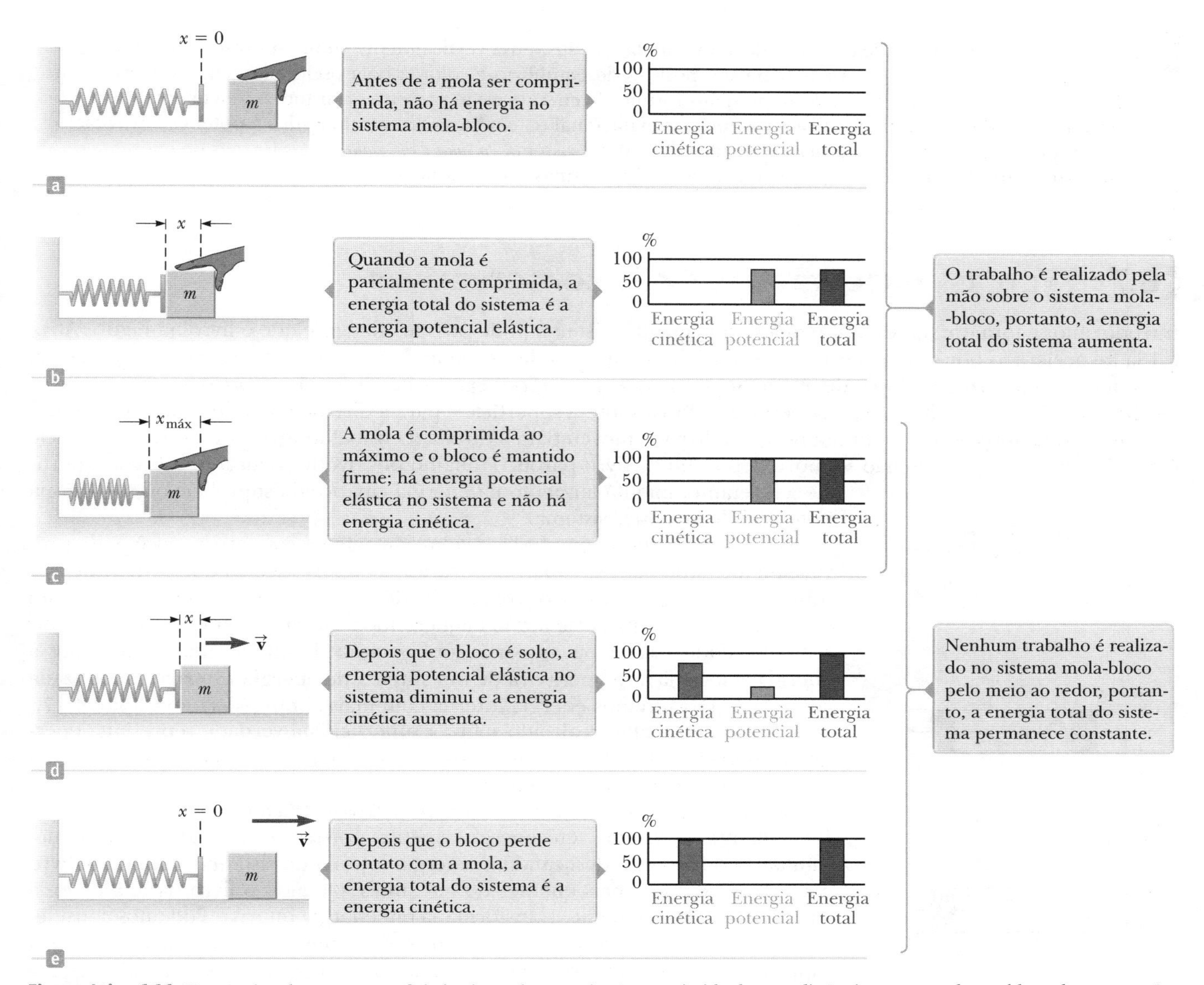

Figura Ativa 6.16 Uma mola sobre uma superfície horizontal sem atrito é comprimida de uma distância $x_{máx}$ quando um bloco de massa m é empurrado contra ela. O bloco, então, é solto e a mola empurra-o para a direita até que ele finalmente perca contato com a mola. As partes (a) a (e) mostram vários instantes no processo. Gráficos de barras à direita de cada parte da figura ajudam a acompanhar a energia no sistema.

Figura Ativa 6.16a e a Figura Ativa 6.16c, a mão realiza trabalho sobre o sistema, comprimindo a mola e armazenando energia potencial elástica no sistema. Na Figura Ativa 6.16d, o bloco foi solto e está se movendo para a direita enquanto ainda está em contato com a mola. A altura da barra para a energia potencial elástica do sistema diminui, a barra da energia cinética aumenta e a energia total permanece fixa. Na Figura Ativa 6.16e, a mola retornou a seu comprimento relaxado e o sistema agora contém apenas energia cinética associada ao bloco em movimento.

Gráficos de barras da energia podem ser uma representação muito útil para acompanhar os vários tipos de energia em um sistema. Para praticar, tente fazer gráficos de barras da energia para o sistema livro-Terra da Figura Ativa 6.15 quando o livro é derrubado da posição mais alta. A Figura 6.17 associada ao Teste Rápido 6.7 mostra outro sistema para o qual desenhar um gráfico de barras da energia seria um bom exercício. Mostraremos gráficos de barras de energia em algumas figuras neste capítulo. Algumas Figuras Ativas não mostrarão um gráfico de barras no texto, mas incluirão um na animação no Enhanced WebAssign.

Figura 6.17 (Teste Rápido 6.7) Uma bola conectada a uma mola sem massa suspensa verticalmente. Quais formas de energia potencial estão associadas ao sistema quando a bola é deslocada para baixo?

TESTE RÁPIDO 6.7 Uma bola é conectada a uma mola leve suspensa verticalmente como mostrado na Figura 6.17. Quando puxada para baixo a partir de sua posição de equilíbrio e solta, a bola oscila para cima e para baixo. **(i)** No sistema *da bola, da mola e da Terra*, quais formas de energia estão presentes durante o movimento? (a) cinética e potencial elástica (b) cinética e potencial gravitacional (c) cinética, potencial elástica e potencial gravitacional (d) potencial elástica e potencial gravitacional **(ii)** No sistema *da bola e da mola*, quais formas de energia estão presentes durante o movimento? Escolha a partir das mesmas possibilidades de (a) a (d).

6.7 | Forças conservativas e não conservativas

Introduzimos agora um terceiro tipo de energia que um sistema pode possuir. Imagine que o livro na Figura Ativa 6.18a foi acelerado por sua mão e agora está deslizando para a direita sobre a superfície de uma mesa pesada e vai mais devagar em razão da força de atrito. Suponha que a *superfície* seja o sistema. Então a força de atrito do livro deslizando realiza trabalho sobre a superfície. A força sobre a superfície é para a direita e o deslocamento do ponto de aplicação da força é para a direita porque o livro se moveu para a direita. O trabalho realizado sobre a superfície é positivo, mas a superfície não se move depois que o livro parou. Trabalho positivo foi realizado sobre a superfície, entretanto, não há aumento na energia cinética da superfície ou na energia potencial de qualquer sistema.

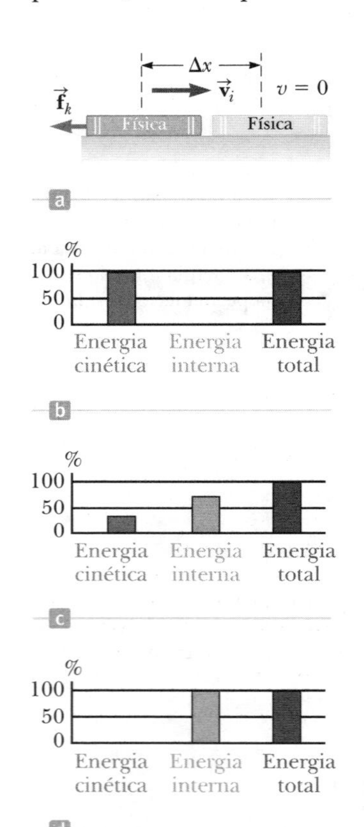

Figura Ativa 6.18 (a) Um livro deslizando para a direita em uma superfície horizontal diminui sua velocidade na presença de uma força de atrito cinético que age para a esquerda. (b) Um gráfico de barras mostra a energia no sistema livro e superfície no instante inicial do tempo. A energia do sistema é toda energia cinética. (c) Enquanto o livro está deslizando, a energia cinética do sistema diminui à medida que é transformada em energia interna. (d) Depois que o livro parou, a energia do sistema é toda energia interna.

De sua experiência com deslizar sobre superfícies com atrito, você pode provavelmente supor que a superfície ficará *mais quente* depois que o livro desliza sobre ela. (Esfregue suas mãos com agilidade para descobrir!) O trabalho que foi realizado sobre a superfície acabou aquecendo a superfície em vez de aumentar sua velocidade escalar ou mudar a configuração de um sistema. Chamamos a energia associada à temperatura de um sistema de **energia interna**, simbolizada como E_{int}. (Definiremos energia interna com mais abrangência no Capítulo 17.) Nesse caso, o trabalho realizado sobre a superfície na verdade representa energia transferida para o sistema, mas aparece no sistema como energia interna em vez de energia cinética ou potencial.

Considere o livro e a superfície na Figura Ativa 6.18a juntos como um sistema. Inicialmente, o sistema tem energia cinética porque o livro está se movendo. Enquanto o livro está deslizando, a energia interna do sistema aumenta: o livro e a superfície estão mais quentes do que antes. Quando o livro para, a energia cinética foi completamente transformada em energia interna. Podemos considerar o trabalho realizado pelo atrito dentro do sistema – isto é, entre o livro e a superfície – como um *mecanismo de transformação energética*. Esse trabalho transforma a energia cinética do sistema em energia interna. Similarmente, quando um livro cai em linha reta no chão sem resistência do ar, o trabalho realizado pela força gravitacional no sistema livro-Terra transforma a energia potencial gravitacional do sistema em energia cinética.

As Figuras Ativas 6.18b a 6.18d mostram gráficos de barras da energia para a situação na Figura Ativa 6.18a. Na Figura Ativa 6.18b, o gráfico de barras mostra que o sistema contém energia cinética no instante em que o livro é solto por sua mão. Definimos a quantidade de referência da energia interna no sistema como zero nesse instante. A Figura Ativa 6.18c mostra a energia cinética transformando-se em energia interna enquanto o livro vai mais devagar por causa da força de atrito. Na Figura Ativa 6.18d, depois que o livro parou de deslizar, a energia cinética é zero e o sistema agora contém apenas energia interna. Observe que a barra da energia total não mudou durante o processo. A quantidade de energia interna no sistema depois que o livro parou é igual à quantidade de energia cinética no sistema no instante inicial. Essa igualdade é descrita por um princípio importante chamado *conservação de energia*. Exploraremos esse princípio no Capítulo 7.

Agora, considere em mais detalhes um corpo movendo-se para baixo perto da superfície terrestre. O trabalho realizado pela força gravitacional sobre o corpo não depende de ele cair verticalmente ou deslizar para baixo em uma rampa com atrito. Tudo que importa é a mudança na elevação do corpo. A transformação de energia em energia interna por causa do atrito nesse plano inclinado, entretanto, depende muito da distância que o corpo desliza. Quanto mais longa a rampa, mais a energia potencial é transformada em energia interna. Em outras palavras, o trajeto não faz diferença quando consideramos o trabalho realizado pela força gravitacional, mas faz diferença quando consideramos a transformação de energia por causa das forças de atrito. Podemos usar essa dependência variável do trajeto para classificar forças como ou conservativas ou não conservativas. Das duas forças mencionadas, a força gravitacional é conservativa e a força de atrito é não conservativa.

Forças conservativas

Forças conservativas têm duas propriedades equivalentes:

▶ Propriedades das forças conservativas

1. O trabalho realizado por uma força conservativa sobre uma partícula movendo-se entre dois pontos quaisquer é independente do caminho feito pela partícula.
2. O trabalho realizado por uma força conservativa sobre uma partícula movendo-se por qualquer caminho fechado é zero. (Um caminho fechado é um no qual o ponto inicial e o ponto final são idênticos.)

A força gravitacional é um exemplo de força conservativa; a força que uma mola ideal exerce sobre qualquer corpo preso a ela é outro. O trabalho realizado pela força gravitacional sobre um corpo movendo-se entre dois pontos quaisquer perto da superfície terrestre é $W_g = -mg\hat{\mathbf{j}} \cdot [(y_f - y_i)\hat{\mathbf{j}}] = mgy_i - mgy_f$. De acordo com essa equação, observe que W_g depende apenas das coordenadas y inicial e final do corpo e, portanto, é independente do caminho. Além disso, W_g é zero quando o corpo se move em qualquer caminho fechado (em que $y_i = y_f$).

Para o caso do sistema corpo-mola, o trabalho W_m realizado pela força elástica é determinado por $W_m = \frac{1}{2}kx_i^2 - \frac{1}{2}kx_f^2$ (Eq. 6.12). Vemos que a força elástica é conservativa, pois W_m depende apenas das coordenadas x inicial e final do corpo e é zero para qualquer caminho fechado.

Podemos associar uma energia potencial para um sistema com uma força que age entre membros do sistema, mas podemos fazer isso apenas se a força for conservativa. Em geral, o trabalho W_{int} realizado por uma força conservativa sobre um corpo que é membro de um sistema quando ele muda de uma configuração para outra é igual ao valor inicial da energia potencial do sistema menos o valor final:

$$W_{\text{int}} = U_i - U_f = -\Delta U \qquad \textbf{6.23}$$

O subscrito "int" na Equação 6.23 lembra-nos que o trabalho que estamos discutindo é realizado por um membro do sistema sobre outro membro e é, portanto, *interno* ao sistema. Ele é diferente do trabalho W_{ext} realizado *sobre* o sistema todo por um agente externo. Como exemplo, compare a Equação 6.23 com a equação específica para o trabalho realizado pela força da mola (Eq. 6.12) quando a extensão da mola muda.

Prevenção de Armadilhas | 6.9

Advertência da equação similar

Compare a Equação 6.23 com a Equação 6.20. Essas equações são similares exceto pelo sinal negativo, que é uma fonte comum de confusão. A Equação 6.20 nos diz que o trabalho positivo realizado *por um agente externo* sobre um sistema causa um aumento na energia potencial do sistema (com nenhuma mudança na energia cinética ou interna). A Equação 6.23 afirma que o trabalho realizado *sobre um componente de um sistema por uma força conservativa interna ao sistema* causa uma redução na energia potencial do sistema.

Forças não conservativas

Uma força é **não conservativa** se não satisfizer as propriedades 1 e 2 para as forças conservativas. Definimos a soma das energias cinética e potencial de um sistema como a **energia mecânica** do sistema:

$$E_{\text{mec}} \equiv K + U \qquad \textbf{6.24}$$

em que K inclui a energia cinética de todos os membros em movimento do sistema e U, todos os tipos de energia potencial no sistema. Para um livro que cai sob a ação da força gravitacional, a energia mecânica do sistema livro-Terra permanece fixa; a energia potencial gravitacional transforma-se em energia cinética e a energia mecânica total do sistema permanece constante. Forças não conservativas que agem dentro de um sistema, entretanto, causam uma *mudança* na energia mecânica do sistema. Por exemplo, para um livro colocado em deslizamento sobre uma superfície horizontal que apresenta atrito, a energia mecânica do sistema livro-superfície é transformada em energia interna, como discutimos anteriormente. Apenas parte da energia cinética do livro é transformada em energia interna no livro. O resto aparece como energia interna na superfície. (Quando você tropeça e desliza sobre o chão de um ginásio, não apenas a pele de seus joelhos esquenta, mas também o chão!) Como a força de atrito cinético transforma a energia mecânica de um sistema em energia interna, ela é uma força não conservativa.

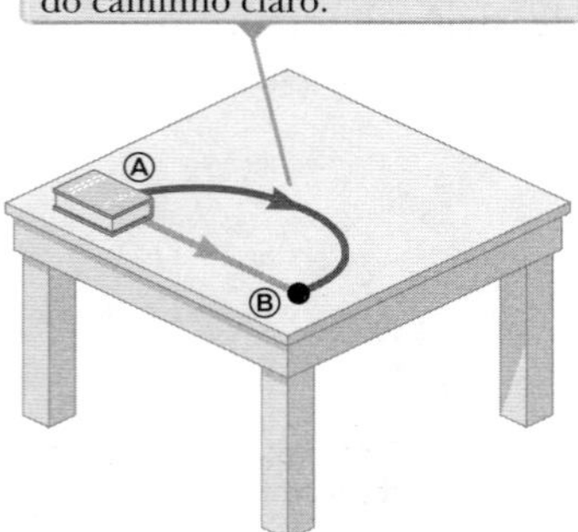

Figura 6.19 O trabalho realizado contra a força de atrito cinético depende do caminho tomado quando o livro é movido de Ⓐ a Ⓑ.

Como um exemplo da dependência de caminho do trabalho realizado por uma força não conservativa, considere a Figura 6.19. Suponha que você desloque um livro entre dois pontos sobre uma mesa. Se o livro é deslocado em linha reta ao longo do caminho claro entre os pontos Ⓐ e Ⓑ na Figura 6.19, você realiza certa quantidade de trabalho contra a força de atrito para manter o livro se movendo a velocidade escalar constante. Agora, imagine que você empurra o livro ao longo do caminho semicircular escuro na Figura 6.19. Você realiza mais trabalho contra o atrito ao longo desse caminho curvo do que ao longo do caminho reto, pois o curvo é mais longo. O trabalho realizado sobre o livro depende do caminho, portanto, a força de atrito *não pode* ser conservativa.

6.8 | Relação entre forças conservativas e energia potencial

Na seção anterior, descobrimos que o trabalho realizado sobre um membro de um sistema por uma força conservativa entre os membros do sistema não depende do caminho tomado pelo membro em movimento. O trabalho depende apenas das coordenadas inicial e final. Para tal sistema, podemos definir uma **função energia potencial** U tal que o trabalho realizado dentro do sistema por uma força conservativa é igual à redução na energia potencial do sistema. Imaginemos um sistema de partículas no qual uma força conservativa $\vec{\mathbf{F}}$ age entre as partículas. Imagine também que a configuração do sistema muda em decorrência do movimento de uma partícula ao longo do eixo x. O trabalho realizado pela força $\vec{\mathbf{F}}$ enquanto a partícula se move ao longo do eixo x é[6]

$$W_{\text{int}} = \int_{x_i}^{x_f} F_x dx = -\Delta U \qquad \textbf{6.25}$$

em que F_x é a componente de $\vec{\mathbf{F}}$ na direção do deslocamento. Isto é, o trabalho realizado por uma força conservativa que age entre membros de um sistema é igual ao negativo da mudança na energia potencial do sistema associado a essa força quando a configuração do sistema muda. Podemos também expressar a Equação 6.25 como

$$\Delta U = U_f - U_i = -\int_{x_i}^{x_f} F_x dx \qquad \textbf{6.26}$$

Portanto, ΔU é negativo quando F_x e dx estão no mesmo sentido, como quando um corpo é baixado em um campo gravitacional ou quando uma mola empurra um corpo em direção ao equilíbrio.

Muitas vezes, é conveniente estabelecer algum determinado local x_i de um membro de um sistema como o que representa uma configuração de referência e medir todas as diferenças de energia potencial em relação a ele. Podemos, então, definir a função energia potencial como:

$$U_f(x) = -\int_{x_i}^{x_f} F_x dx + U_i \qquad \textbf{6.27}$$

O valor de U_i é sempre considerado zero para a configuração de referência. Não importa qual valor atribuímos a U_i porque qualquer valor diferente de zero apenas muda $U_f(x)$ por uma quantidade constante e apenas a alteração apenas na energia potencial é fisicamente significativa.

Se o ponto de aplicação da força sofrer um deslocamento infinitesimal dx, podemos expressar a mudança infinitesimal na energia potencial do sistema dU como

$$dU = -F_x dx$$

Consequentemente, a força conservativa é relacionada à função energia potencial por meio da relação[7]

▶ Relação da força entre os membros de um sistema pela energia potencial do sistema

$$F_x = -\frac{dU}{dx} \qquad \textbf{6.28}$$

---

[6] Para um deslocamento geral, o trabalho realizado em duas ou três dimensões também é igual a $-\Delta U$, em que $U = U(x, y, z)$. Podemos reescrever essa equação formalmente como $W_{\text{int}} = \int_i^f \vec{\mathbf{F}} \cdot d\vec{\mathbf{r}} = U_i - U_f$.

[7] Em três dimensões, a expressão é $\vec{\mathbf{F}} = -\frac{\partial U}{\partial x}\hat{\mathbf{i}} - \frac{\partial U}{\partial y}\hat{\mathbf{j}} - \frac{\partial U}{\partial z}\hat{\mathbf{k}}$ em que $(\partial U/\partial x)$ e assim por diante são derivadas parciais. Na linguagem do cálculo vetorial, $\vec{\mathbf{F}}$ é igual ao negativo do *gradiente* da quantidade escalar $U(x, y, z)$.

Isto é, a componente x de uma força que age sobre um membro dentro de um sistema é igual à derivada negativa da energia potencial do sistema em relação a x.

Podemos facilmente verificar a Equação 6.28 para os dois exemplos já discutidos. No caso da mola deformada, $U_m = \frac{1}{2}kx^2$; consequentemente,

$$F_m = -\frac{dU_s}{dx} = -\frac{d}{dx}\left(\tfrac{1}{2}kx^2\right) = -kx$$

que corresponde à força de restauração na mola (lei de Hooke). Como a função energia potencial gravitacional é $U_g = mgy$, entende-se da Equação 6.28 que $F_g = -mg$ quando diferenciamos U_g em relação a y em vez de x.

Agora vemos que U é uma função importante, pois a força conservativa pode ser derivada dela. Além disso, a Equação 6.28 deve esclarecer que adicionar uma constante à energia potencial não é importante porque a derivada de uma constante é zero.

TESTE RÁPIDO 6.8 O que a inclinação de um gráfico de $U(x)$ por x representa? (**a**) o módulo da força sobre o corpo (**b**) o negativo do módulo da força sobre o corpo (**c**) a componente x da força sobre o corpo (**d**) o negativo da componente x da força sobre o corpo

6.9 | Energia potencial para forças gravitacionais e elétricas

Anteriormente neste capítulo, introduzimos o conceito de energia potencial gravitacional, isto é, a energia associada com um sistema de corpos que interagem por meio da força gravitacional. Enfatizamos que a função energia potencial gravitacional, a Equação 6.19, é válida somente quando o corpo de massa m está próximo à superfície da Terra. Gostaríamos de encontrar uma expressão mais geral para a energia potencial gravitacional que seja válida para todas as distâncias de separação. Como o valor de g varia com a altura, segue-se que a dependência geral da função de energia potencial do sistema de distância de separação é mais complicada do que nossa simples expressão, a Equação 6.19.

Considere uma partícula de massa m que se move entre dois pontos Ⓐ e Ⓑ e acima da superfície da Terra como na Figura 6.20. A força gravitacional sobre a partícula causada pela Terra,[8] introduzida pela primeira vez na Seção 5.5, pode ser escrita na forma vetorial como

$$\vec{\mathbf{F}}_g = -G\frac{M_E m}{r^2}\hat{\mathbf{r}} \qquad \textbf{6.29}$$

em que $\hat{\mathbf{r}}$ é um vetor unitário dirigido da Terra em direção à partícula, e o sinal negativo indica que a força é para baixo, em direção à Terra. Essa expressão mostra que a força gravitacional depende da coordenada radial r. Além disso, a força gravitacional é conservativa. A Equação 6.27 nos dá

$$U_f = -\int_{r_i}^{r_f} F(r)dr + U_i = GM_E m\int_{r_i}^{r_f}\frac{dr}{r^2} + U_i = GM_E m\left(-\frac{1}{r}\right)\Bigg|_{r_i}^{r_f} + U_i$$

ou

$$U_f = -GM_E m\left(\frac{1}{r_f} - \frac{1}{r_i}\right) + U_i \qquad \textbf{6.30}$$

Como sempre, a escolha de uma configuração de referência para a energia potencial é completamente arbitrária. É comum definir a configuração de refe-

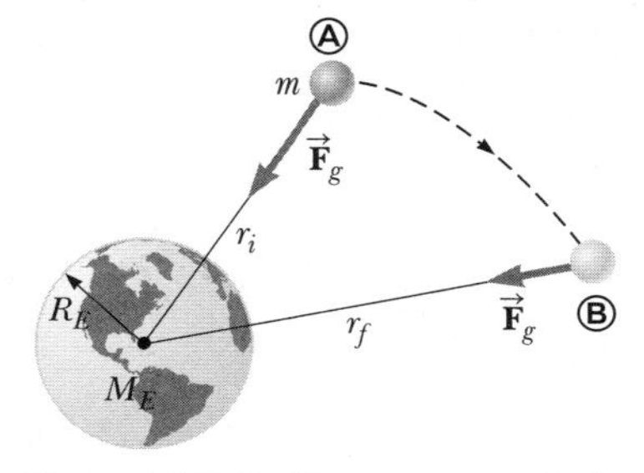

Figura 6.20 Conforme uma partícula de massa m move-se de Ⓐ a Ⓑ para acima da superfície terrestre, a energia potencial do sistema partícula-Terra, dada pela Equação 6.31, muda em função da mudança na distância r de separação partícula-Terra de r_i a r_f.

Prevenção de Armadilhas | 6.10

O que é r?

Na Seção 5.5, discutimos a força gravitacional entre duas *partículas*. Na Equação 6.29, apresentamos a força gravitacional entre uma partícula e um objeto extenso, a Terra. Poderíamos também expressar a força gravitacional entre dois objetos extensos, como a Terra e o Sol. Nesses tipos de situações, lembre-se de que r é medido *entre os centros* dos objetos. Certifique-se de não medir r a partir da superfície da Terra.

[8] N.R.T.: Usaremos E (*Earth* em inglês) como abreviatura para Terra. Então, M_E = Massa da Terra.

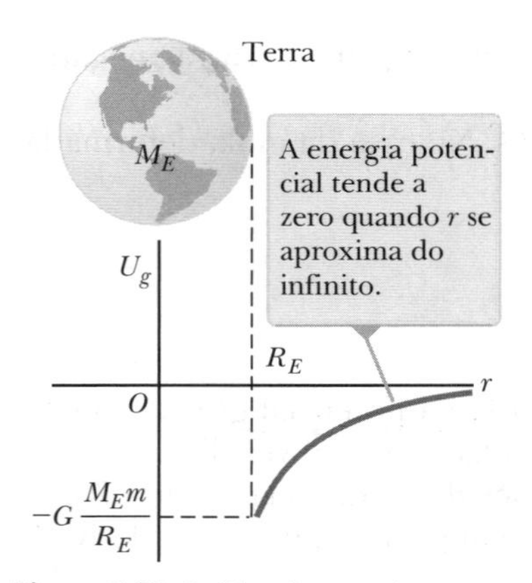

Figura 6.21 Gráfico da energia potencial gravitacional U_g por r para uma partícula acima da superfície da Terra.

Prevenção de Armadilhas | 6.11

Energia potencial gravitacional

Tenha cuidado! A Equação de 6.32 se parece com a Equação 5.11 em relação à força gravitacional, mas existem duas diferenças principais. A força gravitacional é um vetor, enquanto a energia potencial gravitacional é uma grandeza escalar. A força da gravidade varia com o *inverso do quadrado* da distância de separação, enquanto a energia potencial gravitacional varia com o *inverso* da distância de separação.

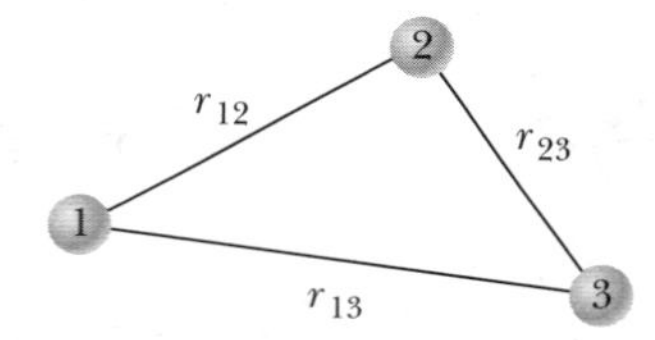

Figura 6.22 Três partículas interagindo.

rência como aquela para a qual a força é zero. Deixando $U_i \to 0$ quando $r_i \to \infty$, obtemos o resultado importante

$$U_g = -G\frac{M_E m}{r} \qquad \textbf{6.31}$$

para distâncias de separação $r > R_E$, o raio da Terra. Por causa da nossa escolha da configuração de referência para energia potencial zero, a função U_g é sempre negativa (Fig. 6.21).

Embora a Equação 6.31 tenha sido derivada para o sistema Terra-partícula, ela pode ser aplicada a *quaisquer* duas partículas. Para *qualquer par* de partículas de massa m_1 e m_2 separadas por uma distância r, a força gravitacional de atração é dada pela Equação 5.11, e a energia potencial gravitacional do sistema das duas partículas é

$$U_g = -G\frac{m_1 m_2}{r} \qquad \textbf{6.32}$$

Essa expressão também se aplica a corpos maiores, *se suas distribuições em massa são esfericamente simétricas*, como mostrado pela primeira vez por Newton. Neste caso, r é medido entre os centros dos corpos esféricos.

A Equação 6.32 mostra que a energia potencial gravitacional para qualquer par de partículas varia como $1/r$ (enquanto a força entre eles varia conforme $1/r^2$). Além disso, a energia potencial é *negativa* porque a força é atrativa e nós escolhemos a energia potencial como zero quando a separação de partículas é infinita. Como a força entre as partículas é atrativa, sabemos que um agente externo deve fazer um trabalho positivo para aumentar a separação entre as duas partículas. O trabalho feito pelo agente externo produz um aumento da energia potencial conforme as duas partículas se separam. Ou seja, U_g torna-se menos negativa à medida que r aumenta.

Podemos estender esse conceito para três ou mais partículas. Neste caso, a energia potencial total do sistema é a soma de todos os *pares* de partículas. Cada par contribui com um termo da forma dada pela Equação 6.32. Por exemplo, se o sistema contém três partículas, como na Figura 6.22, temos

$$U_{\text{total}} = U_{12} + U_{13} + U_{23} = -G\left(\frac{m_1 m_2}{r_{12}} + \frac{m_1 m_3}{r_{13}} + \frac{m_2 m_3}{r_{23}}\right) \qquad \textbf{6.33}$$

O valor absoluto de U_{total} representa o trabalho necessário para separar as três partículas por uma distância infinita.

PENSANDO EM FÍSICA 6.2

Por que o Sol é quente?

Raciocínio O Sol se formou quando gás e poeira se uniram, por causa da atração gravitacional, em um massivo objeto astronômico. Vamos definir essa nuvem como o nosso sistema e modelar o gás e a poeira como partículas. Inicialmente, as partículas do sistema foram amplamente espalhadas, o que representava uma grande quantidade de energia potencial gravitacional. À medida que as partículas se moviam em conjunto para formar o sol, a energia potencial gravitacional do sistema diminuía. Essa energia potencial foi transformada em energia cinética, conforme as partículas caíam para o centro. À medida que as velocidades das partículas aumentaram, ocorreram muitas colisões entre partículas, randomizando[9] seu movimento e transformando a energia cinética em energia interna, o que representou um aumento de temperatura. À medida que as partículas se juntaram, a temperatura subiu para um ponto em que ocorreram reações nucleares. Essas reações liberam enormes quantidades de energia que mantêm a alta temperatura do Sol. Esse processo ocorreu para cada estrela no universo. ◄

[9] N.R.T.: Movimento randômico = movimento aleatório.

Exemplo 6.8 | A mudança na energia potencial

Uma partícula de massa m se desloca através de uma pequena distância vertical Δy próxima à superfície da Terra. Mostre que, nessa situação, a expressão geral para a mudança na energia potencial gravitacional dada pela Equação 6.30 reduz a relação familiar $\Delta U = mg\,\Delta y$.

SOLUÇÃO

Conceitualização Compare as duas situações diferentes, para as quais temos desenvolvido as expressões para a energia potencial gravitacional: (1) um planeta e um corpo que estão muito distantes, para os quais a expressão da energia é a Equação 6.30, e (2) um pequeno corpo na superfície de um planeta, para o qual a expressão de energia é a Equação 6.19. Queremos mostrar que essas duas expressões são equivalentes.

Categorização Esse exemplo é um problema de substituição.

Combine as frações na Equação 6.30:

$$(1)\quad \Delta U = -GM_E m\left(\frac{1}{r_f} - \frac{1}{r_i}\right) = GM_E m\left(\frac{r_f - r_i}{r_i r_f}\right)$$

Avalie se ambas as posições inicial e final da partícula $r_f - r_i$ e $r_i r_f$ estão próximas à superfície da Terra:

$$r_f - r_i = \Delta y \qquad r_i r_f \approx R_E^2$$

Substitua essas expressões na Equação (1):

$$\Delta U \approx \frac{GM_E m}{R_E^2}\Delta y$$

Use a Equação 6.29 para expressar $GM_E m/R_E^2$ como o módulo da força gravitacional F_g em um corpo de massa m na superfície terrestre:

$$\Delta U \approx F_g \Delta y$$

Use a Equação 4.5 para expressar a força gravitacional em termos da aceleração da gravidade:

$$\Delta U \approx mg\Delta y$$

No Capítulo 5, discutimos a força eletrostática entre duas partículas pontuais, que é dada pela lei de Coulomb,

$$F_e = k_e \frac{q_1 q_2}{r^2} \qquad \textbf{6.34}$$

Uma vez que essa expressão parece tão semelhante à lei da gravitação universal de Newton, seria de esperar que a geração de uma função de energia potencial para essa força procederia de forma semelhante. Esse é realmente o caso, e esse procedimento resulta na função de **energia potencial elétrica**,

$$U_e = k_e \frac{q_1 q_2}{r} \qquad \textbf{6.35}$$

Tal como com a energia potencial gravitacional, a energia potencial elétrica é definida como zero quando as cargas estão infinitamente distantes. Comparando essa expressão com a de energia potencial gravitacional, vemos diferenças óbvias nas constantes e a utilização de cargas em vez de massas, mas existe mais uma diferença. A expressão gravitacional tem um sinal negativo, mas a expressão elétrica não. Para sistemas de corpos que experimentam uma força atrativa, a energia potencial diminui à medida que os corpos são trazidos mais próximos. Como definimos a energia potencial como zero na separação infinita, todas as separações reais são finitas e a energia deve diminuir a partir de um valor zero. Portanto, todas as energias potenciais dos sistemas de corpos que atraem devem ser negativas. No caso gravitacional, atração é a única possibilidade. A constante, as massas e a distância de separação são todas positivas, então o sinal negativo deve ser incluído explicitamente, como na Equação 6.32.

A força elétrica pode ser atrativa ou repulsiva. Atração ocorre entre as cargas de sinal oposto. Portanto, para as duas cargas na Equação 6.35, uma é positiva e outra é negativa se a força for atrativa. O produto das cargas fornece o sinal negativo para a energia potencial matematicamente, e não precisamos de um sinal negativo explícito na expressão da energia potencial. No caso de cargas com o mesmo sinal, um produto de duas cargas negativas ou duas cargas positivas será positivo, conduzindo a um potencial de energia positiva. Essa conclusão é razoável porque, para fazer que partículas que se repelem se movam juntas a partir da separação infinita, é necessário que seja realizado trabalho no sistema, portanto a energia potencial aumenta.

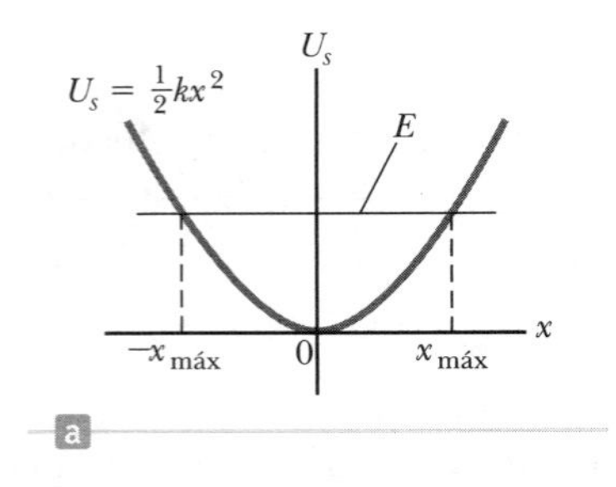

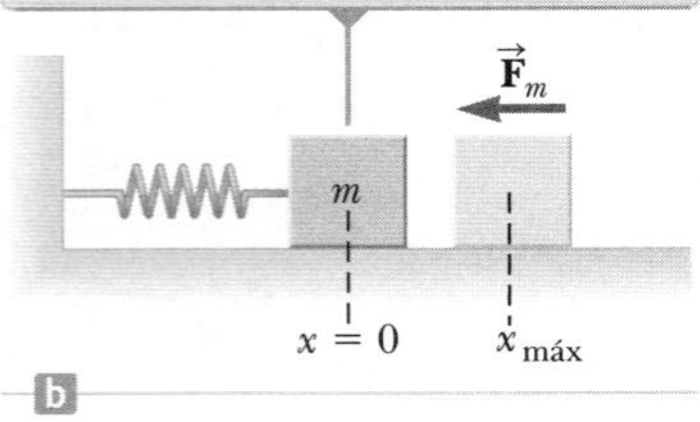

Figura Ativa 6.23 (a) Energia potencial como uma função de x para o sistema bloco-mola sem atrito mostrado em (b). Para uma determinada energia E do sistema, o bloco oscila entre os pontos de mudança, que têm as coordenadas $x = \pm x_{máx}$.

6.10 | Diagramas de energia e equilíbrio de um sistema

O movimento de um sistema pode, com frequência, ser entendido qualitativamente por meio de um gráfico de sua energia potencial *versus* a posição de um membro do sistema. Considere a função energia potencial para um sistema bloco-mola, definida por $U_m = \frac{1}{2}kx^2$. Essa função é traçada em relação a x na Figura Ativa 6.23a, em que x é a posição do bloco. A força F_m exercida pela mola é relacionada a U_m por meio da Equação 6.28:

$$F_m = -\frac{dU_m}{dx} = -kx$$

Como vimos no Teste Rápido 6.8, a componente x da força é igual ao negativo da inclinação da curva U por x. Quando o bloco é colocado em repouso na posição de equilíbrio da mola ($x = 0$), em que $F_m = 0$, ele permanecerá lá a menos que alguma força externa F_{ext} aja sobre ele. Se essa força externa distender a mola do equilíbrio, x é positivo e a inclinação dU/dx é positiva; consequentemente, a força F_m exercida pela mola é negativa e o bloco acelera de volta em direção a $x = 0$ quando solto. Se a força externa comprime a mola, x é negativo e a inclinação é negativa; portanto, F_m é positiva e novamente a massa acelera em direção a $x = 0$ quando solta.

Com base nessa análise, concluímos que a posição $x = 0$ para o sistema bloco-mola é um **equilíbrio estável**. Isto é, qualquer movimento que se afaste dessa posição resulta em uma força direcionada de volta a $x = 0$. Em geral, configurações de um sistema em equilíbrio estável correspondem àquelas para as quais $U(x)$ para o sistema é mínima.

Se o bloco na Figura Ativa 6.23 é movido para uma posição inicial $x_{máx}$ e então liberado do repouso, sua energia total inicialmente é a energia potencial $\frac{1}{2}kx^2_{máx}$, armazenada na mola. Quando o bloco começa a se mover, o sistema adquire energia cinética e perde energia potencial. O bloco oscila (move-se para frente e para trás) entre os dois pontos, $x = -x_{máx}$ e $x = +x_{máx}$, chamados *pontos de mudança*.[10] De fato, como nenhuma energia é transformada em energia interna por causa do atrito, o bloco oscila entre $-x_{máx}$ e $+x_{máx}$ para sempre. (Discutiremos essas oscilações mais adiante, no Capítulo 12.)

Outro sistema mecânico simples com uma configuração de equilíbrio estável é uma bola rodando no fundo de uma tigela. Toda vez que a bola é deslocada de sua posição mais baixa, ela tende a retornar a essa posição quando liberada.

Considere agora uma partícula que se movendo ao longo do eixo x sob a influência de uma força conservativa F_x, em que a curva U por x é mostrada na Figura 6.24. Mais uma vez, $F_x = 0$ em $x = 0$ e, portanto, a partícula está em equilíbrio neste ponto. Essa posição, entretanto, é de **equilíbrio instável** pela seguinte razão. Suponha que a partícula seja deslocada para a direita ($x > 0$). Como a inclinação é negativa para $x > 0$, $F_x = -dU/dx$ é positiva e a partícula acelera, distanciando-se de $x = 0$. Se, ao contrário, a partícula estiver em $x = 0$ e for deslocada para a esquerda ($x < 0$), a força é negativa porque a inclinação é positiva para $x < 0$ e a partícula novamente acelera para longe da posição de equilíbrio. A posição $x = 0$ nessa situação é de equilíbrio instável, pois, para qualquer deslocamento a partir desse ponto, a força empurra a partícula para mais longe do equilíbrio e em direção a uma posição de energia potencial menor. Um lápis equilibrado sobre sua ponta está em uma posição de equilíbrio instável. Se o lápis for deslocado ligeiramente de sua posição absoluta-

Prevenção de Armadilhas | 6.12

Diagramas de energia

Um erro comum é pensar que a energia potencial no gráfico de um diagrama de energia representa a altura de algum objeto. Por exemplo, esse não é o caso na Figura Ativa 6.23, em que o bloco só está se movendo horizontalmente.

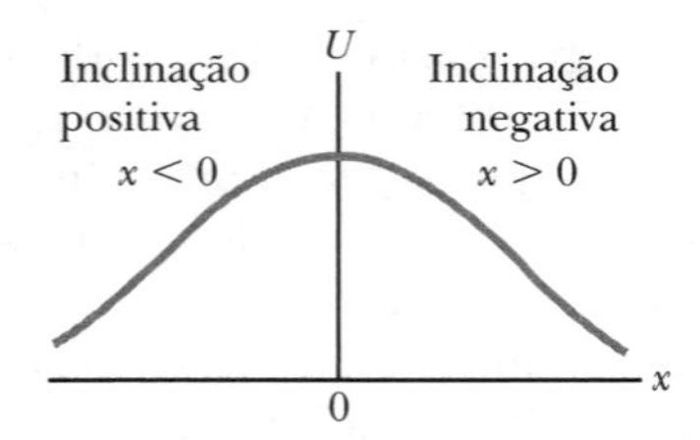

Figura 6.24 Uma curva de U por x para uma partícula que tem uma posição de equilíbrio instável em $x = 0$. Para qualquer deslocamento finito da partícula, a força sobre ela é direcionada para longe de $x = 0$.

[10] N.R.T.: Também chamado de ponto crítico ou, no caso específico da mola, ponto de retorno.

mente vertical e for então solto, ele certamente cairá. Em geral, configurações de um sistema em equilíbrio instável correspondem àquelas para as quais $U(x)$ para o sistema é máxima.

Finalmente, uma configuração chamada **equilíbrio neutro** surge quando U é constante em uma região. Pequenos deslocamentos de um corpo de uma posição nessa região não produzem nem força restauradora nem disruptiva. Uma bola sobre um superfície horizontal plana é um exemplo de corpo em equilíbrio neutro.

Exemplo 6.9 | Força e energia em uma escala atômica

A energia potencial associada à força entre dois átomos neutros em uma molécula pode ser moderada pela função energia potencial de Lennard-Jones:

$$U(x) = 4\varepsilon\left[\left(\frac{\sigma}{x}\right)^{12} - \left(\frac{\sigma}{x}\right)^{6}\right]$$

em que x é a separação dos átomos. A função $U(x)$ contém dois parâmetros σ e ε, que são determinados experimentalmente. Valores padrão para a interação entre dois átomos em uma molécula são $\sigma = 0{,}263$ nm e $\varepsilon = 1{,}51 \times 10^{-22}$ J. Utilizando uma planilha ou uma ferramenta similar, trace o gráfico dessa função e encontre a distância mais provável entre os dois átomos.

SOLUÇÃO

Conceitualização Identificamos os dois átomos na molécula como um sistema. Com base em nossa compreensão de que existem moléculas estáveis, esperamos encontrar equilíbrio estável quando os dois átomos são separados por alguma distância de equilíbrio.

Categorização Como existe uma função energia potencial, categorizamos a força entre os átomos como conservativa. Para uma força conservativa, a Equação 6.28 descreve a relação entre a força e a função energia potencial.

Análise Existe equilíbrio estável para uma distância de separação na qual a energia potencial do sistema de dois átomos (a molécula) é mínima.

Tome a derivada da função $U(x)$:

$$\frac{dU(x)}{dx} = 4\varepsilon\frac{d}{dx}\left[\left(\frac{\sigma}{x}\right)^{12} - \left(\frac{\sigma}{x}\right)^{6}\right] = 4\varepsilon\left[\frac{-12\sigma^{12}}{x^{13}} + \frac{6\sigma^{6}}{x^{7}}\right]$$

Minimize a função $U(x)$ definindo sua derivada igual a zero:

$$4\varepsilon\left[\frac{-12\sigma^{12}}{x_{\text{eq}}^{13}} + \frac{6\sigma^{6}}{x_{\text{eq}}^{7}}\right] = 0 \rightarrow x_{\text{eq}} = (2)^{1/6}\sigma$$

Avalie x_{eq}, a separação de equilíbrio dos dois átomos na molécula:

$$x_{\text{eq}} = (2)^{1/6}(0{,}263 \text{ nm}) = 2{,}95 \times 10^{-10} \text{m}$$

Traçamos o gráfico da função de Lennard-Jones em ambos os lados desse valor crítico para criar nosso diagrama de energia, como mostrado na Figura 6.25.

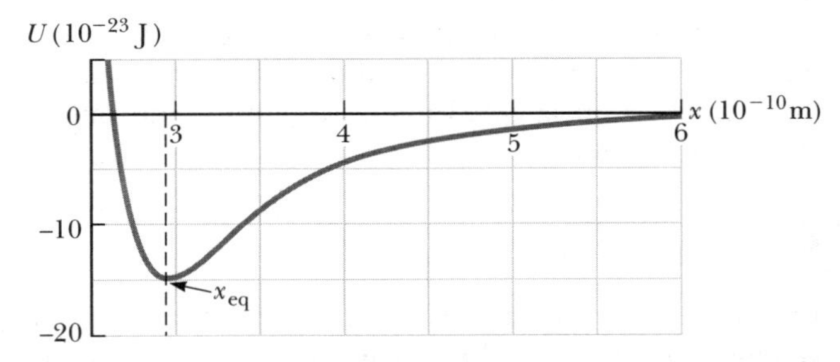

Figura 6.25 (Exemplo 6.9) Curva de energia potencial associada à molécula. A distância x é a separação entre os dois átomos que constituem a molécula.

Finalização Observe que $U(x)$ é extremamente grande quando os átomos estão muito próximos, é mínima quando estão em sua separação crítica e depois aumenta novamente quando eles se afastam. Quando $U(x)$ é mínima, os átomos estão em equilíbrio estável, indicando que a separação mais provável entre eles ocorre nesse ponto.

6.11 | Conteúdo em contexto: energia potencial em combustíveis

O combustível representa um mecanismo de armazenagem de energia potencial a ser utilizado para fazer o veículo mover-se. O combustível padrão para automóveis por décadas foi a *gasolina*. A gasolina é refinada do petróleo que está presente na Terra. Esse óleo representa os produtos de decomposição de plantas que existiam na Terra, principalmente de 100 a 600 milhões de anos atrás.

As reações químicas principais que ocorrem em um motor de combustão interna envolvem a oxidação de carbono e de hidrogênio:

$$C + O_2 \rightarrow CO_2$$
$$4H + O_2 \rightarrow 2H_2O$$

Ambas as reações liberaram energia que é usada para operar o automóvel.

Observe os produtos finais dessas reações. Um é a água, que não é prejudicial para o meio ambiente. O dióxido de carbono, no entanto, contribui para o efeito estufa, o que leva ao aquecimento global, que estudaremos no Contexto 5. A combustão incompleta do carbono e do oxigênio podem formar CO, monóxido de carbono, que é um gás venenoso. Como o ar contém outros elementos além de oxigênio, existem outros produtos de emissões que são nocivos, tais como óxidos de nitrogênio.

A quantidade de energia potencial armazenada em um combustível e disponível a partir desse normalmente é chamada *calor de combustão*, embora essa expressão utilize indevidamente a palavra *calor*. Para a gasolina automotiva, esse valor é de cerca de 44 MJ/kg. Como a eficiência do motor não é 100%, apenas parte dessa energia finalmente é transformada em energia cinética do carro. Vamos estudar a eficiência dos motores no Contexto 5.

Outro combustível comum é o *óleo diesel*. O calor de combustão do diesel é de 42,5 MJ/kg, um pouco menor que o da gasolina. Os motores a diesel, no entanto, operam a uma maior eficiência do que os motores a gasolina, portanto podem extrair uma porcentagem maior da energia disponível.

Muitos combustíveis estão sendo desenvolvidos para operar motores de combustão interna, com modificações mínimas, e são descritos resumidamente a seguir.

Etanol

O etanol é o combustível alternativo mais utilizado, e é usado por veículos de frota comercial e cada vez mais por veículos particulares. É um álcool feito de culturas como cana-de-açúcar, milho, trigo e cevada. Como essas plantas podem ser cultivadas, o etanol é renovável. A utilização de etanol reduz as emissões de monóxido de carbono e dióxido de carbono em comparação com a utilização de gasolina normal.

O etanol pode ser usado sozinho ou misturado com gasolina para formar diversas misturas, tais como:

E10: 10% etanol, 90% gasolina

E85: 85% etanol, 15% gasolina

O teor energético do E85 é de cerca de 70% da gasolina, por isso a relação milhas por galão será menor do que para um veículo movido a gasolina pura. Por outro lado, a natureza renovável do etanol compensa essa desvantagem significativamente.

Os automóveis rotulados como "*FLEXFUEL*" podem utilizar desde o etanol combustível até gasolina pura. Qualquer que seja a mistura, o combustível é armazenado no tanque de combustível e sensores no sistema de combustível determinam a quantidade de etanol, ajustando automaticamente a injeção de combustível e de tempo de ignição adequadamente.

Biodiesel

Biodiesel é formado por uma reação química entre o álcool e óleos a partir de culturas agrícolas, bem como óleo vegetal, gordura e gordura de fontes comerciais. A Pacific Biodiesel no Havaí faz biodiesel de óleo de cozinha usado em restaurantes, proporcionando um combustível utilizável e também desviando esse óleo usado dos aterros.

O biodiesel está disponível nas seguintes formas:

B20: 20% biodiesel, 80% diesel

B100: 100% biodiesel

B100 é atóxico e biodegradável. O uso do biodiesel reduz as emissões de gases de escape nocivos para o ambiente de forma significativa. Além disso, testes demonstraram que a emissão de partículas que causam câncer é reduzida em 94% com o uso de biodiesel puro.

O teor energético do B100 é de cerca de 90% do diesel convencional. Assim como o etanol, a natureza renovável do biodiesel compensa essa desvantagem significativamente.

Gás natural

O gás natural é um combustível fóssil, proveniente de poços de gás ou como um subproduto do processo de refino de petróleo bruto. É composto, principalmente, de metano (CH_4), com pequenas quantidades de nitrogênio, etano, propano e outros gases. Ele queima de forma limpa e gera volumes muito mais baixos de emissões de escape nocivas que a gasolina. Veículos a gás natural são usados em muitas frotas de ônibus, caminhões de entrega e caminhões de lixo.

Embora as misturas de etanol e biodiesel possam ser utilizadas em motores convencionais com modificações mínimas, um motor a gás natural necessita de modificações mais profundas. Além disso, o gás deve ser transportado a bordo do veículo, em uma das duas maneiras que requerem tecnologia de nível mais alto do que o tanque de combustível simples. Uma possibilidade é liquefazer o gás, o que requer um recipiente de armazenamento bem isolado para manter o gás a –190 °C. A outra possibilidade é a de comprimir o gás até 200 vezes a pressão atmosférica e carregá-lo no veículo em um tanque de armazenagem de alta pressão.

O conteúdo energético do gás natural é de 48 MJ/kg, um pouco maior que o da gasolina. Observe que o gás natural, assim como a gasolina, *não* é uma fonte renovável.

Propano

O propano é comercialmente disponível como gás de petróleo liquefeito, que é, na verdade, uma mistura de propano, propileno, butano e butilenos. É um subproduto do processamento de gás natural e refino de petróleo bruto. O propano é o combustível alternativo mais acessível, com instalações de abastecimento em todos os estados dos Estados Unidos.

Emissões de escape de veículos movidos a gás propano são significativamente inferiores aos dos veículos movidos a gasolina. Os testes mostram que o monóxido de carbono é reduzido de 30% a 90%.

Tal como acontece com o gás natural, tanques de alta pressão são necessários para transportar o combustível. Além disso, o propano é um recurso não renovável. O conteúdo de energia do propano é de 46 MJ/kg, um pouco maior que o da gasolina.

Veículos elétricos

Na introdução do Contexto antes do Capítulo 2, discutimos os carros elétricos que estavam nas estradas no início do século XX. Como mencionado, esses carros elétricos praticamente desapareceram na década de 1920 por causa de vários fatores. Um deles era que o petróleo era abundante durante o século XX e havia pouco incentivo para operar veículos com outra coisa além de gasolina ou diesel.

No início da década de 1970, surgiram dificuldades no que diz respeito à disponibilidade de petróleo do Oriente Médio, levando à escassez nos postos de gasolina. Neste momento, o interesse em veículos movidos a energia elétrica surgiu novamente. Uma das primeiras tentativas de introduzir no mercado um novo veículo elétrico foi o Electrovette, uma versão elétrica do Chevrolet Chevette.

Embora a crise do petróleo tenha aliviado um pouco, instabilidades políticas no Oriente Médio criaram incerteza na disponibilidade de petróleo e o interesse em carros elétricos prosseguiu, embora em pequena escala. No final da década de 1980, a General Motors desenvolveu um protótipo chamado Impact, um carro elétrico que poderia acelerar de 0 a 60 milhas em 8 s e tinha um coeficiente de arrasto de 0,19, muito mais baixo que os carros tradicionais. O Impact foi sucesso do Los Angeles Auto Show de 1990. Na década de 1990, o Impact se tornou comercialmente disponível como EV1. A General Motors cancelou o programa EV1 em 2001 e convocou a troca dos veículos. Embora alguns dos veículos EV1 tenham sido mandados a museus, a grande maioria deles foi destruída por esmagamento.

Duas grandes desvantagens dos carros elétricos são o alcance limitado, de 70 mi a 100 mi, com um único carregamento das baterias e várias horas necessárias para recarregar as baterias. Apesar dessas dificuldades, novos veículos elétricos estão disponíveis para o público, incluindo o Nissan Leaf, discutido na Seção 2.8, e o Tesla Roadster, um carro elétrico esportivo de alto custo que pode acelerar a partir do repouso a 60 mi/h em 3,7 s. Além disso, o Chevrolet Volt, também discutido na Seção 2.8, é operado como um carro elétrico em viagens curtas. Ele resolve os problemas de alcance limitado e tempo de carregamento para viagens mais longas, incorporando um motor a gasolina para carregar a bateria, uma vez que a carga original tenha se esgotado.

RESUMO

Um **sistema** é mais frequentemente uma partícula única, um conjunto de partículas ou uma região do espaço e pode variar em tamanho e forma. Uma **fronteira do sistema** separa o sistema dos **arredores**.

O **trabalho** W realizado sobre um sistema por um agente exercendo uma força constante $\vec{\mathbf{F}}$ sobre o sistema é o produto do módulo Δr do deslocamento do ponto de aplicação da força e a componente $F \cos\theta$ da força ao longo da direção do deslocamento $\Delta\vec{\mathbf{r}}$:

$$W \equiv F\,\Delta r \cos\theta \qquad \textbf{6.1} \blacktriangleleft$$

O **produto escalar** (produto ponto) de dois vetores $\vec{\mathbf{A}}$ e $\vec{\mathbf{B}}$ é definido pela relação

$$\vec{\mathbf{A}} \cdot \vec{\mathbf{B}} \equiv AB\cos\theta \qquad \textbf{6.2} \blacktriangleleft$$

em que o resultado é uma quantidade escalar e θ é o ângulo entre os dois vetores. O produto escalar obedece às leis comutativa e distributiva.

Se uma força variável realiza trabalho sobre uma partícula enquanto ela se move ao longo do eixo x de x_i a x_f, o trabalho realizado pela força sobre a partícula é determinado por

$$W = \int_{x_i}^{x_f} F_x dx \qquad \textbf{6.7} \blacktriangleleft$$

em que F_x é a componente da força na direção x.

A **energia cinética** de uma partícula de massa m movendo-se com velocidade escalar v é

$$K \equiv \frac{1}{2}mv^2 \qquad \textbf{6.16} \blacktriangleleft$$

O **teorema do trabalho-energia cinética** afirma que se trabalho é realizado sobre um sistema por forças externas e a única mudança no sistema acontece em sua velocidade escalar,

$$W_{\text{ext}} = K_f - K_i = \Delta K = \tfrac{1}{2}mv_f^2 - \tfrac{1}{2}mv_i^2 \qquad \textbf{6.15, 6.17} \blacktriangleleft$$

Se uma partícula de massa m estiver a uma distância y acima da superfície terrestre, a **energia potencial gravitacional** do sistema partícula-Terra é

$$U_g \equiv mgy \qquad \textbf{6.19} \blacktriangleleft$$

A **energia potencial elástica** armazenada em uma mola de força constante k é

$$K \equiv \frac{1}{\ }mv^2 \qquad \textbf{6.22} \blacktriangleleft$$

A **energia mecânica total de um sistema** é definida como a soma da energia cinética e da energia potencial:

$$E_{\text{mec}} \equiv K + U \qquad \textbf{6.24} \blacktriangleleft$$

Uma força é **conservativa** se o trabalho que ela realiza sobre uma partícula (que é um membro do sistema, enquanto ela se move entre dois pontos) é independente do caminho que a partícula toma entre os dois pontos. Além disso, uma força é conservativa se o trabalho que ela realiza sobre uma partícula é zero quando a partícula se move por um caminho fechado arbitrário e retorna à sua posição inicial. Uma força que não satisfaz esses critérios é chamada **não conservativa**.

Uma **função de energia potencial** U pode ser associada apenas a uma força conservativa. Se uma força conservativa $\vec{\mathbf{F}}$ age entre os membros de um sistema enquanto um membro se move ao longo do eixo x de x_i a x_f, a mudança na energia potencial do sistema é igual ao negativo do trabalho realizado por essa força:

$$U_f - U_i = -\int_{x_i}^{x_f} F_x dx \qquad \textbf{6.26} \blacktriangleleft$$

Sistemas podem estar em três tipos de configurações de equilíbrio quando a força resultante sobre um membro do sistema é zero. Configurações de **equilíbrio estável** correspondem àquelas para as quais $U(x)$ é mínima. Configurações de **equilíbrio instável** correspondem àquelas para as quais $U(x)$ é máxima. **Equilíbrio neutro** surge quando U é constante enquanto um membro do sistema se move sobre uma região.

PERGUNTAS OBJETIVAS

1. Um bloco de massa m é derrubado do quarto andar de um prédio de escritórios e atinge a calçada abaixo na velocidade v. A partir de que andar a massa deve ser derrubada para dobrar a velocidade escalar de impacto? (a) do sexto andar (b) do oitavo andar (c) do décimo andar (d) do décimo segundo andar (e) do décimo sexto andar.

2. O trabalho necessário realizado por uma força externa sobre um corpo em uma superfície horizontal sem atrito para acelerá-lo de uma velocidade escalar v a uma $2v$ é (a) igual ao trabalho necessário para acelerar o corpo de $v = 0$ a v, (b) duas vezes o trabalho necessário para acelerar o corpo de $v = 0$ a v, (c) três vezes o trabalho necessário para acelerar o corpo de $v = 0$ a v, (d) quatro vezes o trabalho necessário para acelerar o corpo de 0 a v, ou (e) desconhecido sem saber a aceleração?

3. Digamos que $\hat{\mathbf{N}}$ represente a direção horizontalmente norte, $\widehat{\mathbf{NE}}$ represente nordeste (na metade entre o norte e o leste), e assim por diante. Cada especificação de direção pode ser pensada como um vetor unitário. Classifique em ordem decrescente os seguintes produtos escalares. Observe que zero é maior que um número negativo. Se duas quantidades forem iguais, indique esse fato na classificação. (a) $\hat{\mathbf{N}} \cdot \hat{\mathbf{N}}$ (b) $\hat{\mathbf{N}} \cdot \widehat{\mathbf{NE}}$ (c) $\hat{\mathbf{N}} \cdot \hat{\mathbf{S}}$ (d) $\hat{\mathbf{N}} \cdot \vec{\mathbf{E}}$ (e) $\widehat{\mathbf{SE}} \cdot \hat{\mathbf{S}}$

4. Se o trabalho resultante realizado por forças externas sobre uma partícula é zero, quais das seguintes afirmações sobre a partícula deve ser verdadeira? (a) Sua velocidade é zero. (b) Sua velocidade é reduzida. (c) Sua velocidade não é alterada. (d) Sua velocidade escalar não é alterada. (e) Mais informações são necessárias.

5. A bala 2 tem duas vezes a massa da bala 1. As duas são atiradas com a mesma velocidade escalar. Se a energia cinética da bala 1 é K, a energia cinética da bala 2 é (a) $0{,}25K$, (b) $0{,}5K$, (c) $0{,}71K$, (d) K, ou (e) $2K$?

6. Enquanto um pêndulo simples balança para frente e para trás, as forças que agem sobre o corpo suspenso são (a) a força gravitacional, (b) a tensão na corda de sustentação e (c) a resistência do ar. (**i**) Quais dessas forças, se houver, não realiza nenhum trabalho sobre o pêndulo em nenhum momento? (**ii**) Qual dessas forças realiza trabalho negativo sobre o pêndulo todo o tempo durante seu movimento?

7. Alex e John estão carregando armários idênticos em um caminhão. Alex levanta seu armário do chão diretamente para cima até a caçamba do caminhão e John desliza o armário para cima em uma rampa áspera até o caminhão. Qual afirmação é correta sobre o trabalho realizado sobre o sistema armário-Terra? (a) Alex e John realizam a mesma quantidade de trabalho. (b) Alex realiza mais trabalho que John. (c) John realiza mais trabalho que Alex. (d) Nenhuma das afirmações é necessariamente verdadeira, pois a força de atrito é desconhecida. (e) Nenhuma das afirmações é necessariamente verdadeira, pois o ângulo de inclinação é desconhecido.

8. Mark e David estão carregando blocos de cimento idênticos na caminhonete do David. Mark levanta seu bloco do chão diretamente e David desliza o bloco sobre uma rampa contendo rodízios sem atrito. Qual afirmação é correta sobre o trabalho realizado sobre o sistema bloco-Terra? (a) Mark realiza mais trabalho que David. (b) Mark e David realizam a mesma quantidade de trabalho. (c) David realiza mais trabalho que Mark. (d) Nenhuma das afirmações é necessariamente verdadeira, pois o ângulo de inclinação da rampa é desconhecido. (e) Nenhuma das afirmações é necessariamente verdadeira, pois a massa do bloco não foi fornecida.

9. Um trabalhador empurra um carrinho de mão com uma força horizontal de 50 N sobre um chão nivelado por uma distância de 5,0 m. Se uma força de atrito de 43 N age sobre o carrinho de mão em uma direção oposta à força do trabalhador, qual o trabalho realizado pelo trabalhador sobre o carrinho? (a) 250 J (b) 215 J (c) 35 J (d) 10 J (e) Nenhuma das respostas está correta.

10. A Figura PO6.10 mostra uma mola leve distendida exercendo uma força F_m para a esquerda sobre um bloco. (**i**) O bloco exerce uma força sobre a mola? Escolha todas as respostas corretas. (a) Não, não exerce. (b) Sim, exerce, para a esquerda. (c) Sim, exerce, para a direita. (d) Sim, exerce e seu módulo é maior que F_m. (e) Sim, exerce e seu módulo é igual a F_m. (**ii**) A mola exerce uma força sobre a parede? Escolha suas respostas da mesma lista de (a) a (e).

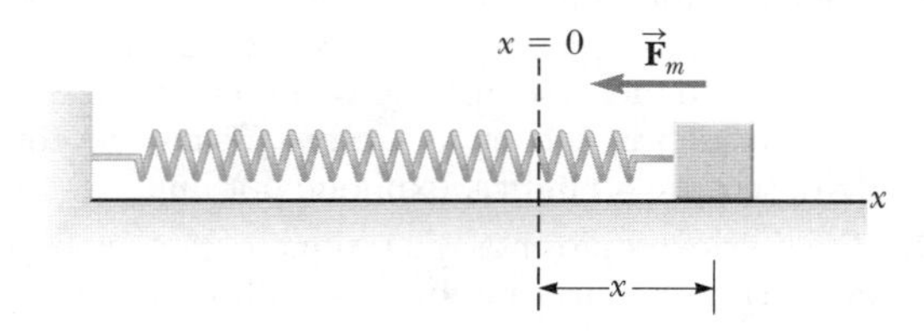

Figura PO6.10

11. Um carrinho é colocado para andar por uma mesa nivelada com uma mesma velocidade escalar a cada ensaio. Se ele andar sobre um trecho de areia, ele exerce sobre ela uma força horizontal média de 6 N e percorre uma distância de 6 cm até parar. E se ele rodasse sobre um caminho de farinha, percorrendo 18 cm antes de parar? Qual o módulo médio da força horizontal que o carro exerce sobre a farinha? (a) 2 N (b) 3 N (c) 6 N (d) 18 N (e) nenhuma das anteriores.

12. Um cubo de gelo foi empurrado e desliza sem atrito em uma mesa nivelada. Qual opção está correta? (a) Ele está em equilíbrio estável. (b) Ele está em equilíbrio instável. (c) Ele está em equilíbrio neutro. (d) Ele não está em equilíbrio.

13. Se a velocidade de uma partícula é dobrada, o que acontece com sua energia cinética? (a) Fica quatro vezes maior. (b) Fica três vezes maior. (c) Fica $\sqrt{2}$ vezes maior. (d) Não muda. (e) Fica metade maior.

14. Uma mola que obedece à lei de Hooke é distendida por um agente externo. O trabalho realizado para distender a mola 10 cm é 4 J. Quanto trabalho adicional é necessário para distender a mola mais 10 cm? (a) 2 J (b) 4 J (c) 8 J (d) 12 J (e) 16 J.

15. (**i**) Classifique as acelerações gravitacionais que mediria para os seguintes corpos caindo, (a) um objeto de 2 kg a 5 cm acima do chão (b) um corpo de 2 kg a 120 cm acima do chão, (c) um corpo de 3 kg a 120 cm acima do chão e (d) um corpo de 3 kg a 80 cm acima do chão. Relacione primeiro o de maior módulo de aceleração. Se houver igual, mostre a igualdade na lista. (**ii**) Classifique as forças gravitacionais para os mesmos quatro corpos, colocando na lista o de maior módulo primeiro. (**iii**) Classifique as energias potenciais gravitacionais (do sistema corpo-Terra) para os mesmos quatro corpos, o maior primeiro, considerando $y = 0$ no chão.

16. Um carrinho é colocado para andar por uma mesa nivelada com uma mesma velocidade escalar a cada ensaio. Se ele andar sobre um trecho de areia, ele exerce sobre a areia uma força horizontal média de 6 N e percorre uma distância de 6 cm pela areia até parar. Se, ao invés da areia, ele andasse sobre a brita exercendo uma força horizontal média de 9 N, que distância ele percorreria sobre a brita antes de parar? (a) 9 cm (b) 6 cm (c) 4 cm (d) 3 cm (e) nenhuma das anteriores.

PERGUNTAS CONCEITUAIS

1. Um estudante tem a ideia de que o trabalho total realizado sobre um corpo é igual a sua energia cinética. Essa ideia é verdadeira sempre, às vezes ou nunca? Se às vezes for verdadeira, sob quais circunstâncias? Se for verdadeira sempre ou nunca, explique por quê.
2. Cite dois exemplos nos quais uma força é exercida sobre um corpo sem fazer nenhum trabalho sobre ele.
3. Uma mola uniforme tem constante elástica k. Agora, a mola é cortada pela metade. Qual é a relação entre k e a constante elástica k' de cada mola menor resultante? Explique suas razões.
4. O corpo 1 empurra o corpo 2, quando os corpos se movem juntos, como uma escavadeira empurrando uma pedra. Considere que o corpo 1 realize 15,0 J de trabalho sobre o corpo 2. O corpo 2 realiza trabalho sobre o corpo 1? Explique sua resposta. Se possível, determine quanto trabalho e explique seu raciocínio.
5. A energia cinética pode ser negativa? Explique.
6. Discuta o trabalho realizado por um arremessador ao lançar uma bola de beisebol. Qual é a distância aproximada pela qual a força age quando a bola é lançada?
7. Uma força normal pode realizar trabalho? Se não, por que motivo? Se pode, dê um exemplo.
8. Você está arrumando os livros em uma estante na biblioteca. Você levanta um livro do chão até a prateleira. A energia cinética do livro no chão era zero e a energia cinética do livro na prateleira de cima é zero, portanto, não ocorre mudança na energia cinética; entretanto, você realizou trabalho ao levantar o livro. O teorema do trabalho-energia cinética foi violado? Explique.
9. A energia cinética de um corpo depende do sistema de referência no qual seu movimento é medido? Forneça um exemplo para provar isso.
10. Se apenas uma força externa agir sobre uma partícula, ela necessariamente mudará (a) a energia cinética da partícula? (b) sua velocidade?
11. Discuta se está sendo realizado trabalho por cada um dos seguintes agentes; em caso afirmativo, indique se o trabalho é positivo ou negativo: (a) um frango ciscando o chão (b) uma pessoa estudando (c) um guindaste levantando uma caçamba de concreto (d) a força gravitacional sobre a caçamba no item (c) (e) os músculos da perna de uma pessoa ao sentar.
12. (a) Para quais valores do ângulo θ entre dois vetores o produto deles é positivo? (b) Para quais valores de θ o produto escalar deles é negativo?

PROBLEMAS

ENHANCED WebAssign Os problemas que se encontram neste capítulo podem ser resolvidos on-line no Enhanced WebAssign (em inglês).

- **1.** denota problema direto;
- **2.** denota problema intermediário;
- **3.** denota problema desafiador;
- **1.** (sombreado) denota problemas mais frequentemente resolvidos no Enhanced WebAssign;
- **BIO** denota problema biomédico;
- **PD** denota problema dirigido;
- **M** denota tutorial Master It disponível no Enhanced WebAssign;
- **Q|C** denota problema que pede raciocínio quantitativo e conceitual;
- **S** denota problema de raciocínio simbólico;
- **sombreado** denota "problemas emparelhados" que desenvolvem raciocínio com símbolos e valores numéricos;
- **W** denota solução no vídeo Watch It disponível no Enhanced WebAssign.

Seção 6.2 Trabalho realizado por uma força constante

1. Em 1990, Walter Arfeuille, da Bélgica, levantou um corpo de 281,5 kg por uma distância de 17,1 cm usando apenas os dentes. (a) Quanto trabalho foi realizado sobre o corpo por Arfeuille nesse levantamento considerando que o corpo foi levantado com velocidade escalar constante? (b) Que força total foi exercida sobre os dentes de Arfeuille durante o levantamento?
2. O número recorde de levantamento de barco, incluindo o barco e sua tripulação de dez membros, foi atingido por Sami Heinonen e Juha Räsänen da Suécia em 2000. Eles levantaram uma massa total de 653,2 kg aproximadamente a 4 polegadas do chão um total de 24 vezes. Estime o trabalho total realizado pelos dois homens sobre o barco nesse recorde de levantamento, ignorando o trabalho negativo realizado pelos homens quando eles colocaram o barco de volta no chão.
3. **M** Um bloco de massa $m = 2,50$ kg é empurrado por uma distância $d = 2,20$ m ao longo de uma mesa horizontal sem atrito por uma força aplicada constante de módulo $F = 16,0$ N direcionada a um ângulo $\theta = 25,0°$ abaixo da horizontal, como mostrado na Figura P6.3. Determine o trabalho realizado no bloco pela (a) força aplicada, (b) força normal exercida pela mesa, (c) a força gravitacional e (d) força resultante sobre o bloco.

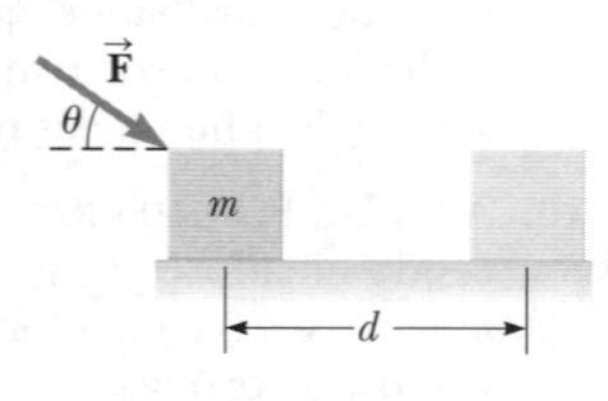

Figura P6.3

4. **W** Uma gota de chuva de massa $3,35 \times 10^{-5}$ kg cai verticalmente a uma velocidade escalar constante sob a influência da gravidade e da resistência do ar. Considere a gota uma partícula. Enquanto ela cai 100 m, qual é o trabalho realizado sobre a gota de

chuva (a) pela força gravitacional e (b) pela resistência do ar?

5. **M** O Homem-Aranha, cuja massa é 80,0 kg, balança na extremidade livre de uma corda longa de 12,0 m, cuja outra extremidade é fixa em um galho de árvore acima. Dobrando repetidamente a cintura, ele é capaz de colocar a corda em movimento, finalmente conseguindo fazê-la balançar o suficiente para que possa alcançar uma borda, quando a corda faz um ângulo de 60,0° com a vertical. Quanto trabalho foi realizado pela força gravitacional sobre o Homem-Aranha em sua manobra?

6. **Q|C** Uma compradora em um supermercado empurra um carrinho com uma força de 35 N com direção em um ângulo de 25° abaixo da horizontal. A força é suficiente apenas para equilibrar várias forças de atrito, portanto, o carrinho se move a velocidade escalar constante. (a) Encontre o trabalho realizado pela compradora sobre o carrinho enquanto ela se move no corredor de 50,0 m de comprimento. (b) Qual é o trabalho resultante realizado sobre o carrinho por todas as forças? Por quê? (c) A compradora desce pelo próximo corredor, empurrando horizontalmente e mantendo a mesma velocidade escalar que antes. Se a força de atrito não muda, a força aplicada pela compradora seria maior, menor ou a mesma? (d) E quanto ao trabalho realizado sobre o carrinho por ela?

Seção 6.3 O produto escalar de dois vetores

7. O vetor $\vec{\mathbf{A}}$ tem módulo de 5,00 unidades e o vetor $\vec{\mathbf{B}}$ tem módulo de 9,00 unidades. Há um ângulo de 50,0° entre os dois vetores. Determine $\vec{\mathbf{A}} \cdot \vec{\mathbf{B}}$.

8. **S** Para quaisquer dois vetores $\vec{\mathbf{A}}$ e $\vec{\mathbf{B}}$, mostre que $\vec{\mathbf{A}} \cdot \vec{\mathbf{B}} = A_xB_x + A_yB_y + A_zB_z$. *Sugestões*: Escreva $\vec{\mathbf{A}}$ e $\vec{\mathbf{B}}$ na forma de vetor unitário e use as Equações 6.4 e 6.5.

Observação: Nos Problemas 9 a 12, calcule respostas numéricas com três algarismos significativos como de costume.

9. **M** Uma força $\vec{\mathbf{F}} = (6\hat{\mathbf{j}} - 2\hat{\mathbf{j}})$ N age sobre uma partícula que passa por um deslocamento $\Delta\vec{\mathbf{r}} = (3\hat{\mathbf{i}} + \hat{\mathbf{j}})$ m. Encontre (a) o trabalho realizado pela força sobre a partícula e (b) o ângulo entre $\vec{\mathbf{F}}$ e $\Delta\vec{\mathbf{r}}$.

10. Encontre o produto escalar dos vetores na Figura P6.10.

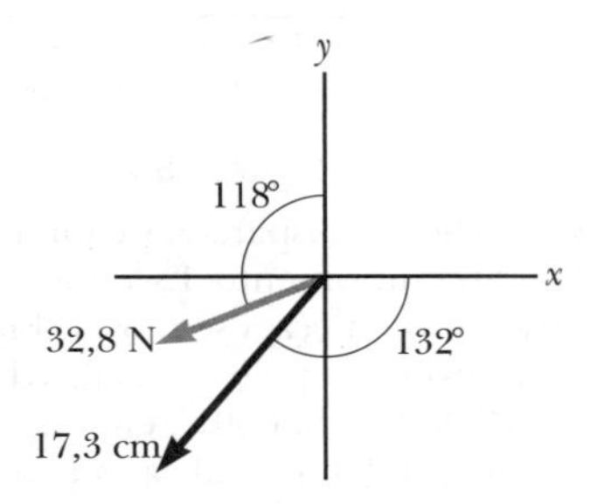

Figura P6.10

11. **W** Para $\vec{\mathbf{A}} = 3\hat{\mathbf{i}} + \hat{\mathbf{j}} - \hat{\mathbf{k}}$, $\vec{\mathbf{B}} = -\hat{\mathbf{i}} + 2\hat{\mathbf{j}} + 5\hat{\mathbf{k}}$ e $\vec{\mathbf{C}} = 2\hat{\mathbf{j}} - 3\hat{\mathbf{k}}$, encontre $\vec{\mathbf{C}} \cdot (\vec{\mathbf{A}} - \vec{\mathbf{B}})$.

12. Utilizando a definição de produto escalar, encontre os ângulos entre (a) $\vec{\mathbf{A}} = 3\hat{\mathbf{i}} - 2\hat{\mathbf{j}}$ e $\vec{\mathbf{B}} = 4\hat{\mathbf{i}} - 4\hat{\mathbf{j}}$, (b) $\vec{\mathbf{A}} = -2\hat{\mathbf{i}} + 4\hat{\mathbf{j}}$ e $\vec{\mathbf{B}} = 3\hat{\mathbf{i}} - 4\hat{\mathbf{j}} + 2\hat{\mathbf{k}}$ e (c) $\vec{\mathbf{A}} = \hat{\mathbf{i}} - 2\hat{\mathbf{j}} + 2\hat{\mathbf{k}}$ e $\vec{\mathbf{B}} = 3\hat{\mathbf{j}} + 4\hat{\mathbf{k}}$.

13. Seja $\vec{\mathbf{B}}$ = 5,00 m a 60,0°. Tendo o vetor $\vec{\mathbf{C}}$ o mesmo módulo que $\vec{\mathbf{A}}$ e um ângulo de direção maior que o de $\vec{\mathbf{A}}$ em 25,0°. Seja $\vec{\mathbf{A}} \cdot \vec{\mathbf{B}} = 30{,}0$ m² e $\vec{\mathbf{B}} \cdot \vec{\mathbf{C}} = 35{,}0$ m². Encontre o módulo e a direção de $\vec{\mathbf{A}}$.

Seção 6.4 Trabalho realizado por uma força variável

14. **W** A força que age sobre uma partícula varia como mostrado na Figura P6.14. Encontre o trabalho realizado pela força sobre a partícula enquanto ela se move (a) de $x = 0$ a $x = 8{,}00$ m, (b) de $x = 8{,}00$ m a $x = 10{,}0$ m e (c) de $x = 0$ a $x = 10{,}0$ m.

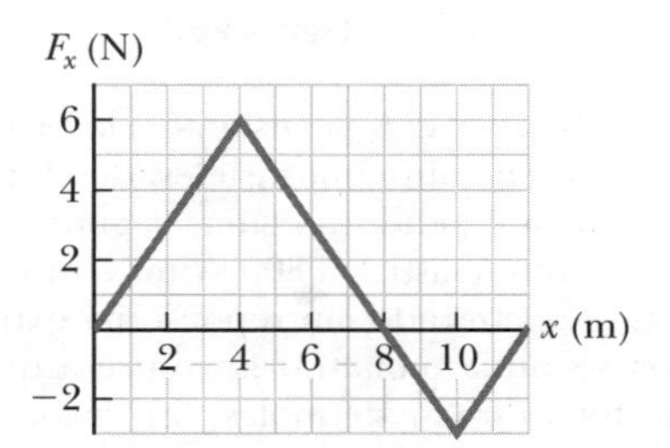

Figura P6.14

15. **W** Uma partícula está sujeita a uma força F_x que varia com a posição, como mostrado na Figura P6.15. Encontre o trabalho realizado pela força sobre a partícula enquanto ela se move (a) de $x = 0$ a $x = 5{,}00$ m, (b) de $x = 5{,}00$ m a $x = 10{,}0$ m e (c) de $x = 10{,}0$ m a $x = 15{,}0$ m. (d) Qual é o trabalho total realizado pela força na distância de $x = 0$ a $x = 15{,}0$ m?

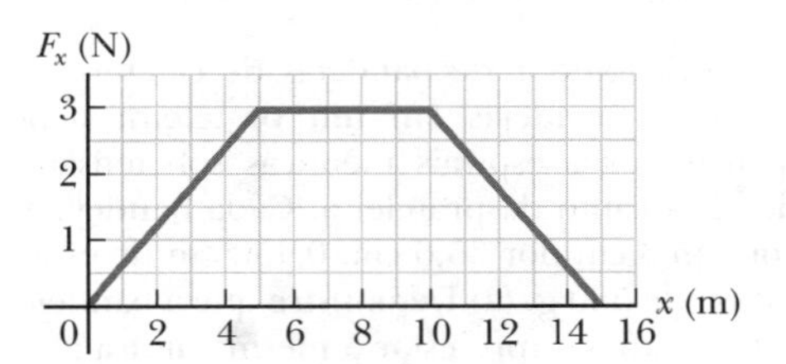

Figura P6.15

16. A força que age sobre uma partícula é $F_x = (8x - 16)$, em que F está em newtons e x está em metros. (a) Trace um gráfico dessa força por x de $x = 0$ a $x = 3{,}00$ m. (b) com base em seu gráfico, encontre o trabalho resultante realizado por essa força sobre a partícula quando ela se move de $x = 0$ a $x = 3{,}00$ m.

17. **M** Quando um corpo de 4,00 kg é pendurado verticalmente em certa mola leve que obedece à lei de Hooke, a mola é esticada 2,50 cm. Se o corpo de 4,00 kg for removido, (a) a que distância a mola é distendida se um corpo de 1,50 kg for pendurado nela? (b) Quanto trabalho um agente externo deve realizar para distender a mesma mola 4,00 cm de sua posição relaxada?

18. **S** Uma partícula pequena de massa m é puxada para a parte superior de um meio-cilindro sem atrito (de raio R) por uma corda leve que passa sobre o topo do cilindro, como mostrado na Figura P6.18. (a) Considerando que a partícula se move a uma velocidade escalar constante, mostre que $F = mg \cos \theta$. *Observação*: Se a partícula se move a uma velocidade escalar constante, a componente de sua aceleração tangente ao cilindro deve ser zero todas

as vezes. (b) Integrando diretamente $W = \int \vec{\mathbf{F}} \cdot d\vec{\mathbf{r}}$, encontre o trabalho realizado para mover a partícula, a velocidade escalar constante da parte inferior à parte superior do meio-cilindro.

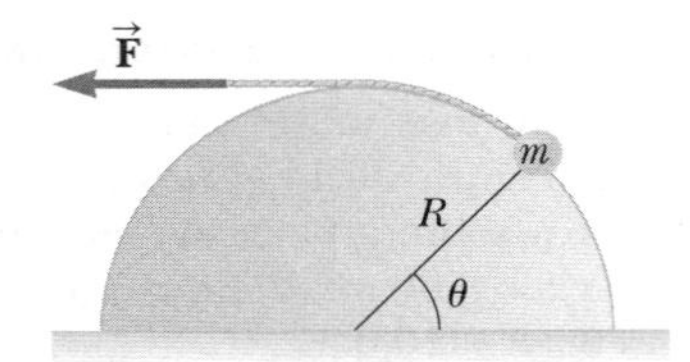

Figura P6.18

19. Uma mola leve com constante elástica 1 200 N/m é pendurada em um suporte elevado. Em sua extremidade inferior é pendurada uma segunda mola leve, que tem constante elástica 1 800 N/m. Um corpo de massa 1,50 kg é pendurado em repouso na extremidade inferior da segunda mola. (a) Encontre a distância de distensão total do par de molas. (b) Encontre a constante elástica efetiva do par de molas como um sistema. Descrevemos essas molas como *em série*.

20. **S** Uma mola leve com constante elástica k_1 é pendurada em um suporte elevado. Em sua extremidade inferior uma segunda mola é pendurada, a qual tem constante elástica k_2. Um corpo de massa m é pendurado em repouso na extremidade inferior da segunda mola. (a) Encontre a distância de distensão total do par de molas. (b) Encontre a constante elástica efetiva do par de molas como um sistema.

21. Um distribuidor de bandejas de cafeteria suporta uma pilha de bandejas em um prateleira pendurada por quatro molas espirais idênticas sob tensão, uma perto de cada canto da prateleira. Cada bandeja é retangular, com 45,3 cm por 35,6 cm, 0,450 cm de espessura e com massa de 580 g. (a) Demonstre que a bandeja de cima da pilha pode sempre estar à mesma altura acima do chão, embora muitas bandejas estejam no distribuidor. (b) Encontre a constante elástica que cada mola deve ter para o distribuidor funcionar dessa maneira conveniente. (c) Algum dado é desnecessário para essa determinação?

22. Uma mola leve com constante de força 3,85 N/m é comprimida 8,00 cm quando é mantida entre um bloco de 0,250 kg à esquerda e um bloco de 0,500 kg à direita, ambos apoiados sobre uma superfície horizontal. A mola exerce uma força sobre cada bloco, tendendo a afastá-los. Os blocos são simultaneamente soltos a partir do repouso. Encontre a aceleração com a qual cada bloco começa a se mover, dado que o coeficiente de atrito cinético entre cada bloco e a superfície é (a) 0, (b) 0,100 e (c) 0,462.

23. Em um sistema de controle, um acelerômetro consiste em um corpo de 4,70 g deslizando em um trilho horizontal calibrado. Uma mola de pouca massa prende o corpo a um flange em uma extremidade do trilho. Graxa no trilho torna o atrito estático desprezível, mas rapidamente amortece vibrações do corpo deslizante. Quando sujeito a uma aceleração constante de 0,800 g, o corpo deve estar em uma posição 0,500 cm afastado de sua posição de equilíbrio. Encontre a constante de força da mola necessária para que a calibração seja correta.

24. Uma arqueira puxa a corda de seu arco para trás 0,400 m exercendo uma força que aumenta uniformemente de zero a 230 N. Qual é a constante elástica equivalente do arco? (b) Quanto trabalho a arqueira realiza sobre a corda ao tracionar o arco?

25. A lei de Hooke descreve uma mola leve com comprimento 35,0 cm quando não distendida. Quando uma extremidade é presa ao topo de um batente de porta e um corpo de 7,50 kg é pendurado na outra extremidade, o comprimento da mola é 41,5 cm. (a) Encontre a constante elástica da mola. (b) A carga e a mola são retiradas do batente. Duas pessoas puxam em direções opostas nas extremidades da mola, cada uma com uma força de 190 N. Encontre o comprimento da mola nessa situação.

26. **S** Expresse as unidades da constante de força de uma mola em unidades fundamentais do SI.

27. Um vagão de carga de 6 000 kg corre ao longo dos trilhos com atrito desprezível. O vagão é trazido ao repouso por uma combinação de duas molas como ilustrado na Figura P6.27. Ambas as molas são descritas pela lei de Hooke e têm constantes elásticas $k_1 = 1\,600$ N/m e $k_2 = 3\,400$ N/m. Depois que a primeira mola comprime uma distância de 30,0 cm, a segunda mola age com a primeira para aumentar a força quando ocorre compressão adicional, como mostrado no gráfico. O vagão entra em repouso 50,0 cm depois de conectar primeiro o sistema de duas molas. Encontre a velocidade inicial do carro.

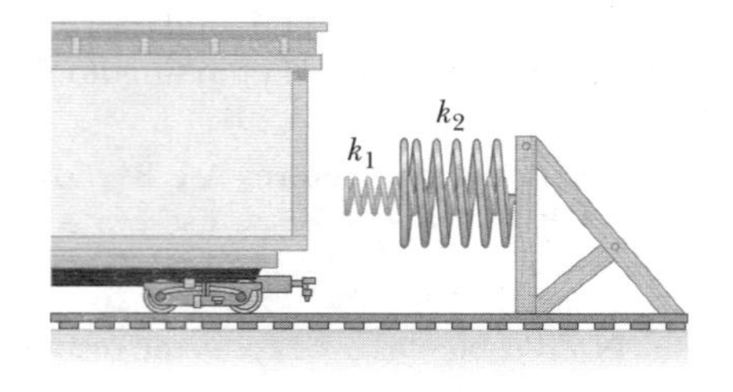

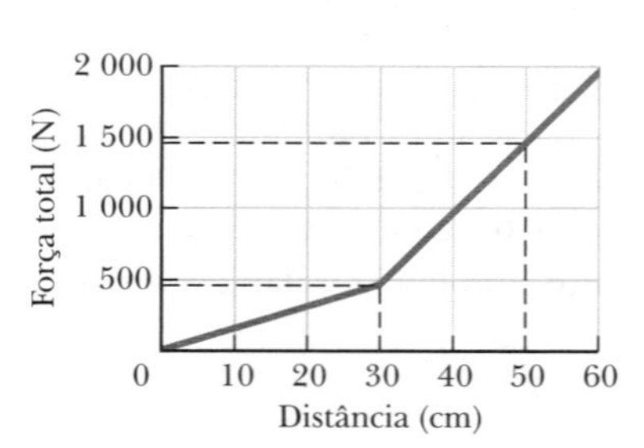

Figura P6.27

28. Uma bala de 100 g é disparada de um rifle com um cano de 0,600 m de comprimento. Escolha para ser a origem o local onde a bala começa a se mover. Em seguida a força (em newtons) exercida pelo gás expandindo sobre a bala é $15\,000 + 10\,000x - 25\,000x^2$, em que x está em metros. (a) Determine o trabalho realizado pelo gás sobre a bala quando ela percorre o comprimento do cano. (b) **E se?** Se o cano tiver 1,00 m de comprimento, quanto trabalho é realizado e (c) como esse valor se compara com o trabalho calculado na parte (a)?

29. **W** Uma força $\vec{\mathbf{F}} = (4x\hat{\mathbf{i}} + 3y\hat{\mathbf{j}})$, em que $\vec{\mathbf{F}}$ está em newtons e x e y estão em metros, age sobre um corpo quando ele se move na direção x a partir da origem a $x = 5{,}00$ m. Encontre o trabalho $W = \int \vec{\mathbf{F}} \cdot d\vec{\mathbf{r}}$ realizado pela força sobre o corpo.

Seção 6.5 Energia cinética e o teorema do trabalho-energia cinética

30. **Revisão.** Uma bala de 7,80 g movendo-se a 575 m/s acerta a mão de um super-herói, fazendo-a mover-se 5,50 cm na direção da velocidade da bala antes de parar. (a) Use considerações sobre trabalho e energia para encontrar a força média para a bala. (b) Considerando que a força é constante, determine quanto tempo passa entre o momento que a bala bate na mão e o momento que ela para de se mover.

31. W Uma partícula de 0,600 kg tem uma velocidade escalar de 2,00 m/s no ponto Ⓐ e energia cinética de 7,50 J no ponto Ⓑ. Qual é (a) a energia cinética em Ⓐ, (b) a velocidade escalar em Ⓑ e (c) o trabalho resultante realizado sobre a partícula por forças externas enquanto ela se move de Ⓐ a Ⓑ?

32. W Uma partícula de 4,00 kg está sujeita a uma força resultante que varia com a posição, como mostrado na Figura P6.15. A partícula parte do repouso em $x = 0$. Qual é a velocidade escalar dela em (a) $x = 5,00$ m, (b) $x = 10,0$ m, e (c) $x = 15,0$ m?

33. M Um corpo de 3,00 kg tem velocidade $(6,00\hat{\mathbf{i}} - 2,00\hat{\mathbf{j}})$ m/s. (a) Qual é a energia cinética dele nesse momento? (b) Qual é o trabalho resultante realizado sobre o corpo se a velocidade dele muda para $(8,00\hat{\mathbf{i}} + 4,00\hat{\mathbf{j}})$ m/s? (*Observação*: pela definição de produto escalar, $v^2 = \vec{\mathbf{v}} \cdot \vec{\mathbf{v}}$.)

34. PD Q|C **Revisão.** Você pode pensar no teorema do trabalho-energia cinética como uma segunda teoria de movimento, paralela às leis de Newton ao descrever como influências externas afetam o movimento de um corpo. Neste problema, resolva as partes (a), (b) e (c) separadamente das partes (d) e (e), assim, você pode comparar as previsões das duas teorias. Uma bala 15,0 g é acelerada a partir do repouso a uma velocidade escalar de 780 m/s no cano de um rifle de comprimento 72,0 cm. (a) Encontre a energia cinética da bala quando ela sai do cano. (b) Use o teorema do trabalho-energia cinética para encontrar o trabalho resultante que é realizado sobre a bala. (c) Use o resultado da parte (b) para encontrar o módulo da força resultante média que agia sobre a bala enquanto ela estava no cano. (d) Agora considere a bala como uma partícula sob aceleração constante. Encontre a aceleração constante de uma bala que parte do repouso e ganha velocidade escalar de 780 m/s por uma distância de 72,0 cm. (e) Considerando a bala como uma partícula sob uma força resultante, encontre a força resultante que atuou sobre ela durante sua aceleração. (f) A que conclusão você pode chegar comparando os resultados das partes (c) e (e)?

35. M É utilizado um bate-estacas de 2 100 kg para cravar uma viga de aço para dentro do solo. O bate-estacas cai 5,00 m antes de entrar em contato com o topo da viga e a crava 12,0 cm no solo antes de entrar em repouso. Utilizando considerações de energia, calcule a força média exercida pela viga sobre o bate-estacas enquanto ele é trazido ao repouso.

36. Q|C Um trabalhador empurrando uma caixa de madeira de 35,0 kg a uma velocidade escalar constante por 12,0 m ao longo de um piso de madeira realiza 350 J de trabalho aplicando uma força horizontal constante de módulo F sobre a caixa. (a) Determine o valor de F. (b) Se o trabalhador aplica uma força maior que F, descreva o movimento subsequente da caixa. (c) Descreva o que aconteceria à caixa se a força aplicada fosse menor que F.

37. **Revisão.** Um corpo de 5,75 kg passa pela origem no momento $t = 0$ tal que sua componente x de velocidade é 5,00 m/s e sua componente y de velocidade é –3,00 m/s. (a) Qual é a energia cinética do corpo nesse momento? (b) Em um tempo posterior a $t = 2,00$ s, a partícula está localizada em $x = 8,50$ m e $y = 5,00$ m? Que força constante agiu sobre o corpo durante esse intervalo de tempo? (c) Qual é a velocidade escalar da partícula em $t = 2,00$ s?

38. **Revisão.** Em um microscópio eletrônico, há um canhão de elétrons que contém duas placas metálicas separadas por 2,80 cm. Uma força elétrica acelera cada elétron no feixe desde o repouso até 9,60% da velocidade da luz nessa distância. (a) Determine a energia cinética do elétron quando ele deixa o acelerador de elétrons. Os elétrons transportam essa energia a uma tela de visualização fosforescente, na qual a imagem do microscópio é formada, fazendo-a brilhar. Para um elétron passando entre as placas no canhão de elétrons, determine (b) o módulo da força elétrica constante que age sobre o elétron, (c) a aceleração do elétron e (d) o intervalo de tempo que o elétron gasta entre as placas.

Seção 6.6 Energia potencial de um sistema

39. Uma pedra de 0,20 kg é mantida 1,3 m acima da borda superior de um poço e depois derrubada dentro dele. O poço tem uma profundidade de 5,0 m. Em relação à configuração com a pedra na borda superior do poço, qual é a energia potencial gravitacional do sistema pedra-Terra (a) antes de a pedra ser solta e (b) quando ela atinge o fundo do poço? (c) Qual é a mudança na energia potencial gravitacional do sistema desde a soltura até atingir o fundo do poço?

40. W Uma criança de 400 N está em um balanço preso a um par de cordas de 2,00 m de comprimento. Encontre a energia potencial gravitacional do sistema criança--Terra relativa à posição mais baixa da criança quando (a) as cordas estão horizontais, (b) as cordas formam um ângulo de 30,0° com a vertical e (c) a criança está na parte inferior do arco circular.

41. Um carrinho de montanha-russa de 1 000 kg está inicialmente no topo de uma subida, no ponto Ⓐ. Ele então se move 135 pés, a um ângulo de 40,0° abaixo da horizontal até um ponto mais baixo Ⓑ. (a) Considere o carro no ponto Ⓑ como a configuração zero para a energia potencial gravitacional do sistema montanha-russa--Terra. Encontre a energia potencial do sistema quando o carro está nos pontos Ⓐ e Ⓑ, e a mudança na energia potencial enquanto o carro se move entre esses pontos. (b) Repita a parte (a), definindo como configuração zero quando o carro está no ponto Ⓐ.

Seção 6.7 Forças conservativas e não conservativas

42. M Q|C Uma partícula de 4,00 kg move-se da origem à posição Ⓒ, com coordenadas $x = 5,00$ m e $y = 5,00$ m (Fig. P6.42). Uma força sobre a partícula é a força gravitacional que age na direção y negativa. Usando a Equação 6.3, calcule o trabalho realizado pela força gravitacional na partícula quando ela vai de O a Ⓒ ao longo do (a)

caminho mais escuro, (b) cinza escuro e (c) caminho cinza claro. (d) Seus resultados devem ser idênticos. Por quê?

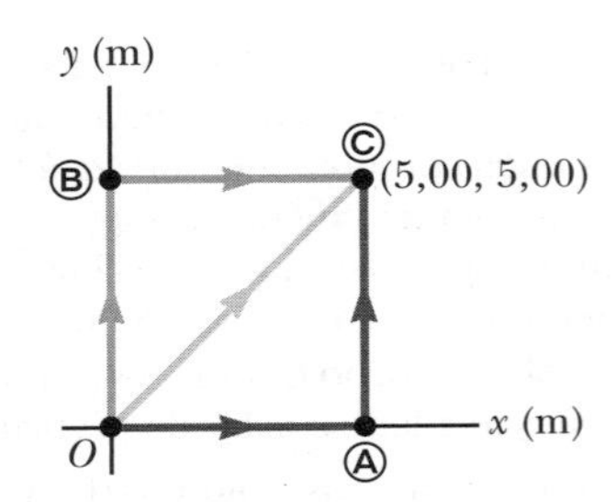

Figura P6.42 Problemas 42 a 45.

43. **M** **Q|C** Uma força que age sobre uma partícula que se move sobre o plano xy é determinada por $\vec{\mathbf{F}} = (2y\hat{\mathbf{i}} + x^2\hat{\mathbf{j}})$, em que $\vec{\mathbf{F}}$ está em newtons e x e y estão em metros. A partícula se move da origem à sua posição final com coordenadas $x = 5{,}00$ m e $y = 5{,}00$ m, como mostrado na Figura P6.42. Calcule o trabalho realizado por $\vec{\mathbf{F}}$ sobre a partícula enquanto ela se move (a) pelo caminho mais escuro, (b) pelo caminho cinza escuro e (c) pelo caminho cinza claro. (d) $\vec{\mathbf{F}}$ é conservativa ou não conservativa? (e) Explique sua resposta à parte (d).

44. (a) Suponha que uma força constante aja sobre o corpo. A força não varia com o tempo ou com a posição ou a velocidade do corpo. Comece com a definição geral para o trabalho realizado por uma força

$$W = \int_i^f \vec{\mathbf{F}} \cdot d\vec{\mathbf{r}}$$

e mostre que a força é conservativa. (b) Como um caso especial, vamos supor que a força $\vec{\mathbf{F}} = (3\hat{\mathbf{i}} + 4\hat{\mathbf{j}})$ N atue sobre uma partícula que se move a partir de O a Ⓒ na Figura P6.42. Calcule o trabalho realizado por $\vec{\mathbf{F}}$ sobre a partícula quando ela se move ao longo de cada um dos três caminhos mostrados na figura e mostre que o trabalho realizado ao longo dos três é idêntico.

45. **Q|C** Um corpo se move no plano xy na Figura P6.42 e está sujeito a uma força de atrito de 3,00 N, sempre agindo na direção oposta à velocidade do corpo. Calcule o trabalho que deve realizar para deslizar o corpo com velocidade escalar constante contra a força de atrito quando ele se move ao longo (a) do caminho mais escuro O a Ⓐ seguido por um caminho cinza escuro de retorno a O, (b) o caminho mais escuro de O a Ⓒ seguido por um caminho cinza claro de retorno a O, e (c) o caminho cinza claro de O e Ⓒ seguido por um caminho cinza claro de retorno a O. (d) Cada uma de suas três respostas deve ser diferente de zero. Qual é o significado dessa observação?

Seção 6.8 Relação entre forças conservativas e energia potencial

46. **S** A energia potencial de um sistema de duas partículas separadas por uma distância r é determinada por $U(r) = A/r$, em que A é uma constante. Encontre a força radial $\vec{\mathbf{F}}_r$ que cada partícula exerce sobre a outra.

47. **M** Uma força conservativa única age sobre uma partícula de 5,00 kg dentro de um sistema por causa da à interação com o resto do sistema. A equação $F_x = 2x + 4$ descreve a força, em que F_x está em newtons e x está em metros. Quando a partícula se move ao longo do eixo x de $x = 1{,}00$ m a $x = 5{,}00$ m, calcule (a) o trabalho realizado por essa força sobre a partícula, (b) a variação da energia potencial do sistema e (c) a energia cinética que a partícula tem em $x = 5{,}00$ m se a velocidade é de 3,00 m/s, em $x = 1{,}00$ m.

48. Uma função energia potencial para um sistema no qual uma força bidimensional age é $U = 3x^3y - 7x$. Encontre a força que age nesse ponto (x, y).

49. *Por que a seguinte situação é impossível?* Um bibliotecário levanta um livro do chão até uma prateleira alta, realizando 20,0 J de trabalho no processo de levantamento. Quando ele vira as costas, o livro cai da prateleira de volta no chão. A força gravitacional da Terra sobre o livro realiza 20,0 J de trabalho sobre o livro enquanto ele cai. Como o trabalho realizado era 20,0 J + 20,0 J = 40,0 J, o livro bate no chão com 40,0 J de energia cinética.

Seção 6.9 Energia potencial para forças gravitacionais e elétricas

50. Um sistema consiste em três partículas, cada uma de massa 5,00 g, localizadas nos vértices de uma triângulo equilátero com lados de 30,0 cm. (a) Calcule a energia potencial que descreve as interações gravitacionais internas ao sistema. (b) Se as partículas são liberadas simultaneamente, onde elas irão colidir?

51. Um satélite da Terra tem massa 100 kg e está em uma altitude $2{,}00 \times 10^6$ m. (a) Qual é a energia potencial do sistema satélite-Terra? (b) Qual é o módulo da força gravitacional exercida pela Terra sobre o satélite? (c) Qual é a força que o satélite exerce sobre a Terra?

52. Quanta energia é necessária para mover um corpo com 1 000 kg a partir da superfície da Terra a uma altitude igual a duas vezes o raio da Terra?

53. Na superfície da Terra, um projétil é lançado para cima com uma velocidade de 10,0 km/s. Até que altura ele vai subir? Ignore a resistência do ar.

Seção 6.10 Diagramas de energia e equilíbrio de um sistema

54. Para a curva da energia potencial mostrada na Figura P6.54, (a) determine se a força F_x é positiva, negativa ou zero nos cinco pontos indicados, (b) indique pontos de equilíbrio estável, instável e neutro, (c) esboce a curva de F_x por x de $x = 0$ a $x = 9{,}5$ m.

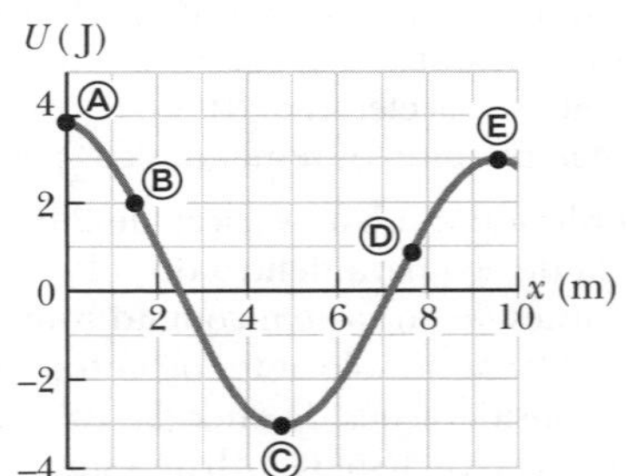

Figura P6.54

55. Um cone circular reto pode teoricamente ser equilibrado sobre uma superfície horizontal de três diferentes maneiras. Esboce essas três configurações de equilíbrio e identifique-as como posições de equilíbrio estável, instável ou neutro.

Seção 6.11 Conteúdo em contexto: energia potencial em combustíveis

Observação: A potência será definida na Seção 7.6 como a taxa de transferência de energia, com uma unidade de um watt (W), o equivalente a J/s. Portanto, um quilowatt-hora (kWh) é uma unidade de energia.

56. Q|C A potência da luz solar que atinge cada metro quadrado da superfície da Terra em um dia claro nos trópicos está perto de 1 000 W. Em um dia de inverno em Manitoba, a concentração de potência da luz solar pode ser de 100 W/m^2. Muitas atividades humanas são descritas por uma potência por unidade de área da ordem de 10^2 W/m^2 ou menos. (a) Considere, por exemplo, uma família de quatro pessoas pagando \$ 66 para a empresa de energia elétrica a cada 30 dias por 600 kWh de energia consumidos por energia elétrica para sua casa, que tem dimensões de piso de 13,0 m por 9,50 m. Calcule a potência por unidade de área usada pela família. (b) Considere um carro de 2,10 m de largura e 4,90 m de comprimento viajando a 55,0 mi/h, usando gasolina com "calor de combustão" 44,0 MJ/kg, com o consumo de combustível de 25,0 mi/gal. Um galão de gasolina tem massa de 2,54 kg. Encontre a energia por unidade de área usada pelo carro. (c) Explique por que o uso direto da energia solar não é prático para a operação de um automóvel convencional. (d) Dê exemplos de usos de energia solar mais práticos.

57. Ao considerar o fornecimento de energia para um automóvel, a energia por unidade de massa da fonte de energia é um parâmetro importante. Como o texto do capítulo mostra, o "calor da combustão" ou energia armazenada por massa é bastante semelhante para gasolina, etanol, óleo diesel, óleo de cozinha, metano e propano. Para uma perspectiva mais ampla, compare a energia por massa em joules por quilograma para a gasolina, as baterias de chumbo-ácido, hidrogênio e feno. Classifique os quatro, por ordem crescente de densidade de energia e indique o fator de aumento entre cada um e o próximo. Hidrogênio tem um "calor de combustão" 142 MJ/kg. Para madeira, feno e matéria vegetal seca em geral, esse parâmetro é de 17 MJ/kg. Uma bateria de chumbo-ácido de 16,0 kg totalmente carregada pode fornecer 1 200 W de potência por 1,0 hora.

Problemas adicionais

58. S Quando um corpo é deslocado uma quantidade x do equilíbrio estável, uma força restauradora age sobre ele, tendendo a retornar o corpo a sua posição de equilíbrio. O módulo da força restauradora pode ser uma função complicada de x. Em tais casos, podemos geralmente imaginar a função força $F(x)$ a ser expressa como uma série de potência em x como $F(x) = -(k_1x + k_2x^2 + k_3x^3 + \cdots)$. O primeiro termo aqui é exatamente a lei de Hooke, que descreve a força exercida por uma mola simples para pequenos deslocamentos. Para pequenos deslocamentos do equilíbrio, geralmente ignoramos os termos de ordem superior, mas em alguns casos pode ser desejável manter também o segundo termo. Se considerarmos a força de restauração como $F = -(k_1x + k_2x^2)$, quanto trabalho é realizado sobre um corpo para deslocá-lo de $x = 0$ a $x = x_{máx}$ por uma força aplicada $-F$?

59. Q|C (a) Considere $U = 5$ para um sistema com uma partícula na posição $x = 0$ e calcule a energia potencial do sistema como uma função da posição da partícula x. A força sobre a partícula é determinada por $(8e^{-2x})\hat{\mathbf{i}}$. (b) Explique se a força é conservativa ou não conservativa e como você chegou a essa conclusão.

60. *Por que a seguinte situação é impossível?* Em um cassino novo, uma máquina de *pinball* superdimensionada é apresentada. A publicidade do cassino alardeia que um jogador de basquete profissional pode deitar sobre a máquina e a cabeça e os pés dele não ficarão para fora da beirada! O lançador de bola na máquina manda bolas de metal para cima em um lado da máquina e depois entra em jogo. A mola do lançador (Fig. P6.60) tem uma força constante de 1,20 N/cm. A superfície na qual a bola se move é inclinada $\theta = 10{,}0°$ em relação à horizontal. A mola é inicialmente comprimida em sua distância máxima $d = 5{,}00$ cm. Uma bola de massa 100 g é projetada no jogo pela liberação do êmbolo. Os visitantes do cassino acham o jogo da máquina gigante bastante excitante.

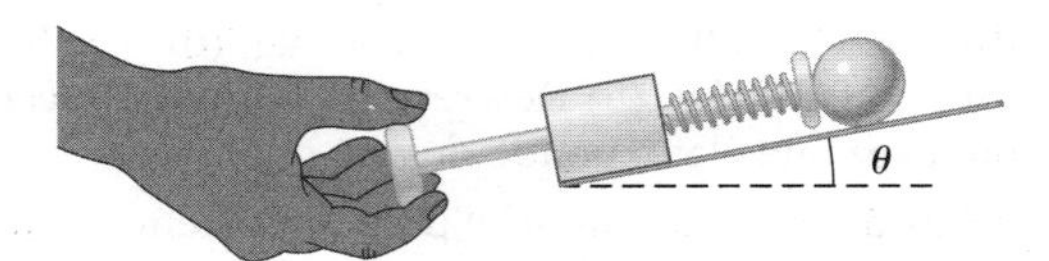

Figura P6.60

61. Um plano inclinado de ângulo $\theta = 20{,}0°$ tem uma mola de constante elástica $k = 500$ N/m presa firmemente na parte inferior, de maneira que a mola fica paralela à superfície, como mostrado previamente na Figura P6.61. Um bloco de massa $m = 2{,}50$ kg é colocado sobre o plano a uma distância $d = 0{,}300$ m da mola. Dessa posição, o bloco é projetado para baixo na direção da mola com velocidade escalar $v = 0{,}750$ m/s. Por qual distância a mola é comprimida quando o bloco momentaneamente entra em repouso?

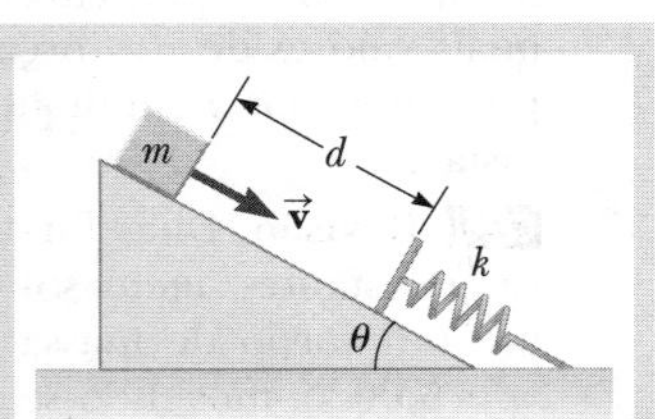

Figura P6.61 Problemas 61 e 62.

62. S Um plano inclinado de ângulo θ tem uma mola de constante elástica k presa firmemente na parte inferior de maneira que a mola fica paralela à superfície. Um bloco de massa m é colocado no plano a uma distância d da mola. Dessa posição, o bloco é projetado para baixo na direção da mola com velocidade escalar v, como mostrado na Figura P6.61. Por qual distância a mola é comprimida quando o bloco momentaneamente entra em repouso?

63. **Revisão.** Um jogador de beisebol lança uma bola de 0,150 kg a uma velocidade escalar de 40,0 m/s e um ângulo inicial de 30,0° com a horizontal. Qual é a energia cinética da bola de beisebol no ponto mais alto de sua trajetória?

64. A constante elástica de uma suspensão de automóvel cresce com o aumento de carga por causa de uma mola

que é mais larga na parte inferior, estreitando-se suavemente a um diâmetro menor perto da parte superior. O resultado é uma viagem mais suave em estradas com superfícies normais em razão das molas mais largas, mas o carro não alcança o ponto mais baixo em solavancos porque quando as molas inferiores se recolhem, as molas mais duras perto do topo absorvem a carga. Para tais molas, a força exercida pela mola pode ser empiricamente determinada por $F = ax^b$. Para uma mola espiral estreitada que comprime 12,9 cm com uma carga 1 000 N, e 31,5 cm com uma carga de 5 000 N, (a) avalie as constantes a e b na equação empírica F e (b) encontre o trabalho necessário para comprimir a mola 25,0 cm.

65. **Q|C** **Revisão.** Uma mola leve tem comprimento não distendido de 15,5 cm. Ela é descrita pela lei de Hooke com constante elástica de 4,30 N/m. Uma extremidade da mola é mantida sobre um eixo vertical fixo e a outra extremidade é presa a um disco de massa m que pode se mover sem atrito sobre uma superfície horizontal. O disco é colocado em movimento em um círculo com período de 1,30 s. (a) Encontre a distensão da mola x uma vez que ela depende de m. Avalie x para (b) $m = 0{,}070\,0$ kg, (c) $m = 0{,}140$ kg, (d) $m = 0{,}180$ kg e (e) $m = 0{,}190$ kg. (f) Descreva o padrão de variação de x uma vez que ela depende de m.

66. A função energia potencial para um sistema de partículas é determinada por $U(x) = -x^3 + 2x^2 + 3x$, em que x é a posição de uma partícula no sistema. (a) Determine a força F_x sobre a partícula como uma função de x. (b) Para quais valores de x a força é igual a zero? (c) Trace $U(x)$ por x e F_x por x e indique pontos de equilíbrio estável e instável.

67. **Q|C** **Revisão.** Duas forças constantes agem sobre um corpo de massa $m = 5{,}00$ kg movendo-se no plano xy como mostrado na Figura P6.67. A força $\vec{\mathbf{F}}_1$ é 25,0 N a 35,0°, e a força $\vec{\mathbf{F}}_2$ é 42,0 N a 150°. No momento $t = 0$, o corpo está na origem e tem velocidade $(4{,}00\hat{\mathbf{i}} + 2{,}50\hat{\mathbf{j}})$ m/s. (a) Expresse as duas forças em notação de vetor unitário. Use a notação de vetor unitário para suas outras respostas. (b) Encontre a força total exercida sobre o corpo. (c) Encontre a aceleração do corpo. Agora, considerando o instante $t = 3{,}00$ s, encontre (d) a velocidade do corpo, (e) sua posição, (f) sua energia cinética a partir de $\frac{1}{2}mv_f^2$ e (g) sua energia cinética a partir de $\frac{1}{2}mv_i^2 + \Sigma\vec{\mathbf{F}} \cdot \Delta\vec{\mathbf{r}}$. (h) Que conclusão você pode tirar, comparando as respostas para as partes (f) e (g)?

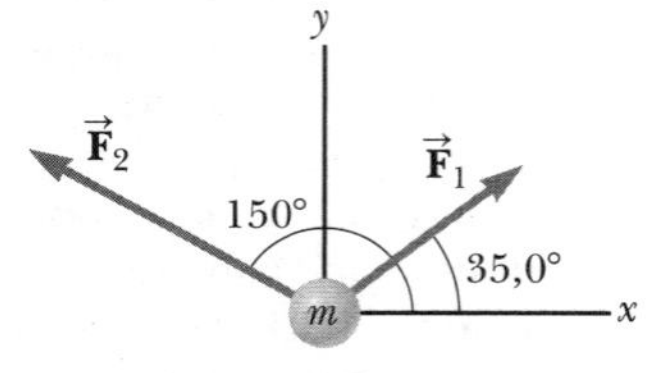

Figura P6.67

68. Uma partícula de massa $m = 1{,}18$ kg é presa entre duas molas idênticas sobre um tampo de mesa horizontal, sem atrito. Ambas as molas têm constante elástica k e estão inicialmente não distendidas e a partícula está em $x = 0$. (a) A partícula é puxada a uma distância x ao longo de uma direção perpendicular à configuração inicial das molas, como mostrado na Figura P6.68. Mostre que a força exercida pelas molas sobre a partícula é

$$\vec{\mathbf{F}} = -2kx\left(1 - \frac{L}{\sqrt{x^2 + L^2}}\right)\hat{\mathbf{i}}$$

(b) Mostre que a energia potencial do sistema é

$$U(x) = kx^2 + 2kL\left(L - \sqrt{x^2 + L^2}\right)$$

(c) Trace um gráfico de $U(x)$ por x e identifique todos os pontos de equilíbrio. Considere $L = 1{,}20$ m e $k = 40{,}0$ N/m. (d) Se a partícula for puxada 0,500 m para a direita e depois solta, qual será sua velocidade escalar quando ela atingir $x = 0$?

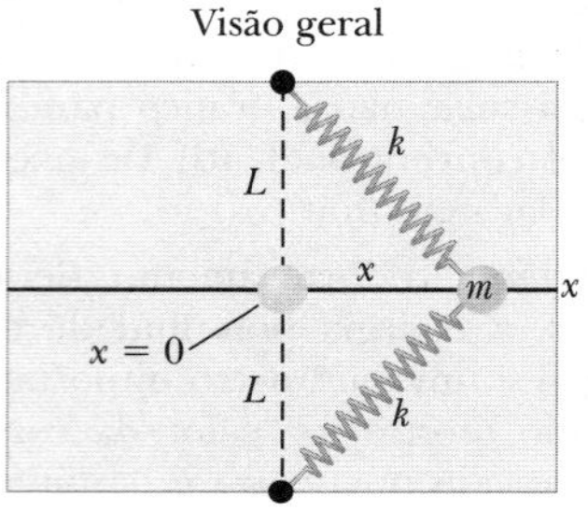

Visão geral

Figura P6.68

69. **Q|C** Quando cargas diferentes são penduradas em uma mola, ela se distende em comprimentos diferentes, como mostrado na tabela a seguir. (a) Faça um gráfico da força aplicada pela distensão da mola. (b) Pelo método dos mínimos quadrados, determine a linha reta que melhor se ajusta aos dados. (c) Para completar a parte (b), você deve usar todos os pontos de dados ou deve ignorar alguns deles? Explique. (d) A partir da inclinação da linha que melhor se ajusta, encontre a constante elástica k. (e) Se a mola for distendida 105 mm, que força ela exerce sobre o corpo suspenso?

F (N)	2,0	4,0	6,0	8,0	10	12	14	16	18	20	22
L (mm)	15	32	49	64	79	98	112	126	149	175	190

Capítulo 7

Conservação de energia

Sumário

Jade Lee/Getty Images

Em um tobogã, três jovens experimentam a transformação da energia potencial em energia cinética. Podemos analisar processos desse tipo com as técnicas desenvolvidas neste capítulo.

No Capítulo 6, apresentamos três métodos para armazenar energia em um sistema: energia cinética, associada ao movimento de membros do sistema; energia potencial, determinada pela configuração do sistema; e energia interna, que está relacionada à temperatura do sistema.

Consideramos a análise de situações físicas usando a abordagem de energia para dois tipos de sistemas: *não isolados* e *isolados*. Para os primeiros, investigaremos maneiras que a energia usa para cruzar os limites do sistema, resultando em uma variação na energia total do sistema. Essa análise leva a um princípio muito importante, chamado *conservação de energia*, que se estende para bem além da física e pode ser aplicado a organismos biológicos, sistemas tecnológicos e situações de engenharia.

Em sistemas isolados, a energia não cruza os limites do sistema. Para esses, a energia total do sistema é constante. Se não há forças não conservativas atuando dentro do sistema, podemos usar a *conservação de energia mecânica* para resolver uma variedade de problemas.

Situações que envolvem a transformação de energia mecânica em energia interna por causa de forças não conservativas requerem tratamento especial. Investigaremos os procedimentos para esses tipos de problema.

Finalmente, reconhecemos que a energia pode cruzar o limite de um sistema com taxas diferentes. Descrevemos a taxa de transferência de energia com a grandeza *potência*.

7.1 | Modelo de análise: sistema não isolado (energia)

Como já vimos, um corpo modelado como uma partícula pode sofrer a ação de várias forças, resultando numa variação em sua energia cinética. Se escolhemos o corpo como sendo o sistema, essa situação bem simples é o primeiro exemplo de um *sistema não isolado*, para o qual a energia cruza o limite do sistema durante um intervalo de tempo por causa de uma interação com o meio. Esse cenário é comum em problemas de física. Se um sistema não interage com seu meio, é do tipo isolado, que estudaremos na Seção 7.2.

O teorema trabalho-energia cinética, do Capítulo 6, é nosso primeiro exemplo de uma equação de energia adequada a um sistema não isolado. No caso desse teorema, a interação do sistema com seu meio é o trabalho realizado pela força externa, e a energia cinética, a quantidade que muda no sistema.

Vimos até agora somente uma maneira de transferir energia para um sistema: trabalho. A seguir mencionaremos mais alguns processos de transferência para dentro ou para fora de um sistema. Mais detalhes desses processos serão estudados em outras seções do livro. Na Figura 7.1 ilustramos os mecanismos para transferir energia.

Prevenção de Armadilhas | 7.1

Calor não é uma forma de energia
A palavra *calor* é uma das mais mal utilizadas em nossa linguagem popular. Calor é um método de *transferência* de energia, *não* uma forma de armazená-la. Portanto, frases como "conteúdo de calor", "o calor do verão" e "o calor escapou", todas representam usos da palavra que são inconsistentes com nossa definição física. Veja o Capítulo 17.

Trabalho, como aprendemos no Capítulo 6, é um método que transfere energia para um sistema aplicando-lhe uma força tal que o ponto de aplicação da força sofre um deslocamento (Fig. 7.1a).

Ondas mecânicas (capítulos 13 e 14) são outro meio de transferência de energia que permitem que a perturbação se propague pelo ar ou por outro meio. É o método pelo qual a energia (que você detecta como som) sai do sistema do seu radiorrelógio através do alto-falante e entra em seus ouvidos para estimular o processo auditivo (Fig. 7.1b). Outros exemplos de ondas mecânicas são as sísmicas e oceânicas.

Calor (Capítulo 17) é um mecanismo de transferência de energia movido por uma diferença de temperatura entre um sistema e seu meio. Por exemplo, imagine dividir uma colher metálica em duas partes: o cabo, que identificamos como o sistema, e a parte submersa em uma xícara de café, que é parte do meio

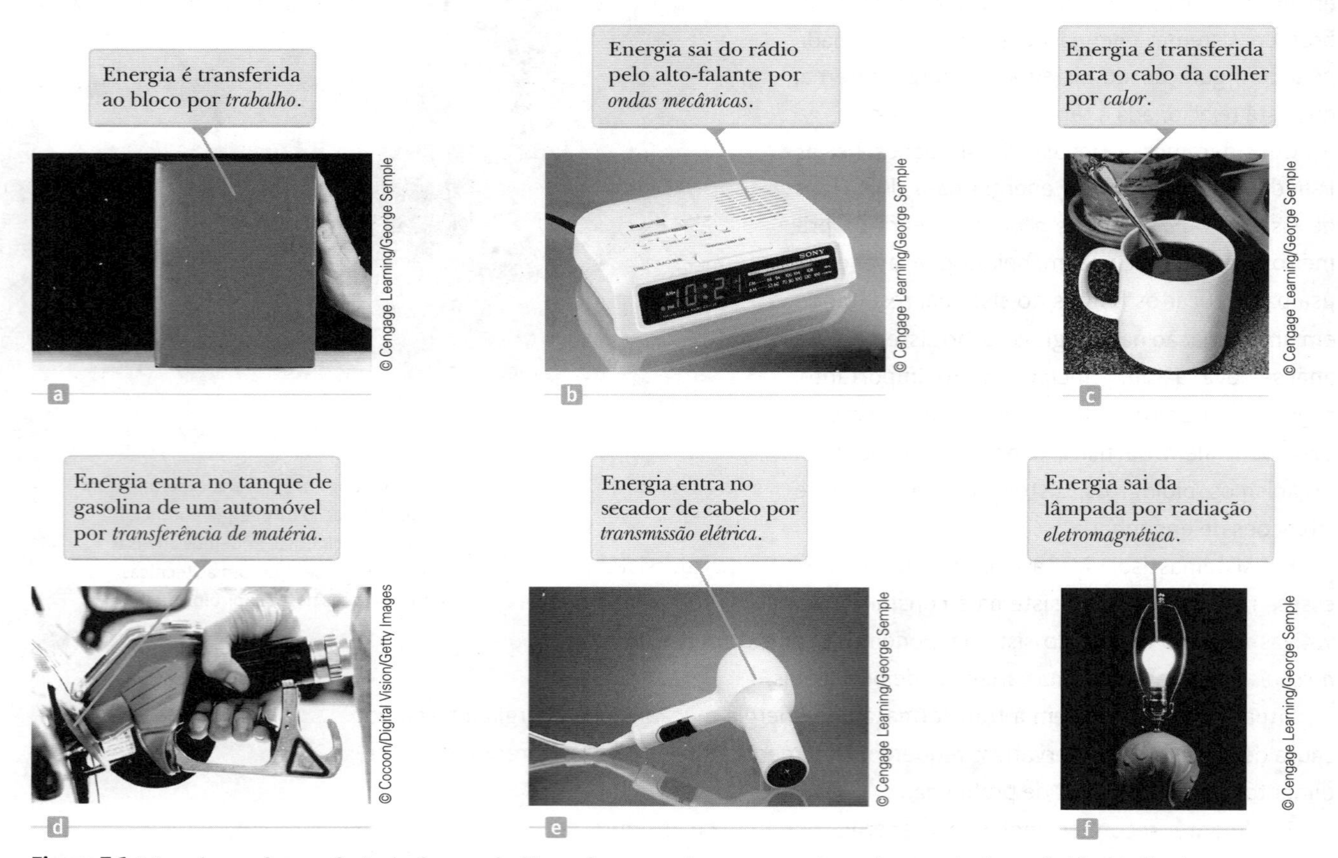

Figura 7.1 Mecanismos de transferência de energia. Em cada caso, o sistema no ou do qual a energia é transferida é indicado.

(Fig. 7.1c). O cabo da colher fica quente porque seus elétrons e átomos em rápido movimento na porção submersa se chocam com outros mais lentos na parte mais próxima do cabo. Essas partículas se movem mais rapidamente por causa das colisões e se chocam com o próximo grupo de partículas lentas. Então, a energia interna do cabo da colher surge a partir da transferência de energia causada por esse processo de colisão.

Transferência de matéria (Capítulo 17) envolve situações em que a matéria cruza fisicamente o limite de um sistema, carregando energia consigo. Exemplos podem ser: encher o tanque do seu carro com gasolina (Fig. 7.1d) e carregar energia para os cômodos da sua casa por meio da circulação do ar de uma caldeira de calefação, processo chamado *convecção*.

Transmissão elétrica (Capítulo 21) envolve transferência de energia para dentro ou para fora de um sistema por meio de correntes elétricas. É como a energia é transferida para seu secador de cabelos (Fig. 7.1e), sistema de som ou qualquer outro dispositivo elétrico.

Radiação eletromagnética (Capítulo 24) refere-se a ondas eletromagnéticas como luz (Fig. 7.1f), micro-ondas e ondas de rádio cruzando o limite de um sistema. Exemplos desse método de transferência podem ser: assar uma batata no forno de micro-ondas e a viagem da energia da luz do Sol para a Terra pelo espaço.[1]

Uma característica importante da abordagem de energia é a noção de que não podemos nem criar nem destruir energia, ela é sempre *conservada*. Essa característica foi testada em inúmeras experiências, e nenhuma jamais mostrou que tal afirmativa é incorreta. Portanto, **se a quantidade total de energia em um sistema muda, isso ocorre porque a energia cruzou o limite do sistema por um dos mecanismos de transferência, apresentados anteriormente**.

Energia é uma da várias grandezas físicas que é conservada. Veremos outras grandezas conservadas em capítulos subsequentes. Há muitas grandezas físicas que não obedecem a um princípio de conservação. Por exemplo, não há princípio de conservação de força ou de velocidade. Do mesmo modo, em áreas que não a das grandezas físicas, como na vida diária, algumas grandezas são conservadas e outras não. Por exemplo, o dinheiro no sistema da sua conta-corrente é uma grandeza conservada. A única maneira de mudar o saldo da conta é o dinheiro cruzar o limite do sistema por meio de depósitos ou saques. Entretanto, o número de pessoas no sistema de um país não é conservado. Embora pessoas cruzem o limite do sistema, mudando a população total, a população também pode mudar por mortes e nascimentos. Mesmo que nenhuma pessoa cruze o limite do sistema, os nascimentos e mortes mudarão o número de pessoas no sistema. Não há conceito de energia equivalente a morrer ou nascer. A afirmação geral do princípio de **conservação de energia** pode ser descrita matematicamente pela seguinte **equação de conservação de energia**:

$$\Delta E_{\text{sistema}} = \sum T \qquad \textbf{7.1}$$

▶ Conservação de energia

em que E_{sistema} é a energia total do sistema, incluindo todos os métodos de armazenamento de energia (cinética, potencial e interna), e T (de *transferência*) é a quantidade de energia transferida através do limite do sistema por algum mecanismo. Dois dos nossos mecanismos de transferência têm notações simbólicas bem estabelecidas. Para trabalho, $T_{\text{trabalho}} = W$, conforme discutido no Capítulo 6, e para calor, $T_{\text{calor}} = Q$, conforme definido no Capítulo 17. (Agora que estamos familiarizados com trabalho, podemos simplificar a aparência das equações, deixando que o símbolo simples W represente o trabalho externo W_{ext} sobre um sistema. Para trabalho interno, sempre usaremos W_{int} para diferenciá-lo de W.) Os outros quatro membros de nossa lista não têm símbolos estabelecidos, então serão chamados de T_{OM} (ondas mecânicas), T_{TM} (transferência de matéria), T_{TE} (transmissão elétrica) e T_{RE} (radiação eletromagnética).

A expansão completa da Equação 7.1 é

$$\Delta K + \Delta U + \Delta E_{\text{int}} = W + Q + T_{\text{OM}} + T_{TM} + T_{\text{TE}} + T_{\text{RE}} \qquad \textbf{7.2}$$

que é a representação matemática primária da versão de energia do modelo de análise do **sistema não isolado**. (Veremos outras versões do modelo de sistema não isolado, envolvendo momento linear e momento angular, em outros capítulos.) Na maioria dos casos, a Equação 7.2 é reduzida para uma muito mais simples, porque alguns dos termos são zero. Se, para um sistema, todos os termos no lado direito da equação de conservação de energia são zero, o sistema é um *sistema isolado*, que estudaremos na próxima seção.

A equação de conservação de energia não é mais complicada em teoria do que o processo de equilibrar o extrato da sua conta bancária. Se sua conta é o sistema, a mudança no seu saldo em um mês é a soma de todas as

---

[1] Radiação eletromagnética e o trabalho realizado por forças de campo são os únicos mecanismos de transferência de energia que não necessitam que as moléculas do meio estejam no limite do sistema. Portanto, sistemas rodeados por vácuo (como planetas) só podem realizar trocas de energia com o meio através dessas duas possibilidades.

transferências: depósitos, saques, tarifas, juros e cheques emitidos. Você pode achar útil pensar sobre energia como *moeda da natureza*!

Suponha que uma força seja aplicada em um sistema não isolado e que o ponto de aplicação da força sofra um deslocamento. Depois, suponha que o único efeito sobre o sistema seja mudar sua velocidade. Nesse caso, o único mecanismo de transferência é o trabalho (de modo que o lado direito da Eq. 7.2 é reduzido para W), e o único tipo de energia que muda no sistema é a energia cinética (então, $\Delta E_{\text{sistema}}$ reduz para ΔK). A Equação 7.2 torna-se, então,

$$\Delta K = W$$

que é o teorema trabalho-energia cinética, um caso especial do princípio mais geral de conservação de energia. Veremos vários outros casos especiais em outros capítulos.

TESTE RÁPIDO 7.1 Por quais mecanismos de transferência a energia entra e sai **(a)** da sua televisão? **(b)** do seu cortador de grama movido a gasolina? **(c)** do seu apontador de lápis manual?

TESTE RÁPIDO 7.2 Considere um bloco deslizando sobre uma superfície horizontal com atrito. Despreze qualquer som causado pelo deslizamento. **(i)** Se o sistema é o *bloco*, esse sistema é **(a)** isolado **(b)** não isolado **(c)** impossível de determinar. **(ii)** Se o sistema é a *superfície*, descreva-o com base nas mesmas alternativas. **(iii)** Se o sistema é o *bloco e a superfície*, descreva-o com base nas mesmas alternativas.

7.2 | Modelo de análise: sistema isolado (energia)

Nesta seção, estudaremos outro cenário bastante comum em problemas de Física: um sistema é escolhido de modo que nenhuma energia cruza seu limite por nenhum método. Começamos considerando a situação gravitacional. Pense no sistema livro-Terra da Figura Ativa 6.15 do capítulo anterior. Depois de levantarmos o livro, haverá energia potencial gravitacional armazenada no sistema, que pode ser calculada com o trabalho realizado pelo agente externo sobre o sistema, usando $W = \Delta U_g$.

Vamos focar no trabalho realizado pela força gravitacional *somente sobre o livro* (Fig. 7.2), conforme ele cai de volta para sua altura original. À medida que o livro cai de y_i para y_f, o trabalho realizado pela força gravitacional sobre ele é

$$W_{\text{no livro}} = (m\vec{\mathbf{g}}) \cdot \Delta\vec{\mathbf{r}} = (-mg\,\hat{\mathbf{j}}) \cdot [(y_f - y_i)\hat{\mathbf{j}}] = mgy_i - mgy_f \qquad \textbf{7.3}$$

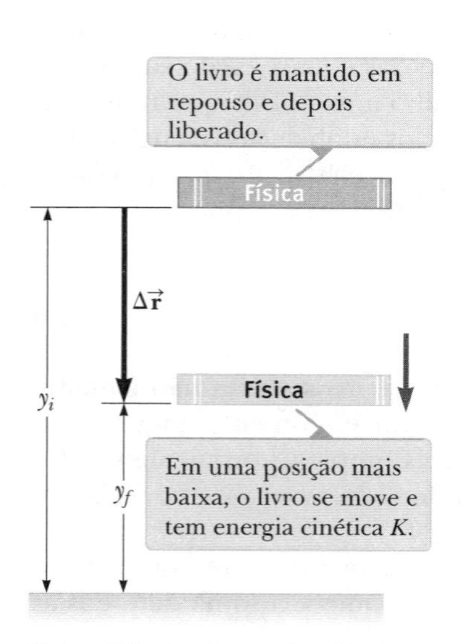

Figura 7.2 Um livro é liberado do repouso e cai por causa do trabalho realizado pela força gravitacional sobre ele.

De acordo com o teorema trabalho-energia cinética do Capítulo 6, o trabalho realizado sobre o livro é igual à variação na energia cinética dele:

$$W_{\text{no livro}} = \Delta K_{\text{livro}}$$

Podemos equacionar essas duas expressões para o trabalho realizado sobre o livro:

$$\Delta K_{\text{livro}} = mgy_i - mgy_f \qquad \textbf{7.4}$$

Vamos relacionar cada lado dessa equação ao *sistema* do livro e da Terra. Para o lado direito da Equação 7.4,

$$mgy_i - mgy_f = -(mgy_f - mgy_i) = -\Delta U_g$$

em que $U_g = mgy$ é a energia potencial gravitacional do sistema. Para o lado esquerdo da Equação 7.4, como o livro é a única parte do sistema que está em movimento, vemos que $\Delta K_{\text{livro}} = \Delta K$, em que K é a energia cinética do sistema. Portanto, com cada lado da Equação 7.4 substituído por seu equivalente de sistema, a equação se torna

$$\Delta K = -\Delta U_g \qquad \textbf{7.5}$$

Essa equação pode ser manipulada para proporcionar um resultado geral muito importante para a resolução de problemas. Primeiro, levamos a variação na energia potencial para o lado esquerdo da equação:

$$\Delta K + \Delta U_g = 0$$

O lado esquerdo representa a soma das variações da energia armazenada no sistema. O lado direito é zero, porque não há transferências de energia através do limite do sistema; o sistema livro-Terra é *isolado* do meio. Desenvolvemos essa equação para um sistema gravitacional, mas ela pode ser válida para um sistema com qualquer tipo de energia potencial. Então, para um sistema isolado,

$$\Delta K + \Delta U = 0 \qquad \textbf{7.6}$$

No Capítulo 6, definimos as energias cinética e potencial de um sistema como sua energia mecânica:

$$E_{\text{mec}} \equiv K + U \qquad \textbf{7.7}$$

▶ Energia mecânica de um sistema

em que U representa o total de *todos* os tipos de energia potencial. Como o sistema sob consideração é isolado, as Equações 7.6 e 7.7 nos dizem que a energia mecânica do sistema é conservada:

$$\Delta E_{\text{mec}} = 0 \qquad \textbf{7.8}$$

▶ A energia mecânica do sistema isolado sem atuação de forças não conservativas é conservada.

Essa equação é uma afirmativa sobre **conservação de energia mecânica** para um sistema isolado sem a atuação de forças não conservativas. A energia mecânica em tal sistema é conservada; a soma das energias cinética e potencial permanece constante.

Se não há forças não conservativas atuando dentro do sistema, a energia mecânica é transformada em energia interna, como discutimos na Seção 6.7. Se forças não conservativas atuam sobre um sistema isolado, a energia total do sistema é conservada, embora a energia mecânica não seja. Nesse caso, podemos expressar a conservação de energia do sistema como

$$\Delta E_{\text{sistema}} = 0 \qquad \textbf{7.9}$$

▶ A energia total de um sistema isolado é conservada.

em que E_{sistema} inclui todas as energias cinética, potencial e interna. Essa equação é a afirmação mais geral sobre a versão de energia do modelo de **sistema isolado**. É equivalente à Equação 7.2, com todos os termos do lado direito iguais a zero.

Vamos escrever as variações de energia na Equação 7.6 explicitamente:

$$(K_f - K_i) + (U_f - U_i) = 0$$

$$K_f + U_f = K_i + U_i \qquad \textbf{7.10}$$

Prevenção de Armadilhas | 7.2

Condições para a Equação 7.10

A Equação 7.10 só é verdadeira para um sistema no qual forças conservativas atuam. Veremos como lidar com forças não conservativas nas Seções 7.4 e 7.5.

Para a situação gravitacional do livro em queda, a Equação 7.10 pode ser escrita como

$$\tfrac{1}{2}mv_f^2 + mgy_f = \tfrac{1}{2}mv_i^2 + mgy_i$$

Conforme o livro cai para a Terra, o sistema livro-Terra perde energia potencial e ganha energia cinética, de modo que o total dos dois tipos de energia permanece sempre constante.

TESTE RÁPIDO 7.3 Uma pedra de massa m é jogada ao chão de uma altura h. Uma segunda pedra, de massa $2m$, é jogada da mesma altura. Quando a segunda pedra atinge o chão, qual é sua energia cinética em relação à primeira pedra? **(a)** o dobro **(b)** quatro vezes **(c)** a mesma **(d)** metade **(e)** impossível determinar.

TESTE RÁPIDO 7.4 Três bolas idênticas são jogadas do topo de um edifício, todas com a mesma velocidade inicial. Como mostrado na Figura Ativa 7.3, a primeira é jogada horizontalmente; a segunda, a um ângulo acima da horizontal; e a terceira, a um ângulo abaixo da horizontal. Desprezando a resistência do ar, classifique as velocidades das bolas no instante em que cada uma atinge o chão.

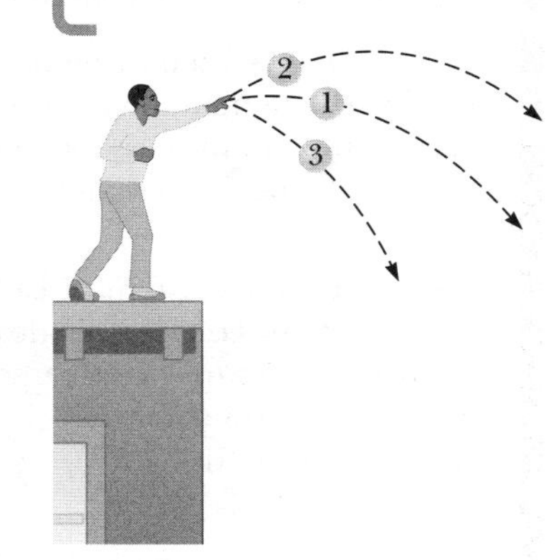

Figura Ativa 7.3 (Teste Rápido 7.4) Três bolas idênticas são jogadas com a mesma velocidade inicial do topo de um edifício.

ESTRATÉGIA PARA RESOLUÇÃO DE PROBLEMAS: Sistemas isolados com forças não conservativas: conservação da energia mecânica

Muitos problemas em física podem ser resolvidos usando o princípio de conservação da energia para um sistema isolado. O procedimento a seguir deve ser usado quando você aplica esse princípio:

1. **Conceitualização** Estude a situação física cuidadosamente e forme uma representação mental do que está acontecendo. À medida que ficar mais competente trabalhando com problemas de energia, você se sentirá mais confortável imaginando os tipos de energia que estão variando no sistema.
2. **Categorização** Defina seu sistema, que pode consistir em mais de um corpo e pode ou não incluir molas ou outras possibilidades de armazenar energia potencial. Determine se alguma transferência de energia ocorre através da fronteira do seu sistema. Se ocorrer, use o modelo de sistema não isolado, $\Delta E_{\text{sistema}} = \Sigma T$, da Seção 7.1. Se não ocorrer, use o modelo de sistema isolado, $\Delta E_{\text{sistema}} = 0$.

   Determine se alguma força não conservativa está presente dentro do sistema. Se houver, use as técnicas das Seções 7.4 e 7.5. Se não, use o princípio de conservação de energia mecânica descrito a seguir.
3. **Análise** Escolha configurações para representar as condições inicial e final do sistema. Para cada corpo com elevação alterada, selecione uma posição de referência para ele que defina a configuração zero de energia potencial gravitacional para o sistema. Para um corpo em uma mola, a configuração zero para a energia elástica potencial é quando o corpo está em sua posição de equilíbrio. Se houver mais que uma força conservativa, escreva uma expressão para a energia potencial associada a cada força.

   Escreva a energia mecânica inicial total E_i do sistema para alguma configuração como a soma das energias cinética e potencial associadas à configuração. Depois, escreva uma expressão semelhante para a energia mecânica total E_f do sistema para a configuração final de interesse. Como a energia mecânica é *conservada*, equacione as duas energias totais e resolva para a quantidade desconhecida.
4. **Finalização** Assegure-se de que seus resultados são consistentes com sua representação mental. Assegure-se também de que os valores de seus resultados sejam razoáveis e consistentes com conexões da sua experiência cotidiana.

Exemplo 7.1 | Bola em queda livre

Uma bola de massa m é solta de uma altura h acima do chão, como mostrado na Figura Ativa 7.4.

(A) Desprezando a resistência do ar, determine a velocidade da bola quando ela está a uma altura y acima do chão.

SOLUÇÃO

Conceitualização A Figura Ativa 7.4 e nossa experiência diária com corpos em queda nos permitem conceitualizar a situação. Embora possamos resolver esse problema rapidamente com as técnicas do Capítulo 2, vamos praticar a abordagem de energia.

Categorização Identificamos o sistema como a bola e a Terra. Como não há resistência do ar nem nenhuma outra interação entre o sistema e o meio, o sistema é isolado, e, portanto, usamos esse modelo. A única força entre os membros do sistema é a gravitacional, que é conservativa.

Análise Como o sistema é isolado e não há forças não conservativas atuando dentro dele, aplicamos o princípio de conservação de energia mecânica ao sistema bola-Terra. No instante em que a bola é solta, sua energia cinética é $K_i = 0$, e a energia potencial gravitacional do sistema, $U_{gi} = mgh$. Quando a bola está na posição y acima do chão, sua energia cinética é $K_f = \frac{1}{2}mv_f^2$, e a energia potencial relativa ao chão, $U_{gf} = mgy$.

Aplique a Equação 7.10:

$$K_f + U_{gf} = K_i + U_{gi}$$

$$\tfrac{1}{2}mv_f^2 + mgy = 0 + mgh$$

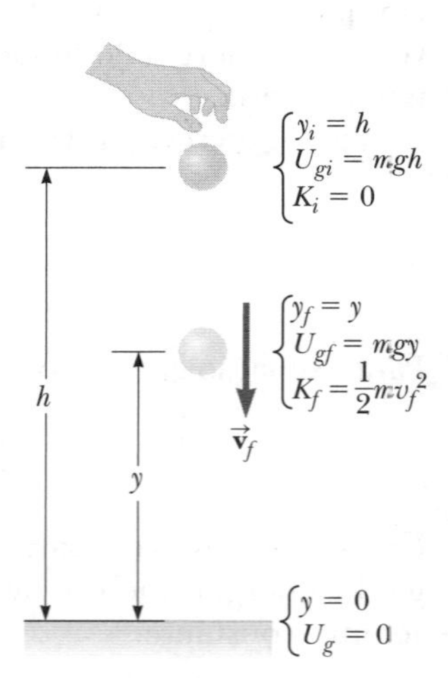

Figura Ativa 7.4 (Exemplo 7.1) A bola é solta de uma altura h acima do chão. Inicialmente, a energia total do sistema bola-Terra é energia potencial gravitacional, igual a mgh com relação ao chão. Na posição y, a energia total é a soma das energias cinética e potencial.

continua

7.1 *cont.*

Resolva para v_f: $$v_f^2 = 2g(h - y) \rightarrow v_f = \sqrt{2g(h - y)}$$

A velocidade escalar é sempre positiva. Se lhe fosse pedido para encontrar a velocidade vetorial da bola, você usaria o valor negativo da raiz quadrada como a componente y para indicar a direção para baixo.

(B) Determine a velocidade escalar da bola em y se, no instante em que é solta, ela já tem velocidade inicial para cima v_i na altitude inicial h.

SOLUÇÃO

Análise Nesse caso, a energia inicial inclui energia cinética igual a $\frac{1}{2}mv_i^2$.

Aplique a Equação 7.10: $$\tfrac{1}{2}mv_f^2 + mgy = \tfrac{1}{2}mv_i^2 + mgh$$

Resolva para v_f: $$v_f^2 = v_i^2 + 2g(h - y) \rightarrow v_f = \sqrt{v_i^2 + 2g(h - y)}$$

Finalização Esse resultado para a velocidade final é consistente com a expressão $v_{yf}^2 = v_{yi}^2 - 2g(y_f - y_i)$ do modelo de partícula sob aceleração constante para um corpo em queda, em que $y_i = h$. Além disso, esse resultado é válido mesmo que a velocidade inicial esteja a um ângulo com a horizontal (Teste Rápido 7.4), por duas razões: (1) a energia cinética, escalar, depende somente do módulo da velocidade; e (2) a variação na energia potencial gravitacional do sistema depende somente da variação na posição da bola na direção vertical.

E se? E se a velocidade inicial $_i$ na parte (B) fosse para baixo? Como isso afetaria a velocidade da bola na posição y?

Resposta Você pode dizer que jogar uma bola para baixo resultaria em ela ter maior velocidade em y do que se você a tivesse jogado para cima. A conservação da energia mecânica, no entanto, depende das energias cinética e potencial, que são escalares. Portanto, a direção do vetor velocidade inicial não tem nenhuma influência sobre a velocidade final.

Exemplo 7.2 | Uma grande entrada

Você está projetando um equipamento para suportar um ator de massa 65 kg que vai descer "voando" para o palco durante a apresentação de uma peça. Você prende o gancho do ator a um saco de areia de 130 kg por meio de um cabo de aço leve que passa por duas roldanas sem atrito, como na Figura 7.5a. Você precisa de 3,0 m de cabo entre o gancho e a roldana mais próxima, de modo que a roldana possa ser escondida atrás de uma cortina. Para que o equipamento trabalhe bem, o saco de areia nunca deve subir acima do chão enquanto o ator balança da parte de cima do palco para o chão. Vamos chamar de θ o ângulo inicial que o cabo do ator faz com a vertical. Qual é o valor máximo que θ pode ter antes que o saco de areia seja levantado do chão?

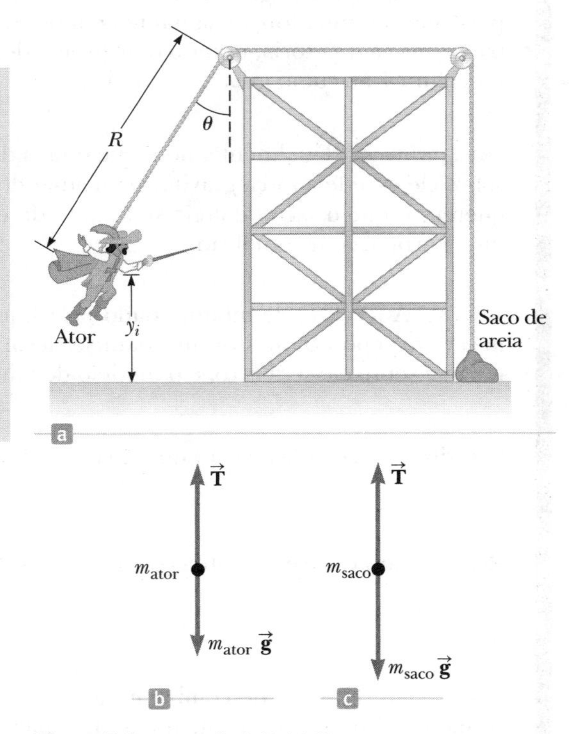

Figura 7.5 (Exemplo 7.2) (a) Um ator usa uma engenhosa encenação para fazer sua entrada. (b) O diagrama de corpo livre para o ator no fundo da trajetória circular. (c) O diagrama de corpo livre para o saco de areia se a força normal do chão vai a zero.

SOLUÇÃO

Conceitualização Temos de usar vários conceitos para resolver esse problema. Imagine o que acontece à medida que o ator se aproxima da base do equipamento, onde o cabo é vertical e deve suportar seu peso, além de proporcionar aceleração centrípeta do seu corpo na direção para cima. Nesse ponto, a tensão no cabo é a mais alta, e o saco de areia tem maior probabilidade de levantar do chão.

Categorização Olhando primeiro para o balançar do ator do ponto inicial para o ponto mais baixo, modelamos o ator e a Terra como um sistema isolado. Como desprezamos a resistência do ar, não há forças não conservativas atuando. Você pode sentir

continua

7.2 *cont.*

a tentação de modelar o sistema como não isolado por causa da interação do sistema com o cabo, que está no meio. Porém, a força aplicada no ator pelo cabo sempre é perpendicular a cada elemento do deslocamento do ator e, portanto, não realiza nenhum trabalho. Logo, em termos de transferência de energia através do limite, o sistema é isolado.

Análise Primeiro, encontramos a velocidade do ator quando ele chega ao chão como uma função do ângulo inicial θ e o raio R da trajetória circular na qual ele balança.

Com base no modelo de sistema isolado, aplique a conservação de energia mecânica ao sistema ator-Terra:

$$K_f + U_f = K_i + U_i$$

Estabeleça y_i como a altura inicial do ator acima do chão e v_f como sua velocidade no instante antes da sua aterrissagem. (Observe que $K_i = 0$ porque o ator começa do repouso, e que $U_f = 0$ porque definimos a configuração do ator no chão como tendo energia potencial gravitacional zero.)

$$(1)\quad \tfrac{1}{2}m_{\text{ator}}v_f^2 + 0 = 0 + m_{\text{ator}}\,g y_i$$

Da geometria na Figura 7.5a, observe que $y_f = 0$, então $y_i = R - R\cos\theta = R(1 - \cos\theta)$. Use essa relação na Equação (1) e resolva para v_f^2:

$$(2)\quad v_f^2 = 2gR(1 - \cos\theta)$$

Categorização Em seguida, concentre-se no instante em que o ator está no ponto mais baixo. Como a tensão no cabo é transferida como uma força aplicada ao saco de areia, modelamos o ator como uma partícula sob uma força resultante nesse instante. Como se move ao longo de um arco circular, na parte mais baixa do balanço, ele experimenta uma aceleração centrípeta de v_f^2/r direcionada para cima.

Análise Aplique a Segunda Lei de Newton do modelo de partícula sob uma força resultante ao ator na parte mais baixa de sua trajetória, usando o diagrama de corpo livre na Figura 7.5b como guia:

$$\sum F_y = T - m_{\text{ator}}\,g = m_{\text{ator}}\frac{v_f^2}{R}$$

$$(3)\quad T = m_{\text{ator}}\,g + m_{\text{ator}}\frac{v_f^2}{R}$$

Categorização Finalmente, note que o saco de areia se levanta do chão quando a força para cima exercida pelo cabo sobre ele excede a força gravitacional atuando sobre ele; a força normal é zero quando isso acontece. No entanto, *não* queremos que o saco de areia se levante do chão. Ele deve permanecer em repouso e, portanto, é modelado como uma partícula em equilíbrio.

Análise A força T, de módulo dado pela Equação (3), é transmitida pelo cabo para o saco de areia. Se este permanecer em repouso, mas pronto para ser levantado do chão caso alguma outra força seja aplicada pelo cabo, a força normal sobre ele será zero, e o modelo de partícula em equilíbrio dirá que $T = m_{\text{saco}}\,g$, como na Figura 7.5c.

Substitua essa condição e a Equação (2) na Equação (3):

$$m_{\text{saco}}\,g = m_{\text{ator}}\,g + m_{\text{ator}}\frac{2gR(1 - \cos\theta)}{R}$$

Resolva para $\cos\theta$ e substitua os parâmetros dados:

$$\cos\theta = \frac{3m_{\text{ator}} - m_{\text{saco}}}{2m_{\text{ator}}} = \frac{3(65\,\text{kg}) - 130\,\text{kg}}{2(65\,\text{kg})} = 0{,}50$$

$$\theta = 60^\circ$$

Finalização Tivemos de combinar vários modelos de análise de diferentes áreas de nosso estudo. Note que o comprimento R do cabo do gancho do ator para a roldana da esquerda não apareceu na equação algébrica final $\cos\theta$. Portanto, a resposta final é independente de R.

Exemplo 7.3 | A arma de brinquedo carregada a mola

O mecanismo de lançamento de uma arma de brinquedo consiste em uma mola movida a gatilho (Fig. Ativa. 7.6a). A mola é comprimida para uma posição $y_{Ⓐ}$ e o gatilho é disparado. O projétil de massa m sobe para uma posição $y_{Ⓒ}$ acima daquela na qual sai da mola, indicada na Figura Ativa 7.6b como posição $y_{Ⓑ} = 0$. Considere um engatilhamento da arma para o qual $m = 35{,}0$ g, $y_{Ⓐ} = -0{,}120$ m e $y_{Ⓒ} = 20{,}0$ m.

(A) Desprezando todas as forças resistivas, determine a constante da mola.

SOLUÇÃO

Conceitualização Imagine o processo ilustrado nas partes (a) e (b) da Figura Ativa 7.6. O projétil começa do repouso, aumenta sua velocidade conforme a mola vai para cima, deixa a mola e então diminui sua velocidade à medida que a força gravitacional o puxa para baixo.

Categorização Identificamos o sistema como o projétil, a mola e a Terra. Como ignoramos a resistência do ar sobre o projétil e o atrito na arma, modelamos o sistema como isolado sem a atuação de forças não conservativas.

Análise Como o projétil começa do repouso, sua energia cinética inicial é zero. Escolhemos a configuração zero para a energia potencial gravitacional do sistema quando o projétil sai da mola. Para essa configuração, a energia potencial elástica também é zero.

Após a arma ser disparada, o projétil atinge uma altura máxima $y_{Ⓒ}$. A energia cinética final do projétil é zero.

De acordo com o modelo de sistema isolado, escreva uma equação de conservação de energia mecânica para o sistema entre os pontos Ⓐ e Ⓒ:[2]

$$K_{Ⓒ} + U_{gⒸ} + U_{mⒸ} = K_{Ⓐ} + U_{gⒶ} + U_{mⒶ}$$

Substitua para cada energia:

$$0 + mgy_{Ⓒ} + 0 = 0 + mgy_{Ⓐ} + \tfrac{1}{2}kx^2$$

Resolva para k:

$$k = \frac{2mg(y_{Ⓒ} - y_{Ⓐ})}{x^2}$$

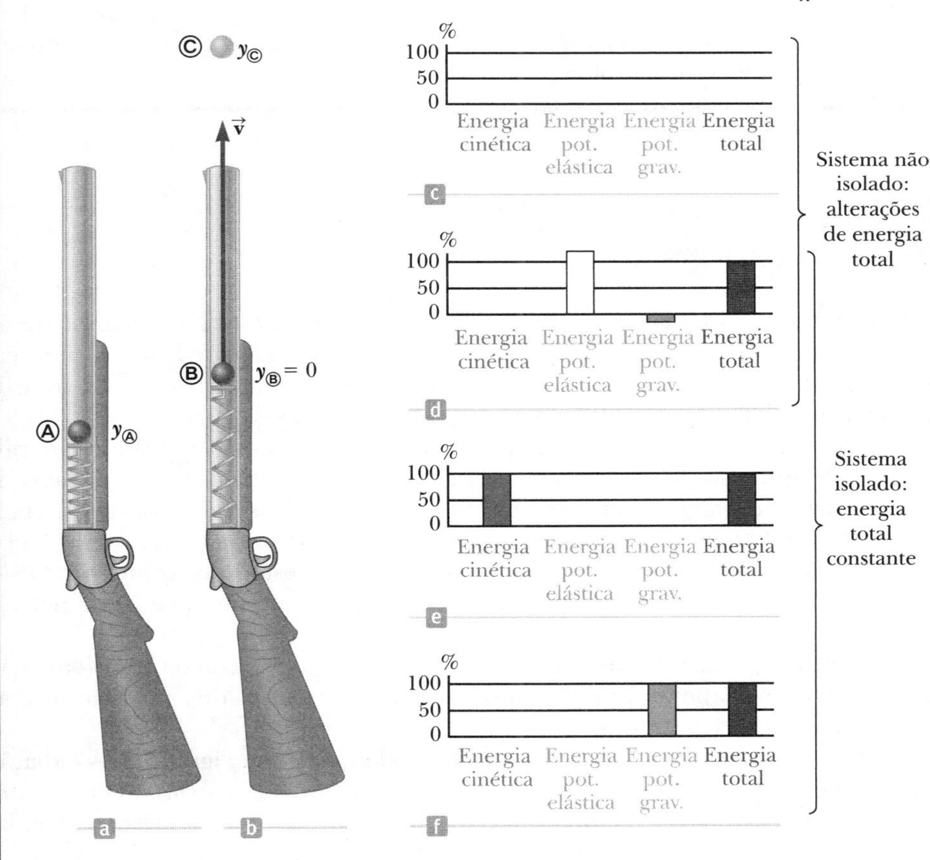

Figura Ativa 7.6 (Exemplo 7.3) Uma arma de brinquedo carregada a mola (a) antes de disparar e (b) quando a mola se estende até seu comprimento relaxado. (c) Um diagrama de energia para o sistema arma-projétil-Terra antes de a arma ser carregada. A energia no sistema é zero. (d) A arma é carregada por meio de um agente externo que realiza trabalho sobre o sistema para empurrar a mola para baixo. Portanto, o sistema é não isolado durante esse processo. Depois de a arma ser carregada, a energia potencial elástica é armazenada na mola, e a energia potencial gravitacional do sistema é mais baixa, porque o projétil está abaixo do ponto Ⓑ. (e) Conforme o projétil passa pelo ponto Ⓑ, toda a energia do sistema isolado é cinética. (f) Quando o projétil atinge o ponto Ⓒ, toda a energia do sistema isolado é potencial gravitacional.

continua

[2] N.R.T.: U_g designa energia potencial gravitacional; U_m designa energia potencial da mola.

7.3 *cont.*

Substitua os valores numéricos: $k = \frac{2(0{,}035\,0\text{ kg})(9{,}80\text{ m/s}^2)[20{,}0\text{ m} - (-0{,}120\text{ m})]}{(0{,}120\text{ m})^2} = 958\text{ N/m}$

(B) Encontre a velocidade do projétil conforme ele se move pela posição de equilíbrio Ⓑ da mola, como mostrado na Figura Ativa 7.6b.

SOLUÇÃO

Análise A energia do sistema, conforme o projétil se move pela posição de equilíbrio da mola, inclui somente a cinética do projétil $\frac{1}{2}mv_{Ⓑ}^2$. Os dois tipos de energia potencial são iguais a zero para essa configuração do sistema.

Escreva uma equação de conservação de energia mecânica para o sistema entre os pontos Ⓐ e Ⓑ: $K_{Ⓑ} + U_{gⒷ} + U_{mⒷ} = K_{Ⓐ} + U_{gⒶ} + U_{mⒶ}$

Substitua para cada energia: $\frac{1}{2}mv_{Ⓑ}^2 + 0 + 0 = 0 + mgy_{Ⓐ} + \frac{1}{2}kx^2$

Resolva para $v_{Ⓑ}$: $v_{Ⓑ} = \sqrt{\frac{kx^2}{m} + 2gy_{Ⓐ}}$

Substitua os valores numéricos: $v_{Ⓑ} = \sqrt{\frac{(958\text{ N/m})(0{,}120\text{ m})^2}{(0{,}035\,0\text{ kg})} + 2(9{,}80\text{ m/s}^2)(-0{,}120\text{ m})} = 19{,}8\text{ m/s}$

Finalização Esse exemplo é o primeiro em que há dois tipos diferentes de energia potencial. Observe que na parte (A) não precisamos considerar nada sobre a velocidade da bola entre os pontos Ⓐ e Ⓒ, que é parte da força da abordagem de energia; variações nas energias cinética e potencial só dependem dos valores inicial e final, e não do que acontece entre as configurações que correspondem a esses valores.

7.3 | Modelo de análise: sistema não isolado em estado estacionário (energia)

Até agora vimos duas abordagens relacionadas a sistemas. Em um sistema não isolado, a energia armazenada no sistema varia em razão das transferências através dos seus limites. Portanto, termos diferentes de zero ocorrem em ambos os lados da equação de conservação de energia, $\Delta E_{\text{sistema}} = \Sigma T$. Para um sistema isolado, não ocorre transferência de energia através do limite, portanto o lado direito da equação é igual a zero, ou seja, $\Delta E_{\text{sistema}} = 0$.

Existe outra possibilidade que ainda não abordamos. É possível que não ocorra nenhuma variação na energia do sistema, ainda que termos diferentes de zero estejam presentes no lado direito da equação de conservação de energia, $0 = \Sigma T$. Essa situação só pode ocorrer se a taxa na qual a energia está entrando no sistema for igual àquela de quando está saindo. Nesse caso, o sistema está em estado estacionário sob a ação de duas ou mais transferências concorrentes, que descrevemos como o **modelo de análise de sistema não isolado em estado estacionário**. O sistema é não isolado, pois está interagindo com o ambiente, mas em estado estacionário, porque sua energia permanece constante.

Podemos identificar vários exemplos desse tipo de situação. Primeiro, considere sua casa como um sistema não isolado. Idealmente, você gostaria de manter a temperatura dela constante para o conforto dos moradores. Portanto, o objetivo é manter fixa a energia interna na casa.

Os mecanismos de transferência de energia para a casa são inúmeros, como podemos ver na Figura 7.7. A radiação eletromagnética solar é absorvida pelo telhado e pelas paredes da casa, e nela entra através das janelas. Energia entra pela transmissão de energia elétrica através de cabos aéreos ou subterrâneos para operar dispositivos elétricos. Fendas e vazamentos nas paredes, janelas e portas permitem que o ar quente ou frio entre e saia, levando energia através dos limites do sistema por transferência de matéria. Transferência de matéria também ocorrerá se algum dos dispositivos da casa operar com gás natural, porque a energia é transportada para dentro com o gás. A transferência de energia

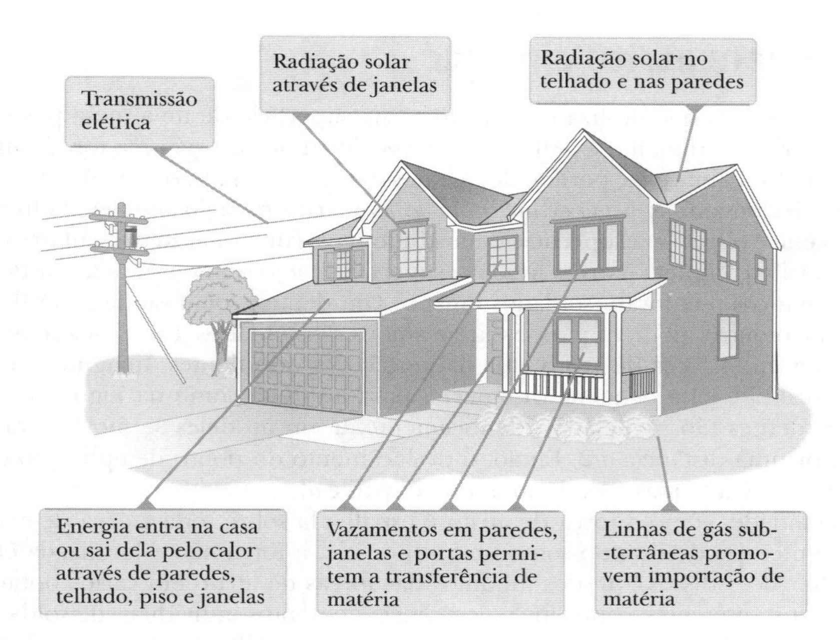

Figura 7.7 A energia entra em uma casa e sai dela através de vários mecanismos. A casa pode ser modelada como um sistema não isolado em estado estacionário.

por calor ocorre através de paredes, janelas, piso e telhado, como resultado de diferenças de temperatura entre o interior e o exterior da casa. Portanto, temos uma variedade de transferências, mas a energia na casa permanece constante no caso idealizado. Na realidade, a casa é um sistema em estado *quase estacionário*, pois algumas pequenas variações de temperatura realmente ocorrem ao longo de um período de 24 horas, mas podemos imaginar uma situação idealizada em conformidade com o modelo de sistema não isolado em estado estacionário.

Como um segundo exemplo, considere a Terra e sua atmosfera como um sistema. Uma vez que esse sistema se situa no vácuo do espaço, os únicos tipos possíveis de transferência de energia são aqueles que não envolvem nenhum contato entre o sistema e as moléculas externas no ambiente. Conforme mencionado na nota 1, apenas dois tipos de transferência não dependem de contato com as moléculas: trabalho realizado pelas forças de campo e radiação eletromagnética. O sistema Terra-atmosfera troca energia com o resto do Universo somente através de radiação eletromagnética (desprezando o trabalho realizado pelas forças de campo e uma pequena transferência de matéria como resultado de partículas de raios cósmicos e meteoritos que entram no sistema e nas naves espaciais deixando o sistema!). A radiação de entrada primária é a que vem do Sol, e a de saída é principalmente a radiação infravermelha emitida pela atmosfera e pelo solo. Idealmente, essas transferências são equilibradas para que a Terra mantenha uma temperatura constante. Na realidade, porém, elas não são *exatamente* equilibradas, de modo que a Terra está em estado quase estacionário; as medições de temperatura mostram que ela está mudando. A variação de temperatura é bem gradual e atualmente parece estar na direção positiva. Essa mudança é a essência da questão social do aquecimento global. (Veja o Contexto 5)

Se considerarmos um intervalo de tempo de vários dias, o corpo humano pode ser modelado como outro sistema não isolado em estado estacionário. Se o corpo estiver em repouso no início e no fim do intervalo de tempo, não haverá variação da energia cinética. Supondo que nenhum grande ganho ou perda de peso ocorra durante esse intervalo, a quantidade de energia potencial armazenada no corpo, como alimento no estômago e gordura, permanece constante na média. Se não houver febres durante esse intervalo, a energia interna do corpo permanecerá constante. Portanto, a variação na energia do sistema é zero. Métodos de transferência de energia durante esse intervalo de tempo incluem trabalho (você aplicando forças em corpos que movimenta), calor (seu corpo é mais quente que o ar ambiente), transferência de matéria (respirar, comer), ondas mecânicas (você fala e ouve) e radiação eletromagnética (você vê, assim como absorve e emite radiação da sua pele). A Tabela 7.1 mostra a quantidade de energia que sai do corpo por todos os métodos durante uma hora de várias atividades.

TABELA 7.1 | Saída de energia para uma hora de várias atividades

Atividade	Saída de energia em uma hora (MJ)
Dormir	0,27
Sentado em repouso	0,42
Em pé relaxado	0,44
Vestindo-se	0,49
Digitando	0,59
Caminhando em terreno plano (2,6 mi/h)	0,84
Pintando uma casa	1,00
Andando de bicicleta em terreno plano (5,5 mi/h)	1,27
Removendo a neve	2,01
Nadando	2,09
Fazendo *jogging* (5,3 mi/h)	2,39
Remando (20 remadas/min)	3,47
Subindo escadas	4,60

Adaptado de L. Sherwood, *Fundamentals of Human Physiology*, 4. ed. (Belmont, CA: Brooks/Cole, 2012), p. 480.

7.4 | Situações que envolvem atrito cinético

Considere novamente o livro da Figura Ativa 6.18a, que desliza para a direita na superfície de uma mesa pesada e reduz a velocidade por causa da força de atrito. O trabalho é realizado por essa força porque há uma força e um deslocamento. Lembre-se, porém, de que nossas equações para o trabalho envolvem o deslocamento *do ponto de aplicação da força*. Um modelo simples da força de atrito entre o livro e a superfície é mostrado na Figura 7.8a. Representamos a força de atrito completa entre o livro e a superfície como sendo causada por dois dentes idênticos que foram soldados juntos.[3] Um dente projeta-se da superfície para cima, o outro, do livro para baixo, e ambos são soldados juntos nos pontos onde se tocam. A força de atrito atua na junção dos dois dentes. Imagine que o livro deslize por uma pequena distância d para a direita como na Figura 7.8b. Como os dentes são modelados identicamente, a junção deles se move para a direita por uma distância $d/2$. Então, o deslocamento do ponto de aplicação da força de atrito é $d/2$, mas o deslocamento do livro é d!

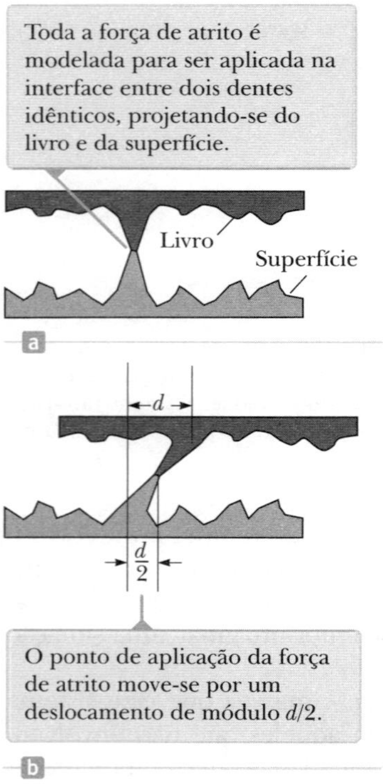

Toda a força de atrito é modelada para ser aplicada na interface entre dois dentes idênticos, projetando-se do livro e da superfície.

Livro

Superfície

a

d

$\frac{d}{2}$

O ponto de aplicação da força de atrito move-se por um deslocamento de módulo $d/2$.

b

Figura 7.8 (a) Modelo simplificado de atrito entre um livro e uma superfície. (b) O livro é movido para a direita por uma distância d.

Na realidade, como a força de atrito é espalhada sobre toda a área de contato de um corpo deslizando sobre uma superfície, a força não é localizada em um ponto. Além disso, como os módulos das forças de atrito em vários pontos mudam constantemente conforme a ocorrência de pontos individuais de solda, a superfície e o livro se deformam localmente, e assim por diante; o deslocamento do ponto de aplicação da força de atrito não é o mesmo que o deslocamento do livro. De fato, nem o deslocamento do ponto de aplicação nem o trabalho realizado pela força de atrito são calculáveis.

O teorema trabalho-energia cinética é válido para uma partícula ou um corpo que pode ser modelado como uma partícula. No entanto, quando uma força de atrito atua, não podemos calcular o trabalho realizado pelo atrito. Para tais situações, a Segunda Lei de Newton ainda é válida para o sistema, embora o teorema trabalho-energia cinética não seja. Podemos lidar com um caso de um corpo não deformável, como nosso livro, deslizando sobre a superfície[4] de uma maneira relativamente direta.

Começando com uma situação na qual forças, inclusive a de atrito, são aplicadas ao livro, podemos seguir um procedimento semelhante àquele realizado no desenvolvimento da Equação 6.17. Vamos começar escrevendo a Equação 6.8 para todas as forças que não a de atrito:

$$\sum W_{\text{outras forças}} = \int \left(\sum \vec{\mathbf{F}}_{\text{outras forças}}\right) \cdot d\vec{\mathbf{r}} \qquad \textbf{7.11}$$

Nessa equação, o $d\vec{\mathbf{r}}$ é o deslocamento do corpo, pois, para forças que não a de atrito, supondo que não deformem o corpo, esse deslocamento é o mesmo que o do ponto de aplicação das forças. Para cada lado da Equação 7.11, vamos adicionar a integral do produto escalar da força de atrito cinética e $d\vec{\mathbf{r}}$. Fazendo isso, não definimos essa quantidade como trabalho! Estamos dizendo simplesmente que é uma quantidade que pode ser calculada matematicamente e que nos será útil a seguir.

$$\sum W_{\text{outras forças}} + \int \vec{\mathbf{f}}_k \cdot d\vec{\mathbf{r}} = \int \left(\sum \vec{\mathbf{F}}_{\text{outras forças}}\right) \cdot d\vec{\mathbf{r}} + \int \vec{\mathbf{f}}_k \cdot d\vec{\mathbf{r}}$$

$$= \int \left(\sum \vec{\mathbf{F}}_{\text{outras forças}} + \vec{\mathbf{f}}_k\right) \cdot d\vec{\mathbf{r}}$$

A integração no lado direito dessa equação é a força resultante $\Sigma \vec{\mathbf{F}}$, então

$$\sum W_{\text{outras forças}} + \int \vec{\mathbf{f}}_k \cdot d\vec{\mathbf{r}} = \int \sum \vec{\mathbf{F}} \cdot d\vec{\mathbf{r}}$$

[3] A Figura 7.8 e sua discussão são inspiradas por um artigo clássico sobre atrito: B. A. Sherwood e W. H. Bernard, "Work and heat transfer in the presence of sliding friction". *American Journal of Physics*, 52:1001, 1984.

[4] O formato geral do livro permanece o mesmo, e é por isso que dizemos que é não deformável. Contudo, em um nível microscópico, há deformação da sua capa conforme ele desliza sobre a superfície.

Incorporando a Segunda Lei de Newton $\Sigma\vec{\mathbf{F}} = m\vec{\mathbf{a}}$, temos

$$\sum W_{\text{outras forças}} + \int \vec{\mathbf{f}}_k \cdot d\vec{\mathbf{r}} = \int m\vec{\mathbf{a}} \cdot d\vec{\mathbf{r}} = \int m\frac{d\vec{\mathbf{v}}}{dt} \cdot d\vec{\mathbf{r}} = \int_{t_i}^{t_f} m\frac{d\vec{\mathbf{v}}}{dt} \cdot \vec{\mathbf{v}}\,dt \qquad \textbf{7.12}$$

em que usamos a Equação 3.3 para reescrever $d\vec{\mathbf{r}}$ como $\vec{\mathbf{v}}dt$. Como o produto escalar obedece à regra do produto para diferenciação (Veja a Eq. B.30 no Apêndice B.6), a derivada do produto escalar de $\vec{\mathbf{v}}$ com ela mesma pode ser escrita assim:

$$\frac{d}{dt}(\vec{\mathbf{v}} \cdot \vec{\mathbf{v}}) = \frac{d\vec{\mathbf{v}}}{dt} \cdot \vec{\mathbf{v}} + \vec{\mathbf{v}} \cdot \frac{d\vec{\mathbf{v}}}{dt} = 2\frac{d\vec{\mathbf{v}}}{dt} \cdot \vec{\mathbf{v}}$$

em que usamos a propriedade comutativa do produto escalar para justificar a expressão final nessa equação. Por consequência,

$$\frac{d\vec{\mathbf{v}}}{dt} \cdot \vec{\mathbf{v}} = \tfrac{1}{2}\frac{d}{dt}(\vec{\mathbf{v}} \cdot \vec{\mathbf{v}}) = \tfrac{1}{2}\frac{dv^2}{dt}$$

Substituindo esse resultado na Equação 7.12, temos

$$\sum W_{\text{outras forças}} + \int \vec{\mathbf{f}}_k \cdot d\vec{\mathbf{r}} = \int_{t_i}^{t_f} m\left(\tfrac{1}{2}\frac{dv^2}{dt}\right)dt = \tfrac{1}{2}m\int_{v_i}^{v_f} d(v^2) = \tfrac{1}{2}mv_f^2 - \tfrac{1}{2}mv_i^2 = \Delta K$$

Olhando para o lado esquerdo dessa equação, note que, no referencial inercial da superfície, $\vec{\mathbf{f}}_k$ e $d\vec{\mathbf{r}}$ estarão em direções opostas para cada incremento $d\vec{\mathbf{r}}$ da trajetória seguida pelo corpo. Então, $\vec{\mathbf{f}}_k \cdot d\vec{\mathbf{r}} = -f_k\,dr$. A expressão anterior agora se torna

$$\sum W_{\text{outras forças}} - \int f_k dr = \Delta K$$

Em nosso modelo para atrito, o módulo da força de atrito cinética é constante, então f_k pode ser tirado da integral. O restante da integral $\int dr$ é simplesmente a soma dos incrementos do comprimento ao longo da trajetória, que é o comprimento da trajetória total d. Portanto,

$$\sum W_{\text{outras forças}} - f_k d = \Delta K \qquad \textbf{7.13}$$

ou

$$K_f = K_i - f_k d + \sum W_{\text{outras forças}} \qquad \textbf{7.14}$$

A Equação 7.13 pode ser usada quando uma força de atrito atua sobre um corpo. A variação em energia cinética é igual ao trabalho realizado por todas as forças que não a de atrito menos um termo $f_k d$ associado à força de atrito.

Considerando novamente a situação do livro deslizando, vamos identificar o sistema maior do livro e da superfície conforme o livro tem sua velocidade reduzida sob a influência somente da força de atrito. Não há trabalho realizado através do limite desse sistema porque ele não interage com o meio. Não há outros tipos de transferência de energia ocorrendo através do limite do sistema, supondo que o som que o livro inevitavelmente faz ao deslizar seja ignorado! Nesse caso, a Equação 7.2 se torna

$$\Delta E_{\text{sistema}} = \Delta K + \Delta E_{\text{int}} = 0$$

A variação em energia cinética desse sistema livro-superfície é idêntica à variação na energia cinética do livro sozinho, porque ele é a única parte do sistema que está se movendo. Então, incorporando a Equação 7.13, temos

$$-f_k d + \Delta E_{\text{int}} = 0$$

$$\Delta E_{\text{int}} = f_k d \qquad \textbf{7.15}$$

▶ Variação na energia interna por causa de uma força de atrito constante dentro do sistema

O aumento em energia interna do sistema é, portanto, igual ao produto da força de atrito e do comprimento da trajetória pela qual o bloco se move. Resumindo, uma força de atrito transforma a energia cinética de um sistema em energia interna, e o aumento em energia interna do sistema é igual a sua diminuição em energia cinética. A Equação 7.13, com ajuda da Equação 7.15, pode ser escrita como

$$\sum W_{\text{outras forças}} = W = \Delta K + \Delta E_{\text{int}}$$

que é uma forma reduzida da Equação 7.2 e representa o modelo de sistema não isolado dentro do qual uma força não conservativa atua.

TESTE RÁPIDO 7.5 Você está viajando ao longo de uma rodovia a 65 mi/h. Seu carro tem energia cinética. Você freia e para subitamente por causa de um congestionamento. Onde está a energia cinética que seu carro tinha? **(a)** Está toda na energia interna da estrada. **(b)** Está na energia interna dos pneus. **(c)** Uma parte foi transformada em energia interna e outra transferida por ondas mecânicas. **(d)** Ela é toda transferida para longe do seu carro por vários mecanismos.

PENSANDO EM FÍSICA 7.1

Um carro viajando a uma velocidade inicial v desliza uma distância d até parar quando seus freios travam. Se a velocidade inicial do carro for $2v$ no momento em que os freios travam, estime a distância que ele desliza.

Raciocínio Vamos supor que a força de atrito cinético entre o carro e a superfície da estrada seja constante e igual para as duas velocidades. De acordo com a Equação 7.14, a força de atrito multiplicada pela distância d é igual à energia cinética inicial do carro (porque $K_f = 0$ e não há trabalho realizado por outras forças). Se a velocidade é dobrada, como acontece nesse exemplo, a energia cinética é quadruplicada. Para uma dada força de atrito, a distância percorrida é quatro vezes maior quando a velocidade inicial é dobrada, e, assim, a distância que o carro desliza é estimada em $4d$. Esse resultado está de acordo com a parte (b) do Exemplo 5.1, mas é determinado pelo uso de técnicas de energia, em vez de força. ◄

Exemplo 7.4 | Um bloco puxado sobre uma superfície áspera

Um bloco de 6,0 kg inicialmente em repouso é puxado para a direita ao longo de uma superfície horizontal por uma força horizontal constante de 12 N.

(A) Encontre a velocidade do bloco após ele ter se movido por 3,0 m se as superfícies em contato têm um coeficiente de atrito cinético de 0,15.

SOLUÇÃO

Conceitualização Esse exemplo é o Exemplo 6.6, modificado de modo que a superfície não é mais sem atrito. A superfície áspera aplica uma força de atrito sobre o bloco oposta à força aplicada. Como resultado, esperamos que a velocidade seja menor que aquela encontrada no Exemplo 6.6.

Categorização O bloco é puxado por uma força e a superfície é áspera; então, modelamos o sistema bloco-superfície como não isolado com uma força não conservativa atuando.

Análise A Figura Ativa 7.9a ilustra essa situação. Nem a força normal nem a gravitacional realizam trabalho sobre o sistema, porque seus pontos de aplicação são deslocados horizontalmente.

Encontre o trabalho realizado sobre o sistema pela força aplicada como no Exemplo 6.6:

$$\sum W_{\text{outras forças}} = W_F = F\Delta x$$

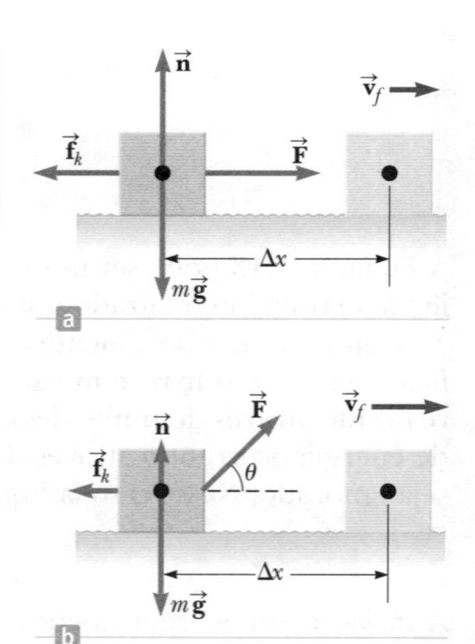

Figura Ativa 7.9 (Exemplo 7.4) (a) Um bloco puxado para a direita em uma superfície áspera por uma força horizontal constante. (b) A força aplicada está a um ângulo θ com a horizontal.

continua

7.4 *cont.*

Aplique o modelo de partícula em equilíbrio ao bloco na direção vertical: $\sum F_y = 0 \rightarrow n - mg = 0 \rightarrow n = mg$

Encontre o módulo da força de atrito: $f_k = \mu_k n = \mu_k mg = (0{,}15)(6{,}0\text{ kg})(9{,}80\text{ m/s}^2) = 8{,}82\text{ N}$

Encontre a velocidade final do bloco com a Equação 7.14:

$$\tfrac{1}{2}mv_f^2 = \tfrac{1}{2}mv_i^2 - f_k d + W_F$$

$$v_f = \sqrt{v_i^2 + \frac{2}{m}(-f_k d + F\Delta x)}$$

Substitua os valores numéricos:

$$v_f = \sqrt{0 + \frac{2}{6{,}0\text{ kg}}[-(8{,}82\text{ N})(3{,}0\text{ m}) + (12\text{ N})(3{,}0\text{ m})]} = \boxed{1{,}8\text{ m/s}}$$

Finalização Como esperado, esse valor é menor que o valor de 3,5 m/s encontrado no caso do bloco que desliza sobre uma superfície sem atrito (Veja o Exemplo 6.6). A diferença em energias cinéticas entre o bloco no Exemplo 6.6 e esse é igual ao aumento em energia interna do sistema bloco-superfície deste exemplo.

(B) Suponha que a força $\vec{\mathbf{F}}$ seja aplicada a um ângulo θ, como mostrado na Figura Ativa 7.9b. A que ângulo a força deveria ser aplicada para atingir a velocidade mais alta possível depois de o bloco se mover 3,0 m para a direita?

SOLUÇÃO

Conceitualização Você pode supor que $\theta = 0$ resultaria em uma velocidade mais alta porque a força teria a maior componente possível na direção paralela à superfície. Contudo, pense em $\vec{\mathbf{F}}$ aplicada a um ângulo arbitrário não zero. Embora a componente horizontal da força fosse reduzida, sua componente vertical reduziria a força normal, que, por sua vez, reduz a força de atrito, o que sugere que a velocidade poderia ser maximizada ao ser puxada a um ângulo diferente de $\theta = 0$.

Categorização Como na parte (A), modelamos o sistema bloco-superfície como não isolado com uma força não conservativa atuando.

Análise Encontre o trabalho realizado pela força aplicada, observando que $\Delta x = d$ porque a trajetória seguida pelo bloco é uma linha reta: $\sum W_{\text{outras forças}} = W_F = F\Delta x \cos\theta = Fd\cos\theta$

Aplique o modelo da partícula em equilíbrio ao bloco na direção vertical: $\sum F_y = n + F\,\text{sen}\,\theta - mg = 0$

Resolva para n: $n = mg - F\,\text{sen}\,\theta$

Use a Equação 7.14 para encontrar a energia cinética final para essa situação:

$$K_f = K_i - f_k d + W_F$$

$$= 0 - \mu_k n d + Fd\cos\theta = -\mu_k(mg - F\,\text{sen}\,\theta)\,d + Fd\cos\theta$$

Maximizar a velocidade é equivalente a maximizar a energia cinética final. Em consequência, diferencie K_f com relação a θ e estabeleça o resultado igual a zero:

$$\frac{dK_f}{d\theta} = -\mu_k(0 - F\cos\theta)\,d - Fd\,\text{sen}\,\theta = 0$$

$$\mu_k\cos\theta - \text{sen}\,\theta = 0$$

$$\text{tg}\,\theta = \mu_k$$

Obtenha θ para $\mu_k = 0{,}15$: $\theta = \text{tg}^{-1}(\mu_k) = \text{tg}^{-1}(0{,}15) = \boxed{8{,}5^\circ}$

Finalização Observe que o ângulo em que a velocidade do bloco é máxima não é $\theta = 0$. Quando o ângulo excede 8,5°, a componente horizontal da força aplicada é muito pequena para ser compensada pela força de atrito reduzida, e a velocidade do bloco começa a diminuir de seu valor máximo.

Exemplo 7.5 | Um sistema bloco-mola

Um bloco com massa de 1,6 kg é preso a uma mola horizontal que tem força constante de 1 000 N/m, como mostrado na Figura 7.10. A mola é comprimida 2,0 cm e depois liberada do repouso.

(A) Calcule a velocidade do bloco conforme ele passa pela posição de equilíbrio $x = 0$ se a superfície não tem atrito.

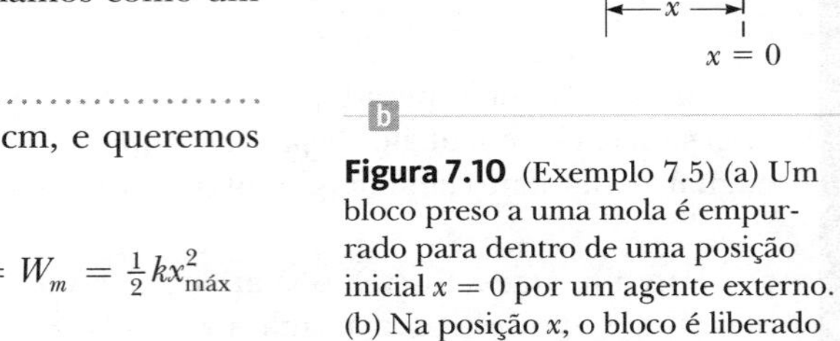

Figura 7.10 (Exemplo 7.5) (a) Um bloco preso a uma mola é empurrado para dentro de uma posição inicial $x = 0$ por um agente externo. (b) Na posição x, o bloco é liberado do repouso e a mola o empurra para a direita.

SOLUÇÃO

Conceitualização Essa situação foi discutida antes, e é fácil visualizar o bloco sendo empurrado para a direita pela mola e se movendo com alguma velocidade em $x = 0$.

Categorização Identificamos o sistema como o bloco e o modelamos como um sistema não isolado.

Análise Nessa situação, o bloco inicia com $v_i = 0$ em $x_i = -2{,}0$ cm, e queremos encontrar v_f em $x_f = 0$.

Use a Equação 6.11 para encontrar o trabalho realizado pela mola sobre o sistema com $x_{\text{máx}} = x_i$:

$$\sum W_{\text{outras forças}} = W_m = \tfrac{1}{2}kx_{\text{máx}}^2$$

O trabalho é realizado sobre o bloco, e sua velocidade muda. A Equação 7.2, de conservação de energia, é reduzida para o teorema trabalho-energia cinética. Use esse teorema para encontrar a velocidade em $x = 0$:

$$W_m = \tfrac{1}{2}mv_f^2 - \tfrac{1}{2}mv_i^2$$

$$v_f = \sqrt{v_i^2 + \frac{2}{m}W_m} = \sqrt{v_i^2 + \frac{2}{m}\left(\tfrac{1}{2}kx_{\text{máx}}^2\right)}$$

Substitua os valores numéricos:

$$v_f = \sqrt{0 + \frac{2}{1{,}6\,\text{kg}}\left[\tfrac{1}{2}(1\,000\ \text{N/m})(0{,}020\ \text{m})^2\right]} = \boxed{0{,}50\ \text{m/s}}$$

Finalização Embora esse problema pudesse ter sido resolvido no Capítulo 6, ele é apresentado aqui para contrastar com a parte (B) seguinte, que precisa de técnicas desse capítulo.

(B) Calcule a velocidade do bloco conforme ele passa pela posição de equilíbrio se uma força de atrito constante de 4,0 N retarda seu movimento a partir do momento em que é solto.

SOLUÇÃO

Conceitualização A resposta correta deve ser menor que aquela para a parte (A), porque a força de atrito retarda o movimento.

Categorização Identificamos o sistema como o bloco e a superfície. O sistema é não isolado por causa do trabalho realizado pela mola, e há uma força não conservativa atuando: o atrito entre o bloco e a superfície.

Análise Escreva a Equação 7.14:

$$(1)\quad K_f = K_i - f_k d + W_m$$

Substitua os valores numéricos:

$$K_f = 0 - (4{,}0\,\text{N})(0{,}020\,\text{m}) + \tfrac{1}{2}(1\,000\ \text{N/m})(0{,}020\ \text{m})^2 = 0{,}12\,\text{J}$$

Escreva a definição de energia cinética:

$$K_f = \tfrac{1}{2}mv_f^2$$

Resolva para v_f e substitua os valores numéricos:

$$v_f = \sqrt{\frac{2K_f}{m}} = \sqrt{\frac{2(0{,}12\,\text{J})}{1{,}6\,\text{kg}}} = \boxed{0{,}39\ \text{m/s}}$$

continua

7.5 *cont.*

Finalização Como esperado, esse valor é menor que o de 0,50 m/s encontrado na parte (A).

E se? E se a força de atrito fosse aumentada para 10,0 N? Qual seria a velocidade do bloco em $x = 0$?

Resposta Nesse caso, o valor de $f_k d$ conforme o bloco se move para $x = 0$ é

$$f_k d = (10{,}0 \text{ N})(0{,}020 \text{ m}) = 0{,}20 \text{ J}$$

que é igual em módulo à energia cinética em $x = 0$ para o caso sem atrito. (Verifique isso!) Então, toda a energia cinética foi transformada em energia interna pelo atrito quando o bloco chegou a $x = 0$, e sua velocidade nesse ponto é $v = 0$.

Nessa situação, como na da parte (B), a velocidade do bloco atinge um máximo em alguma posição que não $x = 0$. O Problema 65 pede que você localize essas posições.

7.5 | Variações na energia mecânica por forças não conservativas

Considere o livro deslizando pela superfície da seção anterior. Conforme o livro se move pela distância d, a única força que realiza trabalho nele é a de atrito cinético. Essa provoca uma variação $-f_k d$ na energia cinética do livro, conforme descrito pela Equação 7.13.

Suponha agora que o livro seja parte de um sistema que também sofre uma variação em energia potencial. Nesse caso, $-f_k d$ é o valor pelo qual a energia mecânica do sistema muda por causa da força de atrito cinética. Por exemplo, se o livro se move em uma inclinação que não é sem atrito, há uma variação tanto na energia cinética como na potencial gravitacional do sistema livro-Terra. Em consequência,

$$\Delta E_{\text{mec}} = \Delta K + \Delta U_g = -f_k d$$

Em geral, se uma força de atrito atua dentro de um sistema isolado,

$$\Delta E_{\text{mec}} = \Delta K + \Delta U = -f_k d \quad \text{7.16}$$

▶ Variação da energia mecânica de um sistema causada pelo atrito dentro do sistema

em que ΔU é a mudança em todas as formas de energia potencial. Note que a Equação 7.16 é reduzida para a 7.10 se a força de atrito é zero.

Se o sistema no qual forças não conservativas atuam é não isolado e a influência externa sobre o sistema é por meio de trabalho, a generalização da Equação 7.13 é

$$\Delta E_{\text{mec}} = -f_k d + \sum W_{\text{outras forças}} \quad \text{7.17}$$

A Equação 7.17, com ajuda das Equações 7.7 e 7.15, pode ser escrita como

$$\sum W_{\text{outras forças}} = W = \Delta K + \Delta U + \Delta E_{\text{int}}$$

Essa forma reduzida da Equação 7.2 representa o modelo de sistema não isolado para um sistema que possui energia potencial e dentro do qual uma força não conservativa atua. Na prática, durante a resolução do problema, você não precisa usar equações como a 7.15 ou a 7.17. Você pode simplesmente usar a Equação 7.2 e manter somente os termos que correspondem à situação física existente nela. Veja no Exemplo 7.8 uma amostra dessa abordagem.

ESTRATÉGIA PARA RESOLUÇÃO DE PROBLEMAS: Sistemas com forças não conservativas

O procedimento a seguir deve ser usado quando você se depara com um problema que envolve um sistema no qual atuam forças não conservativas:

1. **Conceitualização** Estude a situação física cuidadosamente e forme uma representação mental do que está acontecendo.
2. **Categorização** Defina seu sistema, que pode consistir em mais de um corpo. O sistema pode incluir molas ou outras possibilidades para o armazenamento de energia potencial. Determine se há alguma força não conservativa. Se não, use o princípio de conservação de energia mecânica descrito na Seção 7.2. Se houver, use o procedimento a seguir.

   Determine se algum trabalho é realizado através dos limites de seu sistema por forças que não a de atrito. Se houver, use a Equação 7.17 para analisar o problema. Se não, use a 7.16.
3. **Análise** Escolha configurações para representar as condições inicial e final do sistema. Para cada corpo com elevação alterada, selecione uma posição de referência para o corpo que defina a configuração zero de energia potencial gravitacional para o sistema. Para um corpo em uma mola, a configuração zero para a energia potencial elástica é quando o corpo está em sua posição de equilíbrio. Se há mais de uma força conservativa, escreva uma expressão para a energia potencial associada a cada força.

   Use a Equação 7.16 ou a 7.17 para estabelecer a representação matemática do problema. Resolva a incógnita.
4. **Finalização** Assegure-se de que seus resultados sejam consistentes com sua representação mental. Assegure-se também de que os valores de seus resultados sejam razoáveis e consistentes com conexões feitas em sua experiência cotidiana.

Exemplo 7.6 | Um engradado deslizando por uma rampa

Um engradado de 3,00 kg desliza por uma rampa. A rampa tem 1,00 m de comprimento e está inclinada a um ângulo de 30,0°, como mostrado na Figura 7.11. O engradado parte do repouso no topo, experimenta uma força de atrito constante de módulo 5,00 N e continua a se mover por uma pequena distância no piso horizontal depois de sair da rampa.

(A) Use métodos de energia para determinar a velocidade do engradado na base da rampa.

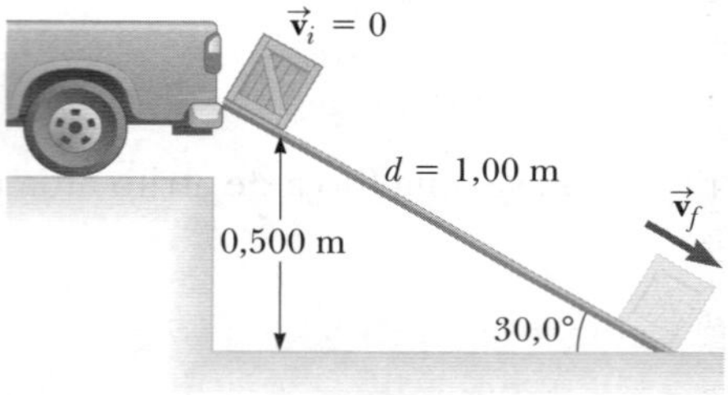

Figura 7.11 (Exemplo 7.6) Um engradado desliza por uma rampa sob a ação da gravidade. A energia potencial do sistema diminui, enquanto a energia cinética aumenta.

SOLUÇÃO

Conceitualização Imagine o engradado deslizando pela rampa na Figura 7.11. Quanto maior a força de atrito, mais lentamente ele vai deslizar.

Categorização Identificamos o engradado, a superfície e a Terra como o sistema, categorizado como isolado com uma força não conservativa atuando.

Análise Como $v_i = 0$, a energia cinética inicial do sistema quando o engradado está no topo da rampa é zero. Se a coordenada y é medida da base da rampa (a posição final do engradado, para a qual escolhemos a energia potencial gravitacional do sistema como sendo zero) com a direção para cima sendo positiva, então $y_i = 0{,}500$ m.

Escreva a expressão para a energia mecânica total do sistema quando o engradado está no topo:

$$E_i = K_i + U_i = 0 + U_i = mgy_i$$

Escreva uma expressão para a energia mecânica final:

$$E_f = K_f + U_f = \frac{1}{2}mv_f^2 + 0 = \frac{1}{2}mv_f^2$$

Aplique a Equação 7.16:

$$\Delta E_{\text{mec}} = E_f - E_i = -mv_f - mgy_i = -f_k d$$

continua

7.6 *cont.*

Resolva para v_f: $$(1)\quad v_f = \sqrt{\frac{2}{m}(mgy_i - f_k d)}$$

Substitua os valores numéricos: $$v_f = \sqrt{\frac{2}{3{,}00\,\text{kg}}[(3{,}00\text{ kg})(9{,}80\text{ m/s}^2)(0{,}500\text{ m}) - (5{,}00\text{ N})(1{,}00\text{ m})]} = 2{,}54\text{ m/s}$$

(B) Que distância o engradado deslizará no piso horizontal se continuar a experimentar uma força de atrito de módulo 5,00 N?

SOLUÇÃO

Análise Essa parte do problema é tratada exatamente da mesma forma que na parte (A), mas, nesse caso, podemos considerar que a energia mecânica do sistema consiste somente em energia cinética, porque a energia potencial do sistema permanece fixa.

Escreva uma expressão para a energia mecânica do sistema quando o engradado sai da base da rampa: $$E_i \quad K_i - mv_i$$

Aplique a Equação 7.16 com $E_f = 0$: $$E_f - E_i = -\tfrac{1}{2}mv_i^2 = -f_k d \rightarrow \tfrac{1}{2}mv_i^2 = f_k d$$

Resolva para a distância d e substitua os valores numéricos: $$d = \frac{mv_i^2}{2f_k} = \frac{(3{,}00\text{ kg})(2{,}54\text{ m/s})^2}{2(5{,}00\,\text{N})} = 1{,}94\text{ m}$$

Finalização Como comparação, você pode querer calcular a velocidade do engradado na base da rampa quando ela não tem atrito. Observe também que o aumento na energia interna do sistema conforme o engradado desliza pela rampa é $f_k d = (5{,}00\text{ N})(1{,}00\text{ m}) = 5{,}00\text{ J}$. Essa energia é dividida entre o engradado e a superfície, e cada um fica um pouco mais quente que antes.

Observe que a distância d que o corpo desliza na superfície horizontal será infinita se a superfície não tiver atrito. Isto é consistente com sua conceitualização da situação?

E se? Um trabalhador cauteloso decide que a velocidade do engradado quando ele chega à base da rampa pode ser tão grande que seu conteúdo pode ser danificado. Ele então substitui a rampa por outra mais longa, de modo que essa nova rampa forme um ângulo de 25,0º com o chão. Essa rampa reduz a velocidade do engradado quando ele chega ao chão?

Resposta Como a rampa é mais longa, a força de atrito atua sobre uma distância mais longa e transforma mais energia mecânica em energia interna. O resultado é uma redução da energia cinética do engradado, e esperamos uma velocidade mais baixa quando ele chega ao chão.

Encontre o comprimento d da nova rampa: $$\text{sen } 25{,}0^\circ = \frac{0{,}500\text{ m}}{d} \rightarrow d = \frac{0{,}500\text{ m}}{\text{sen } 25{,}0^\circ} = 1{,}18\text{ m}$$

Encontre v_f com a Equação (1) na parte (A): $$v_f = \sqrt{\frac{2}{3{,}00\text{ kg}}[(3{,}00\text{ kg})(9{,}80\text{ m/s}^2)(0{,}500\text{ m}) - (5{,}00\text{ N})(1{,}80\text{ m})]} = 2{,}42\text{ m/s}$$

A velocidade final é de fato menor que no caso do ângulo mais alto.

Exemplo 7.7 | Colisão bloco-mola

Um bloco com massa de 0,80 kg recebe uma velocidade inicial $v_{Ⓐ} = 1{,}2$ m/s para a direita e colide com uma mola de massa desprezível e constante elástica de $k = 50$ N/m, como mostrado na Figura 7.12.

(A) Supondo que a superfície não tenha atrito, calcule a compressão máxima da mola após a colisão.

continua

7.7 *cont.*

SOLUÇÃO

Conceitualização As várias partes da Figura 7.12 nos ajudam a imaginar o que ocorrerá com o bloco nessa situação. Como todo o movimento acontece em um plano horizontal, não precisamos considerar as mudanças na energia potencial gravitacional.

Categorização Identificamos o sistema como o bloco e a mola. Esse sistema bloco-mola é isolado sem a atuação de forças não conservativas.

Análise Antes da colisão, quando o bloco está em Ⓐ, ele tem energia cinética e a mola não é comprimida, então a energia potencial elástica armazenada no sistema é zero. Portanto, a energia mecânica total do sistema antes da colisão é somente $\frac{1}{2}mv_{Ⓐ}^2$. Após a colisão, quando o bloco está em Ⓒ, a mola é totalmente comprimida; agora, o bloco está em repouso e, então, tem energia cinética zero. No entanto, a energia potencial elástica armazenada no sistema tem seu valor máximo $\frac{1}{2}kx^2 = \frac{1}{2}kx_{máx}^2$, em que a origem da coordenada $x = 0$ é definida como a posição de equilíbrio da mola, e $x_{máx}$ é a compressão máxima da mola, que nesse caso é $x_{Ⓒ}$. A energia mecânica total do sistema é conservada porque não há forças não conservativas atuando sobre corpos dentro do sistema isolado.

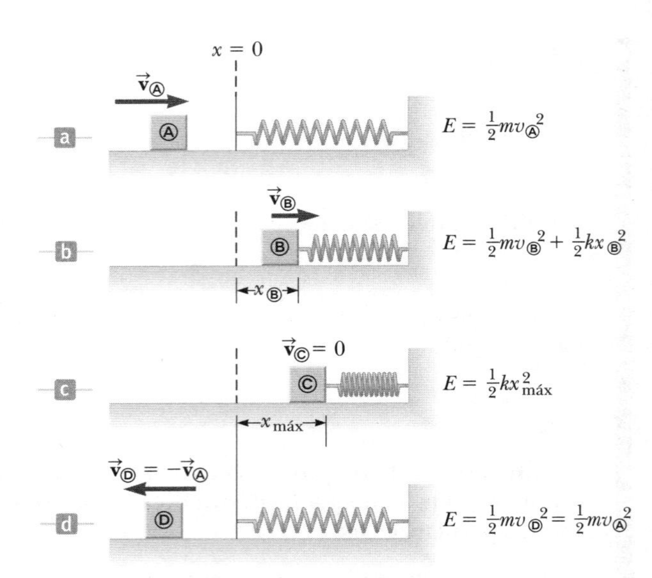

Figura 7.12 (Exemplo 7.7) Um bloco deslizando em uma superfície horizontal sem atrito colide com uma mola leve. (a) Inicialmente, a energia mecânica é toda cinética. (b) A energia mecânica é a soma da energia cinética do bloco e a energia potencial elástica na mola. (c) A energia é inteiramente potencial. (d) A energia é transformada de volta em energia cinética do bloco. A energia total do sistema permanece constante durante todo o movimento.

Escreva uma equação de conservação da energia mecânica:

$$K_{Ⓒ} + U_{mⒸ} = K_{Ⓐ} + U_{mⒶ}$$

$$0 + \frac{1}{2}kx_{máx}^2 = \frac{1}{2}mv_{Ⓐ}^2 + 0$$

Resolva para $x_{máx}$ e avalie:

$$x_{máx} = \sqrt{\frac{m}{k}}v_{Ⓐ} = \sqrt{\frac{0,80 \text{ kg}}{50 \text{ N/m}}}(1,2 \text{ m/s}) = 0,15 \text{ m}$$

(B) Suponha que uma força de atrito cinética constante atue entre o bloco e a superfície, com $\mu_k = 0,50$. Se a velocidade do bloco no momento em que colide com a mola é $v_{Ⓐ} = 1,2$ m/s, qual é a compressão máxima $x_{Ⓒ}$ na mola?

SOLUÇÃO

Conceitualização Por causa da força de atrito, esperamos que a compressão da mola seja menor que na parte (A), porque uma parte da energia cinética do bloco é transformada em energia interna no bloco e na superfície.

Categorização Identificamos o sistema como o bloco, a superfície e a mola. Esse sistema é isolado, mas agora envolve uma força não conservativa.

Análise Nesse caso, a energia mecânica $E_{mec} = K + U_m$ do sistema *não* é conservada porque uma força de atrito atua sobre o bloco. Com base no modelo da partícula em equilíbrio na direção vertical, vemos que $n = mg$.

Obtenha o módulo da força de atrito:

$$f_k = \mu_k n = \mu_k mg$$

Escreva a variação da energia mecânica do sistema causada pelo atrito conforme o bloco é deslocado de $x = 0$ para $x_{Ⓒ}$:

$$\Delta E_{mec} = -f_k x_{Ⓒ}$$

Substitua as energias inicial e final:

$$\Delta E_{mec} = E_f - E_i = (0 + \frac{1}{2}kx_{Ⓒ}^2) - (\frac{1}{2}mv_{Ⓐ}^2 + 0) = -f_k x_{Ⓒ}$$

$$\frac{1}{2}kx_{Ⓒ}^2 - \frac{1}{2}mv_{Ⓐ}^2 = -\mu_k mg x_{Ⓒ}$$

continua

7.7 *cont.*

Substitua os valores numéricos:

$$\tfrac{1}{2}(50)x_{©}^{2} - \tfrac{1}{2}(0,80)(1,2)^2 = -(0,50)(0,80)(9,80)x_{©}$$

$$25x_{©}^{2} + 3,9x_{©} - 0,58 = 0$$

Resolvendo a equação quadrática para $x_{©}$, temos $x_{©} = 0,093$ m e $x_{©} = -0,25$ m. A raiz com significado físico é $x_{©} = 0,093$ m.

Finalização A raiz negativa não se aplica a essa situação porque o bloco deve estar à direita da origem (valor positivo de x) quando chega ao repouso. Observe que o valor de 0,093 m é menor que a distância obtida no caso sem atrito da parte (A) conforme esperávamos.

Exemplo **7.8** | Blocos conectados em movimento

Dois blocos são conectados por um barbante leve que passa sobre uma roldana sem atrito, como mostrado na Figura 7.13. O bloco de massa m_1 repousa em uma superfície horizontal e é conectado a uma mola de constante de força k. O sistema é liberado do repouso quando a mola é solta. Se o bloco de massa m_2 pendurado cai uma distância h antes de chegar ao repouso, calcule o coeficiente de atrito cinético entre o bloco de massa m_1 e a superfície.

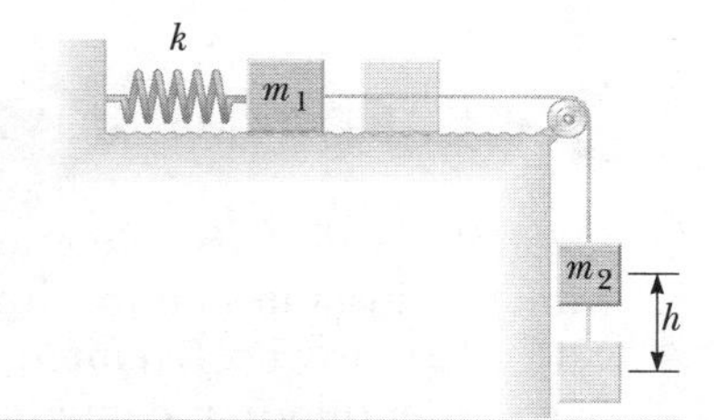

Figura 7.13 (Exemplo 7.8) Conforme o bloco pendurado se move da sua altura máxima para a mínima, o sistema perde energia potencial gravitacional, mas ganha energia potencial elástica na mola. Uma parte da energia mecânica é transformada em energia interna por causa do atrito entre o bloco e a superfície.

SOLUÇÃO

Conceitualização A palavra-chave *repouso* aparece duas vezes no enunciado do problema. Ela sugere que as configurações do sistema associadas ao repouso são boas candidatas para a configuração final e inicial, porque a energia cinética do sistema é zero para essas configurações.

Categorização Nessa situação, o sistema consiste em dois blocos, a mola, a superfície e a Terra. O sistema é isolado com uma força não conservativa que atua sobre ele. Também modelamos o bloco deslizando como uma partícula em equilíbrio na direção vertical, levando a $n = m_1 g$.

Análise Precisamos considerar duas formas de energia potencial para o sistema, a gravitacional e a elástica: $\Delta U_g = U_{gf} - U_{gi}$ é a mudança na energia potencial gravitacional do sistema, e $\Delta U_s = U_{sf} - U_{si}$ é a variação na energia potencial elástica do sistema. A mudança na energia potencial gravitacional do sistema é associada somente com o bloco em queda, porque a coordenada vertical do bloco deslizando horizontalmente não muda. As energias cinética inicial e final do sistema são zero, então $\Delta K = 0$.

Para este exemplo, começaremos da Equação 7.2 para mostrar como essa abordagem funciona na prática. Como o sistema é isolado, o lado direito inteiro da Equação 7.2 é zero. Com base na situação física descrita no problema, vemos que poderia haver mudanças nas energias cinética, potencial e na interna no sistema. Escreva a redução correspondente da Equação 7.2:

$$\Delta K + \Delta U + \Delta E_{\text{int}} = 0$$

Nessa equação, incorpore que $\Delta K = 0$ e que há dois tipos de energia potencial:

$$(1)\quad \Delta U_g + \Delta U_s + \Delta E_{\text{int}} = 0$$

Use a Equação 7.15 para encontrar a variação na energia interna no sistema causada pelo atrito entre o bloco deslizando horizontalmente e a superfície, notando que, enquanto o bloco pendurado cai uma distância h, o bloco que se move horizontalmente se movimenta pela mesma distância h para a direita:

$$(2)\quad \Delta E_{\text{int}} = f_k h = (\mu_k n)h = \mu_k m_1 g h$$

Obtenha a variação na energia potencial gravitacional do sistema escolhendo a configuração com o bloco pendurado na posição mínima para representar energia potencial zero:

$$(3)\quad \Delta U_g = U_{gf} - U_{gi} = 0 - m_2 g h$$

continua

7.8 *cont.*

Obtenha a variação na energia potencial elástica do sistema: (4) $\Delta U_s = U_{sf} - U_{si} = \frac{1}{2}kh^2 - 0$

Substitua as Equações (2), (3) e (4) na Equação (1): $-m_2gh + \frac{1}{2}kh^2 + \mu_k m_1 gh = 0$

Resolva para μ_k: $\mu_k = \dfrac{m_2g - \frac{1}{2}kh}{m_1g}$

Finalização Essa configuração representa um método de medição do coeficiente de atrito cinético entre um corpo e uma superfície. Observe que, com essa abordagem, não precisamos lembrar qual equação de energia funciona com qual tipo de problema. Você sempre pode começar com a Equação 7.2 e depois adaptá-la à situação física. Esse processo pode incluir ou apagar termos, como o de energia cinética e todos os termos no lado direito nesse exemplo; e também pode incluir a expansão de termos, como reescrever ΔU por causa de dois tipos de energia potencial.

PENSANDO EM FÍSICA 7.2

Os gráficos de barra de energia da Figura 7.14 mostram três instantes no movimento do sistema da Figura 7.13, descritos no Exemplo 7.8. Para cada gráfico de barra, identifique a configuração do sistema que corresponde a ele.

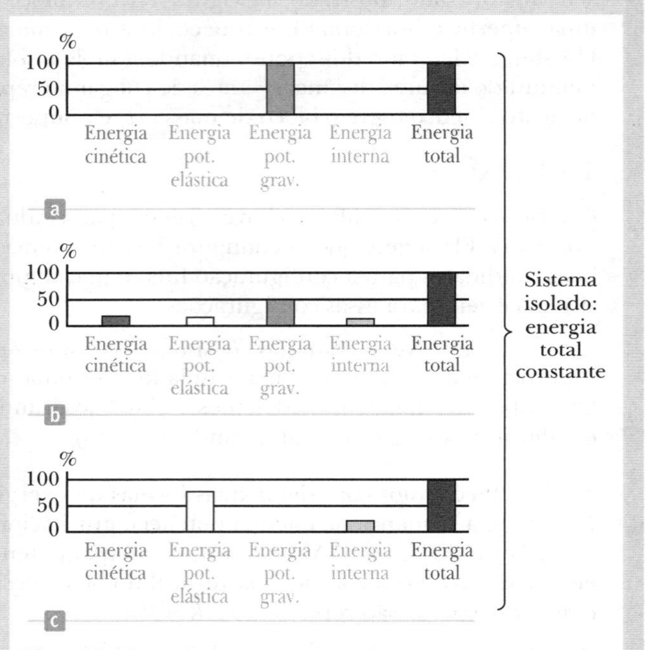

Figura 7.14 (Pensando em Física 7.2) Três gráficos de barra de energia são mostrados para o sistema da Figura 7.13.

Raciocínio Na Figura 7.14a, não há nenhuma energia cinética no sistema. Portanto, nada se move no sistema. O gráfico de barra mostra que o sistema contém somente energia potencial gravitacional, sem energia interna, o que corresponde à configuração com os blocos mais escuros na Figura 7.13, e representa o instante imediatamente após o sistema ser liberado.

Na Figura 7.14b, o sistema contém quatro tipos de energia. A altura da barra de energia potencial gravitacional está em 50%, o que nos diz que o bloco pendurado se moveu a meio caminho entre sua posição correspondente na Figura 7.14a e a posição definida como $y = 0$. Portanto, nessa configuração, o bloco pendurado está entre as imagens claras e escuras do bloco pendurado na Figura 7.13. O sistema ganhou energia cinética, porque os blocos estão em movimento; energia potencial elástica, porque a mola está se esticando; e energia interna, por causa do atrito entre o bloco de massa m_1 e a superfície.

Na Figura 7.14c, a altura da barra de energia potencial gravitacional é zero, dizendo-nos que o bloco pendurado está em $y = 0$. Além disso, a altura da barra de energia cinética é zero, indicando que os blocos pararam de se mover momentaneamente. Portanto, a configuração do sistema é a mostrada pela imagem clara dos blocos na Figura 7.13. A altura da barra de energia potencial elástica é alta, porque a mola está esticada até seu valor máximo. A altura da barra de energia interna é maior que na Figura 7.14b, porque o bloco de massa m_1 continuou a deslizar sobre a superfície. ◀

7.6 | Potência

Considere novamente o Pensando em Física 6.1, que envolveu empurrar um refrigerador rampa acima até um caminhão. Suponha que o homem não esteja convencido de que o trabalho é o mesmo, independentemente do comprimento da rampa, e instala uma rampa longa com inclinação suave. Embora ele realize a mesma quantidade de trabalho que alguém usando uma rampa mais curta, leva mais tempo para realizar o trabalho, porque tem de mover o refrigerador por uma distância maior. Embora o trabalho realizado nas duas rampas seja o mesmo, há *algo* diferente sobre as tarefas: o *intervalo de tempo* durante o qual o trabalho é realizado.

A taxa de transferência de energia no tempo é chamada **potência instantânea** P, definida como

$$P \equiv \frac{dE}{dt} \quad \text{7.18}$$

▶ Definição de potência

Nesta discussão, focaremos no trabalho como um método de transferência de energia, lembrando que a noção de potência é válida para *qualquer* meio de transferência de energia discutido na Seção 7.1. Se uma força externa é aplicada sobre um corpo (que modelamos como uma partícula) e se o trabalho realizado por essa força sobre o corpo no intervalo de tempo Δt é W, a **potência média** durante esse intervalo é

$$P_{\text{méd}} \equiv \frac{W}{\Delta t}$$

Então, no Pensando em Física 6.1, embora o mesmo trabalho seja realizado para empurrar o refrigerador para cima nas duas rampas, menos potência é necessária para a rampa mais longa.

De maneira semelhante à abordagem que fizemos da definição de velocidade e aceleração, a potência instantânea é o limite da potência média conforme Δt se aproxima de zero:

$$P = \lim_{\Delta t \to 0} \frac{W}{\Delta t} = \frac{dW}{dt}$$

em que representamos o valor infinitesimal do trabalho realizado por dW. Descobrimos pela Equação 6.3 que $dW = \vec{\mathbf{F}} \cdot d\vec{\mathbf{r}}$. Portanto, a potência instantânea pode ser escrita como

$$P = \frac{dW}{dt} = \vec{\mathbf{F}} \cdot \frac{d\vec{\mathbf{r}}}{dt} = \vec{\mathbf{F}} \cdot \vec{\mathbf{v}} \quad \text{7.19}$$

em que $\vec{\mathbf{v}} = d\vec{\mathbf{r}}/dt$.

A unidade SI de potência é joule por segundo (J/s), também chamado **watt** (W) em homenagem a James Watt:

$$1 \text{ W} = 1 \text{ J/s} = 1 \text{ kg} \cdot \text{m}^2/\text{s}^3$$

▶ O watt

Uma unidade de potência no sistema comum dos Estados Unidos é o **cavalo-vapor** (hp):

$$1 \text{ hp} = 746 \text{ W}$$

Uma unidade de energia (ou trabalho) pode agora ser definida em termos da unidade de potência. Um **quilowatt-hora** (kWh) é a energia transferida em 1 h a uma taxa constante de 1 kW = 1 000 J/s. A quantidade de energia representada por 1 kWh é

$$1 \text{ kWh} = (10^3 \text{ W})(3\,600 \text{ s}) = 3{,}60 \times 10^6 \text{ J}$$

Um quilowatt-hora é uma unidade de energia, não de potência. Quando você paga sua conta de luz, está pagando energia, e a quantidade de energia transferida por transmissão elétrica para uma casa durante o período representado pela conta de luz é geralmente expressa em quilowatt-hora. Por exemplo, sua conta diz que você usou 900 kWh de energia durante um mês e que está sendo cobrada uma taxa de 20 centavos por quilowatt-hora. Você então terá de pagar $ 180 por essa quantidade de energia. Em outro exemplo, suponha que uma lâmpada tenha potência de 100 W. Em 1,00 h de operação, ela teria recebido energia transferida por transmissão elétrica no valor de (0,100 kW)(1,00 h) = 0,100 kWh = $3{,}60 \times 10^5$ J.

Prevenção de Armadilhas | 7.3

W, *W* e Watts

Não confunda o símbolo W para o watt com o símbolo itálico W para trabalho. Lembre-se também de que o watt já representa uma taxa de transferência de energia, então "watts por segundo" não faz sentido. O watt é *o mesmo que* um joule por segundo.

Exemplo 7.9 | Potência suprida por um motor de elevador

Uma cabine de elevador (Fig. 7.15a) tem massa de 1 600 kg e carrega passageiros com massa combinada de 200 kg. Uma força de atrito constante de 4 000 N retarda seu movimento.

(A) Que potência um motor deve suprir para erguer a cabine do elevador e seus passageiros a uma velocidade constante de 3,00 m/s?.

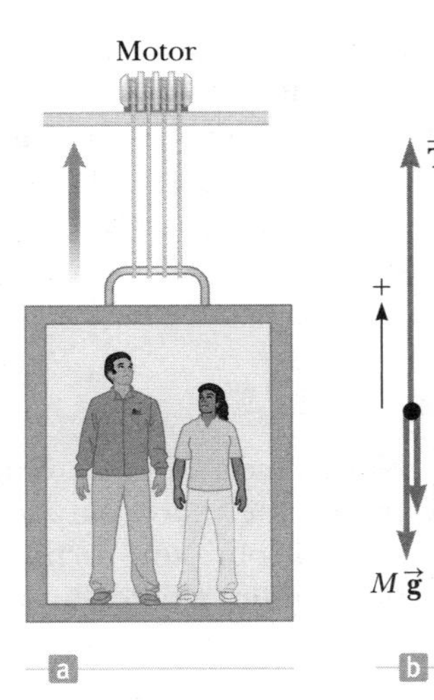

Figura 7.15 (Exemplo 7.9) (a) O motor exerce uma força $\vec{T}$ para cima sobre a cabine do elevador. O módulo dessa força é a tensão T no cabo conectando a cabine e o motor. As forças para baixo que atuam sobre a cabine são a de atrito $\vec{f}$ e a gravitacional $\vec{F}_g = M\vec{g}$. (b) Diagrama de corpo livre para a cabine do elevador.

SOLUÇÃO

Conceitualização O motor deve suprir força de módulo T que puxe a cabine do elevador para cima.

Categorização A força de atrito aumenta a potência necessária para erguer o elevador. O problema afirma que a velocidade do elevador é constante, o que nos diz que $a = 0$. Modelamos o elevador como uma partícula em equilíbrio.

Análise O diagrama de corpo livre da Figura 7.15b especifica a direção para cima como positiva. A massa *total* M do sistema (cabine mais passageiros) é igual a 1 800 kg.

Usando o modelo da partícula em equilíbrio, aplique a Segunda Lei de Newton à cabine:

$$\sum F_y = T - f - Mg = 0$$

Resolva para T:

$$T = f + Mg$$

Use a Equação 7.19 e $\vec{T}$ na mesma direção que $\vec{v}$ para encontrar a potência:

$$P = \vec{T} \cdot \vec{v} = Tv = (f + Mg)v$$

Substitua os valores numéricos:

$$P = [(4\,000 \text{ N}) + (1\,800 \text{ kg})(9{,}80 \text{ m/s}^2)](3{,}00 \text{ m/s}) = 6{,}49 \times 10^4 \text{ W}$$

(B) Que potência o motor deve suprir no instante em que a velocidade do elevador é v se o motor é planejado para dar à cabine do elevador uma aceleração para cima de 1,00 m/s²?

SOLUÇÃO

Conceitualização Nesse caso, o motor deve suprir a força de módulo T que puxa a cabine do elevador para cima com velocidade crescente. Esperamos que mais potência seja necessária para fazer isso do que para a parte (A), porque o motor agora tem de desempenhar a tarefa adicional de acelerar a cabine.

Categorização Nesse caso, modelamos a cabine do elevador como uma partícula sob uma força resultante porque está acelerando.

Análise Usando o modelo da partícula sob uma força resultante, aplique a Segunda Lei de Newton à cabine:

$$\sum F_y = T - f - Mg = Ma$$

Resolva para T:

$$T = M(a + g) + f$$

Use a Equação 7.19 para obter a potência necessária:

$$P = Tv = [M(a + g) + f]v$$

Substitua os valores numéricos:

$$P = [(1\,800 \text{ kg})(1{,}00 \text{ m/s}^2 + 9{,}80 \text{ m/s}^2) + 4\,000 \text{ N}]v$$
$$= (2{,}34 \times 10^4)v$$

em que v é a velocidade instantânea da cabine em metros por segundo, e P é em watts.

Finalização Para comparar com a parte (A), use $v = 3{,}00$ m/s, resultando em uma potência de

$$P = (2{,}34 \times 10^4 \text{ N})(3{,}00 \text{ m/s}) = 7{,}02 \times 10^4 \text{ W}$$

que é maior que a potência encontrada na parte (A), como esperado.

7.7 | Conteúdo em contexto: classificação de potência de automóveis

Como discutido na Seção 4.8, um automóvel se move por causa da Terceira Lei de Newton. O motor tenta girar as rodas em determinada direção de modo que empurre a Terra em direção à parte traseira do carro por causa da força de atrito entre as rodas e a estrada. De acordo com a Terceira Lei de Newton, a Terra empurra na direção oposta das rodas, voltada para a frente do carro. Como a Terra é muito mais massiva que o carro, ela permanece estacionária, enquanto o carro se move para frente.

Esse princípio é o mesmo que os seres humanos usam para caminhar. Ao empurrar uma perna para trás, enquanto o pé está no chão, você aplica uma força de atrito para trás na superfície da Terra. Pela Terceira Lei de Newton, a superfície aplica uma força de atrito para frente sobre você, o que faz que seu corpo se mova para a frente.

A intensidade da força de atrito $\vec{\mathbf{f}}$ exercida sobre um carro pela estrada está relacionada com a taxa na qual a energia é transferida para as rodas a fim de colocá-las em rotação, que é a potência do motor:

$$P_{\text{méd}} = \frac{\Delta E}{\Delta t} = \frac{f\Delta x}{\Delta t} = fv \quad \rightarrow \quad P \leftrightarrow f$$

em que o símbolo $\leftrightarrow$ implica uma relação entre as variáveis que não é necessariamente uma proporcionalidade exata. Por sua vez, o módulo da força motriz está relacionado com a aceleração do carro por causa da Segunda Lei de Newton:

$$f = ma \quad \rightarrow \quad f \propto a$$

Por consequência, deve haver uma estreita relação entre a potência de um veículo e sua possível aceleração:

$$P \leftrightarrow a$$

Vamos ver se essa relação existe para os dados reais. Para automóveis, uma unidade comum de potência é o *cavalo-vapor* (hp), definido na Seção 7.6. A Tabela 7.2 mostra os automóveis movidos a gasolina que estudamos nos capítulos anteriores. A terceira coluna indica a classificação de potência publicada de cada veículo. Na Figura 7.16, temos um gráfico dos valores de aceleração *versus* a classificação de potência dos veículos. Nesse gráfico, vemos uma clara correlação entre a aceleração e a potência como proposto acima: conforme a classificação de potência sobe, aumenta a aceleração máxima possível. Os dois pontos de dados pretos na parte mais à direita do gráfico encontram-se abaixo de uma linha que pode ser traçada através dos outros pontos. Esses dois pontos representam o Bugatti Veyron 16.4 Super Sport e o Shelby SuperCars Ultimate Aero, que são veículos muito potentes, cada um ostentando uma classificação de potência de 1 200 hp ou mais. O gráfico mostra que esse grande aumento na potência em relação aos outros veículos resulta em um aumento modesto na aceleração. Esse comportamento é semelhante ao da Figura 2.16, em que um grande aumento no custo é necessário para um aumento relativamente pequeno na aceleração. Talvez haja um limite máximo de aceleração além do qual a potência e o dinheiro não podem nos levar.

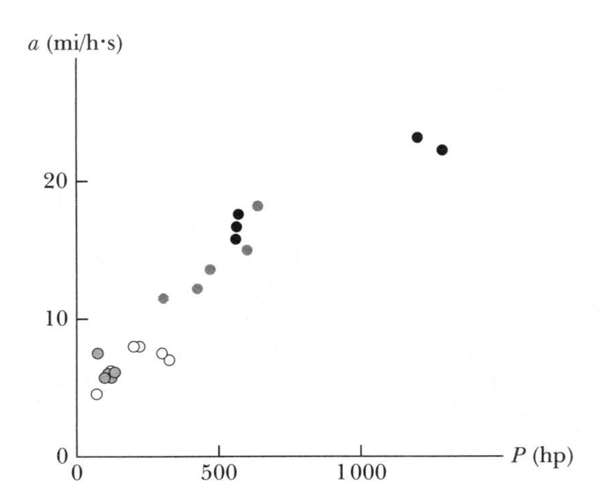

Figura 7.16 Aceleração em função da classificação de potência para veículos alternativos (em cinza claro), veículos tradicionais (em branco), veículos de desempenho (em cinza escuro) e veículos muito caros (em preto).

TABELA 7.2 | Classificação de potência e acelerações de vários veículos

Automóvel	Aceleração média (mi/h·s)	Classificação de potência (hp)	Razão HP para aceleração (hp/mi/h·s)
Veículos muito caros:			
Bugatti Veyron 16,4 Super Sport	23,1	1 200	52
Lamborghini LP 570-4 Superleggera	17,6	570	32
Lexus LFA	15,8	560	35
Mercedes-Benz SLS AMG	16,7	563	34
Shelby SuperCars Ultimate Aero	22,2	1 287	58
Média	**19,1**	**836**	**42,3**
Veículos de alta performance*:*			
Chevrolet Corvette ZR1	18,2	638	35
Dodge Viper SRT10	15,0	600	40
Jaguar XJL Supercharged	13,6	470	35
Acura TL SH-AWD	11,5	305	27
Dodge Challenger SRT8	12,2	425	35
Média	**14,1**	**488**	**34,2**
Veículos tradicionais:			
Buick Regal CXL Turbo	8,0	220	28
Chevrolet Tahoe 1500 LS (SUV)	7,0	326	47
Ford Fiesta SES	6,2	120	19
Hummer H3 (SUV)	7,5	300	40
Hyundai Sonata SE	8,0	200	25
Smart ForTwo	4,5	70	16
Média	**6,9**	**206**	**29,0**
Veículos alternativos:			
Chevrolet Volt (híbrido)	7,5	74	10
Nissan Leaf (elétrico)	6,0	110	18
Honda CR-Z (híbrido)	5,7	122	21
Honda Insight (híbrido)	5,7	98	17
Toyota Prius (híbrido)	6,1	134	22
Média	**6,2**	**108**	**17,8**

RESUMO

Sistema não isolado é aquele no qual a energia cruza o limite do sistema. **Sistema isolado** é aquele no qual a energia não cruza o limite do sistema.

Para um sistema não isolado, podemos equacionar a variação na energia total armazenada no sistema como a soma de todas as transferências de energia através do limite do sistema, que é uma afirmação de **conservação de energia**. Para um sistema isolado, a energia total é constante.

Se um sistema é isolado e se não há forças não conservativas atuando sobre corpos dentro do sistema, a energia mecânica total do sistema é constante:

$$K_f + U_f = K_i + U_i \quad \textbf{7.10}$$

Se forças não conservativas (como o atrito) atuam entre corpos dentro de um sistema, a energia mecânica não é conservada. Nessas situações, a diferença entre a energia mecânica final total e a energia mecânica inicial total do sistema é igual à energia transformada em energia interna pelas forças não conservativas.

Se uma força de atrito atua dentro de um sistema isolado, a energia mecânica do sistema é reduzida, e a equação adequada a ser aplicada é

$$\Delta E_{\text{mec}} = \Delta K + \Delta U = -f_k d \quad \textbf{7.16}$$

Se uma força de atrito atua dentro de um sistema não isolado, a equação adequada a ser aplicada é

$$\Delta E_{\text{mec}} = -f_k d + \sum W_{\text{outras forças}} \quad \textbf{7.17}$$

A **potência instantânea P** é definida como a taxa de transferência de energia no tempo:

$$P = \frac{dE}{dt} \quad \textbf{7.18}$$

Modelo de análise para resolução de problemas

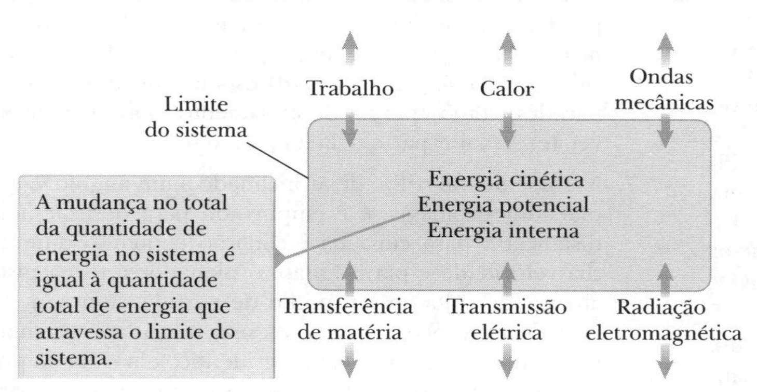

Sistema não isolado (Energia). A afirmação mais geral que descreve o comportamento de um sistema não isolado é a **equação de conservação de energia**:

$$\Delta E_{\text{sistema}} = \sum T \quad \textbf{7.1}$$

Incluindo os tipos de armazenamento de energia e transferência de energia que já discutimos, temos

$$\Delta K + \Delta U + \Delta E_{\text{int}} = W + Q + T_{\text{OM}} + T_{\text{TM}} + T_{\text{TE}} + T_{\text{RE}} \quad \textbf{7.2}$$

Para um problema específico, essa equação é, em geral, reduzida para um número menor de termos por eliminação daqueles que não são adequados à situação.

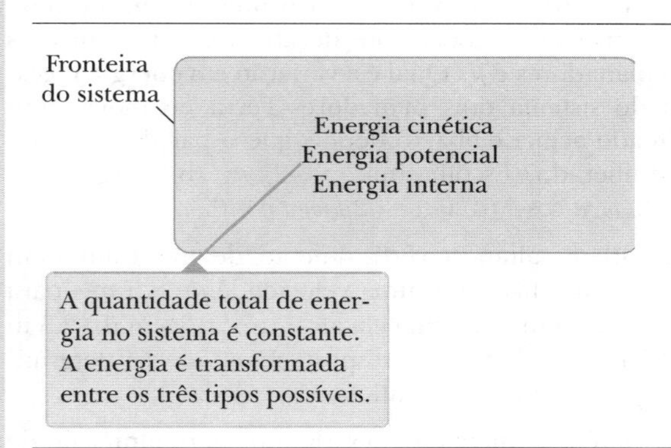

Sistema isolado (Energia). A energia total de um sistema isolado é conservada, então

$$\Delta E_{\text{sistema}} = 0 \quad \textbf{7.9}$$

Se não há forças não conservativas atuando dentro do sistema isolado, a energia mecânica do sistema é conservada, então

$$\Delta E_{\text{mec}} = 0 \quad \textbf{7.8}$$

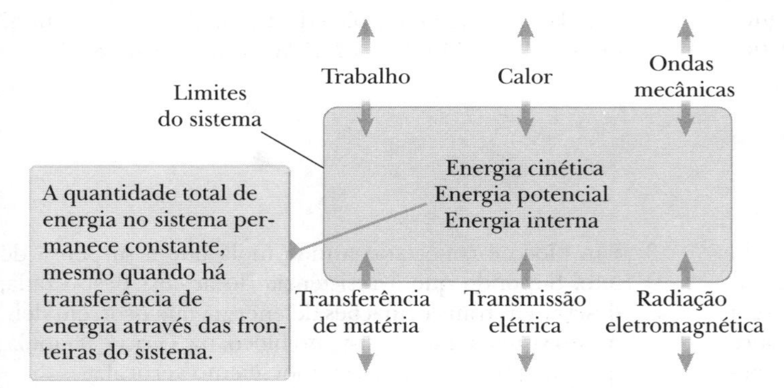

Sistema não isolado em estado estacionário (Energia). Se há energia entrando em todo o limite do sistema e saindo dele, mas que estão em equilíbrio, então a variação da energia do sistema é zero:

$$0 = \sum T$$

PERGUNTAS OBJETIVAS

1. Um bate-estaca, nivelado com o solo, bate repetidamente um corpo pesado. Suponha que o corpo seja lançado da mesma altura todas as vezes. Por qual fator a energia do sistema bate-estaca-Terra muda quando a massa do corpo sendo jogado é dobrada? (a) $\frac{1}{2}$ (b) 1; a energia é a mesma (c) 2 (d) 4.
2. Em um modelo de laboratório de carros deslizando até parar, dados são obtidos em quatro experimentos usando dois blocos. Eles têm massas idênticas, mas diferentes coeficientes de atrito cinético com a mesa: $\mu_k = 0{,}2$ e 0,8. Cada bloco é lançado com velocidade $v_i = 1$ m/s e desliza pela mesa plana até que o bloco chega ao repouso. Esse processo representa os dois primeiros experimentos. Para os outros dois, o procedimento é repetido, mas os blocos são lançados com velocidade $v_i = 2$ m/s. Classifique os quatro experimentos de (a) a (d) de acordo com a distância de parada da maior para a menor. Se a distância de parada é a mesma nos dois casos, classifique-os juntos. (a) $v_i = 1$ m/s, $\mu_k = 0{,}2$ (b) $v_i = 1$ m/s, $\mu_k = 0{,}8$ (c) $v_i = 2$ m/s, $\mu_k = 0{,}2$ (d) $v_i = 2$ m/s, $\mu_k = 0{,}8$.
3. Você segura um estilingue com seu braço estendido, puxa a tira de elástico até seu queixo e a solta para lançar um pedregulho horizontalmente com velocidade 200 cm/s. Seguindo o mesmo procedimento, você lança um feijão com velocidade de 600 cm/s. Qual é a proporção da massa do feijão para a massa do pedregulho? (a) $\frac{1}{9}$ (b) $\frac{1}{3}$ (c) 1 (d) 3 (e) 9.
4. Duas crianças estão em uma plataforma no topo de um escorregador curvo próximo à piscina em um quintal. No mesmo momento em que a criança menor pula diretamente para dentro da piscina, a maior se lança do topo do escorregador sem atrito. **(i)** Ao chegar à água, a energia cinética da criança menor comparada à da maior é (a) maior (b) menor (c) igual. **(ii)** Ao chegar à água, a velocidade da criança menor comparada à da maior é (a) maior (b) menor (c) igual. **(iii)** Durante seus movimentos da plataforma para a água, a aceleração média da criança menor comparada à da maior é (a) maior (b) menor (c) igual.
5. Responda sim ou não a cada uma das questões a seguir. (a) Um sistema corpo-Terra pode ter energia cinética e não ter energia potencial gravitacional? (b) Ele pode ter energia potencial gravitacional e não ter energia cinética? (c) Ele pode ter os dois tipos de energia no mesmo momento? (d) Ele pode não ter nenhuma dessas energias?
6. Uma bola de argila cai livremente no chão duro. Ela não ricocheteia visivelmente e chega ao repouso muito rapidamente. O que, então, aconteceu com a energia que a bola tinha enquanto estava caindo? (a) Foi usada para produzir o movimento descendente. (b) Foi transformada novamente em energia potencial. (c) Foi transferida para a bola pelo calor. (d) Está na bola e no chão (e paredes) como energia de movimento molecular invisível. (e) A maior parte dela foi para o som.
7. Na base de um trilho de ar inclinado a um ângulo θ, um planador de massa m é empurrado para deslizar uma distância d para cima na inclinação enquanto diminui sua velocidade e para. Então, o planador retorna pista abaixo, de volta ao seu ponto de partida. Agora, a experiência é repetida com a mesma velocidade original, mas com um segundo planador idêntico em cima do primeiro. O fluxo de ar do trilho é forte o suficiente para suportar os planadores empilhados um sobre o outro, de modo que a combinação se move pelo trilho com atrito desprezível. O atrito estático mantém o segundo planador estacionário em relação ao primeiro durante todo o movimento. O coeficiente de atrito estático entre os dois planadores é μ_s. Qual é a variação em energia mecânica do sistema dois planadores-Terra no movimento inclinado acima e abaixo depois que o par de planadores é liberado? Escolha um. (a) $-2\mu_s mg$ (b) $-2mgd\cos\theta$ (c) $-2\mu_s mgd\cos\theta$ (d) 0 (e) $+2\mu_s mgd\cos\theta$.
8. Uma atleta saltando verticalmente de um trampolim deixa a superfície com uma velocidade de 8,5 m/s para cima. Que altura máxima ela alcança? (a) 13 m (b) 2,3 m (c) 3,7 m (d) 0,27 m (e) A resposta não pode ser determinada porque a massa da atleta não é dada.
9. Que potência média é gerada por um alpinista de 70,0 kg que escala um pico de altura 325 m em 95 min? (a) 39,1 W (b) 54,6 W (c) 25,5 W (d) 67,0 W (e) 88,4 W.

PERGUNTAS CONCEITUAIS

1. Uma pessoa solta uma bola do topo de um edifício enquanto outra, no chão, observa seu movimento. Essas duas pessoas concordarão sobre (a) o valor da energia potencial gravitacional do sistema bola-Terra? (b) Sobre a variação na energia potencial? (c) Sobre a energia cinética da bola em algum ponto do seu movimento?
2. Um vendedor de carros diz que um motor de 300 hp é uma opção necessária em um carro compacto, em vez do convencional, de 130 hp. Suponha que pretenda dirigir o carro dentro dos limites de velocidade (≤ 65 mi/h) em um terreno plano. Como você poderia contrapor a justificativa do vendedor?
3. Um bloco é conectado a uma mola que é suspensa do teto. Supondo que a resistência do ar seja desprezada, descreva as transformações de energia que ocorrem dentro do sistema que consiste no bloco, na Terra e na mola, quando o bloco é posto em movimento vertical.
4. Considere as transferências e transformações de energia listadas a seguir, nas partes (a) a (e). Para cada parte, **(i)** descreva aparelhos feitos pelo homem para produzir cada uma das transferências e transformações de energia e, **(ii)** quando possível, descreva um processo natural no qual a transferência ou transformação de energia ocorre. Dê detalhes para justificar suas escolhas, como

a identificação do sistema ou outra fonte de energia se o aparelho ou processo natural tem eficiência limitada. (a) Energia potencial química se transforma em energia interna. (b) Energia transferida pela transmissão elétrica se torna energia potencial gravitacional. (c) Energia potencial elástica é transferida do sistema pelo calor. (d) Energia transferida por ondas mecânicas realiza trabalho em um sistema. (e) Energia conduzida por ondas eletromagnéticas se torna energia cinética em um sistema.

5. Uma bola de boliche é suspensa do teto de uma sala de aula por uma corda forte. A bola é puxada para longe de sua posição de equilíbrio e liberada do repouso na extremidade do nariz da demonstradora, como mostrado na Figura PC7.5. A demonstradora permanece estacionária. (a) Explique por que a bola não a atinge quando faz seu percurso de volta. (b) Essa demonstradora estaria segura se a bola fosse empurrada da sua posição inicial no nariz dela?

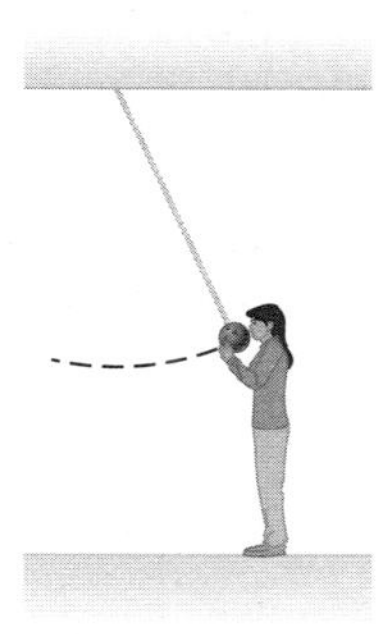

Figura PC7.5

6. Você pedala uma bicicleta. Em que sentido sua bicicleta é movida a energia solar?

7. Tudo tem energia? Explique o raciocínio da sua resposta.

8. Uma força de atrito estático pode realizar trabalho? Se não, por que não? Se pode, dê um exemplo.

9. Na equação geral de conservação de energia, diga quais termos predominam na descrição de cada um dos equipamentos e processos abaixo. Para um processo contínuo, considere o que acontece em um intervalo de 10 s. Indique quais termos na equação representam formas de energia inicial e final, quais seriam entradas e quais saídas. (a) um estilingue lançando um pedregulho (b) um fogo ardendo (c) um rádio portátil funcionando (d) um carro freando até parar (e) a superfície do Sol brilhando visivelmente (f) uma pessoa pulando em cima de uma cadeira.

10. No Capítulo 6, o teorema trabalho-energia cinética, $W_{ext} = \Delta K$, foi apresentado. Essa equação afirma que o trabalho realizado sobre um sistema aparece como uma variação na energia cinética. Essa é uma equação de caso especial, válida se não houver nenhuma variação em qualquer outro tipo de energia, como potencial ou interna. Dê dois ou três exemplos em que trabalho é realizado em um sistema, mas a variação na energia do sistema não é uma variação na energia cinética.

PROBLEMAS

ENHANCED WebAssign Os problemas que se encontram neste capítulo podem ser resolvidos *on-line* no Enhanced WebAssign (em inglês).

- **1.** denota problema direto;
- 2. denota problema intermediário;
- 3. denota problema desafiador;
- **1.** denota problemas mais frequentemente resolvidos no Enhanced WebAssign;
- **BIO** denota problema biomédico;
- **PD** denota problema dirigido;
- **M** denota tutorial Master It disponível no Enhanced WebAssign;
- **Q|C** denota problema que pede raciocínio quantitativo e conceitual;
- **S** denota problema de raciocínio simbólico;
- sombreado denota "problemas emparelhados" que desenvolvem raciocínio com símbolos e valores numéricos;
- **W** denota solução no vídeo Watch It disponível no Enhanced WebAssign.

Seção 7.1 Modelo de análise: sistema não isolado (energia)

1. **S** Para cada um dos sistemas e intervalos de tempo a seguir, escreva a versão expandida da Equação 7.2, de conservação de energia: (a) aquecer as resistências de sua torradeira durante os primeiros cinco segundos depois de ligá-la (b) seu automóvel imediatamente antes de você encher o tanque de combustível com gasolina e até que saia do posto em velocidade v (c) seu corpo enquanto você fica sentado quietinho e come um sanduíche de geleia com manteiga de amendoim no almoço (d) sua casa durante cinco minutos em uma tarde de sol enquanto a temperatura no seu interior permanece igual.

2. **S** Uma bola de massa m cai de uma altura h no chão. (a) Escreva a versão adequada da Equação 7.2 para o sistema da bola e da Terra e use-a para calcular a velocidade da bola um pouco antes de ela atingir a Terra. (b) Escreva a versão adequada da Equação 7.2 para o sistema da bola e use-a para calcular a velocidade da bola um pouco antes de ela atingir a Terra.

Seção 7.2 Modelo de análise: sistema isolado (energia)

3. **M** Revisão. Uma conta desliza sem atrito numa rampa contendo um giro (*looping*) (Fig. P7.3). A conta é liberada do repouso a uma altura $h = 3{,}50R$. (a) Qual é sua velocidade no ponto Ⓐ? (b) Que intensidade tem a força normal sobre a conta no ponto Ⓐ se sua massa é 5,00 g?

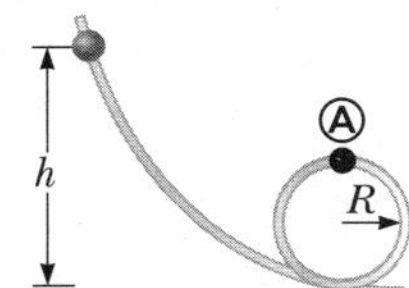

Figura P7.3

4. **W** Uma bola de 20,0 kg é disparada da boca de um canhão com velocidade de 1 000 m/s a um ângulo de 37,0° com a horizontal. Uma segunda bola é disparada a um ângulo de 90,0°. Use o modelo de sistema isolado para encontrar (a) a altura máxima alcançada por cada bola e (b) a energia mecânica total do sistema bola-Terra na altura máxima de cada bola. Estabeleça $y = 0$ no canhão.

5. **W** Um bloco com massa de 0,250 kg é colocado em cima de uma mola leve e vertical de constante elástica de

5 000 N/m e empurrada para baixo de modo que ela é comprimida por 0,100 m. Depois que o bloco é liberado do repouso, ele vai para cima e deixa a mola. Que altura máxima acima do ponto de liberação o bloco alcança?

6. **W** Um bloco de massa $m = 5{,}00$ kg é solto do ponto Ⓐ e desliza na pista sem atrito mostrada na Figura P7.6. Determine (a) a velocidade do bloco nos pontos Ⓑ e Ⓒ e (b) o trabalho resultante realizado pela força gravitacional sobre o bloco conforme ele se move do ponto Ⓐ para o ponto Ⓒ.

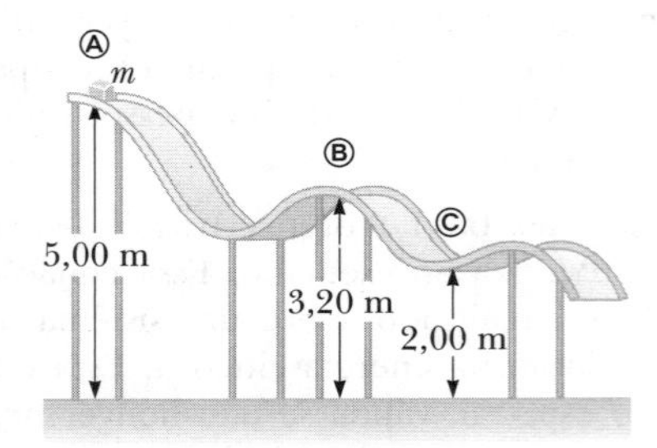

Figura P7.6

7. **M** Dois corpos são conectados por um barbante leve que passa sobre uma roldana leve e sem atrito, como mostrado na Figura P7.7. O corpo de massa $m_1 = 5{,}00$ kg é solto do repouso a uma altura $h = 4{,}00$ m acima da mesa. Usando o modelo de sistema isolado, (a) determine a velocidade do corpo de massa $m_2 = 3{,}00$ kg assim que o corpo de 5,00 kg atinge a mesa e (b) encontre a altura máxima acima da mesa que o corpo de 3,00 kg alcança.

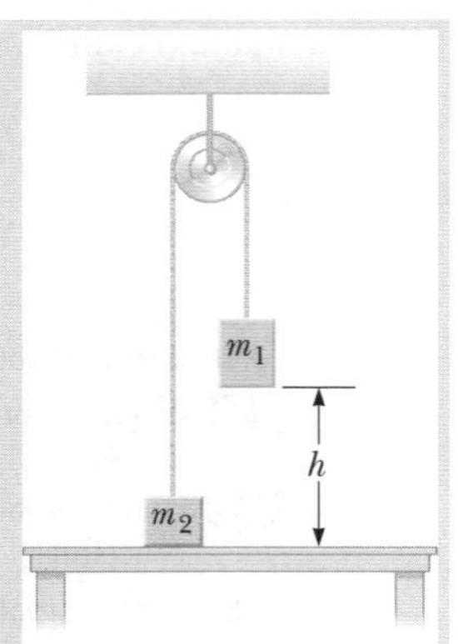

Figura P7.7
Problemas 7 e 8.

8. **S** Dois corpos são conectados por um barbante leve que passa sobre uma roldana leve e sem atrito, como mostrado na Figura P7.7. O corpo de massa m_1 é solto do repouso a uma altura h acima da mesa. Usando o modelo de sistema isolado, (a) determine a velocidade de m_2 assim que m_1 atinge a mesa e (b) encontre a altura máxima acima da mesa que m_2 atinge.

9. **S Revisão.** O sistema mostrado na Figura P7.9 consiste em uma corda leve, não extensível, roldanas leves e sem atrito e blocos de massa igual. Note que o bloco B está preso a uma das roldanas. O sistema é inicialmente mantido em repouso de modo que os blocos estão na mesma altura acima do solo. Os blocos então são soltos. Encontre a velocidade do bloco A no momento em que a separação vertical dos blocos é h.

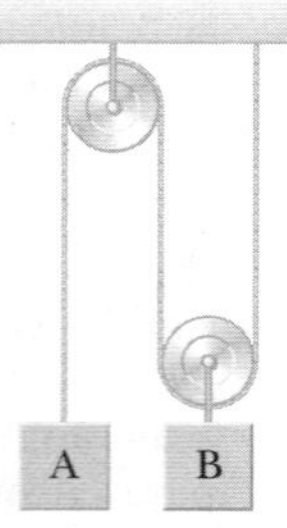

Figura P7.9

10. Às 11 horas do dia 7 de setembro de 2001, mais de um milhão de crianças britânicas pularam para cima e para baixo por um minuto para simular um terremoto. (a) Encontre a energia armazenada nos corpos das crianças que foi convertida em energia interna no solo e nos corpos delas e propagada no solo por ondas sísmicas durante a experiência. Suponha que cada uma das 1 050 000 crianças de massa média de 36,0 kg pulou 12 vezes, elevando seu centro de massa 25,0 cm cada vez e repousando rapidamente entre um pulo e o próximo. (b) Da energia que se propagou pelo solo, a maior parte produziu vibrações de "microtremores" de alta frequência que foram rapidamente amortecidas e não viajaram para longe. Suponha que 0,01% da energia total tenha sido carregada para longe por ondas sísmicas de longo alcance. A intensidade de um terremoto na escala Richter é dada por

$$M = \frac{\log E - 4{,}8}{1{,}5}$$

em que E é a energia da onda sísmica em joules. De acordo com esse modelo, qual foi a intensidade do terremoto demonstrativo?

11. Uma haste leve e rígida tem 77,0 cm de comprimento. A extremidade superior é colocada sobre um eixo horizontal sem atrito. A haste paira para baixo em repouso, com uma bola pequena e massiva presa a sua extremidade inferior. Você bate na bola, dando-lhe uma velocidade horizontal súbita que a faz girar um círculo completo. Que velocidade mínima é necessária na base para fazer a bola passar pelo topo do círculo?

Seção 7.4 Situações que envolvem atrito cinético

12. **M** Um engradado de massa de 10,0 kg é puxado por uma inclinação áspera com velocidade escalar inicial de 1,50 m/s. A força para puxar o engradado é 100 N paralelo com a inclinação, formando um ângulo de 20,0° com a horizontal. O coeficiente de atrito cinético é 0,400 e o engradado é puxado por 5,00 m. (a) Quanto trabalho é realizado pela força gravitacional no engradado? (b) Determine o aumento em energia interna do sistema engradado-inclinação por causa do atrito. (c) Quanto trabalho é realizado pela força de 100 N no engradado? (d) Qual é a variação na energia cinética do engradado? (e) Qual é a velocidade do engradado depois de ser puxado por 5,00 m?

13. Um trenó de massa m é chutado em um lago congelado. O chute lhe dá uma velocidade inicial de 2,00 m/s. O coeficiente de atrito cinético entre o trenó e o gelo é 0,100. Use considerações de energia para encontrar a distância pela qual o trenó se desloca antes de parar.

14. **S** Um trenó de massa m é chutado em um lago congelado. O chute ihe dá uma velocidade inicial v. O coeficiente de atrito cinético entre o trenó e o gelo é μ_k. Use considerações de energia para encontrar a distância pela qual o trenó se desloca antes de parar.

15. **W** Um bloco de massa $m = 2{,}00$ kg é preso a uma mola com constante elástica $k = 500$ N/m, como mostrado na Figura P7.15. O bloco é puxado para uma posição $x_i = 5{,}00$ cm para a direita do equilíbrio e solto do repouso. Encontre a velocidade que o bloco tem enquanto passa pelo equilíbrio se (a) a superfície

horizontal não tem atrito e (b) o coeficiente de atrito entre bloco e superfície é $\mu_k = 0{,}350$.

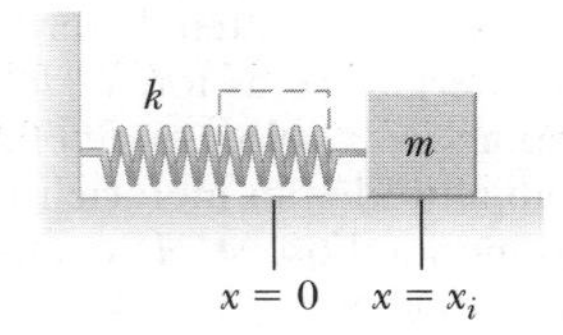

Figura P7.15

16. Uma caixa de 40,0 kg inicialmente em repouso é empurrada por 5,00 m ao longo de um piso áspero e horizontal, com força horizontal constante aplicada de 130 N. O coeficiente de atrito entre caixa e piso é 0,300. Encontre (a) o trabalho realizado pela força aplicada, (b) o aumento em energia interna no sistema caixa-piso como resultado do atrito, (c) o trabalho realizado pela força normal, (d) o trabalho realizado pela força gravitacional, (e) a variação na energia cinética da caixa e (f) a velocidade final da caixa.

17. Uma argola circular com raio de 0,500 m é colocada sobre o chão plano. Uma partícula de 0,400 kg desliza ao redor da borda interna da argola. É dada uma velocidade inicial de 8,00 m/s para a partícula. Depois de uma volta, a velocidade da partícula cai para 6,00 m/s por causa do atrito com o chão. (a) Encontre a energia transformada de mecânica para interna no sistema partícula-argola-chão como resultado do atrito em uma volta. (b) Qual é o número total de voltas que a partícula faz antes de parar? Suponha que a força de atrito permaneça constante durante todo o movimento.

Seção 7.5 Variações na energia mecânica por forças não conservativas

18. **Q|C** Um paraquedista de 80,0 kg salta de um balão a uma altitude de 1 000 m e abre seu paraquedas a uma altitude de 200 m. (a) Supondo que a força de resistência total no paraquedista seja constante em 50,0 N com o paraquedas fechado e constante em 3 600 N com ele aberto, encontre a velocidade do paraquedista quando pousa no chão. (b) Você acha que ele vai se machucar? Explique. (c) A que altura o paraquedas deveria ser aberto de modo que a velocidade final do paraquedista fosse de 5,00 m/s quando ele chega ao chão? (d) Quão realista é a suposição de que a força de resistência total é constante? Explique.

19. Um menino em uma cadeira de rodas (massa total 47,0 kg) tem velocidade 1,40 m/s na crista de um declive de 2,60 m de altura e 12,4 m de comprimento. Na base do declive, sua velocidade é 6,20 m/s. Suponha que a resistência do ar e a de rolagem possam ser modeladas como uma força de atrito constante de 41,0 N. Encontre o trabalho que o menino realizou empurrando sua cadeira para a frente durante sua trajetória para baixo.

20. **Q|C** Como mostrado na Figura P7.20, uma conta clara de massa 25 g desliza por um fio reto. O comprimento do fio do ponto Ⓐ ao ponto Ⓑ é 0,600 m, e o ponto Ⓐ é 0,200 m mais alto que o ponto Ⓑ. Uma força de atrito constante de módulo 0,025 0 N atua sobre a conta. (a) Se a conta é liberada do repouso no ponto Ⓐ, qual é a sua velocidade no ponto Ⓑ? (b) Uma conta escura de massa 25 g desliza ao longo de um fio curvo, sujeita a uma força de atrito com o mesmo módulo constante da conta clara. Se ambas as contas são soltas simultaneamente do repouso no ponto Ⓐ, qual delas chega ao ponto Ⓑ com maior velocidade? Explique.

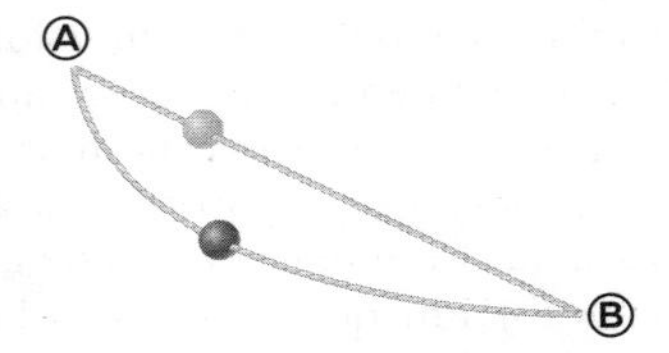

Figura P7.20

21. **M** Um bloco de 5,00 kg é colocado em movimento para cima em um plano inclinado com velocidade inicial de $v_i = 8{,}00$ m/s (Fig. P7.21). O bloco chega ao repouso depois de percorrer $d = 3{,}00$ m ao longo do plano, que é inclinado a um ângulo de $\theta = 30{,}0°$ com a horizontal. Para esse movimento, determine (a) a variação na energia cinética do bloco, (b) a variação na energia potencial do sistema bloco-Terra e (c) a força de atrito exercida sobre o bloco (presumida constante). (d) Qual é o coeficiente de atrito cinético?

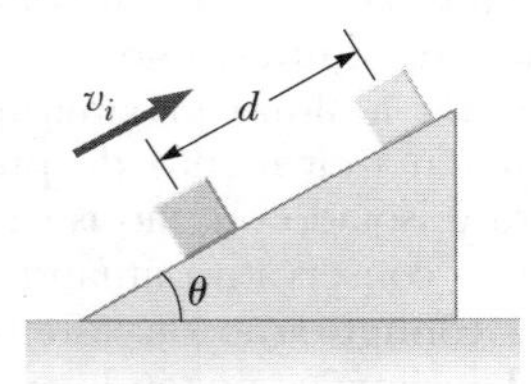

Figura P7.21

22. **W** O coeficiente de atrito entre o bloco de massa $m_1 = 3{,}00$ kg e a superfície na Figura P7.22 é $\mu_k = 0{,}400$. O sistema parte do repouso. Qual é a velocidade da bola de massa $m_2 = 5{,}00$ kg quando ela já caiu uma distância $h = 1{,}50$ m?

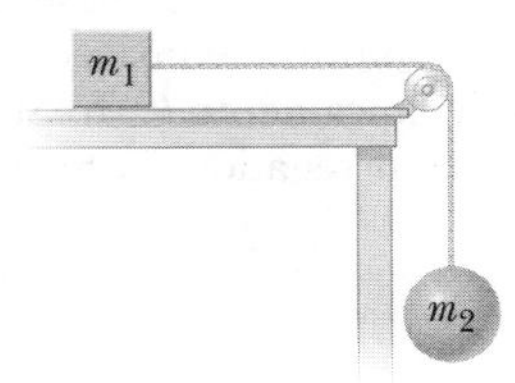

Figura P7.22

23. **M** Um bloco de 200 g é pressionado contra uma mola de constante elástica de 1,40 kN/m até comprimi-la 10,0 cm. A mola repousa na base de uma rampa inclinada a 60,0° com a horizontal. Usando considerações de energia, determine que distância o bloco se move para cima na inclinação a partir de sua posição inicial antes de parar (a) se a rampa não exerce força de atrito sobre o bloco e (b) se o coeficiente de atrito cinético é 0,400.

24. **Q|C** No momento t_i, a energia cinética de uma partícula é 30,0 J, e a energia potencial do sistema ao qual pertence é 10,0 J. Em algum momento mais tarde t_f, a energia cinética da partícula é 18,0 J. (a) Se somente forças conservativas atuam sobre a partícula, qual é a energia potencial e a energia total do sistema no momento t_f? (b) Se a energia potencial do sistema no momento t_f for 5,00 J, haverá alguma força não conservativa atuando sobre a partícula? (c) Explique sua resposta para a parte (b).

25. **W** Um canhão de brinquedo usa uma mola para projetar uma bola de borracha macia de 5,30 g. A mola é comprimida por 5,00 cm e tem força constante de 8,00 N/m originalmente. Quando o canhão é disparado, a bola se move 15,0 cm pelo cano horizontal do canhão, e esse exerce uma força de atrito constante de 0,0320 N sobre a bola. (a) Com que velocidade a bola sai do cano do canhão? (b) Em que ponto a bola tem velocidade máxima? (c) Qual é essa velocidade máxima?

26. Um corpo de 1,50 kg é mantido 1,20 m acima de uma mola vertical relaxada e sem massa, com uma força constante de 320 N/m. O corpo é jogado em cima da mola. (a) Quanto o corpo comprime a mola? (b) **E se?** Repita a parte (a), dessa vez supondo que uma força de resistência do ar constante de 0,700 N atue sobre o corpo durante seu movimento. (c) **E se?** Se a mesma experiência for realizada na Lua, quanto o corpo comprimirá a mola, onde $g = 1{,}63$ m/s^2 e a resistência do ar é desprezível?

27. **PD** **QIC** **S** Uma criança de massa m começa do repouso e desliza sem atrito de uma altura h ao longo de um escorregador ao lado de uma piscina (Fig. P7.27). Ela é lançada de uma altura $h/5$ no ar acima da piscina. Queremos encontrar a altura máxima que ela atinge acima da água em seu movimento de projétil. (a) O sistema criança-Terra é isolado ou não isolado? Por quê? (b) Há uma força não conservativa atuando dentro do sistema? (c) Defina a configuração do sistema quando a criança está no nível da água como tendo energia potencial gravitacional zero. Expresse a energia total do sistema quando a criança está no topo do escorregador. (d) Expresse a energia total do sistema quando a criança está no ponto de lançamento. (e) Expresse a energia total do sistema quando a criança está no ponto máximo de seu movimento de projétil. (f) Com base nas partes (c) e (d), determine sua velocidade inicial v_i no ponto de lançamento em termos de g e h. (g) Com base nas partes (d), (e) e (f), determine sua altura máxima no ar $y_{máx}$ em termos de h e o ângulo de lançamento θ. (h) Suas respostas seriam as mesmas se o escorregador tivesse atrito? Explique.

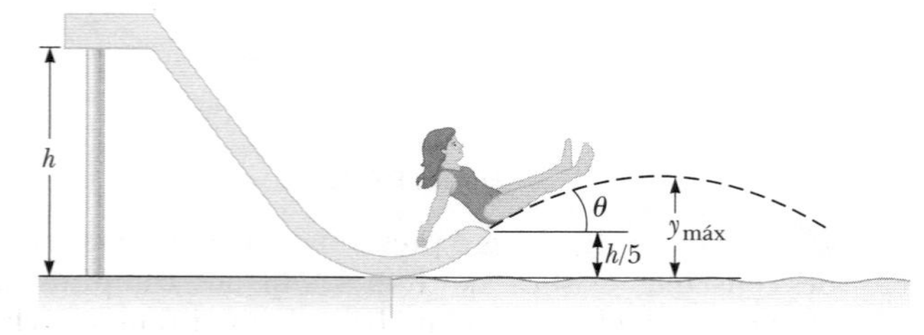

Figura P7.27

Seção 7.6 **Potência**

28. **S** Um carro de modelo antigo acelera de 0 a uma velocidade v em um intervalo de tempo de Δt. Um esportivo mais novo, com maior potência, acelera de 0 a $2v$ no mesmo período de tempo. Supondo que a energia vinda do motor apareça somente como energia cinética dos carros, compare a potência deles.

29. **W** Um soldado de 820 N, em treinamento básico, sobe uma corda vertical de 12,0 m com velocidade constante em 8,00 s. Qual é sua potência?

30. Uma motocicleta elétrica tem bateria com capacidade de 120 Wh de energia. Se as forças de atrito e outras perdas são responsáveis pelo uso de 60,0% da energia, que mudança em altitude um motociclista pode alcançar em um terreno montanhoso se ele e a motocicleta têm peso combinado de 890 N?

31. **BIO** Para economizar energia, andar de bicicleta e caminhar são meios de transporte muito mais eficientes que viajar de automóvel. Por exemplo, ao andar de bicicleta a 10,0 mi/h, um ciclista usa a energia do alimento a uma taxa de cerca de 400 kcal/h além do que usaria se simplesmente ficasse parado. (Na fisiologia do exercício, a potência é muitas vezes medida em kcal/h, e não em watts. Aqui, 1 kcal = 1 caloria nutricionista = 4 186 J.) Andar a 3,00 mi/h requer cerca de 220 kcal/h. É interessante comparar esses valores com o consumo de energia necessário para viagens de carro. A gasolina rende cerca de $1{,}30 \times 10^8$ J/gal. Encontre a economia de combustível em milhas por galão equivalentes para uma pessoa (a) caminhando e (b) andando de bicicleta.

32. **BIO** A energia é normalmente medida em calorias e em joules. Em nutrição, uma caloria é uma quilocaloria, definida como 1 kcal = 4 186 J. Metabolizar 1 g de gordura pode liberar 9,00 kcal. Um estudante decide tentar perder peso fazendo exercícios. Ele planeja subir e descer os degraus em um estádio de futebol o mais rápido possível e quantas vezes forem necessárias. Para avaliar o programa, suponha que ele suba um lance de 80 degraus, cada um com 0,150 m de altura, em 65,0 s. Para simplificar, ignore a energia que ele usa para descer (que é pequena). Suponha que a eficiência típica para músculos humanos seja 20,0%. Essa afirmativa significa que, quando seu corpo converte 100 J para metabolizar gordura, 20 J são utilizados para a realização de trabalho mecânico (aqui, subir degraus). O resto vai para energia interna extra. Suponha que a massa do estudante seja de 75,0 kg. (a) Quantas vezes ele tem de subir as escadas para perder 1,00 kg de gordura? (b) Qual é a potência média produzida, em watts e em cavalo-vapor, enquanto ele sobe as escadas? (c) Trata-se de uma atividade prática para perder peso?

33. Uma lâmpada econômica com 28,0 W de potência pode produzir o mesmo nível de brilho que uma convencional operando a uma potência de 100 W. A duração da lâmpada econômica é de 10 000 h e seu custo é $ 4,50, enquanto a convencional dura 750 h e custa $ 0,42. Determine a economia total feita usando uma lâmpada econômica em vez das convencionais durante o intervalo de tempo de vida útil da econômica. Suponha que o custo da energia seja $ 0,200 por quilowatt-hora.

34. Uma nuvem de vapor a uma altitude de 1,75 km contém $3{,}20 \times 10^7$ kg de vapor de água. Quanto tempo uma bomba de 2,70 kW levaria para bombear a mesma quantidade de água da superfície da Terra até a posição da nuvem?

35. Quando um automóvel se move com velocidade constante por uma rodovia, quase toda a potência desenvolvida pelo motor é usada para compensar as transformações de

energia por causa das forças de atrito exercidas sobre o carro pelo ar e pela estrada. Se a potência desenvolvida pelo motor é 175 hp, estime a força de atrito total que atuam sobre o carro quando ele se move a uma velocidade de 29 m/s. Um cavalo-vapor é igual a 746 W.

36. Q|C O motor elétrico de um trem de brinquedo acelera o trem do repouso para 0,620 m/s em 21,0 m/s. A massa total do trem é 875 g. (a) Encontre a potência mínima que os trilhos de metal dão ao trem por transmissão elétrica durante a aceleração. (b) Por que essa é a potência mínima?

37. Um piano de 3,50 kN é levantado com velocidade constante por três trabalhadores, até um apartamento 25,0 m acima da rua, usando um sistema de roldanas preso ao telhado do edifício. Cada trabalhador consegue suprir 165 W de potência, e o sistema de roldanas tem eficiência de 75,0% (de modo que 25,0% da energia mecânica é transformada em outras formas em função do atrito na polia). Desprezando a massa das roldanas, encontre o tempo necessário para levantar o piano da rua até o apartamento.

38. O esgoto de uma estação de bombeamento é elevado verticalmente 5,49 m a uma taxa de 1 890 000 litros por dia. O esgoto, de densidade 1 050 kg/m^3, entra na bomba e sai dela com pressão atmosférica, através de tubos de mesmo diâmetro. (a) Encontre a potência mecânica de saída da estação de bombeamento. (b) Suponha que um motor elétrico operando continuamente com potência média 5,90 kW opere a bomba. Encontre sua eficiência.

39. Faça uma estimativa da ordem de grandeza da potência que um motor fornece ao acelerar um carro até a velocidade típica das rodovias. Em sua solução, mencione as quantidades físicas que mede e os valores que mede ou estima para essas quantidades. A massa do veículo é informada no manual do proprietário.

40. Um elevador de 650 kg começa do repouso. Ele se move para cima por 3,00 s com aceleração constante, até atingir sua velocidade de cruzeiro de 1,75 m/s. (a) Qual é a potência média do motor do elevador durante esse intervalo de tempo? (b) Como essa potência se compara com a do motor quando o elevador se move com sua velocidade de cruzeiro?

41. Um vagão de minérios cheio tem massa de 950 kg e rola por trilhos com atrito desprezível. Ele começa do repouso e é puxado para o poço de uma mina por um cabo conectado a uma manivela. O poço tem inclinação de 30,0° acima da horizontal. O vagão acelera uniformemente até uma velocidade de 2,20 m/s em 12,0 s e, em seguida, continua com velocidade constante. (a) Que potência o motor da manivela deve ter quando o vagão se move com velocidade constante? (b) Que potência máxima o motor da manivela deve suprir? (c) Que energia total foi transferida para fora do motor pelo trabalho até o momento em que o vagão chega ao fim dos trilhos, que tem comprimento de 1 250 m?

Seção 7.7 Conteúdo em contexto: classificação de potência de automóveis

42. Faça uma estimativa da ordem de grandeza da potência de saída com que um motor de carro contribui para aumentar a velocidade do carro. Para concretude, considere o seu próprio carro, se você usar um, e faça o cálculo tão preciso quanto você desejar. Em sua solução, mencione as quantidades físicas que você mede e os valores que mede ou estima para essas quantidades. A massa do veículo é fornecida no manual do usuário. Se não quiser fazer a estimativa para um carro, considere um ônibus ou um caminhão que você especifique.

43. Certo motor de automóvel fornece $2{,}24 \times 10^4$ W (30,0 hp) para as rodas quando se desloca a uma velocidade constante de 27,0 m/s ($\approx$ 60 mi/h). Qual é a força de resistência que atua sobre o automóvel nessa velocidade?

Problemas adicionais

44. Q|C **Revisão.** Como mostrado na Figura P7.44, um barbante leve que não estica muda da horizontal para a vertical enquanto passa pela beirada de uma mesa. O barbante conecta m_1, um bloco de 3,50 kg originalmente em repouso na mesa horizontal a uma altura h = 1,20 m acima do chão, a m_2, um bloco pendurado de 1,90 kg originalmente a uma distância d = 0,900 m acima do chão. Nem a superfície da mesa nem a beirada exercem qualquer força de atrito cinética. Os blocos começam a se mover do repouso. O bloco deslizante m_1 é projetado horizontalmente depois de chegar à beirada da mesa. O bloco pendurado m_2 para sem ricocheteio quando atinge o chão. Considere os dois blocos mais a Terra como o sistema. (a) Encontre a velocidade na qual m_1 deixa a beirada da mesa. (b) Encontre a velocidade de impacto de m_1 no chão. (c) Qual é o menor comprimento do barbante para que não fique esticado enquanto m_1 está em voo? (d) A energia do sistema, quando é liberado do repouso, é igual àquela imediatamente antes de m_1 atingir o chão? (e) Por que sim ou por que não?

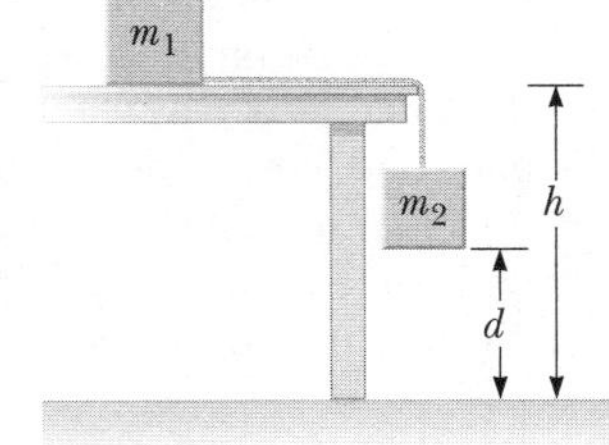

Figura P7.44

45. Um pequeno bloco de massa m = 200 g é liberado do repouso no ponto Ⓐ ao longo do diâmetro horizontal na parte de dentro de uma bacia esférica sem atrito de raio r = 30,0 cm (Fig. P7.45). Calcule (a) a energia potencial gravitacional do sistema bloco-Terra quando o bloco está no ponto Ⓐ relativo ao ponto Ⓑ, (b) a energia cinética do bloco no ponto Ⓑ, (c) sua velocidade no ponto Ⓑ e (d) sua energia cinética e potencial quando o bloco está no ponto Ⓒ.

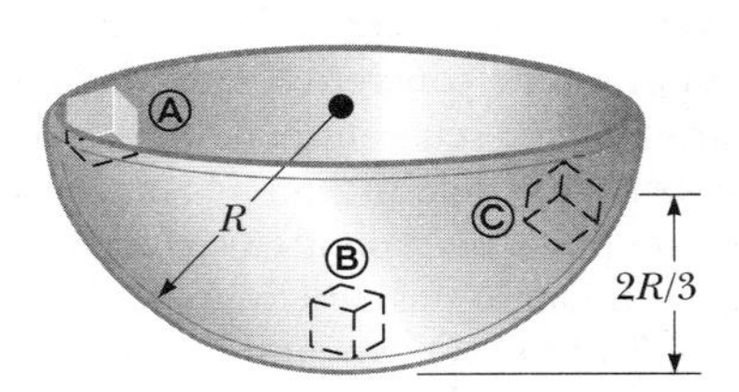

Figura P7.45 Problemas 45 e 46.

46. Q|C E se? O bloco de massa m = 200 g descrito no Problema 45 (Fig. P7.45) é liberado do repouso no ponto Ⓐ, e a superfície da bacia é áspera. A velocidade do bloco no ponto Ⓑ é 1,50 m/s. (a) Qual é a energia cinética no ponto Ⓑ? (b) Quanta energia mecânica é transformada em energia interna enquanto o bloco se move do ponto Ⓐ para o ponto Ⓑ? (c) É possível determinar o coeficiente de atrito com base nesses resultados de um modo mais simples? (d) Explique sua resposta para a parte (c).

47. Jonathan pedala uma bicicleta e chega a um morro de 7,30 m de altura. Na base do morro, ele está a 6,00 m/s. Quando chega ao topo do morro, ele está viajando a 1,00 m/s. Juntos, Jonathan e sua bicicleta têm massa de 85,0 kg. Ignore o atrito no mecanismo da bicicleta e entre seus pneus e a estrada. (a) Qual é o trabalho externo total realizado sobre o sistema formado por Jonathan e a bicicleta entre o tempo em que começa a subir o morro e quando ele chega ao topo? (b) Qual é a variação em energia potencial armazenada no corpo de Jonathan durante esse processo? (c) Quanto trabalho Jonathan realiza sobre os pedais da bicicleta dentro do sistema Jonathan-bicicleta-Terra durante esse processo?

48. **S** Jonathan pedala uma bicicleta e chega a um morro de altura h. Na base do morro, ele está a uma velocidade v_i. Quando chega ao topo do morro, ele está viajando a uma velocidade v_f. Juntos, Jonathan e sua bicicleta têm massa m. Ignore o atrito no mecanismo da bicicleta e entre seus pneus e a estrada. (a) Qual é o trabalho externo total realizado sobre o sistema formado por Jonathan e a bicicleta entre o tempo em que começa a subir o morro e quando ele chega ao topo? (b) Qual é a variação em energia potencial armazenada no corpo de Jonathan durante esse processo? (c) Quanto trabalho Jonathan realiza sobre os pedais da bicicleta dentro do sistema Jonathan-bicicleta-Terra durante esse processo?

49. Um skatista e seu skate podem ser modelados como uma partícula de massa 76,0 kg, localizado no seu centro de massa (que estudaremos no Capítulo 8). Conforme mostrado na Figura P7.49, o skatista parte do repouso agachado em uma *half-pipe* (ponto Ⓐ). A *half-pipe* é metade de um cilindro de raio 6,80 m com seu eixo horizontal. Durante a descida, o skatista se move sem atrito, de modo que seu centro de massa se move por um quarto de um círculo de raio 6,30 m. (a) Encontre a velocidade na base da *half-pipe* (ponto Ⓑ). (b) Imediatamente depois de passar pelo ponto Ⓑ, ele fica em pé e ergue os braços, levantando seu centro de massa de 0,500 m para 0,950 m acima do concreto (ponto Ⓒ). Em seguida, desliza para cima, e seu centro de massa se move em um quarto de círculo de raio 5,85 m. Seu corpo está horizontal quando passa pelo ponto Ⓓ, o lado mais distante da *half-pipe*. Enquanto passa pelo ponto Ⓓ, a velocidade do skatista é 5,14 m/s. Que quantidade de energia potencial química do corpo do skatista foi convertida em energia mecânica no sistema skatista-Terra, quando ele se levantou no ponto Ⓑ? (c) A que altura acima do ponto Ⓓ ele sobe? *Cuidado*: Não tente fazer isso sem o conhecimento necessário e sem equipamentos de proteção.

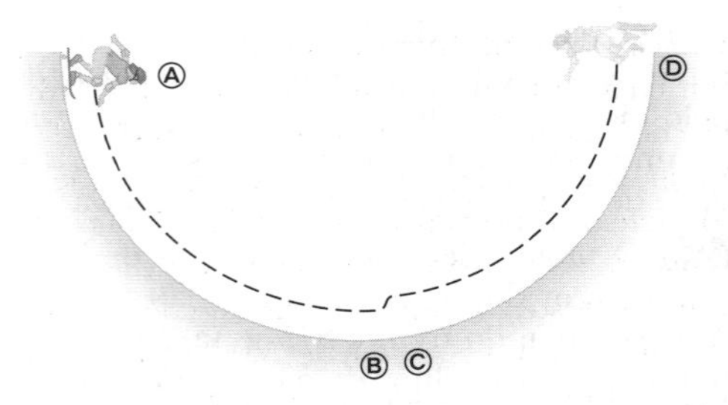

Figura P7.49

50. **S** **Revisão.** Um menino começa do repouso e desliza por um escorregador sem atrito como na Figura P7.50. A base da pista está numa altura h acima do solo. O menino sai da pista horizontalmente, atingindo o solo a uma distância d como mostrado. Usando métodos de energia, determine a altura inicial H do menino acima do solo em termos de h e d.

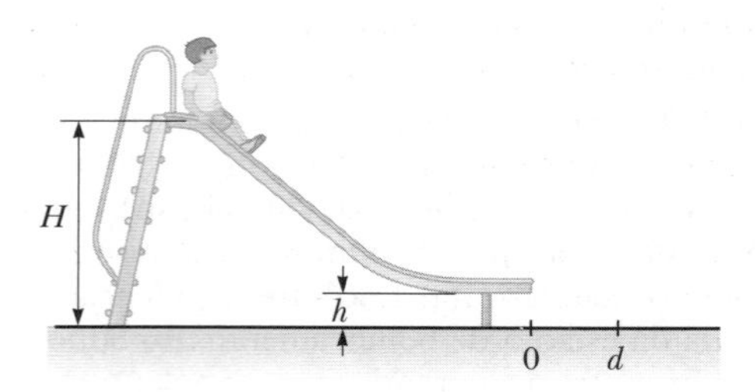

Figura P7.50

51. **M** Uma partícula de 4,00 kg se move ao longo do eixo x. Sua posição varia no tempo, de acordo com $x = t + 2{,}0t^3$, em que x está em metros e t em segundos. Encontre (a) a energia cinética da partícula em qualquer instante t, (b) a aceleração da partícula e a força que atuam sobre ela no instante t, (c) a potência sendo fornecida à partícula no instante t e (d) o trabalho realizado sobre a partícula no intervalo $t = 0$ a $t = 2{,}00$ s.

52. **Revisão.** *Por que a seguinte situação é impossível?* Diz-se que uma montanha-russa nova, de alta velocidade, é tão segura que os passageiros não precisam usar cintos de segurança ou qualquer outro aparelho de restrição. A montanha-russa é projetada com uma seção circular vertical em cuja parte interior os passageiros ficam de cabeça para baixo por um curto intervalo de tempo. O raio dessa seção é 12,0 m, e o carrinho entra na sua parte de baixo com velocidade de 22,0 m/s. Suponha que o carrinho se movimente sem atrito nos trilhos e modele-o como uma partícula.

53. *Por que a seguinte situação é impossível?* Uma lançadora de *softball* tem uma técnica estranha: ela começa com a mão em repouso no ponto mais alto que consegue atingir e depois gira o braço para trás rapidamente de modo que a bola se move por uma trajetória de meio círculo. Ela solta a bola quando a mão chega na parte mais baixa da trajetória. A lançadora mantém uma componente de força sobre a bola de 0,180 kg de módulo constante 12,0 N na direção do movimento ao redor da trajetória completa. Conforme a bola chega na parte mais baixa da trajetória, ela sai da mão da lançadora com velocidade de 25,0 m/s.

54. Uma pessoa intrépida planeja fazer um *bungee jump* de um balão a 65,0 m acima do solo. Ela usará uma corda elástica amarrada a um engate ao redor do corpo para parar sua queda a um ponto 10,0 m acima do solo. Modele o corpo dela como uma partícula e a corda como tendo massa desprezível e obedecendo à Lei de Hooke. Em um teste preliminar, ela descobre que, quando se pendura de uma corda de 5,00 m de comprimento a partir do repouso, seu peso corporal estica a corda por mais 1,50 m. Ela cairá a partir do repouso no ponto onde o topo de uma seção mais longa da corda está presa a um balão estacionário. (a) Que comprimento de corda ela deveria usar? (b) Que aceleração máxima ela vai experimentar?

55. **Q|C** Uma mola horizontal presa a uma parede tem constante de força $k = 850$ N/m. Um bloco de massa $m = 1{,}00$ kg é preso na mola e repousa sobre uma superfície horizontal sem atrito, como mostrado na Figura P7.55. (a) O bloco é puxado até uma posição $x_i = 6{,}00$ cm do equilíbrio e liberado. Encontre a energia potencial elástica armazenada na mola quando o bloco está a 6,00 cm do equilíbrio e quando ele passa pelo equilíbrio. (b) Encontre a velocidade do bloco quando ele passa pelo ponto de equilíbrio. (c) Qual é a velocidade do bloco quando está a uma posição $x_i/2 = 3{,}00$ cm? (d) Por que a resposta à parte (c) não é a metade da resposta à parte (b)?

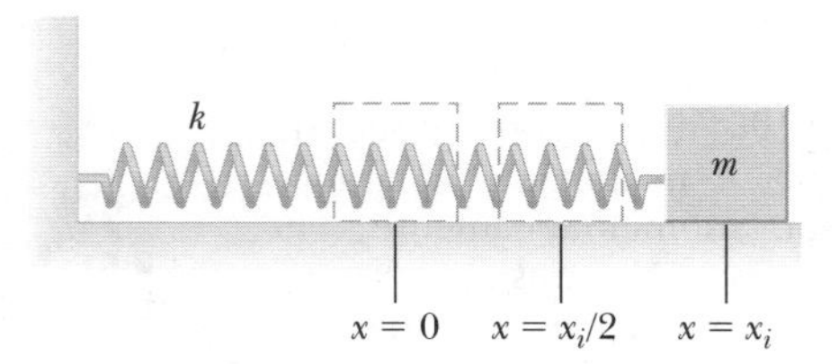

Figura P7.55

56. **Q|C** Conforme um motorista pisa no acelerador, um carro de massa 1 160 kg acelera do repouso. Durante os primeiros segundos do movimento, a aceleração do carro aumenta com o tempo de acordo com a expressão

$$a = 1{,}16t - 0{,}210t^2 + 0{,}240t^3$$

em que t está em segundos e a em m/s². (a) Qual é a variação na energia cinética do carro durante o intervalo de $t = 0$ para $t = 2{,}50$ s? (b) Qual é a potência média mínima de saída do motor durante esse intervalo de tempo? (c) Por que o valor na parte (b) é descrito como o *mínimo*?

57. **S** **Revisão.** Uma tábua uniforme de comprimento L está deslizando ao longo de um plano horizontal suave e sem atrito, como mostrado na Figura P7.57a. A tábua então desliza através do limite com uma superfície horizontal áspera. O coeficiente de atrito cinético entre a tábua e a segunda superfície é μ_k. (a) Encontre a aceleração da tábua no momento em que sua parte dianteira tenha viajado uma distância x além da divisa. (b) A tábua para no instante em que sua traseira atinge a divisa, como mostrado na Figura P7.57b. Encontre a velocidade inicial v da tábua.

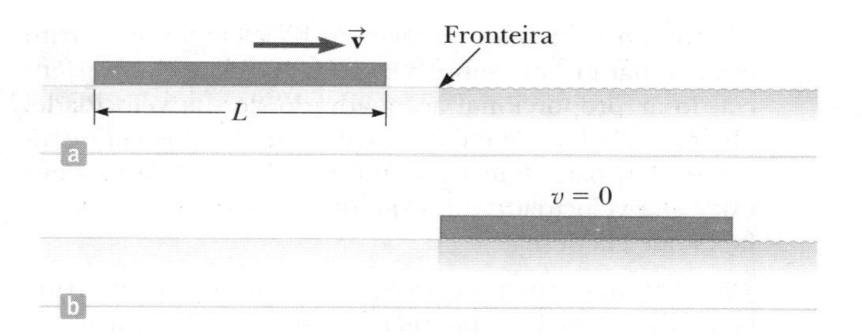

Figura P7.57

58. **Q|C** **S** Uma máquina empurra uma quantidade crescente de neve na sua frente à medida que percorre um estacionamento. Suponha que um carro que se move pelo ar seja modelado como um cilindro de área A, empurrando um disco de ar que fica maior à sua frente. O ar, originalmente estacionário, é colocado em movimento com uma velocidade constante v do cilindro, como mostrado na Figura P7.58. Em um intervalo de tempo Δt, um novo disco de ar de massa Δm deve ser movido por uma distância $v\ \Delta t$ e, portanto, lhe é dada uma energia cinética $\frac{1}{2}(\Delta m)v^2$. Usando esse modelo, mostre que a perda de potência do carro por causa da resistência do ar é $\frac{1}{2}\rho A v^3$ e que a força resistiva que atua sobre o carro é $\frac{1}{2}\rho A v^2$, em que ρ é a densidade do ar. Compare esse resultado com a expressão empírica $\frac{1}{2}D\rho A v^2$ para a força resistiva.

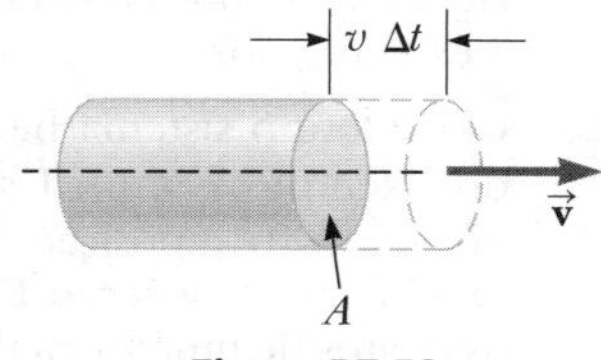

Figura P7.58

59. **BIO** Faça uma estimativa de ordem de grandeza da potência desenvolvida quando você sobe uma escada. Em sua solução, indique as quantidades físicas que mede e os valores que mede ou estima para essas quantidades. Você considera seu pico de potência ou a potência média?

60. Considere a arma de brinquedo do Exemplo 7.3. Suponha que a massa do projétil, distância de compressão e constante da mola permaneçam as mesmas dadas ou calculadas no exemplo. No entanto, suponha, ainda, que haja uma força de atrito de módulo 2,00 N atuando sobre o projétil enquanto passa pelo interior do cano. O comprimento vertical do ponto Ⓐ para o final do cano é de 0,600 m. (a) Depois que a mola é comprimida e a arma de brinquedo disparada, que altura o projétil sobe acima do ponto Ⓑ? (b) Desenhe quatro gráficos de barra de energia para essa situação, análogos àqueles mostrados nas Figuras 7.6c-f.

61. **Revisão.** A massa de um carro é 1 500 kg. O formato da carroceria é tal que o coeficiente de arrasto aerodinâmico é $D = 0{,}330$ e a área frontal é 2,50 m². Supondo que a força de arrasto seja proporcional a v^2 e ignorando outras fontes de atrito, calcule a potência necessária para manter a velocidade de 100 km/h enquanto o carro sobe um longo morro com inclinação de 3,20°.

62. **BIO** Pedalando uma bicicleta num exercício aeróbico, uma mulher quer que sua frequência cardíaca fique entre 136 e 166 batimentos por minuto. Suponha que essa frequência seja diretamente proporcional à sua potência mecânica dentro do intervalo relevante. Despreze todas

as forças no sistema mulher-mais-bicicleta, exceto atrito estático para frente sobre a roda da bicicleta e a resistência do ar proporcional ao quadrado de sua velocidade. Quando a velocidade é 22,0 km/h, sua frequência cardíaca é 90,0 batimentos por minuto. Em que faixa deve estar sua velocidade para que essa frequência esteja na faixa que ela deseja?

63. **BIO** Durante uma corrida, uma pessoa transforma cerca de 0,600 J de energia química em mecânica por passo por quilograma de massa corporal. Se um corredor de 60,0 kg transforma energia a uma taxa de 70,0 W durante uma corrida, qual é sua velocidade? Suponha que um passo de corrida tenha 1,50 m de comprimento.

64. **Revisão.** Em um trote, alguém equilibra uma abóbora no ponto mais alto de um silo de grãos. O silo é coberto com uma tampa hemisférica que não tem atrito quando está molhada. A linha do centro de curvatura da tampa até a abóbora forma um ângulo $\theta_i = 0°$ com a vertical. Enquanto a pessoa está em pé ali, no meio de uma noite chuvosa, um sopro de vento faz a abóbora começar a deslizar para baixo a partir do repouso. Ela perde contato com a tampa quando a linha do centro do hemisfério até a abóbora forma um ângulo com a vertical. Qual é esse ângulo?

65. Considere o sistema bloco-mola-superfície na parte (B) do Exemplo 7.5. (a) Usando uma abordagem de energia, encontre a posição x na qual a velocidade do bloco é máxima. (b) Na seção **E se?** desse exemplo, exploramos os efeitos de uma força de atrito de 10,0 N. Em que posição do bloco a velocidade máxima ocorre nessa situação?

66. **Q|C** **E se?** Considere a montanha-russa descrita no Problema 56. Por causa de algum atrito entre o carrinho e a pista, o carrinho entra na seção circular com velocidade de 15,0 m/s em vez dos 22,0 m/s do Problema 52. Essa situação é mais ou menos perigosa para os passageiros que aquela do Problema 52? Suponha que a seção circular ainda não tenha atrito.

67. Uma turbina de vento em um parque eólico gira em resposta a uma força de resistência do ar de alta velocidade, $R = \frac{1}{2}D\rho A v^2$. A potência disponível é $P = Rv = \frac{1}{2}D\rho\pi r^2 v^3$, em que v é a velocidade do vento e supomos uma face circular para a turbina de vento de raio r. Considere o coeficiente de arrasto como $D = 1{,}00$ e a densidade do ar da borda de ataque. Para uma turbina de vento de $r = 1{,}50$ m, calcule a potência disponível com (a) $v = 8{,}00$ m/s e (b) $v = 24{,}0$ m/s. A potência fornecida ao gerador é limitada pela eficiência do sistema, de aproximadamente 25%. Para fins comparativos, uma casa norte-americana grande usa aproximadamente 2 kW de potência elétrica.

68. **W** Um corpo de 1,00 kg desliza para a direita em uma superfície com coeficiente de atrito cinético 0,250 (Fig. P7.68a). O corpo tem velocidade de $v_i = 3{,}00$ m/s quando faz contato com uma mola leve (Fig. P7.68b), que tem uma constante de força de 50,0 N/m. O corpo chega ao repouso depois de a mola ser comprimida por uma distância d (Fig. P7.68c). O corpo então é forçado para a esquerda pela mola (Fig. P7.68d) e continua a se mover nessa direção além da posição esticada da mola. Finalmente, o corpo chega ao repouso a uma distância D para a esquerda da mola esticada (Fig. P7.68e). Encontre (a) a distância de compressão d, (b) a velocidade v na posição esticada quando o corpo está se movendo para a esquerda (Fig. P7.68d) e (c) a distância D quando o corpo chega ao repouso.

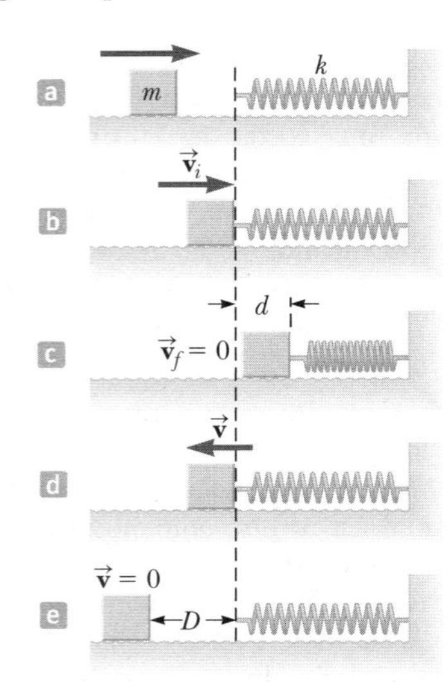

Figura P7.68

69. O pula-pula de uma criança (Fig. P7.69) armazena energia em uma mola com uma constante elástica de $2{,}50 \times 10^4$ N/m. Na posição Ⓐ ($x_Ⓐ = -0{,}100$ m), a compressão da mola é máxima, e a criança está momentaneamente em repouso. Na posição Ⓑ ($x_Ⓑ = 0$), a mola é relaxada, e a criança se move para cima. Na posição Ⓒ, a criança está de novo momentaneamente em repouso no topo do salto. A massa combinada da criança e do pula-pula é 25,0 kg. Embora ela tenha de se debruçar para a frente para permanecer equilibrado, o ângulo é pequeno, então vamos supor que o pula-pula seja vertical. Também suponha que o menino não dobre as pernas durante o movimento. (a) Calcule a energia total do sistema criança-pula-pula-Terra, considerando as energias gravitacional e potencial elástica como zero para $x = 0$. (b) Determine $x_Ⓒ$. (c) Calcule a velocidade da criança em $x = 0$. (d) Determine o valor de x para o qual a energia cinética do sistema seja máxima. (e) Calcule a velocidade máxima para cima da criança.

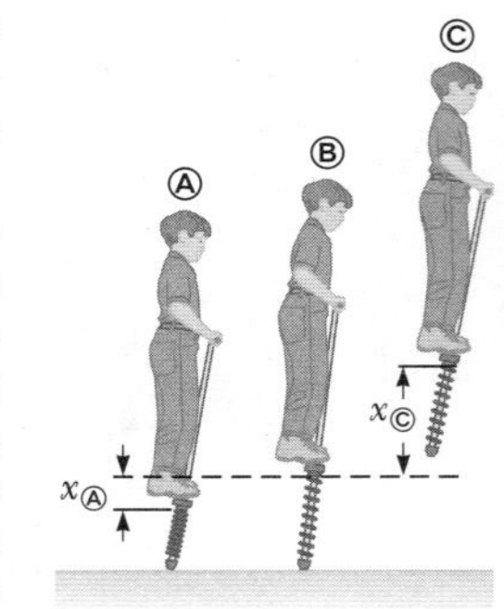

Figura P7.69

70. Considere a colisão bloco-mola discutida no Exemplo 7.7. (a) Para a situação na parte (B), em que a superfície exerce uma força de atrito sobre o bloco, mostre que esse nunca volta a $x = 0$. (b) Qual é o valor máximo do coeficiente de atrito que permitiria que ele voltasse para $x = 0$?

71. **M** Um bloco de 10,0 kg é liberado do repouso no ponto Ⓐ da Figura P7.71. A pista não tem atrito, com exceção da porção entre os pontos Ⓑ e Ⓒ, que tem comprimento de 6,00 m. O bloco vai pista abaixo, bate numa mola de constante de força 2 250 N/m e a comprime 0,300 m de sua posição de equilíbrio antes de chegar

momentaneamente ao repouso. Determine o coeficiente de atrito cinético entre o bloco e a superfície áspera entre os pontos Ⓑ e Ⓒ.

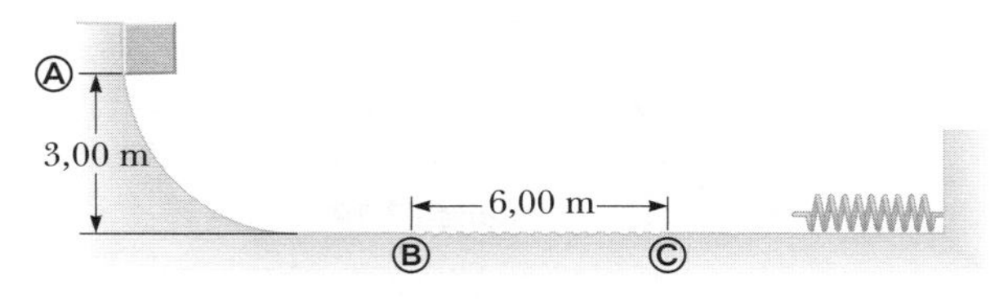

Figura P7.71

72. **S** Um bloco de massa M está em repouso sobre uma mesa. Ele é preso na ponta de baixo de uma mola leve e vertical. A ponta de cima da mola está presa a um bloco de massa m. O bloco de cima é empurrado para baixo por uma força adicional $3mg$, então a compressão da mola é $4mg/k$. Nessa configuração, o bloco de cima é liberado do repouso. A mola levanta o bloco de baixo da mesa. Em termos de m, qual é o maior valor possível para M?

73. **M** Um bloco de massa $m_1 = 20{,}0$ kg é conectado a outro bloco de massa $m_2 = 30{,}0$ kg por um barbante sem massa que passa sobre uma roldana leve, sem atrito. O bloco de 30,0 kg é conectado a uma mola que tem massa desprezível e uma constante de força $k = 250$ N/m, como mostrado na Figura P7.73. A mola é esticada quando o sistema está como mostrado na figura, e o declive não tem atrito. O bloco de 20,0 kg é puxado por uma distância $h = 20{,}0$ cm para baixo no declive de ângulo $\theta = 40{,}0°$ (de modo que o bloco de 30,0 kg está 40,0 cm acima do piso) e liberado do repouso. Encontre a velocidade de cada bloco quando o de 30,0 kg está 20,0 cm acima do piso (isto é, quando a mola não está esticada).

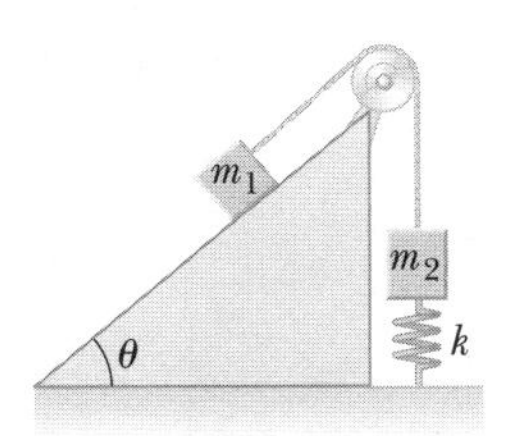

Figura P7.73

74. **Revisão.** *Por que a seguinte situação é impossível?* Uma atleta testa a força das mãos quando um assistente pendura pesos no seu cinto enquanto ela se pendura pelas mãos em uma barra horizontal. Quando os pesos chegam a 80% do seu peso corporal, as mãos não aguentam mais seu peso e ela cai no chão. Frustrada por não atingir seu objetivo no teste de força das mãos, ela decide se balançar em um trapézio. O trapézio consiste em uma barra suspensa por duas cordas paralelas, cada uma de comprimento ℓ, permitindo que artistas se balancem em um arco vertical circular (Fig. P7.74). A atleta segura a barra e sobe em uma plataforma elevada, começando do repouso com as cordas a um ângulo $\theta_i = 60{,}0°$ em relação à vertical. Enquanto ela balança várias vezes para frente e para trás em um arco circular, esquece-se da sua frustração. Suponha que o tamanho do corpo da artista seja pequeno se comparado ao comprimento l e que a resistência do ar seja desprezível.

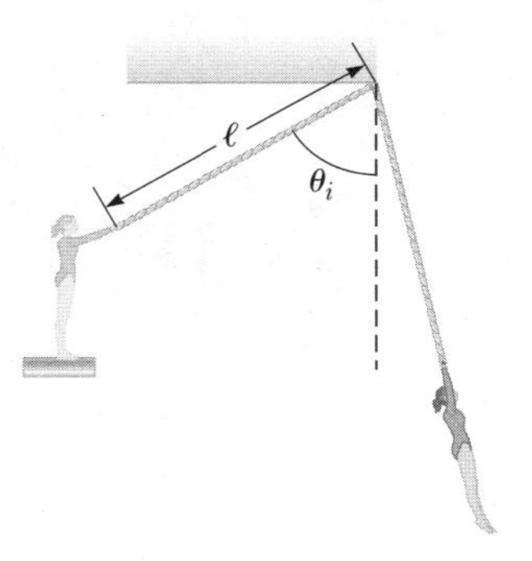

Figura P7.74

75. **BIO** Em uma biópsia, uma estreita faixa de tecido é extraída de um paciente por meio de uma agulha oca. Em vez de ser empurrada com a mão, para assegurar um corte limpo, a agulha pode ser disparada para dentro do corpo do paciente por uma mola. Suponha que a agulha tenha massa de 5,60 g, a mola leve tem constante elástica de 375 N/m, e é originalmente compactada 8,10 cm para projetar a agulha horizontalmente sem atrito. Após a agulha deixar a mola, sua ponta move-se através de 2,40 cm de pele e tecidos moles, que exercem sobre ela uma força de resistência de 7,60 N. Em seguida, a agulha corta 3,50 cm dentro de um órgão, que exerce sobre ela uma força para trás de 9,20 N. Encontre (a) a velocidade máxima da agulha e (b) a velocidade com a qual um flange na extremidade posterior da agulha encaixa-se para limitar a penetração a 5,90 cm.

76. **S** Uma bola gira ao redor de um círculo vertical na ponta de um barbante. A outra ponta do barbante é fixada no centro do círculo. Supondo que a energia total do sistema bola-Terra permaneça constante, mostre que a tensão na base do barbante é maior que aquela no seu topo numa proporção de seis vezes o peso da bola.

77. **Revisão.** Em 1887, em Bridgeport, Connecticut, C. J. Belknap construiu um tobogã aquático mostrado na Figura P7.77. Um passageiro em um pequeno trenó, de massa total de 80,0 kg, empurrou-se para começar no topo do escorregador (ponto Ⓐ) com velocidade de 2,50 m/s. A rampa tinha 9,76 m de altura e 54,3 m de comprimento. Ao longo do seu comprimento, 725 pequenas rodas tornaram o atrito desprezível. Ao deixar a rampa horizontalmente de sua base (ponto Ⓒ), o passageiro deslizou pela água de Long Island Sound por até 50 m, "deslizando como uma pedra chata" antes de finalmente chegar ao repouso e nadar para a margem, puxando seu trenó com ele. (a) Encontre a velocidade do trenó e do passageiro no ponto Ⓒ. (b) Modele a força de atrito da água como uma força de retardo constante atuando sobre uma partícula. Encontre o módulo da força de atrito que a água exerce sobre o trenó. (c) Encontre o módulo da força que a rampa exerce sobre o trenó no ponto Ⓑ. (d) No ponto Ⓒ, a rampa é horizontal, mas curva-se no plano vertical. Suponha que seu raio de curvatura seja 20,0 m. Encontre a força que a rampa exerce sobre o trenó no ponto Ⓒ.

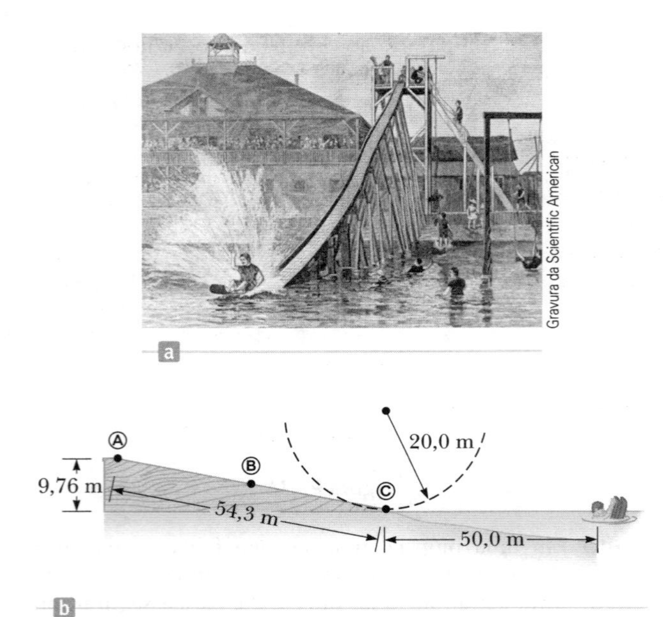

Figura P7.77

78. **Q|C** Começando do repouso, uma pessoa de 64,0 kg pula de *bungee jump* de um balão de ar amarrado 65,0 m acima do solo. A corda do *bungee* tem massa desprezível e comprimento esticado de 25,8 m. Uma ponta é amarrada à cesta do balão e a outra, a um engate ao redor do corpo da pessoa. A corda é modelada como uma mola que obedece à lei de Hooke, com uma constante de mola de 81,0 N/m, e o corpo da pessoa é modelado como uma partícula. O balão de ar quente não se move. (a) Expresse a energia potencial gravitacional do sistema pessoa-Terra como uma função da altura variável y da pessoa acima do solo. (b) Expresse a energia potencial elástica da corda como uma função de y. (c) Expresse a energia potencial total do sistema pessoa-corda-Terra como função de y. (d) Faça um gráfico da energia potencial gravitacional, elástica e total como funções de y. (e) Suponha que a resistência do ar seja desprezível. Determine a altura mínima da pessoa acima do solo durante seu mergulho. (f) O gráfico de energia potencial mostra alguma posição, ou posições, de equilíbrio? Caso mostre, em que posições verticais? Elas são estáveis ou instáveis? (g) Determine a velocidade máxima da pessoa que está saltando.

79. **Q|C** Um bloco de massa 0,500 kg é empurrado contra uma mola horizontal de massa desprezível até ela ser comprimida por uma distância x (Fig. P7.79). A constante de força da mola é 450 N/m. Quando ela é solta, o bloco percorre uma superfície horizontal e sem atrito até o ponto Ⓐ, na base de uma pista vertical circular de raio R = 1,00 m, e continua a se mover para cima na pista. A velocidade do bloco na base da pista é $v_{Ⓐ}$ = 12,0 m/s, e o bloco experimenta uma força de atrito média de 7,00 N enquanto desliza para cima na pista. (a) Qual é a distância x? (b) Se o bloco alcançasse o topo da pista, qual seria sua velocidade naquele ponto? (c) O bloco alcança de fato o topo da pista ou cai antes de chegar lá?

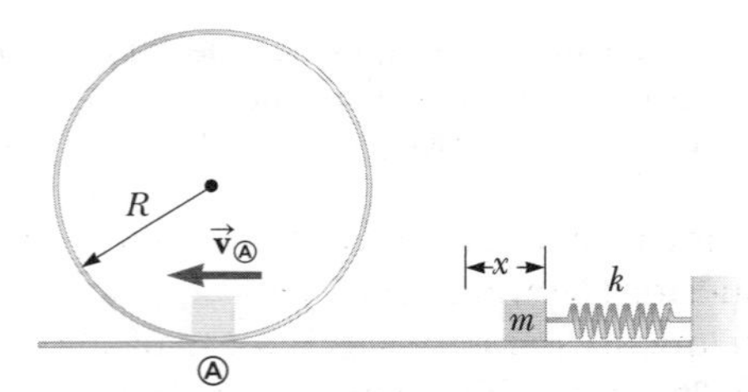

Figura P7.79

80. **S** Um pêndulo, englobando um barbante leve de comprimento L e uma pequena esfera, balança em um plano vertical. O barbante bate em um grampo localizado a uma distância d embaixo do ponto de suspensão (Fig. P7.80). (a) Mostre que, se a esfera for solta de uma altura abaixo daquela do grampo, ela voltará para essa altura depois que o barbante bate no grampo. (b) Mostre que, se o pêndulo é solto do repouso na posição horizontal ($\theta = 90°$) e balança em um círculo completo centrado no grampo, o valor mínimo de d deve ser $3L/5$.

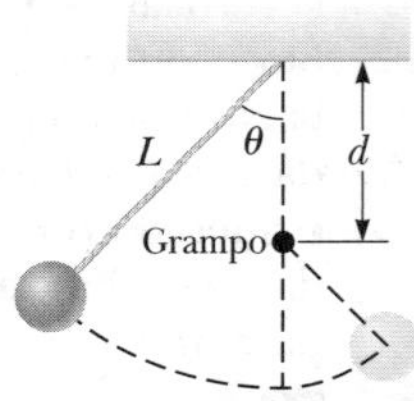

Figura P7.80

81. Jane, com massa de 50,0 kg, precisa se balançar para o outro lado de um rio (de largura D), cheio de crocodilos devoradores de humanos, para salvar Tarzan do perigo. Ela tem de se balançar, na presença de um vento que exerce força horizontal constante $\vec{\mathbf{F}}$, em um cipó de comprimento L e fazendo um ângulo θ com a vertical inicialmente (Fig. P7.81). Considere D = 50,0 m, F = 110 N, L = 40,0 m e θ = 50,0°. (a) Com que velocidade mínima Jane deve começar seu balanço para conseguir chegar ao outro lado? (b) Depois do resgate completo, Tarzan e Jane têm de se balançar de volta para cruzar o rio. Com que velocidade mínima eles têm de começar seu balanço? Suponha que Tarzan tenha massa de 80,0 kg.

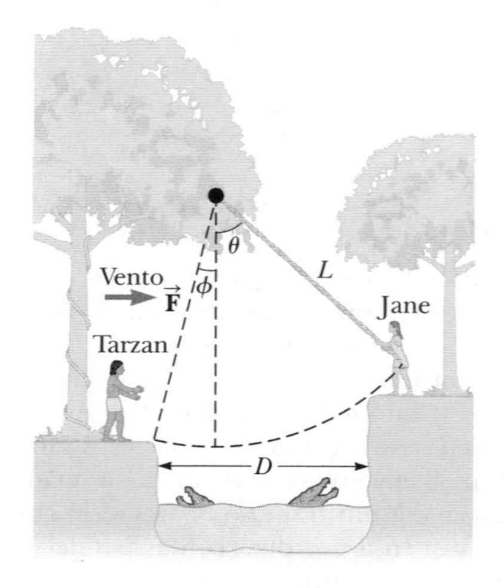

Figura P7.81

82. **S** Um carro de montanha-russa mostrado na Figura P7.82 é liberado do repouso de uma altura h e então se move livremente com atrito desprezível. A pista da montanha-russa inclui um giro circular de raio R em um

plano vertical. (a) Primeiro, suponha que o carro não consiga completar o giro; no topo do giro, os passageiros estão de cabeça para baixo e se sentem sem peso. Encontre a altura necessária h do ponto de soltura em cima da base do giro em termos de R. (b) Agora, suponha que o ponto de soltura esteja na altura mínima necessária ou acima dela. Mostre que a força normal sobre o carro na base do giro excede a força normal no topo do giro em seis vezes o peso do carro. A força normal sobre cada passageiro segue a mesma regra. Uma força normal tão grande é perigosa e muito desconfortável para os passageiros. Em consequência, montanhas-russas não são construídas com giros circulares em planos verticais. A Figura P5.22 mostra um desenho real.

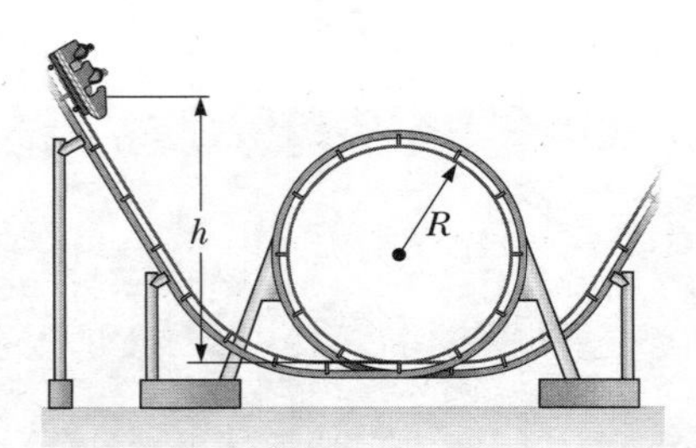

Figura P7.82

83. **Q|C** Um avião de massa $1{,}50 \times 10^4$ kg está em voo nivelado, movendo-se inicialmente a 60,0 m/s. A força resistiva exercida pelo ar sobre o avião tem módulo de $4{,}0 \times 10^4$. De acordo com a Terceira Lei de Newton, se os motores exercem uma força sobre os gases de descarga para expeli-los da parte traseira do motor, esses gases exercem uma força nos motores na direção do percurso do avião. Essa força é chamada de impulso, e o valor do impulso nessa situação é $7{,}50 \times 10^4$ N. (a) O trabalho realizado pelos gases de descarga no avião durante um intervalo de tempo é igual à variação na energia cinética do avião? Explique. (b) Encontre a velocidade do avião depois de ter percorrido $5{,}0 \times 10^2$ m.

Possibilidades presentes e futuras

Agora que já exploramos alguns princípios fundamentais da mecânica clássica, voltemos à nossa questão central do Contexto sobre *veículos movidos a combustível alternativo*:

Quais fontes, além da gasolina, podem ser utilizadas para fornecer energia a um automóvel visando reduzir as emissões prejudiciais ao ambiente?

BERNARD TRONCALE/Birmingham News/Landov

Figura 1 Chevrolet Volt.

Já disponível – veículo elétrico híbrido

Como discutido na Seção 6.11, já estão disponíveis alguns veículos puramente elétricos, mas com algumas restrições, como alcance limitado e longos períodos para carga. Um número crescente de **veículos elétricos híbridos** também já se encontra disponível, mais amplamente utilizados pelos consumidores. Nesses, dois motores, um a gasolina e outro elétrico, são combinados para aumentar a economia de combustível e a redução de emissões. Atualmente, encontram-se acessíveis modelos como Toyota Prius e Honda Insight, híbridos originalmente concebidos, assim como outros tradicionais movidos a gasolina que agora apresentam um sistema de acionamento híbrido.

Duas principais categorias desse tipo de veículo são assim classificadas: **híbridos em série** e **paralelo**. Na primeira, cujo exemplo é o Chevrolet Volt (Fig. 1), operando em baixas velocidades, o motor a gasolina não fornece diretamente energia de propulsão para a transmissão. O motor faz girar um gerador, que, por sua vez, carrega as baterias ou alimenta o motor elétrico. Apenas o motor elétrico está conectado diretamente à transmissão para impulsionar o carro.

Em um híbrido paralelo – por exemplo, o Honda Insight –, tanto o mecanismo quanto o motor estão ligados à transmissão, e qualquer um deles pode fornecer energia de propulsão e para transmissão, fazendo o motor funcionar enquanto o veículo estiver em movimento. O objetivo do desenvolvimento desse híbrido é a quilometragem máxima, conseguida por meio de uma série de características do projeto. Como o motor é pequeno, o Insight tem emissões mais baixas do que um veículo tradicional movido a gasolina. No entanto, como o motor está funcionando em todas as velocidades, suas emissões não são tão baixas como as do Toyota Prius.

A Figura 2 mostra a terceira geração do Toyota Prius, uma combinação paralelo/em série. Em altas velocidades, a potência das rodas vem tanto do motor a gasolina quanto do elétrico. Esse modelo tem alguns aspectos de um híbrido em série, mas o motor elétrico sozinho é responsável pela aceleração a partir do repouso, até

14158454/Landov

Figura 2 A terceira geração do Toyota Prius.

que o veículo se desloque a uma velocidade de cerca de 15 mi/h (24 km/h). Durante esse período de aceleração, o motor a combustão não está funcionando e a gasolina não é usada, e, portanto, não há emissão. Como resultado, a média das emissões de escape é mais baixa que a do Insight. O Chevrolet Volt tem a possibilidade das mais baixas emissões de escape, porque, por ciclos repetidos de viagens curtas, alternando com a recarga, o motor a gasolina pode não entrar em operação.

Quando um híbrido freia, o motor age como um gerador, devolvendo parte da energia cinética à bateria como energia potencial elétrica. Em um veículo normal, essa energia cinética não é recuperável, pois se transforma em energia interna nos freios e na estrada.

A taxa de consumo de combustível dos veículos híbridos está na faixa de 40 mi/gal a 55 mi/gal, e as emissões são muito inferiores às de um motor a gasolina padrão. Esse tipo não precisa ser carregado como os puramente elétricos. A bateria que aciona o motor elétrico é carregada enquanto o motor a gasolina está funcionando; por consequência, mesmo que um híbrido tenha motor elétrico como um veículo elétrico puro, pode simplesmente ser abastecido em um posto de gasolina como os modelos tradicionais.

Veículos elétricos híbridos não são estritamente movidos a combustíveis alternativos, porque usam o mesmo combustível que os tradicionais, a gasolina. Mas representam um passo importante para os carros mais eficientes, com menores emissões, e o aumento da quilometragem ajuda a conservar petróleo bruto.

No futuro – o veículo de célula de combustível

Em um motor de combustão interna, a energia potencial química do combustível é transformada em energia interna durante uma explosão iniciada por uma vela de ignição. Os gases em expansão resultantes trabalham nos pistões, dirigindo energia às rodas do veículo. Atualmente, está em desenvolvimento a **célula de combustível**, na qual não é necessária a conversão da energia do combustível em energia interna. O combustível (hidrogênio) é oxidado, e a energia deixa a célula por transmissão elétrica para ser usada por um motor elétrico na condução do veículo.

São muitas as vantagens desse tipo de veículo. Não há motor de combustão interna que gera emissões prejudiciais, proporcionando assim emissão zero. Além da energia utilizada para abastecê-los, os únicos subprodutos são energia interna e água. O combustível é hidrogênio, o elemento mais abundante no universo. A eficiência de uma célula de combustível é muito mais elevada do que a de um motor de combustão interna, de modo que mais energia potencial pode ser extraída do combustível.

Essa é a boa notícia. A má é que os veículos de célula de combustível estão apenas em fase inicial de protótipo. A Honda já produz um modelo desse tipo, o Honda FCX Clarity (Fig. 3), mas disponível apenas nos Estados Unidos, no sul da Califórnia, onde há algumas estações de abastecimento de hidrogênio, e apenas cerca de 20 veículos passaram a circular por ali a partir de 2010. Ainda serão necessários muitos anos até que veículos de células de combustível sejam amplamente acessíveis aos consumidores. Até que isso aconteça, esse mecanismo deve ser aperfeiçoado para operar em condições climáticas extremas e estabelecidas infraestruturas tanto para produção e fornecimento de hidrogênio quanto para abastecimento e transferência desse combustível a veículos individuais.

Problemas

1. Quando um carro convencional freia até parar, toda (100%) sua energia cinética é convertida em energia interna. Nada dessa energia está disponível para colocá-lo novamente em movimento. Considere um carro elétrico híbrido de massa 1 300 kg movendo-se a 22,0 m/s. (a) Calcule sua energia cinética. (b) Ele usa seu sistema de frenagem regenerativa para parar num sinal vermelho. Suponha que o motor-gerador converta 70,0% da energia cinética do veículo em energia entregue à bateria por transmissão elétrica. Os outros 30,0% transformam-se em energia interna. Calcule a quantidade de energia carregando a bateria. (c) Suponha que a bateria possa devolver 85,0% da sua energia química armazenada. Calcule a quantidade dessa energia. Os outros 15,0% se transformam em energia interna. (d) Quando a luz fica verde, o motor-gerador do carro funciona como um motor para converter 68,0% da energia da bateria em energia cinética do carro. Calcule a quantidade dessa energia e (e) a velocidade com que o carro iniciará o movimento com nenhuma outra fonte de energia. (f) Calcule a eficiência global do processo de frenagem e partida. (g) Calcule a quantidade líquida de energia interna produzida.

Figura 3 Entrada de abastecimento de combustível de hidrogênio no Honda FCX Clarity.

2. Tanto em um carro convencional quanto em um elétrico híbrido, o motor a gasolina é a fonte original de toda a energia usada para deslocá-lo pelo ar e contra a resistência do rolamento da estrada. No trânsito da cidade, um motor convencional a gasolina deve funcionar em uma ampla variedade de taxas de rotação e entradas de combustível, ou seja, uma grande variedade de configurações de tacômetro e acelerador. Ele quase nunca está em funcionamento em seu ponto de máxima eficiência. No entanto, em um elétrico híbrido, o motor a gasolina pode funcionar na eficiência máxima quando o carro está ligado. Um modelo simples pode revelar a distinção numericamente. Suponha que ambos os carros façam 66,0 MJ de trabalho "útil" realizando o mesmo trajeto até a farmácia. Considere que o carro convencional funcione com eficiência de 7,00%, já que despende energia útil de 33,0 MJ, e deixe-o funcionar com eficiência de 30,0% em razão desse dispêndio. Considere que o carro híbrido funcione com eficiência de 30,0% o tempo todo. Calcule (a) a entrada de energia necessária para cada carro e (b) a eficiência global de cada um.

Contexto 2

Missão para Marte

Neste Contexto, investigaremos a física necessária para enviar uma nave espacial da Terra para Marte. Se os dois planetas estivessem imóveis no espaço, a milhares de quilômetros de distância, seria uma missão bastante difícil, mas lembre-se de que estamos lançando uma nave espacial a partir de um corpo em movimento, a Terra, visando a um alvo em movimento, Marte. Além disso, o movimento da nave espacial é influenciado por forças gravitacionais da Terra, do Sol e de Marte, bem como de quaisquer outros corpos maciços presentes no entorno. Apesar dessas dificuldades aparentes, podemos usar os princípios da física para planejar uma missão bem-sucedida.

Na década de 1970, o Projeto Viking pousou naves espaciais em Marte para analisar o solo em busca de sinais de vida, mas cujos testes foram inconclusos. Os Estados Unidos voltaram a Marte, na década de 1990, com o Mars Global Surveyor, projetado para realizar um mapeamento cuidadoso da superfície marciana, e o Mars Pathfinder, que pousou em Marte e implantou um robô itinerante para análise de rochas e solo. Nem todas as viagens foram bem-sucedidas. Em 1999, foi lançado o Mars Polar Lander que deveria pousar próximo à capa de gelo polar a fim de procurar água. Assim que entrou na atmosfera marciana, essa sonda espacial enviou seus últimos dados e nunca mais foi vista. A Mars Climate Orbiter também foi perdida, em 1999, em razão de erros de comunicação entre o construtor da nave e a equipe de controle da missão.

No final de 2003 e início de 2004, chegadas de naves espaciais a Marte eram esperadas por três agências espaciais: National Aeronautics and Space Administration (Nasa), dos Estados Unidos, European Space Agency (ESA), da Europa, e Japanese Aerospace Exploration Agency (Jaxa), do Japão. A missão japonesa terminou em fracasso quando uma válvula presa e problemas no circuito elétrico afetaram uma correção crítica durante o percurso, resultando na incapacidade de a espaçonave, chamada *Nozomi*, alcançar uma órbita em torno de Marte. Ela passou cerca de 1 000 km acima da superfície marciana em 14 de dezembro de 2003 e, em seguida, deixou o planeta para continuar sua órbita ao redor do Sol.

O esforço europeu resultou na injeção bem-sucedida da nave espacial *Mars Express* em uma órbita em torno de Marte. Uma sonda, chamada *Beagle 2*, desceu para a superfície. Infelizmente, nenhum sinal seu foi detectado, fazendo presumir que esteja perdida. A sonda *Mars Express* continua a enviar dados e está equipada para realizar análises científicas da órbita.

Nasa/JPL

Figura 1 O *Spirit rover*, enviado a Marte, é testado em uma sala limpa no Jet Propulsion Laboratory, em Pasadena, Califórnia.

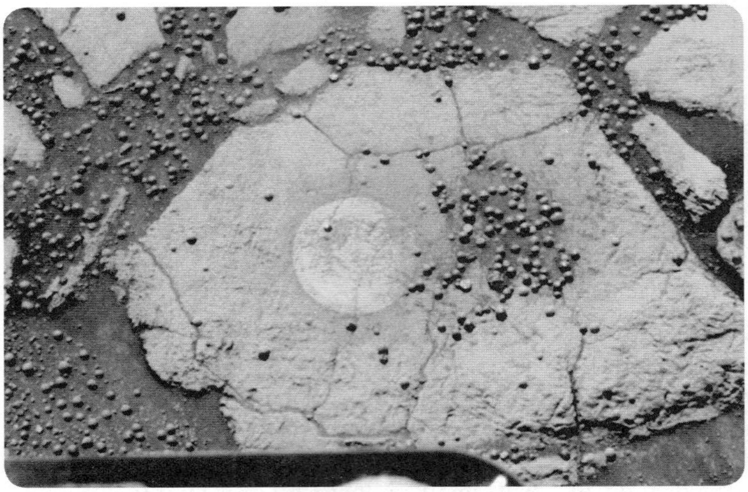

Figura 2 Imagem de uma câmera no *Opportunity rover*, em Marte, mostra uma pedra chamada "Tigela de Bagas". "Bagas" são grãos semelhantes a esferas que contêm hematita, que os cientistas utilizam para confirmar a presença de água na superfície no passado. A área circular sobre a rocha é resultado do uso de ferramenta de abrasão de pedra do *rover* para remover uma camada de poeira. Dessa forma, uma superfície limpa da rocha tornou-se acessível para análise espectral pelos seus espectrômetros.

Cortesia de Nasa/JPL/Cornell

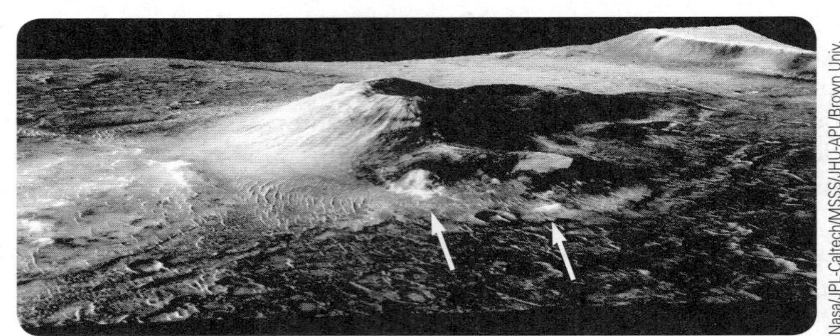

Figura 3 Esse cone vulcânico em Marte tem depósitos minerais hidrotermais nos flancos voltados para o sul e terrenos próximos. Dois dos maiores depósitos são marcados por setas, e todo o campo de material em tons claros no lado esquerdo do cone é constituído desses depósitos.

Nasa/JPL-Caltech/MSSS/JHU-APL/Brown Univ.

O esforço da Nasa que teve mais êxito das três missões, com o *Spirit rover* pousando com sucesso na superfície de Marte em 4 de janeiro de 2004, assim como, em 24 de janeiro de 2004, aconteceu com seu irmão gêmeo, *Opportunity*, no lado oposto do planeta onde está o *Spirit*. Por incrível que pareça, o *Opportunity* pousou dentro de uma cratera, fornecendo aos cientistas uma ótima oportunidade para estudar a geologia de uma cratera de impacto. Além de uma falha de computador que foi reparada com sucesso, ambos os *rovers* tiveram excelente desempenho, enviando fotografias de alta qualidade da superfície marciana, bem como grandes quantidades de dados, incluindo a verificação de água que outrora existiu na superfície.

Em 2010, observações mais recentes feitas pelo Mars Reconnaissance Orbiter da Nasa revelaram um cone vulcânico contendo depósitos minerais hidrotermais em seus flancos. Pesquisadores identificaram um dos minerais como sílica hidratada, e novos resultados sugerem que, em algumas regiões, Marte pode ter abrigado vida microbiana. Excelentes fotografias próximas ao Polo Norte de Marte foram obtidas usando uma câmera montada no Orbiter como parte do Experimento Científico de Imagens de Alta Resolução (*High Resolution Imaging Science*), Hirise. As imagens mostram apenas pequenas manchas de gelo na superfície, cuja estrutura é típica de gelo permanente que se expande e contrai com a mudança de estações.

Muitos sonham em algum dia estabelecer colônias em Marte. Mas esse sonho ainda está muito distante.

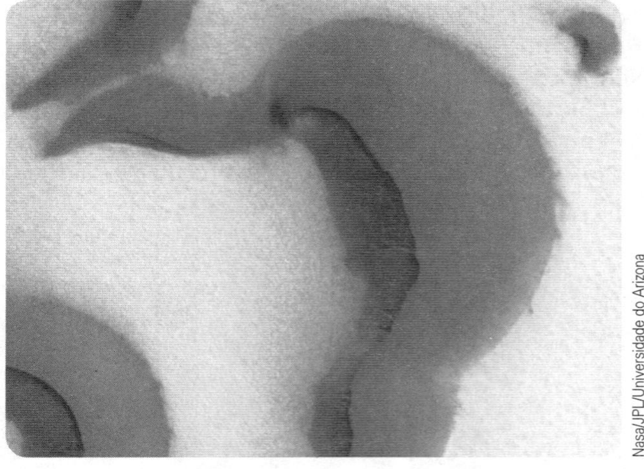

Nasa/JPL/Universidade do Arizona

Figura 4 Essa imagem Hirise mostra algumas manchas de gelo de superfície perto do Polo Norte de Marte.

No presente, estamos aprendendo muito sobre Marte, mas somente fizemos algumas viagens ao planeta. Viajar a Marte ainda não é uma ocorrência diária, apesar de aprendermos mais a cada missão. Neste Contexto, colocamos a questão central:

Como podemos realizar a transferência bem-sucedida de uma nave espacial da Terra para Marte?

Capítulo 8

Momento e colisões

Sumário

AP photos/Keystone/Regina Kuehne

O conceito de momento permite a análise das colisões veiculares mesmo sem o conhecimento detalhado das forças envolvidas. Tal análise determina a velocidade relativa dos carros antes da colisão e, além disso, ajuda os engenheiros no projeto de veículos mais seguros. (A tradução do texto na lateral do trailer na parte traseira é: "*Pit stop* para o seu veículo.")

Considere o que acontece quando dois carros colidem, como na imagem de abertura desse capítulo. Ambos alteram seu movimento, por estarem em alta velocidade, para entrar em repouso por conta da colisão. Em razão de cada um deles vivenciar uma grande mudança na velocidade em um intervalo muito curto de tempo, uma força média sobre ambos é muito grande. Pela Terceira Lei de Newton, cada um dos carros vivencia uma força de mesmo módulo. Pela Segunda Lei de Newton, os resultados dessa força no movimento dos carros dependem da massa de cada um.

O objetivo principal desse capítulo é permitir que você entenda e analise tais eventos. Como uma primeira etapa, introduziremos o conceito de *momento*, termo utilizado para descrever os corpos em movimento. Esse conceito nos conduz a uma nova lei de conservação e a novos modelos de análises, incorporando as abordagens de momento para sistemas isolados e não isolados. Essa lei de conservação é especialmente útil na resolução de problemas que envolvam colisões entre corpos.

8.1 | Momento linear

Nos dois capítulos anteriores, estudamos situações que são difíceis de analisar com as leis de Newton. Éramos capazes de resolver problemas envolvendo essas situações aplicando um princípio de conservação, o de conservação de energia. Consideremos outras situações e vejamos se podemos resolvê-las com os modelos que desenvolvemos até agora:

Um arqueiro de 60 kg está em pé, em repouso, sobre gelo sem atrito, e atira uma flecha de 0,030 kg horizontalmente a 85 m/s. Com que velocidade o arqueiro se move pelo gelo depois de lançar a flecha?

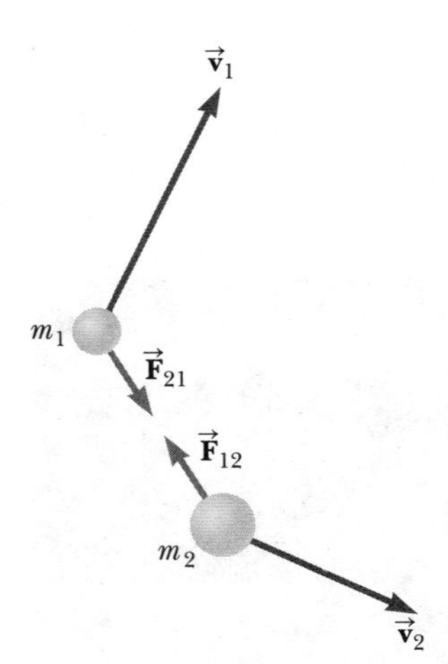

Figura 8.1 Duas partículas interagem uma com a outra. De acordo com a Terceira Lei de Newton, devemos ter $\vec{F}_{12} = -\vec{F}_{21}$

Pela Terceira Lei de Newton, sabemos que a força que o arco exerce sobre a flecha é igualada por uma força na direção oposta sobre o arco (e o arqueiro). Essa força faz o arqueiro deslizar para trás sobre o gelo com a velocidade solicitada no problema. Não podemos determinar essa velocidade usando os modelos de movimento, tal como o da partícula sob aceleração constante, pois não temos nenhuma informação sobre a aceleração do arqueiro. Não podemos utilizar modelos de força, tal como o da partícula sob uma força resultante, pois não sabemos nada sobre as forças nessa situação. Modelos de energia não ajudam em nada, pois não sabemos nada sobre o trabalho realizado ao puxar a corda do arco para trás, nem sobre a energia potencial elástica do sistema em relação à corda do arco esticada.

Apesar de nossa incapacidade de resolver o problema do arqueiro utilizando os modelos aprendidos até agora, é muito simples resolvê-lo se apresentarmos uma nova quantidade que descreve o movimento, o *momento linear*. Para gerar essa nova quantidade, considere um sistema isolado de duas partículas (Fig. 8.1) com massas m_1 e m_2 movendo-se com velocidades $\vec{v}_1$ e $\vec{v}_2$ em um instante do tempo. Como o sistema é isolado, a única força sobre a partícula é a que vem da outra particula, e podemos categorizar essa situação como aquela em que as leis de Newton podem ser aplicadas. Se uma força da partícula 1 (por exemplo, gravitacional) agir sobre a partícula 2, deverá haver uma segunda força – igual em módulo e oposta em direção – que a partícula 2 exerce sobre a 1. Ou seja, as forças formam um par de ação-reação da Terceira Lei da Newton, de modo que $\vec{F}_{12} = -\vec{F}_{21}$. Podemos expressar essa condição como uma declaração sobre o sistema de duas partículas conforme segue:

$$\vec{F}_{21} + \vec{F}_{12} = 0$$

Analisemos mais essa situação incorporando a Segunda Lei de Newton. No instante mostrado na Figura 8.1, as partículas que interagem têm acelerações correspondentes às forças que agem sobre elas. Portanto, substituindo a força sobre cada partícula por $m\vec{a}$, obtemos

$$m_1\vec{a}_1 + m_2\vec{a}_2 = 0$$

Agora, substituímos a aceleração por sua definição na Equação 3.5:

$$m_1 \frac{d\vec{v}_1}{dt} + m_2 \frac{d\vec{v}_2}{dt} = 0$$

Se as massas m_1 e m_2 são constantes, podemos trazê-las para dentro da operação derivada, o que dá

$$\frac{d(m_1\vec{v}_1)}{dt} + \frac{d(m_2\vec{v}_2)}{dt} = 0$$

$$\frac{d}{dt}(m_1\vec{v}_1 + m_2\vec{v}_2) = 0 \qquad \text{8.1}$$

Observe que a derivada da soma $m_1\vec{v}_1 + m_2\vec{v}_2$ em relação ao tempo é zero. Por consequência, essa soma deve ser constante. Dessa discussão, aprendemos que a quantidade $m\vec{v}$ para uma partícula é importante, pois a soma dessas quantidades para um sistema isolado das partículas é conservada. Chamamos essa quantidade de *momento linear*:

O **momento linear** $\vec{p}$ de uma partícula ou um corpo, que pode ser modelada como uma partícula de massa m movendo-se com velocidade $\vec{v}$, é definido como o produto da massa e da velocidade vetorial da partícula:[1]

▶ Definição de momento linear de uma partícula

$$\vec{p} \equiv m\vec{v} \qquad \text{8.2}$$

[1] Essa expressão é não relativística e válida somente quando $v \ll c$, em que c é a velocidade da luz. No próximo capítulo, discutiremos o momento para as partículas de alta velocidade.

Momento linear é uma grandeza vetorial, pois é igual ao produto de uma quantidade escalar, m, e uma grandeza vetorial $\vec{\mathbf{v}}$. Sua direção é ao longo de $\vec{\mathbf{v}}$, tem dimensões ML/T (ou MLT^{-1}), e sua unidade no SI é kg · m/s.

Se uma partícula está se movendo em uma direção arbitrária no espaço tridimensional, $\vec{\mathbf{p}}$ tem três componentes, e a Equação 8.2 é equivalente às das componentes

$$p_x = mv_x \qquad p_y = mv_y \qquad p_z = mv_z \tag{8.3}$$

Como você pode ver nessa definição, o conceito de momento fornece uma distinção quantitativa entre os corpos de diferentes massas movendo-se na mesma velocidade. Por exemplo, o momento de um caminhão a 2 m/s é muito maior em módulo do que o de uma bola de pingue-pongue movendo-se à uma mesma velocidade. Newton chamou o produto $m\vec{\mathbf{v}}$ de *quantidade de movimento*; talvez uma descrição mais gráfica que *momentum*, palavra latina para movimento.

TESTE RÁPIDO 8.1 Dois corpos têm energias cinéticas iguais. Como os módulos de seus momentos se comparam? **(a)** $p_1 < p_2$ **(b)** $p_1 = p_2$ **(c)** $p_1 > p_2$ **(d)** não há informações suficientes.

TESTE RÁPIDO 8.2 Seu professor de Educação Física lança uma bola de beisebol a uma certa velocidade e você a pega. O professor vai, em seguida, lançar para você uma bola para exercícios (*medicine ball*), cuja massa é dez vezes maior que a de beisebol. São fornecidas as seguintes opções: a bola para exercícios pode ser lançada com **(a)** a mesma velocidade que a de beisebol, **(b)** o mesmo momento ou **(c)** a mesma energia cinética. Classifique essas opções da mais fácil de pegar à mais difícil.

Faremos uso do modelo de partícula para um corpo em movimento. Empregando a Segunda Lei do movimento de Newton, podemos relacionar o momento linear de uma partícula à força que age sobre ela. No Capítulo 4, aprendemos que essa lei pode ser escrita como $\Sigma\vec{\mathbf{F}} = m\vec{\mathbf{a}}$. No entanto, essa forma aplica-se somente quando a massa da partícula permanece constante. Em situações nas quais a massa muda com o tempo, deve-se utilizar uma forma alternativa da Segunda Lei de Newton: **A taxa de variação do momento de uma partícula no tempo é igual à força resultante que age nela**, ou

$$\sum \vec{\mathbf{F}} = \frac{d\vec{\mathbf{p}}}{dt} \tag{8.4}$$

▶ Segunda Lei de Newton para uma partícula

Se a massa da partícula é constante, essa equação reduz nossa expressão para a Segunda Lei de Newton:

$$\sum \vec{\mathbf{F}} = \frac{d\vec{\mathbf{p}}}{dt} = \frac{d(m\vec{\mathbf{v}})}{dt} = m\frac{d\vec{\mathbf{v}}}{dt} = m\vec{\mathbf{a}}$$

É difícil imaginar uma partícula cuja massa está mudando, mas, se considerarmos corpos, surgem inúmeros exemplos, que incluem um foguete expelindo combustível à medida que opera; uma bola de neve rolando ladeira abaixo agregando mais neve; e uma caminhonete impermeável cuja carroceria está coletando água à medida que se move na chuva.

Da Equação 8.4, vemos que, se a força resultante em um corpo for zero, a derivada no tempo do momento é zero; portanto, o momento do corpo deve ser constante. Essa conclusão deve soar familiar, porque é o modelo de uma partícula em equilíbrio, expresso em termos de momento. Claro, se a partícula for isolada (ou seja, se não interagir com o ambiente), nenhuma força age sobre ela, e $\vec{\mathbf{p}}$ permanecerá inalterável, o que é a Primeira Lei de Newton.

8.2 | Modelo de análise: sistema isolado (momento)

Usando a definição de momento, a Equação 8.1 pode ser assim escrita

$$\frac{d}{dt}(\vec{\mathbf{p}}_1 + \vec{\mathbf{p}}_2) = 0$$

Como a derivada temporal do momento do sistema total $\vec{\mathbf{p}}_{tot} = \vec{\mathbf{p}}_1 + \vec{\mathbf{p}}_2$ é *zero*, concluímos que o momento *total* $\vec{\mathbf{p}}_{tot}$ deve permanecer constante:

$$\vec{\mathbf{p}}_{tot} = \text{constante} \tag{8.5}$$

▶ Conservação do momento para um sistema isolado

ou, de maneira equivalente,

$$\vec{\mathbf{p}}_{1i} + \vec{\mathbf{p}}_{2i} = \vec{\mathbf{p}}_{1f} + \vec{\mathbf{p}}_{2f} \qquad \mathbf{8.6}$$

em que $\vec{\mathbf{p}}_{1i}$ e $\vec{\mathbf{p}}_{2i}$ são valores iniciais, e $\vec{\mathbf{p}}_{1f}$ e $\vec{\mathbf{p}}_{2f}$, os finais do momento durante um período em que as partículas interagem. A Equação 8.6 na forma de componente afirma que as componentes de momento do sistema isolado nas direções x, y e z são *independentemente constantes*; ou seja,

$$\sum_{\text{sistema}} p_{ix} = \sum_{\text{sistema}} p_{fx} \quad \sum_{\text{sistema}} p_{iy} = \sum_{\text{sistema}} p_{fy} \quad \sum_{\text{sistema}} p_{iz} = \sum_{\text{sistema}} p_{fz} \qquad \mathbf{8.7}$$

A Equação 8.6 é o enunciado matemático de um novo modelo de análise, o **sistema isolado (momento)**. Ele pode ser estendido a qualquer número de partículas em um sistema isolado, como mostrado na Seção 8.7. Estudamos a versão de energia do modelo de sistema isolado no Capítulo 7 e, agora, uma versão de momento. Em geral, a Equação 8.6 pode ser enunciada em palavras da seguinte maneira:

Sempre que duas ou mais partículas em um sistema isolado interagem, o momento total do sistema permanece constante.

Observe que não fizemos nenhuma afirmação com relação à natureza das forças que agem entre os membros do sistema. O único requisito é que elas devem ser *internas* ao sistema. Portanto, o momento é conservado para um sistema isolado independente da natureza das forças internas, *mesmo que a força seja não conservativa*.

Prevenção de Armadilhas | 8.1

O momento de um *sistema* isolado é conservado

Embora o momento de um sistema isolado seja conservado, o de uma partícula dentro de um sistema isolado não o é necessariamente, pois outras partículas no sistema podem estar interagindo com ela. Evite aplicar a conservação do momento a uma única partícula.

Exemplo 8.1 | Podemos realmente ignorar a energia cinética da Terra?

Na Seção 6.6, afirmamos que podemos ignorar a energia cinética da Terra ao considerar a energia de um sistema que consiste na Terra e em uma bola que cai. Verifique essa afirmação.

SOLUÇÃO

Conceitualização Imagine uma bola caindo na superfície terrestre. Do seu ponto de vista, a bola cai e a Terra permanece parada. Pela Terceira Lei de Newton, entretanto, a Terra sofre uma força para cima e, portanto, uma aceleração para cima enquanto a bola cai. No cálculo a seguir, mostraremos que esse movimento é extremamente pequeno e pode ser ignorado.

Categorização Identificamos o sistema como a bola e a Terra. Consideramos que não há forças do espaço sobre o sistema; portanto, o sistema é isolado. Vamos usar a versão do momento no modelo de sistema isolado.

Análise Começamos estabelecendo uma razão entre a energia cinética da Terra e a da bola. Identificamos v_E e v_b como a velocidade da Terra e a da bola, respectivamente, depois que a bola caiu certa distância.

Use a definição de energia cinética para estabelecer essa relação:

$$(1)\ \frac{K_E}{K_b} = \frac{\frac{1}{2}m_E v_E^2}{\frac{1}{2}m_b v_b^2} = \left(\frac{m_E}{m_b}\right)\left(\frac{v_E}{v_b}\right)^2$$

Aplique o modelo do sistema isolado (momento): o momento inicial do sistema é zero; então, defina o momento final igual a zero:

$$p_i = p_f \rightarrow 0 = m_b v_b + m_E v_E$$

Resolva a equação para a relação entre as velocidades:

$$\frac{v_E}{v_b} = -\frac{m_b}{m_E}$$

Substitua essa expressão por v_E/v_b na Equação (1):

$$\frac{K_E}{K_b} = \left(\frac{m_E}{m_b}\right)\left(-\frac{m_b}{m_E}\right)^2 = \frac{m_b}{m_E}$$

Substitua números da ordem de grandeza para as massas:

$$\frac{K_E}{K_b} = \frac{m_b}{m_E} \sim \frac{1\,\text{kg}}{10^{25}\,\text{kg}} \sim 10^{-25}$$

Finalização A energia cinética da Terra é uma fração muito pequena da bola; então, temos uma justificativa para desprezá-la na energia cinética do sistema.

Exemplo 8.2 | O arqueiro

Consideremos a situação proposta no início da Seção 8.1. Um arqueiro de 60 kg está em pé, em repouso, sobre gelo sem atrito e atira uma flecha de 0,030 kg horizontalmente a 85 m/s (Fig. 8.2). Com que velocidade o arqueiro se move pelo gelo depois de lançar a flecha?

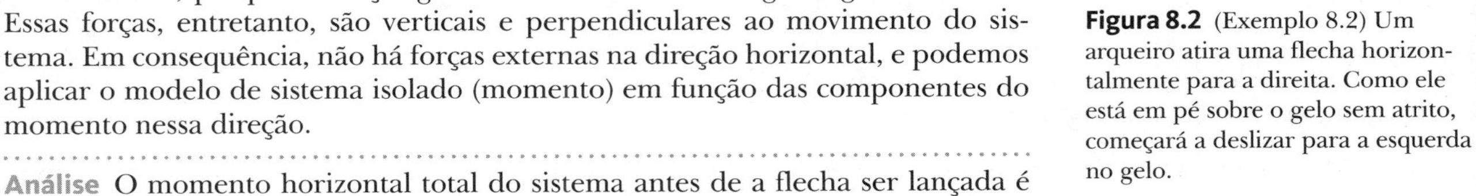

Figura 8.2 (Exemplo 8.2) Um arqueiro atira uma flecha horizontalmente para a direita. Como ele está em pé sobre o gelo sem atrito, começará a deslizar para a esquerda no gelo.

SOLUÇÃO

Conceitualização Você pode já ter conceitualizado esse problema quando ele foi apresentado no início da Seção 8.1. Imagine a flecha sendo atirada em uma direção e o arqueiro recuando na direção oposta.

Categorização Como discutido naquela seção, não podemos resolver esse problema com modelos com base em movimento, força ou energia. Todavia, *podemos* resolvê-lo muito facilmente com uma abordagem envolvendo momento.

Seja o sistema consistindo no arqueiro (incluindo o arco) e a flecha. O sistema não é isolado, porque as forças gravitacional e normal do gelo agem sobre ele. Essas forças, entretanto, são verticais e perpendiculares ao movimento do sistema. Em consequência, não há forças externas na direção horizontal, e podemos aplicar o modelo de sistema isolado (momento) em função das componentes do momento nessa direção.

Análise O momento horizontal total do sistema antes de a flecha ser lançada é zero, pois nada nele está se movendo. Portanto, o momento horizontal total do sistema depois que a flecha é lançada também deve ser zero. Escolhemos a direção de lançamento da flecha como a direção x positiva. Identificando o arqueiro como a partícula 1 e a flecha como a partícula 2, temos $m_1 = 60$ kg, $m_2 = 0{,}030$ kg e $\vec{\mathbf{v}}_{2f} = 85\hat{\mathbf{i}}$ m/s.

Usando o modelo do sistema isolado (momento), defina o momento final do sistema igual ao valor inicial de zero:

$$m_1\vec{\mathbf{v}}_{1f} + m_2\vec{\mathbf{v}}_{2f} = 0$$

Resolva essa equação para $\vec{\mathbf{v}}_{1f}$ e substitua os valores numéricos:

$$\vec{\mathbf{v}}_{1f} = -\frac{m_2}{m_1}\vec{\mathbf{v}}_{2f} = -\left(\frac{0{,}030\,\text{kg}}{60\,\text{kg}}\right)(85\hat{\mathbf{i}}\ \text{m/s}) = -0{,}042\hat{\mathbf{i}}\ \text{m/s}$$

Finalização O sinal negativo para $\vec{\mathbf{v}}_{1f}$ indica que o arqueiro está se movendo para a esquerda na Figura 8.2 depois que a flecha é lançada, na direção oposta àquela do movimento da flecha, de acordo com a Terceira Lei de Newton. Como o arqueiro tem muito mais massa que a flecha, sua aceleração e consequente velocidade são muito menores que as da flecha. Observe que esse problema parece muito simples, mas não podíamos resolvê-lo com modelos baseados em movimento, força ou energia. Nosso novo modelo de momento, entretanto, mostra-nos que ele não apenas *parece* simples, ele *é* simples!

E se? E se a flecha fosse lançada em uma direção que formasse um ângulo θ com a horizontal? Como essa mudança mudaria a velocidade de recuo do arqueiro?

Resposta A velocidade de recuo deve diminuir em módulo, pois apenas uma componente da velocidade da flecha está na direção x. A conservação do momento na direção x dá

$$m_1 v_{1f} + m_2 v_{2f}\cos\theta = 0$$

levando a

$$v_{1f} = -\frac{m_2}{m_1}v_{2f}\cos\theta$$

Para $\theta = 0$, $\cos\theta = 1$, e a velocidade final do arqueiro reduz-se ao valor de quando a flecha é lançada horizontalmente. Para valores diferentes de θ, a função cosseno é menor que 1, e a velocidade de recuo é menor que o valor calculado para $\theta = 0$. Se $\theta = 90°$, então $\cos\theta = 0$, e $v_{1f} = 0$; portanto, não há velocidade de recuo. Neste caso, o arqueiro é simplesmente empurrado com força para baixo contra o gelo quando a flecha é lançada.

Exemplo 8.3 | Decaimento do cáon em repouso

Um tipo de partícula nuclear, chamada cáon neutro (K^0), decai em um par de outras partículas chamadas píons (π^+ e π^-), que são carregadas de modo oposto, mas iguais em massa, como na Figura 8.3. Supondo que o cáon esteja inicialmente em repouso, mostre que os dois píons devem ter movimentos que sejam iguais em módulo, mesma direção e sentidos opostos.

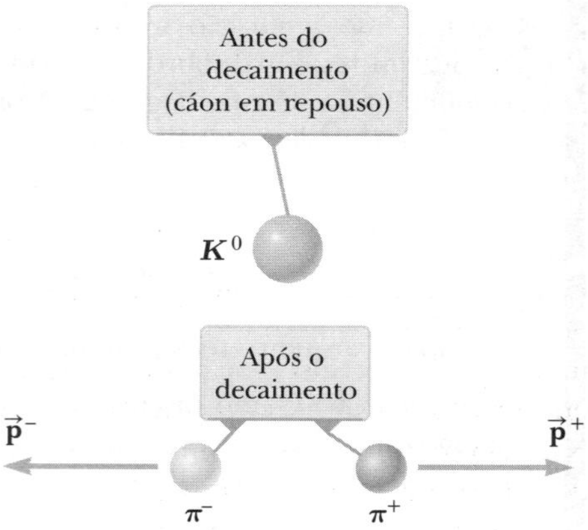

Antes do decaimento (cáon em repouso)

K^0

Após o decaimento

$\vec{\mathbf{p}}^-$ $\vec{\mathbf{p}}^+$

π^- π^+

Figura 8.3 (Exemplo 8.3) Um cáon em repouso decai em um par de píons carregados de modo oposto. Esses se afastam e se movem com momentos de módulos iguais, mas em sentidos opostos.

SOLUÇÃO

Conceitualização Estude a Figura 8.3 com cuidado, e imagine o cáon em repouso decaindo em duas partículas em movimento. Compare a Figura 8.3 com a 8.2 e correlacione a seta e o arqueiro com os píons individuais.

Categorização Como cáon não interage com o que está ao redor, nós o modelamos como um sistema isolado. O sistema, após o decaimento, é de dois píons.

Análise Escreva a expressão para o decaimento do cáon, representado na Figura 8.3:

$$K^0 \rightarrow \pi^+ + \pi^-$$

Deixe $\vec{\mathbf{p}}^+$ ser o momento do píon positivo e $\vec{\mathbf{p}}^-$ o do píon negativo após o decaimento, e encontre uma expressão para o momento final $\vec{\mathbf{p}}_f$ do sistema isolado de dois píons:

$$\vec{\mathbf{p}}_f = \vec{\mathbf{p}}^+ + \vec{\mathbf{p}}^-$$

Em razão de o cáon estar em repouso, sabemos que o momento do sistema inicial $\vec{\mathbf{p}}_i = 0$. Além disso, por conta de o momento do sistema isolado ser conservado, $\vec{\mathbf{p}}_i = \vec{\mathbf{p}}_f = 0$.

Incorpore esse resultado na equação anterior:

$$0 = \vec{\mathbf{p}}^+ + \vec{\mathbf{p}}^- \rightarrow \vec{\mathbf{p}}^+ = -\vec{\mathbf{p}}^-$$

Finalização Portanto, vimos que dois vetores de momento dos píons são iguais em módulo e opostos em direção.

8.3 | Modelo de análise: sistema não isolado (momento)

Conforme descrito na Equação 8.4, o momento de uma partícula muda se uma força resultante agir sobre ela. Vamos presumir que a força resultante $\Sigma\vec{\mathbf{F}}$ aja sobre a partícula e que essa força possa variar com o tempo. De acordo com a Equação 8.4,

$$d\vec{\mathbf{p}} = \sum \vec{\mathbf{F}}\, dt \qquad 8.8$$

Podemos integrar essa expressão para encontrar a mudança no momento da partícula durante um intervalo de tempo $\Delta t = t_f - t_i$. A integração da Equação 8.8 nos dá

$$\Delta\vec{\mathbf{p}} = \vec{\mathbf{p}}_f - \vec{\mathbf{p}}_i = \int_{t_i}^{t_f} \sum \vec{\mathbf{F}}\, dt \qquad 8.9$$

A integral de uma força pelo intervalo de tempo durante o qual atua é chamada **impulso** da força. O impulso da força resultante $\Sigma\vec{\mathbf{F}}$ é um vetor, definido por

▶ Impulso de uma força resulante

$$\vec{\mathbf{I}} \equiv \int_{t_i}^{t_f} \sum \vec{\mathbf{F}}\, dt \qquad 8.10$$

Em sua definição, vemos que o impulso $\vec{\mathbf{I}}$ é uma grandeza vetorial com módulo igual à área sob a curva força--tempo, como descrito na Figura 8.4a. Considera-se que a força varia com o tempo de maneira geral, mostrada na figura, e é diferente de zero no intervalo de tempo $\Delta t = t_f - t_i$. A direção do vetor impulso é a mesma que a da variação no momento. O impulso tem as dimensões do momento, isto é, ML/T; ele não é uma propriedade de uma partícula, mas, sim, uma medida do grau em que uma força externa muda o momento da partícula.

Combinando as Equações 8.9 e 8.10 temos um enunciado importante conhecido como **teorema impulso-momento**:

A variação no momento de uma partícula é igual ao impulso da força resultante que age sobre a partícula:

$$\Delta\vec{\mathbf{p}} = \vec{\mathbf{I}} \tag{8.11}$$

► Teorema impulso-momento para uma partícula

Essa afirmação é equivalente à Segunda Lei de Newton. Quando dizemos que um impulso é dado a uma partícula, queremos dizer que o momento é transferido de um agente externo para uma partícula. A Equação 8.11 é idêntica na forma à da conservação de energia, Equação 7.1, e sua expansão completa, a Equação 7.2. A Equação 8.11 é o enunciado mais geral do princípio de **conservação do momento**, chamada **equação da conservação do momento**. No caso de uma abordagem de momento, sistemas isolados tendem a aparecer nos problemas com mais frequência do que os não isolados; portanto, na prática, a equação da conservação do momento é frequentemente identificada como o caso especial indicado na Equação 8.6.

O lado esquerdo da Equação 8.11 representa a variação no momento do sistema, que, neste caso, é uma partícula única. O lado direito é uma medida de quanto momento cruza a fronteira do sistema por causa da força resultante a ele aplicada. A Equação 8.11 é o enunciado matemático de um novo modelo de análise, o do **sistema não isolado (momento)**. Embora ela seja similar na forma à Equação 7.1, há várias diferenças em sua aplicação aos problemas. Primeiro, a 8.11 é uma equação vetorial, e a 7.1, escalar. Portanto, direções são importantes para a Equação 8.11. Segundo, há apenas um tipo de momento linear e, por consequência, apenas uma maneira de armazenar momento em um sistema. Em contraste, como vemos na Equação 7.2, há três maneiras de armazenar energia em um sistema: cinética, potencial e interna. Terceiro, há apenas uma maneira de transferir momento para um sistema: pela aplicação de uma força sobre ele durante um intervalo de tempo. A Equação 7.2 mostra seis maneiras que identificamos de como transferir energia para um sistema. Portanto, não há expansão da Equação 8.11 análoga à 7.2.

Como a força resultante em uma partícula em geral pode variar com o tempo, conforme a Figura 8.4a, é conveniente definir uma força resultante média $(\Sigma\vec{\mathbf{F}})_{\text{méd}}$ dada por

$$\left(\sum\vec{\mathbf{F}}\right)_{\text{méd}} \equiv \frac{1}{\Delta t}\int_{t_i}^{t_f}\sum\vec{\mathbf{F}}\,dt \tag{8.12}$$

em que $\Delta t = t_f - t_i$. Portanto, podemos expressar a Equação 8.10 como

$$\vec{\mathbf{I}} = \left(\sum\vec{\mathbf{F}}\right)_{\text{méd}}\Delta t \tag{8.13}$$

A magnitude dessa força média resultante, descrita na Figura 8.4b, pode ser interpretada como a magnitude da força resultante constante que proporcionaria o mesmo impulso à partícula no intervalo de tempo Δt que a força variável no tempo proporciona durante esse mesmo intervalo de tempo.

Em princípio, se $\Sigma\vec{\mathbf{F}}$ é conhecida como uma função do tempo, o impulso pode ser calculado pela Equação 8.10. O cálculo torna-se especialmente simples se a força resultante que age sobre a partícula for constante. Neste caso, $(\Sigma\vec{\mathbf{F}})_{\text{méd}}$ durante um intervalo de tempo é igual à constante $\Sigma\vec{\mathbf{F}}$ em qualquer instante dentro do intervalo, e a Equação 8.13 se torna

$$\vec{\mathbf{I}} = \sum\vec{\mathbf{F}}\Delta t \tag{8.14}$$

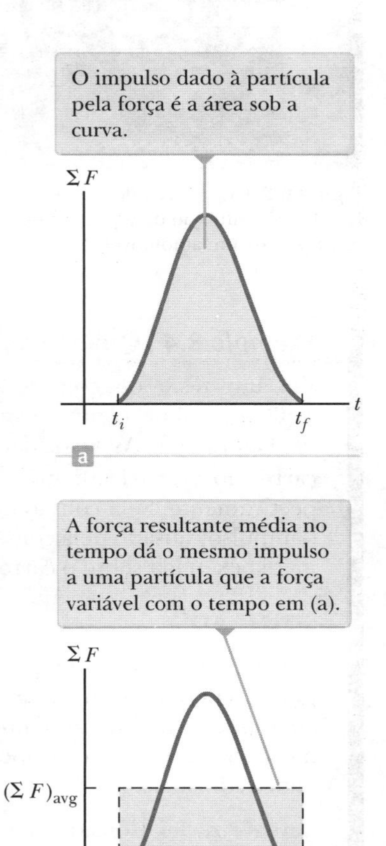

Figura 8.4 (a) Uma força resultante agindo sobre uma partícula pode variar com o tempo, (b) o valor da força constante $(\Sigma F)_{\text{méd}}$ (linha tracejada horizontal) é escolhido de maneira que a área $(\Sigma F)_{\text{méd}}\,\Delta t$ do retângulo seja a mesma que a área sob a curva em (a).

Em muitas situações físicas, devemos usar o que é chamado **aproximação do impulso**, segundo a qual consideramos que uma das forças exercidas sobre uma partícula age por um curto período de tempo, mas é muito maior que qualquer outra força presente. Esse modelo de simplificação nos permite ignorar os efeitos de outras forças, porque esses são pequenos para o curto intervalo de tempo durante o qual a força maior atua. Essa aproximação é especialmente útil ao tratar de choques em que a duração é muito curta. Quando essa aproximação é feita, referimo-nos à força mais intensa como *força impulsiva*. Por exemplo, quando uma bola de beisebol é golpeada com um bastão, o tempo da colisão é de cerca de 0,01 s e a força média que o taco exerce sobre a bola durante esse intervalo de tempo é de normalmente vários milhares de newtons. Essa força média é muito maior que a gravitacional; então, ignoramos quaisquer variações na velocidade relacionada à força gravitacional durante a colisão. É importante lembrar que $\vec{\mathbf{p}}_i$ e $\vec{\mathbf{p}}_f$ representam os momentos *imediatamente* antes e depois da colisão, respectivamente. Portanto, na aproximação de impulso, a partícula se move muito pouco durante a colisão.

BIO Vantagens dos *airbags* na redução de ferimentos

O conceito de impulso nos ajuda a compreender o valor dos *airbags* ao amortecer o choque de um passageiro em um acidente automobilístico (Fig. 8.5). O passageiro experimenta a mesma variação no momento e, portanto, o mesmo impulso em uma colisão se o carro tiver *airbags* ou não. Eles, entretanto, permitem que o passageiro experimente essa variação durante um intervalo de tempo maior, reduzindo a força de pico e aumentando suas chances de escapar sem ferimentos. Sem o *airbag*, a cabeça do passageiro seria lançada para a frente e colocada em repouso em um intervalo de tempo curto pelo volante ou pelo painel. Neste caso, o passageiro se submeteria à mesma variação de momento, mas o intervalo de tempo menor resultaria em uma força muito grande que causaria ferimentos severos na cabeça. Com frequência, tais ferimentos resultam em danos no nervo espinal da medula, onde os nervos entram na base do cérebro.

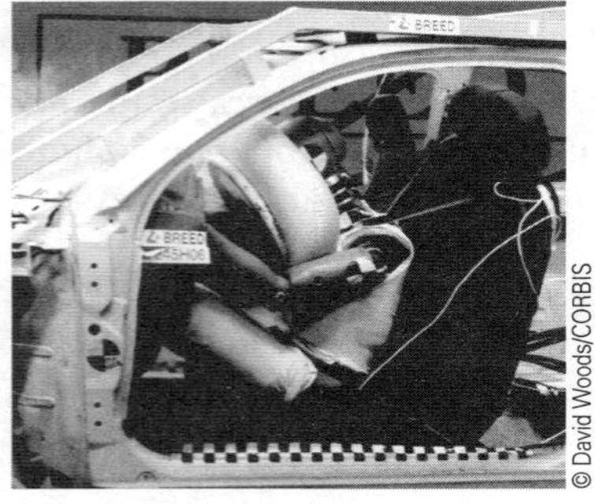

Figura 8.5 Um boneco de teste é levado até a situação de repouso por um *airbag* de um automóvel.

TESTE RÁPIDO 8.3 Dois corpos estão em repouso sobre uma superfície sem atrito. O corpo 1 tem uma massa maior que o 2. (**i**) Quando uma força constante é aplicada ao corpo 1, ele acelera por uma distância d em linha reta. A força é removida dele e aplicada ao corpo 2. No momento em que o corpo 2 acelerou pela mesma distância, d, quais afirmações são verdadeiras? (**a**) $p_1 < p_2$ (**b**) $p_1 = p_2$ (**c**) $p_1 > p_2$ (**d**) $K_1 < K_2$ (**e**) $K_1 = K_2$ (**f**) $K_1 > K_2$ (**ii**) Quando uma força constante é aplicada ao corpo 1, ele acelera por um intervalo de tempo Δt. A força é removida dele e aplicada ao corpo 2. Com base nas mesmas alternativas, quais afirmações são verdadeiras depois que o corpo 2 acelerou pelo mesmo intervalo de tempo, Δt?

Exemplo 8.4 | Quão bons são os para-choques?

Em um teste de colisão, um carro de massa 1 500 kg colide contra o muro, como mostrado na Figura 8.6. As velocidades inicial e final do carro são $\vec{\mathbf{v}}_i = -15{,}0\hat{\mathbf{i}}$ m/s e $\vec{\mathbf{v}}_f = 2{,}60\hat{\mathbf{i}}$ m/s, respectivamente. Se a colisão dura 0,150 s, encontre o impulso causado pela colisão e a força resultante média exercida sobre o carro.

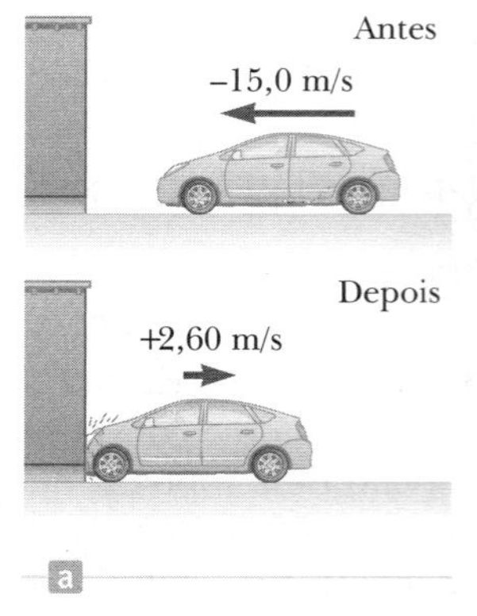

Figura 8.6 (Exemplo 8.4) (a) O momento desse carro muda por causa do choque contra o muro. (b) Em um teste de colisão, a maior parte da energia cinética inicial do carro é transformada em energia associada ao dano no carro.

SOLUÇÃO

Conceitualização O tempo de colisão é curto, por isso podemos imaginar o carro sendo trazido ao repouso muito rapidamente e, em seguida, movendo-se na direção oposta com uma velocidade reduzida.

Categorização Consideremos que a força resultante exercida sobre o carro pelo muro e o atrito do chão são grandes se comparados com outras forças que agem sobre o carro, tal como a resistência do ar. Além disso, as forças gravitacional e normal exercidas pela estrada sobre o carro são perpendiculares ao movimento e, por isso, não afetam o momento horizontal. Portanto, categorizamos o problema como um em que podemos aplicar a aproximação do impulso na direção horizontal. Também vemos que o momento do carro muda em decorrência de um impulso do ambiente. Portanto, podemos aplicar o modelo de sistema não isolado (momento).

Análise Obtenha os momentos inicial e final do carro:

$$\vec{\mathbf{p}}_i = m\vec{\mathbf{v}}_i = (1\,500\,\text{kg})(-15{,}0\hat{\mathbf{i}}\ \text{m/s}) = -2{,}25 \times 10^4\hat{\mathbf{i}}\,\text{kg}\cdot\text{m/s}$$

$$\vec{\mathbf{p}}_f = m\vec{\mathbf{v}}_f = (1\,500\,\text{kg})(2{,}60\hat{\mathbf{i}}\ \text{m/s}) = 0{,}39 \times 10^4\hat{\mathbf{i}}\,\text{kg}\cdot\text{m/s}$$

continua

8.4 *cont.*

Use a Equação 8.11 para encontrar o impulso sobre o carro:

$$\vec{\mathbf{I}} = \Delta\vec{\mathbf{p}} = \vec{\mathbf{p}}_f - \vec{\mathbf{p}}_i = 0{,}39 \times 10^4 \hat{\mathbf{i}} \text{ kg} \cdot \text{m/s} - (-2{,}25 \times 10^4 \hat{\mathbf{i}} \text{kg} \cdot \text{m/s})$$
$$= 2{,}64 \times 10^4 \hat{\mathbf{i}} \text{kg} \cdot \text{m/s}$$

Use a Equação 8.13 para obter a força resultante média exercida sobre o carro:

$$\left(\sum \vec{\mathbf{F}}\right)_{\text{méd}} = \frac{\vec{\mathbf{I}}}{\Delta t} = \frac{2{,}64 \times 10^4 \hat{\mathbf{i}} \text{kg} \cdot \text{m/s}}{0{,}150 \text{ s}} = 1{,}76 \times 10^5 \hat{\mathbf{i}} \text{N}$$

Finalização A força resultante encontrada é uma combinação da força normal do muro sobre o carro e qualquer força de atrito entre os pneus e o chão quando a dianteira do carro é amassada. Se, enquanto a colisão ocorre, os freios não estiverem funcionando e o metal amassando não interferir na rotação livre dos pneus, essa força de atrito poderia ser relativamente pequena por causa do giro livre das rodas. Observe que os sinais das velocidades neste exemplo indicam o inverso das direções. O que os matemáticos descreveriam se ambas as velocidades, inicial e final, tivessem o mesmo sinal?

E se? E se o carro não retornasse depois de bater no muro? Suponha que a velocidade final do carro seja zero e que o intervalo de tempo da colisão permaneça 0,150 s. Isto representaria uma força resultante maior ou menor sobre o carro?

Resposta Na situação original em que o carro recua, a força resultante sobre ele faz duas coisas durante o intervalo de tempo: (1) para o carro e (2) e o faz se afastar do muro a 2,60 m/s após a colisão. Se o carro não recua, a força resultante está apenas fazendo a primeira dessas etapas – parar o carro –, o que requer uma força *menor*.

Matematicamente, no caso em que o carro não recua, o impulso é

$$\vec{\mathbf{I}} = \Delta\vec{\mathbf{p}} = \vec{\mathbf{p}}_f - \vec{\mathbf{p}}_i = 0 - (-2{,}25 \times 10^4 \hat{\mathbf{i}} \text{kg} \cdot \text{m/s}) = 2{,}25 \times 10^4 \hat{\mathbf{i}} \text{kg} \cdot \text{m/s}$$

A força resultante média exercida sobre o carro é

$$\left(\sum \vec{\mathbf{F}}\right)_{\text{méd}} = \frac{\vec{\mathbf{I}}}{\Delta t} = \frac{2{,}25 \times 10^4 \hat{\mathbf{i}} \text{kg} \cdot \text{m/s}}{0{,}150 \text{ s}} = 1{,}50 \times 10^5 \hat{\mathbf{i}} \text{ N}$$

que é, aliás, menor que o valor previamente calculado, como foi discutido conceitualmente.

8.4 | Colisões em uma dimensão

Nessa seção, usamos a lei de conservação do momento para descrever o que acontece quando dois corpos colidem. O termo **colisão** representa um evento durante o qual duas partículas se aproximam e interagem por meio de forças. As forças em razão da colisão são assumidas como muito maiores que quaisquer forças externas presentes; assim, usamos o modelo de simplificação que chamamos aproximação do impulso.

O objetivo geral nos problemas de colisão é relacionar as condições finais com as iniciais do sistema.

A colisão pode ser o resultado do contato físico entre dois corpos, conforme descrito na Figura 8.7a. Essa observação é comum quando dois corpos macroscópicos colidem, como duas bolas de bilhar ou uma de beisebol e um bastão.

A noção do que queremos dizer por *colisão* deve ser generalizada, porque "contato" em uma escala microscópica é mal definido. Para compreender a distinção entre colisões macro e microscópicas, considere a de um próton com uma partícula alfa (núcleo do átomo de hélio), ilustrada na Figura 8.7b. Como as partículas são ambas carregadas positivamente, elas se repelem. Ocorreu uma colisão, mas as partículas colidindo nunca entram em "contato".

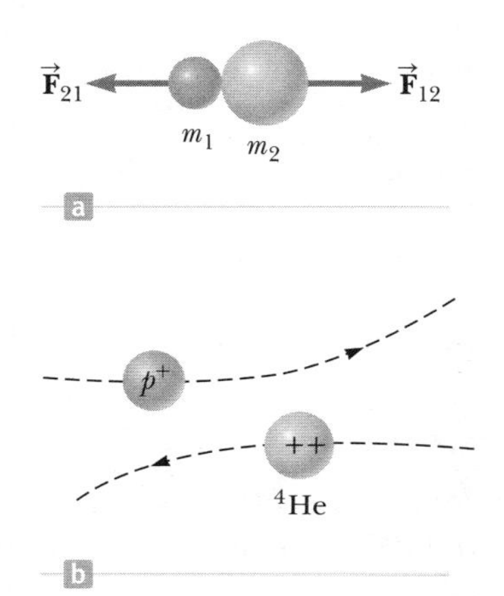

Figura 8.7 (a) A colisão entre dois corpos como resultado de contato direto. (b) A "colisão" entre duas partículas carregadas que não entram em contato.

Quando duas partículas de massas m_1 e m_2 colidem, as forças de colisão podem variar com o tempo de maneira complicada, conforme visto na Figura 8.4. Como resultado, uma análise da situação com a Segunda Lei de Newton pode ser muito complicada. No entanto, vemos que o conceito de momento é similar ao conceito de energia nos Capítulos 6 e 7, o que nos proporciona um método muito mais fácil para resolver problemas que envolvem sistemas isolados.

De acordo com a Equação 8.5, o momento de um sistema isolado é conservado durante alguns eventos de interação, como colisão, por exemplo. A energia cinética do sistema, no entanto, geralmente não é conservada em uma colisão. Definimos colisão inelástica como aquela na qual a energia cinética do sistema não é conservada (mesmo que o momento seja). A colisão da bola de borracha em uma superfície dura é inelástica, por conta de a energia cinética da bola se transformar em energia interna quando a bola é deformada enquanto em contato com a superfície.

BIO Teste de glaucoma

Um exemplo prático de uma colisão inelástica é usado para detectar o glaucoma, uma doença caracterizada pelo aumento da pressão interna ocular, conduzindo à cegueira por conta dos danos das células da retina. Neste exame diagnóstico, os médicos utilizam um dispositivo chamado *tonômetro* para medir a pressão. Esse dispositivo libera um sopro de ar contra a superfície externa ocular e mede a velocidade do ar após refletir o olho. Em condições de pressão normal, o olho é ligeiramente esponjoso e o pulso é refletido em baixa velocidade. À medida que a pressão interna ocular aumenta, a superfície externa se torna mais rígida e a velocidade do pulso refletido aumenta. É essa velocidade que ajuda a medir a pressão interna ocular.

Quando dois corpos colidem e aderem um ao outro após a colisão, a fração máxima possível da energia cinética inicial é transformada ou transferida para longe (pelo som, por exemplo); essa colisão é chamada **perfeitamente inelástica**. Por exemplo, se dois veículos colidem e ficam enroscados, ambos movem-se com alguma velocidade comum após a colisão perfeitamente inelástica. Se um meteorito colide com a Terra, ele fica enterrado no chão, também configurando esse tipo de colisão.

Prevenção de Armadilhas | 8.2

Colisões inelásticas

Em geral, as colisões inelásticas são difíceis de analisar sem informações adicionais. A falta dessas informações aparece na representação matemática como tendo mais incógnitas do que equações.

Uma **colisão elástica** é definida à medida que a energia cinética do sistema é conservada (assim como o momento). As colisões reais no mundo macroscópico, como entre bolas de bilhar, são só aproximadamente elásticas, porque ocorre uma transformação da energia cinética e a energia deixa o sistema por ondas mecânicas, som. Imagine um jogo de bilhar com colisões verdadeiramente elásticas. O choque seria totalmente silencioso! As colisões verdadeiramente elásticas ocorrem entre partículas atômicas e subatômicas. Colisões elásticas e perfeitamente inelásticas são casos *limitados*; um grande número de colisões cai na variação entre eles.

No restante dessa seção, trataremos as colisões em uma dimensão e consideraremos os dois lados extremos: as perfeitamente inelásticas e as elásticas. A distinção importante entre esses dois tipos é que o momento do sistema é conservado em todos os casos, enquanto a energia cinética somente o é em colisões elásticas. Ao analisar as colisões unidimensionais, podemos deixar a notação vetorial e utilizar os sinais positivo e negativo para as velocidades para marcar os sentidos, conforme dissemos no Capítulo 2.

Antes da colisão, as partículas se moviam separadamente.

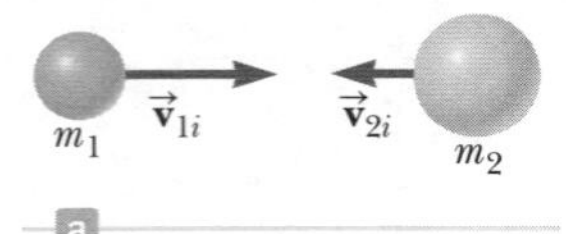

a

Após a colisão, as partículas se movem juntas.

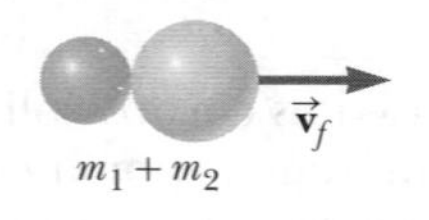

b

Figura Ativa 8.8 Representação esquemática de uma colisão frontal perfeitamente inelástica entre duas partículas.

Colisões perfeitamente inelásticas

Considere duas partículas de massas m_1 e m_2 movendo-se em velocidades iniciais v_{2i} e v_{2i} ao longo de uma linha reta, como mostrado na Figura Ativa 8.8. Se ambas colidem frontalmente, ficam juntas e se movem com uma velocidade comum v_f após a colisão, essa será perfeitamente inelástica. Como o momento total do sistema isolado das duas partículas é igual ao momento total do sistema das partículas combinadas, temos, após a colisão:

$$m_1 v_{1i} + m_2 v_{2i} = (m_1 + m_2) v_f \quad \textbf{8.15}$$

$$v_f = \frac{m_1 v_{1i} + m_2 v_{2i}}{m_1 + m_2} \quad \textbf{8.16}$$

Portanto, se conhecemos as velocidades iniciais de dois corpos, podemos utilizar essa equação simples para determinar a velocidade final comum.

Colisões elásticas

Agora, considere as duas partículas que se submetem a uma colisão frontal elástica (Figura Ativa 8.9) em uma dimensão. Nessa, tanto o momento quanto a energia cinética são conservados; portanto, podemos escrever[2]

[2] Observe que a energia cinética do sistema é a soma das energias cinéticas das duas partículas. Em nossos exemplos de conservação de energia, no Capítulo 7, envolvendo a queda de um corpo e a Terra, ignoramos a energia cinética da Terra por ser muito pequena. Portanto, a energia cinética do sistema é apenas a do corpo caindo. Esse é um caso especial, em que a massa de um dos corpos (a Terra) é tão grande que ignorar sua energia cinética não introduz nenhum erro mensurável. No entanto, para problemas como os descritos aqui e para os de decaimento de partículas, que veremos nos Capítulos 30 e 31, precisamos incluir as energias cinéticas de todas as partículas no sistema.

$$m_1 v_{1i} + m_2 v_{2i} = m_1 v_{1f} + m_2 v_{2f} \qquad \textbf{8.17}$$

$$\tfrac{1}{2} m_1 {v_{1i}}^2 + \tfrac{1}{2} m_2 {v_{2i}}^2 = \tfrac{1}{2} m_1 {v_{1f}}^2 + \tfrac{1}{2} m_2 {v_{2f}}^2 \qquad \textbf{8.18}$$

Em um problema típico envolvendo colisões elásticas, há duas quantidades desconhecidas (como v_{1f} e v_{2f}), e as Equações 8.17 e 8.18 podem ser resolvidas simultaneamente para encontrá-las. Uma abordagem alternativa, que envolve uma pequena manipulação matemática da Equação 8.18, frequentemente simplifica esse processo. Vamos cancelar o fator $\frac{1}{2}$ na Equação 8.18 e reescrevê-la como

$$m_1(v_{1i}^2 - v_{1f}^2) = m_2 -(v_{2f}^2 - v_{2i}^2)$$

Aqui, movemos os termos contendo m_1 para um dos lados da equação, e os contendo m_2 para o outro. Em seguida, fatoramos ambos os lados:

$$m_1(v_{1i} - v_{1f})(v_{1i} + v_{1f}) = m_2(v_{2f} - v_{2i})\,(v_{2f} + v_{2i}) \qquad \textbf{8.19}$$

Agora, separamos os termos contendo m_1 e m_2 na equação para a conservação do momento (Eq. 8.17) para obter

$$m_1(v_{1i} - v_{1f}) = m_2(v_{2f} - v_{2i}) \qquad \textbf{8.20}$$

Para encontrar nosso resultado final, dividimos a Equação 8.19 pela 8.20 e obtemos

$$v_{1i} + v_{1f} = v_{2f} + v_{2i}$$

ou para coletar os valores inicial e final em lados opostos da equação,

$$v_{1i} - v_{2i} = -(v_{1f} - v_{2f}) \qquad \textbf{8.21}$$

Essa equação, em combinação com a condição para conservação do momento, Equação 8.17, pode ser utilizada para resolver problemas que lidam com as colisões elásticas em uma dimensão entre dois corpos. De acordo com a Equação 8.21, a velocidade relativa[3] $v_{1i} - v_{2i}$ dos dois corpos antes da colisão iguala-se ao negativo da velocidade relativa após a colisão $-(v_{1f} - v_{2f})$.

Suponha que as massas e as velocidades iniciais de ambos os corpos sejam conhecidas. As Equações 8.17 e 8.21 podem ser resolvidas para encontrar as velocidades finais quanto a valores iniciais, pois existem duas equações e duas incógnitas:

$$v_{1f} = \left(\frac{m_1 - m_2}{m_1 + m_2}\right) v_{1i} + \left(\frac{2m_2}{m_1 + m_2}\right) v_{2i} \qquad \textbf{8.22}$$

$$v_{2f} = \left(\frac{2m_1}{m_1 + m_2}\right) v_{1i} + \left(\frac{m_2 - m_1}{m_1 + m_2}\right) v_{2i} \qquad \textbf{8.23}$$

É importante lembrar-se de que os sinais apropriados para os valores numéricos de velocidade v_{1i} e v_{2i} devem ser incluídos nas Equações 8.22 e 8.23. Por exemplo, se m_2 estiver se movendo inicialmente para a esquerda, como na Figura Ativa 8.9a, v_{2i} será negativo.

Prevenção de Armadilhas | 8.3

Momento e energia cinética em colisões

O momento linear de um sistema isolado é conservado em todas as colisões. A energia cinética de um sistema isolado é conservada apenas em colisões elásticas. Estas afirmações são verdadeiras, porque energia cinética pode ser transformada em diversos tipos de energia ou ser transferida para fora do sistema (assim, o sistema não pode ser isolado tendo em vista a energia durante a colisão), mas há somente um tipo de momento linear.

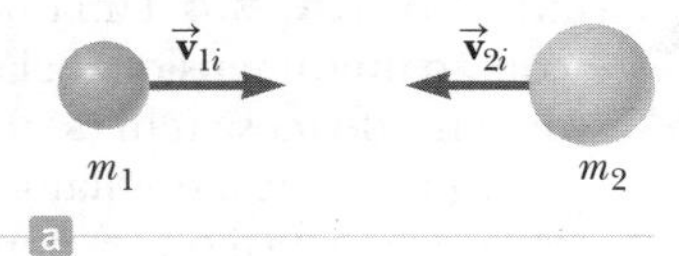

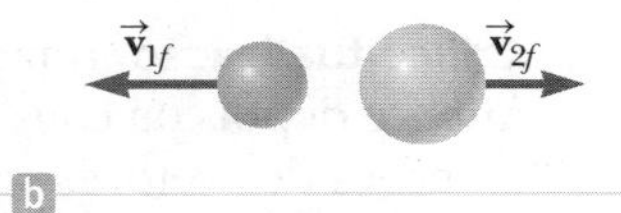

Figura Ativa 8.9 Representação esquemática de uma colisão elástica frontal entre duas partículas.

Prevenção de Armadilhas | 8.4

Não é uma equação geral

Despendemos algum esforço em produzir a Equação 8.21, mas, lembre-se de que ela somente pode ser utilizada em uma situação muito específica: uma colisão unidimensional e elástica entre dois corpos. O conceito geral é conservação do momento (e conservação da energia cinética se a colisão for elástica) para um sistema isolado.

Consideremos alguns casos especiais. Se $m_1 = m_2$, as Equações 8.22 e 8.23 nos mostram que $v_{1f} = v_{2i}$ e $v_{2f} = v_{1i}$. Ou seja, os corpos trocam velocidades se tiverem massas iguais. Isto é o que se observa em colisões frontais de bolas de bilhar, assumindo-se que não haja rotação na bola: a bola inicialmente em movimento para, e a bola inicialmente estacionária move-se para longe com aproximadamente a mesma velocidade.

[3] Consulte na Seção 3.6 uma revisão de velocidade relativa.

Se m_2 estiver inicialmente em repouso, $v_{2i} = 0$, e as Equações 8.22 e 8.23 se tornam

▶ Colisão elástica em uma dimensão: corpo 2 inicialmente em repouso

$$v_{1f} = \left(\frac{m_1 - m_2}{m_1 + m_2}\right) v_{1i} \quad \textbf{8.24} ◀$$

$$v_{2f} = \left(\frac{2m_1}{m_1 + m_2}\right) v_{1i} \quad \textbf{8.25} ◀$$

Se m_1 for muito maior comparado a m_2, vemos, das Equações 8.24 e 8.25, que $v_{1f} \approx v_{1i}$ e $v_{2f} \approx 2v_{1i}$. Ou seja, quando um corpo muito pesado colide frontalmente com outro muito leve, inicialmente em repouso, o pesado continua o movimento inalterado após a colisão, mas o leve recupera a velocidade igual a duas vezes a velocidade inicial do corpo pesado. Exemplo de tal colisão é a de um átomo pesado em movimento, como o urânio, com outro leve, como o hidrogênio.

Se m_2 for muito maior que m_1, e se m_2 estiver inicialmente em repouso, encontramos, das Equações 8.24 e 8.25, que $v_{1f} \approx -v_{1i}$ e $v_{2f} \approx 0$. Ou seja, quando um corpo muito leve colide frontalmente com outro muito pesado, inicialmente em repouso, a velocidade do primeiro é invertida, e o segundo permanece aproximadamente em repouso. Imagine, por exemplo, o que acontece quando uma bola de tênis de mesa bate em uma bola de boliche estacionária.

TESTE RÁPIDO 8.4 Uma bola de tênis de mesa é jogada contra uma bola de boliche parada. A primeira faz uma colisão unidimensional elástica e volta ao longo da mesma linha. Comparada com a bola de boliche após a colisão, a de tênis de mesa tem (**a**) maior módulo de momento e mais energia cinética, (**b**) menor módulo de momento e mais energia cinética, (**c**) maior módulo de momento e menos energia cinética, (**d**) menor módulo de momento e menos energia cinética ou (**e**) o mesmo módulo de momento e a mesma energia cinética.

ESTRATÉGIA PARA RESOLUÇÃO DE PROBLEMAS: Colisões unidimensionais

Você deve usar a seguinte abordagem na resolução de problemas de colisão unidimensional:

1. **Conceitualização** Imagine a colisão ocorrendo em sua mente. Desenhe diagramas simples das partículas antes e depois da colisão e inclua os vetores velocidade apropriados. Primeiro, você pode ter de estimar as direções dos vetores velocidade final.
2. **Categorização** O sistema de partículas é isolado? Em caso afirmativo, categorize a colisão como elástica, inelástica ou perfeitamente inelástica.
3. **Análise** Estabeleça a representação matemática apropriada para o problema. Se a colisão for perfeitamente inelástica, utilize a Equação 8.15. Se for elástica, utilize as Equações 8.17 e 8.21. Se inelástica, utilize a Equação 8.17. Para encontrar as velocidades finais nesse caso, você precisará de informações adicionais.
4. **Finalização** Uma vez que tiver determinado o resultado, verifique se suas respostas são coerentes com as representações mentais e visuais e se os resultados são razoáveis.

Exemplo 8.5 | Energia cinética em uma colisão perfeitamente inelástica

Afirmamos que a quantidade máxima de energia cinética era transformada em outras formas em uma colisão perfeitamente inelástica. Comprove essa declaração matematicamente para a colisão de duas partículas unidimensionais.

SOLUÇÃO

Conceitualização Vamos supor que a energia cinética máxima seja transformada e provar que a colisão é perfeitamente inelástica.

Categorização Categorizamos o sistema de duas partículas como um sistema isolado, e a colisão como unidimensional.

Análise Encontre uma expressão para a relação da energia cinética final após a colisão à energia cinética inicial:

$$f = \frac{K_f}{K_i} = \frac{\frac{1}{2}m_1 {v_{1f}}^2 + \frac{1}{2}m_2 {v_{2f}}^2}{\frac{1}{2}m_1 {v_{1i}}^2 + \frac{1}{2}m_2 {v_{2i}}^2} = \frac{m_1 {v_{1f}}^2 + m_2 {v_{2f}}^2}{m_1 {v_{1i}}^2 + m_2 {v_{2i}}^2}$$

continua

8.5 *cont.*

A quantidade *máxima* de energia transformada em outras formas corresponde ao valor *mínimo* de f. Para as condições iniciais fixas, imagine que as velocidades finais v_{1f} e v_{2f} sejam variáveis. Minimize a fração f com a derivada de f com relação ao v_{1f} e ajuste o resultado igual a zero:

$$\frac{df}{dv_{1f}} = \frac{d}{dv_{1f}}\left(\frac{m_1 v_{1f}^2 + m_2 v_{2f}^2}{m_1 v_{1i}^2 + m_2 v_{2i}^2}\right)$$

$$= \frac{2m_1 v_{1f} + 2m_2 v_{2f}\dfrac{dv_{2f}}{dv_{1f}}}{m_1 v_{1i}^2 + m_2 v_{2i}^2} = 0$$

$$\rightarrow (1) \quad m_1 v_{1f} + m_2 v_{2f}\frac{dv_{2f}}{dv_{1f}} = 0$$

Da conservação da condição de momento, podemos avaliar a derivada em (1). Diferencie a Equação 8.17 em relação a v_{1f}:

$$\frac{d}{dv_{1f}}(m_1 v_{1i} + m_2 v_{2i}) = \frac{d}{dv_{1f}}(m_1 v_{1f} + m_2 v_{2f})$$

$$\rightarrow 0 = m_1 + m_2\frac{dv_{2f}}{dv_{1f}} \rightarrow \frac{dv_{2f}}{dv_{1f}} = -\frac{m_1}{m_2}$$

Substitua essa expressão na derivação para (1):

$$m_1 v_{1f} - m_2 v_{2f}\frac{m_1}{m_2} = 0 \rightarrow v_{1f} = v_{2f}$$

Finalização Se as partículas saem da colisão com a mesma velocidade, elas são unidas, e é uma colisão inelástica perfeita, que é o que nos propomos provar.

Exemplo **8.6** | Faça seguro contra colisão!

Um carro de 1 800 kg parado em um semáforo é atingido na traseira por outro, de 900 kg. Ambos ficam presos, movendo-se ao longo do mesmo caminho do carro que se movia inicialmente. Se esse estivesse se movendo a 20,0 m/s antes da colisão, qual seria a velocidade dos carros emaranhados após a colisão?

SOLUÇÃO

Conceitualização Esse tipo de colisão é facilmente visualizado e pode-se prever que após a colisão ambos os carros estarão movendo-se na mesma direção que a do carro que se movia inicialmente. Como esse tem a metade da massa do carro parado, esperamos que a velocidade final de ambos seja relativamente pequena.

Categorização Identificamos o sistema de dois carros como isolados, considerando o momento na direção horizontal, e aplicamos a aproximação do impulso durante o curto intervalo de tempo da colisão. A frase "ficaram presos" nos diz para categorizar a colisão como perfeitamente inelástica.

Análise O módulo do momento total do sistema antes da colisão é igual ao do carro mais leve, porque o mais pesado está inicialmente em repouso.

Defina o momento inicial do sistema igual ao momento final do sistema:

$$p_i = p_f \rightarrow m_1 v_i = (m_1 + m_2)v_f$$

Resolva v_f e substitua os valores numéricos:

$$v_f = \frac{m_1 v_i}{m_1 + m_2} = \frac{(900\text{ kg})(20{,}0\text{ m/s})}{900\text{ kg} + 1\,800\text{ kg}} = 6{,}67\text{ m/s}$$

Finalização Como a velocidade final é positiva, a direção da velocidade final do conjunto é a mesma da do carro que se movia inicialmente, como previsto. A velocidade do conjunto também é muito menor que a inicial do carro em movimento.

E se? Suponha que invertamos as massas dos carros. E se um carro de 900 kg em repouso for atingido por outro em movimento de 1 800 kg? A velocidade final será a mesma que antes?

continua

8.6 *cont.*

Resposta Intuitivamente, podemos estimar que a velocidade final é maior que 6,67 m/s se o carro inicialmente em movimento for o de maior massa. Matematicamente, esse deve ser o caso, pois o sistema tem momento maior se o carro inicialmente em movimento for o de maior massa. Resolvendo para a velocidade final, encontramos

$$v_f = \frac{m_1 v_i}{m_1 + m_2} = \frac{(1\,800 \text{ kg})(20{,}0 \text{ m/s})}{1\,800 \text{ kg} + 900 \text{ kg}} = 13{,}3 \text{ m/s}$$

que é duas vezes maior do que a velocidade final anterior.

Exemplo 8.7 | Não aceleração dos nêutrons por colisões

Em um reator nuclear, nêutrons são produzidos quando os átomos $^{235}_{92}U$ se dividem em um processo chamado *fissão*. Esses nêutrons movem-se a aproximadamente 10^7 m/s e devem ser desacelerados para aproximadamente 10^3 m/s antes que participem de outro evento de fissão. Eles também são desacelerados quando passados por um material sólido ou líquido, chamado *moderador*. O processo de não aceleração envolve colisões elásticas. Vamos mostrar que um nêutron pode perder a maior parte da sua energia cinética caso colida elasticamente com um moderador contendo núcleos leves, como deutério (em "água pesada", D_2O).

SOLUÇÃO

Conceitualização Imagine um único nêutron passando pelo material moderador e colidindo repetidamente com os núcleos. A energia cinética do nêutron diminuirá em cada colisão, e ele eventualmente desacelerará para a velocidade desejada de 10^3 m/s.

Categorização Identificamos o nêutron e um núcleo de moderador particular como um sistema isolado e usamos uma versão do momento do modelo de sistema isolado. Vamos supor que o núcleo de massa do moderador m_m esteja inicialmente em repouso e que o nêutron de massa m_n e velocidade inicial v_{ni} colida frontalmente com ele. Como o momento e a energia cinética desse sistema são conservados em uma colisão elástica, as Equações 8.24 e 8.25 podem ser aplicadas a uma colisão unidimensional dessas duas partículas.

Análise

Encontre uma expressão para a energia cinética inicial do nêutron:

$$K_{ni} = \tfrac{1}{2} m_n v_{ni}^2$$

Usando a Equação 8.24, encontre uma expressão para a energia cinética final do nêutron:

$$K_{nf} = \tfrac{1}{2} m_n v_{nf}^2 = \tfrac{1}{2} m_n \left(\frac{m_n - m_m}{m_n + m_m}\right)^2 v_{ni}^2$$

Agora, encontre uma expressão para a fração da energia cinética total adquirida pelo nêutron após a colisão:

$$(1)\quad f_n = \frac{K_{nf}}{K_{ni}} = \frac{\tfrac{1}{2} m_n \left(\frac{m_n - m_m}{m_n + m_m}\right)^2 v_{ni}^2}{\tfrac{1}{2} m_n v_{ni}^2} = \left(\frac{m_n - m_m}{m_n + m_m}\right)^2$$

Encontre uma expressão para a energia cinética do núcleo do moderador após a colisão usando a Equação 8.25:

$$(2)\quad K_{mf} = \tfrac{1}{2} m_m v_{mf}^2 = \frac{2 m_n^2 m_m}{(m_n + m_m)^2} v_{ni}^2$$

Use a Equação (2) para encontrar uma expressão para a fração da energia cinética total transferida para o núcleo do moderador:

$$(3)\quad f_{\text{trans}} = \frac{K_{mf}}{K_{ni}} = \frac{\frac{2 m_n^2 m_m}{(m_n + m_m)^2} v_{ni}^2}{\tfrac{1}{2} m_n v_{ni}^2} = \frac{4 m_n m_m}{(m_n + m_m)^2}$$

Finalização Se $m_m \approx m_n$, vemos que $f_{\text{trans}} \approx 1 = 100\%$. Como a energia cinética do sistema é conservada, a Equação (3) também pode ser obtida da Equação (1), com a condição de que $f_n + f_m = 1$; assim, $f_m = 1 - f_n$.

Para colisões de nêutrons com o núcleo do deutério em D_2O ($m_m = 2m_n$), $f_n = 1/9$ e $f_{\text{trans}} = 8/9$. Ou seja, 89% da energia cinética do nêutron são transferidos para o núcleo do deutério. Na prática, a eficiência do moderador é reduzida porque colisões frontais são pouco prováveis de ocorrer.

Exemplo 8.8 | Colisão de dois corpos com uma mola

Um bloco de massa $m_1 = 1{,}60$ kg movendo-se inicialmente para a direita com uma velocidade de 4,00 m/s em um trilho horizontal sem atrito colide com uma mola leve presa a um segundo bloco de massa $m_2 = 2{,}10$ kg movendo-se inicialmente para a esquerda com uma velocidade de 2,50 m/s, como mostrado na Figura 8.10a. A constante da mola é 600 N/m.

(A) Encontre as velocidades dos dois blocos após a colisão.

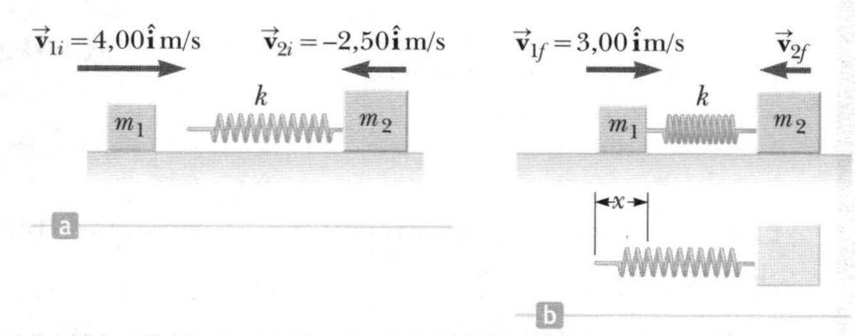

Figura 8.10 (Exemplo 8.8) Um bloco em movimento se aproxima de um segundo, também em movimento, preso a uma mola.

SOLUÇÃO

Conceitualização Com a ajuda da Figura 8.10a, execute uma animação da colisão em sua mente. A Figura 8.10b mostra um instante durante a colisão no qual a mola é comprimida. No final, o bloco 1 e a mola irão separar-se novamente; portanto, o sistema parecerá como o da Figura 8.10a novamente, mas com vetores velocidade diferentes para os dois blocos.

Categorização Como a força elástica é conservativa, a energia cinética no sistema dos dois blocos e a mola não é transformada em energia interna durante a compressão da mola. Ignorando qualquer som produzido quando o bloco bate na mola, podemos categorizar a colisão como elástica, e o sistema como isolado tanto para energia como para momento.

Análise Como o momento do sistema é conservado, aplique a Equação 8.17:

$$(1)\quad m_1v_{1i} + m_2v_{2i} = m_1v_{1f} + m_2v_{2f}$$

Como a colisão é elástica, aplique a Equação 8.21:

$$(2)\quad v_{1i} - v_{2i} = -(v_{1f} - v_{2f})$$

Multiplique a Equação (2) por m_1:

$$(3)\quad m_1v_{1i} - m_1v_{2i} = -m_1v_{1f} + m_1v_{2f}$$

Adicione as Equações (1) e (3):

$$2m_1v_{1i} + (m_2 - m_1)v_{2i} = (m_1 + m_2)v_{2f}$$

Resolva para v_{2f}:

$$v_{2f} = \frac{2m_1v_{1i} + (m_2 - m_1)v_{2i}}{m_1 + m_2}$$

Substitua os valores numéricos:

$$v_{2f} = \frac{2(1{,}60\text{ kg})(4{,}00\text{ m/s}) + (2{,}10\text{ kg} - 1{,}60\text{ kg})(-2{,}50\text{ m/s})}{1{,}60\text{ kg} + 2{,}10\text{ kg}} = \boxed{3{,}12\text{ m/s}}$$

Resolva a Equação (2) para v_{1f} e substitua os valores numéricos:

$$v_{1f} = v_{2f} - v_{1i} + v_{2i} = 3{,}12\text{ m/s} - 4{,}00\text{ m/s} + (-2{,}50\text{ m/s}) = \boxed{-3{,}38\text{ m/s}}$$

(B) Determine a velocidade do bloco 2 durante a colisão no instante em que o bloco 1 está se movendo para a direita com velocidade +3,00 m/s, como na Figura 8.10b.

SOLUÇÃO

Conceitualização Concentre sua atenção agora na Figura 8.10b, que representa a configuração final do sistema para o intervalo de tempo de interesse.

Categorização Como o momento e a energia mecânica do sistema de dois blocos e da mola são conservados *durante* o choque, a colisão pode ser categorizada como elástica para *qualquer* instante de tempo final. Vamos agora escolher como o instante final quando o bloco 1 está se movendo com velocidade de +3,00 m/s.

Análise Aplique a Equação 8.17:

$$m_1v_{1i} + m_2v_{2i} = m_1v_{1f} + m_2v_{2f}$$

Resolva para v_{2f}:

$$v_{2f} = \frac{m_1v_{1i} + m_2v_{2i} - m_1v_{1f}}{m_2}$$

continua

8.8 *cont.*

Substitua os valores numéricos:

$$v_{2f} = \frac{(1,60\,\text{kg})(4,00\,\text{m/s}) + (2,10\,\text{kg})(-2,50\,\text{m/s}) - (1,60\,\text{kg})(3,00\,\text{m/s})}{2,10\,\text{kg}}$$

$$= -1,74\ \text{m/s}$$

Finalização O valor negativo para v_{2f} significa que o bloco 2 ainda está se movendo para a esquerda no instante que estamos considerando.

(C) Determine a distância que a mola é comprimida nesse instante.

SOLUÇÃO

Conceitualização Mais uma vez, concentre-se na configuração de sistema mostrada na Figura 8.10b.

Categorização Para o sistema da mola e dos dois blocos, nem atrito nem outras forças não conservativas agem. Portanto, categorizamos o sistema como isolado quanto a energia com nenhuma força não conservativa agindo. O sistema também permanece isolado quanto ao momento.

Análise Escolhemos como a configuração inicial do sistema a que existia imediatamente antes de o bloco 1 bater na mola, e como configuração final quando o bloco 1 está se movendo para a direita a 3,00 m/s.

Escreva uma equação de conservação da energia mecânica para o sistema:

$$K_i + U_i = K_f + U_f$$

Obtenha as energias, reconhecendo que dois corpos no sistema têm energia cinética e que a energia potencial é elástica:

$$\tfrac{1}{2}m_1v_{1i}^{\ 2} + \tfrac{1}{2}m_2v_{2i}^{\ 2} + 0 = \tfrac{1}{2}m_1v_{1f}^{\ 2} + \tfrac{1}{2}m_2v_{2f}^{\ 2} + \tfrac{1}{2}kx^2$$

Substitua os valores conhecidos e o resultado da parte (B):

$$\tfrac{1}{2}(1,60\,\text{kg})(4,00\,\text{m/s})^2 + \tfrac{1}{2}(2,10\,\text{kg})(2,50\,\text{m/s})^2 + 0$$
$$= \tfrac{1}{2}(1,60\,\text{kg})(3,00\,\text{m/s})^2 + \tfrac{1}{2}(2,10\,\text{kg})(1,74\,\text{m/s})^2 + \tfrac{1}{2}(600\,\text{N/m})x^2$$

Resolva para x:

$$x = 0,173\,\text{m}$$

Finalização Essa resposta não é a compressão máxima da mola, pois os dois blocos ainda estão se movendo um em direção ao outro no instante mostrado na Figura 8.10b. Você pode determinar a compressão máxima da mola?

8.5 | Colisões em duas dimensões

Na Seção 8.1, mostramos que o momento total de um sistema é conservado quando ele é isolado (ou seja, quando nenhuma força externa age sobre o sistema). Para uma colisão geral de duas partículas em espaços tridimensionais, o princípio da conservação do momento implica que o momento total de cada direção é conservado. Um importante subconjunto de colisões ocorre em um plano. O jogo de bilhar é um exemplo familiar que envolvem colisões múltiplas de partículas que se movem em uma superfície bidimensional. Restringiremos nossa atenção a uma única colisão bidimensional simples entre duas partículas que se realiza em um plano. Para tal colisão, obtemos duas equações de componentes para a conservação do momento:

$$m_1v_{1ix} + m_2v_{2ix} = m_1v_{1fx} + m_2v_{2fx}$$
$$m_1v_{1iy} + m_2v_{2iy} = m_1v_{1fy} + m_2v_{2fy}$$

em que os três subscritos nessa equação geral representam, respectivamente, (1) a identificação da partícula, (2) os valores inicial e final e (3) a componente de velocidade na direção x ou y.

Considere um problema bidimensional, no qual uma partícula de massa m_1 colide com outra de massa m_2 inicialmente em repouso, como na Figura Ativa 8.11. Após a colisão, m_1 se move a um ângulo θ em relação à horizontal,

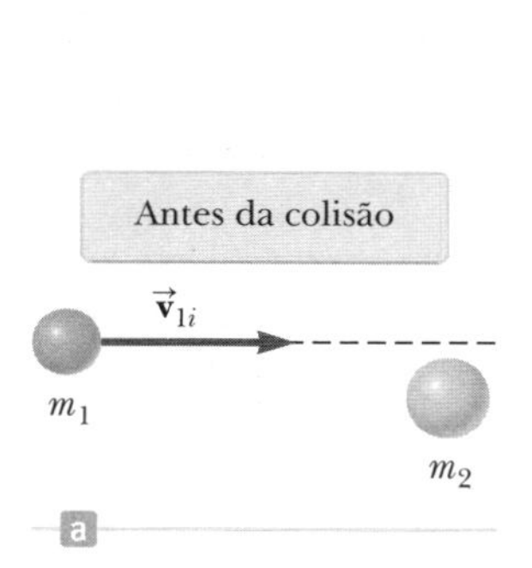

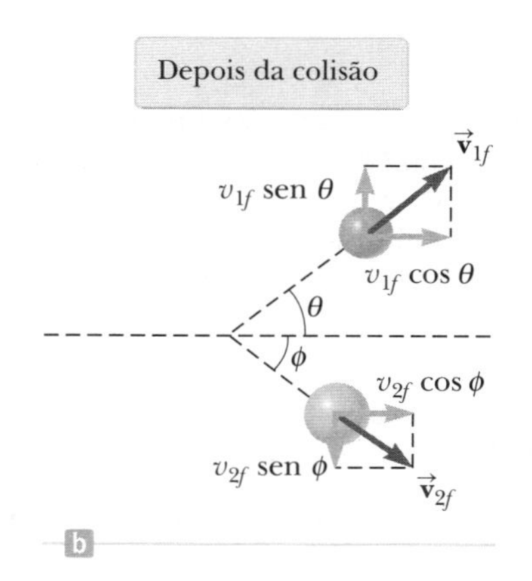

Figura Ativa 8.11 Uma colisão oblíqua elástica entre duas partículas.

e m_2 a um ângulo ϕ em relação à horizontal. Esse caso é chamado colisão *oblíqua*. Aplicando a lei da conservação do momento na forma de componente, e observando que a componente y inicial do momento do sistema é zero, temos

$$\text{componente } x\text{:} \quad m_1 v_{1i} + 0 = m_1 v_{1f} \cos\theta + m_2 v_{2f} \cos\phi \qquad \textbf{8.26}$$

$$\text{componente } y\text{:} \quad 0 + 0 = m_1 v_{1f} \operatorname{sen}\theta - m_2 v_{2f} \operatorname{sen}\phi \qquad \textbf{8.27}$$

Se a colisão for elástica, podemos escrever a terceira equação para a conservação de energia cinética na forma

$$\tfrac{1}{2} m_1 v_{1i}^{\,2} = \tfrac{1}{2} m_1 v_{1f}^{\,2} + \tfrac{1}{2} m_2 v_{2f}^{\,2} \qquad \textbf{8.28}$$

Se sabemos a velocidade inicial v_{1i} e as massas, temos quatro incógnitas (v_{1f}, v_{2f}, θ e ϕ). Como temos apenas três equações, uma das quatro quantidades restantes deve ser fornecida para determinar o movimento após a colisão com base apenas nos princípios de conservação.

Se a colisão for inelástica, a energia cinética *não* é conservada, e a Equação 8.28 *não* se aplica.

ESTRATÉGIA PARA RESOLUÇÃO DE PROBLEMAS: Colisões bidimensionais

O seguinte procedimento é recomendado ao lidar com problemas que envolvem colisões entre duas partículas em duas dimensões:

1. **Conceitualização** Imagine as colisões ocorrendo e as direções aproximadas nas quais as partículas irão mover-se após a colisão. Estabeleça um sistema de coordenadas e defina suas velocidades em relação a esse sistema. É conveniente fazer o eixo x coincidir com uma das velocidades iniciais. Esboce o sistema de coordenadas, desenhe e identifique todos os vetores velocidade e inclua todas as informações fornecidas.
2. **Categorização** O sistema de partículas é realmente isolado? Em caso afirmativo, categorize a colisão como elástica, inelástica ou perfeitamente inelástica.
3. **Análise** Escreva expressões para as componentes x e y do momento de cada partícula antes e depois da colisão. Lembre-se de incluir os sinais adequados às componentes dos vetores velocidade e preste atenção aos sinais ao longo do cálculo.

   Escreva expressões para o momento *total* na direção x *antes* e *depois* da colisão e iguale as duas. Repita esse procedimento para o momento total na direção y.

   Continue a resolver as equações de momento para as quantidades desconhecidas. Se a colisão é inelástica, a energia cinética *não* é conservada, e informações adicionais provavelmente serão necessárias. Se a colisão é perfeitamente inelástica, as velocidades finais dos dois corpos são iguais.

   Se a colisão é elástica, a energia cinética é conservada, e você pode igualar a energia cinética total do sistema antes da colisão com aquela após a colisão, fornecendo uma relação adicional entre os módulos da velocidade.
4. **Finalização** Uma vez que tiver determinado o resultado, verifique se suas respostas são coerentes com as representações mentais e visuais e se os resultados são razoáveis.

Exemplo 8.9 | Colisão próton-próton

Um próton colide elasticamente com outro que está inicialmente em repouso. O próton chega com velocidade inicial de $3{,}50 \times 10^5$ m/s e tem uma colisão oblíqua com o segundo, como na Figura Ativa 8.11. (A uma curta distância de separação, os prótons exercem uma força eletrostática de repulsão uns sobre os outros.) Após a colisão, um próton sai a um ângulo de 37,0° em relação à direção original de movimento, e o segundo desvia a um ângulo ϕ em relação ao mesmo eixo. Encontre as velocidades finais dos dois prótons e o ângulo ϕ.

SOLUÇÃO

Conceitualização Essa colisão é como a mostrada na Figura Ativa 8.11, que ajudará a conceitualizar o comportamento do sistema. Definimos o eixo x ao longo da direção do vetor velocidade do próton inicialmente em movimento.

Categorização O par de prótons formam um sistema isolado. Tanto o momento como a energia cinética do sistema são conservados nessa colisão elástica oblíqua.

Análise Utilizando o modelo de sistema isolado para ambos, momento e energia, para uma colisão elástica bidimensional, defina a representação matemática com as Equações 8.26 a 8.28:

$$(1)\quad v_{1f}\cos\theta + v_{2f}\cos\phi = v_{1i}$$

$$(2)\quad v_{1f}\,\text{sen}\,\theta - v_{2f}\,\text{sen}\,\phi = 0$$

$$(3)\quad {v_{1f}}^2 + {v_{2f}}^2 = {v_{1i}}^2$$

Reorganize as Equações (1) e (2):

$$v_{2f}\cos\phi = v_{1i} - v_{1f}\cos\theta$$

$$v_{2f}\,\text{sen}\,\phi = v_{1f}\,\text{sen}\,\phi$$

Eleve ao quadrado essas duas equações e as adicione:

$$\begin{aligned}&{v_{2f}}^2\cos^2\phi + {v_{2f}}^2\,\text{sen}^2\,\phi = \\ &{v_{1i}}^2 - 2v_{1i}v_{1f}\cos\theta + {v_{1f}}^2\cos^2\theta + {v_{1f}}^2\,\text{sen}^2\,\theta\end{aligned}$$

Lembre-se de que a soma dos quadrados do seno e cosseno para *qualquer* ângulo é igual a 1:

$$(4)\quad {v_{2f}}^2 = {v_{1i}}^2 - 2v_{1i}v_{1f}\cos\theta + {v_{1f}}^2$$

Substitua a Equação (4) na Equação (3):

$${v_{1f}}^2 + ({v_{1i}}^2 - 2v_{1i}v_{1f}\cos\theta + {v_{1f}}^2) = {v_{1i}}^2$$

$$(5)\quad {v_{1f}}^2 - v_{1i}v_{1f}\cos\theta = 0$$

Uma possível solução da Equação (5) é $v_{1f} = 0$, que corresponde a uma colisão frontal unidimensional, na qual o primeiro próton para e o segundo continua com a mesma velocidade na mesma direção. Essa não é a solução que queremos.

Divida ambos os lados da Equação (5) por v_{1f} e resolva para o fator restante de v_{1f}:

$$v_{1f} = v_{1i}\cos\theta = (3{,}50 \times 10^5\ \text{m/s})\cos 37{,}0° = \boxed{2{,}80 \times 10^5\ \text{m/s}}$$

Utilize a Equação (3) para encontrar v_{2f}:

$$\begin{aligned}v_{2f} &= \sqrt{{v_{1i}}^2 - {v_{1f}}^2} = \sqrt{(3{,}50 \times 10^5\ \text{m/s})^2 - (2{,}80 \times 10^5\ \text{m/s})^2} \\ &= \boxed{2{,}11 \times 10^5\ \text{m/s}}\end{aligned}$$

Utilize a Equação (2) para encontrar ϕ:

$$\begin{aligned}(2)\quad \phi &= \text{sen}^{-1}\left(\frac{v_{1f}\,\text{sen}\,\theta}{v_{2f}}\right) = \text{sen}^{-1}\left[\frac{(2{,}80 \times 10^5\ \text{m/s})\,\text{sen}\,37{,}0°}{(2{,}11 \times 10^5\ \text{m/s})}\right] \\ &= \boxed{53{,}0°}\end{aligned}$$

Finalização É interessante que $\theta + \phi = 90°$. O resultado *não* é acidental. Sempre que duas partículas de massas iguais colidem elasticamente em uma colisão oblíqua e uma delas está inicialmente em repouso, suas velocidades finais são perpendiculares entre si.

Exemplo 8.10 | Colisão em um cruzamento

Um carro de 1 500 kg viajando para o leste com velocidade de 25,0 m/s colide em um cruzamento com um caminhão de 2 500 kg, deslocando-se para o norte com uma velocidade de 20,0 m/s, como mostrado na Figura 8.12. Encontre a direção e o módulo da velocidade dos destroços após a colisão, considerando que os veículos ficaram unidos depois da batida.

continua

8.10 *cont.*

SOLUÇÃO

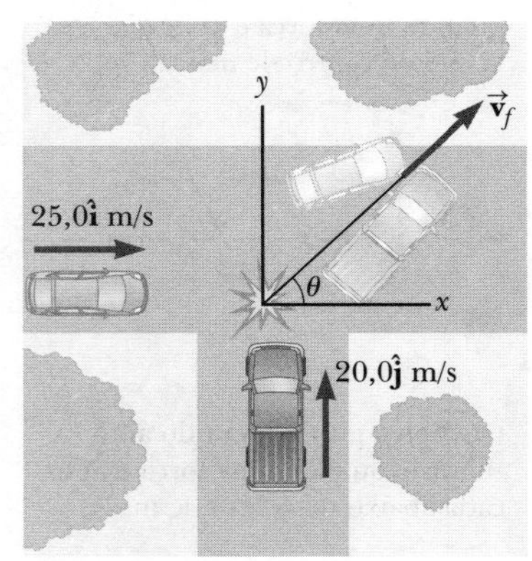

Figura 8.12 (Exemplo 8.10) Um carro rumo ao leste colidindo com um caminhão rumo ao norte.

Conceitualização A Figura 8.12 deve ajudar a conceitualizar a situação antes e depois da colisão. Vamos escolher o leste como a direção x positiva, e o norte como y positiva.

Categorização Como consideramos momentos imediatamente antes e imediatamente após a colisão ao definir nosso intervalo de tempo, ignoramos o pequeno efeito que o atrito teria sobre as rodas dos veículos e consideramos o sistema dos dois veículos como isolado em termos de momento. Também ignoramos os tamanhos dos veículos e os consideramos como partículas. A colisão é perfeitamente inelástica, pois o carro e o caminhão ficam unidos após a colisão.

Análise Antes da colisão, o único corpo que tem momento na direção x é o carro. Portanto, o módulo do momento inicial total do sistema (carro mais caminhão) na direção x é apenas o módulo do momento do carro. Similarmente, o momento total do sistema na direção y é o do caminhão. Após a colisão, vamos considerar que os destroços se movem a um ângulo θ em relação ao eixo x com velocidade v_f.

Iguale os momentos inicial e final do sistema na direção x:

$$\sum p_{xi} = \sum p_{xf} \quad \rightarrow \quad (1) \quad m_1 v_{1i} = (m_1 + m_2) v_f \cos\theta$$

Iguale os momentos inicial e final do sistema na direção y:

$$\sum p_{yi} = \sum p_{yf} \quad \rightarrow \quad (2) \quad m_2 v_{2i} = (m_1 + m_2) v_f \operatorname{sen}\theta$$

Divida a Equação (2) pela Equação (1):

$$\frac{m_2 v_{2i}}{m_1 v_{1i}} = \frac{\operatorname{sen}\theta}{\cos\theta} = \operatorname{tg}\theta$$

Resolva para θ e substitua os valores numéricos:

$$\theta = \operatorname{tg}^{-1}\left(\frac{m_2 v_{2i}}{m_1 v_{1i}}\right) = \operatorname{tg}^{-1}\left[\frac{(2\,500 \text{ kg})(20{,}0 \text{ m/s})}{(1\,500 \text{ kg})(25{,}0 \text{ m/s})}\right] = \boxed{53{,}1^\circ}$$

Use a Equação (2) para encontrar o valor de v_f e substitua os valores numéricos:

$$v_f = \frac{m_2 v_{2i}}{(m_1 + m_2)\operatorname{sen}\theta} = \frac{(2\,500 \text{ kg})(20{,}0 \text{ m/s})}{(1\,500 \text{ kg} + 2\,500 \text{ kg}) \operatorname{sen} 53{,}1^\circ} = \boxed{15{,}6 \text{ m/s}}$$

Finalização Observe que o ângulo θ está qualitativamente de acordo com a Figura 8.12. Observe também que a velocidade final do conjunto é menor que as velocidades iniciais dos dois veículos. Esse resultado é coerente com a energia cinética do sistema sendo reduzida em uma colisão inelástica. Pode ajudar se você desenhar os vetores momento de cada veículo antes da colisão e os vetores unidos após a colisão.

8.6 | Centro de massa

Nessa seção, descrevemos o movimento global de um sistema de partículas com respeito a um ponto muito especial chamado **centro de massa** do sistema. Essa noção nos dá confiança no modelo de partículas, porque vemos que o centro de massa acelera como se todas as massas do sistema fossem concentradas naquele ponto e todas as forças externas agissem ali.

Considere um sistema que consiste em um par de partículas conectadas por uma haste rígida e leve (Fig. Ativa 8.13). O centro de massa, conforme indicado na figura, está localizado na haste e próximo à massa maior; veremos logo por quê. Se uma única força é aplicada em algum ponto na haste acima do centro da massa, o sistema gira no sentido horário (Figura Ativa 8.13a) à medida que se desloca pelo espaço. Se a força é aplicada em um ponto na haste abaixo do centro de massa, o sistema roda no sentido anti-horário (Fig. Ativa 8.13b). Se a força é aplicada exatamente no centro de massa, o sistema se move na direção de $\vec{\mathbf{F}}$ sem girar (Fig. Ativa. 8.13c), como se o sistema estivesse se comportando como uma partícula. Portanto, na teoria, o centro de massa pode ser localizado com esse experimento.

Se fôssemos analisar o movimento na Figura Ativa 8.13c, descobriríamos que o sistema se move como se toda sua massa estivesse concentrada no centro de massa. Além disso, se a força externa resultante no sistema é $\Sigma\vec{\mathbf{F}}$ e a massa total do sistema M, o centro de massa se move com uma aceleração dada por $\vec{\mathbf{a}} = \Sigma\vec{\mathbf{F}}/M$. Ou seja, o sistema

O sistema gira no sentido horário quando uma força é aplicada acima do centro de massa.

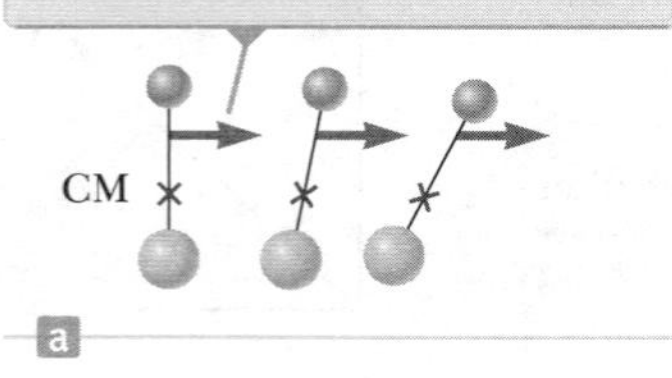

O sistema gira no sentido anti-horário quando uma força é aplicada abaixo do centro de massa.

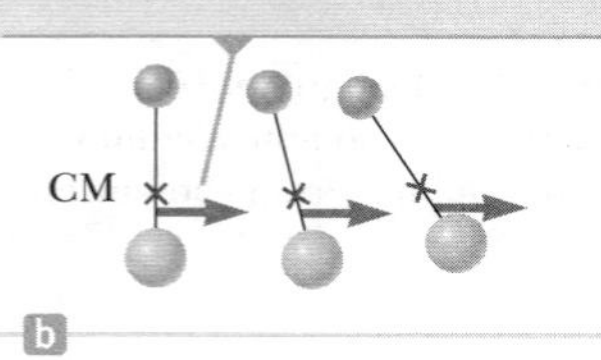

O sistema se move na direção da força sem girar quando uma força é aplicada no centro de massa.

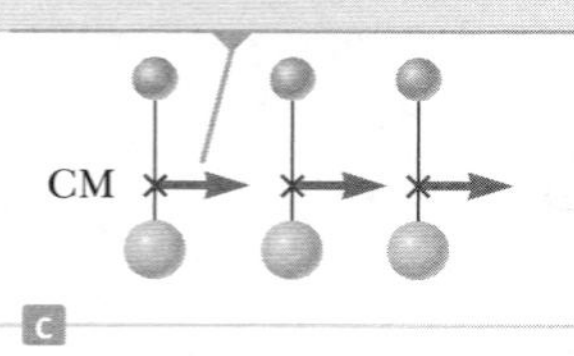

Figura Ativa 8.13 Uma força é aplicada a um sistema de duas partículas de massa desigual conectadas por uma haste rígida e leve.

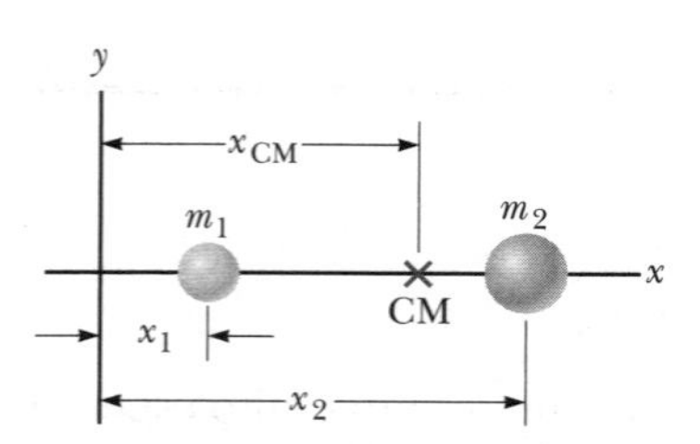

Figura Ativa 8.14 O centro de massa de duas partículas de massas desiguais no eixo x está localizado em x_{CM}, um ponto entre as partículas, mais perto daquela que tem massa maior.

se move como se a força externa resultante fosse aplicada a uma única partícula de massa M localizada no centro de massa, o que justifica nosso modelo de partícula para corpos extensos. Até agora, ignoramos todos os efeitos rotacionais para corpos extensos, assumindo implicitamente que as forças foram fornecidas apenas na posição correta, de modo que não causem nenhum giro. Estudaremos o movimento rotacional no Capítulo 10, quando aplicaremos as forças que não passam pelo centro de massa.

A posição do centro de massa de um sistema pode ser descrita como a *posição média* da massa do sistema. Por exemplo, o centro de massa do par de partículas descrito na Figura 8.14 está localizado no eixo x, em algum lugar entre as partículas. Neste caso, a coordenada x do centro de massa é

$$x_{CM} = \frac{m_1 x_1 + m_2 x_2}{m_1 + m_2} \qquad \textbf{8.29}$$

Por exemplo, se $x_1 = 0$, $x_2 = d$ e $m_2 = 2m_1$, descobrimos que $x_{CM} = \frac{2}{3}d$. Ou seja, o centro de massa fica mais perto da partícula com maior massa. Se as duas massas são iguais, o centro de massa fica a meio caminho entre elas.

Podemos estender esse conceito a um sistema de muitas partículas em três dimensões. A coordenada x do centro de massa de n partículas é definido como

$$x_{CM} \equiv \frac{m_1 x_1 + m_2 x_2 + m_3 x_3 + \cdots + m_n x_n}{m_1 + m_2 + m_3 + \cdots + m_n} = \frac{\sum_i m_i x_i}{\sum_i m_i} = \frac{\sum_i m_i x_i}{M} \qquad \textbf{8.30}$$

em que x_i é a coordenada x da *iésima* partícula e M é a *massa total* do sistema. As coordenadas y e z do centro de massa são definidas de maneira similar pelas equações

$$y_{CM} \equiv \frac{\sum_i m_i y_i}{M} \quad \text{e} \quad z_{CM} \equiv \frac{\sum_i m_i z_i}{M} \qquad \textbf{8.31}$$

O centro de massa também pode ser localizado pelo vetor posição $\vec{\mathbf{r}}_{CM}$. As coordenadas retangulares desse vetor são x_{CM}, y_{CM} e z_{CM}, definidas nas Equações 8.30 e 8.31. Portanto,

$$\vec{\mathbf{r}}_{CM} = x_{CM}\hat{\mathbf{i}} + y_{CM}\hat{\mathbf{j}} + z_{CM}\hat{\mathbf{k}} = \frac{\sum_i m_i x_i \hat{\mathbf{i}} + \sum_i m_i y_i \hat{\mathbf{j}} + \sum_i m_i z_i \hat{\mathbf{k}}}{M}$$

$$\vec{\mathbf{r}}_{CM} = \frac{\sum_i m_i \vec{\mathbf{r}}_i}{M} \qquad \textbf{8.32}$$

em que $\vec{\mathbf{r}}_i$ é o vetor posição da *iésima* partícula, definido por

$$\vec{\mathbf{r}}_i \equiv x_i \hat{\mathbf{i}} + y_i \hat{\mathbf{j}} + z_i \hat{\mathbf{k}}$$

A Equação 8.32 é útil para encontrar o centro de massa de um número relativamente pequeno de partículas discretas. E um corpo alongado, que tem uma distribuição de massa contínua? Embora localizar o centro de massa de um corpo alongado seja um pouco mais difícil do que localizar o centro de um sistema de partículas, esse local tem como base as mesmas ideias fundamentais. Podemos modelar o corpo alongado como um sistema que contém um grande número de elementos (Fig. 8.15). Cada elemento é modelado como uma partícula de massa Δm_i, com as coordenadas x_i, y_i, z_i. A separação entre partículas é muito pequena, assim, esse modelo é uma boa representação da distribuição de massa contínua do corpo. A coordenada x do centro de massa das partículas que representam o corpo e, portanto, do centro de massa aproximada do corpo, é

$$x_{CM} \approx \frac{\sum_i x_i \Delta m_i}{M}$$

com expressões similares para y_{CM} e z_{CM}. Se deixarmos o número de elementos se aproximar do infinito (e, por consequência, o tamanho e a massa de cada abordagem de elemento zero), o modelo se torna indistinguível da distribuição de massa contínua, e x_{CM} é dado com precisão. Neste limite, substituímos a soma por uma integral e Δm_i pelo elemento diferencial dm:

$$x_{CM} = \lim_{\Delta m_i \to 0} \frac{\sum_i x_i \Delta m_i}{M} = \frac{1}{M}\int x\, dm \qquad \textbf{8.33}$$

em que a integração é sobre o comprimento do corpo na direção x. Da mesma maneira, para y_{CM} e z_{CM} obtemos

$$y_{CM} = \frac{1}{M}\int y\, dm \quad \text{e} \quad z_{CM} = \frac{1}{M}\int z\, dm \qquad \textbf{8.34}$$

Um corpo alongado pode ser considerado como uma distribuição de pequenos elementos de massa Δm_i.

Figura 8.15 O centro de massa está localizado na posição vetorial $\vec{\mathbf{r}}_{CM}$, que tem coordenadas x_{CM}, y_{CM} e z_{CM}.

Podemos expressar o vetor posição do centro de massa de um corpo alongado como

$$\vec{\mathbf{r}}_{CM} = \frac{1}{M}\int \vec{\mathbf{r}}\, dm \qquad \textbf{8.35}$$

▶ Centro da massa de uma distribuição de massa contínua

que é equivalente às três expressões dadas pelas Equações 8.33 e 8.34.

O centro de massa de um corpo homogêneo e simétrico deve estar no eixo de simetria. Por exemplo, o centro de massa de uma haste homogênea deve estar a meio caminho entre as extremidades da haste. O centro de massa de uma esfera ou um cubo homogêneo deve estar no seu centro geométrico.

O centro de massa de um sistema é frequentemente confundido com o **centro de gravidade** do sistema. O efeito resultante de todas essas forças é equivalente ao de uma força única $M\vec{\mathbf{g}}$ agindo em um ponto especial, chamado centro de gravidade. O centro de gravidade é a posição média de todas as forças gravitacionais em todas as partes do corpo. Se $\vec{\mathbf{g}}$ é uniforme por todo o sistema, o centro de gravidade coincide com o centro de massa. Se o campo gravitacional no sistema não é uniforme, os centros de gravidade e de massa são diferentes. Na maioria dos casos, para corpos ou sistemas de tamanho razoável, os dois pontos podem ser considerados coincidentes.

Um experimento pode determinar o centro de gravidade de um corpo irregularmente moldado, como uma chave-inglesa, suspendendo-a de dois pontos diferentes (Fig. 8.16). Um corpo desse tamanho praticamente não tem variação no campo gravitacional sobre suas dimensões; então, esse método também localiza o centro de massa. Uma chave-inglesa é, primeiro, pendurada no ponto A e uma linha vertical AB (pode-se estabelecê-la com um fio de prumo) é desenhada quando ela estiver em equilíbrio. A chave é, então, pendurada pelo ponto C, e uma segunda linha vertical CD é desenhada. O centro de massa coincide com a interseção dessas duas linhas. Na verdade, se a chave for pendurada livremente de qualquer ponto, a linha vertical através desse ponto passará pelo centro de massa.

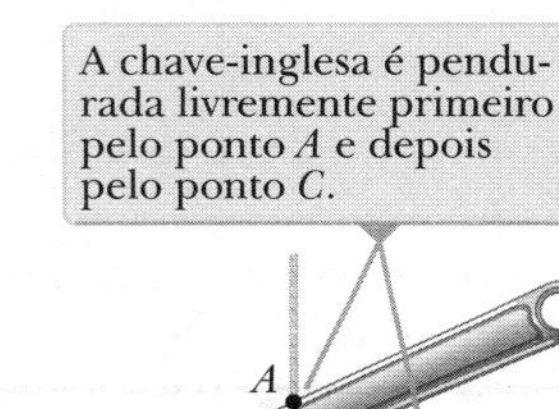

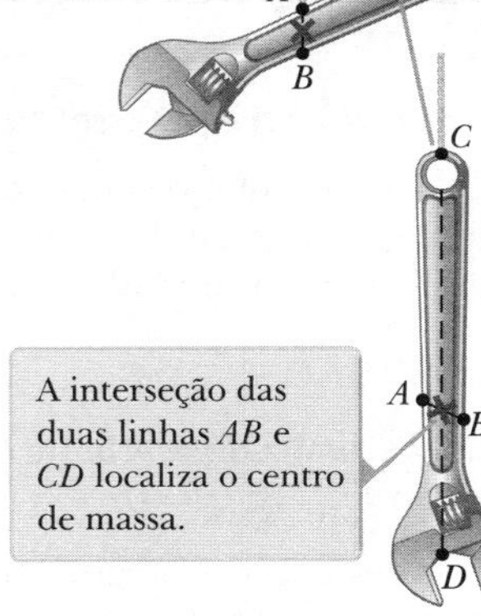

Figura 8.16 Uma técnica experimental para determinar o centro de massa da uma chave-inglesa.

TESTE RÁPIDO 8.5 Um taco de beisebol de densidade uniforme é cortado no local de seu centro de massa, como mostrado na Figura 8.17. Qual parte tem a massa menor? (**a**) a da direita (**b**) a da esquerda (**c**) ambas têm a mesma massa (**d**) impossível de determinar.

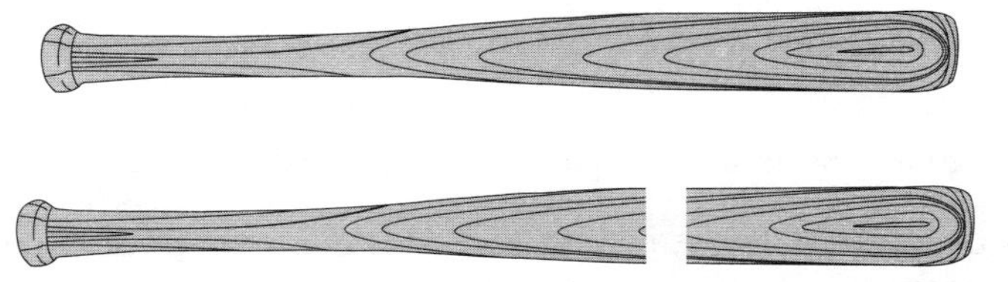

Figura 8.17 (Teste Rápido 8.5) Um taco de beisebol cortado no local de seu centro de massa.

Exemplo 8.11 | O centro de massa de três partículas

Um sistema consiste em três partículas localizadas como mostra a Figura 8.18. Encontre o centro de massa do sistema. As massas das partículas são $m_1 = m_2 = 1{,}0$ kg e $m_3 = 2{,}0$ kg.

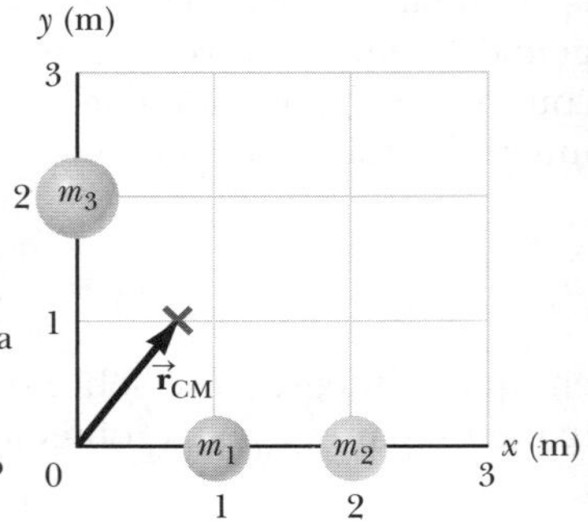

Figura 8.18 (Exemplo 8.11) Duas partículas estão localizadas no eixo *x*, e apenas uma está localizada no eixo *y*, como mostrado. O vetor indica a localização do centro de massa do sistema.

SOLUÇÃO

Conceitualização A Figura 8.18 mostra as três massas. Sua intuição deve dizer que o centro de massa está localizado em algum lugar entre a partícula m_3 e o par de partículas m_1 e m_2, como mostrado na figura.

Categorização Categorizamos esse exemplo como um problema de substituição, pois utilizaremos as equações para o centro de massa desenvolvidas nessa seção.

Use as equações de definição para as coordenadas do centro de massa e observe que $z_{CM} = 0$:

$$x_{CM} = \frac{1}{M}\sum_i m_i x_i = \frac{m_1x_1 + m_2x_2 + m_3x_3}{m_1 + m_2 + m_3}$$

$$= \frac{(1{,}0\text{ kg})(1{,}0\text{ m}) + (1{,}0\text{ kg})(2{,}0\text{ m}) + (2{,}0\text{ kg})(0)}{1{,}0\text{ kg} + 1{,}0\text{ kg} + 2{,}0\text{ kg}} = \frac{3{,}0\text{ kg}\cdot\text{m}}{2{,}0\text{ kg}} = 0{,}75\text{ m}$$

$$y_{CM} = \frac{1}{M}\sum_i m_i y_i = \frac{m_1y_1 + m_2y_2 + m_3y_3}{m_1 + m_2 + m_3}$$

$$= \frac{(1{,}0\text{ kg})(0) + (1{,}0\text{ kg})(0) + (2{,}0\text{ kg})(2{,}0\text{ m})}{4{,}0\text{ kg}} = \frac{4{,}0\text{ kg}\cdot\text{m}}{4{,}0\text{ kg}} = 1{,}0\text{ m}$$

Escreva o vetor posição do centro de massa:

$$\vec{\mathbf{r}}_{CM} = x_{CM}\hat{\mathbf{i}} + x_{CM}\hat{\mathbf{j}} = \boxed{(0{,}75\hat{\mathbf{i}} + 1{,}0\hat{\mathbf{j}})\text{ m}}$$

Exemplo 8.12 | O centro de massa de uma haste

(A) Mostre que o centro de massa de uma haste de massa *M* e comprimento *L* fica a meio caminho entre suas extremidades, considerando que ela tem massa uniforme por unidade de comprimento.

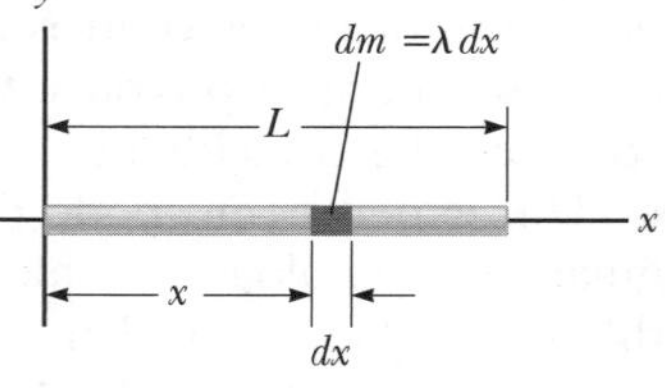

Figura 8.19 (Exemplo 8.12) A geometria utilizada para encontrar o centro de massa de uma haste uniforme.

SOLUÇÃO

Conceitualização A haste é mostrada alinhada ao longo do eixo *x* na Figura 8.19, então $y_{CM} = z_{CM} = 0$.

Categorização Categorizamos esse exemplo como um problema de análise, pois precisamos dividir a haste em pequenos elementos de massa para efetuar a integração na Equação 8.33.

Análise A massa por unidade de comprimento (essa quantidade é chamada *densidade de massa linear*) pode ser escrita como $\lambda = M/L$ para a haste uniforme. Se ela é dividida em elementos de comprimento dx, a massa de cada elemento é $dm = \lambda\, dx$.

Utilize a Equação 8.33 para encontrar uma expressão para x_{CM}:

$$x_{CM} = \frac{1}{M}\int x\, dm = \frac{1}{M}\int_0^L x\lambda\, dx = \frac{\lambda}{M}\frac{x^2}{2}\Big|_0^L = \frac{\lambda L^2}{2M}$$

Substitua $\lambda = M/L$:

$$x_{CM} = \frac{L^2}{2M}\left(\frac{M}{L}\right) = \boxed{\tfrac{1}{2}L}$$

Podem-se também utilizar argumentos de simetria para obter o mesmo resultado.

(B) Suponha que uma haste seja *não uniforme,* tal que sua massa por unidade de comprimento varie linearmente com *x* de acordo com a expressão $\lambda = \alpha x$, em que α é uma constante. Encontre a coordenada *x* do centro de massa como uma fração de *L*.

continua

8.12 *cont.*

SOLUÇÃO

Conceitualização Como a massa por unidade de comprimento não é constante neste caso, mas é proporcional a x, elementos da haste à direita têm mais massa que os próximos à sua extremidade esquerda.

Categorização Esse problema é categorizado similarmente à parte (A), com uma dificuldade adicional: a densidade de massa linear não é constante.

Análise Neste caso, substituímos dm na Equação 8.33 por $\lambda\, dx$, em que $\lambda = \alpha x$.

Utilize a Equação 8.33 para encontrar uma expressão para x_{CM}:

$$x_{CM} = \frac{1}{M}\int x\, dm = \frac{1}{M}\int_0^L x\lambda\, dx = \frac{1}{M}\int_0^L x\alpha x\, dx$$

$$= \frac{\alpha}{M}\int_0^L x^2\, dx = \frac{\alpha L^3}{3M}$$

Encontre a massa total da haste:

$$M = \int dm = \int_0^L \lambda\, dx = \int_0^L \alpha x\, dx = \frac{\alpha L^2}{2}$$

Substitua M na expressão para x_{CM}:

$$x_{CM} = \frac{\alpha L^3}{3\alpha L^2/2} = \frac{2}{3}L$$

Finalização Observe que o centro de massa na parte (B) está mais longe à direita do que na parte (A). Esse resultado é razoável, porque os elementos da haste ficam com mais massa quando se movem para a direita ao longo da massa na parte (B).

8.7 | Movimento de um sistema de partículas

Podemos começar a entender o significado físico e a utilidade do conceito de centro de massa considerando a derivada temporal do vetor posição $\vec{\mathbf{r}}_{CM}$ do centro de massa dada pela Equação 8.32. Supondo que M permaneça constante – isto é, nenhuma partícula entra ou sai do sistema –, encontramos a seguinte expressão para a **velocidade do centro de massa** do sistema:

$$\vec{\mathbf{v}}_{CM} = \frac{d\vec{\mathbf{r}}_{CM}}{dt} = \frac{1}{M}\sum_i m_i \frac{d\vec{\mathbf{r}}_i}{dt} = \frac{1}{M}\sum_i m_i \vec{\mathbf{v}}_i \qquad \text{8.36}$$

► Velocidade do centro de massa para um sistema de partículas

em que $\vec{\mathbf{v}}_i$ é a velocidade da *iésima* partícula. Rearranjando a Equação 8.36, temos

$$M\vec{\mathbf{v}}_{CM} = \sum_i m_i \vec{\mathbf{v}}_i = \sum_i \vec{\mathbf{p}}_i = \vec{\mathbf{p}}_{tot} \qquad \text{8.37}$$

Esse resultado nos diz que o momento total do sistema é igual à sua massa total multiplicada pela velocidade do centro de massa. Em outras palavras, o momento total do sistema é igual ao momento de uma única partícula de massa M movendo-se com uma velocidade $\vec{\mathbf{v}}_{CM}$; esse é o modelo de partícula.

Agora, se diferenciarmos a Equação 8.36 em relação ao tempo, encontraremos a **aceleração do centro de massa** do sistema:

$$\vec{\mathbf{a}}_{CM} = \frac{d\vec{\mathbf{v}}_{CM}}{dt} = \frac{1}{M}\sum_i m_i \frac{d\vec{\mathbf{v}}_i}{dt} = \frac{1}{M}\sum_i m_i \vec{\mathbf{a}}_i \qquad \text{8.38}$$

► Aceleração do centro de massa de um sistema de partículas

Rearranjando essa expressão e utilizando a Segunda Lei de Newton, temos

$$M\vec{\mathbf{a}}_{CM} = \sum_i m_i \vec{\mathbf{a}} = \sum_i \vec{\mathbf{F}}_i \qquad \text{8.39}$$

em que $\vec{\mathbf{F}}_i$ é a força na partícula i.

As forças sobre qualquer partícula do sistema podem incluir as forças externa e interna. Pela Terceira Lei de Newton, entretanto, a força exercida pela partícula 1 sobre a 2, por exemplo, é igual em módulo e oposta à força exercida pela partícula 2 sobre a 1. Quando somamos todas as forças internas na Equação 8.39, elas se cancelam em pares. Portanto, a força resultante no sistema é causada somente pelas forças externas, e podemos escrever a Equação 8.39 na forma

▶ Segunda Lei de Newton para um sistema de partículas

$$\sum \vec{\mathbf{F}}_{\text{ext}} = M\vec{\mathbf{a}}_{\text{CM}} = \frac{d\vec{\mathbf{p}}_{\text{tot}}}{dt} \tag{8.40}$$

Ou seja, a força externa resultante sobre um sistema de partículas é igual à massa total desse multiplicada pela aceleração do centro de massa, ou a taxa de mudança do momento do sistema no tempo. Comparando a Equação 8.40 com a Segunda Lei de Newton para uma única partícula, vemos que o modelo de partícula que utilizamos em vários capítulos pode ser descrito em função do centro de massa:

O centro de massa de um sistema de partículas tendo massa M move-se como uma partícula de massa M equivalente se moveria sob a influência da força externa resultante sobre o sistema.

Vamos integrar a Equação 8.40 em um intervalo de tempo finito:

$$\int \sum \vec{\mathbf{F}}_{\text{ext}}\, dt = \int M\vec{\mathbf{a}}_{\text{CM}}\, dt = \int M \frac{d\vec{\mathbf{v}}_{\text{CM}}}{dt} dt = M\int d\vec{\mathbf{v}}_{\text{CM}} = M\Delta\vec{\mathbf{v}}_{\text{CM}}$$

Observe que essa equação pode ser escrita como

▶ Teorema impulso-momento para um sistema de partículas

$$\Delta\vec{\mathbf{p}}_{\text{tot}} = \vec{\mathbf{I}} \tag{8.41}$$

em que $\vec{\mathbf{I}}$ é o impulso exercido sobre o sistema por forças externas, e $\vec{\mathbf{p}}_{\text{tot}}$ é o momento do sistema. A Equação 8.41 é a generalização do teorema impulso-momento de uma partícula (Eq. 8.11) para um sistema de muitas partículas. É também a representação matemática do modelo de sistema não isolado (momento) para um sistema de partícula.

Na ausência de forças externas, o centro de massa se move com velocidade uniforme, como é o caso de deslocar e rotacionar a chave-inglesa na Figura 8.20. Se a força resultante age ao longo da linha que passa pelo centro de massa de um corpo alongado, como uma chave-inglesa, o corpo é acelerado sem rotação. Se essa força não atuar no centro de massa, o corpo sofrerá rotação, além da translação. A aceleração linear do centro de massa é o mesmo em ambos os casos, conforme determinado pela Equação 8.40.

Finalmente, vemos que, se a força resultante externa é zero, da Equação 8.40 segue que

$$\frac{d\vec{\mathbf{p}}_{\text{tot}}}{dt} = M\vec{\mathbf{a}}_{\text{CM}} = 0$$

de modo que

$$\vec{\mathbf{p}}_{\text{tot}} = M\vec{\mathbf{v}}_{\text{CM}} = \text{constante} \quad \left(\text{quando} \sum \vec{\mathbf{F}}_{\text{ext}} = 0\right) \tag{8.42}$$

Isto é, o momento linear total de um sistema de partículas é constante se nenhuma força externa estiver agindo sobre ele. Portanto, para um sistema *isolado* de partículas, o momento total é conservado. A lei de conservação do momento, derivada na Seção 8.1 para um sistema de duas partículas, é, assim, generalizada para um sistema de muitas partículas.

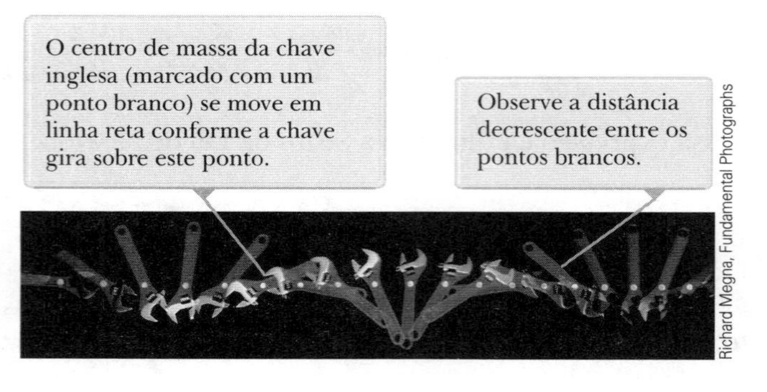

Figura 8.20 Foto estroboscópica que mostra uma visão geral da chave-inglesa movendo-se sobre uma superfície horizontal, da esquerda para direita na fotografia, e diminuindo sua velocidade por causa do atrito com a superfície de apoio.

Figura 8.21 (Pensando em Física 8.1) Um menino dá um passo a frente no barco. O que acontece com o barco?

PENSANDO EM FÍSICA 8.1

Um menino fica em pé em uma das extremidades de um barco parado no atracadouro (Fig. 8.21). Então, ele começa a caminhar para o lado oposto do barco, fora do atracadouro. O barco se move?

Raciocínio Sim, o barco se move em direção ao atracadouro. Ignorando o atrito entre o barco e a água, nenhuma força horizontal age sobre o sistema, que consiste no menino e no barco. O centro de massa do sistema, portanto, permanece fixo em relação ao atracadouro (ou qualquer ponto estacionário). À medida que o menino se afasta do atracadouro, o barco deve se mover em direção a esse, de forma que o centro de massa do sistema permanece fixo na posição. ◀

TESTE RÁPIDO 8.6 Um navio de cruzeiro está se movendo com velocidade constante pela água. Os turistas no navio estão ansiosos para chegar a seu próximo destino. Eles decidem tentar acelerar o navio reunindo-se na proa (parte dianteira) e correndo juntos em direção à popa (parte traseira) do navio. (**i**) Enquanto eles estão correndo em direção à popa, a velocidade do navio (a) é maior que antes, (b) não muda, (c) é menor que antes, ou (d) é impossível determinar? (**ii**) Os turistas param de correr quando chegam à popa do navio. Depois que todos param de correr, a velocidade do navio (a) é maior que quando começaram a correr, (b) não muda em comparação ao que era quando começaram a correr, (c) é menor que quando começaram a correr, ou (d) impossível de determinar?

Exemplo 8.13 | A explosão de um foguete

Um foguete é lançado verticalmente para cima. No instante em que atinge uma altura de 1 000 m e uma velocidade de $v_i = 300$ m/s, explode em três fragmentos de massas iguais. Um deles se move para cima com velocidade de $v_1 = 450$ m/s após a explosão. O segundo fragmento tem velocidade de $v_2 = 240$ m/s e se move para leste logo depois da explosão. Qual é a velocidade do terceiro fragmento imediatamente depois da explosão?

SOLUÇÃO

Conceitualização Imagine a explosão, com um pedaço indo para cima e um segundo movendo-se horizontalmente em direção ao leste. Você tem ideia sobre qual direção o terceiro fragmento se move?

Categorização Esse exemplo é um problema bidimensional, pois temos dois fragmentos movendo-se em direções perpendiculares após a explosão, e um terceiro movendo-se em uma direção desconhecida no plano definido pelos vetores velocidade dos outros dois. Consideramos que o intervalo de tempo da explosão é muito pequeno; portanto, utilizamos a aproximação de impulso, na qual ignoramos a força gravitacional e a resistência do ar. Como as forças da explosão são internas ao sistema (foguete), ele é considerado isolado em relação ao momento. Portanto, o momento total $\vec{\mathbf{p}}_i$ do foguete imediatamente antes da explosão deve ser igual ao momento total $\vec{\mathbf{p}}_f$ dos fragmentos imediatamente após a explosão.

Análise Como os três fragmentos têm massas iguais, a massa de cada fragmento é $M/3$, em que M é a massa total do foguete. Faremos $\vec{\mathbf{v}}_3$ representar a velocidade desconhecida do terceiro fragmento.

Utilizando o modelo de sistema isolado (momento), iguale os momentos inicial e final do sistema e expresse os momentos em função de massas e velocidades:

$$\vec{\mathbf{p}}_i = \vec{\mathbf{p}}_f \rightarrow M\vec{\mathbf{v}}_i = \frac{M}{3}\vec{\mathbf{v}}_1 + \frac{M}{3}\vec{\mathbf{v}}_2 + \frac{M}{3}\vec{\mathbf{v}}_3$$

continua

8.13 *cont.*

Resolva para $\vec{\mathbf{v}}_3$: $\vec{\mathbf{v}}_3 = 3\vec{\mathbf{v}}_i - \vec{\mathbf{v}}_1 - \vec{\mathbf{v}}_2$

Substitua os valores numéricos: $\vec{\mathbf{v}}_3 = 3(300\hat{\mathbf{j}} \text{ m/s}) - (450\hat{\mathbf{j}} \text{ m/s}) - (240\hat{\mathbf{i}} \text{ m/s}) = (-240\hat{\mathbf{i}} \text{ m/s} + 450\hat{\mathbf{j}}) \text{ m/s}$

Finalização Observe que esse evento é o inverso de uma colisão perfeitamente inelástica. Há um corpo antes da colisão e três depois. Imagine rodar um filme do evento para trás: os três corpos iriam se reunir e se tornar um único. Em uma colisão perfeitamente inelástica, a energia cinética do sistema diminui. Se você fosse calcular a energia cinética antes e depois do evento neste exemplo, descobriria que a energia cinética do sistema aumenta. (Experimente!) Esse aumento na energia cinética vem da energia potencial armazenada em qualquer que seja o combustível explodido para causar o lançamento do foguete.

8.8 | Conteúdo em contexto: propulsão de foguete

Quando viajarmos para Marte, precisaremos controlar nossa espaçonave disparando os motores de foguete. Quando veículos comuns são empurrados, como os automóveis no Contexto 1, a força motriz para o movimento é a de atrito exercida pela estrada sobre o carro. Um foguete movendo-se no espaço, no entanto, não tem uma estrada para "empurrá-lo". A fonte da propulsão de um foguete deve, portanto, ser diferente. A operação de um foguete depende da lei da conservação do momento como aplicada a um sistema: o foguete mais seu combustível expelido.

A propulsão do foguete pode ser entendida considerando, primeiro, o arqueiro no gelo no Exemplo 8.2. Como uma flecha é disparada do arco, ela recebe o momento $m\vec{\mathbf{v}}$ em uma direção, e o arqueiro, um momento de módulo igual na direção oposta. Como flechas adicionais são disparadas, o arqueiro se move mais rápido e, assim, essa velocidade maior pode ser estabelecida disparando-se várias flechas.

De maneira similar, como o foguete se move no espaço livre (vácuo), seu momento linear muda quando parte de sua massa é expelida na forma de gases expelidos. Como esses gases têm momentos, o foguete recebe um momento de compensação na direção oposta e, portanto, é acelerado como resultado do "empurrão" ou impulso dos gases de exaustão. Observe que o foguete representa o *inverso* de uma colisão inelástica; ou seja, o momento é conservado, mas a energia cinética do sistema é *aumentada* (à custa de energia armazenada no combustível do foguete).

Suponhamos que, em algum tempo t, o módulo do momento do foguete mais o combustível seja $(M + \Delta m)v$ (Fig. 8.22a). Durante um curto intervalo de tempo Δt, o foguete expele combustível de massa Δm, e sua velocidade aumenta para $v + \Delta v$ (Fig. 8.22b). Se o combustível for expelido com a velocidade $\vec{\mathbf{v}}_e$ *em relação ao foguete*, a velocidade do combustível em relação à estrutura estacionária de referência é $v - v_e$, de acordo com nossa discussão de velocidade relativa na Seção 3.6. Portanto, se equacionarmos o momento total inicial do sistema com o momento final total, temos

$$(M + \Delta m)\, v = M(v + \Delta v) + \Delta m(v - v_e)$$

Simplificando essa expressão, temos

$$M\,\Delta v = \Delta m(v_e)$$

Se tomarmos agora o limite à medida que Δt vai para zero, $\Delta v \to dv$ e $\Delta m \to dm$. Além disso, o aumento dm na massa de exaustão corresponde a igual diminuição na massa do foguete, então, $dm = -dM$. Observe que o sinal negativo é introduzido na equação pelo fato de dM representar uma diminuição na massa. Utilizando esse fato, temos

$$M\,dv = -v_e\,dM \qquad \textbf{8.43}$$

Integrando essa equação e tendo a massa inicial do foguete mais o combustível M_i, e a massa final do foguete mais o combustível restante sendo M_f, teremos

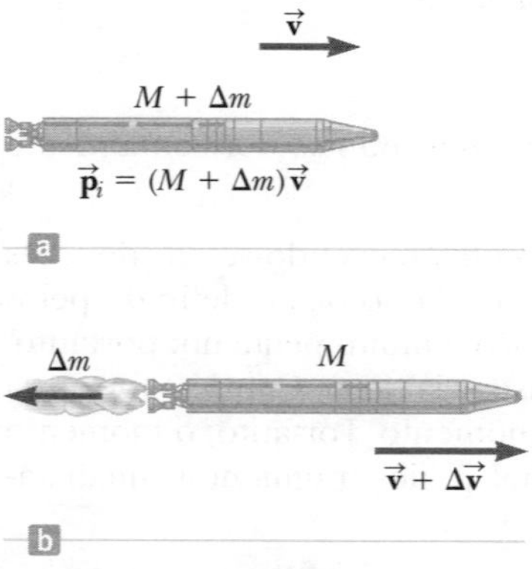

$\vec{\mathbf{v}}$

$M + \Delta m$

$\vec{\mathbf{p}}_i = (M + \Delta m)\vec{\mathbf{v}}$

a

Δm M

$\vec{\mathbf{v}} + \Delta\vec{\mathbf{v}}$

b

Figura 8.22 Propulsão de foguete. (a) A massa inicial do foguete mais todo seu combustível é $M + \Delta m$ em um tempo t, e sua velocidade é v. (b) Em um tempo $t + \Delta t$, a massa do foguete é reduzida para M, e uma quantidade de combustível Δm foi expelida. A velocidade do foguete aumenta por uma quantidade Δv.

$$\int_{v_i}^{v_f} dv = -v_e \int_{M_i}^{M_f} \frac{dM}{M}$$

$$v_f - v_i = v_e \ln\left(\frac{M_i}{M_f}\right) \qquad \textbf{8.44}$$

▶ Mudança de velocidade em propulsão do foguete

que é a expressão básica para a propulsão de foguetes. Isto nos diz que o aumento na velocidade é proporcional à de exaustão, v_e. A velocidade de exaustão, portanto, deve ser muito elevada.

O **impulso** no foguete é a força exercida sobre ele pelos gases de exaustão. Podemos obter uma expressão para o impulso da Equação 8.43:

$$\text{Impulso} = Ma = M\frac{dv}{dt} = \left|v_e \frac{dM}{dt}\right| \qquad \textbf{8.45}$$

▶ Propulsão de foguete

Aqui, vemos que o impulso aumenta à medida que a velocidade de exaustão aumenta e conforme a taxa de mudança de massa (taxa de queima) aumenta.

Agora, podemos determinar a quantidade de combustível necessária para ajustar nossa jornada a Marte. As exigências de combustível estão dentro das capacidades da tecnologia atual, conforme evidenciado pelas diversas missões a Marte já realizadas. Mas, e se quisermos visitar outra *estrela*, em vez de outro *planeta*? Essa questão levanta muitos e novos desafios tecnológicos, incluindo a exigência de considerar os efeitos da relatividade, que investigaremos no próximo capítulo.

PENSANDO EM FÍSICA 8.2

Quando Robert Goddard propôs a possibilidade de veículos de propulsão de foguete, o *New York Times* concordou que tais veículos seriam úteis e bem-sucedidos dentro da atmosfera terrestre (Topics of the Times, [Temas da época], *New York Times*, 13 de janeiro de 1920, p. 12). No entanto, o *Times* rejeitava a ideia de utilizar tal foguete no vácuo do espaço, observando que seu voo não poderia ser acelerado nem mantido pela explosão de cargas que ele poderia ter levado consigo. Alegavam que isto seria negar uma lei fundamental de dinâmica, e que somente Dr. Einstein e seus doze escolhidos, tão poucos e habilitados, têm licença para fazer isto. (...) O Professor Goddard, do alto de sua cadeira no Clark College com o apoio do Smithsonian Institution, não sabe a relação entre ação e reação e a necessidade de ter algo melhor do que um vácuo contra o qual reagir. Claro, ele parece só não ter conhecimento do que se ensina diariamente nas faculdades. O que o autor dessa passagem ignorou?

Raciocínio Esse autor estava cometendo um erro comum em acreditar que um foguete funciona expelindo gases que empurram algo, impulsionando-o para frente. Com essa crença, é impossível visualizar como um foguete lançado no espaço vazio funcionaria.

Os gases não precisam impulsionar nada; é a ação, por si só, de expelir os gases que empurram o foguete para frente. Esse ponto pode ser argumentado com a Terceira Lei de Newton: o foguete empurra os gases para trás, resultando em gases que empurram o foguete para a frente. Também pode-se argumentar com a conservação do momento: à medida que os gases ganham o momento em uma direção, o foguete deve ganhá-lo na direção oposta para conservar o momento original do sistema gás-foguete.

O *New York Times* publicou uma retração 49 anos depois (A correction [Uma correção], *New York Times*, 17 de julho de 1969, p. 43), enquanto os astronautas do Apollo 11 estavam a caminho da Lua. Apareceu em uma página com outros dois artigos, intitulados "Fundamentals of space travel" [Base da viagem espacial] e "Spacecraft, like squid, maneuver by 'squirts" [Nave espacial, como "as lulas", manobram por "'esguicho"], contendo as seguintes passagens: uma coluna editorial do *New York Times* rejeitou a ideia de que um foguete funcionaria no vácuo e comentou sobre as ideias de Robert H. Goddard. (...) Investigações adicionais e experimentos confirmaram as descobertas de Isaac Newton no século XVII e agora está definitivamente estabelecido que um foguete pode funcionar tanto no vácuo quanto na atmosfera. O *Times* lamentou o erro. ◀

Exemplo 8.14 | Um foguete no espaço

Um foguete movendo-se no espaço, longe de todos os outros corpos, tem uma velocidade de $3{,}0 \times 10^3$ m/s em relação à Terra. Seus motores são ligados e o combustível expelido em uma direção oposta ao movimento do foguete, a uma velocidade de $5{,}0 \times 10^3$ m/s em relação ao foguete.

(A) Qual é a velocidade do foguete em relação à Terra, uma vez que a massa do foguete é reduzida à metade daquela de antes da ignição?

SOLUÇÃO

Conceitualização A Figura 8.22 mostra a situação desse problema. Com base na discussão nessa seção e nas cenas de filmes de ficção científica, podemos facilmente imaginar o foguete acelerando a uma velocidade maior quando o motor opera.

Categorização Esse problema é de substituição, no qual utilizamos determinados valores nas equações derivadas dessa seção.

Resolva a Equação 8.44 para a velocidade final e substitua os valores conhecidos:

$$v_f = v_i + v_e \ln\left(\frac{M_i}{M_f}\right)$$

$$= 3{,}0 \times 10^3 \text{ m/s} + (5{,}0 \times 10^3 \text{ m/s}) \ln\left(\frac{M_i}{0{,}50 M_i}\right)$$

$$= 6{,}5 \times 10^3 \text{ m/s}$$

(B) Qual é o impulso sobre o foguete se ele queima combustível a uma taxa de 50 kg/s?

SOLUÇÃO

Utilize a Equação 8.45 e o resultado da parte (A), observando que $dM/dt = 50$ kg/s:

$$\text{Impulso} = \left|v_e \frac{dM}{dt}\right| = (5{,}0 \times 10^3 \text{ m/s})(50 \text{ kg/s}) = 2{,}5 \times 10^5 \text{ N}$$

RESUMO

O momento linear de qualquer partícula de massa m movendo-se com uma velocidade $\vec{\mathbf{v}}$ é

$$\vec{\mathbf{p}} \equiv m\vec{\mathbf{v}} \qquad \textbf{8.2}$$

O **impulso** fornecido a uma partícula por uma força resultante $\Sigma\vec{\mathbf{F}}$ é igual à integral da força no tempo:

$$\vec{\mathbf{I}} \equiv \int_{t_i}^{t_f} \sum \vec{\mathbf{F}}\, dt \qquad \textbf{8.10}$$

Quando dois corpos colidem, o momento total do sistema isolado antes da colisão sempre se iguala ao momento total após a colisão, independentemente da natureza da colisão. **Colisão inelástica** é aquela em que a energia cinética não é conservada. **Colisão perfeitamente inelástica** é aquela na qual os corpos que colidem ficam unidos após a colisão. **Colisão elástica** é aquela em que tanto o momento quanto a energia cinética são conservados.

Em uma colisão bi ou tridimensional, as componentes do momento em cada uma das direções são conservadas de maneira independente.

O vetor posição do centro de massa de um sistema de partículas é definido como

$$\vec{\mathbf{r}}_{CM} = \frac{\sum_i m_i \vec{\mathbf{r}}_i}{M} \qquad \textbf{8.32}$$

em que M é a massa total do sistema e $\vec{\mathbf{r}}_{CM}$ é o vetor posição da *iésima* partícula.

A velocidade do centro de massa para um sistema de partículas é

$$\vec{\mathbf{v}}_{CM} = \frac{1}{M} \sum_i m_i \vec{\mathbf{v}}_i \qquad \textbf{8.36}$$

O momento total de um sistema de partículas é igual à massa total multiplicada pela velocidade do centro de massa; ou seja, $\vec{\mathbf{p}}_{tot} = M\vec{\mathbf{v}}_{CM}$.

A Segunda Lei de Newton aplicada a um sistema de partículas é

$$\sum \vec{\mathbf{F}}_{ext} = M\vec{\mathbf{a}}_{CM} = \frac{d\vec{\mathbf{p}}_{tot}}{dt} \qquad \textbf{8.40}$$

em que $\vec{\mathbf{a}}_{CM}$ é a aceleração do centro de massa, e a soma é sobre todas as forças externas. Portanto, o centro de massa move-se como uma partícula imaginária de massa M sob a influência da força externa resultante sobre o sistema.

Modelo de análise para resolução de problemas

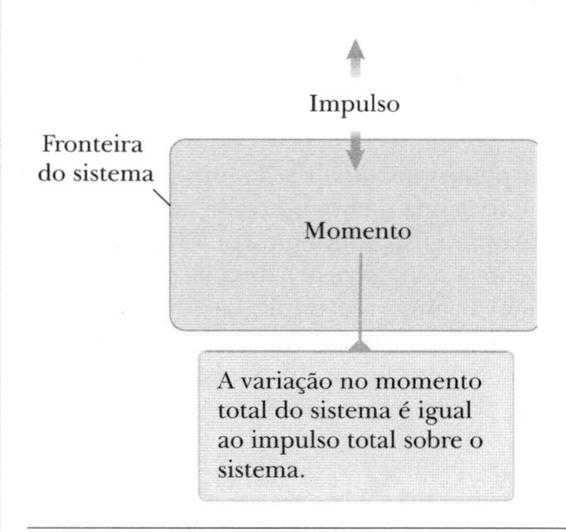

Sistema não isolado (Momento). Se um sistema interage com seu ambiente no sentido de que existe uma força externa sobre ele, o comportamento do sistema é descrito pelo **teorema impulso-momento**:

$$\Delta\vec{\mathbf{p}}_{\text{tot}} = \vec{\mathbf{I}} \qquad \textbf{8.11}$$

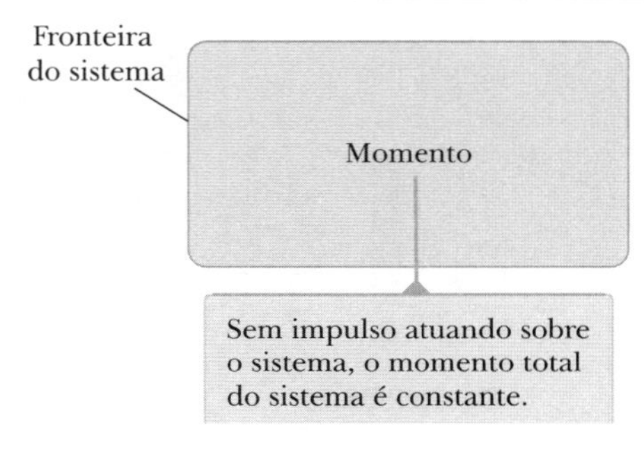

Sistema isolado (Momento). O princípio da **conservação do momento** indica que o momento total de um sistema isolado (nenhuma força externa) é conservado independentemente da natureza das forças entre os membros do sistema:

$$\vec{\mathbf{p}}_{\text{tot}} = M\vec{\mathbf{v}}_{\text{CM}} = \text{constante} \quad (\text{quando } \sum \vec{\mathbf{F}}_{\text{ext}} = 0) \qquad \textbf{8.42}$$

No caso de um sistema de duas partículas, esse princípio pode ser expresso como

$$\vec{\mathbf{p}}_{1i} + \vec{\mathbf{p}}_{2i} = \vec{\mathbf{p}}_{1f} + \vec{\mathbf{p}}_{2f} \qquad \textbf{8.6}$$

O sistema pode ser isolado em relação ao momento, mas não isolado quanto a energia, como no caso de colisões inelásticas.

PERGUNTAS OBJETIVAS

1. Um carrinho com 5 kg movendo-se para a direita a uma velocidade de 6 m/s colide com uma parede de concreto e retorna com velocidade de 2 m/s. Qual é a variação no momento do carrinho? (a) 0 (b) 40 kg · m/s (c) –40 kg · m/s (d) –30 kg · m/s (e) –10 kg · m/s.

2. Uma colisão elástica frontal ocorre entre duas bolas de bilhar de massas iguais. Se uma bola vermelha estiver indo para a direita com velocidade v e outra azul estiver indo para a esquerda com velocidade $3v$ antes da colisão, qual afirmação é verdadeira com relação a suas velocidades após a colisão? Despreze quaisquer efeitos de giro. (a) A bola vermelha vai para a esquerda com velocidade v e a azul vai para a direita com velocidade $3v$. (b) A bola vermelha vai para a esquerda com velocidade v e a azul continua a se mover para a esquerda com uma velocidade $2v$. (c) A bola vermelha vai para a esquerda com velocidade $3v$ e a azul vai para a direita com velocidade v. (d) Suas velocidades finais não podem ser determinadas porque o momento não é conservado na colisão. (e) As velocidades não podem ser determinadas sem se conhecer a massa de cada bola.

3. O momento de um corpo é aumentado por um fator 4 em módulo. Por qual fator sua energia cinética é alterada? (a) 16 (b) 8 (c) 4 (d) 2 (e) 1.

4. Um corpo de 2 kg movendo-se para a direita com uma velocidade 4 m/s faz uma colisão frontal elástica com outro de 1 kg que estava inicialmente em repouso. A velocidade do corpo de 1 kg após a colisão é (a) maior que 4 m/s, (b) menor que 4 m/s, (c) igual a 4 m/s, (d) zero, ou (e) impossível de dizer com base nas informações fornecidas.

5. Um corpo de 3 kg movendo-se para a direita em uma superfície horizontal sem atrito com uma velocidade de 2 m/s colide frontalmente e fica unido a outro de 2 kg que se movia inicialmente para a esquerda com uma velocidade de 4 m/s. Após a colisão, qual afirmação é verdadeira? (a) A energia cinética do sistema é 20 J. (b) O momento do sistema é 14 kg · m/s. (c) A energia cinética do sistema é maior que 5 J, mas menor que 20 J. (d) O momento do sistema é –2 kg · m/s. (e) O momento do sistema é menor que aquele antes da colisão.

6. Uma bola de tênis de 57,0 g está vindo diretamente para um jogador a 21,0 m/s. O jogador dá um voleio e manda a bola de volta a 25,0 m/s. Se a bola permanece em contato com a raquete por 0,0600 s, que força média age sobre a bola? (a) 22,6 N (b) 32,5 N (c) 43,7 N (d) 72,1 N (e) 102 N.

7. Um carro de massa m viajando a uma velocidade v bate na traseira de um caminhão de massa $2m$ que está em repouso e em ponto morto em um cruzamento. Se a colisão for perfeitamente inelástica, qual será a velocidade do conjunto carro e caminhão após a colisão? (a) v (b) $v/2$ (c) $v/3$ (d) $2v$ (e) Nenhuma das respostas está correta.

8. Se duas partículas têm energias cinéticas iguais, os momentos delas são iguais? (a) sim, sempre (b) não, nunca (c) sim, desde que as massas sejam iguais (d) sim, se tanto a massa como as direções de movimento de ambas forem iguais (e) sim, desde que elas se movam em linhas paralelas.

9. Você está em pé em um trenó em forma de pires em repouso no meio de uma pista de gelo sem atrito. Seu parceiro de laboratório arremessa-lhe um disco pesado. Você executa ações diferentes em sucessivos ensaios experimentais. Classifique as seguintes situações de acordo com sua velocidade final, da maior para a menor. Se sua velocidade final for a mesma em dois casos, dê a eles a mesma classificação. (a) Você apanha o disco e o segura. (b) Você apanha o disco e o arremessa de volta para seu parceiro. (c) Você não apanha, apenas toca no disco de maneira que ele continua em sua direção original mais lentamente. (d) Você apanha o disco e o atira de maneira que ele se move verticalmente para cima acima da sua cabeça. (e) Você apanha o disco e o coloca para baixo de maneira que ele permanece em repouso no gelo.

10. A energia cinética de um corpo é aumentada por um fator 4. Por que fator o módulo de seu momento é alterado? (a) 16 (b) 8 (c) 4 (d) 2 (e) 1.

11. Se duas partículas têm momentos iguais, suas energias cinéticas são iguais? (a) sim, sempre (b) não, nunca (c) não, exceto quando a velocidade delas é a mesma (d) sim, desde que elas se movam em linhas paralelas.

12. Um vagão fechado em um pátio de manobras é colocado em movimento no topo de um morro artificial. O vagão desce silenciosamente e sem atrito sobre um trilho horizontal reto, onde se acopla com um vagão chato de massa menor, inicialmente em repouso, de maneira que os dois então andam juntos sem atrito. Considere os dois carros como um sistema desde o instante da liberação do vagão fechado até ambos estarem andando juntos. Responda às seguintes questões com sim ou não. (a) A energia mecânica do sistema é conservada? (b) O momento do sistema é conservado? Depois, considere apenas o processo do vagão fechado ganhando velocidade conforme desce o morro. Para o vagão fechado e a Terra como um sistema, (c) a energia mecânica é conservada? (d) O momento é conservado? Finalmente, considere os dois vagões como um sistema à medida que o vagão fechado está desacelerando no processo de acoplamento. (e) A energia mecânica do sistema é conservada? (f) O momento do sistema é conservado?

13. Um trator de massa elevada está se movendo em uma estrada do campo. Em uma colisão perfeitamente inelástica, um pequeno carro esportivo bate na máquina por trás. (i) Qual veículo sofre maior variação no módulo do momento? (a) O carro. (b) O trator. (c) As variações nos momentos são iguais. (d) Poderia ser qualquer dos veículos. (ii) Qual veículo sofre uma variação maior na energia cinética? (a) O carro. (b) O trator. (c) As variações na energia cinética são iguais. (d) Poderia ser qualquer dos veículos.

14. Uma bola é suspensa por uma corda que está amarrada em um ponto fixo acima de um bloco de madeira em pé. A bola é puxada para trás como mostra a Figura PO8.14 e solta. No ensaio A, a bola ricocheteia elasticamente do bloco. No ensaio B, uma fita dupla face faz que a bola grude no bloco. Em que caso é mais provável que a bola vire o bloco? (a) No ensaio A. (b) No ensaio B. (c) Não faz diferença. (d) Pode ser um ou outro, dependendo de outros fatores.

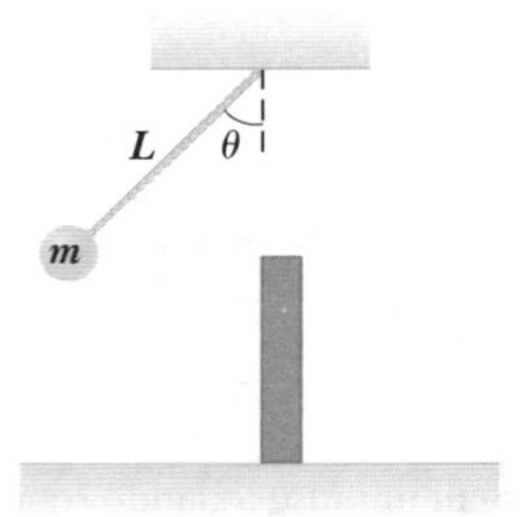

Figura PO8.14

15. Duas partículas de massas diferentes partem do repouso. A mesma força resultante age sobre ambas quando se movem por distâncias iguais. Como os módulos de seus momentos finais se comparam? (a) A partícula de maior massa tem mais momento. (b) A partícula de menor massa tem mais momento. (c) As partículas têm momentos iguais. (d) Qualquer partícula pode ter mais momento.

16. Uma bola de basquete é arremessada no ar, cai livremente e quica no piso de madeira. Do instante em que o jogador solta a bola até que ela atinja o topo de seu quique, qual o menor sistema para o qual o momento é conservado? (a) a bola (b) a bola mais o jogador (c) a bola mais o piso (d) a bola mais a Terra (e) o momento não é conservado para nenhum sistema.

17. Uma bala de 10,0 g é disparada e entra em um bloco de madeira de 200 g em repouso sobre uma superfície horizontal. Após o impacto, o bloco desliza 8,00 m antes de parar. Se o coeficiente de atrito entre o bloco e a superfície é de 0,400, qual é a velocidade da bala antes do impacto? (a) 106 m/s (b) 166 m/s (c) 226 m/s (d) 286 m/s (e) nenhuma das respostas está correta.

18. Duas partículas de massas diferentes partem do repouso. A mesma força resultante age sobre ambas quando elas se movem por distâncias iguais. Como se comparam suas energias cinéticas finais? (a) A partícula de massa maior tem mais energia cinética. (b) A partícula de massa menor tem mais energia cinética. (c) As partículas têm energias cinéticas iguais. (d) Qualquer das partículas pode ter mais energia cinética.

PERGUNTAS CONCEITUAIS

1. Você está em pé perfeitamente parado e dá um passo para frente. Antes do passo, seu momento era zero, depois você tem algum momento. O princípio da conservação do momento é violado neste caso? Explique sua resposta.
2. Com relação às seguintes posições, afirme seu próprio ponto de vista e forneça argumentos para sustentá-lo. (a) A melhor teoria de movimento é que força causa aceleração. (b) A medida real da eficácia de uma força é o trabalho que ela realiza e a melhor teoria de movimento é a de que trabalho realizado sobre um corpo muda sua energia. (c) A medida real do efeito de uma força é o impulso e a melhor teoria de movimento é a de que impulso conferido a um corpo muda seu momento.
3. Uma caixa aberta desliza por uma superfície de um lago congelado, sem atrito. O que acontece com a velocidade da caixa quando a água de um chuveiro cai verticalmente dentro dela? Explique.
4. Um malabarista joga três bolas em um ciclo contínuo. Qualquer bola está em contato com uma de suas mãos por um quinto do tempo. (a) Descreva o movimento do centro de massa das três bolas. (b) Que força média o malabarista exerce sobre uma bola enquanto a está tocando?
5. Uma força resultante maior exercida sobre um corpo sempre produz uma variação maior no momento do corpo em comparação com uma força resultante menor? Explique.
6. Uma força resultante maior sempre produz uma variação maior na energia cinética do que uma força resultante menor? Explique.
7. Um *airbag* em um automóvel infla quando ocorre uma colisão, protegendo o passageiro de um ferimento grave. Por que o *airbag* suaviza o golpe? Discuta a física envolvida nessa fotografia dramática.
8. Uma atiradora de elite atira com um rifle em pé com a parte traseira da arma apoiada em seu ombro. Se o momento de avanço de uma bala é o mesmo que o momento de recuo da arma, por que é tão menos perigoso ser atingido pela arma do que pela bala?
9. Dois estudantes seguram um lençol verticalmente entre eles. Um terceiro, o arremessador estrela da equipe de beisebol da escola, lança um ovo cru no centro do lençol. Explique por que o ovo não quebra quando bate no lençol independentemente de sua velocidade inicial.
10. Enquanto em movimento, uma bola de beisebol arremessada leva energia cinética e momento. (a) Podemos dizer que ela carrega uma força que pode exercer sobre qualquer corpo em que bata? (b) A bola de beisebol pode fornecer mais energia cinética ao taco e ao rebatedor do que ela carrega inicialmente? (c) A bola pode fornecer ao taco e ao rebatedor mais momento do que ela carrega inicialmente? Explique cada uma das respostas.
11. (a) O centro de massa de um foguete no espaço livre acelera? Explique. (b) A velocidade de um foguete pode ultrapassar a velocidade de exaustão do combustível? Explique.
12. No golfe, jogadores novatos são frequentemente advertidos para se certificarem de "continuar o golpe até o final". Por que esse conselho faz a bola percorrer uma distância maior? Se o golpe for dado perto do *green*, muito pouca continuação do movimento é necessária. Por quê?
13. Uma bomba, inicialmente em repouso, explode em vários pedaços. (a) O momento linear do sistema (a bomba antes da explosão, os pedaços após a explosão) é conservado? Explique. (b) A energia cinética do sistema é conservada? Explique.

PROBLEMAS

ENHANCED WebAssign Os problemas que se encontram neste capítulo podem ser resolvidos *on-line* no Enhanced WebAssign (em inglês).

- **1.** denota problema direto;
- 2. denota problema intermediário;
- 3. denota problema desafiador;
- **1.** denota problemas mais frequentemente resolvidos no Enhanced WebAssign;
- **BIO** denota problema biomédico;
- **PD** denota problema dirigido;
- **M** denota tutorial Master It disponível no Enhanced WebAssign;
- **Q|C** denota problema que pede raciocínio quantitativo e conceitual;
- **S** denota problema de raciocínio simbólico;
- sombreado denota "problemas emparelhados" que desenvolvem raciocínio com símbolos e valores numéricos;
- **W** denota solução no vídeo Watch It disponível no Enhanced WebAssign.

Seção 8.1 Momento linear

Seção 8.2 Modelo de análise: sistema isolado (momento)

1. Uma partícula de 3,00 kg tem uma velocidade de $(3{,}00\hat{\mathbf{i}} - 4{,}00\hat{\mathbf{j}})$ m/s. (a) Encontre as componentes x e y do momento. (b) Encontre o módulo e a direção do momento.
2. Quando você pula direto para cima tanto quanto possível, qual a ordem de grandeza da velocidade máxima de recuo que você fornece à Terra? Considere a Terra como um corpo perfeitamente sólido. Em sua solução, mencione as grandezas físicas que você mede e os valores que mede ou estima para essas grandezas.
3. **BIO** Na pesquisa em cardiologia e fisiologia do exercício, com frequência é importante ter conhecimento da massa de sangue bombeada pelo coração de uma pessoa

que sofre um infarto. Essa informação pode ser obtida pelo balistocardiograma. O instrumento funciona da seguinte forma: o paciente se deita em um palete horizontal flutuando em um filme de ar. A fricção do palete é desprezível. Inicialmente, o momento do sistema é zero. Quando o coração bate, ele expele uma massa m de sangue na aorta com velocidade v, e o corpo e a plataforma se movem em direções opostas com velocidade V. A velocidade do sangue pode ser determinada de forma independente (por exemplo, observando-se o efeito Doppler de ultrassom). Suponhamos que seja 50,0 cm/s em um ensaio típico. A massa do paciente mais o palete é de 54,0 kg. O palete se move $6{,}00 \times 10^{-5}$ m em 0,160 s após a primeira batida cardíaca. Calcule a massa sanguínea que deixa o coração. Suponhamos que a massa sanguínea seja desprezível se comparada à massa total da pessoa. (Esse exemplo simplificado ilustra o princípio do balistocardiograma, mas, na prática, é utilizado um modelo mais sofisticado de função cardíaca.)

4. **S** Uma partícula de massa m move-se com momento de módulo p. (a) Mostre que a energia cinética da partícula é $K = p^2/2m$. (b) Expresse o módulo do momento da partícula considerando sua energia cinética e massa.

5. **M** Uma garota de 45,0 kg está em pé em uma tábua de 150 kg. Ambas estão inicialmente em repouso em um lago congelado que constitui uma superfície plana sem atrito. A garota começa a andar ao longo da tábua a uma velocidade constante de $1{,}50\hat{\mathbf{i}}$ m/s em relação à tábua. (a) Qual é a velocidade da tábua em relação à superfície do gelo? (b) Qual a velocidade da garota em relação à superfície do gelo?

6. **S** Uma garota de massa m_g está em pé sobre uma tábua de massa m_p. Ambas estão inicialmente em repouso em um lago congelado que constitui uma superfície plana sem atrito. A garota começa a andar ao longo da tábua com velocidade v_{gp} para a direita em relação à tábua. (O subscrito gp denota a garota em relação à tábua.) (a) Qual é a velocidade v_{pi} da tábua em relação à superfície do gelo? (b) Qual é a velocidade da garota v_{gi} em relação à superfície do gelo?

7. **Q|C** **W** Dois blocos de massas m e $3m$ são colocados em uma superfície horizontal sem atrito. Uma mola leve é atada ao bloco de maior massa e os blocos são empurrados juntos com a mola entre eles (Fig. P8.7). Uma corda que inicialmente mantinha os blocos juntos é queimada; depois disso, o bloco de massa $3m$ move-se para a direita com uma velocidade de 2,00 m/s. (a) Qual é a velocidade do bloco de massa m? (b) Encontre a energia potencial elástica original do sistema, considerando $m = 0{,}350$ kg. (c) A energia original está na mola ou na corda? (d) Explique sua resposta à parte (c). (e) O momento do sistema é conservado no processo de queima-separação? Explique como isso é possível considerando que (f) há grandes forças agindo, e (g) não há movimento anterior nem muito movimento posteriormente.

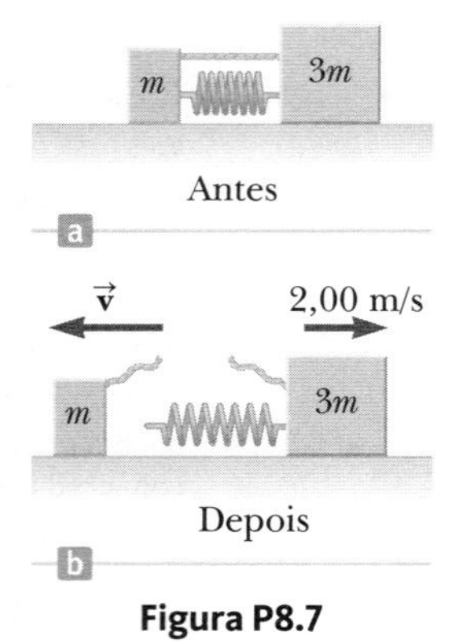

Figura P8.7

Seção 8.3 Modelo de análise: sistema não isolado (momento)

8. **Q|C** **S** Um planador de massa m está livre para deslizar ao longo de um trilho de ar horizontal. Ele é empurrado contra um lançador em uma extremidade do trilho. Considere o lançador como uma mola leve de constante de força k comprimida por uma distância x. O planador é liberado do repouso. (a) Mostre que o planador atinge uma velocidade de $v = x(k/m)^{1/2}$. (b) Mostre que o módulo do impulso dado ao planador é definido pela expressão $I = x(km)^{1/2}$. (c) É realizado mais trabalho em um carrinho com massa maior ou menor?

9. **M** Uma bola de aço de 3,00 kg bate em uma parede com velocidade de 10,0 m/s a um ângulo de $\theta = 60{,}0°$ com a superfície. Ela quica e recua com a mesma velocidade e mesmo ângulo (Fig. P8.9). Se a bola estiver em contato com a parede a 0,200 s, qual é a força média exercida pela parede sobre a bola?

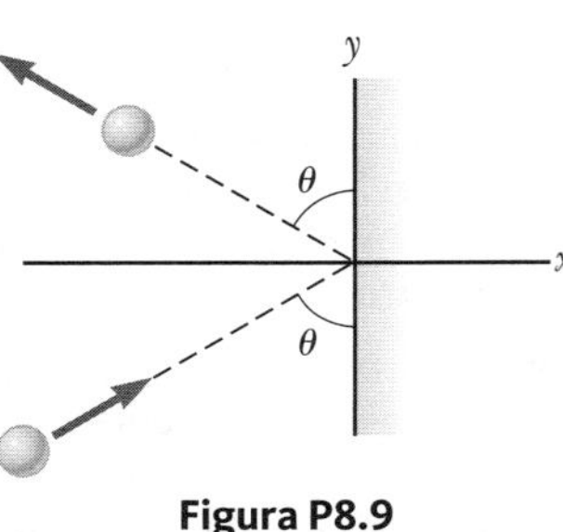

Figura P8.9

10. Em um jogo de *softball*, uma bola de 0,200 kg cruza a mesa a 15,0 m/s a um ângulo de 45,0° abaixo da horizontal. O batedor bate na bola em direção ao centro do campo, proporcionando uma velocidade de 40,0 m/s a 30,0° acima da horizontal. (a) Determine o impulso liberado para a bola. (b) Se a força na bola aumenta linearmente para 4,00 m/s, mantém-se constante em 20,0 m/s e diminui linearmente para zero em outros 4,00 m/s, qual é a força máxima na bola?

11. **W** Uma curva força-tempo estimada para uma bola de beisebol atingida por um taco é mostrada na Figura P8.11. A partir dessa curva, determine (a) o módulo do impulso dado à bola e (b) a força média exercida sobre a bola.

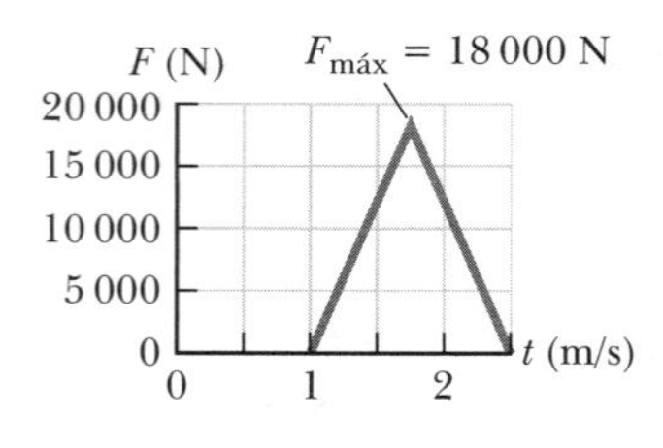

Figura P8.11

12. **Q|C** Uma homem afirma que pode segurar uma criança de 12,0 kg em uma colisão frontal desde que ele esteja usando o cinto de segurança. Considere esse homem em uma colisão na qual ele está em um dos dois carros idênticos que andam um em direção ao outro a 60,0 mi/h em relação ao solo. O carro no qual ele está é levado ao repouso em 0,10 s. (a) Encontre o módulo da força média necessária para segurar a criança. (b) Com base no resultado da parte (a), a afirmação do homem é válida? (c) O que a resposta a esse problema diz sobre as leis

que requerem a utilização de dispositivos de segurança apropriados, tais como cintos de segurança e assentos especiais para crianças?

13. Uma mangueira de jardim é arrumada conforme indicado na Figura P8.13. A mangueira originalmente é cheia de água sem movimento. Qual força adicional é necessária para manter o bocal imóvel após o fluxo de água ter sido acionado se a taxa de descarga for de 0,600 kg/s com uma velocidade de 25,0 m/s?

Figura P8.13

14. **W** Um jogador de tênis recebe uma bola (0,060 0 kg) viajando horizontalmente a 50,0 m/s e retorna o lance a 40,0 m/s na direção oposta. (a) Qual é o impulso dado na bola pela raquete de tênis? (b) Qual é o trabalho que a raquete realiza na bola?

Seção 8.4 Colisões em uma dimensão

15. Um vagão de massa $2{,}50 \times 10^4$ kg está se movendo a uma velocidade de 4,00 m/s. Ele colide e se acopla a outros três vagões acoplados, cada um com a mesma massa que o vagão único e se movendo na mesma direção com velocidade inicial de 2,00 m/s. (a) Qual é a velocidade dos quatro carros após a colisão? (b) Quanto de energia mecânica é perdido na colisão?

16. Uma bala de 7,00 g, quando disparada de uma arma a um bloco de madeira de 1,00 kg, penetra o bloco a uma profundidade de 8,00 cm. Esse bloco de madeira está próximo a uma superfície horizontal sem atrito, e uma segunda bala de 7,00 g é disparada da arma para o bloco. Neste caso, com qual profundidade a bala penetrará no bloco?

17. **M** Um punhado de argila pegajosa de 12 g é atirado horizontalmente contra um bloco de madeira de 100 g inicialmente em repouso sobre uma superfície horizontal. A argila adere ao bloco. Após o impacto, o bloco desliza 7,50 m antes de parar. Se o coeficiente de atrito entre o bloco e a superfície é 0,650, qual era a velocidade da argila imediatamente antes do impacto?

18. **S** Um punhado de argila pegajosa de massa m é atirado horizontalmente contra um bloco de madeira de massa M inicialmente em repouso sobre uma superfície horizontal. A argila adere ao bloco. Após o impacto, o bloco desliza por uma distância d antes de parar. Se o coeficiente de atrito entre o bloco e a superfície é μ, qual era a velocidade da argila imediatamente antes do impacto?

19. **W** Dois blocos estão livres para deslizar ao longo da pista de madeira sem atrito mostrada na Figura P8.19. O bloco de massa $m_1 = 5{,}00$ kg é solto da posição mostrada, a uma altura $h = 5{,}00$ m acima da parte plana da pista. Saindo de sua extremidade frontal está o polo norte de um ímã forte, que repele o polo norte de um ímã idêntico embutido na extremidade posterior do bloco de massa $m_2 = 10{,}0$ kg inicialmente em repouso. Os dois blocos nunca se tocam. Calcule a altura máxima até a qual m_1 sobe após a colisão elástica.

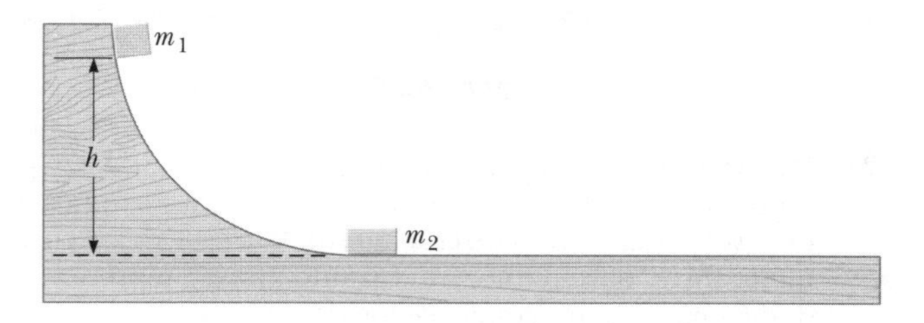

Figura P8.19

20. **S** Conforme mostra a Figura P8.20, uma bala de massa m e de velocidade escalar v passa completamente pelo pêndulo de massa M. A bala surge com uma velocidade de $v/2$. O pêndulo é suspenso por uma haste rígida (não uma corda) de comprimento ℓ e massa desprezível. Qual é o valor mínimo de v tal que o pêndulo apenas balance por um ciclo vertical completo?

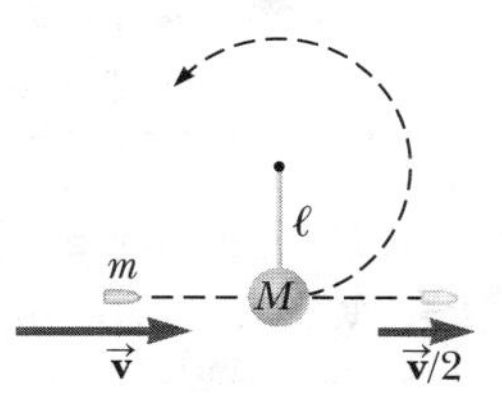

Figura P8.20

21. **M** Um nêutron colide frontal e elasticamente com o núcleo de um átomo de carbono inicialmente em repouso. (a) Que fração da energia cinética do nêutron é transferida ao núcleo de carbono? (b) A energia cinética inicial do nêutron é $1{,}60 \times 10^{-13}$ J. Encontre sua energia cinética final e a energia cinética do núcleo de carbono após a colisão. (A massa do núcleo de carbono é aproximadamente 12,0 vezes a massa do nêutron.)

22. **Q|C** **S** Uma bola de tênis de massa m_t é mantida exatamente acima de uma bola de basquete de massa m_b, como mostrado na Figura P8.22. Com seus centros verticalmente alinhados, ambas são liberadas do repouso ao mesmo tempo de maneira que a parte inferior da bola de basquete cai livremente de uma altura h e bate no chão. Considere que uma colisão elástica com o solo instantaneamente reverte a velocidade da bola de basquete enquanto a bola de tênis continua em movimento para baixo, pois elas se separaram um pouco durante a queda. Em seguida, as duas bolas sofrem colisão elástica. (a) A que altura a bola de tênis recua? (b) Como você explica a altura em (a) ser maior do que h? Isso parece uma violação da conservação de energia?

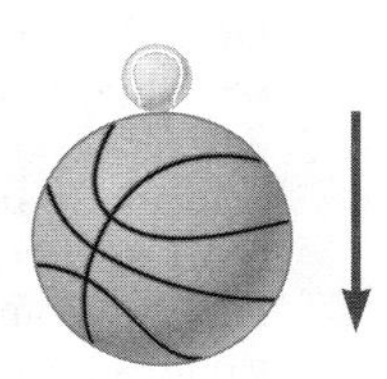

Figura P8.22

23. **Q|C** (a) Três carrinhos de massas $m_1 = 4{,}00$ kg, $m_2 = 10{,}0$ kg e $m_3 = 3{,}00$ kg movem-se sobre um trilho horizontal sem atrito com velocidade de $v_1 = 5{,}00$ m/s para a direita, $v_2 = 3{,}00$ m/s para a direita e $v_3 = 4{,}00$ m/s para a esquerda, como mostrado na Figura P8.23. Acopladores de velcro fazem os carrinhos se unirem após a colisão.

Encontre a velocidade final do conjunto de três carrinhos. (b) **E se?** Sua resposta para a parte (a) requer que todos os carrinhos colidam e se unam ao mesmo tempo? E se eles colidirem em uma ordem diferente?

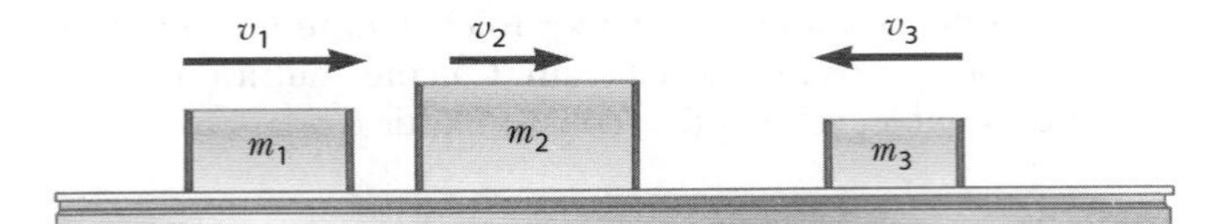

Figura P8.23

24. Quatro vagões, cada um com massa de $2{,}50 \times 10^4$ kg, são acoplados e deslizados ao longo de trilhos horizontais a uma velocidade v_i em direção ao sul. Um ator de cinema muito forte, porém tolo, conduzindo um segundo carro, desacopla o carro dianteiro e lhe dá um grande impulso, aumentando sua velocidade a 4,00 m/s para o sul. Os três carros restantes continuam indo para o sul, mas agora a 2,00 m/s. (a) Encontre a velocidade inicial dos quatro carros. (b) Quanta força o ator fez? (c) Estabeleça a relação entre o processo descrito aqui e o do Problema 8.15.

Seção 8.5 Colisões em duas dimensões

25. **W** Um corpo de massa 3,00 kg, movendo-se com uma velocidade inicial de $5{,}00\hat{\mathbf{i}}$ m/s, colide e fica junto com um corpo de massa 2,00 kg com uma velocidade inicial de $-3{,}00\hat{\mathbf{j}}$ m/s. Encontre a velocidade final do conjunto.

26. **Q|C** **W** Um zagueiro de 90,0 kg correndo para o leste com uma velocidade de 5,00 m/s é agarrado por um adversário de 95,0 kg correndo na direção norte com uma velocidade de 3,00 m/s. (a) Explique por que a agarrada bem-sucedida constitui uma colisão perfeitamente inelástica. (b) Calcule a velocidade dos jogadores imediatamente após a agarrada. (c) Determine a energia mecânica que desaparece em razão da colisão. Explique a energia que falta.

27. **W** Dois discos de *shuffleboard* de massas iguais, um laranja e outro amarelo, estão envolvidos em uma colisão oblíqua elástica. O disco amarelo está inicialmente em repouso e é atingido pelo disco laranja com uma velocidade de 5,00 m/s. Após a colisão, o disco laranja move-se ao longo de uma direção que forma um ângulo de 37,0° com sua direção inicial de movimento. As velocidades dos dois discos são perpendiculares após a colisão. Determine a velocidade final de cada disco.

28. **S** Dois discos de *shuffleboard* de massas iguais, um laranja e outro amarelo, estão envolvidos em uma colisão oblíqua elástica. O disco amarelo está inicialmente em repouso e é atingido pelo disco laranja com uma velocidade v_i. Após a colisão, o disco laranja se move ao longo de uma direção que forma um ângulo θ com sua direção inicial de movimento. As velocidades dos dois discos são perpendiculares após a colisão. Determine a velocidade final de cada disco.

29. **M** Uma bola de bilhar movendo-se a 5,00 m/s colide com outra parada com a mesma massa. Após a colisão, a primeira bola se move a 4,33 m/s a um ângulo de 30,0° em relação à linha original de movimento. Considerando uma colisão elástica (e ignorando o atrito e o movimento de rotação), encontre a velocidade da bola golpeada após a colisão.

30. Dois automóveis de massa igual se aproximam de um cruzamento. Um está viajando com velocidade 13,0 m/s em direção ao leste, e o outro, rumo ao norte, com velocidade v_{2i}. Nenhum dos motoristas vê o outro. Os veículos colidem no cruzamento e ficam unidos, deixando marcas de frenagem a um ângulo de 55,0° à nordeste. O limite de velocidade para ambas as vias é de 35 mi/h, e o motorista do veículo que se movia para o norte alega que estava dentro do limite de velocidade quando ocorreu a colisão. Ele está dizendo a verdade? Explique seu raciocínio.

31. **M** Um núcleo atômico instável de massa $17{,}0 \times 10^{-27}$ kg inicialmente em repouso desintegra-se em três partículas. Uma das partículas, de massa $5{,}00 \times 10^{-27}$ kg, move-se na direção y com uma velocidade de $6{,}00 \times 10^6$ m/s. Outra partícula, de massa $8{,}40 \times 10^{-27}$ kg, move-se na direção x com uma velocidade de $4{,}00 \times 10^6$ m/s. Encontre (a) a velocidade da terceira partícula e (b) o aumento de energia cinética total no processo.

32. **S** Um próton, que se move na velocidade $v_i\hat{\mathbf{i}}$, colide elasticamente com outro que está inicialmente em repouso. Supondo que ambos tenham velocidades iguais após a colisão, encontre (a) a velocidade de cada próton após a colisão quanto a v_i e (b) a direção dos vetores de velocidade após a colisão.

33. Um disco de 0,300 kg, inicialmente em repouso na horizontal, em uma superfície sem atrito, é atingido por um disco de 0,200 kg que se movimenta inicialmente ao longo do eixo x com velocidade de 2,00 m/s. Após a colisão, o disco de 0,200 kg atingiu uma velocidade de 1,00 m/s a um ângulo de $\theta = 53{,}0°$ com o eixo x positivo (consulte a Figura Ativa 8.11). (a) Determine a velocidade do disco de 0,300 kg após a colisão. (b) Encontre a fração de energia cinética perdida na colisão.

Seção 8.6 Centro de massa

34. Um pedaço uniforme de folha de metal é moldado conforme mostrado na Figura P8.34. Calcule as coordenadas x e y do centro de massa da folha.

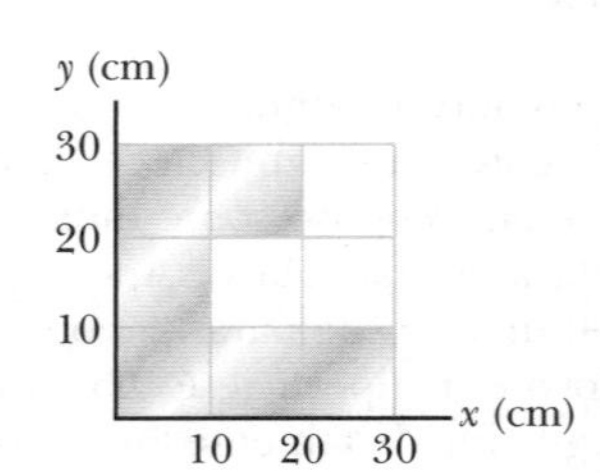

Figura P8.34

35. **W** Quatro corpos estão situados ao longo do eixo y da seguinte forma: um de 2,00 kg está a +3,00 m, um de 3,00 kg está a +2,50 m, o terceiro, de 2,50 kg, está na origem, e o quarto, de 4,00 kg, está a –0,500 m. Onde está o centro de massa desses corpos?

36. Uma molécula de água consiste em um átomo de oxigênio com dois átomos de hidrogênio ligados a ela (Fig. P8.36). O ângulo entre as duas ligações é de 106°. Se as ligações têm comprimento de 0,100 nm onde é o centro de massa da molécula?

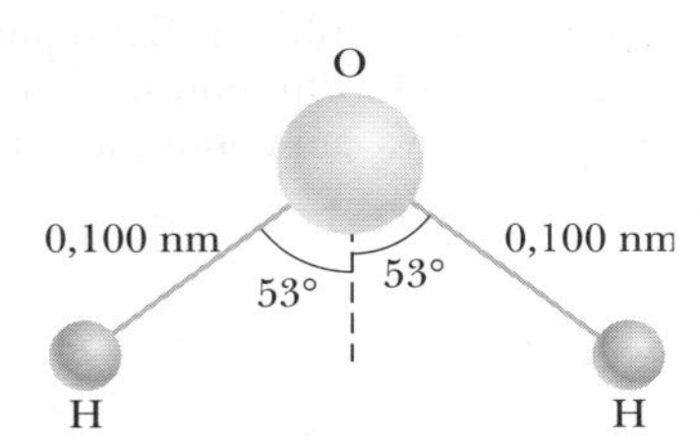

Figura P8.36

37. Exploradores da floresta encontram um monumento antigo na forma de um grande triângulo isóceles, como mostrado na Figura P8.37. O monumento é feito de dezenas de milhares de pequenos blocos de pedra de densidade 3 800 kg/m³. O monumento tem 15,7 m de altura e 64,8 m de largura em sua base, com espessura de 3,60 m ao longo dele. Antes de o monumento ser construído muitos anos atrás, todos os blocos de pedra foram colocados no solo. Quanto trabalho os construtores tiveram para colocar os blocos na posição durante a construção do monumento todo? *Observação*: A energia potencial gravitacional de um sistema corpo-Terra é definida por $U_g = Mgy_{CM}$, em que M é a massa total do corpo e y_{CM} é a elevação de seu centro de massa acima do nível de referência escolhido.

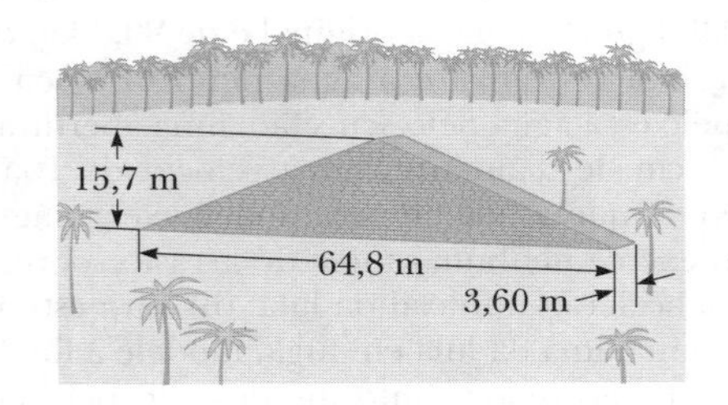

Figura P8.37

38. Uma haste de 30,0 cm de comprimento tem densidade linear (massa por comprimento) definida por

$$\lambda = 50{,}0 + 20{,}0\,x$$

em que x é a distância a partir de uma extremidade, medida em metros, e λ expressa gramas/metro. (a) Qual é a massa da haste? (b) A que distância da extremidade $x = 0$ está seu centro de massa?

Seção 8.7 Movimento de um sistema de partículas

39. Uma partícula de 2,00 kg tem uma velocidade $(2{,}00\hat{\mathbf{i}} - 3{,}00\hat{\mathbf{j}})$ m/s e outra de 3,00 kg tem uma velocidade $(1{,}00\hat{\mathbf{i}} + 6{,}00\hat{\mathbf{j}})$ m/s. Encontre (a) a velocidade do centro de massa e (b) o momento total do sistema.

40. Considere um sistema de duas partículas no plano xy: $m_1 = 2{,}00$ kg está no local $\vec{\mathbf{r}}_1 = (1{,}00\hat{\mathbf{i}} + 2{,}00\hat{\mathbf{j}})$ m e tem velocidade de $(3{,}00\hat{\mathbf{i}} + 0{,}500\hat{\mathbf{j}})$ m/s; $m_2 = 3{,}00$ kg está a $\vec{\mathbf{r}}_2 = (-4{,}00\hat{\mathbf{i}} - 3{,}00\hat{\mathbf{j}})$ m e tem velocidade $(3{,}00\hat{\mathbf{i}} - 2{,}00\hat{\mathbf{j}})$ m/s. (a) Organize essas partículas em uma grade ou papel de gráfico. Faça o rascunho dos vetores posição e mostre as velocidades. (b) Encontre a posição do centro de massa do sistema e marque-a no diagrama. (c) Determine a velocidade do centro de massa e mostre-a no diagrama. (d) Qual é o momento linear total do sistema?

41. **M** Romeu (77,0 kg) entretém Julieta (55,0 kg) tocando sua guitarra na parte traseira de seu barco que está em repouso em água parada, 2,70 m afastado de Julieta, que está na parte da frente do barco. Depois da serenata, Julieta se move cuidadosamente para a traseira do barco (afastado da margem) para dar um beijo na bochecha de Romeu. A que distância o barco de 80,0 kg se move em direção à margem à frente?

42. Uma bola de 0,200 kg de massa com uma velocidade de $1{,}50\hat{\mathbf{i}}$ m/s encontra outra de 0,300 kg de massa com velocidade de $-0{,}400\hat{\mathbf{i}}$ m/s em uma colisão frontal elástica. (a) Encontre suas velocidades após a colisão. (b) Encontre a velocidade do seu centro de massa antes e depois da colisão.

Seção 8.8 Conteúdo em contexto: propulsão de foguete

43. Um motor de foguete tem uma força média de 5,26 N. Ele tem uma massa inicial de 25,5 g, o que inclui a massa do combustível de 12,7 g. A duração da sua queima é de 1,90 s. (a) Qual é a velocidade média de exaustão do motor? (b) Esse motor é colocado no corpo de um foguete de massa 53,5 g. Qual é a velocidade final do foguete se ele fosse lançado no espaço a partir do repouso por um astronauta em um passeio espacial? Considere que o combustível queima a uma taxa constante.

44. **Q|C** Um foguete para uso no espaço profundo deve ser capaz de impulsionar uma carga total (carga útil mais estrutura do foguete e motor) de 3,00 toneladas métricas a uma velocidade de 10 000 m/s. (a) Ele tem um projeto de motor e combustível para produzir uma velocidade de exaustão de 2 000 m/s. Quanto combustível mais oxidante é necessário? (b) Se um projeto diferente de combustível e motor pudesse fornecer uma velocidade de exaustão de 5 000 m/s, que quantidade de combustível e oxidante seria necessária para a mesma tarefa? (c) Observando que a velocidade de exaustão na parte (b) é 2,50 vezes maior que na parte (a), explique por que a massa de combustível necessária não é simplesmente menor por um fator 2,50.

45. Revisão. O primeiro estágio de um veículo espacial Saturno V consumiu combustível e oxidante a uma taxa de $1{,}50 \times 10^4$ kg/s com uma velocidade de exaustão de $2{,}60 \times 10^3$ m/s. (a) Calcule o impulso produzido por esse motor. (b) Encontre a aceleração que o veículo teve quando acabou de deixar a plataforma de lançamento na Terra, considerando a massa inicial do veículo como $3{,}00 \times 10^6$ kg.

46. Um foguete tem massa total $M_i = 360$ kg, incluindo $M_f = 330$ kg de combustível e oxidante. No espaço interestelar, ele parte do repouso na posição $x = 0$, liga o motor no instante $t = 0$ e expele gases de exaustão com velocidade relativa $v_e = 1\,500$ m/s à taxa constante $k = 2{,}50$ kg/s. O combustível durará por um tempo de queima $T_b = M_f/k = 330$ kg/(2,5 kg/s) = 132 s. (a) Mostre que durante a queima a velocidade do foguete em função do tempo é definida por

$$v(t) = -v_e \ln\left(1 - \frac{kt}{M_i}\right)$$

(b) Faça um gráfico da velocidade do foguete em função do tempo para os instantes entre 0 e 132 s. (c) Mostre que a aceleração do foguete é

$$a(t) = \frac{kv_e}{M_i - kt}$$

(d) Faça um gráfico da aceleração em função do tempo. (e) Mostre que a posição do foguete é

$$x(t) = v_e\left(\frac{M_i}{k} - t\right)\ln\left(1 - \frac{kt}{M_i}\right) + v_e t$$

(f) Faça um gráfico da posição durante a queima em função do tempo.

47. Uma nave espacial em órbita é descrita não como um "zero g", mas com ambiente de "microgravidade" para os ocupantes e para os experimentos integrados. Os astronautas vivenciam um breve balanço brusco em razão dos movimentos do equipamento e de outros astronautas, e como resultado da descarga de materiais da nave. Suponha que uma nave espacial de 3 500 kg submeta-se a uma aceleração 2,50 μg = 2,45 × 10^{-5} m/s² em razão do vazamento de um dos sistemas de controle hidráulico. O fluido é conhecido para escapar com velocidade de 70,0 m/s no vácuo de espaço. Quanto fluido será perdido em 1,00 h se o vazamento não for contido?

Problemas adicionais

48. **S** Dois flutuadores planadores são colocados em movimento em um trilho de ar horizontal. Uma mola de constante de força k é presa à extremidade traseira do segundo planador flutuador. Como mostrado na Figura P8.48, o primeiro planador flutuador, de massa m_1, move-se para a direita com velocidade v_1, e o segundo planador, de massa m_2, move-se mais lentamente para a direita com velocidade v_2. Quando m_1 colide com a mola presa a m_2, a mola é comprimida por uma distância $x_{máx}$, e os flutuadores então se afastam novamente. Em termos de v_1, v_2, m_1, m_2 e k, encontre (a) a velocidade v na compressão máxima, (b) a compressão máxima $x_{máx}$ e (c) a velocidade de cada flutuador depois de m_1 perder contato com a mola.

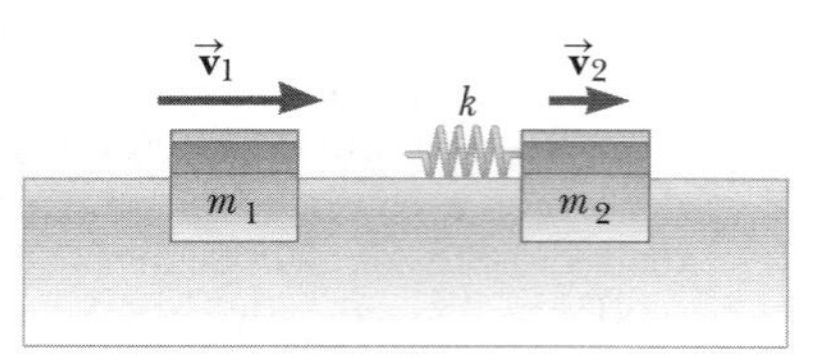

Figura P8.48

49. **Revisão.** Uma pessoa de 60,0 kg correndo a uma velocidade inicial a 4,00 m/s pula para um carrinho de 120 kg inicialmente em repouso (Fig. P8.49). A pessoa desliza na superfície superior do carrinho e finalmente fica em posição de repouso. O coeficiente de atrito cinético entre a pessoa e o carrinho é 0,400. O atrito entre o carrinho e o chão pode ser ignorado. (a) Encontre a velocidade final da pessoa e do carrinho em relação ao chão. (b) Encontre a força de atrito que atua sobre a pessoa enquanto ela está deslizando pela superfície superior do carrinho. (c) Por quanto tempo a força de atrito atua sobra a pessoa? (d) Encontre a variação do momento da pessoa e do carrinho. (e) Determine o deslocamento da pessoa em relação ao chão enquanto ela desliza pelo carrinho. (f) Determine o deslocamento do carrinho em relação ao chão enquanto a pessoa desliza. (g) Encontre a variação da energia cinética da pessoa. (h) Encontre a variação da energia cinética do carrinho. (i) Explique por que as respostas de (g) e (h) são diferentes. (Que tipo de colisão é essa, e o que se leva em conta para a perda de energia mecânica?)

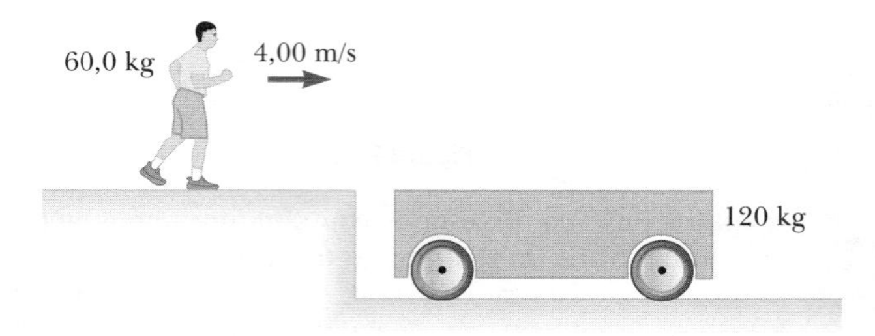

Figura P8.49

50. Um avião a jato está viajando a 500 mi/h (223 m/s) em voo horizontal. O motor coleta ar a uma taxa de 80,0 kg/s e queima combustível a uma taxa de 3,00 kg/s. Os gases de exaustão são expelidos a 600 m/s em relação ao avião. Encontre a propulsão do motor do jato e a energia liberada.

51. **BIO** Quando é ameaçada, uma lula pode fugir, expelindo um jato d'água, às vezes colorido com uma tinta de camuflagem. Considere uma lula que originalmente está em repouso na água do oceano de densidade constante 1,030 kg/m³. A massa original é de 90,0 kg, da qual uma fração significativa é a água dentro do seu manto. Ela expele essa água pelo seu sifão, uma abertura circular de 3,00 cm de diâmetro a uma velocidade 16,0 m/s. (a) À medida que a lula começa a se mexer, a água ao redor não exerce nenhuma força de arrasto sobre ela. Encontre a aceleração inicial da lula. (b) Para estimar a velocidade máxima da lula em fuga, modele a força de arrasto da água ao redor conforme descrito pela Equação 5.7. Suponha que a lula tenha um coeficiente de arrasto de 0,300 e uma seção transversal de 800 cm². Encontre a velocidade em que a força de arrasto contrabalança o impulso do jato.

52. **S** **Revisão.** Uma bala de massa m é atirada contra um bloco de massa M inicialmente em repouso na beira de uma mesa sem atrito de altura h (Fig. P8.52). A bala permanece no bloco e depois do impacto o bloco aterrissa a uma distância d da parte inferior da mesa. Determine a velocidade inicial da bala.

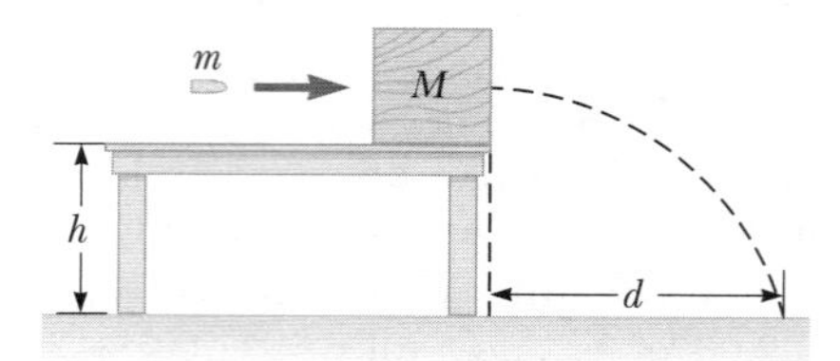

Figura P8.52

53. **Q|C** Um bloco de madeira de 1,25 kg está em uma mesa sobre um grande furo, como na Figura P8.53. Uma bala de 5,00 g com uma velocidade inicial v_i é atirada

para cima na parte inferior do bloco e permanece dentro dele após a colisão. O bloco e a bala sobem a uma altura máxima de 22,0 cm. (a) Descreva como você encontraria a velocidade inicial da bala utilizando ideias que aprendeu neste capítulo. (b) Calcule a velocidade inicial da bala com base nas informações fornecidas.

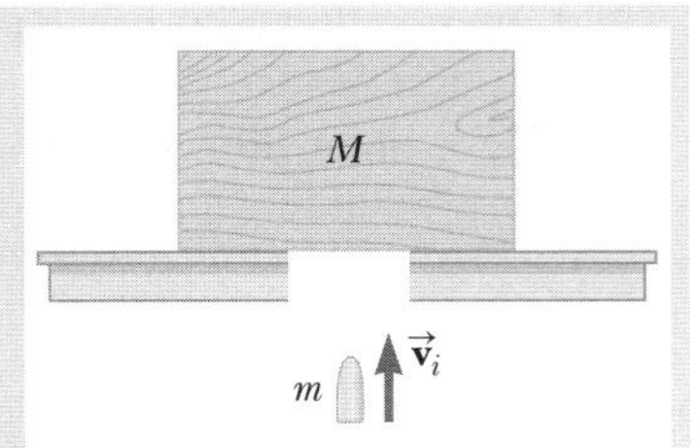

Figura P8.53 Problemas 53 e 54.

54. **Q|C** **S** Um bloco de madeira de massa M está em uma mesa sobre um grande furo, como na Figura P8.53. Uma bala de massa m com uma velocidade inicial de v_i é atirada para cima na parte inferior do bloco e permanece dentro dele após a colisão. O bloco e a bala sobem a uma altura máxima h. (a) Descreva como você encontraria a velocidade inicial da bala utilizando as ideias que aprendeu neste capítulo. (b) Encontre uma expressão para a velocidade inicial da bala.

55. **W** Um pequeno bloco de massa $m_1 = 0{,}500$ kg é liberado do repouso no topo de uma cunha de forma curva, sem atrito, de massa $m_2 = 3{,}00$ kg, que está em uma superfície horizontal sem atrito, como mostrado na Figura P8.55a. Quando o bloco deixa a cunha, sua velocidade é medida como 4,00 m/s para a direita, como mostrado na Figura P8.55b. (a) Qual é a velocidade da cunha depois que o bloco atinge a superfície horizontal? (b) Qual é a altura h da cunha?

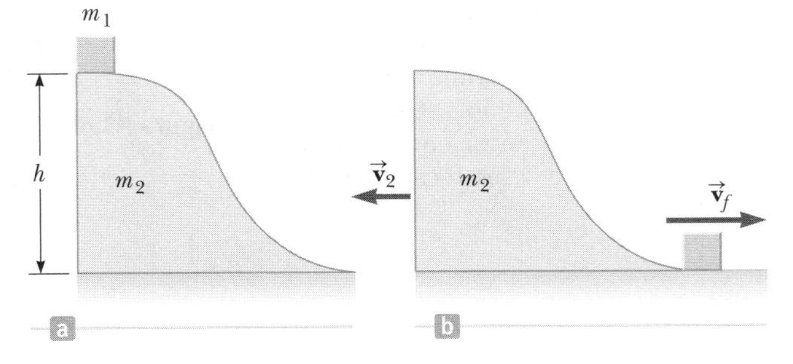

Figura P8.55

56. *Por que a seguinte situação é impossível?* Um astronauta, junto com o equipamento que carrega, tem uma massa de 150 kg. Ele está fazendo um passeio pelo espaço fora da nave, que está à deriva no espaço com uma velocidade constante. O astronauta empurra acidentalmente a espaçonave e começa a se afastar a 20,0 m/s em relação à nave, sem amarras. Para retornar, ele tira o equipamento de seu traje espacial e o atira na direção oposta à da nave. Por causa de seu traje espacial volumoso, ele pode arremessar o equipamento a uma velocidade máxima de 5,00 m/s em relação a si mesmo. Depois de jogar equipamento suficiente, ele começa a se mover de volta para nave, pode agarrá-la e subir nela.

57. **M** Uma bala de 5,00 g movendo-se com velocidade inicial de $v = 400$ m/s é atirada contra um bloco de 1,00 kg e passa através dele, como mostrado na Figura P8.57. O bloco, inicialmente em repouso em uma superfície horizontal sem atrito, é conectado a uma mola com constante de força 900 N/m. O bloco move-se por uma distância $d = 5{,}00$ cm para a direita, depois do impacto, antes de ser trazido ao repouso pela mola. Encontre (a) a velocidade com a qual a bala emerge do bloco e (b) a quantidade de energia cinética inicial da bala que é convertida em energia interna no sistema bala-bloco durante a colisão.

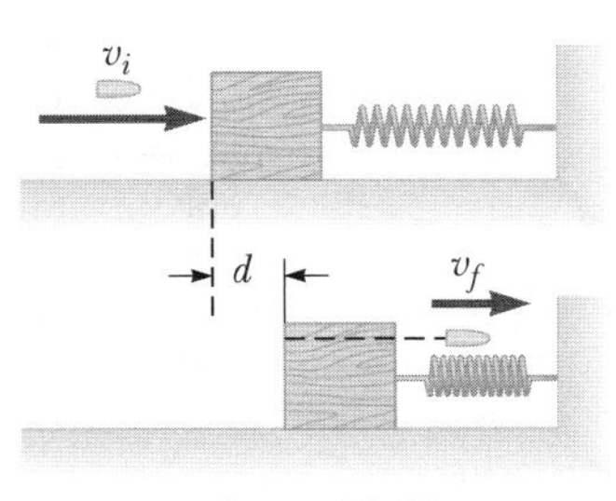

Figura P8.57

58. **S** Duas partículas com massas m e $3m$ estão se movendo uma em direção à outra ao longo do eixo x com a mesma velocidade inicial v_i. A partícula m está indo para a esquerda e a $3m$, para a direita. Elas sofrem uma colisão oblíqua elástica tal que a partícula m se move na direção y negativa a um ângulo reto em relação à sua posição inicial. (a) Encontre a velocidade das duas partículas em função de v_i. (b) Qual é o ângulo θ no qual a partícula $3m$ é espalhada?

59. **Revisão.** Uma mola leve de constante de força 3,85 N/m é comprimida 8,00 cm e mantida entre um bloco de 0,250 kg à esquerda e um bloco de 0,500 kg à direita. Ambos os blocos estão em repouso em uma superfície horizontal. Ambos são soltos simultaneamente de maneira que a mola tende a separá-los. Encontre a velocidade máxima que cada bloco atinge se o coeficiente de atrito cinético entre cada bloco e a superfície for (a) 0, (b) 0,100 e (c) 0,462. Considere que o coeficiente de atrito estático é maior que o coeficiente de atrito cinético em cada caso.

60. Um canhão é rigidamente fixo a uma carreta, que pode se mover por trilhos horizontais, mas é ligado a um poste por uma mola grande, inicialmente não esticada e com uma força constante de $k = 2{,}00 \times 10^4$ N/m, como mostra a Figura P8.60. O canhão dispara um projétil de 200 kg a uma velocidade de 125 m/s direcionado a 45,0° acima da horizontal. (a) Presumindo que a massa do canhão e sua carreta seja de 5 000 kg, encontre a velocidade de recuo do canhão. (b) Determine a extensão máxima da mola. (c) Encontre a força máxima que a mola exerce na carreta. (d) Considere que o sistema consiste no canhão, carreta e projétil. O momento desse sistema é conservado durante o disparo? Sim ou não? Por quê?

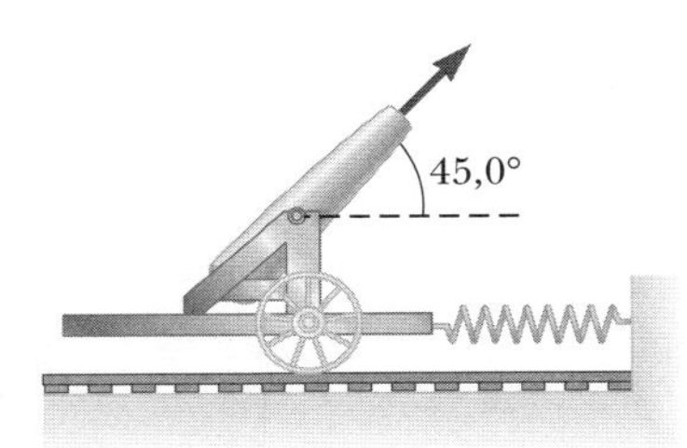

Figura P8.60

61. George da Floresta, com massa m, balança em um cipó leve pendurado em um galho de árvore. Um segundo cipó de comprimento igual está pendurado no mesmo

ponto e um gorila de massa maior M balança na direção oposta. Ambos os cipós estão horizontais quando os primatas partem do repouso ao mesmo tempo. George e o gorila se encontram no ponto mais baixo de seus balanços. Cada um tem medo de que um cipó se rompa; portanto, eles se agarram. Eles balançam para cima juntos, atingindo um ponto em que os cipós formam um ângulo de 35,0° com a vertical. Encontre o valor da relação m/M.

62. **PD** **Q|C** **Revisão.** Há (pode-se dizer) três teorias igualmente importantes de movimento para uma partícula isolada: a Segunda Lei de Newton, que afirma que a força total sobre a partícula causa sua aceleração; o teorema trabalho-energia cinética, que afirma que o trabalho total realizado sobre a partícula causa variação na sua energia cinética; o teorema impulso-momento, que afirma que o impulso total sobre a partícula causa variação em seu momento. Neste problema, você irá comparar as previsões das três teorias em um caso particular. Um corpo de 3,00 kg tem velocidade de $7{,}00\hat{\mathbf{j}}$ m/s. Então, uma força resultante constante $12{,}0\hat{\mathbf{i}}$ N age no corpo por 5,00 s. (a) Calcule a velocidade final do corpo, utilizando o teorema impulso-momento. (b) Calcule a aceleração de $\vec{\mathbf{a}} = (\vec{\mathbf{v}}_f - \vec{\mathbf{v}}_i)/\Delta t$ (c) Calcule a aceleração de $\vec{\mathbf{a}} = \Sigma\, \vec{\mathbf{F}}/m$. (d) Encontre o vetor deslocamento do corpo $\Delta\mathbf{r} = \vec{\mathbf{v}}_i t + \frac{1}{2}\vec{\mathbf{a}}t^2$. (e) Encontre o trabalho feito no corpo a partir de $W = \vec{\mathbf{F}} \cdot \Delta\vec{\mathbf{r}}$. (f) Encontre a energia cinética final a partir de $\frac{1}{2}mv_f^2 = \frac{1}{2}m\vec{\mathbf{v}}_f \cdot \vec{\mathbf{v}}_f$. (g) Encontre a energia cinética final a partir de $\frac{1}{2}mv_i^2 + W$. (h) Compare os resultados das respostas para as partes (b) e (c) e as respostas para as partes (f) e (g).

63. Duas partículas com massas m e $3m$ estão se movendo uma em direção à outra ao longo do eixo x com a mesma velocidade inicial v_i. A partícula com massa m está se deslocando para a esquerda e a $3m$, para a direita. Elas sofrem uma colisão elástica frontal, e têm rebote ao longo da mesma linha de chegada. Encontre a velocidade final das partículas.

64. **Q|C** A areia de um funil parado cai em uma esteira transportadora a uma taxa de 5,00 kg/s, como mostrado na Figura P8.64. A esteira transportadora é suportada por roletes sem atrito e se move a uma velocidade constante $v = 0{,}750$ m/s sob a ação de uma força externa horizontal constante $\vec{\mathbf{F}}_{ext}$ fornecida pelo motor que aciona a esteira. Encontre (a) a taxa de variação do momento da areia na direção horizontal, (b) a força de atrito exercida pela areia, (c) a força externa $\vec{\mathbf{F}}_{ext}$, (d) o trabalho realizado por $\vec{\mathbf{F}}_{ext}$ em 1 s, e (e) a energia cinética adquirida pela areia que cai a cada segundo em razão da variação em seu movimento horizontal. (f) Por que as repostas das partes (d) e (e) são diferentes?

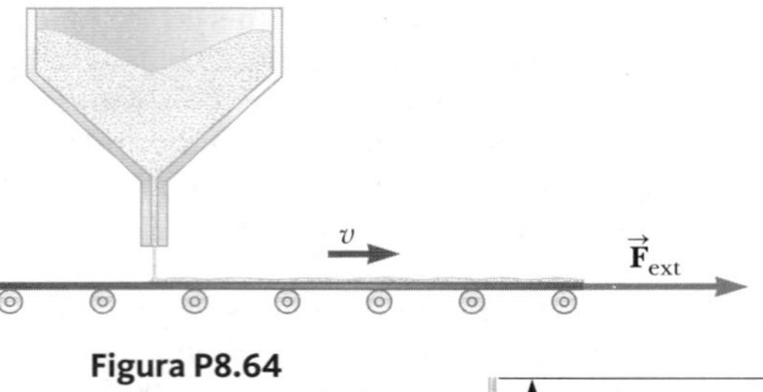

Figura P8.64

65. **S** **Revisão.** Uma corrente de comprimento L e massa total M é liberada do repouso com sua extremidade inferior apenas tocando o topo de uma mesa, como mostrado na Figura P8.65a. Encontre a força exercida pela mesa sobre a corrente depois que a corrente cai por uma distância x, como mostrado na Figura P8.65b. (Considere que cada elo entra em repouso no instante em que toca a mesa.)

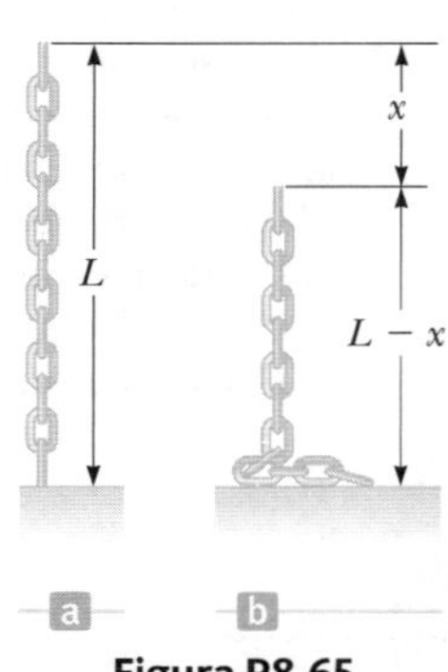

Figura P8.65

Capítulo 9

Relatividade

Sumário

Emily Serway

De pé sobre os ombros de um gigante. David Serway, filho de um dos autores, cuida de seus filhos, Nathan e Kaitlyn, enquanto eles brincam nos braços de Albert Einstein no memorial Einstein, em Washington. Sabe-se bem que Einstein, o principal arquiteto da relatividade, gostava muito de crianças.

As nossas experiências cotidianas e observações estão associadas tipicamente a corpos que se movem a velocidades muito menores do que a da luz no vácuo, $c = 3{,}00 \times 10^8$ m/s. A mecânica newtoniana e seus conceitos de espaço e tempo fornecem modelos válidos para descrever o movimento de tais corpos. Esse formalismo é muito bem-sucedido ao descrever uma ampla gama de fenômenos que ocorrem a baixas velocidades, como vimos nos capítulos anteriores. No entanto, ele falha quando aplicado a corpos cuja velocidade se aproxima à da luz. Uma maneira de testar as previsões da teoria newtoniana nessas situações é acelerar elétrons e outras partículas a velocidades muito altas. É possível, por exemplo, acelerar um elétron até ele atingir uma velocidade de 0,99*c*. De acordo com a definição newtoniana de energia cinética, se a energia transferida para tal elétron fosse aumentada por um fator de 4, a velocidade do elétron deveria dobrar, alcançando um módulo de 1,98*c*.[1] Cálculos relativísticos, no entanto, mostram que a velocidade máxima do elétron – bem como as velocidades de todos os outros corpos no Universo – são menores que a velocidade da luz. A mecânica newtoniana não prevê esse fato, pois não coloca um limite superior na velocidade, mostrando-se inválida diante dos resultados experimentais e das previsões teóricas modernas. Os modelos

[1] N.R.T.: A velocidade da luz é representada pela letra "c".

newtonianos que desenvolvemos são limitados a corpos em movimento muito mais lentos que a velocidade da luz. Uma vez que a mecânica newtoniana não prevê corretamente os resultados de experimentos realizados com corpos em alta velocidade, precisamos de um novo formalismo que seja válido para esses casos.

Em 1905, com apenas 26 anos, Albert Einstein publicou a *teoria da relatividade especial*, que é o tema principal deste capítulo. Einstein escreveu o seguinte sobre a teoria:

> A teoria da relatividade surgiu da necessidade, de contradições sérias e profundas na teoria antiga e das quais parecia não haver escapatória. A força da nova teoria reside na consistência e simplicidade com que ela resolve todas essas dificuldades, usando apenas algumas suposições muito convincentes.[2]

Embora Einstein tenha feito muitas contribuições importantes para a ciência, a teoria da relatividade especial, isoladamente, representa uma das maiores realizações intelectuais do século XX. Com ela, observações experimentais podem ser previstas corretamente para corpos a qualquer velocidade possível, desde o repouso até velocidades próximas à da luz. Esse capítulo fornece uma introdução à teoria da relatividade especial, com ênfase em algumas de suas consequências.

9.1 | O princípio da relatividade de Galileu

Começamos considerando a noção de relatividade a baixas velocidades. Essa discussão foi, na verdade, iniciada na Seção 3.6, quando discutimos a velocidade relativa. Naquele momento, nós discutimos a importância do observador e de seu movimento em relação ao que está sendo observado. De forma semelhante, vamos agora buscar equações que nos permitam expressar as medições de um observador em termos de observações realizadas em outros referenciais. Esse processo vai levar a alguns resultados bastante inesperados e surpreendentes sobre o nosso entendimento do espaço e do tempo.

Como já mencionamos, é necessário estabelecer um sistema de referência para descrever um evento físico. Você deve se lembrar do Capítulo 4 que um referencial inercial é aquele no qual se pode considerar que a aceleração de um corpo é nula, caso em que não há nenhuma força resultante agindo sobre ele. Além disso, qualquer referencial em movimento com uma velocidade constante em relação a um referencial inercial também é inercial. As leis que descrevem os resultados de um experimento realizado em um veículo em movimento com velocidade uniforme são idênticas para o condutor do veículo ou para um observador na beira da estrada. A afirmação formal deste resultado constitui o **princípio da relatividade de Galileu**:

▶ Princípio da Relatividade de Galileu

As leis da mecânica são as mesmas em todos os referenciais inerciais.

A seguinte observação ilustra a equivalência das leis da mecânica em referenciais inerciais diferentes. Considere uma caminhonete em movimento com velocidade constante, como na Figura 9.1a. Se um passageiro na caminhonete lança uma bola para cima no ar, ele observa que a bola se desloca em uma trajetória vertical (desprezando-se

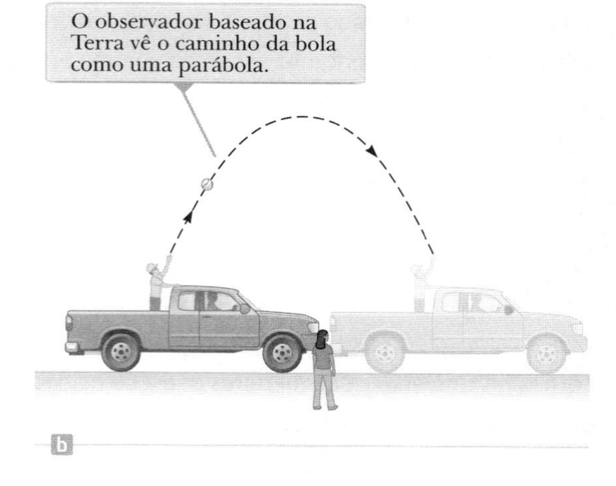

Figura 9.1 A trajetória da bola lançada é diferente para os dois observadores.

[2] A. Einstein e L. Infeld, *The Evolution of Physics* (Nova York: Simon e Schuster), p. 192.

a resistência do ar). O movimento da bola parece ser exatamente o mesmo se a bola fosse lançada por uma pessoa em repouso na Terra e observado por essa pessoa. As equações cinemáticas do Capítulo 2 descrevem os resultados corretamente mesmo se a caminhonete estiver em repouso ou em movimento uniforme. Agora, considere a bola lançada na caminhonete vista por um observador em repouso na Terra. O observador vê a trajetória da bola como uma parábola, conforme a Figura 9.1b. Além disso, de acordo com esse observador, a velocidade da bola tem um componente horizontal de velocidade escalar igual à velocidade escalar da caminhonete. Embora os dois observadores meçam velocidades diferentes e vejam diferentes caminhos para a bola, eles veem as mesmas forças na bola e concordam a respeito da validade das leis de Newton e dos com princípios clássicos, como a conservação de energia e a de movimento. Suas medidas são diferentes, mas as medições que eles fazem satisfazem as mesmas leis. Todas as diferenças entre as duas visões surgem do movimento relativo de um sistema em relação ao outro.

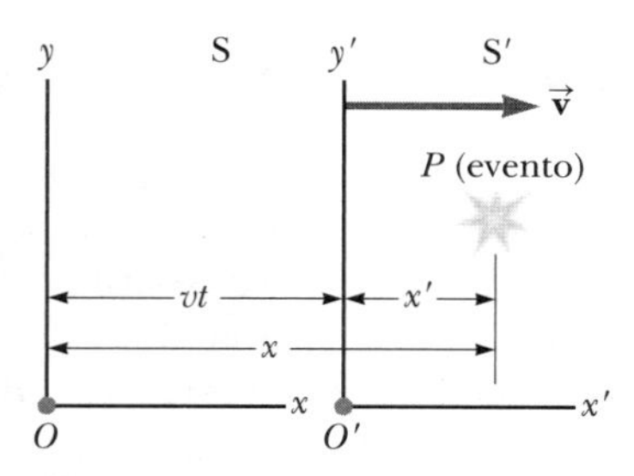

Figura 9.2 Um evento ocorre no ponto P e no tempo t. Ele é visto por dois observadores, O e O', nos referenciais inerciais S e S', em que S' se move com uma velocidade $\vec{\mathbf{v}}$ em relação a S.

Suponha que algum fenômeno físico, ao qual chamamos **evento**, ocorra. A localização do evento no espaço e no tempo pode ser especificada por um observador com as coordenadas (x, y, z, t). Gostaríamos de transformar essas coordenadas de um referencial inercial para outro em movimento com velocidade relativa uniforme, permitindo, assim, expressar medições de um observador nos termos do outro.

Considere dois referenciais inerciais S e S' (Fig. 9.2). O referencial S' se move a uma velocidade constante $\vec{\mathbf{v}}$ junto aos eixos comuns x e x', em que $\vec{\mathbf{v}}$ é medido em relação a S. Supomos que as origens de S e S' coincidam em $t = 0$. Por conseguinte, no instante t, a origem do referencial S' está à direita da origem de S por uma distância vt. Um evento ocorre no ponto P e no tempo t. Um observador em S descreve o evento com coordenadas espaço-tempo (x, y, z, t), e um observador em S' descreve o mesmo evento com coordenadas (x', y', z', t'). Como podemos ver na Figura 9.2, um argumento geométrico simples mostra que as coordenadas espaciais são relacionadas pelas equações

$$x' = x - vt \qquad y' = y \qquad z' = z \tag{9.1}$$

Supõe-se que o tempo seja o mesmo nos dois sistemas inerciais. Isto é, no sistema da mecânica clássica, todos os relógios funcionam no mesmo ritmo, independentemente da sua velocidade, de modo que o tempo no qual um evento ocorre para um observador em S é igual ao do mesmo evento em S':

$$t' = t \tag{9.2}$$

As Equações 9.1 e 9.2 constituem o que é conhecido como a **transformação de Galileu de coordenadas**.

Prevenção de Armadilhas | 9.1

A relação entre os referenciais S e S'

Muitas das representações matemáticas neste capítulo são verdadeiras somente para a relação específica S e S'. Os eixos x e x' coincidem, exceto que suas origens são diferentes. Os eixos y e y' (e os eixos z e z') são paralelos, mas coincidem apenas em um instante por causa do deslocamento da origem de S' em relação à de S. Escolhemos o tempo $t = 0$ para ser o instante em que as origens dos dois sistemas de coordenadas coincidem. Se o referencial S' se move na direção positiva x em relação a S, então v é positivo, caso contrário, é negativo.

Agora, suponha que uma partícula se mova por um deslocamento dx em um intervalo de tempo dt, conforme medido por um observador em S. Decorre da primeira das Equações 9.1 que o deslocamento correspondente dx' medido por um observador em S' é $dx' = dx - v\,dt$. Como $dt = dt'$ (Eq. 9.2), encontramos que

$$\frac{dx'}{dt'} = \frac{dx}{dt} - v$$

ou

$$u'_x = u_x - v \tag{9.3}$$

em que u_x e u'_x são as componentes instantâneas x da velocidade da partícula[3] em relação a S e S', respectivamente. Esse resultado, que é chamado **transformação de velocidade de Galileu**, é usado em observações do cotidiano e é consistente com a nossa noção intuitiva de tempo e espaço. É a mesma equação que geramos na Seção 3.6 (Eq. 3.22) quando discutimos pela primeira vez a velocidade relativa em uma dimensão. Achamos, no entanto, que ela leva a sérias contradições quando aplicada a corpos em movimento em altas velocidades.

[3] Temos usado v para a velocidade do referencial S' em relação ao referencial S. Para evitar confusão, usaremos u para a velocidade de um objeto ou partícula.

9.2 | O experimento de Michelson-Morley

Muitos experimentos similares ao do arremesso da bola na caminhonete, descrito na seção anterior, mostram que as leis da mecânica clássica são as mesmas em todos os sistemas de referência inerciais. Contudo, quando são feitas indagações similares sobre as leis de outros ramos da Física, os resultados são contraditórios. Em particular, as leis da eletricidade e do magnetismo são encontradas dependendo do sistema de referência utilizado. Pode-se argumentar que essas leis estão erradas, o que é difícil de aceitar, pois as leis estão em total acordo com os resultados experimentais conhecidos. O experimento de Michelson-Morley foi uma das muitas tentativas para investigar esse dilema.

O experimento surgiu de um equívoco dos físicos anteriores a respeito da maneira como a luz se propaga. As propriedades das ondas mecânicas, tais como ondas de água e de som, eram bem conhecidas, e todas essas ondas necessitam de um *meio* para apoiar a propagação da perturbação, como discutiremos no Capítulo 13. Para as ondas sonoras do seu aparelho de som, o meio é o ar, e para as ondas oceânicas, o meio é a superfície da água. No século XIX, os físicos aceitavam um modelo para a luz no qual as ondas eletromagnéticas também necessitavam de um meio para se propagar. Eles propuseram que tal meio existe, preenchendo todo o espaço, e o nomearam de **éter luminífero**. O éter definiria **uma estrutura absoluta de referência**, em que a velocidade da luz é c.

O experimento mais famoso projetado para mostrar a presença do éter foi realizado em 1887 por A. A. Michelson (1852-1931) e E.W. Morley (1838-1923). O objetivo era determinar a velocidade da Terra através do espaço em relação à do éter, e a ferramenta experimental utilizada foi um dispositivo chamado *interferômetro*, mostrado esquematicamente na Figura Ativa 9.3.

A luz da fonte do lado esquerdo encontra um divisor de feixe M_0, que é um espelho semitransparente. Parte da luz passa através do espelho M_2, e a outra parte é refletida para cima, em direção ao espelho M_1. Os dois espelhos estão à mesma distância do divisor de feixe. Depois de refletir nesses espelhos, a luz retorna para o divisor de feixe, e parte de cada feixe de luz se propaga em direção ao observador na parte inferior.

Suponhamos que um braço do interferômetro (Braço 2, na Fig. Ativa 9.3) esteja alinhado ao longo da direção da velocidade $\vec{\mathbf{v}}$ da Terra através do espaço e, portanto, através do éter. O "vento de éter" soprando na direção oposta à do movimento da Terra deveria fazer que a velocidade da luz, como medida no referencial da Terra, fosse $c - v$ conforme a luz se aproxima do espelho M_2 na Figura Ativa 9.3 e $c + v$ depois da reflexão.

O outro braço (Braço 1) é perpendicular ao vento de éter. Para a luz viajar nessa direção, o vetor $\vec{\mathbf{c}}$ deve estar à montante de forma que a soma vetorial de $\vec{\mathbf{c}}$ e $\vec{\mathbf{v}}$ dê a velocidade da luz perpendicular ao vento de éter igual a $\sqrt{c^2 - v^2}$. Essa situação é similar à do Exemplo 3.6, no qual um barco atravessa um rio com uma correnteza. O barco é um modelo para o feixe de luz no experimento de Michelson-Morley, e a correnteza do rio é um modelo para o vento de éter.

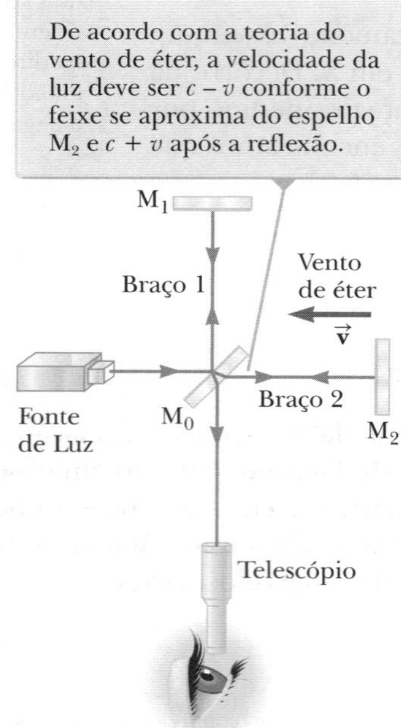

Figura Ativa 9.3 No interferômetro de Michelson, a teoria do éter afirma que o intervalo de tempo para um feixe de luz viajar do divisor de feixe para o espelho M_1 e voltar será diferente do intervalo para um feixe de luz viajar do divisor de feixe do espelho M_2 e voltar. O interferômetro é suficientemente sensível para detectar essa diferença.

Albert A. Michelson

(1852-1931)

Michelson nasceu na Prússia em uma cidade que posteriormente se tornou-se parte da Polônia. Ainda criança, mudou-se para os Estados Unidos e passou grande parte de sua vida adulta realizando medições precisas da velocidade da luz. Em 1907, recebeu o Prêmio Nobel de Física por seu trabalho em óptica. Seu experimento mais famoso, realizado com Edward Morley em 1887, indicou que era impossível medir a velocidade absoluta da Terra em relação ao éter.

Como eles viajam em direções perpendiculares com velocidades diferentes, os feixes de luz que saem do divisor de feixe simultaneamente vão voltar ao divisor de feixe em momentos diferentes. O interferômetro é projetado para detectar essa diferença de tempo. Entretanto, as medições falharam na indicação de qualquer diferença de tempo! O experimento de Michelson-Morley foi repetido por outros pesquisadores em diferentes condições e em locais diferentes, mas os resultados eram sempre os mesmos: *nenhuma diferença de tempo jamais foi observada.*[4]

O resultado negativo da experiência de Michelson-Morley não só contradiz a hipótese do éter, mas também significava que era impossível medir a velocidade absoluta da Terra em relação ao referencial do éter. Do ponto de vista teórico, era impossível encontrar o referencial absoluto. Como veremos na próxima seção, no entanto, Einstein ofereceu um postulado que coloca uma interpretação diferente sobre o resultado negativo. Em anos posteriores, quando já eram conhecidas mais coisas sobre a natureza da luz, foi abandonada a ideia de um éter que permeava todo o espaço. A luz é entendida hoje em dia como uma onda eletromagnética que não necessita de meio para se propagar. Em consequência disso, é desnecessário o conceito de um éter através do qual a luz se propaga.

Versões modernas da experiência de Michelson-Morley colocaram um limite superior de cerca de 5 cm/s = 0,05 m/s na velocidade do vento de éter. Podemos mostrar que a velocidade da Terra em sua órbita em torno do Sol é $2{,}97 \times 10^4$ m/s, seis ordens de grandeza maior do que o limite superior da velocidade do vento de éter! Esses resultados demonstraram conclusivamente que o movimento da Terra não tem nenhum efeito sobre a velocidade medida da luz.

9.3 | O princípio da relatividade de Einstein

Na seção anterior, observamos a falha de experimentos para medir a velocidade do éter em relação à Terra. Einstein propôs uma teoria que corajosamente removeu essas dificuldades e ao mesmo tempo alterou completamente a nossa noção de espaço e tempo.[5] Ele baseou sua teoria da relatividade em dois postulados:

1. **O princípio da relatividade**: todas as leis da Física são as mesmas em todos os referenciais inerciais.
2. **A constância da velocidade da luz**: a velocidade da luz no vácuo tem o mesmo valor em todos os referenciais inerciais, independentemente da velocidade do observador ou da velocidade da fonte emissora da luz.

Esses postulados formam a base da teoria da **relatividade especial**, que é a teoria da relatividade aplicada a observadores em movimento com velocidade constante. O primeiro postulado afirma que *todas* as leis da Física – aquelas que tratam de mecânica, eletricidade e magnetismo, óptica, termodinâmica, e assim por diante – são as mesmas em todos os referenciais inerciais que se movem à velocidade constante um em relação ao outro. Esse postulado é uma generalização arrasadora do princípio da relatividade de Galileu, que se refere apenas às leis da mecânica. De um ponto de vista experimental, o princípio da relatividade de Einstein significa que qualquer tipo de experimento realizado em repouso num laboratório precisa concordar com as mesmas leis da Física como quando realizado em movimento, num laboratório, a uma velocidade constante em relação ao primeiro. Assim, não existe nenhum referencial inercial preferencial e é impossível detectar o movimento absoluto.

Observe que o postulado 2, o princípio da constância da velocidade da luz, é necessário ao postulado 1: se a velocidade da luz não fosse a mesma em todos os referenciais inerciais, seria possível distinguir experimentalmente entre referenciais inerciais e um preferível referencial absoluto em que a velocidade da luz é c, em contradição ao postulado 1. O postulado 2 também elimina o problema de medir a velocidade do éter, negando a existência do éter e corajosamente afirmando que a luz sempre se move com velocidade c em relação a todos os observadores inerciais.

Mary Evans Picture/Alamy

Albert Einstein
Físico teuto-americano (1879-1955)

Einstein, um dos maiores físicos de todos os tempos, nasceu em Ulm, na Alemanha. Em 1905, aos 26 anos, publicou quatro artigos científicos que revolucionaram a Física. Dois desses artigos tratavam sobre o que hoje se considera a sua contribuição mais importante: a teoria da relatividade especial.

Em 1916, Einstein publicou seu trabalho sobre a teoria geral da relatividade. A previsão mais surpreendente dessa teoria é o grau pelo qual a luz é desviada por um campo gravitacional. Medidas feitas por astrônomos em estrelas brilhantes nas proximidades do Sol eclipsado em 1919 confirmaram as previsões de Einstein que, como resultado, tornou-se uma celebridade mundial. Einstein ficou profundamente perturbado com o desenvolvimento da mecânica quântica na década de 1920, apesar de seu próprio papel como revolucionário científico. Em particular, nunca pode aceitar a visão probabilística dos eventos na natureza, característica principal da teoria quântica. As últimas décadas de sua vida foram dedicadas a uma busca sem sucesso pela unificação da teoria que combinaria gravitação e eletromagnetismo.

---

[4] Do ponto de vista de um observador da Terra, mudanças na velocidade e direção do movimento da Terra no decurso de um ano são vistas como mudança de vento de éter. Ainda que a velocidade da Terra em relação ao éter fosse zero, em algum momento, seis meses depois de a Terra se mover no sentido oposto, a velocidade da Terra em relação ao éter seria diferente de zero, e uma diferença temporal clara deveria ser detectada. Nenhuma delas foi observada, no entanto.

[5] A. Einstein, "Sobre a Eletrodinâmica dos Corpos em Movimento," *Ann. Physik* 17:891, 1905. Para uma tradução em inglês desse artigo e de outras publicações por Einstein, ver o livro de H. Lorentz, A. Einstein, H. Minkowski e H. Weyl, *O Princípio da Relatividade* (Nova York: Dover, 1958).

9.4 | Consequências da teoria da relatividade especial

Se aceitarmos os postulados da teoria da relatividade especial, devemos concluir que o movimento relativo não tem importância na medição da velocidade da luz, que é a lição do experimento de Michelson-Morley. Ao mesmo tempo, devemos alterar a nossa noção de senso comum de espaço e tempo e estar preparado para algumas consequências muito inesperadas, como veremos agora.

A simultaneidade e a relatividade do tempo

Uma premissa básica da mecânica newtoniana é a de que existe uma escala de tempo universal que é a mesma para todos os observadores. Na verdade, Newton escreveu: "absoluto, verdadeiro e matemático tempo, por si só, e de sua própria natureza, flui uniformemente sem relação com qualquer coisa externa". Portanto, Newton e seus seguidores simplesmente tomaram a simultaneidade como certa. Em seu desenvolvimento da teoria da relatividade especial, Einstein abandonou a noção de que dois eventos que parecem simultâneos para um observador parecem simultâneos para todos os observadores. De acordo com Einstein, uma medida de tempo depende do sistema de referência no qual a medida é feita.

Einstein concebeu a seguinte experiência de pensamento para ilustrar esse ponto. Um vagão de trem se move a velocidade uniforme e dois raios atingem as suas extremidades, como ilustrado na Figura 9.4a, deixando marcas sobre o vagão e no chão. As marcas no vagão são rotuladas A' e B' e aquelas no chão são rotuladas A e B. Um observador em O' movendo-se com o vagão está no meio do caminho entre a A' e B', e um observador do solo em O está a meio caminho entre A e B. Os eventos registrados pelos observadores são as chegadas de sinais de luz dos relâmpagos.

Os dois sinais de luz atingem o observador O ao mesmo tempo, tal como indicado na Figura 9.4b. Como resultado, O conclui que os eventos em A e B ocorreram simultaneamente. Agora considere os mesmos eventos como vistos pelo observador no vagão em O'. Do nosso referencial, em repouso em relação aos trilhos da Figura 9.4, vemos os sinais ocorrerem conforme A' passa A, O' passa O, e B' passa B. No momento em que os sinais tenham atingido o observador O, o observador O' terá se movido como indicado na Figura 9.4b. Portanto, o sinal de luz de B' já terá passado por O' porque tinha menos distância para viajar, mas o sinal de A' ainda não terá atingido O'. De acordo com Einstein, o observador O' e o observador O devem achar que a luz viaja na mesma velocidade. Portanto, o observador O' conclui que o raio atingiu a frente do vagão antes de atingir a parte de trás. Esse experimento mental demonstra claramente que os dois eventos, que parecem ser simultâneos para o observador O, não parecem ser simultâneos para observador O'. Em geral, dois eventos separados no espaço e observados como simultâneos por um referencial não são observados simultaneamente por um segundo referencial em movimento em relação ao primeiro. Ou seja, a simultaneidade não é um conceito absoluto, mas sim que depende do estado de movimento do observador.

Prevenção de Armadilhas | 9.2

Quem está certo?

Neste ponto, você deve estar se perguntando qual observador na Figura 9.4 está correto em relação aos dois eventos. *Ambos estão corretos*, porque o princípio da relatividade afirma que *não há referencial inercial preferível*. Embora os dois cheguem a conclusões diferentes, ambos estão corretos nos seus próprios referenciais, pois o conceito de simultaneidade não é absoluto. Na verdade, esse é o ponto central da relatividade: qualquer referencial que se mova uniformemente pode ser usado para descrever eventos e fazer Física.

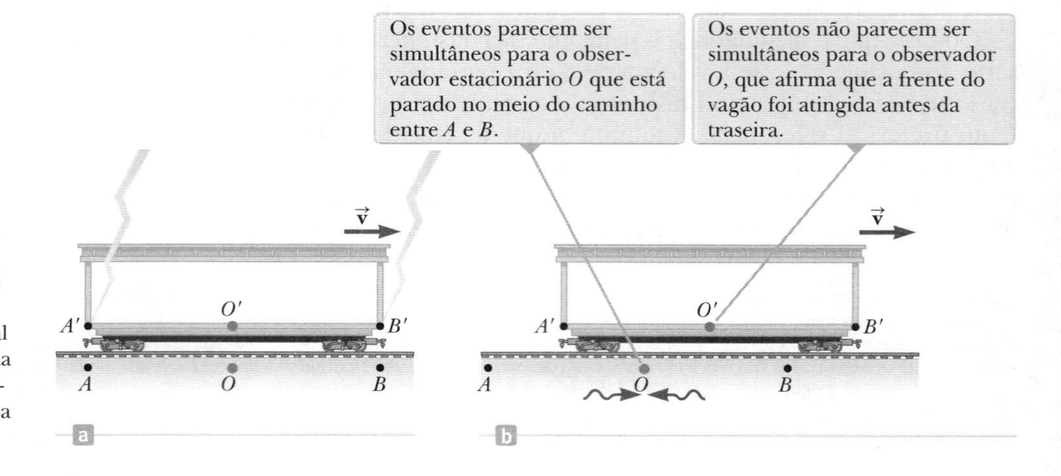

Figura 9.4 (a) Dois raios atingem as extremidades de um vagão em movimento. (b) Note-se que o sinal de luz que se move para a esquerda a partir de B' já passou pelo observador O', mas o que se move para a direita de A' ainda não atingiu O'.

O experimento mental de Einstein demonstra que dois observadores podem discordar sobre a simultaneidade de dois eventos. Essa discordância, no entanto, depende do tempo de trânsito de luz para os observadores e, portanto, *não* demonstra o significado mais profundo da relatividade. Em análises relativísticas de situações de alta velocidade, a relatividade mostra que a simultaneidade é relativa, *mesmo quando o tempo de trânsito é eliminado*. Na verdade, todos os efeitos relativísticos que vamos discutir a partir de agora vão assumir que estamos ignorando diferenças causadas pelo tempo de trânsito de luz para os observadores.

Dilatação do tempo

De acordo com o parágrafo anterior, os observadores em diferentes referenciais inerciais medem diferentes intervalos de tempo entre um par de eventos, independentemente do tempo de trânsito da luz. Essa situação pode ser ilustrada considerando um veículo em movimento para a direita com uma velocidade v, como na representação pictórica na Figura Ativa 9.5a. Um espelho é fixado no teto do vagão, e o observador O', em repouso na estrutura ligada ao vagão, segura uma lanterna a uma distância d abaixo do espelho. Em algum instante, a lanterna é ligada momentaneamente e emite um pulso de luz (evento 1) direcionado para o espelho. Algum tempo depois, após refletir no espelho, o pulso chega de volta à lanterna (evento 2). O observador O' carrega um relógio que usa para medir o intervalo de tempo Δt_p entre esses dois eventos. (O subscrito p significa "próprio", como será discutido em breve.) Uma vez que o pulso de luz tem uma velocidade constante c, o intervalo de tempo necessário para o pulso viajar de O' ao espelho e voltar para O' (a uma distância de $2d$) pode ser encontrado modelando o pulso de luz como uma partícula em velocidade constante, como discutido no Capítulo 2:

$$\Delta t_p = \frac{2d}{c} \qquad \textbf{9.4} \blacktriangleleft$$

Esse intervalo de tempo Δt_p é medido por O', para o qual os dois eventos ocorrem na mesma posição espacial.

Agora, considere o mesmo par de eventos visto pelo observador O em um segundo referencial em repouso em relação ao solo, como na Figura Ativa 9.5b. De acordo com esse observador, o espelho e a lanterna estão se movendo para a direita com uma velocidade v. A geometria parece ser completamente diferente vista por esse observador. No momento em que a luz da lanterna alcança o espelho, o espelho se moveu horizontalmente a uma distância $v\Delta t/2$, em que Δt é o intervalo de tempo necessário para a luz viajar da lanterna para o espelho e voltar para a lanterna como medida pelo observador O. Em outras palavras, o segundo observador conclui que, por causa do movimento do vagão, se a luz atingir o espelho, ela deve sair da lanterna com um ângulo em relação à vertical. Comparando as Figuras Ativas 9.5a e 9.5b, vemos que a luz deve viajar mais para chegar de volta ao espelho quando observada no segundo referencial do que no primeiro referencial.

De acordo com o segundo postulado da teoria da relatividade especial, ambos os observadores devem medir c para a velocidade da luz. Como a luz viaja mais longe no segundo referencial, mas a mesma velocidade, resulta que o intervalo de tempo Δt medido pelo observador no segundo referencial é maior que o intervalo de tempo Δt_p medido pelo observador no primeiro referencial. Para obter uma relação entre esses dois intervalos de tempo, é

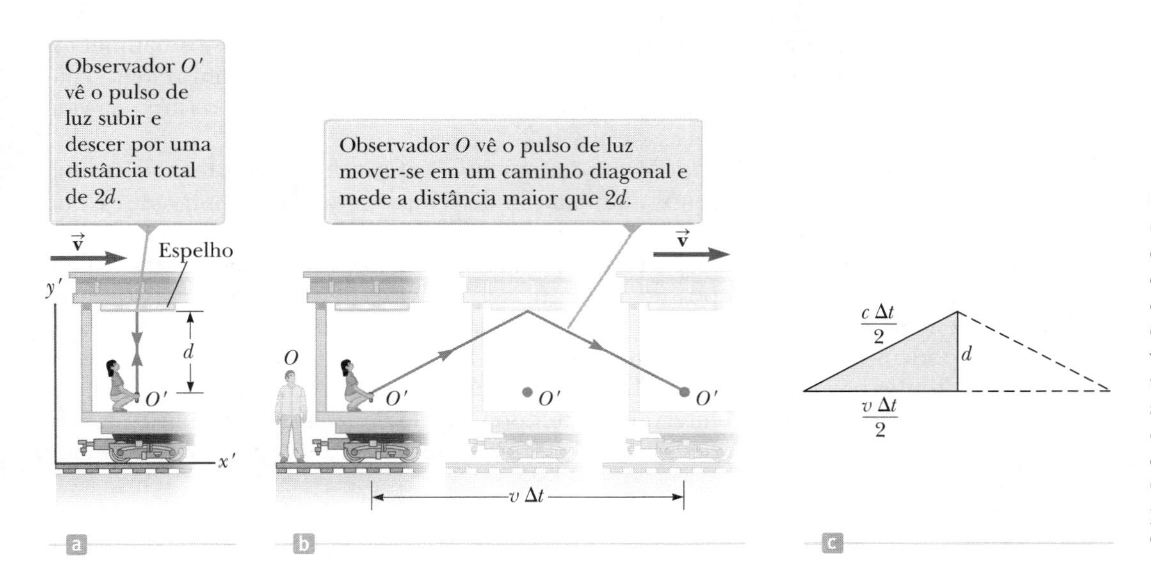

Figura Ativa 9.5
(a) Um espelho é fixado em um vagão móvel e um pulso de luz é enviado pelo observador O' em repouso dentro do vagão. (b) Em relação a um observador O parado ao lado do vagão, o espelho e O' movem-se com velocidade v (c) O triângulo retângulo para o cálculo da relação entre Δt e Δt_p.

conveniente usar o triângulo retângulo mostrado na Figura Ativa 9.5c. O teorema de Pitágoras aplicado ao triângulo retângulo fornece

$$\left(\frac{c\,\Delta t}{2}\right)^2 = \left(\frac{v\,\Delta t}{2}\right)^2 + d^2$$

Resolvendo para Δt, temos

$$\Delta t = \frac{2d}{\sqrt{c^2 - v^2}} = \frac{2d}{c\sqrt{1 - \frac{v^2}{c^2}}} \quad \text{9.5}$$

Como $\Delta t_p = 2d/c$, podemos expressar a Equação 9.5 como

$$\Delta t = \frac{\Delta t_p}{\sqrt{1 - \frac{v^2}{c^2}}} = \gamma \Delta t_p \quad \text{9.6}$$

em que $\gamma = (1 - v^2/c^2)^{-1/2}$. Esse resultado diz que o intervalo de tempo Δt medido por O é maior que o intervalo de tempo Δt_p medido por O' porque γ é sempre maior que um. Isto é, $\Delta t > \Delta t_p$. Esse efeito é conhecido como **dilatação do tempo**.

Podemos ver que a dilatação do tempo não é observada em nosso dia a dia, considerando o fator γ. Esse fator se afasta significativamente de um valor de 1 apenas para velocidades muito altas, como mostrado na Tabela 9.1. Por exemplo, para uma velocidade de $0{,}1c$, o valor de γ é 1,005. Portanto, há uma dilatação do tempo de apenas 0,5% de um décimo da velocidade da luz. As velocidades que encontramos em nosso dia a dia são muito mais lentas do que isso, então não vemos dilatação do tempo em situações normais.

O intervalo de tempo Δt_p na Equação 9.6 é chamado **intervalo de tempo próprio**. Em geral, o intervalo de tempo próprio é **o intervalo de tempo entre dois eventos medidos por um observador que os vê ocorrerem no mesmo ponto no espaço**. No nosso caso, o observador O' mede o intervalo de tempo próprio. Para podermos usar a Equação 9.6, os eventos devem ocorrer na mesma posição espacial em *algum* referencial inercial. Dessa forma, por exemplo, essa equação não pode ser utilizada para relacionar as medições feitas pelos dois observadores no exemplo do raio descrito no início desta seção, pois os raios ocorrem em posições diferentes para ambos os observadores.

Se um relógio se move em sua direção, você observará que o intervalo de tempo entre tique-taques dos ponteiros do relógio em movimento é maior que o intervalo de tempo entre tique-taques de um relógio idêntico em seu referencial. Portanto, frequentemente se diz que um relógio móvel tem seu funcionamento medido como mais lento do que um relógio medido em seu referencial por um fator γ. Isso é verdade tanto para relógios mecânicos como para o relógio de luz recém-descrito. Podemos generalizar esse resultado afirmando que todos os processos físicos, incluindo os químicos e biológicos, são medidos mais lentos que aqueles que ocorrem em um referencial que se move em relação ao observador. Por exemplo, os batimentos cardíacos de um astronauta que se move pelo espaço mantêm o intervalo de tempo com relação a um relógio dentro da nave espacial. Ambos, relógio e os batimentos cardíacos do astronauta, serão medidos como mais lentos por um relógio com base na Terra (embora o astronauta não tenha a sensação de que o ritmo da vida diminui dentro da nave espacial).

TABELA 9.1 | Valores aproximados de γ para várias velocidades

v/c	γ
0	1
0,001 0	1,000 000 5
0,010	1,000 05
0,10	1,005
0,20	1,021
0,30	1,048
0,40	1,091
0,50	1,155
0,60	1,250
0,70	1,400
0,80	1,667
0,90	2,294
0,92	2,552
0,94	2,931
0,96	3,571
0,98	5,025
0,99	7,089
0,995	10,01
0,999	22,37

A dilatação do tempo é um fenômeno verificável; vamos olhar para uma situação em que os efeitos da dilatação do tempo podem ser observados e que serviram como uma importante confirmação histórica das previsões da relatividade. Os múons são partículas elementares instáveis que têm carga igual à de um elétron, mas possuem uma massa 207 vezes a do elétron. Eles decaem em elétrons e nêutrons, o que será estudado nos capítulos 30 e 31. Os múons podem ser produzidos como resultado de colisões da radiação cósmica com átomos na alta atmosfera. Múons lentos em laboratório têm uma expectativa de vida média[6] como o intervalo de tempo próprio $\Delta t_p = 2{,}2\ \mu s$. Se partirmos do princípio de que a velocidade de múons atmosféricos está perto da velocidade

[6] N.R.T. : Vida média é a média aritmética do tempo de vida de todos os átomos de uma determinada massa de um isótopo instável para decair ou se desintegrar.

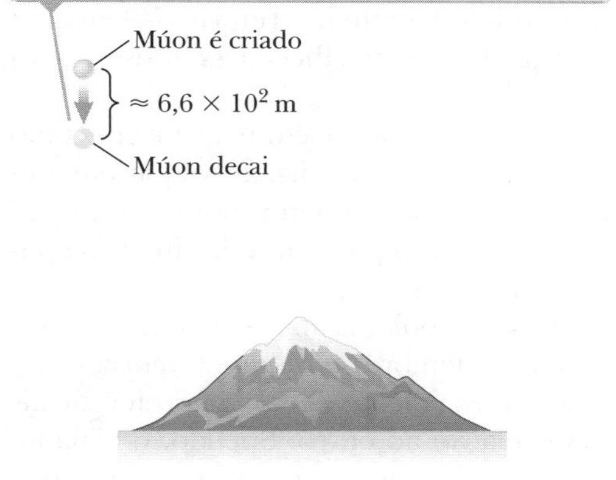

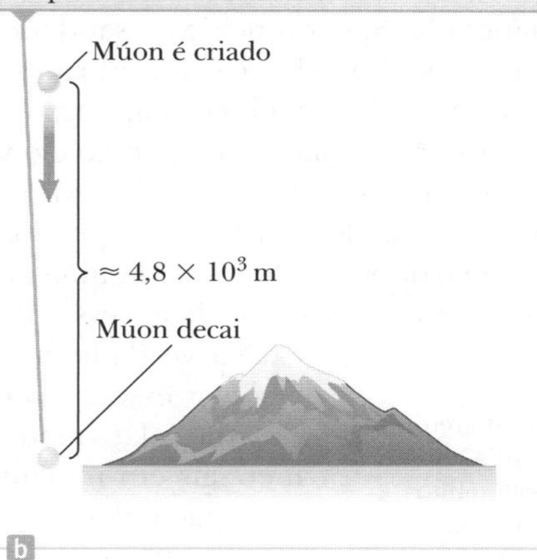

Figura 9.6 Viagens de múons de acordo com um observador na Terra.

da luz, descobriremos que essas partículas podem percorrer uma distância de aproximadamente $(3{,}0 \times 10^8 \text{ m/s})(2{,}2 \times 10^{-6} \text{ s}) \approx 6{,}6 \times 10^2$ m antes de decaírem (Fig. 9.6a). Assim, provavelmente eles não alcançam a superfície da Terra proveniente da alta atmosfera, onde são produzidos; no entanto, experimentos mostram que um grande número de múons chegam à superfície. O fenômeno da dilatação do tempo explica esse efeito. Medidos por um observador na Terra, os múons têm um tempo de vida média dilatado igual a $\gamma\, \Delta t_p$. Por exemplo, para $v = 0{,}99c$, $\gamma \approx 7{,}1$ e $\gamma\, \Delta t_p \approx 16\ \mu$s. Assim, a distância média percorrida pelos múons nesse intervalo de tempo medido pelo observador na Terra é de aproximadamente $(3{,}0 \times 10^8 \text{ m/s})(16 \times 10^{-6} \text{ s}) \approx 4{,}8 \times 10^3$ m, como mostrado na Figura 9.6b.

Os resultados de um experimento relatado por J. C. Hafele e R.E. Keating forneceram evidências diretas da dilatação do tempo.[7] O experimento envolveu o uso de relógios atômicos muito estáveis. Os intervalos de tempo medidos por quatro desses relógios em voo a jato foram comparados com os intervalos de tempo medidos por relógios de referência localizados no U.S. Naval Observatory. Os resultados foram de acordo com as previsões da teoria da relatividade especial e podem ser explicados em termos do movimento relativo entre a rotação da Terra e o avião a jato. Em seu artigo, Hafele e Keating relatam o seguinte: "Em relação à escala atômica de tempo do Observatório Naval dos EUA, os relógios em voo perderam 59 ± 10 ns durante o percurso para leste e ganharam 273 ± 7 ns durante o percurso para oeste."

Em um experimento mais recente, Chou, Hume, Rosenband e Wineland[8] demonstraram a dilatação do tempo com velocidades tão baixas quanto 10 m/s. Seu projeto experimental incluiu resfriamento a laser de íons aprisionados, que discutiremos no Capítulo 24.

TESTE RÁPIDO 9.1 Suponha que o observador O' no trem da Figura Ativa 9.5 mire sua lanterna na parede mais distante do vagão e a ligue e desligue, enviando um pulso de luz em direção à parede distante. Tanto O' e O medem o intervalo de tempo entre quando o pulso deixa a lanterna e quando atinge a parede do vagão. Qual observador mede o intervalo de tempo próprio entre esses dois eventos? (**a**) O', (**b**) O, (**c**) ambos os observadores, (**d**) nenhum observador.

TESTE RÁPIDO 9.2 Uma tripulação em uma nave espacial assiste a um filme de duas horas de duração. A espaçonave está se movendo em alta velocidade pelo espaço. Um observador baseado na Terra que vê a tela na nave espacial através de um telescópio poderoso mede a duração do tempo do filme (**a**) mais longa, (**b**) mais curta, ou (**c**) igual a duas horas?

[7] J. C. Hafele e R. E. Keating, "Relógios atômicos ao redor do mundo: ganhos de tempo relativista observados," *Science*, 14 de julho de 1972, p. 168.
[8] C. Chou, D. Hume, T. Rosenband e D. Wineland, "Relógios ópticos e Relatividade," *Science*, 24 de setembro de 2010, p. 1630.

O paradoxo dos gêmeos

Uma consequência intrigante da dilatação do tempo é o chamado paradoxo dos gêmeos (Fig. 9.7). Considere um experimento envolvendo gêmeos nomeados Speedo e Goslo. Aos 20 anos, Speedo, o mais aventureiro dos dois, parte em uma jornada épica para o Planeta X, localizado a 20 anos-luz de distância da Terra. (Note que 1 ano-luz é a distância que a luz percorre pelo espaço em 1 ano. É igual a $9,46 \times 10^{15}$ m.) Além disso, a nave espacial de Speedo é capaz de atingir uma velocidade de $0,95c$ em relação ao referencial inercial de seu irmão gêmeo, em casa, na Terra. Depois de alcançar o Planeta X, Speedo fica com saudades de casa e imediatamente retorna à Terra na mesma velocidade $0,95c$. Após seu retorno, Speedo fica chocado ao descobrir que Goslo envelheceu 42 anos e agora tem 62 anos de idade. Speedo, por outro lado, envelheceu apenas 13 anos.

Neste ponto, é justo levantar a seguinte questão: qual gêmeo é o viajante e qual realmente é o mais jovem como resultado desse experimento? Do referencial de Goslo, ele estava em repouso enquanto seu irmão viajou em alta velocidade para longe dele e depois voltou. De acordo com Speedo, porém, ele se manteve em repouso enquanto Goslo e a Terra foram para longe dele e depois voltaram. Há uma aparente contradição por causa da simetria aparente das observações. Qual gêmeo desenvolveu sinais de excesso de envelhecimento?

Figura 9.7 O paradoxo dos gêmeos. Speedo faz uma viagem para uma estrela de 20 anos-luz de distância e retorna à Terra.

Na verdade, a situação neste problema não é simétrica. Para resolver esse aparente paradoxo, lembre-se de que a teoria especial da relatividade descreve observações feitas em referenciais inerciais em movimento em relação ao outro. Speedo, o viajante do espaço, deve experimentar uma série de acelerações durante a sua viagem, porque ele deve acionar os motores de foguete para desacelerar e começar a se mover de volta para a Terra. Como resultado, sua velocidade nem sempre é uniforme e, consequentemente, ele não está sempre em um único referencial inercial. Portanto, não há paradoxo porque somente Goslo, que está sempre em um único referencial inercial, pode fazer previsões corretas com base na teoria da relatividade especial. Durante cada ano que passa observado por Goslo, um pouco menos de 4 meses se passa para Speedo.

Apenas Goslo, que fica em um único referencial inercial, pode aplicar a equação de dilatação do tempo simples à viagem de Speedo. Portanto, Goslo descobre que em vez de 42 anos de envelhecimento, Speedo envelheceu apenas $(1 - v^2/c^2)^{1/2}$ (42 anos) = 13 anos. De acordo com ambos os gêmeos, Speedo gasta 6,5 anos viajando para o Planeta X e 6,5 anos retornando, para um tempo total de viagem de 13 anos.

TESTE RÁPIDO 9.3 Suponha que os astronautas sejam pagos de acordo com a quantidade de tempo que passam viajando no espaço. Depois de uma longa viagem a uma velocidade que se aproxima de c, uma tripulação preferirá ser paga de acordo com (**a**) um relógio com base na Terra, (**b**) um relógio de sua nave espacial, ou (**c**) qualquer dos relógios?

PENSANDO EM FÍSICA 9.1

Suponha que um aluno explique a dilatação do tempo com o seguinte argumento: se eu começar a fugir de um relógio às 12:00, a uma velocidade muito próxima da velocidade da luz, eu não veria o tempo mudar, porque a luz do relógio representando 12:01 nunca iria me alcançar. Qual é a falha nesse argumento?

Raciocínio A sugestão do argumento é que a velocidade da luz em relação ao corredor é aproximadamente *zero*, porque "a luz. . . nunca iria me alcançar". No ponto de vista de Galileu, a velocidade relativa é uma simples subtração da velocidade do corredor da velocidade da luz. Do ponto de vista da teoria da relatividade especial, um dos postulados fundamentais é de que a velocidade da luz é a mesma para todos os observadores, *incluindo um observador que se afasta correndo de uma fonte de luz à velocidade da luz*. Portanto, a luz que parte às 12:01 segue em direção ao corredor com a velocidade da luz, tal como medida por qualquer observador, incluindo o corredor. ◀

Exemplo 9.1 | Qual é o período do pêndulo?

O período de um pêndulo é medido em 3,00 s no seu referencial. Qual é o período quando medido por um observador que se move a uma velocidade de $0,960c$ em relação ao pêndulo?

SOLUÇÃO

Conceitualização Vamos mudar os referenciais. Em vez de o observador se mover a $0,960c$, podemos partir do ponto de vista equivalente ao do observador que está em repouso e o pêndulo movendo-se a $0,960c$ passando pelo observador parado. Assim, o pêndulo é um exemplo de um relógio que se move a alta velocidade em relação ao observador.

Categorização Com base no passo de Conceitualização, podemos classificar esse exemplo como um problema que envolve a dilatação do tempo.

Análise O intervalo de tempo próprio, medido no referencial de repouso do pêndulo, é $\Delta t_p = 3,00$ s.

Use a Equação 9.6 para encontrar o intervalo de tempo dilatado:

$$\Delta t = \gamma \Delta t_p = \frac{1}{\sqrt{1 - \frac{(0,960c)^2}{c^2}}} \Delta t_p = \frac{1}{\sqrt{1 - 0,921\,6}} \Delta t_p$$

$$= 3,57(3,00 \text{ s}) = 10,7 \text{ s}$$

Finalização Esse resultado mostra que um pêndulo em movimento leva mais tempo para completar um período do que um em repouso. O período aumenta por um fator de $\gamma = 3,57$.

E se? E se a velocidade do observador aumenta em 4,00%? O intervalo de tempo dilatado aumenta em 4,00%?

Resposta Com base no comportamento altamente não linear de γ como uma função de v exibida na Tabela 9.1, suporíamos que o aumento em Δt seria diferente de 4,00%.

Execute o cálculo de dilatação do tempo novamente:

$$v_{\text{novo}} = (1,040\,0)(0,960c) = 0,998\,4c$$

Encontre a nova velocidade se ela aumentar em 4,00%:

$$\Delta t = \gamma \Delta t_p = \frac{1}{\sqrt{1 - \frac{(0,998\,4c)^2}{c^2}}} \Delta t_p = \frac{1}{\sqrt{1 - 0,996\,8}} \Delta t_p$$

$$= 17,68(3,00 \text{ s}) = 53,1 \text{ s}$$

Portanto, o aumento de 4,00% na velocidade resulta em um aumento de quase 400% no tempo dilatado!

Contração do espaço

A distância medida entre dois pontos também depende do referencial. O **comprimento próprio** de um corpo é definido como **a distância no espaço entre os pontos extremos do corpo medido por alguém em repouso em relação ao corpo**. Um observador em um referencial que está em movimento em relação ao corpo medirá um comprimento ao longo da direção da velocidade que é sempre menor que o comprimento próprio. Esse efeito é conhecido como **contração do espaço**. Embora tenhamos introduzido esse efeito por meio da representação mental de um corpo, o corpo não é necessário. A distância entre *quaisquer* dois pontos no espaço é medida por um observador como contraída ao longo da direção da velocidade do observador em relação aos pontos.

Considere uma nave espacial viajando a uma velocidade v de uma estrela para outra. Vamos considerar o intervalo de tempo entre dois eventos: (1) a saída da nave espacial da primeira estrela e (2) a chegada da nave espacial na segunda estrela. Há dois observadores: um sobre a Terra e os outro na nave espacial. O observador em repouso na Terra (e também em repouso em relação às duas estrelas) mede a distância entre as estrelas como L_p, o comprimento próprio. Usando a partícula sob modelo de velocidade constante, de acordo com essa observação, o intervalo de tempo necessário para a nave espacial completar a viagem é $\Delta t = L_p/v$. O que um observador mede da nave espacial em movimento para a distância entre as estrelas? Esse observador mede o intervalo de tempo próprio, pois a passagem de cada uma das duas estrelas por sua nave espacial ocorre na mesma posição do seu referencial, na sua nave espacial. Portanto, por causa da dilatação do tempo, o intervalo de tempo necessário para se deslocar entre as estrelas conforme medido pelo viajante do espaço vai ser menor que o tempo medido por um observador na Terra, que está em movimento em relação ao viajante do espaço. Usando a expressão de dilatação do tempo, o intervalo de tempo próprio entre eventos é $\Delta t_p = \Delta t/\gamma$. O viajante do espaço afirma estar em repouso e vê a estrela de destino se movendo em direção a nave espacial com velocidade v. Como o viajante do espaço atinge a estrela no intervalo de tempo $\Delta t_p < \Delta t$, ele conclui que a distância L entre as estrelas é mais curta que L_p. Essa distância medida pelo viajante é

$$L = v\Delta t_p = v\frac{\Delta t}{\gamma}$$

Como $L_p = v\Delta t$, vemos que

$$L = \frac{L_p}{\gamma} = L_p\sqrt{1 - \frac{v^2}{c^2}} \qquad \mathbf{9.7}$$

Como $(1 - v^2/c^2)^{1/2}$ é inferior a 1, o viajante do espaço mede um comprimento que é mais curto que o comprimento próprio. Portanto, um observador em movimento em relação a dois pontos no espaço mede o comprimento L entre os pontos (ao longo da direção de movimento) como mais curto que o comprimento L_p medido por um observador em repouso em relação aos pontos (o comprimento próprio).

Observe que a contração do espaço acontece apenas ao longo da direção do movimento. Por exemplo, suponha que uma trena passe por um observador da Terra com velocidade v, como na Figura Ativa 9.8. O comprimento da trena, medido por um observador em uma estrutura ligada a ela, é o comprimento próprio L_p, como na Figura Ativa 9.8a. O comprimento L da trena medido pelo observador da Terra é menor que a L_p pelo fator $(1 - v^2/c^2)^{1/2}$, mas a largura é a mesma. Além disso, a contração do espaço é um efeito simétrico. Se a trena está em repouso na Terra, um observador em um referencial em movimento também mede seu comprimento como mais curto pelo mesmo fator $(1 - v^2/c^2)^{1/2}$.

É importante ressaltar que o comprimento próprio e o intervalo de tempo próprio são definidos de forma diferente. O comprimento próprio é medido por um observador em repouso em relação aos pontos de extremidade do comprimento. O intervalo de tempo próprio entre dois eventos é medido por alguém para quem os eventos ocorrem na mesma posição. Muitas vezes, o intervalo de tempo próprio e o comprimento próprio não são medidos pelo mesmo observador. Como exemplo, voltemos aos múons em decaimento, que se movem a velocidades próximas à da luz. Um observador no referencial do múon mede o tempo de vida média próprio, e um observador na Terra mede o comprimento próprio (a distância entre os pontos de criação e de decaimento na Fig. 9.6).

No referencial dos múons, não há dilatação do tempo, mas a distância para a superfície é menor quando medida nesse referencial. Da mesma maneira, no referencial do observador na Terra há dilatação do tempo, mas a distância de viagem é medida como igual ao comprimento próprio. Portanto, quando os cálculos sobre os múons são realizados em ambos os referenciais, o resultado do experimento em um referencial é igual ao do outro: mais múons alcançam a superfície do que seria previsto e sem os efeitos dos cálculos relativísticos.

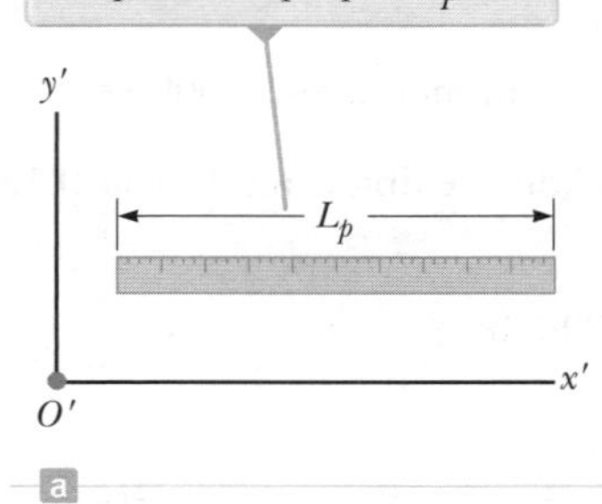

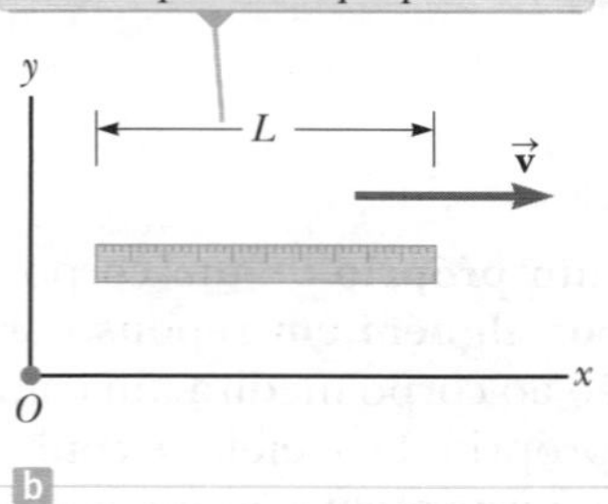

Figura Ativa 9.8 O comprimento de uma trena é medido por dois observadores.

TESTE RÁPIDO 9.4 Você está fazendo as malas para uma viagem a outra estrela. Durante a jornada, viajará a 0,99c. Você está tentando decidir se deveria comprar roupas de tamanhos menores, porque estará mais magro em sua viagem por causa da contração do espaço. Você também planeja economizar dinheiro reservando uma cabine menor para dormir, porque estará "mais pequeno" quando se deitar. Você deveria (**a**) comprar tamanhos de roupas menores, (**b**) reservar uma cabine menor, (**c**) nenhuma dessas coisas, ou (**d**) fazer ambas?

Exemplo 9.2 | Uma viagem a Sirius

Um astronauta faz uma viagem a Sirius, que está localizado a uma distância de 8 anos-luz da Terra. Ele mede o tempo da viagem de ida como sendo de 6 anos. Se a espaçonave se move à velocidade de 0,8c, como a distância 8 anos-luz pode ser conciliada com o tempo de viagem de 6 anos medido pelo astronauta?

SOLUÇÃO

Conceitualização Um observador na Terra mede que a luz precisa de 8 anos para realizar a viagem entre Sirius e a Terra. O astronauta mede um intervalo de tempo de 6 anos para a sua viagem. Ele está viajando mais rápido que a luz?

Categorização Como o astronauta está medindo o espaço entre a Terra e Sirius, que está em movimento em relação à Terra, categorizamos esse exemplo como um problema de contração do espaço. Também modelamos o astronauta como uma partícula movendo-se com velocidade constante.

Análise A distância de 8 anos-luz representa o comprimento próprio entre a Terra e Sirius medido por um observador na Terra vendo ambos os corpos quase em repouso.

Use a partícula sob velocidade constante para encontrar o tempo de viagem no relógio do astronauta:

$$L = \frac{8 \text{ anos-luz}}{\gamma} = (8 \text{ anos-luz})\sqrt{1 - \frac{v^2}{c^2}} = (8 \text{ anos-luz})\sqrt{1 - \frac{(0,8c)^2}{c}} = 5 \text{ anos-luz}$$

Calcule o espaço contraído medido pelo astronauta usando a Equação 9.7:

$$\Delta t = \frac{L}{v} = \frac{5 \text{ anos-luz}}{0,8c} = \frac{5 \text{ anos-luz}}{0,8(1 \text{ ano-luz/ano})} = 6 \text{ anos}$$

Finalização Observe que utilizamos o valor para a velocidade da luz como $c = 1$ ano-luz/ano. A viagem tem um intervalo de tempo mais curto do que 8 anos para o astronauta, porque, para ele, a distância entre a Terra e Sirius é menor.

E se? E se essa viagem fosse observada, com um telescópio muito poderoso, por um técnico no controle da missão na Terra? Em que momento esse técnico verá que o astronauta chegou a Sirius?

Resposta O intervalo de tempo que o técnico mede para a chegada do astronauta é

$$\Delta t = \frac{L_p}{v} = \frac{8 \text{ anos-luz}}{0,8c} = 10 \text{ anos}$$

Para o técnico ver a chegada, a luz do momento da chegada se propaga de volta para a Terra e entra no telescópio. Esse percurso requer um intervalo de tempo de

$$\Delta t = \frac{L_p}{v} = \frac{8 \text{ anos-luz}}{c} = 8 \text{ anos}$$

Por isso, o técnico vê a chegada depois de 10 anos +8 anos =18 anos. Se o astronauta retorna imediatamente para casa, ele chega, de acordo com o técnico, 20 anos após ter saído, apenas 2 anos *após o técnico vê-lo chegar*! Além disso, o astronauta teria envelhecido apenas 12 anos.

Exemplo 9.3 | Mergulho rápido

Um observador na Terra vê uma nave espacial a uma altitude de 4 350 km em movimento descendente em direção à Terra a uma velocidade de 0,970c.

(A) Qual é a distância da nave à Terra, conforme medida pelo capitão da nave espacial?

SOLUÇÃO

Conceitualização Imagine que você seja o capitão, em repouso em um referencial anexado à nave espacial: a Terra está correndo em sua direção em 0,970c, portanto, a distância entre a espaçonave e a Terra é contraída.

Categorização Temos um observador (o capitão) e um comprimento em movimento no espaço (a distância Terra--nave espacial), de modo que categorizamos esse exemplo como um problema de contração do espaço. O comprimento próprio é de 4 350 km, conforme medido pelo observador na Terra.

continua

9.3 *cont.*

Análise Utilize a Equação 9.7 para encontrar o espaço contraído, que representa a altura da nave acima da superfície da Terra, tal como medido pelo capitão:

$$L = L_p\sqrt{1 - v^2/c^2} = (4\ 350 \text{ km})\sqrt{1 - (0{,}970c)^2/c^2}$$

$$= 1{,}06 \times 10^3 \text{km}$$

(B) Depois de disparar seus motores por um intervalo de tempo para desacelerar, o capitão mede a altitude da nave como 267 km, enquanto o observador na Terra a mede como 625 km. Qual é a velocidade da nave espacial nesse instante?

SOLUÇÃO

Análise Escreva a equação de contração do espaço (Eq. 9.7):

$$L = L_p\sqrt{1 - v^2/c^2}$$

Eleve ambos os lados desta equação ao quadrado e resolva para v:

$$L^2 = L_p^2(1 - v^2/c^2) \quad \rightarrow \quad 1 - v^2/c^2 = \left(\frac{L}{L_p}\right)^2$$

$$v = c\sqrt{1 - (L/L_p)^2} = c\sqrt{1 - (267\text{km}/625 \text{ km})^2}$$

$$v = 0{,}904c$$

Finalização As respostas são consistentes com as nossas expectativas. O comprimento da parte (A) é menor que o comprimento próprio, como seria de esperar de acordo com o fenômeno de contração do espaço. Na parte (B), a velocidade calculada é de fato menor que a velocidade original, de acordo com o fato de que o capitão acionou os motores de foguete para baixar.

9.5 | As equações de transformação de Lorentz

Suponha que um evento que ocorre em algum local e hora seja relatado por dois observadores: um em repouso em um referencial S e outro em um referencial S′ que está se movendo para a direita com velocidade v, como na Figura 9.9. O observador em S relata o evento com coordenadas espaço-tempo (x, y, z, t), e o observador em S′ relata o mesmo evento usando as coordenadas (x', y', z', t'). Se dois eventos ocorrem em P e Q na Figura 9.9, a Equação 9.1 prevê que $\Delta x = \Delta x'$, isto é, a distância entre os dois pontos no espaço nos quais ocorrem os eventos não dependem do movimento do observador. Como essa noção é contraditória à de contração do espaço, a transformação de Galileu não é válida quando v se aproxima da velocidade da luz. Nesta seção, apresentaremos as equações de transformação corretas que se aplicam a todas as velocidades na faixa $0 \leq v < c$.

As equações que são válidas para todas as velocidades e nos permitirem transformar as coordenadas de S a S′ são as **equações de transformação de Lorentz**:

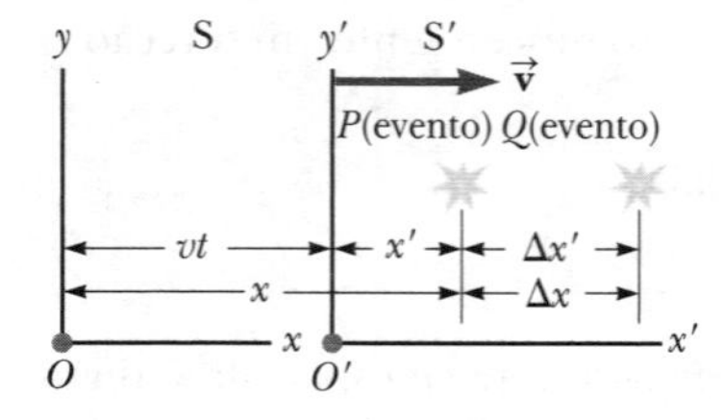

Figura 9.9 Os eventos ocorrem nos pontos P e Q e são observados por um observador em repouso no referencial S e por outro no referencial S′, que está se movendo para a direita com uma velocidade v.

▶ Transformação de Lorentz para S → S′

$$x' = \gamma(x - vt) \quad y' = y \quad z' = z \quad t' = \gamma\left(t - \frac{v}{c^2}x\right) \qquad \textbf{9.8}$$

Essas equações de transformação foram desenvolvidas por Hendrik A. Lorentz (1853-1928), em 1890, em conexão com o eletromagnetismo. Einstein, no entanto, foi quem reconheceu o seu significado físico e deu o corajoso passo de interpretá-las dentro da estrutura da teoria da relatividade especial.

Vemos que o valor para t' atribuído a um evento pelo observador O' depende tanto do tempo t como da coordenada x, medida pelo observador O. Portanto, na relatividade, o espaço e o tempo não são conceitos distintos, mas estão intimamente entrelaçados no que chamamos de **espaço-tempo**. Esse caso é diferente da transformação de Galileu, em que $t = t'$.

Se quisermos transformar as coordenadas no referencial S′ em coordenadas no referencial S, simplesmente substituímos v por $-v$ e trocamos as coordenadas com e sem aspas simples na Equação 9.8:

$$x = \gamma(x' - vt') \quad y = y' \quad z = z' \quad t = \gamma\left(t' - \frac{v}{c^2}x'\right) \qquad 9.9$$

▶ Transformação de Lorentz inversa em S′ → S

Quando $v \ll c$, a equação de transformação de Lorentz reduz-se à transformação de Galileu. Para verificar, note que se $v \ll c$, $v^2/c^2 \ll 1$, então γ se aproxima de 1 e a Equação 9.8 reduz-se neste limite às Equações 9.1 e 9.2:

$$x = x - vt \qquad y' = y \qquad z' = z \qquad t' = t$$

As equações de transformação de velocidade de Lorentz

Vamos agora obter a equação de **transformação de velocidade de Lorentz**, que é a contraparte relativística da transformação de velocidade de Galileu, a Equação 9.3. Mais uma vez S′ é um referencial que se move a uma velocidade v em relação a outro referencial S ao longo dos eixos comuns x e x'. Suponhamos que um corpo medido em S′ tenha uma componente de velocidade instantânea u'_x dada pela

$$u'_x = \frac{dx'}{dt'} \qquad 9.10$$

Utilizando as Equações 9.8, temos

$$dx' = \gamma(dx - v\,dt) \quad \text{e} \quad dt' = \gamma\left(dt - \frac{v}{c^2}dx\right)$$

Substituindo esses valores na Equação 9.10, temos

$$u'_x = \frac{dx'}{dt'} = \frac{dx - v\,dt}{dt - \frac{v}{c^2}dx} = \frac{\frac{dx}{dt} - v}{1 - \frac{v}{c^2}\frac{dx}{dt}}$$

Note, porém, que dx/dt é a componente de velocidade u_x do corpo medida em S; essa, então, se torna

$$u'_x = \frac{u_x - v}{1 - \frac{u_x v}{c^2}} \qquad 9.11$$

▶ Transformação de velocidade de Lorentz em S → S′

Prevenção de Armadilhas | 9.3

Em que podem os observadores concordar?

Vimos várias medidas com as quais os observadores O e O' não concordam: (1) o intervalo de tempo entre os eventos que acontecem na mesma posição em um de seus referenciais, (2) a distância entre dois pontos que permanece fixa em um de seus referenciais, (3) as componentes da velocidade de uma partícula se movendo e (4) se dois eventos que ocorrem em locais diferentes em ambos os referenciais são simultâneos ou não. Eles *podem concordar* com (1) suas velocidades de movimento relativas v em relação um ao outro, (2) a velocidade c de qualquer raio de luz e (3) a simultaneidade de dois eventos que ocorrem na mesma posição *e* tempo em algum referencial.

Da mesma forma, se o corpo tem uma componente de velocidade ao longo dos eixos y e z, as componentes em S′ são

$$u'_x = \frac{u_y}{\gamma\left(1 - \frac{u_x v}{c^2}\right)} \quad \text{e} \quad u'_z = \frac{u_z}{\gamma\left(1 - \frac{u_x v}{c^2}\right)} \qquad 9.12$$

Quando u_x ou v é muito menor que c (o caso não relativístico), o denominador da Equação 9.11 se aproxima da unidade e então $u'_x \approx u_x - v$, que é a equação de transformação de velocidade de Galileu. No outro extremo, quando $\mu_x = c$, a Equação 9.11 se torna

$$u'_x = \frac{c - v}{1 - \frac{cv}{c^2}} = \frac{c\left(1 - \frac{v}{c}\right)}{1 - \frac{v}{c}} = c$$

Com base neste resultado, vemos que um corpo cuja velocidade se aproxima de c em relação a um observador em S também tem uma velocidade próxima de c em relação a um observador em S′, independentemente do movimento relativo de S e S′. Observe que essa conclusão é consistente com o segundo postulado de Einstein: a velocidade da luz é c em todas as referências inerciais.

Para obter u_x em termos de u'_x, substituímos v por $-v$ na Equação 9.11 e trocamos os papéis de variáveis com e sem linha:

▶ Transformação da velocidade de Lorentz inversa de S → S′

$$u_x = \frac{u'_x + v}{1 + \dfrac{u'_x v}{c^2}} \qquad \textbf{9.13}$$

TESTE RÁPIDO 9.5 Você está dirigindo em uma autoestrada a uma velocidade relativística. Diretamente a sua frente, um técnico no solo liga um farolete e um feixe de luz se move verticalmente exatamente para cima, conforme ponto de vista do técnico. Ao observar o feixe de luz, você mede o módulo da componente vertical de sua velocidade como (**a**) c, (**b**) maior que c, ou (**c**) menor que c? Se o técnico aponta o farolete diretamente para você em vez de para cima, você mede o módulo da componente horizontal da velocidade do feixe como (**d**) igual a c, (**e**), maior que c, ou (**f**) menor que c.

Exemplo 9.4 | Velocidade relativa de duas espaçonaves

Duas espaçonaves A e B movem-se em direções opostas, como mostrado na Figura 9.10. Um observador na Terra mede a velocidade da espaçonave A como 0,750c e a da B como 0,850c. Descubra a velocidade da espaçonave B conforme observada pela tripulação da espaçonave A.

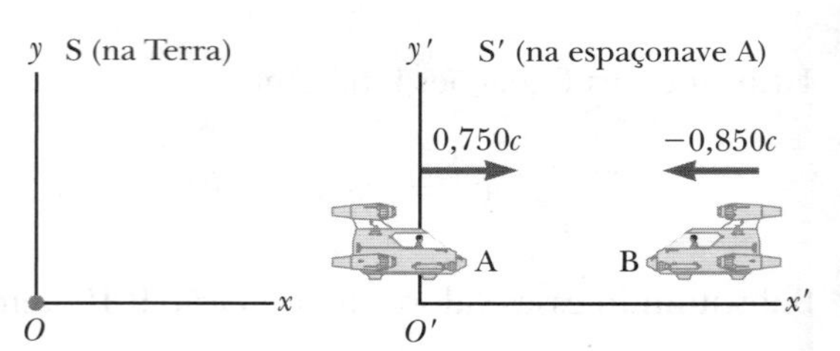

Figura 9.10 (Exemplo 9.4) Duas espaçonaves A e B se movem em direções opostas. A velocidade da espaçonave B em relação à espaçonave A é *menor* que c e é obtida pela equação de velocidade de transformação relativística.

SOLUÇÃO

Conceitualização Há dois observadores, um (O) na Terra e um (O') na nave espacial A. O evento é o movimento da espaçonave B.

Categorização Como o problema nos pede para descobrir uma velocidade observada, categorizamos esse exemplo como um que exige a transformação da velocidade de Lorentz.

Análise O observador baseado na Terra em repouso no referencial S faz duas medições, uma de cada espaçonave. Queremos descobrir a velocidade da espaçonave B conforme medida pela tripulação da espaçonave A. Portanto $u_x = -0{,}850c$. A velocidade da espaçonave A é também a do observador em repouso na espaçonave A (o referencial S′) relativo ao observador em repouso na Terra. Portanto, $v = 0{,}750c$.

Obtenha a velocidade u'_x da espaçonave B em relação à espaçonave A utilizando a Equação 9.11:

$$u'_x = \frac{u_x - v}{1 - \dfrac{u_x v}{c^2}} = \frac{-0850c - 0{,}750c}{1 - \dfrac{(-0{,}850c)(0{,}750c)}{c^2}} = -0{,}977c$$

Finalização O sinal negativo indica que a espaçonave B se move na direção x negativa conforme observado pela tripulação na espaçonave A. Isto está de acordo com suas expectativas da Figura 9.10? Observe que a velocidade é menor que c. Isto é, um corpo cuja velocidade é menor que c em um referencial deve ter uma velocidade menor que c em qualquer outro referencial. (Se você tivesse utilizado a equação de transformação de velocidade neste exemplo, teria descoberto que $u'_x = u_x - v = -0{,}850c - 0{,}750c = -1{,}60c$, o que é impossível. A equação de transformação de Galileu não funciona em situações relativísticas.)

E se? E se as duas espaçonaves passam uma pela outra? Quais são as suas velocidades relativas agora?

Resposta O cálculo que utiliza a Equação 9.11 envolve somente velocidades das duas aeronaves e não depende de suas localizações. Após passarem uma pela outra, elas têm a mesma velocidade, de modo que a da espaçonave B, conforme observada pela tripulação da A, é a mesma, $-0{,}977c$. A única diferença depois de passarem é que a espaçonave B está recuando em relação à A, enquanto estava se aproximando da A antes de passar por ela.

Exemplo **9.5** | Líderes relativísticos do grupo

Dois líderes de grupos de motocicletas, chamados David e Emily, estão correndo em velocidades relativísticas ao longo de caminhos perpendiculares, como mostrado na Figura 9.11. Com que velocidade Emily se afasta conforme visto sobre o ombro direito de David?

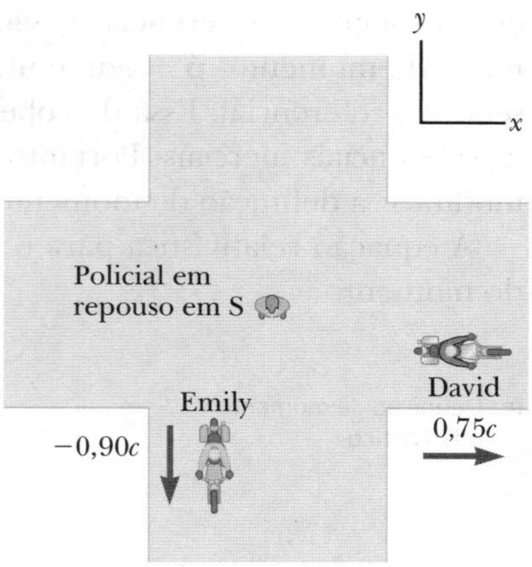

Policial em repouso em S

David

Emily

$-0,90c$

$0,75c$

Figura 9.11 (Exemplo 9.5) David se move para o leste com uma velocidade de $0,75c$ em relação ao policial e Emily viaja para o Sul a uma velocidade $0,90c$ em relação ao policial.

SOLUÇÃO

Conceitualização Os dois observadores são David e o policial na Figura 9.11. O evento é o movimento de Emily. A Figura 9.11 representa a situação vista pelo policial em repouso no referencial S. O referencial S′ move-se junto com David.

Categorização Como o problema pede para encontrar uma velocidade observada, categorizamos esse exemplo como um que necessita da transformação de velocidade de Lorentz. Os dois movimentos ocorrem em duas dimensões.

Análise Identifique as componentes de velocidade para David e Emily de acordo com o policial:

$$\text{David: } u_x = v = 0,75c \qquad v_y = 0$$

$$\text{Emily: } u_x = 0 \qquad u_y = -0,90c$$

Usando as Equações 9.11 e 9.12, calcule u'_x e u'_y para Emily medido por David:

$$u'_x = \frac{u_x - v}{1 - \dfrac{u_x v}{c^2}} = \frac{0 - 0,75c}{1 - \dfrac{(0)(0,75c)}{c^2}} = -0,75c$$

$$u'_y = \frac{u_y}{\gamma\left(1 - \dfrac{u_x v}{c^2}\right)} = \frac{\sqrt{1 - \dfrac{(0,75c)^2}{c^2}}(-0,90c)}{1 - \dfrac{(0)(0,75c)}{c^2}} = -0,60c$$

Usando o Teorema de Pitágoras, descubra a velocidade de Emily conforme medida por David:

$$u' = \sqrt{(u'_x)^2 + (u'_y)^2} = \sqrt{(-0,75c)^2 + (-0,60c)^2} = 0,96c$$

Finalização Essa velocidade é menor que c, como exigida pela teoria da relatividade especial.

9.6 | Momento relativístico e a forma relativística das leis de Newton

Vimos que, para descrever adequadamente o movimento das partículas dentro da estrutura da teoria da relatividade especial, as equações de transformação de Galileu devem ser substituídas pelas equações de transformação de Lorentz. Como as leis da Física devem permanecer inalteradas sob a transformação de Lorentz, é preciso generalizar as leis de Newton e as definições de momento linear e energia para se adaptar à equação de transformação de Lorentz e o princípio da relatividade. Essas definições generalizadas precisam se reduzir às definições clássicas (não relativísticas) para $v \ll c$ ou $u \ll c$. (Como já fizemos anteriormente, usaremos v para a velocidade de um referencial em relação outro e u para a velocidade da partícula.)

Prevenção de Armadilhas | 9.4

Cuidado com "Massa Relativística"

Alguns tratamentos mais antigos da relatividade manteve a conservação do princípio do impulso em alta velocidade por meio de um modelo em que a massa de uma partícula aumenta com a velocidade. Você ainda pode encontrar essa noção de "massa relativística" em livros mais antigos. Esteja ciente de que essa noção não é mais aceita, hoje, a massa é considerada fixa, independentemente da velocidade. A massa de um objeto, em todos os quadros é considerada a massa medida por um observador em repouso em relação ao objeto.

Primeiro, lembre-se dos nossos modelos de sistemas isolados: o momento total de um sistema isolado de partículas é conservado. Suponha que uma colisão entre duas partículas seja descrita em referencial S e que o momento do sistema seja conservado. Se as velocidades em um segundo referencial S′ são calculadas usando a equação de transformação de Lorentz e a definição newtoniana de momento, $\vec{\mathbf{p}} = m\vec{\mathbf{u}}$, é utilizada, verifica-se que o momento do sistema *não* é medido como conservado no segundo referencial. Essa descoberta viola um dos postulados de Einstein: as leis da Física são as mesmas em todos os referenciais inerciais. Portanto, assumindo que a equação de transformação de Lorentz esteja correta, é preciso modificar a definição de momento.

A equação relativística para o momento de uma partícula de massa m que mantém o princípio de conservação do momento é

▶ Definição de momento relativístico

$$\vec{\mathbf{p}} \equiv \frac{m\vec{\mathbf{u}}}{\sqrt{1 - \frac{u^2}{c^2}}} \qquad \textbf{9.14}$$

em que $\vec{\mathbf{u}}$ é a velocidade da partícula. Quando u é muito menor que c, o denominador da Equação 9.14 se aproxima da unidade, de modo que $\vec{\mathbf{p}}$ se aproxima de $m\vec{\mathbf{u}}$. Portanto, a equação relativística para $\vec{\mathbf{p}}$ reduz-se à expressão clássica quando u é muito menor que c. A Equação 9.14 é frequentemente escrita na forma mais simples como

$$\vec{\mathbf{p}} = \gamma m\vec{\mathbf{u}} \qquad \textbf{9.15}$$

usando nossa expressão[9] previamente definida para γ.

A força relativística $\vec{\mathbf{F}}$ atuando em uma partícula cujo momento é $\vec{\mathbf{p}}$ é definida como

$$\vec{\mathbf{F}} \equiv \frac{d\vec{\mathbf{p}}}{dt} \qquad \textbf{9.16}$$

em que $\vec{\mathbf{p}}$ é dada pela Equação 9.14. Essa expressão preserva tanto a mecânica clássica no limite de baixas velocidades como a conservação do momento para um sistema isolado ($\Sigma\vec{\mathbf{F}}_{ext} = 0$), tanto relativística quanto classicamente.

Vamos deixar para o Problema 56 no final do capítulo mostrar que a aceleração $\vec{\mathbf{a}}$ de uma partícula diminui sob a ação de uma força constante, caso em que $a \propto (1 - u^2/c^2)^{3/2}$. Dessa proporcionalidade, observe que, como a velocidade da partícula se aproxima de c, a aceleração causada por qualquer força finita se aproxima de zero. Assim, é impossível acelerar uma partícula do repouso até a velocidade $u \geq c$.

Assim, c é um limite máximo para a velocidade de qualquer partícula. Na verdade, é possível mostrar que nenhuma *matéria*, *energia* ou *informação* podem viajar pelo espaço mais rápido que c. Note que as velocidades relativas de duas naves espaciais no Exemplo 9.4 e os dois motociclistas no Exemplo 9.5 foram ambos inferiores a c. Se tivéssemos tentado resolver esses exemplos com as equações de transformação de Galileu, teríamos obtido velocidades relativas maiores que c em ambos os casos.

Exemplo **9.6** | Momento linear de um elétron

Um elétron, que tem massa de $9{,}11 \times 10^{-31}$ kg, move-se com uma velocidade de $0{,}750c$. Descubra o módulo de seu momento relativístico e compare esse valor com o momento calculado pela expressão clássica.

SOLUÇÃO

Conceitualização Imagine que um elétron se mova em alta velocidade. Ele carrega momento, mas o módulo do seu momento não é fornecido por $p = mu$ porque a velocidade é relativística.

Categorização Categorizamos esse exemplo como um problema de substituição que envolve uma equação relativística.

continua

[9] Definimos γ anteriormente em termos da velocidade v de um referencial em relação ao outro referencial. O mesmo símbolo também é usado para $(1 - u^2/c^2)^{-1/2}$, em que u é a velocidade de uma partícula.

9.6 *cont.*

Utilize a Equação 9.14 com $u = 0{,}750c$ para encontrar o módulo do momento:

$$p = \frac{m_e u}{\sqrt{1 - \frac{u^2}{c^2}}}$$

$$p = \frac{(9{,}11 \times 10^{-31}\,\text{kg})(0{,}750)(3{,}00 \times 10^8\,\text{m/s})}{\sqrt{1 - \frac{(0{,}750c)^2}{c^2}}}$$

$$= 3{,}10 \times 10^{-22}\,\text{kg} \cdot \text{m/s}$$

A expressão clássica (utilizada aqui incorretamente) fornece $p_{\text{clássica}} = m_e u = 2{,}05 \times 10^{-22}$ kg · m/s. Assim, o resultado relativístico correto é 50% maior que o resultado clássico!

9.7 | Energia relativística

Temos visto que a definição do momento requer generalização para torná-lo compatível com o princípio da relatividade. Descobrimos que a definição de energia cinética também deve ser modificada.

Para derivar a forma relativística do teorema de trabalho-energia cinética, vamos começar com a definição do esforço realizado por uma força de módulo F sobre uma partícula inicialmente em repouso. Lembre-se, do Capítulo 6, de que o teorema da energia-trabalho cinético afirma, na situação simples apropriada, que o trabalho feito por uma força resultante que age sobre uma partícula é igual à variação da energia cinética da partícula. Como a energia cinética inicial é nula, concluímos que o trabalho W feito ao acelerar uma partícula a partir do repouso é equivalente à energia cinética relativística K da partícula:

$$W = \Delta K = K - 0 = K = \int_{x_1}^{x_2} F\,dx = \int_{x_1}^{x_2} \frac{dp}{dt}\,dx \qquad \textbf{9.17}$$

em que estamos considerando o caso especial de força e vetores de deslocamento ao longo do eixo x para simplificar. Para realizar essa integração e encontrar a energia cinética relativística como uma função de u, primeiro avaliamos dp/dt, usando a Equação 9.14:

$$\frac{dp}{dt} = \frac{d}{dt}\frac{mu}{\sqrt{1 - \frac{u^2}{c^2}}} = \frac{m(du/dt)}{\left(1 - \frac{u^2}{c^2}\right)^{3/2}}$$

Substituindo essa expressão para dp/dt e $dx = u\,dt$ na Equação 9.17, resulta

$$K = \int_0^t \frac{m(du/dt)u\,dt}{\left(1 - \frac{u^2}{c^2}\right)^{3/2}} = m\int_0^u \frac{u}{\left(1 - \frac{u^2}{c^2}\right)^{3/2}}\,du$$

Avaliando a integral, encontramos

$$K = \frac{mc^2}{\sqrt{1 - \frac{u^2}{c^2}}} - mc^2 = \gamma mc^2 - mc^2 = (\gamma - 1)mc^2 \qquad \textbf{9.18}$$

▶ Energia cinética relativística

Em baixas velocidades, em que $u/c \ll 1$, a Equação 9.18 reduz-se à expressão clássica $K = \frac{1}{2}mu^2$. Podemos mostrar essa redução por meio da expansão binomial $(1 - x^2)^{-1/2} \approx 1 + \frac{1}{2}x^2 + \cdots$ para $x \ll 1$, em que as potências de ordem superior a x são ignoradas na expansão, porque elas são muito pequenas. No nosso caso, $x = u/c$, então

$$\gamma = \frac{1}{\sqrt{1 - \dfrac{u^2}{c^2}}} = \left(1 - \frac{u^2}{c^2}\right)^{-1/2} \approx 1 + \tfrac{1}{2}\frac{u^2}{c^2} + \cdots$$

Substituindo na Equação 9.18 encontramos

$$K \approx \left(1 + \tfrac{1}{2}\frac{u^2}{c^2} + \cdots\right)mc^2 - mc^2 = \tfrac{1}{2}mu^2$$

que concorda com o resultado clássico. A Figura 9.12 apresenta uma comparação das relações de velocidade e energia cinética para uma partícula usando a expressão não relativística para K (a curva cinza) e a expressão relativística para K (a curva preta). As curvas se encontram a baixas velocidades, mas se desviam a altas velocidades. A expressão não relativística indica uma violação da teoria da relatividade especial porque sugere que uma energia suficiente pode ser adicionada à partícula para acelerá-la a uma velocidade maior que c. No caso relativístico, a velocidade da partícula nunca ultrapassa c, independentemente da energia cinética, o que é comprovado com os resultados experimentais. Quando a velocidade de um corpo é menor que um décimo da velocidade da luz, a equação de energia cinética clássica difere menos de 1% da equação relativística (o que se verificou experimentalmente em todas as velocidades). Portanto, para cálculos práticos, é válido usar a equação clássica quando a velocidade do corpo é menor que $0{,}1c$.

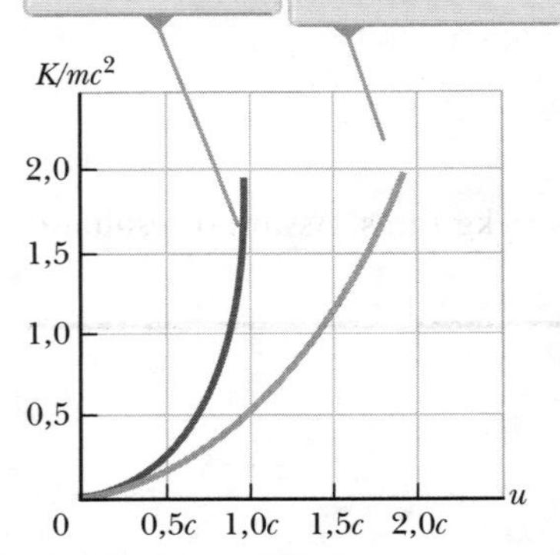

Figura 9.12 Um gráfico comparando a energia cinética relativística e não relativística de uma partícula em movimento. As energias são traçadas como uma função da velocidade u.

O termo constante mc^2 na Equação 9.18, que é independente da velocidade, é chamado **energia de repouso** E_R da partícula:

▶ Energia de repouso

$$E \quad mc \qquad \textbf{9.19}$$

O termo γmc^2 na Equação 9.18 depende da velocidade das partículas e é a soma da energia cinética e da energia de repouso. Definimos γmc^2 como o **total de energia** E, isto é, a energia total = energia cinética + energia de repouso:

$$E = \gamma mc^2 = K + mc^2 = K + E_R \qquad \textbf{9.20}$$

ou, quando γ é substituído por seu equivalente,

▶ A energia total de uma partícula relativística

$$E = \frac{mc^2}{\sqrt{1 - \dfrac{u^2}{c^2}}} \qquad \textbf{9.21}$$

A relação $E_R = mc^2$ mostra que a **massa é uma manifestação de energia**. Ela também mostra que uma pequena massa corresponde a uma quantidade enorme de energia. Esse conceito é fundamental para a maior parte do campo da Física nuclear.

Em muitas situações, o momento ou a energia de uma partícula é medido em vez de sua velocidade. Por isso, é útil ter uma expressão que relaciona a energia total E ao momento relativístico p, que é obtido usando as expressões $E = \gamma mc^2$ e $p = \gamma mu$. Elevando essas equações ao quadrado e subtraindo, podemos eliminar u (veja o Problema 9.36). O resultado, após uma manipulação algébrica, é

▶ Relação energia-momento para uma partícula relativística

$$E^2 = p^2c^2 + (mc^2)^2 \qquad \textbf{9.22}$$

Quando a partícula está em repouso, $p = 0$, e assim $E = E_R = mc^2$. Isso significa que a energia total é igual à energia de repouso.

Para o caso de partículas que têm massa zero, como os fótons (partículas sem massa e sem carga que serão discutidas no Capítulo 28), definimos $m = 0$ na Equação 9.22 e vemos que

$$E = pc \qquad \textbf{9.23}$$

Essa equação é uma expressão exata que relaciona energia e momento dos fótons, que sempre viajam à velocidade da luz.

Ao lidar com partículas subatômicas, é conveniente expressar suas energias em uma unidade chamada *elétron--volt* (eV). A igualdade entre elétron-volts e nossa unidade de energia padrão é

$$1 \text{ eV} = 1{,}602 \times 10^{-19} \text{ J}$$

Por exemplo, a massa de um elétron é $9{,}11 \times 10^{-31}$ kg. Portanto, a energia de repouso do elétron é

$$E_R = m_e c^2 = (9{,}11 \times 10^{-31} \text{ kg})\,(3{,}00 \times 10^8 \text{ m/s})^2 = 8{,}20 \times 10^{-14} \text{ J}$$

Convertendo em eV, temos

$$E_R = m_e c^2 = (8{,}20 \times 10^{-14} \text{ J})\left(\frac{1 \text{ eV}}{1{,}602 \times 10^{-19} \text{ J}}\right) = 0{,}511 \text{ MeV}$$

TESTE RÁPIDO 9.6 Os seguintes *pares* de energias – partícula 1: E, $2E$; partícula 2: E, $3E$; partícula 3: $2E$, $4E$ – representam a energia de repouso e a energia total de três partículas diferentes. Classifique as partículas da maior para a menor de acordo com a sua (**a**) massa, (**b**) energia cinética e (**c**) velocidade.

Exemplo 9.7 | A energia de um próton rápido

(A) Encontre a energia de repouso de um próton em unidades elétron-volts.

SOLUÇÃO

Conceitualização Mesmo que o próton não esteja se movendo, ele tem sua energia associada à sua massa. Se ele se move, tem mais energia, com o total de energia sendo a soma de suas energias cinética e a de repouso.

Categorização A expressão "energia de repouso" sugere que devemos usar uma abordagem relativística, em vez de uma abordagem clássica neste problema.

Análise Utilize a Equação 9.19 para encontrar a energia de repouso:

$$E_R = m_p c^2 = (1{,}673 \times 10^{-27} \text{ kg})(2{,}998 \times 10^8 \text{ m/s})^2$$

$$= (1{,}504 \times 10^{-10} \text{ J})\left(\frac{1{,}00 \text{ eV}}{1{,}602 \times 10^{-19} \text{ J}}\right) = 938 \text{ MeV}$$

(B) Se a energia total de um próton é três vezes a sua energia de repouso, qual é a sua velocidade?

SOLUÇÃO

Use a Equação 9.21 para relacionar a energia total do próton à energia de repouso:

$$E = 3m_p c^2 = \frac{m_p c^2}{\sqrt{1 - \frac{u^2}{c^2}}} \rightarrow 3 = \frac{1}{\sqrt{1 - \frac{u^2}{c^2}}}$$

Resolva para u:

$$1 - \frac{u^2}{c^2} = \tfrac{1}{9} \rightarrow \frac{u^2}{c^2} = \tfrac{8}{9}$$

$$u = \frac{\sqrt{8}}{3} c = 0{,}43c = 2{,}83 \times 10^8 \text{ m/s}$$

(C) Determine a energia cinética do próton em unidades de elétrons-volts.

SOLUÇÃO

Use a Equação 9.20 para encontrar a energia cinética do próton:

$$K = E - m_p c^2 = 3m_p c^2 - m_p c^2 = 2m_p c^2$$

$$= 2(938 \text{ MeV}) = 1{,}88 \times 10^3 \text{ MeV}$$

continua

9.7 *cont.*

(D) Qual é o momento do próton?

SOLUÇÃO

Use a Equação 9.22 para calcular o momento:

$$E^2 = p^2c^2 + (m_pc^2)^2 = (3m_pc^2)^2$$

$$p^2c^2 = 9(m_pc^2)^2 - (m_pc^2)^2 = 8(m_pc^2)^2$$

$$p = \sqrt{8}\,\frac{m_pc^2}{c} = \sqrt{8}\,\frac{938\,\text{MeV}}{c} = \boxed{2{,}65 \times 10^3\,\text{MeV}/c}$$

Finalização A unidade do momento na parte (D) é MeV/c, que é uma unidade comum na Física de partículas. Por comparação, você pode querer resolver esse exemplo usando equações clássicas.

9.8 | Massa e energia

A Equação 9.20, $E = \gamma mc^2$, que representa a energia total de uma partícula, sugere que, mesmo quando uma partícula está em repouso ($\gamma = 1$), ainda possui uma grande energia em sua massa. A prova experimental mais clara da equivalência entre massa e energia ocorre em interações de partículas nucleares elementares em que ocorre a conversão de massa em energia cinética. Por isso, não podemos usar o princípio da conservação de energia em situações relativísticas exatamente como está descrito no Capítulo 7. Devemos incluir a energia de repouso como outra forma de armazenamento de energia.

Esse conceito é importante nos processos atômicos e nucleares, nos quais a variação de massa durante o processo é da ordem da massa inicial. Por exemplo, num reator nuclear convencional, o núcleo de urânio sofre divisão (processo chamado fissão), uma reação que resulta em vários fragmentos mais leves e com energia cinética considerável. No caso de um átomo de ^{235}U, que é utilizado como combustível em usinas nucleares, os fragmentos são dois átomos mais leves e alguns nêutrons. O total de massa dos fragmentos é menor que a massa do ^{235}U, por uma quantidade Δm. A energia correspondente Δmc^2 associada a essa diferença de massa é exatamente igual ao total de energia cinética dos fragmentos. A energia cinética é transferida por colisões com as moléculas de água; com os fragmentos se movendo através da água, aumentando a energia interna dela. Essa energia interna é utilizada para produzir vapor para a geração de energia elétrica.

Considere em seguida uma reação de fusão básica, na qual dois átomos de deutério combinam-se para formar um átomo de hélio. A diminuição da massa que resulta da criação de um átomo de hélio a partir de dois átomos de deutério é $\Delta m = 4{,}25 \times 10^{-29}$ kg. Assim, a energia correspondente, que resulta de uma reação de fusão, é calculada como $\Delta mc^2 = 3{,}83 \times 10^{-12}$ J = 23,9 MeV. Para avaliar o tamanho desse resultado, considere que se 1 g de deutério é convertido em hélio, a energia liberada é da ordem de 10^{12} J! Pelos custos da energia proveniente das usinas nos Estados Unidos pela rede de transmissão de energia elétrica no ano de 2012, valia cerca de \$32 000. Veremos mais detalhes desses processos nucleares no Capítulo 30 (vol. IV).

Exemplo **9.8** | **Alteração da massa em um decaimento radioativo**

O núcleo ^{216}Po é instável e apresenta radioatividade (Capítulo 30). Ele decai para ^{212}Pb, emitindo uma partícula alfa, que é um núcleo de hélio, ^{4}He. As massas relevantes são $m_i = m(^{216}\text{Po}) = 216{,}001\,915$ u e $m_f = m(^{212}\text{Pb}) + m(^4\text{He}) = 211{,}991\,898\text{ u} + 4{,}002\,603$ u. A unidade u é uma *unidade de massa atômica*, onde 1 u = $1{,}660 \times 10^{-27}$ kg.

(A) Encontre a variação da massa do sistema neste decaimento.

SOLUÇÃO

Conceitualização O sistema inicial é o núcleo ^{216}Po. Imagine que a massa do sistema diminui durante o decaimento e se transforma na energia cinética da partícula alfa e do núcleo de ^{212}Pb após o decaimento.

Categorização Utilizaremos os conceitos discutidos nesta seção, portanto categorizamos esse exemplo como um problema de substituição.

continua

9.8 *cont.*

Calcule a variação de massa usando os valores de massa dados no enunciado do problema:

$$\Delta m = 216{,}001\ 915\,\text{u} - (211{,}991\ 898\ \text{u} + 4{,}002\ 603\ \text{u})$$
$$= 0{,}007\ 414\ \text{u} = 1{,}23 \times 10^{-29}\,\text{kg}$$

(B) Encontre a energia que essa representação da variação de massa representa.

SOLUÇÃO

Use a Equação 9.19 para encontrar a energia associada a essa variação da massa:

$$E = \Delta mc^2 = (1{,}23 \times 10^{-29}\,\text{kg})(3{,}00 \times 10^8\,\text{m/s})^2$$
$$= 1{,}11 \times 10^{-12}\,\text{J} = 6{,}92\ \text{MeV}$$

9.9 | Teoria geral da relatividade

Até agora deixamos de lado um enigma curioso. A massa possui duas propriedades aparentemente diferentes: por um lado, determina uma força de atração gravitacional mútua entre dois corpos (lei da gravitação universal de Newton) e, por outro, também representa uma resistência de um único corpo à aceleração (segunda lei de Newton), independentemente do tipo de força que produza essa aceleração. Como pode, então, uma grandeza ter duas propriedades tão diferentes? A resposta dessa questão, que incomodou Newton e muitos outros físicos durante anos, foi fornecida quando Einstein publicou, em 1916, sua teoria da gravitação, conhecida como teoria geral da relatividade. Por se tratar de uma teoria matematicamente complexa, oferecemos apenas uma ideia de sua elegância e perspicácia.

Na visão de Einstein, o comportamento duplo da massa era prova de uma conexão muito íntima e básica entre os dois comportamentos. Ele ressaltou que nenhum experimento mecânico (como deixar cair um corpo) poderia distinguir entre as duas situações ilustradas nas Figuras 9.13a e 9.13b. Na Figura 9.13a, uma pessoa está em um elevador na superfície de um planeta e sente-se pressionada contra o chão por causa da força gravitacional. Se ela soltar sua maleta, observará que ela se desloca em direção ao chão a uma aceleração $\vec{\mathbf{g}} = -g\hat{\mathbf{j}}$. Na Figura 9.13b, uma pessoa está em um elevador no espaço vazio acelerando para cima $\vec{\mathbf{a}}_{el} = +g\hat{\mathbf{j}}$. Ela sente-se pressionada contra o chão com a mesma força que na Figura 9.13a. Se soltar sua maleta, ela a observará deslocando-se em direção ao chão a

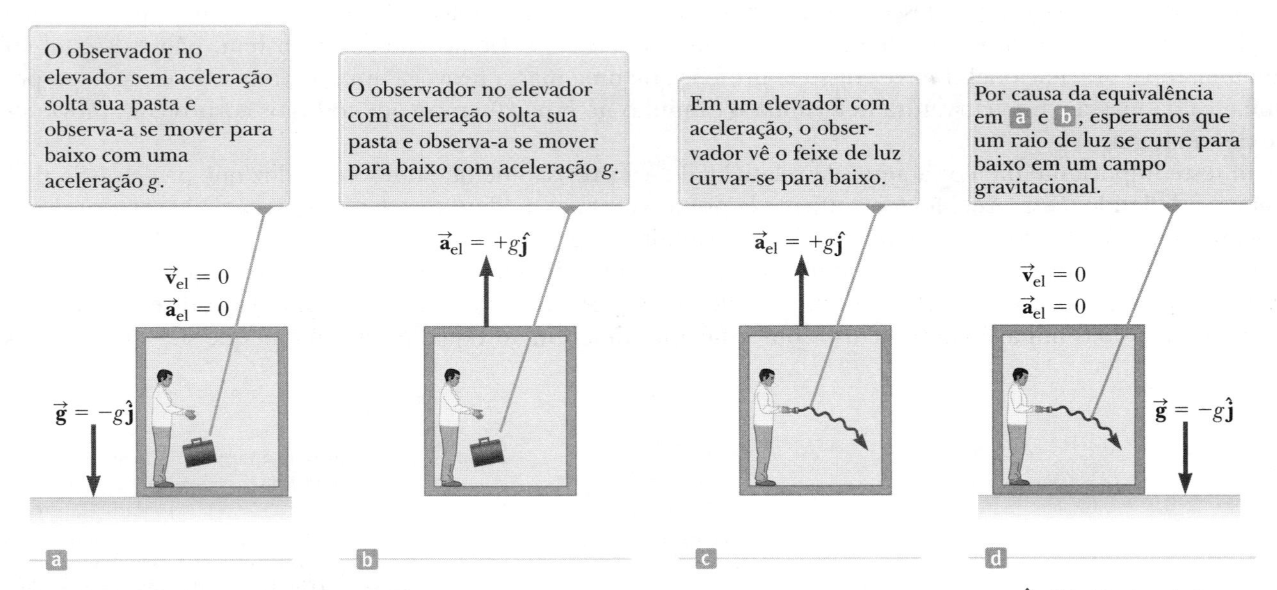

Figura 9.13 (a) O observador está em repouso num elevador em um campo gravitacional uniforme $\vec{\mathbf{g}} = -g\hat{\mathbf{j}}$, dirigido para baixo. (b) O observador está em uma região onde a gravidade é desprezível, mas o elevador se move para cima com uma aceleração $\vec{\mathbf{a}}_{el} = +g\hat{\mathbf{j}}$. Segundo Einstein, os referenciais em (a) e (b) são equivalentes em todas as situações. Nenhum experimento pode distinguir qualquer diferença entre os dois referenciais. (c) Um observador vê um feixe de luz em um elevador com aceleração. (d) A previsão de Einstein para o comportamento de um feixe de luz em um campo gravitacional.

uma aceleração g, exatamente como na situação anterior. Em cada caso, um corpo liberado pelo observador sofre uma aceleração para baixo de módulo g em relação ao chão. Na Figura 9.13a, uma pessoa está em repouso em um referencial inercial em um campo gravitacional por causa do planeta. (Um campo gravitacional existe em torno de qualquer corpo com massa, como um planeta. Definiremos o campo gravitacional formalmente no Capítulo 11.) Na Figura 9.13b, uma pessoa está em um referencial não inercial acelerando em um espaço livre de gravidade. Einstein alegava que essas duas situações eram completamente equivalentes.

Einstein desenvolveu ainda mais essa ideia e propôs que nenhum experimento, seja mecânico ou de qualquer outro tipo, poderia distinguir entre esses dois casos. Essa ampliação, que inclui todos os fenômenos (não apenas os mecânicos), tem consequências interessantes. Por exemplo, suponhamos que um pulso de luz seja enviado horizontalmente pelo elevador, como mostrado na Figura 9.13c, com o elevador em aceleração para cima no espaço vazio. Do ponto de vista de um observador em um referencial inercial fora do elevador, a luz se propaga em linha reta, enquanto o chão do elevador acelera para cima. Já para o observador dentro do elevador, a trajetória do pulso de luz curva-se para baixo conforme o chão do elevador (e o observador) acelera para cima. Portanto, com base na igualdade das partes (a) e (b) da figura para todos os fenômenos, Einstein propôs que um feixe de luz também deveria curvar para baixo em consequência de um campo gravitacional, como na Figura 9.13d.

Os dois postulados da **teoria geral da relatividade** de Einstein são os seguintes:

▶ Postulados da teoria geral da relatividade

- Todas as leis da natureza têm a mesma forma para observadores em qualquer referencial, acelerado ou não.
- Na vizinhança de qualquer ponto, um campo gravitacional é equivalente a um referencial acelerado em um espaço livre de gravidade. (Esse postulado é conhecido como o **princípio da equivalência**.)

Um efeito interessante previsto pela teoria geral da relatividade é que a passagem do tempo é alterada pela gravidade. Um relógio na presença de gravidade funciona mais lentamente do que aquele para o qual a gravidade é desprezível. Consequentemente, as frequências de radiação emitidas pelos átomos na presença de um forte campo gravitacional são mudadas para valores mais baixos em comparação com as mesmas emissões em um campo fraco. Essa mudança gravitacional foi detectada na luz emitida por átomos em grandes estrelas. Isso também foi verificado na Terra por meio da comparação das frequências de radiação emitidas de íons resfriados com laser separados verticalmente por menos de 1 m.

O segundo postulado sugere que um campo gravitacional pode ser eliminada em qualquer momento se escolhermos um referencial acelerado adequado, em queda livre. Einstein desenvolveu um método engenhoso para descrever a aceleração necessária para fazer o campo gravitacional "desaparecer". Ele especificou uma medida, a *curvatura do espaço-tempo*, que descreve o efeito gravitacional de uma massa. Na verdade, a curvatura do espaço-tempo substitui completamente a teoria gravitacional de Newton. De acordo com Einstein, não existe tal coisa como uma força gravitacional. Em vez disso, a presença de uma massa provoca uma curvatura do espaço-tempo na vizinhança da massa e essa curvatura determina o caminho no espaço-tempo que todos os corpos com movimento livre devem seguir.

Um teste importante da teoria geral da relatividade é a previsão de que um raio de luz que passe perto do Sol deverá ser defletido. Essa previsão foi confirmada por astrônomos ao detectarem a curvatura da luz estelar durante um eclipse solar total logo após a Primeira Guerra Mundial (Fig. 9.14).

Como exemplo dos efeitos de curvatura do espaço-tempo, imagine dois viajantes movendo-se em caminhos paralelos a poucos metros de distância um do outro na superfície da Terra e mantendo uma direção exata para o norte junto a duas linhas longitudinais. Conforme aproximarem ao Equador, afirmarão que suas trajetórias são

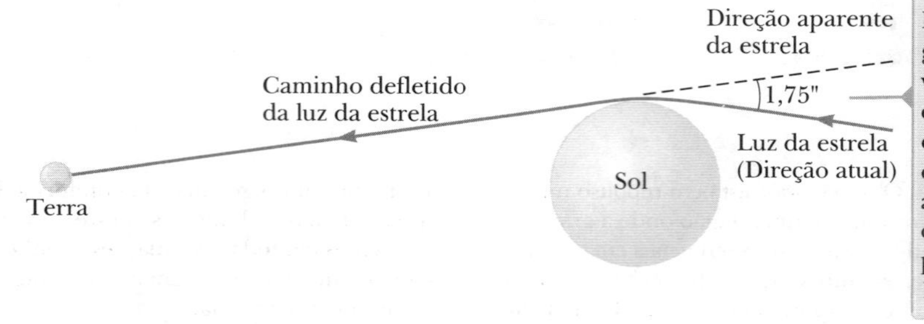

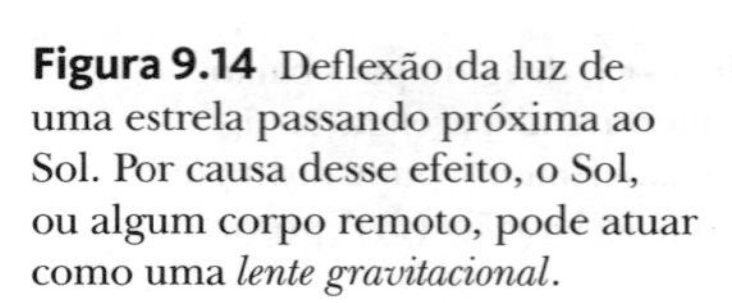

Figura 9.14 Deflexão da luz de uma estrela passando próxima ao Sol. Por causa desse efeito, o Sol, ou algum corpo remoto, pode atuar como uma *lente gravitacional*.

exatamente paralelas. Ao se aproximarem do Polo Norte, no entanto, eles perceberão que se aproximam e que, na verdade, eles irão encontrar-se no Polo Norte. Por isso, alegarão que percorriam caminhos paralelos, mas se moviam em direção um ao outro, *como se houvesse uma força de atração entre eles*. Os viajantes irão tirar essa conclusão com base em sua experiência cotidiana de se mover em superfícies planas. Porém, pela nossa representação mental, percebemos que eles estão andando em uma superfície curva e é a geometria da superfície curva, em vez de uma força atrativa, que faz que convirjam. De forma semelhante, a teoria geral da relatividade substitui a noção de forças pelo movimento de corpos através do espaço-tempo curvo.

Se a concentração de massa no espaço torna-se muito grande, como se acredita ocorrer quando uma grande estrela esgota seu combustível nuclear e se reduz a um volume muito pequeno, um **buraco negro** pode se formar. Aqui, a curvatura do espaço-tempo é tão extrema que, dentro de certa distância do centro do buraco negro, toda a matéria e luz ficam presas. Discutiremos mais sobre os buracos negros no Capítulo 11.

PENSANDO EM FÍSICA 9.1

Relógios atômicos são extremamente precisos; na verdade, um erro de 1s em 3 milhões de anos é normal. Esse erro pode ser descrito como cerca de 1 parte em 10^{14}. Por outro lado, o relógio atômico em Boulder, Colorado, perto de Denver, é frequentemente 15 ns mais rápido do que o localizado em Washington, D.C., depois de um dia apenas. Esse erro é cerca de 1 parte em 6×10^{12}, aproximadamente 17 vezes maior do que o erro anteriormente expresso. Se os relógios atômicos são tão precisos, por que um relógio em Boulder não permanece em sincronia com o outro em Washington, D.C.? (*Dica:* Denver é conhecida por ser uma cidade a uma milha acima do nível do mar.)

Raciocínio De acordo com a teoria geral da relatividade, a passagem do tempo depende da gravidade. O tempo corre mais lentamente em campos gravitacionais fortes. Washington, D.C., está a uma altitude próxima ao nível do mar, já Boulder é cerca de uma milha mais elevada. Essa diferença resulta em um campo gravitacional mais fraco em Boulder do que em Washington. Como resultado, o tempo corre mais rapidamente em Boulder do que em Washington, D.C. ◄

9.10 | Conteúdo em contexto : de Marte às estrelas

Discutimos neste capítulo os estranhos efeitos ocasionados ao viajar a altas velocidades. É necessário considerar esses efeitos em nossa missão planejada para Marte?

Para responder essa pergunta, vamos considerar a velocidade necessária para uma nave espacial típica viajar da Terra a Marte. Essa velocidade é da ordem de 10^4 m/s. Vamos avaliar γ para essa velocidade:

$$\gamma = \frac{1}{\sqrt{1 - \frac{u^2}{c^2}}} = \frac{1}{\sqrt{1 - \frac{(10^4\,\text{m/s})^2}{(3{,}00 \times 10^8\,\text{m/s})^2}}} = 1{,}000\,000\,000\,6$$

em que ignoramos completamente as regras de algarismos significativos para que possamos encontrar o primeiro dígito diferente de zero à direita da casa decimal!

É evidente, de acordo com esse resultado, que as considerações relativísticas não são cruciais para a nossa viagem a Marte. No entanto, o que dizer de viagens mais distantes no espaço? Suponha-se que desejemos viajar para outra estrela. Essa distância é de uma ordem de grandeza várias vezes maior. A estrela mais próxima está a aproximadamente 4,2 anos-luz da Terra. Em comparação, Marte está $4{,}0 \times 10^{-5}$ anos-luz em sua maior distância da Terra. Portanto, estamos falando de uma distância para a estrela mais próxima que é de cinco ordens de grandeza maior do que a distância a Marte. Serão necessários intervalos de tempo muito longos para alcançar até mesmo a estrela mais próxima. Na velocidade de escape do Sol, por exemplo, supondo que essa velocidade seja mantida durante toda a viagem, o intervalo de tempo é de 30 000 anos para viajar à estrela mais próxima. Esse intervalo de tempo é claramente proibitivo, especialmente se quisermos que as pessoas que deixaram a Terra sejam as mesmas que cheguem à estrela!

Podemos usar os princípios da relatividade para reduzir esse intervalo de tempo significativamente em viagens a velocidades muito altas. Suponha que nossa nave espacial viaje a uma velocidade constante de 0,99*c*. O intervalo de tempo medido por um observador na Terra é, então,

$$\Delta t = \frac{L_p}{u} = \frac{4,2 \text{ anos-luz}}{0,99(1,0 \text{ ano-luz/ano})} = 4,2 \text{ anos}$$

em que a distância entre a Terra e a estrela de destino é o comprimento próprio L_p.

Como os ocupantes da nave espacial veem tanto a Terra quanto a estrela de destino movendo-se, a distância entre eles é menor do que a distância medida por observadores na Terra. Podemos usar contração do comprimento para calcular a distância da Terra à estrela medida pelos ocupantes da nave espacial:

$$L = \frac{L_p}{\gamma} = L_p\sqrt{1 - \frac{u^2}{c^2}} = (4,2\text{anos-luz})\sqrt{1 - \frac{(0,99c)^2}{c^2}} = 0,59 \text{ ano-luz}$$

O intervalo de tempo necessário para alcançar a estrela é agora:

$$\Delta t = \frac{L}{u} = \frac{0,59 \text{ ano-luz}}{0,99(1,0 \text{ ano-luz/ano})} = 0,60 \text{ ano}$$

o que é claramente uma redução da viagem em baixa velocidade!

No entanto, existem três grandes problemas técnicos com esse cenário. O primeiro é o desafio tecnológico de concepção e construção de um conjunto de motor de foguete e nave espacial que possa atingir uma velocidade de 0,99*c*. O segundo é a elaboração de um sistema de segurança que alerte antecipadamente a aproximação de asteroides, meteoros e outros pedaços de matéria, enquanto se viaja no espaço quase à velocidade da luz. Mesmo um pequeno pedaço de pedra pode ser desastroso no caso de uma colisão a 0,99*c*. O terceiro problema está relacionado com o paradoxo dos gêmeos, discutido anteriormente neste capítulo. Durante a viagem até a estrela passarão 4,2 anos na Terra. Se os viajantes retornarem à Terra, outros 4,2 anos irão passar-se. Portanto, os viajantes terão envelhecido apenas 2 (0,6 ano) = 1,2 ano, mas 8,4 anos terão se passado na Terra. Para estrelas mais distantes do que a estrela mais próxima, o pessoal que auxiliou a decolagem da Terra já não estaria mais vivo quando os viajantes retornassem. Vemos que a viagem para as estrelas será um grande desafio!

BIO Limites humanos em aceleração

Há também uma consideração biológica associada com a perspectiva de viajar para uma estrela a 0,99*c*. Atingir essa velocidade irá requerer uma grande aceleração, a fim de que o intervalo de tempo para atingir 0,99*c* seja curto em comparação com o intervalo de tempo de viagem a essa velocidade. O corpo humano, no entanto, tem certos limites de aceleração. Como visto no Problema 41, no Capítulo 2, um oficial da Força Aérea experimentou acelerações de módulo 20*g* em intervalos de tempo muito curtos enquanto seu foguete era trazido ao repouso. Em outros experimentos, ele sobreviveu a breves acelerações de até 46*g*. Em nossa viagem espacial proposta, a tripulação da nave espacial experimentará grandes acelerações.

Se os tripulantes da nave espacial tiverem os topos de suas cabeças apontados na direção da aceleração, o sangue será direcionado para os seus pés, como se estivessem em um campo gravitacional aumentado. Isso pode causar perda de consciência em acelerações tão baixas quanto 5*g*. Se os habitantes da nave espacial estiverem viajando com os pés para frente, os limites serão ainda mais baixos. Acelerações na faixa de 2*g* a 3*g* podem direcionar o sangue à cabeça, ocasionando o rompimento dos vasos capilares dos olhos.

Grandes e contínuas acelerações podem causar sintomas graves, inclusive a morte, se a aceleração for maior do que aproximadamente 10*g*. Os pilotos usam trajes especialmente desenhados e aprendem técnicas musculares que dão tolerância de aceleração de até 9*g*. Porém, outros avanços tecnológicos precisarão ser feitos para que os viajantes espaciais sejam protegidos de lesões durante acelerações de até 0,99*c*.

RESUMO

Os dois postulados básicos da **teoria da relatividade especial** são:

- As leis da Física devem ser as mesmas em todos os referenciais inerciais.
- A velocidade da luz no vácuo tem o mesmo valor em todos os referenciais inerciais, independentemente da velocidade do observador ou da velocidade da fonte emissora de luz.

As três consequências da teoria da relatividade especial são:

- Os eventos que são medidos como simultâneos para um observador não necessariamente simultâneos para outro que está em movimento em relação ao primeiro.
- Os relógios em movimento relativo a um observador têm seus giros medidos como mais vagarosos por um fator de γ. Esse fenômeno é conhecido como **dilatação do tempo**.
- O comprimento dos corpos em movimento tem suas medidas contraídas na direção do movimento. Esse fenômeno é conhecido como **contração do espaço**.

Para satisfazer os postulados da teoria da relatividade especial, as equações de transformação de Galileu devem ser substituídas pelas **equações de transformação de Lorentz**:

$$\begin{aligned} x' &= \gamma(x - vt) \\ y' &= y \\ z' &= z \\ t' &= \gamma\left(t - \frac{v}{c^2}x\right) \end{aligned} \qquad \textbf{9.8}$$

em que $\gamma = (1 - v^2/c^2)^{-1/2}$.

A forma relativística da equação de **transformação da velocidade de Lorentz** é

$$u'_x = \frac{u_x - v}{1 - \dfrac{u_x v}{c^2}} \qquad \textbf{9.11}$$

em que u_x é a velocidade de um corpo medido no referencial S e u'_x é a sua velocidade medida no referencial S'.

A expressão relativística para a energia cinética de uma partícula que se move a uma velocidade $\vec{\mathbf{u}}$ é

$$\vec{\mathbf{p}} \equiv \frac{m\vec{\mathbf{u}}}{\sqrt{1 - \dfrac{u^2}{c^2}}} = \gamma m\vec{\mathbf{u}} \qquad \textbf{9.14, 9.15}$$

A expressão relativística para a energia cinética de uma partícula é

$$K = \gamma mc^2 - mc^2 = (\gamma - 1)mc^2 \qquad \textbf{9.18}$$

em que $E_R = mc^2$ é a **energia de repouso** da partícula.

A **energia total** E de uma partícula é dada pela expressão

$$E = \frac{mc^2}{\sqrt{1 - \dfrac{u^2}{c^2}}} \qquad \textbf{9.21}$$

A energia total de uma partícula é a soma de sua energia de repouso e sua energia cinética: $E = E_R + K$.

O momento linear relativístico de uma partícula é relacionado a sua energia total por meio da equação

$$E^2 = p^2c^2 + (mc^2)^2 \qquad \textbf{9.22}$$

A **teoria geral da relatividade** afirma que nenhum experimento pode distinguir entre um campo gravitacional e um referencial acelerado. Ela prevê corretamente que o caminho da luz é afetado por um campo gravitacional.

PERGUNTAS OBJETIVAS

1. (**i**) A velocidade de um elétron tem um limite superior? (a) Sim, a velocidade da luz c, (b) sim, outro valor, (c) não. (**ii**) O módulo do momento de um elétron tem um limite superior? (a) Sim, m_ec (b) sim, outro valor, (c) não. (**iii**) A energia cinética de um elétron tem um limite superior? (a) Sim, m_ec^2 (b) sim, $\frac{1}{2}m_ec^2$ (c) sim, outro valor, (d) não.

2. Você mede o volume de um cubo em repouso como V_0. Então, mede esse mesmo volume quando o cubo passa por você em uma direção paralela a um lado dele. A velocidade do cubo é $0{,}980c$, então $\gamma \approx 5$. O volume que você mede é próximo a (a) $V_0/25$, (b) $V_0/5$, (c) V_0, (d) $5V_0$ ou (e) $25V_0$?

3. Quais das seguintes afirmativas são postulados fundamentais da teoria da relatividade especial? Mais de uma afirmativa pode estar correta. (a) A luz se move através de uma substância chamada éter. (a) A velocidade da luz depende do referencial inercial no qual é medida. (c) As leis da Física dependem do referencial inercial no qual são utilizadas. (d) As leis da Física são as mesmas em todos os referenciais. (e) A velocidade da luz é independente do referencial inercial no qual é medida.

4. Uma nave espacial passa pela Terra com uma velocidade constante. Um observador na Terra mede que um relógio não danificado na nave espacial gira a um terço da velocidade de outro idêntico na Terra. O que um observador na nave espacial mede de um relógio baseado na Terra? (a) Que gira mais de três vezes mais rápido que o seu. (b) Que gira três vezes mais rápido que o seu. (c)

Que gira na mesma velocidade que o seu. (d) Que gira a um terço da velocidade do seu. (e) Que gira a uma velocidade de menos de um terço do seu.

5. Conforme um carro segue por uma estrada, movendo-se a uma velocidade v, distanciando-se do observador no solo, quais das seguintes afirmativas são verdadeiras sobre a velocidade medida do feixe de luz dos faróis do carro? Mais de uma afirmativa pode ser verdadeira. (a) O observador no solo mede a velocidade da luz como $c + v$. (b) O motorista mede a velocidade da luz como c. (c) O observador no solo mede a velocidade da luz como c. (d) O motorista mede a velocidade da luz como $c - v$. (e) O observador no solo mede a velocidade da luz como $c - v$.

6. As três partículas seguintes possuem a mesma energia total E: (a) um fóton, (b) um próton e (c) um elétron. Classifique os módulos dos momentos das partículas do maior para o menor.

7. Um astronauta está viajando em uma nave espacial no espaço em linha reta a uma velocidade constante de $0{,}500c$. Quais dos seguintes efeitos ele experimentaria? (a) Sentir-se-ia mais pesado. (b) Acharia difícil respirar. (c) O seu ritmo cardíaco mudaria. (d) Algumas das dimensões da sua nave espacial diminuiriam. (e) Nenhuma dessas respostas é correta.

8. Uma nave espacial construída na forma de esfera passa por um observador na Terra com uma velocidade de $0{,}500c$. Qual é o formato que o observador mede conforme a nave espacial passa? (a) esférico, (b) de charuto, alongado junto à direção do movimento, (c) um travesseiro redondo, achatado junto à direção do movimento, (d) cônico, apontando para a direção do movimento.

9. Dois relógios idênticos são colocados lado a lado e sincronizados. Um permanece na Terra, enquanto o outro é colocado em órbita e move-se rapidamente em direção ao leste. **(i)** Conforme medido por um observador na Terra, o relógio em órbita (a) gira mais que o na Terra, (b) gira na mesma velocidade ou (c) gira mais devagar? **(ii)** O relógio em órbita é retornado a sua posição original e trazido ao repouso em relação ao baseado na Terra. O que acontece então? (a) Seus ponteiros estão cada vez mais atrasados em relação ao relógio que ficou na Terra. (b) Está atrasado em relação ao baseado na Terra por uma quantidade constante. (c) Está sincronizado com o baseado na Terra. (d) Está adiantado com o baseado na Terra por uma quantidade constante. (e) Fica cada vez mais adiantado em relação ao baseado na Terra.

10. Um corpo astronômico distante (um quasar) está se afastando de nós com metade da velocidade da luz. Qual é a velocidade da luz que recebemos do quasar? (a) maior que c, (b) c (c) entre $c/2$ e c, (d) $c/2$, (e) entre 0 e $c/2$.

PERGUNTAS CONCEITUAIS

1. Forneça um argumento físico que mostre que é impossível acelerar um corpo de massa m à velocidade da luz, mesmo com uma força contínua atuando sobre ele.

2. Explique por que, quando da definição do comprimento de uma haste, é necessário especificar que as posições das suas extremidades devem ser medidas simultaneamente.

3. Em relação aos referenciais, como a teoria geral da relatividade difere da teoria da relatividade especial?

4. (a) "A mecânica de Newton descreve corretamente os corpos que se movem em velocidades comuns e a mecânica relativística descreve corretamente os corpos que se movem muito rápido." (b) "A mecânica relativística precisa fazer uma leve transição conforme se reduz à mecânica de Newton no caso em que a velocidade de um corpo se torna pequena se comparada à velocidade da luz". Argumente a favor ou contra as afirmações (a) e (b).

5. Diz-se que Einstein, na adolescência, fez a seguinte pergunta: "O que eu veria em um espelho se o carregasse em minhas mãos e corresse a uma velocidade próxima à da luz?". Como você responderia a essa pergunta?

6. Enumere três maneiras de como nossa vida diária mudaria se a velocidade da luz fosse apenas 50 m/s.

7. Dois relógios idênticos estão na mesma casa, um no andar de cima, em um quarto, e outro no térreo, na cozinha. Qual deles gira mais lentamente? Explique.

8. Uma partícula está se movendo a uma velocidade abaixo de $c/2$. Se essa velocidade for dobrada, o que acontece com seu momento?

9. Um trem se aproxima a uma velocidade muito alta quando você está ao lado da via. Quando um observador no trem passa por você, ambos começam a tocar a mesma versão gravada de uma sinfonia de Beethoven em MP3 *players* idênticos. (a) Segundo você, qual MP3 termina a sinfonia primeiro? (b) **E se?** Segundo o observador do trem, qual MP3 termina a sinfonia primeiro? (c) Qual MP3, na verdade, termina primeiro a sinfonia?

10. **(i)** Um corpo é colocado na posição $p > f$ em um espelho côncavo, como mostrado na Figura PC9.10a, em que f é a distância focal do espelho. Em tal situação, uma imagem é formada a uma distância q do espelho, tal como discutido no Capítulo 26. As distâncias são relacionadas pela equação de espelho:

$$\frac{1}{p} + \frac{1}{q} = \frac{1}{f}$$

Em um intervalo de tempo infinito, o corpo é movido para a direita para uma posição no ponto focal F do espelho. Mostre que a imagem do corpo se move a uma velocidade maior que a da luz. **(ii)** Uma caneta laser é suspensa em um plano horizontal e colocada em rotação rápida, como mostrado na Figura PC9.10b. Mostre que a marca de luz que ela produz em uma tela distante pode se mover pela tela a uma velocidade maior que a da luz. (Se você realizar esse experimento, certifique-se de não apontar o laser diretamente para os olhos de alguém.) **(iii)** Argumente que os experimentos nas partes (i) e (ii) não invalidam o princípio de que nenhum material, energia ou informação pode ser mover mais rápido que a luz no vácuo.

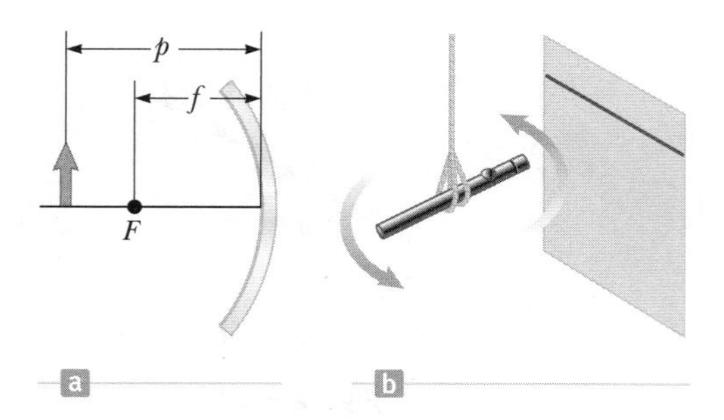

Figura PC9.10

11. A velocidade da luz na água é 230 Mm/s. Suponha que um elétron se mova pela água a 250 Mm/s. Isto viola o princípio da relatividade? Explique.

PROBLEMAS

ENHANCED WebAssign Os problemas que se encontram neste capítulo podem ser resolvidos *on-line* no Enhanced WebAssign (em inglês).

- **1.** denota problema direto;
- 2. denota problema intermediário;
- 3. denota problema desafiador;
- **1.** denota problemas mais frequentemente resolvidos no Enhanced WebAssign;
- **BIO** denota problema biomédico;
- **PD** denota problema dirigido;
- **M** denota tutorial Master It disponível no Enhanced WebAssign;
- **Q|C** denota problema que pede raciocínio quantitativo e conceitual;
- **S** denota problema de raciocínio simbólico;
- sombreado denota "problemas emparelhados" que desenvolvem raciocínio com símbolos e valores numéricos;
- **W** denota solução no vídeo Watch It disponível no Enhanced WebAssign.

Seção 9.1 O princípio da relatividade de Galileu

1. Em um referencial de laboratório, um observador nota que a Segunda Lei de Newton é válida. Suponha que as forças e massas sejam medidas como sendo as mesmas em qualquer referencial para velocidades pequenas comparadas à velocidade da luz. (a) Mostre que a Segunda Lei de Newton também é válida para um observador que se move a uma velocidade constante pequena comparada à velocidade da luz, em relação ao referencial do laboratório. (b) Mostre que a Segunda Lei de Newton *não* é válida em um referencial que se move passando pelo referencial do laboratório com uma aceleração constante.

2. Um carro de massa 2 000 kg movendo-se a uma velocidade de 20,0 m/s colide e se prende a um carro de 1 500 kg em repouso sob uma placa de pare. Mostre que o momento é conservado em um referencial se movendo a 10,0 m/s na direção do carro em movimento.

Seção 9.2 O experimento de Michelson-Morley

Seção 9.3 O princípio da relatividade de Einstein

Seção 9.4 Consequências da teoria da relatividade especial

Observação: o problema 38 no Capítulo 3 pode ser atribuído a essa seção.

3. Um astrônomo na Terra observa um meteoroide no céu do hemisfério sul se aproximando da Terra a uma velocidade de $0{,}800c$. No momento de sua descoberta o meteorito está a 20,0 anos-luz da Terra. Calcule (a) o intervalo de tempo, medido pelo astrônomo, necessário para o meteorito atingir a Terra, (b) esse intervalo de tempo medido por um turista no meteorito, e (c) a distância para a Terra medida pelo turista.

4. Uma sonda espacial interestelar é lançada da Terra. Depois de um breve período de aceleração, ela se move a uma velocidade constante, com um módulo de 70,0% da velocidade da luz. Suas baterias de combustível nuclear fornecem energia para manter seu transmissor de dados continuamente ativo. As baterias têm um tempo de vida de 15,0 anos, conforme medido em um referencial inercial. (a) Por quanto tempo as baterias na sonda espacial durarão, medidas pelo controle da missão na Terra? (b) A qual distância da Terra, medida pela Missão de Controle, a sonda estará quando suas baterias falharem? (c) A qual distância da Terra, medida pelo seu hodômetro de viagem embutido, a sonda estará quando suas baterias falharem? (d) Para qual intervalo de tempo total após o lançamento os dados são recebidos da sonda de controle da missão? Note que as ondas de rádio viajam à velocidade da luz e preenchem o espaço entre a sonda e a Terra no momento da falha da bateria.

5. Um amigo passa por você em uma nave espacial que se move em alta velocidade. Ele lhe diz que sua nave possui 20,0 m de comprimento e que a nave idêntica na qual você está sentado mede 19,0 m. Segundo suas observações, (a) qual é o comprimento de sua nave espacial, (b) qual é o comprimento da nave do seu amigo e (c) qual é a velocidade da nave do seu amigo?

6. Para qual valor de v, $\gamma = 1{,}0100$? Observe que, para velocidades abaixo desse valor, a dilatação do tempo e a contração do espaço são efeitos que contabilizam menos que 1%.

7. **W** Com que velocidade uma trena precisa se mover se seu comprimento for medido com um encolhimento de 0,500 m?

8. Um múon formado na alta atmosfera da Terra é medido por um observador na Terra com uma velocidade $v = 0{,}900c$ por uma distância de 4,60 km antes de sofrer um decaimento para um elétron, um neutrino e um antineutrino ($\mu^- \rightarrow e^- + \nu + \overline{\nu}$). (a) Por qual intervalo de tempo o múon vive conforme medido em seu próprio referencial? (b) Que distância a Terra se move segundo as medidas do referencial do múon?

9. Um relógio atômico move-se a 1 000 km/h por 1,00 h conforme medido por um relógio idêntico na Terra. Ao final do intervalo de 1,00 h, quantos nanossegundos mais lento o relógio em movimento estará em relação ao que está na Terra?

10. Os gêmeos idênticos Speedo e Goslo se unem para uma migração da Terra para o Planeta X, a 20,0 anos-luz de um referencial no qual ambos se encontram em repouso. Os gêmeos, de mesma idade, partem no mesmo momento em diferentes naves espaciais. A de Speedo viaja continuamente a 0,950c e a de Goslo a 0,750c. (a) Calcule a diferença de idade entre os gêmeos depois que a nave espacial de Goslo aterrissa no Planeta X. (b) Qual deles estará mais velho?

11. **M** Uma nave espacial com comprimento próprio de 300 m passa por um observador na Terra. Segundo esse observador, leva 0,750 μs para a nave espacial passar por um ponto fixo. Determine a velocidade da nave espacial medida pelo observador baseado na Terra.

12. **S** Uma nave espacial com comprimento próprio L_p passa por um observador na Terra. Segundo esse observador, leva um intervalo de tempo de Δt para a nave espacial passar por um ponto fixo. Determine a velocidade da nave espacial medida pelo observador baseado na Terra.

13. **W** A que velocidade um relógio se move se ele funciona a uma taxa de metade da taxa de um relógio em repouso em relação a um observador?

14. **BIO** Um astronauta está viajando em um veículo espacial que se move a 0,500c em relação à Terra. Ele mede sua frequência cardíaca, cujo valor é 75,0 batidas por minuto. Os sinais gerados pelo seu pulso são enviados por rádio para a Terra enquanto o veículo se move em uma direção perpendicular à linha que o conecta com um observador na Terra. (a) Qual é o valor dos batimentos que um observador na Terra mede? (b) **E se?** Qual seria a frequência cardíaca se a velocidade do veículo fosse aumentada para 0,990c?

15. Uma haste móvel é observada tendo comprimento observado $\ell = 2{,}00$ m e está orientada a um ângulo de $\theta = 30{,}0°$ em relação à direção do movimento, como mostrado na Figura P9.15. A haste tem uma velocidade de 0,995c. (a) Qual é o comprimento próprio da haste? (b) Qual é o ângulo de orientação no referencial próprio?

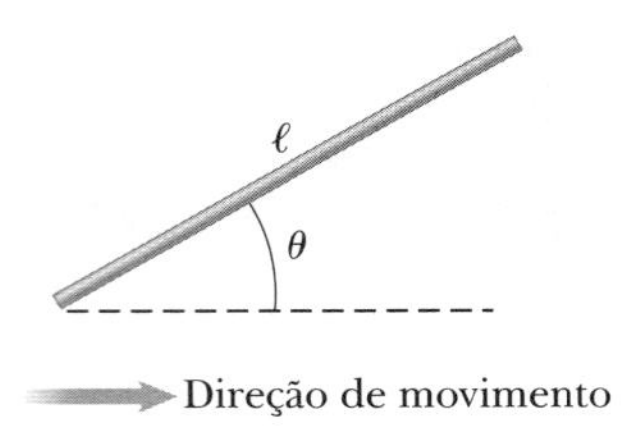

Figura P9.15

Seção 9.5 **As equações de transformação de Lorentz**

16. Keilah, no referencial S, mede dois eventos simultâneos. O evento A ocorre no ponto (50,0 m, 0, 0) no instante 9:00:00 do tempo universal em 15 de janeiro de 2010. O evento B ocorre no ponto (150 m, 0, 0) no mesmo momento. Torrey, passando a uma velocidade de $0{,}800c\hat{\mathbf{i}}$, também observa os dois eventos. No referencial dela, S′, qual evento ocorreu primeiro e qual foi o intervalo de tempo decorrido entre os eventos?

17. **W** Uma luz vermelha ilumina na posição $x_V = 3{,}00$ m e no tempo $t_V = 1{,}00 \times 10^{-9}$ s, e outra, azul, ilumina em $x_B = 5{,}00$ m e $t_a = 9{,}00 \times 10^{-9}$ s, tudo medido no referencial S. O referencial S′ move-se uniformemente para a direita e tem sua origem no mesmo ponto que S em $t = t' = 0$. Ambas as luzes ocorrem no mesmo local em S′. (a) Encontre a velocidade relativa entre S e S′. (b) Encontre a localização das luzes no referencial S′. (c) Em que momento a luz vermelha ilumina no referencial S′?

18. Shannon observa os dois pulsos de luz emitidos do mesmo local, mas separados no tempo por 3,00 μs. Kimmie observa a emissão dos mesmos dois pulsos com uma separação de tempo de 9,00 μs. (a) Com que velocidade Kimmie se move em relação a Shannon? (b) Segundo Kimmie, qual é a separação no espaço dos dois pulsos?

19. Uma espaçonave inimiga distancia-se da Terra a uma velocidade $v = 0{,}800c$ (Fig. P9.19). Uma patrulha galáctica a segue a uma velocidade $u = 0{,}900c$ em relação à Terra. Observadores na Terra medem que a espaçonave patrulha está ultrapassando a inimiga por uma velocidade de 0,100c. Com qual velocidade a espaçonave patrulha está ultrapassando a inimiga segundo a tripulação da primeira?

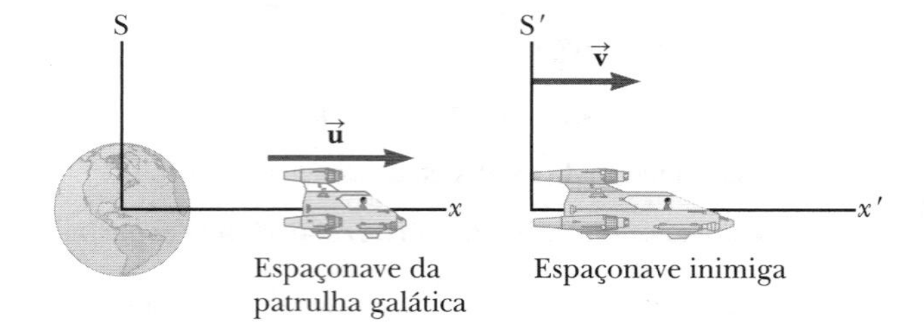

Figura P9.19

20. Uma nave espacial é lançada da superfície da Terra a uma velocidade de 0,600c a um ângulo de 50,0° acima

do eixo horizontal positivo x. Outra nave espacial está se movendo passando com uma velocidade de $0{,}700c$ na direção do x negativo. Determine o módulo e a direção da velocidade da primeira nave, medidos pelo piloto da segunda nave espacial.

21. **M** A Figura P9.21 mostra o jato de um material (no lado direito superior) sendo ejetado pela galáxia M87 (no lado esquerdo inferior). Acredita-se que tais jatos sejam a evidência de imensos buracos negros no centro de uma galáxia. Suponha que dois jatos de material do centro de uma galáxia sejam ejetados em direções opostas. Ambos se movem a $0{,}750c$ em relação ao centro da galáxia. Determine a velocidade de um jato em relação ao outro.

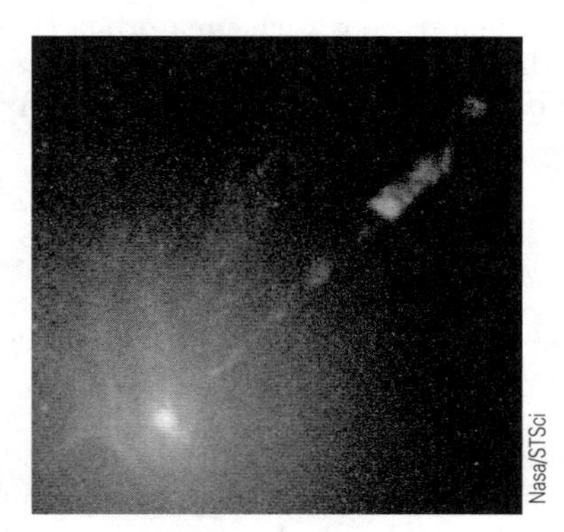

Figura P9.21

Seção 9.6 Momento relativístico e a forma relativística das leis de Newton

22. O limite de velocidade em certa rodovia é de 90,0 km/h. Suponha que as multas de velocidade sejam dadas proporcionalmente à quantidade pela qual o momento do veículo excede o momento que teria se estivesse se movendo na velocidade limite. A multa para quem dirige a 190 km/h (isto é, 100 km/h acima da velocidade limite) é $ 80,00. Qual seria então a multa para quem se move a (a) 1 090 km/h? (b) 1 000 000 090 km/h?

23. Uma bola de golfe move-se a uma velocidade de 90,0 m/s. Por qual fração o módulo do seu momento relativístico p difere do seu valor clássico mu? Isto é, descubra a razão $(p - mu)/mu$.

24. **S** Mostre que a velocidade de um corpo com momento de módulo p e massa m é

$$u = \frac{c}{\sqrt{1 + (mc\ /\ p)^2}}$$

25. **W** Calcule o momento de um elétron movendo-se com uma velocidade (a) $0{,}0100c$, (b) $0{,}500c$ e (c) $0{,}900c$.

26. A expressão não relativística para o momento de uma partícula $p = mu$ concorda com o experimento se $u << c$. Para qual velocidade o uso dessa equação dá um erro na medida de (a) 1,00% e (b) 10,0%?

27. **M** Uma partícula instável em repouso espontaneamente se divide em dois fragmentos de massas desiguais. A massa do primeiro fragmento é $2{,}50 \times 10^{-28}$ kg e a do outro, $1{,}67 \times 10^{-27}$ kg. Se o fragmento mais leve tem velocidade de $0{,}893c$ após sua quebra, qual é a velocidade do mais pesado?

Seção 9.7 Energia relativística

28. Um cubo de aço tem volume de 1,00 cm^3 e massa de 8,00 g quando está em repouso na Terra. Se a esse cubo é agora atribuída uma velocidade $u = 0{,}900c$, qual é a sua densidade, medida por um observador em repouso? Note que a densidade relativística é definida como E_R/c^2V.

29. Um elétron tem energia cinética cinco vezes maior que a sua energia de repouso. Encontre (a) sua energia total e (b) sua velocidade.

30. **PD** Uma partícula instável com massa $m = 3{,}34 \times 10^{-27}$ kg está inicialmente em repouso. Ela decai em dois fragmentos que se movem junto ao eixo x com componentes de velocidade $u_1 = 0{,}987c$ e $u_2 = -0{,}868c$. Partindo dessa informação, queremos determinar as massas dos fragmentos 1 e 2. (a) O sistema inicial da partícula instável, que se torna um sistema de dois fragmentos, é isolado ou não isolado? (b) Com base em sua resposta à parte (a), quais dos dois modelos de análises são apropriados para essa situação? (c) Encontre os valores de γ para os dois fragmentos após o decaimento. (d) Utilizando um dos modelos de análise da parte (b), encontre a relação entre as massas m_1 e m_2 dos fragmentos. (e) Utilizando o segundo modelo de análise da parte (b), encontre uma segunda relação entre as massas m_1 e m_2. (f) Resolva as relações das partes (b) e (e) simultaneamente para as massas m_1 e m_2.

31. Determine a energia necessária para acelerar um elétron de (a) $0{,}500c$ até $0{,}900c$ e de (b) $0{,}900c$ até $0{,}990c$.

32. Mostre que, para qualquer corpo que se move a menos de um décimo da velocidade da luz, a energia cinética relativística concorda com o resultado da equação clássica $K = \frac{1}{2}mu^2$ dentro de menos de 1%. Portanto, para a maioria dos propósitos, a equação clássica é suficiente para descrever esses corpos.

33. A energia de repouso de um elétron é 0,511 MeV. A energia de repouso de um próton é 938 MeV. Suponha que ambas as partículas tenham energias cinéticas de 2,00 MeV. Encontre a velocidade do (a) elétron e (b) próton. (c) Por qual fator a velocidade do elétron excede a do próton? (d) Repita os cálculos nas partes (a) a (c) supondo que ambas as partículas tenham energias cinéticas de 2 000 MeV.

34. **Q|C** (a) Determine a energia cinética de uma nave espacial de 78,0 kg lançada no sistema solar a uma velocidade de 106 km/s usando a equação clássica $K = \frac{1}{2}mu^2$. (b) **E se?** Calcule sua energia cinética utilizando a equação relativística. (c) Explique o resultado comparando as respostas das partes (a) e (b).

35. Um próton move-se a $0{,}950c$. Calcule sua energia (a) de repouso, (b) total e (c) cinética.

36. **S** Mostre que a relação momento-energia na Equação 9.22, $E^2 = p^2c^2 + (mc^2)^2$, provém das expressões $E = \gamma mc^2$ e $p = \gamma mu$.

37. **M** Um próton em um acelerador potente move-se a uma velocidade de $c/2$. Utilize o teorema do trabalho-energia cinética para descobrir o trabalho necessário para aumentar sua velocidade a (a) $0{,}750c$ e (b) $0{,}995c$.

38. Um corpo de massa 900 kg e viajando a $0{,}850c$ de velocidade colide com um corpo em repouso com massa de

1400 kg. Os dois corpos se fundem. Determine (a) a velocidade e (b) a massa do corpo composto.

39. **M** Um píon em repouso ($m_\pi = 273\ m_e$) decai a um múon ($m_\mu = 207\ m_e$) e um antineutrino ($m_{\bar{\nu}} \approx 0$). A reação é escrita como $\pi^- \rightarrow \mu^- + \bar{\nu}$. Descubra (a) a energia cinética do múon e (b) a energia do antineutrino em elétron-volt.

Seção 9.8 Massa e energia

40. **Q|C** **W** Quando 1,00 g de hidrogênio se combina com 8,00 g de oxigênio, 9,00 g de água se formam. Durante essa reação química, $2{,}86 \times 10^5$ J de energia são liberados. (a) A massa da água é maior ou menor que a dos reagentes? (b) Qual é a diferença de massa? (c) Explique se a mudança da massa é possível de ser detectada.

41. A produção de energia do Sol é $3{,}85 \times 10^{26}$ W. Em quanto a massa do Sol decai a cada segundo?

42. **W** Em uma usina nuclear, as barras de combustível duram 3 anos antes de ser substituídas. A usina consegue transformar energia a uma taxa máxima possível de 1,00 GW. Supondo que ela opere a 80% de sua capacidade por 3 anos, qual é a perda de massa do combustível?

Seção 9.9 Teoria geral da relatividade

43. **Revisão.** O sistema de posicionamento global via satélite (GPS) move-se numa órbita circular com um período de 11h 58. (a) Determine o raio da sua órbita. (b) Determine sua velocidade. (c) O sinal de GPS não militar é emitido a uma frequência de 1 575,42 MHz no referencial do satélite. Quando é recebido na superfície da Terra por um receptor GPS (Fig. P9.43), qual é a fração de mudança nessa frequência em função da dilatação do tempo conforme descrito pela teoria da relatividade especial? (d) O deslocamento gravitacional da frequência para o azul (*blueshift*) segundo a teoria geral da relatividade é um efeito separado. Tem esse nome de mudança para o azul para indicar a mudança para uma frequência mais alta. A intensidade desta mudança fracional é fornecida por

$$\frac{\Delta f}{f} = \frac{\Delta U_g}{mc^2}$$

istockphoto.com/Roberta Casalingi

Figura P9.43

em que U_g é a mudança na energia potencial gravitacional do sistema Terra-corpo quando o corpo de massa m é movido entre dois pontos onde há sinal. Calcule essa fração na mudança da frequência por causa da mudança na posição do satélite desde a superfície da Terra para sua posição orbital. (e) Qual é a fração na mudança geral na frequência causada tanto pela dilatação do tempo como à mudança gravitacional para o azul?

Seção 9.10 Conteúdo em contexto : de Marte às estrelas

44. **Q|C** **Revisão.** Em 1963, o astronauta Gordon Cooper orbitou a Terra 22 vezes. A imprensa afirma que para cada órbita, ele envelheceu dois milionésimos de segundo a menos do que teria envelhecido caso tivesse permanecido na Terra. (a) Assumindo que Cooper estava 160 km acima da Terra em uma órbita circular, determine a diferença de tempo decorrido entre alguém na Terra e o astronauta em órbita para as 22 órbitas. Você deve usar a aproximação

$$\frac{1}{\sqrt{1-x}} \approx 1 + \frac{x}{2}$$

para x pequeno. (b) As informações da imprensa foram precisas? Explique.

45. Um astronauta deseja visitar a galáxia de Andrômeda, fazendo uma jornada de ida que levará 30,0 anos no referencial da nave espacial. Suponha que a galáxia está a $2{,}00 \times 10^6$ anos-luz de distância e que a velocidade do astronauta seja constante. (a) Em que velocidade ele deve viajar em relação à Terra? (b) Qual será a energia cinética da sua nave espacial de 1 000 toneladas métricas? (c) Qual seria o custo dessa energia se fosse comprada ao preço típico, de $ 0,110/kWh, da energia elétrica vendida para o consumidor?

Problemas adicionais

46. **S** Uma haste de comprimento L_0 se move com uma velocidade v ao longo do sentido horizontal, que forma um ângulo de θ_0 em relação ao eixo x'. (a) Mostre que o comprimento da haste, medido por um observador em repouso, é $L = L_0[1 - (v^2/c^2)\cos^2\theta_0]^{1/2}$. (b) Mostre que o ângulo que a haste faz com o eixo x é dado pela tg $\theta = \gamma$ tg θ_0. Esses resultados mostram que a haste é tanto contraída quanto girada. (Tome a extremidade inferior da haste como a origem do sistema de coordenadas.)

47. Grandes estrelas encerram suas vidas em explosões de supernovas que produzem núcleos de todos os átomos da metade inferior da tabela periódica por meio da fusão de núcleos menores. Esse problema modela esse processo em linhas gerais. Uma partícula de massa $m = 1{,}99 \times 10^{-26}$ kg movendo-se a uma velocidade $\vec{\mathbf{u}} = 0{,}500c\hat{\mathbf{i}}$ colide e se prende a uma partícula de massa $m' = m/3$ que se move a uma velocidade $\vec{\mathbf{u}} = -0{,}500c\hat{\mathbf{i}}$. Qual é a massa da partícula resultante?

48. **Q|C** **S** Grandes estrelas encerram suas vidas em explosões de supernovas que produzem núcleos de todos os átomos da metade inferior da tabela periódica por meio da fusão de núcleos menores. Esse problema modela esse processo em linhas gerais. Uma partícula de massa m movendo-se ao longo do eixo x com uma componente de velocidade $+u$ colide e se prende a uma partícula de massa $m/3$ que se move ao longo do eixo x com uma com-

ponente de velocidade $-u$. (a) Qual é a massa M da partícula resultante? (b) Avalie a expressão da parte (a) no limite $u \to 0$. (c) Explique se o resultado concorda com o que você esperava da Física não relativística.

49. **M** A reação de fusão nuclear líquida dentro do Sol pode ser escrita como $4\,{}^1\text{H} \to {}^4\text{He} + E$. A energia de repouso de cada átomo de hidrogênio é de 938,78 MeV e a energia do átomo hélio-4 é 3 728,4 MeV. Calcule a porcentagem da massa inicial que é transformada em outras formas de energia.

50. *Por que a seguinte situação é impossível?* Em seu aniversário de 40 anos, os gêmeos Speedo e Goslo se despedem enquanto Speedo parte para um planeta a 50 anos-luz de distância. Ele viaja a uma velocidade constante de $0{,}85c$ e imediatamente dá meia-volta e retorna à Terra após chegar ao planeta. Depois de chegar de volta à Terra, Speedo tem um feliz encontro com Goslo.

51. **M** Raios cósmicos de mais alta energia são prótons que possuem a energia cinética na ordem de 10^{13} MeV. (a) Conforme medido no referencial do próton, qual intervalo de tempo um próton com essa quantidade de energia exigiria para viajar através da Via Láctea, que possui um diâmetro próprio de $\sim 10^5$ anos-luz? (b) Do ponto de vista do próton, quantos quilômetros de diâmetro a galáxia tem?

52. (a) Prepare um gráfico da energia cinética relativística e da energia cinética clássica, ambas como uma função da velocidade, para um corpo com uma massa de sua escolha. (b) A que velocidade a energia cinética clássica subestima o valor experimental em 1%? (c) Em 5%? (d) Em 50%?

53. Uma espaçonave alienígena movendo-se a $0{,}600c$ em direção à Terra lança um módulo de aterrissagem. O módulo move-se na mesma direção a uma velocidade de $0{,}800c$ em relação à nave mãe. Conforme medido na Terra, a espaçonave está a 0,200 ano-luz da Terra quando o módulo de aterrissagem é lançado. (a) Qual velocidade os observadores baseados na Terra medem para o módulo de aterrissagem que se aproxima? (b) Qual é a distância para a Terra no momento do lançamento do módulo medida pelos alienígenas? (c) Qual tempo de viagem é necessário para que o módulo alcance a Terra segundo as medidas dos alienígenas da nave mãe? (d) Se o módulo possui massa de $4{,}00 \times 10^5$ kg, qual é a sua energia cinética conforme medida no referencial da Terra?

54. Um elétron possui velocidade de $0{,}750c$. (a) Encontre a velocidade de um próton que tem a mesma energia cinética do elétron. (b) **E se?** Encontre a velocidade do próton que tem o mesmo momento de um elétron.

55. Um supertrem com comprimento próprio de 100 m move-se a uma velocidade de $0{,}950c$ quando passa através de um túnel com comprimento próprio de 50,0 m. Conforme visto por um observador ao lado da via, o trem em algum momento fica completamente dentro do túnel? Se sim, com quanto espaço de sobra?

56. **Q|C** **S** Uma partícula com carga elétrica q move-se ao longo de uma linha reta num campo elétrico uniforme $\vec{\mathbf{E}}$ à velocidade u. A força elétrica exercida sobre a carga é $q\vec{\mathbf{E}}$. A velocidade da partícula e o campo elétrico estão ambos na direção x. (a) Mostre que a aceleração da partícula na direção x é dada por

$$a = \frac{du}{dt} = \frac{qE}{m}\left(1 - \frac{u^2}{c^2}\right)^{3/2}$$

(b) Discuta o significado da dependência da aceleração em relação à velocidade. (c) **E se?** Se a partícula começa do repouso em $x = 0$ a $t = 0$, como você procederia para encontrar a velocidade da partícula e sua posição no tempo t?

57. Um observador em uma espaçonave de cruzeiro move-se em direção a um espelho à velocidade $v = 0{,}650c$ relativa ao referencial S na Figura P9.57. O espelho está parado em relação a S. Um pulso de luz é emitido pela espaçonave que viaja em direção ao espelho e é refletido de volta à espaçonave. A espaçonave está a uma distância $d = 5{,}66 \times 10^{10}$ m do espelho (conforme medida pelos observadores em S) no momento em que o pulso de luz deixa a espaçonave. Qual é o tempo total de viagem do pulso conforme medido pelos observadores (a) no referencial S e (b) na espaçonave?

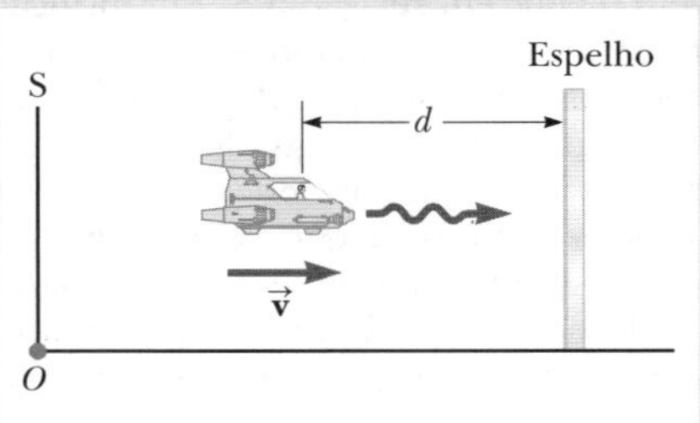

Figura P9.57 Problemas 57 e 58.

58. **S** Um observador em uma espaçonave de cruzeiro move-se em direção a um espelho a uma velocidade v relativa ao referencial S da Figura P9.57. O espelho está parado em relação a S. Um pulso de luz é emitido por uma espaçonave que viaja em direção ao espelho e é refletido de volta à espaçonave. A espaçonave está a uma distância d do espelho (conforme medida pelos observadores em S) no momento em que o pulso de luz deixa a espaçonave. Qual é o tempo total de viagem do pulso conforme medido pelos observadores (a) no referencial S e (b) na espaçonave?

59. **M** A espaçonave I, que transporta estudantes realizando um exame de Física, se aproxima da Terra a uma velocidade de $0{,}600c$ (em relação à Terra), enquanto a espaçonave II, transportando professores que supervisionam o exame, move-se a $0{,}280c$ (em relação à Terra) diretamente em direção aos estudantes. Se os professores interrompem o exame após 50,0 min decorridos em seus relógios, qual intervalo de tempo corresponde à duração do exame medida (a) pelos estudantes e (b) por um observador na Terra?

60. Imagine que todo o Sol, de massa M_S, comprime-se em uma esfera de raio R_g de maneira que o trabalho necessário para remover uma pequena massa m da superfície seria igual a sua energia de repouso mc^2. Esse raio é chamado *raio gravitacional* para o Sol. (a) Utilize essa abordagem para mostrar que $R_g = GM_S/c^2$. (b) Encontre um valor numérico para R_g.

61. Um raio gama (um fóton de alta energia) pode produzir um elétron (e^-) e um pósitron (e^+) de massas iguais quando entra no campo elétrico de um núcleo pesado: $\gamma \rightarrow e^+ + e^-$. Qual energia mínima do raio gama é necessária para realizar essa tarefa?

62. **S** Uma professora de Física na Terra aplica uma prova aos seus alunos, que estão em uma nave espacial que viaja à velocidade v em relação à Terra. No momento em que a nave passa pela professora, ela sinaliza o início da prova. Ela deseja que seus alunos tenham um intervalo de tempo T_0 (tempo da nave espacial) para completar a prova. Mostre que ela deveria esperar um intervalo de tempo (tempo da Terra) de

$$T = T_0\sqrt{\frac{1 - v/c}{1 + v/c}}$$

antes de enviar um sinal luminoso informando-os para encerrar a prova. (*Sugestão*: Lembre que leva algum tempo para o segundo sinal de luz viajar da professora para os alunos.)

63. Owen e Dina estão em repouso no referencial S′, que se move a 0,600c em relação a S. Eles brincam de jogar bola um para o outro enquanto Ed, em repouso no referencial S, assiste à ação (Fig. P9.63). Owen arremessa a bola para Dina a 0,800c (segundo Owen) e a separação (medida em S′) é igual a $1{,}80 \times 10^{12}$ m. (a) Segundo Dina, a bola se move a que velocidade? (b) Segundo Dina, qual é o intervalo de tempo necessário para que a bola a alcance? Segundo Ed, (c) qual a distância entre Owen e Dina, (d) com que velocidade a bola se move e (e) qual intervalo de tempo é necessário para que a bola alcance Dina?

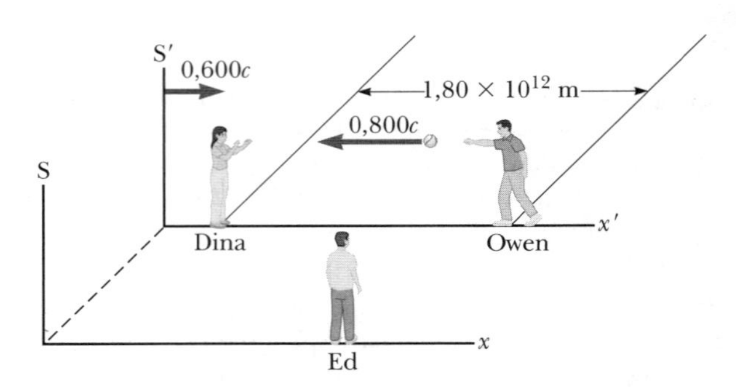

Figura P9.63

64. Um corpo se desintegra em dois fragmentos. Um deles tem massa de 1,00 MeV/c^2 e momento de 1,75 MeV/c na direção x positiva; o outro tem massa de 1,50 MeV/c^2 e momento de 2,00 MeV/c na direção y positiva. Encontre (a) a massa e (b) a velocidade do corpo original.

65. **Q|C** Suponha que nosso Sol esteja para explodir. Em um esforço para fugir, partimos em uma espaçonave com $v = 0{,}800c$ em direção à estrela Tau Ceti, a 12,0 anos-luz de distância. Quando alcançamos a metade da jornada, vemos nosso Sol explodir e, infelizmente, no mesmo instante, vemos Tau Ceti explodir também. (a) No referencial da espaçonave, deveríamos concluir que as duas explosões ocorreram simultaneamente? Se não, qual ocorreu primeiro? (b) **E se?** Em um referencial no qual o Sol e Tau Ceti estão em repouso, eles explodiriam simultaneamente? Se não, qual explodiria primeiro?

Capítulo 10

Movimento rotacional

Sumário

Cortesia de Tourism Malaysia

O passatempo malaio de *rodar o pião* envolve girar a extremidade deste, que pode ter massa de até 5 kg. Jogadores profissionais podem jogar seus piões de modo que girem por 1 a 2 horas sem parar. Estudaremos o movimento rotacional de corpos como esses piões neste capítulo.

Quando um corpo alongado, tal como uma roda, gira sobre seu eixo, o movimento não pode ser analisado modelando o corpo como uma partícula, porque em qualquer momento partes diferentes dele estão se movendo com velocidades diferentes e em direções diferentes. Podemos, no entanto, analisar este movimento ao considerar que o corpo alongado é composto por uma *coleção* de partículas em movimento.

Lidando com um corpo em rotação, a análise é muitas vezes simplificada presumindo-se que ele seja rígido. Um **corpo rígido** é aquele não deformável; isto é, as localizações relativas de todas as partículas das quais o corpo é composto permanecem constantes. Todos os corpos reais são deformáveis até um ponto; nosso modelo de corpo rígido, porém, é útil em muitas situações nas quais a deformação é desprezível.

Prevenção de Armadilhas | 10.1

Especifique seu eixo

Na resolução de problemas de rotação, você deve especificar um eixo de rotação. Esta nova característica não existe em nosso estudo do movimento translacional. A escolha é arbitrária, mas, uma vez feita, deve ser mantida consistentemente em todo o problema. Em alguns problemas, a situação física sugere um eixo natural, tal como o centro de uma roda de automóvel. Em outros, pode não haver uma escolha óbvia, e você deve escolher adequadamente.

Prevenção de Armadilhas | 10.2

Lembre-se do radiano

Em equações rotacionais, você *deve* usar ângulos expressos em radianos. Não caia na armadilha de usar ângulos medidos em graus nestas equações.

10.1 | Posição, velocidade e aceleração angulares

Demos início ao nosso estudo sobre o movimento translacional no Capítulo 2, ao definir os termos *posição*, *velocidade* e *aceleração*. Por exemplo, localizamos uma partícula em um espaço unidimensional com a variável de posição x. Neste capítulo, introduziremos a palavra *translacional* antes de nossas variáveis cinemáticas, já estudadas, para distingui-las das variáveis *rotacionais* análogas que desenvolveremos.

A Figura 10.1 ilustra uma vista aérea de um Compact Disc, ou CD, girando. O disco gira sobre um eixo fixo perpendicular à página, passando pelo centro do disco em O. Uma partícula em P está a uma distância fixa r da origem e gira sobre ela em um círculo de raio r. (Na realidade, *todas* as partículas do disco passam por movimento circular ao redor de O.) É conveniente representar a posição de P com suas coordenadas polares (r, θ), onde r é a distância da origem até P, e θ é medido *em sentido anti-horário* a partir de uma linha de referência fixa no espaço, como mostrado na Figura 10.1. Nesta representação, a única coordenada para a partícula que muda em tempo é o ângulo θ, enquanto r permanece constante. Conforme a partícula se move ao longo da trajetória circular da linha de referência, que fica em $\theta = 0$, ela se move por um arco de comprimento s, como na Figura 10.1b. O comprimento do arco s é relacionado ao ângulo θ pela relação

$$s = r\theta \qquad \textbf{10.1a}$$

$$\theta = \frac{s}{r} \qquad \textbf{10.1b}$$

▶ O radiano

Como θ é a razão entre o comprimento de arco e o raio do círculo, ele é um número puro. Em geral, atribuímos a θ a unidade artificial **radiano** (rad), onde um radiano é o ângulo subtendido por um comprimento de arco igual ao raio do arco. Como a circunferência de um círculo é $2\pi r$, segue, a partir da Equação 10.1b, que 360° corresponde a um ângulo de $(2\pi r/r)$ rad $= 2\pi$ rad. (Observe também que 2π rad corresponde a uma revolução completa.) Portanto, 1 rad $= 360°/\,2\pi \approx 57{,}3°$. Para converter um ângulo em graus para um ângulo em radianos, usamos π rad $= 180°$, então

$$\theta(\text{rad}) = \frac{\pi}{180^{o}}\theta\ (\text{graus})$$

Por exemplo, 60° é igual a $\pi/3$ rad, e 45° é igual a $\pi/4$ rad.

Concentraremos grande parte da nossa atenção neste capítulo em corpos rígidos. Aproximar um corpo real como rígido é um modelo de simplificação, o **modelo do corpo rígido**, no qual basearemos vários modelos de análise, assim como fizemos para o modelo de partículas.

Como o disco na Figura 10.1 é um corpo rígido, conforme a partícula em P se move ao longo da trajetória circular a partir da linha de referência, todas as outras nele giram pelo mesmo ângulo θ. Portanto, podemos associar o ângulo θ com o corpo rígido inteiro, bem como com uma partícula individual, o que nos permite definir a posição angular de um corpo rígido em seu movimento rotacional. Escolhemos uma linha radial no corpo, como uma que conecte O e a partícula escolhida no corpo. A **posição angular** do corpo rígido é o ângulo θ entre esta linha radial no corpo e a de referência fixa no espaço, com frequência escolhida como o eixo x. Este processo é semelhante ao modo como identificamos a posição de um corpo em movimento translacional como a distância x entre o corpo e a posição de referência, que é a origem, $x = 0$. Portanto, o ângulo θ tem a mesma função no movimento rotacional que a posição x no movimento translacional.

Para definir a posição angular do disco, uma linha de referência fixa é escolhida. Uma partícula em P está localizada a uma distância r do eixo de rotação que passa por O.

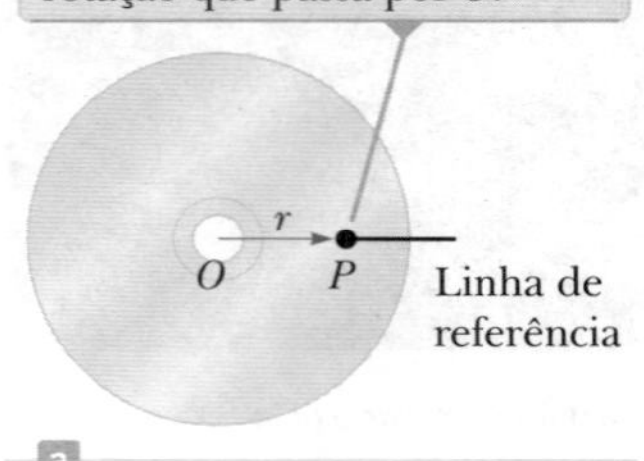

Conforme o disco gira, uma partícula em P se move por um comprimento de arco s em uma trajetória circular de raio r. A posição angular de P é θ.

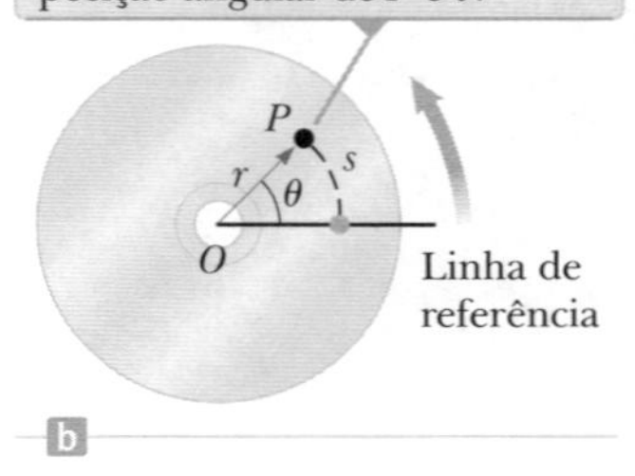

Figura 10.1 Um Compact Disc girando sobre um eixo fixo que passa por O perpendicular ao plano da figura.

Conforme uma partícula em um corpo rígido viaja da posição Ⓐ para a Ⓑ em um intervalo de tempo Δt, como na Figura 10.2, a linha de referência fixa do corpo cobre um ângulo $\Delta\theta = \theta_f - \theta_i$. Esta quantidade $\Delta\theta$ é definida como o **deslocamento angular** do corpo rígido:

$$\Delta\theta \equiv \theta_f - \theta_i$$

A taxa em que este deslocamento angular ocorre pode variar. Se o corpo rígido gira rapidamente, ele pode ocorrer em um intervalo de tempo curto. Se gira lentamente, este intervalo será mais longo. Essas taxas de rotação diferentes podem ser quantificadas definindo a **velocidade angular média** $\omega_{\text{méd}}$ (letra grega ômega) como a razão do deslocamento angular de um corpo rígido com o intervalo de tempo Δt durante o qual o deslocamento ocorre:

$$\omega_{\text{méd}} \equiv \frac{\theta_f - \theta_i}{t_f - t_i} = \frac{\Delta\theta}{\Delta t} \quad \textbf{10.2}$$

▶ Velocidade angular média

Em analogia com a velocidade translacional instantânea, a **velocidade angular instantânea** ω é definida como o limite da velocidade angular média conforme Δt se aproxima de zero:

$$\omega \equiv \lim_{\Delta t \to 0} \frac{\Delta\theta}{\Delta t} = \frac{d\theta}{dt} \quad \textbf{10.3}$$

▶ Velocidade angular instantânea

A velocidade angular tem unidades de rad/s, que podem ser escritas como s^{-1} porque radianos são dimensionais. Consideramos ω como sendo positivo quando θ está aumentando (em movimento no sentido anti-horário na Fig. 10.2) e negativo quando θ está diminuindo (movimento em sentido horário na Fig. 10.2).

Se a velocidade angular instantânea de um corpo muda de ω_i para ω_f no intervalo de tempo Δt, o corpo tem aceleração angular. A **aceleração angular média** $\alpha_{\text{méd}}$ (letra grega alfa) de um corpo rígido em rotação é definida como a razão da mudança na velocidade angular com o intervalo de tempo Δt durante o qual a variação na velocidade angular ocorre:

$$\alpha_{\text{méd}} \equiv \frac{\omega_f - \omega_i}{t_f - t_i} = \frac{\Delta\omega}{\Delta t} \quad \textbf{10.4}$$

▶ Aceleração angular média

Em analogia com a aceleração translacional instantânea, a **aceleração angular instantânea** é definida como o limite da aceleração angular média conforme Δt se aproxima de zero:

$$\alpha \equiv \lim_{\Delta t \to 0} \frac{\Delta\omega}{\Delta t} = \frac{d\omega}{dt} \quad \textbf{10.5}$$

▶ Aceleração angular intantânea

A aceleração angular tem unidades de radianos por segundo ao quadrado (rad/s^2), ou simplesmente s^{-2}. Note que α é positivo quando um corpo rígido girando em sentido anti-horário está indo mais rápido ou, quando girando em sentido horário, está mais devagar durante um intervalo de tempo.

Quando um corpo rígido gira sobre um eixo *fixo*, todas as partículas no corpo giram ao redor daquele eixo através do mesmo ângulo em um intervalo de tempo e têm a mesma velocidade e a mesma aceleração angulares. Ou seja, as quantidades θ, ω e α caracterizam o movimento rotacional do corpo rígido inteiro, bem como as partículas individuais no corpo.

Posição angular (θ), velocidade angular (ω) e aceleração angular (α) de um corpo rígido são análogas à posição translacional (x), velocidade translacional (v) e aceleração translacional (a), respectivamente, para o movimento unidimensional correspondente de uma partícula discutido no Capítulo 2. As variáveis θ, ω e α diferem quanto a dimensão das x, v e a apenas pelo fator da unidade de comprimento. (Ver a Seção 10.3.)

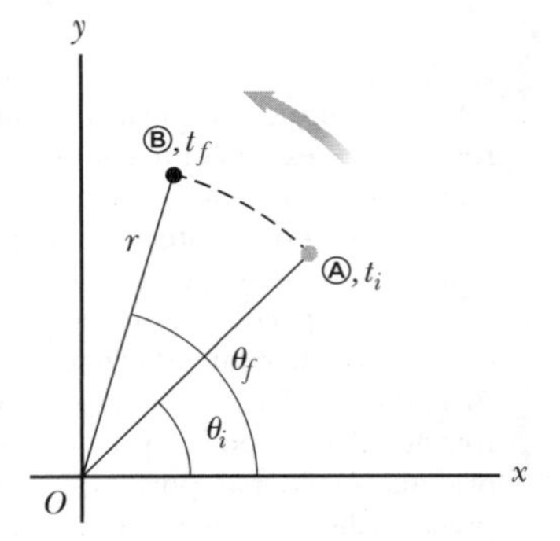

Figura 10.2 Uma partícula em um corpo rígido em rotação move-se de Ⓐ para Ⓑ, ao longo do arco do círculo. No intervalo de tempo $\Delta t = t_f - t_i$, a linha radial de comprimento r se move por um deslocamento angular $\Delta\theta = \theta_f - \theta_i$.

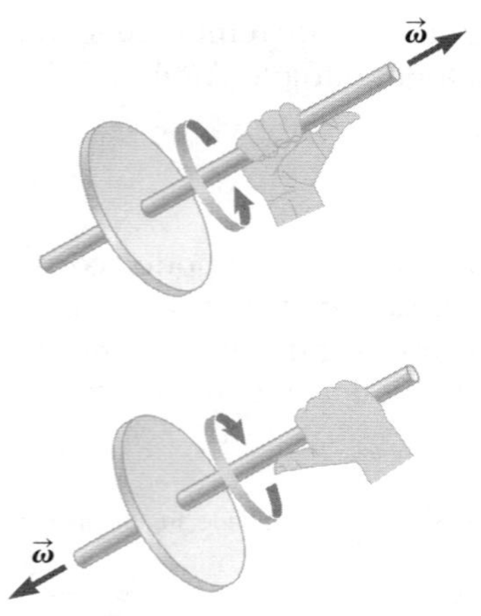

Figura 10.3 A regra da mão direita para determinar a direção do vetor velocidade angular.

Não associamos qualquer direção à velocidade angular e aceleração angular.[1] Estritamente, ω e α são os módulos dos vetores velocidade e aceleração angulares $\vec{\omega}$ e $\vec{\alpha}$, respectivamente, e deveriam ser positivos sempre. Porém, como estamos considerando rotação sobre um eixo fixo, podemos indicar as direções desses vetores atribuindo sinal positivo ou negativo para ω e α, conforme já discutido para ω após a Equação 10.3. Para rotação sobre um eixo fixo, a única direção no espaço que especifica univocamente o movimento rotacional é aquela ao longo do eixo de rotação. Então, a direção de $\vec{\omega}$ é ao longo deste eixo. Se uma partícula gira no plano *xy*, como na Figura 10.2, a direção de $\vec{\omega}$ é *para fora* do plano do diagrama quando a rotação é em sentido anti-horário, e *para dentro* quando em sentido horário. Para ilustrar esta convenção, é conveniente usar a **regra da mão direita**, demonstrada na Figura 10.3. Quando os quatro dedos da mão direita estão na direção da rotação, o polegar direito estendido aponta na direção de $\vec{\omega}$. A direção de $\vec{\alpha}$ segue a definição $d\vec{\omega}/dt$. A direção de $\vec{\alpha}$ é a mesma que $\vec{\omega}$ se a velocidade angular aumenta com o tempo, e antiparalela a $\vec{\omega}$ se a velocidade angular diminui com o tempo.

TESTE RÁPIDO 10.1 Um corpo rígido está rotacionando em sentido horário em torno de um eixo fixo. Cada um dos pares de quantidades representa as posições angulares inicial e final do corpo rígido. (**i**) Qual dessas alternativas pode ocorrer *apenas* se o corpo rígido rotacionar por mais de 180°? (**a**) 3 rad, 6 rad (**b**) –1 rad, 1 rad (**c**) 1 rad, 5 rad (**ii**) Suponha que a variação na posição angular para cada um desses pares de valores ocorre em 1 s. Qual alternativa representa a menor velocidade angular média?

10.2 | Modelo de análise: corpo rígido sob aceleração angular constante

Imagine que um corpo rígido gira sobre um eixo fixo com aceleração angular constante. Neste caso, geramos um novo modelo de análise para o movimento rotacional chamado **corpo rígido sob aceleração angular constante**. Este modelo é o análogo rotacional da partícula sob aceleração constante. Desenvolveremos relações cinemáticas para este modelo nesta seção. Escrevendo a Equação 10.5 na forma $d\omega = \alpha\, dt$ e integrando a partir de $t_i = 0$ a $t_f = t$, temos

$$\omega_f = \omega_i + \alpha t \quad \text{(para } \alpha \text{ constante)} \qquad \textbf{10.6}$$

onde ω_i é a velocidade angular do corpo rígido no tempo $t = 0$. A Equação 10.6 nos permite encontrar a velocidade angular ω_f do corpo em qualquer tempo t posterior. Substituindo a Equação 10.6 na Equação 10.3 e integrando mais uma vez, obtemos

$$\theta_f = \theta_i + \omega_i t + \tfrac{1}{2}\alpha t^2 \quad \text{(para } \alpha \text{ constante)} \qquad \textbf{10.7}$$

onde θ_i é a posição angular do corpo rígido no instante $t = 0$. A Equação 10.7 nos permite encontrar a posição angular θ_f do corpo em qualquer instante t posterior. Eliminando t das Equações 10.6 e 10.7, resulta em

$$\omega_f^2 = \omega_i^2 + 2\alpha(\theta_f - \theta_i) \quad \text{(para } \alpha \text{ constante)} \qquad \textbf{10.8}$$

Esta equação permite encontrar a velocidade angular ω_f do corpo rígido para qualquer valor de sua posição angular θ_f. Se eliminamos α entre as Equações 10.6 e 10.7, obtemos

$$\theta_f = \theta_i + \tfrac{1}{2}(\omega_i - \omega_f)t \quad \text{(para } \alpha \text{ constante)} \qquad \textbf{10.9}$$

Prevenção de Armadilhas | 10.3

Igual à translação?

As Equações 10.6 a 10.9 e a Tabela 10.1 podem sugerir que a cinemática rotacional é exatamente como a cinemática translacional. Isso é quase verdade, mas há duas diferenças importantes. (1) Na cinemática rotacional, você deve especificar um eixo de rotação (de acordo com a Prevenção de Armadilhas 10.1). (2) No movimento rotacional, o corpo sempre volta à sua orientação original; portanto, você precisa saber o número de revoluções feito por um corpo rígido. Este conceito não tem nada análogo no movimento translacional.

[1] Embora não façamos a verificação aqui, a velocidade e a aceleração angulares instantâneas são quantidades vetoriais, mas os valores médios correspondentes não, porque deslocamentos angulares não são somados como quantidades vetoriais para as rotações finitas.

Note que estas expressões cinemáticas para o corpo rígido sob aceleração angular constante têm a mesma forma matemática que aquelas para uma partícula sob aceleração constante (Capítulo 2). Elas podem ser geradas a partir das equações para movimento translacional fazendo as substituições $x \rightarrow \theta$, $v \rightarrow \theta$ e $a \rightarrow \alpha$. A Tabela 10.1 compara as equações cinemáticas para movimento rotacional e translacional.

TABELA 10.1 | Equações cinemáticas para movimento rotacional e translacional

Corpo rígido sob aceleração angular constante	Partícula sob aceleração constante
$\omega_f = \omega_i + \alpha t$	$v_f = v_i + at$
$\theta_f = \theta_i + \omega_i t + \frac{1}{2}\alpha t^2$	$x_f = x_i + v_i t + \frac{1}{2}at^2$
$\omega_f^2 = \omega_i^2 + 2\alpha(\theta_f - \theta_i)$	$v_f^2 = v_i^2 + 2a(x_f - x_i)$
$\theta_f = \theta_i + \frac{1}{2}(\omega_i + \omega_f)t$	$x_f = x_i + \frac{1}{2}(v_i + v_f)t$

TESTE RÁPIDO 10.2 Considere novamente os pares das posições angulares para o corpo rígido no Teste Rápido 10.1. Se o corpo começa do repouso na posição angular inicial, move-se no sentido anti-horário com aceleração angular constante e chega à posição angular final com a mesma velocidade angular em todos os três casos, para qual alternativa a aceleração angular é maior?

Exemplo 10.1 | Roda girando

Uma roda gira com aceleração angular constante de 3,50 rad/s².

(A) Se a velocidade angular da roda é 2,00 rad/s em $t = 0$, por qual deslocamento angular ela gira em 2,00 s?

SOLUÇÃO

Conceitualização Olhe para a Figura 10.1 novamente. Imagine que o Compact Disc gira com sua velocidade angular aumentando a uma taxa constante. Você começa seu cronômetro quando o disco está girando a 2,00 rad/s. Esta imagem mental é um modelo para o movimento da roda neste exemplo.

Categorização A frase "com uma aceleração angular constante" nos diz para usar o modelo de corpo rígido sob aceleração angular constante.

Análise Organize a Equação 10.7 de modo que expresse o deslocamento angular do corpo:

$$\Delta\theta = \theta_f - \theta_i = \omega_i t + \frac{1}{2}\alpha t^2$$

Substitua os valores conhecidos para encontrar o deslocamento angular em $t = 2,00$ s:

$$\Delta\theta = (2{,}00 \text{ rad/s})(2{,}00 \text{ s}) + \frac{1}{2}(3{,}50 \text{ rad/s}^2)(2{,}00 \text{ s})^2$$

$$= 11{,}0 \text{ rad} = (11{,}0 \text{ rad})(180°/\pi \text{ rad}) = 630°$$

(B) Por quantas revoluções a roda girou durante esse intervalo de tempo?

SOLUÇÃO

Multiplique o deslocamento angular encontrado na parte (A) por um fator de conversão para encontrar o número de revoluções:

$$\Delta\theta = 630°\left(\frac{1 \text{ rev}}{360°}\right) = 1{,}75 \text{ rev}$$

(C) Qual é a velocidade angular da roda em $t = 2,00$ s?

SOLUÇÃO

Use a Equação 10.6 para encontrar a velocidade angular em $t = 2,00$ s:

$$\omega_f = \omega_i + \alpha t = 2{,}00 \text{ rad/s} + (3{,}50 \text{ rad/s}^2)(2{,}00 \text{ s})$$

$$= 9{,}00 \text{ rad/s}$$

Finalização Poderíamos ter obtido este resultado usando a Equação 10.8 e os resultados da parte (A). (Experimente fazer isto!)

continua

10.1 *cont.*

E se? Suponha que uma partícula se mova ao longo de uma linha reta com aceleração constante de $3{,}50\ m/s^2$. Se a velocidade da partícula é de 2,00 m/s em $t = 0$, por qual deslocamento ela se move em 2,00 s? Qual é a velocidade da partícula em $t = 2{,}00$ s?

Resposta Observe que estas questões são análogas translacionais às partes (A) e (C) do problema original. A solução matemática segue exatamente a mesma forma. Para o deslocamento,

$$\Delta x = x_f - x_i = v_i t + \tfrac{1}{2}at^2$$
$$= (2{,}00\ m/s)(2{,}00\ s) + \tfrac{1}{2}(3{,}50\ m/s^2)(2{,}00\ s)^2 = 11{,}0\ m$$

e para a velocidade,

$$v_f = v_i + at = 2{,}00\ m/s + (3{,}50\ m/s^2)(2{,}00\ s) = 9{,}00\ m/s$$

Não há análogo translacional para a parte (B) porque o movimento translacional sob aceleração constante não é repetitivo.

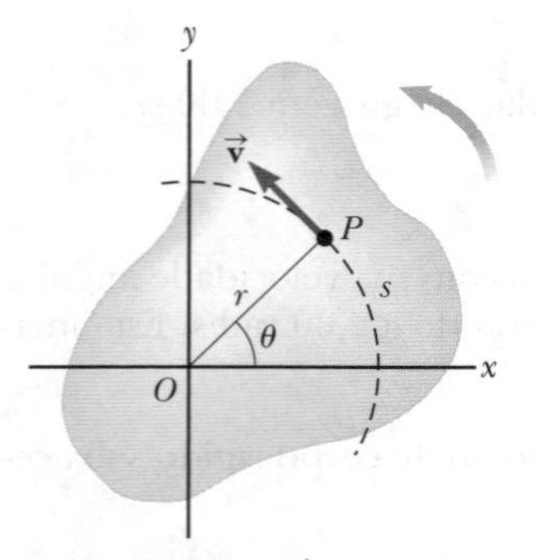

Figura Ativa 10.4 À medida que um corpo rígido gira sobre o eixo fixo através de *O*, o ponto *P* tem velocidade tangencial $\vec{v}$ que é sempre tangente à trajetória circular de raio *r*.

10.3 | Relações entre grandezas rotacionais e translacionais

Nesta seção, derivamos algumas relações úteis entre a velocidade e a aceleração angulares de um corpo rígido em rotação e a velocidade e a aceleração translacionais de um ponto no corpo. Para isto, devemos considerar que quando um corpo rígido gira sobre um eixo fixo, como na Figura Ativa 10.4, cada partícula sua se move em um círculo cujo centro está no eixo de rotação.

Como o ponto *P* na Figura Ativa 10.4 se move em um círculo de raio *r*, seu vetor velocidade translacional $\vec{v}$ sempre é tangente à trajetória circular, e é portanto chamado de **velocidade tangencial**. O módulo da velocidade tangencial da partícula é, por definição, a **velocidade tangencial** $v = ds/dt$, onde *s* é a distância percorrida pela partícula ao longo da trajetória circular. Lembrando que $s = r\theta$ (Eq. 10.1a) e notando que *r* é constante, obtemos

$$v = \frac{ds}{dt} = r\frac{d\theta}{dt}$$

$$v = r\omega \qquad \textbf{10.10}$$

Ou seja, a velocidade tangencial de um ponto em um corpo rígido em rotação é igual à distância perpendicular daquele ponto a partir do eixo de rotação multiplicada pela velocidade angular. Então, embora todos os pontos no corpo rígido tenham a mesma velocidade angular, nem todos têm a mesma velocidade *tangencial*, porque *r* não é o mesmo para todos os pontos no corpo. A Equação 10.10 mostra que a velocidade tangencial de um ponto no corpo em rotação aumenta à medida que ele se move para fora do centro de rotação, como esperaríamos intuitivamente. Por exemplo, a extremidade externa de um taco de golfe balançando move-se muito mais rapidamente que o cabo.

Podemos relacionar a aceleração angular do corpo rígido em rotação à aceleração tangencial do ponto *P* considerando a derivada no tempo de *v*:

$$a_t = \frac{dv}{dt} = r\frac{d\omega}{dt}$$

$$a_t = r\alpha \qquad \textbf{10.11}$$

Isto é, a componente tangencial da aceleração translacional de um ponto em um corpo rígido em rotação é igual à distância perpendicular do ponto a partir do eixo de rotação multiplicada pela aceleração angular.

No Capítulo 3, descobrimos que uma partícula em rotação em uma trajetória circular sofre uma aceleração centrípeta ou radial de módulo v^2/r direcionada ao centro de rotação (Fig. 10.5). Como $v = r\omega$, podemos expressar a aceleração centrípeta daquele ponto em termos da velocidade angular como

$$a_c = \frac{v^2}{r} = r\omega^2 \qquad \textbf{10.12} \blacktriangleleft$$

O vetor aceleração total no ponto é $\vec{\mathbf{a}} = \vec{\mathbf{a}}_t + \vec{\mathbf{a}}_r$, onde o módulo de $\vec{\mathbf{a}}_r$ é a aceleração centrípeta a_c. Como $\vec{\mathbf{a}}$ é um vetor com componentes radial e tangencial, o módulo de $\vec{\mathbf{a}}$ no ponto P no corpo rígido em rotação é

$$a = \sqrt{a_t^2 + a_r^2} = \sqrt{r^2\alpha^2 + r^2\omega^4} = r\sqrt{\alpha^2 + \omega^4} \qquad \textbf{10.13} \blacktriangleleft$$

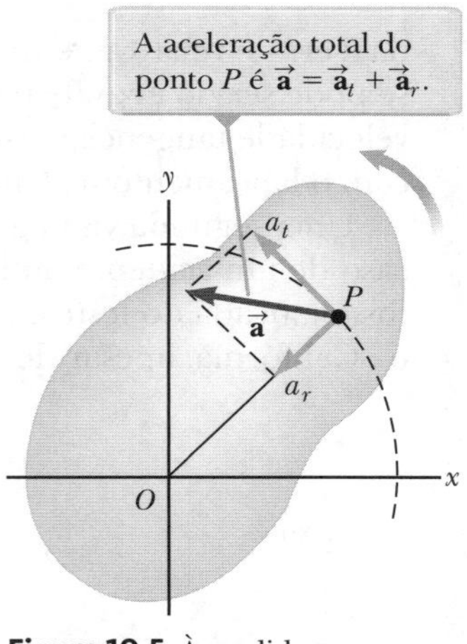

A aceleração total do ponto P é $\vec{\mathbf{a}} = \vec{\mathbf{a}}_t + \vec{\mathbf{a}}_r$.

Figura 10.5 À medida que um corpo rígido rotaciona sobre um eixo fixo através de O, o ponto P experimenta um componente tangencial a_t e um componente radial de aceleração translacional a_r.

TESTE RÁPIDO 10.3 Ethan e Joseph estão em um carrossel. Ethan está montado em um cavalo na borda externa da plataforma circular, duas vezes mais longe do centro da plataforma circular de Joseph, que está montado em um cavalo na parte interna do brinquedo. (**i**) Quando o carrossel está girando com velocidade angular constante, qual é a velocidade angular de Ethan? **(a)** o dobro da de Joseph **(b)** a mesma que a de Joseph **(c)** metade da de Joseph **(d)** impossível determinar (**ii**) Quando o carrossel está girando com velocidade angular constante, descreva a velocidade tangencial de Ethan a partir da mesma lista de alternativas.

PENSANDO EM FÍSICA 10.1

Um disco de vinil (LP, de *long-playing*) gira numa velocidade *angular* constante. Um Compact Disc (CD) gira de modo que sua superfície passe pelo laser numa velocidade *tangencial* constante. Considere dois sulcos circulares de informações em um LP, um próximo à extremidade externa e o outro à interna. Suponha que o sulco externo "contenha" 1,8 s de música. O sulco interno também contém 1,8 s de música? E para o CD, os "sulcos" internos e externos contêm o mesmo intervalo de tempo de música?

Raciocínio No LP, os sulcos internos e externos devem girar uma vez no mesmo intervalo. Portanto, cada sulco, independente de onde esteja o disco, contém o mesmo intervalo de informações. É claro que nos sulcos internos essas mesmas informações devem ser comprimidas em uma circunferência menor. Em um CD, a velocidade tangencial constante exige que nenhuma compressão ocorra; as fendas digitais representando as informações são espaçadas uniformemente por toda a superfície. Portanto, há mais informações em um "sulco" externo, por causa de sua circunferência maior e, como resultado, um maior intervalo de música do que no interno. ◀

PENSANDO EM FÍSICA 10.2

A área de lançamento para a Agência Espacial Europeia não fica na Europa, e sim na América do Sul. Por quê?

Raciocínio Colocar um satélite em órbita terrestre exige o fornecimento de grande velocidade tangencial para o satélite, tarefa do sistema de propulsão do foguete. Qualquer coisa que reduza as exigências do sistema de propulsão é uma contribuição bem-vinda. A superfície da Terra já está viajando para leste a uma alta velocidade em decorrência da rotação deste planeta. Portanto, se os foguetes são lançados em direção ao leste, a rotação da Terra fornece uma velocidade tangencial inicial, assim reduzindo um pouco as exigências do sistema de propulsão. Se os foguetes forem lançados da Europa, que está numa latitude relativamente alta, a contribuição da rotação da Terra será relativamente pequena, pois a distância entre a Europa e o eixo de rotação da Terra é relativamente pequena. O local ideal para o lançamento é no Equador, que é o mais distante que se pode ser do eixo de rotação da Terra, e ainda está na superfície da Terra. Esta localização resulta na maior velocidade tangencial possível devido à rotação da Terra. A Agência Espacial Europeia explora esta vantagem com o lançamento na Guiana Francesa, que está apenas alguns graus ao norte do Equador.

Uma segunda vantagem desta localização é que o lançamento para leste leva a aeronave sobre a água. No caso de um acidente ou falha, os destroços cairão no oceano, e não em áreas povoadas, como aconteceria se fosse lançada do leste da Europa. Da mesma forma, os Estados Unidos lançam aeronaves da Flórida, em vez da Califórnia, apesar de suas condições climáticas serem mais favoráveis. ◀

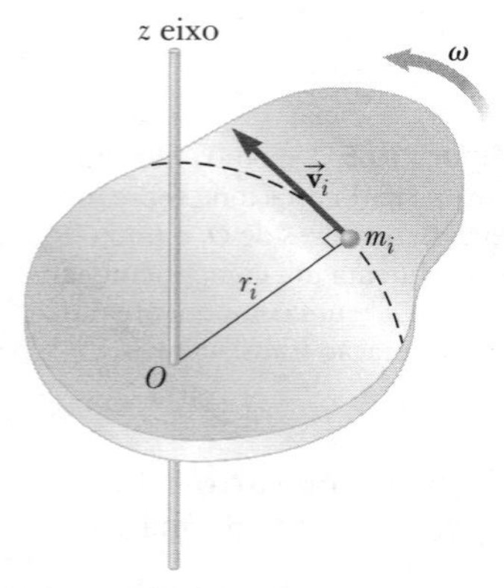

Figura 10.6 Um corpo rígido girando sobre o eixo z com velocidade angular ω. A energia cinética da partícula de massa m_i é $\frac{1}{2}m_i v_i^2$. A energia cinética total do corpo é chamada energia cinética rotacional.

10.4 | Energia cinética rotacional

Vamos considerar um corpo como um sistema de partículas, supondo que ele gire sobre um eixo fixo z com velocidade angular ω. A Figura 10.6 mostra o corpo em rotação e identifica uma partícula no corpo localizada a uma distância r_i do eixo de rotação. Se a massa da partícula i-ésima é m_i e sua velocidade tangencial é v_i, sua energia cinética é

$$K_i = \tfrac{1}{2}m_i v_i^2$$

Para avançar, lembre-se de que, embora cada partícula no corpo rígido tenha a mesma velocidade angular ω, as velocidades tangenciais individuais dependem da distância r_i do eixo de rotação, de acordo com a Equação 10.10. A energia cinética *total* do corpo rígido em rotação é a soma das energias cinéticas das partículas individuais:

$$K_R = \sum_i K_i = \sum_i \tfrac{1}{2}m_i v_i^2 = \tfrac{1}{2}\sum_i m_i r_i^2 w^2$$

Podemos escrever esta expressão na forma

$$K_R = \tfrac{1}{2}\left(\sum_i m_i r_i^2\right)\omega^2 \qquad \textbf{10.14}$$

onde fatoramos ω^2 da soma porque ele é comum a todas as partículas. Simplificamos esta expressão definindo a quantidade entre parênteses como o **momento de inércia *I*** do corpo rígido:

▶ Momento de inércia

$$I \equiv \sum_i m_i r_i^2 \qquad \textbf{10.15}$$

Da definição de momento de inércia,[2] vemos que ele tem dimensões de ML^2 (kg · m² em unidades SI). Com esta notação, a Equação 10.14 se torna

▶ Energia cinética rotacional

$$K_R = \tfrac{1}{2}Iw^2 \qquad \textbf{10.16}$$

O momento de inércia é uma medida da *resistência de um corpo à variação em sua velocidade angular*. Portanto, ele desempenha um papel no movimento rotacional idêntico à função que a massa desempenha no movimento translacional. Observe que o momento de inércia depende não apenas da massa do corpo rígido, mas também da *maneira como esta massa é distribuída ao redor do eixo de rotação*.

Embora nos refiramos à quantidade $\frac{1}{2}I\omega^2$ na Equação 10.16 como **energia cinética rotacional**, ela não é uma nova forma de energia, mas energia cinética comum, porque é derivada da soma das energias cinéticas individuais das partículas contidas no corpo rígido. Para nós, trata-se de uma nova função para a energia cinética, porque, até agora, consideramos apenas a energia cinética associada à translação através do espaço. Junto à equação da conser-

[2] Engenheiros civis usam o momento de inércia para caracterizar as propriedades elásticas (rigidez) de estruturas como vigas carregadas. Portanto, o momento de inércia é útil mesmo em um contexto não rotacional.

vação de energia de armazenamento (veja a Eq. 7.2), agora, devemos considerar que o termo energia cinética deve ser a soma das variações nas energias cinéticas translacional e rotacional. Assim, nas versões de energia de modelos de sistema, devemos ter em mente a possibilidade da energia cinética rotacional.

O momento de inércia de um sistema de partículas discretas pode ser calculado de modo direto usando a Equação 10.15. Podemos avaliar o momento de inércia de um corpo rígido contínuo imaginando-o dividido em muitos elementos pequenos, cada um com massa Δm_i. Usamos a definição $I = \sum_i r_i^2 \Delta m_i$ e tomamos o limite desta soma como $\Delta m_i \to 0$. Neste limite, a soma torna-se uma integral sobre o volume do corpo:

$$I = \lim_{\Delta m_i \to 0} \sum_i r_i^2 \Delta m_i = \int r^2 dm \quad \text{10.17}$$

▸ Momento de inércia de um corpo rígido

Prevenção de Armadilhas | 10.4

Não há um momento de inércia único

Afirmamos que o momento de inércia é análogo à massa, mas há uma grande diferença. A massa é uma propriedade inerente de um corpo e tem um valor único. O momento de inércia de um corpo depende da escolha do eixo de rotação; portanto, um corpo não tem um valor único do momento de inércia, mas, sim, um valor *mínimo* do momento de inércia, que é aquele calculado em torno de um eixo passando pelo centro da massa do corpo.

Geralmente, é mais fácil calcular momentos de inércia no que se refere ao volume dos elementos, em vez da massa deles, e podemos fazer esta mudança facilmente usando a Equação 1.1, $\rho = m/V$, onde ρ é a densidade do corpo e V o volume. Podemos expressar a massa de um elemento escrevendo a Equação 1.1 na forma diferencial, $dm = \rho\, dV$. Substituindo este resultado na Equação 10.17, temos

$$I = \int \rho r^2 dV \quad \text{10.18}$$

Se o corpo é homogêneo, p é uniforme sobre o volume do corpo e a integral pode ser avaliada por uma geometria conhecida. Se ρ não for uniforme em relação ao corpo, sua variação com a posição deve ser conhecida a fim de realizar a integração.

Para corpos simétricos, o momento de inércia pode ser expresso quanto à massa total do corpo e de uma ou mais dimensões do corpo. A Tabela 10.2 mostra os momentos de inércia de diversos corpos simétricos comuns.

TESTE RÁPIDO 10.4 Uma seção de um cano oco e de um cilindro sólido têm o mesmo raio, massa e comprimento. Ambos giram sobre seus eixos centrais longos com a mesma velocidade angular. Que corpo tem maior energia cinética rotacional? **(a)** O cano oco. **(b)** O cilindro sólido. **(c)** Ambos têm a mesma energia cinética rotacional. **(d)** Impossível determinar.

TABELA 10.2 | Momentos de inércia de corpos rígidos homogêneos com diferentes geometrias

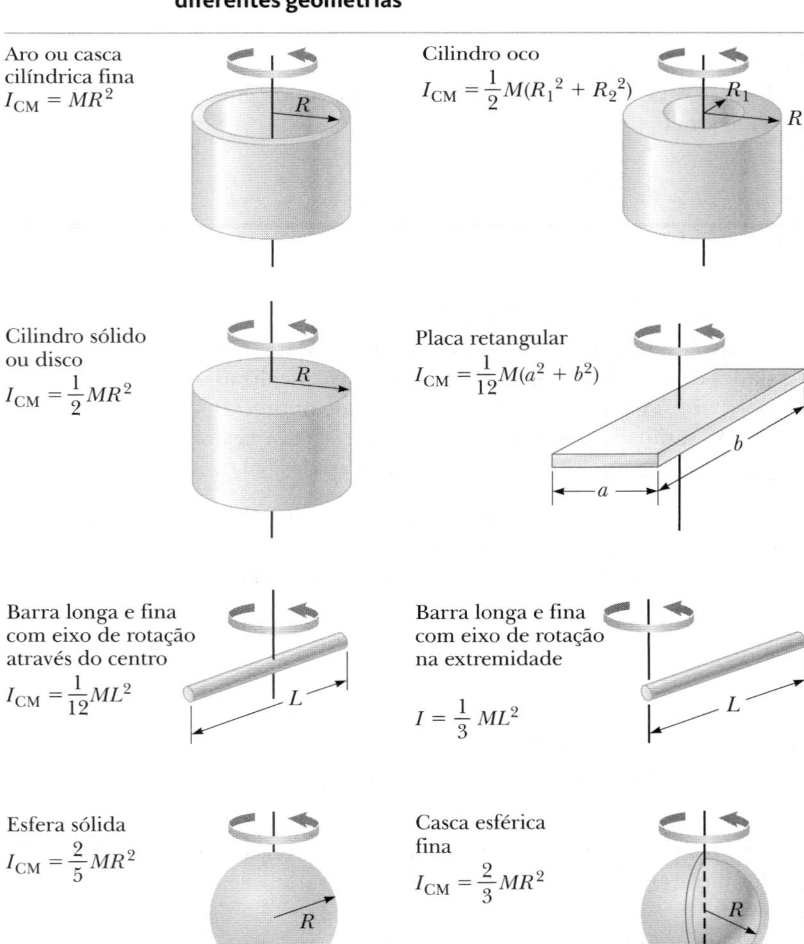

Exemplo **10.2** | A molécula de oxigênio

Considere a molécula diatômica de oxigênio O_2, que está girando no plano *xy* ao redor do eixo *z* passando pelo seu centro, perpendicular ao seu comprimento. A massa de cada átomo de oxigênio é de $2{,}66 \times 10^{-26}$ kg e, na temperatura ambiente, a separação média entre os dois átomos de oxigênio é $d = 1{,}21 \times 10^{-10}$ m.

(A) Calcule o momento de inércia da molécula ao redor do eixo *z*.

SOLUÇÃO

Conceitualização Imagine a barra fina girando sobre seu centro (lado esquerdo da Tabela 10.2). Agora, imagine colocar duas pequenas esferas idênticas em cada extremidade da barra e fazer com que a massa da barra seja infinitamente menor. O resultado deste processo imaginário é um modelo mental macroscópico para a molécula de oxigênio.

Categorização Modelamos a molécula como um corpo rígido consistindo em duas partículas (os dois átomos de oxigênio) em rotação. Avaliamos os resultados a partir das definições desenvolvidas nesta seção e, portanto, categorizamos este exemplo como um problema de substituição.

Observe que a distância de cada partícula a partir do eixo *z* é $d/2$. Encontre o momento de inércia ao redor do eixo *z*:

$$I = \sum_i m_i r_i^2 = m\left(\frac{d}{2}\right)^2 + m\left(\frac{d}{2}\right)^2 = \frac{md^2}{2}$$

$$= \frac{(2{,}66 \times 10^{-26}\,\text{kg})(1{,}21 \times 10^{-10}\,\text{m})^2}{2}$$

$$= 1{,}95 \times 10^{-46}\,\text{kg} \cdot \text{m}^2$$

(B) A velocidade angular típica de uma molécula é $4{,}60 \times 10^{12}$ rad/s. Se a molécula de oxigênio está girando com essa velocidade angular ao redor do eixo *z*, qual é sua energia cinética rotacional?

SOLUÇÃO

Use a Equação 10.16 para encontrar a energia cinética rotacional:

$$K_R = \tfrac{1}{2} I\omega^2$$

$$= \tfrac{1}{2}(1{,}95 \times 10^{-46}\,\text{kg} \cdot \text{m}^2)(4{,}60 \times 10^{12}\,\text{rad/s})^2$$

$$= 2{,}06 \times 10^{-21}\,\text{J}$$

Exemplo **10.3** | Um bastão incomum

Quatro esferas minúsculas são amarradas às extremidades de duas barras de massa desprezível localizadas no plano *xy* para formar um bastão incomum (Fig. 10.7). Vamos supor que os raios das esferas sejam pequenos comparados com as dimensões das barras.

(A) Se o sistema gira sobre o eixo *y* (Fig. 10.7a) com velocidade angular ω, encontre o momento de inércia e a energia cinética rotacional do sistema em torno do eixo.

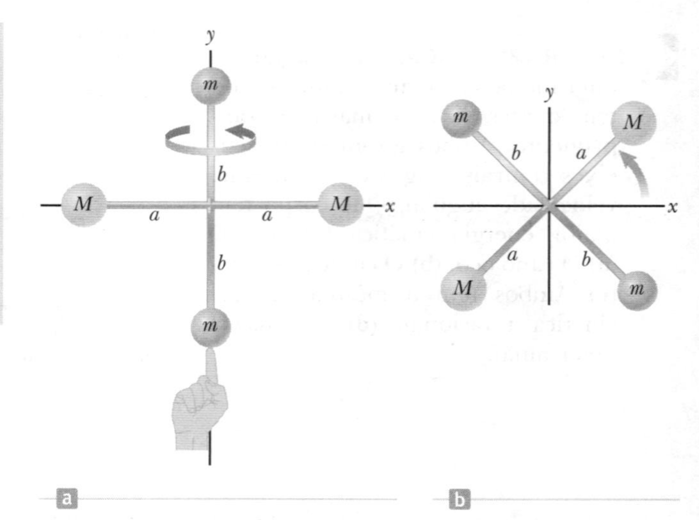

Figura 10.7 (Exemplo 10.3) Quatro esferas formam um bastão incomum. (a) O bastão é girado sobre o eixo *y*. (b) O bastão é girado sobre o eixo *z*.

SOLUÇÃO

Conceitualização A Figura 10.7 é uma representação pictórica que ajuda a conceitualizar o sistema de esferas e como ele gira.

Categorização Este exemplo é um problema de substituição, porque é uma aplicação simples das definições discutidas nesta seção.

Aplique a Equação 10.15 ao sistema:

$$I_y = \sum_i m_i r_i^2 = Ma^2 + Ma^2 = 2Ma^2$$

continua

10.3 *cont.*

Avalie a energia cinética rotacional usando a Equação 10.16:

$$K_R = \frac{1}{2}I_y\omega^2 = \frac{1}{2}(2Ma^2)\omega^2 = Ma^2\omega^2$$

Faz sentido que as duas esferas de massa m não entrem neste resultado, pois elas não têm movimento sobre o eixo de rotação; logo, não têm energia cinética rotacional. Por uma lógica semelhante, esperamos que o momento de inércia sobre o eixo x seja $I_x = 2mb^2$ com uma energia cinética rotacional sobre o eixo de $K_R = mb^2\omega^2$.

(B) Suponha que o sistema gire no plano xy sobre um eixo (o eixo z) pelo centro do bastão (Fig. 10.7b). Calcule o momento de inércia e a energia cinética rotacional sobre este eixo.

SOLUÇÃO

Aplique a Equação 10.15 para este novo eixo de rotação:

$$I_z = \sum_i m_i r_i^2 = Ma^2 + Ma^2 + mb^2 + mb^2 = 2Ma^2 + 2mb^2$$

Calcule a energia cinética rotacional usando a Equação 10.16:

$$K_R = \frac{1}{2}I_z\omega^2 = \frac{1}{2}(2Ma^2 + 2mb^2)\omega^2 = (Ma^2 + mb^2)\omega^2$$

Comparando os resultados das partes (A) e (B), concluímos que o momento de inércia e também a energia cinética rotacional associados a uma velocidade angular dependem do eixo de rotação. Na parte (B), esperamos que o resultado inclua todas as quatro esferas e distâncias, porque todas estão girando no plano xy. Com base no teorema de trabalho-energia cinética, a energia cinética rotacional menor na parte (A) que na parte (B) indica que seria necessário menos trabalho para colocar o sistema em rotação em torno do eixo y do que em torno do eixo z.

E se? E se a massa M é muito maior que m? Como as respostas para as partes (A) e (B) se comparam?

Resposta Se $M \gg m$, então m pode ser desprezada, e o momento de inércia e a energia cinética rotacional na parte (B) se tornam

$$I_z = 2Ma^2 \text{ e } K_R = Ma^2\omega^2$$

que são as mesmas respostas para a parte (A). Se as massas m das duas esferas na Figura 10.7 são desprezíveis, essas esferas podem ser removidas da figura e as rotações sobre os eixos y e z são equivalentes.

Exemplo 10.4 | Barra rígida uniforme

Calcule o momento de inércia de uma barra rígida uniforme de comprimento L e massa M (Fig. 10.8) sobre um eixo perpendicular à barra (o eixo y') e passando por seu centro de massa.

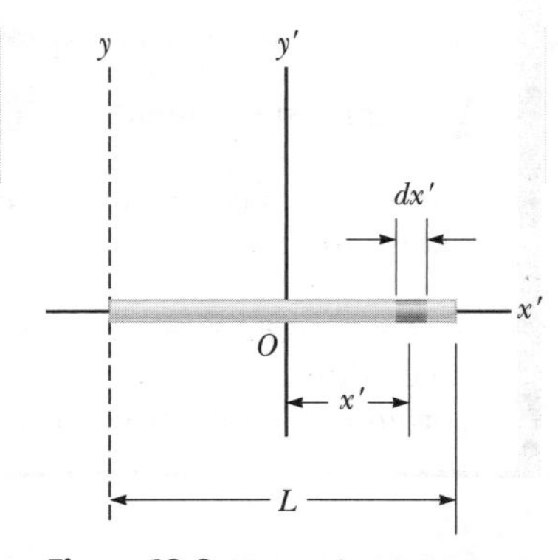

Figura 10.8 (Exemplo 10.4) Uma barra rígida uniforme de comprimento L. O momento de inércia sobre o eixo y é menor que aquele sobre o eixo y'.

SOLUÇÃO

Conceitualização Imagine girar a barra na Figura 10.8 com seus dedos ao redor do seu ponto central. Se você tiver uma régua à mão, use-a para simular o giro de uma barra fina e sinta a resistência que ela oferece contra ser girada.

Categorização Este exemplo é um problema de substituição, usando a definição de momento de inércia na Equação 10.17. Como em qualquer problema de cálculo, a solução envolve reduzir o integrando para uma única variável.

O elemento de comprimento sombreado dx' na Figura 10.8 tem uma massa dm igual à massa por unidade de comprimento λ multiplicado por dx'.

Expresse dm em termos de dx':

$$dm = \lambda\, dx' = \frac{M}{L}dx'$$

continua

10.4 *cont.*

Substitua esta expressão na Equação 10.17, com $r^2 = (x')^2$:

$$I_y = \int r^2\,dm = \int_{-L/2}^{L/2} (x')^2 \frac{M}{L}\,dx' = \frac{M}{L}\int_{-L/2}^{L/2} (x')^2\,dx'$$

$$= \frac{M}{L}\left[\frac{(x')^3}{3}\right]_{-L/2}^{L/2} = \frac{1}{12}ML^2$$

Verifique este resultado na Tabela 10.2. Para praticar, calcule o momento de inércia ao redor de um eixo y passando pela extremidade da barra na Figura 10.8.

Exemplo **10.5** | Cilindro sólido uniforme

Um cilindro sólido uniforme tem um raio R, massa M e comprimento L. Calcule seu momento de inércia sobre seu eixo central (o eixo z na Fig. 10.9).

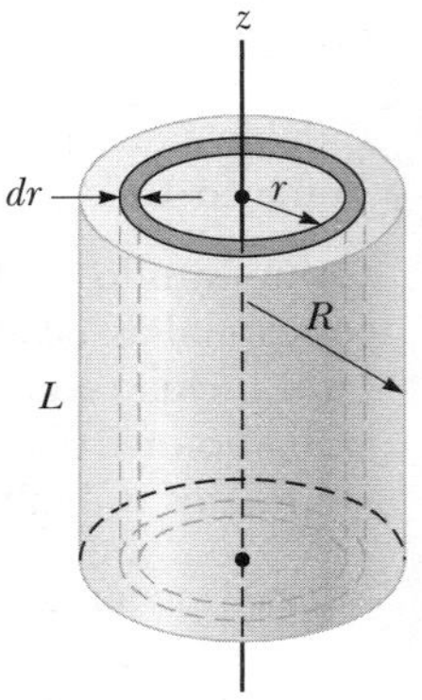

SOLUÇÃO

Conceitualização Para simular esta situação, imagine girar uma lata de suco congelado sobre seu eixo central. Não use uma lata de sopa de legumes, pois ela não é um corpo rígido! O líquido pode se mover com relação à lata de metal.

Categorização Este exemplo é um problema de substituição, usando a definição de momento de inércia. Como no Exemplo 10.4, devemos reduzir o integrando para uma única variável.

É conveniente dividir o cilindro em muitas cascas cilíndricas, cada uma com raio r, espessura dr e comprimento L, como mostrado na Figura 10.9. A densidade do cilindro é ρ. O volume dV de cada casca é sua área transversal multiplicada por seu comprimento: $dV = L\,dA = L(2\pi r)\,dr$.

Figura 10.9 (Exemplo 10.5) Calculando I sobre o eixo z para um cilindro sólido uniforme.

Expresse dm em termos de dr:

$$dm = \rho\,dV = \rho L(2\pi r)dr$$

Substitua esta expressão na Equação 10.17:

$$I_z = \int r^2 dm = \int r^2[\rho L(2\pi r)\,dr] = 2\pi\rho L\int_0^R r^3 dr = \tfrac{1}{2}\pi\rho L R^4$$

Use o volume total $\pi R^2 L$ do cilindro para expressar sua densidade:

$$\rho = \frac{M}{V} = \frac{M}{\pi R^2 L}$$

Substitua este valor na expressão por I_z:

$$I = \tfrac{1}{2}\left(\frac{\quad}{R^2 L}\right) L R^4 = \tfrac{1}{2}MR^2$$

Verifique este resultado na Tabela 10.2.

E se? E se o comprimento do cilindro na Figura 10.9 for aumentado para $2L$, enquanto a massa M e o raio R são mantidos fixos? Como isto afeta o momento de inércia do cilindro?

Resposta Observe que o resultado para o momento de inércia de um cilindro não depende de L, o comprimento do cilindro. Ele se aplica tanto para um cilindro longo quanto para um disco plano com a mesma massa M e raio R. Portanto, o momento de inércia do cilindro não seria afetado por uma variação em seu comprimento.

10.5 | Produto vetorial e torque

Quando uma força é exercida sobre um corpo rígido que pode girar sobre um eixo e a linha de ação[3] da força não passa através do ponto de apoio no eixo, o corpo tende a girar ao redor deste eixo. Por exemplo, quando você empurra uma porta, ela gira ao redor de um eixo passando pelas dobradiças. A tendência de uma força em girar

[3] A linha de ação de uma força é uma linha imaginária colinear com o vetor da força que se estende ao infinito nas duas direções.

um corpo sobre um eixo é medida por uma grandezas vetorial chamada **torque**, que é a causa das variações no movimento rotacional (análogo à força, que causa variações no movimento translacional). Considere a chave-inglesa girando sobre o eixo passando por O na Figura 10.10. A força aplicada $\vec{\mathbf{F}}$, em geral, pode atuar em um ângulo ϕ com relação ao vetor posição $\vec{\mathbf{r}}$, localizando o ponto de aplicação da força. Definimos o torque τ resultante da força $\vec{\mathbf{F}}$ com a expressão[4]

$$\tau \equiv rF\operatorname{sen}\phi \quad \textbf{10.19}$$

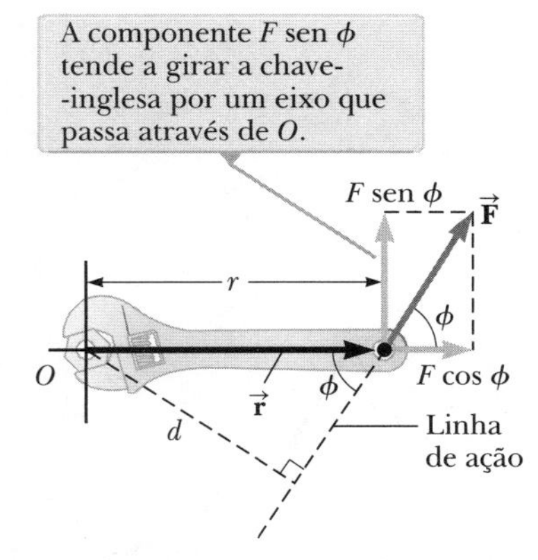

Figura 10.10 Uma força $\vec{\mathbf{F}}$ é aplicada a uma chave-inglesa em um esforço para soltar um parafuso. A força tem maior tendência de rotação sobre um eixo através de O à medida que F e o braço do momento d aumentam.

O torque tem unidades de newton · metros (N · m) no sistema SI.[5]

É muito importante perceber que torque é definido apenas quando é especificado um eixo de referência, a partir do qual a distância r é determinada. Podemos interpretar a Equação 10.19 de duas formas diferentes. Observando as componentes de força na Figura 10.10, vemos que a componente F cos ϕ paralelo a $\vec{\mathbf{r}}$ não causa uma rotação da chave ao redor do ponto de apoio, pois sua linha de ação passa exatamente pelo ponto de apoio no eixo. De modo semelhante, você não pode abrir uma porta empurrando as dobradiças! Portanto, apenas a componente perpendicular F sen ϕ causa uma rotação da chave-inglesa ao redor do eixo. Neste caso, podemos escrever a Equação 10.19 como

$$\tau = r(F\operatorname{sen}\phi)$$

de modo que o torque seja o produto da distância até o ponto de aplicação da força e a componente perpendicular da força. Em alguns problemas, este método é a maneira mais fácil de fazer o cálculo do torque.

Prevenção de Armadilhas | 10.5

O torque depende da escolha do eixo

Como o momento de inércia, não há um valor único para o torque sobre um corpo. Seu valor depende da escolha do eixo de rotação.

A segunda maneira de interpretar a Equação 10.19 é associar a função seno à distância r, de modo que possamos escrever

$$\tau = F(r\operatorname{sen}\phi) = Fd$$

A quantidade $d = r$ sen ϕ, chamada **braço de momento** (ou *braço de alavanca*) da força $\vec{\mathbf{F}}$, representa a distância perpendicular do eixo de rotação até a linha de ação de $\vec{\mathbf{F}}$. Em alguns problemas, essa abordagem para o cálculo do torque é mais fácil do que decompor a a força.

Se duas ou mais forças estão atuando em um corpo rígido, como na Figura Ativa 10.11, cada força tem uma tendência de produzir uma rotação ao redor do eixo em O. Por exemplo, se o corpo está inicialmente em repouso, $\vec{\mathbf{F}}_2$ tende a girá-lo no sentido horário e $\vec{\mathbf{F}}_1$, no sentido anti-horário. Usaremos a convenção de que o sinal do torque provocado por uma força é positivo se sua tendência de rotação for em sentido anti-horário ao redor do eixo de rotação, e negativo se sua tendência de rotação for em sentido horário. Por exemplo, na Figura Ativa 10.11, o torque provocado por $\vec{\mathbf{F}}_1$, que tem um braço de momento d_1, é *positivo* e igual a $+F_1d_1$; o torque de $\vec{\mathbf{F}}_2$ é *negativo* e igual a $-F_2d_2$. Portanto, o torque *resultante* atuando sobre o corpo rígido sobre um eixo passando por O é

$$\tau_{\text{resultante}} = \tau_1 + \tau_2 = F_1d_1 - F_2d_2$$

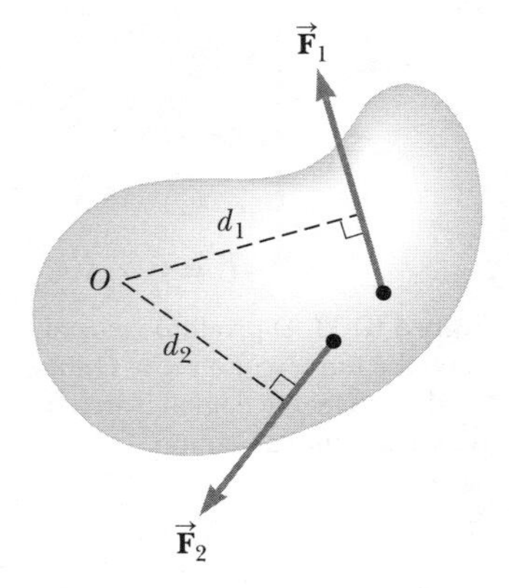

Figura Ativa 10.11 A força $\vec{\mathbf{F}}_1$ tende a girar o corpo no sentido anti-horário ao redor de um eixo passando por O, e $\vec{\mathbf{F}}_2$ tende a girar o corpo no sentido horário.

A partir da definição de torque, vemos que a tendência de rotação aumenta conforme F e d aumentam. Por exemplo, causamos maior rotação em uma porta se (a) a empurramos com mais força, ou (b) se a empurramos pela maçaneta em vez de por um ponto próximo das dobradiças. Torque *não* deve ser confundido com força. Torque *depende* da força, mas também depende *de onde a força é aplicada*.

[4] Em geral, torque é um vetor. Contudo, para a rotação sobre um eixo fixo, utilizaremos a notação em itálico, sem negrito, e especificaremos a direção com um sinal positivo ou negativo, como fizemos para a velocidade e a aceleração angulares na Seção 10.1. Brevemente trataremos sobre a natureza vetorial do torque em um curto período.

[5] No Capítulo 6, vimos o produto de newtons e metros quando definimos o trabalho e chamamos este produto de *joule*. Não usaremos este termo, porque o joule somente deve ser usado quando discutimos energia. Para o torque, a unidade é simplesmente newton · metro ou N · m.

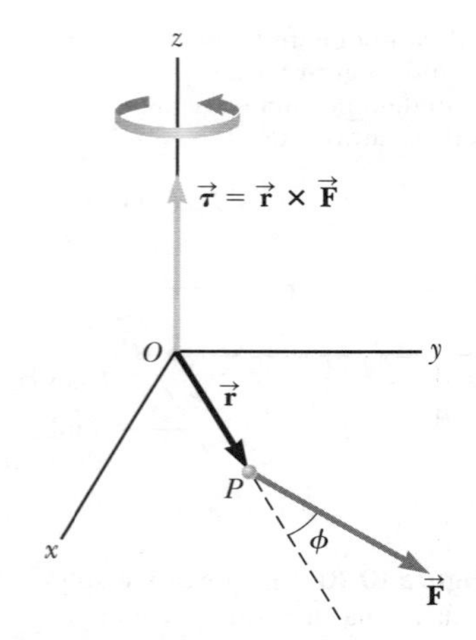

Figura Ativa 10.12 O vetor do torque $\vec{\tau}$ encontra-se em uma direção perpendicular ao plano formado pelo vetor da posição $\vec{\mathbf{r}}$ e o vetor da força aplicada $\vec{\mathbf{F}}$.

Até agora, não discutimos a natureza vetorial do torque, exceto por indicar um valor positivo ou negativo a τ. Considere a força $\vec{\mathbf{F}}$ agindo sobre uma partícula localizada no vetor posição $\vec{\mathbf{r}}$ (Fig. Ativa 10.12). O *módulo* do torque devido a essa força relativo a um eixo passando pela origem é $|rF \text{ sen } \phi|$, em que ϕ é o ângulo entre $\vec{\mathbf{r}}$ e $\vec{\mathbf{F}}$. O eixo ao redor do qual $\vec{\mathbf{F}}$ tenderia a produzir rotação é perpendicular ao plano formado por $\vec{\mathbf{r}}$ e por $\vec{\mathbf{F}}$. Se a força está sobre o plano *xy*, como na Figura Ativa 10.12, o torque é representado por um vetor paralelo ao eixo *z*. A força na Figura Ativa 10.12 cria um torque que tende a girar o corpo no sentido anti-horário quando olhamos de cima para baixo para o eixo *z*, – definimos isto como o vetor $\vec{\tau}$ ao longo da direção *z* positiva (isto é, vindo em direção aos seus olhos). Se invertermos a direção de $\vec{\mathbf{F}}$ na Figura Ativa 10.12, $\vec{\tau}$ fica ao longo da direção *z* negativa. Com esta escolha, o vetor torque pode ser definido como igual ao **produto vetorial**, ou **produto externo**, de $\vec{\mathbf{r}}$ e $\vec{\mathbf{F}}$:

▶ Definição de torque utilizando o produto vetorial

$$\vec{\tau} \equiv \vec{\mathbf{r}} \times \vec{\mathbf{F}} \qquad \textbf{10.20}$$

Podemos dar agora uma definição formal do produto vetorial, apresentado inicialmente na Seção 1.9. Dados dois vetores $\vec{\mathbf{A}}$ e $\vec{\mathbf{B}}$, o produto vetorial $\vec{\mathbf{A}} \times \vec{\mathbf{B}}$ é definido como um terceiro vetor $\vec{\mathbf{C}}$, cujo *módulo* é AB sen θ, em que θ é o ângulo entre $\vec{\mathbf{A}}$ e $\vec{\mathbf{B}}$:

$$\vec{\mathbf{C}} = \vec{\mathbf{A}} \times \vec{\mathbf{B}} \qquad \textbf{10.21}$$

$$C = \left|\vec{\mathbf{C}}\right| \equiv AB \operatorname{sen} \theta \qquad \textbf{10.22}$$

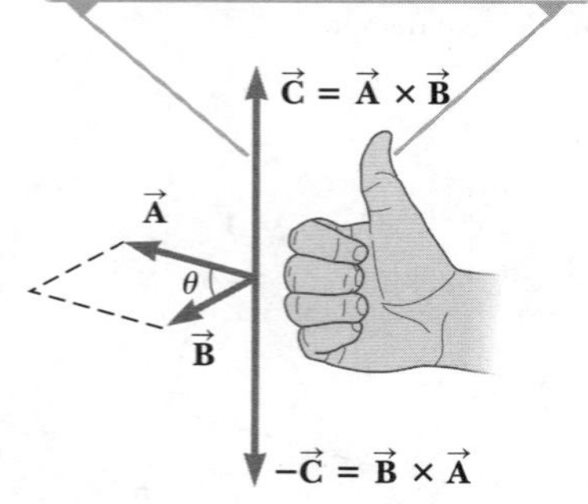

Figura 10.13 O produto vetorial $\vec{\mathbf{A}} \times \vec{\mathbf{B}}$ é um terceiro vetor $\vec{\mathbf{C}}$ cujo módulo AB sen θ é igual à área do paralelogramo mostrado.

Observe que o módulo AB sen θ é igual à área do paralelogramo formado por $\vec{\mathbf{A}}$ e $\vec{\mathbf{B}}$, como mostrado na Figura 10.13. A *direção* de $\vec{\mathbf{A}} \times \vec{\mathbf{B}}$ é perpendicular ao plano formado por $\vec{\mathbf{A}}$ e $\vec{\mathbf{B}}$, determinada pela regra da mão direita, ilustrada na Figura 10.13. Os quatro dedos da mão direita apontam ao longo de **A** e então se "curvam" para $\vec{\mathbf{B}}$, descrevendo o ângulo θ. A direção do polegar direito é a direção de $\vec{\mathbf{A}} \times \vec{\mathbf{B}}$. A notação $\vec{\mathbf{A}} \times \vec{\mathbf{B}}$ é, com frequência, lida como "$\vec{\mathbf{A}}$ vetor $\vec{\mathbf{B}}$"; surgindo daí a expressão *produto vetorial*.

Algumas propriedades do produto vetorial vêm de sua definição:

- Diferente do caso do produto escalar, o produto vetorial não é comutativo; de fato,

$$\vec{\mathbf{A}} \times \vec{\mathbf{B}} = -\vec{\mathbf{B}} \times \vec{\mathbf{A}} \qquad \textbf{10.23}$$

Portanto, se você muda a ordem do produto vetorial, há mudança de sinal. Pode-se verificar facilmente esta relação com a regra da mão direita (ver Fig. 10.13).

- Se $\vec{\mathbf{A}}$ é paralelo a $\vec{\mathbf{B}}$ ($\theta = 0°$ ou $180°$), então $\vec{\mathbf{A}} \times \vec{\mathbf{B}} = 0$; portanto, segue que $\vec{\mathbf{A}} \times \vec{\mathbf{A}} = 0$.
- Se $\vec{\mathbf{A}}$ é perpendicular a $\vec{\mathbf{B}}$, então $|\vec{\mathbf{A}} \times \vec{\mathbf{B}}| = AB$.
- O produto vetorial obedece à lei distributiva:

$$\vec{\mathbf{A}} \times (\vec{\mathbf{B}} + \vec{\mathbf{C}}) = \vec{\mathbf{A}} \times \vec{\mathbf{B}} + \vec{\mathbf{A}} \times \vec{\mathbf{C}} \qquad \textbf{10.24}$$

- A derivada do produto vetorial em relação a alguma variável, tal como t, é

$$\frac{d}{dt}(\vec{\mathbf{A}} \times \vec{\mathbf{B}}) = \frac{d\vec{\mathbf{A}}}{dt} \times \vec{\mathbf{B}} + \vec{\mathbf{A}} \times \frac{d\vec{\mathbf{B}}}{dt} \qquad \textbf{10.25}$$

onde é importante preservar a ordem multiplicativa dos termos do lado direito em vista da Equação 10.23.

É mostrado no Problema 10.26, a partir das Equações 10.21 e 10.22 e da definição dos vetores unitários, que os produtos vetoriais unitários $\hat{\mathbf{i}}$, $\hat{\mathbf{j}}$ e $\hat{\mathbf{k}}$ obedecem às seguintes expressões:

$$\hat{\mathbf{i}} \times \hat{\mathbf{i}} = \hat{\mathbf{j}} \times \hat{\mathbf{j}} = \hat{\mathbf{k}} \times \hat{\mathbf{k}} = 0$$
$$\hat{\mathbf{i}} \times \hat{\mathbf{j}} = -\hat{\mathbf{j}} \times \hat{\mathbf{i}} = \hat{\mathbf{k}} \tag{10.26}$$
$$\hat{\mathbf{j}} \times \hat{\mathbf{k}} = -\hat{\mathbf{k}} \times \hat{\mathbf{j}} = \hat{\mathbf{i}}$$
$$\hat{\mathbf{k}} \times \hat{\mathbf{i}} = -\hat{\mathbf{i}} \times \hat{\mathbf{k}} = \hat{\mathbf{j}}$$

Os sinais são permutáveis. Por exemplo, $\hat{\mathbf{i}} \times (-\hat{\mathbf{j}}) = -\hat{\mathbf{i}} \times \hat{\mathbf{j}} = -\hat{\mathbf{k}}$.

TESTE RÁPIDO 10.5 **(i)** Se está tentando soltar um parafuso emperrado de um pedaço de madeira com uma chave de fendas e não consegue, você deve usar uma chave de fenda com o cabo (a) mais longo ou (b) mais grosso? **(ii)** Se está tentando soltar um parafuso emperrado de um pedaço de metal com uma chave-inglesa e não consegue você deve usar uma chave-inglesa com cabo (a) mais longo ou (b) mais grosso?

Exemplo 10.6 | O torque resultante em um cilindro

Um cilindro de uma peça tem o formato mostrado na Figura 10.14, com uma seção central saindo de um tambor maior. O cilindro é livre para girar sobre o eixo central z mostrado no desenho. Uma corda enrolada ao redor do tambor, que tem raio R_1, exerce uma força $\vec{\mathbf{T}}_1$ para a direita sobre o cilindro. Uma corda enrolada ao redor do tambor, com raio R_2, exerce uma força $\vec{\mathbf{T}}_2$ para baixo sobre o cilindro.

(A) Qual é o torque resultante atuando sobre o cilindro ao redor do eixo de rotação (que é o eixo z na Fig. 10.14)?

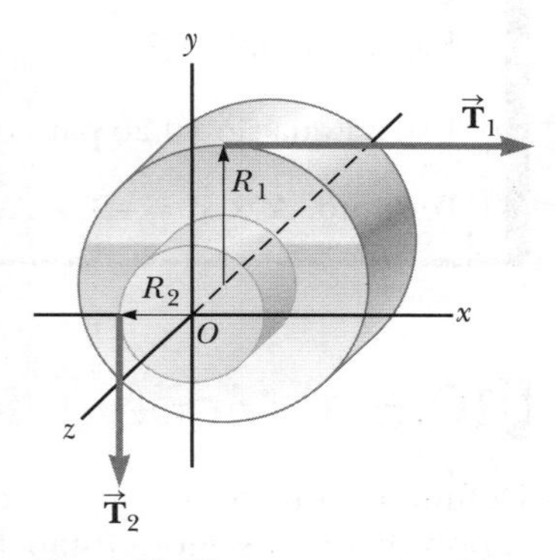

Figura 10.14 (Exemplo 10.6) Um cilindro sólido centrado sobre o eixo z passando por O. O braço de momento de $\vec{\mathbf{T}}_1$ é R_1 e o de $\vec{\mathbf{T}}_2$ é R_2.

SOLUÇÃO

Conceitualização Imagine que o cilindro na Figura 10.14 seja uma barra em uma máquina. A força $\vec{\mathbf{T}}_1$ poderia ser aplicada por uma correia de transmissão enrolada no tambor. A força $\vec{\mathbf{T}}_2$ poderia ser aplicada por um freio de atrito na superfície do centro.

Categorização Este exemplo é um problema de substituição no qual avaliamos o torque resultante usando a Equação 10.19.

O torque devido a $\vec{\mathbf{T}}_1$ sobre o eixo de rotação é $-R_1T_1$. (O sinal é negativo porque o torque tende a produzir rotação no sentido horário.) O torque devido a $\vec{\mathbf{T}}_2$ é $+R_2T_2$. (O sinal é positivo porque o torque tende a produzir rotação do cilindro em sentido anti-horário.)

Obtenha o torque resultante sobre o eixo de rotação: $\sum \tau = \tau_1 + \tau_2 = R_2T_2 - R_1T_1$

Como verificação rápida, observe que se as duas forças são de módulo igual, o torque resultante é negativo, porque $R_1 > R_2$. Começando do repouso com ambas as forças de módulo igual atuando sobre ele, o cilindro giraria em sentido horário, porque $\vec{\mathbf{T}}_1$ seria mais eficaz para girá-lo do que $\vec{\mathbf{T}}_2$.

(B) Suponha $T_1 = 5{,}0$ N, $R_1 = 1{,}0$ m, $T_2 = 15$ N e $R_2 = 0{,}50$ m. Qual é o torque resultante sobre o eixo de rotação, e em que direção o cilindro gira, partindo do repouso?

SOLUÇÃO

Substitua os valores dados: $\sum \tau = (0{,}50\,\text{m})(15\text{N}) - (1{,}0\,\text{m})(5{,}0\text{ N}) = 2{,}5\text{N}\cdot\text{m}$

Como este torque resultante é positivo, o cilindro começa a girar no sentido anti-horário.

Exemplo 10.7 | O produto vetorial

Dois vetores no plano xy são dados pelas equações $\vec{\mathbf{A}} = 2\hat{\mathbf{i}} + 3\hat{\mathbf{j}}$ e $\vec{\mathbf{B}} = -\hat{\mathbf{i}} + 2\hat{\mathbf{j}}$. Encontre $\vec{\mathbf{A}} \times \vec{\mathbf{B}}$ e verifique que $\vec{\mathbf{A}} \times \vec{\mathbf{B}} = -\vec{\mathbf{B}} \times \vec{\mathbf{A}}$.

SOLUÇÃO

Conceitualização Dadas as notações do produto vetorial dos vetores unitários, pense nas direções que os vetores apontam no espaço. Imagine o paralelogramo mostrado na Figura 10.13 para esses vetores.

Categorização Como utilizamos a definição de produto vetorial discutida nesta seção, categorizamos este exemplo como um problema de substituição.

Escreva o produto externo de dois vetores: $\vec{\mathbf{A}} \times \vec{\mathbf{B}} = (2\hat{\mathbf{i}} + 3\hat{\mathbf{j}}) \times (-\hat{\mathbf{i}} + 2\hat{\mathbf{j}})$

Faça a multiplicação: $\vec{\mathbf{A}} \times \vec{\mathbf{B}} = 2\hat{\mathbf{i}} \times (-\hat{\mathbf{i}}) + 2\hat{\mathbf{i}} \times 2\hat{\mathbf{j}} + 3\hat{\mathbf{j}} \times (-\hat{\mathbf{i}}) + 3\hat{\mathbf{j}} \times 2\hat{\mathbf{j}}$

Use a Equação 10.26 para obter os diversos termos: $\vec{\mathbf{A}} \times \vec{\mathbf{B}} = 0 + 4\hat{\mathbf{k}} + 3\hat{\mathbf{k}} + 0 = 7\hat{\mathbf{k}}$

Para verificar que $\vec{\mathbf{A}} \times \vec{\mathbf{B}} = -\vec{\mathbf{B}} \times \vec{\mathbf{A}}$, obtenha $\vec{\mathbf{B}} \times \vec{\mathbf{A}}$: $\vec{\mathbf{B}} \times \vec{\mathbf{A}} = (-\hat{\mathbf{i}} + 2\hat{\mathbf{j}}) \times (2\hat{\mathbf{i}} + 3\hat{\mathbf{j}})$

Faça a multiplicação: $\vec{\mathbf{B}} \times \vec{\mathbf{A}} = (-\hat{\mathbf{i}}) \times 2\hat{\mathbf{i}} + (-\hat{\mathbf{i}}) \times 3\hat{\mathbf{j}} + 2\hat{\mathbf{j}} \times 2\hat{\mathbf{i}} + 2\hat{\mathbf{j}} \times 3\hat{\mathbf{j}}$

Use a Equação 10.26 para obter os diversos termos: $\vec{\mathbf{B}} \times \vec{\mathbf{A}} = 0 - 3\hat{\mathbf{k}} - 4\hat{\mathbf{k}} + 0 = -7\hat{\mathbf{k}}$

Portanto, $\vec{\mathbf{A}} \times \vec{\mathbf{B}} = -\vec{\mathbf{B}} \times \vec{\mathbf{A}}$.

10.6 | Modelo de análise: corpo rígido em equilíbrio

Definimos um corpo rígido e discutimos o torque como a causa de variações no movimento rotacional de um corpo rígido. Podemos agora estabelecer modelos de análise para um corpo rígido sujeito a torque que são análogos aos modelos para uma partícula sujeita a forças. Começamos imaginando um corpo rígido com torques em equilíbrio, o que nos dará um modelo de análise que chamamos o **corpo rígido em equilíbrio**.

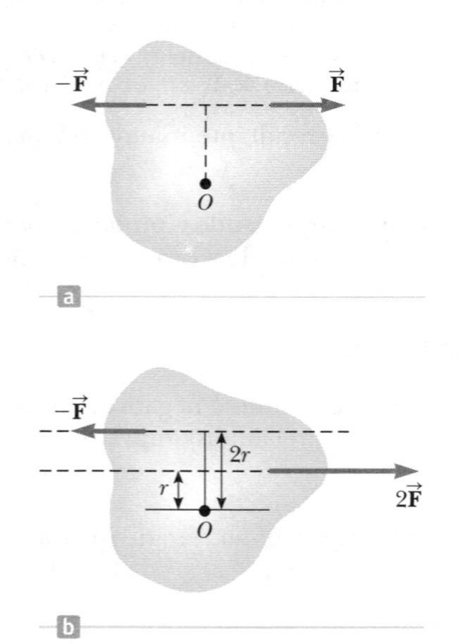

Figura 10.15 (a) As duas forças atuando sobre o corpo têm mesmo módulo e direções opostas. Como elas também agem ao longo da mesma linha de ação, o torque resultante é zero e o corpo está em equilíbrio. (b) Outra situação na qual duas forças atuam sobre um corpo produzindo torque resultante nulo em torno de O (mas *não* força resultante *nula*).

Considere duas forças de módulo igual e direções opostas a um corpo, como mostrado na Figura 10.15a. A força direcionada para a direita tende a girar o corpo no sentido horário sobre um eixo perpendicular à figura passando por O, enquanto a força direcionada para a esquerda tende a girá-lo no sentido anti-horário sobre esse eixo. Como as forças têm módulo igual e agem na mesma distância perpendicular a O, seus torques têm mesmo módulo. Assim, o torque resultante sobre o corpo rígido é zero. A situação mostrada na Figura 10.15b é outro caso no qual o torque resultante ao redor de O é nulo (embora a *força* resultante sobre o corpo não seja nula), e podemos apresentar muitos mais casos.

Como não há torque resultante, não ocorre nenhuma variação no movimento rotacional, e o movimento rotacional do corpo rígido permanece em seu estado original. Esta é uma situação de equilíbrio, análoga à de equilíbrio translacional, discutida no Capítulo 4.

Agora temos duas condições de equilíbrio completo de um corpo, que podem ser apresentadas como segue:

- A força externa resultante deve ser igual a zero:

$$\sum \vec{\mathbf{F}}_{\text{ext}} = 0 \qquad \textbf{10.27}$$

- O torque externo resultante tem de ser zero ao redor de *qualquer* eixo:

$$\sum \vec{\tau}_{\text{ext}} = 0 \qquad \textbf{10.28}$$

A primeira condição é uma formulação do equilíbrio translacional. A segunda, uma formulação do equilíbrio rotacional. No caso especial de **equilíbrio estático**, o corpo está em repouso, de forma que não tem velocidade translacional nem angular (isto é, $v_{CM} = 0$ e $\omega = 0$).

As duas expressões vetoriais dadas pelas Equações 10.27 e 10.28 são equivalentes, em geral, a seis equações escalares: três da primeira condição de equilíbrio, e três da segunda (correspondendo às componentes x, y e z). Portanto, em um sistema complexo envolvendo várias forças agindo em várias direções, você teria de resolver um conjunto de equações com muitas incógnitas. Aqui, restringimos nossa discussão a situações nas quais todas as forças estão no plano xy. (Forças cujas representações vetoriais estão no mesmo plano são ditas *coplanares*.) Com esta restrição, precisamos lidar com apenas três equações escalares. Duas delas vêm do equilíbrio das forças sobre o corpo nas direções x e y. A terceira vem da equação de torque, a saber, que o torque resultante sobre um eixo passando através de *qualquer* ponto no plano xy tem de ser nulo. Portanto, as duas condições de equilíbrio fornecem as equações

$$\sum F_x = 0 \quad \sum F_y = 0 \quad \sum \tau_z = 0 \qquad \mathbf{10.29}$$

onde o eixo da equação de torque é arbitrário. Use estas equações quando determinar que o corpo rígido no modelo de equilíbrio é adequado e as forças sobre ele estão no plano xy.

Ao resolver problemas de equilíbrio estático, é importante reconhecer todas as forças externas agindo sobre o corpo. Não fazer isso tem como consequência uma análise incorreta. É recomendado o seguinte procedimento ao se analisar um corpo em equilíbrio sob a ação de várias forças externas:

ESTRATÉGIA PARA RESOLUÇÃO DE PROBLEMAS: Corpo rígido em equilíbrio

Ao analisar um corpo rígido em equilíbrio sob a ação de várias forças externas, utilize o seguinte procedimento.

1. **Conceitualização** Pense no corpo que está em equilíbrio e identifique todas as forças sobre ele. Imagine que efeito cada força teria sobre a rotação do corpo se ela fosse a única atuando.
2. **Categorização** Confirme que o corpo em consideração é de fato do tipo rígido em equilíbrio. O corpo deve ter aceleração translacional e aceleração angular zero.
3. **Análise** Desenhe um diagrama e identifique todas as forças externas que agem sobre o corpo. Tente adivinhar a direção correta para quaisquer forças que não são especificadas. Ao usar a partícula sob um modelo de força resultante, o corpo sobre cujas forças atuam pode ser representado em um diagrama de corpo livre com um ponto, porque não importa onde, sobre o corpo, as forças são aplicadas. Ao usar um corpo rígido no modelo de equilíbrio, no entanto, não podemos usar um ponto para representar o corpo, porque a localização de onde as forças atuam é importante para o cálculo. Portanto, em um diagrama mostrando as forças sobre um corpo, devemos mostrar o corpo real ou uma versão simplificada dele.

   Resolva todas as forças em componentes retangulares, escolhendo um sistema de coordenadas conveniente. Em seguida, aplique a primeira condição para o equilíbrio, Equação 10.27. Lembre-se de manter a faixa de sinais das diversas componentes de força. Escolha um eixo conveniente para calcular o torque resultante sobre o corpo rígido. Lembre-se que a escolha do eixo para a equação de torque é arbitrária; portanto, escolha um que simplifique seu cálculo o máximo possível. Normalmente, o eixo mais conveniente para cálculo de torques é um que passe por um ponto no qual várias forças atuam e, portanto, seus torques sobre esse eixo são zero. Se você não conhece uma força ou não precisa conhecê-la, é melhor escolher um eixo através do ponto em que essa força atua. Aplique a segunda condição para o equilíbrio, Equação 10.28.

   Resolva as equações simultâneas para as incógnitas em termos das quantidades conhecidas.
4. **Finalização** Certifique-se de que os resultados estejam coerentes com o diagrama. Se você escolheu uma direção que leva a um sinal negativo na solução de uma força, não fique alarmado; ele simplesmente significa que a direção da força é oposta à que você supunha. Some as forças verticais e horizontais sobre o corpo, e confirme que cada grupo de componentes somados dê zero. Some os torques sobre o corpo e confirme que a soma seja igual a zero.

Exemplo 10.8 | Parado em pé sobre uma viga horizontal

Uma viga horizontal uniforme de comprimento $\ell = 8{,}00$ m e peso de $W_v = 200$ N está presa a uma parede por um pivô. Sua extremidade mais distante da parede é suportada por um cabo que forma um ângulo de $\phi = 53{,}0°$ com a viga (Fig. 10.16a). Uma pessoa de peso $W_p = 600$ N fica a uma distância $d = 2{,}00$ m da parede. Encontre a tensão no cabo, bem como o módulo e a direção da força exercida pela parede sobre a viga.

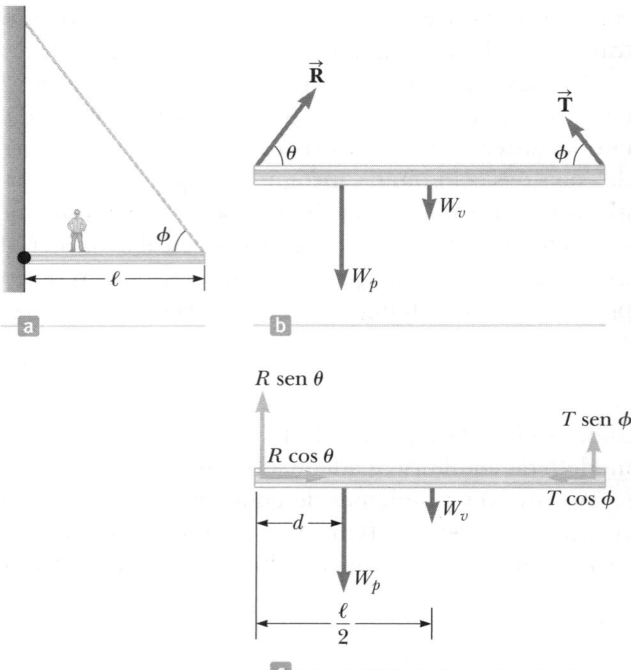

Figura 10.16 (Exemplo 10.8) (a) Uma viga uniforme suportada por um cabo. Uma pessoa caminha para fora da viga. (b) O diagrama de força para a viga. (c) O diagrama de força para a viga mostrando as componentes de $\vec{R}$ e $\vec{T}$.

SOLUÇÃO

Conceitualização Imagine que a pessoa na Figura 10.16a se mova para fora da viga. Parece razoável que quanto mais ela se move para fora, maior o torque que ela aplica sobre o pivô e maior deve ser a tensão no cabo para equilibrar esse torque.

Categorização Como o sistema está em repouso, categorizamos a viga como um corpo rígido em equilíbrio.

Análise Identificamos todas as forças externas agindo sobre a viga: a gravitacional de 200 N, a $\vec{T}$ exercida pelo cabo, a $\vec{R}$ exercida pela parede no pivô, e a de 600 N que a pessoa exerce na viga, que são indicadas no diagrama de força para a viga mostrado na Figura 10.16b. Quando atribuímos direções para forças, às vezes é útil imaginar o que aconteceria se uma delas fosse repentinamente removida. Por exemplo, se a parede assim desaparecesse, a extremidade esquerda da viga mover-se-ia para a esquerda quando ela começasse a cair. Esse cenário nos diz que a parede não está apenas segurando a viga para cima, mas também a está pressionando para fora. Portanto, desenhamos o vetor $\vec{R}$ na direção mostrada na Figura 10.16b. A Figura 10.16c mostra as componentes horizontais e verticais de $\vec{T}$ e $\vec{R}$.

Substitua as expressões para as forças na viga na Equação 10.27:

$$(1)\ \sum F_x = R\cos\theta - T\cos\phi = 0$$

$$(2)\ \sum F_y = R\,\text{sen}\,\theta + T\,\text{sen}\,\phi - W_p - W_v = 0$$

onde escolhemos para a direita e para cima como nossas direções positivas. Como R, T e θ são incógnitas, não podemos obter uma solução somente a partir dessas expressões. (Para calcular as incógnitas, o número de equações simultâneas deve, em geral, ser igual ao de incógnitas.)

Agora, invoquemos a condição para o equilíbrio rotacional. Um eixo conveniente para nossa equação de torque é o que passa pelo pivô. A característica que torna esse eixo tão conveniente é que a força $\vec{R}$ e a componente horizontal de $\vec{T}$ tem um braço de momento zero; logo, essas forças não produzem nenhum torque em torno deste eixo.

Substitua as expressões para os torques na viga na Equação 10.28:

$$\sum \tau_z = (T\,\text{sen}\,\phi)(\ell) - W_p d - W_v\left(\frac{\ell}{2}\right) = 0$$

Esta equação contém somente T como uma incógnita em função de nossa escolha do eixo de rotação. Resolva para T e substitua os valores numéricos:

$$T = \frac{W_p d + W_v(\ell/2)}{\ell\,\text{sen}\,\phi} = \frac{(600\,\text{N})(2{,}00\text{ m}) + (200\text{ N})(4{,}00)}{(8{,}00\,\text{m})\text{sen } 53{,}0°} = 313\,\text{N}$$

Reorganize as Equações (1) e (2) e divida:

$$\frac{R\,\text{sen}\,\theta}{R\cos\theta} = \text{tg}\theta = \frac{W_p + W_v - T\,\text{sen}\phi}{T\cos\phi}$$

continua

10.8 *cont.*

Resolva para θ e substitua os valores numéricos:

$$\theta = \text{tg}^{-1}\left(\frac{W_p + W_b - T\text{sen}\phi}{T\cos\phi}\right)$$

$$= \text{tg}^{-1}\left[\frac{600\,\text{N} + 200\,\text{N} - (313\,\text{N})\,\text{sen}\,53{,}0^\circ}{(313\,\text{N})\cos 53{,}0^\circ}\right] = 71{,}1^\circ$$

Resolva a Equação (1) para R e substitua os valores numéricos:

$$R = \frac{T\cos\phi}{\cos\theta} = \frac{(313\,\text{N})\cos 53{,}0^\circ}{\cos 71{,}1^\circ} = 581\ \text{N}$$

Finalização O valor positivo para o ângulo θ indica que nossa estimativa da direção de $\vec{\mathbf{R}}$ foi precisa.

Se tivéssemos escolhido algum outro eixo para a equação do torque, a solução poderia ser diferente nos detalhes, mas as respostas seriam as mesmas. Por exemplo, se tivéssemos escolhido um eixo por meio do centro de gravidade da viga, a equação do torque envolveria tanto T quanto R. Esta equação, combinada com as (1) e (2), no entanto, ainda poderia ser solucionada pelas incógnitas. Experimente!

Exemplo 10.9 | A escada inclinada

Uma escada uniforme de comprimento ℓ repousa em uma parede lisa e vertical (Fig. 10.17a). A massa da escada é m e o coeficiente de atrito estático entre a escada e o chão é $\mu_s = 0{,}40$. Encontre o ângulo mínimo $\theta_{\text{mín}}$ para a escada não escorregue.

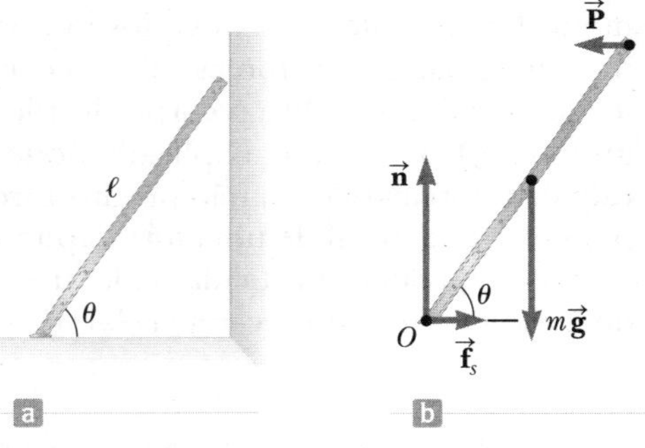

Figura 10.17 (Exemplo 10.9) (a) Uma escada uniforme em repouso, inclinada contra uma parede sem atrito. O chão é áspero. (b) As forças sobre a escada.

SOLUÇÃO

Conceitualização Imagine uma escada já em pé. Você quer uma força de atrito grande ou pequena entre a parte inferior da escada e a superfície? Se a força de atrito for zero, a escada ficará em pé? Simule uma escada com uma régua inclinada contra uma superfície vertical. A régua escorrega em alguns ângulos e permanece em pé em outros?

Categorização Não queremos que a escada escorregue; portanto, a consideramos como um corpo rígido em equilíbrio.

Análise Um diagrama mostrando todas as forças externas agindo sobre a escada está ilustrado na Figura 10.17b. A força exercida pelo chão na escada é a soma vetorial das forças $\vec{\mathbf{n}}$ e de atrito estático $\vec{\mathbf{f}}_s$. A força $\vec{\mathbf{P}}$ exercida pela parede na escada é horizontal porque a parede é sem atrito.

Aplique a primeira condição para o equilíbrio à escada:

$$(1)\quad \sum F_x = f_s - P = 0$$
$$(2)\quad \sum F_y = n - mg = 0$$

Resolva a Equação (1) para P:

$$(3)\quad P = f_s$$

Resolva a Equação (2) para n:

$$(4)\quad n = mg$$

Quando a escada está quase escorregando, a força de atrito estático deve ter seu valor máximo, que é dado por $f_{s,\text{máx}} = \mu_s n$. Combine esta equação com as (3) e (4):

$$(5)\quad P = f_{s,\text{máx}} = \mu_s n = \mu_s mg$$

Aplique a segunda condição para o equilíbrio para a escada, levando os torques sobre um eixo passando por O:

$$\sum \tau_O = P\ell\,\text{sen}\,\theta_{\text{mín}} - mg\frac{\ell}{2}\cos\theta_{\text{mín}} = 0$$

Resolva para tg $\theta_{\text{mín}}$ e substitua por P da Equação (5):

$$\frac{\text{sen}\,\theta_{\text{mín}}}{\cos\theta_{\text{mín}}} = \text{tg}\,\theta_{\text{mín}} = \frac{mg}{2P} = \frac{mg}{2\mu_s mg} = \frac{1}{2\mu_s}$$

continua

10.9 *cont.*

Resolva para o ângulo $\theta_{mín}$:

$$\theta_{mín} = \text{tg}^{-1}\left(\frac{1}{2\mu_s}\right) = \text{tg}^{-1}\left[\frac{1}{2(0,40)}\right] = 51°$$

Finalização Observe que o ângulo depende apenas do coeficiente de atrito, não da massa nem do comprimento da escada.

10.7 | Modelo de análise: corpo rígido sob a ação de um torque resultante

Investigamos na seção precedente a situação de equilíbrio na qual o torque resultante sobre um corpo rígido é nulo. O que acontece se o torque resultante sobre um corpo rígido não for zero? Por analogia com a Segunda Lei de Newton para o movimento translacional, devemos esperar que a velocidade angular do corpo rígido varie. O torque resultante vai causar uma aceleração angular do corpo rígido. Podemos descrever esta situação como um novo modelo de análise, o **corpo rígido sob a ação de um torque** resultante, e investigá-lo nesta seção.

Vamos imaginar um corpo rígido girando como um conjunto de partículas. O corpo rígido estará sujeito a inúmeras forças aplicadas em vários locais sobre ele, nos quais estarão localizadas partículas individuais. Assim, podemos imaginar que as forças sobre o corpo rígido sejam exercidas sobre suas partículas individuais. Calcularemos o torque resultante sobre o corpo devido aos torques gerados por essas forças ao redor do eixo de rotação do corpo girando. Qualquer força aplicada pode ser representada por seus componentes radial e tangencial. A componente radial da força aplicada não produz torque, pois sua linha de ação passa pelo eixo de rotação. Assim, apenas a componente tangencial de uma força aplicada contribui para o torque.

Sobre qualquer partícula dada, descrita pela variável i, dentro do corpo rígido, podemos utilizar a Segunda Lei de Newton para descrever a aceleração tangencial da partícula:

$$F_{ti} = m_i a_{ti}$$

onde o subscrito t refere-se a componentes tangenciais. Multiplicamos os dois lados dessa equação por r_i, a distância da partícula até o eixo de rotação:

$$r_i F_{ti} = r_i m_i a_{ti}$$

Utilizando a Equação 10.11 e reconhecendo a definição de torque ($\tau = rF \text{ sen } \phi = rF_t$ onde $\phi = 30°$), podemos reescrever esta equação como

$$\tau_i = m_i r_i^2 \alpha_i$$

Agora, somamos os torques sobre todas as partículas do corpo rígido:

$$\sum_i \tau_i = \sum_i m_i r_i^2 \alpha_i$$

O lado esquerdo é o torque resultante sobre todas as partículas do corpo rígido. Contudo, o torque resultante associado com forças *internas* é zero. Para compreender isto, lembre-se de que a Terceira Lei de Newton nos diz que as forças internas ocorrem em pares de forças iguais e opostas que estão ao longo da linha de separação de cada par de partículas. Portanto, o torque devido a cada par de forças de ação e de reação é nulo. Vemos, ao somar todos os torques, que o *torque interno resultante é nulo*. Logo, o termo da esquerda reduz-se ao torque resultante *externo*.

Impomos no lado direito o modelo de corpo rígido ao exigir que todas as partículas tenham a mesma aceleração angular α. Assim, esta equação se torna

$$\sum \tau_{ext} = \left(\sum_i m_i r_i^2\right)\alpha$$

onde o torque e a aceleração angular não têm mais subscritos, pois se referem a quantidades associadas com o corpo rígido inteiro, em vez de se referir a partículas individuais. Reconhecemos a quantidade entre parênteses como o momento de inércia I do corpo rígido. Portanto,

$$\sum \tau_{ext} = I\alpha \quad \text{10.30}$$

▶ Relação entre torque resultante e aceleração angular

Isto é, o torque resultante atuando sobre o corpo rígido é proporcional à sua aceleração angular, e a constante de proporcionalidade é o momento de inércia. É importante observar que $\Sigma\, \tau_{ext} = I\alpha$ é o análogo rotacional da Segunda Lei do movimento de Newton para o sistema de partículas (Eq. 8.40), $\Sigma\, F_{ext} = Ma_{CM}$.

TESTE RÁPIDO 10.6 Ao desligar sua furadeira elétrica, você descobre que o intervalo de tempo para a broca rotativa entrar em repouso em função do torque friccional na broca é Δt. Você substitui a broca por uma maior, o que resulta na duplicação do momento de inércia de todo o mecanismo de rotação da broca. Quando esta broca maior é girada na mesma velocidade angular que a primeira, e a furadeira é desligada, o torque friccional permanece o mesmo que o da situação anterior. Qual é o intervalo de tempo para esta segunda broca entrar em repouso? (**a**) $4\,\Delta t$ (**b**) $2\,\Delta t$ (**c**) Δt (**d**) $0{,}5\,\Delta t$ (**e**) $0{,}25\,\Delta t$ (**f**) impossível determinar.

Exemplo 10.10 | Aceleração angular de uma roda

Uma roda de raio R, massa M e momento de inércia I é montada sobre um eixo horizontal e sem atrito, como na Figura 10.18. Uma corda leve enrolada ao redor da roda sustenta um corpo de massa m. Quando a roda é liberada, o corpo acelera para baixo, a corda se desenrola da roda e esta gira com aceleração angular. Calcule as expressões para a aceleração angular da roda, a aceleração translacional do corpo e a tensão na corda.

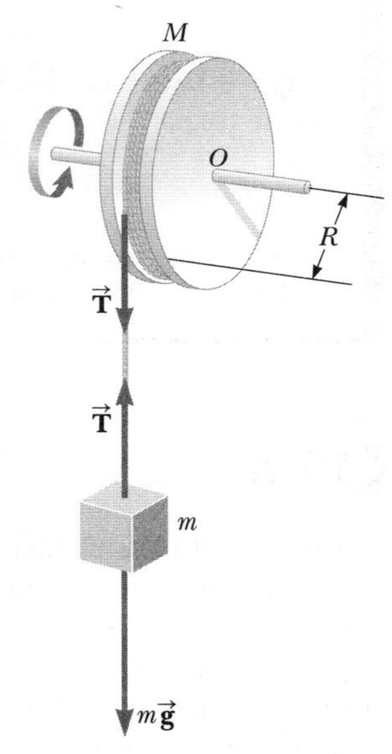

Figura 10.18 (Exemplo 10.10) Um corpo é pendurado por uma corda enrolada ao redor de uma roda.

SOLUÇÃO

Conceitualização Imagine que o corpo seja um balde em um antigo poço dos desejos. Ele é amarrado a uma corda que passa ao redor de um cilindro equipado com uma manivela para erguê-lo. Depois que o balde é erguido, o sistema é solto e o balde acelera para baixo, enquanto a corda se desenrola do cilindro.

Categorização Aqui, aplicamos dois modelos de análise. O corpo é modelado como uma partícula sob uma força resultante. A roda, como um corpo rígido sob um torque resultante.

Análise O módulo do torque atuando sobre a roda em seu eixo de rotação é $\tau = TR$, onde T é a força exercida pela corda na borda da roda. (A força gravitacional exercida pela Terra sobre a roda e a força normal exercida pelo eixo sobre a roda passam pelo eixo de rotação e, portanto, não produzem torque.)

Escreva a Equação 10.30: $\sum \tau_{ext} = I\alpha$

Resolva para α e substitua o torque resultante: (1) $\alpha = \dfrac{\sum \tau_{ext}}{I} = \dfrac{TR}{I}$

Aplique a Segunda Lei de Newton ao movimento do corpo, considerando a direção para baixo como positiva: $\sum F_y = mg - T = ma$

Resolva para a aceleração a: (2) $a = \dfrac{mg - T}{m}$

As Equações (1) e (2) têm três incógnitas: α, a e T. Como o corpo e a roda são conectados por uma corda que não escorrega, a aceleração translacional do corpo suspenso é igual à aceleração tangencial de um ponto na borda da roda. Portanto, as acelerações angular α da roda e translacional do corpo são relacionadas por $a = R\alpha$.

continua

10.10 *cont.*

Use este fato junto com as Equações (1) e (2):

$$(3)\ a = R\alpha = \frac{TR^2}{I} = \frac{mg - T}{m}$$

Resolva para a tensão T:

$$(4)\ T = \frac{mg}{1 + (mR^2/I)}$$

Substitua a Equação (4) na (2) e resolva para a

$$(5)\ a = \frac{g}{1 + (I/mR^2)}$$

Use $a = R\alpha$ e a Equação (5) para solucionar para α:

$$\alpha = \frac{a}{R} = \frac{g}{R + (I/mR)}$$

Finalização Finalizamos este problema imaginando o comportamento do sistema em alguns limites extremos.

E se? E se a roda se tornasse muito massiva de modo que I ficasse muito grande? O que aconteceria com a aceleração a do corpo e a tensão T?

Resposta Se a roda se torna infinitamente massiva, podemos imaginar que o corpo de massa m vai simplesmente ficar pendurado nela sem provocar seu giro.

Podemos mostrar isto matematicamente considerando o limite $I \to \infty$. A Equação (5) então se torna

$$a = \frac{g}{1 + (I/mR^2)} \to 0$$

o que está de acordo com nossa conclusão conceitual que o corpo ficará pendurado em repouso. Também, a Equação (4) se torna

$$T = \frac{mg}{1 + (mR^2/I)} \to mg$$

o que é consistente, porque o corpo simplesmente fica pendurado em repouso, em equilíbrio entre a força gravitacional e a tensão na corda.

10.8 | Considerações sobre energia no movimento rotacional

No movimento translacional, encontramos conceitos de energia, em particular a redução da equação de conservação de energia, chamada teorema trabalho-energia cinética, extremamente útil ao descrever o movimento de um sistema. Conceitos de energia podem ser igualmente úteis para simplificar a análise do movimento rotacional. A partir da equação de conservação de energia, esperamos que, para a rotação de um corpo sobre um eixo fixo, o trabalho realizado pelas forças externas sobre o corpo seja igual à variação da energia cinética rotacional, enquanto a energia não é armazenada por quaisquer outros meios. Para mostrar que este caso é de fato verdade, começamos por encontrar uma expressão para o trabalho realizado pelo torque.

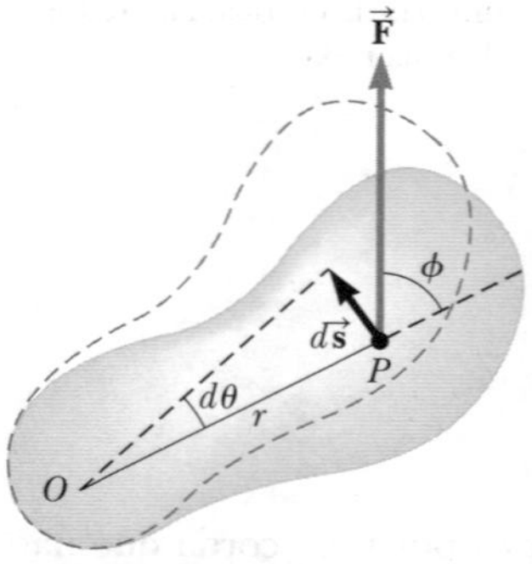

Considere um corpo rígido que pode girar ao redor do ponto O na Figura 10.19. Suponha que uma única força externa $\vec{\mathbf{F}}$ seja aplicada no ponto P, e que $d\vec{\mathbf{s}}$ seja o deslocamento do ponto de aplicação da força. A pequena quantidade de trabalho dW feita por $\vec{\mathbf{F}}$ quando o ponto de aplicação gira a uma distância infinitesimal $ds = r\,d\theta$ em um tempo dt é

$$dW = \vec{\mathbf{F}} \cdot d\vec{\mathbf{s}} = (F \operatorname{sen} \phi) r\, d\theta$$

em que F sen ϕ é a componente tangencial de $\vec{\mathbf{F}}$, ou a componente da força ao longo do deslocamento. Observe na Figura 10.19 que a componente radial de $\vec{\mathbf{F}}$ não realiza trabalho, pois é perpendicular ao deslocamento do ponto de aplicação da força.

Como o módulo do torque devido a $\vec{\mathbf{F}}$ ao redor da origem é definido como rF sen ϕ, podemos escrever o trabalho feito para a rotação infinitesimal na forma

$$dW = \tau\, d\theta \qquad \textbf{10.31}$$

Figura 10.19 Um corpo rígido gira em torno de um eixo através de O sob a ação de uma força externa $\vec{\mathbf{F}}$ aplicada em P.

Observe que esta expressão é o produto do torque e do deslocamento angular, tornando-a análoga ao trabalho realizado sobre o corpo em movimento translacional, que é o produto da força e do deslocamento translacional.

Combinamos agora este resultado com a forma rotacional da Segunda Lei de Newton, $\tau = I\alpha$. Utilizando a regra da cadeia do cálculo, podemos expressar o torque como

$$\tau = I\alpha = I \times \frac{d\omega}{dt} = I\frac{d\omega}{d\theta}\frac{d\theta}{dt} = I\frac{d\omega}{d\theta}\omega$$

Rearranjando esta expressão e notando que $\tau\, d\theta = dW$ a partir da Equação 10.31, temos

$$\tau\, d\theta = dW = I\omega\, d\omega$$

Integrando esta expressão encontramos o trabalho total realizado pelo torque:

$$W = \int_{\theta_i}^{\theta_f} \tau\, d\theta = \int_{\omega_i}^{\omega_f} I\omega\, d\omega$$

$$W = \tfrac{1}{2}I\omega_f^{\,2} - \tfrac{1}{2}I\omega_i^{\,2} = \Delta K_R \qquad \textbf{10.32}$$

▶ Teorema trabalho-energia cinética para o movimento rotacional

Observe que esta expressão tem exatamente a mesma forma matemática que o teorema trabalho-energia cinética para translação. A Equação 10.32 é uma forma do modelo de sistema não isolado (energia), discutido no Capítulo 7. O trabalho é realizado no sistema de corpo rígido, que representa uma transferência de energia através do limite do sistema em que aparece como um aumento na energia cinética rotacional do corpo.

Em geral, podemos combinar este teorema com a forma translacional do teorema trabalho-energia cinética do Capítulo 6. Então, o trabalho resultante realizado por forças externas sobre um corpo é a variação em sua energia cinética *total*, que é a soma das energias cinéticas translacional e rotacional. Por exemplo, quando um arremessador lança uma bola de beisebol, o trabalho realizado pelas mãos do arremessador aparece como energia cinética associada com a bola movendo-se pelo espaço, assim como a energia cinética rotacional associada com o giro da bola.

Além do teorema trabalho-energia cinética, outros princípios de energia podem ser aplicados a situações rotacionais. Por exemplo, se um sistema envolvendo corpos em rotação é isolado e não há forças não conservativas atuando dentro do sistema, o modelo de sistema isolado e o princípio de conservação de energia mecânica podem ser usados para analisar o sistema, como no Exemplo 10.11 a seguir.

Terminamos esta discussão dos conceitos de energia para a rotação investigando a *taxa* a que o trabalho é feito por $\vec{\mathbf{F}}$ sobre um corpo girando ao redor de um eixo fixo. Esta taxa é obtida dividindo-se os lados esquerdo e direito da Equação 10.31 por dt:

$$\frac{dW}{dt} = \tau\frac{d\theta}{dt} \qquad \textbf{10.33}$$

A grandeza dW/dt é, por definição, a potência instantânea P fornecida pela força. Além disso, como $d\theta/dt = \omega$, a Equação 10.33 reduz-se a

$$P = \tau\omega \qquad \textbf{10.34}$$

▶ Potência fornecida a um corpo rígido em rotação

Esta expressão é análoga a $P = Fv$ no caso do movimento translacional.

Exemplo 10.11 | Barra girando

Uma barra uniforme de comprimento L e massa M é livre para girar por um pino sem atrito passando por uma extremidade (Fig. 10.20). A barra é liberada do repouso na posição horizontal.

(A) Qual é sua velocidade angular quando a barra alcança sua posição mais baixa?

SOLUÇÃO

Conceitualização Considere a Figura 10.20 e imagine a barra girando para baixo por um quarto de volta sobre o pino na extremidade esquerda.

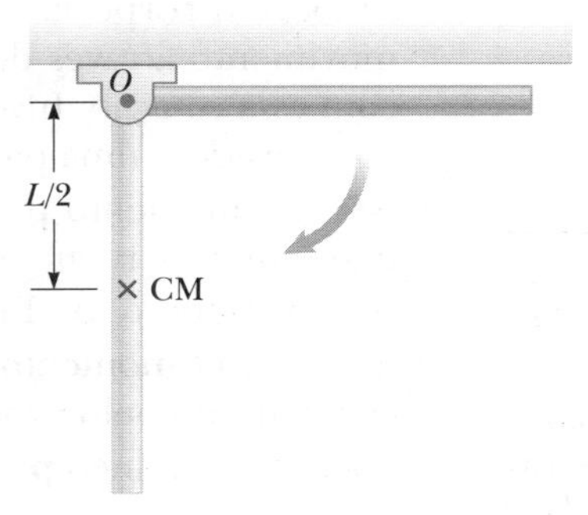

Figura 10.20 (Exemplo 10.11) Uma barra rígida uniforme centrada em O gira em um plano vertical sob a ação da força gravitacional.

continua

10.11 *cont.*

Categorização A aceleração angular da barra não é constante. Portanto, as equações cinemáticas para rotação (Seção 10.2) não podem ser usadas para resolver este exemplo. Categorizamos a barra e a Terra como um sistema isolado em termos de energia sem forças não conservativas atuando, e usamos o princípio de conservação de energia mecânica.

Análise Escolhemos a configuração em que a barra está pendurada diretamente para baixo como referência para a energia potencial gravitacional e lhe atribuímos um valor de zero. Quando a barra está na posição horizontal, não tem energia cinética rotacional. A energia potencial do sistema nesta configuração com relação à de referência é $MgL/2$, porque o centro de massa da barra está a uma altura $L/2$ mais alta que sua posição na configuração de referência. Quando a barra alcança sua posição mais baixa, a energia do sistema consiste inteiramente em energia rotacional $\frac{1}{2}I\omega^2$, onde I é o momento de inércia da barra em relação a um eixo passando pelo pino.

Usando o modelo do sistema isolado (energia), escreva uma equação de conservação de energia mecânica para o sistema:

$$K_f + U_f = K_i + U_i$$

Substitua para cada energia:

$$\frac{1}{2}I\omega^2 + 0 = 0 + \frac{1}{2}MgL$$

Solucione para ω e use $I = \frac{1}{3}ML^2$ (ver Tabela 10.2) para a barra:

$$\omega = \sqrt{\frac{MgL}{I}} = \sqrt{\frac{MgL}{\frac{1}{3}ML^2}} = \sqrt{\frac{3g}{L}}$$

(B) Determine a velocidade tangencial do centro de massa e a velocidade tangencial do ponto mais baixo na barra quando estiver na posição vertical.

SOLUÇÃO

Use a Equação 10.10 e o resultado da parte (A):

$$v_{CM} = r\omega = \frac{L}{2}\omega = \frac{1}{2}\sqrt{3gL}$$

Como r para o ponto mais baixo na barra é o dobro do que é para o centro de massa, o ponto mais baixo tem uma velocidade tangencial que é o dobro daquela do centro de massa:

$$v = 2v_{CM} = \sqrt{3gL}$$

Finalização Aplicar a abordagem de energia nos permite encontrar a velocidade angular da barra no ponto mais baixo. Convença-se de que poderia encontrar a velocidade angular da barra em qualquer posição angular sabendo a localização do centro de massa nesta posição.

10.9 | Modelo de análise: sistema não isolado (momento angular)

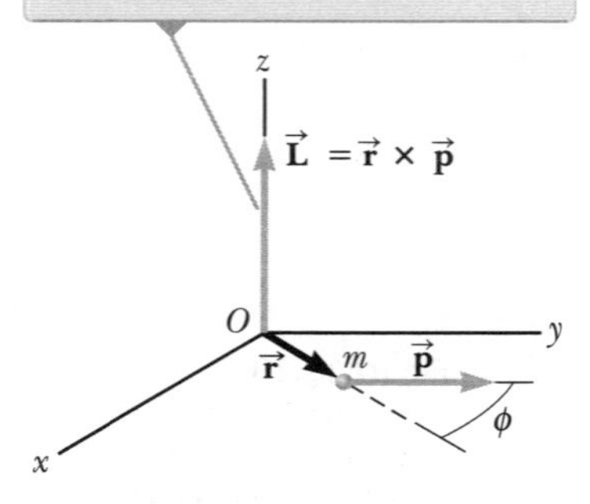

Figura Ativa 10.21 O momento angular $\vec{L}$ de uma partícula de massa m e um momento linear $\vec{p}$ localizada na posição $\vec{r}$ é um vetor dado por $\vec{L} = \vec{r} \times \vec{p}$.

Imagine um corpo girando no espaço sem nenhum movimento do seu centro de massa. Cada partícula no corpo está descrevendo uma trajetória circular, de forma que momento esteja associado com o movimento de cada partícula. Embora o corpo não tenha momento linear (seu centro de massa não está em movimento através do espaço), uma "quantidade de movimento" está associada com essa rotação. Investigaremos o **momento angular** nesta seção.

Considere uma partícula de massa m situada no vetor posição $\vec{r}$ e deslocando-se com momento $\vec{p}$, como mostrado na Figura Ativa 10.21. Por enquanto, esta não é uma partícula sobre um corpo rígido, mas uma partícula em movimento com momento $\vec{p}$. Em breve aplicaremos o resultado para um corpo rígido girando. O **momento angular instantâneo** $\vec{L}$ da partícula em relação à origem O é definido pelo produto vetorial do vetor posição instantânea $\vec{r}$ e do momento linear instantâneo $\vec{p}$:

$$\vec{L} \equiv \vec{r} \times \vec{p} \qquad \textbf{10.35}$$

As unidades SI do momento angular são kg · m²/s. Note que tanto o módulo quanto a direção de $\vec{\mathbf{L}}$ dependem da escolha da origem. A direção de $\vec{\mathbf{L}}$ é perpendicular ao plano formado por $\vec{\mathbf{r}}$ e $\vec{\mathbf{p}}$, e o sentido de $\vec{\mathbf{L}}$ é governado pela regra da mão direita. Por exemplo, na Figura Ativa 10.21, supõe-se $\vec{\mathbf{r}}$ e $\vec{\mathbf{p}}$ no plano xy, e $\vec{\mathbf{L}}$ aponta na direção z. Como $\quad = m\vec{\mathbf{v}}$, o módulo de $\vec{\mathbf{L}}$ é

$$L = mvr\,\mathrm{sen}\,\phi \tag{10.36}$$

onde ϕ é o ângulo entre $\vec{\mathbf{r}}$ e $\vec{\mathbf{p}}$. Segue-se que $\vec{\mathbf{L}}$ é zero quando $\vec{\mathbf{r}}$ é paralelo a $\vec{\mathbf{p}}$ ($\phi = 0°$ ou $180°$). Em outras palavras, quando a partícula está em movimento ao longo de uma linha que passa pela origem, ela tem momento angular nulo em relação à origem. Isto é equivalente a afirmar que o vetor momento não é tangente a *nenhum* círculo traçado ao redor da origem. Por outro lado, se $\vec{\mathbf{r}}$ é perpendicular a $\vec{\mathbf{p}}$ ($\phi = 90°$), L será máximo e igual a mvr. De fato, nesse instante, a partícula desloca-se exatamente como se estivesse na borda de uma roda de raio r, girando na velocidade angular $\omega = v/r$ sobre um eixo através da origem em um plano definido por $\vec{\mathbf{r}}$ e $\vec{\mathbf{p}}$. Uma partícula tem momento angular não nulo ao redor de algum ponto se seu vetor posição, medido a partir deste ponto, gira ao redor do ponto enquanto ela está em movimento.

Prevenção de Armadilhas | 10.6

A rotação é necessária para o momento angular?

Podemos definir o momento angular mesmo que a partícula não esteja se movendo em uma trajetória circular. Mesmo uma partícula movendo-se em linha reta tem momento angular sobre qualquer eixo deslocado em relação a sua trajetória.

Para o movimento translacional, descobrimos que a força resultante sobre uma partícula é igual à taxa temporal de variação do seu momento linear (Equação 8.4). Mostraremos agora que a Segunda Lei de Newton implica uma situação análoga para a rotação – que o torque resultante agindo sobre uma partícula é igual à taxa temporal de variação do seu momento angular. Começamos escrevendo o torque sobre a partícula na forma

$$\vec{\boldsymbol{\tau}} = \vec{\mathbf{r}} \times \vec{\mathbf{F}} = \vec{\mathbf{r}} \times \frac{d\vec{\mathbf{p}}}{dt} \tag{10.37}$$

onde utilizamos o fato de que $\vec{\mathbf{F}} = d\vec{\mathbf{p}}/dt$ (Eq. 8.4). Diferenciamos agora a Equação 10.35 em relação ao tempo, utilizando a regra do produto para a diferenciação (Eq. 10.25):

$$\frac{d\vec{\mathbf{L}}}{dt} = \frac{d}{dt}(\vec{\mathbf{r}} \times \vec{\mathbf{p}}) = \frac{d\vec{\mathbf{r}}}{dt} \times \vec{\mathbf{p}} + \vec{\mathbf{r}} \times \frac{d\vec{\mathbf{p}}}{dt}$$

É importante respeitar a ordem dos fatores no produto vetorial, pois o produto vetorial não é comutativo, como vimos na Seção 10.5.

O primeiro termo no lado direito da equação anterior é zero porque $\vec{\mathbf{v}} = d\vec{\mathbf{r}}/dt$ é paralela a $\vec{\mathbf{p}}$. Portanto,

$$\frac{d\vec{\mathbf{L}}}{dt} = \vec{\mathbf{r}} \times \frac{d\vec{\mathbf{p}}}{dt} \tag{10.38}$$

Comparando as Equações 10.37 e10.38, vemos que

$$\vec{\boldsymbol{\tau}} = \frac{d\vec{\mathbf{L}}}{dt} \tag{10.39}$$

▶ O torque em uma partícula é igual à taxa temporal de variação do momento angular da partícula

Este resultado é o análogo rotacional da Segunda Lei de Newton, $\vec{\mathbf{F}} = d\vec{\mathbf{p}}/dt$. A Equação 10.39 afirma que o torque atuando sobre uma partícula é igual à taxa temporal de variação do momento angular da partícula. É importante observar que a Equação 10.39 é válida apenas se as origens de $\vec{\boldsymbol{\tau}}$ e de $\vec{\mathbf{L}}$ são as *mesmas*. Esta equação também é válida quando várias forças estão atuando sobre a partícula; neste caso $\vec{\boldsymbol{\tau}}$ é o torque *resultante* sobre a partícula. Obviamente, tem de ser utilizada a mesma origem no cálculo de todos os torques, assim como do momento angular.

Aplicamos agora essas ideias a um sistema de partículas. O momento angular total $\vec{\mathbf{L}}$ do sistema ao redor de algum ponto é definido como a soma vetorial dos momentos angulares das partículas individuais

$$\vec{\mathbf{L}} = \vec{\mathbf{L}}_1 + \vec{\mathbf{L}}_2 + \cdots + \vec{\mathbf{L}}_n = \sum_i \vec{\mathbf{L}}_i$$

onde a soma vetorial é sobre todas as n partículas no sistema.

Como os momentos angulares individuais das partículas podem variar no tempo, o momento angular total também pode. Na verdade, a taxa temporal de variação do momento angular total do sistema é igual à soma vetorial de *todos* os torques, incluindo aqueles associados a forças internas e externas entre partículas.

No entanto, como encontramos em nossa discussão sobre o corpo rígido sob a ação um torque resultante, a soma dos torques internos é nula. Assim, concluímos que o momento angular total *só* pode variar com o tempo se houver um torque *externo* resultante atuando sobre o sistema, de tal forma que temos

▶ O torque externo resultante sobre um sistema é igual à taxa temporal de variação do momento angular

$$\sum \vec{\tau}_{\text{ext}} = \sum_i \frac{d\vec{\mathbf{L}}_i}{dt} = \frac{d}{dt}\sum_i \vec{\mathbf{L}}_i$$

$$\sum \vec{\tau}_{\text{ext}} = \frac{d\vec{\mathbf{L}}_{\text{tot}}}{dt} \quad \textbf{10.40}$$

Ou seja, a taxa temporal de variação do momento angular total do sistema ao redor de uma origem em um referencial inercial é igual ao torque externo resultante atuando sobre o sistema ao redor desta origem. Observe que a Equação 10.40 é o análogo rotacional de $\Sigma\, \vec{\mathbf{F}}_{\text{ext}} = d\vec{\mathbf{p}}_{\text{tot}}/dt$ (Eq. 8.40) para um sistema de partículas.

Este resultado é válido para um sistema de partículas que variam suas posições entre si, isto é, para um corpo que não é rígido. Observe que nunca impusemos a condição de corpo rígido nesta discussão do momento angular de um sistema de partículas.

A Equação 10.40 é a básica na **versão do momento angular do modelo de sistema não isolado**. O momento angular do sistema é modificado em resposta a uma interação com o ambiente, descrito por meio do torque resultante sobre o sistema.

Um resultado final pode ser obtido para o momento angular que servirá como um análogo da definição do momento linear. Imaginemos um corpo rígido girando sobre um eixo. Cada partícula de massa m_i no corpo rígido descreve uma trajetória circular de raio r_i, com uma velocidade tangencial v_i. Portanto, o momento angular total do corpo rígido é

$$L = \sum_i m_i v_i r_i$$

Substituímos agora a velocidade tangencial pelo produto da distância radial com a velocidade angular (Eq. 10.10):

$$L = \sum_i m_i v_i r_i = \sum_i m_i (r_i\omega) r_i = \left(\sum_i m_i r_i^2\right)\omega$$

Reconhecemos a combinação entre parênteses como o momento de inércia, de forma que podemos escrever o momento angular do corpo rígido como

▶ Momento angular de um corpo com momento de inércia *I*

$$L = I\omega \quad \textbf{10.41}$$

que é o análogo rotacional de $p = mv$. A Tabela 10.3 é uma continuação da 10.1, com expressões adicionais translacionais e rotacionais análogas que desenvolvemos nas últimas seções, e uma que desenvolveremos na próxima.

TESTE RÁPIDO 10.7 Uma esfera sólida e outra oca têm mesma massa e raio. Elas estão girando com a mesma velocidade angular. Qual delas tem maior momento angular? (**a**) a esfera sólida (**b**) a esfera oca (**c**) ambas têm o mesmo momento angular (**d**) impossível determinar.

TABELA 10.3 | Uma comparação das equações para os movimentos rotacional e translacional: equações dinâmicas

	Movimento rotacional ao redor de um eixo fixo	Movimento translacional
Energia cinética	$K_R = \frac{1}{2}I\omega^2$	$K = \frac{1}{2}mv^2$
Equilíbrio	$\sum \vec{\tau}_{ext} = 0$	$\sum \vec{\mathbf{F}}_{ext} = 0$
Segunda Lei de Newton	$\sum \vec{\tau}_{ext} = I\alpha$	$\sum \vec{\mathbf{F}}_{ext} = m\vec{\mathbf{a}}$
Sistema não isolado	$\vec{\tau}_{ext} = \frac{d\vec{\mathbf{L}}_{tot}}{dt}$	$\vec{\mathbf{F}}_{ext} = \frac{d\vec{\mathbf{p}}_{tot}}{dt}$
Momento	$L = I\omega$	$\vec{\mathbf{p}} = m\vec{\mathbf{v}}$
Sistema isolado	$\vec{\mathbf{L}}_i = \vec{\mathbf{L}}_f$	$\vec{\mathbf{p}}_i = \vec{\mathbf{p}}_f$
Potência	$P = \tau\omega$	$P = Fv$

Observação: As equações no movimento translacional expressas quanto aos vetores têm equações rotacionais análogas quanto aos vetores. No entanto, como o tratamento vetorial completo das rotações está além do escopo deste livro, algumas equações rotacionais são dadas de forma não vetorial.

Exemplo 10.12 | Um sistema de corpos

Uma esfera de massa m_1 e um bloco de massa m_2 são conectados por um cabo leve que passa sobre uma polia, como mostrado na Figura 10.22. O raio da polia é R e a massa do aro fino é M. Os raios da polia têm massa desprezível. O bloco desliza em uma superfície horizontal sem atrito. Encontre uma expressão para a aceleração linear dos dois corpos utilizando os conceitos de momento angular e torque.

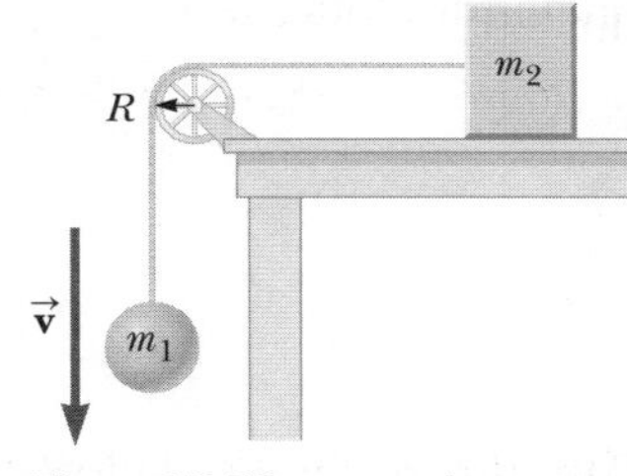

Figura 10.22 (Exemplo 10.12) Quando o sistema é liberado, a esfera move-se para baixo e o bloco para a esquerda.

SOLUÇÃO

Conceitualização Quando o sistema é liberado, os dois blocos deslizam para a esquerda, a esfera cai e a polia gira no sentido anti-horário. Esta situação é semelhante aos problemas que resolvemos anteriormente, exceto que, agora, queremos utilizar uma abordagem de momento angular.

Categorização Identificamos o bloco, a polia e a esfera como um sistema não isolado, sujeito ao torque externo devido à força gravitacional sobre a esfera. Devemos calcular o momento angular em torno de um eixo que coincide com o da polia. O momento angular do sistema inclui os dois corpos em movimento de translação (a esfera e o bloco) e um corpo em rotação pura (a polia).

Análise Em qualquer instante do tempo, a esfera e o bloco têm uma velocidade escalar comum v, então o momento angular da esfera é m_1vR e o do bloco é m_2vR. No mesmo instante, todos os pontos no aro da polia também se movem com a velocidade escalar v, então, o momento angular da polia é MvR.

Agora, vamos tratar do torque externo total que atua sobre o sistema em torno do eixo da polia. Como ele tem um braço de momento zero, a força exercida pelo eixo sobre a polia não contribui com o torque. Além disso, a força normal que atua sobre o bloco é equilibrada pela gravitacional $m_2\vec{\mathbf{g}}$; portanto, essas forças não contribuem com o torque. A força gravitacional $m_1\vec{\mathbf{g}}$ que atua sobre a esfera produz um torque em torno do eixo, igual em módulo a m_1gR, onde R é o braço de momento da força em torno do eixo. Este resultado é o torque externo total em torno da polia; isto é, $\Sigma\tau_{ext} = m_1gR$.

Escreva uma expressão para o momento angular total do sistema:

$$(1)\quad L_{tot} = m_1vR + m_2vR + MvR = (m_1 + m_2 + M)vR$$

Substitua esta expressão e o torque externo total na Equação 10.40:

$$\sum \tau_{ext} = \frac{dL_{tot}}{dt}$$

$$m_1gR = \frac{d}{dt}[(m_1 + m_2 + M)vR]$$

$$(2)\quad m_1gR = (m_1 + m_2 + M)R\frac{dv}{dt}$$

continua

10.12 *cont.*

Reconhecendo que $dv/dt = a$, resolva a Equação (2) para a:

$$(3)\ a = \frac{m_1 g}{m_1 + m_2 + M}$$

Finalização Quando avaliamos o torque resultante em torno do eixo, não incluímos as forças que o cabo exerce sobre os corpos porque elas são internas ao sistema em consideração. Em vez disso, analisamos o sistema como um todo. Somente torques *externos* contribuem para a variação no momento angular do sistema.

10.10 | Modelo de análise: sistema isolado (momento angular)

No Capítulo 8, descobrimos que o momento linear total de um sistema de partículas permanece constante se ele for isolado, ou seja, se a força externa resultante que atua sobre ele for zero. Temos uma lei da conservação análoga para o movimento de rotação:

▶ Conservação do momento angular

O momento angular total de um sistema é constante, tanto em módulo quanto em direção, se o torque externo resultante que atua sobre o sistema for zero, ou seja, se o sistema for isolado.

Esta afirmação é, com frequência, chamada[6] de **princípio da conservação do momento angular**, e é a base da **versão de momento angular do modelo de sistema isolado**. Este princípio decorre diretamente da Equação 10.40, a qual indica que, se

$$\sum \vec{\tau}_{ext} = \frac{d\vec{\mathbf{L}}_{tot}}{dt} = 0 \quad \mathbf{10.42}$$

então,

$$\vec{\mathbf{L}}_{tot} = \text{constante ou } \vec{\mathbf{L}}_i = \vec{\mathbf{L}}_f \quad \mathbf{10.43}$$

Para um sistema isolado consistindo em várias partículas, escrevemos esta lei de conservação como $\vec{\mathbf{L}}_{tot} = \Sigma\vec{\mathbf{L}}_n =$ constante, onde o índice n denota a n-ésima partícula no sistema.

Se um sistema rotativo isolado é deformável de maneira que sua massa sofra redistribuição de algum modo, o momento de inércia do sistema muda. Como o módulo do momento angular do sistema é $L = I\omega$ (Eq. 10.41), a conservação do momento angular requer que o produto de I e ω permaneça constante. Portanto, uma variação em I para um sistema isolado requer uma variação em ω. Neste caso, podemos expressar o princípio da conservação do momento angular como

$$I_i\omega_i = I_f\omega_f = \text{constante} \quad \mathbf{10.44}$$

Esta expressão é válida tanto para rotação em torno de um eixo fixo quanto para rotação em torno de um eixo que passa pelo centro de massa de um sistema em movimento, desde que este eixo permaneça fixo em direção. Necessitamos apenas que o torque externo resultante seja zero.

Muitos exemplos demonstram a conservação do momento angular para um sistema deformável. Você pode ter observado um patinador artístico girando (*spin*) no final de uma sequência (Fig. 10.23). A velocidade angular do patinador é grande quando suas mãos e pés estão perto do corpo. (Observe o cabelo do patinador!) Desprezando o atrito entre o patinador e o gelo, não há torque externo resultante sobre ele. O momento de inércia do seu corpo aumenta quando suas mãos e pés se afastam do corpo para finalizar o giro. De acordo com o princípio da conservação do momento angular, sua velocidade angular deve diminuir. De maneira similar, quando saltadores ornamentais em piscinas ou acrobatas fazem várias cambalhotas, colocam as mãos e os pés perto do corpo para girar a uma taxa superior. Nestes casos, a força externa devida à gravidade age pelo centro de massa e, portanto, não exerce nenhum torque em torno do eixo que passa por este ponto. Portanto, o momento angular em torno do centro de

[6] A equação de conservação do momento angular mais geral é a 10.40, que descreve como o sistema interage com seu ambiente.

massa deve ser conservado, ou seja, $I_i \omega_i = I_f \omega_f$. Por exemplo, quando mergulhadores desejam dobrar sua velocidade angular, eles devem reduzir seu momento de inércia à metade de seu valor inicial.

Na Equação 10.43, temos uma terceira versão do modelo de sistema isolado. Podemos agora afirmar que a energia, os momentos linear e angular de um sistema isolado são todos constantes:

$E_i = E_f$ (se não houver transferência de energia através da fronteira do sistema)

$\vec{\mathbf{p}}_i = \vec{\mathbf{p}}_f$ (se a força externa resultante sobre o sistema for zero)

$\vec{\mathbf{L}}_i = \vec{\mathbf{L}}_f$ (se o torque externo resultante sobre o sistema for zero)

Um sistema pode ser isolado no que se refere a uma dessas quantidades, mas não de outra. Se um sistema for não isolado tendo em vista o momento ou o momento angular, frequentemente será não isolado também quanto à energia, pois tem uma força resultante ou um torque resultante sobre ele, e a força ou torque resultante realizará trabalho sobre o sistema. Podemos, entretanto, identificar sistemas que são não isolados quanto à energia, mas isolados no que diz respeito a momento. Por exemplo, imagine pressionar um balão (o sistema) entre suas mãos. É realizado trabalho ao comprimir o balão; portanto, o sistema é não isolado em termos de energia, mas há força resultante zero agindo sobre ele; logo, o sistema é isolado quanto ao momento. Uma afirmação semelhante poderia ser feita sobre torcer as extremidades de uma peça de metal flexível com ambas as mãos. É realizado trabalho sobre o metal (o sistema); portanto, é armazenada energia no sistema não isolado na forma de energia potencial elástica, mas o torque resultante sobre o sistema é zero. Portanto, o sistema é isolado no que se refere ao momento angular. Outros exemplos são colisões de corpos macroscópicos, que representam sistemas isolados quanto ao momento, mas não isolados em relação à energia por causa da saída de energia do sistema por ondas mecânicas (som).

Um interessante exemplo astrofísico de conservação do momento angular ocorre quando, ao final de sua vida, uma estrela massiva consome todo seu combustível e colapsa sob a influência de forças gravitacionais, causando uma emissão gigantesca de energia chamada explosão de supernova. O exemplo mais bem estudado de um remanescente de uma explosão de supernova é a Nebulosa do Caranguejo, uma massa de gás caótica em expansão (Fig. 10.24). Em uma supernova, parte da massa da estrela é liberada para o espaço, onde eventualmente se

Quando braços e pernas estão próximos do corpo, o momento de inércia do patinador é pequeno, e sua velocidade angular é grande.

Para ir mais lento no fim do seu giro, o patinador move braços e pernas para fora, aumentando seu momento de inércia.

Figura 10.23 O momento angular é conservado quando o medalhista de ouro, o russo Evgeni Plushenko, se apresenta nos Jogos Olímpicos de Inverno em Turim, 2006.

Figura 10.24 A Nebulosa do Caranguejo, na constelação de Touro. Essa nebulosa é remanescente de uma explosão de supernova, que foi vista na Terra no ano de 1054. Ela está localizada a cerca de 6 300 anos-luz de distância e tem aproximadamente 6 anos-luz de diâmetro, ainda em expansão.

condensa em novas estrelas e planetas. A maior parte do que é deixado para trás normalmente se transforma numa **estrela de nêutrons**, uma esfera de matéria extremamente densa, com um diâmetro de cerca de 10 km em comparação com o de 10^6 km da estrela original, e contendo uma grande fração da massa original da estrela. Quando o momento de inércia do sistema diminui durante o colapso, aumenta a velocidade de rotação da estrela, similar ao aumento na velocidade do patinador na Figura 10.23. Cerca de 2 000 estrelas de nêutrons girando rapidamente foram identificadas desde a primeira descoberta de tais corpos celestes em 1967, com períodos de rotação variando de um milissegundo até vários segundos. A estrela de nêutrons é um sistema bem dramático – um corpo com uma massa maior que a do Sol, girando sobre seu eixo muitas vezes por segundo!

Podemos também detectar os efeitos da conservação do momento na rotação da Terra quando ocorre um terremoto. Este evento faz com que a distribuição da massa da Terra mude, cujo resultado é uma variação no momento de inércia da Terra. Assim como com o patinador, essa variação fará com que a velocidade angular da Terra mude. Um terremoto de magnitude 8,8 no Chile, em fevereiro de 2010, provocou uma diminuição no período da Terra 1,3 μs. Da mesma forma, o terremoto de magnitude 9,0 na costa do Japão, em março de 2011, causou uma diminuição adicional de 1,8 μs.

TESTE RÁPIDO 10.8 Uma saltadora ornamental de competição deixa o trampolim e cai em direção à água com seu corpo reto e girando lentamente. Ela puxa os braços e as pernas para uma posição bem encolhida. O que acontece com sua energia cinética rotacional? (**a**) Aumenta. (**b**) Diminui. (**c**) Permanece a mesma. (**d**) Impossível determinar.

Exemplo 10.13 | Um disco girando em uma superfície horizontal e sem atrito

Um disco de massa m sobre uma mesa horizontal sem atrito está ligado a um fio que passa por um pequeno orifício na mesa. O disco é colocado em movimento circular de raio R, e neste instante tem velocidade escalar v_f (Fig. 10.25).

(A) Se o fio for puxado por baixo, de forma que o raio da trajetória circular seja diminuído para r, encontre uma expressão para a velocidade final v_f do disco.

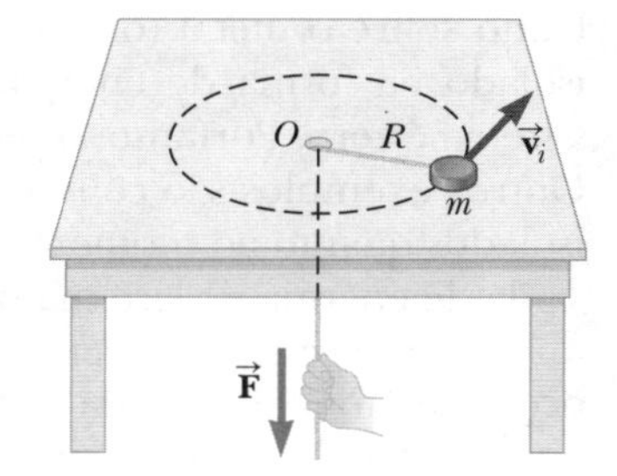

Figura 10.25 (Exemplo 10.13) Quando o fio é puxado para baixo, a velocidade do disco muda.

SOLUÇÃO

Conceitualização Imagine o disco na Figura 10.25 movendo-se em sua trajetória circular. Agora, imagine puxar o fio para baixo de modo que o disco se mova em uma trajetória circular com um raio menor. Você espera que ele se mova mais rápido ou mais devagar? O que acontece a um patinador girando quando ele traz seus braços para perto do corpo?

Categorização Identificamos o sistema como o disco. O sistema é isolado ou não isolado? A força gravitacional agindo sobre o disco é equilibrada pela força normal para cima, de modo que essas forças se cancelam, resultando em torque resultante zero. A força $\vec{F}$ do fio sobre o disco age em direção ao centro da rotação, e o vetor posição $\vec{r}$ é direcionado saindo de O. Portanto, vemos que o torque em torno do centro de rotação em função desta força é $\vec{\tau} = \vec{r} \times \vec{F} = 0$. Embora três forças ajam sobre o disco, o torque resultante exercido sobre ele é zero. Portanto, o disco é um sistema isolado quanto ao momento angular!

Análise A partir do modelo do sistema isolado, defina o momento angular inicial igual ao final:

$$L = mv_iR = mv_fr$$

Resolva para a velocidade final:

$$v_f = \frac{v_iR}{r}$$

A partir deste resultado, vemos que conforme r diminui, a velocidade v aumenta.

(B) Mostre que a energia cinética do disco não é conservada neste processo.

Encontre uma expressão para a razão da energia cinética final em relação à inicial:

$$\frac{K_f}{K_i} = \frac{\frac{1}{2}mv_f^2}{\frac{1}{2}mv_i^2} = \frac{1}{v_i^2}\left(\frac{v_iR}{r}\right)^2 = \frac{R^2}{r^2}$$

10.13 *cont.* *continua*

Como esta razão não é igual a 1, a energia cinética não é conservada.

Finalização Como $R > r$, a energia cinética do disco aumentou. Este aumento corresponde à energia entrando no sistema do disco por meio do trabalho feito pela pessoa puxando o fio. Apesar de o sistema ser isolado quanto ao momento angular, não é isolado em termos da energia!

Exemplo 10.14 | Formação de uma estrela de nêutron

Uma estrela gira por um período de 30 dias em torno de um eixo que passa por seu centro. O período é o intervalo de tempo necessário para um ponto no equador da estrela efetuar uma volta completa em torno do eixo de rotação. Depois que a estrela sofre uma explosão supernova, o núcleo estelar, que tinha um raio de $1{,}0 \times 10^4$ km, sofre colapso em uma estrela de nêutron de raio 3,0 km. Determine o período de rotação da estrela de nêutron.

SOLUÇÃO

Conceitualização A variação no movimento da estrela de nêutron é semelhante à do patinador descrito anteriormente, mas na direção inversa. Como a massa da estrela move-se mais perto do eixo de rotação, esperamos que ela gire mais rapidamente.

Categorização Vamos considerar que, durante o colapso do núcleo estelar, (1) nenhum torque externo atua sobre a estrela, (2) ela permanece esférica com a mesma distribuição de massa relativa, e (3) sua massa permanece constante. Categorizamos a estrela como um sistema isolado quanto ao momento angular. Não sabemos a distribuição de massa da estrela, mas presumimos que seja simétrica; então, o momento de inércia pode ser expresso como kMR^2, onde k é alguma constante numérica. (Na Tabela 10.2, por exemplo, vemos que $k = \frac{2}{5}$ para uma esfera sólida, e $k = \frac{2}{3}$ para uma concha esférica.)

Análise Vamos utilizar o símbolo T para o período, com T_i sendo o período inicial da estrela e T_f o período final. A velocidade angular da estrela é definida por $\omega = 2\pi/T$.

Escreva a Equação 10.44:
$$I_i\omega_i = I_f\omega_f$$

Use $\omega = 2\pi/T$ para reescrever esta equação quanto aos períodos inicial e final:
$$I_i\left(\frac{2\pi}{T_i}\right) = I_f\left(\frac{2\pi}{T_f}\right)$$

Substitua os momentos de inércia na equação anterior:
$$kMR_i^2\left(\frac{2\pi}{T_i}\right) = kMR_f^2\left(\frac{2\pi}{T_f}\right)$$

Resolva para o período final da estrela:
$$T_f = \left(\frac{R_f}{R_i}\right)^2 T_i$$

Substitua os valores numéricos:
$$T_f = \left(\frac{3{,}0\,\text{km}}{1{,}0 \times 10^4\,\text{km}}\right)^2 (30\text{ dias}) = 2{,}7 \times 10^{-6}\text{dias} = 0{,}23\text{ s}$$

Finalização A estrela de nêutron gira mais rápido depois de sofrer colapso, como previsto. De fato, move-se girando em torno de quatro vezes por segundo.

10.11 | Movimento de precessão dos giroscópios

Um tipo de movimento pouco comum e fascinante que você provavelmente já deve ter observado é o de um pião girando rapidamente sobre seu eixo de simetria, como mostrado na Figura 10.26a. Se a parte superior gira rapidamente, o eixo de simetria gira sobre o eixo z, varrendo um cone (ver Fig. 10.26b). O movimento do eixo de simetria

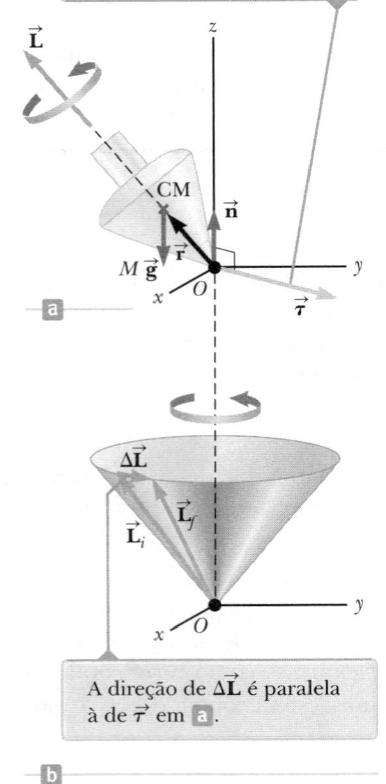

Figura 10.26 Movimento de precessão de um pião girando em torno de seu eixo de simetria. (a) As únicas forças externas que agem sobre o pião são as forças normal $\vec{n}$ e gravitacional $M\vec{g}$. A direção do momento angular $\vec{L}$ é ao longo do eixo de simetria. (b) Como $\vec{L}_f = \Delta\vec{L} + \vec{L}_i$, o pião tem movimento de precessão em torno do eixo z.

em torno da vertical – conhecido como **movimento de precessão** – é normalmente lento em relação ao do giro do pião.

É muito natural querer saber por que o pião não cai. Como seu centro de massa não está diretamente acima do ponto de apoio O, está agindo um torque resultante sobre o pião em torno de um eixo que passa por O, um torque surgindo da força gravitacional $M\vec{g}$. O pião certamente cairia se não estivesse girando. Mas, como está, tem um momento angular $\vec{L}$ direcionado ao longo do seu eixo de simetria. Mostraremos que este eixo se move em torno do eixo z (ocorre o movimento de precessão), porque o torque produz uma variação na *direção* do eixo de simetria. Esta ilustração é um exemplo excelente da importância da natureza vetorial do momento angular.

As características essenciais do movimento de precessão podem ser ilustradas considerando o giroscópio simples mostrado na Figura 10.27a. As duas forças que agem sobre o giroscópio são mostradas na Figura 10.27b: a gravitacional para baixo $M\vec{g}$ e a normal $\vec{n}$ que age para cima no ponto de apoio O. A força normal não produz nenhum torque em torno do eixo que passa pelo apoio, pois seu braço de momento em relação a esse ponto é zero. A força gravitacional, entretanto, produz um torque $\vec{\tau} = \vec{r} \times M\vec{g}$ em torno de um eixo que passa por O, onde a direção de $\vec{\tau}$ é perpendicular ao plano formado por $\vec{r}$ e $M\vec{g}$. Pela regra da mão direita, o vetor $\vec{\tau}$ está em um plano horizontal xy perpendicular ao vetor momento angular. O torque resultante e o momento angular do giroscópio são relacionados por meio da Equação 10.40:

$$\sum \vec{\tau}_{\text{ext}} = \frac{d\vec{L}}{dt}$$

Esta expressão mostra que, no intervalo de tempo infinitesimal dt, o torque diferente de zero produz uma variação no momento angular $d\vec{L}$, na mesma direção que $\vec{\tau}$. Portanto, como o vetor torque, $d\vec{L}$ também deve ser perpendicular a $\vec{L}$. A Figura 10.27c ilustra o movimento de precessão resultante do eixo de simetria do giroscópio. Em um intervalo de tempo dt, a variação no momento angular é $d\vec{L} = \vec{L}_f - \vec{L}_i = \vec{\tau}\, dt$. Como $d\vec{L}$ é perpendicular a $\vec{L}$, o módulo de $\vec{L}$ não muda

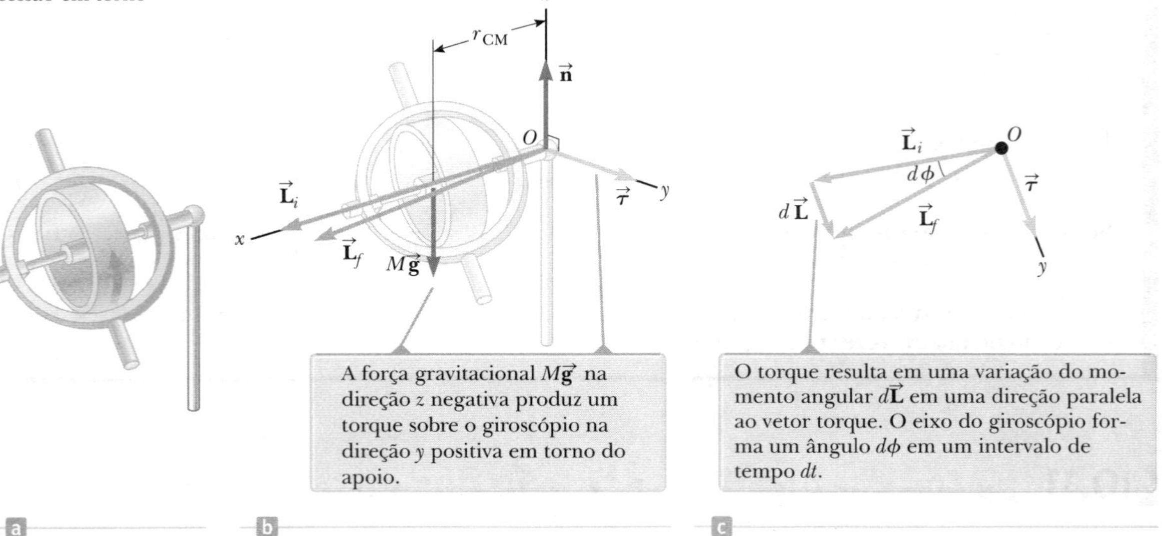

Figura 10.27 (a) Um giroscópio girando é posicionado em um apoio na extremidade direita. (b) Diagrama para o giroscópio girando mostrando forças, torque e momento angular. (c) Vista de cima (olhando para baixo do eixo z) dos vetores nos momentos angulares inicial e final do giroscópio para um intervalo de tempo infinitesimal dt.

($|\vec{\mathbf{L}}_i| = |\vec{\mathbf{L}}_f|$). Em vez disso, o que muda é a *direção* de $\vec{\mathbf{L}}$. Como a variação no momento angular $d\vec{\mathbf{L}}$ é na direção de $\vec{\tau}$, que está no plano *xy*, o giroscópio sofre movimento de precessão.

Para simplificar a descrição do sistema, consideramos que o momento angular total da roda em precessão é a soma do momento angular $I\vec{\omega}$ devido ao giro e momento angular devido ao movimento do centro de massa em torno do apoio. Em nosso tratamento, desprezaremos a contribuição do movimento do centro de massa e consideraremos o momento angular total como sendo simplesmente $I\vec{\omega}$. Na prática, essa aproximação é boa se $\vec{\omega}$ for muito grande.

O diagrama vetorial na Figura 10.27c mostra que, no intervalo de tempo *dt*, o vetor momento angular gira por um ângulo $d\phi$, que também é o ângulo pelo qual o eixo do giroscópio gira. Do triângulo formado pelos vetores $\vec{\mathbf{L}}_i$, $\vec{\mathbf{L}}_f$ e $d\vec{\mathbf{L}}$ vemos que:

$$d\phi = \frac{dL}{L} = \frac{\sum \tau_{\text{ext}} dt}{L} = \frac{(Mgr_{\text{CM}})dt}{L}$$

Dividindo por *dt* e usando a relação $L = I\omega$, descobrimos que a taxa em que o eixo gira em torno do eixo vertical é

$$\omega_p = \frac{d\phi}{dt} = \frac{Mgr_{\text{CM}}}{I\omega} \qquad \textbf{10.45} \blacktriangleleft$$

A velocidade angular ω_p é chamada **frequência de precessão**. Este resultado é válido somente quando $\omega_p \ll \omega$. Caso contrário, um movimento muito mais complicado é envolvido. Como você pode ver da Equação 10.45, a condição $\omega_p \ll \omega$ é satisfeita quando ω é grande, ou seja, quando a roda gira rapidamente. Além disso, note que a frequência de precessão diminui com o aumento de ω, ou seja, conforme a roda gira mais rápido em torno de seu eixo de simetria.

Com técnicas de fabricação cuidadosas, a precessão devida ao torque gravitacional pode ser tornada muito pequena e os giroscópios podem ser utilizados como sistemas de orientação em veículos – uma variação na direção da velocidade do veículo é detectada como uma variação entre a direção do momento angular do giroscópio e a de referência ligada ao veículo. Com realimentação eletrônica apropriada, o desvio do movimento da direção desejada pode ser eliminado, alinhando novamente o momento angular em relação à direção de referência. Taxas de precessão para giroscópios militares altamente especializados podem ser tão baixas quanto 0,02° por dia.

Giroscópios estão se tornando cada vez mais presentes em aplicações do cotidiano. Qualquer um que já tenha experimentado andar em um veículo elétrico Segway foi mantido na posição vertical por um sistema de cinco giroscópios em seu sistema de controle. O iPhone 4 da Apple inclui um sensor giroscópico, que auxilia o dispositivo com aplicações que envolvem um avançado sensor de movimento. Outro exemplo é a tecnologia de estabilização de imagem em câmeras digitais, que utilizam sensores giroscópicos para ajudar a esclarecer as imagens captadas.

10.12 | Movimento de rolamento de corpos rígidos

Nesta seção, tratamos do movimento de rolamento de um corpo rígido ao longo de uma superfície plana. Existem muitos exemplos diários de tal movimento, incluindo pneus de automóveis nas estradas e bolas de boliche rolando em direção aos pinos. Como exemplo, suponha que um cilindro esteja rolando sobre uma superfície reta, como na Figura 10.28. O centro de massa movimenta-se em linha reta, mas um ponto sobre a borda movimenta-se em uma trajetória mais complexa chamada *cicloide*. Supomos, além disso, que o cilindro de raio *R* seja uniforme e role sobre uma superfície com atrito. As superfícies devem exercer forças de atrito entre si; caso contrário, o cilindro simplesmente deslizaria, em vez de rolar. Se a força de atrito sobre o cilindro for grande o suficiente, ele rola sem deslizar.

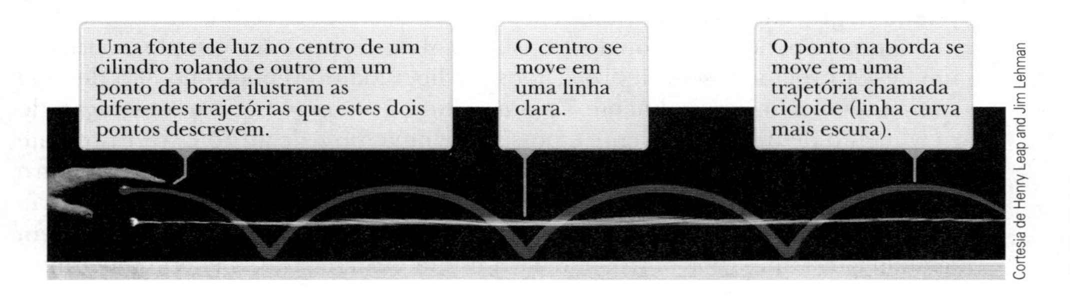

Figura 10.28 Dois pontos em um cilindro rolando tomam trajetórias diferentes através do espaço.

Nesta situação, a força de atrito é estática, em vez de cinética, pois o ponto de contato do cilindro com a superfície está em repouso em relação à superfície em qualquer instante. A força de atrito estático atua sem deslocamento e, portanto, não realiza trabalho sobre o cilindro e não causa diminuição na sua energia mecânica. Em corpos reais rolando, deformações das superfícies resultam em alguma resistência ao rolamento. Contudo, se as superfícies são duras, vão se deformar muito pouco e a resistência ao rolamento pode ser pequena e, assim, desprezível. Portanto, podemos modelar o movimento de rolamento como mantendo constante a energia mecânica. A roda foi uma grande invenção!

Quando o cilindro gira um ângulo θ, seu centro de massa desloca-se uma distância $s = r\theta$. Portanto, a velocidade e a aceleração do centro de massa para o movimento de rolamento puro são

▶ Relações entre variáveis translacionais e rotacionais para um corpo rolando

$$v_{\text{CM}} = \frac{ds}{dt} = R\frac{d\theta}{dt} = R\omega \qquad \textbf{10.46}$$

$$a_{\text{CM}} = \frac{dv_{\text{CM}}}{dt} = R\frac{d\omega}{dt} = R\alpha \qquad \textbf{10.47}$$

As velocidades translacionais de vários pontos sobre o cilindro rolando estão ilustradas na Figura 10.29. Observe que a velocidade translacional de qualquer ponto está em uma direção perpendicular à linha que vai deste ponto ao de contato. Em qualquer instante, o ponto P está em repouso em relação à superfície, pois não ocorre deslizamento.

Podemos expressar a **energia cinética total** de um corpo de massa M e momento de inércia I rolando como a combinação da energia cinética rotacional ao redor do centro de massa mais a energia cinética translacional do centro de massa:

▶ Energia cinética total de um corpo rolando

$$K = \tfrac{1}{2}I_{\text{CM}}\omega^2 + \tfrac{1}{2}M{v_{\text{CM}}}^2 \qquad \textbf{10.48}$$

Um teorema útil, chamado **teorema dos eixos paralelos**, nos permite expressar essa energia quanto ao momento de inércia I_p em relação a qualquer eixo paralelo àquele que passa pelo centro de massa de um corpo. Este teorema afirma que

$$I_p = I_{\text{CM}} + MD^2 \qquad \textbf{10.49}$$

onde D é a distância do eixo paralelo até o do centro de massa, e M é a massa total do corpo. Usamos este teorema para expressar o momento de inércia ao redor do ponto de contato P entre o corpo rolando e a superfície. A distância deste ponto até o centro de massa do corpo simétrico é seu raio; assim

$$I_P = I_{\text{CM}} + MR^2$$

Se escrevermos a velocidade translacional do centro de massa do corpo na Equação 10.48 quanto à velocidade angular, temos

$$K = \tfrac{1}{2}I_{\text{CM}}\omega^2 + \tfrac{1}{2}MR^2\omega^2 = \tfrac{1}{2}(I_{\text{CM}} + MR^2)\omega^2 = \tfrac{1}{2}I_P\omega^2 \qquad \textbf{10.50}$$

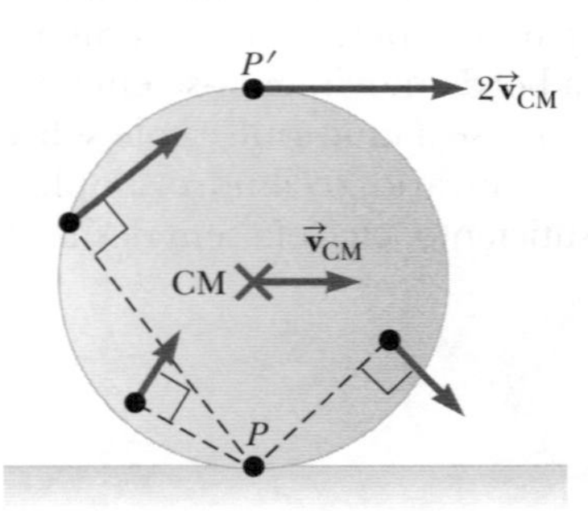

Figura 10.29 Todos os pontos sobre um corpo rolando movimentam-se em uma direção perpendicular a uma linha passando pelo ponto instantâneo de contato P. O centro do corpo desloca-se com uma velocidade $\vec{v}_{\text{CM}}$, enquanto o ponto P' desloca-se com uma velocidade $2\vec{v}_{\text{CM}}$.

Assim, a energia cinética do corpo rolando pode ser considerada como equivalente a uma energia cinética puramente rotacional do corpo rolando ao redor do seu ponto de contato.

Podemos usar a versão de energia do modelo de sistema isolado para tratar uma classe de problemas relativa ao movimento de rolamento de um corpo rígido descendo um plano inclinado áspero. Nesses tipos de problemas, a energia potencial gravitacional do sistema corpo-Terra decresce à medida que aumentam as energias cinéticas rotacional e translacional do corpo. Por exemplo, considere uma esfera rolando, sem deslizar, após ser liberada do repouso no alto de uma rampa, descendo verticalmente de uma altura h. Observe que a aceleração do movimento de descida somente é possível se uma força de atrito estiver presente entre a esfera e a inclinação, produzindo um torque resultante sobre o centro de massa. Apesar da presença de atrito, a diminuição da energia mecânica não ocorre porque o ponto de contato está em repouso em relação à superfície em qualquer instante. (Por outro lado, se a esfera escorregasse, a energia mecânica do sistema esfera-inclinação-Terra poderia ser transformada em energia interna, devido à força de atrito cinética não conservativa.)

Usando $v_{CM} = R\omega$, podemos expressar a Equação 10.48 como

$$K = \tfrac{1}{2} I_{CM} \left(\frac{v_{CM}}{R} \right)^2 + \tfrac{1}{2} M v_{CM}^{\ 2}$$

$$K = \tfrac{1}{2} \left(\frac{I_{CM}}{R^2} + M \right) v_{CM}^{\ 2} \qquad \textbf{10.51}$$

Para o sistema esfera-Terra, definimos a configuração zero de energia potencial gravitacional quando a esfera está na parte inferior da rampa. Portanto, a conservação da energia mecânica nos dá

$$K_f + U_f = K_i + U_i$$

$$\tfrac{1}{2} \left(\frac{I_{CM}}{R^2} + M \right) v_{CM}^{\ 2} + 0 = 0 + Mgh$$

$$v_{CM} = \left(\frac{2gh}{1 + I_{CM}/MR^2} \right)^{1/2} \qquad \textbf{10.52}$$

TESTE RÁPIDO 10.9 Dois itens, A e B, são colocados em repouso no topo de uma rampa. Para *cada* um dos três pares de itens em (i), (ii) e (iii), qual chega primeiro ao final da rampa? **(i)** uma bola A rolando sem deslizar e uma caixa B deslizando em uma parte sem atrito da rampa **(ii)** uma esfera A que tem duas vezes a massa e o raio de uma esfera B, e ambas rolam sem deslizar **(iii)** uma esfera A que tem a mesma massa e raio que uma esfera B, mas a A é sólida, enquanto a B é oca, e ambas rolam sem deslizar. Escolha entre as alternativas a seguir para cada um dos três pares de itens. **(a)** item A **(b)** item B **(c)** os itens A e B chegam ao mesmo tempo **(d)** impossível determinar.

Exemplo 10.15 | Esfera rolando em um plano inclinado

Para a esfera sólida mostrada na Figura 10.30, calcule a velocidade translacional do seu centro da massa no fim do plano inclinado e o módulo da aceleração translacional do seu centro da massa.

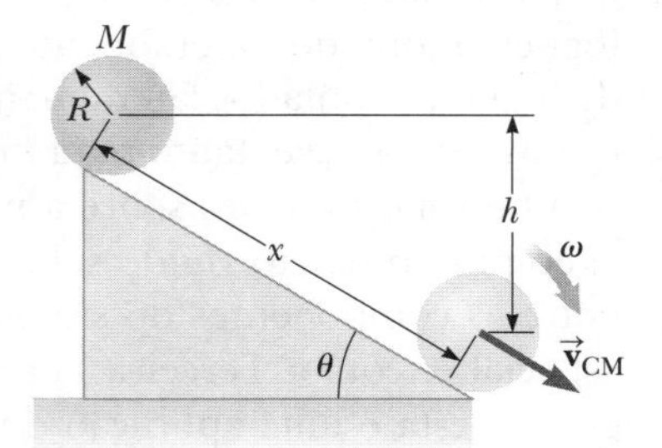

Figura 10.30 (Exemplo 10.15) Uma esfera rolando por um plano inclinado. A energia mecânica do sistema esfera-Terra é conservada se não ocorre deslizamento.

SOLUÇÃO

Conceitualização Imagine rolar a esfera no plano inclinado. Compare-a, em sua mente, a um livro deslizando pelo mesmo plano sem atrito. Você provavelmente já fez teste com corpos rolando por planos inclinados, e pode ficar tentado a pensar que a esfera se moveria por tal plano mais rápido que o livro. Entretanto, você não testou corpos deslizando por planos inclinados sem atritos! Então, qual corpo chega à base primeiro?

Categorização Modelamos a esfera e a Terra como um sistema isolado quanto à energia sem a atuação de forças não conservativas. Esse modelo é o que levou à Equação 10.52, de modo que possamos usar aquele resultado.

Análise Avalie a velocidade do centro da massa da esfera a partir da Equação 10.52:

$$(1) \quad v_{CM} = \left[\frac{2gh}{1 + \left(\frac{2}{5} MR^2 / MR^2 \right)} \right]^{1/2} = \left(\tfrac{10}{7} gh \right)^{1/2}$$

Este resultado é menor que $\sqrt{2gh}$, a velocidade que um corpo teria se simplesmente deslizasse pelo plano inclinado sem rotacionar. (Elimine a rotação definindo $I_{CM} = 0$ na Eq. 10.52.)

Para calcular a aceleração translacional do centro da massa, observe que o deslocamento vertical da esfera está relacionado à distância x pela qual se move ao longo do plano através da relação $h = x \operatorname{sen} \theta$.

continua

10.15 *cont.*

Use esta relação para reescrever a Equação (1): $v_{CM}{}^2 = \frac{10}{7} gx \operatorname{sen}\theta$

Escreva a Equação 2.14 para um corpo começando do repouso e movendo-se por uma distância x sob aceleração constante: $v_{CM}{}^2 = 2a_{CM}x$

Equacione as duas expressões anteriores para encontrar a_{CM}: $a_{CM} = \frac{5}{7} g \operatorname{sen}\theta$

Finalização Tanto a velocidade quanto a aceleração do centro de massa são independentes da massa e do raio da esfera. Isto é, todas as esferas sólidas homogêneas experimentam a mesma velocidade e aceleração em uma inclinação. Tente verificar, experimentalmente, esta afirmação com bolas de tamanhos diferentes, por exemplo, uma de gude e outra de *croquet*.

Se tivéssemos que repetir o cálculo da aceleração para uma esfera oca, um cilindro sólido ou um aro, obteríamos resultados semelhantes, em que somente o fator antes de g sen θ seria diferente. Os fatores constantes que aparecem nas expressões para v_{CM} e a_{CM} dependem somente do momento de inércia com relação ao centro de massa para o corpo específico. Em todos os casos, a aceleração do centro da massa é menor que g sen θ, o valor que a aceleração teria se o plano inclinado não tivesse atrito e nenhum rolamento ocorresse.

10.13 | Conteúdo em contexto: fazendo o retorno em uma nave espacial

No Conteúdo em Contexto do Capítulo 8, discutimos como fazer uma nave espacial se mover no espaço vazio e disparar seus motores de foguete. Agora, vamos considerar como virar a nave no espaço vazio.

Uma maneira de mudar a orientação de uma nave espacial é ter pequenos motores de foguete que são acionados perpendicularmente para fora do lado da nave espacial, fornecendo um torque ao redor do seu centro de massa. Este torque provoca uma aceleração angular ao redor do seu centro de massa e, portanto, uma velocidade angular. Esta rotação pode ser interrompida para dar à nave espacial a orientação final desejada acionando os motores de foguete montados lateralmente no sentido oposto. Esta opção é desejável e muitas naves espaciais têm tais motores de foguete montados lateralmente. Uma característica indesejável desta técnica é que ela consome combustível não renovável na nave, tanto para iniciar quanto parar a rotação.

O torque exercido sobre a nave espacial nessa situação não é um torque externo, de modo que este não é um exemplo do objeto rígido submetido a um torque resultante. O torque na espaçonave decorre de forças internas entre as componentes do sistema. A espaçonave exerce forças sobre os gases de escape para expulsá-los da nave espacial e, com a Terceira Lei de Newton, os gases exercem uma força de volta para a nave espacial. Por conseguinte, esta é uma aplicação do modelo de sistema isolado para o momento angular. Os gases são lançados com um momento angular em uma direção e a nave se vira em outra direção. É um análogo de rotação para o arqueiro discutido no Exemplo 8.2 ou a propulsão de foguetes discutida na Seção 8.8.

Vamos considerar outra possibilidade relacionada com a versão momento angular do modelo de sistema isolado que não envolve a expulsão de gases. Suponhamos que a espaçonave tenha um giroscópio que não está rodando, tal como na Figura 10.31a. Neste caso, o movimento angular da espaçonave sobre o seu centro de massa é zero. Suponhamos que o giroscópio seja colocado em rotação. Agora, pareceria que o sistema de sonda tem um movimento angular diferente de zero, devido à rotação do giroscópio. No entanto, não existe torque externo sobre o sistema, de modo que o momento angular do sistema isolado deve permanecer zero de acordo com o princípio da conservação do momento angular. Este princípio será satisfeito na medida em que a espaçonave deverá rodar no sentido oposto ao do giroscópio, de modo que os vetores de movimento angular do giroscópio e da espaçonave anulam-se resultando em nenhum momento angular do sistema. O resultado da rotação do giroscópio, como na Figura 10.31b, é que a espaçonave vira! Ao incluir três giroscópios com eixos perpendiculares entre si, qualquer rotação desejada no espaço pode ser obtida. Uma vez que a orientação desejada é obtida, a rotação do giroscópio é interrompida.

Este efeito ocorreu em uma situação indesejável com a nave espacial *Voyager II* durante o seu voo. A nave levava um gravador cujas bobinas giravam com grande rapidez. Cada vez que o gravador era ligado, as bobinas atuavam como giroscópios e a nave espacial começou uma rotação indesejável na direção oposta. Essa rotação teve que ser contrabalançada pelo controle da missão utilizando jatos de ignição laterais para parar a rotação!

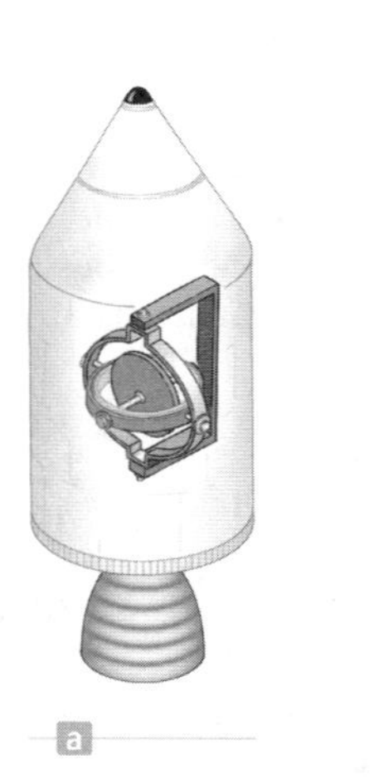

Figura 10.31 (a) Uma nave espacial carrega um giroscópio que não está girando. (b) Quando o giroscópio é colocado em rotação, a nave espacial gira no sentido contrário, de forma que seja conservado o momento angular do sistema.

RESUMO

A **velocidade angular instantânea** de uma partícula girando em um círculo ou de um corpo rígido girando ao redor de um eixo fixo é

$$\omega \equiv \frac{d\theta}{dt} \qquad \textbf{10.3} \blacktriangleleft$$

onde ω está em rad/s ou s^{-1}.

A **aceleração angular instantânea** de uma partícula girando em um círculo ou de um corpo rígido girando ao redor de um eixo fixo é

$$\alpha \equiv \frac{d\omega}{dt} \qquad \textbf{10.5} \blacktriangleleft$$

e tem unidades de rad/s^2 ou s^{-2}.

Quando um corpo rígido gira ao redor de um eixo fixo, todas as partes do corpo têm a mesma velocidade angular e a mesma aceleração angular. No entanto, em geral partes diferentes do corpo têm velocidades translacionais diferentes e acelerações translacionais diferentes.

Quando uma partícula gira ao redor de um eixo fixo, a posição, a velocidade e a aceleração angulares estão relacionadas com a posição, a velocidade e a aceleração tangenciais por meio das relações

$$s = r\theta \qquad \textbf{10.1a} \blacktriangleleft$$

$$v = r\omega \qquad \textbf{10.10} \blacktriangleleft$$

$$a_t = r\alpha \qquad \textbf{10.11} \blacktriangleleft$$

O **momento de inércia** de um sistema de partículas é

$$I = \sum_i m_i r_i^2 \qquad \textbf{10.15} \blacktriangleleft$$

Se um corpo rígido gira ao redor de um eixo fixo com velocidade angular ω, sua **energia cinética rotacional** pode ser escrita

$$K_R = \tfrac{1}{2} I w^2 \qquad \textbf{10.16} \blacktriangleleft$$

onde I é o momento de inércia ao redor do eixo de rotação.

O momento de inércia de um corpo contínuo de densidade ρ é

$$I = \int \rho r^2 dV \qquad \textbf{10.18} \blacktriangleleft$$

O **torque** $\vec{\tau}$ devido a uma força $\vec{\mathbf{F}}$ ao redor de uma origem em um referencial inercial é definido como

$$\vec{\tau} \equiv \vec{\mathbf{r}} \times \vec{\mathbf{F}} \qquad \textbf{10.20} \blacktriangleleft$$

onde $\vec{\mathbf{r}}$ é o vetor posição do ponto da aplicação da força.

Dados dois vetores $\vec{\mathbf{A}}$ e $\vec{\mathbf{B}}$, seu **produto vetorial** ou **produto cruzado** $\vec{\mathbf{A}} \times \vec{\mathbf{B}}$ é o vetor $\vec{\mathbf{C}}$ tendo módulo

$$C \equiv AB \operatorname{sen} \theta \qquad \textbf{10.22} \blacktriangleleft$$

onde θ é o ângulo entre $\vec{\mathbf{A}}$ e $\vec{\mathbf{B}}$. A direção de $\vec{\mathbf{C}}$ é perpendicular ao plano formado por $\vec{\mathbf{A}}$ e $\vec{\mathbf{B}}$, e é determinado pela regra da mão direita.

O **momento angular** $\vec{\mathbf{L}}$ de uma partícula com momento linear $\vec{\mathbf{p}} = m\vec{\mathbf{v}}$ é

$$\vec{\mathbf{L}} \equiv \vec{\mathbf{r}} \times \vec{\mathbf{p}} \qquad \textbf{10.35} \blacktriangleleft$$

onde $\vec{\mathbf{r}}$ é o vetor posição da partícula em relação à origem. Se ϕ é o ângulo entre $\vec{\mathbf{r}}$ e $\vec{\mathbf{p}}$, o módulo de $\vec{\mathbf{L}}$ é

$$L = mvr \operatorname{sen} \phi \qquad \textbf{10.36} \blacktriangleleft$$

A **energia cinética total** de um corpo rígido, como um cilindro que está rolando sobre uma superfície áspera sem deslizar, é igual à energia cinética rotacional $\frac{1}{2}I_{CM}\omega^2$ ao redor do centro da massa do corpo mais a energia cinética translacional $\frac{1}{2}Mv_{CM}^2$ do centro de massa:

$$K = \tfrac{1}{2} I_{CM}\omega^2 + \tfrac{1}{2} M v_{CM}^2 \qquad \textbf{10.48} \blacktriangleleft$$

Nesta expressão, v_{CM} é a velocidade do centro da massa, e $v_{CM} = R\omega$ para o movimento de rolamento puro.

Modelo de análise para resolução de problemas

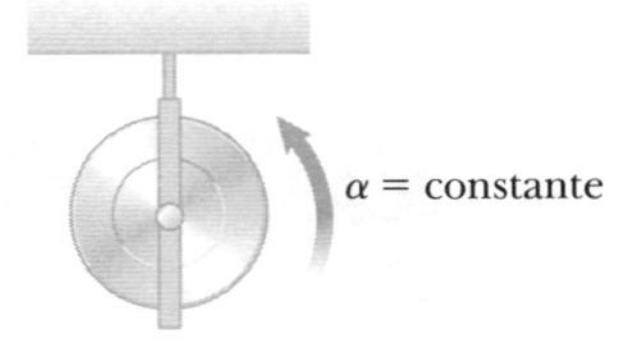

Corpo rígido sob aceleração angular constante. Se um corpo rígido gira ao redor de um eixo fixo sob aceleração angular constante, podemos aplicar equações cinemáticas análogas àquelas para o movimento translacional de uma partícula sob aceleração constante:

$$\omega_f = \omega_i + \alpha t \qquad \text{10.6}$$

$$\theta_f = \theta_i + \omega_i t + \tfrac{1}{2}\alpha t^2 \qquad \text{10.7}$$

$$\omega_f^{\,2} = \omega_i^{\,2} + 2\alpha(\theta_f - \theta_i) \qquad \text{10.8}$$

$$\theta_f = \theta_i + \tfrac{1}{2}(\omega_i - \omega_f)t \qquad \text{10.9}$$

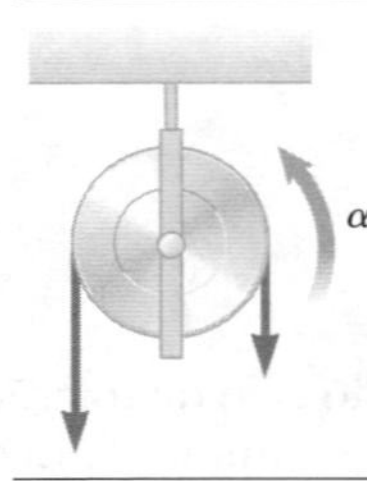

Corpo rígido sob torque resultante. Se um corpo rígido livre para girar ao redor de um eixo fixo tem um torque externo resultante agindo sobre ele, o corpo passa por uma aceleração angular α, onde

$$\sum \tau_{\text{ext}} = I\alpha \qquad \text{10.30}$$

Esta equação é o análogo rotacional da Segunda Lei de Newton para uma partícula sob uma força resultante.

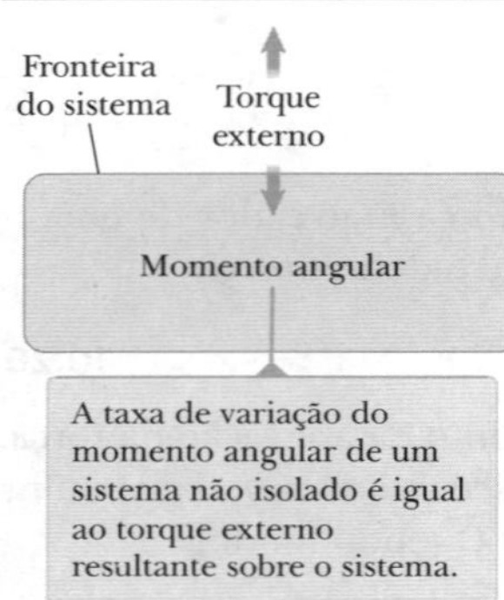

Sistema não isolado (momento angular). Se um sistema interage com seu ambiente no sentido em que há um torque externo sobre o sistema, o torque externo resultante que age sobre ele é igual à taxa de variação de seu momento angular pelo tempo:

$$\sum \vec{\tau}_{\text{ext}} = \frac{d\vec{\mathbf{L}}_{\text{tot}}}{dt} \qquad \text{10.40}$$

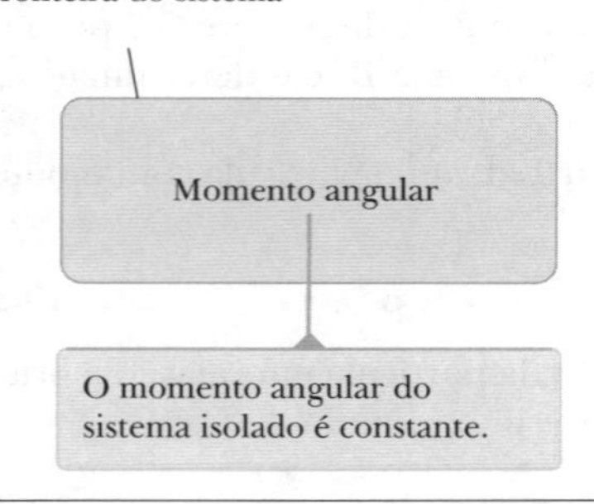

Sistema isolado (momento angular). Se um sistema não sofre nenhum torque externo do ambiente, seu momento angular total é conservado:

$$\vec{\mathbf{L}}_i = \vec{\mathbf{L}}_f \qquad \text{10.43}$$

Aplicando esta lei de conservação do momento angular a um sistema cujo momento de inércia muda, temos

$$I_i \omega_i = I_f \omega_f = \text{constante} \qquad \text{10.44}$$

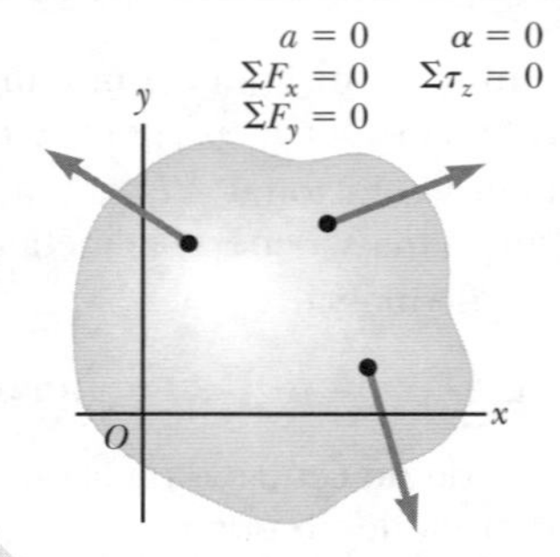

Corpo rígido em equilíbrio. Um corpo rígido em equilíbrio não exibe aceleração translacional nem angular. A força externa resultante que age sobre ele é zero, e o torque externo resultante sobre ele é zero em qualquer eixo:

$$\sum \vec{\mathbf{F}}_{\text{ext}} = 0 \qquad \text{10.27}$$

$$\sum \vec{\tau}_{\text{ext}} = 0 \qquad \text{10.28}$$

A primeira condição é aquela para o equilíbrio translacional, e a segunda é a condição para o equilíbrio rotacional.

PERGUNTAS OBJETIVAS

1. Responda sim ou não para as perguntas a seguir. (a) É possível calcular o torque agindo sobre um corpo rígido sem especificar um eixo de rotação? (b) O torque é independente da localização do eixo de rotação?

2. Uma pedra de moagem aumenta sua velocidade angular de 4,00 rad/s para 12,00 rad/s em 4,00 s. Por qual ângulo ela gira durante este intervalo de tempo se a aceleração angular é constante? (a) 8,00 rad (b) 12,0 rad (c) 16,0 rad (d) 32,0 rad (e) 64,0 rad.

3. Vamos nomear três direções perpendiculares como direita, para cima e na sua direção, quando você está de frente para a TV, que fica em um plano vertical. Os vetores da unidade para essas direções são $\hat{\mathbf{r}}$, $\hat{\mathbf{u}}$ e $\hat{\mathbf{t}}$, respectivamente. Considere a quantidade $(-3\hat{\mathbf{u}} \times 2\hat{\mathbf{t}})$. (**i**) O módulo deste vetor é (a) 6, (b) 3, (c) 2 ou (d) 0? (**ii**) A direção deste vetor é (a) para baixo, (b) na sua direção, (c) para cima, (d) para longe de você, ou (e) para a esquerda?

4. O vetor $\vec{\mathbf{A}}$ está na direção y negativa, e o vetor $\vec{\mathbf{B}}$, na direção x negativa. (**i**) Qual é a direção de $\vec{\mathbf{A}} \times \vec{\mathbf{B}}$? (a) nenhuma, porque ele é escalar (b) x (c) $-y$ (d) z (e) $-z$ (**ii**) Qual é a direção de $\vec{\mathbf{B}} \times \vec{\mathbf{A}}$? Escolha a partir das mesmas alternativas.

5. Suponha que uma única força de 300 N seja exercida no quadro de uma bicicleta, conforme mostrado na Figura PO10.5. Considere o torque produzido por esta força em torno dos eixos perpendiculares ao plano da página e através de cada um dos pontos A a E, onde E é o centro de massa do quadro. Classifique os torques τ_A, τ_B, τ_C, τ_D e τ_E do maior para o menor, observando que zero é maior que uma quantidade negativa. Se dois torques forem iguais, mostre esta igualdade em sua classificação.

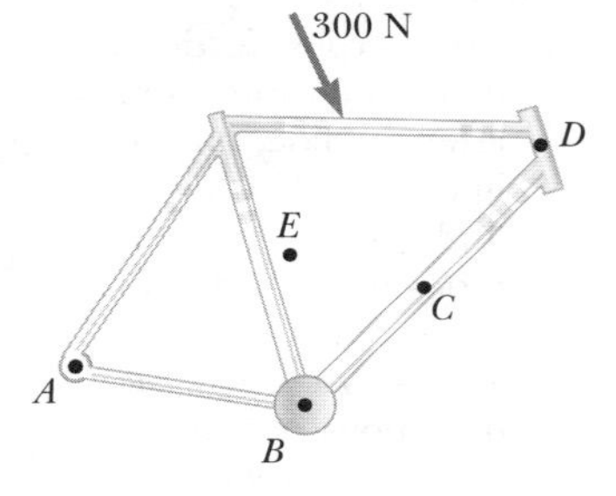

Figura PO10.5

6. Duas forças agem sobre um corpo. Quais das seguintes afirmações estão corretas? (a) O corpo está em equilíbrio se as forças são iguais em módulo e contrárias em direção. (b) O corpo está em equilíbrio se o torque resultante sobre ele for zero. (c) O corpo está em equilíbrio se as forças agem no mesmo ponto sobre ele. (d) O corpo está em equilíbrio se a força e o torque resultantes sobre ele forem zero. (e) O corpo não pode estar em equilíbrio, pois mais de uma força age sobre ele.

7. Um ciclista pedala uma bicicleta com uma roda de raio de 0,500 m por um *campus*. Um pedaço de plástico no aro frontal faz um som de clique cada vez que passa pelo garfo da roda. Se o ciclista conta 320 cliques entre seu apartamento e a cafeteria, que distância ele percorreu? (a) 0,50 km (b) 0,80 km (c) 1,0 km (d) 1,5 km (e) 1,8 km.

8. A Figura PO10.8 mostra um sistema de quatro partículas unidas por barras leves e rígidas. Suponha que $a = b$ e M seja maior que m. Ao redor de quais eixos coordenados o sistema tem (**i**) o menor e (**ii**) o maior momento de inércia? (a) o eixo x (b) o eixo y (c) o eixo z. (d) O momento de inércia tem o mesmo pequeno valor para os dois eixos. (e) O momento de inércia é o mesmo para todos os três eixos.

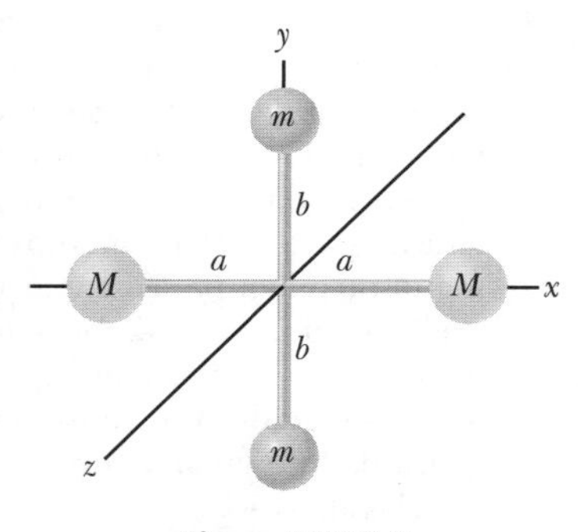

Figura PO10.8

9. Como mostra a Figura PO10.9, uma corda é enrolada em um carretel cilíndrico montado em um eixo horizontal fixo. Quando o carretel tem maior módulo de aceleração angular? (a) Quando a corda é puxada para baixo com uma força constante de 50 N. (b) Quando um corpo de peso 50 N é pendurado na corda e solto. (c) As acelerações angulares nas partes (a) e (b) são iguais. (d) É impossível determinar.

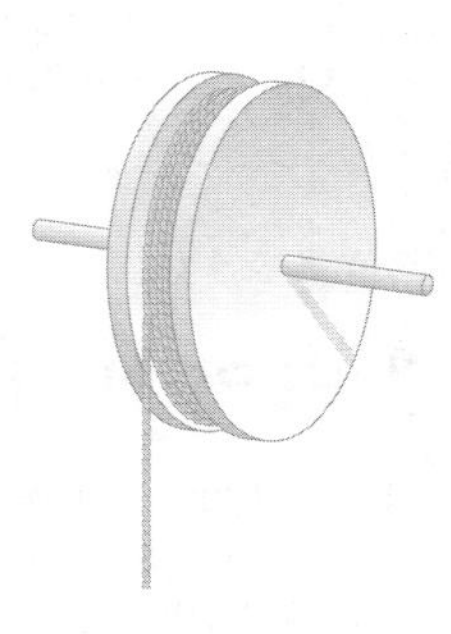

Figura PO10.9

10. Considere um corpo em um disco giratório a uma distância r de seu centro, mantido em seu lugar no disco pelo atrito estático. Qual das seguintes afirmações não é verdadeira para este corpo? (a) Se a velocidade angular é constante, o corpo deve ter uma velocidade tangencial constante. (b) Se a velocidade angular é constante, o corpo não é acelerado. (c) O corpo tem uma aceleração tangencial somente se o disco tiver uma aceleração angular. (d) Se o disco tem uma aceleração angular, o corpo tem tanto aceleração centrípeta quanto tangencial. (e) O corpo sempre tem uma aceleração centrípeta, exceto quando a velocidade angular é zero.

11. Considere o corpo na Figura PO10.11. Uma única força é exercida sobre ele. A linha de ação da força não passa pelo centro de massa do corpo. A aceleração do centro de massa do corpo em função desta força (a) é a mesma, como se a força tivesse sido aplicada no centro de massa, (b) é maior do que a aceleração seria se a força tivesse sido aplicada no centro de massa, (c) é menor do que a aceleração seria se a força tivesse sido aplicada no centro de massa ou (d) é zero, porque a força provoca somente aceleração angular em torno do centro de massa.

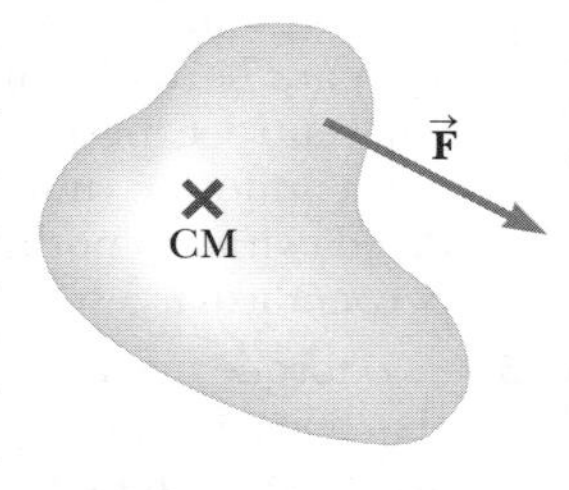

Figura PO10.11

12. Um torque resultante constante é exercido sobre um corpo. Qual das grandezas seguintes não pode ser constante para o corpo? Escolha todas as alternativas aplicáveis. (a) posição angular (b) velocidade angular

(c) aceleração angular (d) momento de inércia (e) energia cinética

13. Uma roda gira por um eixo fixo com aceleração angular constante 3 rad/s². Em momentos diferentes, sua velocidade angular é –2 rad/s, 0 e +2 rad/s. Para um ponto na borda da roda, considere os módulos da componente tangencial da aceleração e da componente radial da aceleração para estes momentos. Classifique os cinco itens a seguir do maior para o menor: (a) $|a_t|$ quando $\omega = -2$ rad/s, (b) $|a_r|$ quando $\omega = -2$ rad/s, (c) $|a_r|$ quando $\omega = 0$, (d) $|a_t|$ quando $\omega = 2$ rad/s e (e) $|a_r|$ quando $\omega = 2$ rad/s. Se dois itens são iguais, mostre isto em sua classificação. Se uma quantidade é igual a zero, mostre também este fato em sua classificação.

14. Uma prancha horizontal de 20,0 kg e 4,00 m de comprimento repousa em dois suportes, um na extremidade esquerda e outro a 1,00 m da extremidade direita. Qual é o módulo da força exercida sobre a prancha pelo suporte próximo à extremidade direita? (a) 32,0 N (b) 45,2 N (c) 112 N (d) 131 N (e) 98,2 N.

15. Uma patinadora começa um giro com os braços esticados para os lados. Ela se equilibra na ponta de um patim para girar sem atrito. Em seguida, puxa seus braços de modo que o momento de inércia diminui por um fator de 2. Neste processo, o que acontece com a sua energia cinética? (a) Aumenta por um fator de 4. (b) Aumenta por um fator de 2. (c) Permanece constante. (d) Diminui por um fator de 2. (e) Diminui por um fator de 4.

16. Uma barra de 7,0 m de comprimento é articulada em um ponto a 2,0 m da extremidade esquerda. Uma força para baixo de 50 N age sobre a extremidade esquerda, e outra de 200 N, sobre a extremidade direita. A que distância à direita da articulação uma terceira força de 300 N para cima pode ser colocada para produzir equilíbrio rotacional? *Observação*: Ignore o peso da barra. (a) 1,0 m (b) 2,0 m (c) 3,0 m (d) 4,0 m (e) 3,5 m.

PERGUNTAS CONCEITUAIS

1. (a) Qual é a velocidade angular do ponteiro menor de um relógio? (b) Qual é a direção de $\vec{\omega}$ conforme você vê um relógio pendurado em uma parede vertical? (c) Qual é o módulo do vetor aceleração angular $\vec{\alpha}$ do ponteiro menor?

2. Uma pessoa equilibra uma régua de metro em uma posição horizontal em seus dedos indicadores estendidos. Lentamente, ela junta os dois indicadores. O metro permanece equilibrado, e os dois dedos sempre se juntam na marca de 50 cm independentemente de suas posições originais. (Experimente!) Explique por que isto ocorre.

3. Estrelas originam-se como grandes corpos de gás girando lentamente. Por causa da gravidade, esses aglomerados de gás diminuem de tamanho lentamente. O que acontece com a velocidade angular de uma estrela quando ela encolhe? Explique.

4. Qual dos registros na Tabela 10.2 é aplicado para encontrar o momento de inércia (a) de um cano longo de esgoto girando sobre seu eixo de simetria? (b) De um aro para bordado girando por um eixo que passa pelo seu centro e perpendicular a seu plano? (c) De uma porta uniforme virando em suas dobradiças? (d) De uma moeda virando por um eixo que passa pelo seu centro e perpendicular a seus lados?

5. Se o torque que age sobre uma partícula ao redor de um eixo que passa por certa origem for zero, o que você pode dizer sobre seu momento angular em torno deste eixo?

6. Um corpo pode estar em equilíbrio se estiver em movimento? Explique.

7. Se você vê um corpo girando, há necessariamente um torque resultante atuando sobre ele?

8. Uma menina tem um cão grande e dócil que deseja pesar em uma pequena balança de banheiro. Ela acha que pode determinar o peso de seu cão pelo seguinte método: primeiro, ela coloca as patas dianteiras na balança e registra a leitura da balança e, depois, apenas as patas traseiras. Ela acha que a soma das leituras resultará no peso do cão. Ela está correta? Explique.

9. Três corpos de densidade uniforme – uma esfera sólida, um cilindro sólido e um cilindro oco – são colocados no topo de uma ladeira (Fig. PC10.9). Todos são liberados do repouso na mesma elevação e rolam sem deslizar. (a) Qual corpo chega à base primeiro? (b) Qual chega por último? *Observação*: O resultado é independente das massas e raios dos corpos. (Tente esta atividade em casa!)

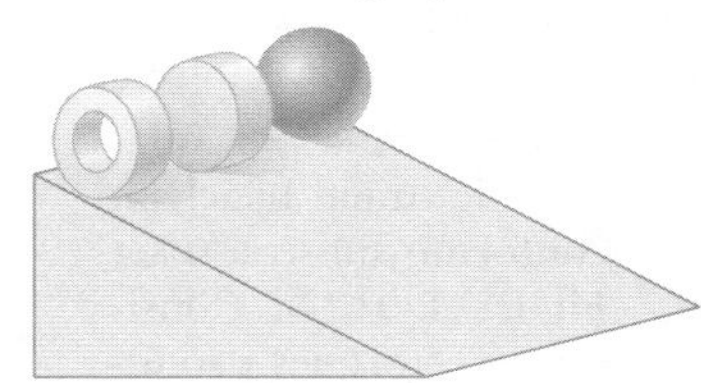

Figura PC10.9

10. Explique por que mudar o eixo de rotação de um corpo altera seu momento de inércia.

11. (a) Dê um exemplo em que a força resultante agindo sobre um corpo seja zero e que o torque resultante não seja zero. (b) Dê um exemplo em que o torque resultante agindo sobre um corpo seja zero e a força resultante não seja zero.

12. Gatos, em geral, caem em pé independentemente da posição em que são jogados. Um filme em câmera lenta de um gato caindo mostra que a metade superior do seu corpo gira em uma direção, enquanto a metade inferior gira na direção oposta. (Ver Fig. PC10.12.) Por que este tipo de rotação ocorre?

Figura PC10.12

13. Por que uma vara longa ajuda um equilibrista na corda bamba a se equilibrar?

14. Um cientista, chegando a um hotel, pede que o carregador leve uma mala pesada. Quando este vira uma esquina, a mala, de repente, afasta-se dele por alguma razão desconhecida. O carregador, assustado, derruba a mala e foge. O que pode estar na mala?

15. Se o aquecimento global continuar durante os próximos cem anos, é provável que parte do gelo polar derreta e a água seja distribuída mais perto do Equador. (a) Como isto mudaria o momento de inércia da Terra? (b) A duração do dia (uma revolução) aumentaria ou diminuiria?

16. Suponha que apenas duas forças externas ajam sobre um corpo rígido e fixo, e ambas sejam iguais em módulo e contrárias na direção. Sob que condição o corpo começa a girar?

17. Uma escada está no chão, encostada na parede. Você se sentiria mais seguro de subir a escada se lhe dissessem que o chão é sem atrito mas a parede é áspera, ou que a parede é sem atrito mas o chão é áspero? Explique.

PROBLEMAS

ENHANCED WebAssign Os problemas que se encontram neste capítulo podem ser resolvidos *on-line* no Enhanced WebAssign (em inglês).

1. denota problema direto;

2. denota problema intermediário;

3. denota problema desafiador;

1. denota problemas mais frequentemente resolvidos no Enhanced WebAssign;

BIO denota problema biomédico;

PD denota problema dirigido;

M denota tutorial Master It disponível no Enhanced WebAssign;

Q|C denota problema que pede raciocínio quantitativo e conceitual;

S denota problema de raciocínio simbólico;

sombreado denota "problemas emparelhados" que desenvolvem raciocínio com símbolos e valores numéricos;

W denota solução no vídeo Watch It disponível no Enhanced WebAssign.

Seção 10.1 Posição, velocidade e aceleração angulares

1. Uma roda de oleiro move-se uniformemente do repouso até uma velocidade angular de 1,00 revolução/s em 30,0 s. (a) Encontre sua aceleração angular média em radianos por segundo^2. (b) Dobrar a aceleração angular durante o período em questão teria dobrado a velocidade angular final?

2. Uma barra em uma dobradiça começa do repouso e gira com aceleração angular $\alpha = (10 + 6t)$, onde α está em rad/s^2 e t em segundos. Determine o ângulo em radianos pelo qual a barra gira nos primeiros 4,00 s.

3. **W** Durante certo intervalo de tempo, a posição angular de uma porta giratória é descrita por $\theta = 5{,}00 + 10{,}0t + 2{,}00t^2$, onde θ é dado em radianos e t em segundos. Determine a posição, velocidade e aceleração angulares da porta (a) em $t = 0$ e (b) em $t = 3{,}00$ s.

Seção 10.2 Modelo de análise: objeto rígido sob aceleração angular constante

4. *Por que a seguinte situação é impossível?* Começando do repouso, um disco gira ao redor de um eixo fixo por um ângulo de 50,0 rad em um intervalo de tempo de 10,0 s. A aceleração angular do disco é constante durante todo o movimento, e sua velocidade angular final é 8,00 rad/s.

5. **W** Uma roda girando necessita de 3,00 s para girar por 37,0 revoluções. Sua velocidade angular ao final do intervalo de 3,00 s é 98,0 rad/s. Qual é a aceleração angular constante da roda?

6. Uma broca de dentista começa do repouso. Após 3,20 s de aceleração angular constante, ela gira a uma taxa de $2{,}51 \times 10^4$ rev/min. (a) Encontre a aceleração angular da broca. (b) Determine o ângulo (em radianos) através do qual a broca gira durante esse período.

7. **M** Um motor elétrico girando uma roda de moagem a $1{,}00 \times 10^2$ rev/min é desligado. Suponha que a roda tenha aceleração angular negativa constante de módulo 2,00 rad/s^2. (a) Quanto tempo leva para a roda de moagem parar? (b) Por quantos radianos a roda gira durante o intervalo de tempo encontrado na parte (a)?

8. Uma centrífuga em um laboratório médico gira com velocidade angular de 3.600 rev/min. Quando é desligada, ela gira por 50,0 revoluções antes de parar completamente. Encontre a aceleração angular constante da centrífuga.

9. O tambor de uma lavadora inicia seu ciclo de centrifugação, começando do repouso e ganhando velocidade angular regularmente por 8,00 s, quando gira a 5,00 rev/s. Neste ponto, a pessoa lavando as roupas abre a tampa, e um interruptor de segurança desliga a lavadora. A lavadora diminui sua velocidade até o repouso em 12,0 s. Por quantas revoluções o tambor gira enquanto está em movimento?

Seção 10.3 Relações entre grandezas rotacionais e translacionais

10. **M** Uma roda de 2,00 m de diâmetro está em um plano vertical e gira por seu eixo central com uma aceleração angular constante de 4,00 rad/s^2. A roda começa do repouso em $t = 0$, e o vetor raio de um ponto P na borda forma um ângulo de 57,3° com a horizontal neste instante. Em $t = 2{,}00$ s, encontre (a) a velocidade angular da roda e, para o ponto P, (b) a velocidade tangencial, (c) a aceleração total e (d) a posição angular.

11. **M** Um disco de raio 8,00 cm gira com taxa constante de 1 200 rev/min por seu eixo central. Determine (a) sua velocidade angular em radianos por segundo, (b) a velocidade tangencial em um ponto a 3,00 cm do seu centro, (c) a aceleração radial de um ponto na borda e (d) a distância total que um ponto na borda se move em 2,00 s.

12. Faça uma estimativa da ordem de grandeza do número de revoluções que o pneu de um automóvel típico gira em um ano. Mencione as quantidades que você mede ou estima e seus valores.

13. **W** Um carro viajando em uma pista circular plana (sem inclinação) acelera uniformemente do repouso com aceleração tangencial de 1,70 m/s^2. Ele chega a um quarto do trajeto ao redor do círculo antes que derrape para fora da pista. A partir destes dados, determine o coeficiente de atrito estático entre o carro e a pista.

14. **S** Um carro viajando em uma pista circular e plana (sem inclinação) acelera uniformemente do repouso com uma aceleração tangencial de a. Ele chega a um quarto do caminho ao redor do círculo antes que derrape para fora da pista. A partir destes dados, determine o coeficiente de atrito estático entre o carro e a pista.

15. Um Compact Disc de áudio digital carrega dados; cada bit ocupa 0,6 μm ao longo de uma faixa espiral contínua a partir da circunferência interna do disco para a extremidade externa. Um CD player gira o disco para carregar a faixa no sentido horário acima da lente em uma velocidade constante de 1,30 m/s. Encontre a velocidade angular exigida (a) no início da gravação, quando a espiral tem um raio de 2,30 cm e (b) no final da gravação, quando a espiral tem um raio de 5,80 cm. (c) Uma gravação de duração completa tem 74 min 33 s. Encontre a aceleração angular média do disco. (d) Supondo que a aceleração seja constante, encontre o deslocamento angular total do disco durante sua reprodução. (e) Encontre a duração total da faixa.

16. **Q|C** **W** A Figura P10.16 mostra o quadro de uma bicicleta que tem rodas de 67,3 cm de diâmetro e pedivelas de 17,5 cm de comprimento. O ciclista pedala com cadência regular de 76,0 rev/min. A corrente engata no disco frontal de 15,2 cm de diâmetro e na catraca traseira de 7,00 cm de diâmetro. Calcule (a) a velocidade de um elo da corrente com relação à estrutura da bicicleta, (b) a velocidade angular das rodas da bicicleta, e (c) a velocidade da bicicleta com relação à rua. (d) Que parte dos dados, se houver alguma, não é necessária para os cálculos?

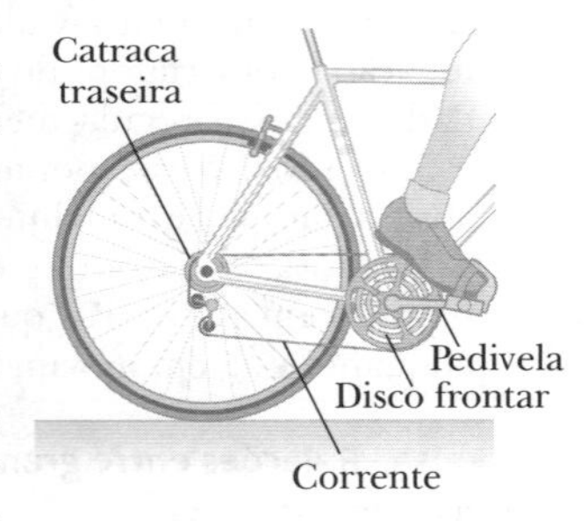

Figura P10.16

Seção 10.4 Energia cinética rotacional

17. Big Ben, o relógio da torre do Parlamento em Londres, tem o ponteiro menor (da hora) com 2,70 m de comprimento e massa de 60,0 kg, e o ponteiro maior (do minuto) com 4,50 m de comprimento e massa de 100 kg (Fig. P10.17). Calcule a energia cinética rotacional total dos dois ponteiros em relação ao eixo de rotação. (Você pode modelar os ponteiros como barras longas e finas giradas por uma extremidade. Suponha que os dois ponteiros estejam girando a uma taxa constante de uma revolução a cada 12 horas e 60 minutos, respectivamente.)

Figura P10.17 Problemas 17, 49 e 66.

18. **Q|C** **W** Barras rígidas de massas desprezíveis localizadas ao longo do eixo y conectam três partículas (Fig. P10.18). O sistema gira no eixo x com velocidade angular de 2,00 rad/s. Encontre (a) o momento de inércia em torno do eixo x, (b) a energia cinética rotacional total avaliada a partir de $\frac{1}{2}I\omega^2$, (c) a velocidade tangencial de cada partícula, e (d) a energia cinética total calculada a partir de $\Sigma\frac{1}{2}m_iv_i^2$. (e) Compare as respostas para a energia cinética nas partes (b) e (d).

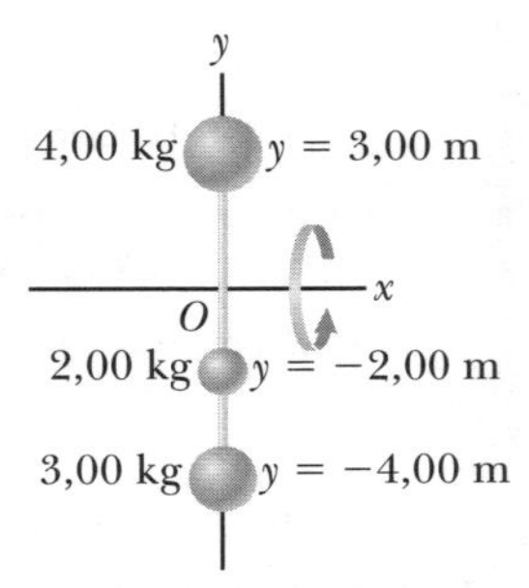

Figura P10.18

19. **Q|C** Um *trabuco*, ou *trebuchet*, foi um equipamento usado durante a Idade Média para arremessar pedras em castelos e, hoje em dia, às vezes é usado para lançar vegetais grandes e pianos como esporte. Um trabuco simples é mostrado na Figura P10.19. Modele-o como uma barra rígida de massa desprezível, 3,00 m de comprimento, unindo partículas de massa $m_1 = 0{,}120$ kg e $m_2 = 60{,}0$ kg em suas extremidades. Ele pode girar em um eixo horizontal sem atrito perpendicular à barra e a 14,0 cm da partícula de grande massa. O operador solta o trabuco do repouso no sentido horizontal. (a) Encontre a velocidade máxima que o corpo de menor massa atinge. (b) Enquanto o corpo de menor massa está ganhando velocidade, ele se move com aceleração constante? (c) Ele se move com uma aceleração tangencial constante? (d) O trabuco se move com aceleração angular constante? (e) Ele tem um momento constante? (f) O sistema trabuco-Terra tem energia mecânica constante?

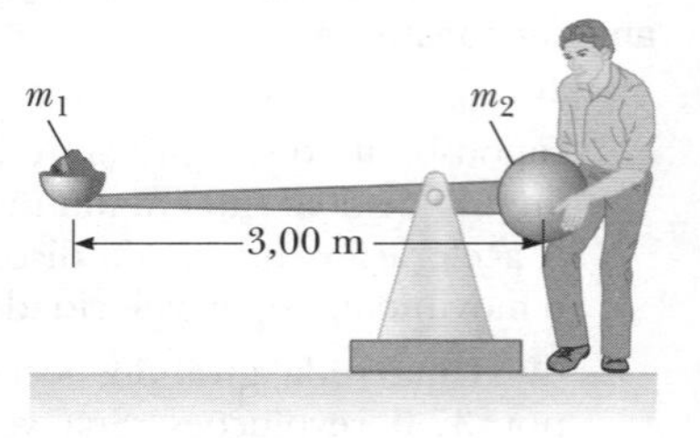

Figura P10.19

20. Conforme um motor a gasolina opera, um volante girando o virabrequim armazena energia depois de cada explosão de combustível, suprindo a energia necessária para comprimir a próxima carga de combustível e ar. Para o motor de um trator cortador de grama, suponha

que o volante não deva ter mais que 18,0 cm de diâmetro. Sua espessura, medida ao longo do seu eixo de rotação, não deve ser maior que 8,00 cm. O volante deve liberar 60,0 J de energia quando sua velocidade angular cai de 800 rev/min para 600 rev/min. Desenhe um volante sólido (densidade $7,85 \times 10^3$ kg/m^3) que supra estes requisitos com a menor massa possível. Especifique o formato e massa do volante.

21. **Q|C** **Revisão.** Considere o sistema mostrado na Figura P10.21 com $m_1 = 20,0$ kg, $m_2 = 12,5$ kg, $R = 0,200$ m e a massa da roldana $M = 5,00$ kg. O corpo m_2 está repousando no chão, e o m_1 está 4,00 m acima do chão quando é liberado do repouso. O eixo da roldana não tem atrito. O fio é leve, não estica e não escorrega na roldana. (a) Calcule o intervalo de tempo exigido para m_1 atingir o chão. (b) Como você responderia à variação se a roldana não tivesse massa?

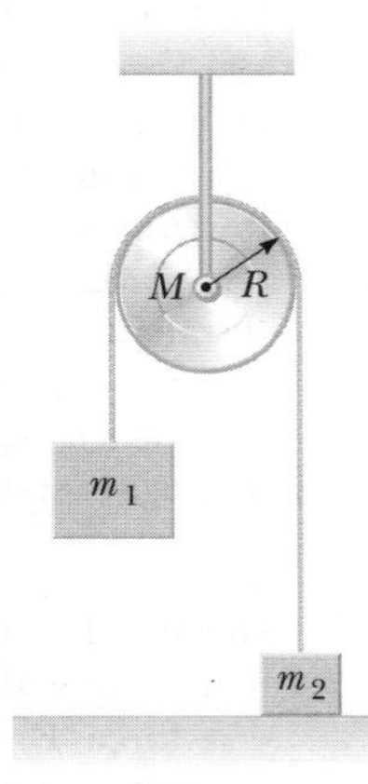

Figura P10.21

Seção 10.5 Produto vetorial e torque

22. **W** A vara de pescar na Figura P10.22 forma um ângulo de 20,0° com a horizontal. Qual é o torque exercido pelo peixe em relação a um eixo perpendicular à página e passando pela mão do pescador se o peixe puxar a linha de pesca com força $\vec{F} = 100$ N a um ângulo 37,0° abaixo da horizontal? A força é aplicada em um ponto de 2,00 m das mãos do pescador.

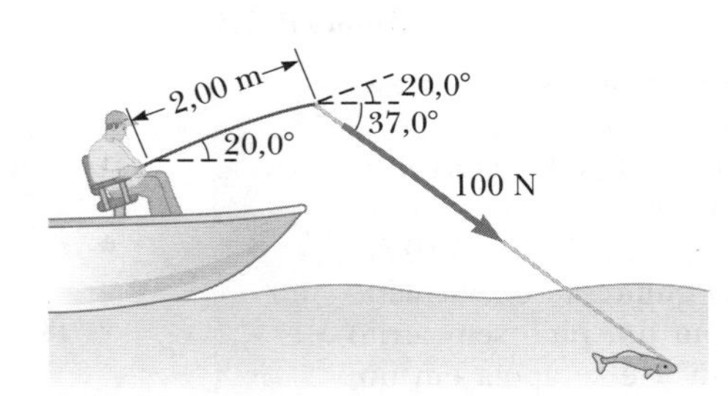

Figura P10.22

23. **M** Encontre o torque resultante sobre a barra na Figura P10.23 em relação ao eixo que passa por O, considerando $a = 10,0$ cm e $b = 25,0$ cm.

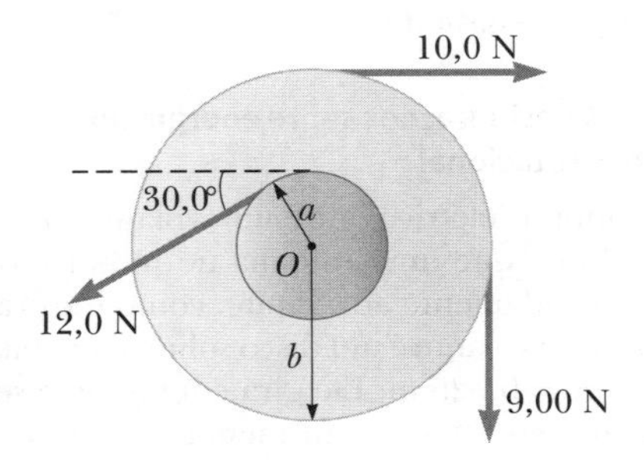

Figura P10.23

24. Dois vetores são dados por $\vec{A} = -3\hat{i} + 7\hat{j} - 4\hat{k}$ e $\vec{B} = 6\hat{i} - 10\hat{j} + 9\hat{k}$. Calcule as seguintes quantidades (a) $\cos^{-1}[\vec{A} \cdot \vec{B}/AB]$ e (b) $\text{sen}^{-1}[|\vec{A} \times \vec{B}|/AB]$. (c) Qual(is) dá(ão) o ângulo entre os vetores?

25. Uma força de $\vec{F} = (2,00\hat{i} + 3,00\hat{j})$ N é aplicada a um corpo que é girado ao redor de um eixo fixo alinhado ao longo do eixo da coordenada z. A força é aplicada ao ponto $\hat{r} = (4,00\hat{i} + 5,00\hat{j})$ m. Encontre (a) o módulo do torque resultante em torno do eixo z e (b) a direção do vetor torque $\vec{\tau}$.

26. **S** Use as definições do produto vetorial e dos vetores da unidade $\hat{i}$, $\hat{j}$ e $\hat{k}$ para comprovar as Equações 10.26. Você pode assumir os pontos dos eixos x à direita, y para cima e z horizontalmente em sua direção (não longe de você). Diz-se que esta escolha faz do sistema de coordenadas um *sistema da mão direita*.

27. **W** Dados $\vec{M} = 2\hat{i} - 3\hat{j} + \hat{k}$ e $\vec{N} = 4\hat{i} + 5\hat{j} - 2\hat{k}$, calcule o produto vetorial $\vec{M} \times \vec{N}$.

Seção 10.6 Modelo de análise: objeto rígido em equilíbrio

28. **PD** Uma viga uniforme repousando em dois pinos tem comprimento $L = 6,00$ m e massa $M = 90,0$ kg. O pino à esquerda exerce uma força normal n_1 sobre a viga, e o outro, localizado a uma distância $\ell = 4,00$ m da extremidade esquerda, exerce uma força normal n_2. Uma mulher de massa $m = 55,0$ kg pisa na extremidade esquerda da viga e começa a caminhar para a direita, como na Figura P10.28. O objetivo é encontrar a posição da mulher quando a viga começa a inclinar. (a) Qual é o modelo de análise apropriado para a viga antes de começar a inclinar? (b) Esboce um diagrama de força para a viga, rotulando as forças gravitacionais e normais agindo sobre ela e posicionando a mulher a uma distância x à direita do primeiro pino, que é a origem. (c) Onde está a mulher quando a força normal n_1 é maior? (d) Qual é n_1 quando a viga está prestes a inclinar? (e) Use a Equação 10.27 para encontrar o valor de n_2 quando a viga está prestes a inclinar. (f) Usando o resultado da parte (d) e a Equação 10.28, com torques calculados em torno do segundo pino, encontre a posição x da mulher quando a viga está prestes a inclinar. (g) Verifique a resposta para a parte (e) calculando os torques em torno do ponto do primeiro pino.

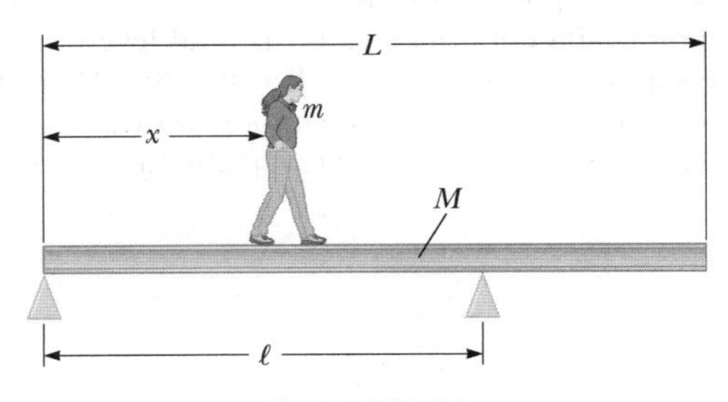

Figura P10.28

29. **BIO** **W** Nos exercícios de estudos de Fisiologia, às vezes é importante determinar a localização do centro de massa de uma pessoa. Esta determinação pode ser feita com o arranjo mostrado na Figura P10.29. Uma prancha leve repousa em duas balanças, que lê $F_{g1} = 380$ N e $F_{g2} = 320$ N. Uma distância de 1,65 m separa as balanças. Qual é a distância entre os pés da mulher e seu centro de massa?

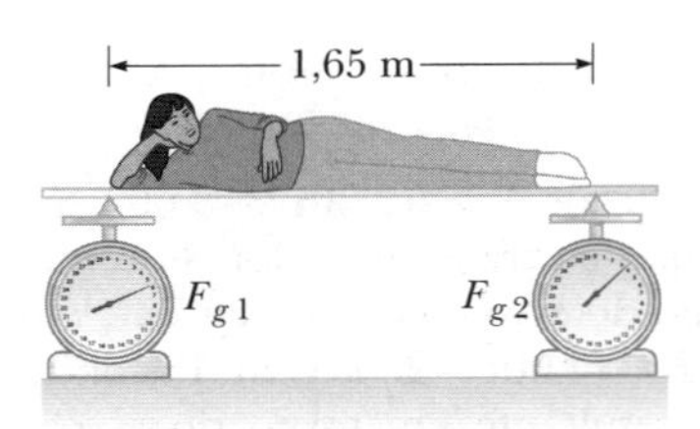

Figura P10.29

30. *Por que a seguinte situação é* impossível? Uma viga uniforme de massa $m_b = 3,00$ kg e comprimento $\ell = 1,00$ m suporta blocos com massas $m_1 = 5,00$ kg e $m_2 = 15,0$ kg em duas posições, conforme mostrado na Figura P10.30. A viga repousa em dois blocos triangulares, com ponto P a uma distância $d = 0,300$ m à direita do centro de gravidade da viga. A posição do corpo de massa m_2 é ajustada ao longo do comprimento da viga até que a força normal sobre a viga em O seja zero.

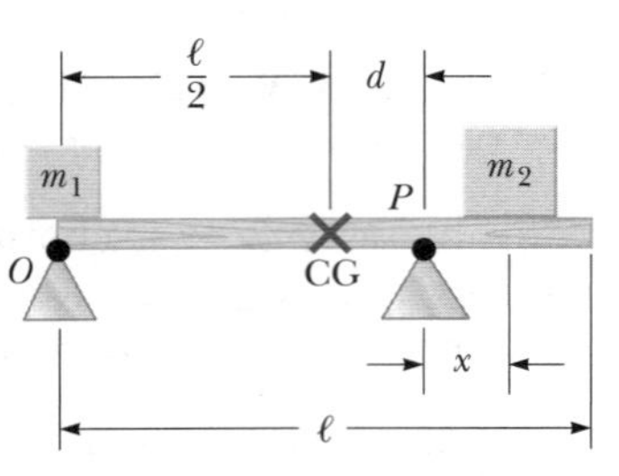

Figura P10.30

31. **W** A Figura P10.31 mostra um martelo de unha sendo usado para puxar um prego de uma tábua horizontal. A massa do martelo é 1,00 kg. Uma força de 150 N é exercida horizontalmente, como mostrado, e o prego ainda não se move em relação à tábua. Encontre (a) a força exercida pelas unhas do martelo sobre o prego e (b) a força exercida pela superfície sobre o ponto de contato com a cabeça do martelo. Considere que a força exercida pelo martelo sobre o prego é paralela ao prego.

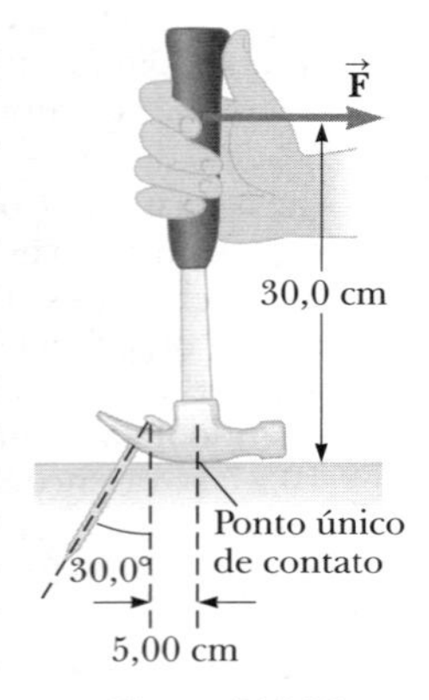

Figura P10.31

32. **S** Uma placa uniforme de peso F_g e largura $2L$ está pendurada em uma viga horizontal leve presa à parede e suportada por um cabo (Fig. P10.32). Determine (a) a tensão no cabo e (b) as componentes da força de reação exercida pela parede na viga quanto a F_g, d, L e θ.

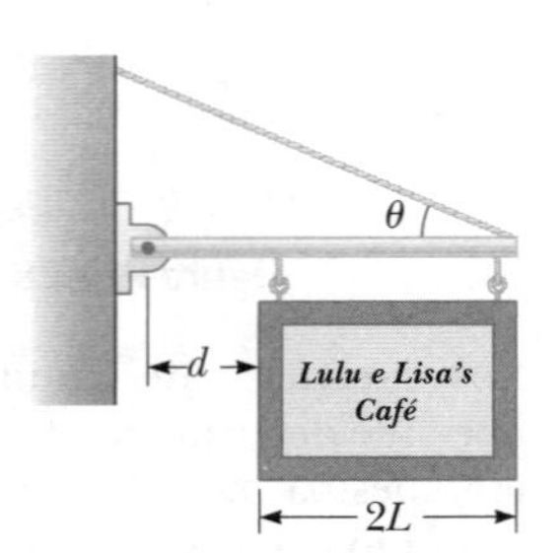

Figura P10.32

33. **M** Uma escada uniforme de 15,0 metros pesando 500 N está apoiada em uma parede sem atrito. A escada faz um ângulo de 60,0° com a horizontal. (a) Encontre as forças horizontal e vertical que o chão exerce sobre a base da escada quando um bombeiro de 800 N está a uma distância de 4,00 m da parte mais baixa da escada. (b) Se a escada está prestes a escorregar quando o bombeiro está a 9,00 m da sua parte mais baixa, qual é o coeficiente do atrito estático entre a escada e o chão?

34. **S** Uma escada uniforme de comprimento L e massa m_1 está apoiada em uma parede sem atrito. A escada faz um ângulo θ com a horizontal. (a) Encontre as forças horizontais e verticais que o chão exerce sobre a base da escada quando um bombeiro de massa m_2 está a uma distância x da parte mais baixa da escada. (b) Se a escada está prestes a escorregar quando o bombeiro está a uma distância d da sua parte mais baixa, qual é o coeficiente do atrito estático entre a escada e o chão?

35. **BIO** O braço na Figura P10.35 pesa 41,5 N. A força gravitacional sobre ele age através do ponto A. Determine os módulos da força de tensão $\vec{\mathbf{F}}_t$ no músculo deltoide e a força $\vec{\mathbf{F}}_s$ exercida pelo ombro no úmero (osso da parte superior do braço) para segurar o braço na posição mostrada.

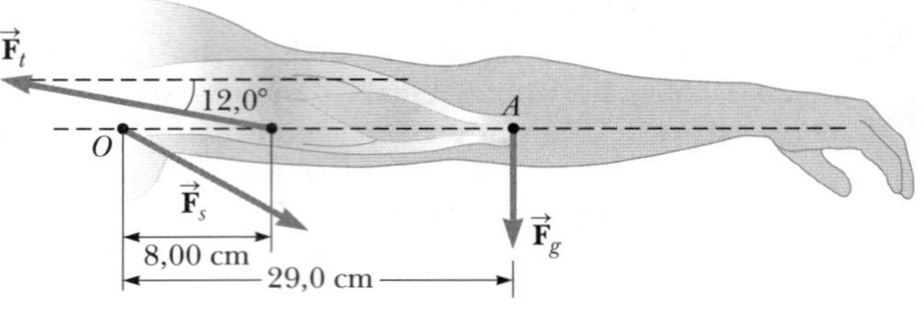

Figura P10.35

36. Um guindaste de massa $m_1 = 3\,000$ kg suporta uma carga de massa $m_2 = 10\,000$ kg, conforme mostrado na Figura P10.36. O guindaste é articulado com um pino sem atrito em A e se apoia em um suporte liso em B. Encontre as forças de reação no (a) ponto A e (b) no ponto B.

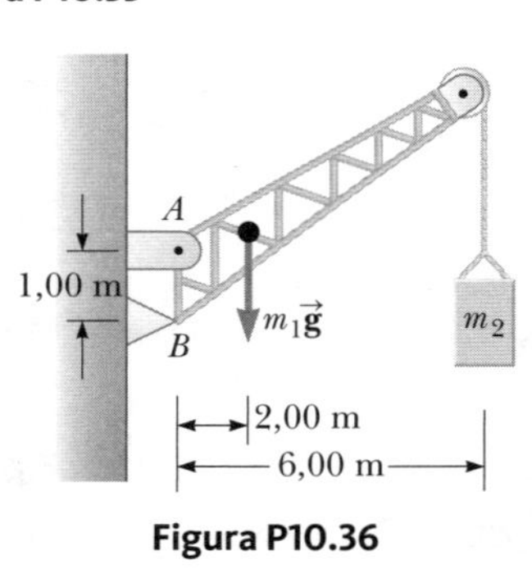

Figura P10.36

Seção 10.7 Modelo de análise: objeto rígido sob a ação de um torque resultante

Seção 10.8 Considerações sobre energia no movimento rotacional

37. Um motor elétrico gira um volante por uma correia móvel que une uma roldana no motor e outra que está presa rigidamente ao volante, como mostrado na Figura P10.37. O volante é um disco sólido com massa de 80,0 kg e raio $R = 0,625$ m. Ele gira em um eixo sem atrito. Sua roldana tem massa bem menor e raio de $r = 0,230$ m. A tensão T_u no segmento superior (esticado) da correia é 135 N, e o volante tem aceleração angular no sentido horário de 1,67 rad/s^2. Encontre a tensão no segmento inferior (frouxo) da esteira.

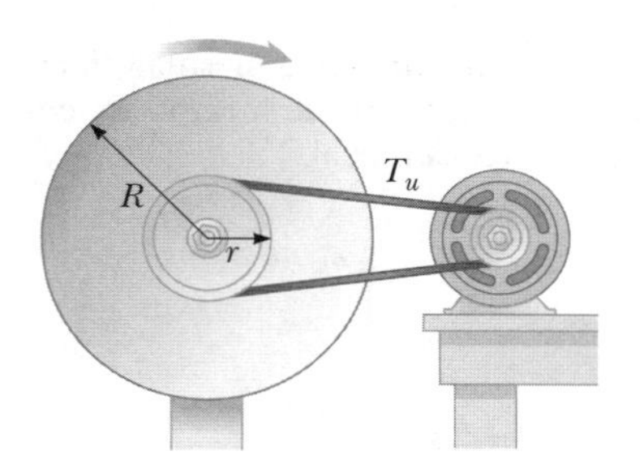

Figura P10.37

38. **S** **W** Este problema descreve um método experimental para determinar o momento de inércia de um corpo de formato irregular tal como a carga de um satélite. A Figura P10.38 mostra um contrapeso de massa m suspenso por uma corda enrolada ao redor de uma bobina de raio r, formando parte de um prato giratório suportando o corpo. O prato giratório pode girar sem atrito. Quando o contrapeso é liberado do repouso, ele desce por uma distância h, adquirindo velocidade v. Mostre que o momento de inércia I do aparelho giratório (incluindo o prato) é $mr^2(2gh/v^2 - 1)$.

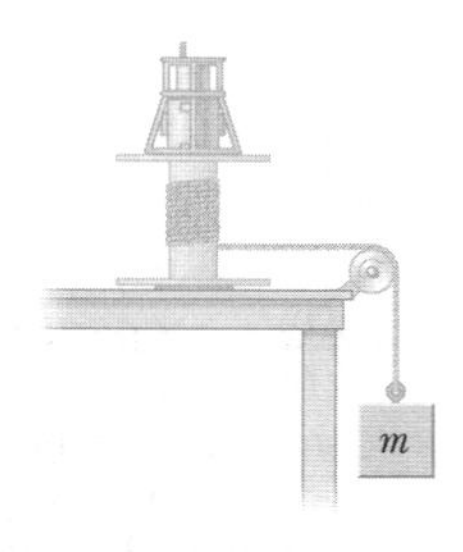

Figura P10.38

39. **W** Uma roda de oleiro – um disco grosso de pedra de raio 0,500 m e massa 100 kg – gira livremente a 50,0 rev/min. O oleiro pode parar a roda em 6,00 s pressionando um pano úmido contra a borda e exercendo uma força radial para dentro de 70,0 N. Encontre o coeficiente de atrito cinético efetivo entre a roda e o pano.

40. Na Figura P10.40, o corpo pendurado tem massa de $m_1 = 0{,}420$ kg; o bloco deslizante tem massa de $m_2 = 0{,}850$ kg; e a roldana é um cilindro oco com massa de $M = 0{,}350$ kg, raio interno $R_1 = 0{,}020\,0$ e raio externo $R_2 = 0{,}030\,0$ m. Suponha que a massa dos raios seja desprezível. O coeficiente de atrito cinético entre o bloco e a superfície horizontal é $\mu_k = 0{,}250$. A roldana gira sem atrito sobre seu eixo. Uma corda leve não estica nem escorrega na roldana. O bloco tem velocidade de $v_i = 0{,}820$ m/s na direção da roldana quando passa por um ponto de referência na mesa. (a) Use métodos de energia para prever sua velocidade após ter se movido para um segundo ponto 0,700 m distante. (b) Encontre a velocidade angular da roldana no mesmo momento.

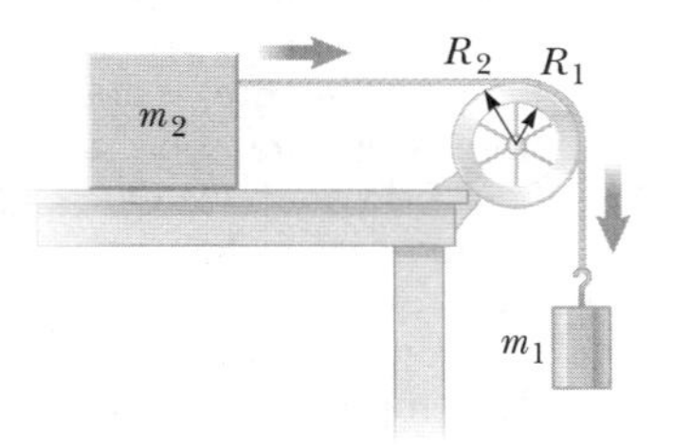

Figura P10.40

41. A combinação de uma força aplicada e da força de atrito produz um torque total constante de 36,0 N · m sobre uma roda girando em relação a um eixo fixo. A força aplicada atua por 6,00 s. Durante este tempo, a velocidade angular da roda aumenta de 0 para 10,0 rad/s. A força aplicada é removida, e a roda chega ao repouso em 60.0 s. Encontre (a) o momento de inércia da roda, (b) o módulo do torque devido ao atrito e (c) o número total de revoluções da roda durante o intervalo total de 66,0 s.

42. Um aeromodelo com massa 0,750 kg é preso ao chão por um fio de modo que voa em um círculo horizontal de raio 30,0 m. O motor do avião proporciona um impulso resultante de 0,800 N perpendicular ao fio de amarração. (a) Encontre o torque produzido pelo impulso resultante em relação ao centro do círculo. (b) Encontre a aceleração angular do avião. (c) Encontre a aceleração translacional do avião tangente à sua trajetória de voo.

43. **PD** Revisão. Como mostrado na Figura P10.43, dois blocos são conectados por uma corda de massa desprezível passando sobre uma roldana de raio $r = 0{,}250$ m e momento de inércia I. O bloco na rampa sem atrito move-se com aceleração constante de módulo $a = 2{,}00$ m/s^2. A partir dessas informações, queremos encontrar o momento de inércia da roldana. (a) Que modelo de análise é apropriado para os blocos? (b) Que modelo de análise é apropriado para a roldana? (c) A partir do modelo de análise na parte (a), encontre a tensão T_1. (d) Do mesmo modo, encontre a tensão T_2. (e) A partir do modelo de análise na parte (b), encontre uma expressão simbólica para o momento de inércia da roldana quanto às tensões T_1 e T_2, o raio da r da roldana e a aceleração a. (f) Encontre o valor numérico do momento de inércia da roldana.

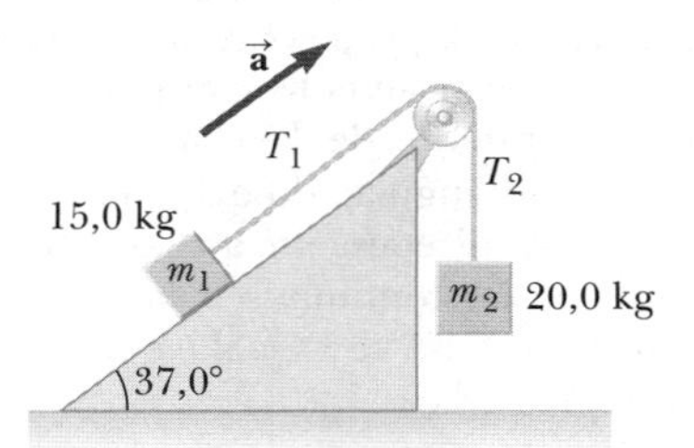

Figura P10.43

44. Considere dois corpos com $m_1 > m_2$ conectados por uma corda leve que passa sobre uma polia tendo um momento de inércia de I em torno de seu eixo de rotação conforme mostrado na Figura P10.44. A corda não escorrega na polia nem estica. A polia gira sem atrito. Os dois corpos são liberados do repouso separados por uma distância vertical de $2h$. (a) Use o princípio de conservação de energia para encontrar as velocidades translacionais dos corpos à medida que passam um pelo outro. (b) Encontre a velocidade angular da polia nesse momento.

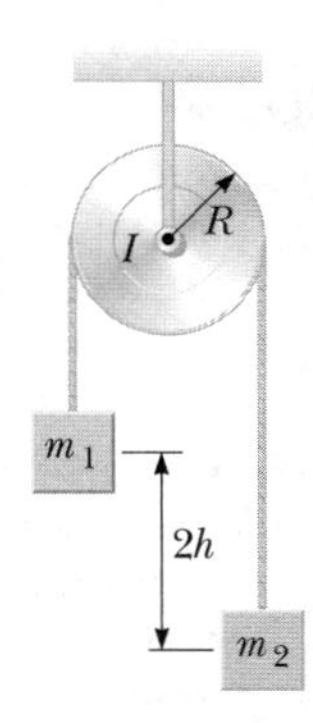

Figura P10.44

45. Revisão. Um corpo com massa $m = 5{,}10$ kg é preso à extremidade livre de uma corda leve enrolada ao redor de uma bobina de raio $R = 0{,}250$ m e massa $M = 3{,}00$ kg. A bobina é um disco sólido, livre para girar em um plano vertical sobre o eixo horizontal passando pelo centro como mostrado na Figura P10.45. O corpo suspenso é solto do repouso 6,00 m acima do solo. Determine (a) a tensão na corda, (b) a aceleração do corpo e (c) a velo-

cidade com que o corpo atinge o solo. (d) Verifique sua resposta para a parte (c) usando o modelo de sistema isolado (energia).

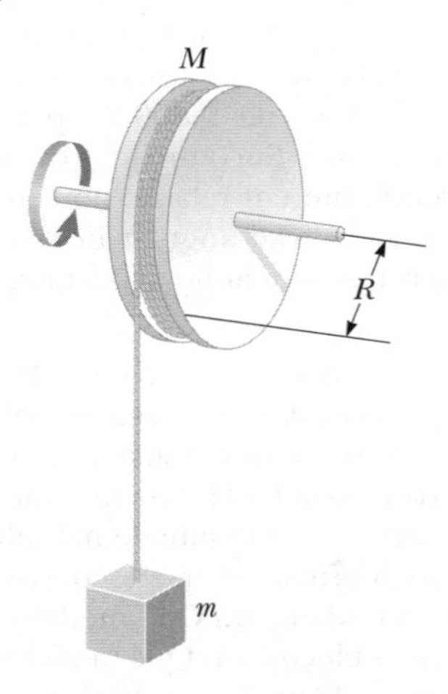

Figura P10.45

Seção 10.9 **Modelo de análise: sistema não isolado (momento angular)**

Seção 10.10 **Modelo de análise: sistema isolado (momento angular)**

46. Seguindo em direção ao cume do Pico Pike, um avião de massa 12 000 kg voa sobre as planícies do Kansas a uma altitude praticamente constante de 4,30 km com velocidade constante de 175 m/s a oeste. (a) Qual é o vetor momento angular do avião em relação à fazenda de trigo no solo diretamente abaixo? (b) Esse valor muda conforme o avião continua seu movimento ao longo de uma linha reta? (c) **E se ?** Qual é o momento angular em relação ao pico Pike?

47. **M** O vetor posição de uma particular de massa de 2,00 kg como função de tempo é dado por $\vec{\mathbf{r}} = (6{,}00\hat{\mathbf{i}} + 5{,}00t\hat{\mathbf{j}})$, onde $\vec{\mathbf{r}}$ está em metros e t em segundos. Determine o momento angular da partícula em torno da origem em função do tempo.

48. **W** Num playground, um gira-gira de raio $R = 2{,}00$ m tem momento de inércia $I = 250$ kg · m² e está girando a 10,0 rev/min em torno de um eixo vertical e sem atrito. De frente para o eixo, uma criança de 25,0 kg salta no gira-gira e consegue sentar na beirada. Qual é a nova velocidade angular do gira-gira?

49. O Big Ben (Fig. P10.17), relógio da torre do Parlamento em Londres, tem ponteiros de horas e minutos com comprimentos de 2,70 m e 4,50 m e massas de 60,0 kg e 100 kg, respectivamente. Calcule o momento angular total desses ponteiros em torno do ponto central. (Você pode considerar os ponteiros como barras longas e finas girando em torno de uma extremidade. Considere que os ponteiros das horas e dos minutos giram a uma taxa constante de uma revolução a cada 12 horas e 60 minutos, respectivamente.)

50. **S** **W** Um disco com momento de inércia I_1 gira em torno de um eixo vertical e sem atrito com velocidade angular ω_i. Um segundo disco, com momento de inércia I_2 e inicialmente parado, cai sobre o primeiro (Fig. P10.50). Em decorrência do atrito entre as superfícies, os dois, por fim, atingem a mesma velocidade angular ω_f. (a) Calcule ω_f. (b) Calcule a razão da energia rotacional final em relação à inicial.

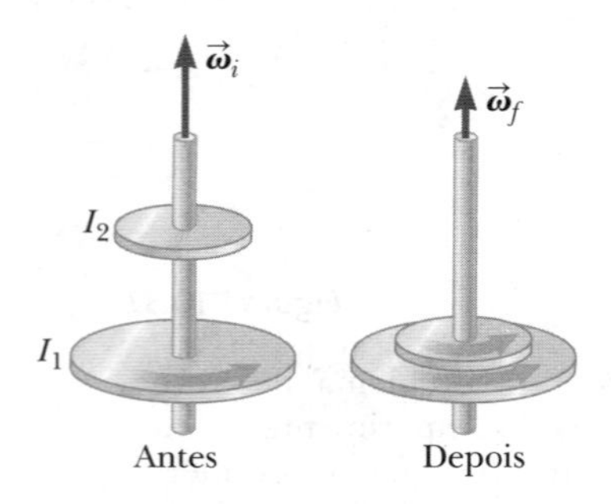

Figura P10.50

51. **M** Uma partícula de massa 0,400 kg é presa à marca de 100 cm de uma régua de massa 0,100 kg. A régua gira sobre a superfície de uma mesa horizontal sem atrito com velocidade angular de 4,00 rad/s. Calcule o momento angular do sistema quando a régua gira sobre um eixo (a) perpendicular à mesa passando pela marca de 50,0 cm e (b) perpendicular à mesa pela marca de 0 cm.

52. Uma estação espacial é construída no formato de um anel oco de massa $5{,}00 \times 10^4$ kg. Os membros da equipe caminham por um deque formado pela superfície interna da parede cilíndrica externa do anel, com raio $r = 100$ m. No repouso, quando construído, o anel foi colocado em rotação em torno do seu eixo de modo que as pessoas dentro experimentassem uma aceleração de queda livre efetiva igual a g. (Ver Fig. P10.52.) A rotação é atingida ao disparar dois pequenos foguetes presos tangencialmente aos pontos opostos sobre a borda do anel. (a) Que momento angular a estação especial adquire? (b) Por qual intervalo de tempo os foguetes devem ser disparados se cada um exerce um impulso de 125 N?

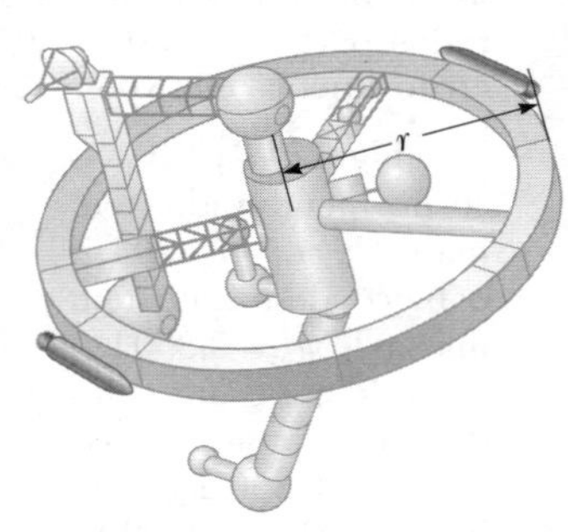

Figura P10.52 Problemas 52 e 54.

53. Um disco de massa $m_1 = 80{,}0$ g e raio $r_1 = 4{,}00$ cm desliza por uma mesa de ar com velocidade $v = 1{,}50$ m/s, como mostrado na Figura P10.53a. Ele faz uma colisão oblíqua com um segundo disco de raio $r_2 = 6{,}00$ cm e massa $m_2 = 120$ g (inicialmente em repouso), de forma que suas bordas apenas se toquem. Como suas bordas são revestidas com uma cola de ação instantânea, os discos ficam grudados e giram após a colisão (Fig. P10.53b). (a) Qual é o momento angular do sistema em relação ao centro de massa? (b) Qual é a velocidade angular ao redor do centro de massa?

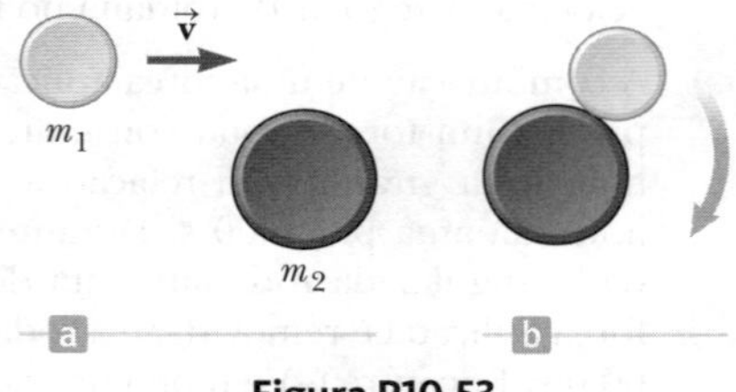

Figura P10.53

54. *Por que a seguinte situação é* impossível? Uma estação espacial com o formato de uma roda-gigante tem raio de $r = 100$ m e momento de inércia de $5{,}00 \times 10^8$ kg · m². Uma equipe de 150 pessoas de massa média de 65,0 kg está vivendo na borda, e a rotação da estação faz com que a equipe viva uma aceleração de queda livre aparente de g (Fig. P10.52). Um técnico de pesquisa recebe uma atribuição de realizar uma experiência na qual uma bola é derrubada na borda a cada 15 minutos, cujo intervalo de tempo para a bola cair uma determinada distância é medido como teste para ter certeza de que o valor aparente de g seja corretamente mantido. Uma noite, 100 pessoas se movem para o centro da estação para uma reunião sindical. O técnico de pesquisa, que já vem realizando sua experiência durante uma hora antes da reunião, está desapontado porque não pode comparecer à reunião, e seu humor azeda ainda mais porque sua experiência chata mostra um intervalo de tempo para a bola cair idêntico todas as noites.

55. O disco na Figura 10.25 tem massa de 0,120 kg. A distância dele do centro de rotação é originalmente 40,0 cm, e ele está deslizando com uma velocidade de 80,0 cm/s. O fio é puxado para baixo a 15,0 cm através do orifício na mesa sem atrito. Determine o trabalho realizado sobre o disco. (*Sugestão*: Considere a mudança da energia cinética.)

56. **W** Um aluno senta-se em um banquinho, girando livremente, segurando dois halteres, cada um de massa 3,00 kg (Fig. P10.56). Quando seus braços estão estendidos horizontalmente (Fig. P10.56a), os halteres estão a 1,00 m do eixo de rotação, e o aluno gira com uma velocidade angular de 0,750 rad/s. O momento de inércia do aluno mais o banquinho é de 3,00 kg · m² e supõe-se ser constante. O aluno puxa os halteres para dentro horizontalmente até uma posição 0,300 m do eixo de rotação (Fig. P10.56b). (a) Encontre a nova velocidade angular do aluno. (b) Encontre a energia cinética do sistema em rotação antes e depois de ele puxar os halteres para dentro.

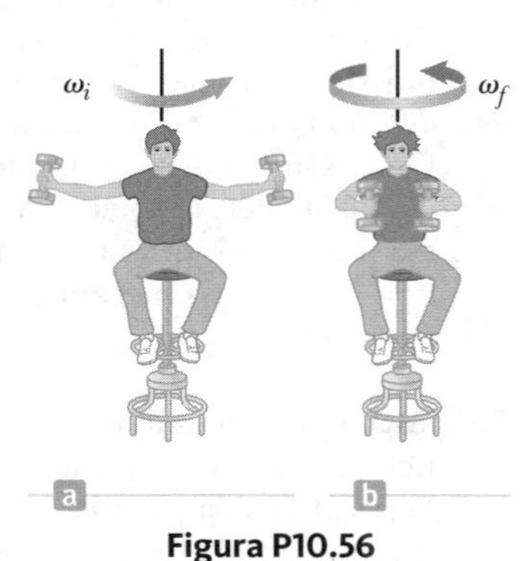

Figura P10.56

57. **M** **Q|C** Uma mulher de 60,0 kg em pé na borda ocidental de um prato giratório tem momento de inércia de 500 kg · m² e um raio de 2,00 m. O prato giratório está inicialmente em repouso e livre para girar sem atrito ao redor de um eixo vertical passando por seu centro. A mulher então começa a caminhar em torno da borda no sentido horário (conforme o sistema visto de cima) a uma velocidade constante de 1,50 m/s em relação à à Terra. Considere o sistema mulher-prato giratório à medida que o movimento começa. (a) A energia mecânica do sistema é constante? (b) O momento do sistema é constante? (c) O momento angular do sistema é constante? (d) Em qual direção e com qual velocidade angular a plataforma gira? (e) Quanto de energia química o corpo da mulher converte em mecânica do sistema mulher-prato giratório à medida que ela e o prato giratório entram em movimento?

Seção 10.11 Movimento de precessão dos giroscópios

58. O vetor momento angular de um giroscópio de precessão varre um cone, conforme mostrado na Figura P10.58. A velocidade angular da ponta deste vetor, chamada frequência precessional, é dada por $\omega_p = \tau/L$, onde τ é o módulo do torque sobre o giroscópio e L é o módulo de seu momento angular. No movimento chamado *precessão dos equinócios*, o eixo de rotação da Terra precessiona perpendicularmente ao seu plano orbital com um período de $2{,}58 \times 10^4$ anos. Considere a Terra como uma esfera uniforme e calcule o torque sobre ela que causa esta precessão.

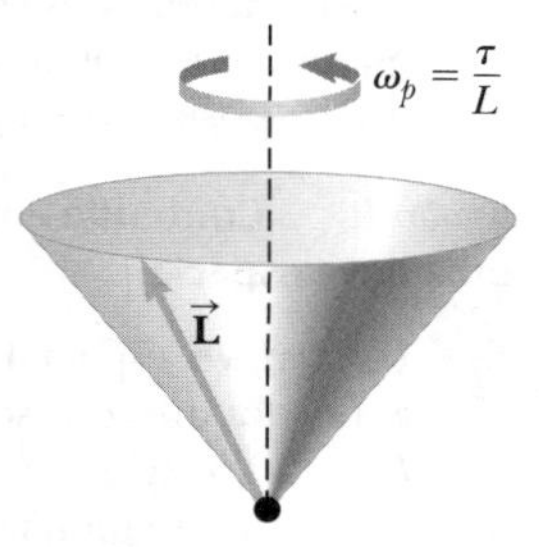

Figura P10.58 Um vetor momento angular de precessão varre um cone no espaço.

Seção 10.12 Movimento de rolamento de corpos rígidos

59. **M** Um cilindro de massa 10,0 kg rola sem escorregar em uma superfície horizontal. Em certo instante, seu centro de massa tem velocidade de 10,0 m/s. Determine (a) a energia cinética translacional do centro de massa, (b) a energia cinética rotacional pelo centro de massa, e (c) sua energia total.

60. **S** Um disco sólido e um aro uniformes são colocados lado a lado no topo de uma rampa de altura h. (a) Se os dois são liberados do repouso e rolam sem escorregar, qual deles chega primeiro à base? (b) Verifique sua resposta ao calcular suas velocidades quando eles chegam à base em termos de h.

61. **Q|C** Uma lata de metal contendo sopa condensada de cogumelo tem massa 215 g, altura 10,8 cm e diâmetro 6,38 cm. Ela é colocada em repouso de lado no topo de uma rampa de 3,00 m de comprimento que está a 25,0° com a horizontal e é liberada para rolar diretamente para baixo. Ela chega à base da rampa após 1,50 s. (a) Supondo que haja conservação de energia mecânica, calcule o momento de inércia da lata. (b) Que partes dos dados, se houver alguma, são desnecessárias para calcular a solução? (c) Por que o momento de inércia não pode ser calculado de $I = \frac{1}{2}mr^2$ para a lata cilíndrica?

62. **Q|C** Uma bola de tênis é uma esfera oca com parede fina, posta para rolar sem escorregar a 4,03 m/s na seção horizontal da pista, como mostrado na Figura P10.62. Ela rola em torno da parte interna de um loop circular vertical de raio $r = 45{,}0$ cm. Conforme a bola se aproxima da base do loop, o formato da pista desvia de um círculo perfeito de modo que a bola sai da pista em um ponto $h = 20{,}0$ cm abaixo da parte horizontal. (a) Encontre a velocidade da bola no topo do loop. (b) Demonstre que a bola não cairá da pista no topo do loop. (c) Encontre a velocidade da bola à medida que ela sai da pista na base. **E Se?** (d) Suponha que o atrito

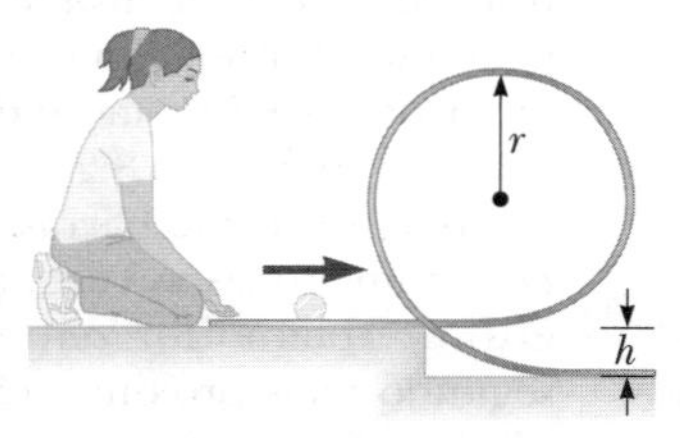

Figura P10.62

estático entre a bola e a pista seja insignificante de modo que a bola deslize em vez de rolar. A velocidade seria maior, menor ou a mesma no topo do loop? (e) Explique sua resposta para a parte (d).

Seção 10.13 Conteúdo em contexto: fazendo o retorno em uma nave espacial

63. Uma nave espacial está em um espaço vazio. Ela traz a bordo um giroscópio com momento de inércia de $I_g = 20,0$ kg · m² ao redor do eixo do giroscópio. O momento de inércia da nave espacial ao redor do mesmo eixo é $I_s = 5,00 \times 10^5$ kg · m². Nem a nave nem o giroscópio estão inicialmente em rotação. O giroscópio pode ser acionado em um período de tempo desprezível a uma velocidade angular de 100 rad/s. Se a orientação da nave deve ser mudada por 30.0°, por qual intervalo de tempo o giroscópio deve ser operado?

Problemas adicionais

64. **Revisão.** Uma batedeira consiste em três barras finas, cada uma com 10,0 cm de comprimento. As barras divergem de um ponto central, separadas entre si por 120°, e todas giram no mesmo plano. Uma esfera está presa à extremidade de cada barra. Cada esfera tem área transversal de 4,00 cm² e todas são moldadas de modo que o coeficiente de arrasto tenha 0,600. Calcule a energia exigida para girar a batedeira a 1 000 rev/min (a) no ar e (b) na água.

65. **S** Uma barra uniforme longa de comprimento L e massa M é centrada em um pino horizontal sem atrito por uma extremidade. A barra é liberada do repouso em uma posição vertical como mostrado na Figura P10.65. No instante em que ela está horizontal, encontre (a) sua velocidade angular, (b) o módulo de sua aceleração angular, (c) as componentes x e y da aceleração do seu centro de massa, e (d) as componentes da força de reação no pino.

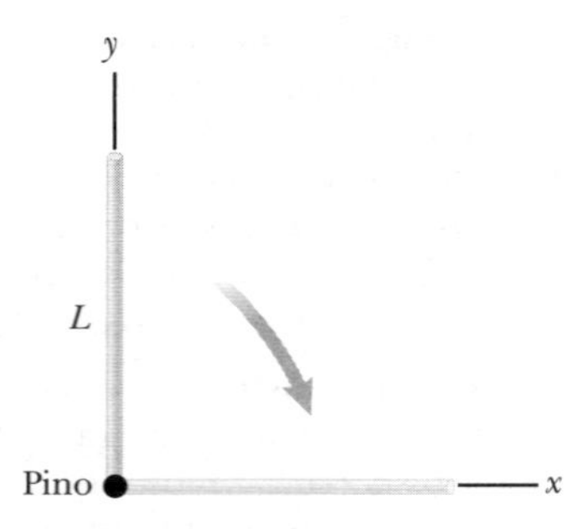

Figura P10.65

66. Os ponteiros de horas e de minutos do Big Ben, o relógio da torre do Parlamento em Londres, têm 2,70 m e 4,50 m de comprimento e massas de 60,0 kg e 100 kg, respectivamente (consulte a Fig. P10.17). (a) Determine o torque total em função do peso desses ponteiros ao redor do eixo de rotação quando o tempo lê (i) 3:00, (ii) 5:15, (iii) 6:00, (iv) 8:20 e (v) 9:45. (Você pode modelar os ponteiros como barras longas, finas e uniformes.) (b) Determine todas as vezes que o torque total ao redor do eixo de rotação for zero. Determine os horários até o segundo mais próximo, resolvendo uma equação transcendental numericamente.

67. **M** Dois astronautas (Fig. P10.67), cada um com massa de 75,0 kg, estão conectados por uma corda de 10,0 m de massa desprezível. Eles estão isolados no espaço, orbitando seu centro de massa com velocidade 5,00 m/s. Tratando os astronautas como partículas, calcule (a) o módulo do momento angular do sistema de dois astronautas e (b) a energia rotacional do sistema. Ao puxar a corda, um dos astronautas encurta a distância entre eles em 5,00 m. (c) Qual é o novo momento angular do sistema? (d) Quais são as novas velocidades dos astronautas? (e) Qual é a nova energia rotacional do sistema? (f) Quanta energia potencial química no corpo do astronauta foi convertida em energia mecânica no sistema quando ele encurtou a corda?

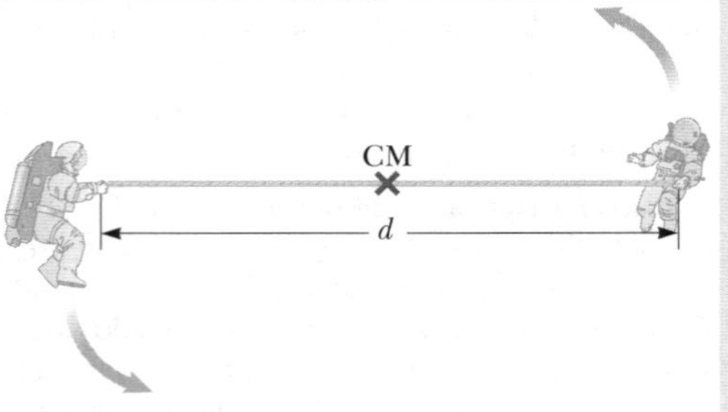

Figura P10.67 Problemas 67 e 68.

68. **S** Dois astronautas (Fig. P10.67), cada um com massa M, estão conectados por uma corda de comprimento d de massa desprezível. Eles estão isolados no espaço, orbitando seu centro de massa com velocidade v. Tratando os astronautas como partículas, calcule (a) o módulo do momento angular do sistema de dois astronautas e (b) a energia rotacional do sistema. Ao puxar a corda, um dos astronautas encurta a distância entre eles em $d/2$. (c) Qual é o novo momento angular do sistema? (d) Quais são as novas velocidades dos astronautas? (e) Qual é a nova energia rotacional do sistema? (f) Quanta energia potencial química no corpo do astronauta foi convertida em energia mecânica no sistema quando ele encurtou a corda?

69. **BIO** Quando uma pessoa fica na ponta de um pé (uma posição difícil), a posição do pé é como mostrada na Figura P10.69a. A força gravitacional total $\vec{\mathbf{F}}_g$ no corpo é suportada pela força normal $\vec{\mathbf{n}}$ exercida pelo chão sobre os dedos de um pé. Um modelo mecânico da situação é mostrado na Figura P10.69b, onde $\vec{\mathbf{T}}$ é a força exercida no pé pelo tendão de Aquiles e $\vec{\mathbf{R}}$ é a força exercida no pé pela tíbia. Encontre os valores de T, R e θ quando $F_g = 700$ N.

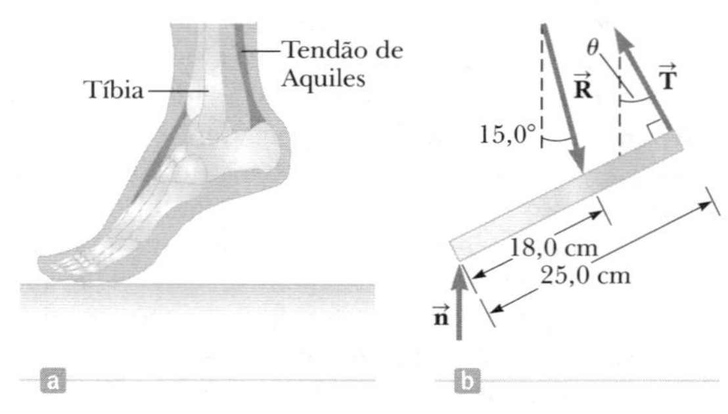

Figura P10.69

70. **S** Uma bobina oca, cilíndrica e uniforme tem raio interno $R/2$, raio externo R e massa M (Fig. P10.70). Ela é montada de modo a girar em um eixo horizontal fixo. Um contrapeso de massa m é conectado à ponta de um cordão enrolado ao redor da bobina. O contrapeso cai do repouso em $t = 0$ para uma posição y no instante t. Mostre que o torque devido às forças de atrito entre bobina e eixo é

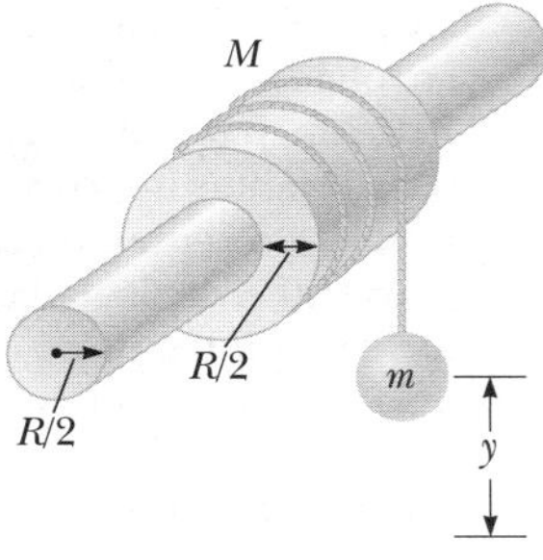

Figura P10.70

$$\tau_f = R\left[m\left(g - \frac{2y}{t^2}\right) - M\frac{5y}{4t^2}\right]$$

71. Se a polia mostrada na Figura P10.71 tem raio R e momento de inércia I. Uma ponta do bloco de massa m é conectada a uma mola de constante força k, e a outra é presa a uma corda ao redor do carretel. O eixo dele e a rampa não têm atrito. A polia é enrolada em sentido anti-horário de modo que a mola se estica por uma distância d de sua posição encolhida, e ele é, então, solto do repouso. Encontre a velocidade angular do carretel quando a mola é esticada novamente.

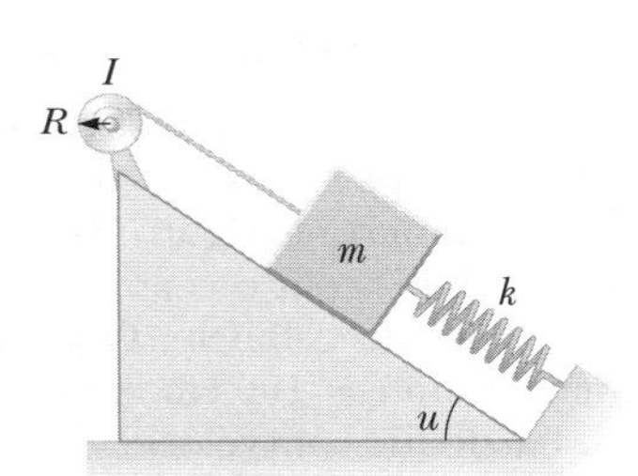

Figura P10.71

72. **W** **Revisão.** Um bloco de massa $m_1 = 2{,}00$ kg e outro de massa $m_2 = 6{,}00$ kg são conectados por um fio sem massa sobre uma roldana em forma de disco sólido de raio $R = 0{,}250$ m e massa $M = 10{,}0$ kg. A rampa fixa, em formato triangular, forma um ângulo de $\theta = 30{,}0°$ como mostrado na Figura P10.72. O coeficiente de atrito cinético é 0,360 para ambos os blocos. (a) Desenhe diagramas de forças dos dois blocos e da roldana. Determine (b) a aceleração dos dois blocos e (c) as tensões no fio nos dois lados da roldana.

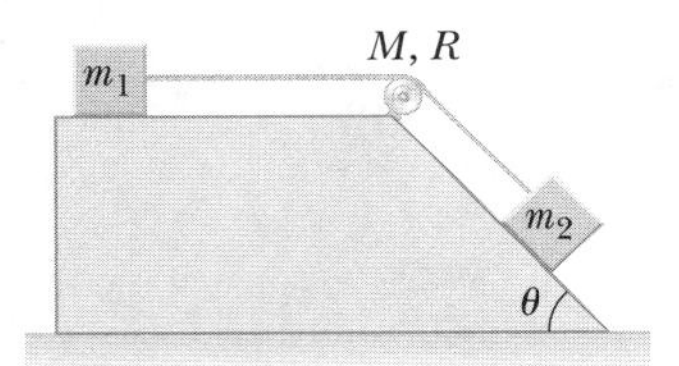

Figura P10.72

73. **M** Uma escada portátil de peso desprezível é construída como mostrado na Figura P10.73, com $AC = BC = \ell = 4{,}00$ m. Um pintor de massa $m = 70{,}0$ kg sobe na escada $d = 3{,}00$ m do chão. Considerando o piso sem atrito, encontre (a) a tensão na barra horizontal DE que conecta as duas metades da escada, (b) as forças normais em A e B, e (c) as componentes da força de reação na dobradiça única C que a metade esquerda da escada exerce sobre a metade direita. *Sugestão*: Trate a escada como um corpo único, mas também trate cada metade da escada separadamente.

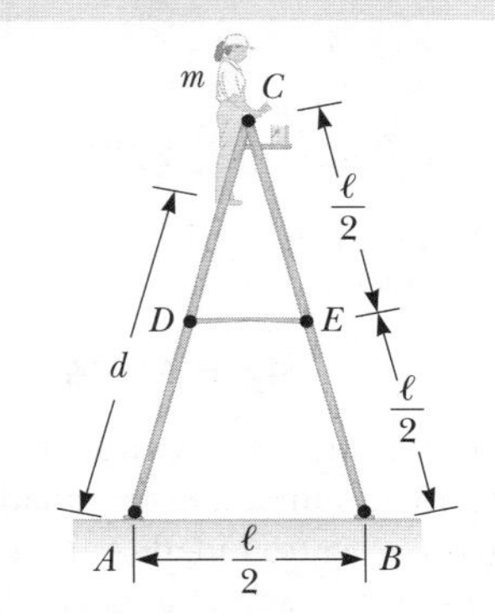

Figura P10.73 Problemas 73 e 74.

74. **S** Uma escada portátil de peso desprezível é construída como mostrado na Figura P10.73, com $AC = BC = \ell$. Um pintor de massa m sobe na escada até uma distância d da base. Considerando o piso sem atrito, encontre (a) a tensão na barra horizontal DE que conecta as duas metades da escada, (b) as forças normais em A e B, e (c) as componentes da força de reação na dobradiça única C que a metade esquerda da escada exerce sobre a metade direita. *Sugestão:* Trate a escada como um corpo único, mas também trate cada metade da escada separadamente.

75. **Q|C** **S** Atira-se uma bala de argila grudenta com massa m e velocidade $\vec{\mathbf{v}}_i$ contra um cilindro sólido de massa M e raio R (Fig. P10.75). O cilindro está inicialmente em repouso, montado sobre um eixo horizontal fixo que passa por seu centro de massa. A linha de movimento da bala é perpendicular ao eixo e está a uma distância $d < R$ do centro. (a) Encontre a velocidade angular do sistema após a argila atingir e grudar na superfície do cilindro. (b) A energia mecânica do sistema barro-cilindro é constante neste processo? Explique sua resposta. (c) O momento do sistema barro-cilindro é constante neste processo? Explique sua resposta.

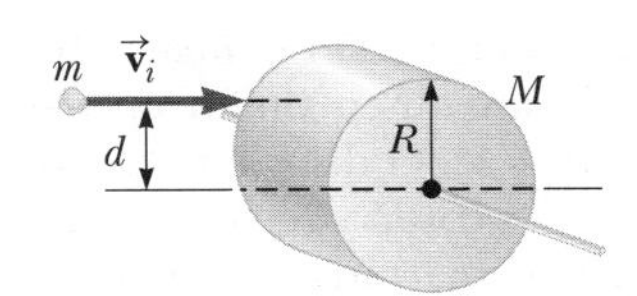

Figura P10.75

76. Uma demonstração comum, ilustrada na Figura P10.76, consiste em uma bola repousando em uma extremidade de uma mesa uniforme de comprimento ℓ que é presa na outra extremidade e elevada a um ângulo de θ. Uma xícara leve está presa à mesa em r_c para pegar a bola quando a vareta de apoio é removida subitamente. (a) Mostre que a bola vai ficar para trás da mesa em queda quando θ for menor que 35,3°. (b) Supondo que a mesa tenha 1,00 m de comprimento e seja suportada

neste ângulo limitante, mostre que a xícara deve estar a 18,4 cm distante da extremidade que se move.

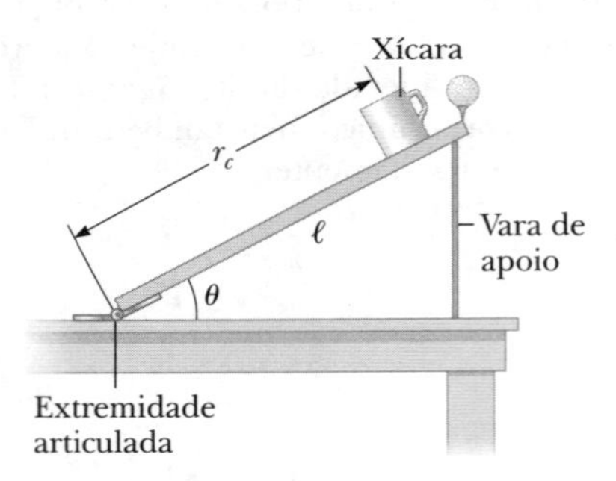

Figura P10.76

77. **BIO** O grande músculo quadríceps na parte superior da perna termina em sua extremidade inferior em um tendão ligado à extremidade superior da tíbia (Fig. P10.77a). As forças sobre a parte inferior da perna quando esta é estendida são modeladas como na Figura P10.77b, onde $\vec{\mathbf{T}}$ é a força no tensão, $\vec{\mathbf{F}}_{g,\text{perna}}$ é a força gravitacional agindo sobre a parte inferior da perna e $\vec{\mathbf{F}}_{g,\text{pé}}$ é a força gravitacional agindo sobre o pé. Encontre T quando o tendão está em um ângulo de $\phi = 25{,}0°$ com a tíbia, supondo $\vec{\mathbf{F}}_{g,\text{perna}} = 30{,}0$ N, $\vec{\mathbf{F}}_{g,\text{pé}} = 12{,}5$ N e a perna estendida em um ângulo $\theta = 40{,}0°$ com relação à vertical. Suponha também o centro de gravidade da tíbia está em seu centro geométrico e o tendão ligado à parte inferior da perna em uma posição um quinto para baixo na perna.

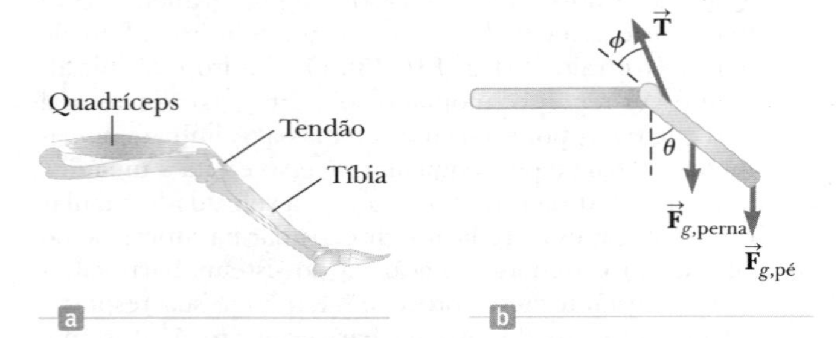

Figura P10.77

78. **S** Revisão. Um cordão é amarrado ao redor de um disco uniforme de raio R e massa M. O disco é solto do repouso com o cordão vertical e sua ponta de cima amarrada a uma barra fixa (Fig. P10.78). Mostre que (a) a tensão no cordão é um terço do peso do disco, (b) o módulo da aceleração do centro de massa é $2g/3$, e (c) a velocidade do centro de massa é $(4gh/3)^{1/2}$ após o disco ter descido uma distância h. (d) Verifique sua resposta para a parte (c) usando a abordagem de energia.

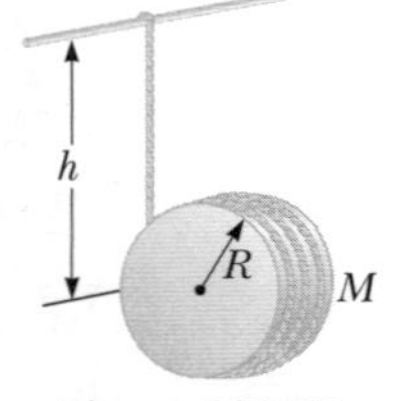

Figura P10.78

79. **BIO** **Q|C** Suponha que uma pessoa se incline para a frente para levantar um peso "com suas costas", como mostrado na Figura P10.79a. A coluna vertebral gira principalmente na quinta vértebra lombar com a força de suporte principal fornecida pelo músculo eretor da coluna nas costas. Para conhecer o módulo das forças envolvidas, considere o modelo mostrado na Figura P10.79b para uma pessoa inclinando-se para a frente para levantar um corpo de 200 N. A coluna vertebral e o tronco são representados como uma barra horizontal de peso 350 N, articulada na base da coluna. O músculo eretor da espinha, preso em um ponto a dois terços subindo pela coluna, mantém a posição das costas. O ângulo entre a coluna e seu músculo é $\theta = 12{,}0°$. Encontre (a) a tensão T no músculo das costas e (b) a força de compressão na coluna. (c) Este método é uma boa maneira de levantar um peso? Explique sua resposta utilizando os resultados das partes (a) e (b). (d) Você pode sugerir um método melhor para levantar um peso?

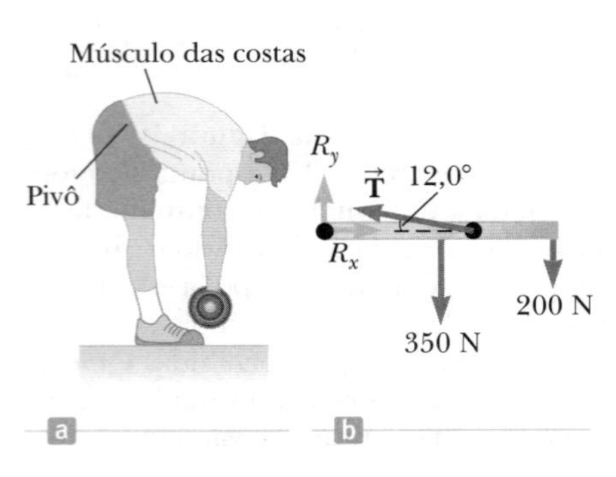

Figura P10.79

80. *Por que a seguinte situação é impossível?* Um operário de uma fábrica puxa um gabinete pelo chão usando uma corda, como mostrado na Figura P10.80a. A corda faz um ângulo $\theta = 37{,}0°$ com o chão e é amarrada a $h_1 = 10{,}0$ cm por baixo do gabinete. O gabinete retangular uniforme tem altura $\ell = 100$ cm, largura $w = 60{,}0$ cm e pesa 400 N. Ele desliza com velocidade constante quando uma força $F = 300$ N é aplicada pela corda. O operário cansa de andar para trás. Então, amarra a corda a um ponto do gabinete a $h_2 = 65{,}0$ cm longe do chão e coloca a corda sobre seu ombro de modo que possa andar para frente e puxar, como mostrado na Figura P10.80b. Desta forma, a corda faz novamente um ângulo de $\theta = 37{,}0°$ com a horizontal e novamente tem uma tensão de 300 N. Ao usar esta técnica, o operário pode deslizar o gabinete sobre uma longa distância no chão sem se cansar.

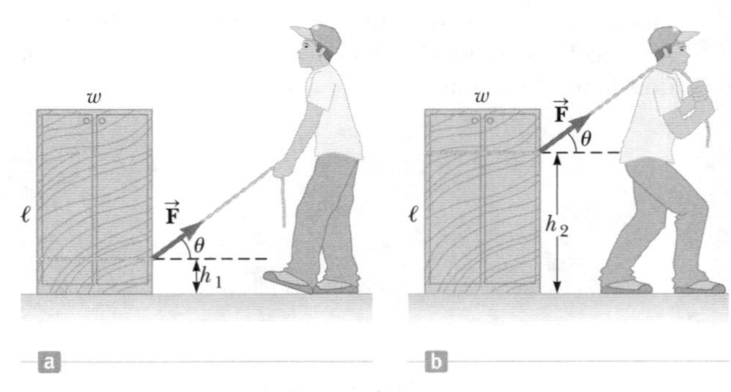

Figura P10.80

81. **PD** **S** Um projétil de massa m move-se para a direita com uma velocidade v_i (Fig. P10.81a). O projétil atinge e gruda em uma extremidade de uma barra fixa de massa M, comprimento d, articulada sobre um eixo sem atrito

perpendicular à página através de O (Fig. P10.81b). Gostaríamos de encontrar a variação fracional da energia cinética no sistema em função da colisão. (a) Qual é o modelo de análise apropriado para descrever o projétil e a barra? (b) Qual é o momento angular do sistema antes da colisão ao redor de um eixo através de O? (c) Qual é o momento de inércia do sistema ao redor de um eixo através de O após o projétil ter grudado na barra? (d) Se a velocidade angular do sistema após a colisão é ω, qual é o momento angular do sistema neste instante? (e) Encontre a velocidade angular ω após a colisão em termos das quantidades dadas. (f) Qual é a energia cinética do sistema antes da colisão? (g) Qual é a energia cinética do sistema após a colisão? (h) Determine a variação fracional da energia cinética em função da colisão.

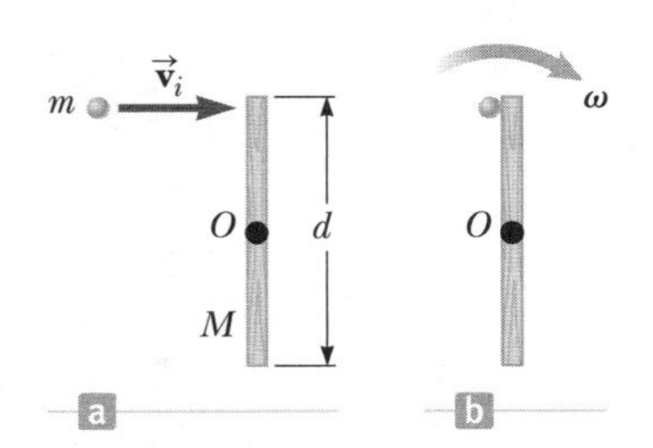

Figura P10.81

82. **Q|C** A Figura P10.82 mostra uma força vertical aplicada tangencialmente a um cilindro uniforme de peso F_g. O coeficiente de atrito estático ente o cilindro e todas as superfícies é 0,500. A força $\vec{P}$ é aumentada em módulo até que o cilindro começa a girar. Com relação a F_g, encontre o módulo da força máxima P que pode ser aplicada sem fazer com que o cilindro gire. *Sugestão:* Mostre que ambas as forças de atrito estarão em seus valores máximos quando o cilindro estiver na iminência de escorregar.

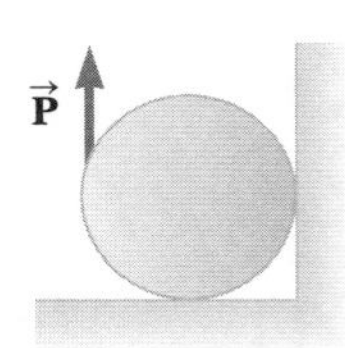

Figura P10.82

83. **S** Uma esfera sólida de massa m e raio r rola sem escorregar ao longo da pista mostrada na Figura P10.83. Ela começa do repouso com o ponto mais baixo da esfera na altura h acima da base do aro de raio R, muito maior que r. (a) Qual é o valor mínimo de h (quanto ao R) para que a esfera complete o aro? (b) Quais são as componentes da força da esfera no ponto P se $h = 3R$?

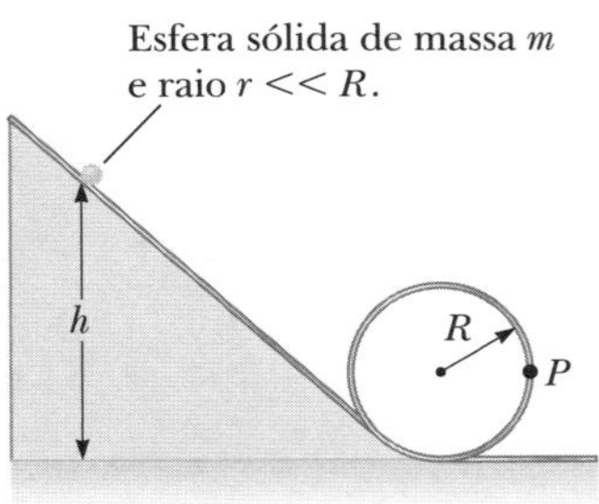

Figura P10.83

84. **Q|C** Um skatista com seu skate pode ser modelado como uma partícula de massa 76,0 kg, localizada em seu centro de massa, 0,500 m acima do chão. Como mostrado na Figura P10.84, o skatista parte do repouso em uma posição agachada na ponta do *halfpipe* (ponto Ⓐ). Este forma a metade de um cilindro de raio 6,80 m com seu eixo horizontal. Em sua descida, o skatista desloca-se sem atrito e se mantém agachado, de modo que seu centro de massa se move por um quarto de um círculo. (a) Encontre sua velocidade no fundo do *halfpipe* (ponto Ⓑ). (b) Encontre seu momento angular em torno do centro de curvatura neste ponto. (c) Imediatamente após passar do ponto Ⓑ, ele se levanta e ergue seus braços, elevando seu centro de gravidade para 0,950 m acima do concreto (ponto Ⓒ). Explique por que seu momento angular é constante nessa manobra, ao passo que a energia cinética de seu corpo não é. (d) Encontre sua velocidade imediatamente após ele se levantar. (e) Quanta energia química nas pernas do skatista foi convertida em energia mecânica no sistema skatista-Terra quando ele se levantou?

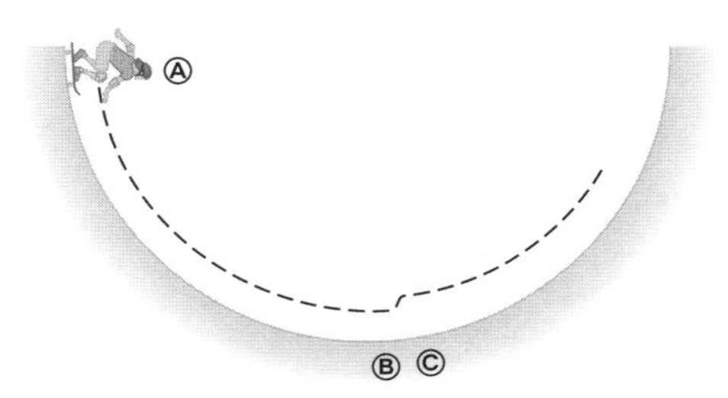

Figura P10.84

85. **BIO** **Q|C** Quando um ginasta trabalhando com argolas executa a *cruz de ferro*, mantém sua posição em repouso, mostrada na Figura P10.85a. Nesta manobra, os pés do ginasta (não mostrados) não tocam o chão. Os músculos primários envolvidos no apoio desta posição são o grande dorsal e o peitoral maior. Uma das argolas exerce uma força para cima $\vec{F}_h$ em uma mão, como mostrado na Figura P10.85b. A força $\vec{F}_s$ é exercida pela articulação do ombro sobre o braço. Os músculos grande dorsal e peitoral maior exercem uma força total $\vec{F}_m$ sobre o braço. (a) Usando as informações na figura, encontre o módulo da força $\vec{F}_m$. (b) Suponha que um atleta em treinamento não possa desempenhar a cruz, mas possa manter uma posição semelhante à figura, em que os braços fazem um ângulo de 45° com a horizontal, em vez de ficarem na horizontal. Por que esta posição é mais fácil para o atleta?

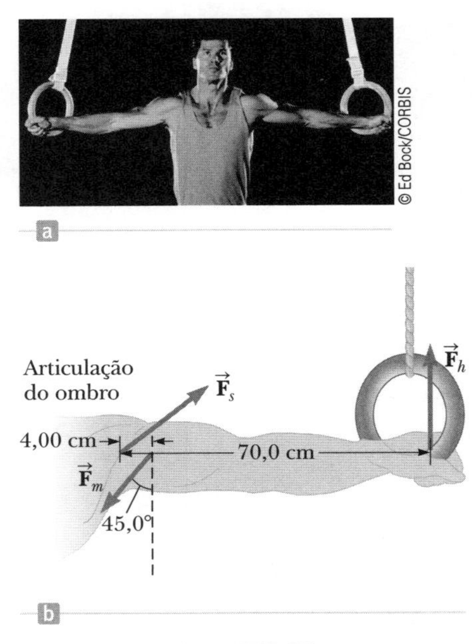

Figura P10.85

Capítulo 11

Gravidade, órbitas planetárias e o átomo de hidrogênio

Sumário

Nasa, Hubble Heritage Team, (STScI/AURA), ESA, S. Beckwith (STScI). Processamento adicional: Robert Gendler

Imagem do Hubble da galáxia Whirlpool, M51, tirada em 2005. Os braços dessa galáxia espiral comprimem gás de hidrogênio e criam novos grupos de estrelas. Alguns astrônomos acreditam que os braços são proeminentes por causa de um encontro próximo com a pequena galáxia NGC 5195, na ponta de um de seus braços.

No Capítulo 1, introduzimos a noção de modelagem e definimos quatro categorias de modelos: geométrico, de simplificação, de análise e estrutural. Nesse capítulo, aplicamos nossos modelos de análise a dois modelos estruturais muito comuns: um modelo estrutural para um grande sistema – o Sistema Solar – e outro para um sistema pequeno – o átomo de hidrogênio.

Voltamos à Lei da Gravitação Universal de Newton – uma das leis de força fundamentais na natureza discutida no Capítulo 5 – e mostramos como ela, junto com nossos modelos de análise, nos permite compreender os movimentos dos planetas, luas e satélites artificiais da Terra.

Concluímos esse capítulo com uma discussão sobre o modelo de Niels Bohr do átomo de hidrogênio, que representa uma mistura interessante das físicas clássica e não clássica. Apesar da natureza híbrida do modelo, algumas de suas previsões concordam com medidas experimentais feitas em átomos de hidrogênio. Essa discussão será o nosso primeiro grande empreendimento na área da física quântica, ao qual daremos continuidade no Capítulo 28.

11.1 | A Lei da Gravitação Universal de Newton revisitada

Antes de 1687, uma grande quantidade de dados foi coletada sobre os movimentos da Lua e dos planetas, mas um entendimento claro das forças envolvidas com os movimentos ainda não era atingível. Naquele ano, Isaac Newton forneceu a chave para desvendar os segredos dos céus. Ele sabia, desde sua primeira lei do movimento, que uma força resultante tinha de estar atuando sobre a Lua. Se não estivesse, a Lua se moveria numa trajetória em linha reta, e não em sua órbita quase circular. Newton argumentou que essa força entre a Lua e a Terra era uma força atrativa. Ele percebeu que as forças envolvidas na atração Terra-Lua e na atração Sol-planeta não eram algo especial a estes sistemas, mas casos particulares de uma atração geral e universal entre os corpos.

Como você deve se lembrar do Capítulo 5, toda partícula no universo atrai outra partícula com uma força que é diretamente proporcional ao produto de suas massas e inversamente proporcional ao quadrado da distância entre elas. Se duas partículas têm massas m_1 e m_2 e estão separadas por uma distância r, o módulo da força gravitacional entre elas é

$$F_g = G\frac{m_1 m_2}{r^2} \qquad \textbf{11.1}$$

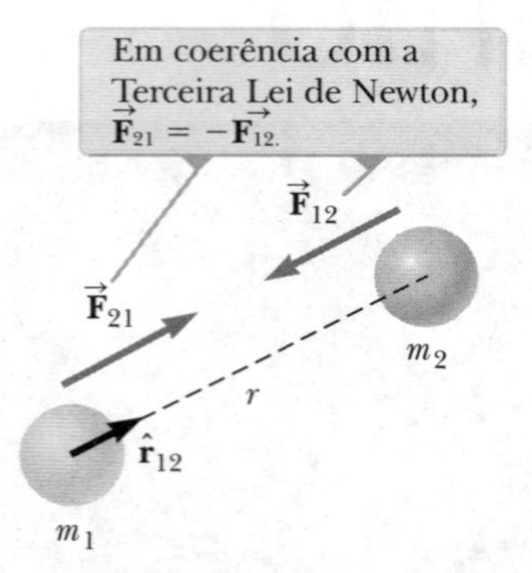

Figura Ativa 11.1 A força gravitacional entre duas partículas é atrativa. O vetor unitário $\hat{\mathbf{r}}_{12}$ é dirigido da partícula 1 para a 2.

em que G é a **constante gravitacional universal**, cujo valor em unidades SI é

$$G = 6{,}674 \times 10^{-11}\ \text{N} \times \text{m}^2/\text{kg}^2 \qquad \textbf{11.2}$$

A lei da força dada pela Equação 11.1 é chamada muitas vezes **lei do inverso do quadrado**, porque o módulo da força varia com o inverso do quadrado da separação das partículas. Podemos expressar essa força atrativa na forma vetorial, definindo um vetor unitário $\hat{\mathbf{r}}_{12}$ direcionado de m_1 para m_2, como mostrado na Figura Ativa 11.1. A força exercida por m_1 em m_2 é

$$\vec{\mathbf{F}}_{12} = -G\frac{m_1 m_2}{r^2}\hat{\mathbf{r}}_{12} \qquad \textbf{11.3}$$

em que o sinal negativo indica que a partícula 2 é atraída para a 1. Da mesma forma, com a Terceira Lei de Newton, a força exercida por m_2 sobre m_1, designada $\vec{\mathbf{F}}_{21}$, é igual em módulo a $\vec{\mathbf{F}}_{12}$ e na direção oposta. Ou seja, essas forças formam um par ação-reação, e $\vec{\mathbf{F}}_{21} = -\vec{\mathbf{F}}_{12}$.

Como Newton demonstrou, a força gravitacional exercida por uma distribuição de massa de tamanho definido e esfericamente simétrica sobre uma partícula fora da distribuição é a mesma como se toda a massa da distribuição fosse concentrada no centro. Por exemplo, a força sobre uma partícula de massa m na superfície da Terra tem módulo

$$F_g = G\frac{M_T m}{R_T^2}$$

em que M_T é a massa da Terra e R_T é seu raio. Essa força é direcionada para o centro da Terra.

Prevenção de Armadilhas | 11.1

Seja claro em g e G

O símbolo g representa o módulo da aceleração de queda livre próximo a um planeta. Na superfície da Terra, g tem um valor médio de 9,80 m/s^2. Por outro lado, G é uma constante universal que tem o mesmo valor em todos os lugares do Universo.

Medida da constante gravitacional

A constante gravitacional universal G foi avaliada pela primeira vez no final do século XIX, com base nos resultados de uma experiência importante realizada por *sir* Henry Cavendish em 1798. A Lei da Gravitação Universal não foi expressa por Newton na forma da Equação 11.1 e, portanto, ele não mencionou uma constante como G. Na verdade, mesmo na época de Cavendish, uma unidade de força ainda não tinha sido incluída no já existente sistema de unidades. O objetivo de Cavendish era medir a densidade da Terra. Seus resultados foram utilizados por outros cientistas cem anos mais tarde para gerar um valor para G.

O aparelho que ele utilizou é composto de duas pequenas esferas, cada uma de massa m, fixas às extremidades de uma haste horizontal leve suspensa por um fio fino, como na Figura 11.2. Duas esferas grandes, cada uma de massa M, em seguida são colocadas perto das esferas menores. A força atrativa entre as esferas maiores e menores faz a haste girar e torcer o fio. Se o sistema é orientado como mostrado na Figura 11.2, a haste gira no sentido horário quando vista de cima. O ângulo em que ela gira é medido pela deflexão de um feixe de luz que é refletido de um espelho ligado ao fio. A experiência é repetida cuidadosamente com massas diferentes em várias separações.

É interessante que G seja a menos conhecida das constantes fundamentais, com uma incerteza percentual milhares de vezes maior que os de outras constantes, como a massa m_e do elétron e a carga elétrica fundamental e. Várias medições recentes de G variam significativamente dos valores anteriores e uma da outra! A busca por um valor mais preciso de G continua sendo uma área de pesquisa ativa. Um experimento de 2006 mediu alterações dos pesos medidos em um corpo fixo enquanto um segundo corpo era aproximado, resultando em um valor de G de $6{,}674\ 3 \times 10^{-11}$ m³/kg · s², com uma incerteza de $= \pm 0{,}001$ a 5%. Um experimento de 2007 mediu G usando um gradiômetro de gravidade baseado em interferometria atômica. O resultado desse experimento foi $6{,}693 \times 10^{-11}$ m³/kg · s², com uma incerteza de $= \pm 0{,}3\%$. O resultado de 2006 está praticamente dentro do intervalo de incerteza relativamente grande do resultado de 2007!

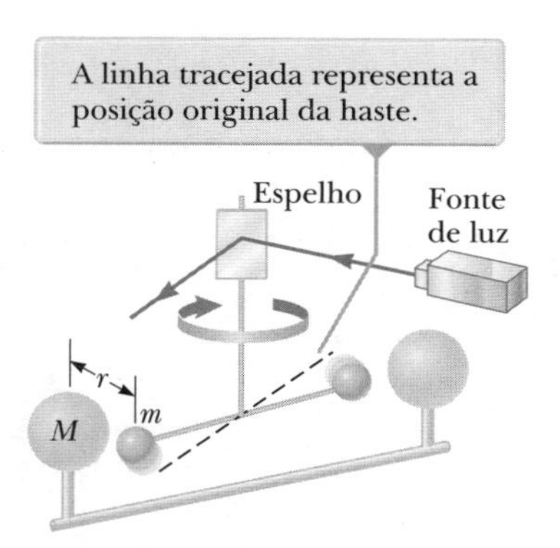

Figura 11.2 Diagrama esquemático do aparelho Cavendish. Quando as esferas pequenas de massa m são atraídas pelas esferas grandes de massa M, a haste gira um pequeno ângulo. Um feixe de luz refletido por um espelho fixo no aparelho que gira mede o ângulo de rotação. (Na realidade, o comprimento do fio acima do espelho é muito maior que abaixo dele.)

TESTE RÁPIDO 11.1 O planeta A tem duas luas de massas iguais. A Lua 1 está em uma órbita circular de raio r. A Lua 2 está em uma órbita circular de raio $2r$. Qual é o módulo da força gravitacional exercida pelo planeta na Lua 2? (**a**) quatro vezes maior que na Lua em 1 (**b**) duas vezes maior que na Lua 1 (**c**) igual ao na Lua 1 (**d**) metade do tamanho que na Lua 1 (**e**) um quarto daquele na Lua 1.

O campo gravitacional

Quando Newton publicou pela primeira vez sua teoria da gravitação, seus contemporâneos acharam difícil aceitar o conceito de uma força que um corpo pode exercer sobre outro sem nada estar acontecendo no espaço entre eles. Eles perguntaram como era possível que dois corpos com massa interagissem, mesmo que não estivessem em contato com os outros. Embora o próprio Newton não pudesse responder a essa pergunta, sua teoria foi considerada um sucesso, pois explicava satisfatoriamente os movimentos dos planetas.

Uma representação mental alternativa da força gravitacional é pensar a interação gravitacional como um processo de duas etapas que envolvem um *campo*, como discutido na Seção 4.1. Primeiro, um corpo (*uma massa de origem*) cria um **campo gravitacional** $\vec{\mathbf{g}}$ em todo o espaço ao seu redor. Depois, um segundo corpo (*a massa de ensaio*) de massa m residindo nessa área sofre uma força $\vec{\mathbf{F}}_g = m\vec{\mathbf{g}}$. Em outras palavras, modelamos o *campo* como exercendo uma força na massa de ensaio em vez de a massa-fonte exercer a força diretamente. O campo gravitacional é definido por

$$\vec{\mathbf{g}} = \frac{\vec{\mathbf{F}}_g}{m} \qquad \textbf{11.4}$$

▶ Campo gravitacional

Isto é, o campo gravitacional em um ponto do espaço é igual à força gravitacional exercida sobre uma massa de ensaio m nesse ponto dividida pela massa. Por consequência, se $\vec{\mathbf{g}}$ é conhecido em algum ponto no espaço, uma partícula de massa m experimenta uma força gravitacional $\vec{\mathbf{F}}_g = m\vec{\mathbf{g}}$ quando colocada nesse ponto. Veremos também o modelo de uma partícula em um campo para a eletricidade e o magnetismo em capítulos posteriores, em que ele desempenha um papel muito maior do que faz em relação à gravidade.

Como exemplo, considere um corpo de massa m próximo da superfície da Terra. A força gravitacional sobre o corpo é direcionada para o centro da Terra e tem módulo mg. Portanto, vemos que o campo gravitacional experimentado pelo corpo em algum ponto tem módulo igual à aceleração de queda livre naquele ponto. Como a força gravitacional sobre o corpo tem módulo GM_Tm/r^2 (em que M_T é a massa da Terra), o campo $\vec{\mathbf{g}}$ a uma distância r a partir do centro da Terra é dado por

$$\vec{\mathbf{g}} = \frac{\vec{\mathbf{F}}_g}{m} = -\frac{GM_T}{r^2}\hat{\mathbf{r}} \qquad \textbf{11.5}$$

em que $\hat{\mathbf{r}}$ é um vetor unitário apontando radialmente para o exterior a partir da Terra, e o sinal negativo indica que os vetores de campo apontam em direção ao centro da Terra, como mostrado na Figura 11.3a. Observe que os

Os vetores de campo apontam na direção da aceleração que a partícula sofreria se fosse colocada no campo. O módulo do vetor de campo em qualquer local é o módulo da aceleração de queda livre naquele local.

a

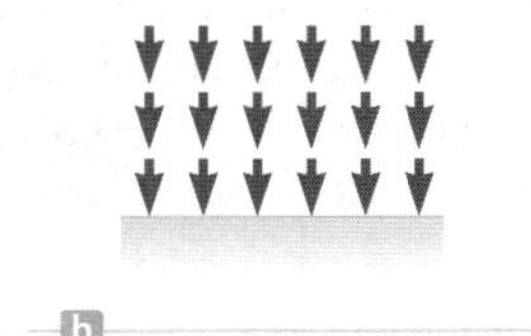

Figura 11.3 (a) Os vetores do campo gravitacional nas proximidades de uma massa uniforme e esférica variam tanto em direção quanto em módulo. (b) Os vetores do campo gravitacional em uma pequena região próxima à superfície da Terra são uniformes; isto é, têm a mesma direção e módulo.

vetores de campo em diferentes pontos ao redor da massa esférica variam em direção e módulo. Em uma pequena região próxima da superfície da Terra, o campo descendente $\vec{\mathbf{g}}$ é aproximadamente constante e uniforme, como indicado na Figura 11.3b. A Equação 11.5 é válida em todos os pontos externos da superfície da Terra, assumindo-se que a Terra é esférica e que a rotação possa ser desprezada. Na superfície da Terra, em que $r = R_T$, $\vec{\mathbf{g}}$ tem módulo 9,80 m/s^2.

Exemplo 11.1 | A densidade da Terra

Usando o raio conhecido da Terra e considerando que $g = 9{,}80$ m/s^2 na sua superfície, descubra sua densidade média.

SOLUÇÃO

Conceitualização Suponha que a Terra seja uma esfera perfeita. A densidade do material na Terra varia, mas vamos adotar um modelo simplificado em que assumimos que ela seja uniforme em toda a Terra. A resultante é a densidade média da Terra.

Categorização Esse exemplo é um problema relativamente simples de substituição.

Usando os módulos na Equação 11.5 na superfície da Terra, encontre a massa da Terra:

$$M_T = \frac{gR_T^{\ 2}}{G}$$

Substitua essa massa na definição de densidade (Eq. 1.1):

$$\rho_T = \frac{M_T}{V_T} = \frac{gR_T^{\ 2}/G}{\frac{4}{3}\pi R_T^{\ 3}} = \frac{3}{4}\frac{g}{\pi G R_T}$$

$$= \frac{3}{4}\frac{9{,}80\,\text{m/s}^2}{\pi(6{,}67\times10^{-11}\text{N}\cdot\text{m}^2/\text{kg}^2)(6{,}37\times10^6\,\text{m})} = 5{,}51\times10^3\,\text{kg/m}^3$$

E se? Se lhe dissessem que uma densidade típica do granito na superfície da Terra é de $2{,}75 \times 10^3$ kg/m^3, o que você concluiria sobre a densidade do material no interior dela?

Resposta Como esse valor é cerca de metade da densidade que foi calculada como uma média para toda a Terra, concluiríamos que o núcleo interno da Terra tem uma densidade muito superior ao valor médio. O mais surpreendente é que o experimento de Cavendish – que pode ser usado para determinar G e ser feito sobre uma mesa – , combinado com simples medições de queda livre de g, fornece informações sobre o núcleo da Terra!

11.2 | Modelos estruturais

Mencionamos no Capítulo 1 que discutiríamos quatro categorias de modelos. A quarta categoria são **modelos estruturais**. Nesses, propomos estruturas teóricas na tentativa de compreender o comportamento de um sistema com o qual não podemos interagir diretamente, porque é muito diferente em escala – ou muito menor, ou muito maior – do nosso mundo macroscópico.

Um dos modelos estruturais mais antigos a ser explorado foi o da localização da Terra no Universo. Os movimentos dos planetas, das estrelas e de outros corpos celestes têm sido observados por pessoas há milhares de anos. No início da história, os cientistas consideravam a Terra como o centro do Universo, porque parecia que os corpos no céu moviam-se ao seu redor. Essa organização da Terra e de outros corpos é um modelo estrutural para o Universo chamado *modelo geocêntrico*. Foi elaborado e formalizado pelo astrônomo grego Claudius Ptolomeu no século II d.C. e aceito nos 1400 anos que se seguiram. Em 1543, o astrônomo polonês Nicolau Copérnico (1473-1543) ofereceu um modelo estrutural diferente, no qual a Terra faz parte de um Sistema Solar local, sugerindo que a Terra e os outros planetas giram em órbitas perfeitamente circulares em torno do Sol (modelo heliocêntrico).

Em geral, um modelo estrutural tem as seguintes características:

▶ Características do modelo estrutural

1. *Uma descrição das componentes físicas do sistema*: No modelo heliocêntrico, as componentes são os planetas e o Sol.
2. *Uma descrição de em que as componentes estão localizadas em relação à outra e como interagem*: No modelo heliocêntrico, os planetas estão em órbita em torno do Sol e interagem por meio da força gravitacional.
3. *Uma descrição da evolução temporal do sistema*: O modelo heliocêntrico assume um Sistema Solar de estado estacionário, com os planetas girando em órbitas em torno do Sol com períodos fixos.
4. *Uma descrição da concordância entre as previsões do modelo e observações reais e, possivelmente, de novos efeitos que ainda não foram observados*: O modelo heliocêntrico prevê observações terrestres de Marte que estão de acordo com as medições históricas e presentes. O modelo geocêntrico também foi capaz de encontrar concordância entre previsões e observações, mas somente à custa de um modelo estrutural muito complicado, em que os planetas se moviam em círculos construídos em outros círculos. O modelo heliocêntrico, juntamente com a Lei da Gravitação Universal de Newton, previu que uma nave espacial poderia ser enviada da Terra para Marte muito antes de isto realmente ser feito pela primeira vez, na década de 1970.

Nas Seções 11.3 e 11.4 exploramos alguns dos detalhes do modelo heliocêntrico do Sistema Solar e complementamos a descrição dada para esse modelo estrutural. Na Seção 11.5, investigamos um modelo estrutural do átomo de hidrogênio. Vamos usar as componentes de modelos estruturais aqui listados muitas vezes ao longo da coleção.

11.3 | Leis de Kepler

O astrônomo dinamarquês Tycho Brahe (1546-1601) fez medições astronômicas precisas durante um período de 20 anos e forneceu a base para o modelo estrutural do Sistema Solar atualmente aceito. Essas observações precisas, feitas sobre os planetas e 777 estrelas, foram realizadas com nada mais elaborado que um grande sextante e uma bússola; o telescópio ainda não tinha sido inventado.

O astrônomo alemão Johannes Kepler, que foi assistente de Brahe, adquiriu dados astronômicos de seu mentor e passou aproximadamente 16 anos tentando deduzir um modelo matemático para os movimentos dos planetas. Após muitos cálculos trabalhosos, descobriu que os dados precisos de Brahe sobre a revolução de Marte ao redor do Sol forneciam a resposta. A análise de Kepler mostrou, primeiro, que tinha de ser abandonado o conceito de órbitas circulares ao redor do Sol no modelo heliocêntrico. Ele descobriu que a órbita de Marte podia ser descrita precisamente por uma curva chamada *elipse*. Generalizou então essa análise para incluir os movimentos de todos os planetas. A análise completa está resumida em três declarações conhecidas como as **Leis de Kepler do movimento planetário**, cada uma delas será discutida nas seções seguintes.

iStockphoto.com/GeorgiosArt

Johannes Kepler
Astrônomo alemão (1571-1630)
Kepler é mais conhecido por desenvolver as leis do movimento planetário com base nas cuidadosas observações de Tycho Brahe.

Newton demonstrou que essas leis são consequência da força gravitacional que existe entre duas massas quaisquer. A Lei da Gravitação Universal de Newton, juntamente com suas leis do movimento, fornecem a base para uma representação matemática completa do movimento dos planetas e satélites.

A Primeira Lei de Kepler

A Primeira Lei de Kepler indica que a órbita circular de um corpo em torno de um centro de força gravitacional é um caso muito especial, e que órbitas elípticas são a situação geral:[1]

▶ Primeira Lei de Kepler

Todos os planetas se movem em órbitas elípticas, com o Sol em um ponto de convergência.

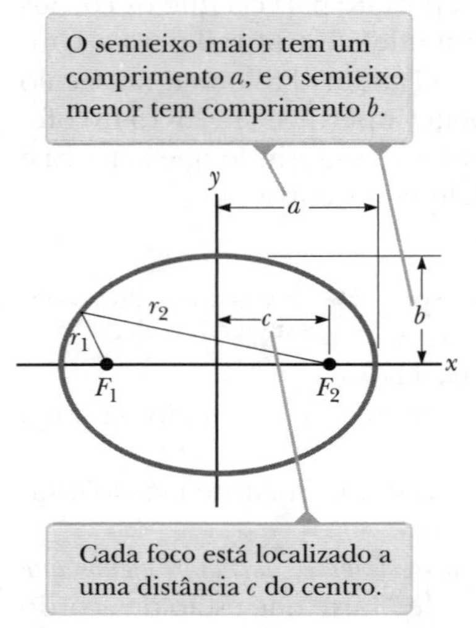

Figura Ativa 11.4 Plotagem de uma elipse.

A Figura Ativa 11.4 mostra a geometria de uma elipse, que serve como nosso modelo geométrico para a órbita elíptica de um planeta.[2] Elipse é definida matematicamente pela escolha de dois pontos F_1 e F_2, cada um dos quais é chamado **foco**; e então desenha-se uma curva através dos pontos para a qual a soma das distâncias r_1 e r_2 de F_1 e F_2, respectivamente, é uma constante. A maior distância através do centro entre os pontos da elipse (passando por cada foco) é chamada **eixo maior**, e essa distância é $2a$. Na Figura Ativa 11.4, o eixo principal é desenhado ao longo da direção de x. A distância a é chamada **semieixo maior**. Da mesma forma, a menor distância passando pelo centro entre os pontos da elipse é chamada **eixo menor**, de comprimento $2b$, em que a distância b é o **semieixo menor**. Qualquer um dos focos da elipse está localizado a uma distância c do centro da elipse, em que $a^2 = b^2 + c^2$. Na órbita elíptica de um planeta em torno do Sol, esse está em um dos focos da elipse. Não há nada no outro foco.

A **excentricidade** de uma elipse é definida como $e \equiv c/a$ e descreve a forma geral da elipse. Para um círculo, $c = 0$, a excentricidade é, portanto, zero. Quanto menor for b em comparação com a menor será a elipse ao longo da direção y em comparação com sua extensão na direção x (Figura Ativa 11.4). Quando b diminui, c aumenta, e aumenta a excentricidade e. Portanto, os maiores valores de excentricidade correspondem a elipses longas e estreitas. O intervalo de valores da excentricidade de uma elipse é $0 < e < 1$.

As excentricidades de órbitas planetárias variam amplamente no Sistema Solar. A excentricidade da órbita da Terra é de 0,017, o que a torna quase circular. Por outro lado, a excentricidade da órbita de Mercúrio é de 0,21, a maior dos oito planetas. A Figura 11.5a mostra uma elipse com a excentricidade da órbita de Mercúrio. Note que é difícil distinguir até mesmo essa órbita de maior excentricidade de um círculo perfeito, esta é uma das razões que faz da Primeira Lei de Kepler um feito admirável. A excentricidade da órbita do cometa Halley é de 0,97, descrevendo uma órbita cujo principal eixo é muito maior que seu eixo menor, como mostrado na Figura 11.5b. Como resultado, o cometa Halley passa boa parte do seu período de 76 anos longe do Sol e invisível a partir da Terra. Ele só é visível a olho nu durante uma parte pequena de sua órbita, quando está próximo do Sol.

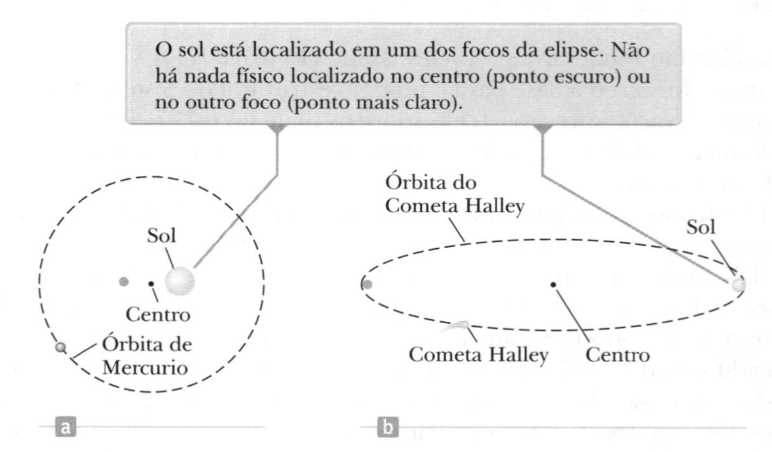

Figura 11.5 (a) A forma da órbita de Mercúrio, que tem a maior excentricidade ($e = 0,21$) entre os oito planetas do Sistema Solar. (b) A forma da órbita do cometa Halley. A forma da órbita está correta, o cometa e o Sol encontram-se maiores do que na realidade, mas para maior clareza.

[1] Escolhemos um modelo de simplificação em que um corpo de massa m está em órbita em torno de outro de massa M, com $M \gg m$. Dessa forma, podemos modelar o corpo de massa M para ser estacionário. Na realidade, isto não é verdade porque tanto M quanto m se movem em torno do centro de massa do sistema de dois corpos. É assim que indiretamente detectamos planetas em torno de outras estrelas; vemos o movimento de "oscilação" da estrela quando o planeta e a estrela giram em torno do centro de massa.

[2] Órbitas reais mostram perturbações causadas pelas luas em órbita ao redor do planeta e passagens do planeta perto de outros planetas. Desprezaremos essas perturbações e adotaremos um modelo de simplificação no qual o planeta descreve uma órbita perfeitamente elíptica.

Agora, imagine um planeta em uma órbita elíptica, como mostrado na Figura Ativa 11.4, com o Sol no foco F_2. Quando o planeta está na extrema esquerda do diagrama, a distância entre o planeta e o Sol é de $a + c$. Nesse ponto, chamado *afélio*, o planeta está em sua distância máxima do Sol. (Para um corpo em órbita ao redor da Terra, esse ponto é chamado *apogeu*.) De maneira recíproca, quando o planeta está na extremidade direita da elipse, a distância entre o planeta e o Sol é de $a - c$. Nesse ponto, chamado *periélio* (para uma órbita da Terra, *perigeu*), o planeta está em sua distância mínima do Sol.

Prevenção de Armadilhas | 11.2
Em que está o Sol?
O Sol está localizado em um dos focos da órbita elíptica de um planeta. Ele *não* está no centro da elipse.

A Primeira Lei de Kepler é uma consequência direta da natureza do inverso do quadrado da força gravitacional. Já discutimos órbitas circulares e elípticas, as formas das órbitas permitidas para os corpos que estão *ligados* ao centro de força gravitacional. Esses corpos incluem planetas, asteroides e cometas que se movem repetidamente ao redor do Sol, assim como luas que orbitam um planeta. Corpos *não acoplados* também podem ocorrer, como um meteoro do espaço profundo que possa passar pelo Sol uma vez e depois nunca mais voltar. A força gravitacional entre o Sol e esses corpos também varia com o inverso do quadrado da distância de separação, e os caminhos permitidos para a presença deles incluem parábolas ($e = 1$) e hipérboles ($e > 1$).

A Segunda Lei de Kepler

Vamos agora olhar para a Segunda Lei de Kepler:

> O vetor radial traçado do Sol até qualquer planeta descreve áreas iguais em intervalos de tempo iguais.

▶ Segunda Lei de Kepler

Esta lei pode ser mostrada como sendo uma consequência da conservação do momento angular para um sistema isolado, como segue. Considere um planeta de massa M_p movendo-se ao redor do Sol numa órbita elíptica (Fig. Ativa 11.6a). Vamos considerar o planeta como um sistema. Modelamos o Sol para que seja mais massivo do que o planeta de modo que o Sol não se mova. A força gravitacional que atua sobre o planeta é uma força central, sempre direcionada ao longo do raio vetor voltado para o Sol. O torque do planeta por causa dessa força central é zero, porque $\vec{\mathbf{F}}_g$ é paralela a $\vec{\mathbf{r}}$. Isto é,

$$\vec{\tau}_{\text{ext}} \equiv \vec{\mathbf{r}} \times \vec{\mathbf{F}}_g = \vec{\mathbf{r}} \times F_g(r)\hat{\mathbf{r}} = 0$$

Lembre-se de que o torque externo líquido em um sistema é igual à taxa de variação no tempo do momento angular do sistema; isto é, $\vec{\tau}_{\text{ext}} = d\vec{\mathbf{L}}/dt$. Portanto, como $\vec{\tau}_{\text{ext}} = 0$ para o planeta, o momento angular $\vec{\mathbf{L}}$ do planeta é uma constante do movimento:

$$\vec{\mathbf{L}} = \vec{\mathbf{r}} \times \vec{\mathbf{p}} = M_p \vec{\mathbf{r}} \times \vec{\mathbf{v}} = \text{constante}$$

Podemos relacionar esse resultado com a seguinte consideração geométrica. Num intervalo de tempo dt, o raio vetor $\vec{\mathbf{r}}$ na Figura Ativa 11.6b varre a área dA, o que equivale à metade da área de $|\vec{\mathbf{r}} \times d\vec{\mathbf{r}}|$ do paralelogramo formado pelos vetores $\vec{\mathbf{r}}$ e $d\vec{\mathbf{r}}$. Como o deslocamento do planeta no intervalo de tempo dt é dado por $d\vec{\mathbf{r}} = \vec{\mathbf{v}}dt$, temos

$$dA = \tfrac{1}{2}|\vec{\mathbf{r}} \times d\vec{\mathbf{r}}| = \tfrac{1}{2}|\vec{\mathbf{r}} \times \vec{\mathbf{v}}dt| = \frac{L}{2M_p}dt$$

$$\frac{dA}{dt} = \frac{L}{2M_p} = \text{constante} \qquad \textbf{11.6}$$

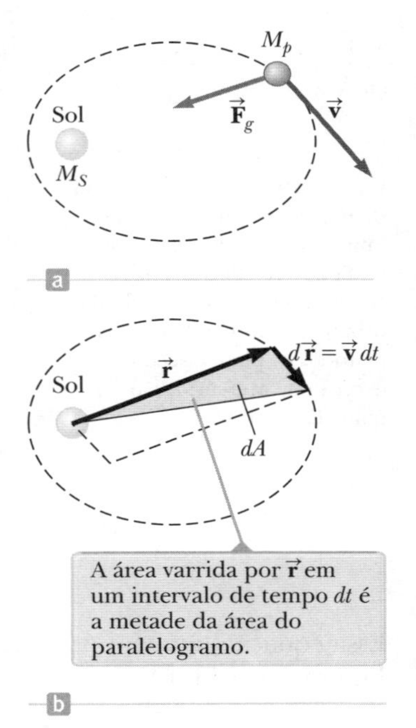

Figura Ativa 11.6 (a) A força gravitacional que age sobre um planeta é voltada para o Sol, ao longo do raio vetor. (b) Durante um intervalo de tempo dt, os vetores formam um paralelogramo.

em que L e M_p são constantes. Portanto, podemos concluir que o raio vetor do Sol a qualquer planeta varre áreas iguais em tempos iguais.

Essa conclusão é uma consequência da força gravitacional ser uma força central, o que implica que o momento angular do planeta é constante. Portanto, a lei se aplica a *qualquer* situação que envolva uma força central, quer seja do inverso do quadrado ou não.

PENSANDO EM FÍSICA 11.1

A Terra está mais próxima do Sol quando é inverno no Hemisfério Norte do que quando é verão. Julho e janeiro, ambos, têm 31 dias. Em que mês, se houver, a Terra se move através de uma distância mais longa em sua órbita?

Raciocínio A Terra está em uma órbita ligeiramente elíptica em torno do Sol. Por causa da conservação do momento angular, ela se move mais rapidamente quando está perto do Sol, e mais lentamente quando ele está mais longe. Portanto, como é mais perto do Sol em janeiro, ela está se movendo mais rápido e vai cobrir uma distância maior em sua órbita do que fará em julho. ◀

A Terceira Lei de Kepler

A Terceira Lei de Kepler diz:

O quadrado do período orbital de qualquer planeta é proporcional ao cubo do semieixo maior da órbita elíptica.

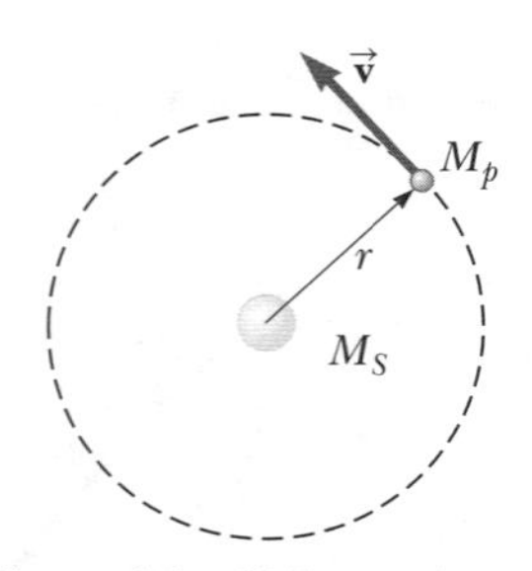

Figura Ativa 11.7 Um planeta de massa M_p movendo-se em uma órbita circular em torno do Sol. A Terceira Lei de Kepler relaciona o período da órbita com o raio. As órbitas de todos os planetas, com exceção de Mercúrio, são quase circulares.

A Terceira Lei de Kepler pode ser predita a partir da lei do inverso do quadrado para órbitas circulares. Considere um planeta de massa M_p que se presume estar se movendo em torno do Sol (massa M_S) em uma órbita circular, como na Figura Ativa 11.7. Considerando que a força gravitacional fornece a aceleração centrípeta do planeta que se move em um círculo, o modelamos o planeta como uma partícula em movimento circular uniforme e incorporamos a lei de Newton da gravitação universal:

$$F_g = M_p a \rightarrow \frac{GM_S M_p}{r^2} = \frac{M_p v^2}{r}$$

A velocidade orbital do planeta é $2\pi r/T$, em que T é o período; portanto, a expressão anterior se torna

$$\frac{GM_S}{r^2} = \frac{(2\pi r/T)^2}{r}$$

$$T^2 = \left(\frac{4\pi^2}{GM_S}\right) r^3 = K_S r^3$$

em que K_S é uma constante dada por

$$K_S = \frac{4\pi^2}{GM_S} = 2{,}97 \times 10^{-19} \text{s}^2/\text{m}^3$$

Essa equação também é válida para órbitas elípticas se substituirmos r pelo comprimento a do semieixo maior (ver Figura Ativa 11.4.):

▶ Terceira Lei de Kepler

$$T^2 = \left(\frac{4\pi^2}{GM_S}\right) a^3 = K_S a^3 \qquad \textbf{11.7}$$

A Equação 11.7 é a Terceira Lei de Kepler. Pelo fato de o semieixo maior de uma órbita circular ser o seu raio, essa equação é válida para ambas as órbitas, circulares e elípticas. Observe que a constante de proporcionalidade K_S é independente da massa do planeta. Essa equação é, portanto, válida para *qualquer* planeta. Se fôssemos considerar a órbita de um satélite como a Lua sobre a Terra, a constante teria um valor diferente, com a massa do Sol sendo substituída pela da Terra, isto é, $K_T = 4\pi^2/GM_T$.

A Tabela 11.1 fornece um conjunto de dados planetários úteis. A última coluna mostra que a relação de T^2/r^3 é constante. As pequenas variações nos valores dessa coluna são o resultado das incertezas nos dados medidos para os períodos e semieixos maiores dos corpos.

TABELA 11.1 | Dados planetários úteis

Corpo	Massa (kg)	Raio médio (m)	Período de revolução (s)	Distância média do Sol (m)	$\frac{T^2}{r^3}$ (s^2/m^3)
Mercúrio	$3{,}30 \times 10^{23}$	$2{,}44 \times 10^{6}$	$7{,}60 \times 10^{6}$	$5{,}79 \times 10^{10}$	$2{,}98 \times 10^{-19}$
Vênus	$4{,}87 \times 10^{24}$	$6{,}05 \times 10^{6}$	$1{,}94 \times 10^{7}$	$1{,}08 \times 10^{11}$	$2{,}99 \times 10^{-19}$
Terra	$5{,}97 \times 10^{24}$	$6{,}37 \times 10^{6}$	$3{,}156 \times 10^{7}$	$1{,}496 \times 10^{11}$	$2{,}97 \times 10^{-19}$
Marte	$6{,}42 \times 10^{23}$	$3{,}39 \times 10^{6}$	$5{,}94 \times 10^{7}$	$2{,}28 \times 10^{11}$	$2{,}98 \times 10^{-19}$
Júpiter	$1{,}90 \times 10^{27}$	$6{,}99 \times 10^{7}$	$3{,}74 \times 10^{8}$	$7{,}78 \times 10^{11}$	$2{,}97 \times 10^{-19}$
Saturno	$5{,}68 \times 10^{26}$	$5{,}82 \times 10^{7}$	$9{,}29 \times 10^{8}$	$1{,}43 \times 10^{12}$	$2{,}95 \times 10^{-19}$
Urano	$8{,}68 \times 10^{25}$	$2{,}54 \times 10^{7}$	$2{,}65 \times 10^{9}$	$2{,}87 \times 10^{12}$	$2{,}97 \times 10^{-19}$
Netuno	$1{,}02 \times 10^{26}$	$2{,}46 \times 10^{7}$	$5{,}18 \times 10^{9}$	$4{,}50 \times 10^{12}$	$2{,}94 \times 10^{-19}$
Plutão[a]	$1{,}25 \times 10^{22}$	$1{,}20 \times 10^{6}$	$7{,}82 \times 10^{9}$	$5{,}91 \times 10^{12}$	$2{,}96 \times 10^{-19}$
Lua	$7{,}35 \times 10^{22}$	$1{,}74 \times 10^{6}$	–	–	–
Sol	$1{,}989 \times 10^{30}$	$6{,}96 \times 10^{8}$	–	–	–

[a] Em agosto de 2006, a União Astronômica Internacional adotou uma definição de planeta que separa Plutão dos outros oito planetas. Plutão agora é definido como um "planeta-anão" (a exemplo do asteroide Ceres).

Um recente trabalho astronômico revelou a existência de um grande número de corpos do Sistema Solar além da órbita de Netuno. Em geral, esses corpos encontram-se no *cinturão de Kuiper*, uma região que se estende desde cerca de 30 UA (o raio da órbita de Netuno) a 50 UA. (UA é uma *unidade astronômica*, igual ao raio da órbita da Terra.) Estimativas atuais identificam pelo menos 70 mil corpos nessa região, com diâmetros maiores que 100 km. O primeiro corpo do cinturão de Kuiper (KBO – *Kuiper Belt Object*) é Plutão, descoberto em 1930, anteriormente classificado como um planeta. A partir de 1992, muitos outros foram detectados. Vários deles têm diâmetros na faixa de 1 000 km, como Varuna (descoberto em 2000), Íxion (2001), Quaoar (2002), Sedna (2003), Haumea (2004), Orcus (2004) e Makemake (2005). Acredita-se que um KBO, Eris, descoberto em 2005, seja significativamente maior que Plutão. Outros KBOs ainda não têm nomes, mas são atualmente indicados pelo ano de descoberta e de um código, como 2009 YE7 e 2010 EK139.

Um subconjunto de cerca de 1 400 KBOs são chamados de "Plutinos" porque, como Plutão, apresentam um fenômeno de ressonância, orbitando o Sol duas vezes no intervalo de tempo em que Netuno gira três vezes. A aplicação contemporânea das leis de Kepler sugere o entusiasmo dessa área ativa de pesquisa atual.

TESTE RÁPIDO 11.2 Um asteroide está em órbita excêntrica altamente elíptica em torno do Sol. Seu período orbital é de 90 dias. Qual das seguintes afirmações é verdadeira sobre a possibilidade de uma colisão entre esse asteroide e a Terra? (**a**) Não há perigo de uma possível colisão. (**b**) Existe a possibilidade de uma colisão. (**c**) Não há informações suficientes para determinar se existe perigo de colisão.

PENSANDO EM FÍSICA 11.2

O romance *Icebound*, de Dean Koontz (Bantam Books, 2000), é a história de um grupo de cientistas preso em um *iceberg* flutuando perto do Polo Norte. Um dos dispositivos que têm é um transmissor, com o qual podem corrigir sua posição com "o auxílio de um satélite polar geossíncrono". Um satélite em uma órbita *polar* pode ser *geossíncrono*?

Raciocínio Um satélite geossíncrono é do tipo que fica sobre um local na superfície da Terra em todos os momentos. Portanto, uma antena na superfície que recebe sinais do satélite, como uma antena de televisão, pode ficar apontada para uma direção fixa em direção ao céu. O satélite deve estar em uma órbita com o raio correto, tal que seu período orbital seja o mesmo da rotação da Terra. Essa órbita resulta no satélite parecendo não ter nenhum movimento de leste a oeste em relação ao observador no local escolhido. Outro requisito é que um satélite geossíncrono *deve estar em órbita sobre o equador*. Caso contrário, ele parece sofrer uma oscilação norte-sul durante uma órbita. Portanto, seria impossível ter um satélite geossíncrono em órbita polar. Mesmo que tal satélite estivesse a distância adequada da Terra, ele estaria se movendo rapidamente na direção norte-sul, o que resultaria na necessidade de equipamentos de precisão de rastreamento. Além disso, estaria abaixo do horizonte por longos períodos, o que o tornaria inútil para determinar a posição de alguém. ◀

Exemplo 11.2 | Um satélite geossíncrono

Considere um satélite de massa m movendo-se em uma órbita circular ao redor da Terra a uma velocidade constante v e a uma altitude h acima da superfície da Terra, conforme ilustrado na Figura 11.8.

(A) Determine a velocidade do satélite quanto a G, h, R_T (o raio da Terra) e M_T (a massa da Terra).

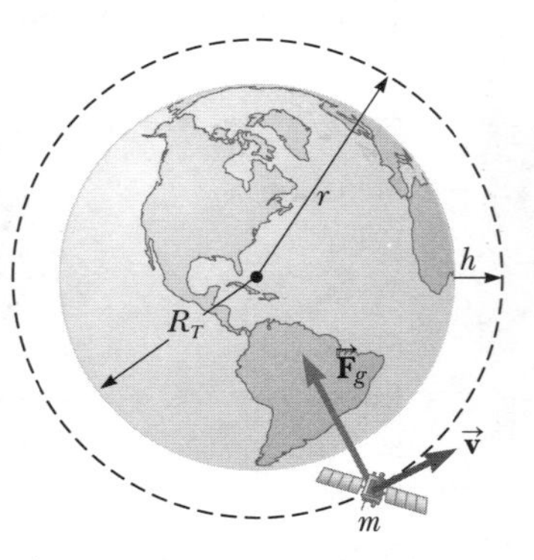

Figura 11.8 (Exemplo 11.2) Um satélite de massa m movendo-se ao redor da Terra em uma órbita circular de raio r com velocidade constante v. A única força que age sobre o satélite é a gravitacional $\vec{F}_g$. (Não está em escala.)

SOLUÇÃO

Conceitualização Imagine o satélite em movimento ao redor da Terra em uma órbita circular sob a influência da força gravitacional. Esse movimento é semelhante ao da Estação Espacial Internacional, o telescópio espacial Hubble, e outros corpos em órbita ao redor da Terra.

Categorização O satélite deve ter uma aceleração centrípeta. Portanto, o classificamos como uma partícula sob uma força resultante e uma partícula em movimento circular uniforme.

Análise A única força externa que atua sobre o satélite é a gravitacional, que age em direção ao centro da Terra e mantém o satélite em sua órbita circular.

Aplique os modelos de partícula sob uma força resultante e de partícula em movimento circular uniforme ao satélite:

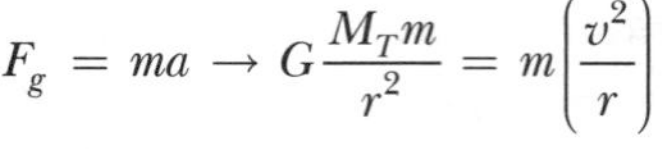

$$F_g = ma \rightarrow G\frac{M_T m}{r^2} = m\left(\frac{v^2}{r}\right)$$

Resolva para v, observando que a distância r do centro da Terra até o satélite é $r = R_T + h$:

$$(1)\quad v = \sqrt{\frac{GM_T}{r}} = \sqrt{\frac{GM_T}{R_T + h}}$$

(B) Se o satélite está em *geossincronia* (ou seja, parecendo estar em uma posição fixa em relação a um ponto na Terra), quão rápido ele está se movendo através do espaço?

SOLUÇÃO

Para parecer estar em uma posição fixa em relação a um ponto na Terra, o período do satélite deve ser de 24 h = 86 400 s, e o satélite deve estar em órbita diretamente sobre o equador.

Resolva a Terceira Lei de Kepler (Equação 11.7, com $a = r$ e $M_S \rightarrow M_T$) para r:

$$r = \left(\frac{GM_T T^2}{4\pi^2}\right)^{1/3}$$

Substitua os valores numéricos:

$$r = \left[\frac{(6{,}67 \times 10^{-11}\,\text{N}\cdot\text{m}^2/\text{kg}^2)(5{,}97 \times 10^{24}\,\text{kg})(86\,400\,\text{s})^2}{4\pi^2}\right]^{1/3}$$

$$= 4{,}22 \times 10^7\,\text{m}$$

Use a Equação (1) para encontrar a velocidade do satélite:

$$v = \sqrt{\frac{(6{,}67 \times 10^{-11}\,\text{N}\cdot\text{m}^2/\text{kg}^2)(5{,}97 \times 10^{24}\,\text{kg})}{4{,}22 \times 10^7\,\text{m}}}$$

$$= 3{,}07 \times 10^3\,\text{m/s}$$

Finalização O valor de r aqui calculado traduz-se como uma altura do satélite acima da superfície da Terra de quase 36 000 km. Portanto, os satélites geossíncronos têm a vantagem de permitir que uma antena fixa na Terra seja apontada em uma direção fixa; mas há uma desvantagem: os sinais entre a Terra e o satélite devem percorrer uma longa distância. É difícil utilizar satélites geossíncronos para observação ótica da superfície da Terra por causa de sua elevada altitude.

E se? E se o movimento do satélite na parte (A) estivesse ocorrendo na altura h acima da superfície de outro planeta mais massivo que a Terra, mas com o mesmo raio? Será que o satélite estaria se movendo a uma velocidade maior ou menor que aquela que ele faz em torno da Terra?

continua

11.2 *cont.*

Resposta Se o planeta exerce uma força gravitacional maior sobre o satélite por causa de sua maior massa, ele deve se mover com maior velocidade para evitar que se desloque em direção à superfície. Essa conclusão é consistente com as previsões da Equação (1), que mostram que, como a velocidade v é proporcional à raiz quadrada da massa do planeta, a velocidade aumenta conforme a massa do planeta aumenta.

11.4 | Considerações sobre energia no movimento planetário e de satélites

Analisamos até agora a mecânica orbital do ponto de vista das forças e do momento angular. Investigaremos agora o movimento dos planetas em órbita do ponto de vista da *energia*.

Considere um corpo de massa m movendo-se a uma velocidade v nas proximidades de um corpo maciço de massa $M \gg m$. Esse sistema de dois corpos pode ser um planeta em movimento ao redor do Sol, um satélite em órbita da Terra ou um cometa fazendo um único sobrevoo ao redor do Sol. Vamos modelar os dois corpos de massa m e M como um sistema isolado. Se assumirmos que M está em repouso em um referencial inercial (porque $M \gg m$), a energia total E do sistema de dois corpos é a soma da energia cinética do corpo de massa m e a energia potencial gravitacional do sistema:

$$E = K + U_g$$

Relembre da Seção 6.9 que a energia potencial gravitacional U_g associado com cada par de partículas de massas m_1 e m_2 separados por uma distância r é dado por

$$U_g = -\frac{Gm_1m_2}{r}$$

em que definimos $U_g \to 0$ quando $r \to \infty$; portanto, no nosso caso, a energia total do sistema de m e M é

$$E = \tfrac{1}{2}mv^2 - \frac{GMm}{r} \qquad \textbf{11.8}$$

A Equação 11.8 mostra que E pode ser positivo, negativo ou zero, dependendo do valor de v em uma determinada distância de separação r. Se considerarmos o método do diagrama de energia da Seção 6.10, podemos mostrar as energias potencial e total do sistema como uma função de r, como na Figura 11.9. Um planeta movendo-se em torno do Sol e um satélite em órbita em torno da Terra são os sistemas *ligados*, como os que discutimos na Seção 11.3; a Terra vai ficar sempre perto do Sol e o satélite perto da Terra. Na Figura 11.9, esses sistemas são representados por uma energia total E, que é negativa. O ponto no qual a linha de energia total intercepta a curva de energia potencial é um ponto de retorno, a máxima distância de separação $r_{máx}$ entre os dois corpos vinculados.

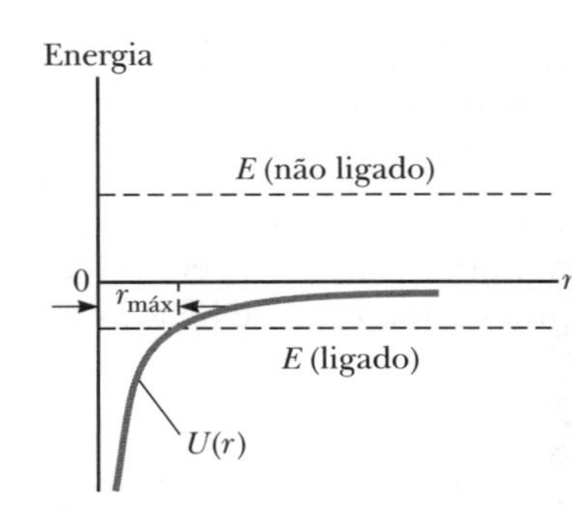

Figura 11.9 A linha inferior de energia total representa um sistema ligado. A distância de separação r entre os dois corpos gravitacionalmente ligados nunca excede $r_{máx}$. A linha superior de energia total representa um sistema não ligado de dois corpos interagindo gravitacionalmente. A distância de separação r entre os dois corpos pode ter qualquer valor.

O sobrevoo único de um meteoroide[3] representa um sistema ligado. O meteoroide interage com o Sol, mas não está vinculado a ele. Portanto, o meteoroide pode, em teoria, mover-se infinitamente distante do Sol, como representado na Figura 11.9, por uma linha de energia total na região positiva do gráfico. Essa linha nunca cruza a curva de energia potencial, por isso todos os valores de r são possíveis.

Para um sistema vinculado, como a Terra e o Sol, E é necessariamente menor que zero, porque escolhemos a convenção que $U_g \to 0$ quando $r \to \infty$. Podemos facilmente estabelecer que $E < 0$ para o sistema composto por um corpo de massa m movendo-se em uma órbita circular em torno de um corpo de massa $M \gg m$ (Fig. 11.8). Aplicando a Segunda Lei de Newton ao corpo de massa m, resulta

$$\sum F = ma \to \frac{GMm}{r^2} = \frac{mv^2}{r}$$

3. N.R.T.: Meteoroide é um corpo que vaga no espaço antes de colidir com a atmosfera.

Muitos satélites artificiais foram colocados em órbita em torno da Terra. Onde mostra muitos satélites em órbitas baixas da Terra. Essa região do espaço está se tornando muito congestionada: em 2009, um satélite comercial Iridium dos EUA colidiu com um satélite russo Kosmos inativo, destruindo ambos. (A área de destroços mostrada na imagem é a impressão de um artista com base em dados reais. No entanto, os corpos de detritos são mostrados com um tamanho exagerado, a fim de torná-los visíveis na escala mostrada.)

Multiplicando ambos os lados por r e dividindo por 2, temos

$$\tfrac{1}{2}mv^2 = \frac{GMm}{2r} \qquad \textbf{11.9}$$

Substituindo esse resultado na Equação 11.8, obtemos

$$E = \frac{GMm}{2r} - \frac{GMm}{r}$$

$$E = -\frac{GMm}{2r} \quad \text{(órbitas circulares)} \qquad \textbf{11.10}$$

Esse resultado mostra claramente que a energia total deve ser negativa no caso de órbitas circulares. Além disso, a Equação 11.9 mostra que a energia cinética de um corpo numa órbita circular é igual à metade do módulo da energia potencial do sistema (quando a energia potencial é escolhida para ser igual a zero na separação infinita).

A energia total também é negativa no caso das órbitas elípticas. A expressão de E para essas órbitas é a mesma que a Equação 11.10, com r substituído pelo semieixo maior a:

▶ Energia total de um sistema planeta-estrela

$$E = -\frac{GMm}{2a} \quad \text{órbitas elípticas} \qquad \textbf{11.11}$$

Combinando essa constatação da conservação de energia com nossa discussão anterior sobre a conservação do momento angular, vemos que tanto a energia total quanto o momento angular total de um sistema de dois corpos gravitacionalmente ligados são constantes de movimento.

TESTE RÁPIDO 11.3 Um cometa move-se em uma órbita elíptica em torno do Sol. Qual ponto da sua órbita (periélio ou afélio) representa o valor mais elevado da (**a**) velocidade do cometa, (**b**) energia potencial do sistema cometa-Sol, (**c**) energia cinética do cometa e (**d**) energia total do sistema cometa-Sol?

Exemplo 11.3 | Mudando a órbita de um satélite

Um veículo de transporte espacial lança um satélite de comunicação de 470 kg quando está em órbita a 280 km acima da superfície da Terra. No satélite, um motor de foguete o impulsiona em uma órbita geoestacionária. Quanta energia o motor tem para prover?

SOLUÇÃO

Conceitualização Observe que a altura de 280 km é muito menor que a de um satélite geossíncrono, 36 mil km, conforme mencionado no Exemplo 11.2. Portanto, a energia deve ser gasta de modo que eleve o satélite para essa posição muito superior.

continua

11.3 *cont.*

Categorização Esse exemplo é um problema de substituição.

Encontre o raio inicial da órbita do satélite quando ele ainda está na área de carga do veículo:

$$r_i = R_T + 280 \text{ km} = 6{,}65 \times 10^6 \text{m}$$

Use a Equação 11.10 para encontrar a diferença de energia para o sistema Terra-satélite nos raios iniciais e finais:

$$\Delta E = E_f - E_i = -\frac{GM_T m}{2r_f} - \left(-\frac{GM_T m}{2r_i}\right) = -\frac{GM_T m}{2}\left(\frac{1}{r_f} - \frac{1}{r_i}\right)$$

Substitua os valores numéricos, utilizando $r_f = 4{,}22 \times 10^7$ m do Exemplo 11.2:

$$\Delta E = -\frac{(6{,}67 \times 10^{-11}\text{N} \cdot \text{m}^2/\text{kg})(5{,}97 \times 10^{24}\text{kg})(470 \text{ kg})}{2}$$
$$\times \left(\frac{1}{4{,}22 \times 10^7 \text{m}} - \frac{1}{6{,}65 \times 10^6 \text{m}}\right)$$
$$= 1{,}19 \times 10^{10} \text{ J}$$

que é a energia equivalente a 89 galões de gasolina.[4] Os engenheiros da Nasa devem levar em conta a variação na massa da nave espacial por causa do combustível queimado ejetado, o que não fizemos aqui. Você esperaria que o cálculo que inclui o efeito dessa variação de massa obtivesse maior ou menor quantidade de energia necessária do motor?

Velocidade de escape

Suponha que um corpo de massa m seja projetado verticalmente para cima a partir da superfície da Terra com uma velocidade inicial v_i, como na Figura 11.10. Podemos usar as considerações de energia para encontrar o valor mínimo da velocidade inicial necessária para permitir que o corpo se mova infinitamente distante da Terra. A Equação 11.8 dá a energia total do sistema corpo-Terra para qualquer ponto, quando a velocidade do corpo e sua distância do centro da Terra são conhecidas. Na superfície da Terra, $r_i = R_T$. Quando o corpo atinge sua altura máxima, $v_f = 0$ e $r_f = r_{máx}$. Como a energia total do sistema isolado Terra-corpo é constante, substituindo essas condições na Equação 11.8 temos

$$\tfrac{1}{2}mv_i^2 - \frac{GM_T m}{R_T} = -\frac{GM_T m}{r_{máx}}$$

Resolvendo para v_i^2 temos

$$v_i^2 = 2GM_T\left(\frac{1}{R_T} - \frac{1}{r_{máx}}\right) \qquad \textbf{11.12}$$

Para uma dada altitude máxima $h = r_{máx} - R_T$, podemos usar essa equação para achar a velocidade inicial exigida.

Estamos agora em condições de calcular a **velocidade de escape**, que é a velocidade mínima que o corpo deve ter na superfície da Terra para continuar a se mover para sempre. Viajando a essa velocidade mínima, o corpo continua a se mover para mais longe da Terra, ao passo que sua velocidade se aproxima de zero assintoticamente. Deixando $r_{máx} \to \infty$ na Equação 11.12 e definindo $v_i = v_{esc}$, temos

$$v_{esc} = \sqrt{\frac{2GM_T}{R_T}} \qquad \textbf{11.13}$$

Essa expressão para v_{esc} é independente da massa do corpo. Por exemplo, uma nave espacial tem a mesma velocidade de escape que uma molécula. Além disso, o resultado é independente da direção da velocidade e ignora a resistência do ar.

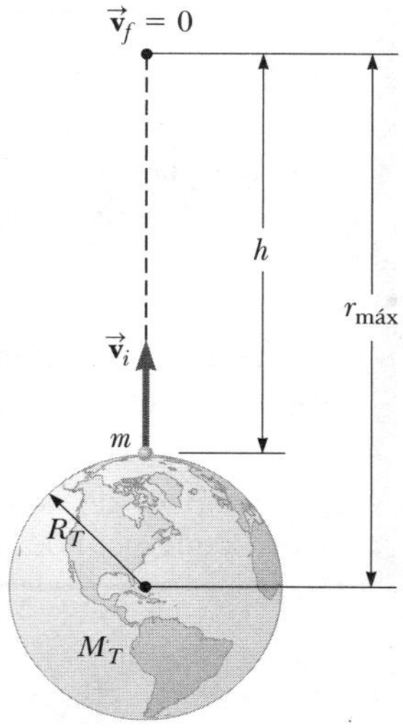

$\vec{\mathbf{v}}_f = 0$

h

$r_{máx}$

$\vec{\mathbf{v}}_i$

m

R_T

M_T

Figura 11.10 Um corpo de massa m projetado para cima da superfície da Terra com uma velocidade inicial v_i atinge uma altitude máxima $h = r_{máx} - R_T$.

4. N.R.T.: Galão: unidade de volume utilizada nos EUA. 1 galão equivale a 3,785 litros.

TABELA 11.2 | Velocidades de escape de acordo com as superfícies dos planetas, da Lua e do Sol

Planeta	v_{esc} (km/s)
Mercúrio	4,3
Vênus	10,3
Terra	11,2
Marte	5,0
Júpiter	60,0
Saturno	36,0
Urano	22,0
Netuno	24,0
Lua	2,4
Sol	618,0

Prevenção de Armadilhas | 11.3

Você realmente não pode escapar

Embora a Equação 11.13 ofereça a "velocidade de escape" da Terra, o escape completo dessa influência gravitacional é impossível, porque a força gravitacional é de alcance infinito. Não importa quão longe esteja, você sempre vai sentir alguma força gravitacional da Terra.

Note também que as Equações 11.12 e 11.13 podem ser aplicadas a corpos projetados a partir de *qualquer* planeta. Isto é, em geral a velocidade de escape de um planeta qualquer de massa M e raio R é

$$v_{esc} = \sqrt{\frac{2GM}{R}} \qquad \textbf{11.14}$$

A lista de velocidades de escape dos planetas, da Lua e do Sol é apresentada na Tabela 11.2. Note que os valores variam de 2,3 km/s, para a Lua, até cerca de 618 km/s, para o sol. Esses resultados, juntamente com algumas ideias com base na teoria cinética dos gases (Capítulo 16), explicam por que nossa atmosfera não contém quantidades significativas de hidrogênio, que é o elemento mais abundante no Universo. Como veremos mais tarde, moléculas de gás têm uma energia cinética média que depende da temperatura do gás. Moléculas mais leves em uma atmosfera têm velocidades de translação que estão mais perto da velocidade de escape do que moléculas mais massivas, por isso elas têm maior probabilidade de escapar do planeta, e as mais leves se difundem pelo espaço. Esse mecanismo explica por que a Terra não retém moléculas de hidrogênio e átomos de hélio na sua atmosfera, mas retém moléculas mais pesadas, como oxigênio e nitrogênio. Por outro lado, Júpiter tem uma velocidade de escape muito grande (60 km/s), que lhe permite reter hidrogênio, o constituinte primário da sua atmosfera.

Exemplo 11.4 | Velocidade de escape de um foguete

Calcule a velocidade de escape da Terra para uma espaçonave de 5 000 kg e determine a energia cinética que ela deve ter na superfície da Terra para dessa se distanciar infinitamente.

SOLUÇÃO

Conceitualização Imagine projetar a nave espacial, a partir da superfície da Terra, para que se mova cada vez para mais longe, viajando mais e mais lentamente, com sua velocidade aproximando-se de zero. Sua velocidade, no entanto, nunca chega a zero, de modo que o corpo nunca vai virar e voltar.

Categorização Esse exemplo é um problema de substituição.

Use a Equação 11.13 para encontrar a velocidade de escape:

$$v_{esc} = \sqrt{\frac{2GM_T}{R_T}} = \sqrt{\frac{2(6{,}67\times10^{-11}\,\text{N}\cdot\text{m}^2/\text{kg})(5{,}97\times10^{24}\,\text{kg}}{6{,}37\times10^{6}\,\text{m}}}$$
$$= 1{,}12\times10^{4}\,\text{m/s}$$

Avalie a energia cinética do veículo espacial com a Equação 6.16:

$$K = \tfrac{1}{2}mv_{esc}^2 = \tfrac{1}{2}(5{,}00\times10^{3}\,\text{kg})(1{,}12\times10^{4}\,\text{m/s})^2$$
$$= 3{,}13\times10^{11}\,\text{J}$$

A velocidade de escape calculada corresponde a cerca de 25 000 mi/h. A energia cinética do veículo espacial é equivalente à energia liberada pela combustão de cerca de 2 300 litros de gasolina.

Buracos negros

No Capítulo 10, descrevemos brevemente um evento raro, chamado supernova, a explosão catastrófica de uma estrela muito maciça. O material que permanece no núcleo central de tal corpo continua a se contrair, e o destino final do núcleo depende de sua massa. Se ele tem uma massa inferior a 1,4 vez a massa do nosso Sol, o núcleo gradualmente esfria e termina sua vida como uma estrela anã branca. Porém, se superior a esse valor, ele pode entrar em colapso maior ainda em razão das forças gravitacionais. O que resta é uma estrela de nêutrons, discutida no Capítulo 10, na qual a massa da estrela é comprimida até um raio de cerca de 10 km. (Sobre a Terra, uma colher de chá deste material pesaria cerca de 5 bilhões de toneladas!)

Uma morte ainda mais incomum de uma estrela pode ocorrer quando o núcleo tem massa maior que cerca de três massas solares. A contração pode continuar até que a estrela se torne um corpo muito pequeno no espaço, comumente referido com um **buraco negro**. Na realidade, buracos negros são restos de estrelas que entraram em colapso sob sua própria força gravitacional. Se um corpo como uma nave espacial se aproxima de um buraco negro, ele sofre uma força gravitacional extremamente forte e é preso para sempre.

A velocidade de escape de qualquer corpo esférico depende da sua massa e do seu raio. A velocidade de escape para um buraco negro é muito elevada por causa da concentração da massa da estrela em uma esfera de raio muito pequeno. Se a velocidade de escape excede a da luz, c, a radiação do corpo (tal como a luz visível) não pode escapar e o corpo parece ser preto, daí a origem do termo *buraco negro*. O raio crítico R_S, em que a velocidade de escape é c, é chamado **raio de Schwarzschild** (Fig. 11.11). A superfície imaginária de uma esfera imaginária desse raio em torno do buraco negro é chamada **horizonte de eventos**, limite de quão perto você pode se aproximar do buraco negro e ter a esperança de escapar.

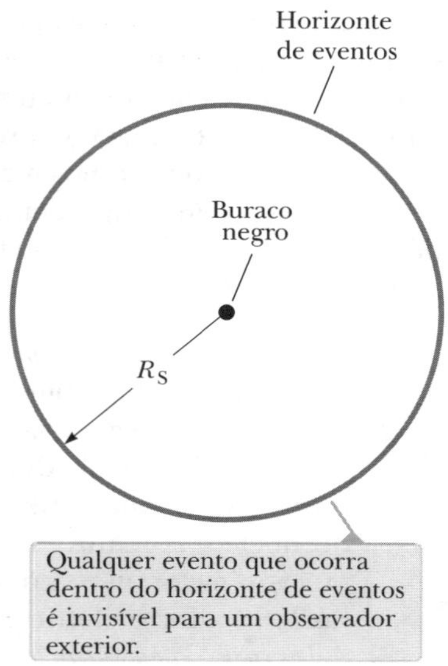

Horizonte de eventos

Buraco negro

R_S

Qualquer evento que ocorra dentro do horizonte de eventos é invisível para um observador exterior.

Figura 11.11 Um buraco negro. A distância R_S é igual ao raio de Schwarzschild.

Embora a luz de um buraco negro não possa escapar, a luz de eventos acontecendo perto dele deve ser visível. Por exemplo, é possível que um sistema de estrela binária seja composto de uma estrela normal e de um buraco negro. Material em torno da estrela ordinária pode ser puxado para dentro do buraco negro, formando um disco de acreção em torno do buraco negro. O atrito entre as partículas no disco de acreção resulta na transformação de energia mecânica em energia interna. Como resultado, a altura da orbita do material acima do horizonte de eventos diminui e sobe a temperatura. Esse material a alta temperatura emite uma grande quantidade de radiação, estendendo-se até a região de raios X do espectro eletromagnético. Esses raios são característicos de um buraco negro. Já foram identificados vários possíveis candidatos a buracos negros pela observação desses raios X.

A Figura 11.12 mostra uma fotografia do telescópio espacial Hubble da M107, conhecida como a galáxia Sombrero. Cientistas demonstraram que a velocidade de rotação das estrelas não pode ser mantida, a menos que uma massa de um bilhão de vezes a massa do Sol esteja presente no seu centro. Essa é uma forte evidência de um buraco negro supermassivo no centro da galáxia.

Os buracos negros são de grande interesse para todos os que procuram ondas de gravidade, que são ondulações no espaço-tempo causadas por mudanças em um sistema gravitacional, e que podem ser causadas por uma estrela em colapso em um buraco negro, uma estrela binária composta de um buraco negro e uma companheira visível ou por buracos negros supermaciços no centro de uma galáxia. Um detector de ondas gravitacionais, o Observatório de Onda Gravitacional de Interferômetro Laser (Ligo), está sendo construído e testado nos Estados Unidos, e as expectativas são grandes para a detecção de ondas gravitacionais com esse instrumento.

R. Kennicutt (Steward Obs.) et al., SSC, JPL, Caltech, Nasa

Figura 11.12 Imagem do Telescópio Espacial Hubble da galáxia M107, que contém cerca de 800 bilhões de estrelas e está a 28 milhões de anos-luz da Terra. Os cientistas acreditam que um buraco negro supermassivo exista no centro dessa galáxia.

11.5 | Espectro atômico e a teoria do hidrogênio de Bohr

Nas seções anteriores, descrevemos um modelo estrutural de um sistema de grande escala, o Sistema Solar. Vamos agora fazer o mesmo para um sistema em escala muito pequena, o átomo de hidrogênio. Descobriremos que um modelo de Sistema Solar para o átomo, com algumas características adicionais, fornece explicações para algumas das observações experimentais feitas sobre esse átomo.

Como você já pode ter aprendido em um curso de Química, o átomo de hidrogênio é o sistema atômico mais simples conhecido, e um sistema especialmente importante de ser compreendido. Muito do que se aprende sobre esse átomo (que consiste em um próton e um elétron) pode ser estendido para os íons de elétron único, como He^+ e Li^{2+}. Além disso, uma compreensão completa da física subjacente ao átomo de hidrogênio pode, então, ser utilizada para descrever átomos mais complexos e a tabela periódica dos elementos.

Nessa seção, investigaremos as mudanças no modelo estrutural do átomo de hidrogênio durante a segunda década do século XX, em cujo início o modelo estrutural tinha os seguintes componentes, seguindo o formato descrito na Seção 11.2:

1. *A descrição das componentes físicas do sistema*: No modelo de átomo de hidrogênio, as componentes físicas são o elétron e uma distribuição de carga positiva.
2. *A descrição do local em que as componentes estão em relação uma à outra e como interagem*: O modelo do átomo de hidrogênio, naquela década, era o de Rutherford, que será discutido no Capítulo 29. Nesse modelo, a carga positiva está concentrada numa pequena região do espaço chamada *núcleo*. O elétron está em órbita ao redor do núcleo. A natureza da partícula de carga positiva e a palavra próton ainda não eram compreendidas, por isso evitaremos a referência ao núcleo como um próton nessa discussão. A interação entre o elétron e o núcleo é a força elétrica.
3. *A descrição da evolução temporal do sistema*: No modelo de átomo de hidrogênio do início do século XX, a evolução no tempo não era clara nem compreendida.
4. *A descrição da concordância entre as previsões do modelo e observações reais e, possivelmente, as de novos efeitos que ainda não foram observados*: o modelo de Rutherford foi incapaz de explicar as linhas espectrais exibidas pelo hidrogênio que foram observadas experimentalmente e são discutidas a seguir. Além disso, como discutimos no Capítulo 29, o modelo previu um átomo instável, claramente em desacordo com a realidade.

Sistemas atômicos podem ser investigados observando-se *ondas eletromagnéticas* emitidas pelo átomo. Nossos olhos são sensíveis à luz visível, um tipo de onda eletromagnética. Uma onda, que é uma perturbação que se propaga através do espaço, será um dos nossos quatro modelos de simplificação em torno do qual identificaremos modelos de análise, como temos feito para uma partícula, um sistema e um corpo rígido. Pense nas ondas do mar como um exemplo; elas representam perturbações da superfície do oceano e se movem por toda a superfície em direção à costa. Uma forma comum de onda periódica é a sinusoidal, cuja forma é mostrada na Figura 11.13. Se esse gráfico representa uma onda eletromagnética, o eixo vertical representa a magnitude do campo elétrico. (Estudaremos campos elétricos no Capítulo 19.) O eixo horizontal é a posição na direção da viagem da onda. A distância entre duas cristas consecutivas da onda é chamada **comprimento de onda** λ. Como a onda se desloca para a direita com uma velocidade v, qualquer ponto sobre ela percorre uma distância de comprimento de onda em um intervalo de tempo de um período T (intervalo de tempo para um ciclo), de modo que a velocidade da onda é dada por $v = \lambda/T$. O inverso do período, $1/T$, é chamado **frequência** f da onda, que representa o número de ciclos por segundo. Portanto, a velocidade da onda é geralmente escrita como $v = \lambda f$. Nessa seção, já que vamos lidar com as ondas eletromagnéticas – que viajam à velocidade da luz c –, a relação adequada é

Qualquer ponto sobre a onda se move numa distância de um comprimento de onda λ em um intervalo de tempo igual ao período T da onda.

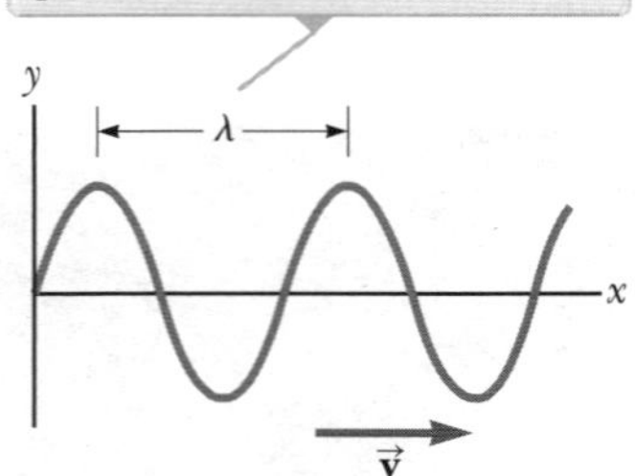

Figura 11.13 Uma onda sinusoidal viajando à direita com a velocidade da onda v.

▶ Relação entre comprimento, frequência e velocidade da onda

$$c = \lambda f \tag{11.15}$$

Suponha que um tubo de vidro sem ar seja preenchido com hidrogênio (ou algum outro gás). Se uma tensão aplicada entre os eletrodos de metal no tubo for suficientemente grande para produzir uma corrente elétrica no gás, o tubo emite luz com cores que são características do gás. (Isto é como funciona uma lâmpada de néon.) Quando a luz emitida é analisada com um dispositivo chamado espectroscópio, no qual a luz passa através de uma fenda estreita, uma série de **linhas espectrais** discretas é observada, cada uma correspondendo a um comprimento de onda de luz, ou cor, diferente. Essa série é chamada geralmente **espectro de emissão**. Os comprimentos de onda contidos em um dado espectro são característicos do elemento emissor de luz. A Figura 11.14 é uma representação semigráfica dos espectros de vários elementos. Semigráfica porque o eixo horizontal é linear no comprimento de onda, mas o vertical não tem significância. Como dois elementos diferentes não emitem o mesmo espectro de linhas, esse fenômeno representa uma ótima e confiável técnica para identificar elementos em uma substância.

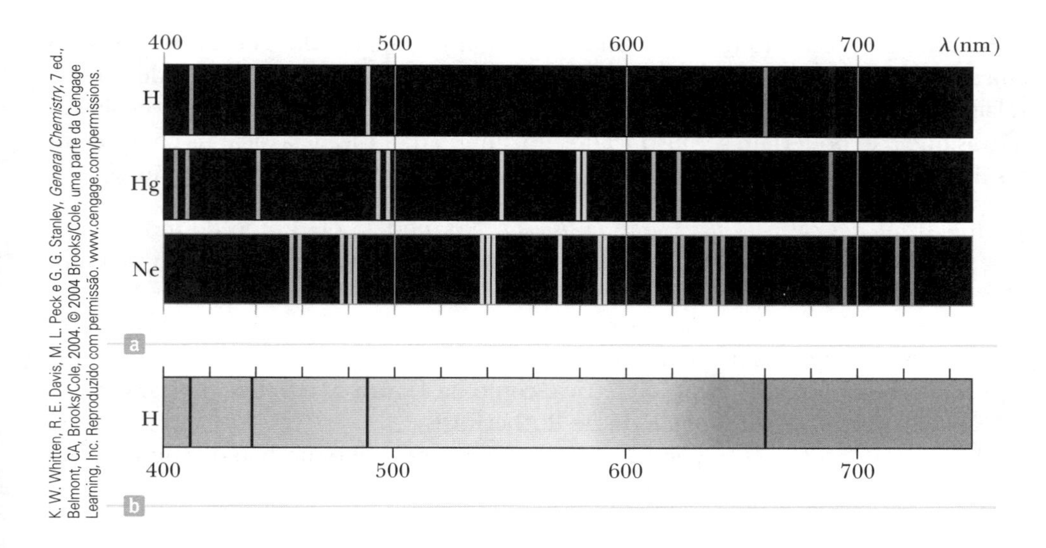

Figura 11.14 Espectros visíveis. (a) Espectros de linha produzidos pela emissão na faixa visível para os elementos hidrogênio, mercúrio e néon. (b) O espectro de absorção de hidrogênio. As linhas de absorção escuras ocorrem nos mesmos comprimentos de onda que as linhas de emissão para o hidrogênio mostradas em (a).

Além de emitir luz em comprimentos de onda específicos, um elemento também pode absorver luz em comprimentos de onda específicos. As linhas espectrais correspondentes a esse processo formam o que é conhecido como **espectro de absorção**, que pode ser obtido pela passagem de um espectro de radiação contínuo (do tipo que contenha todos os comprimentos de onda) através de um vapor do elemento a ser analisado. O espectro de absorção é constituído por uma série de linhas escuras sobrepostas sobre o espectro originalmente contínuo (Fig. 11.14b).

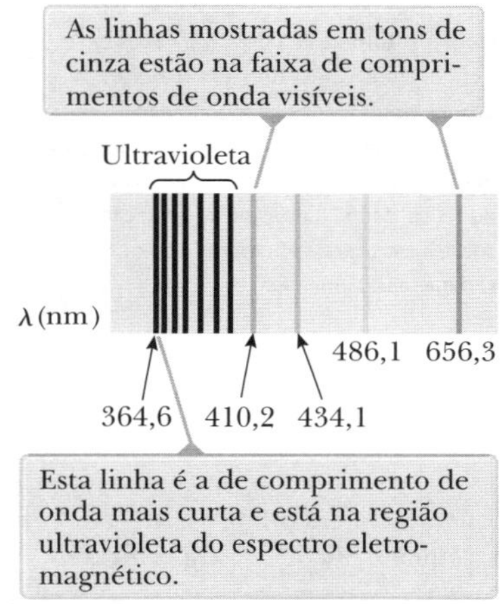

O espectro de emissão de hidrogênio mostrado na Figura 11.15 inclui quatro linhas visíveis que ocorrem em comprimentos de onda de 656,3 nm, 486,1 nm, 434,1 nm e 410,2 nm. Em 1885, Johann Balmer (1825-1898) constatou que os comprimentos de onda destas e de outras linhas invisíveis podem ser descritos pela seguinte equação empírica simples:

As linhas mostradas em tons de cinza estão na faixa de comprimentos de onda visíveis.

Ultravioleta

λ(nm) 364,6 410,2 434,1 486,1 656,3

Esta linha é a de comprimento de onda mais curta e está na região ultravioleta do espectro eletromagnético.

Figura 11.15 A série de Balmer de linhas espectrais para o hidrogênio atômico, com várias linhas marcadas com o comprimento de onda em nanômetros. (O eixo de comprimento de onda horizontal não está em escala.)

$$\lambda = 364{,}56\frac{n^2}{n^2 - 4} \qquad n = 3, 4, 5, \ldots$$

em que n é um número inteiro a partir de 3, e os comprimentos de onda indicados por essa expressão estão em nanômetros. Essas linhas espectrais são chamadas **série de Balmer**, cuja primeira linha, a 656,3 nm, corresponde a $n = 3$; a linha de 486,1 nm corresponde a $n = 4$, e assim por diante. Na época em que essa equação foi formulada, não havia base teórica válida; ela simplesmente previa corretamente os comprimentos de onda. Portanto, essa equação não é baseada em um modelo, é meramente do tipo tentativa e erro que acontece com o trabalho. Alguns anos mais tarde, Johannes Rydberg (1854-1919) a reformulou da seguinte forma:

$$\frac{1}{\lambda} = R_H\left(\frac{1}{2^2} - \frac{1}{n^2}\right) \qquad n = 3, 4, 5, \ldots \qquad \textbf{11.16}$$

◀ ▶ Equação de Rydberg

em que n pode ter valores inteiros de 3, 4, 5, ... e R_H é uma constante, agora chamada **constante de Rydberg**, com um valor de $R_H = 1{,}097\ 373\ 2 \times 10^7\ \text{m}^{-1}$. A Equação 11.16 não é baseada em um modelo da mesma forma que a equação de Balmer. Nessa forma, no entanto, podemos compará-la com as previsões de um modelo estrutural do átomo de hidrogênio, a seguir descrito.

No início do século XX, os cientistas estavam perplexos pelo fracasso da Física Clássica em explicar as características dos espectros atômicos. Por que os átomos de dado elemento emitem apenas certos comprimentos de onda da radiação de modo que o espectro emissão mostre linhas discretas? Além disso, por que os átomos absorvem muitos dos mesmos comprimentos de onda que emitiram? Em 1913, Niels Bohr forneceu uma explicação dos espectros atômicos que incluía algumas características da teoria aceita atualmente. Usando o átomo mais simples, hidrogênio,

Niels Bohr
(1885-1962)

Bohr, físico dinamarquês, foi um participante ativo no desenvolvimento inicial da Mecânica Quântica e forneceu boa parte da sua estrutura filosófica. Durante as décadas de 1920 e 1930, dirigiu o Instituto de Estudos Avançados em Copenhague. O instituto atraiu muitos dos melhores físicos do mundo e forneceu um fórum para a troca de ideias. Bohr foi agraciado com o Prêmio Nobel de Física, de 1922, por sua investigação sobre a estrutura dos átomos e da radiação que deles emana.

Bohr descreveu um modelo estrutural para o átomo chamado **Teoria de Bohr do átomo de hidrogênio**, contendo algumas características clássicas que podem estar relacionadas aos nossos modelos de análise, bem como alguns postulados revolucionários que não poderiam ser justificados no âmbito da Física Clássica. As componentes do modelo estrutural de Bohr, que se aplica ao átomo de hidrogênio, são:

1. *A descrição das componentes físicas do sistema*: No modelo de átomo de hidrogênio, as componentes físicos são o elétron e uma distribuição de carga positiva, assim como no de Rutherford.
2. *A descrição do local em que as componentes estão em relação uma à outra e como interagem*: Os movimentos de elétrons em uma órbita circular em torno do núcleo sob a influência da força de atração elétrica, como na Figura 11.16. Essa noção é novamente consistente com o modelo de Rutherford.
3. *A descrição da evolução temporal do sistema*: Aqui é em que o modelo de Bohr se desvia do de Rutherford. Discutimos três partes principais da teoria:

(a) O modelo de Bohr afirma que apenas certas órbitas de elétrons são estáveis, e essas são as únicas órbitas em que encontramos o elétron. Nelas, o átomo de hidrogênio não emite energia sob a forma de radiação. Portanto, a energia total do átomo permanece constante, e a Mecânica Clássica pode ser utilizada para descrever o movimento do elétron. Essa restrição a determinadas órbitas é uma ideia nova, que não é consistente com a Física Clássica. Como veremos no Capítulo 24 (vol. 4), um elétron acelerado deve emitir energia por radiação eletromagnética. Portanto, de acordo com a equação da conservação de energia, as emissões de radiação do átomo deverão resultar numa diminuição da energia do átomo. O postulado de Bohr corajosamente afirma que essa radiação simplesmente não acontece.

(b) O tamanho das órbitas de elétrons estáveis é determinado por uma condição imposta sobre o momento angular orbital do elétron. As órbitas permitidas são aquelas para as quais o momento angular orbital do elétron em torno do núcleo é um múltiplo inteiro de $\hbar \equiv h/2\pi$:

$$m_e vr = n\hbar \quad n = 1,2,3,\ldots \qquad \textbf{11.17}$$

em que h é a **constante de Planck** ($h = 6{,}63 \times 10^{-34}$ J · s; veremos extensamente a constante de Planck em nossos estudos da Física Moderna. Essa ideia nova não pode ser relacionada a nenhum dos modelos que desenvolvemos até agora.

Contudo, pode ser relacionada a um modelo que será desenvolvido em volumes posteriores; retornaremos a essa ideia para ver como é prevista pelo modelo. Esse conceito é nossa primeira introdução a uma noção da **mecânica quântica**, que descreve o comportamento das partículas microscópicas. Os raios orbitais são *quantizados*.

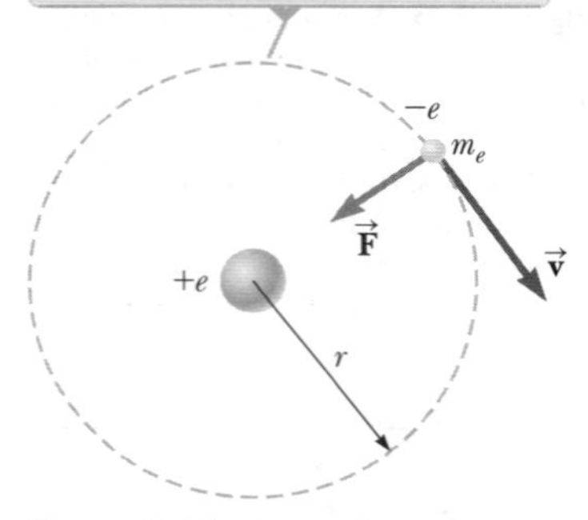

Figura 11.16 Diagrama representando o modelo de Bohr do átomo de hidrogênio.

(c) A radiação é emitida pelo átomo de hidrogênio quando esse faz uma transição de um estado inicial mais enérgico para um inferior. A transição não pode ser visualizada ou tratada classicamente. Em particular, a frequência f da radiação emitida na transição está relacionada com a variação da energia do átomo. Essa frequência vem de

$$E_i - E_f = hf \qquad \textbf{11.18}$$

em que E_i é a energia do estado inicial, E_f a energia do estado final e $E_i > E_f$. A noção de que a energia está sendo emitida somente quando uma transição ocorre é não clássica. Dada essa noção, no entanto, a Equação 11.18 é simplesmente a equação de conservação de energia $\Delta E = \Sigma T \rightarrow E_f - E_i = -hf$. À esquerda está a mudança de energia do sistema – o átomo – e à direita, a energia transferida para fora do sistema por radiação eletromagnética.

4. *A descrição da concordância entre as previsões do modelo e observações reais e, possivelmente, as previsões de novos efeitos que ainda não foram observados*: Na discussão a seguir, veremos como o modelo estrutural faz previsões e concorda com alguns resultados experimentais.

A energia potencial elétrica do sistema mostrado na Figura 11.16 é encontrada pela Equação 6.35, $Ue = -k_e e^2/r$, em que k_e é a constante elétrica, e é o módulo da carga do elétron e r a separação elétrons-núcleo. Portanto, a energia total do átomo, contendo tanto termos de energia cinética quanto potencial, é

$$E = K + U_e = \tfrac{1}{2} m_e v^2 - k_e \frac{e^2}{r} \qquad \textbf{11.19}$$

De acordo com o item 3(a), o modelo estrutural, a energia do sistema mantém-se constante; o sistema é isolado porque esse modelo não permite radiação eletromagnética para uma determinada órbita.

Aplicando a Segunda Lei de Newton a esse sistema, vemos que o módulo da força elétrica atrativa sobre o elétron, $k_e e^2/r^2$ (Eq. 5.12), é igual ao produto de sua massa e sua aceleração centrípeta ($a_c = v^2/r$):

$$\frac{k_e e^2}{r^2} = \frac{m_e v^2}{r}$$

Com base nessa expressão, a energia cinética do elétron é encontrada

$$K = \tfrac{1}{2} m_e v^2 = \frac{k_e e^2}{2r} \qquad \textbf{11.20}$$

Substituindo esse valor de K na Equação 11.19, temos a seguinte expressão para a energia total do átomo de hidrogênio:

$$E = -\frac{k_e e^2}{2r} \qquad \textbf{11.21}$$

▶ Energia total do átomo de hidrogênio

Observe que a energia total é negativa,[5] indicando um sistema elétron-próton ligada. Portanto, a energia na quantidade de $k_e e^2/2r$ deve ser adicionada ao átomo apenas para separar o elétron e o próton por uma distância infinita e tornar a energia total zero.[6] Uma expressão para r, o raio das órbitas desejadas, pode ser obtida pela eliminação de v pela substituição entre a Equação 11.17 da componente 3 (b), do modelo estrutural e a Equação 11.20:

$$r_n = \frac{n^2 \hbar^2}{m_e k_e e^2} \quad n = 1,2,3\ldots \qquad \textbf{11.22}$$

▶ Raios das órbitas de Bohr em hidrogênio

Esse resultado determina o raio discreto das órbitas de elétrons. O inteiro n é chamado **número quântico** e especifica o **estado quântico** particular permitido do sistema atômico.

A órbita para a qual $n = 1$ tem o menor raio, chamada **o raio de Bohr** a_0, tem valor

$$a_0 = \frac{\hbar^2}{m_e k_e e^2} = 0{,}052\,9\,\text{nm} \qquad \textbf{11.23}$$

▶ O raio de Bohr

As primeiras três órbitas de Bohr são mostradas em escala na Figura Ativa 11.17.

A quantização do raio da órbita imediatamente leva à quantização da energia do átomo, que pode ser vista pela substituição $r_n = n^2 a_0$ na Equação 11.21. As energias permitidas do átomo são

$$E_n = -\frac{k_e e^2}{2a_0}\left(\frac{1}{n^2}\right) \quad n = 1,2,3,\ldots \qquad \textbf{11.24}$$

[5] Compare essa expressão com a Equação 11.10 para um sistema gravitacional.

[6] Esse processo é chamado *ionização* do átomo. Em teoria, a ionização requer que se separe o elétron e o próton por uma distância infinita. Contudo, na realidade, o elétron e o próton estão em um ambiente com um número imenso de outras partículas. Portanto, ionização significa separar o elétron e o próton por uma distância suficientemente grande para que a interação dessas partículas com outras entidades do ambiente seja maior que as interações remanescentes entre eles.

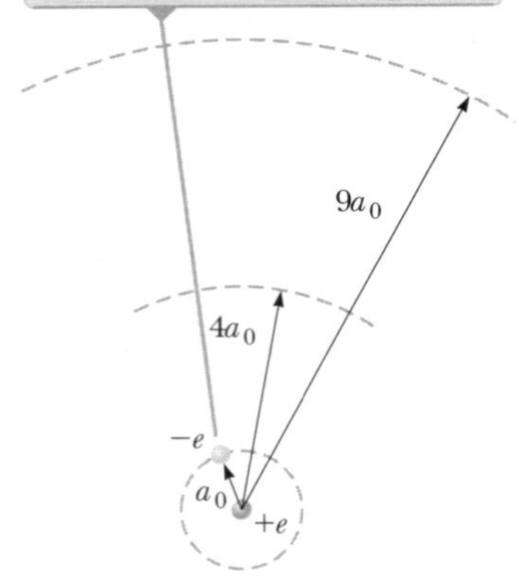

Figura Ativa 11.17 As primeiras três órbitas circulares previstas pelo modelo de Bohr para o hidrogênio.

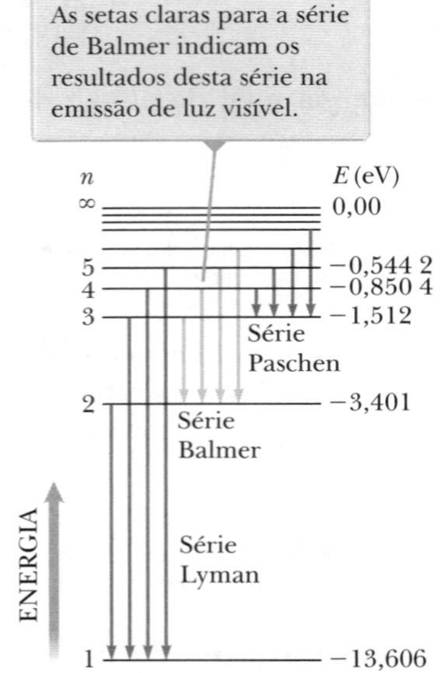

Figura Ativa 11.18 Diagrama de nível de energia para o hidrogênio. As energias permitidas discretas estão representadas no eixo vertical. Não há nada representado sobre o horizontal, mas a extensão horizontal do diagrama é tornada grande o suficiente para mostrar transições permitidas. Números quânticos são dados à esquerda e energias (em elétron-volts) à direita. As setas verticais representam as quatro transições de energia mais baixas em cada uma das séries espectrais mostradas.

A inserção de valores numéricos na Equação 11.24 nos dá

▶ Energias dos estados quânticos do átomo de hidrogênio

$$E_n = -\frac{13{,}606 \text{ eV}}{n^2} \qquad n = 1,2,3,... \qquad \textbf{11.25}$$

(Lembre-se da Seção 9.7 de que 1 eV = 1,60 × 10^{-19} J.) O menor estado quântico, correspondendo a $n = 1$, é chamado **estado fundamental** e tem energia de $E_1 = -13{,}606$ eV. O próximo, o **primeiro estado excitado**, tem $n = 2$ e energia de $E_2 = E_1/2^2 = -3{,}401$ eV. A Figura Ativa 11.18 é um **diagrama de nível de energia** que mostra as energias desses estados de energia discreta e os números quânticos correspondentes; outra representação semigráfica. O eixo vertical é linear na energia, mas o horizontal não tem significância. As linhas horizontais correspondem às energias permitidas. O sistema atômico não pode ter energias diferentes das representadas por essas linhas. As linhas verticais com setas representam as transições entre estados, durante as quais a energia é emitida.

O limite superior dos níveis quantificados, que corresponde a $n \to \infty$ (ou $r \to \infty$) e $E \to 0$, representa o estado para o qual o elétron é removido do átomo.[7] Acima dessa energia há um contínuo de estados disponíveis para o átomo ionizado. A energia mínima necessária para ionizar o átomo é chamada **energia de ionização**. Como pode ser visto pela Figura Ativa 11.18, a energia de ionização para o hidrogênio, prevista pelo modelo estrutural de Bohr, é de 13,6 eV. Essa descoberta constitui uma grande conquista para o modelo de Bohr, porque a energia de ionização do hidrogênio já havia sido medida como sendo de 13,6 eV!

A Figura Ativa 11.18 mostra também várias transições do átomo de um estado para outro mais baixo, tal como referido na componente 3 (c) do modelo estrutural. Como a energia do átomo diminui em uma transição, a diferença de energia entre estados irradiada como radiação eletromagnética, tal como descrito pela Equação 11.18. As transições que terminam em $n = 2$ formam a série de Balmer de linhas espectrais, cujos comprimentos de onda são corretamente preditos pela equação de Rydberg (ver Eq. 11.16). A Figura Ativa 11.18 mostra também outras séries espectrais (as séries de Lyman e de Paschen), que foram encontradas depois da descoberta de Balmer.

A Equação 11.24 junto com a 11.18 podem ser utilizadas para calcular a frequência da radiação emitida quando o átomo faz uma transição[8] de um estado de alta energia para outro de baixa energia:

▶ Frequência da radiação emitida a partir do hidrogênio

$$f = \frac{E_i - E_f}{h} = \frac{k_e e^2}{2a_0 h}\left(\frac{1}{n_f^2} - \frac{1}{n_i^2}\right) \qquad \textbf{11.26}$$

Como a grandeza expressa na equação Rydberg é o comprimento de onda, é conveniente converter a frequência de comprimento de onda, usando $c = f\lambda$.

▶ Comprimentos de onda de emissão do hidrogênio

$$\frac{1}{\lambda} = \frac{f}{c} = \frac{k_e e^2}{2a_0 hc}\left(\frac{1}{n_f^2} - \frac{1}{n_i^2}\right) \qquad \textbf{11.27}$$

Observe que a expressão *teórica*, Equação 11.27, é idêntica à equação *empírica* de Rydberg (Equação 11.16), desde que a combinação de constantes $k_e e^2/2a_0 hc$ seja igual à constante de Rydberg determinada experimentalmente, e que $n_f = 2$. Depois de Bohr demonstrar o acordo das constantes nessas duas equações com uma precisão de cerca de 1%, foi logo reconhecido o coroamento do seu modelo estrutural do átomo.

[7] A frase "o elétron é removido do átomo" é muito usada, mas, é claro, percebemos que significa que o elétron e o núcleo são separados *uns dos outros*.

[8] A frase "o elétron faz uma transição" também é comumente usada, mas usaremos "o átomo faz uma transição" para enfatizar que a energia pertence ao sistema do átomo, não apenas ao elétron. Essa formulação é semelhante à nossa discussão no Capítulo 6 sobre a energia potencial gravitacional que pertence ao sistema de um corpo e da Terra, e não do corpo sozinho.

Uma pergunta permanece: Qual é o significado de $n_f = 2$? Sua importância é simplesmente porque essas transições que terminam em $n_f = 2$, que resultam em radiação visível, por isso foram facilmente observadas! Como visto na Figura Ativa 11.18, outras séries de linhas terminam em outros estados finais. Essas linhas se encontram nas regiões do espectro não visível a olho nu, infravermelho e ultravioleta. A equação de Rydberg generalizada para quaisquer estados inicial e final é

$$\frac{1}{\lambda} = R_H\left(\frac{1}{n_f^2} - \frac{1}{n_i^2}\right) \qquad \textbf{11.28}$$

Nessa equação, diferentes séries correspondem a diferentes valores de n_f e linhas diferentes dentro de uma série correspondem a diferentes valores de n_i.

Bohr estendeu imediatamente seu modelo estrutural do hidrogênio a outros elementos nos quais todos os elétrons, menos um, haviam sido removidos. Suspeitava-se haver elementos ionizados, tais como He^+, Li^{2+} e Be^{3+}, em atmosferas estelares quentes, em que colisões atômicas frequentes ocorrem com energia suficiente para remover completamente um ou mais elétrons atômicos. Bohr mostrou que muitas linhas misteriosas observadas no Sol e em várias estrelas não podiam ser devidas ao hidrogênio, mas eram previstas corretamente por sua teoria se atribuídas ao hélio monoionizado.

Prevenção de Armadilhas | 11.4

O modelo de Bohr é ótimo, mas...

Esse modelo prevê corretamente a energia de ionização e características gerais do espectro para o hidrogênio, mas não é capaz de explicar os espectros de átomos mais complexos, e prever muitos detalhes espectrais sutis de hidrogênio e outros átomos simples. Experiências de espalhamento mostram que os elétrons num átomo de hidrogênio não se movem num círculo plano em torno do núcleo. Em vez disso, o átomo é esférico. O momento angular do estado fundamental do átomo é zero e não $\hbar$.

TESTE RÁPIDO 11.4 Um átomo de hidrogênio faz uma transição do nível $n = 3$ para $n = 2$. E, então, faz uma transição do nível $n = 2$ para $n = 1$. Qual dessas transições resulta na emissão do fóton de comprimento de onda mais longa? (**a**) a primeira (**b**), a segunda (**c**) nenhuma, porque os comprimentos de onda são os mesmos para ambas.

Exemplo 11.5 | Transições eletrônicas em hidrogênio

O elétron em um átomo de hidrogênio faz uma transição do nível de energia $n = 2$ para o nível fundamental ($n = 1$). Encontre o comprimento de onda e a frequência do fóton emitido.

SOLUÇÃO

Conceitualização Imagine conceituar o elétron em uma órbita circular em torno do núcleo como no modelo de Bohr, na Figura 11.16. Quando o elétron faz uma transição para um estado estacionário mais baixo, emite um fóton com determinada frequência.

Categorização Avaliamos os resultados usando equações desenvolvidas nessa seção. Por isso categorizamos esse exemplo como um problema de substituição.

Use a Equação 11.28 para obter λ, com $n_i = 2$ e $n_f = 1$:

$$\frac{1}{\lambda} = R_H\left(\frac{1}{1^2} - \frac{1}{2^2}\right) = \frac{3R_H}{4}$$

$$\lambda = \frac{4}{3R_H} = \frac{4}{3(1,097 \times 10^7\,\text{m}^{-1})} = 1,22 \times 10^{-7}\,\text{m} = 122\ \text{nm}$$

Use a Equação 11.15 para encontrar a frequência de fóton:

$$f = \frac{c}{\lambda} = \frac{3,00 \times 10^8\,\text{m/s}}{1,22 \times 10^{-7}\,\text{m}} = 2,47 \times 10^{15}\,\text{Hz}$$

11.6 | Conteúdo em contexto: mudança de uma órbita circular para uma elíptica

Na parte (A) do Exemplo 11.2, discutimos sobre uma nave espacial em uma órbita circular ao redor da Terra. Dos nossos estudos das leis de Kepler nesse capítulo, também estamos cientes de que é possível uma órbita elíptica para

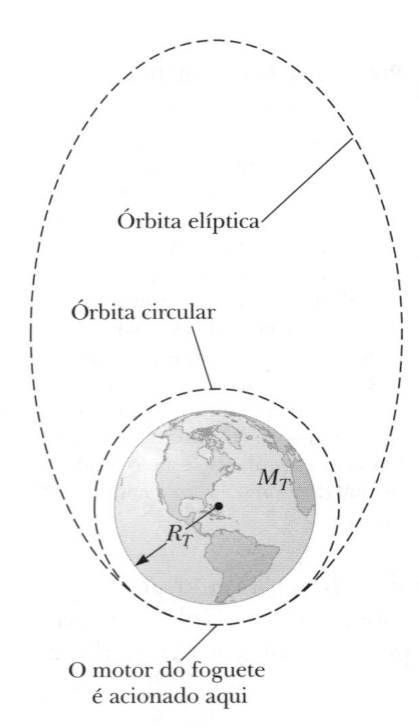

Figura 11.19 Uma nave espacial, originalmente em uma órbita circular em torno da Terra, aciona seus motores e entra em uma órbita elíptica em torno da Terra.

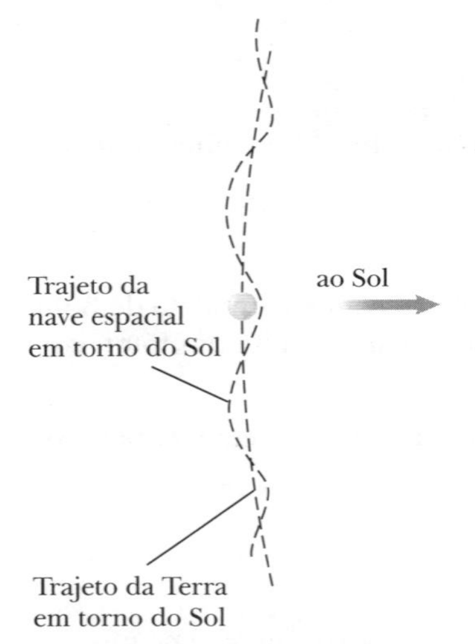

Figura 11.20 Uma nave espacial em órbita sobre a Terra pode ser modelada como em órbita circular em torno do Sol, com sua órbita em torno da Terra aparecendo como pequenas perturbações da órbita circular.

nossa nave espacial. Vamos investigar como o movimento da nossa nave espacial pode ser alterado de uma órbita circular para uma elíptica, o que nos preparará para a conclusão de nosso Contexto *Missão a Marte*.

Identificamos o sistema como a nave espacial e a Terra, *mas não a porção do combustível na nave espacial que utilizamos para mudar a órbita*. Numa dada órbita, a energia total do sistema nave espacial-Terra é dada pela Equação 11.10;

$$E = -\frac{GMm}{2r}$$

Essa energia inclui: a cinética da nave espacial e a potencial associada à força gravitacional entre a nave espacial e a Terra. Se os motores do foguete são acionados, o combustível expelido pode ser visto como fazendo um trabalho sobre o sistema nave espacial-Terra, porque a força de impulso provoca um deslocamento na nave. Como resultado, a energia total do sistema nave espacial-Terra aumenta.

A nave espacial tem uma nova e mais alta energia, mas está restrita a uma órbita que inclui o ponto de partida original. Não pode estar em uma órbita circular de maior energia tendo um raio maior, porque essa órbita não conteria o ponto de partida. A única possibilidade é que a órbita seja elíptica. A Figura 11.19 mostra a mudança da órbita circular original para a nova, elíptica, para nossa nave espacial.

A Equação 11.11 dá a energia do sistema nave espacial-Terra para uma órbita elíptica. Portanto, se conhecemos a nova energia da órbita, podemos encontrar o semieixo maior da órbita elíptica. Inversamente, se conhecemos o semieixo maior de uma órbita elíptica que gostaríamos de alcançar, podemos calcular quanta energia adicional é necessária dos motores do foguete. Essa informação pode, então, ser convertida em um tempo de queima exigido para os foguetes.

Quantidades maiores de aumento de energia fornecida pelos motores do foguete levarão a nave espacial para órbitas elípticas com semieixos maiores. O que acontece se o tempo de queima dos motores for tão longo que a energia total do sistema nave espacial-Terra se tornar positivo? Uma energia positiva refere-se a um sistema *não ligado*. Portanto, nesse caso, a nave espacial *escapará* da Terra, indo para um caminho hiperbólico que não a trará de volta à Terra.

Esse processo é a essência do que deve ser feito para a ida a Marte. Os motores do nosso foguete têm de ser acionados para deixar a órbita estacionária circular e então escapar da Terra. Nesse momento, nosso pensamento deve mudar para um sistema nave espacial-Sol, no lugar de nave espacial-Terra. Deste ponto de vista, a nave espacial em órbita ao redor da Terra também pode ser considerada em uma órbita circular ao redor do Sol, movendo-se junto com a Terra, como mostrado na Figura 11.20. A órbita não é um círculo perfeito, porque há perturbações correspondentes ao seu movimento extra ao redor da Terra, mas são pequenas em comparação com o raio da órbita em torno do Sol. Quando os motores são acionados para escapar da Terra, nossa órbita ao redor do Sol modifica-se de circular (desprezando as perturbações) para uma órbita elíptica com o Sol em um dos focos. Podemos escolher o semieixo maior dessa órbita elíptica de tal forma que ele cruze a órbita de Marte! Na conclusão do Contexto 2, olharemos esse processo com mais detalhes.

Exemplo 11.6 | Quão alto vamos?

Imagine que você esteja em uma nave espacial em órbita circular ao redor da Terra, a uma altura $h = 300$ km da superfície. Você aciona os motores do foguete e, como resultado, o módulo da energia total do sistema Terra-nave espacial diminui em 10,0%. Qual é a maior altura da sua nave espacial acima da superfície da Terra nessa nova órbita?

continua

11.6 *cont.*

Conceitualização Estude a Figura 11.19, que representa essa situação. Queremos saber a distância para a superfície da Terra quando a sonda está no ponto mais alto na figura. Observe que, por a energia total ser negativa, uma diminuição no módulo representa um aumento em energia.

Categorização Não precisamos de um modelo de análise para esse problema. Podemos avaliar o resultado com base na relação entre a energia da órbita e o semieixo maior, como exibido pela Equação 11.11.

Análise

Estabeleça uma relação entre as energias das duas órbitas, usando as Equações 11.10 e 11.11 tanto para as circulares quanto para as elípticas:

$$\frac{E_{\text{elíptica}}}{E_{\text{circular}}} = \frac{\left(-\dfrac{GMm}{2a}\right)}{\left(-\dfrac{GMm}{2r}\right)} = \frac{r}{a} = f$$

A proporção de f é igual a 0,900, por causa da redução de 10,0% no módulo da energia total. Encontre a em termos de r:

$$a = \frac{r}{f}$$

Substitua para o raio orbital em termos de raio da Terra e a altura inicial da nave espacial acima da superfície:

$$a = \frac{1}{f}(R_T + h)$$

A distância máxima do centro da Terra ocorrerá quando a sonda estiver no apogeu, dada por $r_{\text{máx}} = 2a - r$. Encontre o valor dessa distância máxima:

$$r_{\text{máx}} = 2a - r = \frac{2}{f}(R_T + h) - (R_T + h) = \left(\frac{2}{f} - 1\right)(R_T + h)$$

Subtraia o raio da Terra de $r_{\text{máx}}$ para encontrar a altura máxima acima da superfície da Terra:

$$(1)\quad h_{\text{máx}} = \left(\frac{2}{f} - 1\right)(R_T + h) - R_T$$

Substitua os valores numéricos:

$$h_{\text{máx}} = \left(\frac{2}{0{,}900} - 1\right)(6{,}37 + 10^3\ \text{km} + 300\ \text{km}) - 6{,}37 \times 10^3\,\text{km}$$

$$= 1{,}78 \times 10^3\ \text{km}$$

Finalização A altura acima da superfície da Terra foi aumentada por um fator de cerca de 6 por essa queima de combustível. A Equação (1) mostra que $h_{\text{máx}}$ aumenta conforme f diminui (o que representa mais queima de combustível), mas não de uma forma simples.

RESUMO

A **Lei da Gravitação Universal de Newton** afirma que a força gravitacional de atração entre duas partículas quaisquer de massas m_1 e m_2 separadas por uma distância r tem módulo

$$F_g = G\frac{m_1 m_2}{r^2} \qquad \textbf{11.1}$$

em que G é a **constante gravitacional universal**, cujo valor é $6{,}674 \times 10^{-11}\ \text{N} \cdot \text{m}^2/\text{kg}^2$.

Em vez de considerar a força gravitacional como uma interação direta entre dois corpos, podemos imaginar que um corpo cria um **campo gravitacional** no espaço:

$$\vec{\mathbf{g}} = \frac{\vec{\mathbf{F}}_g}{m} \qquad \textbf{11.4}$$

Um segundo corpo nessa região experimenta uma força $\vec{\mathbf{F}}_g = m\vec{\mathbf{g}}$ quando submetido a esse campo.

As Leis de Kepler do movimento planetário estabelecem:

1. Todo planeta no Sistema Solar descreve uma órbita elíptica com o Sol em um dos focos.
2. O raio vetor traçado do Sol até qualquer planeta descreve áreas iguais em intervalos de tempo iguais.
3. O quadrado do período orbital de qualquer planeta é proporcional ao cubo do semieixo maior da órbita elíptica.

A **Primeira Lei de Kepler** é uma consequência da natureza do inverso do quadrado da lei da gravitação universal. O **semieixo maior** de uma elipse é a, e $2a$ é a dimensão mais longa da elipse. O **semieixo menor** da elipse é b, $2b$ é a dimensão mais curta da elipse. A **excentricidade** da elipse é $e = c/a$, em que c é a distância entre o centro e um foco e $a^2 = b^2 + c^2$.

A **Segunda Lei de Kepler** é uma consequência de a força gravitacional ser uma força central, para a qual o momento angular do planeta é conservado.

A **Terceira Lei de Kepler** é uma consequência da natureza do inverso do quadrado da lei da gravitação universal. A Segunda Lei de Newton, junto com a lei de força dada pela Equação 11.1, faz que o período T e o semieixo maior a da órbita de um planeta ao redor do Sol estejam relacionados por

$$T^2 = \left(\frac{4\pi^2}{GM_S}\right)a^3 \qquad \textbf{11.7} \blacktriangleleft$$

em que M_S é a massa do Sol.

Se um sistema isolado consiste em uma partícula de massa m movendo-se com uma velocidade v na vizinhança de um corpo maciço da massa M, a energia total do sistema é constante, e é

$$E = \tfrac{1}{2}mv^2 - \frac{GMm}{r} \qquad \textbf{11.8} \blacktriangleleft$$

Se m se move em uma órbita elíptica de eixo maior $2a$ sobre M, em que $M \gg m$, a energia total do sistema é

$$E = -\frac{GMm}{2a} \qquad \textbf{11.11} \blacktriangleleft$$

A energia total é negativa para qualquer sistema ligado, isto é, na qual a órbita é fechada, tal como circular ou elíptica.

O modelo de Bohr do átomo descreve com sucesso os espectros do hidrogênio atômico, assim como de íons de hidrogênio. Um pressuposto básico desse modelo estrutural é que o elétron pode existir apenas em órbitas distintas, de tal forma que o momento angular $m_e vr$ é um múltiplo integral de $\hbar \equiv h/2\pi$. Assumindo órbitas circulares e uma atração elétrica simples entre o elétron e o próton, as energias dos estados quânticos de hidrogênio são calculadas para ser

$$E_n = -\frac{k_e e^2}{2a_0}\left(\frac{1}{n^2}\right) \quad n = 1,2,3,\ldots \qquad \textbf{11.24} \blacktriangleleft$$

em que k_e é a constante de Coulomb, e a carga elétrica fundamental, n um número inteiro positivo, chamado **número quântico**, e $a_0 = 0{,}052\ 9$ nm é o **raio de Bohr**.

Se o átomo de hidrogênio faz uma transição de um estado cujo número quântico é n_i para outro, de número quântico n_f, em que $n_f < n_i$, a frequência da radiação emitida pelo átomo é

$$f = \frac{k_e e^2}{2a_0 h}\left(\frac{1}{n_f^2} - \frac{1}{n_i^2}\right) \qquad \textbf{11.26} \blacktriangleleft$$

Usando $E_i - E_f = hf = hc/\lambda$, é possível calcular os comprimentos de onda da radiação de várias transições. Esses comprimentos calculados concordam de forma excelente com os valores observados nos espectros atômicos.

PERGUNTAS OBJETIVAS

1. Um satélite move-se em uma órbita circular a uma velocidade constante em torno da Terra. Qual das seguintes afirmações é verdadeira? (a) Nenhuma força atua sobre o satélite. (b) O satélite se move a uma velocidade constante e, portanto, não acelera. (c) O satélite tem uma aceleração dirigida para longe da Terra. (d) O satélite tem uma aceleração dirigida para a Terra. (e) O trabalho é feito no satélite pela força gravitacional.

2. Um corpo de massa m está localizado na superfície de um planeta esférico de massa M e raio R. A velocidade de escape do planeta não depende de qual dos seguintes fatores? (a) M (b) m (c) a densidade do planeta (d) R (e) a aceleração decorrente da gravidade no planeta.

3. Classifique os módulos das seguintes forças gravitacionais, partindo da maior para a menor. Se duas forças são iguais, mostre sua igualdade em sua lista. (a) a força exercida por um corpo de 2 kg em outro de 3 kg a 1 m de distância (b) a força exercida por um corpo de 2 kg em outro de 9 kg a 1 m de distância (c) a força exercida por um corpo de 2 kg em outro de 9 kg a 2 m de distância (d) a força exercida por um corpo de 9 kg em outro de 2 kg a 2 m de distância (e) a força exercida por um corpo de 4 kg em outro de 4 kg a 2 m de distância.

4. A força gravitacional exercida sobre um astronauta na superfície da Terra é 650 N dirigida para baixo. Quando ele está na estação espacial em órbita ao redor da Terra, a força gravitacional sobre ele é (a) maior, (b) exatamente a mesma, (c) menor, (d) aproximadamente, mas não exatamente zero, ou (e) exatamente zero?

5. Um satélite move-se originalmente em uma órbita circular de raio R ao redor da Terra. Suponha que ele seja movido para uma órbita circular de raio $4R$. **(i)** De que se torna a nova força exercida sobre o satélite? (a) oito vezes maior (b) quatro vezes maior (c) a metade do tamanho (d) um oitavo do tamanho (e) um dezesseis avos do tamanho (**ii**) O que acontece com a velocidade do satélite? Escolha entre as mesmas alternativas. (**iii**) O que acontece ao seu período? Escolha com base nas mesmas alternativas.

6. Os equinócios vernal e outonal estão associados com dois pontos separados por 180º na órbita da Terra. Ou seja, a Terra está em lados precisamente contrários do Sol, quando passa por esses dois pontos. A partir do equinócio vernal, 185,4 dias decorrem antes do outonal. Apenas 179,8 dias decorrem deste até o próximo equinócio vernal. Por que o intervalo entre março (primavera no hemisfério norte) e o equinócio de setembro (outono – que contém o solstício de verão) é maior que o intervalo entre setembro e o equinócio de março, em vez de serem iguais? Escolha uma das seguintes razões: (a) Eles são a mesma coisa, mas a Terra gira mais rápido durante o período de "verão", de modo que os dias são mais curtos. (b) Durante o período de "verão", a Terra se move mais devagar porque está mais distante do Sol. (c) Durante o intervalo de março a setembro, a Terra se move mais devagar porque está mais próxima do Sol. (d) A Terra tem menos energia cinética quando está mais quente. (e) A Terra tem menos momento angular orbital quando está mais quente.
7. Um sistema é composto por cinco partículas. Quantos termos aparecem na expressão para a energia gravitacional potencial total do sistema? (a) 4 (b) 5 (c) 10 (d) 20 (e) 25.
8. Classifique as seguintes quantidades de energia em ordem da maior para a menor. Declare se houver quantidades iguais. (a) o valor absoluto da energia potencial média do sistema Sol-Terra. (b) a energia cinética média da Terra em seu movimento orbital em relação ao Sol. (c) o valor absoluto da energia total do sistema Sol-Terra.
9. Imagine que o nitrogênio e outros gases atmosféricos fossem mais solúveis em água, de modo que a atmosfera da Terra fosse inteiramente absorvida pelos oceanos. A pressão atmosférica seria então zero, e o espaço exterior começaria na superfície do planeta. Será que a Terra teria, então, um campo gravitacional? (a) Sim, e na superfície seria maior em módulo do que 9,8 N/kg. (b) Sim, e seria essencialmente o mesmo que o valor atual. (c) Sim, e seria um pouco menos de 9,8 N/kg. (d) Sim, e seria muito menos do que 9,8 N/kg. (e) Não, não teria.
10. (a) Pode um átomo de hidrogênio no estado fundamental absorver um fóton de energia menor que 13,6 eV? (b) Pode esse átomo absorver um fóton de energia superior a 13,6 eV?
11. (**i**) Classifique as seguintes transições para um átomo de hidrogênio a partir da transição com o maior ganho para aquela com a maior perda, mostrando qualquer caso de igualdade. (a) $n_i = 2$; $n_f = 5$; (b) $n_i = 5$; $n_f = 3$; (c) $n_i = 7$; $n_f = 4$; (d) $n_i = 4$; $n_f = 7$ (**ii**) Classifique as mesmas transições da parte (**i**) de acordo com o comprimento de onda do fóton absorvido ou emitido por um átomo de outra forma isolado a partir do maior comprimento de onda para o menor.
12. Suponha que a aceleração da gravidade na superfície de certa lua A de Júpiter seja de 2 m/s^2. A Lua B tem o dobro da massa e duas vezes o raio da A. Qual é a aceleração da gravidade em sua superfície? Despreze a aceleração da gravidade de Júpiter. (a) 8 m/s^2 (b) 4 m/s^2 (c) 2 m/s^2 (d) 1 m/s^2 (e) 0,5 m/s^2.
13. O cometa Halley tem um período de aproximadamente 76 anos e se move em uma órbita elíptica em que a sua distância do Sol, na sua maior aproximação, é uma pequena fração de sua distância máxima. Estime a distância máxima do cometa em relação ao Sol em unidades astronômicas (UA) (a distância da Terra ao Sol). (a) 6 UA (b) 12 UA (c) 20 UA (d) 28 UA (e) 35 UA.
14. Considere que $-E$ representa a energia de um átomo de hidrogênio. (**i**) Qual é a energia cinética do elétron? (a) $2E$ (b) E (c) 0 (d) $-E$ (e) $-2E$ (**ii**) Qual é a energia potencial do átomo? Escolha com base nas mesmas alternativas.

PERGUNTAS CONCEITUAIS

1. (a) Se um buraco pudesse ser escavado até o centro da Terra, um corpo de massa m ainda obedeceria à Equação 11.1 lá? (b) Qual você acha que seria a força sobre m no centro da Terra?
2. Cada nave espacial *Voyager* foi acelerada para velocidade de escape do Sol pela força gravitacional exercida por Júpiter na nave espacial. (a) A força gravitacional é uma força conservativa ou não conservativa? (b) A interação da nave com Júpiter satisfaz à definição de uma colisão elástica? (c) Como a nave poderia estar se movendo mais rapidamente após a colisão?
3. Por que não colocamos um satélite meteorológico em órbita geoestacionária em torno do paralelo 45°? Esse satélite não seria muito mais útil nos Estados Unidos do que em órbita ao redor do equador?
4. Explique por que é necessário mais combustível para uma nave espacial ir da Terra até a Lua do que para a viagem de volta. Estime a diferença.
5. Um satélite em uma órbita baixa da Terra não está realmente viajando através do vácuo. Pelo contrário, ele se move através do ar muito rarefeito. O atrito do ar resultante faz que o satélite diminua de velocidade?
6. A você são dados a massa e o raio do planeta X. Como você calcularia a aceleração de queda livre na superfície desse planeta?
7. (a) Em que posição em sua órbita elíptica a velocidade de um planeta é máxima? (b) Em que posição a velocidade é mínima?
8. (a) Explique por que a força exercida sobre uma partícula por uma esfera uniforme deve ser direcionada para o centro da esfera. (b) Essa afirmação seria verdadeira se a distribuição de massa da esfera não fosse esfericamente simétrica? Explique.
9. Em seu experimento de 1798, foi dito que Cavendish havia "pesado a Terra." Explique essa afirmação.

PROBLEMAS

ENHANCED WebAssign Os problemas que se encontram neste capítulo podem ser resolvidos *on-line* no Enhanced WebAssign (em inglês).

1. denota problema direto;

2. denota problema intermediário;

3. denota problema desafiador;

1. denota problemas mais frequentemente resolvidos no Enhanced WebAssign;

BIO denota problema biomédico;

PD denota problema dirigido;

M denota tutorial Master It disponível no Enhanced WebAssign;

Q|C denota problema que pede raciocínio quantitativo e conceitual;

S denota problema de raciocínio simbólico;

sombreado denota "problemas emparelhados" que desenvolvem raciocínio com símbolos e valores numéricos;

W denota solução no vídeo Watch It disponível no Enhanced WebAssign.

Secção 11.1 A Lei da Gravitação Universal de Newton revisitada

Observação: Os Problemas 35, 36 e 37 no Capítulo 5 podem ser resolvidos nessa seção.

1. **W** Um corpo de 200 kg e outro de 500 kg são separados por 4,00 m. (a) Encontre a força gravitacional resultante exercida por esses corpos em um terceiro de 50,0 kg colocado a meio caminho entre eles. (b) Em que posição (exceto uma infinitamente distante) o corpo de 50,0 kg pode ser colocado de modo que sofra uma força resultante igual a zero dos outros dois?

2. *Por que a seguinte situação é impossível?* Os centros de duas esferas homogêneas estão a 1,00 m de distância. Cada uma delas é formada pelo mesmo elemento da tabela periódica. A força gravitacional entre elas é de 1,00 N.

3. Dois transatlânticos, cada um com uma massa de 40 000 toneladas, estão se movendo em cursos paralelos de 100 m de distância. Qual é o módulo da aceleração de um dos transatlânticos para outro, em razão de sua atração gravitacional mútua? Modele os navios como partículas.

4. **Revisão.** Um aluno se propõe a estudar a força gravitacional suspendendo dois corpos esféricos de 100,0 kg nas extremidades inferiores dos cabos prendendo o teto de uma catedral alta e medindo a deformação dos cabos em relação à vertical. Os cabos de 45,00 metros de comprimento são presos ao teto a 1,0 m de distância. O primeiro corpo é suspenso, e sua posição é cuidadosamente medida. O segundo corpo é suspenso, e os dois se atraem gravitacionalmente. Qual foi a distância que o primeiro corpo se moveu horizontalmente a partir da sua posição inicial, por causa da atração gravitacional do outro? *Sugestão*: Tenha em mente que essa distância vai ser muito pequena e faça as aproximações adequadas.

5. **M** Em laboratórios de física introdutória, um equilíbrio típico de Cavendish para medir a constante gravitacional G usa esferas de chumbo com massas de 1,50 kg e 15,0 g cujos centros estão separados por cerca de 4,50 cm. Calcule a força gravitacional entre essas esferas, tratando cada uma como uma partícula localizada no centro da esfera.

6. Um satélite de massa 300 kg está em uma órbita circular em torno da Terra a uma altitude igual ao raio médio da Terra. Encontre (a) a velocidade orbital do satélite, (b) o período de sua revolução e (c) a força gravitacional que atua sobre ele.

7. **W** A aceleração de queda livre na superfície da Lua é de cerca de um sexto da superfície da Terra. O raio da Lua é de cerca de $0{,}250R_T$ (R_T = raio da Terra = $6{,}37 \times 10^6$ m). Encontre a razão de suas densidades médias, $\rho_{\text{Lua}}/\rho_{\text{Terra}}$.

8. **Q|C** Durante um eclipse solar, a Lua, a Terra e o Sol ficam na mesma linha, com a Lua entre a Terra e o Sol. (a) Que força é exercida pelo Sol sobre a Lua? (b) Que força é exercida pela Terra sobre a Lua? (c) Que força é exercida pelo Sol sobre a Terra? (d) Compare as respostas para as partes (a) e (b). Por que o Sol não captura a Lua para longe da Terra?

9. **Revisão.** Miranda, um satélite de Urano, é mostrado na Figura P11.9a. Ele pode ser modelado como uma esfera de 242 km de raio e massa $6{,}68 \times 10^{19}$ kg. (a) Encontre a aceleração de queda livre em sua superfície. (b) Um precipício em Miranda tem 5,00 km de altura. Ele aparece sobre o corpo na posição de 11 horas na Figura P11.9a e é ampliado na P11.9b. Se um aficionado em esportes radicais corre horizontalmente do topo do precipício a 8,50 m/s, por que intervalo de tempo ele estará em voo? (c) A qual distância da base do precipício vertical ele atinge a superfície gelada de Miranda? (d) Qual será sua velocidade vetorial no impacto?

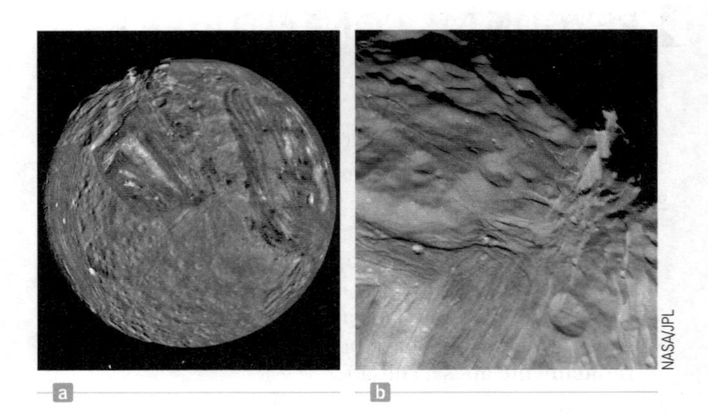

Figura P11.9

10. **W** Três esferas uniformes de massas $m_1 = 2{,}00$ kg, $m_2 = 4{,}00$ kg e $m_3 = 6{,}00$ kg são colocadas nos cantos de um triângulo, como mostrado na Figura P11.10. Calcule a força gravitacional resultante sobre a esfera de massa m_2, assumindo que elas estão isoladas do resto do Universo.

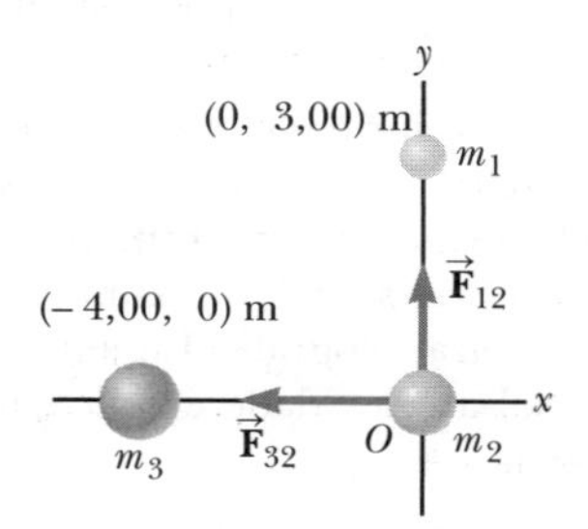

Figura P11.10

11. **W** Uma nave espacial em forma de cilindro longo tem comprimento de 100 m, e sua massa com os ocupantes é de 1 000 kg. Ela se desviou para muito perto de um buraco negro com massa de 100 vezes a do Sol (Fig. P11.11). O nariz da nave espacial aponta em direção ao buraco negro, a uma distância entre eles de 10,0 km. (a) Determine a força total sobre a nave espacial. (b) Qual é a diferença entre os campos gravitacionais que agem sobre os ocupantes do nariz da nave e sobre aqueles na parte traseira da nave, mais distantes do buraco negro? (Essa diferença de acelerações cresce rapidamente assim que a nave vai se aproximando do buraco negro. Ele coloca o corpo da nave sob tensão extrema e, eventualmente, a destrói.)

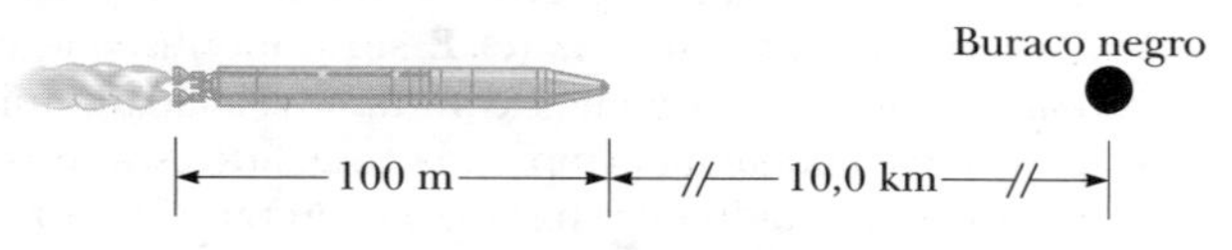

Figura P11.11

12. **Q|C** **S** (a) Calcule o vetor campo gravitacional em um ponto P sobre a mediatriz da linha que une os dois corpos de massa igual, separados por uma distância de $2a$, como mostrado na Figura P11.12. (b) Explique fisicamente por que o campo deve tender a zero quando $r \to 0$. (c) Prove matematicamente que a resposta ao item (a) se comporta dessa maneira. (d) Explique fisicamente por que o módulo do campo deve se aproximar de $2GM/r^2$ quando $r \to \infty$. (e) Prove matematicamente que a resposta ao item (a) se comporta corretamente nesse limite.

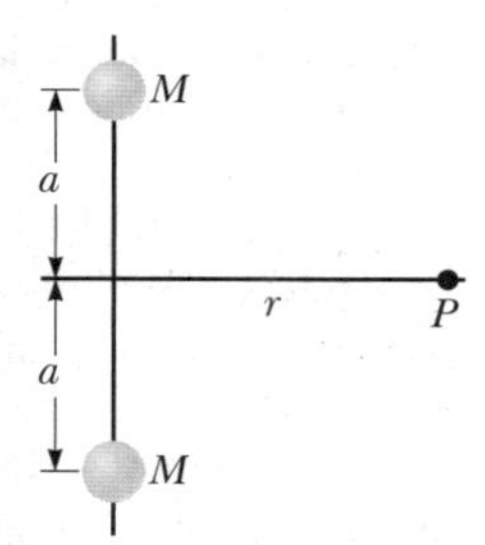

Figura P11.12

13. **M** Quando um meteoro caindo está a uma distância acima da superfície da Terra de 3,00 vezes o raio dessa, qual é a sua aceleração por causa da gravidade da Terra?

Seção 11.3 Leis de Kepler

14. Dois planetas, X e Y, viajam em sentido anti-horário em órbitas circulares em volta de uma estrela, como mostrado na Figura P11.14. Os raios de suas órbitas estão na relação de 3:1. Em um momento, eles estão alinhados como mostra a Figura P11.14a, fazendo uma linha reta com a estrela. Durante os próximos cinco anos, o deslocamento angular do planeta X é 90,0°, como mostrado na Figura P11.14b. Qual é o deslocamento angular do planeta Y nesse momento?

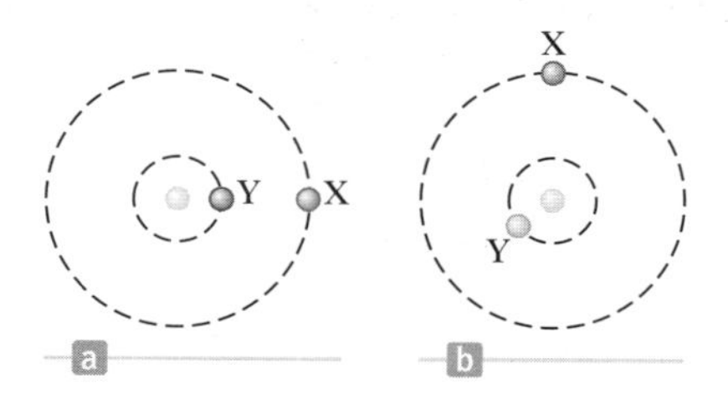

Figura P11.14

15. Um satélite de comunicação em uma órbita geossíncrona permanece acima de um único ponto no equador da Terra enquanto o planeta gira sobre seu eixo. (a) Calcule o raio de sua órbita. (b) O satélite retransmite um sinal de rádio de um transmissor próximo do Polo Norte para um receptor também próximo desse Polo. Viajando à velocidade da luz, durante quanto tempo a onda de rádio permanece em movimento?

16. Como produto da fusão termonuclear em seu núcleo, o Sol perde massa a uma taxa de $3{,}64 \times 10^9$ kg/s. Durante o período de 5 000 anos de história registrada, quanto a duração de um ano mudou por causa da perda de massa do Sol? *Sugestões*: Assuma que a órbita da Terra é circular. Nenhum torque externo age sobre o sistema Terra-Sol, de tal forma que o momento angular da Terra é constante.

17. Io, um satélite de Júpiter, tem um período orbital de 1,77 dia e um raio orbital de $4{,}22 \times 10^5$ km. Com base nesses dados, determine a massa de Júpiter.

18. O satélite *Explorer VIII*, colocado em órbita em 3 de novembro de 1960 para investigar a ionosfera, teve os seguintes parâmetros de órbita: perigeu, 459 km; apogeu, 2 289 km (ambas as distâncias acima da superfície da Terra); período, 112,7 min. Encontre a relação v_p/v_a da velocidade do perigeu ao apogeu.

19. **M** O sistema binário de Plaskett consiste em duas estrelas que giram numa órbita circular em torno de um centro de massa a meio caminho entre elas. Essa afirmação implica que as massas das duas estrelas são iguais (Fig. P11.19). Suponha que a velocidade orbital de cada estrela seja $|\vec{v}| = 220$ km/s e o período orbital de cada uma, 14,4 dias. Procure a massa M de cada estrela. (Para comparação, a massa do nosso Sol é de $1{,}99 \times 10^{30}$ kg.)

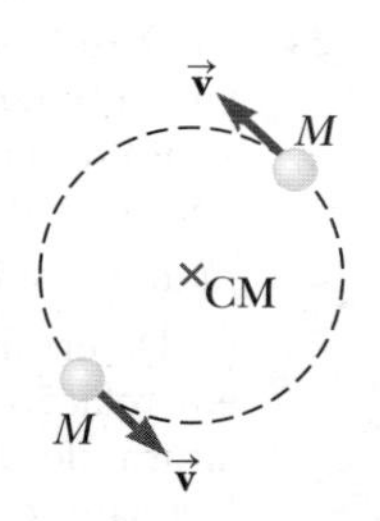

Figura P11.19

20. **Q|C** Suponha que a gravidade do Sol tenha sido desligada. Os planetas deixariam suas órbitas e voariam em linhas retas, como descrito pela Primeira Lei de Newton. (a) Será que Mercúrio estaria em algum momento mais distante do Sol do que Plutão? (b) Se sim, descubra quanto tempo Mercúrio levaria para atingir essa passagem. Se não, dê um argumento convincente de que Plutão é sempre mais distante do Sol do que Mercúrio.

21. **W** O Cometa Halley (Fig. P11.21) aproxima-se do Sol dentro de 0,570 UA, e seu período orbital é 75,6 anos.

(UA é o símbolo da unidade astronômica; 1 UA = 1,50 × 10^{11} m é a distância média Terra-Sol.) A que distância máxima do Sol o cometa Halley vai viajar antes de começar sua viagem de regresso?

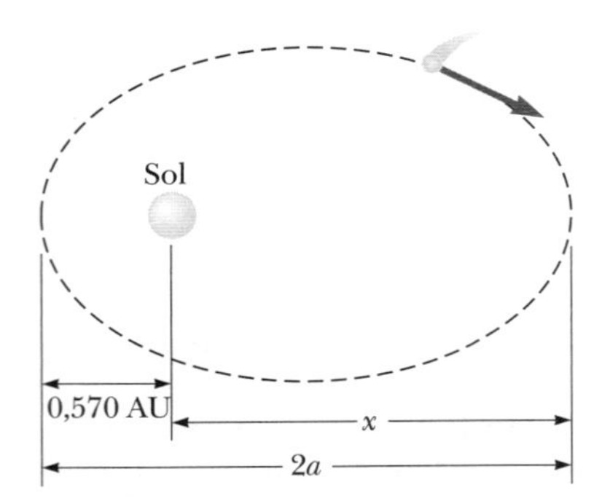

Figura P11.21 A órbita elíptica do Cometa Halley. (A órbita não está desenhada em escala.)

Seção 11.4 Considerações sobre energia no movimento planetário e de satélites

Observação: Os problemas 50 a 53 do Capítulo 6 podem ser resolvidos nessa seção.

22. **M** Uma sonda espacial é disparada como um projétil da superfície da Terra com uma velocidade inicial de 2,00 × 10^4 m/s. Qual será sua velocidade quando ela estiver muito afastada da Terra? Ignore o atrito da atmosfera e a rotação da Terra.

23. Após o Sol esgotar seu combustível nuclear, seu destino final será entrar em colapso em um estado de *anã branca*. Nesse estado, ele teria aproximadamente a mesma massa do que tem hoje, mas seu raio seria igual ao da Terra. Calcule (a) a densidade média de uma anã branca, (b) a aceleração de queda livre na superfície e (c) a energia potencial gravitacional associada a um corpo de 1,00 kg na superfície da anã branca.

24. **S** Um "satélite razante" move-se em uma órbita circular logo acima da superfície de um planeta, que supostamente não oferece nenhuma resistência do ar. Mostre que sua velocidade orbital v e a velocidade de escape do planeta estão relacionadas pela expressão $v_{esc} = \sqrt{2}v$.

25. (a) Determine a quantidade de esforço que deve ser feito em relação a uma carga de 100 kg para elevá-la a uma altura de 1 000 km acima da superfície da Terra. (b) Determine a quantidade de esforço adicional necessária para colocar essa carga em órbita circular a essa altitude.

26. Quanto trabalho é realizado pelo campo gravitacional da Lua sobre um meteoro de 1 000 kg, uma vez que ele vem do espaço sideral e colide sobre sua superfície?

27. Um asteroide está em rota de colisão com a Terra. Um astronauta pousa nele para colocar cargas explosivas que vão estourá-lo. A maior parte dos pequenos fragmentos não vai atingir a Terra, e os que cairão na atmosfera produzirão apenas uma linda chuva de meteoros. O astronauta considera que a densidade do asteroide esférico é igual à densidade média da Terra. Para garantir sua pulverização, ele incorpora aos explosivos o combustível do foguete que seria utilizado em sua viagem de volta. Qual raio máximo pode o asteroide ter para que a astronauta seja capaz de deixá-lo completamente apenas saltando para cima? Na Terra, ele pode saltar até uma altura de 0,500 m.

28. (a) Qual é a velocidade mínima, em relação ao Sol, necessária para uma espaçonave escapar do Sistema Solar se ela teve início na órbita da Terra? (b) A *Voyager 1* obteve uma velocidade máxima de 125 000 km/h em sua jornada para fotografar Júpiter. A partir de qual distância do Sol a velocidade é suficiente para escapar do Sistema Solar?

29. (a) Um veículo espacial é lançado verticalmente para cima a partir da superfície da Terra com uma velocidade inicial de 8,76 km/s, que é inferior à de escape de 11,2 km/s. Qual a altura máxima que ele atinge? (b) Um meteoro cai em direção à Terra. Ele está essencialmente em repouso em relação à Terra quando a uma altura de 2,51 × 10^7 m acima da superfície. Com que velocidade o meteorito (um meteoroide que sobrevive ao impacto na superfície da Terra) atinge a Terra?

30. **S** (a) Um veículo espacial é lançado verticalmente para cima a partir da superfície da Terra com uma velocidade inicial de v_i que é comparável, porém menor que a de escape v_{esc}. Qual a altura máxima que ele atinge? (b) Um meteoro cai em direção à Terra. Ele está essencialmente em repouso em relação à Terra quando a uma altura h acima da superfície. Com que velocidade o meteorito (um meteoroide que sobrevive ao impacto na superfície da Terra) atinge a Terra? (c) **E se?** Suponha que uma bola seja jogada para cima com uma velocidade inicial que é muito pequena comparada com a de escape. Mostre que o resultado da parte (a) é coerente com a Equação 3.15.

31. Um cometa de massa 1,20 × 10^{10} kg move-se em uma órbita elíptica em torno do Sol. Sua distância do Sol varia entre os intervalos de 0,500 UA e 50,0 UA. (a) Qual é a excentricidade da sua órbita? (b) Qual é o seu período? (c) No afélio, qual é a energia potencial do sistema cometa-Sol? *Observação*: 1 UA = uma unidade astronômica de unidade = a distância média do Sol à Terra = 1,496 × 10^{11} m.

32. **S** Deduza uma expressão para o trabalho necessário para mover um satélite da Terra de massa m de uma órbita circular de raio $2R_T$ para outra de raio $3R_T$.

33. Um satélite de 500 kg está em uma órbita circular numa altitude de 500 km acima da superfície da Terra. Por causa do atrito do ar, ele acaba caindo na superfície da Terra, em que atinge o solo com uma velocidade de 2,00 km/s. Quanta energia foi transformada em energia interna por meio do atrito com o ar?

34. Um corpo é solto do repouso a uma altura h acima da superfície da Terra. (a) Mostre que sua velocidade a uma distância r do centro da Terra, em que $R_T \leq r \leq R_T + h$, é

$$v = \sqrt{2GM_T\left(\frac{1}{r} - \frac{1}{R_T + h}\right)}$$

(b) Suponha que a altitude de lançamento seja de 500 km. Faça a integral

$$\Delta t = \int_i^f dt = -\int_i^f \frac{dr}{v}$$

para encontrar o tempo de queda, de modo que o corpo se mova do ponto de liberação até a superfície da Terra. O sinal negativo aparece porque o corpo está em movimento oposto ao sentido radial, então sua velocidade é $v = -dr/dt$. Faça a integral numericamente.

35. **W** Um satélite de massa de 200 kg é colocado em órbita da Terra a uma altura de 200 km acima da superfície. (a) Assumindo uma órbita circular, quanto tempo o satélite leva para completar uma órbita? (b) Qual é sua velocidade? (c) Partindo do satélite na superfície da Terra, qual é a injeção mínima de energia necessária para colocá-lo em órbita? Despreze a resistência do ar, mas inclua o efeito da rotação diária do planeta.

36. **S** Um satélite de massa m, inicialmente na superfície da Terra, é colocado em órbita da Terra a uma altitude h. (a) Assumindo uma órbita circular, quanto tempo ele leva para completar uma órbita? (b) Qual é sua velocidade? (c) Qual é a injeção mínima de energia necessária para colocá-lo em órbita? Despreze a resistência do ar, mas inclua o efeito da rotação diária do planeta. Represente a massa e o raio da Terra como M_T e R_T, respectivamente.

Seção 11.5 Espectro atômico e a teoria do hidrogênio de Bohr

37. Para um átomo de hidrogênio em seu estado fundamental, calcule (a) a velocidade orbital do elétron, (b) a energia cinética do elétron e (c) a energia potencial elétrica do átomo.

38. Quanta energia é necessária para ionizar hidrogênio (a) quando está no estado fundamental e (b) quando no estado para o qual $n = 3$?

39. (a) Que valor de n_i está associado às linhas espectrais 94,96 nm na série Lyman do hidrogênio? (b) **E se?** Poderia ser esse comprimento de onda associado à série de Paschen? (c) Pode esse comprimento de onda ser associado à série de Balmer?

40. **S** Mostre que a velocidade escalar do elétron na n-ésima órbita de Bohr no hidrogênio é dada por

$$v_n = \frac{k_e e^2}{n\hbar}$$

41. **W** Um átomo de hidrogênio está em seu primeiro estado excitado ($n = 2$). Calcule (a) o raio da órbita, (b) o momento linear do elétron, (c) o momento angular do elétron, (d) a energia cinética do elétron, (e) a energia potencial do sistema e (f) a energia total do sistema.

42. Um átomo de hidrogênio emite luz quando passa por uma transição dos estados $n = 3$ para $n = 2$. Calcule (a) a energia, (b) o comprimento de onda e (c) a frequência da radiação.

43. Dois átomos de hidrogênio colidem frontalmente e terminam com energia cinética zero. Cada átomo, em seguida, emite luz com comprimento de onda de 121,6 nm (transição $n = 2$ a $n = 1$). Com que velocidade os átomos estavam se deslocando antes da colisão?

Seção 11.6 Conteúdo em contexto: mudança de uma órbita circular para uma elíptica

44. Uma nave espacial de massa $1\,00 \times 10^4$ kg está em uma órbita circular numa altitude de 500 km acima da superfície da Terra. O controle da Missão quer acionar os motores de modo que coloque a nave em uma órbita elíptica em torno da Terra com um apogeu de $2{,}00 \times 10^4$ km. Quanto da energia do combustível é necessário ser consumido para alcançar essa órbita? (Suponha que toda a energia do combustível aumentará a órbita. Esse modelo dará um limite inferior para a energia necessária, porque uma parte da do combustível vai se transformar em energia interna dos gases quentes de escape e peças do motor.)

45. Uma nave espacial está se aproximando de Marte depois de uma longa viagem a partir da Terra. Sua velocidade é tal que está viajando ao longo de uma trajetória parabólica sob a influência da força gravitacional de Marte. A distância de maior aproximação será de 300 km acima da superfície de Marte. Nesse ponto, os motores serão acionados para diminuir a velocidade da nave espacial e colocá-la em uma órbita circular a 300 km acima da superfície. (a) Qual porcentagem tem de ser reduzida da velocidade da nave para alcançar essa órbita desejada? (b) Como seria modificada a resposta ao item (a) se a distância de maior aproximação e a altitude da órbita circular desejada fossem de 600 km, em vez de 300 km? (*Observação*: A energia do sistema nave espacial-Marte para uma órbita parabólica é $E = 0$.)

Problemas adicionais

46. **Q|C** Muitas pessoas acreditam que a resistência do ar, agindo sobre um corpo em movimento, sempre irá torná-lo mais lento. Ela pode, no entanto, ser responsável por torná-lo mais rápido. Considere um satélite da Terra de 100 kg em uma órbita circular a uma altura de 200 km. Uma pequena força de resistência do ar faz que o satélite caia em uma órbita circular a uma altitude de 100 km. (a) Calcule a velocidade inicial do satélite. (b) Calcule sua velocidade final nesse processo. (c) Calcule a energia inicial do sistema Terra-satélite. (d) Calcule a energia final do sistema. (e) Mostre que o sistema perdeu energia mecânica e encontre o valor da perda por causa do atrito. (f) Que força faz aumentar a velocidade do satélite? *Dica*: um diagrama de corpo livre será útil para explicar sua resposta.

47. **Revisão.** Como um astronauta, você observa que um pequeno planeta é esférico. Após o pouso no planeta, você partiu, andando sempre em frente, e se encontra retornando à sua nave do lado oposto depois de completar uma volta de 25,0 km. Você segura um martelo e uma pena de falcão a uma altura de 1,40 m, solta os dois, e observa que ambos caem junto à superfície em 29,2 s. Determine a massa do planeta.

48. **GP** **S** Duas esferas com massas M e $2M$ e raios R e $3R$, respectivamente, são liberadas a partir do repouso simultaneamente quando a distância entre seus centros é $12R$. Suponha que as duas esferas interajam apenas entre si e queremos encontrar a velocidade com que elas se chocam. (a) Quais são os *dois* sistemas isolados apropriados para esse sistema? (b) Escreva uma equação de um dos modelos e a resolva para $\vec{\mathbf{v}}_1$, a velocidade da esfera de massa M em qualquer momento após a liberação, quanto

a $\vec{v}_2$, a velocidade de $2M$. (c) Escreva uma equação para o outro modelo e a resolva para a velocidade v_1 com relação à velocidade v_2 para quando as esferas colidirem. (d) Combine as duas equações para encontrar as duas velocidades v_1 e v_2 para quando as esferas colidirem.

49. **Q|C** **Revisão.** Suponha que você seja ágil o suficiente para correr através de uma superfície horizontal a 8,50 m/s, independentemente do valor do campo gravitacional. Qual seria (a) o raio e (b) a massa de um asteroide esférico no vácuo de densidade uniforme $1{,}10 \times 10^3$ kg/m³ em que você poderia lançar-se em órbita com sua corrida? (c) Qual seria seu período? (d) Sua corrida afetaria significativamente a rotação do asteroide? Explique.

50. **S** Duas estrelas de massa M e m, separadas por uma distância d, movem-se em órbitas circulares em torno de seus centros de massa (Fig. P11.50). Mostre que cada estrela tem um período determinado por

$$T^2 = \frac{4\pi^2 d^3}{G(M + m)}$$

Prossiga como segue: Aplique a Segunda Lei de Newton a cada estrela. Note que a condição de centro de massa requer que $Mr_2 = mr_1$, em que $r_1 + r_2 = d$.

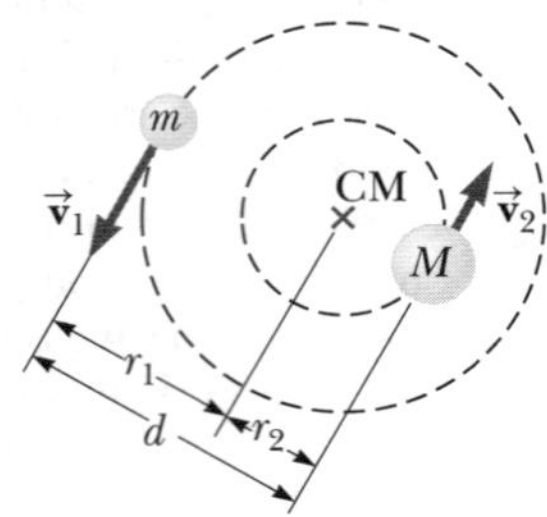

Figura P11.50

51. Um anel de matéria é uma estrutura familiar na astronomia planetária e estelar. Exemplos são os anéis de Saturno e a Nebulosa do Anel. Considere um anel de massa uniforme $2{,}36 \times 10^{20}$ kg e raio de $1{,}00 \times 10^8$ m. Um corpo de massa de 1 000 kg é colocado em um ponto A no eixo do anel, a $2{,}00 \times 10^8$ m do centro deste (Fig. P11.51). Quando o corpo é liberado, a atração do anel faz que ele se mova ao longo do eixo em direção ao centro do anel (ponto B). Calcule a energia potencial gravitacional do sistema anel-corpo quando o corpo está em A. (b) Calcule a energia potencial gravitacional do sistema quando o corpo está em B. (c) Calcule a velocidade do corpo quando ele passa por B.

Figura P11.51

52. (a) Mostre que a taxa de variação da aceleração de queda livre com a posição vertical próximo à superfície da Terra é

$$\frac{dg}{dr} = -\frac{2GM_T}{R_T^3}$$

Essa taxa de variação com a posição é chamada *gradiente*. (b) Supondo que h seja pequena em comparação com o raio da Terra, mostre que a diferença na aceleração de queda livre entre dois pontos separados pela distância vertical h é

$$|\Delta g| = \frac{2GM_T h}{R_T^3}$$

(c) Avalie essa diferença para $h = 6{,}00$ m, uma altura típica de um prédio de dois andares.

53. Considere que Δg_M representa a diferença nos campos gravitacionais produzida pela Lua nos pontos na superfície da Terra mais próximos e mais distantes da Lua. Encontre a fração $\Delta g_M/g$, em que g é o campo gravitacional da Terra. (Essa diferença é responsável pela ocorrência das marés lunares na Terra.)

54. **S** Astrônomos detectam um meteoroide distante movendo-se ao longo de uma linha reta que, se prolongada, passaria a uma distância de $3R_T$ do centro da Terra, em que R_T é o raio dessa. Qual é a velocidade mínima que o meteoroide deve ter se *não* for a colidir com a Terra?

55. A distância máxima da Terra ao Sol (no afélio) é d_e $1{,}521 \times 10^{11}$ m, e a distância de maior aproximação (no periélio) é de $1{,}471 \times 10^{11}$ m. A velocidade orbital da Terra no periélio é $3{,}027 \times 10^4$ m/s. Determine (a) a velocidade orbital da Terra no afélio e as energias cinética e potencial do sistema Terra-Sol (b) no periélio e (c) no afélio. (d) A energia total do sistema é constante? Explique. Ignore o efeito da Lua e de outros planetas.

56. **S** **Revisão.** Duas esferas idênticas, de massa m e raio r, são soltas a partir do repouso no espaço vazio com seus centros separados pela distância R. Elas podem a colidir sob a influência de sua atração gravitacional. (a) Mostre que o módulo do impulso recebido por cada esfera antes de fazerem contato é dada por $[Gm^3(1/2r - 1/R)]^{1/2}$. (b) **E se?** Encontre o módulo do impulso que cada uma recebe durante seu contato se elas colidirem elasticamente.

57. **M** Dois planetas hipotéticos de massas m_1 e m_2 e raios r_1 e r_2, respectivamente, estão quase em repouso quando separados por uma distância infinita. Por causa de sua atração gravitacional, eles se dirigem um ao outro em rota de colisão. Quando a separação de centro a centro é d, encontre expressões para a velocidade de cada planeta e sua velocidade relativa. (b) Encontre a energia cinética de cada planeta pouco antes de colidir, tendo $m_1 = 2{,}00 \times 10^{24}$ kg, $m_2 = 8{,}00 \times 10^{24}$ kg, $r_1 = 3{,}00 \times 10^6$ m e $r_2 = 5{,}00 \times 10^6$ m. *Observação*: Tanto a energia quanto o impulso do sistema isolado de dois planetas são constantes.

58. **S** Mostre que o período mínimo de um satélite em órbita em torno de um planeta esférico de densidade uniforme ρ é

$$T_{\text{mín}} = \sqrt{\frac{3\pi}{G\rho}}$$

independente do raio do planeta.

59. *Voyager 1* e *Voyager 2* observaram a superfície da lua Io de Júpiter e fotografaram vulcões ativos expelindo enxofre líquido a alturas de 70 km acima da superfície dessa lua. Encontre a velocidade escalar com que o enxofre líquido

deixou o vulcão. A massa de Io é de $8,9 \times 10^{22}$ kg e seu raio é 1 820 km.

60. A nave espacial do Observatório Solar e Heliosférico (Soho) tem uma órbita especial, localizada entre a Terra e o Sol ao longo da linha que os interliga, e está sempre perto o suficiente da Terra para transmitir dados facilmente. Ambos os corpos exercem forças gravitacionais sobre o observatório. A nave move-se em torno do Sol numa órbita quase circular, que é menor do que a órbita circular da Terra. Seu período, no entanto, não é inferior, mas igual a 1 ano. Mostre que sua distância da Terra deve ser $1,48 \times 10^9$ m. Em 1772, Joseph Louis Lagrange determinou, teoricamente, o local específico, assim permitindo essa órbita. *Sugestões*: Use dados que são precisos em quatro dígitos. A massa da Terra é de $5,974 \times 10^{24}$ kg. Você não será capaz de resolver facilmente a equação que gerará; em vez disso, use um computador para verificar se $1,48 \times 10^9$ m é o valor correto.

61. Pósitron é a antipartícula do elétron. Tem a mesma massa e uma carga elétrica positiva de mesmo módulo que a do elétron. Positrônio é um átomo tipo hidrogênio, consistindo em um pósitron e um elétron girando em torno de si. Usando o modelo de Bohr, encontre (a) as distâncias permitidas entre as duas partículas e (b) as energias permitidas do sistema.

62. *Por que a seguinte situação é impossível?* Uma nave espacial é lançada em uma órbita circular ao redor da Terra e a circula uma vez por hora.

63. Considere um corpo de massa m, não necessariamente pequeno quando comparado com a massa da Terra, lançado a uma distância de $1,20 \times 10^7$ m do centro da Terra. Suponha que a Terra e o corpo se comportem como um par de partículas isoladas do resto do Universo. (a) Encontre o módulo da aceleração a_{rel} com que cada um começa a se mover em relação ao outro em função de m. Avalie a aceleração (b) para $m = 5,00$ kg, (c) para $m = 2\,000$ kg e (d) para $m = 2,00 \times 10^{24}$ kg. (e) Descreva o padrão de variação de a_{rel} com m.

64. O satélite artificial mais antigo em órbita ainda é o *Vanguard I*, lançado em 3 de março de 1958. Sua massa é de 1,60 kg. Desprezando a resistência do ar, o satélite ainda estaria em sua órbita inicial, com uma distância mínima do centro da Terra de 7,02 Mm e uma velocidade no ponto de perigeu de 8,23 km/s. De acordo com essa órbita, encontre (a) a energia total do sistema Terra-satélite e (b) o módulo do momento angular do satélite. (c) No apogeu, encontre a velocidade do satélite e sua distância do centro da Terra. (d) Encontre o semieixo maior de sua órbita. (e) Determine seu período.

65. Estudos sobre a relação do Sol com a nossa galáxia – a Via Láctea – têm revelado que o Sol está localizado próximo da borda externa do disco galáctico, cerca de 30 000 anos-luz (1 ano-luz $= 9,46 \times 10^{15}$ m) do centro. O Sol tem uma velocidade orbital de cerca de 250 km/s em torno do centro galáctico. (a) Qual é o período do movimento galáctico do Sol? (b) Qual é a ordem de grandeza da massa da galáxia Via Láctea? (c) Suponha que a galáxia seja feita principalmente de estrelas das quais o Sol é típico. Qual é a ordem de grandeza do número de estrelas na Via Láctea?

Um plano de missão bem-sucedido

Agora que exploramos a física da Mecânica Clássica, retornamos à nossa questão central para o Contexto *Missão a Marte*:

Como podemos realizar a transferência bem-sucedida de uma nave espacial da Terra para Marte?

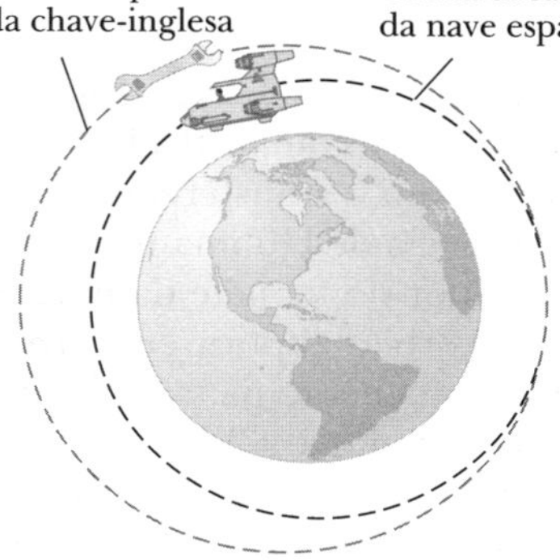

Fazemos uso dos princípios físicos que agora podemos compreender e os aplicamos à nossa jornada da Terra a Marte.

Começamos com uma proposta mais modesta. Suponha que uma nave espacial esteja numa órbita circular ao redor da Terra e que você seja seu passageiro. Se você arremessar uma chave-inglesa na direção do movimento, tangente à trajetória circular, que caminho orbital ela seguirá?

Órbita elíptica da chave-inglesa

Órbita circular da nave espacial

Figura 1 Uma chave-inglesa atirada tangente à órbita circular de uma nave espacial entra em uma órbita elíptica.

Vamos adotar um modelo de simplificação em que a nave é muito mais massiva que a chave-inglesa. A conservação do momento para o sistema isolado da chave e a nave espacial nos diz que a nave deve desacelerar ligeiramente quando a chave for arremessada. Por causa da diferença de massa entre a chave e a nave espacial, no entanto, podemos ignorar a pequena variação na velocidade da espaçonave. A chave-inglesa, agora, entra em uma nova órbita, a partir de sua posição no perigeu, e o sistema chave-Terra tem mais energia do que quando a chave estava na órbita circular. Como a energia orbital está relacionada ao eixo principal, a chave-inglesa é injetada numa órbita elíptica, como discutido na Conexão com o Contexto do Capítulo 11, conforme mostrado na Figura 1. Portanto, o caminho da chave é alterado de uma órbita circular para uma elíptica, fornecendo ao sistema chave-Terra energia extra. Esse fornecimento se dá pela força que você aplica à chave-inglesa tangente à órbita circular, porque você realizou trabalho sobre o sistema. A órbita elíptica levará a chave-inglesa mais longe da Terra que a circular. Se houvesse outra nave espacial em uma órbita circular mais elevada do que a sua, você poderia jogar a chave para que se transferisse de uma nave para outra, como mostrado na Figura 2. Para isto acontecer, a órbita elíptica da chave deve cruzar a órbita da espaçonave superior. Além disso, a chave-inglesa e a segunda nave espacial devem chegar ao mesmo ponto ao mesmo tempo.

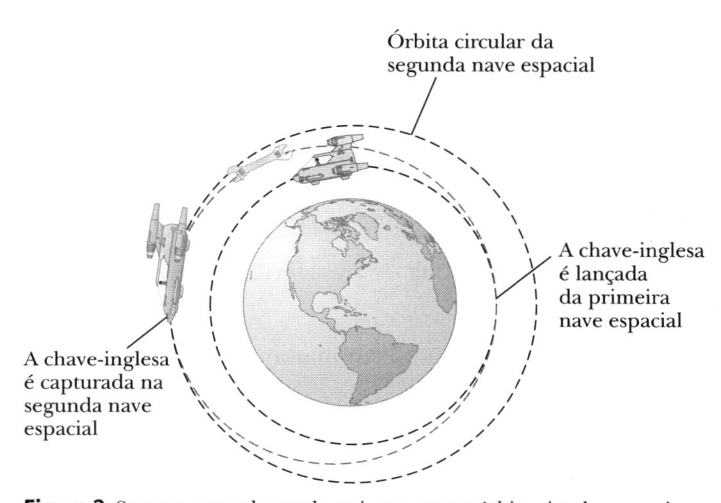

Figura 2 Se uma segunda sonda estivesse numa órbita circular superior, a chave-inglesa poderia ser atirada cuidadosamente, de modo que fosse transferida de uma para a outra nave.

Esse cenário é a essência da nossa missão planejada da Terra a Marte. Em vez de transferir uma

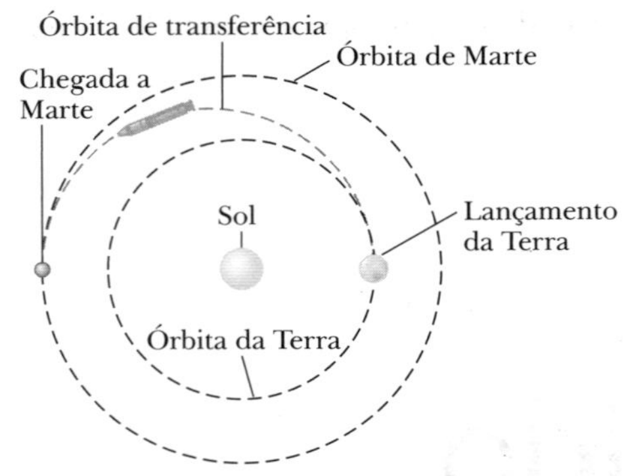

Figura 3 A órbita de transferência Hohmann da Terra para Marte. Isto é semelhante ao transferir a chave-inglesa de uma nave espacial para outra na Figura 2, mas aqui estamos transferindo uma nave espacial de um planeta para outro.

chave entre duas naves em órbita ao redor da Terra, vamos transferir uma nave espacial entre dois planetas em órbita ao redor do Sol. A energia cinética é adicionada ao sistema de chave-inglesa-Terra quando a chave é jogada. A energia cinética é adicionada ao sistema de nave espacial-Sol pela queima de combustível nos motores.

O que aconteceria se você arremessasse a chave-inglesa com força cada vez maior no exemplo anterior? Ela seria colocada em uma órbita elíptica cada vez maior ao redor da Terra. Quando você aumenta a velocidade de lançamento, pode colocar a chave-inglesa em uma órbita de escape *hiperbólica* em relação à Terra, e em uma órbita *elíptica* ao redor do *Sol*. Essa abordagem é a que levaremos para a viagem da Terra a Marte; sairemos de uma órbita circular estacionária ao redor da Terra e nos moveremos para uma órbita de *transferência* elíptica em torno do Sol. A nave espacial continuará então sua viagem a Marte, em que entrará numa nova órbita estacionária.

Agora, focamos nossa atenção na parte da órbita de transferência da viagem. Uma órbita de transferência simples é chamada transferência de Hohmann, o tipo de transferência transmitida para a chave-inglesa mostrada na Figura 2. A transferência de Hohmann envolve menos gasto de energia e, portanto, requer menor quantidade de combustível. Como seria de esperar para uma transferência de energia mais baixa, o tempo de transferência para a transferência de Hohmann é mais longo do que para outros tipos de órbitas. Vamos investigar a transferência de Hohmann por causa da sua simplicidade e utilidade geral nas transferências planetárias.

O motor do foguete da nave espacial é disparado a partir da órbita estacionária, de tal forma que a nave entra em uma órbita elíptica em torno do Sol no seu periélio e encontra o planeta no afélio da espaçonave. Portanto, ela faz exatamente metade de uma revolução em torno do seu percurso elíptico durante a transferência, conforme mostrado na Figura 3.

Esse processo é energeticamente eficiente, porque o combustível é gasto apenas no início e no fim do processo. O movimento entre as órbitas estacionárias ao redor da Terra e de Marte é livre, a nave simplesmente segue as leis de Kepler enquanto em uma órbita elíptica em torno do Sol.

Vamos realizar um cálculo numérico simples para ver como aplicar as leis mecânicas para esse processo. Supomos que a nave espacial esteja em uma órbita estacionária acima da superfície da Terra. Observe também que a espaçonave está em órbita ao redor do Sol, com uma perturbação em sua órbita causada pela Terra. Portanto, se calcularmos a velocidade tangencial da Terra em torno do Sol, podemos fazê-la representar a velocidade média da nave espacial em torno do Sol. Esse cálculo parte da Segunda Lei de Newton para uma partícula em movimento circular uniforme:

$$F = ma \quad \rightarrow G\frac{M_{\text{Sol}} m_{\text{Terra}}}{r^2} = m_{\text{Terra}}\frac{v^2}{r}$$

$$\rightarrow v = \sqrt{\frac{GM_{\text{Sol}}}{r}} = \sqrt{\frac{(6{,}67 \times 10^{-11}\ \text{N}\cdot\text{m}^2/\text{kg}^2)(1{,}99 \times 10^{30}\ \text{kg})}{1{,}50 \times 10^{11} m}}$$

$$= 2{,}97 \times 10^4\ \text{m/s}$$

Esse resultado é a velocidade original da nave, à qual acrescentamos uma mudança Δv para injetar a nave espacial na órbita de transferência.

O eixo maior da órbita de transferência elíptica é encontrado pela soma do raio da órbita da Terra e de Marte (ver Fig. 3):

$$\text{Eixo maior} = 2a = r_{\text{Terra}} + r_{\text{Marte}}$$

$$= 1{,}50 \times 10^{11}\ \text{m} + 2{,}28 \times 10^{11}\ \text{m} = 3{,}78 \times 10^{11}\ \text{m}$$

Portanto, o semieixo maior é a metade desse valor:

$$a = 1{,}89 \times 10^{11}\ \text{m}$$

Com base nesse valor, a Terceira Lei de Kepler é usada para encontrar o tempo de viagem, que é a metade do período da órbita:

$$\Delta t_{\text{viagem}} = \tfrac{1}{2}T = \tfrac{1}{2}\sqrt{\frac{4\pi^2}{GM_{\text{Sol}}}\,a^3}$$

$$= \tfrac{1}{2}\sqrt{\frac{4\pi^2}{(6{,}67\times10^{-11}\,\text{N}\cdot\text{m}^2/\text{kg}^2)(1{,}99\times10^{30}\,\text{kg})}\,(1{,}89\times10^{11}\,\text{m})^3}$$

$$= 2{,}24\times10^7\,\text{s} = 0{,}710\text{ ano} = 259\text{ d}$$

Portanto, a viagem a Marte exigirá 259 dias terrestres. Também podemos determinar onde, em suas órbitas, Marte e Terra devem estar, para garantir que o planeta vai estar lá quando a nave espacial chegar. Marte tem um período orbital de 687 dias terrestres. Durante o tempo de transferência, a variação na posição angular de Marte é

$$\Delta\theta_{\text{Marte}} = \frac{259\text{ d}}{687\text{ d}}(2\pi) = 2{,}37\text{ rad} = 136°$$

Portanto, para a nave espacial e Marte chegarem ao mesmo ponto, ao mesmo tempo, a nave deve ser lançada quando Marte estiver 180° – 136° = 44° à frente da Terra em sua órbita. Essa geometria é mostrada na Figura 4.

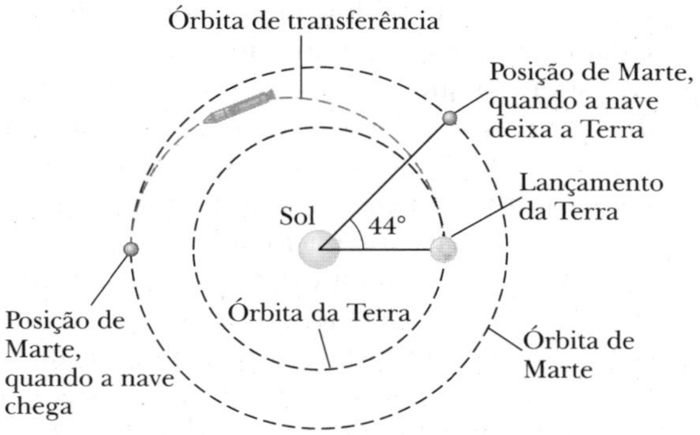

Figura 4 A nave espacial deve ser lançada quando Marte está à frente da Terra em sua órbita.

Com matemática é relativamente simples, é o mais longe que pode ser ao descrever os detalhes de uma viagem a Marte. Encontramos o caminho desejado, o tempo para a viagem, bem como a posição de Marte no momento do lançamento. Outra questão importante para o capitão da nave espacial seria qual a quantidade de combustível necessária para a viagem. Essa questão está relacionada com a velocidade de mudanças necessárias para nos colocar em uma órbita de transferência. Estes tipos de cálculos envolvem considerações de energia e são explorados no Problema 3.

BIO Efeitos das viagens espaciais sobre a saúde humana

Nossas experiências até agora com a viagem espacial indicaram uma série de questões biológicas que devem ser abordadas na viagem para Marte. Na ausência de um campo gravitacional, o ouvido médio já não pode perceber uma direção para baixo e os músculos já não são necessários para manter a postura. Os resultados incluem a doença de movimento e ilusões sobre estar do lado certo ou de cabeça para baixo. A ausência de gravidade também resulta na distribuição de fluidos corporais por todo o corpo, levando a sintomas semelhantes a uma gripe. Um problema sério em viagens espaciais é a atrofia dos músculos e a perda de tecido ósseo por causa das diferentes exigências para movimentar o corpo em um ambiente livre de gravidade. A perda óssea ocorre após dez dias de permanência no espaço, pois quantidades excessivas de cálcio e fósforo são liberadas pelo organismo, o que pode causar cálculos urinários e fratura óssea. Essas questões podem ser abordadas pelo giro da nave espacial com uma secção transversal circular em torno de seu eixo, para que os viajantes espaciais experimentem uma aceleração centrípeta que é equivalente a um campo gravitacional (ver Seção 9.9 sobre a relatividade geral).

Uma dificuldade que não pode ser abordada pelo girar a nave espacial é o de radiação. Estar fora da atmosfera e magnetosfera da Terra expõe os viajantes do espaço aos raios cósmicos e outros tipos de radiação. Essa exposição pode levar a várias condições prejudiciais à saúde, incluindo câncer, catarata e supressão do sistema imunológico. Não está claro nesse momento se blindagem protetora ou medicamentos seria suficiente para evitar esses efeitos.

Apesar de muitas considerações para uma missão bem-sucedida a Marte não terem sido abordadas, criamos com sucesso uma órbita de transferência da Terra para Marte, que é consistente com as leis da Mecânica. Nós consequentemente declaramos sucesso para o nosso objetivo e concluímos este contexto.

Perguntas

1. Algumas histórias de ficção científica descrevem um planeta gêmeo da Terra. Ele estaria exatamente 180° à frente de nós na mesma órbita que a Terra, por isso nunca o vemos, porque é do outro lado do Sol. Supondo que

você esteja em uma nave espacial em órbita em torno da Terra, descreva conceitualmente como pode visitar esse planeta alterando sua órbita.

2. Você está em uma nave espacial em órbita. Outra nave está precisamente na mesma órbita, mas à sua frente 1 km, movendo-se na mesma direção em torno do círculo. Por um descuido, suas fontes de alimento foram esgotadas, mas há mais do que o suficiente na outra nave espacial. O comandante da outra espaçonave lançará, a partir dessa para a sua, uma cesta de piquenique cheia de sanduíches. Dê uma descrição qualitativa de como ele deve jogá-la.

Problemas

1. Considere uma transferência de Hohmann da Terra a Vênus. (a) Quanto tempo vai demorar a transferência? (b) E no caso de Vênus estar à frente ou atrás da Terra em sua órbita, quando a nave espacial deixa a Terra em seu caminho para o ponto de encontro? Quantos graus Vênus deve estar à frente ou atrás da Terra?
2. Você está em uma estação espacial em uma órbita circular a 500 quilômetros acima da superfície da Terra. Seu passageiro e convidado é um extraterrestre grande, forte, inteligente. Você tenta ensiná-lo a jogar golfe. Andando sobre a superfície da estação espacial com sapatos magnéticos, você demonstra um movimento. Seu convidado dá uma tacada na bola de golfe e a acerta com uma força incrível, mandando-a com velocidade Δv em relação à estação espacial, em uma direção paralela ao vetor velocidade instantânea da estação espacial. Você percebe que, depois de completar com precisão 2,00 órbitas da Terra, a bola de golfe também retorna para o mesmo local, de tal forma que você pode pegá-la quando estiver passando pela estação espacial. Com que velocidade Δv a bola foi a atingida?
3. Investigue o que o motor tem de fazer para que a nave espacial siga a órbita de transferência de Hohmann da Terra até Marte descrita no texto. Queimas de curta duração do motor de foguete são necessárias para alterar a velocidade da nossa nave espacial sempre que alteramos nossa órbita. Não há freios no espaço, de modo que o combustível é necessário tanto para aumentar quanto para diminuir a velocidade da nave espacial. Primeiro, ignore a atração gravitacional entre a nave e os planetas. (a) Calcule a mudança de velocidade necessária para mudar a nave de uma órbita circular em torno do Sol a uma distância da Terra para a órbita de transferência para Marte. (b) Calcule a mudança de velocidade necessária para mudar de uma órbita de transferência para outra circular em torno do Sol a uma distância de Marte. Agora, considere os efeitos da gravidade dos dois planetas. (c) Calcule a variação de velocidade necessária para levar a nave a partir da superfície da Terra à sua própria órbita independente ao redor do Sol. Você pode supor que a nave é lançada a partir do equador da Terra afastando-se a leste. (d) Modele a nave como indo em direção à superfície de Marte a partir da órbita solar. Calcule o módulo da variação na velocidade necessário para realizar um pouso suave em Marte no final da queda. Marte gira ao redor do próprio eixo com um período de 24,6 h.

Apêndice A

Tabelas

TABELA A.1 | Fatores de conversão

Comprimento

	m	cm	km	pol.	pé	mi
1 metro	1	10^2	10^{-3}	39,37	3,281	$6{,}214 \times 10^{-4}$
1 centímetro	10^{-2}	1	10^{-5}	0,393 7	$3{,}281 \times 10^{-2}$	$6{,}214 \times 10^{-6}$
1 quilômetro	10^3	10^5	1	$3{,}937 \times 10^4$	$3{,}281 \times 10^3$	0,621 4
1 polegada	$2{,}540 \times 10^{-2}$	2,540	$2{,}540 \times 10^{-5}$	1	$8{,}333 \times 10^{-2}$	$1{,}578 \times 10^{-5}$
1 pé	0,304 8	30,48	$3{,}048 \times 10^{-4}$	12	1	$1{,}894 \times 10^{-4}$
1 milha	1 609	$1{,}609 \times 10^5$	1,609	$6{,}336 \times 10^4$	5 280	1

Massa

	kg	g	*slug*	u
1 quilograma	1	10^3	$6{,}852 \times 10^{-2}$	$6{,}024 \times 10^{26}$
1 grama	10^{-3}	1	$6{,}852 \times 10^{-5}$	$6{,}024 \times 10^{23}$
1 *slug*[1]	14,59	$1{,}459 \times 10^4$	1	$8{,}789 \times 10^{27}$
1 unidade de massa atômica	$1{,}660 \times 10^{-27}$	$1{,}660 \times 10^{-24}$	$1{,}137 \times 10^{-28}$	1

Nota: 1 ton métrica = 1 000 kg.

Tempo

	s	min	h	dia	ano
1 segundo	1	$1{,}667 \times 10^{-2}$	$2{,}778 \times 10^{-4}$	$1{,}157 \times 10^{-5}$	$3{,}169 \times 10^{-8}$
1 minuto	60	1	$1{,}667 \times 10^{-2}$	$6{,}994 \times 10^{-4}$	$1{,}901 \times 10^{-6}$
1 hora	3 600	60	1	$4{,}167 \times 10^{-2}$	$1{,}141 \times 10^{-4}$
1 dia	$8{,}640 \times 10^4$	1 440	24	1	$2{,}778 \times 10^{-5}$
1 ano	$3{,}156 \times 10^7$	$5{,}259 \times 10^5$	$8{,}766 \times 10^3$	365,2	1

Velocidade

	m/s	cm/s	pé/s	mi/h
1 metro por segundo	1	10^2	3,281	2,237
1 centímetro por segundo	10^{-2}	1	$3{,}281 \times 10^{-2}$	$2{,}237 \times 10^{-2}$
1 pé por segundo	0,304 8	30,48	1	0,681 8
1 milha por hora	0,447 0	44,70	1,467	1

Observação: 1 mi/min = 60 mi/h = 88 pés/s.

Força

	N	lb
1 newton	1	0,224 8
1 libra	4,448	1

(Continua)

[1] N.R.T.: *Slug* = unidade de massa associada a unidades inglesas $\left(slug = \dfrac{\text{Lbf} \cdot \text{s}^2}{\text{ft}}\right)$; (Lbf = libras força; ft = pé).

TABELA A.1 | Fatores de conversão *(continuação)*

Energia, transferência de energia

	J	pé · lb	eV
1 joule	1	0,737 6	$6,242 \times 10^{18}$
1 pé-libra	1,356	1	$8,464 \times 10^{18}$
1 elétron volt	$1,602 \times 10^{-19}$	$1,182 \times 10^{-19}$	1
1 caloria	4,186	3,087	$2,613 \times 10^{19}$
1 unidade térmica britânica (Btu)	$1,055 \times 10^{3}$	$7,779 \times 10^{2}$	$6,585 \times 10^{21}$
1 quilowatt-hora	$3,600 \times 10^{6}$	$2,655 \times 10^{6}$	$2,247 \times 10^{25}$
	cal	**Btu**	**kWh**
1 joule	0,238 9	$9,481 \times 10^{-4}$	$2,778 \times 10^{-7}$
1 pé-libra	0,323 9	$1,285 \times 10^{-3}$	$3,766 \times 10^{-7}$
1 elétron volt	$3,827 \times 10^{-20}$	$1,519 \times 10^{-22}$	$4,450 \times 10^{-26}$
1 caloria	1	$3,968 \times 10^{-3}$	$1,163 \times 10^{-6}$
1 unidade térmica britânica (Btu)	$2,520 \times 10^{2}$	1	$2,930 \times 10^{-4}$
1 quilowatt-hora	$8,601 \times 10^{5}$	$3,413 \times 10^{2}$	1

Pressão

	Pa	atm	
1 pascal	1	$9,869 \times 10^{-6}$	
1 atmosfera	$1,013 \times 10^{5}$	1	
1 centímetro de mercúrio[a]	$1,333 \times 10^{3}$	$1,316 \times 10^{-2}$	
1 libra por polegada ao quadrado[2]	$6,895 \times 10^{3}$	$6,805 \times 10^{-2}$	
1 libra por pé ao quadrado	47,88	$4,725 \times 10^{-4}$	
	cm Hg	**lb/pol.²**	**lb/pé²**
1 pascal	$7,501 \times 10^{-4}$	$1,450 \times 10^{-4}$	$2,089 \times 10^{-2}$
1 atmosfera	76	14,70	$2,116 \times 10^{3}$
1 centímetro de mercúrio[a]	1	0,194 3	27,85
1 libra por polegada ao quadrado	5,171	1	144
1 libra por pé ao quadrado	$3,591 \times 10^{-2}$	$6,944 \times 10^{-3}$	1

[a] A 0 °C e a uma localização onde a aceleração de queda livre tem seu valor "padrão", 9,806 65 m/s².

TABELA A.2 | Símbolos, dimensões e unidades de quantidades físicas

Quantidade	Símbolo comum	Unidade[a]	Dimensões[b]	Unidade em termos de unidades básicas SI
Aceleração	$\vec{\mathbf{a}}$	m/s²	L/T²	m/s²
Quantidade de substância	n	MOL		mol
Ângulo	θ, ϕ	radiano (rad)	1	
Aceleração angular	$\vec{\alpha}$	rad/s²	T^{-2}	s^{-2}
Frequência angular	ω	rad/s	T^{-1}	s^{-1}
Momento angular	$\vec{\mathbf{L}}$	kg · m²/s	ML²/T	kg · m²/s
Velocidade angular	$\vec{\omega}$	rad/s	T^{-1}	s^{-1}
Área	A	m²	L²	m²
Número atômico	Z			
Capacitância	C	farad (F)	Q²T²/ML²	A² · s⁴/kg · m²
Carga	q, Q, e	coulomb (C)	Q	A · s

(Continua)

2 N.R.T.: Polegada² = Polegada × polegada.

TABELA A.2 | Símbolos, dimensões e unidades de quantidades físicas *(continuação)*

Quantidade	Símbolo comum	Unidade[a]	Dimensões[b]	Unidade em termos de unidades básicas SI
Densidade de carga				
Linha	λ	C/m	Q/L	A · s/m
Superfície	σ	C/m^2	Q/L^2	A · s/m^2
Volume	ρ	C/m^3	Q/L^3	A · s/m^3
Condutividade	σ	1/Ω · m	Q^{2}T/ML^3	A^2 · s^3/kg · m^3
Corrente	I	AMPERE	Q/T	A
Densidade de corrente	J	A/m^2	Q/TL^2	A/m^2
Densidade	ρ	kg/m^3	M/L^3	kg/m^3
Constante dielétrica	κ			
Momento de dipolo elétrico	$\vec{\mathbf{p}}$	C · m	QL	A · s · m
Campo elétrico	$\vec{\mathbf{E}}$	V/m	ML/QT^2	kg · m/A · s^3
Fluxo elétrico	Φ_E	V · m	ML^3/QT^2	kg · m^3/A · s^3
Força eletromotriz	$\mathcal{E}$	volt (V)	ML^2/QT^2	kg · m^2/A · s^3
Energia	E, U, K	joule (J)	ML^2/T^2	kg · m^2/s^2
Entropia	S	J/K	ML^2/T^{2}K	kg · m^2/s^2 · K
Força	$\vec{\mathbf{F}}$	newton (N)	ML/T^2	kg · m/s^2
Frequência	f	hertz (Hz)	T^{-1}	s^{-1}
Calor	Q	joule (J)	ML^2/T^2	kg · m^2/s^2
Indutância	L	henry (H)	ML^2/Q^2	kg · m^2/A^2 · s^2
Comprimento	ℓ, L	METRO	L	m
Deslocamento	$\Delta x, \Delta\vec{\mathbf{r}}$			
Distância	d, h			
Posição	$x, y, z, \vec{\mathbf{r}}$			
Momento dipolo magnético	$\vec{\boldsymbol{\mu}}$	N · m/T	QL^2/T	A · m^2
Campo magnético	$\vec{\mathbf{B}}$	tesla (T) (= Wb/m^2)	M/QT	kg/A · s^2
Fluxo magnético	Φ_B	weber (Wb)	ML^2/QT	kg · m^2/A · s^2
Massa	m, M	QUILOGRAMA	M	kg
Calor específico molar	C	J/mol · K		kg · m^2/s^2 · mol · K
Momento de inércia	I	kg · m^2	ML^2	kg · m^2
Momento	$\vec{\mathbf{p}}$	kg · m/s	ML/T	kg · m/s
Período	T	s	T	s
Permeabilidade do espaço livre	μ_0	N/A^2 (= H/m)	ML/Q^2	kg · m/A^2 · s^2
Permissividade do espaço livre	ε_0	C^2/N · m^2 (= F/m)	Q^{2}T^2/ML^3	A^2 · s^4/kg · m^3
Potencial	V	volt (V) (= J/C)	ML^2/QT^2	kg · m^2/A · s^3
Potência	P	watt (W) (= J/s)	ML^2/T^3	kg · m^2/s^3
Pressão	P	pascal (Pa) (= N/m^2)	M/LT^2	kg/m · s^2
Resistência	R	ohm (Ω) (= V/A)	ML^2/Q^{2}T	kg · m^2/A^2 · s^3
Calor específico	c	J/kg · K	L^2/T^{2}K	m^2/s^2 · K
Velocidade	v	m/s	L/T	m/s
Temperatura	T	KELVIN	K	K
Tempo	t	SEGUNDO	T	s
Torque	$\vec{\boldsymbol{\tau}}$	N · m	ML^2/T^2	kg · m^2/s^2
Velocidade	$\vec{\mathbf{v}}$	m/s	L/T	m/s
Volume	V	m^3	L^3	m^3
Comprimento de onda	λ	m	L	m
Trabalho	W	joule (J) (=N · m)	ML^2/T^2	kg · m^2/s^2

[a] As unidades de base SI são dadas em letras maiúsculas.

[b] Os símbolos M, L, T, K e Q denotam, respectivamente, massa, comprimento, tempo, temperatura e carga.

TABELA A.3 | Informação química e nuclear para isótopos selecionados

Número atômico Z	Elemento	Símbolo químico	Número de massa A (* significa radioativo)	Massa de átomo neutro (u)	Abundância percentual	Meia-vida, se radioativo $T_{1/2}$
−1	elétron	e-	0	0,000 549		
0	nêutron	n	1*	1,008 665		614 s
1	hidrogênio	$^1H = p$	1	1,007 825	99,988 5	
	[deutério	$^2H = D$]	2	2,014 102	0,011 5	
	[trítio	$^3H = T$]	3*	3,016 049		12,33 anos
2	hélio	He	3	3,016 029	0,000 137	
	[partícula alfa	$\alpha = {}^4He$]	4	4,002 603	99,999 863	
			6*	6,018 889		0,81 s
3	lítio	Li	6	6,015 123	7,5	
			7	7,016 005	92,5	
4	berílio	Be	7*	7,016 930		53,3 dias
			8*	8,005 305		10^{-17} s
			9	9,012 182	100	
5	boro	B	10	10,012 937	19,9	
			11	11,009 305	80,1	
6	carbono	C	11*	11,011 434		20,4 min
			12	12,000 000	98,93	
			13	13,003 355	1,07	
			14*	14,003 242		5 730 anos
7	nitrogênio	N	13*	13,005 739		9,96 min
			14	14,003 074	99,632	
			15	15,000 109	0,368	
8	oxigênio	O	14*	14,008 596		70,6 s
			15*	15,003 066		122 s
			16	15,994 915	99,757	
			17	16,999 132	0,038	
			18	17,999 161	0,205	
9	flúor	F	18*	18,000 938		109,8 min
			19	18,998 403	100	
10	neon	Ne	20	19,992 440	90,48	
11	sódio	Na	23	22,989 769	100	
12	magnésio	Mg	23*	22,994 124		11,3 s
			24	23,985 042	78,99	
13	alumínio	Al	27	26,981 539	100	
14	silício	Si	27*	26,986 705		4,2 s
15	fósforo	P	30*	29,978 314		2,50 min
			31	30,973 762	100	
			32*	31,973 907		14,26 dias
16	enxofre	S	32	31,972 071	94,93	
19	potássio	K	39	38,963 707	93,258 1	
			40*	39,963 998	0,011 7	$1,28 \times 10^9$ anos
20	cálcio	Ca	40	39,962 591	96,941	
			42	41,958 618	0,647	
			43	42,958 767	0,135	
25	manganês	Mn	55	54,938 045	100	
26	ferro	Fe	56	55,934 938	91,754	
			57	56,935 394	2,119	

(Continua)

TABELA A.3 | Informação química e nuclear para isótopos selecionados *(continuação)*

Número atômico Z	Elemento	Símbolo químico	Número de massa A (* significa radioativo)	Massa de átomo neutro (u)	Abundância percentual	Meia-vida, se radioativo $T_{1/2}$
27	cobalto	Co	57*	56,936 291		272 dias
			59	58,933 195	100	
			60*	59,933 817		5,27 anos
28	níquel	Ni	58	57,935 343	68,076 9	
			60	59,930 786	26,223 1	
29	cobre	Cu	63	62,929 598	69,17	
			64*	63,929 764		12,7 h
			65	64,927 789	30,83	
30	zinco	Zn	64	63,929 142	48,63	
37	rubídio	Rb	87*	86,909 181	27,83	
38	estrôncio	Sr	87	86,908 877	7,00	
			88	87,905 612	82,58	
			90*	89,907 738		29,1 anos
41	nióbio	Nb	93	92,906 378	100	
42	molibdênio	Mo	94	93,905 088	9,25	
44	rutênio	Ru	98	97,905 287	1,87	
54	xenônio	Xe	136*	135,907 219		$2,4 \times 10^{21}$ anos
55	césio	Cs	137*	136,907 090		30 anos
56	bário	Ba	137	136,905 827	11,232	
58	cério	Ce	140	139,905 439	88.450	
59	praseodímio	Pr	141	140,907 653	100	
60	neodímio	Nd	144*	143,910 087	23,8	$2,3 \times 10^{5}$ anos
61	promécio	Pm	145*	144,912 749		17,7 anos
79	ouro	Au	197	196,966 569	100	
80	mercúrio	Hg	198	197,966 769	9,97	
			202	201,970 643	29,86	
82	chumbo	Pb	206	205,974 465	24,1	
			207	206,975 897	22,1	
			208	207,976 652	52,4	
			214*	213,999 805		26,8 min
83	bismuto	Bi	209	208,980 399	100	
84	polônio	Po	210*	209,982 874		138,38 dias
			216*	216,001 915		0,145 s
			218*	218,008 973		3,10 min
86	radônio	Rn	220*	220,011 394		55,6 s
			222*	222,017 578		3,823 dias
88	rádio	Ra	226*	226,025 410		1 600 anos
90	tório	Th	232*	232,038 055	100	$1,40 \times 10^{10}$ anos
			234*	234,043 601		24,1 dias
92	urânio	U	234*	234,040 952		$2,45 \times 10^{5}$ anos
			235*	235,043 930	0,720 0	$7,04 \times 10^{8}$ anos
			236*	236,045 568		$2,34 \times 10^{7}$ anos
			238*	238,050 788	99,274 5	$4,47 \times 10^{9}$ anos
93	neptúnio	Np	236*	236,046 570		$1,15 \times 10^{5}$ anos
			237*	237,048 173		$2,14 \times 10^{6}$ anos
94	plutônio	Pu	239*	239,052 163		24 120 anos

Fonte: G. Audi, A. H. Wapstra e C. Thibault. "The AME2003 Atomic Mass Evaluation". *Nuclear Physics* A **729**: 337–676, 2003.

Apêndice B

Revisão matemática

Este apêndice em matemática tem a intenção de ser uma breve revisão de operações e métodos. No começo deste curso, você deve estar totalmente familiarizado com as técnicas básicas de álgebra, geometria analítica e trigonometria. As seções de cálculo diferencial e integral são mais detalhadas e direcionadas a estudantes que têm dificuldade em aplicar conceitos de cálculo em situações físicas.

B.1 | Notação científica

Em geral, muitas quantidades utilizadas por cientistas têm valores muito altos ou muito baixos. A velocidade da luz, por exemplo, é cerca de 300 000 000 m/s, e a tinta necessária para fazer o ponto sobre um *i* neste livro texto tem uma massa de cerca de 0,000 000 001 kg. Obviamente, é complicado ler, escrever e localizar esses números. Evitamos esse problema usando um método que lida com as potências do número 10:

$$\begin{aligned}
10^0 &= 1 \\
10^1 &= 10 \\
10^2 &= 10 \times 10 = 100 \\
10^3 &= 10 \times 10 \times 10 = 1\,000 \\
10^4 &= 10 \times 10 \times 10 \times 10 = 10\,000 \\
10^5 &= 10 \times 10 \times 10 \times 10 \times 10 = 100\,000
\end{aligned}$$

e assim por diante. O número de zeros corresponde à potência à qual o dez está elevado, chamado **expoente** de dez. Por exemplo, a velocidade da luz, 300 000 000 m/s, pode ser expressa como $3{,}00 \times 10^8$ m/s.

Por esse método, alguns números representativos menores que a unidade são os seguintes:

$$\begin{aligned}
10^{-1} &= \frac{1}{10} = 0{,}1 \\
10^{-2} &= \frac{1}{10 \times 10} = 0{,}01 \\
10^{-3} &= \frac{1}{10 \times 10 \times 10} = 0{,}001 \\
10^{-4} &= \frac{1}{10 \times 10 \times 10 \times 10} = 0{,}000\,1 \\
10^{-5} &= \frac{1}{10 \times 10 \times 10 \times 10 \times 10} = 0{,}000\,01
\end{aligned}$$

Nesses casos, o número de pontos decimais à esquerda do dígito 1 é igual ao valor do expoente (negativo). Números expressos em potência de dez multiplicados por outro número entre um e dez são chamados **notação científica**. Por exemplo, a notação científica para 5 943 000 000 é $5{,}943 \times 10^9$ e para 0,000 083 2 é $8{,}32 \times 10^{-5}$.

Quando os números expressos em notação científica são multiplicados, a regra geral a seguir é muito útil:

$$10^n \times 10^m = 10^{n+m} \qquad \textbf{B.1}$$

em que n e m podem ser qualquer número (não necessariamente inteiros). Por exemplo, $10^2 \times 10^5 = 10^7$. A regra também se aplicará se um dos expoentes for negativo: $10^3 \times 10^{-8} = 10^{-5}$.

Na divisão de números expressos em notação científica, observe que:

$$\frac{10^n}{10^m} = 10^n \times 10^{-m} = 10^{n-m}$$ B.2 ◄

Exercícios

Com a ajuda das regras anteriores, verifique as respostas para as seguintes equações:

1. $86\,400 = 8{,}64 \times 10^4$
2. $9\,816\,762{,}5 = 9{,}816\,762\,5 \times 10^6$
3. $0{,}000\,000\,039\,8 = 3{,}98 \times 10^{-8}$
4. $(4{,}0 \times 10^8)\,(9{,}0 \times 10^9) = 3{,}6 \times 10^{18}$
5. $(3{,}0 \times 10^7)\,(6{,}0 \times 10^{-12}) = 1{,}8 \times 10^{-4}$
6. $\dfrac{75 \times 10^{-11}}{5{,}0 \times 10^{-3}} = 1{,}5 \times 10^{-7}$
7. $\dfrac{(3 \times 10^6)\,(8 \times 10^{-2})}{(2 \times 10^{17})\,(6 \times 10^5)} = 2 \times 10^{-18}$

B.2 | Álgebra

Algumas regras básicas

Quando operações algébricas são realizadas, aplicam-se as regras da aritmética. Símbolos como x, y e z em geral são usados para representar quantidades não especificadas, chamadas **desconhecidas**.

Primeiro, considere a equação

$$8x = 32$$

Se desejar resolver x, podemos dividir (ou multiplicar) cada lado da equação pelo mesmo fator sem desfazer a igualdade. Nesse caso, se dividirmos ambos os lados por 8, temos

$$\frac{8x}{8} = \frac{32}{8}$$
$$x = 4$$

Agora considere a equação

$$x + 2 = 8$$

Nesse tipo de expressão, podemos somar ou subtrair a mesma quantidade de cada lado. Se subtrairmos 2 de cada lado, teremos

$$x + 2 - 2 = 8 - 2$$
$$x = 6$$

Em geral, se $x + a = b$, então $x = b - a$.

Agora considere a equação

$$\frac{x}{5} = 9$$

Se multiplicarmos cada lado por 5, teremos x à esquerda sozinho e 45 à direita:

$$\left(\frac{x}{5}\right)(5) = 9 \times 5$$
$$x = 45$$

Em todos os casos, *sempre que uma operação for realizada do lado esquerdo da igualdade, deve ser realizada também do lado direito*.

As seguintes regras para multiplicar, dividir, somar ou subtrair frações devem ser lembradas, onde a, b, c e d são quatro números:

	Regra	Exemplo
Multiplicando	$\left(\frac{a}{b}\right)\left(\frac{c}{d}\right) = \frac{ac}{bd}$	$\left(\frac{2}{3}\right)\left(\frac{4}{5}\right) = \frac{8}{15}$
Dividindo	$\left(\frac{a/c}{c/d}\right) = \frac{ad}{bc}$	$\frac{2/3}{4/5} = \frac{(2)(5)}{(4)(3)} = \frac{10}{12}$
Somando	$\frac{a}{b} \pm \frac{c}{d} = \frac{ad \pm bc}{bd}$	$\frac{2}{3} - \frac{4}{5} = \frac{(2)(5)-(4)(3)}{(3)(5)} = -\frac{2}{15}$

Exercícios

Nos exercícios seguintes, resolva o problema para x.

	Respostas
1. $a = \frac{1}{1+x}$	$x = \frac{1-a}{a}$
2. $3x - 5 = 13$	$x = 6$
3. $ax - 5 = bx + 2$	$x = \frac{7}{a-b}$
4. $\frac{5}{2x+6} = \frac{3}{4x+8}$	$x = -\frac{11}{7}$

Potências

Quando potências de dada quantidade x são multiplicadas, aplica-se a seguinte regra:

$$x^n x^m = x^{n+m} \tag{B.3}$$

Por exemplo, $x^2x^4 = x^{2+4} = x^6$.

Quando as potências de dada quantidade são divididas, a regra é:

$$\frac{x^n}{x^m} = x^{n-m} \tag{B.4}$$

Por exemplo, $x^8/x^2 = x^{8-2} = x^6$.

Uma potência em forma de fração, como $\frac{1}{3}$, corresponde a uma raiz como segue:

$$x^{1/n} = \sqrt[n]{x} \tag{B.5}$$

TABELA B.1 | Regras dos expoentes

$x^0 = 1$
$x^1 = x$
$x^n x^m = x^{n+m}$
$x^n/x^m = x^{n-m}$
$x^{1/n} = \sqrt[n]{x}$
$(x^n)^m = x^{nm}$

Por exemplo, $4^{1/3} = \sqrt[3]{4} = 1{,}587\ 4$. (Uma calculadora científica é útil para este tipo de cálculo.)

Finalmente, qualquer quantidade x^n elevada à m-ésima potência é

$$(x^n)^m = x^{nm} \tag{B.6}$$

A Tabela B.1 resume as regras dos expoentes.

Exercícios

Verificar as equações seguintes:

1. $3^2 \times 3^3 = 243$
2. $x^5x^{-8} = x^{-3}$
3. $x^{10}/x^{-5} = x^{15}$
4. $5^{1/3} = 1{,}709\ 976$ (Use sua calculadora.)
5. $60^{1/4} = 2{,}783\ 158$ (Use sua calculadora.)
6. $(x^4)^3 = x^{12}$

Fatoração

Algumas fórmulas para fatorizar uma equação são as seguintes:

$ax + ay + az = a(x + y + z)$ Fator comum

$a^2 + 2ab + b^2 = (a + b)^2$ Quadrado perfeito

$a^2 - b^2 = (a + b)(a - b)$ Diferença de quadrados

Equações quadráticas

A forma geral de uma equação quadrática é

$$ax^2 + bx + c = 0 \tag{B.7}$$

em que x é a quantidade desconhecida, e a, b e c são fatores numéricos referidos como **coeficientes** da equação. Essa equação tem duas raízes, dadas por

$$x = \frac{-b \pm \sqrt{b^2 - 4ac}}{2a} \tag{B.8}$$

Se $b^2 \geq 4ac$, a raiz é real.

Exemplo **B.1** |

A equação $x^2 + 5x + 4 = 0$ tem a seguinte raiz correspondente aos dois sinais do termo da raiz quadrada:

$$x = \frac{-5 \pm \sqrt{5^2 - (4)(1)(4)}}{2(1)} = \frac{-5 \pm \sqrt{9}}{2} = \frac{-5 \pm 3}{2}$$

$$x_+ = \frac{-5 \pm 3}{2} = -1 \quad x_- = \frac{-5 - 3}{2} = -4$$

em que x_+ se refere à raiz correspondente ao sinal positivo, e x_-, à raiz correspondente ao sinal negativo.

Exercícios

Resolva as seguintes equações quadráticas:

		Respostas	
1.	$x^2 + 2x - 3 = 0$	$x_+ = 1$	$x_- = -3$
2.	$2x^2 - 5x + 2 = 0$	$x_+ = 2$	$x_- = \frac{1}{2}$
3.	$2x^2 - 4x - 9 = 0$	$x_+ = 1 + \sqrt{22}/2$	$x_- = \sqrt{22}/2$

Equações lineares

Uma equação linear tem a forma geral

$$y = mx + b \tag{B.9}$$

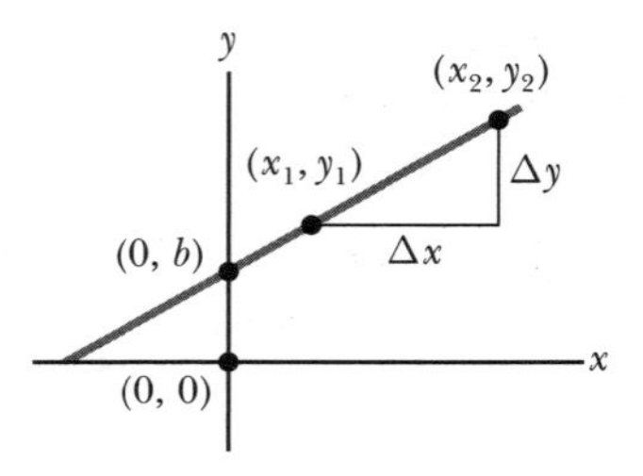

Figura B.1 Uma linha reta representada no sistema de coordenação *xy*. A inclinação da linha é a razão de Δy a Δx.

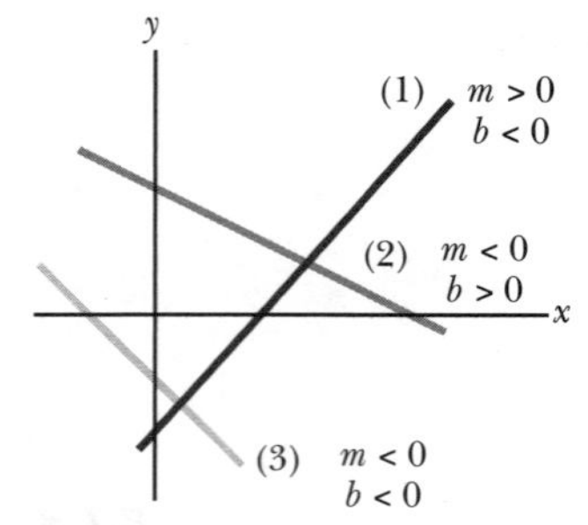

Figura B.2 A linha (1) tem uma inclinação positiva e uma intercepção *y*- negativa. A linha (2) tem uma inclinação negativa e uma intercepção *y*- positiva. A linha (3) tem uma inclinação negativa e uma intercepção *y*- negativa.

em que m e b são constantes. Essa equação é considerada linear porque o gráfico de y em função de x é uma linha reta, como mostra a Figura B.1. A constante b, chamada **intersecção y**, representa o valor de y onde a linha reta intercepta o eixo y. A constante m é igual à **inclinação** da linha reta. Se quaisquer dois pontos da linha reta são especificados pelas coordenadas (x_1, y_1) e (x_2, y_2), como na Figura B.1, a inclinação da linha reta pode ser expressa como

$$\text{Inclinação} = \frac{y_2 - y_1}{x_2 - x_1} = \frac{\Delta y}{\Delta x} \tag{B.10}$$

Observe que m e b podem ter tanto valores positivos como negativos. Se $m > 0$, a linha reta tem uma inclinação *positiva*, como na Figura B.1. Se $m < 0$, a linha reta tem uma inclinação *negativa*. Na Figura B.1, m e b são positivos. Outras três possíveis situações são mostradas na Figura B.2.

Exercícios

1. Faça gráficos para as seguintes linhas retas: (a) $y = 5x + 3$ (b) $y = -2x + 4$ (c) $y = -3x - 6$

2. Encontre a inclinação das linhas retas descritas no Exercício 1.

Respostas (a) 5 (b) –2 (c) –3

3. Encontre as inclinações das linhas retas que passam pelos seguintes pontos:

(a) (0, –4) e (4, 2) (b) (0, 0) e (2, –5) (c) (–5, 2) e (4, –2)

Respostas (a) $^3/_2$ (b) $-^5/_2$ (c) $-^4/_9$

Resolvendo equações lineares simultâneas

Considere a equação $3x + 5y = 15$, que tem dois números desconhecidos, x e y. Esse tipo de equação não tem uma única solução. Por exemplo, ($x = 0$, $y = 3$), ($x = 5$, $y = 0$) e ($x = 2$, $y = ^9/_5$) são todas soluções para essa equação.

Se um problema tem dois números desconhecidos, uma única solução será possível somente se tivermos *duas* informações. Na maioria dos casos, essas duas informações são equações. Em geral, se o problema tem n números desconhecidos, sua solução necessita de n equações. Para resolver duas equações simultâneas envolvendo dois números desconhecidos, x e y, resolvemos uma delas para x em termos de y e substituímos esta expressão na outra equação.

Em alguns casos, as duas informações podem ser (1) uma equação e (2) uma condição nas soluções. Suponhamos, por exemplo, a equação $m = 3n$ e a condição em que m e n devem ser o menor integral não zero positivo possível. Então, a equação única não permite uma única solução, mas a adição da condição dá $n = 1$ e $m = 3$.

Exemplo B.2 |

Resolva as duas equações simultâneas.

$$(1)\ 5x + y = -8$$
$$(2)\ 2x - 2y = 4$$

SOLUÇÃO

Da Equação (2), $x = y + 2$. Substituindo na Equação (1), temos

$$5\,(y + 2) + y = -8$$
$$6y = -18$$
$$y = -3$$
$$x = y + 2 = -1$$

continua

B.2 *cont.*

Solução alternativa Multiplique cada termo da Equação (1) pelo fator 2 e adicione o resultado na Equação (2):

$$\begin{aligned} 10x + 2y &= -16 \\ 2x - 2y &= 4 \\ \hline 12x \qquad &= -12 \\ x &= -1 \\ y &= x - 2 = -3 \end{aligned}$$

Duas equações lineares contendo dois números desconhecidos também podem ser resolvidas por um método gráfico. Se as linhas retas correspondentes às duas equações estão plotadas num sistema de coordenadas convencional, a intersecção das duas linhas representa a solução. Por exemplo, considere as duas equações

$$x - y = 2$$
$$x - 2y = -1$$

Essas equações estão plotadas na Figura B.3. A intersecção das duas linhas tem as coordenadas $x = 5$ e $y = 3$, que representam a solução das equações. Você deve verificar essa solução por meio da técnica analítica já discutida.

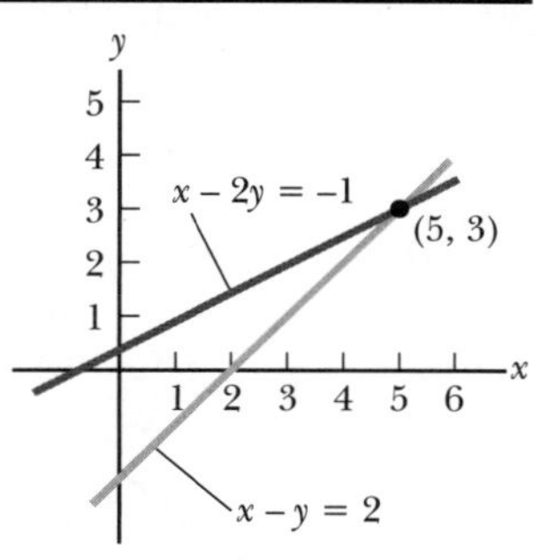

Figura B.3 Solução gráfica para duas equações lineares.

Exercícios

Resolva os seguintes pares de equações simultâneas envolvendo dois números desconhecidos:

	Respostas
1. $x + y = 8$ $x - y = 2$	$x = 5, y = 3$
2. $98 - T = 10a$ $T - 49 = 5a$	$T = 65, a = 3{,}27$
3. $6x + 2y = 6$ $8x - 4y = 28$	$x = 2, y = -3$

Logaritmo

Suponha que a quantidade x seja expressa como a potência de uma quantidade a:

$$x = a^y \qquad \textbf{B.11}$$

O número a é chamado **base**. O **logaritmo** de x em relação a a é igual ao expoente ao qual a base deve estar elevada para satisfazer a expressão $x = a^y$:

$$y = \log_a x \qquad \textbf{B.12}$$

Em contrapartida, o **antilogaritmo** de y é o número x:

$$x \quad \text{antilog } y \qquad \textbf{B.13}$$

Na prática, as duas bases geralmente usadas são a 10, chamada de base de logaritmo *comum*, e a $e = 2{,}718\,282$, chamada constante de Euler ou base de logaritmo *natural*. Quando logaritmos comuns são usados,

$$y = \log_{10} x \ \ (\text{ou } x = 10^y) \qquad \textbf{B.14}$$

Quando logaritmos naturais são usados,

$$y = \ln x \ (\text{ou } x = e^y) \qquad \textbf{B.15}$$

Por exemplo, $\log_{10} 52 = 1{,}76$, então $\text{antilog}_{10}\, 1{,}716 = 10^{1{,}716} = 52$. Igualmente, $\ln 52 = 3{,}951$, então antiln 3,951 $= e^{3{,}951} = 52$.

Em geral, observe que você pode converter entre base 10 e base e com a igualdade

$$\ln x = (2{,}302\ 585)\ \log_{10} x \qquad \textbf{B.16}$$

Finalmente, algumas propriedades úteis para logaritmos:

$$\left.\begin{aligned} \log(ab) &= \log a + \log b \\ \log(a/b) &= \log a - \log b \\ \log(a^n) &= n \log a \end{aligned}\right\} \text{qualquer base}$$

$$\ln e = 1$$

$$\ln e^a = a$$

$$\ln\left(\frac{1}{a}\right) = -\ln a$$

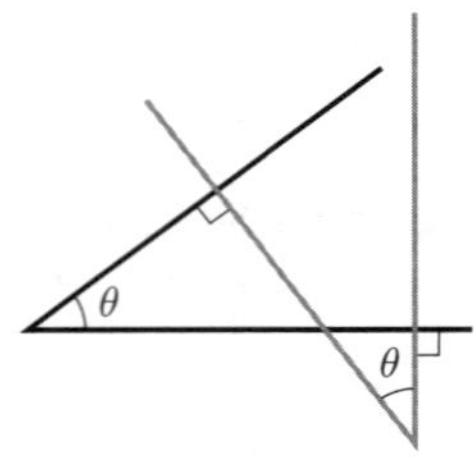

Figura B.4 Os ângulos são iguais porque seus lados são perpendiculares.

B.3 | Geometria

A **distância** d entre dois pontos tendo coordenadas (x_1, y_1) e (x_2, y_2) é

$$d = \sqrt{(x_2 - x_1)^2 + (y_2 - y_1)^2} \qquad \textbf{B.17}$$

Dois ângulos serão iguais se seus lados forem perpendiculares, lado direito a lado direito e lado esquerdo a lado esquerdo. Por exemplo, os dois ângulos marcados θ na Figura B.4 são os mesmos por causa da perpendicularidade dos lados dos ângulos. Para distinguir o lado esquerdo do direito dos ângulos, imagine-se parado no vértice olhando para o ângulo.

Medida do radiano: O comprimento do arco s de um arco circular (Fig. B.5) é proporcional ao raio r para um valor fixo de θ (em radianos):

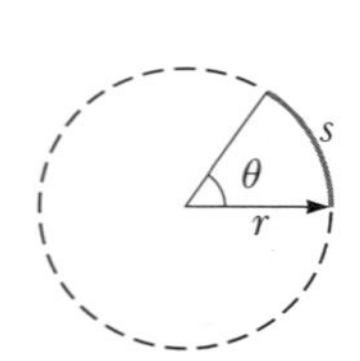

Figura B.5 O ângulo θ em radianos é a razão do comprimento do arco s ao raio r do círculo.

$$s = r\theta$$

$$\theta = \frac{s}{r} \qquad \textbf{B.18}$$

A Tabela B.2 fornece as **áreas** e os **volumes** de várias formas geométricas utilizadas por todo este livro.

A equação de **linha reta** (Fig. B.6) é

$$y = mx + b \qquad \textbf{B.19}$$

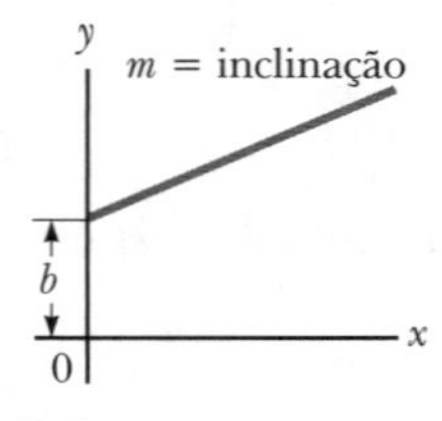

Figura B.6 Uma linha reta com uma inclinação de m e um ponto de intersecção y e b.

em que b é o intercepto y, e m é a inclinação da reta.

A equação de um **círculo** de raio R centrado na origem é

$$x^2 + y^2 = R^2 \qquad \textbf{B.20}$$

A equação de uma **elipse** tendo a origem no centro (Fig. B.7) é

$$\frac{x^2}{a^2} + \frac{y^2}{b^2} = 1 \qquad \textbf{B.21}$$

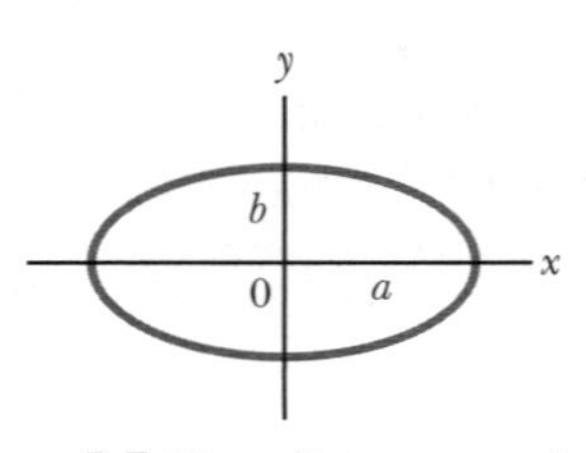

Figura B.7 Uma elipse com semieixo maior a e semieixo menor b.

em que a é o comprimento do semieixo maior (o mais comprido), e b, o comprimento do semieixo menor (o mais curto).

TABELA B.2 | Informações úteis para geometria

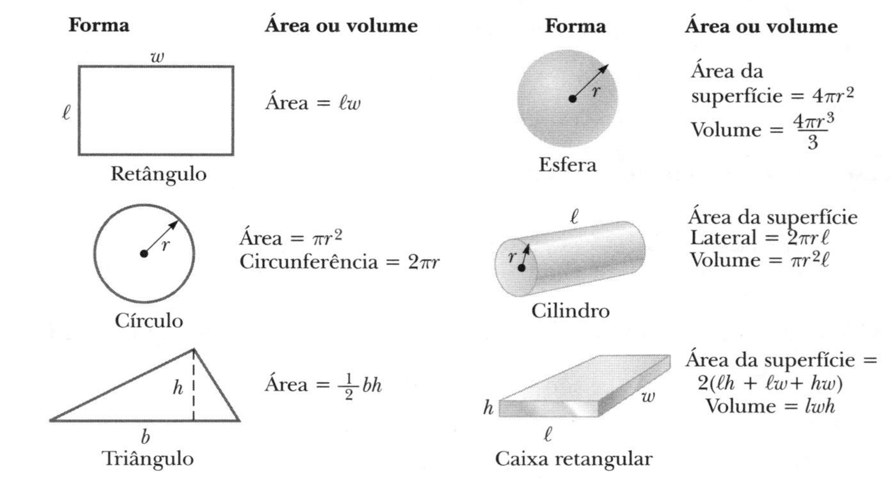

Forma	Área ou volume	Forma	Área ou volume
Retângulo	Área $= \ell w$	Esfera	Área da superfície $= 4\pi r^2$ Volume $= \dfrac{4\pi r^3}{3}$
Círculo	Área $= \pi r^2$ Circunferência $= 2\pi r$	Cilindro	Área da superfície Lateral $= 2\pi r \ell$ Volume $= \pi r^2 \ell$
Triângulo	Área $= \frac{1}{2} bh$	Caixa retangular	Área da superfície $=$ $2(\ell h + \ell w + hw)$ Volume $= lwh$

A equação de uma **parábola** cujo vértice está em $y = b$ (Fig. B.8) é

$$y = ax^2 + b \qquad \text{B.22}$$

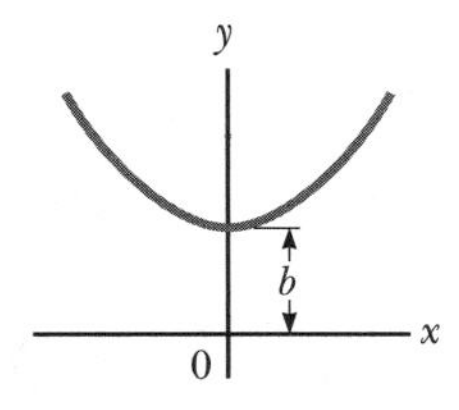

Figura B.8 Uma parábola com seu vértice em $y = b$.

A equação de uma **hipérbole retangular** (Fig. B.9) é

$$xy = \text{constante} \qquad \text{B.23}$$

B.4 | Trigonometria

Trigonometria é o ramo da matemática que trata das propriedades especiais do triângulo retângulo. Por definição, um triângulo retângulo é um triângulo com um ângulo de 90°. Considere o triângulo retângulo mostrado na Figura B.10, em que o lado a é oposto ao ângulo θ, o lado b é adjacente ao ângulo θ, e o lado c é a hipotenusa do triângulo. As três funções trigonométricas básicas definidas por esse triângulo são seno (sen), cosseno (cos) e tangente (tg). Em termos do ângulo θ, essas funções são definidas como:

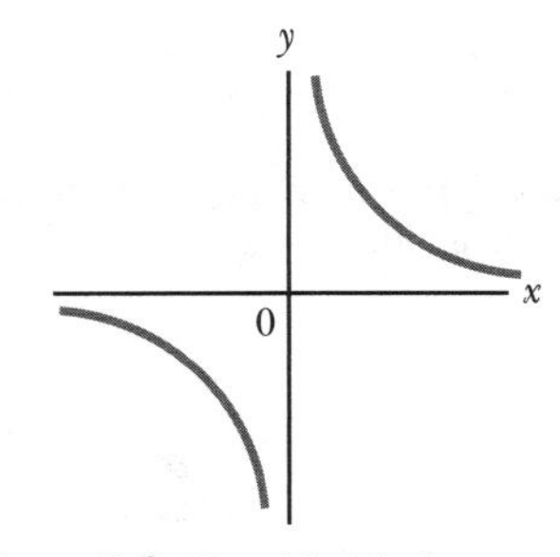

Figura B.9 Uma hipérbole.

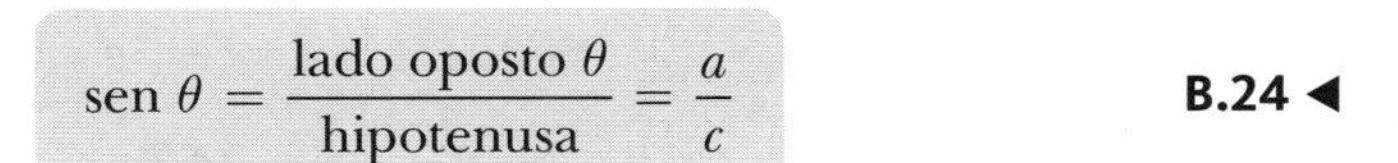

$$\text{sen}\,\theta = \frac{\text{lado oposto }\theta}{\text{hipotenusa}} = \frac{a}{c} \qquad \text{B.24}$$

$$\cos\theta = \frac{\text{lado adjacente }\theta}{\text{hipotenusa}} = \frac{b}{c} \qquad \text{B.25}$$

$$\text{tg}\,\theta = \frac{\text{lado oposto }\theta}{\text{lado adjacente }\theta} = \frac{a}{b} \qquad \text{B.26}$$

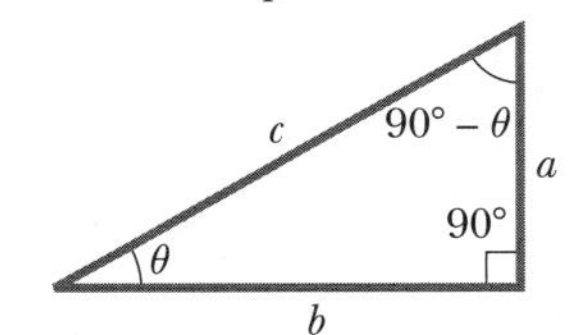

Figura B.10 Triângulo retângulo usado para definir as funções básicas da trigonometria.

O teorema de Pitágoras mostra a seguinte relação entre os lados de um triângulo retângulo.

$$c^2 = a^2 + b^2 \qquad \text{B.27}$$

Das definições anteriores e do teorema de Pitágoras, temos que

$$\text{sen}^2\,\theta + \cos^2\theta = 1$$

$$\text{tg}\,\theta = \frac{\text{sen}\,\theta}{\cos\theta}$$

As funções cossecante, secante e cotangente são definidas por

$$\text{cossec}\,\theta = \frac{1}{\text{sen}\,\theta} \qquad \sec\theta = \frac{1}{\cos\theta} \qquad \text{cotg}\,\theta = \frac{1}{\text{tg}\,\theta}$$

As seguintes relações são derivadas diretamente do triângulo retângulo mostrado na Figura B.10:

$$\text{sen}\,\theta = \cos\,(90° - \theta)$$
$$\cos\,\theta = \text{sen}\,(90° - \theta)$$
$$\text{cotg}\,\theta = \text{tg}\,(90° - \theta)$$

Algumas propriedades de funções trigonométricas são:

$$\text{sen}\,(-\theta) = -\text{sen}\,\theta$$
$$\cos\,(-\theta) = \cos\,\theta$$
$$\text{tg}\,(-\theta) = -\text{tg}\,\theta$$

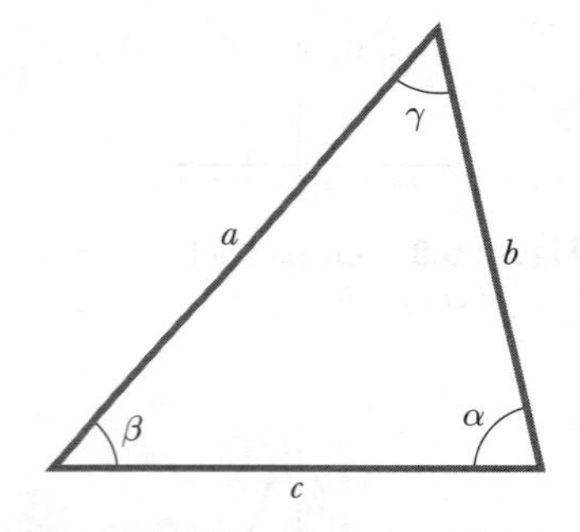

Figura B.11 Um triângulo arbitrário não retângulo.

As seguintes relações aplicam-se a qualquer triângulo, como mostrado na Figura B.11:

$$\alpha + \beta + \gamma = 180°$$

Lei dos cossenos
$$\begin{cases} a^2 = b^2 + c^2 - 2bc\,\cos\alpha \\ b^2 = a^2 + c^2 - 2ac\,\cos\beta \\ c^2 = a^2 + b^2 - 2ab\,\cos\gamma \end{cases}$$

Lei dos senos
$$\frac{a}{\text{sen}\,\alpha} = \frac{b}{\text{sen}\,\beta} = \frac{c}{\text{sen}\,\gamma}$$

A Tabela B.3 lista uma série de identidades trigonométricas úteis.

TABELA B.3 | Algumas identidades trigonométricas

$\text{sen}^2\,\theta + \cos^2\theta = 1$	$\text{cossec}^2\,\theta = 1 + \text{cotg}^2\,\theta$
$\sec^2\theta = 1 + \text{tg}^2\,\theta$	$\text{sen}^2\,\dfrac{\theta}{2} = \frac{1}{2}(1 - \cos\theta)$
$\text{sen}\,2\theta = 2\,\text{sen}\,\theta\cos\theta$	$\cos^2\dfrac{\theta}{2} = \frac{1}{2}(1 + \cos\theta)$
$\cos 2\theta = \cos^2\theta - \text{sen}^2\,\theta$	$1 - \cos\theta = 2\,\text{sen}^2\,\dfrac{\theta}{2}$
$\text{tg}\,2\theta = \dfrac{2\,\text{tg}\,\theta}{1 - \text{tg}^2\,\theta}$	$\text{tg}\,\dfrac{\theta}{2} = \sqrt{\dfrac{1 - \cos\theta}{1 + \cos\theta}}$
$\text{sen}\,(A \pm B) = \text{sen}\,A\cos B \pm \cos A\,\text{sen}\,B$	
$\cos\,(A \pm B) = \cos A\cos B \mp \text{sen}\,A\,\text{sen}\,B$	
$\text{sen}\,A \pm \text{sen}\,B = 2\,\text{sen}\left[\frac{1}{2}(A \pm B)\right]\cos\left[\frac{1}{2}(A \mp B)\right]$	
$\cos A + \cos B = 2\cos\left[\frac{1}{2}(A + B)\right]\cos\left[\frac{1}{2}(A - B)\right]$	
$\cos A - \cos B = 2\,\text{sen}\left[\frac{1}{2}(A + B)\right]\text{sen}\left[\frac{1}{2}(B - A)\right]$	

Exemplo **B.3** |

Considere o triângulo retângulo da Figura B.12, em que $a = 2{,}00$, $b = 5{,}00$ e c é desconhecido. Pelo teorema de Pitágoras, temos que

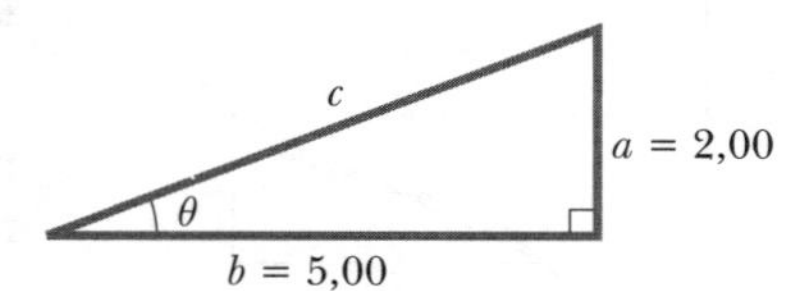

Figura B.12 (Exemplo B.3)

$$c^2 = a^2 + b^2 = 2{,}00^2 + 5{,}00^2 = 4{,}00 + 25{,}0 = 29{,}0$$
$$c = \sqrt{29{,}0} = 5{,}39$$

Para encontrar o ângulo θ, observe que

$$\text{tg}\,\theta = \frac{a}{b} = \frac{2{,}00}{5{,}00} = 0{,}400$$

Usando uma calculadora, encontramos

$$\theta = \text{tg}^{-1}(0{,}400) = 21{,}8°$$

em que tg^{-1} (0,400) é a notação para "ângulo cuja tangente é 0,400", às vezes escrito como arctg (0,400).

Exercícios

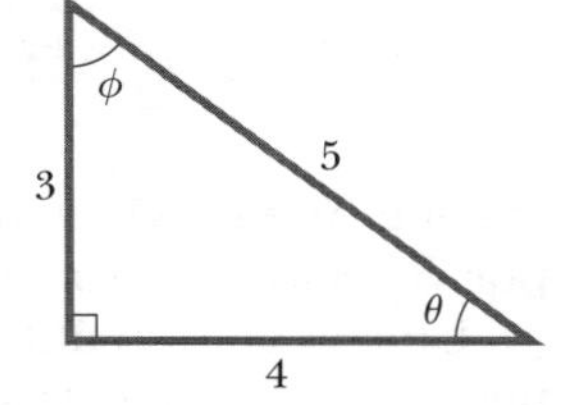

Figura B.13 (Exercício 1)

1. Na Figura B.13, identifique (a) o lado oposto de θ, (b) o lado adjacente de ϕ e depois encontre (c) cos θ, (d) sen ϕ e (e) tg ϕ.

Respostas (a) 3 (b) 3 (c) $\frac{4}{5}$ (d) $\frac{4}{5}$ (e) $\frac{4}{3}$

2. Em determinado triângulo retângulo, os dois lados que são perpendiculares um ao outro têm 5,00 m e 7,00 m de comprimento. Qual é o comprimento do terceiro lado?

Resposta 8,60 m

3. Um triângulo retângulo tem a hipotenusa de comprimento 3,0 m e um dos seus ângulos é 30°. (a) Qual é o comprimento do lado oposto ao ângulo de 30°? (b) Qual é o lado adjacente ao ângulo de 30°?

Respostas (a) 1,5 m (b) 2,6 m

B.5 | Expansões de séries

$$(a+b)^n = a^n + \frac{n}{1!}a^{n-1}b + \frac{n(n-1)}{2!}a^{n-2}b^2 + \cdots$$
$$(1+x)^n = 1 + nx + \frac{n(n-1)}{2!}x^2 + \cdots$$
$$e^x = 1 + x + \frac{x^2}{2!} + \frac{x^3}{3!} + \cdots$$
$$\ln(1 \pm x) = \pm x - \tfrac{1}{2}x^2 \pm \tfrac{1}{3}x^3 - \cdots$$
$$\left.\begin{aligned} \text{sen}\,x &= x - \frac{x^3}{3!} + \frac{x^5}{5!} - \cdots \\ \cos x &= 1 - \frac{x^2}{2!} + \frac{x^4}{4!} - \cdots \\ \text{tg}\,x &= x + \frac{x^3}{3} + \frac{2x^5}{15} + \cdots\ |x| < \frac{\pi}{2} \end{aligned}\right\} x \text{ em radianos}$$

Para $x \ll 1$, as seguintes aproximações podem ser usadas:[1]

$(1+x)^n \approx 1 + nx$	$\text{sen}\,x \approx x$
$e^x \approx 1 + x$	$\cos x \approx 1$
$\ln(1 \pm x) \approx \pm x$	$\text{tg}\,x \approx x$

1 As aproximações para as funções sen x, cos x e tg x são para $x \leq 0{,}1$ rad.

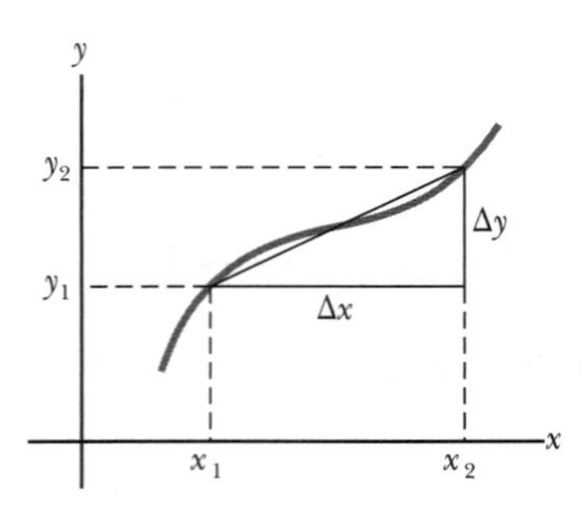

Figura B.14 Os comprimentos Δx e Δy são usados para definir a derivada desta função em um ponto determinado.

B.6 | Cálculos diferenciais

As ferramentas básicas de cálculo, inventadas por Newton, para descrever fenômenos físicos são utilizadas em vários ramos da ciência. O uso de cálculo é fundamental no tratamento de vários problemas em mecânica newtoniana, eletricidade e magnetismo. Nesta seção, relatamos algumas propriedades básicas e "regras gerais" que podem servir como uma revisão útil para os estudantes.

Primeiro, deve ser especificada a **função** que relaciona uma variável a outra variável (por exemplo, uma coordenada como função de tempo). Suponha que uma das variáveis seja denominada y (a variável dependente), e a outra, x (a variável independente). Devemos ter uma relação de função como

$$y(x) = ax^3 + bx^2 + cx + d$$

Se a, b, c e d são constantes especificadas, y pode ser calculada por qualquer valor de x. Geralmente lidamos com funções contínuas, que são aquelas para as quais y varia "suavemente" com x.

A **derivada** de y em relação a x é definida como o limite de Δx tendendo a zero da inclinação de retas desenhadas entre dois pontos na curva y *versus* x. Matematicamente, escrevemos essa definição como:

$$\frac{dy}{dx} = \lim_{\Delta x \to 0} \frac{\Delta y}{\Delta x} = \lim_{\Delta x \to 0} \frac{y(x + \Delta x) - y(x)}{\Delta x} \qquad \textbf{B.28}$$

em que Δy e Δx são definidas como $\Delta x = x_2 - x_1$ e $\Delta y = y_2 - y_1$ (Fig. B.14). Observe que dy/dx *não* significa dy dividido por dx; pelo contrário, é simplesmente a notação do processo de limite da derivada definido pela Equação B.28.

Uma expressão útil para lembrar quando $y(x) = ax^n$, em que a é uma *constante* e n é *qualquer* número positivo ou negativo (inteiro ou fração), é

$$\frac{dy}{dx} = nax^{n-1} \qquad \textbf{B.29}$$

Se $y(x)$ é uma função polinomial ou algébrica de x, aplicamos a Equação B.29 a *cada* termo no polinômio e tomamos d [constante]/$dx = 0$. Nos Exemplos B.4 a B.7, avaliamos as derivadas de várias funções.

Propriedades especiais da derivada

A. Derivada do produto de duas funções Se uma função $f(x)$ é dada pelo produto de duas funções – ou seja, $g(x)$ e $h(x)$ –, a derivada de $f(x)$ é definida como

$$\frac{d}{dx} f(x) = \frac{d}{dx}[g(x)\, h(x)] = g\frac{dh}{dx} + h\frac{dg}{dx} \qquad \textbf{B.30}$$

B. Derivada da soma de duas funções Se uma função $f(x)$ é igual à soma de duas funções, a derivada da soma é igual à soma das derivadas:

$$\frac{d}{dx} f(x) = \frac{d}{dx}[g(x) + h(x)] = \frac{dg}{dx} + \frac{dh}{dx} \qquad \textbf{B.31}$$

C. Regra da cadeia de cálculo diferencial Se $y = f(x)$ e $x = g(z)$, então dy/dz pode ser escrito como o produto de duas derivadas:

$$\frac{dy}{dz} = \frac{dy}{dx}\frac{dx}{dz} \qquad \textbf{B.32}$$

D. A segunda derivada de y em relação a x é definida como a derivada da função dy/dx (a derivada da derivada). Geralmente é escrita como

$$\frac{d^2y}{dx^2} = \frac{d}{dx}\left(\frac{dy}{dx}\right) \qquad \textbf{B.33}$$

Algumas das derivadas de funções mais usadas estão listadas na Tabela B.4.

TABELA B.4 | Derivadas de algumas funções

$$\frac{d}{dx}(a) = 0$$
$$\frac{d}{dx}(ax^n) = nax^{n-1}$$
$$\frac{d}{dx}(e^{ax}) = ae^{ax}$$
$$\frac{d}{dx}(\text{sen}\, ax) = a \cos ax$$
$$\frac{d}{dx}(\cos ax) = -a\, \text{sen}\, ax$$
$$\frac{d}{dx}(\text{tg}\, ax) = a \sec^2 ax$$
$$\frac{d}{dx}(\text{cotg}\, ax) = -a\, \text{cossec}^2\, ax$$
$$\frac{d}{dx}(\sec x) = \text{tg}\, x \sec x$$
$$\frac{d}{dx}(\text{cossec}\, x) = -\text{cotg}\, x\, \text{cossec}\, x$$
$$\frac{d}{dx}(\ln ax) = \frac{1}{x}$$
$$\frac{d}{dx}(\text{sen}^{-1}\, ax) = \frac{a}{\sqrt{1 - a^2x^2}}$$
$$\frac{d}{dx}(\cos^{-1} ax) = \frac{-a}{\sqrt{1 - a^2x^2}}$$
$$\frac{d}{dx}(\text{tg}^{-1}\, ax) = \frac{a}{\sqrt{1 + a^2x^2}}$$

Observação: Os símbolos a e n representam constantes.

Exemplo **B.4** |

Suponha que $y(x)$ (isto é, y como função de x) seja dada por

$$y(x) = ax^3 + bx + c$$

em que a e b são constantes. Segue que

$$\begin{aligned} y(x + \Delta x) &= a(x + \Delta x)^3 + b(x + \Delta x) + c \\ &= a(x^3 + 3x^2\,\Delta x + 3x\,\Delta x^2 + \Delta x^3) + b(x + \Delta x) + c \end{aligned}$$

logo

$$\Delta y = y(x + \Delta x) - y(x) = a(3x^2\,\Delta x + 3x\Delta x^2 + \Delta x^3) + b\,\Delta x$$

Substituindo isso na Equação B.28, temos

$$\frac{dy}{dx} = \lim_{\Delta x \to 0} \frac{\Delta y}{\Delta x} = \lim_{\Delta x \to 0} \left[3ax^2 + 3ax\,\Delta x + a\,\Delta x^2\right] + b$$

$$\frac{dy}{dx} = 3ax^2 + b$$

Exemplo **B.5** |

Encontre a derivada de

$$y(x) = 8x^5 + 4x^3 + 2x + 7$$

SOLUÇÃO

Aplicando a Equação B.29 a cada termo independentemente e lembrando que d/dx (constante) $= 0$, temos

$$\frac{dy}{dx} = 8(5)x^4 + 4(3)x^2 + 2(1)x^0 + 0$$

$$\frac{dy}{dx} = 40x^4 + 12x^2 + 2$$

Exemplo **B.6** |

Encontre a derivada de $y(x) = x^3/(x + 1)^2$ em termos de x.

SOLUÇÃO

Podemos escrever essa função como $y(x) = x^3(x + 1)^{-2}$ e aplicar a Equação B.30:

$$\begin{aligned} \frac{dy}{dx} &= (x + 1)^{-2}\,\frac{d}{dx}(x^3) + x^3\,\frac{d}{dx}(x + 1)^{-2} \\ &= (x + 1)^{-2}\,3x^2 + x^3(-2)\,(x + 1)^{-3} \end{aligned}$$

$$\frac{dy}{dx} = \frac{3x^2}{(x + 1)^2} - \frac{2x^3}{(x + 1)^3} = \frac{x^2(x + 3)}{(x + 1)^3}$$

Exemplo **B.7** |

Uma fórmula útil que segue a Equação B.30 é a derivada do quociente de duas funções. Mostre que

$$\frac{d}{dx}\left[\frac{g(x)}{h(x)}\right] = \frac{h\frac{dg}{dx} - g\frac{dh}{dx}}{h^2}$$

SOLUÇÃO

Podemos escrever o quociente como gh^{-1} e depois aplicar as Equações B.29 e B.30:

$$\frac{d}{dx}\left(\frac{g}{h}\right) = \frac{d}{x}(gh^{-1}) = g\frac{d}{dx}(h^{-1}) + h^{-1}\frac{d}{x}(g)$$

$$= -gh^{-2}\frac{dh}{dx} + h^{-1}\frac{dg}{dx}$$

$$= \frac{h\frac{dg}{dx} - g\frac{dh}{dx}}{h^2}$$

B.7 | Cálculo de integral

Pensamos em integração como o inverso de diferenciação. Como exemplo, considere a expressão

$$f(x) = \frac{dy}{dx} = 3ax^2 + b \qquad \textbf{B.34}$$

que foi o resultado da diferenciação da função

$$y(x) = ax^3 + bx + c$$

no Exemplo B.4. Podemos escrever a Equação B.34 como $dy = f(x)\,dx = (3ax^2 + b)\,dx$ e obter $y(x)$ "somando" todos os valores de x. Matematicamente, escrevemos essa operação inversa como:

$$y(x) = \int f(x)\,dx$$

Para a função $f(x)$ dada pela Equação B.34, temos

$$y(x) = \int (3ax^2 + b)\,dx = ax^3 + bx + c$$

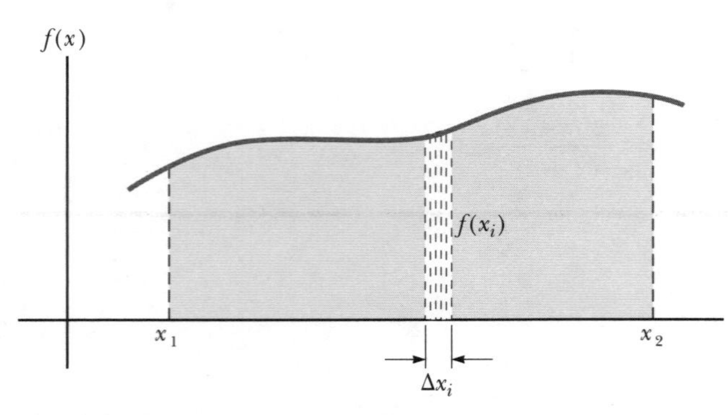

Figura B.15 A integral definida de uma função é a área sob a curva da função entre os limites x_1 e x_2.

em que c é a constante da integração. Esse tipo de integral é chamada *indefinida* porque seu valor depende da escolha de c.

Uma integral **indefinida geral** $I(x)$ é definida como

$$I(x) = \int f(x)\,dx \qquad \textbf{B.35}$$

em que $f(x)$ é chamado de *integrando* e $f(x) = dI(x)/dx$.

Para funções *contínuas em geral* $f(x)$, a integral pode ser descrita como a área sob a curva limitada por $f(x)$ e o eixo x, entre dois valores específicos de x, isto é, x_1 e x_2, como na Figura B.15.

A área pontilhada do elemento na Figura B.15 é aproximadamente $f(x_i)\,\Delta x_i$. Se somarmos todos esses elementos de área entre x_1 e x_2 e tomarmos o limite da soma como $\Delta x_i \to 0$, obteremos o valor *real* da área sob a curva limitada por $f(x)$ e o eixo x, entre x_1 e x_2:

$$\text{Área} = \lim_{\Delta x_i \to 0} \sum_i f(x_i)\Delta x_i = \int_{x_1}^{x_2} f(x)\,dx \quad \textbf{B.36}$$

Integrais do tipo definido pela Equação B.36 são chamadas **integrais definidas**.

Uma integral comum que surge em situações práticas tem a forma

$$\int x^n\,dx = \frac{x^{n+1}}{n+1} + c \quad (n \neq -1) \quad \textbf{B.37}$$

Esse resultado é óbvio, pois a diferenciação do lado direito em relação a x fornece $f(x) = x^n$ diretamente. Se os limites da integração são conhecidos, a *integral* torna-se *definida* e é escrita como:

$$\int_{x_1}^{x_2} x^n\,dx = \left.\frac{x^{n+1}}{n+1}\right|_{x_1}^{x_2} = \frac{x_2^{n+1} - x_1^{n+1}}{n+1} \quad (n \neq -1) \quad \textbf{B.38}$$

Exemplos |

1. $\int_0^a x^2\,dx = \left.\frac{x^3}{3}\right|_0^a = \frac{a^3}{3}$

2. $\int_0^b x^{3/2}\,dx = \left.\frac{x^{5/2}}{5/2}\right|_0^b = \frac{2}{5} b^{5/2}$

3. $\int_3^5 x\,dx = \left.\frac{x^2}{2}\right|_3^5 = \frac{5^2 - 3^2}{2} = 8$

Integração parcial

Às vezes, é útil aplicar o método de *integração parcial* (também chamado "integração por partes") para avaliar algumas integrais. Esse método usa a propriedade

$$\int u\,dv = uv - \int v\,du \quad \textbf{B.39}$$

em que u e v são *cuidadosamente* escolhidos para reduzir uma integral composta a uma simples. Em muitos casos, muitas reduções devem ser feitas. Considere a função

$$I(x) = \int x^2 e^x dx$$

que pode ser avaliada pela integração por partes duas vezes. Primeiro, se escolhermos $u = x^2$, $v = e^x$, obteremos

$$\int x^2 e^x dx = \int x^2\, d(e^x) = x^2 e^x - 2\int e^x x\,dx + c_1$$

Agora, no segundo termo, escolhemos $u = x$, $v = e^x$, o que dá

$$\int x^2 e^x dx = x^2 e^x - 2x\,e^x + 2\int e^x\,dx + c_1$$

ou

$$\int x^2 e^x dx = x^2 e^x - 2xe^x + 2e^x + c_2$$

O diferencial perfeito

Outro método útil a ser lembrado é o do *diferencial perfeito*, no qual buscamos uma mudança de variável para que o diferencial da função seja o diferencial da variável independente aparecendo no integrando. Por exemplo, considere a integral

$$I(x) = \int \cos^2 x \text{ sen } x \, dx$$

Essa integral será mais facilmente avaliada se reescrevermos o diferencial como $d(\cos x) = -\text{sen } x \, dx$. A integral fica então

$$\int \cos^2 x \text{ sen } x \, dx = -\int \cos^2 x \, d(\cos x)$$

Se mudarmos as variáveis agora, deixando $y = \cos x$, obteremos

$$\int \cos^2 x \text{ sen } x \, dx = -\int y^2 \, dy = -\frac{y^3}{3} + c = -\frac{\cos^3 x}{3} + c$$

A Tabela B.5 lista algumas integrais indefinidas úteis. A Tabela B.6 fornece a integral de probabilidade Gauss e outras integrais definidas. Uma lista mais completa pode ser encontrada em vários livros, como *The Handbook of Chemistry and Physics* (Boca Raton, FL: CRC Press, publicado anualmente).

TABELA B.5 | Algumas integrais indefinidas (uma constante arbitrária deve ser adicionada a cada uma das integrais)

$$\int x^n \, dx = \frac{x^{n+1}}{n+1} \quad (\text{dada } n \neq 1)$$

$$\int \frac{dx}{x} = \int x^{-1} \, dx = \ln x$$

$$\int \frac{dx}{a + bx} = \frac{1}{b} \ln (a + bx)$$

$$\int \frac{x \, dx}{a + bx} = \frac{x}{b} - \frac{a}{b^2} \ln (a + bx)$$

$$\int \frac{dx}{x(x + a)} = -\frac{1}{a} \ln \frac{x + a}{x}$$

$$\int \frac{dx}{(a + bx)^2} = -\frac{1}{b(a + bx)}$$

$$\int \frac{dx}{a^2 + x^2} = \frac{1}{a} \text{tg}^{-1} \frac{x}{a}$$

$$\int \frac{dx}{a^2 - x^2} = \frac{1}{2a} \ln \frac{a + x}{a - x} \quad (a^2 - x^2 > 0)$$

$$\int \frac{dx}{x^2 - a^2} = \frac{1}{2a} \ln \frac{x - a}{x + a} \quad (x^2 - a^2 > 0)$$

$$\int \frac{x \, dx}{a^2 \pm x^2} = \pm\tfrac{1}{2} \ln (a^2 \pm x^2)$$

$$\int \frac{dx}{\sqrt{a^2 - x^2}} = \text{sen}^{-1} \frac{x}{a} = -\cos^{-1} \frac{x}{a} \quad (a^2 - x^2 > 0)$$

$$\int \frac{dx}{\sqrt{x^2 \pm a^2}} = \ln \left(x + \sqrt{x^2 \pm a^2}\right)$$

$$\int \frac{x \, dx}{\sqrt{a^2 - x^2}} = -\sqrt{a^2 - x^2}$$

$$\int \ln ax \, dx = (x \ln ax) - x$$

$$\int x e^{ax} \, dx = \frac{e^{ax}}{a^2} (ax - 1)$$

$$\int \frac{dx}{a + be^{cx}} = \frac{x}{a} - \frac{1}{ac} \ln (a + be^{cx})$$

$$\int \text{sen } ax \, dx = -\frac{1}{a} \cos ax$$

$$\int \cos ax \, dx = \frac{1}{a} \text{sen } ax$$

$$\int \text{tg } ax \, dx = -\frac{1}{a} \ln (\cos ax) = \frac{1}{a} \ln (\sec ax)$$

$$\int \text{cotg } ax \, dx = \frac{1}{a} \ln (\text{sen } ax)$$

$$\int \sec ax \, dx = \frac{1}{a} \ln (\sec ax + \text{tg } ax) = \frac{1}{a} \ln \left[\text{tg}\left(\frac{ax}{2} + \frac{\pi}{4}\right)\right]$$

$$\int \text{cossec } ax \, dx = \frac{1}{a} \ln (\text{cossec } ax - \text{cotg } ax) = \frac{1}{a} \ln \left(\text{tg} \frac{ax}{2}\right)$$

$$\int \text{sen}^2 ax \, dx = \frac{x}{2} - \frac{\text{sen } 2ax}{4a}$$

$$\int \cos^2 ax \, dx = \frac{x}{2} + \frac{\text{sen } 2ax}{4a}$$

$$\int \frac{dx}{\text{sen}^2 ax} = -\frac{1}{a} \text{cotg } ax$$

$$\int \frac{dx}{\cos^2 ax} = \frac{1}{a} \text{tg } ax$$

(continua)

TABELA B.5 | Algumas integrais indefinidas (uma constante arbitrária deve ser adicionada a cada uma das integrais) *(continuação)*

$$\int \frac{x\,dx}{\sqrt{x^2 \pm a^2}} = \sqrt{x^2 \pm a^2}$$

$$\int \sqrt{a^2 - x^2}\,dx = \frac{1}{2}\left(x\sqrt{a^2 - x^2} + a^2 \operatorname{sen}^{-1}\frac{x}{|a|}\right)$$

$$\int x\sqrt{a^2 - x^2}\,dx = -\frac{1}{3}\left(a^2 - x^2\right)^{3/2}$$

$$\int \sqrt{x^2 \pm a^2}\,dx = \frac{1}{2}\left[x\sqrt{x^2 \pm a^2} \pm a^2 \ln\left(x + \sqrt{x^2 \pm a^2}\right)\right]$$

$$\int x\left(\sqrt{x^2 \pm a^2}\right)dx = \frac{1}{3}\left(x^2 \pm a^2\right)^{3/2}$$

$$\int e^{ax}\,dx = \frac{1}{a}e^{ax}$$

$$\int \operatorname{tg}^2 ax\,dx = \frac{1}{a}(\operatorname{tg} ax) - x$$

$$\int \operatorname{cotg}^2 ax\,dx = -\frac{1}{a}(\operatorname{cotg} ax) - x$$

$$\int \operatorname{sen}^{-1} ax\,dx = x(\operatorname{sen}^{-1} ax) + \frac{\sqrt{1 - a^2x^2}}{a}$$

$$\int \cos^{-1} ax\,dx = x(\cos^{-1} ax) - \frac{\sqrt{1 - a^2x^2}}{a}$$

$$\int \frac{dx}{(x^2 + a^2)^{3/2}} = \frac{x}{a^2\sqrt{x^2 + a^2}}$$

$$\int \frac{x\,dx}{(x^2 + a^2)^{3/2}} = -\frac{1}{\sqrt{x^2 + a^2}}$$

TABELA B.6 | Integral de probabilidade de Gauss e outras integrais definidas

$$\int_0^{\infty} x^n e^{-ax}\,dx = \frac{n!}{a^{n+1}}$$

$$I_0 = \int_0^{\infty} e^{-ax^2}\,dx = \frac{1}{2}\sqrt{\frac{\pi}{a}} \quad \text{(integral da probabilidade de Gauss)}$$

$$I_1 = \int_0^{\infty} xe^{-ax^2}\,dx = \frac{1}{2a}$$

$$I_2 = \int_0^{\infty} x^2 e^{-ax^2}\,dx = -\frac{dI_0}{da} = \frac{1}{4}\sqrt{\frac{\pi}{a^3}}$$

$$I_3 = \int_0^{\infty} x^3 e^{-ax^2}\,dx = -\frac{dI_1}{da} = \frac{1}{2a^2}$$

$$I_4 = \int_0^{\infty} x^4 e^{-ax^2}\,dx = \frac{d^2 I_0}{da^2} = \frac{3}{8}\sqrt{\frac{\pi}{a^5}}$$

$$I_5 = \int_0^{\infty} x^5 e^{-ax^2}\,dx = -\frac{d^2 I_1}{da^2} = \frac{1}{a^3}$$

$$\vdots$$

$$I_{2n} = (-1)^n \frac{d^n}{da^n} I_0$$

$$I_{2n+1} = (-1)^n \frac{d^n}{da^n} I_1$$

B.8 | Propagação de incerteza

Em experimentos de laboratório, uma atividade comum é tirar medidas que atuam como dados brutos. Essas medidas são de diversos tipos – comprimento, intervalo de tempo, temperatura, voltagem, entre outros – e obtidas por meio de uma variedade de instrumentos. Apesar das medições e da qualidade dos instrumentos, **sempre existe incerteza associada a uma medida física**. Essa incerteza é uma combinação da incerteza relacionada ao instrumento e do sistema que está sendo medido com os instrumentos e relacionada ao sistema que está sendo medido. Um exemplo da incerteza relacionada ao instrumento é a inabilidade de determinar exatamente a posição de uma medida de comprimento entre as linhas numa régua. Exemplo de incerteza relacionada ao sistema que está sendo medido é a variação de temperatura de uma amostra de água, na qual é difícil determinar uma única temperatura para a amostra total.

Incertezas podem ser expressas de duas formas. **Incerteza absoluta** refere-se a uma incerteza expressa na mesma unidade que a medição. Sendo assim, o comprimento de uma etiqueta de disco de computador pode ser expresso como (5,5 ± 0,1) cm. A incerteza de ± 0,1 cm por si só, no entanto, não é suficientemente descritiva para determinados propósitos. Essa incerteza será grande se a medida for 1,0, mas pequena se for 100 m. Para melhor descrever a incerteza, é utilizada a **incerteza fracional** ou **porcentagem de incerteza**. Nesse tipo de descrição, a incerteza é dividida pela medida real. Portanto, o comprimento da etiqueta do disco de computador pode ser expresso como

$$\ell = 5{,}5 \text{ cm} \pm \frac{0{,}1 \text{ cm}}{5{,}5 \text{ cm}} = 5{,}5 \text{ cm} \pm 0{,}018 \text{ (incerteza fracional)}$$

ou

$$\ell = 5{,}5 \text{ cm} \pm 1{,}8\% \text{ (incerteza percentual)}$$

Quando se combinam medidas em um cálculo, a incerteza percentual no resultado final é, em geral, maior que aquela em medidas individuais. Isso é chamado de **propagação da incerteza**, um dos desafios da física experimental.

Algumas regras simples podem oferecer uma estimativa razoável da incerteza num resultado calculado:

Multiplicação e divisão: Quando medidas com incertezas são multiplicadas ou divididas, adicione a *incerteza percentual* para obter a porcentagem de incerteza no resultado.

Exemplo: A área de um prato retangular

$$\begin{aligned} A &= \quad w = (5{,}5 \text{ cm} \pm 1{,}8\%) \times (6{,}4 \text{ cm} \pm 1{,}6\%) = 35 \text{ cm} \quad \pm 3{,}4\% \\ &= (35 \pm 1) \text{ cm} \end{aligned}$$

Adição e subtração: Quando medidas com incertezas são somadas ou subtraídas, adicione as *incertezas absolutas* para obter a incerteza absoluta no resultado.

Exemplo: Uma mudança na temperatura

$$\begin{aligned} \Delta T &= T_2 - T_1 = (99{,}2 \pm 1{,}5)°\text{C} - (27{,}6 \pm 1{,}5)°\text{C} = (71{,}6 \pm 3{,}0)°\text{C} \\ &= 71{,}6°\text{C} \pm 4{,}2\% \end{aligned}$$

Potências: Se uma medida é tomada de uma potência, a incerteza percentual é multiplicada por tal potência para obter a porcentagem de incerteza no resultado.

Exemplo: O volume de uma esfera

$$\begin{aligned} V &= \tfrac{4}{3}\pi r^3 = \tfrac{4}{3}\pi(6{,}20 \text{ cm} \pm 2{,}0\%)^3 = 998 \text{ cm}^3 \pm 6{,}0\% \\ &= (998 \pm 60) \text{ cm}^3 \end{aligned}$$

Para cálculos complicados, muitas incertezas são adicionadas em conjunto, o que pode causar incerteza no resultado final, tornando-o muito maior do que aceitável. Experimentos devem ser desenhados de modo que tais cálculos sejam o mais simples possível.

Observe que, em cálculos, incertezas sempre são adicionadas. Como resultado, um experimento envolvendo uma subtração deve, se possível, ser evitado, especialmente se as medidas que estão sendo subtraídas forem próximas. O resultado desse tipo de cálculo é uma pequena diferença nas medidas e incertezas que se somam. É possível que se obtenha uma incerteza no resultado maior que o próprio resultado!

Apêndice C

Tabela periódica dos elementos

Símbolo — **Ca** 20 — Número atômico
Massa atômica† — 40,078
$4s^2$ — Configuração do elétron

Grupo I	Grupo II	Elementos de transição						
H 1 1,007 9 $1s$								
Li 3 6,941 $2s^1$	**Be** 4 9,012 2 $2s^2$							
Na 11 22,990 $3s^1$	**Mg** 12 24,305 $3s^2$							
K 19 39,098 $4s^1$	**Ca** 20 40,078 $4s^2$	**Sc** 21 44,956 $3d^14s^2$	**Ti** 22 47,867 $3d^24s^2$	**V** 23 50,942 $3d^34s^2$	**Cr** 24 51,996 $3d^54s^1$	**Mn** 25 54,938 $3d^54s^2$	**Fe** 26 55,845 $3d^64s^2$	**Co** 27 58,933 $3d^74s^2$
Rb 37 85,468 $5s^1$	**Sr** 38 87,62 $5s^2$	**Y** 39 88,906 $4d^15s^2$	**Zr** 40 91,224 $4d^25s^2$	**Nb** 41 92,906 $4d^45s^1$	**Mo** 42 95,94 $4d^55s^1$	**Tc** 43 (98) $4d^55s^2$	**Ru** 44 101,07 $4d^75s^1$	**Rh** 45 102,91 $4d^85s^1$
Cs 55 132,91 $6s^1$	**Ba** 56 137,33 $6s^2$	57–71*	**Hf** 72 178,49 $5d^26s^2$	**Ta** 73 180,95 $5d^36s^2$	**W** 74 183,84 $5d^46s^2$	**Re** 75 186,21 $5d^56s^2$	**Os** 76 190,23 $5d^66s^2$	**Ir** 77 192,2 $5d^76s^2$
Fr 87 (223) $7s^1$	**Ra** 88 (226) $7s^2$	89–103**	**Rf** 104 (261) $6d^27s^2$	**Db** 105 (262) $6d^37s^2$	**Sg** 106 (266)	**Bh** 107 (264)	**Hs** 108 (277)	**Mt** 109 (268)

*Séries de lantanídeos	**La** 57 138,91 $5d^16s^2$	**Ce** 58 140,12 $5d^14f^16s^2$	**Pr** 59 140,91 $4f^36s^2$	**Nd** 60 144,24 $4f^46s^2$	**Pm** 61 (145) $4f^56s^2$	**Sm** 62 150,36 $4f^66s^2$
**Séries de actinídeos	**Ac** 89 (227) $6d^17s^2$	**Th** 90 232,04 $6d^27s^2$	**Pa** 91 231,04 $5f^26d^17s^2$	**U** 92 238,03 $5f^36d^17s^2$	**Np** 93 (237) $5f^46d^17s^2$	**Pu** 94 (244) $5f^67s^2$

Observação: Valores de massa atômica são médias de isótopos nas porcentagens em que existem na natureza.
† Para um elemento instável, o número da massa do isótopo conhecido mais estável é dada entre parênteses.
†† Os elementos 114 e 116 ainda não foram nomeados oficialmente.

			Grupo III	Grupo IV	Grupo V	Grupo VI	Grupo VII	Grupo 0
							H 1 1,007 9 $1s^1$	**He** 2 4,002 6 $1s^2$
			B 5 10,811 $2p^1$	**C** 6 12,011 $2p^2$	**N** 7 14,007 $2p^3$	**O** 8 15,999 $2p^4$	**F** 9 18,998 $2p^5$	**Ne** 10 20,180 $2p^6$
			Al 13 26,982 $3p^1$	**Si** 14 28,086 $3p^2$	**P** 15 30,974 $3p^3$	**S** 16 32,066 $3p^4$	**Cl** 17 35,453 $3p^5$	**Ar** 18 39,948 $3p^6$
Ni 28 58,693 $3d^8 4s^2$	**Cu** 29 63,546 $3d^{10} 4s^1$	**Zn** 30 65,41 $3d^{10} 4s^2$	**Ga** 31 69,723 $4p^1$	**Ge** 32 72,64 $4p^2$	**As** 33 74,922 $4p^3$	**Se** 34 78,96 $4p^4$	**Br** 35 79,904 $4p^5$	**Kr** 36 83,80 $4p^6$
Pd 46 106,42 $4d^{10}$	**Ag** 47 107,87 $4d^{10} 5s^1$	**Cd** 48 112,41 $4d^{10} 5s^2$	**In** 49 114,82 $5p^1$	**Sn** 50 118,71 $5p^2$	**Sb** 51 121,76 $5p^3$	**Te** 52 127,60 $5p^4$	**I** 53 126,90 $5p^5$	**Xe** 54 131,29 $5p^6$
Pt 78 195,08 $5d^9 6s^1$	**Au** 79 196,97 $5d^{10} 6s^1$	**Hg** 80 200,59 $5d^{10} 6s^2$	**Tl** 81 204,38 $6p^1$	**Pb** 82 207,2 $6p^2$	**Bi** 83 208,98 $6p^3$	**Po** 84 (209) $6p^4$	**At** 85 (210) $6p^5$	**Rn** 86 (222) $6p^6$
Ds 110 (271)	**Rg** 111 (272)	**Cn** 112 (285)		114†† (289)		116†† (292)		

Eu 63 151,96 $4f^7 6s^2$	**Gd** 64 157,25 $4f^7 5d^1 6s^2$	**Tb** 65 158,93 $4f^8 5d^1 6s^2$	**Dy** 66 162,50 $4f^{10} 6s^2$	**Ho** 67 164,93 $4f^{11} 6s^2$	**Er** 68 167,26 $4f^{12} 6s^2$	**Tm** 69 168,93 $4f^{13} 6s^2$	**Yb** 70 173,04 $4f^{14} 6s^2$	**Lu** 71 174,97 $4f^{14} 5d^1 6s^2$
Am 95 (243) $5f^7 7s^2$	**Cm** 96 (247) $5f^7 6d^1 7s^2$	**Bk** 97 (247) $5f^8 6d^1 7s^2$	**Cf** 98 (251) $5f^{10} 7s^2$	**Es** 99 (252) $5f^{11} 7s^2$	**Fm** 100 (257) $5f^{12} 7s^2$	**Md** 101 (258) $5f^{13} 7s^2$	**No** 102 (259) $5f^{14} 7s^2$	**Lr** 103 (262) $5f^{14} 6d^1 7s^2$

Apêndice D

Unidades SI

TABELA D.1 | Unidades SI

Quantidade básica	Unidade básica SI	
	Nome	Símbolo
Comprimento	metro	m
Massa	quilograma	kg
Tempo	segundo	s
Corrente elétrica	ampere	A
Temperatura	kelvin	K
Quantidade de substância	mol	mol
Intensidade luminosa	candela	cd

TABELA D.2 | Algumas unidades derivadas SI

Quantidade	Nome	Símbolo	Expressão em termos de unidade básica	Expressão em termos de outras unidades SI
Ângulo do plano	radiano	rad	m/m	
Frequência	hertz	Hz	s^{-1}	
Força	newton	N	$kg \cdot m/s^2$	J/m
Pressão	pascal	Pa	$kg/m \cdot s^2$	N/m^2
Energia	joule	J	$kg \cdot m^2/s^2$	$N \cdot m$
Potência	watt	W	$kg \cdot m^2/s^3$	J/s
Carga elétrica	coulomb	C	$A \cdot s$	
Potencial elétrico	volt	V	$kg \cdot m^2/A \cdot s^3$	W/A
Capacitância	farad	F	$A^2 \cdot s^4/kg \cdot m^2$	C/V
Resistência elétrica	ohm	Ω	$kg \cdot m^2/A^2 \cdot s^3$	V/A
Fluxo magnético	weber	Wb	$kg \cdot m^2/A \cdot s^2$	$V \cdot s$
Campo magnético	tesla	T	$kg/A \cdot s^2$	
Indutância	henry	H	$kg \cdot m^2/A^2 \cdot s^2$	$T \cdot m^2/A$

Respostas dos testes rápidos e problemas ímpares

CAPÍTULO 1

Respostas dos testes rápidos

1. Falso.
2. (b)
3. Escalares: (a), (d), (e). Vetores: (b), (c).
4. (c)
5. (a)
6. (b)
7. (b)
8. (d)

Respostas dos problemas ímpares

1. 23 kg
3. 7,69 cm
5. (b) somente
7. Não
9. 151 μm
11. (a) $7{,}14 \times 10^{-2}$ gal/s (b) $2{,}70 \times 10^{-4}$ m³/s (c) 1,03 h
13. 2,86 cm
15. 667 lb/s
17. $\sim 10^6$ bolas numa sala de 4 m por 4 m por 3 m
19. $\sim 10^2$ afinadores de piano
21. 288°; 108°
23. (a) 3 (b) 4 (c) 3 (d) 2
25. 5,2 m³, 3%
27. $1{,}38 \times 10^3$ m
29. 31 556 926,0 s
31. (–2,75, –4,76) m
33. (a) 2,24 m (b) 2,24 m em 26,6°
35. Essa situação *nunca* pode ser verdadeira, porque a distância é um arco de circunferência entre dois pontos, enquanto a magnitude do vetor deslocamento é uma corda da circunferência em linha reta entre os mesmos pontos.
37. aproximadamente 420 pés a –3°
39. 196 cm a 345°
41. 47,2 unidades a 122°
43. (a) $8{,}00\hat{\mathbf{i}} + 12{,}0\hat{\mathbf{j}} - 4{,}00\hat{\mathbf{k}}$ (b) $2{,}00\hat{\mathbf{i}} + 3{,}00\hat{\mathbf{j}} - 1{,}00\hat{\mathbf{k}}$ (c) $-24{,}0\hat{\mathbf{i}} - 36{,}0\hat{\mathbf{j}} + 12{,}0\hat{\mathbf{k}}$
45. (a) $a = 5{,}00$ e $b = 7{,}00$ (b) Para que vetores sejam iguais, todos os seus componentes devem ser iguais. Uma equação vetorial contém mais informação que uma escalar.
47. (a) $2{,}00\hat{\mathbf{i}} - 6{,}00\hat{\mathbf{j}}$ (b) $4{,}00\hat{\mathbf{i}} + 2{,}00\hat{\mathbf{j}}$ (c) 6,32 (d) 4,47 (e) 288°; 26,6°
49. (a) 10,4 cm (b) $\theta = 35{,}5°$
51. 240 m a 237°
53. 0,141 nm
55. 70,0 m
57. 106°
59. 316 m
61. 0,449%
63. 1,15°
65. (a) 0,529 cm/s (b) 11,5 cm/s
67. (a) 185 N a 77,8° do eixo positivo x (b) $(-39{,}3\hat{\mathbf{i}} - 181\hat{\mathbf{j}})$ N
69. (a) (10,0 m, 16,0 m) (b) Esse centro de massa da distribuição de árvores tem a mesma localização independentemente da ordem em que consideremos as árvores.
71. (a) $\vec{\mathbf{R}}_1 = a\hat{\mathbf{i}} + b\hat{\mathbf{j}}$ (b) $R_1 = (a^2 + b^2)^{1/2}$ (c) $\vec{\mathbf{R}}_2 = a\hat{\mathbf{i}} + b\hat{\mathbf{j}} + c\hat{\mathbf{k}}$

CAPÍTULO 2

Respostas dos testes rápidos

1. (c)
2. (b)
3. (a)-(e), (b)-(d), (c)-(f)
4. (b)
5. (c)
6. (e)

Respostas dos problemas ímpares

1. (a) 5 m/s (b) 1,2 m/s (c) –2,5 m/s (d) –3,3 m/s (e) 0
3. (a) 2,30 m/s (b) 16,1 m/s (c) 11,5 m/s
5. (a) –2,4 m/s (b) –3,8 m/s (c) 4,0 s
7. (a) 5 m/s (b) –2,5 m/s (c) 0 (d) +5 m/s
9. (a) 5,00 m (b) $4{,}88 \times 10^3$ s
11. (a) 2,00 m (b) –3,00 m/s (c) –2,00 m/s²
13. (a) 20 m/s, 5 m/s (b) 263 m
15. (a) 1,3 m/s² (b) $t = 3$ s, $a = 2$ m/s² (c) $t = 6$ s, $t > 10$ s (d) a = –1,5 m/s², $t = 8$ s
17. –16,0 cm/s²
19. (a) 35,0 s (b) 15,7 m/s
21. (a)

v_i = 20,0 m/s
v_f = 30,0 m/s
x
x_i = 0
x_f = 200 m

(b) Partícula sob aceleração constante
(c) $v_f^2 = v_i^2 + 2a(x_f - x_i)$ (Equação 2.14)
(d) $a = \dfrac{v_f^2 - v_i^2}{2\Delta x}$ (e) 1,25 m/s² (f) 8,00 s
23. 3,10 m/s
25. (a) 6,61 m/s (b) –0,448 m/s²
27. (a) $4{,}98 \times 10^{-9}$ s (b) $1{,}20 \times 10^{15}$ m/s²
29. David não terá sucesso. O tempo médio de reação humana é de aproximadamente 0,2 s (pesquisa na internet), e uma nota de um dólar tem 15,5 cm de comprimento, então os dedos de David estão a aproximadamente 8 cm da extremidade da nota antes que ela caia. A nota cairá 20 cm antes de ele fechar os dedos.
31. (a) 7,82 m (b) 0,782 s
33. (a) 10,0 m/s para cima (b) 4,68 m/s para baixo
35. 1,79 s
37. (a) 5,25 m/s² (b) 168 m (c) 52,5 m/s
39. (a) 3,00 m/s (b) 6,00 s (c) –0,300 m/s² (d) 2,05 m/s
41. (a) –202 m/s² (b) 198 m

43. (a) 70,0 mi/h · s = 31,3 m/s^2 = 3,19g (b) 321 pés = 97,8 m
45. (a) 25,4 s (b) 15,0 km/h
47. (a) 5,32 m/s^2 para Laura e 3,75 m/s^2 para Healan (b) 10,6 m/s para Laura e 11,2 m/s para Healan (c) Laura, por 2,63 m (d) 4,47 m em t = 2,84 s
49. (a) 26,4 m (b) 6,89%
51. 1,60 m/s^2
53. (a) 3,00 s (b) –15,3 m/s (c) 31,4 m/s para baixo e 34,8 m/s para baixo
55. (a) 41,0 s (b) 1,73 km (c) –184 m/s
57. 0,577v

CAPÍTULO 3

Respostas dos testes rápidos

1. (a)
2. **(i)** (b) **(ii)** (a)
3. 15°, 30°, 45°, 60°, 75°
4. (c)
5. **(i)** (b) **(ii)** (d)

Respostas dos problemas ímpares

1. (a) 4,87 km a 209° de E (b) 23,3 m/s (c) 13,5 m/s a 209°
3. (a) $5{,}00t\hat{\mathbf{i}} + 1{,}50t^2\hat{\mathbf{j}}$ (b) $5{,}00\hat{\mathbf{i}} + 3{,}00t\hat{\mathbf{j}}$ (c) 10,0 m, 6,00 m (d) 7,81 m/s
5. (a) $(0{,}800\hat{\mathbf{i}} - 0{,}300\hat{\mathbf{j}})$ m/s^2 (b) 339° (c) $(360\hat{\mathbf{i}} - 72{,}7\hat{\mathbf{j}})$ m, –15,2°
7. 67,8°
9. 22,4° ou 89,4°
11. (a) 2,81 m/s horizontal (b) 60,2° abaixo da horizontal
13. (a) A bola passa por 0,89 m (b) enquanto desce
15. 12,0 m/s
17. 9,91 m/s
19. (a) (0, 50,0 m) (b) v_{xi} = 18,0 m/s; v_{yi} = 0 (c) Partícula sob aceleração constante (d) Partícula sob velocidade constante (e) $v_{xf} = v_{xi}$; $v_{yf} = -gt$ (f) $x_f = v_{xi}t$; $y_f = y_i - \frac{1}{2}gt^2$ (g) 3,19 s (h) 36,1 m/s, –60,1°
21. (a) 18,1 m/s (b) 1,13 m (c) 2,79 m
23. 377 m/s^2
25. 0,281 rev/s
27. 7,58 × 10^3 m/s, 5,80 × 10^3 s
29. 1,48 m/s^2 para dentro e 29,98 para trás
31. (a) 13,0 m/s^2 (b) 5,70 m/s (c) 7,50 m/s^2
33. (a) 57,7 km/h a 60,0° para o oeste da vertical (b) 28,9 km/h para baixo
35. (a) 2,02 × 10^3 s (b) 1,67 × 10^3 s (c) Nadar no sentido da corrente não compensa o tempo perdido nadando contra a corrente.
37. 153 km/h a 11,3° noroeste
39. 15,3 m
41. 22,6 m/s
43. 54,4 m/s^2
45. (a) 101 m/s (b) 3,27 × 10^4 pés (c) 20,6 s
47. (a) 9,80 m/s^2, para baixo (b) 10,7 m/s
49. A relação entre a altura h e a velocidade de caminhada é $h = (4{,}16 \times 10^{-3})v_x^2$, em que h é em metros, e v_x, em metros por segundo. Com uma velocidade típica de caminhada de 4 km/h a 5 km/h, a bola teria caído de uma altura de aproximadamente 1 cm, obviamente muito baixa para a mão de uma pessoa. Considere a velocidade de recorde olímpico para a corrida dos 100 m (confirme na internet): essa situação ocorreria somente se a bola fosse jogada de aproximadamente 0,4 m, que também é baixo para a mão de uma pessoa com proporções normais.
51. A altura inicial da bola quando atingida é 3,94 m, muito alta para que o batedor bata nela.
53. (a) 6,80 km (b) 3,00 km verticalmente acima do ponto de impacto (c) 66,2°
55. (a) 20,0 m/s (b) 5,00 s (c) $(16{,}0\hat{\mathbf{i}} - 27{,}1\hat{\mathbf{j}})$ m/s (d) 6,53 s (e) $24{,}5\hat{\mathbf{i}}$ m
57. (a) 22,9 m/s (b) 360 m (c) 114 m/s, –44,3 m/s
59. (a) 4,00 km/h (b) 4,00 km/h
61. (a) 1,52 km (b) 36,1 s (c) 4,05 km

CAPÍTULO 4

Respostas dos testes rápidos

1. (d)
2. (a)
3. (d)
4. (b)
5. **(i)** (c) **(ii)** (a)
6. (c)
7. (c)

Respostas dos problemas ímpares

1. (a) $\frac{1}{3}$ (b) 0,750 m/s^2
3. (a) $(2{,}50\hat{\mathbf{i}} + 5{,}00\hat{\mathbf{j}})$ N (b) 5,59 N
5. (a) $(6{,}00\hat{\mathbf{i}} + 15{,}0\hat{\mathbf{j}})$ N (b) 16,2 N
7. (a) 5,00 m/s^2 a 36,9° (b) 6,08 m/s^2 a 25,3°
9. 2,58 N
11. (a) 3,64 × 10^{-18} N (b) 8,93 × 10^{-30} N é 408 bilhões de vezes menor.
13. (a) 534 N (b) 54,5 kg
15. (a) 15,0 lb para cima (b) 5,00 lb para cima (c) 0
17. (a) –4,47 × 10^{15} m/s^2 (b) +2,09 × 10^{-10} N
19. (a) $a = g$ tg θ (b) 4,16 m/s^2
21. (a) 3,43 kN (b) 0,967 m/s horizontalmente para a frente
23. T_1 = 253 N, T_2 = 165 N, T_3 = 325 N
25. (a) 706 N (b) 814 N (c) 706 N (d) 648 N
27. 100 N e 204 N
29. 8,66 N leste
31. 3,73 m
33. (a) T_1 = 79,8 N, T_2 = 39,9 N (b) 2,34 m/s^2
35. 950 N
37. (a) F_x > 19,6 N (b) $F_x \leq$ –78,4 N (c)

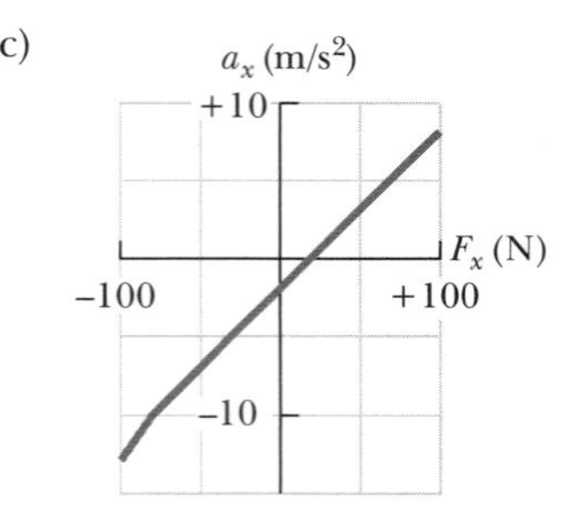

39. (a) 0,529 m abaixo do seu nível inicial (b) 7,40 m/s para acima

41. (a) Removendo massa (b) 13,7 mi/h · s

43. (a) *Polia superior:* *Polia inferior:*

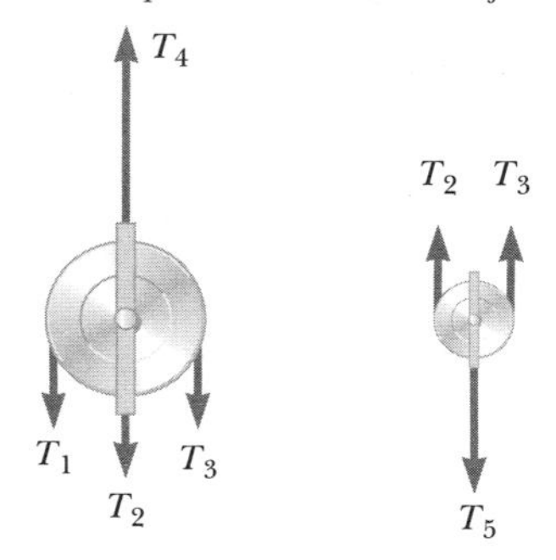

(b) $Mg/2$, $Mg/2$, $Mg/2$, $3Mg/2$, Mg (c) $Mg/2$

45. (a)

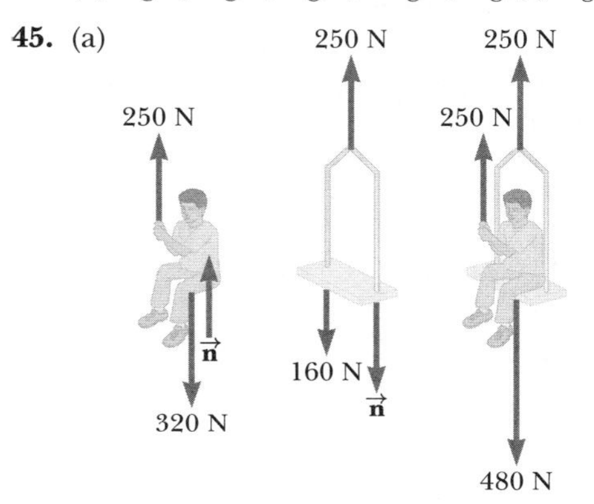

(b) 0,408 m/s² (c) 83,3 N

47. (a) 2,20 m/s² (b) 27,4 N

49. (a)

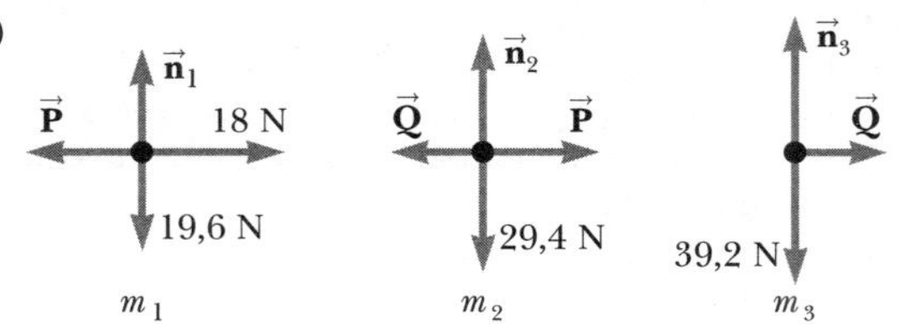

(b) 2,00 m/s² à direita (c) 4,00 N em m_1, 6,00 N à direita em m_2, 8,00 N à direita em m_3 (d) 14,0 N entre m_1 e m_2, 8,00 N entre m_2 e m_3 (e) O bloco m_2 modela o pesado bloco de madeira. A força de contato nas suas costas é modelada pela força entre o m_2 e os blocos m$_3$, que é muito menos que a força F. A diferença entre F e essa força de contato é a força líquida causando a aceleração no par de objetos de 5 kg. A aceleração é real e diferente de zero, mas dura tão pouco tempo que nunca é associada a uma grande velocidade. A estrutura do edifício e suas pernas exercem forças pequenas em magnitude em relação à batida do martelo para trazer a divisória, bloco e você novamente para o repouso em um período longo com relação à batida do martelo.

51. $(M + m_1 + m_2)(m_1 g/m_2)$

53. (a) 4,90 m/s² (b) 3,13 m/s a 30,0° abaixo da horizontal (c) 1,35 m (d) 1,14 s (e) A massa do bloco não faz diferença

55. 1,16 cm

57. (a) 30,7° (b) 0,843 N

59. $\vec{\mathbf{F}} = mg \cos\theta \operatorname{sen}\theta \hat{\mathbf{i}} + (M + m\cos^2\theta) g\hat{\mathbf{j}}$

CAPÍTULO 5

Respostas dos testes rápidos

1. (b)

2. (b)

3. (b)

4. **(i)** (a) **(ii)** (b)

5. (a)

6. (a) Como a velocidade é constante, a única direção que a força pode ter é a da aceleração centrípeta. A força é maior em Ⓒ do que em Ⓐ porque o raio em Ⓒ é menor. Não há força em Ⓑ porque o arame é reto. (b) Além das forças na direção centrípeta na parte (a), há agora forças tangenciais que fornecem a aceleração tangencial. A força tangencial é a mesma em todos os três pontos porque a aceleração tangencial é constante.

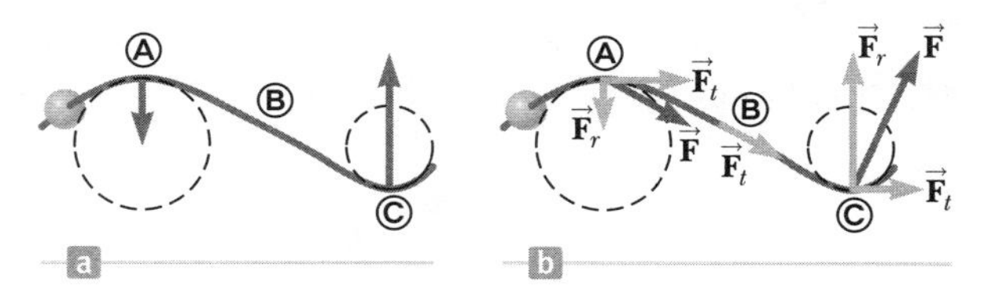

7. (c)

Respostas dos problemas ímpares

1. (a) 0,306 (b) 0,245

3. $\mu_s = 0{,}727$, $\mu_k = 0{,}577$

5. 6,84 m

7. 37,8 N

9. (a) 1,78 m/s² (b) 0,368 (c) 9,37 N (d) 2,67 m/s

11. (a) 1,11 s (b) 0,875 s

13. (a)

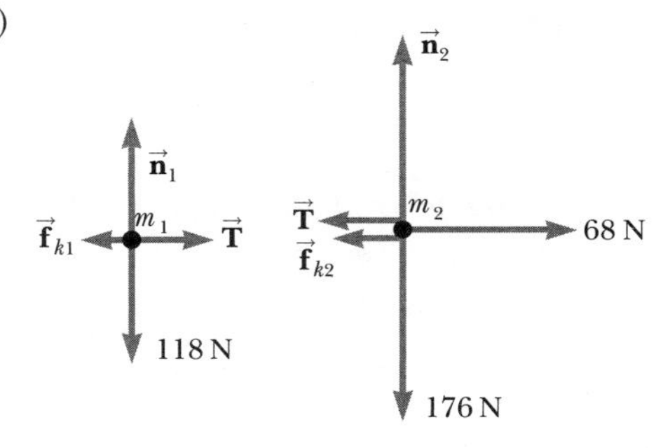

(b) 1,29 m/s² para a direita (c) 27,2 N

15. A situação é impossível por causa do atrito estático máximo, que não pode proporcionar a aceleração necessária a fim de manter o livro estacionário no lugar.

17. qualquer velocidade acima de 8,08 m/s

19. $v \leq 14{,}3$ m/s

21. (a) $(68{,}6\hat{\mathbf{i}} + 784\hat{\mathbf{j}})$ N (b) $a = 0{,}857$ m/s²

23. (a) $1{,}15 \times 10^4$ N para cima (b) 14,1 m/s

25. Não. O arqueólogo precisa de um cipó de força tênsil igual ou maior que 1,38 kN para atravessar.

27. (a) $v = 4{,}81$ m/s (b) 700 N

29. (a) 1,47 N · s/m (b) $2{,}04 \times 10^{-3}$ s (c) $2{,}94 \times 10^{-2}$ N

31. (a) $B = \dfrac{9{,}80 \text{ m/s}^2}{0{,}300 \text{ m/s}} = 32{,}7 \text{ s}^{-1}$ (b) 9,80 m/s² para baixo (c) 4,90 m/s² para baixo

33. (a) 0,034 7 s^{-1} (b) 2,50 m/s (c) $a = -cv$
35. 0,613 m/s^2 em direção à Terra
37. 2,97 nN
39. 0,212 m/s^2, oposto ao vetor de velocidade
41. 0,835 rev/s
43. (a) $M = 3m \text{ sen } \theta$ (b) $T_1 = 2\ mg \text{ sen } \theta$, $T_2 = 3\ mg \text{ sen } \theta$

(c) $a = \dfrac{g \text{ sen}\theta}{1 + 2 \text{ sen } \theta}$

(d) $T_1 = 4\,mg\text{sen } \theta \left(\dfrac{1 + \text{sen}\theta}{1 + 2 \text{ sen } \theta}\right)$

$T_2 = 6\,mg\text{sen } \theta \left(\dfrac{1 + \text{sen}\theta}{1 + 2 \text{ sen } \theta}\right)$

(e) $M_{\text{máx}} = 3m(\text{sen } \theta + \mu_s \cos \theta)$
(f) $M_{\text{mín}} = 3m(\text{sen } \theta - \mu_s \cos \theta)$
(g) $T_{2,\text{máx}} - T_{2,\text{mín}} = (M_{\text{máx}} - M_{\text{mín}})\, g = 6\mu_s\, mg \cos \theta$
45. (a) 0,087 1 (b) 27,4 N
47. (a) 5,19 m/s (b) (c) 555 N

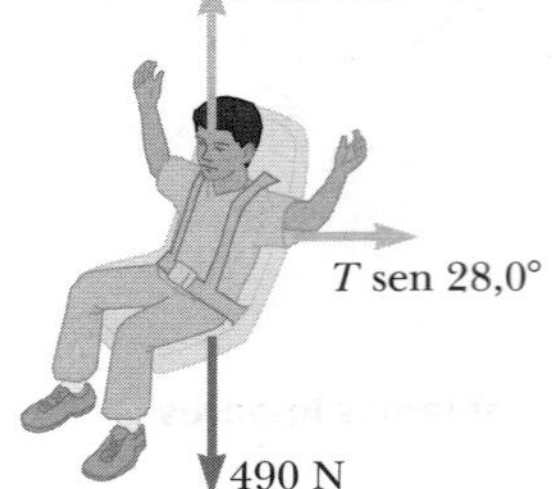

49. $F = 394$ N, $\theta = 84{,}7°$ em relação ao eixo positivo de x.
51. 2,14 rev/min
53. (a)

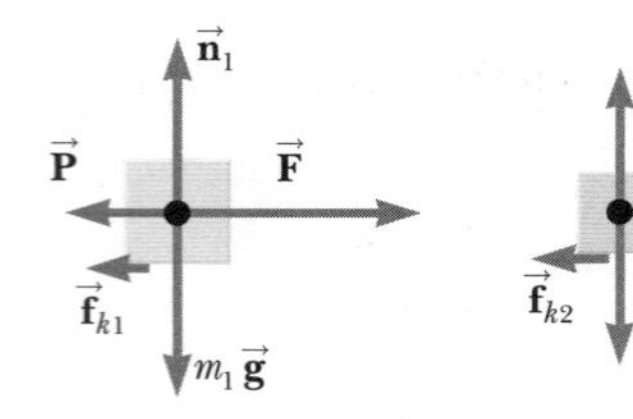

(b) F (c) $F - P$ (d) P (e) m_1: $F - P = m_1 a$; m_2: $P = m_2 a$

(f) $a = \dfrac{F - \mu_1 m_1 g - \mu_2 m_2 g}{m_1 + m_2}$

(g) $P = \dfrac{m_2}{m_1 + m_2}\,[F + m_1(\mu_2 - \mu_1)\, g]$

55. (a) 2,13 s (b) 1,66 m
57. 12,8 N
59. (a) $\theta = 70{,}4°$ e $\theta = 0°$ (b) $\theta = 0°$ (c) O período é muito longo. (d) Zero é sempre uma solução para o ângulo. (e) Nunca há mais de duas soluções.
61. (a) 0,013 2 m/s (b) 1,03 m/s (c) 6,87 m/s
63. (a) 735 N (b) 732 N (c) A força gravitacional é maior. A força normal é menor, como quando passa pelo topo de uma roda-gigante.

CAPÍTULO 6

Respostas dos testes rápidos

1. (a)
2. (c), (a), (d), (b)
3. (d)
4. (a)
5. (b)
6. (c)
7. **(i)** (c) **(ii)** (a)
8. (d)

Respostas dos problemas ímpares

1. (a) 472 J (b) 2,76 kN
3. (a) 31,9 J (b) 0 (c) 0 (d) 31,9 J
5. $-4{,}70 \times 10^3$ J
7. 28,9
9. (a) 16,0 J (b) 36,9°
11. 16,0
13. $\vec{\mathbf{A}} = 7{,}05$ m a 28,4°
15. (a) 7,50 J (b) 15,0 J (c) 7.50 J (d) 30,0 J
17. (a) 0,938 cm (b) 1,25 J
19. (a) $2{,}04 \times 10^{-2}$ m (b) 720 N/m
21. (a) Projete a constante da mola de modo que o peso de uma bandeja removida da pilha cause uma extensão das molas igual à espessura de uma bandeja. (b) 316 N/m (c) Não precisamos conhecer o comprimento nem a largura da bandeja.
23. 7,37 N/m
25. (a) 1,13 kN/m (b) 0,518 m = 51,8 cm
27. 0,299 m/s
29. 50,0 J
31. (a) 1,20 J (b) 5,00 m/s (c) 6,30 J
33. (a) 55,5 J (b) 64,5 J
35. acima de 878 kN
37. (a) 97,8 J (b) $(-4{,}31\hat{\mathbf{i}} + 31{,}6\hat{\mathbf{j}})$ N (c) 8,73 m/s
39. (a) 2,5 J (b) –9,8 J (c) –12 J
41. (a) $U_A = 2{,}59 \times 10^5$ J, $U_B = 0$, $\Delta U = -2{,}59 \times 10^5$ J
(b) $U_A = 0$, $U_B = -2{,}59 \times 10^5$ J, $\Delta U = -2{,}59 \times 10^5$ J
43. (a) 125 J (b) 50,0 J (c) 66,7 J (d) não conservativo (e) O trabalho feito na partícula depende do caminho seguido por ela.
45. (a) 30,0 J (b) 51,2 J (c) 42,4 J (d) O atrito é uma força não conservativa.
47. (a) 40,0 J (b) –40,0 J (c) 62,5 J
49. O livro bate na terra com 20,0 J de energia cinética. O sistema livro-Terra agora tem zero energia de poder gravitacional, para uma energia total de 20,0 J, que é a energia colocada no sistema pelo bibliotecário.
51. (a) $-4{,}77 \times 10^9$ J (b) 569 N (c) para cima de 569 N
53. $2{,}52 \times 10^7$ m
55.

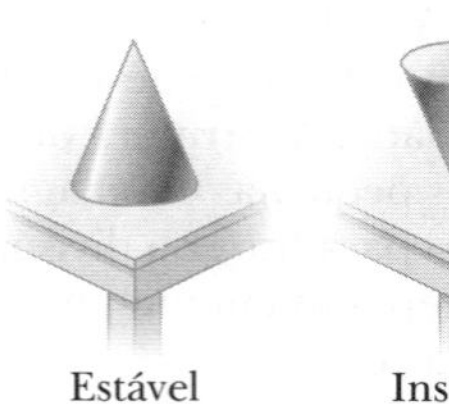
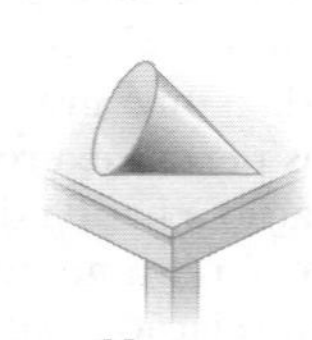

Estável Instável Neutra

57. 0,27 MJ/kg para uma bateria. 17 MJ/kg para feno são 63 vezes maior. 44 MJ/kg para gasolina são ainda 2,6 vezes maior. 142 MJ/kg para hidrogênio são 3,2 vezes maior que isso.
59. (a) $U(x) = 1 + 4e^{-2x}$ (b) A força deve ser conservativa por causa do trabalho que ela faz na partícula, na qual sua

ação depende somente das suas posições inicial e final, não do caminho entre elas.

61. 0,131 m

63. 90,0 J

65. (a) $x = 3{,}62m/(4{,}30 - 23{,}4m)$, em que x é em metros e m em quilogramas (b) 0,095 1 m (c) 0,492 m (d) 6,85 m (e) A situação é impossível. (f) A extensão é diretamente proporcional a m quando m é de apenas alguns gramas. Depois cresce cada vez mais rápido, divergindo ao infinito para $m = 0{,}184$ kg.

67. (a) $\vec{\mathbf{F}}_1 = (20{,}5\hat{\mathbf{i}} + 14{,}3\hat{\mathbf{j}})$ N, $\vec{\mathbf{F}}_2 = (-36{,}4\hat{\mathbf{i}} + 21{,}0\hat{\mathbf{j}})$ N
(b) $\Sigma\vec{\mathbf{F}} = (-15{,}9\hat{\mathbf{i}} + 35{,}3\hat{\mathbf{j}})$ N
(c) $\vec{\mathbf{a}} = (-3{,}18\hat{\mathbf{i}} + 7{,}07\hat{\mathbf{j}})$ m/s^2
(d) $\vec{\mathbf{v}} = (-5{,}54\hat{\mathbf{i}} + 23{,}7\hat{\mathbf{j}})$ m/s
(e) $\vec{\mathbf{r}} = (-2{,}30\hat{\mathbf{i}} + 39{,}3\hat{\mathbf{j}})$ m (f) 1,48 kJ (g) 1,48 kJ
(h) O teorema de trabalho-energia cinética é consistente com a Segunda Lei de Newton.

69. (a)

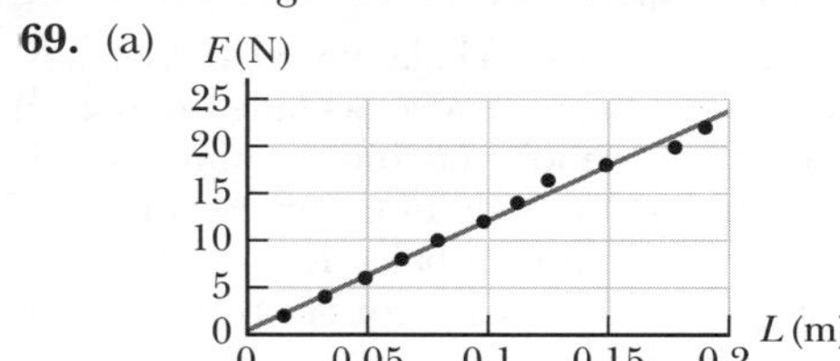

(b) A inclinação da linha é 116 N/m. (c) Usamos todos os pontos listados, bem como a origem. Não há evidência visível para uma curva no gráfico ou não linearidade em qualquer extremidade. (d) 116 N/m (e) 12,2 N

CAPÍTULO 7

Respostas dos testes rápidos

1. (a) Para o aparelho de televisão, a energia entra por transmissão elétrica (pelo fio elétrico). A energia sai por calor (de superfícies quentes para o ar), ondas mecânicas (som do alto-falante) e radiação eletromagnética (da tela). (b) Para o cortador de grama movido a gasolina, a energia entra por transferência de matéria (gasolina). A energia sai por trabalho (nas lâminas de grama), ondas mecânicas (som) e calor (de superfícies quentes para o ar). (c) Para o apontador de lápis com manivela manual, a energia entra por trabalho (da sua mão que gira a manivela). A energia sai por trabalho (realizado sobre o lápis), ondas mecânicas (som) e calor em virtude do aumento de temperatura por causa do atrito.

2. **(i)** (b) **(ii)** (b) **(iii)** (a)

3. (a)

4. $v_1 = v_2 = v_3$

5. (c)

Respostas dos problemas ímpares

1. (a) $\Delta E_{\text{int}} = Q + T_{\text{ET}} + T_{\text{ER}}$
(b) $\Delta K + \Delta U + \Delta E_{\text{int}} = W + Q + T_{\text{OM}} + T_{\text{TM}}$
(c) $\Delta U = Q + T_{\text{MT}}$ (d) $0 = Q + T_{\text{TM}} + T_{\text{TE}} + T_{\text{RE}}$

3. (a) $v = (3gR)^{1/2}$ (b) 0,098 0 N para baixo

5. 10,2 m

7. (a) 4,43 m/s (b) 5,00 m

9. $\sqrt{\dfrac{8gh}{15}}$

11. 5,49 m/s

13. 2,04 m

15. (a) 0,791 m/s (b) 0,531 m/s

17. (a) 5,60 J (b) 2,29 rev

19. 168 J

21. (a) –160 J (b) 73,5 J (c) 28,8 N (d) 0,679

23. (a) 4,12 m (b) 3,35 m

25. (a) 1,40 m/s (b) 4,60 cm após liberação (c) 1,79 m/s

27. (a) Isolado. A única influência externa sobre o sistema é a força normal do escorregador, mas essa força sempre é perpendicular a seu deslocamento, de modo que não realiza trabalho sobre o sistema. (b) Não, o escorregador não tem atrito.
(c) $E_{\text{sistema}} = mgh$ (d) $E_{\text{sistema}} = \frac{1}{5}mgh + \frac{1}{2}mv_1^2$
(e) $E_{\text{sistema}} = mgy_{\text{máx}} + \frac{1}{2}mv_{xi}^2$ (f) $v_i = \sqrt{\dfrac{8gh}{5}}$
(g) $y_{\text{máx}} = h\left(1 - \frac{1}{4}\cos^2\theta\right)$ Se o atrito estivesse presente, a energia mecânica do sistema *não* seria conservada, então a energia cinética da criança em todos os pontos depois de sair do topo do escorregador seria reduzida quando comparada ao caso sem atrito. Por consequência, sua velocidade de partida e altura máxima também seriam reduzidas.

29. 1,23 kW

31. (a) 423 mi/gal (b) 776 mi/gal

33. $ 145

35. 5×10^3 N

37. 236 s ou 3,93 min

39. $\sim 10^4$ W

41. (a) 10,2 kW (b) 10,6 kW (c) 5,82 MJ

43. 830 N

45. (a) 0,588 J (b) 0,588 J (c) 2,42 m/s (d) $K = 0{,}196$ J, $U = 0{,}392$ J

47. (a) $-6{,}08 \times 10^3$ J (b) $-4{,}59 \times 10^3$ J (c) $4{,}59 \times 10^3$ J

49. (a) 11,1 m/s (b) $1{,}00 \times 10^3$ J (c) 1,35 m

51. (a) $K = 2 + 24t^2 + 72t^4$, em que t é em segundos e K em joules (b) $a = 12t$ e $F = 48t$, em que t é em segundos, a em m/s^2 e F em newtons (c) $P = 48t + 288t^3$, em que t é em segundos e P em watts (d) $1{,}25 \times 10^3$ J

53. Seus braços precisariam ter 1,36 m de comprimento para realizar essa tarefa. Isso é significativamente mais longo do que um braço humano.

55. (a) 1,53 J a $x = 6{,}00$ cm, 0 J a $x = 0$ (b) 1,75 m/s (c) 1,51 m/s (d) A resposta à parte (c) não é a metade da resposta da parte (b), porque a equação para a velocidade de um oscilador não é linear em posição.

57. (a) $-\mu_k gx/L$ (b) $(\mu_k gL)^{1/2}$

59. $\sim 10^3$ W pico ou $\sim 10^2$ W sustentação

61. 33,4 kW

63. 2,92 m/s

65. (a) $x = -4{,}0$ mm (b) –1,0 cm

67. (a) 2,17 kW (b) 58,6 kW

69. (a) 100 J (b) 0,410 m (c) 2,84 m/s (d) –9,80 mm (e) 2,85 m/s

71. 0,328

73. $v = 1{,}24$ m/s

75. (a) 21,0 m/s (b) 16,1 m/s

77. (a) 14,1 m/s (b) 800 N (c) 771 N (d) 1,57 kN para cima

79. (a) 0,400 m (b) 4,10 m/s (c) O bloco permanece no trilho.

81. (a) 6,15 m/s (b) 9,87 m/s

83. (a) Não. A mudança na energia cinética do avião é igual ao trabalho da *rede* feita por todas as forças que trabalham nela. Nesse caso, há duas forças, o empuxo do motor e uma força de resistência do ar. Já que o trabalho feito pela força de resistência do ar é negativo, o trabalho líquido realizado (a mudança na energia cinética) é menor que o trabalho positivo feito pelo empuxo do motor. Além disso, pelo fato de o empuxo do motor e a força de resistência do ar serem não conservativos, a energia mecânica não é conservada. (b) 77 m/s

Contexto 1 Conclusão

1. (a) 315 kJ (b) 220 kJ (c) 187 kJ (d) 127 kJ (e) 14,0 m/s (f) 40,5% (g) 187 kJ

2. (a) Carro convencional = 581 MJ; Carro híbrido = 220 MJ (b) Carro convencional = 11,4%; Carro híbrido = 30,0%

CAPÍTULO 8

Respostas dos testes rápidos

1. (d)

2. (b), (c), (a)

3. **(i)** (c), (e) **(ii)** (b), (d)

4. (b)

5. (b)

6. **(i)** (a) **(ii)** (b)

Respostas dos problemas ímpares

1. (a) $(9{,}00\hat{\mathbf{i}} - 12{,}0\hat{\mathbf{j}})$ kg · m/s (b) 15,0 kg · m/s a 307°

3. 40,5 g

5. (a) $v_{pi} = -0{,}346$ m/s (b) $v_{gi} = 1{,}15$ m/s

7. (a) $(-6{,}00\hat{\mathbf{i}})$ m/s (b) 8,40 J (c) A energia inicial está na mola. (d) Uma força deve ser exercida sobre um deslocamento para comprimir a mola, transferindo-lhe energia pelo trabalho. A corda exerce força, mas sem deslocamento. (e) O momento do sistema é conservado com valor zero. (f) As forças sobre os dois blocos são internas e não podem mudar o momento do sistema; o sistema é isolado. (g) Embora haja movimento depois, os momentos finais têm a mesma magnitude em direções opostas; então, o momento final do sistema ainda é zero.

9. 260 N normal para a parede

11. (a) 13,5 N · s (b) 9,00 kN

13. 15,0 N na direção da velocidade inicial do jato de água existente.

15. (a) 2,50 m/s (b) 37,5 k J

17. 91,2 m/s

19. 0,556 m

21. (a) 0,284 (b) $1{,}15 \times 10^{-13}$ J e $4{,}54 \times 10^{-14}$ J

23. (a) 2,24 m/s (b) A ordem de acoplamento não faz diferença.

25. $(3{,}00\hat{\mathbf{i}} - 1{,}20\hat{\mathbf{j}})$ m/s

27. $v_O = 3{,}99$ m/s e $v_Y = 3{,}01$ m/s

29. 2,50 m/s a –60,0°

31. (a) $(-9{,}33\hat{\mathbf{i}} - 8.33\hat{\mathbf{j}})$ Mm/s (b) 439 fJ

33. (a) 1,07 m/s a –29,7° (b) $\dfrac{\Delta K}{K_i} = -0{,}318$

35. $\vec{\mathbf{r}}_{CM} = (0\hat{\mathbf{i}} + 1{,}00\hat{\mathbf{j}})$ m

37. $3{,}57 \times 10^8$ J

39. (a) $(1{,}40\hat{\mathbf{i}} + 2{,}40\hat{\mathbf{j}})$ m/s (b) $(7{,}00\hat{\mathbf{i}} + 12{,}0\hat{\mathbf{j}})$ kg · m/s

41. 0,700 m

43. (a) 787 m/s (b) 138 m/s

45. (a) $3{,}90 \times 10^7$ N (b) 3,20 m/s²

47. 4,41 kg

49. (a) $1{,}33\hat{\mathbf{i}}$ m/s (b) $-235\hat{\mathbf{i}}$ N (c) 0,680 s (d) $-160\hat{\mathbf{i}}$ N · s e $+160\hat{\mathbf{i}}$ N · s (e) 1,81 m (f) 0,454 m (g) –427 J (h) +107 J (i) Forças iguais de atrito atuam por meio de diferentes distâncias na pessoa e no carrinho, para realizar quantidades diferentes de trabalho neles. O trabalho total em ambos juntos, –320 J, vem a ser +320 J de energia interna extra nessa colisão perfeitamente inelástica.

51. (a) 2,07 m/s² (b) 3,88 m/s

53. (a) Como o momento do sistema bala-bloco é conservado na colisão, você pode relacionar a velocidade do bloco e da bala imediatamente depois da colisão com a velocidade inicial da bala. Então, pode usar a conservação de energia mecânica para o sistema bala-bloco-Terra a fim de relacionar a velocidade após a colisão com a altura máxima. (b) acima de 521 m/s

55. (a) –0,667 m/s (b) 0,952 m

57. (a) 100 m/s (b) 374 J

59. (a) $-0{,}256\hat{\mathbf{i}}$ m/s e $0{,}128\hat{\mathbf{i}}$ m/s (b) $-0{,}064\ 2\hat{\mathbf{i}}$ m/s e 0 (c) 0 e 0

61. 0,403

63. $2v_i$ para a partícula com massa m e 0 para a massa $3m$.

65. $\vec{\mathbf{F}} = \left(\dfrac{3\,Mgx}{L}\right)\hat{\mathbf{j}}$

CAPÍTULO 9

Respostas dos testes rápidos

1. (d)

2. (a)

3. (a)

4. (c)

5. (c), (d)

6. (a) $m_3 > m_2 = m_1$ (b) $K_3 = K_2 > K_1$ (c) $u_2 > u_3 = u_1$

Respostas dos problemas ímpares

3. (a) 25,0 anos (b) 15,0 anos (c) 12,0 anos-luz

5. (a) 20,0 m (b) 19,0 m (c) $0{,}312c$

7. $0{,}866c$

9. 1,55 ns

11. $0{,}800c$

13. $0{,}866c$

15. (a) 17,4 m (b) 3,30°

17. (a) $2{,}50 \times 10^8$ m/s (b) 4,98 m (c) $-1{,}33 \times 10^{-8}$ s

19. $0{,}357c$

21. $0{,}960c$

23. $4{,}51 \times 10^{-14}$

25. (a) $2{,}73 \times 10^{-24}$ kg · m/s (b) $1{,}58 \times 10^{-22}$ kg · m/s (c) $5{,}64 \times 10^{-22}$ kg · m/s

27. $0{,}285c$

29. (a) 3,07 MeV (b) 0,986c
31. (a) 0,582 MeV (b) 2,45 MeV
33. (a) 0,979c (b) 0,065 2c (c) 15,0 (d) 0,999 999 97c; 0,948c; 1,06
35. (a) 938 MeV (b) 3,00 GeV (c) 2,07 GeV
37. (a) $5{,}37 \times 10^{-11}$ J = 335 MeV (b) $1{,}33 \times 10^{-9}$ J = 8,31 GeV
39. (a) 4,08 MeV (b) 29,6 MeV
41. $4{,}28 \times 10^{9}$ kg/s
43. (a) $2{,}66 \times 10^{7}$ m (b) 3,87 km/s (c) $-8{,}35 \times 10^{-11}$ (d) $5{,}29 \times 10^{-10}$ (e) $+4{,}46 \times 10^{-10}$
45. (a) $(1 - 1{,}12 \times 10^{-10})\,c$ (b) $6{,}00 \times 10^{27}$ J (c) \$ $1{,}83 \times 10^{20}$
47. $2{,}97 \times 10^{-26}$ kg
49. 0,712%
51. (a) $\sim 10^{2}$ ou 10^{3} s (b) $\sim 10^{8}$ km
53. (a) 0,946c (b) 0,160 anos luz (c) 0,114 ano (d) $7{,}49 \times 10^{22}$ J
55. O observador em terra mede o comprimento como sendo 31,2 m, de modo que o supercomboio seja medido para caber no túnel com 19,8 m de folga.
57. (a) 229 s (b) 174 s
59. (a) 76,0 minutos (b) 52,1 minutos
61. 1,02 MeV
63. (a) 0,800c (b) $7{,}51 \times 10^{3}$ s (c) $1{,}44 \times 10^{12}$ m (d) 0,385c (e) $4{,}88 \times 10^{3}$ s
65. (a) Tau Ceti explodiu 16,0 anos antes do Sol. (b) As duas estrelas explodiram simultaneamente.

CAPÍTULO 10

Respostas dos testes rápidos

1. **(i)** (c) **(ii)** (b)
2. (b)
3. **(i)** (b) **(ii)** (a)
4. (a)
5. **(i)** (b) **(ii)** (a)
6. (b)
7. (b)
8. (a)
9. **(i)** (b) **(ii)** (c) **(iii)** (a)

Respostas dos problemas ímpares

1. (a) 0,209 rad/s^2 (b) sim
3. (a) 5,00 rad, 10,0 rad/s, 4,00 rad/s^2 (b) 53,0 rad, 22,0 rad/s, 4,00 rad/s^2
5. 13,7 rad/s^2
7. (a) 5,24 s (b) 27,4 rad
9. 50,0 rev
11. (a) 126 rad/s (b) 3,77 m/s (c) 1,26 km/s^2 (d) 20,1 m
13. 0,572
15. (a) 56,5 rad/s (b) 22,4 rad/s (c) $-7{,}63 \times 10^{-3}$ rad/s^2 (d) $1{,}77 \times 10^{5}$ rad (e) $5{,}81 \times 10^{3}$ m
17. $1{,}03 \times 10^{-3}$ J
19. (a) 24,5 m/s (b) não (c) não (d) não (e) não (f) sim
21. (a) 1,95 s (b) Se a polia não tivesse massa, a aceleração seria maior por um fator de 35/32,5, e o tempo seria menor pela raiz quadrada do fator 32,5/35. Isto é, o tempo seria reduzido em 3,64%.
23. $-3{,}55$ N · m
25. $\vec{\tau} = (2{,}00\hat{\mathbf{k}})$ N · m
27. $\hat{\mathbf{i}} + 8{,}00\hat{\mathbf{j}} + 22{,}0\hat{\mathbf{k}}$
29. 0,896 m
31. (a) 1,04 kN a 60,0° acima e à direita (b) $(370\hat{\mathbf{i}} + 910\hat{\mathbf{j}})$ N
33. (a) $f_s = 268$ N, $n = 1\,300$ N (b) 0,324
35. $F_t = 724$ N, $F_s = 716$ N
37. 21,5 N
39. 0,312
41. (a) 21,6 kg · m^2 (b) 3,60 N · m (c) 52,5 rev
43. (a) Partícula sob uma força líquida (b) Objeto rígido sob um torque líquido (c) 118 N (d) 156 N (e) $\frac{r^2}{a}(T_2 - T_1)$ (f) 1,17 kg · m^2
45. (a) 11,4 N (b) 7,57 m/s^2 (c) 9,53 m/s (d) 9,53 m/s
47. $60{,}0\hat{\mathbf{k}}$ kg · m^2/s
49. 1,20 kg · m^2/s
51. (a) 0,433 kg · m^2/s (b) 1,73 kg · m^2/s
53. (a) $7{,}20 \times 10^{-3}$ kg · m^2/s (b) 9,47 rad/s
55. $5{,}99 \times 10^{-2}$ J
57. (a) A energia mecânica do sistema não é constante. Alguma energia química é convertida em mecânica. (b) O momento do sistema não é constante. O rolamento da plataforma giratória exerce uma força externa na direção norte sobre o eixo. (c) O momento angular do sistema é constante. (d) 0,360 rad/s sentido anti-horário (e) 99,9 J
59. (a) 500 J (b) 250 J (c) 750 J
61. (a) $1{,}21 \times 10^{-4}$ kg · m^2 (b) Saber o peso da lata é desnecessário. (c) A massa não é distribuída uniformemente; a densidade do metal da lata é maior que a da sopa.
63. 131 s
65. (a) $(3g/L)^{1/2}$ (b) $3g/2L$ (c) $-\frac{3}{2}g\hat{\mathbf{i}} - \frac{3}{4}g\hat{\mathbf{j}}$ (d) $-\frac{3}{2}Mg\hat{\mathbf{i}} + \frac{1}{4}Mg\hat{\mathbf{j}}$
67. (a) 3 750 kg · m^2/s (b) 1,88 k J (c) 3 750 kg · m^2/s (d) 10,0 m/s (e) 7,50 k J (f) 5,62 k J
69. $T = 1{,}68$ kN; $R = 2{,}34$ kN; $\theta = 21{,}2°$
71. $\omega = \sqrt{\dfrac{2\,mgd\ \text{sen}\ \theta + kd^2}{I + mR^2}}$
73. (a) $T = 133$ N (b) $n_A + 429$ N, $n_B = 257$ N (c) $R_x = 133$ N, à direita; $R_y = 257$ N, para baixo
75. (a) $\omega = 2mv_i d/[M + 2m]R^2$ (b) Não; alguma energia mecânica do sistema muda para energia interna. (c) O momento do sistema não é constante. O eixo exerce uma força para trás sobre o cilindro quando a argila bate.
77. 209 N
79. (a) 2,71 kN (b) 2,65 kN (c) Você deve levantar "com os joelhos", e não "com as costas". (d) Nessa situação, pode fazer uma força compressora na coluna cerca de dez vezes menor dobrando os joelhos e levantando com a coluna o mais reta possível.
81. (a) sistema isolado (momento angular) (b) $mv_i d/2$ (c) $\left(\frac{1}{12}M + \frac{1}{4}m\right)d^2$ (d) $\left(\frac{1}{12}M + \frac{1}{4}m\right)d^2\omega$ (e) $\dfrac{6mv_i}{(M + 3m)d}$ (f) $\frac{1}{2}mv_i^2$ (g) $\dfrac{3m^2v_i^2}{2(M + 3m)}$ (h) $-\dfrac{M}{M + 3m}$
83. (a) 2,70R (b) $F_x = -20mg/7$, $F_y = -mg$

85. (a) 9,28 kN (b) O braço do momento da força $\vec{\mathbf{F}}_h$ não é mais 70 cm da articulação do ombro, mas apenas 49,5 cm, reduzindo assim $\vec{\mathbf{F}}_m$ a 6,56 kN.

CAPÍTULO 11

Respostas dos testes rápidos

1. (e)
2. (a)
3. (a) Periélio (b) Afélio (c) Periélio (d) Todos os pontos
4. (a)

Respostas dos problemas ímpares

1. (a) $2,50 \times 10^{-5}$ N em direção ao objeto de 500 kg (b) entre os objetos e a 2,45 m do objeto de 500 kg
3. $2,67 \times 10^{-7}$ m/s^2
5. $7,41 \times 10^{-10}$ N
7. 2/3
9. (a) 7,61 cm/s^2 (b) 363 s (c) 3,08 km
(d) 28,9 m/s a 72,9° abaixo da horizontal
11. (a) $1,31 \times 10^{17}$ N (b) $2,62 \times 10^{12}$ N/kg
13. 0,614 m/s^2, em direção à Terra
15. (a) $4,22 \times 10^{7}$ m (b) 0,285 s
17. $1,90 \times 10^{27}$ kg
19. $1,26 \times 10^{32}$ kg
21. 35,1 AU
23. (a) $1,84 \times 10^{9}$ kg/m^3 (b) $3,27 \times 10^{6}$ m/s^2 (c) $-2,08 \times 10^{13}$ J
25. (a) 850 MJ (b) $2,71 \times 10^{9}$ J
27. 1,78 km
29. (a) $1,00 \times 10^{7}$ m (b) $1,00 \times 10^{4}$ m/s
31. (a) 0,980 (b) 127 anos (c) $-2,13 \times 10^{17}$ J
33. $1,58 \times 10^{10}$ J
35. (a) $5,30 \times 10^{3}$ s (b) 7,79 km/s (c) $6,43 \times 10^{9}$ J
37. (a) $2,19 \times 10^{6}$ m/s (b) 13,6 eV (c) −27,2 eV
39. (a) 5 (b) não (c) não
41. (a) 0,212 nm (b) $9,95 \times 10^{-25}$ kg · m/s
(c) $2,11 \times 10^{-34}$ kg · m^2/s (d) 3,40 eV (e) −6,80 eV
(f) −3,40 eV
43. $4,42 \times 10^{4}$ m/s
45. (a) 29,3% (b) sem mudança
47. $7,79 \times 10^{14}$ kg
49. (a) 15,3 km (b) $1,66 \times 10^{16}$ kg se (c) $1,13 \times 10^{4}$ s
(d) Não; a massa é tão grande se comparada à sua que você teria um efeito desprezível sobre a rotação.
51. (a) $-7,04 \times 10^{4}$ J
(b) $-1,57 \times 10^{5}$ J (c) 13,2 m/s
53. $2,25 \times 10^{-7}$
55. (a) $2,93 \times 10^{4}$ m/s
(b) $K = 2,74 \times 10^{33}$ J, $U = -5,39 \times 10^{33}$ J
(c) $K = 2,56 \times 10^{33}$ J, $U = -5,21 \times 10^{33}$ J
(d) Sim; $E = -2,65 \times 10^{33}$ J nos dois, afélio e periélio.

57. (a) $v_1 = m_2\sqrt{\dfrac{2G}{d(m_1 + m_2)}}$, $v_2 = m_1\sqrt{\dfrac{2G}{d(m_1 + m_2)}}$,

$$v_{\text{rel}} = \sqrt{\frac{2G(m_1 + m_2)}{d}}$$

(b) $1,07 \times 10^{32}$ J e $2,67 \times 10^{31}$ J
59. 492 m/s
61. (a) $r_n = 0,106n^2$, em que r_n é em nanômetros, e $n = 1, 2, 3, ...$
(b) $E_n = -\dfrac{6,80}{n^2}$, em que E_n é em elétron volts, e $n = 1, 2, 3, ...$

63. (a) $(2,77 \text{ m/s}^2)\left(1 + \dfrac{m}{5,97 \times 10^{24}\text{ kg}}\right)$ (b) 2,77 m/s^2
(c) 2,77 m/s^2 (d) 3,70 m/s^2 (e) Qualquer objeto com massa menor que a da Terra começa a cair com aceleração de 2,77 m/s^2. Conforme m aumenta, tornando-se comparável com a massa da Terra, a aceleração aumenta e pode ser arbitrariamente maior. Aproxima-se a uma proporcionalidade direta a m.
65. (a) 2×10^{8} anos (b) $\sim 10^{41}$ kg (c) 10^{11}

Contexto 2 Conclusão

1. (1) 146 d (b) Vênus está 53,9° atrás da Terra
2. $1,30 \times 10^{3}$ m/s
3. (a) 2,95 km/s (b) 2,65 km/s (c) 10,7 km/s (d) 4,80 km/s

Índice Remissivo

Os números de página em **negrito** indicam uma definição; números de página em *itálico* indicam figuras; números de página seguidos por "n" indicam notas de pé de página; números de página seguidos por "t" indicam tabelas

A

B

F

G

H

I

JA

K

L

M

N

W

Z

Algumas constantes físicas

Quantidade	Símbolo	Valor[a]
Unidade de massa atômica	u	$1{,}660538782(83) \times 10^{-27}$ kg $931{,}494028(23)$ MeV/c^2
Número de Avogadro	N_A	$6{,}02214179(30) \times 10^{23}$ partículas/mol
Magneton de Bohr	$\mu_B = \dfrac{e\hbar}{2m_e}$	$9{,}27400915(23) \times 10^{-24}$ J/T
Raio de Bohr	$a_0 = \dfrac{\hbar^2}{m_e e^2 k_e}$	$5{,}2917720859(36) \times 10^{-11}$ m
Constante de Boltzmann	$k_B = \dfrac{R}{N_A}$	$1{,}3806504(24) \times 10^{-23}$ J/K
Comprimento de onda Compton	$\lambda_C = \dfrac{h}{m_e c}$	$2{,}4263102175(33) \times 10^{-12}$ m
Constante de Coulomb	$k_e = \dfrac{1}{4\pi\epsilon_0}$	$8{,}987551788 \ldots \times 10^9$ N · m²/C² (exato)
Massa do dêuteron	m_d	$3{,}34358320(17) \times 10^{-27}$ kg $2{,}013553212724(78)$ u
Massa do elétron	m_e	$9{,}10938215(45) \times 10^{-31}$ kg $5{,}4857990943(23) \times 10^{-4}$ u $0{,}510998910(13)$ MeV/c^2
Elétron-volt	eV	$1{,}602176487(40) \times 10^{-19}$ J
Carga elementar	e	$1{,}602176487(40) \times 10^{-19}$ C
Constante dos gases perfeitos	R	$8{,}314472(15)$ J/mol · K
Constante gravitacional	G	$6{,}67428(67) \times 10^{-11}$ N · m²/kg²
Massa do nêutron	m_n	$1{,}674927211(84) \times 10^{-27}$ kg $1{,}00866491597(43)$ u $939{,}565346(23)$ MeV/c^2
Magneton nuclear	$\mu_n = \dfrac{e\hbar}{2m_p}$	$5{,}05078324(13) \times 10^{-27}$ J/T
Permeabilidade do espaço livre	μ_0	$4\pi \times 10^{-7}$ T · m/A (exato)
Permissividade do espaço livre	$\epsilon_0 = \dfrac{1}{\mu_0 c^2}$	$8{,}854187817 \ldots \times 10^{-12}$ C²/N · m² (exato)
Constante de Planck	h	$6{,}62606896(33) \times 10^{-34}$ J · s
	$\hbar = \dfrac{h}{2\pi}$	$1{,}054571628(53) \times 10^{-34}$ J · s
Massa do próton	m_p	$1{,}672621637(83) \times 10^{-27}$ kg $1{,}00727646677(10)$ u $938{,}272013(23)$ MeV/c^2
Constante de Rydberg	R_H	$1{,}0973731568527(73) \times 10^7$ m^{-1}
Velocidade da luz no vácuo	c	$2{,}99792458 \times 10^8$ m/s (exato)

Observação: Essas constantes são os valores recomendados em 2006 pela CODATA com base em um ajuste dos dados de diferentes medições pelo método de mínimos quadrados. Para uma lista mais completa, consulte P. J. Mohr, B. N. Taylor e D. B. Newell, "CODATA Recommended Values of the Fundamental Physical Constants: 2006". *Rev. Mod. Fís.* **80**:2, 633-730, 2008.

[a] Os números entre parênteses nesta coluna representam incertezas nos últimos dois dígitos.

Dados do Sistema Solar

Corpo	Massa (kg)	Raio médio (m)	Período (s)	Distância média a partir do Sol (m)
Mercúrio	$3,30 \times 10^{23}$	$2,44 \times 10^{6}$	$7,60 \times 10^{6}$	$5,79 \times 10^{10}$
Vênus	$4,87 \times 10^{24}$	$6,05 \times 10^{6}$	$1,94 \times 10^{7}$	$1,08 \times 10^{11}$
Terra	$5,97 \times 10^{24}$	$6,37 \times 10^{6}$	$3,156 \times 10^{7}$	$1,496 \times 10^{11}$
Marte	$6,42 \times 10^{23}$	$3,39 \times 10^{6}$	$5,94 \times 10^{7}$	$2,28 \times 10^{11}$
Júpiter	$1,90 \times 10^{27}$	$6,99 \times 10^{7}$	$3,74 \times 10^{8}$	$7,78 \times 10^{11}$
Saturno	$5,68 \times 10^{26}$	$5,82 \times 10^{7}$	$9,29 \times 10^{8}$	$1,43 \times 10^{12}$
Urano	$8,68 \times 10^{25}$	$2,54 \times 10^{7}$	$2,65 \times 10^{9}$	$2,87 \times 10^{12}$
Netuno	$1,02 \times 10^{26}$	$2,46 \times 10^{7}$	$5,18 \times 10^{9}$	$4,50 \times 10^{12}$
Plutão[a]	$1,25 \times 10^{22}$	$1,20 \times 10^{6}$	$7,82 \times 10^{9}$	$5,91 \times 10^{12}$
Lua	$7,35 \times 10^{22}$	$1,74 \times 10^{6}$	—	—
Sol	$1,989 \times 10^{30}$	$6,96 \times 10^{8}$	—	—

[a] Em agosto de 2006, a União Astronômica Internacional adotou uma definição de planeta que separa Plutão dos outros oito planetas. Plutão agora é definido como um "planeta anão" (a exemplo do asteroide Ceres).

Dados físicos frequentemente utilizados

Distância média entre a Terra e a Lua	$3,84 \times 10^{8}$ m
Distância média entre a Terra e o Sol	$1,496 \times 10^{11}$ m
Raio médio da Terra	$6,37 \times 10^{6}$ m
Densidade do ar (20 °C e 1 atm)	$1,20$ kg/m^3
Densidade do ar (0 °C e 1 atm)	$1,29$ kg/m^3
Densidade da água (20 °C e 1 atm)	$1,00 \times 10^{3}$ kg/m^3
Aceleração da gravidade	$9,80$ m/s^2
Massa da Terra	$5,97 \times 10^{24}$ kg
Massa da Lua	$7,35 \times 10^{22}$ kg
Massa do Sol	$1,99 \times 10^{30}$ kg
Pressão atmosférica padrão	$1,013 \times 10^{5}$ Pa

Observação: Esses valores são os mesmos utilizados no texto.

Alguns prefixos para potências de dez

Potência	Prefixo	Abreviação	Potência	Prefixo	Abreviação
10^{-24}	iocto	y	10^{1}	deca	da
10^{-21}	zepto	z	10^{2}	hecto	h
10^{-18}	ato	a	10^{3}	quilo	k
10^{-15}	fento	f	10^{6}	mega	M
10^{-12}	pico	p	10^{9}	giga	G
10^{-9}	nano	n	10^{12}	tera	T
10^{-6}	micro	μ	10^{15}	peta	P
10^{-3}	mili	m	10^{18}	exa	E
10^{-2}	centi	c	10^{21}	zeta	Z
10^{-1}	deci	d	10^{24}	iota	Y

Abreviações e símbolos padrão para unidades

Símbolo	Unidade	Símbolo	Unidade
A	ampère	K	kelvin
u	unidade de massa atômica	kg	quilograma
atm	atmosfera	kmol	quilomol
Btu	unidade térmica britânica	L ou l	litro
C	coulomb	Lb	libra
°C	grau Celsius	Ly	ano-luz
cal	caloria	m	metro
d	dia	min	minuto
eV	elétron-volt	mol	mol
°F	grau Fahrenheit	N	newton
F	faraday	Pa	pascal
pé	pé	rad	radiano
G	gauss	rev	revolução
g	grama	s	segundo
H	henry	T	tesla
h	hora	V	volt
hp	cavalo de força	W	watt
Hz	hertz	Wb	weber
pol.	polegada	yr	ano
J	joule	Ω	ohm

Símbolos matemáticos usados no texto e seus significados

Símbolo	Significado
$=$	igual a
$\equiv$	definido como
$\neq$	não é igual a
$\propto$	proporcional a
$\sim$	da ordem de
$>$	maior que
$<$	menor que
$>>(<<)$	muito maior (menor) que
$\approx$	aproximadamente igual a
Δx	variação em x
$\sum_{i=1}^{N} x_i$	soma de todas as quantidades x_i de $i = 1$ para $i = N$
$\lvert x \rvert$	valor absoluto de x (sempre uma quantidade não negativa)
$\Delta x \to 0$	Δx se aproxima de zero
$\frac{dx}{dt}$	derivada x em relação a t
$\frac{\partial x}{\partial t}$	derivada parcial de x em relação a t
$\int$	integral

Conversões

Comprimento

1 pol. = 2,54 cm (exatamente)
1 m = 39,37 pol. = 3,281 pé
1 pé = 0,3048 m
12 pol = 1 pé
3 pé = 1 jarda
1 jarda = 0,914.4 m
1 km = 0,621 milha
1 milha = 1,609 km
1 milha = 5.280 pés
1 μm = 10^{-6} m = 10^{3} nm
1 ano-luz = 9,461 $\times$ 10^{15} m

Área

1 m^2 = 10^4 cm^2 = 10,76 $pé^2$
1 $pé^2$ = 0,0929 m^2 = 144 pol^2
1 $pol.^2$ = 6,452 cm^2

Volume

1 m^3 = 10^6 cm^3 = 6,102 $\times$ 10^4 pol^3
1 $pé^3$ = 1.728 pol^3 = 2,83 $\times$ 10^{-2} m^3
1 L = 1.000 cm^3 = 1,057.6 quart = 0,0353 $pé^3$
1 $pé^3$ = 7,481 gal = 28,32 L = 2,832 $\times$ 10^{-2} m^3
1 gal = 3,786 L = 231 pol^3

Massa

1.000 kg = 1 t (tonelada métrica)
1 slug = 14,59 kg
1 u = 1,66 $\times$ 10^{-27} kg = 931,5 MeV/c^2

Força

1 N = 0,2248 lb
1 lb = 4,448 N

Velocidade

1 mi/h = 1,47 pé/s = 0,447 m/s = 1,61 km/h
1 m/s = 100 cm/s = 3,281 pé/s
1 mi/min = 60 mi/h = 88 pé/s

Aceleração

1 m/s^2 = 3,28 pé/s^2 = 100 cm/s^2
1 pé/s^2 = 0,3048 m/s^2 = 30,48 cm/s^2

Pressão

1 bar = 10^5 N/m^2 = 14,50 lb/pol^2
1 atm = 760 mm Hg = 76,0 cm Hg
1 atm = 14,7 lb/pol^2 = 1,013 $\times$ 10^5 N/m^2
1 Pa = 1 N/m^2 = 1,45 $\times$ 10^{-4} lb/pol^2

Tempo

1 ano = 365 dias = 3,16 $\times$ 10^7 s
1 dia = 24 h = 1,44 $\times$ 10^3 min = 8,64 $\times$ 10^4 s

Energia

1 J = 0,738 pé · lb
1 cal = 4,186 J
1 Btu = 252 cal = 1,054 $\times$ 10^3 J
1 eV = 1,602 $\times$ 10^{-19} J
1 kWh = 3,60 $\times$ 10^6 J

Potência

1 hp = 550 pé · lb/s = 0,746 kW
1 W = 1 J/s = 0,738 pé · lb/s
1 Btu/h = 0,293 W

Algumas aproximações úteis para problemas de estimação

1 m $\approx$ 1 jarda
1 kg $\approx$ 2 libra
1 N $\approx$ $\frac{1}{4}$ libra
1 L $\approx$ $\frac{1}{4}$ gal
1 m/s $\approx$ 2 mi/h
1 ano $\approx$ π χ 10^7 s
60 mi/h $\approx$ 100 pé/s
1 km $\approx$ $\frac{1}{2}$ mi

Obs.: Veja a Tabela A.1 do Apêndice A para uma lista mais completa.

O alfabeto grego

Alfa	Α	α	Iota	Ι	ι	Rô	Ρ	ρ
Beta	Β	β	Capa	Κ	κ	Sigma	Σ	σ
Gama	Γ	γ	Lambda	Λ	λ	Tau	Τ	τ
Delta	Δ	δ	Mu	Μ	μ	Upsilon	Υ	υ
Épsilon	Ε	ϵ	Nu	Ν	ν	Fi	Φ	φ
Zeta	Ζ	ζ	Csi	Ξ	ξ	Chi	Χ	χ
Eta	Η	η	Omicron	Ο	ο	Psi	Ψ	ψ
Teta	Θ	θ	Pi	Π	π	Ômega	Ω	ω

Cartela Pedagógica

Mecânica e Termodinâmica

Vetores deslocamento e posição

Componente de vetores deslocamento e posição

Vetores velocidade linear ($\vec{\mathbf{v}}$) e angular ($\vec{\boldsymbol{\omega}}$)

Componente de vetores velocidade

Vetores força ($\vec{\mathbf{F}}$)

Componente de vetores força

Vetores aceleração ($\vec{\mathbf{a}}$)

Componente de vetores aceleração

Setas de transferência de energia W_{maq} Q_f Q_q

Seta de processo

Vetores momento linear ($\vec{\mathbf{p}}$) e angular ($\vec{\mathbf{L}}$)

Componente de vetores momento linear e angular

Vetores torque $\vec{\boldsymbol{\tau}}$

Componente de vetores torque

Direção esquemática de movimento linear ou rotacional

Seta dimensional de rotação

Seta de alargamento

Molas

Polias

Eletricidade e Magnetismo

Campos elétricos

Vetores campo elétrico

Componentes de vetores campo elétrico

Campos magnéticos

Vetores campo magnético

Componentes de vetores campo magnético

Cargas positivas +

Cargas negativas −

Resistores

Baterias e outras fontes de alimentação DC + −

Interruptores

Capacitores

Indutores (bobinas)

Voltímetros V

Amperímetros A

Fontes AC

Lâmpadas

Símbolo de terra

Corrente

Luz e Óptica

Raio de luz

Raio de luz focado

Raio de luz central

Lente convexa

Lente côncava

Espelho

Espelho curvo

Corpos

Imagens

Este livro foi impresso na
LIS GRÁFICA E EDITORA LTDA.
Rua Felício Antônio Alves, 370 – Bonsucesso
CEP 07175-450 – Guarulhos – SP
Fone: (11) 3382-0777 – Fax: (11) 3382-0778
lisgrafica@lisgrafica.com.br – www.lisgrafica.com.br